国家科学技术学术著作出版基金资助出版

晶体硅太阳电池物理

陈哲良　编著

電子工業出版社
Publishing House of Electronics Industry
北京·BEIJING

内 容 简 介

本书作者在参考国内外相关科技文献资料、了解前人研究成果的基础上，结合自己的研究和思考，应用量子力学基础理论、固体能带理论和半导体载流子运行规律，系统介绍了晶体硅太阳电池的电能产生机理。本书主要内容包括绪论、晶体硅的结构和基本物理化学性质、半导体中的能带与态密度、半导体中的载流子、半导体中载流子的输运、半导体 pn 结、晶体硅 pn 结太阳电池、金属-半导体（MS）结构与 MS 太阳电池、金属-绝缘体-半导体（MIS）结构与 MIS 太阳电池、晶体硅异质 pn 结太阳电池、硅基太阳电池的计算物理、太阳电池的光电转换效率、聚光太阳电池与叉指式背接触（IBC）太阳电池、晶体硅太阳电池的优化设计、纳米硅/硅异质结太阳电池、钙钛矿/硅串联太阳电池、太阳电池热物理分析。

本书适合太阳电池、光伏发电等领域的科技人员阅读使用，也可作为高等学校相关专业的教学用书。

未经许可，不得以任何方式复制或抄袭本书之部分或全部内容。
版权所有，侵权必究。

图书在版编目（CIP）数据

晶体硅太阳电池物理／陈哲艮编著．—北京：电子工业出版社，2020.12
ISBN 978-7-121-40104-6

Ⅰ．①晶…　Ⅱ．①陈…　Ⅲ．①硅太阳能电池-物理分析　Ⅳ．①TM914.4

中国版本图书馆 CIP 数据核字（2020）第 241655 号

责任编辑：张剑（zhang@ phei.com.cn）
印　　刷：河北迅捷佳彩印刷有限公司
装　　订：河北迅捷佳彩印刷有限公司
出版发行：电子工业出版社
　　　　　北京市海淀区万寿路 173 信箱　邮编：100036
开　　本：720×1000　1/16　印张：34.5　字数：773 千字
版　　次：2020 年 12 月第 1 版
印　　次：2020 年 12 月第 1 次印刷
定　　价：188.00 元

凡所购买电子工业出版社图书有缺损问题，请向购买书店调换。若书店售缺，请与本社发行部联系，联系及邮购电话：（010）88254888，88258888。

质量投诉请发邮件至 zlts@ phei. com. cn，盗版侵权举报请发邮件至 dbqq@ phei. com. cn。

本书咨询联系方式：zhang@ phei. com. cn。

前　　言

与所有学科的发展一样，理论与实践相结合、科学与技术相结合，是促进太阳电池和光伏技术发展的必然途径。纵观60多年来太阳电池的发展历程，重要的设计思路和技术上的进步都是在半导体理论指导下取得的。理论基础越扎实，取得重大技术突破的希望就越大。

光伏发电的核心部分是太阳电池以及由其封装而成的光伏组件。本书阐述的是晶体硅太阳电池物理。

本书作者在阅读国内外相关科技文献资料、了解前人研究成果的基础上，结合自己的研究和思考，应用量子力学基础理论、固体能带理论和半导体载流子运行规律，系统介绍了晶体硅太阳电池的电能产生机理。本书内容分为两大部分：与太阳电池相关的半导体物理基础（前6章）和各类晶体硅太阳电池（后11章）。全书的内容是众多同行智慧的结晶。

在半导体物理基础部分，本书由浅入深地介绍了半导体的能带与态密度，载流子浓度分布及其输运特性，以及俄歇复合、隧穿效应等与高效晶体硅太阳电池密切相关的物理问题。无论对新颖太阳电池的设计，还是新工艺的实施，半导体物理基础理论都是非常重要的。

在晶体硅太阳电池物理方面，同质pn结晶体硅太阳电池物理是所有太阳电池的理论基础。本书首先详细讨论了同质结太阳电池在准中性区存在电场的情况下的终端特性，然后讨论了异质结太阳电池。其中，金属-半导体（MS）太阳电池和金属-绝缘体-半导体（MIS）太阳电池虽然发展较缓慢，但它们所涉及的一些物理问题，如界面态复合、隧穿效应、欧姆接触等，均与当今的高效太阳电池息息相关。

书中讨论了高效叉指式背接触（IBC）聚光太阳电池。这类太阳电池不仅集多种高效技术于一身，而且是硅基太阳电池中性能最好的聚光电池，其物理模型和计算方法涉及三维处理，其光电转换效率正在向极限效率推进。

本书专题讨论了太阳电池效率极限和一些典型的高效电池设计思路，进一步诠释了太阳电池物理机理。书中还介绍了正在研究中的几种新颖硅基太阳电池，如石墨烯/硅异质结太阳电池、钙钛矿/硅串联太阳电池等。现在有很多人将大幅度提高太阳电池光电转换效率的希望寄托于基于热物理的太阳电池，本书也对其机理进行了分析。

掌握太阳电池的专业物理知识固然重要，但作者认为处理复杂物理问题的方法和技巧尤为重要。实际问题往往是很复杂的，如何合理地进行简化处理是很有讲究的，所以本书特别注重介绍研究实际问题的方法。本书还专门设置了一章，系统地介绍太阳电池物理模型和数值计算方法，其典型软件选用的是由美国宾夕法尼亚州立大学福纳什（S. Fonash）教授及其团队开发的 AMPS。

当我们在应用或引用重要的理论公式时，往往会有些纠结：未经自己推导，心中不踏实，而推导公式又很费时间，在快节奏的当今，很难实现。为此，本书特别关注公式的推导和演绎，除了一些经验公式外，尽可能对所有基本的物理公式进行详细的推导。计算物理模型中的所有公式均可从基础理论各章内容中追溯。尽管这将导致本书的撰写显得不够简洁，但可使其更适合众多光伏行业的科研人员和工程师阅读。

希望本书的出版能对我国光伏科技人才的培养和新颖光伏器件的研究开发有促进作用。

感谢我多年科研工作的合作伙伴金步平研究员，他细心地校阅了本书的前半部分章节。

感谢国家科学技术学术著作出版基金的资助。

需要特别说明的是，书中的公式、符号繁多，全书可能会有前后符号不统一或符号的下标标注不确切之处，请予谅解。

由于作者水平有限，书中难免存在疏漏和不当之处，敬请广大读者批评指正。

编著者

作 者 简 介

陈哲艮，二级研究员，曾任中国光电技术发展中心常务副主任、浙江省能源研究所所长等职。从事光电子学专业教学与光电技术研究工作多年，曾参加国家“七五”“八五”“九五”“十五”光伏攻关项目，曾任“八五”国家光伏技术攻关项目专家组组长、“新型太阳电池研发”攻关专课题负责人等。曾获全国科学大会奖、国家科技进步二等奖，以及省部级科学技术一等奖和二等奖多项。被授予“国家级有突出贡献的专家”、全国总工会“五一”劳动奖章和“全国优秀科技工作者”等称号。主持编制《太阳能光伏照明用电子控制装置性能要求》（GB/T 26849—2011）等国家标准 6 项。编著《晶体硅太阳电池物理》、《晶体硅太阳电池制造工艺原理》和《太阳能光伏发电系统》（合著），还参加编写《电气工程大典》（主编“晶体硅太阳电池”）等。

目　　录

第1章　绪　　论

太阳电池指的是将太阳辐射能直接转换为电能的半导体光电器件。

早在1939年，法国物理学家亚历山大·埃德蒙·贝克勒尔（Alexander-Edmond Becquerel）就发现了光生伏打效应。所谓光生伏打效应，是指当光照射到设置有两个电极的固态或液态系统时，电极之间能产生光生电压。光生伏打效应简称光伏效应。基于晶体硅光生伏打效应的太阳电池称为晶体硅太阳电池。当光量子被半导体晶体硅吸收后，将产生电子-空穴对。这些电子-空穴对到达由p型晶体硅和n型晶体硅组成的pn结时，被结电场分离到pn结的两侧。当其外接负载时，就形成光电流，输出电能。实际使用太阳电池时，需要将它们串/并联后封装在一起，制成太阳电池组件。

1954年，贝尔（Bell）实验室的达里尔·沙潘（Daryl Chapin）、加尔文·富勒（Calvin Fuller）和吉拉德·皮尔森（Gerald Pearson）利用光伏效应研制成光电转换效率为6%的太阳电池[1,2]。而后，太阳电池的光电转换效率很快就增加到10%，并成功应用到人造卫星上作为卫星电源，然后逐步扩展到地面上的应用。现在，晶体硅太阳电池/组件的光电转换效率为19%~23%。目前，实验室中的最高光电转换效率为26.7%，已接近太阳电池光电转换效率的理论极限——29%。

利用太阳电池发电的一次能源是太阳辐射能，它遍布全球，取之不尽，用之不竭。太阳电池无噪声、无污染、不产生高温，而且使用寿命很长。它还是一种灵活性很强的能源，其发电功率范围可以小到数毫瓦，大到数千兆瓦。我国拥有丰富的太阳能资源，特别是在大西北地区，那里阳光资源极其丰富，有着巨大的开发潜力[3]。若有朝一日能实现世界各国太阳能电力联网，全球互补发电，将极其有利于世界各国和平相处、共同发展。

制造晶体硅太阳电池时，硅片所占的成本比较高。为了降低硅片制造成本，20世纪70年代出现了一种先浇铸制造硅锭再将其切割成硅片的技术。所以晶体硅电池主要有两类，即采用单晶硅片制造的单晶硅太阳电池和采用多晶硅片制造的多晶硅太阳电池。

除了晶体硅，人们还找到一些其他太阳电池材料，但至今硅基太阳电池仍然以绝对优势占据着太阳电池市场，约占各种形式太阳电池总量的90%以上。这主要是由于地球上硅的储量丰富，晶体结构稳定，硅半导体器件工艺成熟，对环境的影响很小，而且有希望进一步提高光电转换效率，降低生产成本。

进一步提高晶体硅太阳电池光电转换效率的有效措施是提高太阳电池对太阳光能的利用率，同时降低太阳电池在光能转换过程中的下述各类损失。

☺ 电池前表面光反射损失；

☺ 由电极栅线遮挡引起的光学损失；

☺ 能量小于半导体材料的禁带宽度长波长入射光子的透射损失；

☺ 能量超过硅禁带宽度（$h\nu>E_g$）的光子，其大于禁带宽度的那部分能量通过与晶格碰撞的热弛豫而损失；

☺ 电池的硅片表面及内部的光生载流子复合损失；

☺ 由金属栅线接触电阻引起的电能损失等。

在成本有效的前提下，提高太阳电池光电转换效率成为主要研究方向。在光伏理论指导下，通过材料、结构及工艺的改进，现在已有多种晶体硅太阳电池的实验室光电转换效率超过了25%，如钝化发射极与背部局域扩散（PERL）太阳电池、具有本征非晶硅层的异质结（HIT）太阳电池、叉指式背接触（IBC）太阳电池、TOP-Con太阳电池、异质结背接触（HIBC）太阳电池。

1. PERL太阳电池

PERL太阳电池是澳大利亚新南威尔士大学最先研制的，其核心技术是钝化发射极与背部局域扩散。图1-1所示的是PERL太阳电池结构示意图。

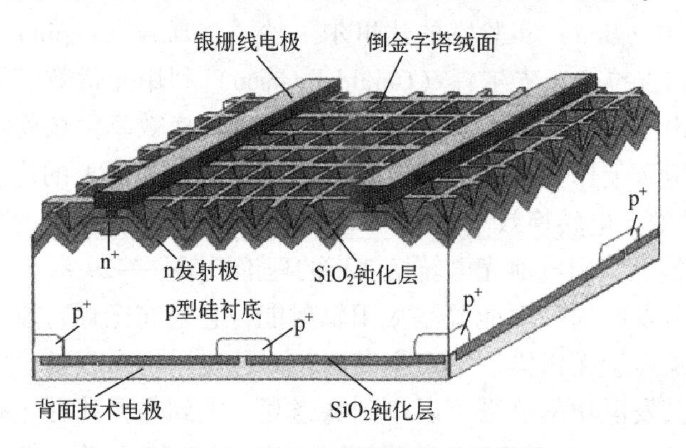

图1-1 PERL太阳电池结构示意图

PERL太阳电池的技术特点如下所述。

☺ 通过光刻和碱溶液腐蚀技术，制备倒金字塔绒面后，再覆盖双层减反射膜，降低电池表面光反射损失。

☺ 电池前表面采用了密细栅线技术，可降低电池表面栅线遮光面积。

☺ 采用选择性发射极技术，通过热生长的SiO_2薄膜钝化电池的前表面和背面，并利用点接触背面金属结构和金属接触孔的重掺杂扩散（n^+或p^+）钝化，降低电池的表面复合速率。结合双面电池技术，在背面采用氧化层钝化隧道接触，从而获得了较高的实验室光电转换效率[4]。

2. HIT太阳电池

HIT太阳电池是由晶体硅和非晶硅组成的异质结太阳电池[5]。HIT太阳电池的技术特点是：采用异质结结构，使电池具有较高的开路电压；在异质结界面插入本征非晶硅薄层，从而有效地钝化了电池的表面，降低了表面载流子复合；发射极采用宽带隙的非晶硅薄膜，在它上面再覆盖透明导电氧化物（TCO）薄膜，提高了电池的光透过率和电池表面的导电性；电池制造在200℃以下进行，使得硅片的载流子寿命不会因电池制造过程中的高温烧结而降低。图 1-2 所示的是 HIT 太阳电池结构示意图。

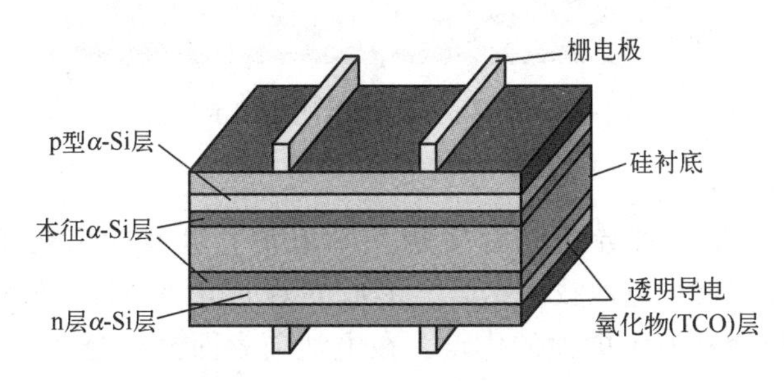

图 1-2　HIT 太阳电池结构示意图

3. IBC 太阳电池

IBC 太阳电池的结构特点是，为了避免由电池前表面栅线造成的遮光损失，在前表面不设置电极栅线，pn 结与正、负电极采用叉指形状排列于电池的背面。IBC 太阳电池结构示意图如图 1-3 所示。在电池背面采用扩散法形成 p^+和 n^+交叉间隔电极接触处的高掺杂区，通过在 SiO_2隔离钝化膜上开孔，实现金属电极与发射区或基区的点接触连接，SiO_2膜兼具钝化作用，显著降低了光生载流子的背表面复合速率；背接触结构还降低了太阳电池的串联电阻，改善了电池的填充因子，提高了电池的光电转换效率。

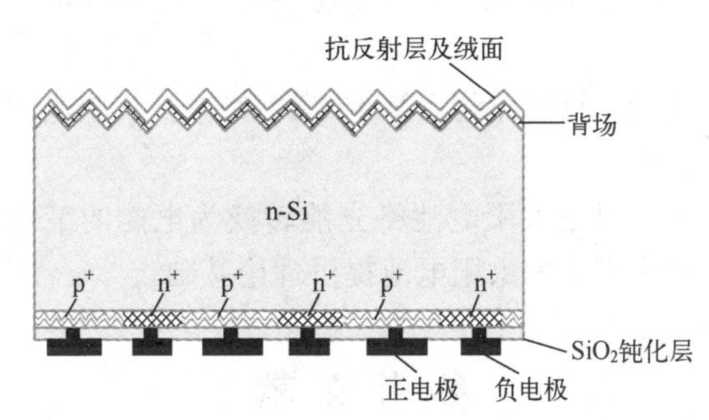

图 1-3　IBC 太阳电池结构示意图

4. TOP-Con 太阳电池

TOP-Con（Tunnel Oxide Passivated Contact）太阳电池的背面借助隧穿效应，采用薄氧化膜钝化接触，有效降低了表面复合速率。TOP-Con 太阳电池以高掺杂硅薄膜实现选择性接触，从而获得了较高的光电转换效率，同时避免了背面氧化物钝化层的开孔工艺，降低了制造成本。TOP-Con 太阳电池结构示意图如图 1-4 所示。

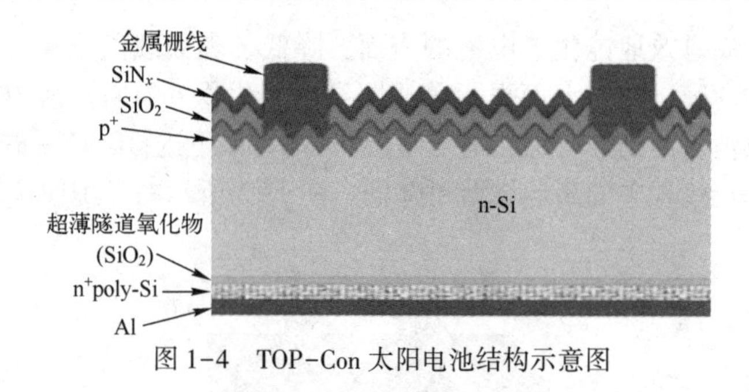

图 1-4 TOP-Con 太阳电池结构示意图

5. HIBC 太阳电池

HIBC 太阳电池是一种异质结背接触太阳电池。电池的结构特点是将背接触（IBC）和异质结（HIT）电池技术结合，形成高效的电池结构，如图 1-5 所示。这种电池兼具 IBC 电池和 HIT 电池的优点，在电池前表面没有栅线，并利用具有高开路电压的异质结结构，得到了接近 27%的光电转换效率。

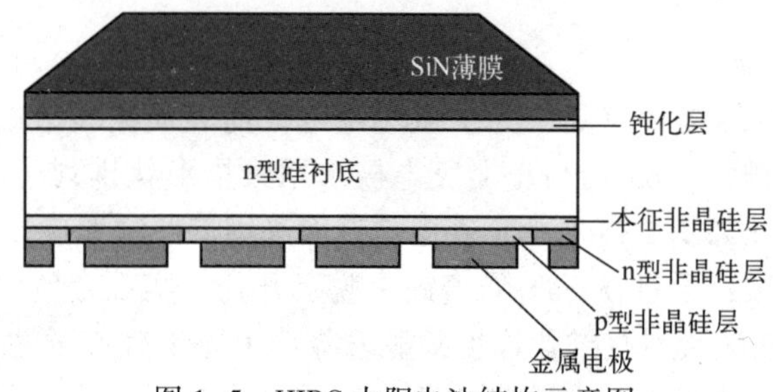

图 1-5 HIBC 太阳电池结构示意图

上述这些高效晶体硅太阳电池正在不断发展中，其光电转换效率纪录也不断被刷新[4]。

这些高效太阳电池的设计思路将在第 12 章中讨论，其制造方法参见《晶体硅太阳电池制造工艺原理》[5]。

本书以下各章将系统讨论太阳电池将光能转换为电能的工作机理，为进一步设计新颖的太阳电池和改进现有的太阳电池提供理论基础。

参考文献

[1] Chapin D M, Fuller C S, Pearson G L. A New Silicon p-n Junction Photocell for Converting Solar Radiation into Electrical Power [J]. Journal of Applied Physics, 1954, 25: 676-677.

[2] Prince M B. Silicon Solar Energy Converters [J]. Journal of Applied Physics, 1955, 26: 534-540.

[3] 陈哲艮. 西部太阳能电力大规模开发及其东送 [C]//香山科学会议论文集. 北京，2001.

[4] 中国可再生能源学会，中国可再生能源学会光伏专业委员会. 2020 年中国光伏技术发展报告 [R]，2020.

[5] 陈哲艮，郑志东. 晶体硅太阳电池制造工艺原理 [M]. 北京：电子工业出版社，2017.

第 2 章　晶体硅的结构和基本物理化学性质

硅（Si）是最重要的半导体材料，也是现有晶体硅太阳电池的基础材料。地球上硅的丰度约为 25.8%。本章将简要介绍半导体晶体硅的主要物理和化学性质[1-3]。

2.1　硅的晶体结构

硅属于元素周期表第三周期Ⅳa 族，原子序数为 14，原子量为 28.085，原子价为 4 价。硅晶体中的原子以共价键结合，并具有正四面体晶体学特征，属于金刚石型结构。

通常，采用化学键理论来描述晶体硅材料的结构特性。

2.1.1　化学键

在硅晶体的晶格中，每个原子的周围都有 4 个最近邻原子。每个硅原子的最外层轨道都有 4 个价电子，相邻的 2 个硅原子共有 2 个自旋方向相反的价电子，价电子和原子核或原子实的吸引力使 2 个硅原子键合在一起。因此，每个电子对所形成的化学键是一个共价键。原子实由价电子以外的内层电子和原子核组成，也称原子心或离子心。共价键不仅可以在相同元素的原子之间形成，也可以在最外层电子的组态相似的不同元素的原子之间形成。

在孤立原子中，电子运动轨道由内到外依次排列为 1s、2s、2p、3s、……硅原子的电子组态是 $1s^2$、$2s^2$、$2p^6$、$3s^2$、$3p_x^1$、$3p_y^1$，每个状态对应一个能级。硅原子组成硅晶体时，由于原子本身的势场受到周围原子的影响而产生微扰，使其 3s 轨道与 3p 轨道能量等同（称为简并化），并线性组合成新的轨道函数（称为杂化轨道函数）。由这些简并态的任何线性组合杂化而成的轨道函数虽然很多，但符合正交归一化条件的只有 4 个轨道，如图 2-1 所示。

sp^3杂化只能形成 4 个共价键，而且硅原子只能在特定方向上形成共价键，它们的对称轴指向正四面体的 4 个顶角。sp^3杂化轨道上的 2 个电子完全为相邻的两个硅原子所共有，形成联结 2 个硅原子的电子云。硅晶体属于金刚石型结构。金刚石硅晶格的四面体结构如图 2-2 所示，其中圆球表示硅原子，圆球间的连线表示共价键，它们两两之间的夹角为 109°28′。硅晶体具有典型的共价键性质，即 4 个等同的杂化轨道，每个原子都与周围的原子形成 4 个等同的共价键。

图 2-3 所示的是本征硅晶体的四面体价键的二维示意图。图中，圆圈内为四面

体价键图，在价键破裂处产生导电电子和空穴。

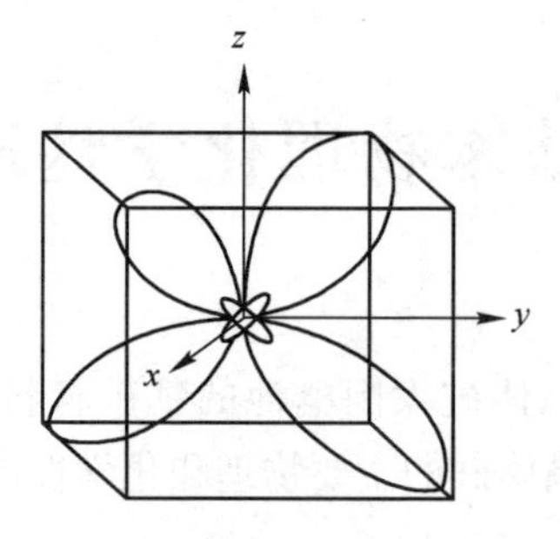

图 2-1　硅晶体中原子的 sp^3 杂化轨道

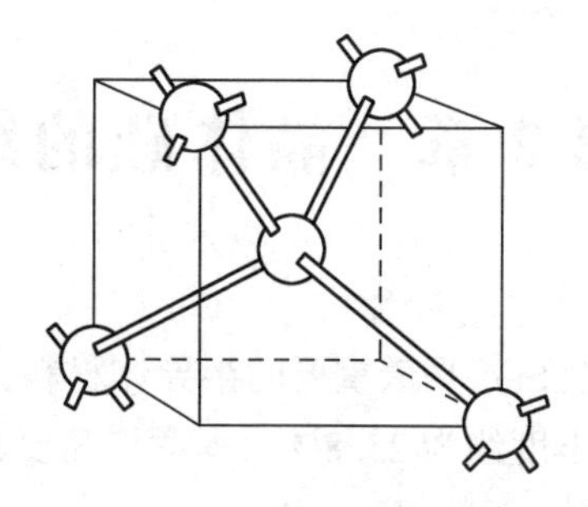

图 2-2　金刚石硅晶格的四面体结构

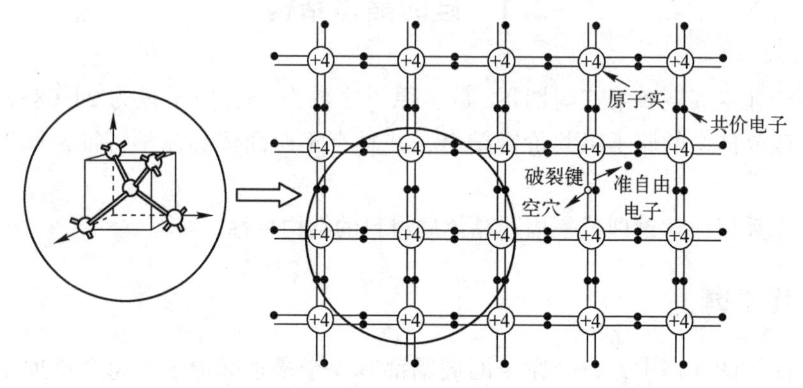

图 2-3　本征硅晶体的四面体价键的二维示意图

当温度较低时，电子被束缚在各自的四面体晶格上，不参与导电过程；当温度升高时，热振动提供的能量可使共价键中的价电子挣脱原子核的束缚，使共价键破裂，价电子会离开原来的位置变成自由电子。当有外界作用时，这些自由电子可以参与导电。图 2-3 中展示了一个价电子离开原来的位置变成一个自由电子的情况。当电子离开原来位置时，在共价键中会因缺少一个电子而留下一个电子空位，这个空位可以被一个邻近的电子填补，导致空位位置的移动。这种空位像是一种虚拟的粒子，称之为空穴。空穴是由空缺电子形成的，可视其为带正电的粒子。在外电场作用下，电子填补空穴，同时又形成另一个空穴，好像空穴在运动，其运动方向与电子的运动方向相反。

2.1.2　晶体结构

1. 半导体的晶格结构

在晶体中，原子呈周期性排列，组成空间点阵，称之为晶格。原子会以晶格点的固有位置为中心作热振动。能复制整个晶体的一组原子组成的晶体称为晶胞。晶胞可以是多重结构的。晶胞平移可构成整个晶格。晶格的最小单元称为原胞。原胞具有最小的体积，将其重复排列就能形成晶体。

移动格点或原胞形成晶格可用矢量 **R** 表示：

$$\boldsymbol{R}=n_1\boldsymbol{a}_1+n_2\boldsymbol{a}_2+n_3\boldsymbol{a}_3 \tag{2-1}$$

式中，$\boldsymbol{a}_1$、$\boldsymbol{a}_2$和 $\boldsymbol{a}_3$为基矢，n_1、n_2和 n_3为整数。

图 2-4 所示为三种立方晶格示意图。在简立方晶格中，每个顶点上有一个原子，原胞含有一个原子，原胞的棱长 a 称为晶格常数；在体心立方晶格中，除了 8 个顶点有原子，在其中心还有一个原子，原胞含有 2 个原子；在面心立方晶格中，除了 8 个顶点有原子，在其 6 个面的中心还各有一个原子，原胞由 4 个原子构成。

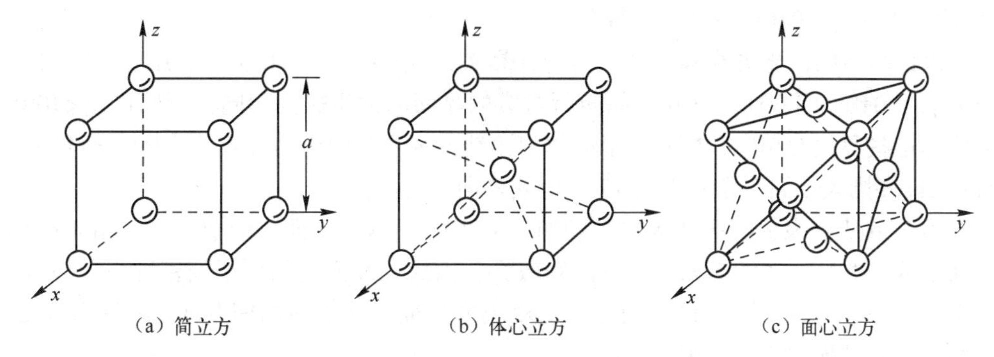

图 2-4 三种立方晶格示意图

在图 2-4 中可以看到，不同晶面内的原子间距和原子数通常是不同的。因此，在不同晶面方向上晶体性质也不同，晶体具有各向异性的性质。晶体中不同晶面常用密勒指数来表征，其确定方法如下所述。

（1）在直角坐标系的 3 个坐标轴上，以晶格常数为单位，确定晶面的截距(x,y,z)；

（2）取截距数值的倒数$(1/x,1/y,1/z)$，并按相同比例将其换算为 3 个最小整数值，即将$(1/x,1/y,1/z)$乘以最小公分母，换算为最小的整数值；

（3）将这 3 个整数值依次置于圆括号内，即得到该晶面的密勒指数。

立方晶体中某些重要晶面的密勒指数如图 2-5 所示。例如，在图 2-5（a）中，简立方的阴影面在 3 个坐标轴上的截距是$(1,\infty,\infty)$，其晶面的密勒指数就是(100)。

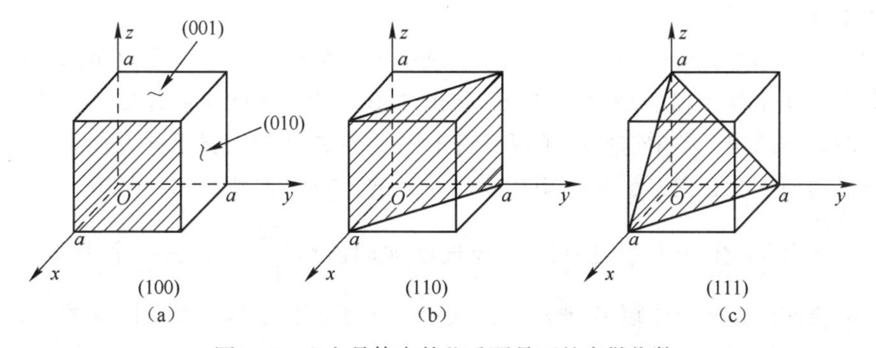

图 2-5 立方晶体中某些重要晶面的密勒指数

其他一些符号的约定如下所述。

☺ $(\bar{h}kl)$：表示晶面与 x 轴的截距在原点的负方向，如 $(\bar{1}00)$。

☺ {hkl}：表示有相同对称性的一组晶面。例如，在立方对称的情况下，{100} 表示（100）、（010）、（001）、$(\bar{1}00)$、$(0\bar{1}0)$、$(00\bar{1})$ 面。

☺ [hkl]：表示晶体方向，如 [100] 表示 x 轴。因此，[100] 方向垂直于（100）面，[111] 方向垂直于（111）面。简立方的晶向 [hkl] 垂直于晶面（hkl）。

☺ <hkl>：表示一系列等效的晶向。例如，<100>表示 [100]、[010]、[001]、$[\bar{1}00]$、$[0\bar{1}0]$、$[00\bar{1}]$ 晶向。

以最简单的简立方结构为例，因为其晶格具有对称性，[100]、[010]、[001]、$[\bar{1}00]$、$[0\bar{1}0]$、$[00\bar{1}]$ 这 6 个晶向所对应的晶面的性质完全相同，所以可用<100>来统称这些等效的晶向；简立方沿晶体对角线的 8 个晶向也是等效的，标为<111>晶向；<110>则表示面对角线上的 12 个等效晶向。

图 2-6 所示为金刚石结构的（100）、（110）、（111）面。图中显示，由于晶面密勒指数小的晶面系的晶面之间的间距较大，因此其晶面上的原子面密度也比较大。图 2-6（c）中所示的（111）面是一个双层密排面，晶面间的间距较小，两层晶面内部之间有较强的相互作用。

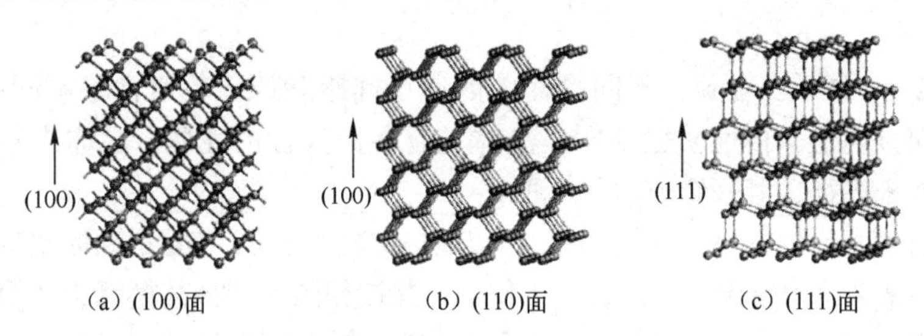

（a）(100)面　　（b）(110)面　　（c）(111)面

图 2-6　金刚石结构的（100）、（110）、（111）面

2. 硅晶体的晶格结构

硅晶体结构如图 2-7 所示。由图可知，在 [111] 方向，从下向上原子层的排列是 γaαbβcγ，最上层的 γ 层原子和最下层的 γ 层原子完全重合，这体现了硅晶体结构的周期性。

图 2-8 所示的是金刚石晶格结构。在金刚石晶格中，位于一个四面体的顶点的原子周围有 4 个等距离的最近邻原子，在图 2-8 中用粗黑线条所连接的那些原子形成一个四面体结构，图中这些原子以 A 来标注。这种结构也属于立方晶系，并可将其看成是由两个面心立方子晶格相互嵌套而成的，如图 2-9 所示。其中，一个子晶格沿立方体对角线位移四分之一对角线长度（即位移$\frac{\sqrt{3}}{4}a$）与另一个子晶格嵌套。另一子晶格四面体的原子以 B 来标注，其中一个子晶格上以 AB 来标注的中心原子为另一子晶格四面体的顶点。

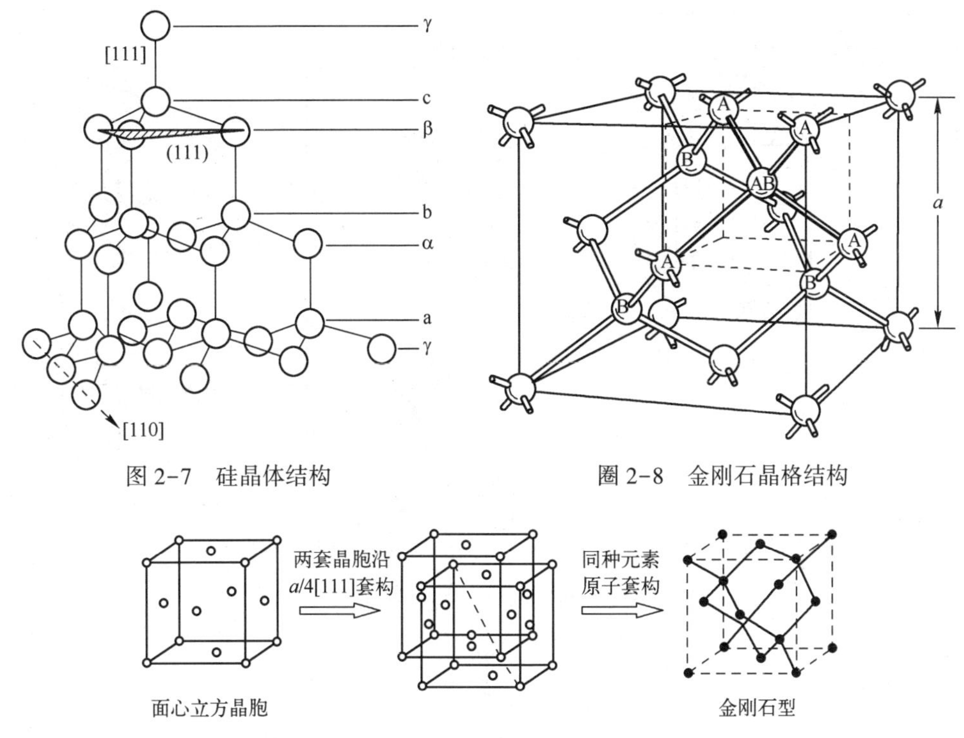

图 2-7　硅晶体结构

圈 2-8　金刚石晶格结构

图 2-9　金刚石型晶胞的构成

硅晶胞是立方晶系。硅晶胞的 8 个顶点和 6 个面心都有原子，另外在立方体内还有 4 个硅原子，各占据空间对角线上距离相应顶点 1/4 处，晶胞中含有的原子数为 8。硅晶体的晶格常数 $a-5.4395$Å（$1Å=0.1nm=10^{-10}m$）。硅晶体由 2 个子晶格套构而成，其晶格属于复式晶格。图 2-9 左侧图中的四面体结构是硅晶格结构的最小重复单元，也就是硅晶格的原胞。

常用的硅晶面指数为（100）、（110）和（111），这些晶面很重要。硅晶体中几个重要的晶向和晶面如图 2-10 所示。由于硅晶体具有金刚石结构的对称性，因此每一类型的晶面组｛hkl｝均含有多个等同晶面（hkl）。

硅晶体中｛111｝面和｛110｝面分别是主要解理面和次要解理面。

硅晶体的原子配置除了具有周期性，还具有一定的对称性。图 2-11 所示为硅晶体的旋转轴。

每个晶胞有 8 个硅原子。在温度 $T=300K$ 下，硅晶体中的原子密度为

$$n_a=8/(5.4395Å)^3\approx5\times10^{22}cm^{-3}$$

相邻两个原子之间的间距为 2.35167Å（即 $\frac{\sqrt{3}}{4}a$），四面体共价半径为 1.17584Å。

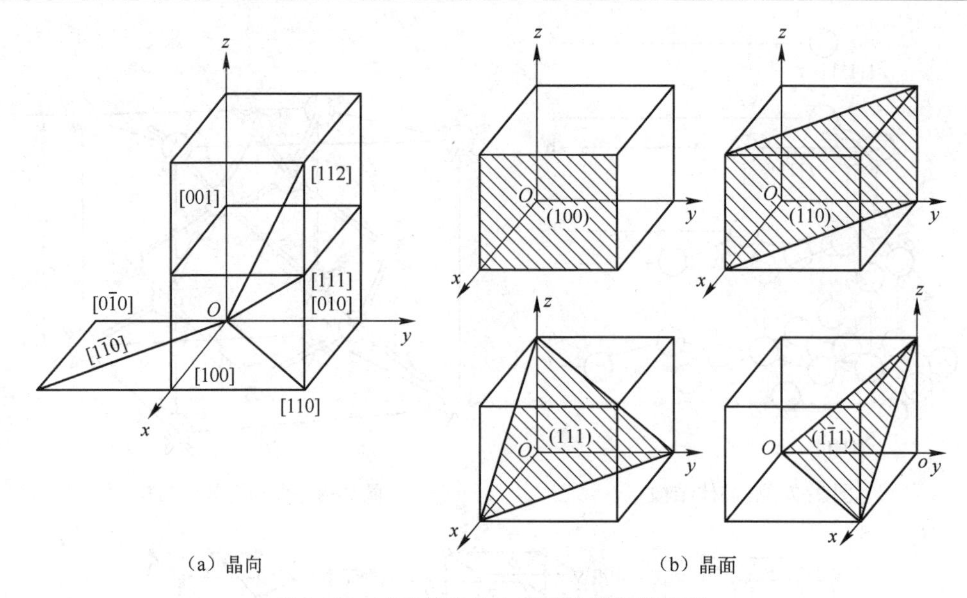

图 2-10　硅晶体中几个重要的晶向和晶面

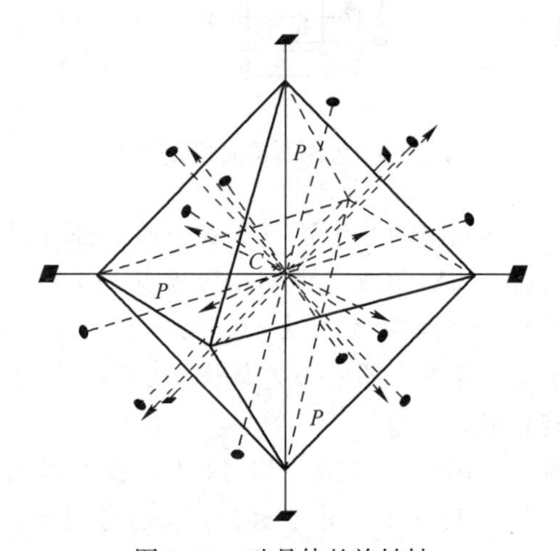

图 2-11　硅晶体的旋转轴

2.1.3　表面与界面结构

硅晶体的物理表面是三维周期性结构与真空或气相之间的过渡区，从电子分布来看，指的是以表面最外层原子为基准表面，向真空和体内两侧各延伸 1.0~1.5nm 的区域。

由于吸附（指的是气相分子撞击表面并黏附其上）和偏析（指的是固体内的溶质在表面区聚集），晶体硅表面数个原子层的化学成分通常与体内的不同。

在晶体表面上的硅原子只能与其周围 3 个硅原子形成共价键，虽然部分多余的共价键有可能会被通常存在于硅表面的 SiO_2 中的氧原子所饱和，但由于晶格不匹配等原因，总还会有一些未被饱和的悬键。这些悬键和表面缺陷，加上表面吸附的外来原子，都将形成表面量子态。表面量子态中电子数量的变化会造成表面附着电荷的变化。表面电子态将形成表面能级，非平衡载流子会通过这些能级间接复合而降低寿命。在制造太阳电池时，应尽量减少表面态。

硅的界面态也与界面处的悬键、杂质及缺陷有关。界面态密度还与硅晶体衬底的晶面取向有关，它们按(111)>(110)>(100)的顺序降低。界面态是载流子产生和复合的中心，它的存在将增大太阳电池的界面复合率。

硅与金属、绝缘介质（如 SiO_2、SiN_x 等）及其他半导体接触所形成的界面，对改变硅太阳电池的性能有重要作用。

2.2　晶体硅的基本物理化学性质[2]

1. 电学性质

硅是典型的半导体材料，其电阻率约在 $10^{-4}\sim10^{10}\Omega\cdot cm$ 范围内；电导率和导电型号对杂质和外界因素（光、热等）高度敏感。本征半导体硅不含杂质和缺陷，电阻率很高；当掺入极微量的电活性杂质后，其电导率显著增加。当纯硅中掺入施主杂质（Ⅴ族元素磷、砷、锑等）时，可形成 n 型硅，呈电子导电；当掺入受主杂质（Ⅲ族元素硼、铝、镓等）时，形成 p 型硅，呈空穴导电。如上所述，空穴由价键断裂形成，价键断裂处失去电子留下带正电荷的“空位”，即空穴。p 型硅与 n 型硅相接触的界面形成 pn 结。pn 结是太阳电池的基本结构，也是太阳电池的工作基础。

2. 化学性质

在自然界中，硅主要以氧化物形式存在。在常温下，晶体硅的化学性质很稳定；但在高温下，硅几乎可与所有物质发生化学反应。与太阳电池相关的一些重要化学反应式有：

$$
\begin{aligned}
&Si+SiO_2 \xrightarrow{\sim1400^\circ C} 2SiO\\
&Si+O_2 \xrightarrow{\sim1100^\circ C} SiO_2\\
&Si+2H_2O \xrightarrow{\sim1000^\circ C} SiO_2+2H_2\\
&Si+2Cl_2 \xrightarrow{\sim300^\circ C} SiCl_4\\
&Si+3HCl \xrightarrow{\sim280^\circ C} SiHCl_3+H_2
\end{aligned}
\tag{2-2}
$$

其中，后两个反应常用于制造高纯硅。

Si 不溶于 HCl、H_2SO_4、HNO_3、HF 及王水。

以 HNO_3 作为氧化剂，Si 可被 HF-HNO_3 混合液溶解和腐蚀：

$$Si+4HNO_3+6HF \longrightarrow H_2SiF_6+4NO_2+4H_2O \tag{2-3}$$

Si 与 NaOH 或 KOH 反应，可以生成能溶于水的硅酸盐：

$$Si+2NaOH+H_2O \longrightarrow Na_2SiO_3+2H_2\uparrow \quad (2-4)$$

3. 光学性质

入射到晶体硅上的光，遵守光的反射、折射和吸收定律。晶体硅材料对光的反射、吸收和透射示意图如图 2-12 所示。图中，I_0为入射光强度，R 为硅的入射界面反射率，R'为硅的出射界面反射率，x 为光进入硅中的距离，α 为硅的光吸收系数，d 为硅的厚度，I_2为透射光强度。

硅的折射率见表 2-1[4]。

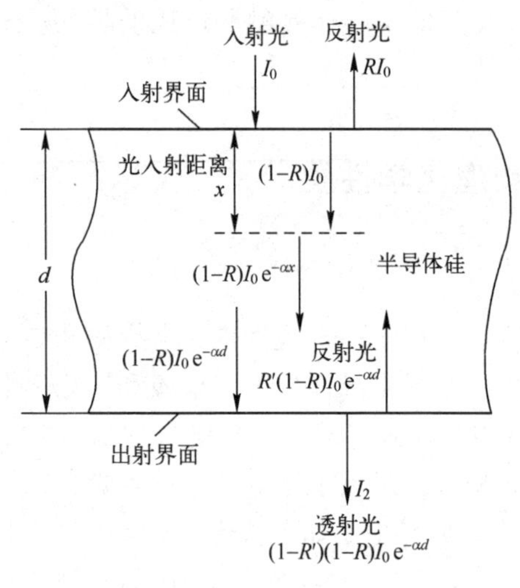

图 2-12　晶体硅材料对光的反射、吸收和透射示意图

表 2-1　硅的折射率（T=300K）

波长 λ/μm	折　射　率
1.10	3.50
1.00	3.50
0.90	3.60
0.80	3.65
0.70	3.75
0.60	3.90
0.50	4.25
0.45	4.75
0.40	6.00

根据光辐射的吸收定律，硅晶体内距离前表面为χ处的辐射强度 I_χ为

$$I_\chi = I_0(1-R)\,e^{-\alpha x} \quad (2-5)$$

式中，α 为吸收系数，R 为反射率。

单晶硅材料的光吸收系数与光波能量之间的关系如图 2-13 所示[5,6]。

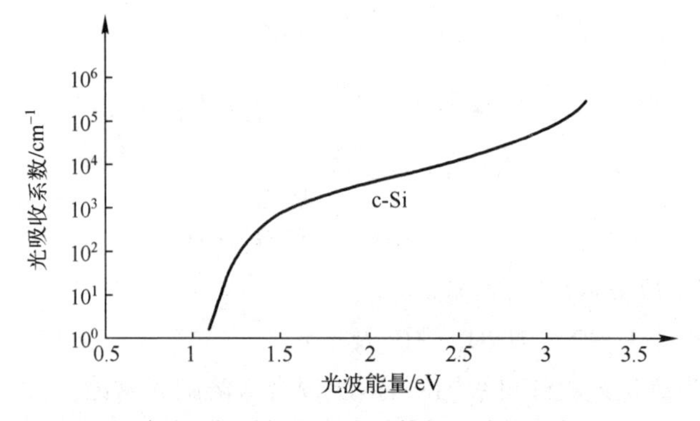

图 2-13　单晶硅材料的光吸收系数与光波能量之间的关系

晶体硅对光的吸收包括本征吸收、杂质吸收、激子吸收和晶格振动吸收等，其中最重要的是本征吸收。本征吸收是指因光子激发使电子从价带跃迁到导带，这种跃迁发生在极限波长 $\lambda_0 = 1.12\mu m$ 之内，对应的禁带宽度 $E_g = 1.1eV$；其他各种吸收都在 λ_0之外。硅对于波长大于 1.15μm 的红外光几乎是透明的，在 1~7μm 红外光范围内其透射率高达 90%~95%。

硅属于间接带隙材料，但当其受到能量足够大的光子激发时，硅中的电子也能发生直接跃迁。由图 2-13 可以看出，光吸收系数在吸收限 λ_0以下时随光子能量上升而逐渐上升，在 α 达到 $10^4 \sim 10^8 cm^{-1}$范围内时出现直接跃迁。图 2-14 所示为在 AM0 和 AM1.5 条件下，硅的厚度与其可利用太阳能量的百分比的关系。由图可见，晶体硅需要有 100μm 的厚度，才能吸收绝大部分太阳光能[7]。

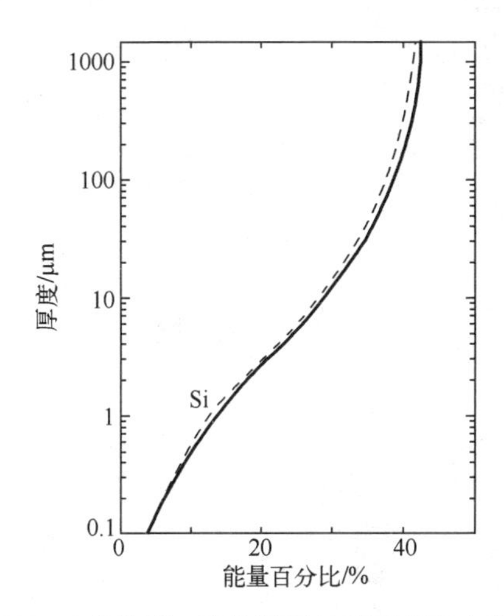

图 2-14　在 AM0 和 AM1.5 条件下，硅的厚度与其可利用太阳能量的百分比的关系
（实线：AM0 光谱条件；虚线：AM1.5 光谱条件）

4. 力学和热学性质

在室温条件下，硅是脆性材料；当温度高于 700℃时，硅具有热塑性。硅的抗拉应力远大于其抗剪应力，因此在制造大面积、薄片硅太阳电池时，很容易发生弯曲、碎裂等情况。

硅在熔化时体积缩小，凝固时体积膨胀。熔融硅的表面张力为 736mN/m，密度为 $2.533g/cm^3$。

5. 相图

在半导体硅及太阳电池的制备中，需要用到硅的相图。图 2-15（a）所示的是铝-硅相图，图 2-15（b）所示的是银-硅相图[3]。

硅的物理化学性质参见附录 F[3]。

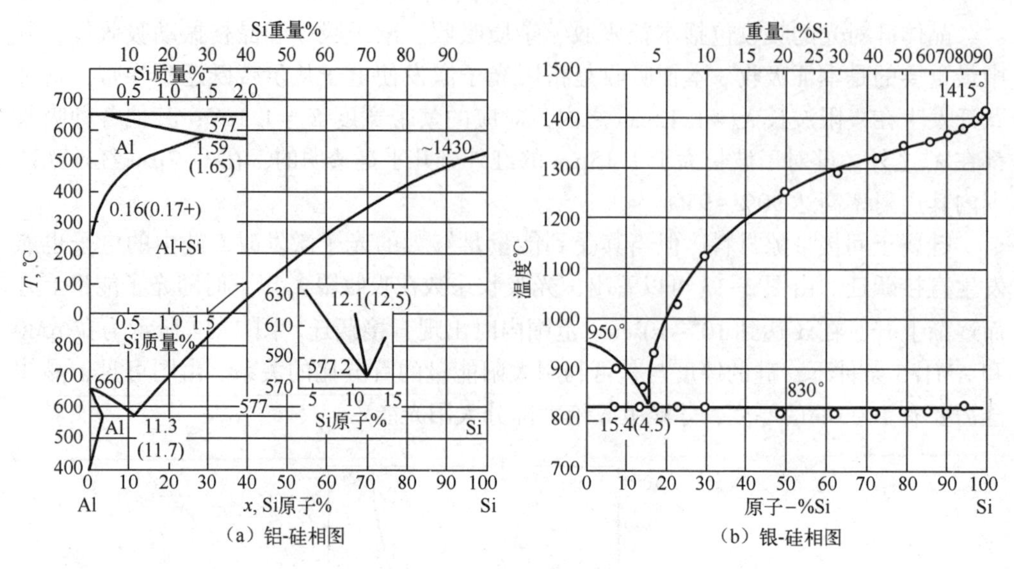

（a）铝-硅相图 （b）银-硅相图

图 2-15 硅的部分相图

参考文献

[1] 黄昆，韩汝琦．固体物理学［M］．北京：科学出版社，1988.

[2] Smith R A. Semiconductors［M］. 2nd Ed. London：Cambridge University Press，1979.

[3] 阙端麟，陈修治．硅材料科学与技术［M］．杭州：浙江大学出版社，2000.

[4] Hovol H J. Semicondoctors and Semimetals，Vo1. 11，Solar Cells［M］. Orlando：Academic Press，1975.

[5] Palik E D. Handbook of Optical Constants of Solids I［M］. Orlando：Academic Press，1985.

[6] Palik E D. Handbook of Optical Constants of Solids II［M］. San Diego：Academic Press，1991.

[7] Neville R C. Solar Energy Conversion：The Solar Cells［M］. Elsevier Scientific Publishing Company，1978.

第 3 章　半导体中的能带与态密度

晶体硅太阳电池是基于晶体硅半导体的许多独特的物理性质设计制造的，这些物理性质决定于晶体硅材料中的电子状态及其运动特点。

通常应用基于量子力学的固体能带理论来描述晶体硅材料与器件的电子状态及其运动规律[1-3]。

3.1　自由电子的运动状态

微观粒子具有波粒二象性，处理微观粒子的行为需要基于波动方程的量子力学方法。

1900 年，普朗克（Max Karl Ernst Ludwig Planck）通过对热辐射的研究提出热辐射量子化假设，即从热物体表面产生的热辐射是不连续的，是量子化的，其能量为

$$E=h\nu=\hbar\omega \tag{3-1}$$

式中：h 为普朗克常量；$\hbar$ 为约化普朗克常量或修正普朗克常量，$\hbar=\dfrac{h}{2\pi}$；$\nu=\dfrac{\omega}{2\pi}$为电磁辐射的频率。

爱因斯坦（Albert Einstein）于 1905 年通过对光电效应的研究认为光具有波粒二象性，提出了“光子”概念。光子的能量 E 和动量 p 分别为

$$E=h\nu \tag{3-2}$$

$$p=\frac{h\nu}{c}=\frac{h}{\lambda} \tag{3-3}$$

式中，c 为光速，λ 为波长。

玻尔（Niels Henrik David Bohr）于 1913 年根据氢原子的发光光谱研究建立了氢原子玻尔模型，即氢原子的电子围绕原子核在特定的轨道中运动，其电子的角动量为 $n\hbar$（n 为轨道能量量子数），具有分立能级的轨道半径（被称为玻尔半径）为

$$r_n=\frac{4\pi\varepsilon_0\hbar^2n^2}{m_0q^2}\qquad n=1,2,3,\cdots \tag{3-4}$$

式中：m_0为自由电子的惯性质量，也称静止质量；q 是电子的电荷量；ε_0为真空中的介电常数。

原子体系的量子化能量为

$$E_{\mathrm{H}}=\frac{-m_0q^4}{2\hbar^2(4\pi\varepsilon_0)^2n^2}=\frac{-m_0q^4}{8h^2\varepsilon_0^2n^2}=\frac{-13.6}{n^2}[\mathrm{eV}] \tag{3-5}$$

这里设定电子离原子核无穷远时，系统的能量为零；因此，电子离原子核有限距离时，系统的总能量为负值。

由式（3-5）可知，电子从较高的轨道跃迁到较低的轨道时所释放出的光子的能量是量子化能量。

德布罗意（Louis Victor · Duc de Broglie）于1924年提出德布罗意假设：如同光具有波粒二象性一样，所有微观粒子都具有波粒二象性。德布罗意建立了表征微观粒子波动性的波长 λ 与粒子性的动量 p 和速率 $\boldsymbol{v}$ 之间的德布罗意关系式

$$\lambda = h/p = \frac{h}{m_0 \boldsymbol{v}} \tag{3-6}$$

式中，λ 为德布罗意波长。

薛定谔（Erwin Schrödinger）于1926年建立了描述微观粒子状态随时间和空间变化规律的微分方程，称为薛定谔方程或薛定谔波动方程。

薛定谔方程有多种表达形式，常用的表达形式为

$$\mathrm{i}\hbar \frac{\partial \Psi(\boldsymbol{r},t)}{\partial t} = -\frac{\hbar^2}{2m_0}\nabla^2 \Psi(\boldsymbol{r},t) + V(\boldsymbol{r})\Psi(\boldsymbol{r},t) \tag{3-7}$$

式中：$V(\boldsymbol{r})$ 为粒子所在的势场；∇^2 为拉普拉斯算符；方程的解 $\Psi(\boldsymbol{r},t)$ 称为波函数。

一维薛定谔方程为

$$\mathrm{i}\hbar \frac{\partial \Psi(x,t)}{\partial t} = -\frac{\hbar^2}{2m_0}\nabla^2 \Psi(x,t) + V(x)\Psi(x,t) \tag{3-8}$$

用分离变量法将波函数写为

$$\Psi(x,t) = \Psi(x)\varphi(t) \tag{3-9}$$

将其代入式（3-8），有

$$\mathrm{i}\hbar \frac{1}{\varphi(t)} \frac{\partial \varphi(t)}{\partial t} = -\frac{\hbar^2}{2m_0} \frac{1}{\Psi(x)} \frac{\partial \Psi(x)^2}{\partial x^2} + V(x) \tag{3-10}$$

由于 $\Psi(x)$ 与 $\varphi(t)$ 相互独立，利用常数 E，式（3-10）可分解为两个方程，其中与时间相关的动态方程为

$$\mathrm{i}\hbar \frac{1}{\varphi(t)} \frac{\partial \varphi(t)}{\partial t} = E \tag{3-11}$$

与时间无关的稳态方程为

$$-\frac{\hbar^2}{2m_0} \frac{1}{\Psi(x)} \frac{\partial \Psi(x)^2}{\partial x^2} + V(x) = E \tag{3-12}$$

对式（3-11）进行积分，同时利用普朗克关系式 $E = h\nu = \hbar\omega$，得：

$$\varphi(t) = A\exp\left(\frac{Et}{\mathrm{i}\hbar}\right) = A\exp(-\mathrm{i}\omega t) \tag{3-13}$$

式中，A 为常数。

式（3-8）的总的解为空间和时间两个解的乘积：

$$\Psi(x,t) = \Psi(x)\exp(-\mathrm{i}\omega t) \tag{3-14}$$

式（3-14）表明，波函数是复函数，其本身没有物理意义。

玻恩（Max Born）于 1926 年利用波函数与其复共轭波函数乘积 $|\Psi(x,t)|^2$ 阐明了波函数的物理意义：

$$|\Psi(x,t)|^2=[\Psi(x)\exp(-\mathrm{i}\omega t)][\Psi^*(x)\exp(+\mathrm{i}\omega t)]=|\Psi(x)|^2 \tag{3-15}$$

式中，$|\Psi(x,t)|^2$是一个与时间无关的概率密度函数。$|\Psi(x,t)|^2\mathrm{d}x$ 表示某一时刻在 $x\sim(x+\mathrm{d}x)$之间出现粒子的概率。通过求解 $\Psi(x)$，可确定电子的状态。

对于单粒子情况，波函数 $\Psi(x)$ 和$\dfrac{\partial\Psi(x)}{\partial x}$必须为单值、有限且连续函数，并满足归一化条件：

$$\int_{-\infty}^{+\infty}|\Psi(x,t)|^2\mathrm{d}x=1$$

海森堡（Werner Karl Heisenberg）于 1927 年进一步阐明了微观粒子的波粒二象性，提出了不确定性原理。厄尔 · 肯纳德（Earl Kennard）首先证明了下述不等式成立：

$$\Delta p\cdot\Delta x\geqslant\frac{\hbar}{2} \tag{3-16}$$

这就是不确定性原理，它表明要同时准确测量微观粒子的位置和动量是不可能的。这一原理也可理解为：当微观粒子处于某一状态时，它的力学量没有确定的数值，只具有一系列可能值，每个可能值以一定的概率出现。

3.2　半导体的能带

探究晶体中电子的运动状态，属于量子力学中的多粒子问题。由于晶体中原子数目巨大，每立方厘米体积内有 $10^{22}\sim10^{23}$个原子，精确求解多粒子薛定谔方程是很困难的，需要采用近似方法。单电子近似，结合绝热近似和库普曼斯定理是基本的近似处理方法。绝热近似是将点阵粒子固定在平衡位置来研究电子运动。单电子近似是在周期性势场中考虑电子独立运动。两者结合形成了哈特里-福克自洽场方法。

3.2.1　晶体能带的形成

单电子近似理论认为晶体中某个电子在与晶格同周期的周期性势场中运动。对于一维晶格，晶体中电子所遵守的薛定谔方程与式（3-12）类似，可表述为

$$-\frac{\hbar^2}{2m_0}\frac{\mathrm{d}^2\Psi(x)}{\mathrm{d}x^2}+V(x)\Psi(x)=E\Psi(x) \tag{3-17}$$

式中：本征值 E 为单电子能量；$\hbar$ 为约化普朗克常量；m_0为电子静止质量；$V(x)$是晶格中位置为 x 处具有晶格周期性的等效电势：

$$V(x)=V(x+na) \tag{3-18}$$

式中，n 为整数，a 为晶格常数。

式（3-17）是晶体中电子运动的基本方程式，解此方程，可以获得电子的波函数及能量。式（3-17）的通解称为布洛赫（Bloch）定理，即

$$\Psi_{k}(x)=u_{k}(x)e^{i2\pi kx} \tag{3-19}$$

式中：$\boldsymbol{k}$ 为波矢；$u_{k}(x)$是一个与晶格具有相同周期的周期性函数，即

$$u_{k}(x)=u_{k}(x+na) \tag{3-20}$$

式中，n 为整数。

此处波矢 k 的定义为

$$k=\frac{1}{\lambda}$$

也有将波矢 k 定义为 $k=2\pi/\lambda$ 的，此时相关公式均有相应的变化。

具有式（3-20）形式的波函数称为布洛赫波函数。

式（3-20）代表一个波长为 $1/k$ 且在 x 方向上传播的平面波，其振幅 $u_{k}(x)$随 x 作周期性变化，其变化周期与晶格周期相同。晶体中的电子在空间某一点出现的概率与$|\Psi|^{2}$成比例，$|\Psi|^{2}=\Psi\Psi^{*}$ 称为波函数的强度，Ψ^{*} 为 Ψ 的共轭函数，$|\Psi\Psi^{*}|=|u_{k}(x)u_{k}^{*}(x)|$。由于振幅 $u_{k}(x)$随晶格周期性变化，电子不再完全局限在某一个原子上，可以在整个晶体中运动。电子的这种运动称为电子在晶体内的共有化运动。组成晶体的原子的外层电子共有化运动较强，其行为与自由电子相似，可称之为准自由电子；而内层电子的共有化运动较弱，其行为与孤立原子中的电子相似。

单电子能量：

$$E=W_{s}(k) \qquad (s=1,2,3,\cdots) \tag{3-21}$$

对于各个 s，$W_{s}(k)$的最小值到最大值的能量范围即能带。

晶体中电子处在不同的 k 状态，具有不同的能量 $E(k)$，因此 k 是表征电子状态的一个量子数。求解式（3-17）可获得 $E(k)-k$ 曲线。如图 3-1 所示，当 $k=\frac{n}{2a}$时 $(n=0,\pm1,\pm2,\cdots)$，能量出现不连续。能量不连续区域为禁带，能量连续的区域为允带。允带对应的几个区域称为布里渊（Brillouin）区。

☺ 第一布里渊区：$-\frac{1}{2a}<k<\frac{1}{2a}$

☺ 第二布里渊区：$-\frac{1}{a}<k<-\frac{1}{2a}$，$\frac{1}{2a}<k<\frac{1}{a}$

☺ 第三布里渊区：$-\frac{3}{2a}<k<-\frac{1}{a}$，$\frac{1}{a}<k<\frac{3}{2a}$

由于 $E(k)$是以周期为 $1/a$ 的周期性函数，$E(k)=E\left(k+\frac{n}{a}\right)$，表明 k 和$\left(k+\frac{n}{a}\right)$代表相同的电子状态，因此在能带结构中可以用第一布里渊区作为代表。

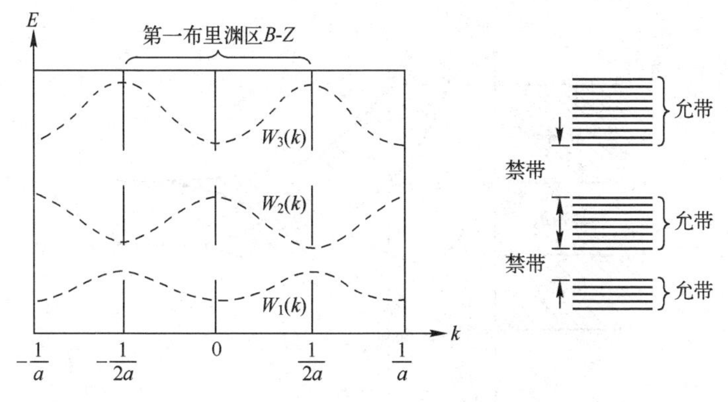

图 3-1　$E(k)$-k 关系曲线示意图

在三维情况下，正交坐标系(x,y,z)中 $\boldsymbol{k}$ 的分量为 k_x、k_y、k_z。可以将 $\boldsymbol{k}$ 限制在 $\boldsymbol{k}$ 空间的一定区域中，$\boldsymbol{k}$ 空间中心的最小体积区域就是第一布里渊区。金刚石的布里渊区如图 3-2 所示。

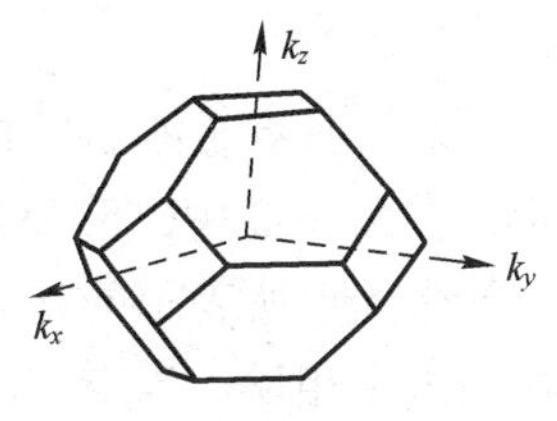

图 3-2　金刚石的布里渊区

布里渊区里 $\boldsymbol{k}$ 的数目等于晶体内原胞数目。根据电子自旋和泡利不相容原理，每个能带可以容纳电子的数目为晶体元胞数的 2 倍。

以上用量子力学理论讨论了晶体能带的形成。下面再从原子物理的角度进行分析，以加深对能带形成过程的理解。

根据原子物理学，一个孤立原子的电子只能有分立的能级。氢原子的能级 E_{H} 为[4]

$$E_{\mathrm{H}}=\frac{-m_0q^4}{8\varepsilon_0^2h^2n^2}=\frac{-13.6}{n^2}[\mathrm{eV}] \tag{3-22}$$

式中：m_0为自由电子质量；q 为电子电荷；ε_0为真空介电常数；h 为普朗克常量；n 为主量子数（取正整数）；E_{H}的单位为 eV。基态（$n=1$）的能量为-13.6eV，第一激发态（$n=2$）的能量为-3.4eV，等等。

当 N 个同种原子相距很远时，相同量子数的 N 个能级会简并成一个能级，称为 N 重简并能级。当 N 个原子彼此靠近时，由于原子间的相互作用，N 重简并的能级又会分裂为 N 个彼此分离而又靠得很近的能级，形成连续的能带。当原子间距进一步缩小时，这些分离的能带合并成一个能带。当原子间距接近晶格中原子间的平衡距离（即晶格常数 a）时，能带再次分裂为两个能带，如图 3-3 所示。

两个能带之间的带隙区域为禁带，禁带是晶体原子中的电子所不能具有的能量。能带之间的能量间隔称为禁带宽度 Eg。在禁带上面的能带为导带，在禁带下面的能带为价带。导带底的能量 E_{c}为导电电子静止时的能量（即电子的势能），E_{c}以上的能量表示电子的动能。价带顶的能量为 E_{v}，对应于空穴的势能，E_{v}以下的能量表示空穴的动能。

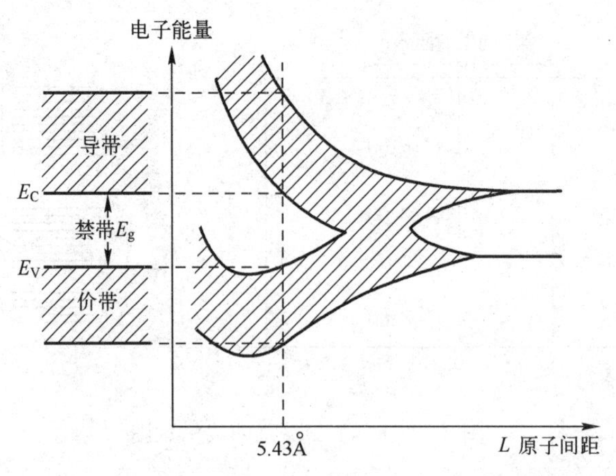

图 3-3 孤立的硅原子靠近构成金刚石结构晶体的能带形成示意图

硅晶体具有金刚石结构，晶格格点上的原子彼此靠得很近，其能级形成连续的能带。在图 3-3 中，5.43Å 为硅的晶格常数。

能带图上所表示的是电子的能量。当电子能量增加时，向上跃迁；空穴所带的电荷与电子相反，当空穴的能量增加时，向下跃迁。

3.2.2 *k* 空间的量子态分布

按照量子力学理论，对于有限的半导体晶体中的微观粒子（如电子），其允许的能量状态（即能级）可由波矢 $\boldsymbol{k}$ 标志。对边长为 L 的立方晶体，考虑其周期性边界条件，$\boldsymbol{k}$ 只能取下述特定的允许值：

$$\begin{cases} k_x = \dfrac{n_x}{L}(n_x = 0, \pm 1, \pm 2, \cdots) \\ k_y = \dfrac{n_y}{L}(n_y = 0, \pm 1, \pm 2, \cdots) \\ k_z = \dfrac{n_z}{L}(n_z = 0, \pm 1, \pm 2, \cdots) \end{cases} \tag{3-23}$$

式中：n_x、n_y、n_z是整数；L 是半导体立方晶体的长度，$L^3 = V$ 为晶体的体积。

以波矢 $\boldsymbol{k}$ 的 3 个互相正交的分量 k_x、k_y、k_z为坐标轴的直角坐标系为 $\boldsymbol{k}$ 空间。在 $\boldsymbol{k}$ 空间，由波矢 $\boldsymbol{k}$ 的一组整数（n_x、n_y、n_z）代表电子的一个允许能量状态，即一个量子态。$\boldsymbol{k}$ 空间的状态分布如图 3-4 所示。因此，电子有多少个允许的量子态，在 $\boldsymbol{k}$ 空间就有多少个代表点。

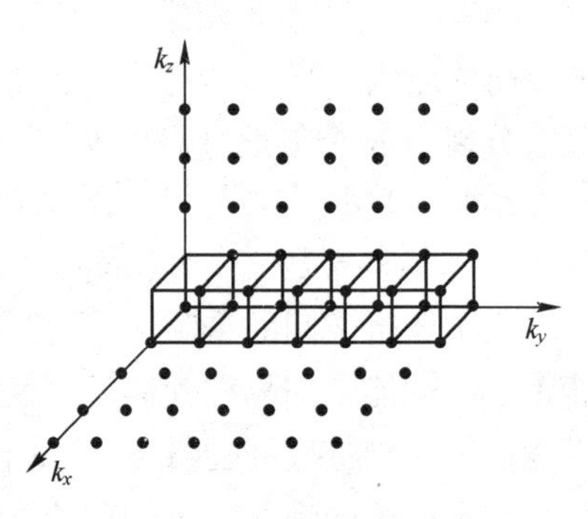

图 3-4 *k* 空间的状态分布

代表量子态的点在 $\boldsymbol{k}$ 空间是均匀分布的。每一个代表点的体积为 $1/L^3 = 1/V$，这些立方体之间紧密相接，无间隙、没有重叠地填满 $\boldsymbol{k}$ 空间。因此，在 $\boldsymbol{k}$ 空间，体积为 $1/V$ 的一个立方体中有一个代表点。也就是说，$\boldsymbol{k}$ 空间代表点（量子态）的密度为 V，考虑 $\boldsymbol{k}$ 空间代表点应该计入电子的自旋，而电子的自旋具有方向相反的两个量子态，因此 $\boldsymbol{k}$ 空间的量子态密度应为 $2V$。根据量子力学的泡利不相容原理，一个量子态只允许容纳某个自旋方向的一个电子。对于能带中的能级，一个能级具有两个量子态，可以容纳自旋方向相反的两个电子。

3.2.3　硅晶体的能带结构

1. 绝缘体、半导体和导体的能带结构

图 3-5 所示为绝缘体、半导体和导体的能带结构图。绝缘体（如 SiO_2）的价电子与近邻原子形成强键，禁带宽度大，价带内的能级均被电子填满，而导带内的能级均空着。通常的热能或外电场难以将价带上的电子激发到导带，使电子参与导电过程。

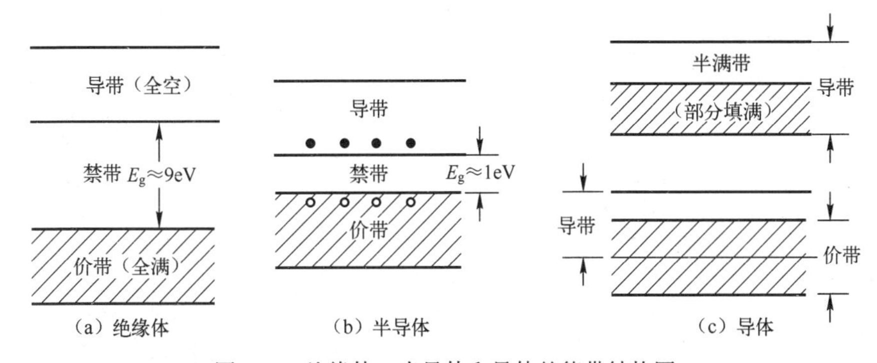

图 3-5　绝缘体、半导体和导体的能带结构图

在导体（如金属）中，导带或者被部分填充，或者与价带互相重叠，使禁带消失，导带上的电子或价带顶的电子极易在外电场等外界作用下获得动能，从而跃迁至邻近能量稍高的空能级，产生电流，如图 3-5（c）所示。

半导体内邻近原子所形成的价键结合强度介于绝缘体与导体之间。只要有一定的热振动等外界作用，就会使一些键断裂。每断开一个键，就产生一个自由电子和一个空穴。从能带的角度分析，半导体的禁带宽度比绝缘体小，一般为 1～2eV，如图 3-5（b）所示。当 $T\neq 0$K 时，将有一定数量的电子受热激发，使部分电子从价带跃迁到导带，成为导电电子，同时价带中出现等量的空穴。在外加电场作用下，导带中的电子和价带中的空穴都将获得动能，作漂移运动，参与导电过程，导致半导体具有一定的导电性。硅晶体是典型的半导体材料，在室温和标准大气压下，其禁带宽度为 1.12eV。

总之，绝缘体的禁带较宽，由热激发引起电子从价带跃迁到导带的概率小，导电性差。在金属导体的导带中，禁带与价带相连接，在外电场的作用下，具有良好的导电性；半导体的导电性介于这两者之间。

2. 晶体硅的能带结构

晶体硅的能带结构图有两类：一类是图 3-3 所示的位置空间的 $E-x$ 坐标能带结构图，描述的是晶体中价电子的能量与位置 x 之间的关系；另一类是 $\boldsymbol{k}$ 空间的$E-k$坐标能带结构图，描述的是晶体中价电子的能量与波矢 $\boldsymbol{k}$ 之间的关系。

图 3-6 所示的是硅晶体的 $E-k$ 坐标能带结构图，显示了硅晶体的第一布里渊区内 $\boldsymbol{k}$ 空间中，以 $\boldsymbol{k}=0$ 为原点，在［111］和［100］方向上的能带结构，最低能谷(即导带最小值) 在［100］方向的布里渊区内。［100］有 6 个方向，因此在导带底的附近有 6 个能量极小值。6 个等能面都是旋转椭球，如图 3-7 所示。椭球的长轴在［100］方向，短轴与［100］方向垂直。电子横向有效质量 $m_{\perp}^{*}=(0.98\pm0.04)m_0$，电子纵向有效质量 $m_{\parallel}^{*}=(0.19\pm0.01)m_0$，$m_0$为电子惯性质量。硅的电学性质主要由［100］方向上的最低能谷所决定，在标准大气压下，0K 时的 $E_g=1.17\text{eV}$，300K 时的 $E_g=1.12\text{eV}$。

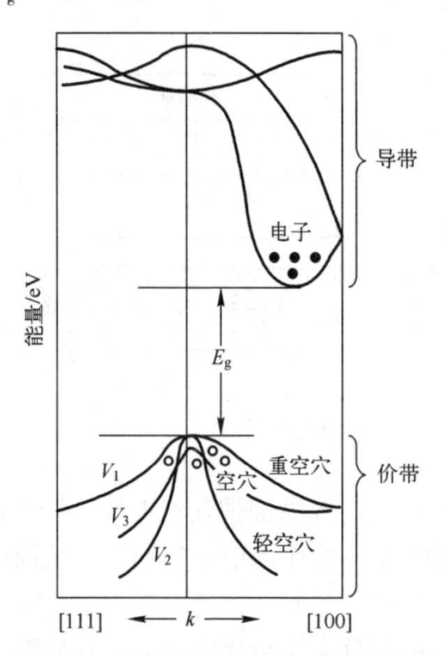

图 3-6　硅晶体的 $E-k$ 坐标能带结构图

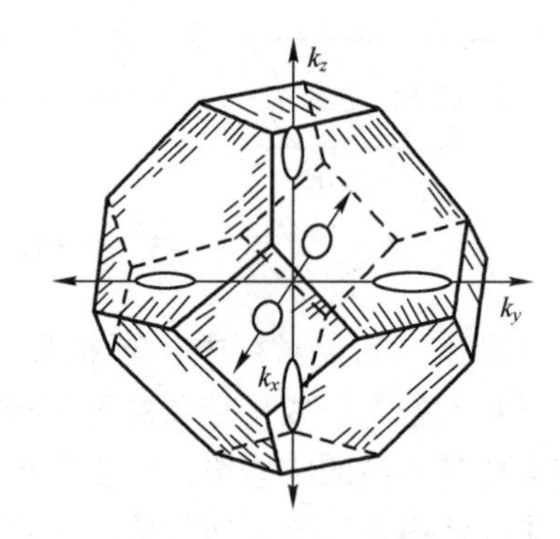

图 3-7　硅晶体的等能面

价带由 3 个能带组成。两个较高能带 V_1和 V_2在 $\boldsymbol{k}=0$ 处相交，另一个能带 V_3的位置较低。V_1能带上的空穴的有效质量 $m_{\text{hv}}^{*}=0.49m_0$，称之为重空穴。$V_2$能带上的空穴的有效质量 $m_{\text{lv}}^{*}=0.16m_0$，称之为轻空穴。

在很大的温度范围内，硅的禁带宽度 E_g按下式规律随温度变化[5]：

$$E_g(T)=E_g(0)-\frac{\alpha T^2}{T+\beta} \tag{3-24}$$

式中：$E_g(T)$和 $E_g(0)$分别表示温度为 T 和 0K 时的禁带宽度，$E_g(0)=1.17\text{eV}$；$\alpha=4.73\times10^{-4}\text{eV/K}$；$\beta=636\text{K}$。硅的禁带宽度 E_g随温度变化的关系如图 3-8 所示[6]。

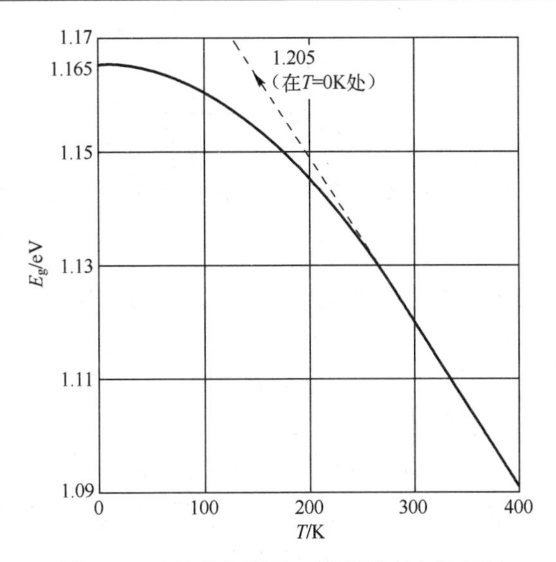

图 3-8　硅的禁带宽度 E_g 随温度变化的关系

由图可见，硅的禁带宽度随着温度的升高而减小，其温度系数为负值。

3.3　半导体中的量子态

若用薛定谔波动方程处理单个微观粒子行为的量子力学方法去处理由大量微观粒子组成的固体物理问题，将是非常复杂的。为了简化处理，引入微观粒子的质量概念，将表征波动性的量与表征粒子性的量联系起来，使得半导体中大部分微观粒子的行为可借助于经典力学的方法进行处理。

晶体硅半导体器件是具有三维结构的固体，但太阳电池基本上属于分层结构，在同一平面上可以认为具有相同的性能，因此通常可以按一维的情况进行讨论。

3.3.1　自由电子的能量与动量之间的关系

如前所述，按照经典微观粒子行为的表述，质量为 m_0、运动速度为 $\boldsymbol{v}$ 的自由电子，其动量 $\boldsymbol{p}$ 与能量 E 的关系式为

$$\boldsymbol{p}=m_0\boldsymbol{v} \tag{3-25}$$

$$E=\frac{1}{2}\frac{|\boldsymbol{p}|^2}{m_0} \tag{3-26}$$

从量子力学的观点来看，这个自由粒子可以用频率为 ν、波长为 λ 的平面波表示为

$$\Psi(\boldsymbol{r},t)=A\mathrm{e}^{\mathrm{i}2\pi(\boldsymbol{k}\cdot\boldsymbol{r}-\nu t)} \tag{3-27}$$

式中，A 为一常数，$\boldsymbol{r}$ 为空间某点的矢径，$\boldsymbol{k}$ 为平面波的波数。$\boldsymbol{k}$ 是一个矢量，称为波矢，其方向与波面法线平行，为波的传播方向，其数值等于波长 λ 的倒数：

$$|\boldsymbol{k}|=\frac{1}{\lambda} \tag{3-28}$$

说明 也有定义$|\boldsymbol{k}|=2\pi/\lambda$的。涉及波矢$\boldsymbol{k}$计算时，采用不同的定义会得到不同的结果。

自由电子的能量和动量与平面波频率和波矢之间的关系分别为

$$E=h\nu \tag{3-29}$$

$$\boldsymbol{p}=h\boldsymbol{k} \tag{3-30}$$

在一维的情况，波的传播方向为x轴方向：

$$\Psi(\boldsymbol{r},t)=A\mathrm{e}^{\mathrm{i}2\pi kx}\mathrm{e}^{-\mathrm{i}2\pi\nu t}=\Psi(x)\mathrm{e}^{-\mathrm{i}2\pi\nu t} \tag{3-31}$$

式中，$\Psi(x)$为自由电子的波函数，代表一个沿x方向传播的平面波：

$$\Psi(x)=A\mathrm{e}^{\mathrm{i}2\pi kx} \tag{3-32}$$

$\Psi(x)$遵守定态薛定谔方程：

$$-\frac{\hbar^2}{2m_0}\frac{\mathrm{d}^2\Psi(x)}{\mathrm{d}x^2}=E\Psi(x) \tag{3-33}$$

式中：$\hbar$为约化普朗克常量，$\hbar=h/2\pi$；E为电子能量。

将式（3-30）代入式（3-25），得：

$$\boldsymbol{v}=\frac{h\boldsymbol{k}}{m_0} \tag{3-34}$$

将式（3-30）代入式（3-26），得：

$$E=\frac{h^2\boldsymbol{k}^2}{2m_0}=\frac{p^2}{2m_0} \tag{3-35}$$

由式（3-35）对E微分可得：

$$\frac{\mathrm{d}E}{\mathrm{d}\boldsymbol{k}}=\frac{h^2\boldsymbol{k}}{m_0} \tag{3-36}$$

将式（3-36）代入式（3-34），可得自由电子速度与能量的关系：

$$\boldsymbol{v}=\frac{1}{h}\frac{\mathrm{d}E}{\mathrm{d}\boldsymbol{k}} \tag{3-37}$$

上述公式表明，对于波矢为$\boldsymbol{k}$的自由电子的运动状态，其能量E、动量$\boldsymbol{p}$和速度$\boldsymbol{v}$均有确定的关系式相联系。因此，描述自由电子运动状态的波矢$\boldsymbol{k}$，同样可以用电子的动量$\boldsymbol{p}$来描述。

3.3.2 半导体中电子的能量与动量之间的关系

对于半导体的性能来说，起主要作用的电子是位于能带底部或顶部的电子，这些位于能带极值附近的电子的$E(\boldsymbol{k})$与$\boldsymbol{k}$之间的关系可用泰勒级数展开式近似求出。

能带底部附近的$\boldsymbol{k}$值通常是很小的，可设定能带底部的波数$\boldsymbol{k}=0$。

在一维情况下，将 $E(\boldsymbol{k})$ 在 $\boldsymbol{k}=0$ 附近按泰勒级数展开，取前 3 项近似，得到：

$$E(\boldsymbol{k})=E(0)+\left(\frac{\mathrm{d}E}{\mathrm{d}\boldsymbol{k}}\right)_{\boldsymbol{k}=0}\boldsymbol{k}+\frac{1}{2}\left(\frac{\mathrm{d}^2E}{\mathrm{d}\boldsymbol{k}^2}\right)_{\boldsymbol{k}=0}\boldsymbol{k}^2+\cdots$$

当 $\boldsymbol{k}=0$ 时，在能带底部的 $\left(\frac{\mathrm{d}E}{\mathrm{d}\boldsymbol{k}}\right)_{\boldsymbol{k}=0}=0$，因而有：

$$E(\boldsymbol{k})-E(0)=\frac{1}{2}\left(\frac{\mathrm{d}^2E}{\mathrm{d}\boldsymbol{k}^2}\right)_{\boldsymbol{k}=0}\boldsymbol{k}^2 \tag{3-38}$$

式中，$E(0)$ 为导带底能量，$E(0)=E_{\mathrm{c}}$。

式（3-38）表明，价带最大值及导带最小值附近的能量 E 与波矢 $\boldsymbol{k}$ 之间呈现抛物线型关系，因此这种近似处理称为抛物线近似或抛物带近似。远离价带顶及导带底的区域不适合这种近似。

为了使半导体中电子运动状态的能量 $E(\boldsymbol{p})$ 与动量 $\boldsymbol{p}$ 的表达式在形式上与自由电子的能量 E 与动量 $\boldsymbol{p}$ 的表达式一致，定义 m_{c}^* 为能带底电子的有效质量，即

$$\frac{1}{m_{\mathrm{c}}^*}=\frac{1}{h^2}\left(\frac{\mathrm{d}^2E}{\mathrm{d}\boldsymbol{k}^2}\right)_{\boldsymbol{k}=0} \tag{3-39}$$

将式（3-39）代入式（3-38），可得能带底部附近的 $E(\boldsymbol{k})$ 为

$$E(\boldsymbol{k})-E(0)=\frac{h^2\boldsymbol{k}^2}{2m_{\mathrm{c}}^*}=\frac{\overline{\boldsymbol{p}}^2}{2m_{\mathrm{c}}^*} \tag{3-40}$$

式中，$\overline{p}$ 为晶体动量：

$$\overline{\boldsymbol{p}}=h\boldsymbol{k}$$

因为 $E(k)>E(0)$，所以能带底电子的有效质量是正值。

式（3-26）和式（3-38）都表明能量 E 是动量 $\boldsymbol{p}$ 或波矢 $\boldsymbol{k}$ 的偶函数。

针对位于 $\boldsymbol{k}=0$ 能带顶的电子，也可以得到同样的表达式，只是在能带顶部附近有 $E(k)<E(0)$，所以能带顶电子的有效质量是负值。

由式（3-40）可知，$E\propto\overline{\boldsymbol{p}}^2$，价带最大值及导带最小值附近的能量 E 与晶体动量 $\overline{\boldsymbol{p}}$ 呈现抛物线型关系。抛物线的曲率半径越小，有效质量越小。

电子有效质量与晶向有关，垂直于［100］晶向的电子有效质量为 $0.19m_0$。

以上分析表明，描述半导体中电子运动状态的波矢 $\boldsymbol{k}$，同样可以用晶体动量 $\overline{\boldsymbol{p}}$ 来描述。

导带内的电子由于受到原子核的周期性势垒作用，使得导带内的导电电子的质量 m_{c}^* 与自由电子的质量 m_0 有差异。同样，晶体动量 $\overline{\boldsymbol{p}}$ 与自由粒子动量 $\boldsymbol{p}$ 也是既有相似之处又有区别。对自由电子来说，当其动能为零时，动量也必定为零。但对晶体中的电子而言，导带底的电子，即使其动能为零，其晶体动量也可以不为零。

3.3.3　半导体中电子的平均速度和加速度

1. 半导体中电子的平均速度

根据量子力学概念，电子的运动可以看成波包的运动，波包由多个频率 ν 相近

的波组成，波包中心的运动速度称为波包的群速，就是电子运动的平均速度：

$$v=\frac{\mathrm{d}\nu}{\mathrm{d}k} \tag{3-41}$$

式中，k 为对应的波矢数（波数）。

由普朗克公式 $E=h\nu$ 可得：

$$v=\frac{1}{h}\frac{\mathrm{d}E}{\mathrm{d}k} \tag{3-42}$$

将式（3-40）代入式（3-42），得到能带极值附近电子的速度为

$$v=\frac{hk}{m_c^*} \tag{3-43}$$

由此可见，半导体中电子平均速度的表达式与自由电子速度的表达式类似。

2. 半导体中电子的加速度

在外加电压下，半导体内部可生成强度为 F 的外加电场，这时电子除受到周期性势场作用外，还要受到外加电场的作用。电子将受到 $f=-qF$ 的力，在 $\mathrm{d}t$ 时间内移动一段距离 $\mathrm{d}x$，电子所获得的能量等于外力对电子所做的功，即

$$\mathrm{d}E=f\mathrm{d}x=fv\mathrm{d}t \tag{3-44}$$

将式（3-42）代入式（3-44），得：

$$\mathrm{d}E=\frac{f}{h}\frac{\mathrm{d}E}{\mathrm{d}k}\mathrm{d}t \tag{3-45}$$

变换式（3-45）可得：

$$f=h\frac{\mathrm{d}k}{\mathrm{d}t} \tag{3-46}$$

式（3-46）表明，波矢变化率与外力成正比。

外力促使波矢变化，而电子速度与波矢有关，因此外力将促使电子速度变化，电子所获得的加速度 a 为

$$a=\frac{\mathrm{d}v}{\mathrm{d}t}=\frac{1}{h}\frac{\mathrm{d}}{\mathrm{d}t}\left(\frac{\mathrm{d}E}{\mathrm{d}k}\right)=\frac{f}{h^2}\left(\frac{\mathrm{d}^2E}{\mathrm{d}k^2}\right) \tag{3-47}$$

将表达电子有效质量的式（3-39）代入式（3-47），可得：

$$a=\frac{f}{m_c^*} \tag{3-48}$$

上式在形式上与牛顿第二定律类似。式中的有效质量 m_c^* 可通过实验测定。

3.3.4 间接带隙材料与直接带隙材料

图3-9（a）是间接带隙材料的能带图。由图可见，其价带最大值在 $\boldsymbol{k}=0$ 处，而导带最小值在［100］晶向的 $\boldsymbol{k}=\boldsymbol{k}_c$ 处。在间接带隙材料的电子跃迁过程中，不仅有大于 E_g 的能量改变，也有晶体动量（$\bar{\boldsymbol{p}}=h\boldsymbol{k}$）的改变。由于电子的跃迁不仅要满足能量守恒，还要满足动量守恒，且光子动量要比电子动量小很多，因此仅有光子参

与是不能同时实现能量守恒和动量守恒的，硅中的电子从价带跃迁至导带时，需要具有一定动量的声子参与，即必须伴随声子的发射或吸收才能实现跃迁，如图 3-9 所示（图中，E_p为声子的能量）。

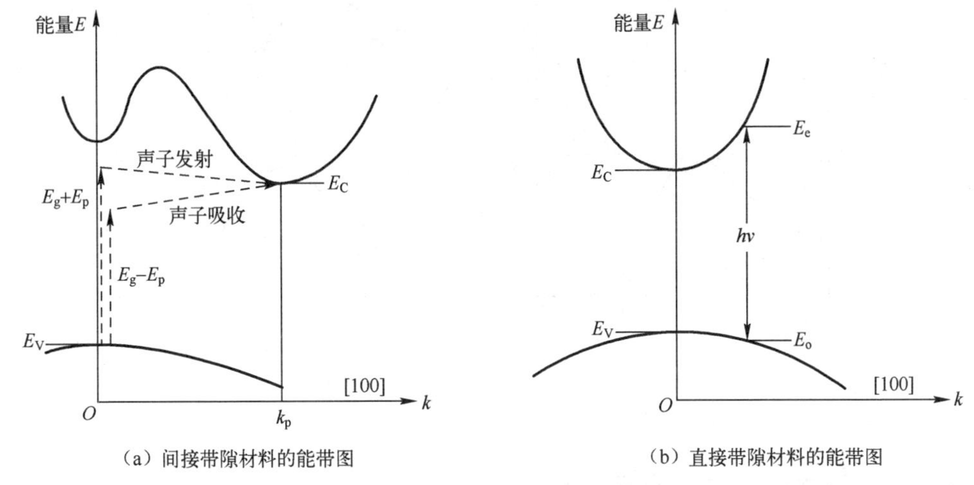

（a）间接带隙材料的能带图　　（b）直接带隙材料的能带图

图 3-9　电子在导带和价带之间的跃迁示意图

所谓声子，指的是量子化的晶格振动。按照量子论，半导体晶格振动的能量是不连续的，是量子化的，因此将晶格振动视为声子，如同将光视为光子。声子的动量大、能量小，而光子的能量大、动量小，因此声子的参与可满足动量守恒的要求，而光子却不能。

电子从价带向导带跃迁时，伴随波矢 $\boldsymbol{k}$（晶体动量$\bar{\boldsymbol{p}}$）改变的半导体称为间接带隙半导体。间接带隙半导体的导带底波矢 $\boldsymbol{k}_c$ 与价带顶波矢 $\boldsymbol{k}_v$ 的差为声子的波矢 $\boldsymbol{k}_p$，即

$$\boldsymbol{k}_c-\boldsymbol{k}_v=\boldsymbol{k}_p$$

硅是间接带隙半导体，其对应的跃迁称为间接跃迁，如图 3-9（a）所示。

对于价带最大值处与导带最小值处的波矢 $\boldsymbol{k}$（晶体动量$\bar{\boldsymbol{p}}$）相同的半导体，其电子从价带向导带跃迁时，不需要改变$\bar{\boldsymbol{p}}$值，这类半导体称为直接带隙半导体，如图 3-9（b）所示。直接带隙半导体的导带底波矢 $\boldsymbol{k}_c$与价带顶波矢 $\boldsymbol{k}_v$的差为零，即

$$\boldsymbol{k}_c-\boldsymbol{k}_v=0$$

砷化镓（GaAs）半导体就是直接带隙半导体，其对应的跃迁称为直接跃迁。

硅作为间接带隙半导体，其电子的跃迁概率小于直接带隙半导体材料的直接跃迁概率。图 3-10 所示的是 Si 和 GaAs 的能带结构图。

> 说明　直接带隙材料与间接带隙材料通常是在波矢 $\boldsymbol{k}$ 空间讨论的，由于$\bar{\boldsymbol{p}}=h\boldsymbol{k}$，所以也可以在动量空间讨论，二者是等效的。

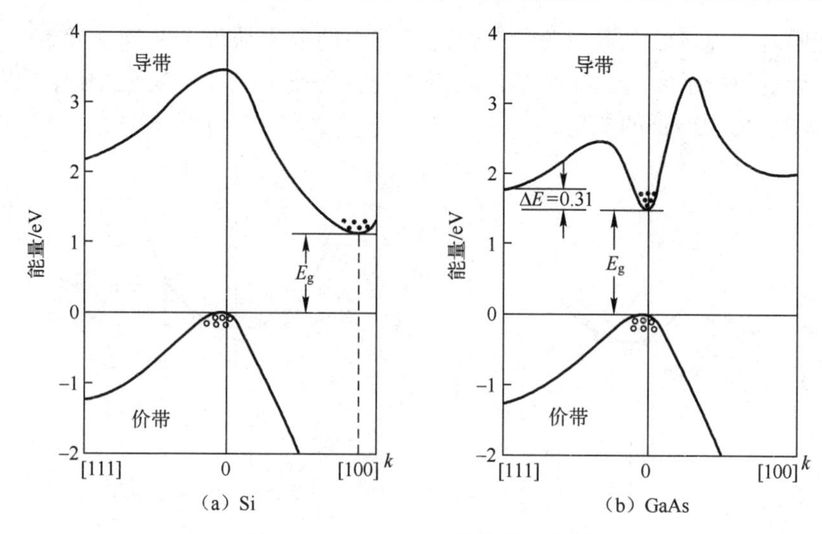

图 3-10 Si 和 GaAs 的能带结构图

3.3.5 半导体能带中的量子态密度

为了求得半导体中的载流子浓度和载流子电流密度，必须先了解半导体中量子态密度分布。下面将在波矢 $\boldsymbol{k}$ 空间讨论量子态密度[2]。

1. 三维半导体态密度

假设在半导体的能带中，能量 E 与 $E+\mathrm{d}E$ 的能量间隔内有 $\mathrm{d}Z$ 个量子态，则可定义单位能量间隔内允许的能态密度 $g(E)$ 为

$$g(E)=\frac{\mathrm{d}Z}{\mathrm{d}E} \tag{3-49}$$

下面计算半导体导带底附近的态密度。为简单起见，考虑在导带底 $\boldsymbol{k}=0$ 处，等能面为球面的情况。根据式（3-40），导带底附近 $E(\boldsymbol{k})$ 与 $\boldsymbol{k}$ 的关系为

$$E(\boldsymbol{k})-E_{\mathrm{C}}=\frac{(h\boldsymbol{k})^2}{2m_{\mathrm{c}}^*} \tag{3-50}$$

式中，m_{c}^* 为导带底电子的有效质量。

在 $\boldsymbol{k}$ 空间，以 $|\boldsymbol{k}|$ 为半径作一个球面，这就是能量为 $E(\boldsymbol{k})$ 的等能面；再以 $|\boldsymbol{k}+\mathrm{d}\boldsymbol{k}|$ 为半径所作的球面，就是能量为 $(E+\mathrm{d}E)$ 的等能面。用球坐标表示的 $\boldsymbol{k}$ 空间如图 3-11 所示。

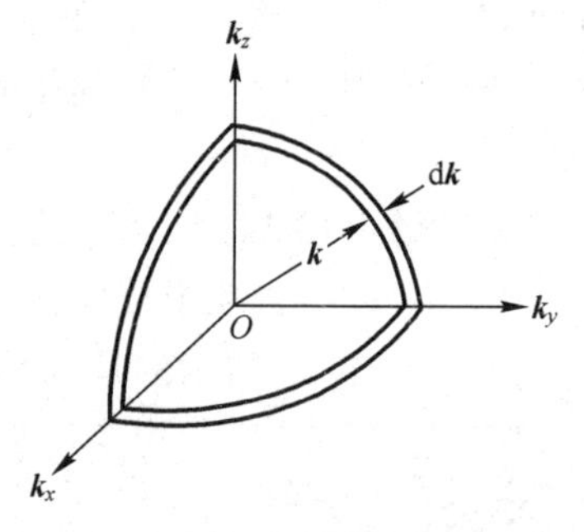

图 3-11 用球坐标表示的 $\boldsymbol{k}$ 空间

计算能量在 $E\sim(E+\mathrm{d}E)$ 之间的量子态数，只要计算这两个球壳之间的量子态数即可。

在半导体中，当电子沿 x 方向来回运动时，由式（3-23）可知，$Lk_x=n_x$（n_x为整数）。

当 n_x的增量为 1 时，波矢增量 $\mathrm{d}k_x$ 为

$$L\mathrm{d}k_x = 1 \tag{3-51}$$

对于边长为 L、体积为 $V=L^3$ 的立方体，$L^3\mathrm{d}k_x\mathrm{d}k_y\mathrm{d}k_z=1$，$k_xk_yk_z$ 的体积为 $\frac{1}{V}$。n 的每一增量变化对应于唯一的一组整数（n_x, n_y, n_z），而这组整数又对应一个可允许的能态。因此，一个能态在波矢空间的体积为 $\frac{1}{V}$。从 k 到 $k+\mathrm{d}k$ 两个同心球球壳之间的体积为 $4\pi k^2\mathrm{d}k$，在此体积中所含的能态数为 $(4\pi k^2\mathrm{d}k)V$。考虑到电子的自旋，计入电子的自旋具有方向相反的两个量子态，能态数应再乘以因子 2。于是厚度为 $\mathrm{d}k$ 的两个同心球球壳之间的能态数 $\mathrm{d}Z$ 为

$$\mathrm{d}Z = 2(4\pi k^2\mathrm{d}k)V \tag{3-52}$$

由式（3-50）求得：

$$k = \frac{1}{h}\left[2m_c^*(E-E_c)\right]^{\frac{1}{2}} \tag{3-53}$$

由式（3-36）得：

$$k\mathrm{d}k = \frac{1}{h^2}m_c^*\,\mathrm{d}E \tag{3-54}$$

将式（3-53）和式（3-54）代入式（3-52），可得在能量 $E\sim(E+\mathrm{d}E)$ 范围内的量子态数为

$$\mathrm{d}Z = 2V(4\pi k^2\mathrm{d}k) = 4\pi V\frac{(2m_c^*)^{3/2}}{h^3}(E-E_C)^{\frac{1}{2}}\mathrm{d}E \tag{3-55}$$

由式（3-55）求得导带底能量 E_C 附近单位能量间隔 $(E-E_C)$ 的量子态数，即导带底附近态密度 $g_c^*(E)$ 为

$$g_c^*(E) = \frac{\mathrm{d}Z}{\mathrm{d}E} = 4\pi V\frac{(2m_c^*)^{3/2}}{h^3}(E-E_c)^{\frac{1}{2}} \tag{3-56}$$

上式表明，导带底附近的态密度随着电子的能量增加按抛物线规律增大，如图 3-12（a）所示（图中设 $E_C=0$）。

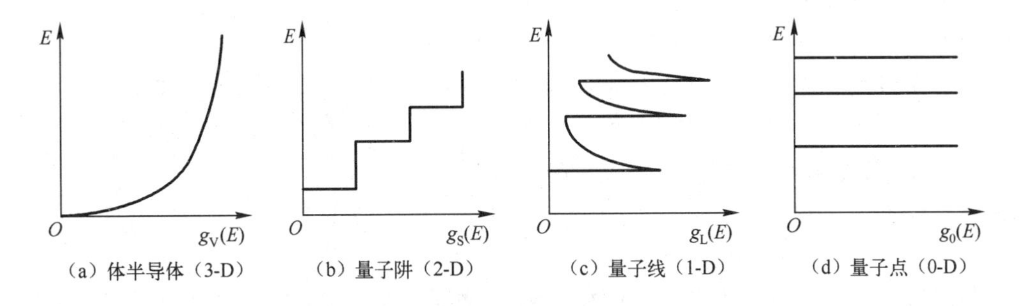

图 3-12　材料的态密度

式（3-56）是长度为 L、体积为 V 的晶体的导带底附近允许的态密度。如果 $g_c(E)$ 定义为单位体积晶体的允许的状态密度，则

$$g_c(E)=\frac{g_c^*(E)}{V}=4\pi\frac{(2m_c^*)^{3/2}}{h^3}(E-E_C)^{1/2} \tag{3-57}$$

式（3-57）是在导带底附近等能面为旋转球面的情况下导出的。对于实际的半导体硅，在导带底附近，等能面是旋转椭球面，而且极值 E_C 不在 $\boldsymbol{k}=0$ 处，如果仍选极值能量为 E_C，则 $g_c(E)$ 仍可用与式（3-57）相同形式的表达式表示，但 m_c^* 应改为导带底电子态密度有效质量 m_{dc}^*[7]：

$$m_{dc}^*=s^{2/3}(m_{\parallel}^*\cdot(m_{\perp}^*)^2)^{1/3} \tag{3-58}$$

式中，s 为极值处的对称状态数，电子纵向有效质量 $m_{\parallel}^*=0.98m_0$，电子横向有效质 $m_{\perp}^*=0.19m_0$，m_0 为电子惯性质量。

对于硅，导带底共有 6 个对称状态，$s=6$，由此可算得 $m_{dc}^*\approx1.08m_0$。

同理，对于价带顶附近的情况，可以进行类似的计算。将等能面近似球面时，可得价带顶附近单位体积晶体的态密度 $g_v(E)$ 为

$$g_v(E)=4\pi\frac{(2m_v^*)^{3/2}}{h^3}(E_V-E)^{1/2} \tag{3-59}$$

式中，m_v^* 为价带顶空穴有效质量，E_V 为价带顶能量。

在实际的硅晶体中，价带中起作用的能带有极值相重合的两个能带，与这两个能带相对应的有轻空穴有效质量（m_{lv}^*）和重空穴有效质量（m_{hv}^*）。因而，价带顶附近态密度应为这两个能带的态密度之和。相加之后，价带顶附近 $g_v(E)$ 仍可由式（3-59）表示，只是其中的有效质量 m_v^* 应改为价带顶空穴的态密度有效质量 m_{dv}：

$$m_{dv}^*=[(m_{lv}^*)^{3/2}+(m_{hv}^*)^{3/2}]^{2/3} \tag{3-60}$$

经计算可知，硅的 $m_{dv}^*=0.59m_0$。

上面是在波矢空间讨论量子态密度。对量子态密度有一个比较直观的了解后，如果确定了量子态密度分布，就可以求得半导体中的载流子浓度和载流子电流密度。为了与后续的章节内容相衔接，我们将在第 4 章按照以波矢为变量和以能量为变量两种情况下，讨论半导体中的量子态密度分布、载流子浓度和载流子电流密度。

2. 二维半导体态密度

对于二维半导体结构，$\boldsymbol{k}$ 空间的一个分量是确定的，所以只需要计算半径从 $\boldsymbol{k}$ 到 $\boldsymbol{k}+\mathrm{d}\boldsymbol{k}$ 的圆环区域中的状态数。

当 n_x 增加 1、波矢增量为 $\mathrm{d}k_x$ 时，有如下关系式：

$$L\mathrm{d}k_x=1 \tag{3-61}$$

对边长 L 的二维正方形，其面积 $A=L^2$，有以下关系式：

$$A\mathrm{d}k_x\mathrm{d}k_y=1 \tag{3-62}$$

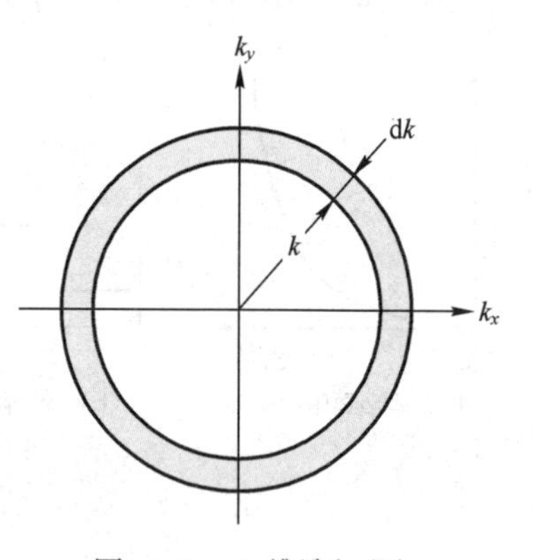

图 3-13　二维波矢空间

图 3-13 所示为二维波矢空间。该坐标系中两

个同心圆（从 k 到 $k+\mathrm{d}k$）之间的圆环面积为 $2\pi k\mathrm{d}k$，其中所含的能态数为 $2\pi Ak\mathrm{d}k$，计入电子自旋后，其值需要再乘上因子 2。于是二维态密度为

$$g_{\mathrm{S}}^{*}(E)\mathrm{d}E=4\pi Ak\mathrm{d}k=4\pi A\frac{m^{*}}{h^{2}}\mathrm{d}E \tag{3-63}$$

$$g_{\mathrm{S}}^{*}(E)=4\pi A\frac{m^{*}}{h^{2}}=\frac{Am^{*}}{\pi\hbar^{2}} \tag{3-64}$$

单位面积半导体的二维态密度为

$$g_{\mathrm{S}}(E)=\frac{g_{\mathrm{S}}^{*}(E)}{A}=4\pi\frac{m^{*}}{h^{2}}=\frac{m^{*}}{\pi\hbar^{2}} \tag{3-65}$$

由此可见，二维态密度并不依赖能量 E。在带隙的顶部有数量众多的可用能态，态密度为阶梯函数，见图 3-12（b）。

3. 一维半导体态密度

对于一维结构（如量子线），$\boldsymbol{k}$ 空间的两个分量 k_y、k_z 都是确定的，$\boldsymbol{k}$ 空间变成了一条线，如图 3-14所示。当半导体长度为 L 时，有如下关系[2]：

$$Lk_x=n_x \tag{3-66}$$

图 3-14　一维波矢空间

当 n_x 增加 1、波矢增量为 $\mathrm{d}k_x$ 时，有如下关系式：

$$L\mathrm{d}k_x=1 \tag{3-67}$$

由此可知，在 $\boldsymbol{k}$ 空间，$\mathrm{d}k_x=\dfrac{1}{L}$。在一维波矢空间的 k_x 到 $(k_x+\mathrm{d}k_x)$ 的长度内，包含的能态数目为

$$2\mathrm{d}k_x/\left(\frac{1}{L}\right)=2L\mathrm{d}k_x$$

式中，引入因子 2 是因为计入了电子自旋。

设 $g_L^{*}(E)$ 为长度为 L 的一维结构的态密度，则有

$$g_L^{*}(E)\mathrm{d}E=2L\mathrm{d}k_x=\frac{L}{h}\left(\frac{2m^{*}}{E}\right)^{1/2}\mathrm{d}E \tag{3-68}$$

$$g_L^{*}(E)=\frac{L}{h}\left(\frac{2m^{*}}{E}\right)^{1/2} \tag{3-69}$$

由此可见，$g_L^{*}(E)$ 与 $\sqrt{E}$ 成反比关系，见图 3-12（c）。

$g_L^{*}(E)$ 也可表达为 k_x 的函数，即

$$g_L^{*}(E)=2L\left(\frac{\mathrm{d}E}{\mathrm{d}k}\right)^{-1}=L\frac{2m^{*}}{h^{2}k_x} \tag{3-70}$$

一维结构单位长度的态密度为

$$g_L(E)=\frac{g_L^*(E)}{L}=\frac{1}{h}\left(\frac{2m^*}{E}\right)^{1/2}=\frac{2m^*}{h^2k_x} \tag{3-71}$$

在式（3-69）和式（3-71）中：对于导带底，$E=(E-E_C)$；对于价带顶，$E=(E_V-E)$。

4. 零维半导体态密度

对于零维结构（如量子点），波矢在任何方向上都是量子化的，所有的有用能态都是离散的能级，可用δ函数表示，见图3-12（d）。量子点的态密度是连续的，并且与能量无关[2]。

参考文献

[1] Smith R A. Semiconductors［M］. 2nd Ed. London：Cambridge University Press，1979.
[2] 施敏，李明远．半导体器件物理与工艺［M］. 第3版．王明湘，赵鹤鸣译．苏州：苏州大学出版社，2014.
[3] Kittel C. Introduction to Solid State Physics［M］. 6th Ed. New York：Wiley，1986.
[4] Halliday D，Resnick R. Fundamentals of Physics［M］. 2nd Ed. New York：Wiley，1981.
[5] Antonio L，Hegedus S. Handbook of Photovoltaic Science and Engineering，2003. 光伏技术与工程手册．王文静等译．北京：机械工业出版社，2011.
[6] 阙端麟，陈修治．硅材料科学与技术［M］. 杭州：浙江大学出版社，2000.
[7] 刘恩科，朱秉升，罗晋升，等．半导体物理学［M］. 第6版．北京：电子工业出版社，2007.

第 4 章　半导体中的载流子

半导体中的电子和空穴统称为载流子，载流子的行为决定了半导体器件的基本特性。

单位体积半导体中的载流子数称为半导体的载流子浓度。研究载流子的行为时，首先应了解载流子浓度。由于半导体能带中的量子态密度有两种表述方式，即在波矢空间的表达式和以能量为变量的表达式，所以计算半导体中的电子浓度（即单位体积中的电子数），也可有两种表达式。通常采用以能量为变量的载流子浓度表达式。下面先简略介绍波矢空间的表达式，然后重点讨论以能量为变量的载流子浓度和电流密度。

4.1　波矢空间半导体载流子

4.1.1　波矢空间半导体载流子的统计分布

当 $T=0\text{K}$ 时，电子动能为 0，占据能量最低的量子态。随着温度的升高，电子动能增加，有一部分电子跃迁到较高的能级，在原来的能级处留下空穴。

以下讨论半导体处于热平衡状态下的载流子行为。所谓热平衡状态，是指在给定温度下，没有光照、电场或压力等外界干扰的稳定状态。在热平衡状态下，半导体内各点的温度 T_s 相同，并且与环境温度 T_a 相等，载流子具有相同的平均动能，其分布函数 $f(k,x)$ 是稳定的，与空间位置 r 无关，没有宏观的载流子流动。

在热平衡状态下，描述半导体中微观粒子的统计分布主要有费米–狄拉克分布和麦克斯韦–玻耳兹曼分布两种。

1. 费米–狄拉克分布

在温度为 T 的热平衡状态下，电子占据能量为 E 导带能级的概率，即导带电子的分布函数 $f_c(k,\boldsymbol{r})$，可由费米–狄拉克分布函数 $f_0[E(\boldsymbol{k}),E_F,T]$ 表述，$f_c(k,\boldsymbol{r})$ 与 kT、$E(\boldsymbol{k})$ 和 E_F 相关。

在一维情况下，导带电子的分布函数为

$$f_c(k,x)=f_0[E(k),E_F,T]=\frac{1}{\exp[(E-E_F)/kT]+1} \tag{4-1}$$

式中：k 为玻耳兹曼常数；T 为热力学温度；E_F 为费米能级。费米能级的物理意义是，在该能级上的一个状态被电子占据的概率为 1/2。

在温度为 T 的热平衡状态下，空穴占据能量为 E 的导带能级的概率，即价带空穴的分布函数$f_v(k,x)$，也可由费米-狄拉克分布函数$f_0[E(k),E_F,T]$表述：

$$f_v(k,x)=1-f_0[E(k),E_F,T]=\frac{1}{\exp[(E_F-E)/kT]+1} \tag{4-2}$$

2. 麦克斯韦-玻耳兹曼分布

在费米能级E_F和导带底E_C、价带顶E_V相距很远时，费米-狄拉克分布函数可简化为麦克斯韦-玻耳兹曼分布函数。

当能量E大于费米能级数倍kT，即满足$E-E_F \gg kT$时，费米分布函数$f(E)$中的指数项$e^{(E-E_F)/kT} \gg 1$。例如，当$E-E_F=3kT$时，$e^{(E-E_F)/kT}=e^3 \approx 20.1$，即$e^{(E-E_F)/kT} \gg 1$。此时，导带的电子分布函数为

$$f_c(k,x)=f_0[E(k),E_F,T] \approx \exp[(E_F-E)/kT] \tag{4-3}$$

当能量E小于费米能级数倍kT，即满足$E_F-E \gg kT$时，费米-狄拉克分布函数$f(E)$中的指数项$e^{(E-E_F)/kT} \ll 1$。例如，当$E-E_F=-3kT$时，$e^{(E-E_F)/kT}$将小于0.05。这时，价带的空穴分布函数为

$$f_v(k,x)=f_0[E(k),E_F,T] \approx \exp[(E-E_F)/kT] \tag{4-4}$$

式（4-3）和式（4-4）通常称为玻耳兹曼近似。

利用麦克斯韦-玻耳兹曼分布函数，可简化式（4-1）和式（4-2），将其用于热平衡状态的电子浓度n和空穴浓度p的计算。

4.1.2 波矢空间半导体的载流子浓度和电流密度

1. 载流子浓度表达式

为求得半导体中的电子浓度（即单位体积中的电子数），首先需要计算波矢空间d^3k的电子浓度$dn(\boldsymbol{r})$，该浓度由单位体积内允许的态密度$g(k)$与电子占据此波矢空间d^3k的概率$f(\boldsymbol{k},\boldsymbol{r})$的乘积得出。导带中的电子浓度$n(\boldsymbol{r})$可在导带波矢空间通过积分得到。

在一维情况下，分布函数$f(k,x)$描述在空间位置x处载流子占据波矢为k量子态的概率。在波矢空间，体积元d^3k内的导带电子浓度为

$$dn(x)=g(k)f(k,x)dk \tag{4-5}$$

式中，$g(k)$为k空间中单位体积的状态密度。

导带电子浓度为

$$n(x)=\int_{CB} g_c(k)f(k,x)dk \tag{4-6}$$

式中，积分限CB表示对整个导带波矢空间积分。

由于空穴是电子空缺的量子态，所以一个量子态不是被电子占据，就是被空穴占据。如果电子的分布函数为$f(k,x)$，则空穴的分布函数为$[1-f(k,x)]$。价带的空穴浓度为

$$p(r)=\int_{VB} g_v(k)[1-f(k,x)]dk \tag{4-7}$$

式中，积分限 VB 表示对整个价带波矢空间积分。

分布函数 $f(k,x)$ 和状态密度 $g(k)$ 可以表述为以波矢 k 为变量的函数，也可表述为以能量 E 为变量的函数，通常多采用能量 E 为变量的函数，但这里先采用以波矢 k 为变量的函数形式，主要是考虑在准平衡条件下推导用费米能级梯度表述的载流子电流公式的需要。下面将会见到，如果采用波矢 k 的函数形式，利用函数的奇偶性，可明显简化公式推导。

2. 载流子电流密度表达式

半导体中载流子所产生的宏观电流密度为载流子速度 v 与载流子浓度 $n(x)$ 的乘积的积分。因此，由式（3-43）和式（4-5）可推导出导带的电子电流密度 $J_n(x)$ 为

$$J_n(x) = q\int_{CB} v\mathrm{d}n(x) = -\frac{qh}{m_c^*}\int_{CB} kg_c(k)f(k,x)\mathrm{d}k \tag{4-8}$$

式中，积分限 CB 表示对整个导带波矢空间积分。

由于电流 $J_n(x)$ 的方向和空穴运动方向相同，与电子运动方向相反，所以式（4-8）中最右侧部分的前面为负号。

类似地，可得价带的空穴电流 $J_p(x)$ 为

$$J_p(x) = \frac{qh}{m_v^*}\int_{VB} kg_v(k)[1 - f(k,x)]\mathrm{d}k \tag{4-9}$$

式中，积分限 VB 表示对整个价带波矢空间积分。

按照式（4-8）和式（4-9），利用分布函数对波矢进行积分，可求得热平衡状态的载流子电流。由于能量 $E(k)$ 是关于波矢 k 的偶函数，因此 $g(k)$ 和 $f(k,x)$ 也是关于波矢的偶函数。但其积分函数 $kg_c(k)f(k,x)$ 和 $kg_v(k)[1-f(k,x)]$ 却成为关于波矢的奇函数，导致式（4-8）和式（4-9）的积分为 0，$J_n(x)=J_p(x)=0$，这表明在热平衡状态的半导体中，净电流为 0。

4.2　平衡状态下的载流子

本节将讨论以能量为变量的载流子统计分布、载流子浓度和载流子电流。在此，将费米能级 E_F 远高于价带顶 E_V（如高出 $3kT$）或远低于导带底 E_C（如低出 $3kT$）的半导体称为非简并半导体，而将费米能级 E_F 接近甚至进入价带顶 E_V 或接近甚至进入导带底 E_C 的半导体称为简并半导体。导带或价带的有效态密度与半导体的掺杂浓度密切相关。晶体硅太阳电池通常用杂质扩散方法制备 pn 结，除表面薄层以外的其他区域的掺杂浓度并不高，可以将其认为是非简并半导体。因此除非特别指明，下述所有讨论都是针对非简并半导体的。

4.2.1　本征半导体硅与非本征半导体硅

半导件晶体硅按其杂质含量的多少可分为本征半导体硅和非本征半导体硅。

1. 本征半导体硅

对于纯净、完整的理想单晶硅，其禁带中不存在杂质能级，属于本征半导体，具有本征导电特性。在一定的温度下，热扰动将使电子从价带激发到导带，并在价带上留下相同数量的空穴，因此在热平衡时，单位体积内本征半导体导带中的电子数应等于价带空穴数，即电子浓度 n_i 与空穴浓度 p_i 相等。

$$n_i = n_0 = p_0 = \sqrt{N_c N_v}\exp\left(-\frac{E_g}{2kT}\right) = \frac{2}{h^3}(2\pi kT)^{\frac{3}{2}}(m_c^* m_v^*)^{\frac{3}{4}}\exp\left(-\frac{E_g}{2kT}\right) \tag{4-10}$$

式中，E_g 是禁带宽度，m_c^* 和 m_v^* 分别为电子和空穴的有效质量。

代入 h 和 k 的数值，引入电子质量 m_0 后，可得

$$n_i = 4.82\times10^{15}\left(\frac{m_c^* m_v^*}{m_0^2}\right)T^{\frac{3}{2}}\exp\left(-\frac{E_g}{2kT}\right) \tag{4-11}$$

本征半导体的载流子浓度与温度密切相关，在忽略载流子有效质量与温度关系的情况下，利用第 3 章中的式（3-24）可得到本征载流子浓度与温度的关系式：

$$n_i = \frac{2}{h^3}(2\pi kT)^{\frac{3}{2}}(m_c^* m_v^*)^{3/4}\exp\left(-\frac{E_g(0) - \alpha T^2/(T+\beta)}{2kT}\right) \tag{4-12}$$

实际上，理想半导体是不存在的，所以通常将半导体中的杂质含量小于由热激发引起的电子数与空穴数的半导体材料认定为本征半导体。

2. 非本征半导体硅

实际的半导体材料总存在一定数量的杂质，当杂质含量大于由热激发引起的电子数与空穴数，由杂质所形成的电导将超过本征电导时，就成为非本征半导体或杂质半导体。晶体硅太阳电池使用的硅晶体是非本征半导体，硅中的杂质和缺陷控制着太阳电池的性能。

硅中Ⅲ、Ⅴ族元素杂质通常在禁带中产生浅能级，是硅的浅能级杂质，它对硅的电学性质有至关重要的作用。

有些杂质、缺陷或二者的络合物，特别是金、银、铁等重金属杂质，可以在禁带的中部产生能级，电子和空穴会通过这些能级复合，降低少数载流子寿命。这类杂质称为深能级杂质，在太阳电池制造过程中应力求减少这类杂质和缺陷。

4.2.2 本征半导体中载流子浓度的统计分布

设 $dn(E)$ 为 $E\sim(E+dE)$ 能量增量范围内的电子浓度，则 $dn(E)$ 为

$$dn(E) = g_c(E)f_n(E)\,dE \tag{4-13}$$

式中，$g_c(E)$ 为态密度，$f_n(E)$ 为电子占据能量为 E 的能级的概率。

$f_n(E)$ 由费米-狄拉克分布函数给出，即

$$f_n(E) = \frac{1}{1+e^{(E-E_F)/kT}} \tag{4-14}$$

式中，对 $f(E)$ 加上下标 n 是为了与空穴占据量子态的概率相区别，表明公式是电子占据能量为 E 的量子态的概率。

当 $T>0\mathrm{K}$ 时，

$$\begin{cases} 若\ E<E_{\mathrm{F}},则 f_{\mathrm{n}}(E)>\dfrac{1}{2} \\ 若\ E=E_{\mathrm{F}},则 f_{\mathrm{n}}(E)=\dfrac{1}{2} \\ 若\ E>E_{\mathrm{F}},则 f_{\mathrm{n}}(E)<\dfrac{1}{2} \end{cases}$$

由于空穴占据能量为 E 的状态的概率 $f_{\mathrm{p}}(E)$ 等于能量为 E 的能级不被电子占据的概率，所以 $f_{\mathrm{p}}(E)$ 为

$$f_{\mathrm{p}}(E)=1-f_{\mathrm{n}}(E)=1-\frac{1}{1+\mathrm{e}^{(E-E_{\mathrm{F}})/kT}}=\frac{1}{1+\mathrm{e}^{-(E-E_{\mathrm{F}})/kT}} \tag{4-15}$$

图 4-1 所示的是根据费米-狄拉克分布函数得到的半导体能带中的电子分布关系。费米-狄拉克分布函数 $f(E)$ 对于费米能级 E_{F} 是对称的，如果导带和价带中的电子能态数相等，且导带中的电子数和价带中的空穴数也相等，则费米能级位于禁带中线，如图 4-1（a）所示。符合这种情况的半导体是本征半导体，其费米能级用 E_{i} 表示。

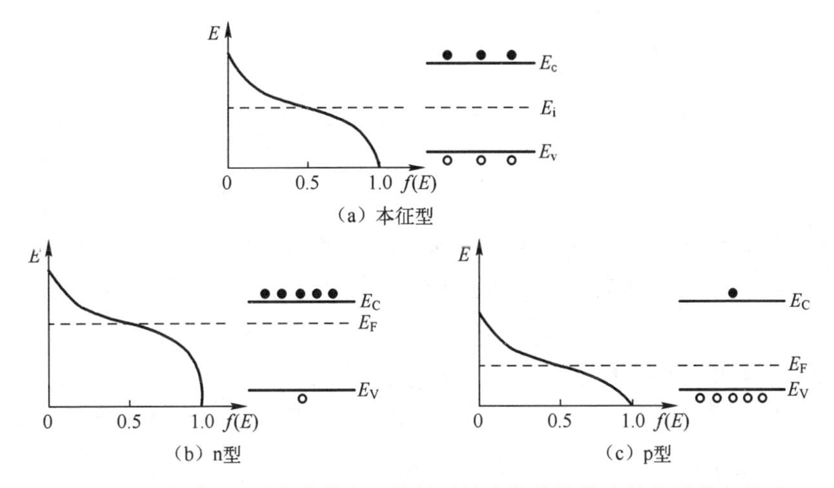

图 4-1　根据费米-狄拉克分布函数得到的半导体能带中的电子分布关系

从导带底 E_{C} 至导带顶 E_{top} 对式（4-13）中的 $\mathrm{d}n(E)$ 进行积分，可得导带中的电子浓度 n：

$$n=\int_{E_{\mathrm{C}}}^{E_{\mathrm{top}}} g_{\mathrm{c}}(E) f_{\mathrm{n}}(E)\,\mathrm{d}E \tag{4-16}$$

式中，$f_{\mathrm{n}}(E)$ 为电子占据能量为 E 的量子态的概率。

在 n 型半导体中，导带电子浓度比本征情况下的电子浓度要大得多，然而导带中的能态密度与本征情况是一样的，因此在能带图上，n 型半导体的费米能级和费米-狄拉克分布函数曲线都将上移，而 p 型半导体的费米能级和费米-狄拉克分布函数曲线将下移，如图 4-1（b）和（c）所示。

不同温度条件下的费米-狄拉克分布函数曲线如图4-2所示[1]。

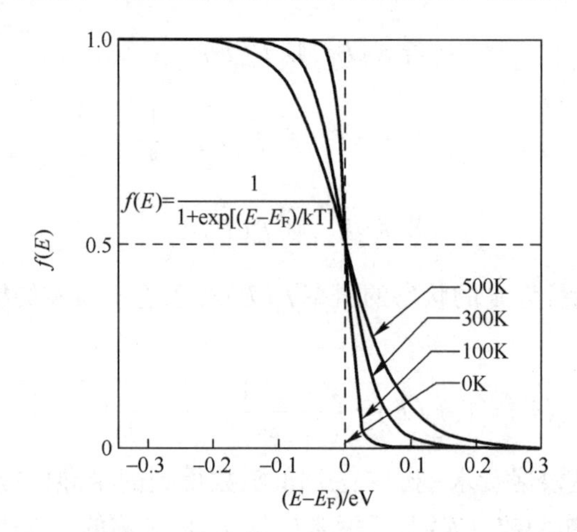

图4-2　不同温度条件下的费米-狄拉克分布函数曲线

当能量 E 大于费米能级数倍 kT 时，$(E_c-E_F)\gg kT$，式（4-14）可简化为麦克斯韦-玻耳兹曼分布函数形式，即

$$f_n(E)=\frac{1}{1+e^{(E-E_F)/kT}}\approx e^{-(E-E_F)/kT}\qquad (E-E_F)>3kT \tag{4-17}$$

当能量 E 小于费米能级数倍 kT 时，式（4-15）可简化为

$$f_p(E)=1-\frac{1}{1+e^{(E-E_F)/kT}}\approx 1-e^{-(E_F-E)/kT}\qquad (E-E_F)<-3kT \tag{4-18}$$

导带和价带中有大量的量子态，但在本征半导体的导带中只有少数电子，因此电子在导带中占据量子态的概率是很小的；而价带中的绝大部分被电子所占据，电子在价带中占据量子态的概率接近于1。由于价带中只有少数未被电子占据的量子态，因此空穴在价带中占据量子态的概率也是很小的。

将式（3-57）及式（4-17）代入式（4-13），得到 $E\sim(E+\mathrm{d}E)$ 能量增量范围内单位体积中的电子浓度 $\mathrm{d}n(E)$ 为

$$\mathrm{d}n(E)=4\pi\left(\frac{2m_c^*}{h^2}\right)^{\frac{3}{2}}(E-E_C)^{\frac{1}{2}}\exp\left(-\frac{(E-E_F)}{kT}\right)\mathrm{d}E \tag{4-19}$$

由式（4-17）可知，当 $(E-E_F)>3kT$ 时，$f(E)$ 随能量 E 的增大按指数规律迅速减小，电子占据量子态的概率随量子态的能量升高而迅速下降，绝大部分电子位于导带底，导带顶的电子数极少，因此可以近似地认为导带顶的能级 E_{top} 是正无穷大。在整个导带范围内对式（4-19）积分，得到热平衡状态下非简并半导体的导带电子浓度 n 为

$$n=4\pi\left(\frac{2m_c^*}{h^2}\right)^{\frac{3}{2}}\int_{E_C}^{\infty}(E-E_C)^{\frac{1}{2}}\exp\left(-\frac{(E-E_F)}{kT}\right)\mathrm{d}E \tag{4-20}$$

为了便于计算，取导带底的能量 $E_C=0$，于是式（4-20）变为

$$n = 4\pi\left(\frac{2m_c^*}{h^2}\right)^{\frac{3}{2}}\int_0^{\infty}(E)^{\frac{1}{2}}\exp\left(-\frac{(E-E_F)}{kT}\right)dE \tag{4-21}$$

令 $x=\frac{E}{kT}$，得

$$n = 4\pi\left(\frac{2m_c^*kT}{h^2}\right)^{\frac{3}{2}}\exp\left(\frac{E_F}{kT}\right)\int_0^{\infty}x^{\frac{1}{2}}e^{-x}dx \tag{4-22}$$

因积分 $\int_0^{\infty}x^{\frac{1}{2}}e^{-x}dx$ 为伽马函数，其值为$\frac{\sqrt{\pi}}{2}$，所以

$$n=2\left(\frac{2\pi m_c^*kT}{h^2}\right)^{\frac{3}{2}}\exp\left(\frac{E_F}{kT}\right) \tag{4-23}$$

若不将导带底的能量假设为 0，则导带中的电子浓度 n 为

$$n=2\left(\frac{2\pi m_c^*kT}{h^2}\right)^{\frac{3}{2}}\exp\left[-\frac{(E_C-E_F)}{kT}\right]=N_c\exp\left(-\frac{E_C-E_F}{kT}\right) \tag{4-24}$$

式中，N_c为导带的有效态密度：

$$N_c=2\left(\frac{2\pi m_c^*kT}{h^2}\right)^{\frac{3}{2}} \tag{4-25}$$

室温（300K）条件下，硅的 N_c为 $2.8\times10^{19}cm^{-3}$。式（4-24）中的指数项表示电子占据导带底 E_c处能态的概率。

> 注意
>
> N_c与 $g_c(E)$虽然都表示态密度，但意义是不一样的。$g_c(E)$表示单位能量间隔单位体积内的态密度，而 N_c表示单位体积内的态密度。

采用类似的方法可推导出价带中的空穴浓度 p。从价带底 E_{bot}至价带顶 E_v对 $dp(E)$进行积分，由于绝大部分空穴位于价带顶，价带底的空穴数极少，并且可以近似地认为价带底的能级 E_{bot}是负无穷大，于是可得

$$p = \int_{E_{bot}}^{E_v}g_v(E)f_p(E)dE = 2\left(\frac{2\pi m_v^*kT}{h^2}\right)^{\frac{3}{2}}\exp\left(-\frac{E_F-E_V}{kT}\right)=N_v\exp\left(-\frac{E_F-E_V}{kT}\right) \tag{4-26}$$

式中，N_v为价带的有效态密度：

$$N_v=2\left(\frac{2\pi m_v^*kT}{h^2}\right)^{\frac{3}{2}} \tag{4-27}$$

室温条件下，硅的 E_V为 $1.04\times10^{19}cm^{-3}$。式（4-26）中的指数项表示空穴占据价带顶 E_V处能态的概率。

式（4-24）和式（4-26）既适用于本征半导体，也适用于非本征半导体。

> 说明 室温（300K）条件下，热电压 kT/q 为 0.025852V，即 $kT=0.025852\text{eV}$。硅的禁带宽度 $E_g=1.12\text{eV}\approx 43kT$。玻耳兹曼近似条件是$(E_C-E_F)\gg kT$，覆盖了 90%$E_g$的范围。因此，可以认为式（4-24）和式（4-26）既适用于本征半导体，也适用于非本征半导体。

在本征半导体中，热平衡条件下，单位体积内导带中的电子数应等于价带中的空穴数，即

$$n_0=p_0=n_i \tag{4-28}$$

式中，n_0为导带中电子浓度，p_0价带空穴浓度，n_i本征载流子浓度。

在讨论非本征半导体时，E_i常作为参考能级。

图 4-3 所示的是本征半导体的能带图、态密度、费米-狄拉克分布函数和载流子浓度。图 4-3（d）中的上部和下部阴影面积分别表示电子和空穴的浓度分布（对于本征半导体，二者是相同的）。

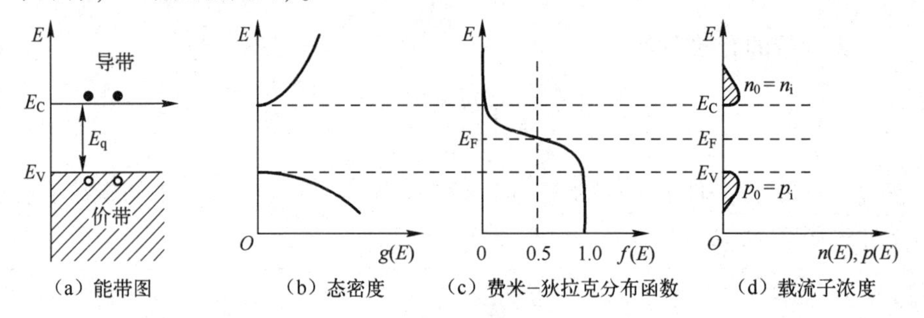

图 4-3 本征半导体的能带图、态密度、费米-狄拉克分布函数和载流子浓度

由于 $n=p$，将式（4-24）与式（4-26）两边取对数后相减，再利用式（4-25）和式（4-27），可得本征半导体的费米能级：

$$E_F=E_i=\frac{E_C+E_V}{2}+\frac{kT}{2}\ln\left(\frac{N_v}{N_c}\right)=\frac{E_C+E_V}{2}+\frac{3kT}{4}\ln\left(\frac{m_v^*}{m_c^*}\right) \tag{4-29}$$

室温条件下，式（4-29）中最右侧第 2 项比禁带宽度小得多，由此也可看到本征半导体的费米能级 E_F（即本征费米能级 E_i）非常接近禁带中线能级。

由式（4-24）和式（4-26）可得：

$$np=N_cN_v\exp\left(-\frac{E_C-E_V}{kT}\right)=N_cN_v\exp\left(-\frac{E_g}{kT}\right) \tag{4-30}$$

对于本征半导体，由于 $n_0=p_0=n_i$，所以 $n_0p_0=n_i^2$。

由于式（4-24）和式（4-26）也适用于非本征半导体，于是可以得到：

$$n_i^2=n_0p_0=N_cN_v\exp\left(-\frac{E_C-E_V}{kT}\right)=N_cN_v\exp\left(-\frac{E_g}{kT}\right) \tag{4-31}$$

式中，E_g 为禁带宽度。

比较式（4-30）和式（4-31）可知：

$$n_i^2 = np \tag{4-32}$$

式（4-32）表明，热平衡时，本征载流子浓度 n_i 的二次方等于半导体中的电子浓度 n 与空穴浓度 p 的乘积。也就是说，一种类型（n 型或 p 型）载流子增加，另一种类型载流子必将减少；在一定温度下，两种类型载流子的乘积保持常数，与费米能级的位置无关。式（4-32）通常称为质量作用定律或平衡判据。n 和 p 可以是本征半导体的载流子浓度，也可以是掺杂的非本征半导体的载流子浓度。

由式（4-31）可得：

$$n_i = \sqrt{N_c N_v \exp\left(-\frac{E_g}{2kT}\right)} \tag{4-33}$$

公式 $n_i^2 = np$ 表明，电子与空穴浓度之积，与费米能级无关，也与半导体的导电类型及电子、空穴各自的浓度无关。只要半导体处于热平衡状态，无论本征半导体还是掺杂的非木征半导体，都服从这一定律。公式 $n_i^2 = np$ 也可以作为半导体是否处于热平衡状态的判据。

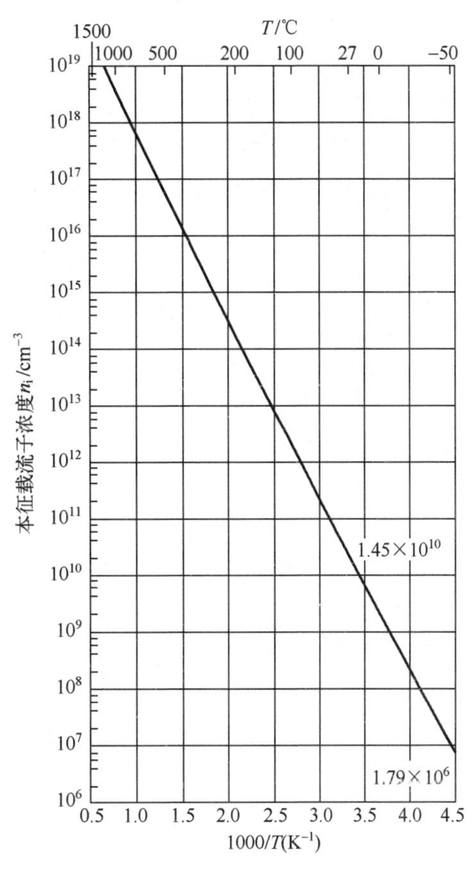

图 4-4　硅中本征载流子浓度与温度的关系

硅的 n_i 位置基本上处于禁带的中线处。图 4-4 所示为硅中本征载流子浓度与温度的关系[2]。室温条件下，硅的 n_i 为 $1.45\times10^{10}\,\text{cm}^{-3}$[3]。禁带宽度与温度有关，温度越低，禁带宽度越大，本征载流子浓度就越小。

4.2.3　掺杂半导体的能带结构

定义 χ 为电子亲和能（eV），它是一个电子逸出半导体材料的最低能量，其值为电子的真空能级 E_0(eV) 和导带底 E_c 的能量差，相当于光电效应的光电子从导带顶发射至真空能级或载流子被热离化发射至真空能级的逸出功：

$$\chi = E_0 - E_C \tag{4-34}$$

> **说明**　电子亲和能 χ 也称亲和势或亲和力等。也有人将电子亲和能标记为 $q\chi$，此时应将 χ 理解为电势。

定义 W_s为半导体的功函数（eV），它是电子脱离固体内部原子束缚逸出到固体表面所需的最少能量，即半导体材料中的电子从费米能级跃迁到真空能级的最低能量，其值为电子的真空能级 E_0和费米能级 E_F的能量差：

$$W_s = E_0 - E_F \tag{4-35}$$

在金属中，可类似地定义电子亲和能和功函数，金属的功函数等于电子亲和能 χ，也就是光电效应中的逸出功。

1. 均匀掺杂的半导体能带结构图

由电子的麦克斯韦-玻耳兹曼分布式，即式（4-24），可得

$$E_C = E_F + kT\ln\frac{N_c}{n} \tag{4-36}$$

由空穴的麦克斯韦-玻耳兹曼分布式，即式（4-26），可得：

$$E_V = E_F - kT\ln\frac{N_v}{p} \tag{4-37}$$

由式（4-36）和式（4-37）可得禁带宽度 E_g为

$$E_g = E_C - E_V = kT\ln\frac{N_c N_v}{np} \tag{4-38}$$

由此，结合式（4-34），在半导体中，相对于电子的真空能级 E_0，费米能级 E_F可以表示为

$$E_F = E_0 - \chi - kT\ln\left(\frac{N_c}{n}\right) \tag{4-39}$$

将式（4-39）代入式（4-37）得：

$$E_V = E_0 - \chi - kT\ln\left(\frac{N_c N_v}{np}\right) = E_0 - \chi - E_g \tag{4-40}$$

上述公式推导是基于半导体材料具有麦克斯韦-玻耳兹曼分布，并且满足非简并半导体条件$(E_C - E_F) \gg kT$ 和$(E_F - E_V) \gg kT$ 的。这些公式适用于热平衡状态的半导体材料。

单个均匀掺杂半导体的能带结构如图 4-5 所示。

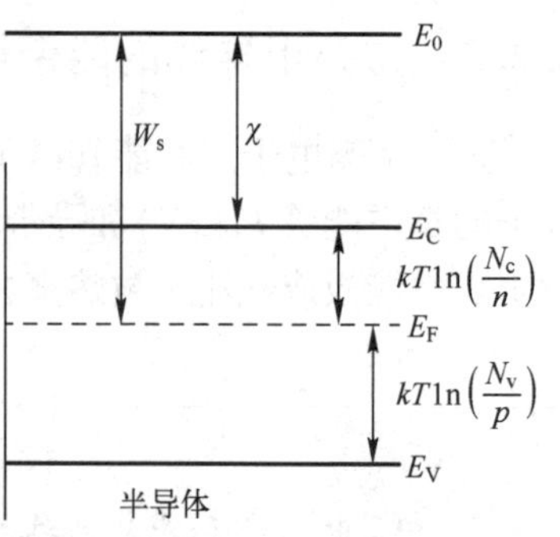

图 4-5 单个均匀掺杂半导体的能带结构

从式（4-36）至式（4-40）可见，在无外界作用时，对于均匀掺杂的半导体，由于 N_c和 N_c是均匀分布的，其真空能级 E_0，导带底 E_C、价带顶 E_V和费米能级 E_F都是恒定不变的。当存在外电场作用时，会改变电子的能量，从而改变电子逸出半导体材料的最低能量，即电子亲和能χ，由于导带底 E_C的能量是由材料性质决定的，所以在均匀掺杂的半导体中，电场作用仅改变真空能级 E_0的位置。这

也是通常将真空能级 E_0所对应的电势梯度作为半导体中电场的表征的原因。

2. 非均匀掺杂的半导体能带结构图

在半导体中，半导体带隙内费米能级 E_F的位置与掺杂的种类和分布相关，因此可以通过掺杂改变功函数。n 型半导体硅的功函数小于 p 型半导体硅的功函数。对于内部各区域不同掺杂的半导体，在热平衡状态下，载流子浓度的梯度导致载流子的扩散运动，使费米能级 E_F趋向一致，形成内建电场。当费米能级最终成为恒定的常数时，按式（4-35），半导体内各区域的真空能级 E_0必将随功函数发生变化，而且真空能级 E_0的变化梯度与功函数的变化梯度相同：

$$\frac{1}{q}\frac{dW_s}{dx}=\frac{1}{q}\frac{dE_0}{dx} \tag{4-41}$$

功函数的变化梯度可通过内建电场强度 F 的积分得到：

$$q\int_{x_1}^{x_2} F\mathrm{d}x = W_s(x_2) - W_s(x_1) = \frac{\mathrm{d}W_s}{\mathrm{d}x} \tag{4-42}$$

为了分析具有杂质梯度的半导体能带结构，在此引入电学中表征静电场中给定点电场性质的物理量静电势 ψ，其定义为电场中某一点电势能与该点试验电荷的比值。电场中某一点电势在量值上等于单位正电荷放在该点处时的电势能。ψ 是标量，可为正值，也可为负值。由于其定义中取单位正电荷试验，因此当电荷为电子时，ψ 为负值。于是，在电场中半导体材料的某一点电子的 ψ 与电子势能 E 的关系可表示为

$$\psi=-\frac{E}{q} \tag{4-43}$$

> 说明　电势与电势能是不同的概念，只有当试验电荷等于单位正电荷时，电势与电势能才在量值上相等。

ψ 的单位为伏特。在静电场中，任意两点的电势差也就是通常所说的电压。

对应于真空能级的电势为

$$\psi=-\frac{E_0}{q} \tag{4-44}$$

根据电学原理，ψ 梯度的负值等于电场强度 F，即

$$F=-\frac{\mathrm{d}\psi}{\mathrm{d}x} \tag{4-45}$$

式中，负值表示电场方向与 ψ 梯度相反。

于是，将式（4-44）代入式（4-45），得到与功函数和真空能级 E_0的变化所对应的内建电场强度：

$$F=-\frac{\mathrm{d}\psi}{\mathrm{d}x}=\frac{1}{q}\frac{\mathrm{d}E_0}{\mathrm{d}x} \tag{4-46}$$

电子带负电荷，每个电子受电场力$-qF$作用。电场对电子的作用力等于势能梯度的负值，即

$$-qF=-\frac{\mathrm{d}E_0}{\mathrm{d}x} \tag{4-47}$$

由于$\frac{\mathrm{d}E_\mathrm{C}}{\mathrm{d}x}=\frac{\mathrm{d}E_0}{\mathrm{d}x}=$电子势能梯度$=\frac{\mathrm{d}E}{\mathrm{d}x}$，式（4-47）可写为

$$F=\frac{1}{q}\frac{\mathrm{d}E}{\mathrm{d}x} \tag{4-48}$$

这就是半导体中载流子的驱动力之一，电场驱动载流子的运动将形成漂移电流。

在半导体中，当掺杂的杂质成分不均匀而存在梯度时，通常会形成多种形式的内建电场。为区别于真空能级E_0的变化所引起的电场，由其他成分梯度引起的电场统称为有效电场。非均匀掺杂半导体的能带图如图4-6所示。

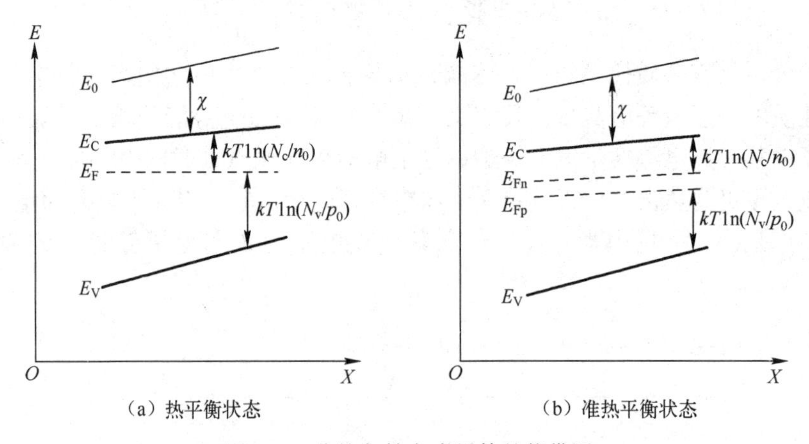

图4-6 非均匀掺杂半导体的能带图

图4-6（a）表示热平衡状态下，费米能级E_F为常数；图4-6（b）表示准热平衡状态下，费米能级E_F分裂为准费米能级E_Fn和E_Fp。由于导带和价带存在梯度$\frac{\mathrm{d}E_\mathrm{C}}{\mathrm{d}x}$和$\frac{\mathrm{d}E_\mathrm{V}}{\mathrm{d}x}$，所以准费米能级$E_\mathrm{Fn}$和$E_\mathrm{Fp}$也有梯度$\frac{\mathrm{d}E_\mathrm{Fn}}{\mathrm{d}x}$和$\frac{\mathrm{d}E_\mathrm{Fp}}{\mathrm{d}x}$。

真空能级的梯度$\frac{\mathrm{d}E_0}{\mathrm{d}x}$形成通常的内建电场强度$\frac{1}{q}\frac{\mathrm{d}E_0}{\mathrm{d}x}$；在热平衡状态下，费米能级为常数，功函数的梯度引起真空能级的梯度$\frac{\mathrm{d}W_\mathrm{s}}{\mathrm{d}x}=\frac{\mathrm{d}E_0}{\mathrm{d}x}$，形成内建电场强度$\frac{1}{q}\frac{\mathrm{d}W_\mathrm{s}}{\mathrm{d}x}=\frac{1}{q}\frac{\mathrm{d}E_0}{\mathrm{d}x}$；成分梯度引起电子亲和能的梯度$\frac{\mathrm{d}\chi}{\mathrm{d}x}$，形成内建电场强度$-\frac{1}{q}\frac{\mathrm{d}\chi}{\mathrm{d}x}$；带隙的梯度$\frac{\mathrm{d}E_\mathrm{g}}{\mathrm{d}x}$形成内建电场强度$-\frac{1}{q}\frac{\mathrm{d}E_\mathrm{g}}{\mathrm{d}x}$；电子和空穴的有效状态密度的梯度$\frac{\mathrm{d}(\ln N_\mathrm{c})}{\mathrm{d}x}$和

$\frac{\mathrm{d}(\ln N_{\mathrm{v}})}{\mathrm{d}x}$分别形成内建电场强度$-\frac{kT}{q}\frac{\mathrm{d}(\ln N_{\mathrm{c}})}{\mathrm{d}x}$和$\frac{kT}{q}\frac{\mathrm{d}(\ln N_{\mathrm{v}})}{\mathrm{d}x}$。

电场强度 F 和有效电场驱动电子向左运动，驱动空穴向右运动，导致载流子分离。

4.2.4　n 型半导体硅和 p 型半导体硅

半导体晶体硅经过有目的的掺杂后，引入了杂质能级，成为非本征半导体。非本征半导体分为 n 型和 p 型两大类。

1. n 型晶体硅

当晶体硅中掺入微量杂质V族元素时，它的 5 个价电子与硅原子形成 4 个共价键，V族离子核多出一个正电荷，形成正电中心，同时还多出一个价电子，这个电子受正电中心束缚，形成束缚态电子，其能级位于导带底以下。

图 4-7 所示为掺施主（磷）的 n 型半导体硅价键示意图。由图可见，一个硅原子被具有 5 个价电子的 V 族元素磷原子取代（也称“替位”）时，磷原子与其邻近的 4 个硅原子形成共价键，多余的一个电子则成为可导电的电子。

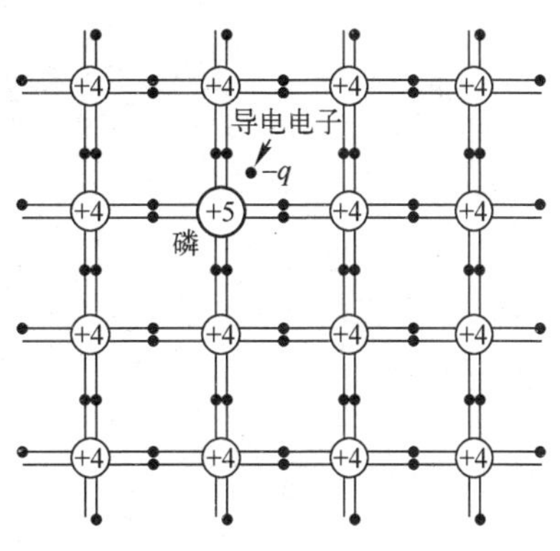

图 4-7　掺施主（磷）的 n 型半导体硅价键示意图

当电子获得能量并挣脱V族杂质原子的束缚时，变成能导电的电子，同时形成正电中心。这种能释放电子到导带形成正电中心的杂质原子称为施主。图 4-7 中所示的能提供电子的磷原子就是施主。由于硅中施主能提供电子，电子是带负电荷的载流子，所以杂质中以施主为主的半导体硅称为 n 型半导体硅。被束缚在施主上的电子能级 E_{D}称为施主能级。施主能级位于禁带中。

图 4-8 所示为 n 型半导体硅禁带中的施主能级和电离情况。施主杂质受激后，电子获得能量导致电离的发生。施主杂质电离所需要的最低能量称为施主电离能 ΔE_{D}，$\Delta E_{\mathrm{D}}=E_{\mathrm{c}}-E_{\mathrm{D}}$。电离后形成的正电中心是固定在晶格上不能活动的。

靠近导带底的施主杂质称为浅施主杂质。由于 $\Delta E_{\mathrm{D}}\ll E_{\mathrm{g}}$，束缚在施主上的电子很容易在室温条件（$kT=0.026\mathrm{eV}$）下从施主能级激发到导带。控制这类浅施主杂质原子的数量，也就控制了晶体硅载流子的数量。

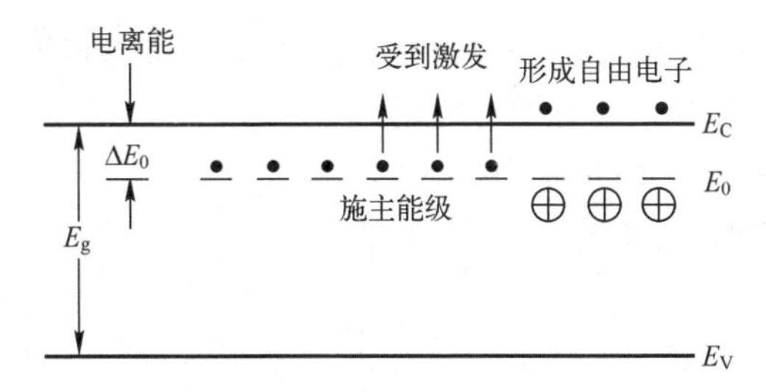

图 4-8　n 型半导体硅禁带中的施主能级和电离情况

计算杂质能级的最简单的近似方法是利用氢原子模型，即式（3-22），用半导体硅的电子有效质量 m_c^* 代替 m_0，用晶体硅介电常数 ε_s 代替 ε_0，即可得到施主杂质的电离能 E_D。

将 E_D 与 E_H 相比，即可估算出施主杂质从导带底开始计算的电离能 E_D：

$$\frac{E_D}{E_H}=\left(\frac{m_c^*}{m_0}\right)\left(\frac{\varepsilon_0}{\varepsilon_s}\right)^2$$

或

$$E_D=\left(\frac{\varepsilon_0}{\varepsilon_s}\right)^2\left(\frac{m_c^*}{m_0}\right)E_H \tag{4-49}$$

式中，E_H 为氢原子基态电子电离能，$E_H=E_\infty-E_1=13.6\text{eV}$。

由式（4-49）可以计算出，硅中施主杂质从导带底开始计算的电离能为 0.025eV。

氢原子模型过于简单，不能用于测算半导体中电离能不小于 $3kT$ 的深杂质能级，但可测算实际浅杂质能级电离能的数量级。图 4-9 所示的是硅中各种杂质电离能的测量值[4]。

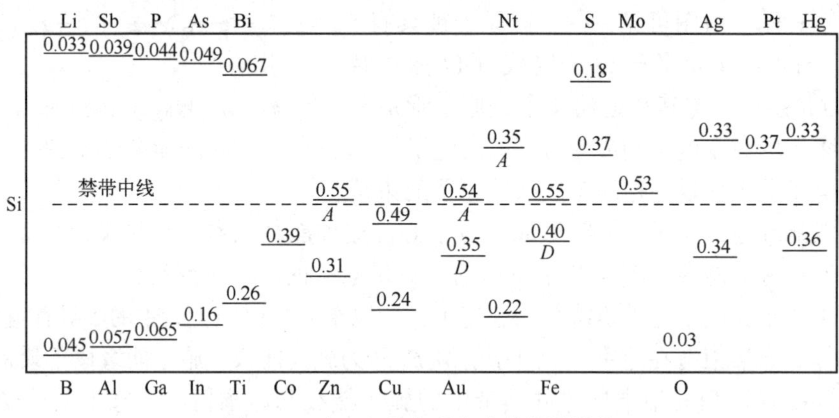

图 4-9　硅中各种杂质电离能的测量值

对硅中的浅施主，室温时的热能已足以电离所有施主杂质，并在导带中产生相同数量的电子。在这种完全电离的情况下，电子的浓度 n 与施主离子的浓度 N_D 相等，即

$$n=N_D \tag{4-50}$$

图 4-10 所示为施主杂质完全电离的情况。图中，施主能级 E_D 是从导带底开始计算的。

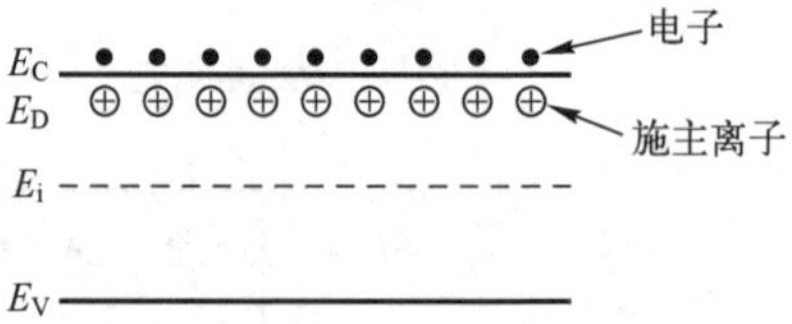

E_C　电子
E_D　施主离子
E_i
E_V

图 4-10　施主杂质完全电离的情况

从式（4-36）和式（4-50）可求得费米能级与导带有效态密度 N_c 及施主浓度 N_D 的关系式：

$$E_C - E_F = kT\ln\left(\frac{N_c}{N_D}\right) \tag{4-51}$$

从式（4-51）可见，施主浓度越高，能量差（$E_C - E_F$）越小，即费米能级离导带底越近。

在 n 型半导体硅中，可导电的电子浓度远大于可导电的空穴浓度，电流依靠电子输运，电子为多数载流子（简称多子），空穴为少数载流子（简称少子）。

图 4-11 显示了 n 型半导体的能带图、态密度、费米-狄拉克分布函数和载流子浓度。

图 4-11（c）显示 n 型半导体费米能级离导带底更近；图 4-11（d）中的上部阴影面积（表征的电子浓度分布）也比下部阴影面积（表征的空穴浓度分布）大很多，且符合质量作用定律 $np = n_i^2$。

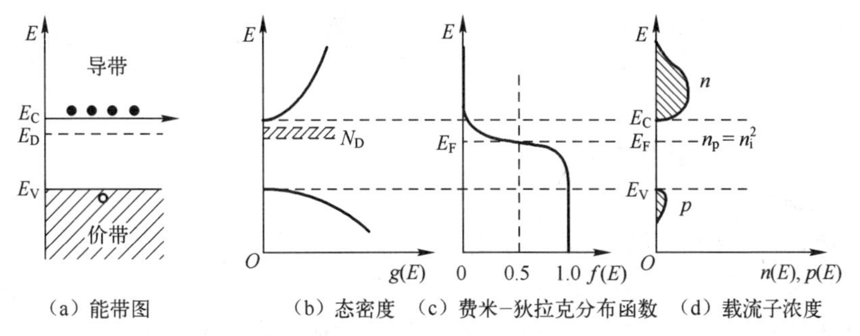

图 4-11　n 型半导体的能带图、态密度、费米-狄拉克分布函数和载流子浓度

对于非本征半导体，通常以 E_i 作为参考能级，用本征载流子浓度 n_i 和本征费米能级 E_i 来表示非本征半导体的电子和空穴浓度。

在式（4-24）中，以本征费米能级 E_i 代替费米能级 E_F，即可得本征载流子浓度 n_i：

$$n_i = N_c \exp\left(-\frac{E_C - E_i}{kT}\right) \tag{4-52}$$

利用上式可得到用本征载流子浓度 n_i 及本征费米能级 E_i 来表示非本征半导体的电子和空穴浓度：

$$n = N_c \exp\left(-\frac{E_C - E_F}{kT}\right) = N_c \exp\left(-\frac{E_C - E_i}{kT}\right)\exp\left(-\frac{E_i - E_F}{kT}\right) = n_i \exp\left(\frac{E_F - E_i}{kT}\right) \tag{4-53}$$

利用式（4-53）可计算从导带底为起点的费米能级的位置。

同样，对式（4-26）变换形式后，利用 $n_i = N_v \exp\left(-\frac{E_i - E_V}{kT}\right)$，可得

$$p = N_v \exp\left(-\frac{E_F - E_V}{kT}\right) = n_i \exp\left(\frac{E_i - E_F}{kT}\right) \tag{4-54}$$

利用式（4-54）可计算由本征费米能级为起点的费米能级的位置。

当施主与受主杂质同时存在时，半导体的导电类型由浓度较大的杂质决定。

在均匀掺杂的半导体内的任何一处的体积内，空间电荷呈中性，费米能级会自行调整到满足电中性条件。由电子浓度 n 与电离受主 N_A^-之和所确定的总负电荷，等于空穴浓度 p 与电离的施主 N_D^+之和确定的总正电荷，净电荷密度 ρ 为零：

$$\rho=q(p-n+N_D^+-N_A^-)=0 \tag{4-55}$$

室温条件下，$N_D^+=N_D$，$N_A^-=N_A$，由此可得：

$$n+N_A=p+N_D \quad 或 \quad p-n=N_A-N_D \tag{4-56}$$

利用质量作用定律，$p=\dfrac{n_i^2}{n}$，解 n 的二次方程，可得 n 型半导体在平衡时的多子（电子）浓度 n_n：

$$n_n=\frac{1}{2}\left(N_D-N_A+\sqrt{(N_D-N_A)^2+4n_i^2}\right) \tag{4-57}$$

利用质量作用定律，可得少子（空穴）浓度为

$$p_n=\frac{n_i^2}{n_n} \tag{4-58}$$

式中，下标 n 表示 n 型半导体。

2. p 型晶体硅

当在晶体硅中掺入Ⅲ族杂质原子时，由于它只有 3 个价电子，与硅原子只能形成 3 个共价键，所以在价键中出现一个空位（称为空穴）。空穴相当于正电荷。Ⅲ族原子的离子核只带 3 个正电荷（$+e$），在晶格中形成负电中心（$-e$），负电中心能束缚空穴。

在图 4-12 中，显示了只有 3 个价电子的硼原子取代了硅原子，在与邻近的硅原子形成 4 个共价键时，需要收受一个电子，在价带上就产生了一个带正电荷的空穴。

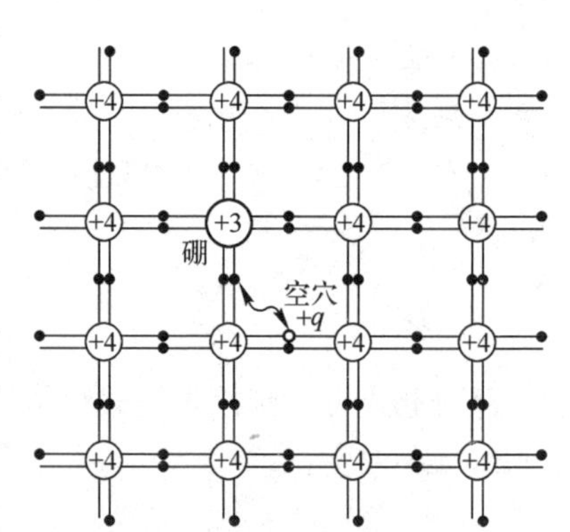

图 4-12　掺受主（硼）的 p 型半导体硅价键示意图

这种形成负电中心的Ⅲ族杂质能接受价带中的电子而在价带中形成空穴，因此被称为受主杂质，其能级称为受主能级。空穴能级的基态位于禁带底部价带顶上面的 E_A处。图 4-12 中所示的能接受电子的Ⅲ族杂质硼原子就是受主。

可将空穴视为带正电荷的载流子。以能够形成带正电荷载流子的受主为主的半导体硅称为 p 型半导体硅，其受主能级位于禁带。图 4-13所示为 p 型半导体硅禁带中的受主能级和电离情况。受主杂质电离所需要的最低能量称为受主电离能 ΔE_A，$\Delta E_A=E_A-E_v$。电离后形成的正电中心是不能活动的。

与计算硅中施主杂质的电离能相似，也可以用氢原子模型来计算硅中受主杂质的电离能。把没有全部填满的价带视为在已满的价带中加上一些空穴，这些空穴受带负电荷受主的吸引力作用。

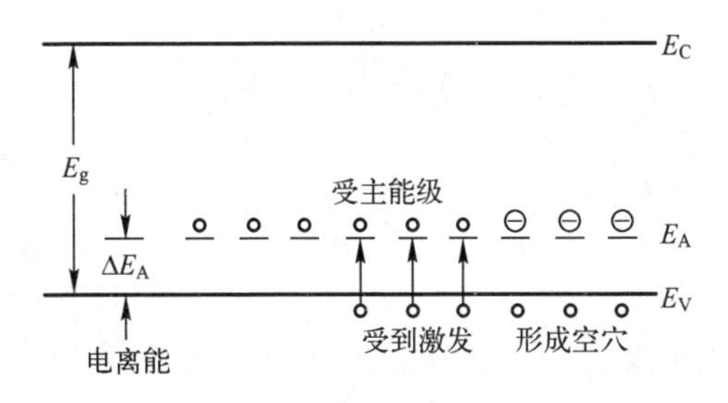

图 4-13　p 型半导体硅禁带中的受主能级和电离情况

在第 3 章式（3-22）中的氢原子电离能用空穴有效质量 m_v^* 代替 m_0，用半导体介电常数 ε_s 代替 ε_0，即可得到受主杂质的电离能 E_A。

将 E_A 与式（3-22）中的 E_H 相比，可估算出受主杂质从价带顶开始计算的电离能 E_A 为

$$E_A=\left(\frac{\varepsilon_0}{\varepsilon_s}\right)^2\left(\frac{m_v^*}{m_0}\right)E_H \tag{4-59}$$

式中，E_H 为氢原子基态电子电离能。

计算得到的硅的受主杂质从价带顶开始计算的电离能为 0.005eV。

靠近价带顶的受主杂质称为浅受主杂质。图 4-14 所示为非本征半导体能带图中的受主离子。由于浅受主杂质 $\Delta E_A \ll E_g$，所以能明显改变硅的导电性。

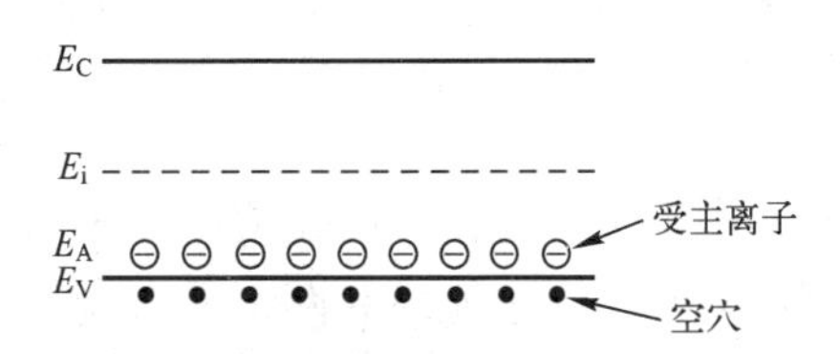

图 4-14　非本征半导体能带图中的受主离子

在 p 型半导体硅中，空穴浓度远大于电子浓度，电流依靠空穴输运，空穴为多子，电子为少子。

图 4-15 所示为 p 型半导体的能带图、态密度、费米-狄拉克分布函数和载流子浓度。

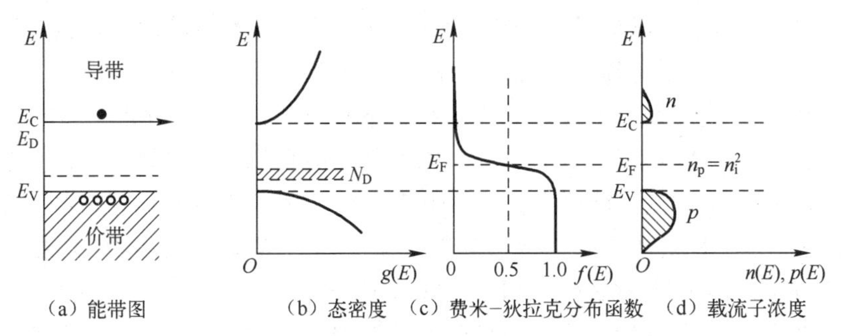

图 4-15　p 型半导体能带图、态密度、费米-狄拉克分布函数和载流子浓度

p 型半导体的多子（空穴）浓度 p_p 和少子（电子）浓度 n_p 可采用 n 型半导体的类似方法得到，p_p 和 n_p 分别为

$$p_p=\frac{1}{2}(N_A-N_D+\sqrt{(N_A-N_D)^2+4n_i^2}) \tag{4-60}$$

$$n_p=\frac{n_i^2}{p_p} \tag{4-61}$$

式中，下标 p 表示 p 型半导体。

一般说来，净杂质浓度 $|N_D-N_A|$ 在数值上远大于本征载流子浓度 n_i，因此对上述各式可进行如下简化。

对 n 型半导体，当 $N_D>N_A$ 时，多子浓度为

$$n_n\approx N_D-N_A \tag{4-62}$$

对 p 型半导体，当 $N_A>N_D$ 时，多子浓度为

$$p_p\approx N_A-N_D \tag{4-63}$$

利用质量作用定律，可得到少子浓度。

对 n 型半导体，当 $N_D>N_A$ 时，少子浓度为

$$n_p=\frac{n_i^2}{N_D-N_A}\approx\frac{n_i^2}{N_D} \tag{4-64}$$

对 p 型半导体，当 $N_A>N_D$ 时，少子浓度为

$$p_n=\frac{n_i^2}{N_A-N_D}\approx\frac{n_i^2}{N_A} \tag{4-65}$$

在半导体中，一种元素的原子有可能生成多个杂质能级。例如，硅中的氧在禁带中有两个施主能级和两个受主能级。

当温度升高时，费米能级向本征费米能级靠近，电子和空穴浓度不断增加。根据本征半导体的定义，无论 p 型硅还是 n 型硅，当温度很高时，都会变成本征硅。下面将进一步讨论不同温度下掺杂半导体的载流子浓度。

3. 杂质的补偿作用

通常，半导体中既有施主杂质，也有受主杂质。施主杂质和受主杂质之间有互相抵消的作用，所以半导体的类型由互相抵消后总的杂质浓度的大小决定。通过杂质的补偿，可以改变半导体的型号。图 4-16 所示为杂质的补偿作用。

若以 N_D 表示施主杂质浓度，N_A 表示受主杂质浓度，n 表示导带中的电子浓度，p 表示价带中的空穴浓度，当 $N_D\gg N_A$ 时，因为受主能级低于施主能级，所以施主杂质的电子首先跃迁到 N_A 受主能级上，还留下 N_D-N_A 个电子在施主能级上，当杂质全部电离时，这些电子跃迁到导带中成为导电电子。因为 $N_D\gg N_A$，电子浓度 $n=N_D-N_A\approx N_D$，所以半导体仍是 n 型的，如图 4-16（a）所示。

当 $N_A\gg N_D$ 时，施主能级上的全部电子跃迁到受主能级上后，还留下 N_A-N_D 个空穴。当杂质全部电离时，这些空穴可以跃迁到价带成为导电空穴。因为 $N_A\gg N_D$，空穴浓度 $p=N_A-N_D\approx N_A$，所以半导体仍是 p 型的，如图 4-16（b）所示。

经过补偿后的半导体中的净杂质浓度称为有效杂质浓度。当 $N_D>N_A$ 时，N_D-N_A 为有效施主浓度；当 $N_A\gg N_D$ 时，N_A-N_D 为有效受主浓度。

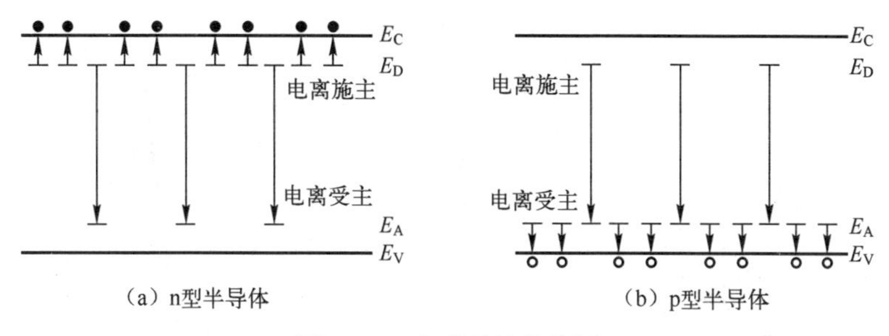

（a）n型半导体　（b）p型半导体

图 4-16　杂质的补偿作用

当新掺加的杂质浓度大于半导体内原有的杂质浓度时，半导体的导电类型会发生反转。当有效施主浓度 $N_D-N_A>0$ 时，导电类型为 n 型；当有效受主浓度 $N_A-N_D>0$ 时，导电类型为 p 型。

根据杂质补偿作用，可采用扩散或离子注入等方法改变半导体中某区域的导电类型。现有的晶体硅太阳电池，无论 p 型基片上制得的 pn 结还是 n 型基片上制得的 pn 结，都是用杂质补偿掺杂方法制得的。

在杂质补偿掺杂方法中，应严格控制掺杂量，避免过补偿或欠补偿。当杂质补偿掺杂导致 $N_D \approx N_A$ 时，材料中的施主电子刚好够填充受主能级，即使杂质很多，仍不能向导带和价带提供电子和空穴。在施主杂质和受主杂质很多的情况下，制造出的太阳电池性能会变得很差，因此，用于太阳电池基底的晶体硅片的杂质含量不能过高。

4.2.5　掺杂半导体的多子浓度

在掺杂半导体中，载流子浓度随温度变化，从低温到高温经历了弱电离区、中间电离区、强电离区、过渡区和本征激发区。对给定的受主或施主浓度，硅中电子浓度随温度变化的关系曲线如图 4-17 所示[1]。

由图可见，在低温下，热能不足以使晶体中的施主完全电离，一些电子仍留在施主杂质能级上，电子浓度小于施主浓度。随着温度的升高，达到完全电离状态（即 $n_n=N_D$）。当温度继续增高时，在一个很宽的温度范围内，电子浓度基本保持不变，这个范围称为过渡区，也称非本征区。然而，当温度进一步升高，由热激发引起的本征载流子浓度增大到可与施主浓度相比拟，甚至超过施主浓度时，半导体就变为本征半导体。半导体开始成为本征半导体的温度与其所含杂质的浓度有关，这个温度可由图 4-17 中令杂质浓度等于 n_i 求得。

1. 杂质能级上的载流子浓度

在杂质部分电离的情况下，部分杂质能级由电子占据。

前面已讨论过，在能带中的能级可以容纳自旋方向相反的两个电子，但是在杂质能级中极少出现这种情况。例如，硅中磷掺杂形成的Ⅴ族施主，具有 5 个价电子，其中 4 个电子在价键中具有成对的自旋，它们成束缚状态，而第 5 个电子则可以取任一自旋方向留在施主上或离开施主，可见在施主杂质能级不会同时被自旋方向相

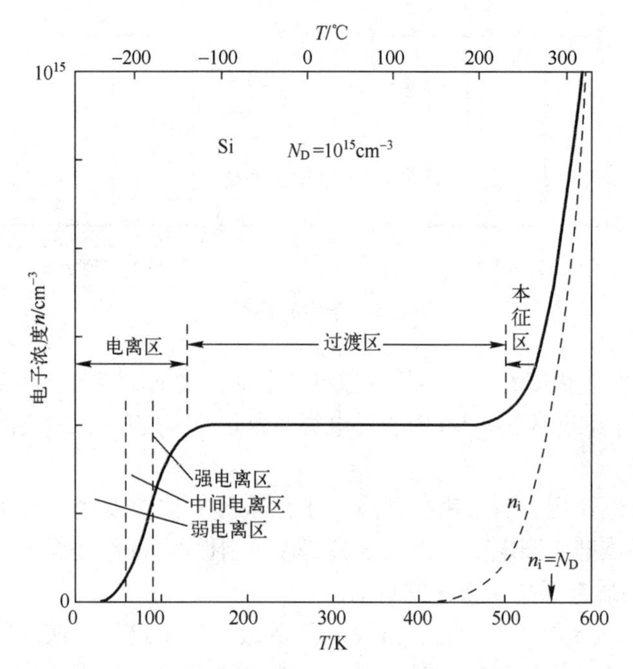

图 4-17 硅中电子浓度随温度变化的关系曲线

反的两个电子所占据，最多只能被一个电子所占据。对于硅中硼掺杂形成的Ⅲ族受主，在电离情况下，当它接受一个额外的电子时，就共同拥有 4 个电子，它们的自旋是成对的。

因此，在杂质能级中，普遍出现的只有以下两种情况。

(1) 一个杂质能级上可以接受具有任一自旋方向的一个电子，或者不能接受电子。

(2) 一个杂质能级上可以接受自旋方向相反的成对电子，或者任一自旋方向的一个电子，这相当于以空穴来表示的第一种情况。

由于上述原因，电子在杂质能级上的分布函数与电子在能带能级上的分布函数是不一样的[5]。杂质能级上的分布函数也可采用费米-狄拉克统计理论推导出。

在第 1 种情况下，施主能级被任一自旋电子占据的概率$f_D(E)$为

$$f_D(E)=\frac{1}{1+\frac{1}{g_D(E)}e^{(E_D-E_F)/kT}} \tag{4-66}$$

式中：E_D为施主能级；$g_D(E)$为施主杂质能级的基态简并因子。一个施主杂质能级上只能接受具有任一自旋方向的一个电子，或者不能接受电子，所以$g_D(E)=2$。

在第 2 种情况下，能级被自旋相反的 2 个电子占据的概率$f_A(E)$为

$$f_A(E)=\frac{1}{1+\frac{1}{g_A(E)}e^{(E_F-E_A)/kT}} \tag{4-67}$$

式中，E_A为受主能级，$g_A(E)$为受主杂质能级的基态简并因子。对于硅、锗等大多数半导体而言，每个受主杂质能级上能接受一个任意自旋方向的一个空穴，在 $k=0$ 处，价带自身是双重简并的，因而杂质能级也是双重简并的，所以 $g_A(E)=4$。

式（4-66）和式（4-67）是在单能级下推导出的，实际上也可以有激发态能级。如果包括激发态能级，则电子在杂质能级上的分布函数$f(E)$应为

$$f(E)=\sum_{r=0}^{\infty}\frac{1}{1+\dfrac{1}{g_r(E)}e^{(E_r-E_F)/kT}} \tag{4-68}$$

式中：E_r是第 r 个激发态的能量；g_r是表征简并度和自旋的一个常数，对接受一个电子的施主杂质离子而言，$g_0=2$，$E_0=E_D$；对于受主也有类似公式。在实际应用中，考虑激发态并没有多大意义，采用式（4-66）和式（4-67）进行近似处理已经足够了。

1）施主能级上的电子浓度

施主能级上的电子浓度也就是未电离的中性施主杂质的浓度，即

$$n_D=N_Df_D(E)=\frac{N_D}{1+\dfrac{1}{2}e^{(E_D-E_F)/kT}} \tag{4-69}$$

式中，N_D为施主杂质的浓度。

已电离的施主的浓度 n_D^+为

$$n_D^+=N_D-n_D=\frac{N_D}{1+2e^{-(E_D-E_F)/kT}} \tag{4-70}$$

由式（4-70）可见，当$(E_D-E_F)\gg kT$ 时，$n_D^+\approx N_D$，表明施主杂质基本全部电离；反之，当$(E_D-E_F)\ll kT$ 时，$n_D^+\approx 0$，表明施主杂质几乎没有电离。

2）受主能级上的空穴浓度

受主能级上的空穴浓度也就是未电离的中性受主杂质的浓度，即

$$p_A=N_A[1-f_A(E)]=\frac{N_A}{1+\dfrac{1}{4}e^{-(E_A-E_F)/kT}} \tag{4-71}$$

式中，N_A为受主杂质的浓度。

已电离的受主杂质的浓度 p_A^-为

$$p_A^-=N_A-p_A=\frac{N_A}{1+4e^{(E_A-E_F)/kT}} \tag{4-72}$$

由式（4-72）可见，当$(E_F-E_A)\gg kT$ 时，$p_A^-\approx N_A$，表明受主杂质基本全部电离；反之，当$(E_F-E_A)\ll kT$ 时，$p_A^-\approx 0$，表明受主杂质几乎没有电离。

2. n 型半导体多子浓度

对于只含一种施主杂质的 n 型硅，按照半导体的电中性条件，单位体积内的正、负电荷数应相等，即导带中的电子浓度应等于价带中的空穴浓度与电离施主浓度

之和：

$$n=N_{\mathrm{D}}^{+}+p \tag{4-73}$$

将式（4-24）、式（4-26）和式（4-70）代入式（4-73），得：

$$N_{\mathrm{c}}\exp\left(-\frac{E_{\mathrm{C}}-E_{\mathrm{F}}}{kT}\right)=N_{\mathrm{D}}\left[1+2\exp\left(-\frac{E_{\mathrm{D}}-E_{\mathrm{F}}}{kT}\right)\right]^{-1}+N_{\mathrm{v}}\exp\left(-\frac{E_{\mathrm{F}}-E_{\mathrm{V}}}{kT}\right) \tag{4-74}$$

上式中除 E_{F}之外，其余各量均为已知数。原则上，通过软件从上面的非线性方程式中求出 E_{F}后，即可计算出电子浓度 n 和空穴浓度 p。

由图 4-17 可知，在低温时，电子浓度随温度升高而增高；在 100K 时，杂质全部电离；温度高于 500K 后，本征激发开始起主要作用，进入本征区。在 100～500K 范围内，杂质全部电离，载流子浓度基本上等于杂质浓度。

下面就不同温度范围内的简化式（4-74）来计算 n 和 p。

1）低温弱电离区

当温度较低时，大部分施主杂质能级仍被电子占据，只有少量施主杂质电离，形成的少量电子进入导带，而从价带中依靠本征激发跃迁至导带的电子数可以忽略。在这种弱电离情况下，可以认为导带中的电子全部由电离施主杂质提供。此时，$p=0$，$n=N_{\mathrm{D}}^{+}\ll N_{\mathrm{D}}$，$\exp\left(-\frac{E_{\mathrm{D}}-E_{\mathrm{F}}}{kT}\right)\gg 1$，因此费米能级 E_{F}可简化为

$$E_{\mathrm{F}}=\frac{E_{\mathrm{C}}+E_{\mathrm{D}}}{2}+\frac{kT}{2}\ln\left(\frac{N_{\mathrm{D}}}{2N_{\mathrm{c}}}\right) \tag{4-75}$$

代入式（4-24）后，可得电子浓度 n：

$$n=\left(\frac{N_{\mathrm{c}}N_{\mathrm{D}}}{2}\right)^{1/2}\exp\left(\frac{-\Delta E_{\mathrm{D}}}{2kT}\right) \tag{4-76}$$

式中：E_{C}为导带底的能量；N_{c} 为导带的有效态密度；N_{D}为施主杂质浓度；k 为玻耳兹曼常数；T 为热力学温度；ΔE_{D} 为施主杂质电离能，$\Delta E_{\mathrm{D}}=E_{\mathrm{C}}-E_{\mathrm{D}}$。

2）中间电离区

随着温度的升高，当 $2N_{\mathrm{c}}>N_{\mathrm{D}}$时，式（4-75）中第 2 项为负值，$E_{\mathrm{F}}$下降到$\frac{E_{\mathrm{C}}+E_{\mathrm{D}}}{2}$以下。当温度升高到使 $E_{\mathrm{F}}=E_{\mathrm{D}}$时，$\exp\left(-\frac{E_{\mathrm{D}}-E_{\mathrm{F}}}{kT}\right)=1$，施主杂质有 1/3 电离。此时，

$$n=N_{\mathrm{c}}\exp\left(\frac{-\Delta E_{\mathrm{D}}}{2kT}\right) \tag{4-77}$$

3）强电离区

当温度继续升高时，半导体中大部分杂质都已电离，电离的施主浓度近似等于施主杂质浓度，$N_{\mathrm{D}}^{+}\approx N_{\mathrm{D}}$，这种情况称为强电离。强电离区也称饱和区。

在强电离区，

$$\exp\left(\frac{E_{\mathrm{F}}-E_{\mathrm{D}}}{kT}\right)\ll 1 \quad 或 \quad E_{\mathrm{D}}-E_{\mathrm{F}}\gg kT$$

同时，导带中的电子全部由电离施主杂质所提供，$p=0$，因而费米能级 E_F 位于 E_D 之下。这时，式（4-74）可简化为

$$N_c \exp\left(-\frac{E_C-E_F}{kT}\right)=N_D \tag{4-78}$$

由式（4-78）可见，费米能级 E_F 由温度及施主杂质浓度所决定：

$$E_F=E_C+kT\ln\left(\frac{N_D}{N_c}\right) \tag{4-79}$$

通常情况下，导带有效态密度大于掺杂浓度，即 $N_c>N_D$，则式（4-79）中的第 2 项是负的，费米能级 E_F 位于禁带内。

当温度 T 一定时，N_D 越大，E_F 就越向导带方向靠近；而当施主杂质浓度 N_D 一定时，温度 T 越高，E_F 就越靠近本征费米能级 E_i。硅晶体的费米能级与温度和杂质浓度的关系如图 4-18 所示[6]。

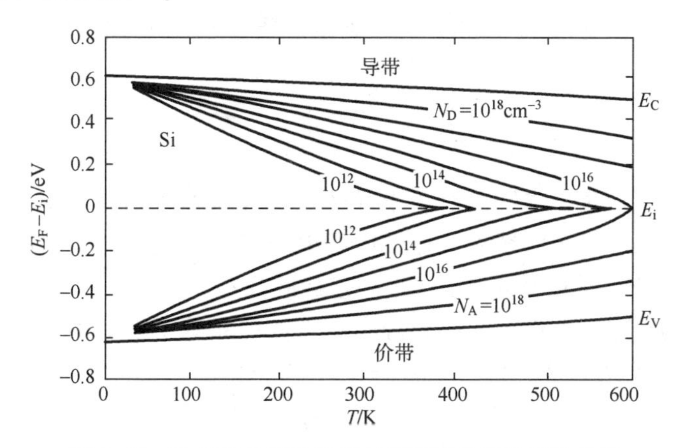

图 4-18　硅晶体的费米能级与温度和杂质浓度的关系

当施主杂质全部电离时，载流子浓度与温度 T 无关。这时，电子浓度 n 为

$$n=N_D \tag{4-80}$$

保持 $n=N_D$ 的温度范围称为饱和区。

室温时，硅中施主杂质达到全部电离时的杂质浓度上限可以用以下方法进行估算。

当 $E_D-E_F \gg kT$ 时，未电离的施主浓度 n_D 表达式（4-69）可简化为

$$n_D \approx 2N_D \exp\left(-\frac{E_D-E_F}{kT}\right) \tag{4-81}$$

将式（4-79）代入式（4-81）得：

$$n_D \approx 2N_D\left(\frac{N_D}{N_c}\right)\exp\left(\frac{\Delta E_D}{kT}\right) \tag{4-82}$$

式中，N_D 为施主杂质浓度。

于是，未电离施主占施主杂质数的百分比 $D\_$ 为

$$D_{-}=\frac{n_{\mathrm{D}}}{N_{\mathrm{D}}}=\frac{2N_{\mathrm{D}}}{N_{\mathrm{c}}}\exp\left(\frac{\Delta E_{\mathrm{D}}}{kT}\right) \tag{4-83}$$

当有90%的施主杂质电离时，就可近似地认为施主全部电离，$D_{-}\approx 10\%$。由式（4-83）可知，D_{-}与温度、杂质浓度和杂质电离能有关。通常，只有杂质浓度在一定范围内，杂质才能在室温下全部电离。例如，对于掺磷的 n 型硅，室温时，$N_{\mathrm{c}}=2.8\times10^{19}\mathrm{cm}^{-3}$，$\Delta E_{\mathrm{D}}=0.044\mathrm{eV}$，$kT=0.026\mathrm{eV}$，代入式（4-83）可得磷杂质全部电离的浓度上限 N_{D}为

$$N_{\mathrm{D}}=\frac{D_{-}N_{\mathrm{c}}}{2}\exp\left(-\frac{\Delta E_{\mathrm{D}}}{kT}\right)\approx 3\times10^{17}\mathrm{cm}^{-3} \tag{4-84}$$

由于在室温时硅的本征载流子浓度为 $1.5\times10^{10}\mathrm{cm}^{-3}$，所以对于掺磷的硅，在室温下，磷浓度在$(10^{11}\sim3\times10^{17})\mathrm{cm}^{-3}$范围内，以杂质电离为主，处于杂质全部电离的饱和区。

利用式（4-25）和式（4-83）可以确定杂质全部电离时的温度：

$$\frac{\Delta E_{\mathrm{D}}}{kT}=\frac{3}{2}\ln T+\ln\left(\frac{D_{-}}{N_{\mathrm{D}}}\right)\frac{(2\pi k m_{\mathrm{c}}^{*})^{3/2}}{h^{3}} \tag{4-85}$$

4）过渡区

当半导体的温度进一步增高时，半导体从饱和区过渡到完全本征激发区，这一区域称为过渡区。在这个区域内，导带中的电子来自杂质全部电离的电子和部分来自本征激发的电子，同时价带中也产生一定量的空穴。

由半导体的电中性条件可知，导带中电子浓度 n 等于价带中空穴浓度 p 与已全部电离的杂质浓度 N_{D}之和，即

$$n=N_{\mathrm{D}}+p \tag{4-86}$$

利用本征激发时 $n=p=n_{\mathrm{i}}$、$E_{\mathrm{F}}=E_{\mathrm{i}}$及 $n_{\mathrm{i}}=N_{\mathrm{c}}\exp\left(-\frac{E_{\mathrm{C}}-E_{\mathrm{i}}}{kT}\right)$，由式（4-24）可得：

$$n=n_{\mathrm{i}}\exp\left(-\frac{E_{\mathrm{i}}-E_{\mathrm{F}}}{kT}\right) \tag{4-87}$$

同理可得：

$$p=n_{\mathrm{i}}\exp\left(\frac{E_{\mathrm{i}}-E_{\mathrm{F}}}{kT}\right) \tag{4-88}$$

将式（4-87）和式（4-88）中的 n 和 p 代入式（4-86），得：

$$N_{\mathrm{D}}=n_{\mathrm{i}}\left[\exp\left(\frac{E_{\mathrm{F}}-E_{\mathrm{i}}}{kT}\right)-\exp\left(-\frac{E_{\mathrm{F}}-E_{\mathrm{i}}}{kT}\right)\right]=2n_{\mathrm{i}}\sinh\left(\frac{E_{\mathrm{F}}-E_{\mathrm{i}}}{kT}\right) \tag{4-89}$$

$$E_{\mathrm{F}}-E_{\mathrm{i}}=kT\mathrm{arsinh}\left(\frac{N_{\mathrm{D}}}{2n_{\mathrm{i}}}\right) \tag{4-90}$$

当$\frac{N_{\mathrm{D}}}{2n_{\mathrm{i}}}$很小时，$E_{\mathrm{F}}$接近于 E_{i}，半导体接近于本征激发区的情况；随着$\frac{N_{\mathrm{D}}}{2n_{\mathrm{i}}}$的增大，$(E_{\mathrm{F}}-E_{\mathrm{i}})$ 也增大，半导体接近于饱和区的情况。

由式（4-86）和式（4-32）可计算过渡区的载流子浓度 n 及 p：

$$\begin{cases} p=n-N_D \\ pn=n_i^2 \end{cases} \tag{4-91}$$

消去 p 后，得：

$$n^2-N_Dn-n_i^2=0 \tag{4-92}$$

解二次方程，得：

$$n=\frac{N_D+(N_D^2+4n_i^2)^{1/2}}{2}=\frac{N_D}{2}\left[1+\left(1+\frac{4n_i^2}{N_D^2}\right)^{1/2}\right] \tag{4-93}$$

$$p=\frac{n_i^2}{n}=\left(\frac{2n_i^2}{N_D}\right)\left[1+\left(1+\frac{4n_i^2}{N_D^2}\right)^{1/2}\right]^{-1} \tag{4-94}$$

式（4-93）和式（4-94）就是过渡区载流子浓度公式。

将式（4-24）代入式（4-93）可得费米能级相对于禁带中央的位置：

$$\exp\left(-\frac{E_C-E_F}{kT}\right)=\frac{N_D+(N_D^2+4n_i^2)^{1/2}}{2N_c}$$

$$E_F=E_i+kT\ln\left[\frac{N_D+(N_D^2+4n_i^2)^{1/2}}{2n_i}\right] \tag{4-95}$$

当杂质浓度很低时，$N_D \ll n_i$，式（4-93）、式（4-94）和式（4-95）可简化为

$$n\approx\frac{N_D}{2}+n_i\approx n_i \tag{4-96}$$

$$p\approx-\frac{N_D}{2}+n_i\approx n_i \tag{4-97}$$

$$E_F\approx E_i \tag{4-98}$$

这表明 n 和 p 数值相近，都趋于 n_i。这是接近于本征激发一边的情况。

当杂质浓度很高时，$N_D \gg n_i$，$\frac{4n_i^2}{N_D^2}\ll 1$，对 $\left(1+\frac{4n_i^2}{N_D^2}\right)^{1/2}$ 进行展开：

$$\left(1+\frac{4n_i^2}{N_D^2}\right)^{1/2}=1+\frac{1}{2}\frac{4n_i^2}{N_D^2}+\cdots \tag{4-99}$$

取前 2 项近似，代入式（4-93）、式（4-94）和式（4-95），得：

$$n=N_D+\frac{n_i^2}{N_D} \tag{4-100}$$

$$p=n-N_D=\frac{n_i^2}{N_D} \tag{4-101}$$

$$E_F\approx E_i+kT\ln\left(\frac{N_D}{n_i}\right) \tag{4-102}$$

由此可见，电子浓度 n 远大于空穴浓度 p，电子为多子，空穴为少子。此时，半导体接近饱和区的情况。

3. p 型半导体多子浓度

下面讨论只含一种受主杂质的 p 型半导体的载流子浓度。

1）低温弱电离区

对于受主能级部分未电离的情况，费米能级 E_F和空穴浓度 p 为

$$E_F=\frac{E_V+E_A}{2}-\frac{kT}{2}\ln\left(\frac{N_A}{2N_v}\right) \tag{4-103}$$

$$p=\left(\frac{E_V E_A}{2}\right)^{1/2}\exp\left(\frac{-\Delta E_A}{2kT}\right) \tag{4-104}$$

式中：E_V为价带顶能量；N_V为价带的有效态密度；N_A为受主杂质浓度；ΔE_A 为受主杂质电离能，$\Delta E_A=E_A-E_V$。

2）强电离区

强电离区是指受主绝大部分已电离的情况，也称饱和区。此时，

$$E_F=E_V-kT\ln\left(\frac{N_A}{N_v}\right) \tag{4-105}$$

当受主杂质全部电离时，空穴浓度为

$$p=N_A \tag{4-106}$$

$$p_A=D_+N_A \tag{4-107}$$

式中，D_+为比例系数：

$$D_+=\frac{2N_A}{N_v}\exp\left(\frac{\Delta E_A}{kT}\right) \tag{4-108}$$

式（4-107）表明，在饱和区，空穴浓度随受主浓度成比例增加，而与温度无关。

3）过渡区

$$E_F=E_i-kT\sinh^{-1}\left(\frac{N_A}{2n_i}\right) \tag{4-109}$$

$$p=\frac{N_A}{2}\left[1+\left(1+\frac{4n_i^2}{N_A^2}\right)^{1/2}\right] \tag{4-110}$$

$$n=\left(\frac{2n_i^2}{N_A}\right)\left[1+\left(1+\frac{4n_i^2}{N_A^2}\right)^{1/2}\right]^{-1} \tag{4-111}$$

综上所述，掺杂半导体的载流子浓度和费米能级由温度及杂质浓度决定。对于 n 型半导体，N_D越大，E_F位置越高；对于 p 型半导体，N_A越大，E_F位置越低。

4. 一般情况下的多子浓度

上面所讨论的是只含一种施主杂质的 n 型半导体的载流子浓度或只含一种受主杂质的 p 型半导体的载流子浓度。在一般情况下，半导体中存在多种施主杂质或受主杂质，按照半导体的电中性条件，导带中的电子浓度与电离受主浓度之和应等于价带中的空穴浓度与电离施主浓度之和，即

$$n + \sum_i N_{Ai}^- = p + \sum_j N_{Dj}^+ \tag{4-112}$$

式中，$\sum_i N_{Ai}^-$ 为各种电离受主浓度之和，$\sum_j N_{Dj}^+$ 为各种电离施主浓度之和。

下面以半导体中存在一种施主杂质和一种受主杂质为例进行讨论。考虑到电中性条件 $N_A^- = N_A - p_A$ 和 $N_D^+ = N_D - n_D$，再将式（4-24）、式（4-26）、式（4-69）和式（4-71）代入式（4-112）中，可得：

$$n+N_A-p_A=p+N_D-n_D$$

$$N_c\exp\left(-\frac{E_C-E_F}{kT}\right)-\frac{N_A}{1+\frac{1}{4}e^{-(E_A-E_F)/kT}}+N_A=N_v\exp\left(-\frac{E_F-E_V}{kT}\right)-\frac{N_D}{1+\frac{1}{2}e^{(E_D-E_F)/kT}}+N_D \tag{4-113}$$

式中，N_A、N_D、E_C、E_V、E_D和 E_A是已知的，N_c和 N_v是可算得的，因此借助计算机或图解法即可求得费米能级 E_F。在进行某些简化假设后，可方便地求得 E_F。例如，随着温度的升高，n 型半导体的 E_F降到 E_D之下，且 $E_D-E_F \gg kT$ 时，施主杂质完全电离，$n=N_D-N_A$，导带中的电子浓度取决于两种杂质浓度之差，即有效施主杂质浓度，而与温度无关，半导体进入饱和区。于是费米能级 E_F为

$$E_F=E_C+kT\ln\left(\frac{N_D-N_A}{N_c}\right) \tag{4-114}$$

如果受主杂质很少，可以忽略，则 $N_A \ll N_D$，$n \approx N_D$，式（4-114）变为与式（4-79）相同的形式。

用同样的方法可推导出含施主杂质的 p 型半导体的 E_F 为

$$E_F=E_V-kT\ln\left(\frac{N_A-N_D}{N_v}\right) \tag{4-115}$$

图 4-19 所示为不同温度下平衡少子浓度与杂质浓度的关系曲线。如果用有效杂质浓度替代图中的杂质浓度，即可利用图中的曲线计算平衡少子浓度或杂质浓度。

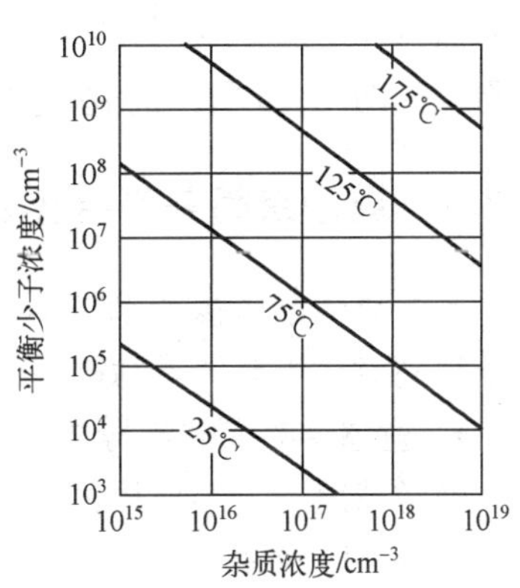

图 4-19　不同温度下平衡少子浓度与杂质浓度的关系曲线[7]

4.2.6　掺杂半导体的少子浓度

上面讨论了多子杂质浓度及其与温度的关系，下面分析在强电离情况下，少子浓度与杂质浓度及温度的关系。

1. n 型半导体中的少子浓度

在 n 型半导体中，通过改变施主浓度可以改变载流子浓度 p_0和 n_0，施主浓度 N_D一般比本征载流子浓度 n_i大很多，即 $N_D \gg n_i$。在室温下，施主杂质原子几乎全部被电离，所以多子浓度为

$$n_{n0}=N_D \tag{4-116}$$

下标 0 表示热平衡状态下的载流子浓度，即 n_{n0} 为 n 型半导体中电子的浓度。

由 $n_{n0}p_{n0}=n_i^2$，可以计算出少子浓度 p_{n0} 为

$$p_{n0}=\frac{n_i^2}{N_D} \tag{4-117}$$

2. p 型半导体中的少子浓度

在 p 型半导体中，通过改变施主浓度可以改变载流子浓度，受主浓度 N_A 一般比本征载流子浓度 n_i 大很多，即 $N_A \gg n_i$。在室温下，受主杂质原子几乎全部被电离，所以多子浓度 $p_{p0}=N_A$。同样，利用 $n_{p0}p_{p0}=n_i^2$，可以计算出少子浓度 n_{p0} 为

$$n_{p0}=\frac{n_i^2}{N_A} \tag{4-118}$$

由式（4-117）和式（4-118）可知，少子浓度与本征载流子浓度 n_i 的二次方成正比，与多子浓度成反比。在饱和区的温度范围内，多子浓度是不变的，而且由式（4-10）可知，本征载流子浓度 $n_i \propto T^{\frac{3}{2}}\exp\left(-\frac{E_g}{2kT}\right)$，因此少子浓度将随着温度的升高而迅速增大。利用式（4-117）和式（4-118），以及图 4-4 中的 n_i-T 曲线，可以得到如图 4-19 所示的硅中少子浓度与杂质浓度及温度的关系曲线。

4.2.7 重掺杂简并半导体及其载流子浓度

当半导体杂质掺杂水平不高时，半导体属于非简并半导体。当半导体杂质掺杂水平很高时，半导体成为简并半导体。

1. 重掺杂的简并半导体

通常情况下，半导体的费米能级处于禁带中。对于 n 型半导体，在饱和区内，按式（4-79）和式（4-114），E_F 为

$$E_F=E_C+kT\ln\left(\frac{N_D}{N_c}\right),\ N_A=0 \tag{4-119}$$

$$E_F=E_C+kT\ln\left(\frac{N_D-N_A}{N_c}\right),\ N_A\neq 0 \tag{4-120}$$

但是，当 n 型半导体杂质掺杂水平很高时，$N_D>N_c$ 且 $N_D-N_A>N_c$，E_F 将与 E_C 重合或进入导带。同样，对于 p 型半导体，当掺杂水平很高时，费米能级 E_F 也会进入价带。这时，半导体将发生载流子简并化，称之为重掺杂的简并半导体。简并半导体中的杂质不能充分电离，但由于杂质浓度很高，被杂质原子束缚的电子的波函数大量重叠，使孤立的杂质能级扩展为杂质能带，致使杂质能带中的电子可以通过杂质原子之间的共有化运动导电，形成杂质带导电。

在 n 型简并半导体中，多子浓度 n 大于导带底的有效态密度 N_c，即当 $E_F>E_C$时，

$$n=N_c e^{-\left(\frac{E_C-E_F}{kT}\right)}>N_c \tag{4-121}$$

类似地，在 p 型简并半导体中，多子浓度 p 大于价带顶的有效态密度 N_v。

通常，以 n 型半导体的 E_C与 E_F的相对位置，或者 p 型半导体的 E_V与 E_F的相对位置，作为区分简并化判别标准。

n 型半导体：

$$\begin{cases} E_C-E_F\leqslant 0 & \text{简并} \\ 0<E_C-E_F\leqslant 2.3kT & \text{弱简并} \\ E_C-E_F>2.3kT & \text{非简并} \end{cases} \tag{4-122}$$

p 型半导体：

$$\begin{cases} E_F-E_V\leqslant 0 & \text{简并} \\ 0<E_F-E_V\leqslant 2.3kT & \text{弱简并} \\ E_F-E_V>2.3kT & \text{非简并} \end{cases} \tag{4-123}$$

2. 简并半导体的载流子浓度

简并半导体的费米能级 E_F会与 E_C（或 E_V）重合或进入导带（或价带），玻耳兹曼分布函数中的 $E_C-E_F\gg kT$ 的条件不能满足，这时对于 n 型半导体，其导带底附近的量子态基本上已被电子所占据，而对于 p 型半导体，其价带顶附近的量子态基本上已被空穴所占据。此时，热平衡状态下的载流子统计分布不能再用玻耳兹曼分布函数来分析，而必须用费米-狄拉克分布函数来分析。

将单位体积的状态密度 $N_c(E)$（见式（3-58））和费米-狄拉克分布函数 $f_n(E)$（见式（4-14））代入式（4-17），可得简并半导体导带的电子浓度 n，即

$$\begin{aligned} n &= \int_{CB} g_c(E) f_n(E)\,\mathrm{d}E \\ &= \int_{E_C}^{E_{top}} 4\pi\left(\frac{2m_c^*}{h^2}\right)^{3/2} \frac{(E-E_C)^{1/2}}{\exp[(E-E_F)/kT]+1}\mathrm{d}E \\ &= 2\left(\frac{2\pi m_c^* kT}{h^2}\right)^{3/2} \frac{2}{\sqrt{\pi}} F_{1/2}\left(\frac{E_F-E_C}{kT}\right) \\ &= N_c \frac{2}{\sqrt{\pi}} F_{1/2}\left(\frac{E_F-E_C}{kT}\right) \end{aligned} \tag{4-124}$$

式中：N_c 为导带的有效态密度，$N_c=2\left(\frac{2\pi m_c^* kT}{h^2}\right)^{3/2}$；$m_c^*$ 为电子有效质量；h 为普朗克常量。

$F_{1/2}(\eta)$称为费米积分，其定义为

$$f_{1/2}(\eta)=\int_0^{\infty}\frac{E^{1/2}}{1+\exp(E-\eta)}\mathrm{d}E \tag{4-125}$$

式中，对于自由电子，变量 η 为

$$\eta_{\mathrm{n}}=\frac{E_{\mathrm{F}}-E_{\mathrm{C}}}{kT} \tag{4-126}$$

当 $\eta_{\mathrm{n}}<-1$ 时，

$$F_{1/2}(\eta)=\int_0^{\infty}\frac{E^{1/2}}{1+\exp(E-\eta)}\mathrm{d}E\approx\frac{\sqrt{\pi}}{2}\exp(\eta_{\mathrm{n}}) \tag{4-127}$$

于是，式（4-124）表达的电子浓度恢复为非简并情况下的式（4-24）。

当 $\eta_{\mathrm{n}}=0$ 时，费米能级与导带底重合，费米积分值约为0.6，$n\approx0.7N_{\mathrm{c}}$[1]。

简并半导体价带中的空穴浓度为

$$p=2\left(\frac{2\pi m_{\mathrm{v}}^{*}kT}{h^2}\right)^{3/2}\frac{2}{\sqrt{\pi}}F_{1/2}\left(\frac{E_{\mathrm{V}}-E_{\mathrm{F}}}{kT}\right)=N_{\mathrm{v}}\frac{2}{\sqrt{\pi}}F_{1/2}\left(\frac{E_{\mathrm{V}}-E_{\mathrm{F}}}{kT}\right) \tag{4-128}$$

式中：N_{v} 为价带的有效态密度，$N_{\mathrm{v}}=2\left(\frac{2\pi m_{\mathrm{v}}^{*}kT}{h^2}\right)^{3/2}$；$m_{\mathrm{v}}^{*}$ 是空穴的有效质量。

对于自由空穴，费米积分 $F_{1/2}(\eta)$ 中的变量为

$$\eta_{\mathrm{p}}=\frac{E_{\mathrm{V}}-E_{\mathrm{F}}}{kT} \tag{4-129}$$

如果再分别定义电子和空穴的费米-狄拉克简并因子：

$$\gamma_{\mathrm{n}}=\frac{2}{\sqrt{\pi}}\frac{F_{1/2}(\eta_{\mathrm{n}})}{\exp(\eta_{\mathrm{n}})} \tag{4-130}$$

$$\gamma_{\mathrm{p}}=\frac{2}{\sqrt{\pi}}\frac{F_{1/2}(\eta_{\mathrm{p}})}{\exp(\eta_{\mathrm{p}})} \tag{4-131}$$

则在简并的情况下，电子浓度和空穴浓度可分别表达为

$$n=N_{\mathrm{c}}\gamma_{\mathrm{n}}\exp(\eta_{\mathrm{n}}) \tag{4-132}$$

$$p=N_{\mathrm{v}}\gamma_{\mathrm{p}}\exp(\eta_{\mathrm{p}}) \tag{4-133}$$

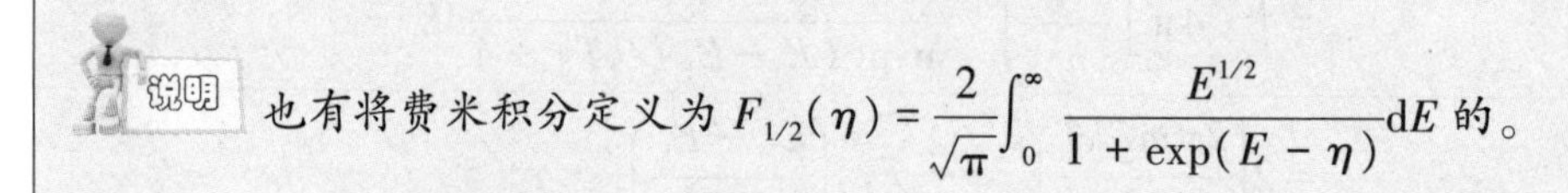

也有将费米积分定义为 $F_{1/2}(\eta)=\frac{2}{\sqrt{\pi}}\int_0^{\infty}\frac{E^{1/2}}{1+\exp(E-\eta)}\mathrm{d}E$ 的。

4.3 准平衡状态下的载流子

如果半导体材料受到光照、电场、磁场和温度变化等外界影响，则其载流子浓度分布将发生变化，从热平衡状态变为非平衡状态。

非平衡状态非常复杂，很难进行定量分析。通常假设外界影响相对稳定，不会发生快速变化，系统处于准平衡状态。

在准平衡状态下，需要引入准费米能级和载流子有效温度等概念。载流子有效温度是指能带中的载流子自身达到平衡状态时的温度，分为电子有效温度 T_{n} 和空穴

有效温度 T_n。有效温度是位置 x 的函数。严格地说，与热平衡状态不同，非热平衡状态载流子有效温度不等于半导体的温度 T_s 和环境温度 T_a。特别是强电场下动能较大的热载流子，其温度差异很大。对太阳电池而言，在准平衡状态下，可以认为 T_n、T_p、T_s 与 T_a 相差不是很大，所以一般情况下可以不作考虑。下面着重讨论准费米能级。

4.3.1　准费米能级

当半导体中的载流子处于热平衡状态时，在整个半导体中有统一的费米能级。按照式（4-24）和式（4-26），在非简并情况下：

$$n_0 = N_c \exp\left(-\frac{E_C - E_F}{kT}\right)$$

$$p_0 = N_v \exp\left(-\frac{E_F - E_V}{kT}\right)$$

在热平衡状态下，半导体中电子浓度与空穴浓度的乘积遵从质量作用定律，即

$$n_0 p_0 = N_c N_v \exp\left(-\frac{E_g}{kT}\right) = n_i^2$$

当外界的作用打破半导体的热平衡状态，使其成为非平衡状态时，半导体就不再存在统一的费米能级。不过，在一个能带范围内，载流子热跃迁十分活跃，很快就能达到热平衡状态。当半导体的平衡被破坏时，价带中的空穴和导带中的电子基本上仍处于平衡态，仅导带与价带的载流子之间处于不平衡状态。因此，可以引入局部的费米能级，分别为导带附近的电子费米能级 E_{Fn} 和价带附近的空穴费米能级 E_{Fp}。这种局部的费米能级称为准费米能级。

于是，准平衡状态下的载流子浓度也可用与平衡载流子浓度类似的公式来表示，即

$$n = N_c \exp\left(-\frac{E_C - E_{Fn}}{kT}\right) = n_0 \exp\left(\frac{E_{Fn} - E_F}{kT}\right) = n_i \exp\left(\frac{E_{Fn} - E_i}{kT}\right) \tag{4-134}$$

$$p = N_v \exp\left(-\frac{E_{Fp} - E_V}{kT}\right) = p_0 \exp\left(\frac{E_F - E_{Fp}}{kT}\right) = n_i \exp\left(\frac{E_i - E_{Fp}}{kT}\right) \tag{4-135}$$

式（4-134）和式（4-135）表明，非平衡载流子越多，准费米能级偏离 E_F 越远。通常，多子的准费米能级与平衡时的费米能级偏离很小，而少子的准费米能级的偏离会比较大。图 4-20 所示的是偏离费米能级的准费米能级示意图。

由式（4-134）和式（4-135）可以得到电子浓度与空穴浓度的乘积：

$$np = n_0 p_0 \exp\left(\frac{E_{Fn} - E_{Fp}}{kT}\right) = n_i^2 \exp\left(\frac{E_{Fn} - E_{Fp}}{kT}\right) \tag{4-136}$$

显然，E_{Fn} 和 E_{Fp} 差距越大，np 和 n_i^2 相差也越大，所以准费米能级的分离是系统偏离热平衡状态的直接量度。

通过式（4-134）和式（4-135），还可利用载流子浓度计算出准费米能级：

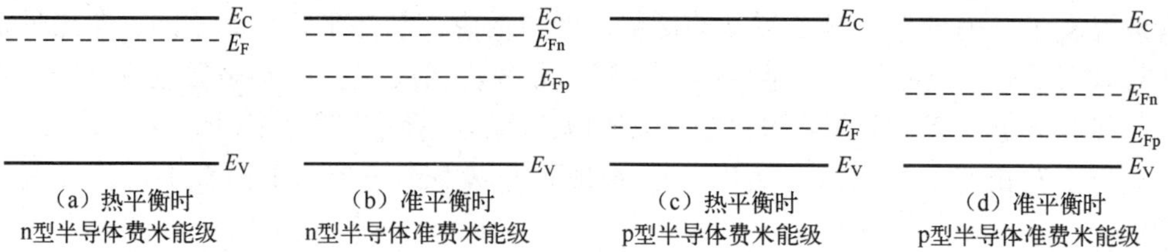

(a) 热平衡时 n型半导体费米能级　(b) 准平衡时 n型半导体准费米能级　(c) 热平衡时 p型半导体费米能级　(d) 准平衡时 p型半导体准费米能级

图 4-20　偏离费米能级的准费米能级示意图

$$E_{Fn}-E_i=kT\ln\frac{n}{n_i} \tag{4-137}$$

$$E_i-E_{Fp}=kT\ln\frac{p}{n_i} \tag{4-138}$$

4.3.2 准平衡状态下载流子的统计分布

在平衡状态下，导带电子的分布函数可由费米-狄拉克分布函数来表述；对于偏离平衡状态 的准平衡状态，导带电子的分布函数则不能由费米-狄拉克分布函数直接表述，必须对费米-狄拉克分布函数进行修正。

在准平衡状态下，为了求得载流子浓度 n 和 p，可以利用准费米能级和载流子有效温度，对描述平衡状态载流子的费米-狄拉克分布函数进行修正：

$$f_c(k,x)\approx f_0(E,E_{Fn},T_n)=\frac{1}{\exp[(E-E_{Fn})/kT_n]+1} \tag{4-139}$$

$$f_v(k,x)\approx 1-f_0(E,E_{Fp},T_p)=\frac{1}{\exp[(E_{Fp}-E)/kTp]+1} \tag{4-140}$$

式中：E_{Fn}和 E_{Fp}分别为 n 型半导体和 p 型半导体的准费米能级，准费米能级是空间位置 x 的函数；T_n为导带电子的有效温度；T_p为价带空穴的有效温度。

进行上述修正后，可以在准平衡状态下，通过修正后的麦克斯韦-玻耳兹曼分布，积分求得载流子浓度 n 和 p。

但是这种简单的修正，对于计算载流子电流 $J_n(x)$ 和 $J_p(x)$ 是不够的。如上面所述，由于能量 $E(k)$ 是关于波矢 $\boldsymbol{k}$ 的偶函数，使得利用麦克斯韦-玻耳兹曼分布函数求得的载流子电流为 0。因此，为了计算载流子电流 $J_n(x)$ 和 $J_p(x)$，必须在修正后的费米-狄拉克分布函数上再增加一项非对称分布函数 $f_B(k,x)$ 修正项，修正后导带电子的分布函数为

$$f_c(k,x)\approx f_0(E,E_{Fn},T_n)+f_B(k,x) \tag{4-141}$$

由于 E 是波矢 $\boldsymbol{k}$ 的偶函数，所以 $f_0(E,E_{Fn},T_n)$ 也是波矢 $\boldsymbol{k}$ 的偶函数，而 $f_B(k,x)$ 为波矢 $\boldsymbol{k}$ 的奇函数。

另外，准平衡状态的费米-狄拉克分布还是导带电子有效温度 T_n和价带空穴有效温度 T_p的函数。有效温度 T_n和 T_p不一定等于半导体器件温度 T 或环境温度 T_a。但是，对太阳电池而言，不存在强电场，也不产生热载流子，因此在准平衡状态下可

以认为有效温度 T_n 和 T_p 近似等于太阳电池器件温度 T 或环境温度 T_a，即

$$T_n = T_p = T_a = T \tag{4-142}$$

4.3.3　准平衡状态下载流子浓度

光照等外界作用会导致半导体内产生光生电子和光生空穴，这些光生载流子可显著增加半导体内的电子浓度 n 和空穴浓度 p。

在准平衡状态下，当半导体满足非简并条件 $(E_C - E_{Fn}) \gg kT$ 、$(E_{Fp} - E_V) \gg kT$ 时，费米 - 狄拉克分布函数可简化为麦克斯韦 - 玻耳兹曼分布，将式（4-24）和式（4-26）中的费米能级修改为准费米能级，则半导体中的电子浓度 n 和空穴浓度 p 可表示为

$$n = N_c e^{\frac{E_{Fn} - E_C}{kT}} = n_i e^{\frac{E_{Fn} - E_i}{kT}} \tag{4-143}$$

$$p = N_v e^{\frac{E_V - E_{Fp}}{kT}} = n_i e^{\frac{E_i - E_{Fp}}{kT}} \tag{4-144}$$

式中，E_{Fn} 和 E_{Fp} 分别为 n 型半导体和 p 型半导体的准费米能级。

对于简并半导体，当存在外界光或/和电压偏置作用时，半导体内的电子浓度 n 和空穴浓度 p 也可用式（4-124）和式（4-128）计算，但应将这两个公式中的费米能级 E_F 修改为准费米能级，即

$$n = 2\left(\frac{2\pi m_c^* kT}{h^2}\right)^{3/2} \frac{2}{\sqrt{\pi}} F_{1/2} \exp\left(\frac{E_{Fn} - E_C}{kT}\right) = N_c \frac{2}{\sqrt{\pi}} F_{1/2} \exp\left(\frac{E_{Fn} - E_C}{kT}\right) \tag{4-145}$$

$$P = 2\left(\frac{2\pi m_v^* kT}{h^2}\right)^{3/2} \frac{2}{\sqrt{\pi}} F_{1/2} \exp\left(\frac{E_V - E_{Fp}}{kT}\right) = N_v \frac{2}{\sqrt{\pi}} F_{1/2} \exp\left(\frac{E_V - E_{Fp}}{kT}\right) \tag{4-146}$$

式中，E_{Fn} 和 E_{Fp} 分别为 n 型半导体和 p 型半导体的准费米能级。

上述公式中的电子浓度 n 和空穴浓度 p 已包含了准平衡状态下的光生载流子浓度。光生载流子浓度 $(n - n_0)$ 和 $(p - p_0)$ 也称过剩载流子浓度。

4.3.4　准平衡状态下电流密度[8]

从式（4-8）和式（4-9）可知，为了计算准平衡状态的载流子电流 J_n 和 J_p，需要求得修正后的电子分布函数 $f_c(k,x)$。由于 $f_c(k,x)$ 中 $f_0(E, E_F^n, T)$ 为偶函数，积分后电流为 0，所以主要是求出非对称分布函数 $f_B(k,x)$ 的修正项。为此，先将电子分布函数 $f_c(k,x)$ 对时间求导，导出玻耳兹曼输运方程，再在准稳态、外界作用比较小的情况下，简化玻耳兹曼输运方程，求得修正电子分布函数 $f_B(k,x)$ 的修正项。

将电子分布函数 $f_c(k,x)$ 对时间求导，得：

$$\frac{df_c}{dt} = \frac{dx}{dt}\frac{\partial f_c}{\partial x} + \frac{dk}{dt}\frac{\partial f_c}{\partial k} + \frac{\partial f_c}{\partial t} \tag{4-147}$$

按电子速度 $\boldsymbol{v}$ 的定义，式（4-147）中的 $\frac{dx}{dt}$ 可用 $\boldsymbol{v}$ 表示，即

$$v=\frac{\mathrm{d}x}{\mathrm{d}t} \tag{4-148}$$

式中，$\mathrm{d}x$ 为电子在 $\mathrm{d}t$ 时间内移动的距离。

由式（3-46）可得：

$$\frac{\mathrm{d}k}{\mathrm{d}t}=\frac{f}{h} \tag{4-149}$$

式中，f 为电子受到晶格的作用力。

由于电子与晶格相互碰撞等原因，通常情况下电子在能带内的弛豫时间比能带间的弛豫时间短得多。电子分布函数随时间按指数规律衰减：

$$f_{\mathrm{c}}(t)=(f_{\mathrm{c}}-f_0)_{t=0}\exp[-t/\tau]$$

因此，$f_{\mathrm{c}}(t)$ 的时间变化速率正比于 $(f_{\mathrm{c}}-f_0)$，$(f_{\mathrm{c}}-f_0)$ 是准平衡状态分布函数 f_{c} 与热平衡状态分布函数 f_0 的偏离量：

$$\frac{\mathrm{d}f_{\mathrm{c}}}{\mathrm{d}t}\approx-\frac{(f_{\mathrm{c}}-f_0)}{\tau} \tag{4-150}$$

式中，τ 为载流子寿命。

将式（4-148）、式（4-149）和式（4-150）代入式（4-147），可得：

$$-\frac{(f_{\mathrm{c}}-f_0)}{\tau}=v\frac{\partial f_{\mathrm{c}}}{\partial x}+\frac{f}{h}\frac{\partial f_{\mathrm{c}}}{\partial k}+\frac{\partial f_{\mathrm{c}}}{\partial t} \tag{4-151}$$

式（4-151）称为玻耳兹曼输运方程。

在稳态、外界作用（光照、电场和温度梯度等）又较小时，电子分布函数随时间的变化远小于随位置的变化，即 $\frac{\partial f_{\mathrm{c}}}{\partial t}\ll v\frac{\partial f_{\mathrm{c}}}{\partial x}$，$\frac{\partial f_{\mathrm{c}}}{\partial t}$ 可以忽略：

$$\frac{\partial f_{\mathrm{c}}}{\partial t}\approx 0 \tag{4-152}$$

在稳态、外界作用又较小时，准平衡状态的分布函数的变化量远小于热平衡状态的分布函数，即 $(f_{\mathrm{c}}-f_0)\ll f_0$，因此可以认为

$$\frac{\mathrm{d}f_{\mathrm{c}}}{\mathrm{d}x}\approx\frac{\mathrm{d}f_0}{\mathrm{d}x} \tag{4-153}$$

当半导体的费米能级 E_{F} 和导带底 E_{C}、价带顶 E_{V} 都相距较远，符合非简并条件时，$E_{\mathrm{C}}-E_{\mathrm{Fn}}\gg kT$，$E_{\mathrm{Fp}}-E_{\mathrm{V}}\gg kT$，因此计算梯度 $\frac{\mathrm{d}f_{\mathrm{c}}}{\mathrm{d}x}$ 和 $\frac{\mathrm{d}f_{\mathrm{c}}}{\mathrm{d}k}$ 时，电子分布函数 f_{c} 仍可近似地采用麦克斯韦-玻耳兹曼分布：

$$f_{\mathrm{c}}\approx \mathrm{e}^{\frac{E-E_{\mathrm{Fn}}}{kT}} \tag{4-154}$$

$$\frac{\mathrm{d}f_{\mathrm{c}}}{\mathrm{d}x}\approx\frac{\mathrm{d}f_0}{\mathrm{d}x}=\frac{\mathrm{d}}{\mathrm{d}x}\left[\exp\left(\frac{E-E_{\mathrm{Fn}}}{kT}\right)\right]=\frac{f_0}{kT}\frac{\mathrm{d}(E-E_{\mathrm{Fn}})}{\mathrm{d}x} \tag{4-155}$$

再由式（3-42）得到：

$$\frac{\mathrm{d}f_{\mathrm{c}}}{\mathrm{d}k} \approx \frac{\mathrm{d}f_0}{\mathrm{d}k} = \frac{f_0}{kT}\frac{\mathrm{d}(E-E_{\mathrm{Fn}})}{\mathrm{d}k} = \frac{hf_0}{kT}v \tag{4-156}$$

将式（4-152）、式（4-155）、式（4-156）代入式（4-151），得：

$$-\frac{(f_{\mathrm{c}}-f_0)}{\tau} = -\frac{f_0}{kT}\left[v\frac{\mathrm{d}(E-E_{\mathrm{Fn}})}{\mathrm{d}x} + fv\right] \tag{4-157}$$

参照式（4-48），电子受电场力 $-qF$ 作用，其值等于 $-\frac{\mathrm{d}E_0}{\mathrm{d}x}$，同时考虑到 $\frac{\mathrm{d}E_{\mathrm{C}}}{\mathrm{d}x} = \frac{\mathrm{d}E_0}{\mathrm{d}x}$ = 电子势能梯度 $= \frac{\mathrm{d}E}{\mathrm{d}x}$，可得电子受到的作用力 f 和导带底的能量 E_{C} 关系式为 $f = -\frac{\mathrm{d}E_{\mathrm{C}}}{\mathrm{d}x} = -\frac{\mathrm{d}E}{\mathrm{d}x}$，将其代入式（4-157），得：

$$-\frac{(f_{\mathrm{c}}-f_0)}{\tau} = -\frac{f_0}{kT}\left[v\frac{\mathrm{d}(E-E_{\mathrm{Fn}})}{\mathrm{d}x} - \frac{\mathrm{d}E}{\mathrm{d}x}v\right] = -\frac{f_0}{kT}v\frac{\mathrm{d}E_{\mathrm{Fn}}}{\mathrm{d}x} \tag{4-158}$$

$$f_{\mathrm{c}} = f_0\left(1 - \frac{\tau v}{kT}\frac{\mathrm{d}f_{\mathrm{c}}}{\mathrm{d}x}\right) \tag{4-159}$$

将式（4-159）代入式（4-141），可以得到非对称分布函数 f_{A}：

$$f_{\mathrm{B}} = -f_0\left(\frac{\tau v}{kT}\frac{\mathrm{d}E_{\mathrm{Fn}}}{\mathrm{d}x}\right) \tag{4-160}$$

把式（4-159）或式（4-160）代入式（4-8），得到电子电流密度 J_{n}：

$$\begin{aligned} J_{\mathrm{n}}(x) &= -\frac{qh}{m_{\mathrm{c}}^*}\int_{\mathrm{CB}} kg_{\mathrm{c}}(k)f_{\mathrm{c}}(k,x)\,\mathrm{d}k \\ &= -\frac{qh}{m_{\mathrm{c}}^*}\int_{\mathrm{CB}} kg_{\mathrm{c}}(k)f_0[E(k)]\cdot\left(1-\frac{\tau v}{kT}\frac{\partial E_{\mathrm{Fn}}}{\partial x}\right)\mathrm{d}k \\ &= -\frac{qh}{m_{\mathrm{c}}^*}\int_{\mathrm{CB}} kg_{\mathrm{c}}(k)f_0[E(k)]\,\mathrm{d}k + \frac{qh}{m_{\mathrm{c}}^*}\int_{\mathrm{CB}} kg_{\mathrm{c}}(k)f_0[E(k)]\cdot\frac{\tau v}{kT}\frac{\partial E_{\mathrm{Fn}}}{\partial x}\mathrm{d}k \end{aligned} \tag{4-161}$$

式（4-161）中积分限 CB 表示对导带底的波矢空间进行积分。第一项是奇函数，积分后为 0，再将式（3-34）代入式（4-161），得到电子电流密度 J_{n}：

$$\begin{aligned} J_{\mathrm{n}}(x) &= \frac{qh}{m_{\mathrm{c}}^*}\int_{\mathrm{CB}} kg_{\mathrm{c}}(k)f_0[E(k)]\cdot\frac{\tau}{kT}\frac{hk}{m_{\mathrm{c}}^*}\frac{\partial E_{\mathrm{Fn}}}{\partial x}\mathrm{d}k \\ &= \frac{q}{kT}\frac{\partial E_{\mathrm{Fn}}}{\partial x}\int_{\mathrm{CB}}\tau\left(\frac{hk}{m_{\mathrm{c}}^*}\right)^2 g_{\mathrm{c}}(k)f_0[E(k)]\cdot\mathrm{d}k \end{aligned} \tag{4-162}$$

于是得到：

$$J_{\mathrm{n}}(x) = \mu_{\mathrm{n}} n\frac{\mathrm{d}E_{\mathrm{Fn}}}{\mathrm{d}x} \tag{4-163}$$

式中，

$$\mu_{n}n=\frac{q}{kT}\int_{CB}\tau\left(\frac{hk}{m_{c}}\right)^{2}g_{c}(k)f_{0}[E(k)]\mathrm{d}k \tag{4-164}$$

式中，μ_n为电子迁移率。$\mu_n n$ 是准平衡状态下的导带电子浓度与电子迁移率的乘积。其形式与热平衡时的表达式一样，但计算公式不一样。

同样，可导出空穴电流密度：

$$J_{p}(x)=\mu_{p}p\frac{\mathrm{d}E_{Fp}}{\mathrm{d}x} \tag{4-165}$$

式中，

$$\mu_{p}p=\frac{q}{kT}\int_{VB}\tau\left(\frac{\hbar k}{m_{c}}\right)^{2}g_{v}(k)f_{0}[E(k)]\mathrm{d}k \tag{4-166}$$

于是，半导体中 x 处的电流密度是电子电流密度和空穴电流密度的叠加，即

$$J(x)=J_{n}(x)+J_{p}(x)=\mu_{n}n\frac{\mathrm{d}E_{Fn}}{\mathrm{d}x}+\mu_{p}p\frac{\mathrm{d}E_{Fp}}{\mathrm{d}x} \tag{4-167}$$

有了式（4-163）和式（4-165），即可导出更多形式的电流密度表达式。

由式（4-143）可导出准平衡状态下的电子准费米能级梯度表达式：

$$E_{Fn}=kT\ln n-kT\ln N_{c}+E_{C} \tag{4-168}$$

对式（4-168）求导可得：

$$\frac{\mathrm{d}E_{Fn}}{\mathrm{d}x}=kT\frac{1}{n}\frac{\mathrm{d}n}{\mathrm{d}x}-kT\frac{\mathrm{d}\ln N_{c}}{\mathrm{d}x}+\frac{\mathrm{d}E_{C}}{\mathrm{d}x} \tag{4-169}$$

同样，由式（4-144）可导出准平衡状态下的空穴准费米能级梯度表达式：

$$\frac{\mathrm{d}E_{Fp}}{\mathrm{d}x}=-kT\frac{1}{p}\frac{\mathrm{d}p}{\mathrm{d}x}+kT\frac{\mathrm{d}\ln N_{v}}{\mathrm{d}x}+\frac{\mathrm{d}E_{V}}{\mathrm{d}x} \tag{4-170}$$

由图 4-6 所示的能带图可见，对于非均匀杂质分布的半导体某一个位置，导带底 E_C和价带顶 E_V与真空能级 E_0的关系可用下式表示：

$$E_{C}=E_{0}-\chi \tag{4-171}$$

$$E_{V}=E_{0}-\chi-E_{g} \tag{4-172}$$

对上述两式求导，并利用真空能级 E_0与电场强度 F 的关系式 $F=\frac{1}{q}\cdot\frac{\mathrm{d}E_{0}}{\mathrm{d}x}$，可得到导带底和价带顶的梯度表达式：

$$\frac{\mathrm{d}E_{C}}{\mathrm{d}x}=\frac{\mathrm{d}E_{0}}{\mathrm{d}x}-\frac{\mathrm{d}\chi}{\mathrm{d}x}=qF-\frac{\mathrm{d}\chi}{\mathrm{d}x} \tag{4-173}$$

$$\frac{\mathrm{d}E_{V}}{\mathrm{d}x}=\frac{\mathrm{d}E_{0}}{\mathrm{d}x}-\frac{\mathrm{d}\chi}{\mathrm{d}x}-\frac{\mathrm{d}E_{g}}{\mathrm{d}x}=qF-\frac{\mathrm{d}\chi}{\mathrm{d}x}-\frac{\mathrm{d}E_{g}}{\mathrm{d}x} \tag{4-174}$$

将式（4-169）、式（4-170）、式（4-173）和式（4-174）代入式（4-163）和式（4-165），得到稳态情况下的电流密度表达式：

$$J_{n}(x)=\mu_{n}n\frac{\mathrm{d}E_{Fn}}{\mathrm{d}x}$$

$$=\mu_n n\left(kT\frac{1}{n}\frac{dn}{dx}-kT\frac{d\ln N_c}{dx}+\frac{dE_C}{dx}\right)$$

$$=\mu_n n\left(kT\frac{1}{n}\frac{dn}{dx}-kT\frac{d\ln N_c}{dx}+qF-\frac{d\chi}{dx}\right) \tag{4-175}$$

空穴密度表达式为

$$J_p(x)=\mu_p p\frac{dE_{Fp}}{dx}$$

$$=\mu_p p\left(-kT\frac{1}{p}\frac{dp}{dx}+kT\frac{d\ln N_v}{dx}+\frac{dE_v}{dx}\right)$$

$$=\mu_p p\left(-kT\frac{1}{p}\frac{dp}{dx}+kT\frac{d\ln N_v}{dx}+qF-\frac{d\chi}{dx}-\frac{dE_g}{dx}\right) \tag{4-176}$$

利用爱因斯坦关系式：

$$\mu_n=\frac{qD_n}{kT}\quad 或 \quad D_n=\frac{kT\mu_n}{q} \tag{4-177}$$

$$\mu_p=\frac{qD_p}{kT}\quad 或 \quad D_p=\frac{kT\mu_p}{q} \tag{4-178}$$

式（4-175）和式（4-176）可表述为

$$J_n(x)=qD_n\frac{dn}{dx}+\mu_n n\left(-kT\frac{d\ln N_c}{dx}+qF-\frac{d\chi}{dx}\right) \tag{4-179}$$

$$J_p(x)=-qD_p\frac{dp}{dx}+\mu_p p\left(kT\frac{d\ln N_v}{dx}+qF-\frac{d\chi}{dx}-\frac{dE_g}{dx}\right) \tag{4-180}$$

式中，D_n和 D_p就是前面多次讨论过的电子扩散系数和空穴扩散系数。

利用电场强度 F 与电势 ψ 的关系式 $F=-\frac{d\psi}{dx}$，还可获得用电势梯度$\frac{d\psi}{dx}$作为变量的电流密度表达式，即

$$J_n(x)=qD_n\frac{dn}{dx}+\mu_n n\left(-kT\frac{d\ln N_c}{dx}-q\frac{d\psi}{dx}-\frac{d\chi}{dx}\right) \tag{4-181}$$

$$J_p(x)=-qD_p\frac{dp}{dx}+\mu_p p\left(kT\frac{d\ln N_v}{dx}-q\frac{d\psi}{dx}-\frac{d\chi}{dx}-\frac{dE_g}{dx}\right) \tag{4-182}$$

由式（4-179）和式（4-180）可见，由真空能级对应的电势形成的电场强度 F 连同有效态密度、电子亲和能和带隙的变化梯度形成的有效电场，驱动载流子获得漂移电流，由载流子梯度形成扩散电流。

以准费米能级的导数形式表达的载流子电流密度公式，即式（4-163）和式（4-165），是非常重要的。从其推导过程可见这是一般性的表达式，它包括由带隙、电子亲和能和态密度梯度等因素引起的有效电场中的载流子的扩散、漂移等运动所产生的电流。无论载流子是否处于简并状态下，或者半导体材料的杂质分布是否均匀、性能是否随位置变化，这些公式都适用。

4.3.5 存在温度梯度时的电流密度

下面讨论更一般情况下的半导体材料系统载流子浓度和电流密度，所讨论的系统不仅存在较强的外界作用，使半导体系统处于非平衡状态，而且半导体材料中成分分布也不均匀，使半导体的电子亲和能、价带、导带、带隙宽度和费米能级等均不是恒定的常数。

较强的外界作用将影响半导体的热学性质。实际上，当半导体材料中存在温度梯度时，会明显影响载流子的输运，改变载流子电流密度。下面着重讨论温度梯度对载流子电流密度的影响。

为了描述外界作用下半导体中载流子的温度变化，需要引入载流子的有效温度概念。

1. 载流子的有效温度

在半导体中，载流子与晶格振动散射时，将发生动量和能量的交换。这种能量交换过程是通过声子吸收或发射进行的。在热平衡状态下，交换的净能量为零，载流子的平均能量与晶格的相同。

在有外界作用的情况下，载流子将获得额外的能量。例如，存在电场时，载流子从电场中获得能量，并以发射声子的方式将能量传给晶格。到达稳定状态时，单位时间内载流子从电场中获得的能量和给予晶格的能量相同。但是，在较强电场作用下，载流子从电场中获得的能量增多到一定程度后，将打破由载流子和晶格所组成的系统的热平衡状态。载流子成为热载流子。热载流子的平均动能高于晶格系统的能量，由于温度是平均动能的量度，热载流子的温度也将高于晶格系统的温度。在讨论温度对半导体性能的影响时，引入了载流子有效温度的概念，以区别于晶格系统的温度。载流子的有效温度是指能带中的载流子自身达到平衡状态时的温度，分为电子有效温度 T_n 和空穴有效温度 T_p。通常，有效温度是位置 x 的函数。凡是与温度相关的载流子参数，如迁移率等，都会受到有效温度的影响。

2. 热载流子浓度

参照式（4-16）和式（4-26），半导体导带中的电子浓度 n 和价带中的空穴浓度 p 为

$$n = \int_{E_C}^{\infty} g_c(E) f_n(E)\,\mathrm{d}E \tag{4-183}$$

$$p = \int_{-\infty}^{E_V} g_v(E) f_p(E)\,\mathrm{d}E \tag{4-184}$$

在半导体中，大多数的载流子分布在各自的能带边缘附近。能带边缘附近的态密度与能量的关系符合抛物线规律。

参照式（3-57）和式（3-59）可写出更一般性的能带边缘附近态密度分布，即

$$g_c(E) = A_c(E-E_C)^{1/2} \tag{4-185}$$

$$g_v(E) = A_v(E-E_V)^{1/2} \tag{4-186}$$

在此，A_c和A_v由材料的特性决定，当材料的成分分布不均匀时，其值随位置x而变化。

按照式（4-14）和式（4-16），费米-狄拉克分布函数$f_n(E)$和$f_p(E)$为

$$f_n(E)=\frac{1}{1+e^{(E-E_F)/kT_n}} \tag{4-187}$$

$$f_p(E)=\frac{1}{1+e^{-(E-E_F)/kT_p}} \tag{4-188}$$

于是，按照式（4-183）至式（4-188），能带中的热载流子浓度表达式为

$$n=\int_{E_C}^{\infty}\frac{A_c\ (E-E_C)^{1/2}\mathrm{d}E}{1+\exp(E-E_{Fn})/kT_n} \tag{4-189}$$

$$p=\int_{-\infty}^{E_V}\frac{A_v\ (E_V-E)^{1/2}\mathrm{d}E}{1+\exp(E_{Fp}-E)/kT_p} \tag{4-190}$$

在非简并的情况下，即对所有导带内的能量E符合玻耳兹曼近似条件$(E-E_{Fn})\gg kT_n$时，有

$$\frac{1}{1+\exp(E-E_{Fn})/kT_n}\approx e^{-(E-E_{Fn})/kT_n} \tag{4-191}$$

同样，对所有价带的能量E符合玻耳兹曼近似条件$(E_{Fp}-E)\gg kT_p$时，有

$$\frac{1}{1+\exp(E_{Fp}-E)/kT_p}\approx e^{-(E_{Fp}-E)/kT_p} \tag{4-192}$$

于是，采用4.2.2节中的积分方法，借助于常用的伽马函数公式$\int_0^{\infty}x^{\frac{1}{2}}e^{-x}\mathrm{d}x=\frac{\sqrt{\pi}}{2}$，式（4-189）和式（4-190）变为

$$n=N_c e^{-(E_c-E_{Fn})/kT_n} \tag{4-193}$$

$$p=N_v e^{-(E_{Fp}-E_v)/kT_p} \tag{4-194}$$

对于简并半导体，也可采用4.2.7节中的积分方法，借助于费米积分$F_{1/2}(\eta)=\int_0^{\infty}\frac{E^{1/2}}{1+\exp(E-\eta)}\mathrm{d}E$，导出载流子浓度分布表达式。

参照式（4-124）和式（4-127），可得简并半导体导带中的电子浓度为

$$n=N_c\frac{2}{\sqrt{\pi}}F_{1/2}\exp\left(\frac{E_F-E_C}{kT_n}\right) \tag{4-195}$$

简并半导体价带中的空穴浓度为

$$p=N_v\frac{2}{\sqrt{\pi}}F_{1/2}\exp\left(\frac{E_V-E_F}{kT_p}\right) \tag{4-196}$$

3. 存在温度梯度时载流子电流密度

当半导体材料系统受到光照、电压和温度梯度等外加因素单独或联合作用时，系统偏离平衡态，无论J_n还是J_p都不为零。在非平衡状态下，能带中载流子的传输

除了涉及上述已讨论过的静电场、半导体材料特性等因素，还应考虑有效温度梯度因素。也就是说，在存在热载流子的情况下，载流子的电流密度应同时考虑由载流子准费米能级（电子的电化学势）的梯度引起的电流和由载流子有效温度梯度引起的电流[9]。

一般情况下，电子电流密度表达式为

$$J_{\mathrm{n}}=\mu_{\mathrm{n}}n\left(\frac{\mathrm{d}E_{\mathrm{Fn}}}{\mathrm{d}x}-S_{\mathrm{n}}\frac{\mathrm{d}T_{\mathrm{n}}}{\mathrm{d}x}\right) \tag{4-197}$$

式中，S_{n}为电子的泽贝克（Seebeck）系数或电子热电功率，是负值；T_{n}为电子有效温度。

空穴电流密度表达式为

$$J_{\mathrm{p}}=\mu_{\mathrm{p}}p\left(\frac{\mathrm{d}E_{\mathrm{Fp}}}{\mathrm{d}x}-S_{\mathrm{p}}\frac{\mathrm{d}T_{\mathrm{p}}}{\mathrm{d}x}\right) \tag{4-198}$$

式中，S_{p}为空穴的泽贝克（Seebeck）系数或空穴热电功率，是正值。

下面针对非简并半导体的一般结构分析具体的电流密度表达式。

半导体材料系统可以由不同类型的半导体、金属和绝缘体组成。这些材料系统的成分梯度将导致电场的形成，分离载流子。成分分布不均匀的半导体能带结构图如图 4-21 所示。

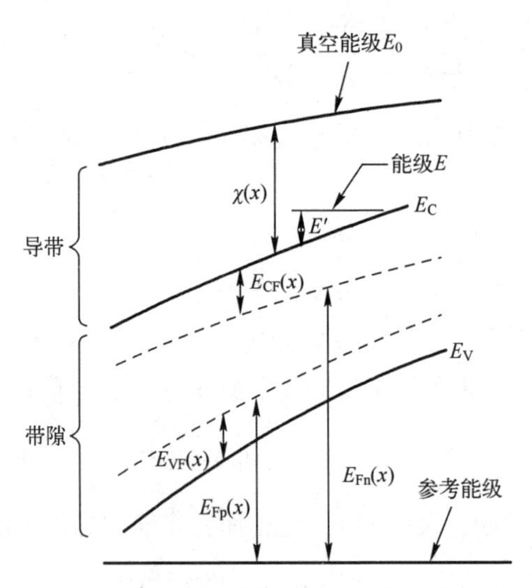

图 4-21　成分分布不均匀的半导体能带结构图

由图 4-21 可知：

$$E_0(x)=\chi(x)+E_{\mathrm{CF}}(x)+E_{\mathrm{Fn}}(x) \tag{4-199}$$

式中，$E_{\mathrm{CF}}\equiv E_{\mathrm{C}}-E_{\mathrm{Fn}}$。

将式（4-199）代入式（4-197），得：

$$J_{\mathrm{n}}(x)=\mu_{\mathrm{n}}n\left(\frac{\mathrm{d}E_{\mathrm{Fn}}}{\mathrm{d}x}-S_{\mathrm{n}}\frac{\mathrm{d}T_{\mathrm{n}}}{\mathrm{d}x}\right)=\mu_{\mathrm{n}}n\left(qF-\frac{\mathrm{d}\chi}{\mathrm{d}x}-\frac{\mathrm{d}E_{\mathrm{CF}}}{\mathrm{d}x}\right)-\mu_{\mathrm{n}}nS_{\mathrm{n}}\frac{\mathrm{d}T_{n}}{\mathrm{d}x} \tag{4-200}$$

利用式（4-193），并代入 $E_{\mathrm{CF}} \equiv E_{\mathrm{C}} - E_{\mathrm{Fn}}$，得：

$$n = N_{\mathrm{c}} \mathrm{e}^{-(E_{\mathrm{C}}-E_{\mathrm{Fn}})/kT_{\mathrm{n}}} = N_{\mathrm{c}} \mathrm{e}^{-E_{\mathrm{CF}}/kT_{\mathrm{n}}} \tag{4-201}$$

即

$$\ln\left(\frac{n}{N_{\mathrm{c}}}\right) = -\frac{E_{\mathrm{CF}}}{kT_{\mathrm{n}}}$$

两边微分得：

$$\frac{1}{n}\left(\frac{\mathrm{d}n}{\mathrm{d}x}\right) - \frac{\mathrm{d}\ln N_{\mathrm{c}}}{\mathrm{d}x} = -\frac{\mathrm{d}}{\mathrm{d}x}\left(\frac{E_{\mathrm{CF}}}{kT_{\mathrm{n}}}\right) = -\frac{1}{kT_{\mathrm{n}}^2}\left(T_{\mathrm{n}}\frac{\mathrm{d}E_{\mathrm{CF}}}{\mathrm{d}x} - V_{\mathrm{n}}\frac{\mathrm{d}T_{\mathrm{n}}}{\mathrm{d}x}\right) \tag{4-202}$$

$$\frac{\mathrm{d}E_{\mathrm{CF}}}{\mathrm{d}x} = \frac{-kT_{\mathrm{n}}}{n}\frac{\mathrm{d}n}{\mathrm{d}x} + \frac{kT_{\mathrm{n}}\mathrm{d}\ln N_{\mathrm{c}}}{\mathrm{d}x} + \frac{E_{\mathrm{CF}}}{T_{\mathrm{n}}}\frac{\mathrm{d}T_{\mathrm{n}}}{\mathrm{d}x} \tag{4-203}$$

代入式（4-200），得：

$$\begin{aligned}
J_{\mathrm{n}}(x) &= \mu_{\mathrm{n}} n\left[qF - \frac{\mathrm{d}\chi}{\mathrm{d}x} - \left(\frac{-kT_{\mathrm{n}}}{n}\frac{\mathrm{d}n}{\mathrm{d}x} + \frac{kT_{\mathrm{n}}\mathrm{d}\ln N_{\mathrm{c}}}{\mathrm{d}x} + \frac{E_{\mathrm{CF}}}{T_{\mathrm{n}}}\frac{\mathrm{d}T_{\mathrm{n}}}{\mathrm{d}x}\right)\right] - \mu_{\mathrm{n}} n S_{\mathrm{n}}\frac{\mathrm{d}T_{\mathrm{n}}}{\mathrm{d}x} \\
&= \mu_{\mathrm{n}} n\left[qF - \frac{\mathrm{d}\chi}{\mathrm{d}x} - \frac{kT_{\mathrm{n}}\mathrm{d}\ln N_{\mathrm{c}}}{\mathrm{d}x}\right] + kT_{\mathrm{n}}\mu_{\mathrm{n}}\left(\frac{\mathrm{d}n}{\mathrm{d}x}\right) - \mu_{\mathrm{n}} n\left(\frac{E_{\mathrm{CF}}}{T_{\mathrm{n}}} + S_{\mathrm{n}}\right)\frac{\mathrm{d}T_{\mathrm{n}}}{\mathrm{d}x} \\
&= \mu_{\mathrm{n}} n\left[qF - \frac{\mathrm{d}\chi}{\mathrm{d}x} - kT_{\mathrm{n}}\frac{\mathrm{d}\ln N_{\mathrm{c}}}{\mathrm{d}x}\right] + kT_{\mathrm{n}}\mu_{\mathrm{n}}\left(\frac{\mathrm{d}n}{\mathrm{d}x}\right) - \mu_{\mathrm{n}} n\left(\frac{E_{\mathrm{CF}}}{T_{\mathrm{n}}} + S_{\mathrm{n}}\right)\frac{\mathrm{d}T_{\mathrm{n}}}{\mathrm{d}x}
\end{aligned} \tag{4-204}$$

将上式改写为

$$J_{\mathrm{n}}(x) = q\mu_{\mathrm{n}} n(F + F'_{\mathrm{n}}) + qD_{\mathrm{n}}\frac{\mathrm{d}n}{\mathrm{d}x} + qD_{\mathrm{n}}^{\mathrm{T}}\frac{\mathrm{d}T_{\mathrm{n}}}{\mathrm{d}x} \tag{4-205}$$

式中，

$$F'_{\mathrm{n}} = -\frac{1}{q}\left(\frac{\mathrm{d}\chi}{\mathrm{d}x} + kT_{\mathrm{n}}\frac{\mathrm{d}\ln N_{\mathrm{c}}}{\mathrm{d}x}\right) \tag{4-206}$$

$$D_{\mathrm{n}} = kT_{\mathrm{n}}\mu_{\mathrm{n}}/q \tag{4-207}$$

$$D_{\mathrm{n}}^{\mathrm{T}} = -\frac{\mu_{\mathrm{n}} n}{q}\left(\frac{E_{\mathrm{CF}}}{T_{\mathrm{n}}} + S_{\mathrm{n}}\right) = -\frac{\mu_{\mathrm{n}} n}{qT_{\mathrm{n}}}(E_{\mathrm{CF}} + S_{\mathrm{n}}T_{\mathrm{n}}) \tag{4-208}$$

式中，F 为静电场强度，F'_{n} 为作用于电子有效的力场，D_{n} 为电子的扩散系数，$D_{\mathrm{n}}^{\mathrm{T}}$ 为电子的热扩散系数（或称电子 Soret 系数）。

由式（4-205）可见，电子电流密度与多种作用相关：静电场和有效电场作用力引起的漂移，有效电场由材料的属性（电子亲和力和态密度）决定。对电子的总作用力为

$$f_{\mathrm{e}} = -q(F + F'_{\mathrm{n}}) = -q\left(F - \frac{1}{q}\frac{\mathrm{d}\chi}{\mathrm{d}x} - \frac{kT_{\mathrm{n}}}{q}\frac{\mathrm{d}\ln N_{\mathrm{c}}}{\mathrm{d}x}\right) \tag{4-209}$$

式中后两项表达的是由电子浓度梯度引起的电子扩散和温度梯度引起的电子热扩散。

用同样的方法，可导出空穴电流密度的具体表达式。

由图 4-21 可知：

$$E_0(x)=\chi(x)+E_g(x)+E_{Fp}(x)-E_{VF}(x) \tag{4-210}$$

式中，E_g为能隙宽度，$(\chi+E_g)$为空穴亲和力，$E_{VF}\equiv E_{Fp}-E_V$。

将式（4-210）代入式（4-198）得：

$$J_p(x)=q\mu_p p(F+F'_p)-qD_p\frac{dn}{dx}-qD_p^T\frac{dT_p}{dx} \tag{4-211}$$

式中，

$$F'_p=-\frac{1}{q}\left[\frac{d(\chi+E_g)}{dx}-\frac{kT_p d\ln N_v}{dx}\right] \tag{4-212}$$

$$D_p=kT_p\mu_p/q \tag{4-213}$$

$$D_p^T=-\frac{\mu_p p}{q}\left(\frac{E_{VF}}{T_p}-S_p\right)=-\frac{\mu_p p}{qT_p}(E_{VF}-S_pT_p) \tag{4-214}$$

式中，F 为静电场强度，F'_p为作用于空穴有效的力场，D_p为空穴的扩散系数，D_p^T空穴的热扩散系数（或称空穴 Soret 系数）。

对空穴的总作用力为

$$f_h=q(F+F'_p)=q\left[F-\frac{1}{q}\frac{d(\chi+E_g)}{dx}+\frac{kT_p}{q}\frac{d\ln N_v}{dx}\right] \tag{4-215}$$

式中，后两项指的是由空穴浓度梯度引起的空穴扩散和温度梯度引起的空穴热扩散。

参 考 文 献

[1] 施敏，李明远．半导体器件物理与工艺［M］．王明湘，赵鹤鸣，译．第3版．苏州：苏州大学出版社，2014.

[2] Halliday D, Resnick R. Fundamentals of Physics［M］. 2nd Ed. New York: Wiley, 1981.

[3] Thurmond C D. The Standard Thermodynamic Functions for the Formation of Electrons and Holes in Ge, Si, GaAs, and GaP［J］. J. Electrochem. Soc., 1975, 122 (8): 1133-1141.

[4] 阙端麟，陈修治．硅材料科学与技术［M］．杭州：浙江大学出版社，2000.

[5] Smith R A. Semiconductors［M］. 2nd Ed. London: Cambridge University Press, 1979.

[6] Grove A S. Physics and Technology of Semiconductor Devices［M］. New York: Wiley, 1967.

[7] 刘恩科，朱秉升，罗晋升，等．半导体物理学［M］．第6版．北京：电子工业出版社，2007.

[8] Nelson J. The Physics of Solar Cells［M］. London: Imperial College Press, 2003.

[9] Fonash S J. Solar Cell Device Physics［M］. 2nd Ed. Amsterdam: Elsevier, 2010.

第 5 章　半导体中载流子的输运

在室温条件下，半导体中的载流子不断地进行着无规则的热运动，在动态平衡状态下，载流子不产生净位移。只有存在外界作用时，载流子才会发生净位移，引起载流子的流动。外电场引起载流子漂移，载流子的浓度差引起载流子扩散；在外界作用下，半导体载流子的产生与复合，以及热离化发射和隧穿等现象，统称为载流子的输运。载流子的输运形成半导体内的电流。本章将讨论决定太阳电池输出特性的载流子浓度方程和电流密度连续性方程。

5.1　载流子的迁移率和漂移电流

在处于热平衡状态下的半导体中，在一定的温度 T 下，电子以热速度 $\boldsymbol{v}_{th}$ 作无规则运动，其平均自由程 l 为

$$l=v_{th}\tau_{nc} \tag{5-1}$$

式中，τ_{nc} 为平均自由时间，即电子两次碰撞之间的时间间隔。

在半导体中，平均自由程 l 的典型值为 10^{-5}cm，平均自由时间的典型值约为 1ps（即 10^{-12}s）[1]。

在热平衡状态下，半导体中导电电子的平均热能服从能量均分定理：每个自由度的能量为$\frac{kT}{2}$，k 为玻耳兹曼常量，T 为热力学温度。半导体中的电子能在三维空间范围内运动，有 3 个自由度，其动能为

$$\frac{1}{2}m_c^* v_{th}^2=\frac{3}{2}kT \tag{5-2}$$

式中，m_c^* 为电子有效质量，v_{th} 为平均热速度。室温（$T=300$K）下，硅的热速度约为 1×10^7cm/s。

为方便讨论，以下仅考虑电子在一维空间内的运动情况，其动能为

$$\frac{1}{2}m_c^* v_{th}^2=\frac{1}{2}kT \tag{5-3}$$

当半导体受外电场作用时，由于载流子带电，将会在热运动上叠加一个移动速度，从而引起载流子漂移。这个叠加在热运动上的移动速度称为载流子漂移速

度。对于电子，漂移速度与电场反向；对于空穴，漂移速度与电场同向，如图 5-1 所示。电子和空穴的净位移形成漂移电流。

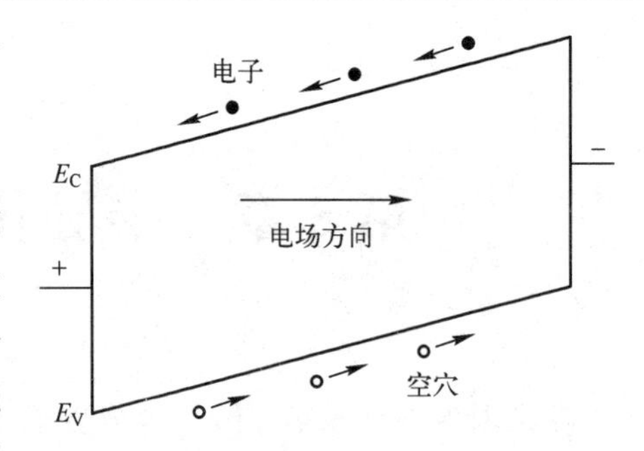

图 5-1 在电场作用下载流子的漂移运动

首先考虑电子。电子在运动过程中会不断发生碰撞，在两次碰撞之间电子作自由运动时，电场给予电子的冲量等于该期间电子获得的动量，使电子获得漂移速度 $\boldsymbol{v}_n$。在稳态情况下，电子自由运动时从电场中获得的所有动量，通过碰撞传递给晶格。电场给电子的冲量为 $-qF\tau_{nc}$，电子获得的动量为 $m_c^* \boldsymbol{v}_n$，因此有

$$-qF\tau_{nc} = m_c^* \boldsymbol{v}_n \tag{5-4}$$

$$\boldsymbol{v}_n = -\left(\frac{q\tau_{nc}}{m_c^*}\right)F \tag{5-5}$$

式中：q 为电子的电量；F 为电场强度；τ_{nc}为电子平均自由时间；由于晶格对电子运动有一定的影响，需要对电子的静止质量作修正，m_c^* 是电子的有效质量；负号表示电子的漂移方向与外加电场方向相反。

式（5-5）表明，电子的漂移速度与外电场成正比。比例系数反映电场对电子运动的影响，它被称为电子漂移迁移率 μ_n，其单位为 $cm^2/(V \cdot s)$：

$$\mu_n = \frac{q\tau_{nc}}{m_c^*} \tag{5-6}$$

于是电子漂移速度 $\boldsymbol{v}_n$为

$$\boldsymbol{v}_n = -\mu_n F \tag{5-7}$$

迁移率是载流子输运过程中的重要参量，与 τ_{nc}成正比。单位时间内碰撞的次数越少，迁移率越大。

对于价带上的空穴，其漂移速度 $\boldsymbol{v}_p$为

$$\boldsymbol{v}_p = \mu_p F \tag{5-8}$$

式中，μ_p为空穴漂移迁移率。

空穴的漂移方向与外加电场方向相同。由于电子的有效质量远小于空穴，所以在同一电场作用下，电子漂移速度大于空穴漂移速度。硅中载流子漂移速度与电场强度的关系曲线如图 5-2 所示[2]。由图可见，漂移速度 $\boldsymbol{v}_n$和 $\boldsymbol{v}_p$都正比于电场强度 F。

在强电场（10^4V/cm 量级）作用下，载流子的平均能量增高，称之为热载流子。在更强的电场下出现碰撞离化，载流子浓度大量增加，硅中载流子的漂移速度 $\boldsymbol{v}_{si}$达到饱和值：

$$\boldsymbol{v}_{si} = \sqrt{\frac{8E_{ph}}{3\pi m_0}} \approx 1\times10^7 (cm/s) \tag{5-9}$$

式中，E_{ph}为光学声子的能量，m_0为真空中电子质量。

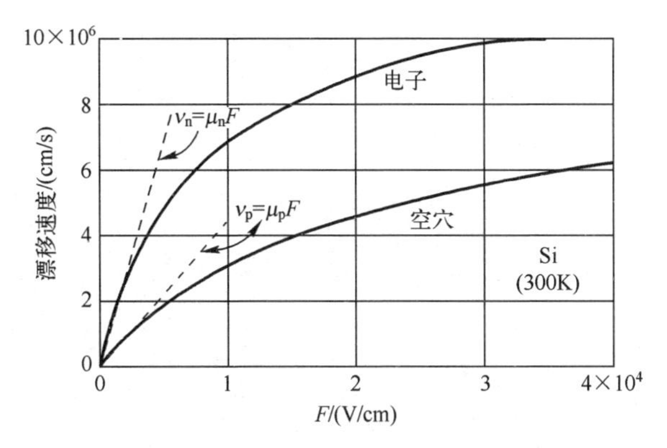

图 5-2　硅中载流子漂移速度与电场强度的关系曲线

上面讨论了在外电场作用下由载流子漂移运动引起的漂移迁移率。实际上，电子的迁移率μ_n和空穴的迁移率μ_p还与温度和浅杂质浓度有关，是温度和浅杂质浓度的函数。

在实际硅晶体晶格中总存在一些杂质和缺陷，而且晶格原子都在其平衡位置附近作热振动，导致晶格势场偏离周期势，电子和空穴在漂移过程中会因碰撞而不断从一个运动状态跃迁到另一个运动状态，不断改变运动方向。这种碰撞为非接触的弹性碰撞，会导致载流子散射。引起碰撞的主要原因是杂质散射和晶格散射。

杂质散射是当电子（或空穴）经过离化的杂质原子附近时，受到库仑力的作用而改变运动方向。杂质散射正比于离化杂质总浓度 N_T，$N_T=N_D^++N_A^-$。随着温度的提高，载流子在杂质原子附近停留时间缩短，杂质散射减小。杂质散射迁移率μ_I按$T^{\frac{3}{2}}/N_T$比例变化：

$$\mu_I=C_IT^{\frac{3}{2}}/N_T \tag{5-10}$$

式中，C_I 为比例系数。

晶格散射是晶格上的原子热振动，它改变了晶格的周期性，使格点上的原子产生瞬时极化电场，极化电场可以改变电子（或空穴）的运动方向而产生晶格散射。显然，晶格散射随温度的增加而增加。晶格散射迁移率μ_L按 $T^{-\frac{3}{2}}$比例减小：

$$\mu_L=C_LT^{-\frac{3}{2}} \tag{5-11}$$

式中，C_L 为比例系数。

图 5-3 所示为室温下硅中载流子迁移率与掺杂杂质浓度的关系[3]。图中实线表示少子迁移率，虚线表示多子迁移率。由图可见，当杂质浓度较低时，晶格散射起主要作用，迁移率较大；随着杂质浓度的增大，迁移率减小。由于空穴的有效质量大于电子，使空穴的迁移率小于电子的迁移率，从这个意义上说，与 p 型硅基片相比，采用 n 型硅基片制造太阳电池更有利于提高光电转换效率。

此外，还有未电离的中性杂质散射、缺陷和位错散射、载流子-载流子散射等，这些散射都将使迁移率减小。

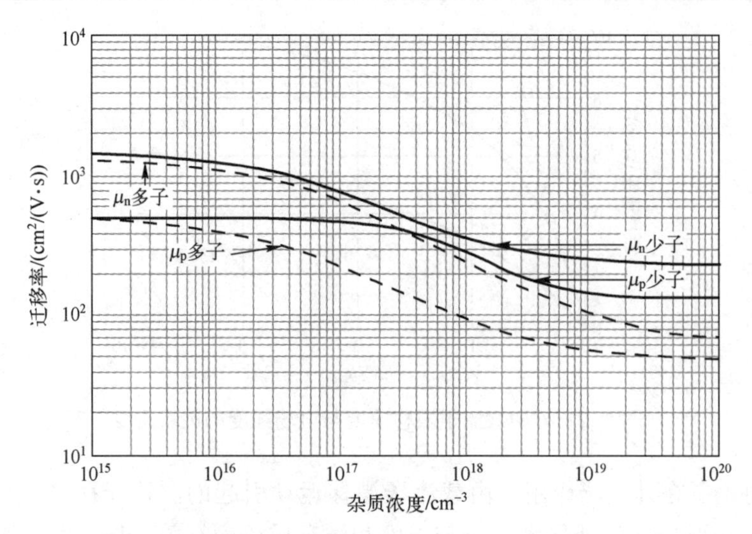

图 5-3 室温下硅中载流子迁移率与掺杂杂质浓度的关系

对于导带中的电子，设单位时间内发生的碰撞概率为$\frac{1}{\tau_{nc}}$，它是各种散射机构引起的碰撞概率之和：

$$\frac{1}{\tau_{nc}}=\frac{1}{\tau_{nL}}+\frac{1}{\tau_{nI}} \tag{5-12}$$

式中，$\frac{1}{\tau_{nI}}$为杂质散射的碰撞概率，$\frac{1}{\tau_{nL}}$为晶格散射的碰撞概率。

各种散射的迁移率关系为

$$\frac{1}{\mu_{nc}}=\frac{1}{\mu_{nL}}+\frac{1}{\mu_{nI}} \tag{5-13}$$

对于价带中的空穴，也有类似的关系式。

考伊（D. M. Caughey）和托马斯（R. E. Thomas）针对多子和少子有不同的迁移率，提出了一种计算硅的迁移率的经验公式：[4]

$$\mu=\mu_{min}+\frac{\mu_0}{1+\left(\dfrac{N}{N_{ref}}\right)^{\alpha}} \tag{5-14}$$

式中，N为电离杂质浓度，各种常数值见表 5-1 和表 5-2。

表 5-1 硅的多子迁移率公式中的参数值[5]（$T_n=T/300$）

多子类型	$\mu_{min}=AT_n^{-\beta_1}$		$\mu_0=BT^{-\beta_2}$		$N_{ref}=CT_n^{\beta_3}$		$\alpha=DT_n^{-\beta_4}$	
	A	β_1	B	β_2	C	β_3	D	β_4
电子	88	0.57	7.4×10^8	2.33	1.26×10^{17}	2.4	0.88	0.14
空穴	54.3		1.36×10^8		2.35×10^{17}			

表 5-2　硅的少子迁移率公式中的参数值[6,7]

少子类型	μ_{min}	μ_0	N_{ref}	α
电子	232	1180	8×10^{16}	0.9
空穴	130	370	8×10^{17}	1.2

1987 年，上述公式的参数进一步修改为[8]

$$\mu_n = 92 + \frac{1268}{1+\left(\dfrac{N_D^+ + N_A^-}{1.3\times10^{17}}\right)^{0.91}}\ \mathrm{cm^2/(V \cdot s)} \tag{5-15}$$

$$\mu_p = 54.3 + \frac{406.9}{1+\left(\dfrac{N_D^+ + N_A^-}{2.35\times10^{17}}\right)^{0.88}}\ \mathrm{cm^2/(V \cdot s)} \tag{5-16}$$

载流子净漂移运动形成漂移电流，漂移电流密度定义为单位时间通过单位面积的载流子的电量。在电场强度 F 的作用下，通过单位面积的电子和空穴的漂移电流密度 J_n、J_p分别为

$$J_n = q(n_0+\Delta n)\boldsymbol{v}_n = qn\mu_n F \tag{5-17}$$

$$J_p = q(p_0+\Delta p)\boldsymbol{v}_p = qp\mu_p F \tag{5-18}$$

式中：n_0、p_0分别为半导体中平衡载流子浓度；Δn 和 Δp 分别为非平衡载流子浓度；$\boldsymbol{v}_n$、$\boldsymbol{v}_p$分别为电子和空穴的漂移速度。

$$n_0+\Delta n = n \tag{5-19}$$

$$p_0+\Delta p = p \tag{5-20}$$

式中，n 和 p 为总载流子浓度。

在电场作用下，漂移的导带电子和价带空穴作反向运动。由于导带电子和价带空穴的电性相反，使得由它们产生的总漂移电流方向相同，相互增强。

5.2　半导体的电阻率

当半导体施加外电场时，半导体中的电荷将受电场力的作用而移动。

按照电学原理，电荷在电场中的位置 a 处具有一定的势能 E_a，每个电荷受电场力 qF 作用。电荷将在电场力的作用下移动，移动时所作的功 A_a是电势能改变的量度，即

$$E_a = A_a = q\int_a^{\infty} F\mathrm{d}x \tag{5-21}$$

式中：E_a为相对于电荷 q 在无限远处电势为 0 时的电势能；A_a表示电荷 q 从电场中 a 点移到无穷远处电场力所作的功。

按照式（4-48），电场作用力 qF 等于势能梯度$\dfrac{\mathrm{d}E_a}{\mathrm{d}x}$的负值，即

$$qF=-\frac{\mathrm{d}E_{\mathrm{a}}}{\mathrm{d}x} \tag{5-22}$$

式中，负号表示电场方向与电势能 E_{a} 梯度相反。

按照式（4-43），电场中半导体材料的某一点电子的静电势 ψ 与电子势能 E 的关系可表示为

$$\psi=-\frac{E}{q}$$

由于在杂质均匀分布的半导体中，E_0、E_{C}、E_{V}、E_{F} 和 E_{i} 等能级的能量均为电子势能，由能带图可见，均匀半导体材料的这些电子能级相互平行，梯度相等，即

$$\frac{\mathrm{d}E_{\mathrm{i}}}{\mathrm{d}x}=\frac{\mathrm{d}E_{\mathrm{C}}}{\mathrm{d}x}=\frac{\mathrm{d}E_{\mathrm{F}}}{\mathrm{d}x}=\frac{\mathrm{d}E_0}{\mathrm{d}x} \tag{5-23}$$

为方便计，可用处于禁带中心的本征费米能级 E_{i} 表征：

$$\psi=-\frac{E_{\mathrm{i}}}{q} \tag{5-24}$$

按照式（4-46），ψ 梯度的负值等于电场强度 F，即

$$F=-\frac{\mathrm{d}\psi}{\mathrm{d}x}$$

式中，负号表示电场方向与 ψ 梯度相反。

如图 5-4（a）所示，电子带负电荷，每个电子受电场力 $-qF$ 作用，电场对电子的作用力等于势能梯度的负值：

$$-qF=-\frac{\mathrm{d}E_0}{\mathrm{d}x}-\frac{\mathrm{d}E_{\mathrm{i}}}{\mathrm{d}x}$$

即

$$F=\frac{1}{q}\frac{\mathrm{d}E_{\mathrm{i}}}{\mathrm{d}x} \tag{5-25}$$

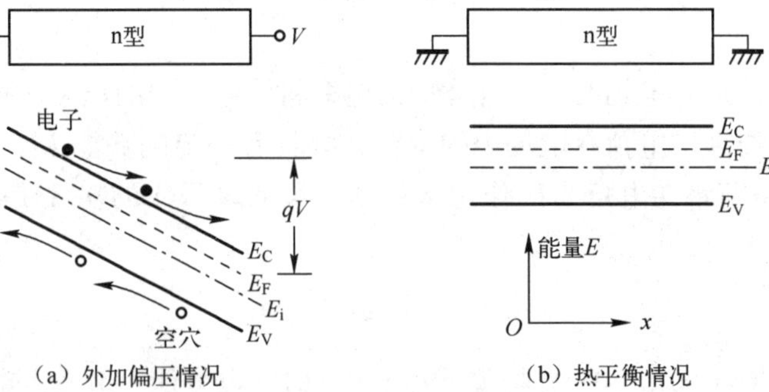

图 5-4　n 型半导体导电过程

以 n 型半导体为例，在均匀的 n 型半导体中，按照电学原理的静电势与电势能

的关系，外加电压 V（即半导体两端之间的电势差 $\Delta\psi$）将使电子势能随着距离 x 的增加而线性下降。

图 5-4（b）所示为 n 型半导体导电过程的热平衡情况。电场强度为常数，方向为负 x 方向，其值为外加电压 V 除以半导体样品的长度 L，即

$$F=\frac{V}{L} \tag{5-26}$$

在图 5-4（a）中，导带电子在电场作用下首先向外加电压 V 为正的方向运动，在前进方向上碰撞到晶格时，将部分或全部动能转移给晶格，恢复热平衡状态，然后在电场作用下继续前进，不断重复上述过程，即可形成电子导电。空穴以相反的方向，以同样的方式运动，形成空穴导电。于是，载流子在外电场作用下输运产生漂移电流。

电场促使载流子定向运动，而散射促使载流子运动紊乱，影响电导。

如图 5-5 所示，考虑截面积为 A、长度为 L 的样品，在样品上外加电场时，样品中电子电流密度 J_n 等于单位体积内总数为 n 的所有电子的电荷（$-q$）与电子速度乘积的总和：

$$J_n=\frac{I_n}{A}=\sum_{i=1}^{n}(-qv_{n_i})=-qnv_n \tag{5-27}$$

式中，I_n 为电子电流，n 为电子浓度。

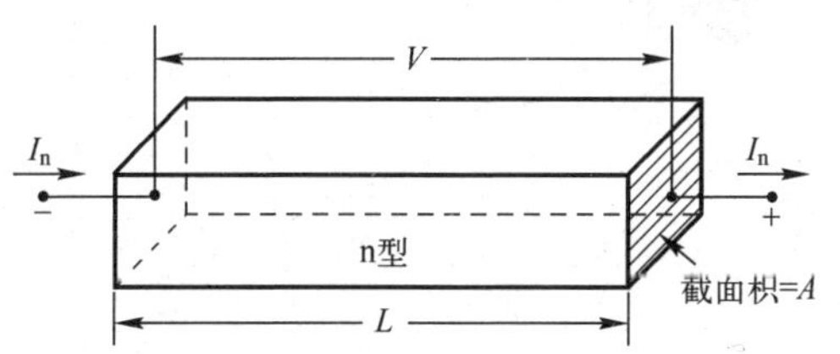

图 5-5　均匀掺杂长条形半导体样品中的漂移电流

由式（5-7）可知，$v_n=-\mu_n F$，所以 J_n 为

$$J_n=qn\mu_n F \tag{5-28}$$

空穴的情况与此类似。空穴电荷取正号，得 J_p 为

$$J_p=qp\mu_p F \tag{5-29}$$

在外加电场的作用下，流过半导体样品的总电流密度为

$$J=J_n+J_p=(qn\mu_n+qp\mu_p)F=\sigma F \tag{5-30}$$

式中，σ 为电导率：

$$\sigma=qn\mu_n+qp\mu_p \tag{5-31}$$

半导体的电阻率 ρ_s 是 σ 的倒数，即

$$\rho_s=\frac{1}{\sigma}=\frac{1}{qn\mu_n+qp\mu_p} \tag{5-32}$$

在掺杂半导体中，电子和空穴这两种载流子的浓度相差很大，因此在 n 型半导体中，近似地认为

$$\rho_s = \frac{1}{qn\mu_n} \tag{5-33}$$

而在 p 型半导体中，近似地认为

$$\rho_s = \frac{1}{qp\mu_p} \tag{5-34}$$

轻掺杂时（杂质浓度为 $10^{17} \sim 10^{18}\,\text{cm}^{-3}$），可以认为室温条件下杂质全部电离，式（5-33）和式（5-34）中载流子浓度近似等于杂质浓度，即 $n \approx N_D$，$p \approx N_A$。

采用图 5-3 给出的迁移率数据和载流子浓度可计算出电阻率。迁移率取决于离化杂质总浓度的大小，即取决于受主浓度和施主浓度之和，而电子浓度和空穴浓度取决于受主浓度和施主浓度之差。

T=300K 时非补偿或轻补偿的硅材料的电阻率与杂质浓度的关系曲线如图 5-6所示。对于轻掺杂，可以认为在室温下杂质是全部电离的。当掺杂浓度增高时，由于杂质在室温下不能全部电离，迁移率随杂质浓度的增加而显著下降[3]。

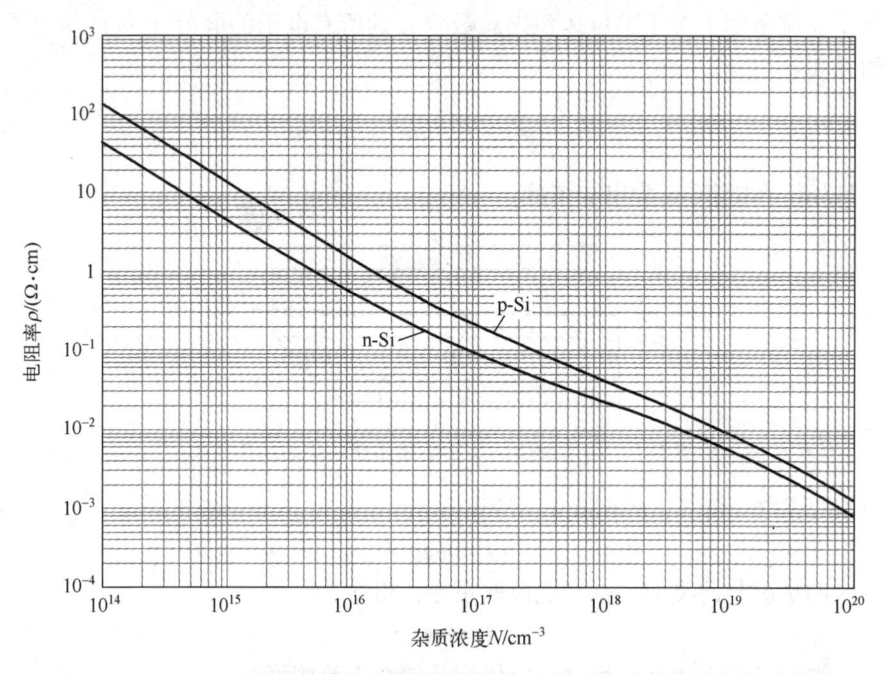

图 5-6　T=300K 时非补偿或轻补偿的硅材料的电阻率与杂质浓度的关系曲线

5.3　载流子的扩散和扩散电流

当材料中存在粒子浓度梯度时，会引起粒子从浓度高处向浓度低处扩散，扩散规律遵从菲克第一定律。扩散流密度 J 为

$$J(x) = -D \cdot \nabla N(x) \tag{5-35}$$

式中：D 为扩散系数，与材料性质有关，单位为 $cm^2 \cdot s$；∇N 为扩散粒子的浓度梯度，$\nabla N = \frac{dN(x)}{dx}$；负号表示粒子从浓度高处向浓度低处扩散。浓度梯度越大，扩散越快。

在半导体中，如果载流子的浓度分布不均匀，存在浓度梯度，同样会引起载流子扩散，从而产生电荷净位移，形成扩散电流。

1. 载流子的扩散电流密度

当空穴浓度梯度为$\frac{dp(x)}{dx}$时，就会有空穴沿 x 方向扩散。考虑在垂直于 x 方向单位面积上作为位置 x 的函数的空穴扩散电流密度 $J_p(x)$，按菲克第一定律应为

$$J_{pD}(x) = -D_p q \frac{dp(x)}{dx} \tag{5-36}$$

式中，负号表示空穴浓度梯度沿 x 方向逐渐减小。

电子扩散电流密度 $J_n(x)$ 为

$$J_{nD}(x) = D_n q \frac{dn(x)}{dx} \tag{5-37}$$

由于电子带负电荷，电子流与电流方向相反，所以电流密度 $J_n(x)$为正值。

2. 载流子的扩散方程

下面讨论一维情况下，价带上的空穴扩散方程。

在 $J_p(x)$流动方向上取一个厚度为 Δx 的体积元，如图 5-7 所示。垂直于 $J_p(x)$的截面积等于单位面积，体积元两个侧面的电流密度分别为 $J_p(x)$ 和 $J_p(x+\Delta x)$。体积元内的空穴浓度为 $p(x)$，空穴电荷量为 $qp(x)\Delta x$。当体积元内的空穴没有产生也没有复合时，应遵从电荷守恒定律，体积元中电荷的变化率应等于流进体积元的电流与流出体积元的电流之差，即

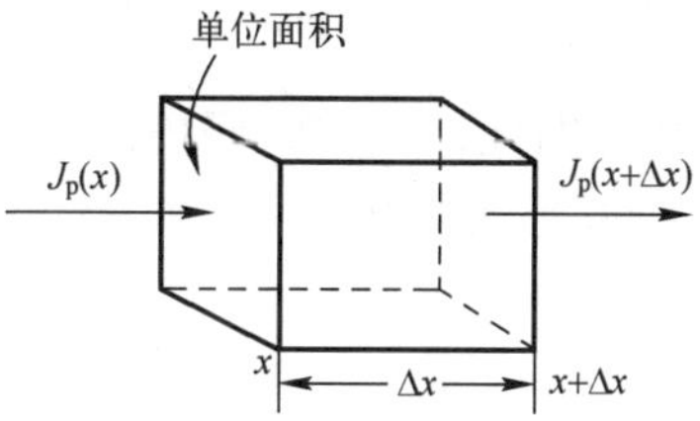

图 5-7　半导体体积元及空穴扩散电流

$$q\Delta x \frac{\Delta p(x)}{\Delta t} = J_p(x) - J_p(x+\Delta x) \tag{5-38}$$

当 $\Delta X \to 0$ 和 $\Delta t \to 0$ 时，有

$$\frac{J_p(x) - J_p(x+\Delta x)}{\Delta x} \to -\frac{dJ_p(x)}{dx} \qquad \frac{\Delta p(x)}{\Delta t} \to \frac{dp(x)}{dt}$$

即

$$\frac{dp(x)}{dt} = -\frac{1}{q} \frac{dJ_p(x)}{dx} \tag{5-39}$$

将式（5-36）的扩散电流代入式（5-39），即得空穴扩散方程：

$$\frac{\mathrm{d}p(x)}{\mathrm{d}t}=-\frac{1}{q}\frac{\mathrm{d}J_{\mathrm{p}}(x)}{\mathrm{d}x}=D_{\mathrm{p}}\frac{\mathrm{d}^2p(x)}{\mathrm{d}x^2} \tag{5-40}$$

式中，D_p为空穴扩散系数。

同样，导带电子的扩散方程为

$$\frac{\mathrm{d}n(x)}{\mathrm{d}t}=\frac{1}{q}\frac{\mathrm{d}J_{\mathrm{n}}(x)}{\mathrm{d}x}=-D_{\mathrm{n}}\frac{\mathrm{d}^2n(x)}{\mathrm{d}x^2} \tag{5-41}$$

式中，D_n为电子扩散系数，负号表示电子流扩散方向与电流相反。

对同一种材料而言，扩散的导带电子和价带空穴运动方向相同。由于两种扩散载流子的电性相反，因此这两种扩散电流方向相反，相互抵消。

3. 爱因斯坦关系式

漂移和扩散均与电子和空穴的热运动有关，因此电子扩散系数 D_n 与温度 T 和迁移率有关。电子扩散系数 D_n 与温度 T 和迁移率的关系式称为爱因斯坦关系式。

如图 5-8 所示，考虑单位时间内通过 $x=0$ 平面单位面积上的电子数，在一定的温度下，电子向 $x=0$ 平面两侧运动的概率相等；在一个平均自由时间 τ_{nc}内，有 $n\left(-\frac{l}{2}\right)$个电子穿过 $x=0$ 平面。因此，单位时间内从$-x$ 区域通过 $x=0$ 平面的电子流量 F_{L1}为

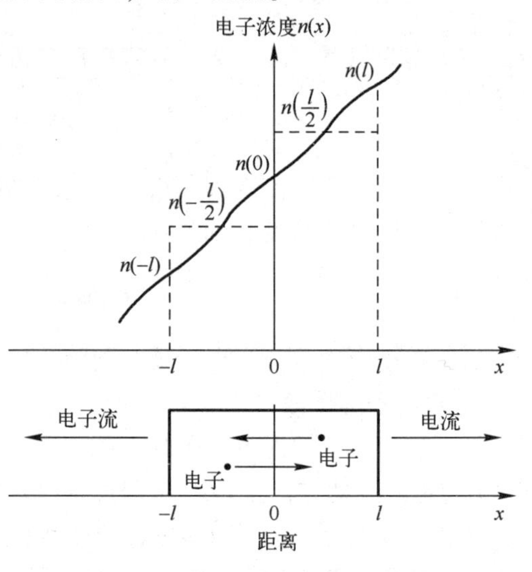

图 5-8 电子存在浓度梯度时的电子流

$$F_{\mathrm{L1}}=\frac{n\left(-\frac{l}{2}\right)l}{\tau_{\mathrm{nc}}}=n\left(-\frac{l}{2}\right)v_{\mathrm{th}} \tag{5-42}$$

式中，l 为电子的平均自由程，v_{th}为电子的热速度。

同样，单位时间内$+x$ 区域的电子通过 $x=0$ 平面的电子流量 F_{L2}为

$$F_{\mathrm{L2}}=n\left(\frac{l}{2}\right)v_{\mathrm{th}} \tag{5-43}$$

于是，单位时间内电子的净流量 F_L为

$$F_{\mathrm{L}}=F_{\mathrm{L1}}-F_{\mathrm{L2}}=v_{\mathrm{th}}\left[n\left(-\frac{l}{2}\right)-n\left(\frac{l}{2}\right)\right] \tag{5-44}$$

将随 x 变化的电子浓度 $n(x)$在 $x=\pm\frac{l}{2}$ 进行泰勒级数展开，取前两项近似，得

$$F_{\mathrm{L}}=F_{\mathrm{L1}}-F_{\mathrm{L2}}=v_{\mathrm{th}}\left\{\left[n(0)-\frac{l}{2}\frac{\mathrm{d}n}{\mathrm{d}x}\right]-\left[n(0)+\frac{l}{2}\frac{\mathrm{d}n}{\mathrm{d}x}\right]\right\} \tag{5-45}$$

在此也可认为，当 l 很小时，有

$$\lim_{l\to 0}\left[\frac{n\left(\frac{l}{2}\right)-n\left(-\frac{l}{2}\right)}{l}\right]=\frac{\mathrm{d}n}{\mathrm{d}x}$$

于是得到

$$F_{\mathrm{L}}=v_{\mathrm{th}}\left[n\left(-\frac{l}{2}\right)-n\left(\frac{l}{2}\right)\right]=-v_{\mathrm{th}}l\frac{\mathrm{d}n}{\mathrm{d}x} \tag{5-46}$$

由于电子所带电荷为$-q$，因而电子流产生的电流为

$$J_{\mathrm{n}}=-qF_{\mathrm{L}}=qv_{\mathrm{th}}l\frac{\mathrm{d}n}{\mathrm{d}x} \tag{5-47}$$

与式（5-37）比较可知，扩散系数为

$$D_{\mathrm{n}}=v_{\mathrm{th}}l \tag{5-48}$$

将式（5-1）、式（5-3）和式（5-6）代入式（5-48），可得：

$$D_{\mathrm{n}}=v_{\mathrm{th}}l=\frac{kT}{q}\mu_{\mathrm{n}} \tag{5-49}$$

同样可得：

$$D_{\mathrm{p}}=\frac{kT}{q}\mu_{\mathrm{p}} \tag{5-50}$$

上述两式即爱因斯坦关系式。

由爱因斯坦关系式可见，杂质散射、晶格散射等影响迁移率的因素也同样影响扩散系数。

5.4 载流子的总电流密度

当半导体中存在浓度梯度和电场时，将同时产生扩散电流和漂移电流。

总的电子电流密度是扩散分量与漂移分量之和，即

$$J_{\mathrm{n}}=qD_{\mathrm{n}}\frac{\mathrm{d}n(X)}{\mathrm{d}x}+qn\mu_{\mathrm{n}}F \tag{5-51}$$

式中，F是沿x方向的电场强度。

对空穴电流可得类似的表达式，即

$$J_{\mathrm{p}}=-qD_{\mathrm{p}}\frac{\mathrm{d}p(X)}{\mathrm{d}x}+qp\mu_{\mathrm{p}}F \tag{5-52}$$

式（5-52）中的扩散分量项取负号，是由于空穴浓度梯度为正时，空穴将向负x方向扩散，由此引起的空穴电流也流向负x方向。

借助于半导体中电场强度与本征费米能级的关系式和爱因斯坦关系式，将其代入式（5-52），还可得到电流密度与费米能级的关系式：

$$J_{\mathrm{p}}=-kT\mu_{\mathrm{p}}\frac{\mathrm{d}p(X)}{\mathrm{d}x}+p\mu_{\mathrm{p}}\frac{\mathrm{d}E_{\mathrm{i}}}{\mathrm{d}x} \tag{5-53}$$

按照式（4-54），空穴浓度为$p=n_i e^{\frac{E_i-E_F}{kT}}$，将$p$对$x$求导，可得：

$$\frac{dp}{dx}=\frac{p}{kT}\left(\frac{dE_i}{dx}-\frac{dE_F}{dx}\right) \tag{5-54}$$

由式（5-23）可知$\frac{dE_i}{dx}=\frac{dE_F}{dx}$，因此可得：

$$\frac{dp}{dx}=0 \tag{5-55}$$

将其代入式（5-53），可得净空穴电流密度：

$$J_p=\mu_p p\frac{dE_i}{dx}=\mu_p p\frac{dE_F}{dx} \tag{5-56}$$

同样可导出净电子电流密度为

$$J_n=\mu_n n\frac{dE_F}{dx} \tag{5-57}$$

因此，总的传导电流密度为

$$J=J_n+J_p \tag{5-58}$$

式（5-56）和式（5-57）称为电流密度方程。回顾4.3.4节可知，式（4-165）和式（4-163）形式上与式（5-56）和式（5-57）是一样的，只是式（4-165）和式（4-163）使用了针对准热平衡条件下的准费米能级，这是更一般性的表述。

半导体内的电场可以是外加的，也可以是由成分不均匀产生的有效电场。由于电离杂质是不能移动的，所以非均匀掺杂的半导体中载流子的扩散将会打破电中性，使半导体内出现静电场。由于静电场的存在，半导体内各处的电势ψ不相等，ψ为x的函数，如4.2.3节所述，其梯度与电场强度的关系为

$$F=-\frac{d\psi(x)}{dx}$$

5.5 载流子的产生

半导体在热、光或电等外界因素的作用下，价带中的电子吸收外来能量而跃迁到导带，在价带中留下等量的空穴，形成电子-空穴对。

5.5.1 热平衡状态下载流子的产生

在半导体中，由于晶格原子不停的热运动会使相邻原子间的一些价键断裂。一个价键断裂，就产生一个电子-空穴对。若用能带图来表示，就是热能使价电子向上跃迁到导带，并在价带留下一个空穴，这个过程称为载流子的产生。

热运动产生电子-空穴对后，由于处在高能态的载流子是亚稳定状态，它最终必

将回到稳定的低能量状态。当处于导带中高能量状态的电子跃迁到价带的空能级时，也同时消除了空穴，恢复为平衡状态。电子-空穴对消失的过程称为复合。在一定温度下，产生的载流子与复合的载流子总数相等，半导体硅处于动态热平衡状态，此时其载流子浓度应满足热平衡判据，即对于 n 型半导体硅：

$$n_{n0}p_{n0}=n_i^2 \tag{5-59}$$

对于 p 型半导体硅：

$$n_{p0}p_{p0}=n_i^2 \tag{5-60}$$

式中：n_{n0}、p_{n0}分别为平衡时 n 型半导体硅中的电子浓度和空穴浓度；n_{p0}、p_{p0}分别为平衡时 p 型半导体硅中的电子浓度和空穴浓度；n_i为本征载流子浓度。

在热平衡条件下，n 型半导体中的空穴是少数平衡载流子，而 p 型半导体中的电子是少数平衡载流子。

在晶体硅中，多于平衡浓度的电子和空穴称为非平衡载流子。非平衡载流子的浓度分别记为 Δn_n 和 Δp_n，且 $\Delta n_n=\Delta p_n$。受外界因素的作用后，进入非平衡状态的 n 型硅的电子和空穴的总浓度 n_n 和 p_n 为

$$n_n=n_{n0}+\Delta n_n \tag{5-61}$$

$$p_n=p_{n0}+\Delta p_n \tag{5-62}$$

半导体在外界因素的作用下而产生非平衡载流子的过程通常称为载流子的注入或激发。反之，半导体中载流子浓度积小于平衡载流子浓度积的情况称为载流子的抽取。在抽取情况下，载流子浓度通过载流子的产生来恢复平衡状态。

虽然半导体中的多子远多于少子，但对外界作用的响应却取决于少子。例如，对于电阻率为 1Ω · cm 的 n 型晶体硅，$n_{n0}=5.5\times10^{15}\text{cm}^{-3}$，$p_{n0}=3.5\times10^4\text{cm}^{-3}$，在小注入条件下光照时，载流子浓度的变化量约为 $\Delta n_n=\Delta p_n=10^{10}\text{cm}^{-3}$。由此可见，虽然光注入少子几乎不影响多子浓度，但是就少子浓度而言却增加约数十万倍。

按照注入水平，即产生的过剩载流子数量的多少，注入可分为大注入和小注入两类。

大注入满足：

$$\begin{cases} n_np_n\gg n_{n0}p_{n0}=n_i^2 \\ \Delta n_n\approx\Delta p_n>n_{n0} \end{cases} \tag{5-63}$$

小注入满足：

$$\begin{cases} n_np_n>n_{n0}p_{n0}=n_i^2 \\ \Delta n_n\approx\Delta p_n<n_{n0} \end{cases} \tag{5-64}$$

小注入时，产生的非平衡载流子的数量显著低于热平衡时的多子数量。

单位时间、单位体积内产生的电子-空穴对的数目称为载流子产生率，以 G 表示。光生载流子产生率为 G_L，热生载流子产生率为 G_{th}。总的载流子产生率为

$$G=G_L+G_{th} \tag{5-65}$$

5.5.2　光作用下载流子的产生

半导体中光照能产生的非平衡载流子，在基于 pn 结光生伏打效应的晶体硅太阳电池中有特别重要的作用。通常，太阳电池都工作在小注入条件下，只有在强光条件下工作的聚光电池才能满足大注入条件。

晶体硅太阳电池中载流子的产生主要是由吸收光辐射引起的。

当光照射半导体，以光子通量密度为 $\Phi(x)$ 的光辐射在半导体内传播时，一部分光子将被吸收，被吸收的光子数正比于光子辐射通量密度。光子辐射通量密度表示单位时间内通过单位面积的光子数。

如图 5-9（a）所示，在 Δx 薄层内被吸收的光子数为

$$\Phi(x+\Delta x)-\Phi(x)=\Delta\Phi(x)\propto\Phi(x)\Delta x$$

设吸收系数为 α，则

$$\frac{\mathrm{d}\Phi(x)}{\mathrm{d}x}=-\alpha\Phi(x) \tag{5-66}$$

式中，负号表示由于光子被吸收，光子量减小。$\Phi(x)$ 的单位为 $\mathrm{cm}^{-2}\cdot\mathrm{s}^{-1}$。

结合边界条件为 $x=0$ 处，$\Phi(x)=\Phi_0$，即 Φ_0 为从半导体表面进入体内的光子辐射通量密度，解式（5-66），得半导体内位于 x 处的光子辐射通量为

$$\Phi(x)=\Phi_0\mathrm{e}^{-\alpha x} \tag{5-67}$$

式（5-67）表明，光子通量密度随距离呈指数曲线衰减，如图 5-9（b）所示。式中的吸收系数 α 是 $h\nu$ 的函数，单位为 cm^{-1}。

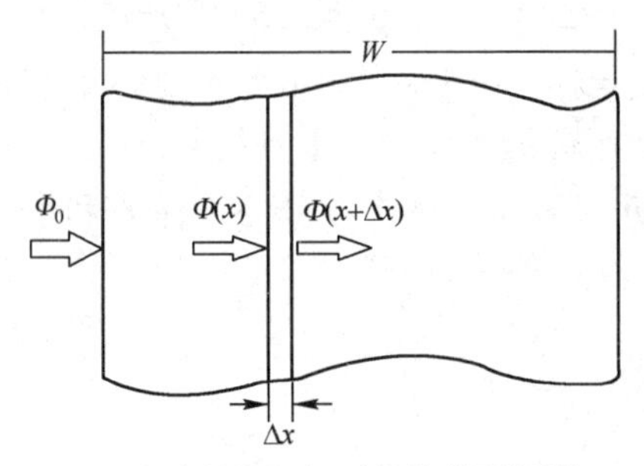

（a）光辐射通过Δx半导体薄层被吸收

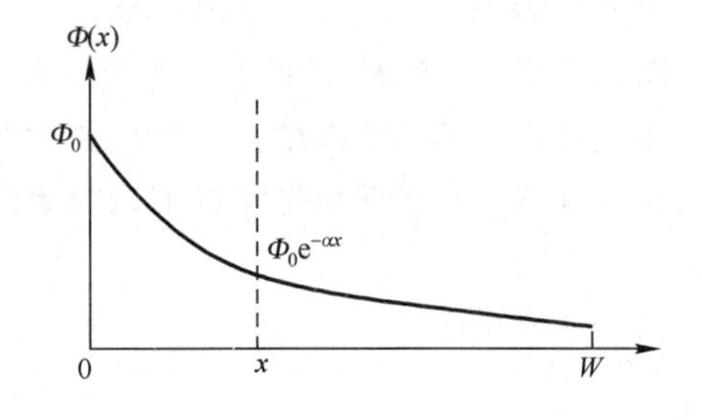

（b）光子通量密度随距离呈指数曲线衰减

图 5-9　半导体对进入体内的光辐射的吸收

将式（5-67）代入式（5-66）并进行积分，可得单位长度内所吸收的光子数：

$$\Phi(x)=\alpha(\lambda)\Phi_0\exp[-\alpha(\lambda)x] \tag{5-68}$$

设吸收的光子能量 $h\nu$ 大于禁带宽度的光子辐射能量全部用于产生电子-空穴对，那么半导体中任何一处电子-空穴对的产生率 G_L 为

$$G_\mathrm{L}(x)=\alpha(\lambda)\Phi_0\exp[-\alpha(\lambda)x] \tag{5-69}$$

式中，$G_\mathrm{L}(x)$ 表示单位体积的半导体材料在单位时间内产生的电子-空穴对数目，也称电子-空穴对产生速度，其单位为 $\mathrm{cm}^{-3}\cdot\mathrm{s}^{-1}$。

式（5-69）表明，越接近半导体材料表面，产生率越高。

半导体对光的吸收过程可以分为本征吸收和非本征吸收两类。

1. 本征吸收

入射光子激发硅原子，硅原子吸收光子的能量后，使得共价键断裂，共价电子越过禁带进入导带变成自由电子，同时在价带留下一个空穴。

原子中的电子在能带间跃迁而形成的吸收过程称为本征吸收。半导体硅材料的光吸收系数和波长的关系见图 2-13。

显然，只有能量 $h\nu$ 大于禁带宽度 E_g 的入射光子才能产生本征吸收：

$$h\nu \geqslant h\nu_0 = E_g \quad 或 \quad \frac{hc}{\lambda} \geqslant \frac{hc}{\lambda_0} = E_g \tag{5-70}$$

式中，ν_0为频率吸收限，λ_0为波长吸收限。本征吸收的波长吸收限 λ_0可以表示为

$$\lambda_0 = \frac{1.24}{E_g}(\mu\text{m}) \tag{5-71}$$

式中，E_g 的单位为 eV。

在光子的本征吸收中，电子从价带到导带的跃迁分为直接跃迁和间接跃迁两种。

如前所述，半导体晶格振动的能量是不连续的，量子化的晶格振动称为声子。声子的特点是动量大、能量小；而光子的特点是能量大、动量小。电子吸收光子产生跃迁的过程必须同时满足能量守恒和动量守恒，即跃迁前、后电子的能量差应等于吸收的光子的能量，跃迁前、后电子的动量差应等于吸收的光子的动量。

硅属于间接带隙材料，其吸收光后引起的电子跃迁属于间接跃迁。在硅的能带结构中，价带顶的动量 $k_0=0$，导带底的动量 $k_s>0$，电子吸收 $h\nu \geqslant E_g$的光子后，从价带顶到导带底的跃迁可满足能量守恒，却不满足动量守恒。因此，电子从价带到导带的跃迁，必须吸收声子，以弥补跃迁前、后的动量差。由于声子能量很小，声子能量对电子的影响可以忽略。若电子吸收足够大能量的光子，有可能发生直接跃迁。

光子在激发电子跃迁的过程中，可吸收声子，也可发射声子。在发射声子时，要求光子的能量大于 E_g。当温度较低时，半导体中的声子数少，伴有声子发射的激发过程占主导地位。当温度较高时，声子数增多，伴有声子吸收的激发过程占主导地位，这时对入射光子的能量要求减小，吸收限向长波方面移动。

间接材料对靠近吸收限处频率为 ν 的光子的吸收系数可以表示为含有声子发射过程的吸收系数 $\alpha_e(h\nu)$和含有声子吸收过程的吸收系数 $\alpha_a(h\nu)$：

$$\alpha(h\nu) = \alpha_e(h\nu) + \alpha_a(h\nu) \tag{5-72}$$

式中，

$$\alpha_e(h\nu) = \frac{B(h\nu - E_g - E_p)^2}{1 - e^{-E_p/kT}}$$

$$\alpha_a(h\nu) = \frac{B(h\nu - E_g + E_p)^2}{e^{E_p/kT} - 1}$$

式中，B 为常数，E_p为声子能量。

拉贾南（Rajkanan）等人给出了一种计算硅的吸收系数的实用公式[9]：

$$\alpha(T)=\sum_{\substack{i=1,2\\j=1,2}}C_iA_j\left\{\frac{[h\nu-E_{gj}(T)+E_{pi}]^2}{\exp(E_{pi}kT-1)}+\frac{[h\nu-E_{gj}(T)+E_{pi}]^2}{1-\exp(-E_{pi}kT)}\right\}+A_d[h\nu-E_{gd}(T)]^{1/2} \tag{5-73}$$

式中：hv 为光子能量；$E_{g1}(0)=1.1557\text{eV}$、$E_{g2}(0)=2.5\text{eV}$ 及 $E_{gd}(0)=3.2\text{eV}$，分别为两个最低的间接带隙和一个最低的直接带隙（作为参数用以拟合光谱）；$E_{p1}=1.827\times10^{-2}\text{eV}$ 和 $E_{p2}=5.773\times10^{-2}\text{eV}$，分别为横光学和横声学声子的德拜频率；$C_1=5.5$，$C_2=4.0$；$A_1=3.231\times10^2\text{cm}^{-1}\ \text{eV}^{-2}$，$A_2=7.237\times10^3\text{cm}^{-1}\ \text{eV}^{-2}$。

式中的禁带宽度 $E_g(T)=E_g(0)-\dfrac{\alpha T^3}{T-\beta}$，它随温度 T 变化，该式中的 α 和 β 采用 Varshni 所给出的原始系数 $\alpha=7.021\times10^{-4}\text{eV/K}^2$ 和 $\beta=1108\text{K}$，这些系数对于 3 个带隙 E_{g1}、E_{g2} 和 E_{gd} 都适用。

在高掺杂和强光照引起的高载流子浓度区域，容易发生自由载流子吸收。当光子能量接近带隙时，这种吸收会增大，并与能产生光电流的带间跃迁竞争，其吸收系数为[10,11]

$$\alpha_{FC}=K_1n\lambda^a+K_2p\lambda^b \tag{5-74}$$

式中：λ 的单位为 nm；对于硅材料，$K_1=2.6\times10^{-27}$，$K_2=2.7\times10^{-24}$，$a=3$，$b=2$。

2. 非本征吸收

除了本征吸收，还存在非本征吸收。激子吸收、自由载流子吸收、杂质吸收、晶格振动吸收等都属于非本征吸收。

- ☺ 激子吸收：当价带电子吸收能量 $h\nu<E_g$ 的光子后，受激发而离开价带，但因能量不够，不能进入导带而成为自由电子，与空穴保持着库仑力的互相作用，形成了一个电中性的电子-空穴团，称之为激子。这类光吸收称为激子吸收。激子可从晶格动能等方面获得能量受二次激发而形成电子-空穴对；或者电子与空穴复合，激子消失。激子消失时，可发射能量相等的光子或声子。
- ☺ 自由载流子吸收：进入导带的自由电子（或留在价带的空穴）也能吸收波长大于本征吸收限的红外光子，而在导带内跃向能量高的能级（空穴向价带底移动），但不产生电子-空穴对。这种吸收称为自由载流子吸收。
- ☺ 杂质吸收：束缚在杂质能级上的电子（或空穴）吸收光子后，可以从杂质能级跃迁到导带（空穴跃迁到价带），这种吸收称为杂质吸收。通常，硅中的杂质都很少，杂质吸收很低，如硅中硼的吸收系数在 20cm^{-1} 以下。
- ☺ 晶格振动吸收：能量较低的光子能被半导体原子直接吸收而变成晶格振动的动能，在晶体吸收的远红外区形成连续的吸收带。这类吸收称为晶格振动吸收。硅的晶格振动吸收系数一般不超过 10cm^{-1}。

对于硅材料而言，主要是波长小于 1.15μm 的本征吸收，而对波长大于 1.15μm 的红外辐射基本不吸收，几乎是透明的。

5.6　半导体中载流子的复合

半导体在外界作用下产生电子–空穴对，形成非平衡少子，使载流子浓度偏离平衡值。当外来作用消除后，这些非平衡少子将通过各种途径复合而消失，并恢复热平衡状态。产生和复合互为逆过程，在产生时价带中的电子跃迁到导带要吸收能量，导带中的电子与价带中的空穴复合时也要以各种方式释放能量。

单位时间、单位体积内复合的电子–空穴对数称为载流子复合率 R。净复合率 U 为载流子复合率 R 与载流子产生率 G 之差。热生载流子产生率 G_{th} 和热生载流子复合率 R_{th} 是温度的函数。在热平衡条件下，由热激发引起的热生载流子产生率 G_{th} 与热生载流子复合率 R_{th} 相等，即 $R_{th}=G_{th}$，电子–空穴对的净复合率 $U=G_{th}-R_{th}=0$。在存在其他注入因素和其他复合方式的情况下，产生率和复合率分别为所有注入因素的产生率和所有复合形式的复合率的总和。热平衡时，由于产生率与复合率相等，净复合率为零；而在非平衡时，净复合率不为零。

电子从产生到复合前的平均生存时间称为电子寿命 τ_n，空穴从产生到复合前的平均生存时间称为空穴寿命 τ_p。在小注入条件下，只需要考虑少子寿命。

在 n 型半导体中，单位体积内的非平衡空穴数 Δp_n、单位时间单位体积内的净复合率 U 与空穴寿命之间的关系为

$$\tau_p=\frac{\Delta p_n}{U}$$

即

$$U=\frac{1}{\tau_p}(p_n-p_{n0}) \tag{5-75}$$

在 p 型半导体中，单位体积内的非平衡电子数 Δn_p、单位时间单位体积内的净复合率 U 与电子寿命之间的关系为

$$\tau_n=\frac{\Delta n_p}{U} \quad 或 \quad U=\frac{1}{\tau_n}(n_p-n_{p0}) \tag{5-76}$$

寿命 τ_p 和 τ_n 的单位为 s。

在半导体中，载流子的复合有多种形式。

按在半导体中复合过程发生位置的不同，复合可分为表面复合和体内复合。表面复合包括晶界复合；体内复合又可分为发射极区复合、pn 结区复合和基区复合。

按微观过程，复合分为直接复合和间接复合。

直接复合也称带–带复合或带间复合。带–带复合又可分为辐射复合和俄歇复合。目前，常用的光电导衰减法少子寿命测试仪是基于直接复合原理设计的。

间接复合是通过禁带中局域能态的间接跃迁。导带和价带边缘与局域能态之间的能量差小于禁带宽度，跃迁概率大于带间直接跃迁，因此这些中间能级的存在会显著加快复合过程。缺陷复合是主要的间接复合。缺陷复合又分为单能级复合和多能级复合。

硅属于间接带隙半导体。由于导带底的电子相对于价带顶的空穴有一定的晶体动量差，其跃迁需要通过与晶格相互作用以满足能量和动量均守恒，因此直接复合概率很低，主要复合过程是通过禁带中局域能态的间接跃迁。

在太阳电池中，对其性能影响最大的复合形式是缺陷复合、表面复合和俄歇复合。图 5-10 所示为载流子的复合过程。

☺ 直接复合：导带中的电子跃迁到价带，与价带中的空穴直接复合。通常以辐射光子的形式释放出能量，如图 5-10（a）所示。辐射复合是光致跃迁的逆过程。

> 说明 直接复合包括辐射复合和俄歇复合。由于太阳电池中俄歇复合很重要，所以要将二者分开来讨论。在此所讨论的直接复合就是指辐射复合。

☺ 俄歇复合：电子与空穴复合后，将能量传递给导带中的另一个电子（或价带中另一个空穴），如图 5-10（b）所示。俄歇复合是碰撞电离的逆过程。

☺ 缺陷复合：电子和空穴通过禁带中的能级（复合中心）进行复合，如图 5-10（c）所示。

☺ 表面复合：通过表面缺陷态发生的复合，本质上也是缺陷复合的一种形式，如图 5-10（d）所示。

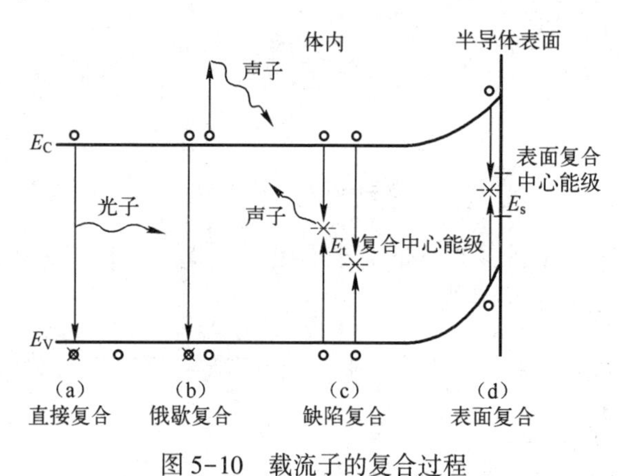

图 5-10 载流子的复合过程

5.6.1 直接复合

直接复合是指导带电子直接跃迁到价带与空穴复合。

直接复合率 R 正比于电子浓度和空穴浓度，对于 n 型半导体有

$$R=rn_np_n \tag{5-77}$$

式中，r 为复合概率，也称复合系数（cm^3/s），它与载流子的热运动速度有关。在非简并半导体中，复合概率 r 是温度的函数。

热平衡时：

$$R_{th}=G_{th}=rn_{n0}p_{n0} \tag{5-78}$$

式中，n_{n0}和p_{n0}分别表示 n 型半导体热平衡时的电子浓度和空穴浓度。

如图 5-11 所示，当半导体在光照射激发下产生电子-空穴对，载流子浓度超过其平衡值时，产生率为

$$G=G_L+G_{th} \tag{5-79}$$

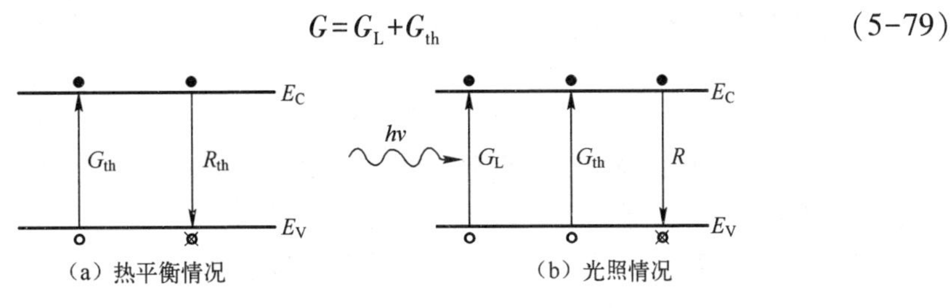

图 5-11　电子-空穴对的直接产生与复合

复合率为

$$R=rn_np_n=r(n_{n0}+\Delta n)(p_{n0}+\Delta p) \tag{5-80}$$

式中，Δn 和 Δp 为过剩载流子浓度，即

$$\Delta n=n_n-n_{n0} \tag{5-81}$$

$$\Delta p=p_n-p_{n0} \tag{5-82}$$

当半导体处于电中性时，

$$\Delta n=\Delta p$$

空穴浓度的净变化率为

$$\frac{dp_n}{dt}=G-R=G_L+G_{th}-R \tag{5-83}$$

在稳态下，

$$\frac{dp_n}{dt}=0$$

由此可得：

$$G_L=R-G_{th}\equiv U_{ndir} \tag{5-84}$$

式中，U_{ndir}为净复合率。将式（5-78）、式（5-80）代入式（5-84），得：

$$U_{ndir}\approx r(n_{n0}+p_{n0}+\Delta p)\Delta p \tag{5-85}$$

对于小注入情况下，多子浓度几乎不变，$n_n\approx n_{n0}$，即 $n_{n0}\gg p_{n0}$、$n_{n0}\gg\Delta p$，式（5-84）可简化为

$$U_{ndir}\approx rn_{n0}\Delta p=rn_{n0}(p_n-p_{n0}) \tag{5-86}$$

因此，与式（5-75）比较，直接复合的过剩少子（即空穴）寿命 τ_{pdir}为

$$\tau_{pdir}=\frac{1}{rn_{n0}} \tag{5-87}$$

于是有

$$U_{\mathrm{ndir}}=\frac{p_{\mathrm{n}}-p_{\mathrm{n0}}}{\tau_{\mathrm{pdir}}} \tag{5-88}$$

同样，对于 p 型半导体，有类似的表达式：

$$U_{\mathrm{pdir}}\approx rp_{\mathrm{p0}}\Delta n=\frac{n_{\mathrm{p}}-n_{\mathrm{p0}}}{\tau_{\mathrm{ndir}}} \tag{5-89}$$

式中，τ_{ndir}为过剩少子（即电子）寿命：

$$\tau_{\mathrm{ndir}}=\frac{1}{rp_{\mathrm{p0}}} \tag{5-90}$$

由此可见，若复合概率 r 是常数，则直接复合的净复合率正比于过剩少子浓度，其寿命与多子浓度成反比。

在热平衡时，电子和空穴的净复合率为零，即

$$\begin{cases}U_{\mathrm{ndir}}=0\\U_{\mathrm{pdir}}=0\end{cases} \tag{5-91}$$

定义载流子寿命有很重要的意义，可以利用半导体对光照的瞬态响应特性实验来了解它的含义。

如图 5-12（a）所示，考虑一个 n 型硅半导体样品，整个样品均匀受光照射，均匀地产生电子-空穴对。在稳态下，根据式（5-84）和式（5-88）可得：

$$G_{\mathrm{L}}=U_{\mathrm{ndir}}=\frac{p_{\mathrm{n}}-p_{\mathrm{n0}}}{\tau_{\mathrm{pdir}}} \tag{5-92}$$

即

$$p_{\mathrm{n}}=p_{\mathrm{n0}}+\tau_{\mathrm{pdir}}G_{\mathrm{L}} \tag{5-93}$$

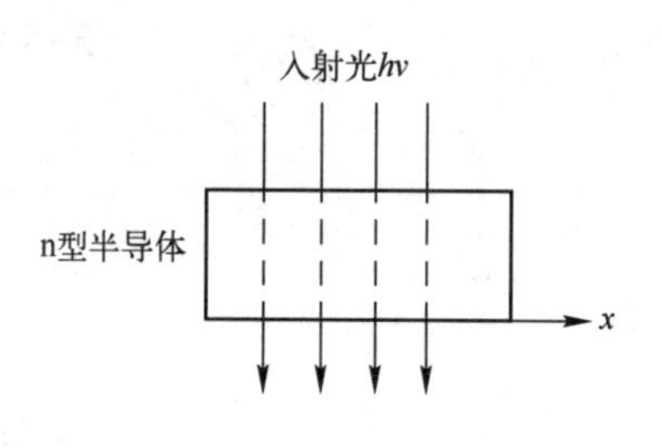

（a）恒定光照n型半导体

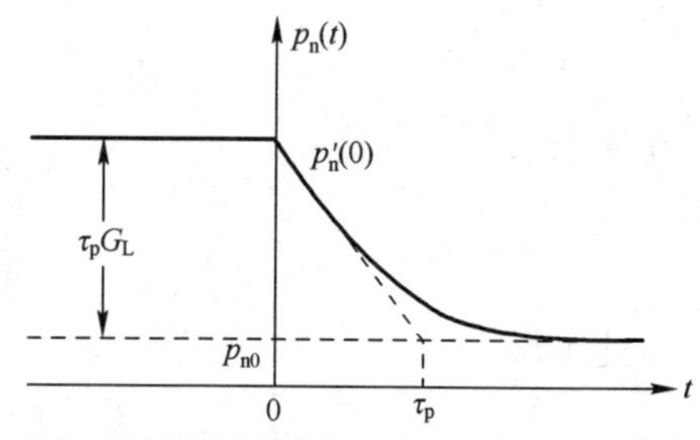

（b）n型半导体少数载流子（空穴）随时间的衰减

图 5-12 光激发下半导体中载流子的衰减

当光照被切断后，$G_{\mathrm{L}}=0$，式（5-83）变为

$$\frac{\mathrm{d}p_{\mathrm{n}}}{\mathrm{d}t}=G-R=G_{\mathrm{th}}-R \tag{5-94}$$

设 $t=0$ 时切断光照，按照式（5-93），有

$$p_{\mathrm{n}}(t=0)=p_{\mathrm{n0}}+\tau_{\mathrm{pdir}}G_{\mathrm{L}} \tag{5-95}$$

在 $t\to\infty$ 时，p_{n}恢复到 p_{n0}，即

$$p_n(t\to\infty)=p_{n0} \tag{5-96}$$

在上述边界条件下解式（5-94）得：

$$p_n(t)=p_{n0}+\tau_{pdir}G_L e^{-t/\tau_{pdir}} \tag{5-97}$$

式（5-97）表明，随着时间的变化，少子与多子不断复合，其浓度随时间呈指数衰减，时间常数为 τ_{pdir}。τ_{pdir}对应于式（5-87）所定义的寿命，如图 5-12（b）所示。基于这一原理，可以利用光电导方法测量载流子寿命。

由于硅是间接带隙半导体材料，其导带底与价带顶在 k 空间不是上下对准的，电子与空穴通过禁带复合时需伴随晶体动量的变化，因此复合概率远小于直接带隙材料，同时硅也不是窄禁带材料，导致通常情况下硅晶体中的主要复合形式不是直接复合。但也有人认为存在“杂质光伏效应”现象，在这种情况下，自由电子与带隙内的局域态之间有比较重要的直接跃迁。

按式（5-86）和式（5-89），带间直接复合率 U_{dir}可以合在一起用下式计算[12]：

$$U_{dir}=r(np-n_i^2) \tag{5-98}$$

式中，$r=1.8\times10^{-15}\mathrm{cm^3/s}$。

5.6.2　俄歇复合

当高能量的载流子从高能级向低能级跃迁，产生电子-空穴对复合时，把多余的能量传给另一个载流子，使这个载流子被激发到能量更高的能级上去；当被激发的载流子重新跃迁回低能级时，其多余的能量不是辐射光子，而是以声子形式释放，传递给周围晶格，这种复合称为俄歇（Auger）复合。俄歇复合是“碰撞电离”的逆过程。在俄歇复合过程中，需将能量交给另一个自由载流子才能完成复合，涉及与第 3 个粒子的相互作用，所以不同于带间直接复合，也不同于通过复合中心的间接复合。俄歇复合的复合率应与 3 个载流子浓度的乘积成正比，其比例系数称为俄歇复合系数。俄歇复合过程有很多种，可以在导带与价带之间发生，也可以在带隙中杂质和缺陷态之间发生。带间俄歇复合过程如图 5-13 所示。

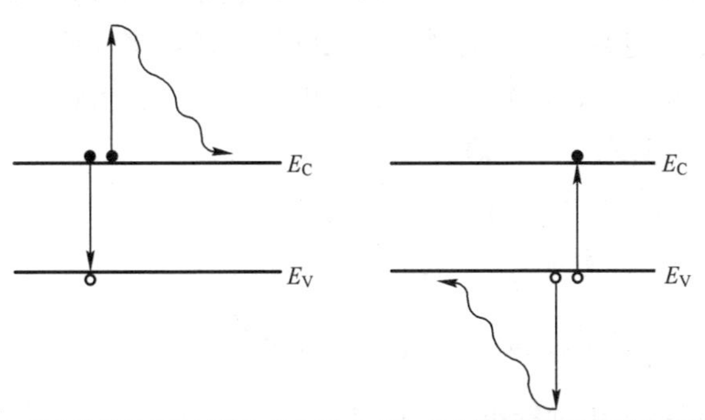

（a）多余的能量传给导带中的电子　（b）多余的能量传给价带中的空穴

图 5-13　带间俄歇复合过程

当半导体中同时存在空穴和电子俄歇复合时，对于 2 个价带空穴和 1 个导带电子参与的俄歇复合，其复合率 $U_{pAug}=r_{pAug}np^2$，这里 r_{pAug} 是空穴的俄歇复合系数(cm^6/s)；对于2 个导带电子和 1 个价带空穴参与的俄歇复合，其复合率 $U_{nAug}=r_{nAug}n^2p$，r_{nAug} 是电子的俄歇复合系数(cm^6/s)。

由于俄歇复合是碰撞电离的逆过程，与复合过程同时发生，必然有碰撞电离产生电子-空穴对。根据细致平衡原理，热平衡时，俄歇过程的空穴产生率应等于空穴复合率 $r_{pAug}n_0p_0^2$，电子产生率应等于电子复合率 $r_{nAug}n_0^2p_0$。因此，在非平衡情况下，净俄歇复合率为俄歇复合率减去平衡时的产生率，即

$$U_{Aug}=r_{nAug}(n^2p-n_0^2p_0)+r_{pAug}(np^2-n_0p_0^2) \tag{5-99}$$

对于 p 型半导体，空穴是多子，电子是少子，$p\gg n$，式（5-99）可简化为空穴的俄歇复合率：

$$U_{Aug}=r_{pAug}(np^2-n_0p_0^2) \tag{5-100}$$

对于 n 型半导体，电子是多子，空穴是少子，$n\gg p$，式（5-99）可简化为电子的俄歇复合率：

$$U_{Aug}=r_{nAug}(n^2p-n_0^2p_0) \tag{5-101}$$

在非简并半导体中，$n_0p_0=n_i^2$，同时考虑到在 p 型半导体中，多子（即空穴）存在关系式 $p\approx p_0$，因此可将式（5-100）改写为

$$U_{Aug}=r_{pAug}p(np-n_i^2)$$

同样，对 n 型半导体，式（5-101）可改写为

$$U_{Aug}=r_{nAug}n(np-n_i^2)$$

当半导体中同时存在空穴俄歇复合和电子俄歇复合时，将上述两式合并，可得到俄歇复合率的一般表达式：

$$U_{Aug}=(r_{nAug}n+r_{pAug}p)(np-n_i^2) \tag{5-102}$$

掺杂半导体的掺杂浓度越高，即 n 型半导体中的施主浓度越高或 p 型半导体中的受主浓度越高，载流子浓度 n、p 也就越高，俄歇复合率就越大。当然，由于半导体的载流子浓度 n、p 随温度增高而增大，俄歇复合率也将随温度增高而增大。

在 p 型半导体中，空穴是多子，$p\approx p_0\approx N_A$。由式（5-100），俄歇复合率 U_{Aug} 与过剩少子浓度 $\Delta n=n-n_0$ 成正比，即

$$U_{Aug}=r_{pAug}N_A^2(n-n_0)$$

在小注入的条件下，假定 $r_{pAug}\approx r_{nAug}$，可得：

$$U_{Aug}\approx r_{nAug}N_A^2(n-n_0)=\frac{n-n_0}{\tau_{nAug}}=\frac{\Delta n}{\tau_{nAug}} \tag{5-103}$$

式中，τ_{nAug} 为 p 型半导体中俄歇少子（电子）寿命（单位为 s）：

$$\tau_{nAug}=\frac{1}{r_{nAug}N_A^2} \tag{5-104}$$

在 n 型半导体中，多子是电子，$n\approx n_0\approx N_D$。由式（5-101），同样可推导出：

$$U_{\mathrm{Aug}} \approx \frac{p-p_0}{\tau_{\mathrm{pAug}}}=\frac{\Delta p}{\tau_{\mathrm{pAug}}} \tag{5-105}$$

式中，τ_{pAug}为 n 型半导体中俄歇少子（空穴）寿命（s）：

$$\tau_{\mathrm{pAug}}=\frac{1}{r_{\mathrm{pAug}} N_{\mathrm{D}}^{2}} \tag{5-106}$$

俄歇复合系数与掺杂类型和掺杂浓度有关，$r_{\mathrm{nAug}}=(1.7 \sim 2.8)\times 10^{-31}\mathrm{cm}^6/\mathrm{s}$，$r_{\mathrm{pAug}}=(0.99 \sim 1.2)\times 10^{-31}\mathrm{cm}^6/\mathrm{s}$。当掺杂浓度高于 $5\times 10^{18}\mathrm{cm}^{-3}$时，$r_{\mathrm{nAug}}$和 r_{pAug}均为常数[13]。

俄歇复合除了满足能量守恒定律，还应满足动量守恒定律[14]，见表 5-3。

表 5-3　半导体中俄歇复合的能量守恒和动量守恒关系

	与价带空穴复合的导带电子		动能增加的导带电子	
	能量	动量	能量	动量
复合前	E_{C}	$\hbar \boldsymbol{k}_{\mathrm{c}}$	E'_{C}	$\hbar \boldsymbol{k}'_{\mathrm{c}}$
复合后	E_{V}	$\hbar \boldsymbol{k}_{\mathrm{v}}$	$E'_{\mathrm{C}}+E_{\mathrm{C}}-E_{\mathrm{V}}$	$\hbar \boldsymbol{k}'_{\mathrm{c}}+\hbar \boldsymbol{k}_{\mathrm{c}}-\hbar \boldsymbol{k}_{\mathrm{v}}$

陷阱态或局域态也可以发生俄歇复合。俄歇复合是硅太阳电池中产生复合损耗的主要因素之一。特别是在重掺杂材料中，俄歇复合已成为主要的复合形式。

载流子通过缺陷俄歇复合过程如图 5-14 所示。

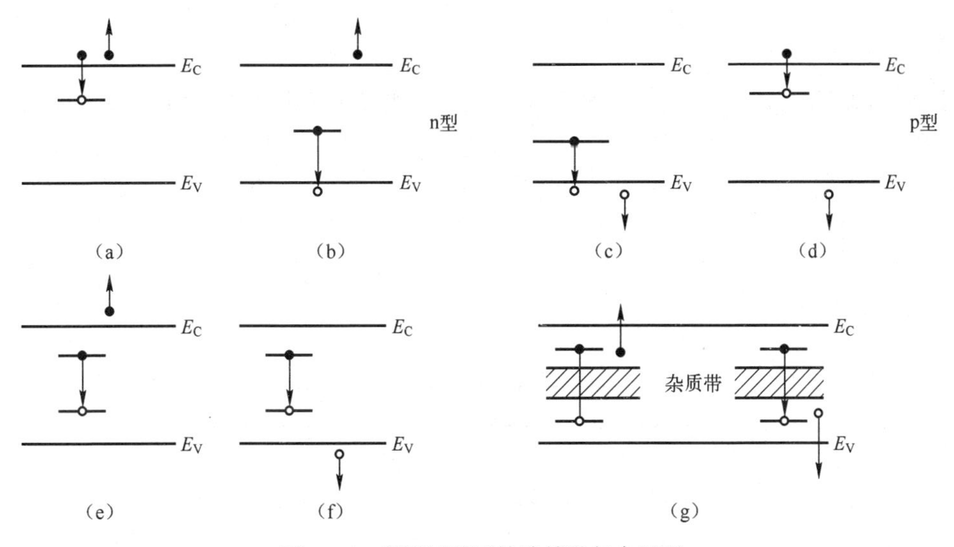

图 5-14　载流子通过缺陷俄歇复合过程

如果缺陷能级 E_{t}接近导带底 E_{C}，则导带电子与一个陷阱能级 E_{t}的电子发生碰撞，陷阱能级 E_{t}的电子和一个价带空穴复合，并将能量传递给碰撞的导带电子；导带电子被激发后，获得的动能以声子的形式弛豫到导带底。如果缺陷能级 E_{t}接近价带顶 E_{V}，则所发生的俄歇复合过程与导带底的情况相仿。

在 n 型半导体中，$n \approx n_0 \approx N_D$，接近导带底 E_C 的缺陷能级 E_t 产生俄歇复合的复合率和俄歇少子寿命分别为

$$U_{Aug} = r_{Aug} n p N_t (1-f_A) \approx \frac{p(1-f_A)}{\tau_{Aug}} \tag{5-107}$$

$$\tau_{Aug} = \frac{1}{r_{Aug} N_D N_t} \tag{5-108}$$

式中，N_t 为缺陷浓度。f_A 为一个复合中心被一个电子占有的概率。

对于 p 型半导体，可推导出类似的关系式。

从式（5-103）至式（5-108）可以看出，俄歇少子寿命随着掺杂浓度的增加而减小，俄歇复合的复合率随着掺杂浓度和注入水平的增加而增大。如果掺杂浓度超过 $1\times10^{17}\text{cm}^{-3}$，俄歇复合将占主导地位。在晶体硅太阳电池中，由于扩散层的掺杂浓度高，所以太阳电池发射极区域中的载流子寿命受俄歇复合的影响是很大的。

克拉森（Klaassen）研究了俄歇复合的少子复合寿命与温度的关系，其表达式为[15]

$$\begin{cases} \dfrac{1}{\tau_{nAugrer}} = 1.83\times10^{-31} p^2 \left(\dfrac{T}{300}\right)^{1.18} \\ \dfrac{1}{\tau_{pAugrer}} = 2.78\times10^{-31} n^2 \left(\dfrac{T}{300}\right)^{0.72} \end{cases} \tag{5-109}$$

5.6.3 缺陷复合

半导体中的杂质和缺陷会在禁带中形成陷阱能级，成为载流子的复合-产生中心（简称复合中心）。通过复合中心产生的载流子复合-产生过程对太阳电池很重要，其理论研究首先由肖克利（Shockley）-里德（Read）-霍尔（Hall）和萨支唐（Chih-Tang Sah）提出。该过程可分为四个基本过程，即俘获电子、发射电子、俘获空穴、发射空穴，如图 5-15 所示。图中，（a）与（b）、（c）与（d）互为逆过程；E_t 表示复合中心的能级。

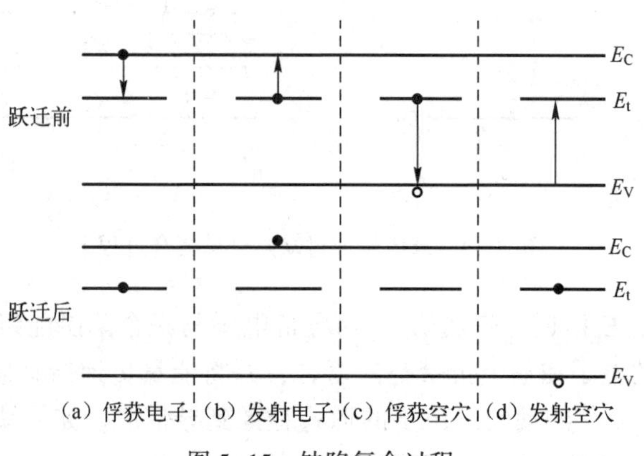

图 5-15 缺陷复合过程

首先讨论半导体中仅有一种复合中心能级的情况。如果半导体的复合中心浓度为 N_t，一个复合中心能级被电子占据的概率由费米-狄拉克分布函数 f_t 表示，则尚未被占据的复合中心浓度为 $N_t(1-f_t)$。在非简并的情况下，处于平衡状态时，电子能量的费米-狄拉克分布函数为

$$f_t(E_t)=\frac{1}{1+\exp\left(\frac{E_t-E_F}{kT}\right)} \tag{5-110}$$

式中，E_t 为复合中心的能级位置，E_F 为费米能级。

（1）俘获电子：即复合中心能级 E_t 从导带俘获电子，如图 5-15（a）所示。电子俘获速率 r_a 与导带电子数 n 及未被电子占据的复合中心浓度 N_t 成正比，即 $r_a \propto nN_t(1-f_t)$，设比例常数为 $v_t\sigma_n$，则电子俘获速率（单位为 $cm^{-3}s^{-1}$）可表示为

$$r_a=v_t\sigma_n nN_t(1-f_t) \tag{5-111}$$

式中：v_t 为电子的热运动速率，$v_t=\sqrt{3kT/m_c^*}$，在室温下约为 10^7cm/s；σ_n 为复合中心对电子的俘获截面积，其物理意义是复合中心俘获一个电子的能力，是电子需移动至离复合中心多近的距离才能被复合中心所俘获的量度。在硅中，俘获截面积的量级为 $10^{-13}\sim10^{-17}cm^2$。

$v_t\sigma_n$ 称为电子俘获系数 B_n（cm^3/s）：

$$B_n=v_t\sigma_n \tag{5-112}$$

B_n 表示单位时间内一个具有截面积 σ_n 的电子以热速度 v_t 扫过的空间范围，若此空间范围内存在复合中心，则电子将被俘获。

（2）发射电子：即一个电子从复合中心发射到导带的过程，如图 5-15（b）所示。电子从复合中心的发射与电了俘获过程相反，其发射率正比于已填满电子的复合中心的浓度 $N_t f_t$，即电子发射速率可以表示为

$$r_b=e_nN_tf_t \tag{5-113}$$

式中，e_n 为电子发射概率，即电子从复合中心发射到导带的概率。

在热平衡状态且无外部注入($G_L=0$)时，电子被俘获和发射的速率应该相等，$r_a=r_b$，因此可以利用式（5-111）和式（5-113）求得发射概率：

$$e_n=\frac{v_t\sigma_n n(1-f_t)}{f_t} \tag{5-114}$$

将热平衡状态下电子的平衡浓度公式 $n=n_i\exp\left(\frac{E_F-E_i}{kT}\right)$ 和式（5-110）代入式（5-114），可得：

$$e_n=v_t\sigma_n n_i\exp\left(\frac{E_t-E_i}{kT}\right)=v_t\sigma_n n_1 \tag{5-115}$$

式中，n_1 为电子陷阱系数：

$$n_1=n_i\exp\left(\frac{E_t-E_i}{kT}\right) \tag{5-116}$$

由此可见，n_1恰好是费米能级与复合中心能级重合时的平衡电子浓度。

(3) 俘获空穴：已填满的复合中心从价带俘获一个空穴，相当于一个电子从复合中心发射到价带，如图 5-15（c）所示。复合中心对空穴俘获速率为

$$r_c = v_t \sigma_p p N_t f_t \tag{5-117}$$

式中，σ_p为复合中心对空穴的俘获截面积。$v_t\sigma_p$称为空穴俘获系数 B_p（单位为 cm^3/s）：

$$B_p = v_t \sigma_p \tag{5-118}$$

(4) 发射空穴：即一个空穴从复合中心发射到价带，相当于一个电子从价带跃迁到复合中心，如图 5-15（d）所示。空穴发射速率为

$$r_d = e_p N_t (1-f_t) \tag{5-119}$$

式中，e_p为空穴发射概率。

在热平衡状态且无外部注入($G_L=0$)时，$r_c=r_d$，即 $v_t\sigma_p p N_t f_t = e_p N_t(1-f_t)$，求得：

$$e_p = \frac{v_t \sigma_p p f_t}{(1-f_t)} \tag{5-120}$$

将热平衡状态下空穴的平衡浓度公式 $p=n_i \exp\left(\frac{E_i-E_F}{kT}\right)$ 和式（5-110）代入式（5-120），可得空穴的发射概率 e_p为

$$e_p = \frac{v_t \sigma_p n_i \exp\left(\frac{E_i-E_F}{kT}\right) f_t}{(1-f_t)} = v_t \sigma_p n_i e^{-\frac{E_i-E_t}{kT}} = v_t \sigma_p p_1 \tag{5-121}$$

式中，p_1为空穴陷阱系数：

$$p_1 = n_i e^{-\frac{E_i-E_t}{kT}} \tag{5-122}$$

由此可见，p_1恰好是费米能级与复合中心能级重合时的平衡空穴浓度。

从式（5-115）和式（5-121）可知，当复合中心能级靠近导带底时，电子发射率增加；当复合中心能级靠近价带顶时，空穴发射率增加。

至此，已经分别求出了描述缺陷复合 4 个过程的数学表达式，现在再利用这些表达式求出非平衡载流子的净复合率。

在非平衡状态时，存在外界作用引起的载流子注入。

首先讨论 n 型半导体，当它受到均匀光照，以光照下的产生率 G_L产生数量相等的电子和空穴时，通过复合中心发生的缺陷复合 4 个过程依然进行，另外还会有光照产生的电子和空穴对。在稳定情况下，缺陷复合 4 个过程必须保持复合中心上的电子数 n_t不变。由于俘获电子和发射空穴这两个过程造成复合中心能级上电子的积累，而发射电子和俘获空穴这两个过程造成复合中心上电子的减少，要维持 n_t不变，必须满足稳定条件，即电子进入和离开导带的速率必须相等，空穴进入和离开价带的速率必须相等，符合细致平衡原理，即在稳定的照射下，G_L = 常数，半导体中电子和空穴的产生率应分别等于各自的复合率，于是有

$$\frac{dn_n}{dt} = G_L - (r_a - r_b) = 0 \tag{5-123}$$

$$\frac{\mathrm{d}p_n}{\mathrm{d}t}=G_L-(r_c-r_d)=0 \tag{5-124}$$

在热平衡条件下，$G_L=0$，$r_a=r_b$，$r_c=r_d$，平衡态必定是稳态。但是稳态不一定是平衡态，在非平衡状态稳定时，$r_a\neq r_b$，$r_c\neq r_d$。

将式（5-123）和式（5-124）相减，得到稳定条件：

$$r_a-r_b=r_c-r_d \tag{5-125}$$

显然，式（5-125）表示单位体积、单位时间内导带减少的电子数等于价带减少的空穴数。也就是说，导带每损失一个电子，同时价带也损失一个空穴，电子和空穴通过复合中心成对地复合。因此式（5-125）所表示的正好是电子-空穴对的净复合率：

$$G_L=r_a-r_b=r_c-r_d\equiv U_{nder} \tag{5-126}$$

将式（5-111）、式（5-113）、式（5-117）和式（5-119）代入式（5-125）得：

$$\upsilon_t\sigma_n n_n N_t(1-f_t)-e_n N_t f_t=\upsilon_t\sigma_p p_n N_t f_t-e_p N_t(1-f_t)$$

由上式计算出f_t后，利用式（5-115）和式（5-121），消去e_n、e_p，可得到在非平衡条件下一个复合中心被一个电子占有的概率f_t：

$$f_t=\frac{\upsilon_t\sigma_n n_n+e_p}{\upsilon_t\sigma_n n+e_n+e_p+\upsilon_t\sigma_p p_n}=\frac{\sigma_n n_n+\sigma_p p_1}{\sigma_n n_n+\sigma_n n_1+\sigma_p p_1+\sigma_p p_n} \tag{5-127}$$

上式是在稳态情况下推导出来的，而且只有在小注入时才有效。

将式（5-127）代入式（5-126），可得稳态时的净复合率U_{nder}为

$$\begin{aligned}U_{nder}&=r_a-r_b=r_c-r_d\\&=\upsilon_t\sigma_n n_n N_t-(\upsilon_t\sigma_n n_n N_t+\upsilon_t\sigma_n n_1 N_t)f_t\\&=\upsilon_t\sigma_n N_t[n_n(1-f_t)-n_1 f_t]\\&=N_t\sigma_n\sigma_p\upsilon_t\frac{n_n p_n-n_1 p_1}{\sigma_n(n_n+n_1)+\sigma_p(p_n+p_1)}\end{aligned} \tag{5-128}$$

由于陷阱系数n_1和p_1分别是费米能级与复合中心能级重合时的平衡电子浓度和平衡空穴浓度，所以$n_1p_1=n_i^2$成立。于是

$$U_{nder}=\frac{\upsilon_t\sigma_n\sigma_p N_t(n_n p_n-n_i^2)}{\sigma_n(n_n+n_1)+\sigma_p(p_n+p_1)}=\frac{\upsilon_t\sigma_n\sigma_p N_t(n_n p_n-n_i^2)}{\sigma_n\left(n_n+n_i\mathrm{e}^{\frac{E_t-E_i}{kT}}\right)+\sigma_p\left(p_n+n_i\mathrm{e}^{\frac{E_i-E_t}{kT}}\right)} \tag{5-129}$$

电子复合与空穴复合是成对进行的。因此，对于 p 型半导体通过复合中心复合的情况，有类似的公式：

$$U_{pder}=\frac{\upsilon_t\sigma_n\sigma_p N_t(p_p n_p-n_i^2)}{\sigma_p(p_p+p_1)+\sigma_n(n_p+n_1)}=\frac{\upsilon_t\sigma_n\sigma_p N_t(p_p n_p-n_i^2)}{\sigma_p\left(p_p+n_i\mathrm{e}^{\frac{E_t-E_i}{kT}}\right)+\sigma_n\left(n_p+n_i\mathrm{e}^{\frac{E_i-E_t}{kT}}\right)} \tag{5-130}$$

式（5-129）和式（5-130）可统一表示为

$$U_{der}=\frac{\upsilon_t\sigma_n\sigma_p N_t(pn-n_i^2)}{\sigma_p(p+p_1)+\sigma_n(n+n_1)} \tag{5-131}$$

这是半导体通过浓度为N_t、能级为E_t的缺陷复合中心的复合率的普遍公式，称

为肖克利-里德-霍尔方程[16,17]。

上面讨论的是非热平衡态下，由于有非平衡载流子注入，$p_p n_p > n_i^2$ 或 $p_n n_n > n_i^2$，$U_{nder} \neq 0$ 的情况。

当热平衡时，

$$p_n n_n = p_p n_p = n_i^2 \quad U_{nder} = 0$$

如果电子和空穴的俘获截面积相等，即

$$\sigma_p = \sigma_n = \sigma_0$$

则式（5-129）简化为

$$U_{nder} \approx \frac{v_t \sigma_0 N_t (n_n p_n - n_i^2)}{n_n + p_n + 2n_i \cosh\left(\frac{E_t - E_i}{kT}\right)} \tag{5-132}$$

在小注入的情况下，n 型半导体的 $n_n \gg p_n$，$n_n \approx n_{n0}$，$p_{n0} \leqslant p_n < n_{n0}$。在热平衡条件下，利用关系式 $n_i^2 = n_{n0} p_{n0}$，可将复合率可表述为

$$U_{nder} = \frac{v_t \sigma_0 N_t (p_n - p_{n0})}{1 + \left(\frac{2n_i}{n_{n0}}\right) \cosh\left(\frac{E_t - E_i}{kT}\right)} = \frac{p_n - p_{n0}}{\tau_{pder}} \tag{5-133}$$

式中，τ_{pder}为复合时的空穴寿命：

$$\tau_{pder} = \frac{1 + \left(\frac{2n_i}{n_{n0}}\right) \cosh\left(\frac{E_t - E_i}{kT}\right)}{\sigma_0 v_t N_t} \tag{5-134}$$

由此可见，当 E_t 接近 E_i，即复合中心能级靠近禁带中心时，复合率最大。靠近禁带中央区域的那些杂质和缺陷的能级称为深能级。例如，对于金杂质，$E_t - E_i = 0.02\text{eV}$，$\frac{E_t - E_i}{kT} = 0.77$。Cu、Fe、Au、Ta、Mo、Nb、W、Zr、Ti、V、Cr、Co、Mn 等杂质都会产生深能级，对太阳电池光电转换效率的影响很大。一些远离禁带中央的浅能级，对太阳电池光电转换效率的影响相对小一些。

在 n 型硅中，$n_n \gg p_n$，并假定复合中心靠近禁带中线，$n_n \gg n_i e^{\frac{E_t - E_i}{kT}}$，则有效复合中心上的复合率 U_{nder} 可进一步简化为

$$U_{nder} \approx v_t \sigma_p N_t (p_n - p_{n0}) \tag{5-135}$$

与式（5-133）比较，即可推导出在低注入下 n 型半导体中空穴寿命：

$$\tau_{pder} = \frac{1}{v_t \sigma_p N_t} \tag{5-136}$$

于是式（5-135）可表达为

$$U_{nder} \approx \frac{p_n - p_{n0}}{\tau_{pder}} \tag{5-137}$$

在 n 型半导体中，电子是多子，电子很多，在俘获中心俘获空穴时有足够的电

子供其俘获，因此少子（即空穴）必定全部参与复合，空穴寿命 τ_p 与电子浓度无关，复合率仅受限于空穴的数量。

对于 p 型半导体，在低注入时，复合率 U_{pder} 和电子寿命分别为

$$U_{pder} \approx v_t \sigma_n N_t (n_p - n_{p0}) = \frac{n_p - n_{p0}}{\tau_{nder}} \tag{5-138}$$

$$\tau_{nder} = \frac{1}{v_t \sigma_n N_t} \tag{5-139}$$

由此可见，电子寿命 τ_{nder} 与缺陷浓度 N_t 成反比，与特定的缺陷和能级相关。

按照式（5-134）和式（5-136），p 型半导体通过复合中心复合的普遍公式还可表示为

$$U_{pder} = \frac{p_p n_p - n_i^2}{\tau_{nder}(p_p + p_1) + \tau_{pder}(n_p + n_1)} \tag{5-140}$$

式中，n_1 和 p_1 分别为电子缺陷系数和空穴缺陷系数。

对于 n 型半导体通过复合中心复合的情况，有类似的普遍公式：

$$U_{nder} = \frac{p_n n_n - n_i^2}{\tau_{nder}(p_p + p_1) + \tau_{pder}(n_p + n_1)} \tag{5-141}$$

式（5-140）和式（5-141）可统一表达为

$$U_{der} = \frac{pn - n_i^2}{\tau_{nder}(p + p_1) + \tau_{pder}(n + n_1)} \tag{5-142}$$

在很高注入条件下，过剩载流子浓度超过掺杂浓度，$n_p \gg n_{p0}$，$p_n \gg p_{n0}$，$n_p \approx p_n$，式（5-140）和式（5-141）可近似地表达为

$$U_{der} \approx \frac{p_n}{\tau_{pder} + \tau_{nder}} \approx \frac{n_p}{\tau_{pder} + \tau_{nder}} \tag{5-143}$$

在这种情况下，有效复合寿命为两种载流子寿命的总和。尽管存在大量过剩载流子导致复合率增高，但其载流子寿命却可超过低注入下的寿命。

以上讨论的是过剩载流子注入半导体中，$pn > n_i^2$ 的情况，复合使系统恢复到平衡态，$pn = n_i^2$。如果 $pn < n_i^2$，意味着载流子从半导体中抽出。例如，在 pn 结反向偏置情况下，就会发生载流子抽取。为了恢复系统的平衡态，产生-复合中心必定要产生载流子。

当 $p_n < n_i$ 及 $n_n < n_i$ 时，忽略 n_n 和 p_n 后，可从式（5-132）得到产生率：

$$G = U_{nder} \approx \frac{v_t \sigma_0 N_t n_i^2}{2n_i \cosh\left(\frac{E_t - E_i}{kT}\right)} = \frac{v_t \sigma_0 N_t n_i}{2\cosh\left(\frac{E_t - E_i}{kT}\right)} = \frac{n_i}{\tau_g} \tag{5-144}$$

式中，τ_g 为产生寿命：

$$\tau_g = \frac{2\cosh\left(\frac{E_t - E_i}{kT}\right)}{\sigma_0 v_t N_t} \tag{5-145}$$

产生寿命与复合中心的能级位置密切相关。当复合中心能级位于禁带中间附近时，τ_g取最小值。由于$\dfrac{\tau_g}{\tau_{nder}}=2\cosh\left(\dfrac{E_t-E_i}{kT}\right)$，产生寿命$\tau_g$与复合寿命$\tau_{nder}$之比随$(E_t-E_i)$增大而增大。

对于晶体硅中与缺陷复合对应的少子寿命与温度和掺杂浓度的关系符合如下公式[15]：

$$\begin{cases}\dfrac{1}{\tau_{ndef}}=\left(\dfrac{1}{2.5\times10^{-3}}+3\times10^{-13}N_D\right)\left(\dfrac{300}{T}\right)^{1.77}\\ \dfrac{1}{\tau_{pdef}}=\left(\dfrac{1}{2.5\times10^{-3}}+11.76\times10^{-13}N_A\right)\left(\dfrac{300}{T}\right)^{0.57}\end{cases} \tag{5-146}$$

式中，括号中的前一部分表示发生在本征材料中的复合。

上面我们讨论了非平衡载流子通过复合中心复合的复合率的一般表达式，在这个表达式中，电子和空穴的缺陷系数是以本征载流子浓度n_i和本征能级E_i表述的。下面我们讨论另一种非平衡载流子通过复合中心复合的复合率的表达式，在这种表达式中，电子和空穴的缺陷系数用导带和价带有效态密度以及导带底和价带顶能级来表述。这种表达式对于计算具有复杂的缺陷分布的载流子复合率更有用处。

将热平衡状态下导带电子的平衡浓度公式$n=N_c\exp\left(\dfrac{E_F-E_C}{kT}\right)$和式（5-110）代入式（5-115），可得电子发射概率：

$$e_n=v_t\sigma_nN_c\exp\left(\frac{E_F-E_C}{kT}\right)\exp\left(\frac{E_t-E_F}{kT}\right)=v_t\sigma_nN_c\exp\left(\frac{E_t-E_C}{kT}\right)=v_t\sigma_nn_1 \tag{5-147}$$

式中，电子缺陷系数为

$$n_1=N_c\exp\left(\frac{E_t-E_C}{kT}\right) \tag{5-148}$$

> 注意 按照式（4-53），$n=N_c\exp\left(\dfrac{E_F-E_C}{kT}\right)=n_i\exp\left(\dfrac{E_F-E_i}{kT}\right)$，电子缺陷系数的定义与式（5-116）是等效的。对于下面讨论的空穴缺陷系数也是一样的。

将热平衡状态下价带空穴的平衡浓度公式$p=N_v\exp\left(-\dfrac{E_F-E_V}{kT}\right)$和式（5-110）代入式（5-120），可得空穴发射概率：

$$e_p=\frac{v_t\sigma_ppf_t}{(1-f_t)}=v_t\sigma_pN_v\exp\left(\frac{E_V-E_t}{kT}\right)=v_t\sigma_pp_1 \tag{5-149}$$

式中，空穴缺陷系数为

$$p_1=N_v\exp\left(\frac{E_V-E_t}{kT}\right) \tag{5-150}$$

与式（5-140）和式（5-141）的推导过程相仿，将式（5-111）、式（5-113）、式（5-117）、式（5-119）、式（5-147）和式（5-149）代入式（5-126），可求出非平衡载流子通过复合中心复合的复合率 U_{nder}；采用同样的方法可以求出 U_{pder}。将 U_{nder} 和 U_{pder} 合并后，可得：

$$U_{der}=\frac{\upsilon_t\sigma_n\sigma_p N_t(pn-n_i^2)}{\sigma_p(p+p_1)+\sigma_n(n+n_1)} \tag{5-151}$$

式中，电子和空穴缺陷系数为

$$n_1=N_c\exp\left(\frac{E_t-E_C}{kT}\right) \tag{5-152}$$

$$p_1=N_v\exp\left(\frac{E_V-E_t}{kT}\right) \tag{5-153}$$

上述载流子发射和俘获过程表达式是在非简并的情况下导出的。如果是简并的情况，则电子和空穴的平衡浓度公式应该加上费米-狄拉克简并因子 γ_n 和 γ_p，采用式（4-132）和式（4-133）进行计算，由此可导出在简并情况下，通过复合中心复合的非平衡载流子复合率。

在太阳电池中，缺陷复合的计算是比较复杂的。缺陷的种类和分布形式多样。缺陷的种类包括结构缺陷和杂质缺陷等。缺陷的分布形式有分立能级和呈连续分布的能带等。连续带状分布又可分为指数分布、高斯分布或恒定连续分布等。有关这些缺陷复合的计算，将在第 11 章中进行系统的讨论。

5.6.4 表面复合和晶界复合

存在于半导体表面层的复合过程为表面复合，在半导体晶界内的复合过程为晶界复合。表面复合和晶界复合严重影响太阳电池的暗电流和量子效率。

从半导体的晶体内延伸到表面，晶格结构中断，表面原子出现悬键；硅片加工过程中造成的表面损伤或由内应力产生的缺陷和晶格畸变，在晶体生长和硅片加工过程中引入的非本征杂质等因素，都将形成表面能级，这些表面态都可成为表面复合中心。此外，表面层吸附着电荷的外来杂质会在表面层中感应出异号电荷，使表面形成反型层，还会引起能带弯曲。所有这些因素都使表面复合过程变得比体内的更复杂。通过在硅表面沉积氮化物和/或氧化物层等钝化技术可有效地减少表面复合。图 5-16 所示的是半导体的表面、杂质和缺陷区域的原子悬键示意图[18]。

在多晶硅或异质结中，存在晶体界面。图 5-17 所示的是半导体的表面或界面上的表面态示意图。

表面复合的动力学过程与体内复合过程类似。在晶格的断裂处形成的高浓度的缺陷，可当作在半导体表面的禁带中形成一个密集的或连续分布的陷阱，电子和空穴会通过这些表面陷阱复合。在表面上的缺陷态不是分布在三维空间中的，而是分布在二维平面上的。考虑厚度为 Δx 的表面薄层中单位时间单位面积内载流子在表面复合的总数（即表面复合率 U_{sur}，也称表面复合通量），可用类似于式（5-131）的形式表示，即

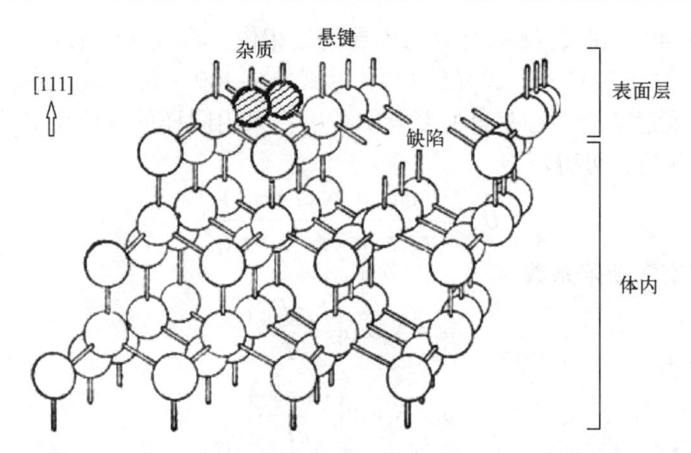

图 5-16　半导体的表面、杂质和缺陷区域的原子悬键示意图

$$U_{\text{sur}}\Delta x=\frac{v_{\text{t}}\sigma_{\text{sn}}\sigma_{\text{sp}}N_{\text{st}}(n_{\text{s}}p_{\text{s}}-n_{\text{i}}^2)}{\sigma_{\text{sn}}(n_{\text{s}}+n_{\text{i}}\mathrm{e}^{\frac{E_{\text{t}}-E_{\text{i}}}{kT}})+\sigma_{\text{sp}}(p_{\text{s}}+n_{\text{i}}\mathrm{e}^{\frac{E_{\text{i}}-E_{\text{t}}}{kT}})} \tag{5-154}$$

式中：n_{s}和p_{s}分别为表面薄层区域中电子和空穴的浓度；N_{st}为表面薄层区域单位面积的复合中心总数；σ_{sn}和σ_{sp}分别为表面的电子俘获截面积和空穴俘获截面积。

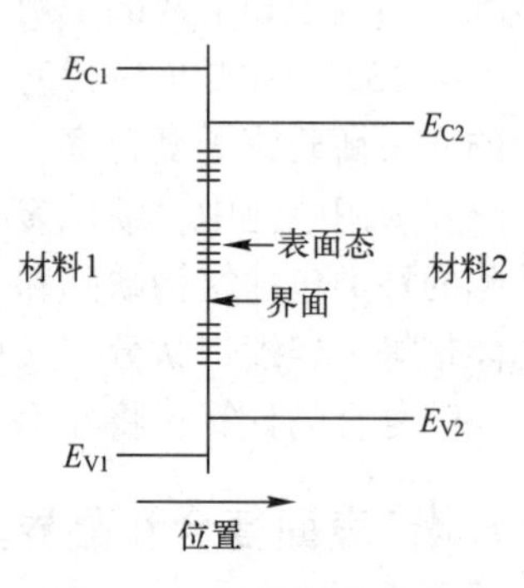

图 5-17　半导体的表面或界面上的表面态示意图

$$\begin{cases}n_{\text{s}}=n_0+\Delta n_{\text{s}}\\p_{\text{s}}=p_0+\Delta p_{\text{s}}\end{cases} \tag{5-155}$$

式中：n_0、p_0分别为平衡电子浓度；Δn_{s}、Δp_{s}分别为非平衡电子浓度。

如果已知与半导体表面的禁带中陷阱能级E_{t}相关的复合中心浓度分布为$N_{\text{st}}(E_{\text{t}})$，则利用式（5-154）可得由单位时间单位面积上禁带中所有陷阱能级导致的表面复合的复合率U_{sur}^*的计算公式：

$$U_{\text{sur}}^*=\int_{E_{\text{V}}}^{E_{\text{C}}}\frac{v_{\text{t}}\sigma_{\text{sn}}\sigma_{\text{sp}}(n_{\text{s}}p_{\text{s}}-n_{\text{i}}^2)}{\sigma_{\text{sn}}(n_{\text{s}}+n_{\text{i}}\mathrm{e}^{\frac{E_{\text{t}}-E_{\text{i}}}{kT}})+\sigma_{\text{sp}}(p_{\text{s}}+n_{\text{i}}\mathrm{e}^{\frac{E_{\text{i}}-E_{\text{t}}}{kT}})}N_{\text{st}}(E_{\text{t}})\mathrm{d}E_{\text{t}} \tag{5-156}$$

由于表面因复合而失去非平衡载流子相当于非平衡载流子垂直于表面流出表面，所以可引入一个半导体表面载流子复合速度s_{r}。

半导体表面空穴复合速度s_{pr}为

$$s_{\text{pr}}\equiv\frac{U_{\text{sur}}}{\Delta p_{\text{s}}} \tag{5-157}$$

半导体表面电子复合速度s_{ns}为

$$s_{\text{nr}}\equiv\frac{U_{\text{sur}}}{\Delta n_{\text{s}}} \tag{5-158}$$

表面复合速度表征复合的强弱，具有速度量纲，单位为 cm/s，其方向是从表面指向空间的。表面复合速度也称有效表面复合速度。

表面复合严重影响太阳电池的光电性能和转换效率。在太阳电池设计中，多采用在半导体表面覆盖有钝化作用的介质层，以降低表面复合。

1. 半导体的表面复合

下面分 3 种情况讨论半导体表面的复合速度和表面复合率。

（1）表面的电子俘获截面积 σ_{sn} 和空穴俘获截面积 σ_{sp} 相等的情况，即

$$\sigma_{s0}=\sigma_{sn}=\sigma_{sp} \tag{5-159}$$

参照式（5-132）的推导方法，导出 U_{sur} 后，再利用式（5-157），即可导出一般情况（不限定小注入）下的表面复合速度 s_r：

$$s_r=\frac{v_t\sigma_{s0}N_{st}}{1+\left(\frac{2n_i}{n_s+p_s}\right)\cosh\left(\frac{E_t-E_i}{kT}\right)} \tag{5-160}$$

也可参照式（5-144），导出一般情况下的表面产生速度 s_g：

$$s_g=\frac{v_t\sigma_{s0}N_{st}}{2\cosh\left(\frac{E_t-E_i}{kT}\right)} \tag{5-161}$$

式（5-160）和式（5-161）表明，表面复合速度大于表面产生速度。

（2）表面的载流子小注入情况：在 n 型半导体小注入情况下，n_s 基本等于体内多子浓度 n_{n0}，因而 $n_s\gg p_s$。假定复合中心靠近禁带中间能级，$n_s\gg n_i e^{\frac{E_t-E_i}{kT}}$，于是在热平衡状态下 $n_i^2=n_{n0}p_{n0}$，式（5-154）可简化为

$$U_{sur}\Delta x=v_t\sigma_{sp}N_{st}(p_s-p_{n0})=s_{pr}(p_s-p_{n0}) \tag{5-162}$$

式中，$s_{pr}=v_t\sigma_{sp}N_{st}$。

同样，在 p 型半导体小注入情况下，表面复合率为

$$U_{sur}\Delta x=v_t\sigma_{sn}N_{st}(n_s-n_{n0})=s_{nr}(n_s-n_{p0}) \tag{5-163}$$

式中，$s_{nr}=v_t\sigma_{sn}N_{st}$。

此时，式（5-154）可表示为

$$U_{sur}\Delta x=\frac{n_sp_s-n_i^2}{\frac{1}{s_{pr}}\left(n_s+n_ie^{\frac{E_t-E_i}{kT}}\right)+\frac{1}{s_{nr}}\left(p_s+n_ie^{\frac{E_i-E_t}{kT}}\right)} \tag{5-164}$$

利用式（5-164）可得计算小注入情况下的禁带范围内总的表面复合率 U_{sur}^* 的公式：

$$U_{sur}^*=\int_{E_V}^{E_C}\frac{n_sp_s-n_i^2}{\frac{1}{s_{pr}}\left(n_s+n_ie^{\frac{E_t-E_i}{kT}}\right)+\frac{1}{s_{nr}}\left(p_s+n_ie^{\frac{E_i-E_t}{kT}}\right)}N_{st}(E_t)\,dE_t \tag{5-165}$$

如果在禁带 E_g 范围内 N_{st} 为常数，则按表面复合速度定义，整个禁带 E_g 范围内的表面复合速度为

$$s_{pr}^*=v_t\sigma_{sp}N_{st}E_g=s_{pr}E_g \tag{5-166}$$

$$s_{nr}^{*}=v_{t}\sigma_{sn}N_{st}E_{g}=s_{nr}E_{g} \tag{5-167}$$

由此可见，在小注入情况下，表面复合速度与俘获截面积密切相关。

（3）表面局域能级的情况：在局域能级近似的情况下，局域能级为 E_t 的复合中心浓度 $N_{st}(E_t)$ 可表示为

$$N_{st}(E_t)=N_{st}\Delta(E-E_t) \tag{5-168}$$

由式（5-157）和式（5-164）可得：

$$s_{pr}=\frac{U_{sur}}{\Delta p_s}=\frac{n_s+p_s+\Delta n_s}{\frac{1}{s_{pr}}(n_s+n_i e^{\frac{E_t-E_i}{kT}})+\frac{1}{s_{nr}}(p_s+n_i e^{\frac{E_i-E_t}{kT}})} \tag{5-169}$$

硅材料的表面加工和外界气氛等因素对表面复合速度有较大的影响。s_r 值一般为 $10^2\sim10^3$cm/s。

在相同的表面条件下，表面复合速度与表面掺杂浓度相关。奎瓦斯（Cuevas）等人提出了一种简单的解析式来描述表面复合速度与掺杂浓度的关系[19]：

$$s_r=\begin{cases}70\text{cm/s} & N<7\times10^{17}\text{cm}^{-3}\\ N\times10^{-16}\text{cm/s} & N\geqslant7\times10^{17}\text{cm}^{-3}\end{cases} \tag{5-170}$$

2. 介质层钝化的表面复合

当半导体表面与氧化物和氮化物等介质层接触时，介质层具有表面钝化作用：一方面，如果介质层材料中有氢原子，它就会与半导体表面的悬键结合，减少界面缺陷态；另一方面，在介质层内部及界面上还会存在电荷，从而在半导体表面附近形成空间电荷区，建立内建电场，阻止载流子进入复合中心。因此，当太阳电池表面覆盖介质层时，可有效降低载流子复合，提高太阳电池的光电转换效率。

表面介质层存在电子、空穴和固定离子电荷，包括介质层的外表面电荷、介质层中的陷阱态电荷、固定离子电荷等。由于表面介质层中存在空间电荷，且不同区域的电荷分布不一样，与体内过剩载流子的浓度分布也不一样，按照泊松方程，不同的电荷分布将改变势函数，引起表面能带弯曲。

表面介质层空间电荷区中的复合与其电荷种类及其分布状态有关，在计算表面复合率和复合速度时，应将介质层内部及界面上存在的电荷考虑在内。

在有钝化作用的介质层的空间电荷区内，其表面复合速度可表述为

$$s_{rq}=\frac{\int_0^{d_s}U_{pas}(x)\,\mathrm{d}x}{\Delta n_s} \tag{5-171}$$

式中，$U_{pas}(x)$ 为钝化介质层的复合率，Δn_s 为非平衡载流子浓度，x 为离表面的距离，d_S 为空间电荷区的宽度。

表面空间电荷区的复合速率 s_{rq} 包括由缺陷能级引起的复合速率和俄歇复合速率等。

当存在介质钝化层时，表面复合的计算比较复杂，特别是通过缺陷复合中心的复合，涉及类受主态和类施主态等。这些将在第 11 章中进一步讨论。

5.6.5　辐照损伤导致的复合

当半导体硅片处于太空或高海拔环境中时，空间中的高能粒子辐照会造成硅片表面的损伤（包括原子的移位和点缺陷等），从而产生复合中心，降低少子的寿命。

在小注入的情况下，由空间中粒子辐照导致半导体硅晶体寿命的降低或扩散长度 L 的减小，可由梅辛杰-斯普拉特（Messenger-Spratt）公式表述[20]：

$$\frac{1}{L^2}=\frac{1}{L_0^2}+K_L\Phi \tag{5-172}$$

式中，L_0为未被照射的电池中的扩散长度，Φ 为辐照粒子流量，K_L为损伤常数。

损伤常数 K_L与辐射粒子类型、材料及其掺杂的种类相关。

5.6.6　半导体的总复合率

由于各种复合之间相互独立，因此，总的复合率是每种复合率的总和：

$$U_{bul}=U_{dir}+U_{Aug}+U_{der} \tag{5-173}$$

式中，U_{dir}为直接复合率，U_{Aug}为俄歇复合率，U_{der}为缺陷复合率。缺陷复合率也称陷阱复合率，半导体中陷阱 i 的分布可以是分立的，也可能是连续的，其复合率应为

$$U_{der}=\sum_i U_{der,i} \tag{5-174}$$

$$\frac{1}{\tau_{bul}}=\frac{1}{\tau_{dir}}+\frac{1}{\tau_{Aug}}+\frac{1}{\tau_{der}} \tag{5-175}$$

τ_{bul}包含直接复合寿命 τ_{dir}、俄歇复合寿命 τ_{Aug}、缺陷复合寿命 τ_{der}。

$$\frac{1}{\tau_{der}}=\sum_i\frac{1}{\tau_{der,i}}$$

在小注入的条件下，相应的少子寿命 τ 也可以表示为

$$\frac{1}{\tau}=\frac{1}{\tau_{bul}}+\frac{1}{\tau_{sur}} \tag{5-176}$$

式中，τ_{sur}为表面复合对应的少子寿命，τ_{bul}为体复合对应的少子寿命。

通常所测定的少子寿命往往是表面复合和体内复合的综合。

从杂质浓度均匀的硅片上测得的表面少子有效寿命为[15]

$$\frac{1}{\tau_{eff}}=\frac{1}{\tau_{der}}+\frac{2w}{A}s_r \tag{5-177}$$

式中，s_r为复合速度，τ_{der}为缺陷复合少子寿命，w 为硅片的厚度，A 为样品的面积。

在存在辐射损伤复合的情况下，分析总复合时还应包括辐射损伤复合。

太阳电池的光电转换效率与载流子的复合有很大关系。在太阳电池的设计和制造过程中，应根据各种形式的复合机理，尽量减小载流子在体内和表面的复合率，提高少子寿命，并采用少子寿命长的高品质晶体硅材料。

5.7 半导体内载流子的输运方程

在半导体中，载流子同时存在着漂移、扩散、产生与复合等输运现象，载流子的输运形成电流。半导体内载流子的运动可由输运方程来描述，输运方程包括载流子的连续性方程和泊松方程。

1. 连续性方程

考虑半导体中位于 x、厚度为 dx 的一个无限小的薄层，如图 5-18 所示。薄层内的电子数可因净电流流入和层内载流子的净产生数量而发生变化。净流入电子数等于从 x 处流入薄层的电子数减去 $x+dx$ 处流出的电子数，载流子净产生数量等于从薄层内载流子的产生数减去薄层内电子与空穴复合数。

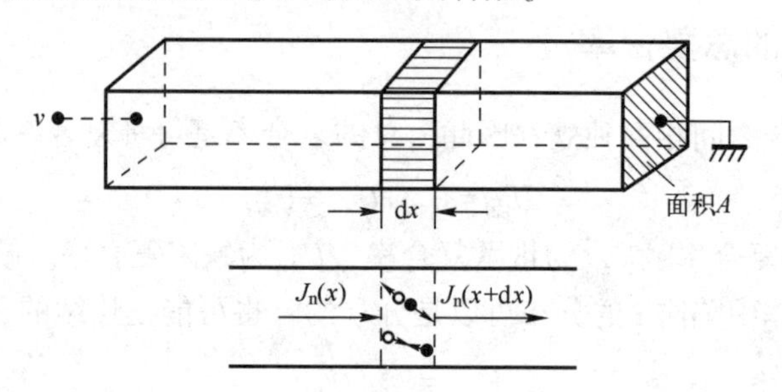

图 5-18　无限小薄层中半导体内的电流和载流子产生-复合过程

对于 n 型半导体，该薄层内电子数的总变化率为

$$\frac{\partial n}{\partial t}A\mathrm{d}x=\left[\frac{J_{\mathrm{n}}(x)A}{-q}-\frac{J_{\mathrm{n}}(x+\mathrm{d}x)A}{-q}\right]+(G_{\mathrm{n}}-U_{\mathrm{n}})A\mathrm{d}x \tag{5-178}$$

式中，A 为截面积，$A\mathrm{d}x$ 为薄层体积，G_n 和 U_n 分别为电子产生率和电子复合率。

这里，G_n 为由电流变化以外的其他因素引起的单位时间单位体积内电子的变化，即电子的总产生率。在光照情况下，它由式（5-69）表述。U_n 为净的电子-空穴对复合率。

将 $x+\mathrm{d}x$ 处的电流表达式展开成泰勒级数，即

$$J_{\mathrm{n}}(x+\mathrm{d}x)=J_{\mathrm{n}}(x)+\frac{\partial J_{\mathrm{n}}}{\partial x}\mathrm{d}x+\cdots \tag{5-179}$$

将式（5-179）代入式（5-178）可得电子变化率表达式，通常称为电子的一维连续性方程，即

$$\frac{\partial n}{\partial t}=\frac{1}{q}\frac{\partial J_{\mathrm{n}}}{\partial x}+(G_{\mathrm{n}}-U_{\mathrm{n}}) \tag{5-180}$$

同样，可得到半导体内空穴的一维连续性方程：

$$\frac{\partial p}{\partial t}=-\frac{1}{q}\frac{\partial J_{\mathrm{p}}}{\partial x}+(G_{\mathrm{p}}-U_{\mathrm{p}}) \tag{5-181}$$

由于空穴带正电荷，上式中等号右侧第一项为负号。

在稳态下，$\frac{\mathrm{d}n_p}{\mathrm{d}t}=0$，$\frac{\mathrm{d}p_n}{\mathrm{d}t}=0$，少子的一维连续性方程为

$$\frac{1}{q}\frac{\partial J_n}{\partial x}=(G_n-U_n) \tag{5-182}$$

$$-\frac{1}{q}\frac{\partial J_p}{\partial x}=(G_p-U_p) \tag{5-183}$$

把式（5-51）、式（5-52）、式（5-88）和式（5-89）代入式（5-182）和式（5-183），即可得到小注入下少子的一维连续性方程：

$$n_p\mu_n\frac{\partial F}{\partial x}+\mu_n F\frac{\partial n_p}{\partial x}+D_n\frac{\partial^2 n_p}{\partial^2 x}+G_n-\frac{n_p-n_{p0}}{\tau_n}=0 \tag{5-184}$$

$$-p_n\mu_p\frac{\partial F}{\partial x}-\mu_p F\frac{\partial p_n}{\partial x}+D_p\frac{\partial^2 p_n}{\partial^2 x}+G_p-\frac{p_n-p_{n0}}{\tau_p}=0 \tag{5-185}$$

式中，n_p为 p 型半导体中的电子浓度，p_n为 n 型半导体中的空穴浓度。

> 说明　对于式（5-88）和式（5-89），无论直接复合还是间接复合，在形式上是一样的，只是其数值与复合中心能级的位置相关。此处省略了下标 dir。

下面讨论半导体中存在由非均匀掺杂引起的电场随位置变化情况下的一维连续性方程。在这种情况下，推导连续性方程需要应用前面第 4 章已导出的用准费米能级表示的电子电流密度和空穴电流密度表达式：

$$J_n(x)=\mu_n n\frac{\mathrm{d}E_{Fn}}{\mathrm{d}x} \tag{5-186}$$

$$J_p(x)=\mu_p p\frac{\mathrm{d}E_{Fp}}{\mathrm{d}x} \tag{5-187}$$

对于非简并半导体：

$$n=N_c\mathrm{e}^{\frac{E_{Fn}-E_C}{kT}}$$

$$p=N_v\mathrm{e}^{\frac{E_V-E_{Fp}}{kT}}$$

对于简并半导体：

$$n=N_c\frac{2}{\sqrt{\pi}}F_{1/2}\exp\left(\frac{E_{Fn}-E_C}{kT}\right)$$

$$p=N_v\frac{2}{\sqrt{\pi}}F_{1/2}\exp\left(\frac{E_V-E_{Fp}}{kT}\right)$$

再利用非均匀掺杂半导体的扩散漂移电流方程式：

$$J_n(x)=\mu_n n\frac{\mathrm{d}E_{Fn}}{\mathrm{d}x}=qD_n\frac{\mathrm{d}n}{\mathrm{d}x}+\mu_n n\left(-kT\frac{\mathrm{d}\ln N_c}{\mathrm{d}x}+qF-\frac{\mathrm{d}\chi}{\mathrm{d}x}\right) \tag{5-188}$$

$$J_{\mathrm{p}}(x)=\mu_{\mathrm{p}}p\frac{\mathrm{d}E_{\mathrm{Fp}}}{\mathrm{d}x}=-qD_{\mathrm{p}}\frac{\mathrm{d}p}{\mathrm{d}x}+\mu_{\mathrm{p}}p\left(kT\frac{\mathrm{dln}N_{\mathrm{v}}}{\mathrm{d}x}+qF-\frac{\mathrm{d}\chi}{\mathrm{d}x}-\frac{\mathrm{d}E_{\mathrm{g}}}{\mathrm{d}x}\right) \tag{5-189}$$

或者利用 F 与 ψ 的关系式 $F=-\frac{\mathrm{d}\psi}{\mathrm{d}x}$，将其变换为下述表达式：

$$J_{\mathrm{n}}(x)=qD_{\mathrm{n}}\frac{\mathrm{d}n}{\mathrm{d}x}+\mu_{\mathrm{n}}n\left(-kT\frac{\mathrm{dln}N_{\mathrm{c}}}{\mathrm{d}x}-q\frac{\mathrm{d}\psi}{\mathrm{d}x}-\frac{\mathrm{d}\chi}{\mathrm{d}x}\right) \tag{5-190}$$

$$J_{\mathrm{p}}(x)=-qD_{\mathrm{p}}\frac{\mathrm{d}p}{\mathrm{d}x}+\mu_{\mathrm{p}}p\left(kT\frac{\mathrm{dln}N_{\mathrm{v}}}{\mathrm{d}x}-q\frac{\mathrm{d}\psi}{\mathrm{d}x}-\frac{\mathrm{d}\chi}{\mathrm{d}x}-\frac{\mathrm{d}E_{\mathrm{g}}}{\mathrm{d}x}\right) \tag{5-191}$$

将上面两式代入式（5-182）和式（5-183），可得到准平衡状态下由非均匀掺杂半导体中电场或电势表述的少子的一维连续性方程式。

对于均匀掺杂的半导体，除恒定电场以外，不存在由有效态密度、电子亲和势和带隙的变化梯度引起的有效电场，式（5-184）和式（5-185）变为

$$D_{\mathrm{n}}\frac{\partial^2 n_{\mathrm{p}}}{\partial^2 x}+\mu_{\mathrm{n}}F\frac{\partial n_{\mathrm{p}}}{\partial x}+G_{\mathrm{n}}-\frac{n_{\mathrm{p}}-n_{\mathrm{p0}}}{\tau_{\mathrm{n}}}=0 \tag{5-192}$$

$$D_{\mathrm{p}}\frac{\partial^2 p_{\mathrm{n}}}{\partial^2 x}+-\mu_{\mathrm{p}}F\frac{\partial p_{\mathrm{n}}}{\partial x}+G_{\mathrm{p}}-\frac{p_{\mathrm{n}}-p_{\mathrm{n0}}}{\tau_{\mathrm{p}}}=0 \tag{5-193}$$

2. 泊松方程

半导体中载流子 n、p 的变化必然会影响半导体内的电势分布和电场强度，各向同性均匀半导体材料的电荷分布对其电势分布的影响可用泊松方程来描述。因此，半导体中载流子输运过程，除了满足连续性方程，还必须满足泊松方程。

对于线性各向同性的介电常数为 ε_{s} 的半导体，泊松方程为

$$\frac{\partial F}{\partial x}=\frac{\rho}{\varepsilon_{\mathrm{s}}} \tag{5-194}$$

式中：ε_{s} 为半导体介电常数；ρ 为空间电荷密度，即载流子浓度、电离杂质浓度和缺陷的代数和：

$$\rho=q(p-n+N_{\mathrm{D}}^{+}-N_{\mathrm{A}}^{-}+p_{\mathrm{t}}-n_{\mathrm{t}}) \tag{5-195}$$

式中：n 为自由电子浓度；p 为自由空穴浓度；N_{D}^{+} 为电离的施主掺杂离子浓度和 N_{A}^{-} 为电离的受主掺杂离子浓度；n_{t} 和 p_{t} 分别为缺陷（复合中心和陷阱）态的正电荷数和负电荷数。

在不计存在于表面和界面上等处的缺陷态，并忽略体内缺陷态条件下，式（5-195）变为

$$\rho=q(p-n+N_{\mathrm{D}}^{+}-N_{\mathrm{A}}^{-}) \tag{5-196}$$

少子连续性方程和泊松方程统称载流子输运方程。输运方程非常重要，它是计算和分析太阳电池终端特性的基本方程。

对于太阳电池，其表面和界面上的缺陷态显著影响着电池的多项性能，分析其机理时必须考虑这些因素。

5.8　表面复合引起的界面电流

本节讨论厚度为 Δx 的表面薄层中单位时间、单位面积上载流子复合的情况。

在 p 型半导体中，按照式（5-163），表面复合率为

$$U_{\mathrm{sur}}\Delta x=s_{\mathrm{nr}}(n_{\mathrm{s}}-n_{\mathrm{p0}}) \tag{5-197}$$

从连续性方程可知，少子向表面流失会引起表面复合电流。在热平衡状态下，稳态又无外界作用时，即无光照或外加电压时，$G_{\mathrm{n}}=0$，按式（5-182）可得：

$$\frac{\mathrm{d}J_{\mathrm{n}}}{\mathrm{d}x}=qU_{\mathrm{n}} \tag{5-198}$$

对薄层 Δx 积分后，得到在界面位置 x_{s} 处电子电流的变化量为

$$\frac{\mathrm{d}J_{\mathrm{n}}}{\mathrm{d}x}=J_{\mathrm{n}}\left(x_{\mathrm{s}}+\frac{1}{2}\Delta x\right)-J_{\mathrm{n}}\left(x_{\mathrm{s}}-\frac{1}{2}\Delta x\right)=q\int_{x_{\mathrm{s}}-\frac{1}{2}\Delta x}^{x_{\mathrm{s}}+\frac{1}{2}\Delta x}U_{\mathrm{s}}\mathrm{d}x=s_{\mathrm{ps}}(n_{\mathrm{s}}-n_{\mathrm{p0}}) \tag{5-199}$$

如果界面是 n 型半导体表面，$J_{\mathrm{n}}\left(x_{\mathrm{s}}+\frac{1}{2}\Delta x\right)=0$，那么表面的电子电流密度为

$$J_{\mathrm{n}}\left(x_{\mathrm{s}}-\frac{1}{2}\Delta x\right)=-qs_{\mathrm{ns}}(n_{\mathrm{s}}-n_{\mathrm{n0}}) \tag{5-200}$$

式中，负值表明电子电流密度 J_{n} 的方向与少子（即电子）发生表面复合的运动方向相反。

类似地，在 n 型半导体的表面上，空穴电流的变化量为

$$\frac{\mathrm{d}J_{\mathrm{p}}}{\mathrm{d}x}=J_{\mathrm{p}}(x_{\mathrm{s}}+\frac{1}{2}\Delta x)-J_{\mathrm{p}}(x_{\mathrm{s}}-\frac{1}{2}\Delta x)=-q\int_{x_{\mathrm{s}}-\frac{1}{2}\Delta x}^{x_{\mathrm{s}}+\frac{1}{2}\Delta x}U_{\mathrm{s}}\mathrm{d}x=-s_{\mathrm{ps}}(p_{\mathrm{s}}-p_{\mathrm{p0}}) \tag{5-201}$$

如果界面是 p 型半导体表面，$J_{\mathrm{p}}\left(x_{\mathrm{s}}+\frac{1}{2}\Delta x\right)=0$，那么表面的空穴电流为

$$J_{\mathrm{p}}\left(x_{\mathrm{s}}-\frac{1}{2}\Delta x\right)=qs_{\mathrm{ps}}(p_{\mathrm{s}}-p_{\mathrm{p0}}) \tag{5-202}$$

空穴电流 J_{p} 的方向与少子（即空穴）发生表面复合的运动方向相同。

上述公式也很重要，在求解基本方程时，这些公式是太阳电池表面的边界条件。

5.9　半导体隧穿效应与隧穿电流

半导体中载流子的输运，除了漂移、扩散、产生与复合等，还有一种输运现象，即隧穿效应和由其形成的隧穿电流。

与经典力学不同，量子力学认为，微观粒子能以一定的比例穿越势垒。例如，电子能穿越势垒，形成隧穿电流，这就是隧穿效应。

隧穿电流密度 I_{t} 可表示为透射系数 T 与入射电流密度 I_{t0} 的乘积，即

$$I_{\mathrm{t}}=I_{\mathrm{t0}}\cdot T \tag{5-203}$$

隧穿效应所形成的隧穿电流的大小取决于入射电流（单位时间内射入的粒子数量）大小和透射系数。透射系数也称隧穿概率。

入射的电子流的一般表达式为

$$I = qAn\boldsymbol{v}_n \tag{5-204}$$

式中，A 为横截面积，n 为电子浓度，$\boldsymbol{v}_n$为电子速度。

透射系数与势垒宽度、势垒高度和势垒形状等因素有关。通过求解量子力学中的薛定谔波动方程可以获得透射系数。

为了对隧穿效应和透射系数有清晰的了解，在此先讨论电子穿透势垒高度为 qV_0、宽度为 w 的一维矩形势垒的隧穿效应，如图 5-19（a）和（b）所示。通过直接求解薛定谔波动方程[1]，获得透射系数的数学表达式。

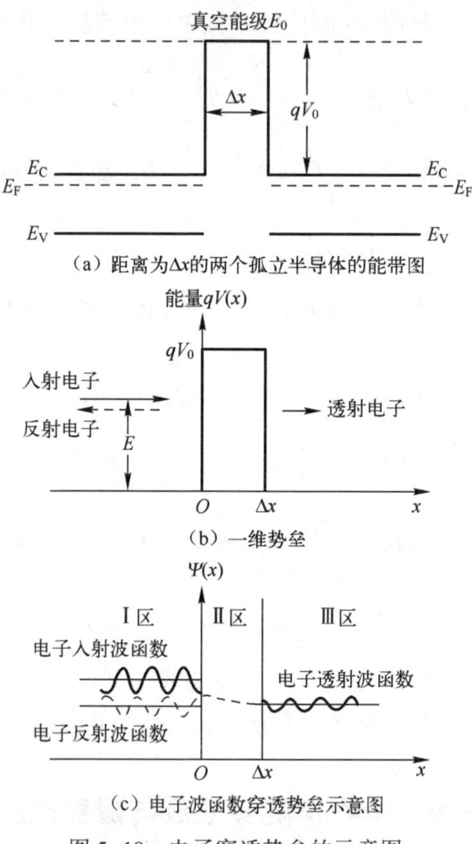

图 5-19　电子穿透势垒的示意图

设两个孤立半导体之间的距离为 Δx，势垒高度为 qV_0等于电子亲和能χ，电子在势垒区域内外的行为可由薛定谔方程描述。

在势垒以外的区域（Ⅰ区、Ⅲ区），$qV(x)=0$，薛定谔波动方程为

$$-\frac{\hbar^2}{2m^*}\frac{\mathrm{d}^2\Psi}{\mathrm{d}x^2}=E\Psi \quad 或 \quad \frac{\mathrm{d}^2\Psi}{\mathrm{d}x^2}=-\frac{2m_n^*}{\hbar^2}E\Psi \tag{5-205}$$

式中，m^* 为有效质量，$\hbar$ 为约化普朗克常量，E 为电子的动能，Ψ 为电子的波函数。势垒区以外，Ⅰ区的通解为

$$\Psi_1(x)=A\mathrm{e}^{\mathrm{i}kx}+B_\mathrm{R}\mathrm{e}^{-\mathrm{i}kx}\quad x\leqslant 0 \tag{5-206}$$

Ⅲ区的通解为

$$\Psi_3(x)=C_\mathrm{T}\mathrm{e}^{\mathrm{i}kx}+D_\mathrm{R}^*\mathrm{e}^{\mathrm{i}kx}\quad x\geqslant \Delta x \tag{5-207}$$

式中，波矢 $k=\sqrt{\dfrac{2m^*E}{\hbar^2}}$。

如果将式（5-206）和式（5-207）的两边乘以因子 $\mathrm{e}^{-\frac{\mathrm{i}}{\hbar}Et}$，按第 3 章 3.3 节所述，即可知等号右侧前一项的意义是沿 x 方向传播的平面波，后一项的意义是沿 x 相反方向传播的平面波。因此，式（5-206）表示 $x\leqslant 0$ 区域振幅为 A 的入射电子波函数及振幅为 B_R的反射波函数，式（5-207）表示 $x\geqslant\Delta x$ 区域振幅为 C_T的透射电子波函数及振幅为 D_R^* 的反射波函数。由于 $x\geqslant\Delta x$ 区域没有反射界面，所以没有反射波，$D_\mathrm{R}^*=0$。振幅 A 是已知的。透射波和反射波都是德布罗意波。

由于我们最关心的是透射系数，其定义为

$$T=\left|\frac{\Psi_3(x)}{\Psi_1(x)}\right|^2=\left(\frac{C_\mathrm{T}}{A}\right)^2 \tag{5-208}$$

透射系数 T 的量子力学意义为透过势垒的电子出现的概率与入射的电子出现的概率之比值。

有了透射系数就可以计算隧穿电流。要从上面这些式子导出透射系数 T，无须知道入射波振幅的绝对值，所以为了简化计算，令入射电子波函数的振幅 $A=1$，于是 B_R和 C_T的意义分别转变为反射电子波函数的相对（归一化）振幅 B_R和透射电子波函数的相对振幅 C_T，透射系数变为$(C_\mathrm{T})^2$。式（5-206）和式（5-207）可写为

$$\Psi_1(x)=\mathrm{e}^{\mathrm{i}kx}+B_\mathrm{R}\mathrm{e}^{-\mathrm{i}kx}\quad x\leqslant 0 \tag{5-209}$$

$$\Psi_3(x)=C_\mathrm{T}\mathrm{e}^{\mathrm{i}kx}\quad x\geqslant \Delta x \tag{5-210}$$

在势垒区域的Ⅱ区，势垒高度 $qV(x)$。设势垒区的 $V(x)=V_0$，波动方程为

$$-\frac{\hbar^2}{2m^*}\frac{\mathrm{d}^2\Psi}{\mathrm{d}x^2}+qV_0\Psi=E\Psi\quad 0\leqslant x\leqslant\Delta x$$

或

$$\frac{\mathrm{d}^2\Psi}{\mathrm{d}x^2}=-\frac{2m_\mathrm{n}^*(qV_0-E)}{\hbar^2}\Psi \tag{5-211}$$

对于 $E<qV_0$，其解为

$$\Psi_2(x)=F\mathrm{e}^{k'x}+G\mathrm{e}^{-k'x} \tag{5-212}$$

式中，

$$k'=\sqrt{\frac{2m^*(qV_0-E)}{\hbar^2}} \tag{5-213}$$

在此，将电子在势垒中的运动用类似于自由粒子那样以平面波来描述。按照量

子力学原理，其波矢为虚数(ik')。k'与电子的动量p'相对应，$p'=\sqrt{2m^*(qV_0-E)}$。这种隧穿模型称为弹道模型。势垒内部的波是按指数形式衰减的，衰减的速率与势垒高度(qV_0-E)和势垒宽度Δx相关。如果势垒宽度足够小，波函数的振幅衰减不到零，就会有一定概率的电子穿过势垒，这就是粒子隧穿。显然这种效应是由粒子的波动性导致的。

穿透一维矩形势垒的波函数示意图如图5-19（c）所示。

根据电子流守恒规律，在$x=0$及$x=\Delta x$处，波函数Ψ和$\frac{d\Psi(x)}{dx}$必须满足在势垒边界上的连续性要求，可得边界条件为

$$\Psi_1(x)\big|_{x=0}=\Psi_2(x)\big|_{x=0} \tag{5-214}$$

$$\Psi_2(x)\big|_{x=\Delta x}=\Psi_3(x)\big|_{x=\Delta x} \tag{5-215}$$

$$\left.\frac{d\Psi_1(x)}{dx}\right|_{x=0}=\left.\frac{d\Psi_2(x)}{dx}\right|_{x=0} \tag{5-216}$$

$$\left.\frac{d\Psi_2(x)}{dx}\right|_{x=\Delta x}=\left.\frac{d\Psi_3(x)}{dx}\right|_{x=\Delta x} \tag{5-217}$$

由此4个边界条件可得到联系C_T、B_R、G和H的方程式，即在$x=0$处：

$$1+B_R=G+H \tag{5-218}$$

$$\frac{ik}{k'}(1-B_R)=G-H \tag{5-219}$$

在$x=\Delta x$处：

$$Ge^{k'\Delta x}+He^{-k'\Delta x}=C_Te^{ik\Delta x} \tag{5-220}$$

$$Ge^{k'\Delta x}-He^{-k'\Delta x}=C_T\frac{ik}{k'}e^{ik\Delta x} \tag{5-221}$$

以上4式消去F和G后，得到反射系数$|B_R|^2$：

$$|B_R|^2=\frac{(k^2+(k')^2)^2\sinh^2(k'\Delta x)}{[k^2+(k')^2]^2\sinh^2(k'\Delta x)+4k^2(k')^2} \tag{5-222}$$

按照电荷守恒定律，有

$$\frac{v_{n_I}}{v_{n_T}}|C_T|^2+|B_R|^2=1 \tag{5-223}$$

式中，v_{n_I}为电子的入射速度，v_{n_T}为电子穿透势垒后的出射速度。

通常设$v_{n_I}=v_{n_T}$，于是可得：

$$|C_T|^2=1-|B_R|^2=\frac{4k^2(k')^2}{[k^2+(k')^2]^2\sinh^2(k'\Delta x)+4k^2(k')^2} \tag{5-224}$$

将k和k'的表达式代入式（5-224），并考虑到当$k'\Delta x\gg 1$，即$(qV_0-E)\gg\frac{\hbar^2}{2m^*\Delta x}$时，

$$\sinh(k'\Delta x)=\frac{e^{k'\Delta x}-e^{-k'\Delta x}}{2}\approx\frac{e^{k'\Delta x}}{2}$$

按照式（5-208），电子穿透势垒的透射系数 T 可近似地表示为

$$T=|C_T|^2\approx\frac{16k^2(k')^2}{[k^2+(k')^2]^2}e^{-2k'\Delta x}=\frac{16E(qV_0-E)}{(qV_0)^2}e^{-\frac{2\Delta x}{\hbar}\sqrt{2m_n^*(qV_0-E)}} \tag{5-225}$$

式中，$qV_0>E$。

当电子能量 E 远小于势垒高度 qV_0，E 在$\frac{qV_0}{16}$附近时，

$$T\approx e^{-\frac{2\Delta x}{\hbar}\sqrt{2m_n^*(qV_0-E)}} \tag{5-226}$$

式（5-225）表述了透射系数与隧穿距离 Δx、势垒高度 qV_0等因素的关系，它随隧穿距离 Δx 和势垒高度 qV_0的增大呈指数形式衰减。为了得到较大的透射系数 T，需要减小隧穿距离 Δx 和降低势垒高度 qV_0。

在第 6 章中，我们将结合半导体 pn 结击穿现象，针对三角形势垒和其他形状的势垒，采用简单的近似方法，推导透射系数和隧穿电流公式；在第 8 章中，我们将介绍 WKB 准经典近似方法求解势垒隧穿公式；在第 9 章中，我们将进一步讨论 MIS 结构中的界面态隧穿等物理过程。

深入了解隧穿效应对高效太阳电池的设计有重要意义。

参考文献

[1] 施敏，李明逵．半导体器件物理与工艺［M］．王明湘，赵鹤鸣译．第 3 版．苏州：苏州大学出版社，2014.

[2] Kroemer H. Critique of Two Recent Theories of Heterojunction Lineups［J］. IEEE Electron Device Lett. 1983，4：259.

[3] Beadle W F，Tsai J C C，Plummer R D. Quick Reference Manual for Semiconductor Engineers［M］. New York：Wiley，1985.

[4] Caughey D M，Thomas R E. Carrier Mobilities in Silicon Empirically Related to Doping and Field［J］. Proc. IEEE，1967，55：2192.

[5] Arora N D，Hauser T R，Roulston D J. Electron and Hole Mobilities in Siliconas a Function of Concentration and Temperature［J］. IEEE Trans. Electron Devices，1982，1(29)：292.

[6] Swirhun S E，Kwark Y H，Swanson R M. Measurement of Electron Lifetime，Electron Mobility and Band-dap Narrowing in Heavily Doped p-type Silicon［C］. International Electron Devices Meeting. 1986，32：24-27.

[7] del Alamo J，Swirhun S，Swanson R M. Simultaneous Measurement of Hole Lifetime，Hole Mobility and Band-gap Narrowing in Heavily Doped n-type Silicon［C］. International Electron Devices Meeting. 1985，31：290-293.

[8] Pierret R，Neudeck G. Modular Series on Solid State Devices，Volume Ⅵ：Advanced Semiconductor Fundamentals［M］. MA：Addison-Wesley. Reading，1987.

[9] Rajkanan K, Singh R, Shewchun J. Absorption Coefficient of Silicon for Solar Cell Calculations [J]. Solid-State Electron., 1979, 1 (22): 793-795.

[10] Schmid P E. Optical Absorption in Heavily Doped Silicon [J]. Phys. Rev., 1981, B23: 5531.

[11] Fan H Y, Willardso R K, Beer A C. Semiconductors and Semimetals. Vol 3 [M]. New York: c Academic Press, 1967, 3: 409.

[12] Pilkuhn M H. Light Emitting Diodes [M]//Moss T S. Handbook of Semiconductors. Vol 4. North Holland: Elsevier Science, 1998.

[13] Aberle A G. Crystralline Silicon Solar Cells-Advanced Surface Passivation and Analysis [M]. Centre Photovoltaic Eng., Univ. New South Wales, 1999.

[14] Nelson J. The Physics of Solar Cells [M]. London: Imperial College Presss, 2003.

[15] Klaassen D B M. A Unified Mobility Model for Device Simulation-II. Temperature Dependence of Carrier Mobility and Lifetime [J]. Solid State Electron, 1992, 1 (35): 961.

[16] Shockley W, Read W T. Statistics of the Recombination of Holes and Electrons [J]. Phys. Rev., 1952, 87: 835.

[17] Hall R N. Electron Hole Recombination in Germanium [J]. Phys. Rev., 1952, 87: 387.

[18] Sze S M, Gibbons G. Effect of Junction Curvature on Breakdown Voltages in Semiconductors [J]. Solid State Electron., 1966, 9: 831.

[19] Cuevas A, Matlakowski G G, Basore P A, et al. Extraction of the Surface Recombination Velocity of Passivated Phosphorus Doped Emitters [C]. Proc. 1st World Conference on Photovoltaic Energy Conversion, Hawaii, 1994, 1446-1449.

[20] Hovel H J. Semiconductor Solar Cells [M]//Willardson R K, Beer A C. Semiconductors and Semimetals. Vol. 11. New York: Academic Press, 1975.

第 6 章　半导体 pn 结

在晶体硅中，掺入受主杂质使其成为 p 型半导体，掺入施主杂质使其成为 n 型半导体，在两种类型半导体接触的界面处会形成pn 结[1]。pn 结的能带结构、载流子分布和输运是太阳电池产生电能的工作基础。本章的主要内容是与晶体硅太阳电池相关的半导体 pn 结的基本理论知识[2]。

6.1　半导体 pn 结的形成

6.1.1　pn 结的形成和杂质分布

热平衡条件下半导体的理想突变 pn 结如图 6-1 所示。设 pn 结界面两侧为均匀掺杂的 p 型硅和 n 型硅，掺杂浓度分别为 N_A和 N_D。在室温条件下，杂质原子全部电离，在 p 型硅中分布着浓度为 p_p的空穴和浓度为 n_p的电子（在 p 型硅中，电子为少子），在 n 型硅中分布着浓度为 n_n的电子和浓度为 p_n的空穴（在 n 型硅中，空穴为少子）。如图 6-1（a）所示，当 p 型硅和 n 型硅相互接触时，构成 pn 结，由于交界面两侧的电子和空穴的浓度不同，存在载流子浓度梯度，引起载流子扩散。空穴从 p 型区扩散到 n 型区，电子从 n 型区扩散到 p 型区，如图 6-1（c）所示。由于半导体中受主离子是固定在晶格上的，不能移动，而空穴却可以移动。空穴离开 p 型区后，pn 结附近一些受主负离子（N_A）得不到补偿，导致 pn 结附近 p 型侧形成负空间电荷区。类似地，电子离开 n 型区后，在 pn 结附近的 n 型一侧也留下一些带正电的施主离子（N_D）得不到补偿，在 n 型侧形成正空间电荷区。结果，两种多子扩散电流的方向相反，整个空间电荷区是一个电偶层，产生从正电荷指向负电荷的自建电场（也称内建电场），其方向如图 6-1（e）下部所示。在内建电场作用下，载流子做漂移运动。显然，电子和空穴的漂移运动方向相反，与它们各自的扩散运动方向也相反。内建电场起着阻碍电子和空穴继续扩散的作用。随着扩散运动的进行，空间电荷逐渐增多，内建电场增强，漂移运动也同时增强，直至方向相反的扩散电流和漂移电流的大小相等，互相抵消，净电流为零，达到动态平衡。此时，空间电荷区也称为平衡时 pn 结的结区。

在 pn 结界面两侧分别由固定电离杂质形成的正、负电荷区中，由于电子或空穴几乎全都流失或复合殆尽，所以这一层也称耗尽层。

空间电荷区的宽度随掺杂浓度的增高而变窄。自建电场两边的电势差称为 pn 结的接触势垒。电子或空穴都要克服这个势垒才能越过 pn 结，所以空间电荷区也称势垒区或阻挡层。势垒的高度与材料的性质、n 型区和 p 型区的掺杂浓度和温度有关。

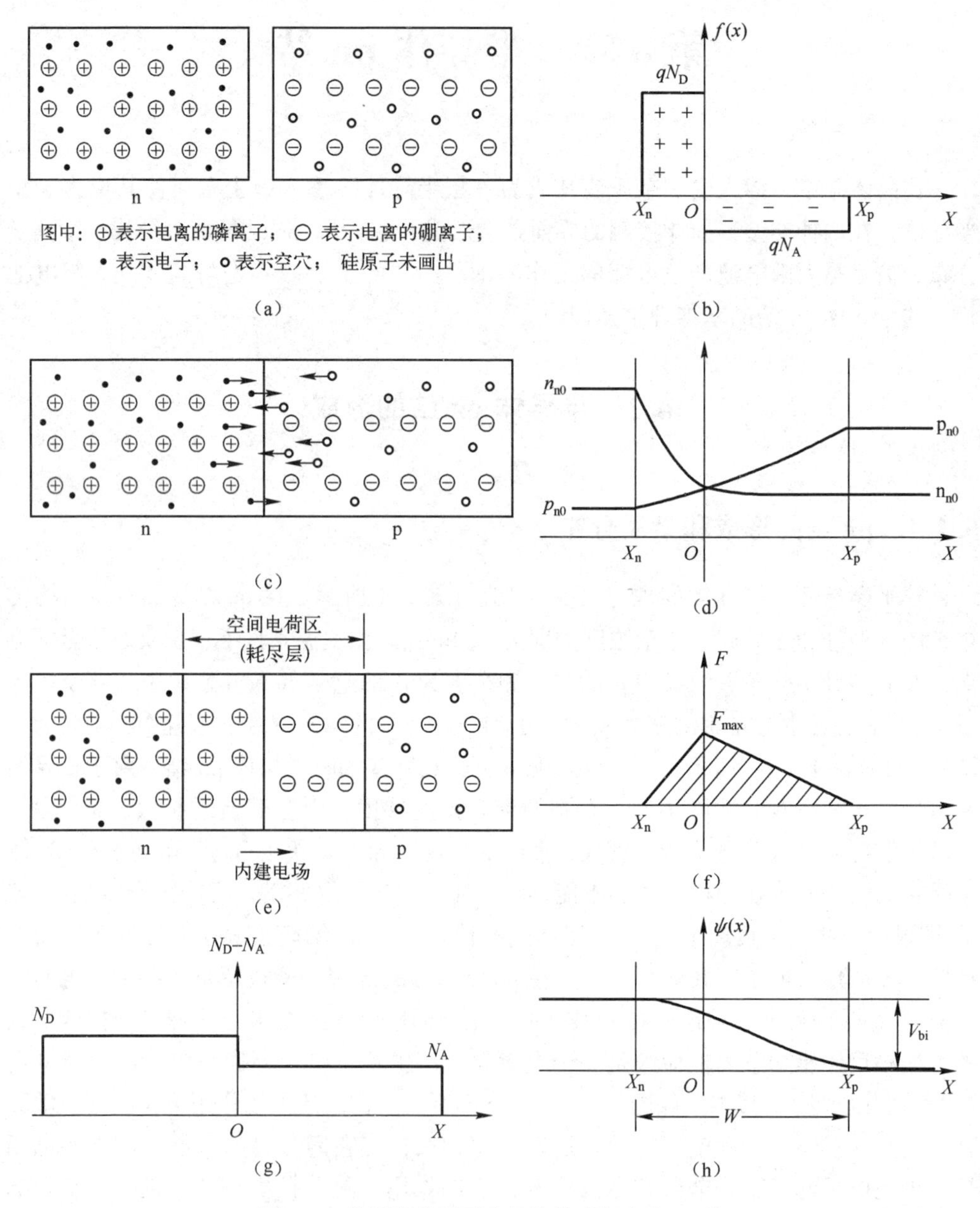

图 6-1　热平衡条件下半导体的理想突变 pn 结

在图 6-1 中，(a) 所示为均匀掺杂的 p 型硅和 n 型硅；(b) 所示为空间电荷区电荷分布；(c) 所示为当 p 型硅与 n 型硅相互接触时，由于交界面两侧的电子和空穴的浓度不同，电子和空穴产生扩散运动；(d) 所示为各区载流子分布；(e) 所示为由空间电荷区的电偶层建立起来的由 n 型区指向 p 型区的内建电场；(f) 所示为空间电荷区的电场强度分布；(g) 所示为 n 型区和 p 型区掺杂浓度分别为 N_A 和 N_D 的杂质分布；(h) 所示为静电势的分布，其变化与电子势能相反。

6.1.2　pn 结的能带结构

图 6-2 所示为 pn 结的能带结构。按照能带理论，n 型半导体中电子浓度大，准费米能级 E_{Fn} 位置较高；p 型半导体中空穴浓度大，准费米能级 E_{Fp} 位置较低，如图 6-2 (a) 所示。

当两者形成 pn 结时，载流子先扩散、后漂移。在自建电场作用下，电子将从费米能级高处移向低处，而空穴则相反。n 型区能带下移，p 型区能带上移，直到在形成 pn 结的半导体中有了统一的费米能级 $E_F(E_{Fn}=E_{Fp}=E_F)$，达到平衡，如图 6-2 (b) 所示。

平衡状态下的 pn 结，价带和导带弯曲形成势垒，如图 6-2 (c) 所示。图中，E_{ip}、E_{in} 分别表示 p 型区和 n 型区中的本征费米能级，$\psi_{Bp}=(E_{ip}-E_{Fp})/q$ 和 $\psi_{Bn}=(E_{in}-E_{Fn})/q$ 分别为 p 型区和 n 型区的静电势（也称费米势），$\psi_D=\psi_{Bn}+\psi_{Bp}$ 为总静电势。热平衡时，总静电势就是空间电荷区两端间电势差，称之为接触电势差，即 pn 结自建电压 V_{bi}。

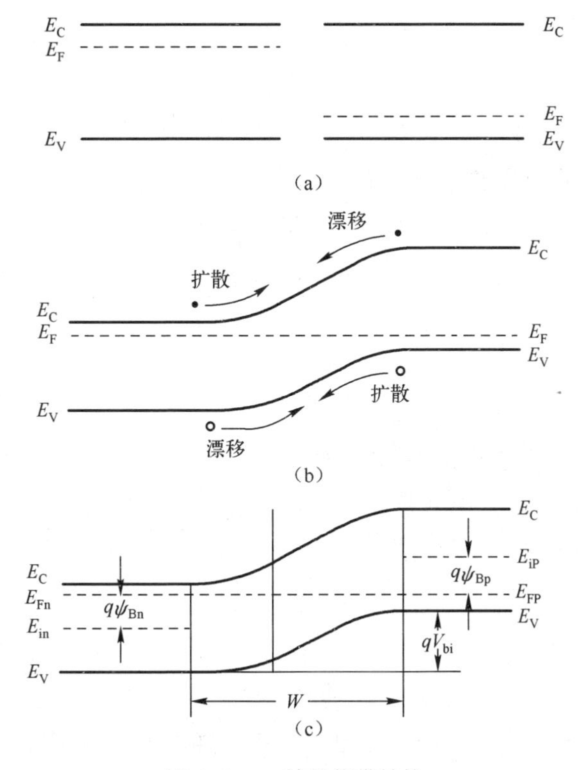

图 6-2　pn 结的能带结构

6.2　热平衡状态下的 pn 结

当 pn 结没有外界作用时，处于热平衡状态；当存在光、热、电等外界作用时，pn 结处于非热平衡状态；当外界作用不太强时，可认为 pn 结处于准热平衡状态。

6.2.1　热平衡状态下 pn 结的费米能级

在热平衡条件下，没有外界作用时，由电场引起的载流子漂移电流 J_{drift} 与浓度梯度引起的扩散电流 J_{D} 抵消，通过 pn 结的净电流为零。

对于空穴，根据第 5 章中的式（5-52），空穴电流密度的表达式为

$$J_{\mathrm{p}}=J_{\mathrm{p,drift}}+J_{\mathrm{pD}}=qp\mu_{\mathrm{p}}F-qD_{\mathrm{p}}\frac{\mathrm{d}p}{\mathrm{d}x}=0 \tag{6-1}$$

因为电场作用力等于电子势能梯度的负值，利用爱因斯坦关系式，得到：

$$J_{\mathrm{p}}=p\mu_{\mathrm{p}}\left(\frac{\mathrm{d}E_{\mathrm{i}}}{\mathrm{d}x}\right)-kT\mu_{\mathrm{p}}\frac{\mathrm{d}p}{\mathrm{d}x}=0 \tag{6-2}$$

将式（4-54）代入式（6-2）可得：

$$J_{\mathrm{p}}=p\mu_{\mathrm{p}}\left(\frac{\mathrm{d}E_{\mathrm{i}}}{\mathrm{d}x}\right)-kT\mu_{\mathrm{p}}\left[\frac{\mathrm{p}}{kT}\left(\frac{\mathrm{d}E_{\mathrm{i}}}{\mathrm{d}x}-\frac{\mathrm{d}E_{\mathrm{F}}}{\mathrm{d}x}\right)\right]=0 \tag{6-3}$$

由此得到净空穴电流密度的表达式，即

$$J_{\mathrm{p}}=p\mu_{\mathrm{p}}\left(\frac{\mathrm{d}E_{\mathrm{F}}}{\mathrm{d}x}\right)=0$$

由此可知：

$$\frac{\mathrm{d}E_{\mathrm{F}}}{\mathrm{d}x}=0 \tag{6-4}$$

类似地，可以得到电子电流密度的表达式：

$$J_{\mathrm{n}}=J_{\mathrm{n,drift}}+J_{\mathrm{nD}}=qn\mu_{\mathrm{n}}F-qD_{\mathrm{n}}\frac{\mathrm{d}n}{\mathrm{d}x}=n\mu_{\mathrm{n}}\left(\frac{\mathrm{d}E_{\mathrm{F}}}{\mathrm{d}x}\right)=0$$

由此可知：

$$\frac{\mathrm{d}E_{\mathrm{F}}}{\mathrm{d}x}=0 \tag{6-5}$$

可见，在热平衡状况下，净电子电流密度和净空穴电流密度等于零的条件是要求在整个样品内费米能级为与 x 无关的常数，如图 6-3 所示。

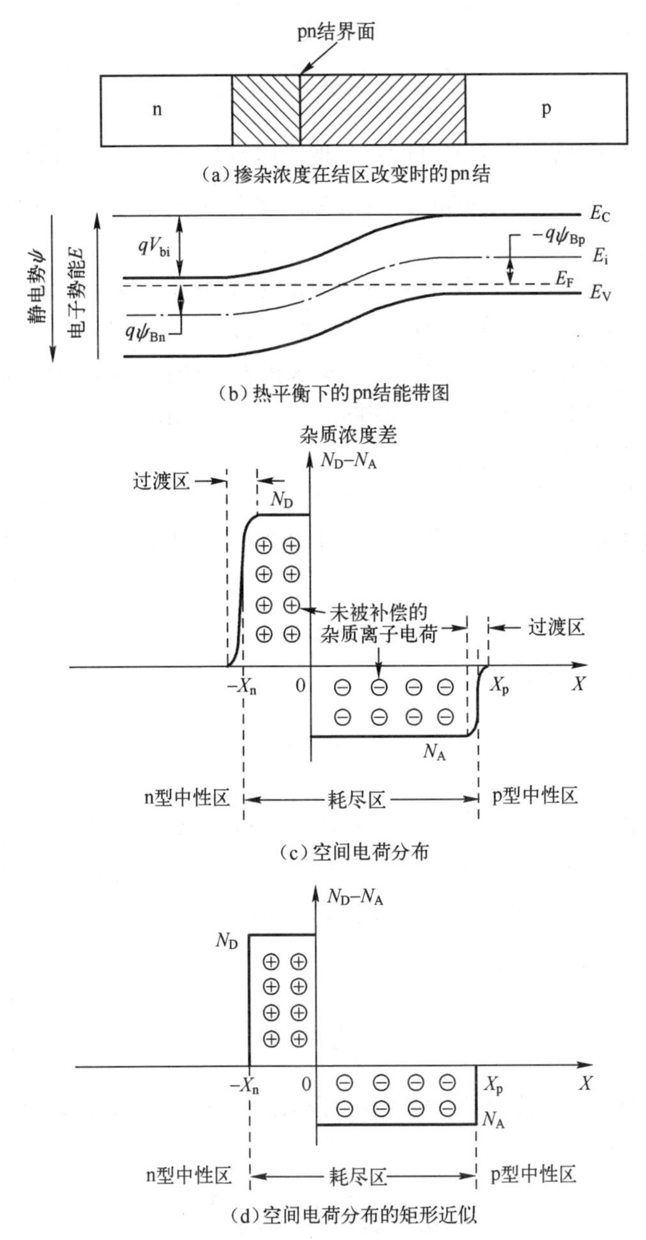

图 6-3　热平衡条件下 pn 结的能带结构和空间电荷分布

6.2.2　pn 结的内建电势

pn 结的结区存在空间电荷，其静电势 ψ 与电荷密度 ρ 的关系式可由静电学中泊松方程求出，再利用电场强度与电势的关系式，可得：

$$\frac{\mathrm{d}^2\psi}{\mathrm{d}x^2}=-\frac{\mathrm{d}F}{\mathrm{d}x}=-\frac{\rho}{\varepsilon_s} \tag{6-6}$$

式中，电荷密度ρ为

$$\rho = q\left(\sum N + p - n\right)$$

式中，$\sum N$为包括电离的掺杂剂电荷和其他陷阱电荷在内的净电荷总和。

载流子从中性区向结区移动时，将遇到一个狭窄的过渡区。在此过渡区内，由部分杂质电离化形成的空间电荷被可移动的载流子补偿。经过过渡区后，再往前就是载流子完全耗尽的区域，可移动的载流子的浓度为零。这个区域也就是前面所说的势垒区和空间电荷区。对于典型的硅 pn 结，过渡区的宽度比耗尽区的宽度小很多。通常可忽略过渡区的宽度，采用耗尽层来近似，假设耗尽层的电荷分布呈箱形，即耗尽层的电荷可用矩形分布表示，如图 6-3（d）所示。图中，x_p和x_n分别表示 p 型区耗尽层和 n 型区耗尽层的宽度。

设 n 型区有均匀的浓度为N_D的单一种类的施主杂质，p 型区有均匀的浓度为N_A的单一种类的受主杂质，且所有杂质都是电离的，同时不考虑其他陷阱电荷，则上式可简化为

$$\rho = q(N_D - N_A + p - n) \tag{6-7}$$

于是式（6-6）可表示为

$$\frac{d^2\psi}{dx^2} = -\frac{q}{\varepsilon_s}(N_D - N_A + p - n) \tag{6-8}$$

设势垒区的正、负空间电荷区的宽度分别为$-x_n$和x_p，交界面位于$x=0$处。离开 pn 结较远的区域（$x \leqslant -x_n, x \geqslant x_p$）是电中性的，总的空间电荷密度为零，即

$$N_D - N_A + p - n = 0 \tag{6-9}$$

式（6-8）可简化为

$$\frac{d^2\psi}{dx^2} = 0 \tag{6-10}$$

对于 p 型中性区，在热平衡条件下，设$N_D = n = 0$，则$p = N_A$，代入式（4-87）后可得：

$$E_i - E_F = kT\ln\frac{p}{n_i} = kT\ln\frac{N_A}{n_i}$$

于是 p 型中性区中相对于费米能级的静电势ψ_{Bp}在矩形近似下为

$$\psi_{Bp} \equiv -\frac{1}{q}(E_i - E_F)\Big|_{x \geqslant x_p} = -\frac{kT}{q}\ln\frac{N_A}{n_i} \tag{6-11}$$

静电势与电子势能方向相反。

同理可得 n 型中性区中相对于费米能级的静电势ψ_{Bn}：

$$\psi_{Bn} \equiv -\frac{1}{q}(E_i - E_F)\Big|_{x \leqslant -x_n} = \frac{kT}{q}\ln\frac{N_D}{n_i} \tag{6-12}$$

热平衡下，在p型中性区和n型中性区之间总的静电势之差即为内建电势V_{bi}：

$$V_{bi}=\psi_{Bn}-\psi_{Bp}=\frac{kT}{q}\ln\frac{N_D N_A}{n_i^2} \tag{6-13}$$

内建电势（或内建电势差）也称自建电压或内建电压。由式（6-13）可见，在一定温度下，pn结两侧掺杂浓度高，则自建电压V_{bi}大；禁带宽度大，n_i小，自建电压V_{bi}也大。

pn结内建电势所对应的电子势能之差，表示了能带的弯曲量qV_{bi}和势垒高度。

说明　式（6-13）也可借助第4章中引入的准费米能级概念推导出来。

由图6-2（c）可见，pn结的势垒高度正好补偿了p型区和n型区的费米能级之差，即$qV_{bi}=E_{Fn}-E_{Fp}$，使平衡状态下pn结的费米能级处处相等。由此得到内建电压为

$$V_{bi}=\frac{E_{Fn}-E_{Fp}}{q}$$

按准费米能级概念，对于非简并的半导体，非平衡状态下的电子浓度和空穴浓度与费米能级的关系式与平衡载流子浓度关系式相似。设n_{n0}和n_{p0}分别表示n型区和p型区的平衡电子浓度和空穴浓度，则pn结的空间电荷区以外的载流子分布可参照式（4-87）和式（4-88）表示为

$$n_{n0}=n_i e^{(E_{Fn}-E_i)/kT}$$

$$n_{p0}=n_i e^{(E_{Fp}-E_i)/kT}$$

两式相除再取对数：

$$\ln\frac{n_{n0}}{p_{p0}}=\frac{E_{Fn}-E_{Fp}}{kT}$$

并考虑到$n_{n0}\approx N_D$和$n_{p0}\approx n_i^2/N_A$，将其代入内建电压表达式后可得：

$$V_{bi}=\frac{E_{Fn}-E_{Fp}}{q}=\frac{kT}{q}\ln\frac{n_{n0}}{n_{p0}}=\frac{kT}{q}\ln\frac{N_A N_D}{n_i^2}$$

$|\psi_p|$和ψ_n可按式（6-11）和式（6-12）计算。硅pn结的$|\psi_p|$、ψ_n与掺杂浓度的函数关系表示在图6-4中[2]。例如，当$N_A=10^{18}\text{cm}^{-3}$、$N_D=10^{15}\text{cm}^{-3}$、温度为300K时，利用公式计算可知，$V_{bi}=0.755\text{V}$（$n_i=1.45\times10^{10}\text{cm}^{-3}$）；查图6-4可知，$V_{bi}=\psi_n+|\psi_p|=(0.30+0.46)\text{V}=0.76\text{V}$。

对于完全耗尽的区域，由于$p=n=0$，式（6-10）变为

$$\frac{d^2\psi}{dx^2}=-\frac{q}{\varepsilon_s}(N_D-N_A)=\frac{q}{\varepsilon_s}(N_A-N_D) \tag{6-14}$$

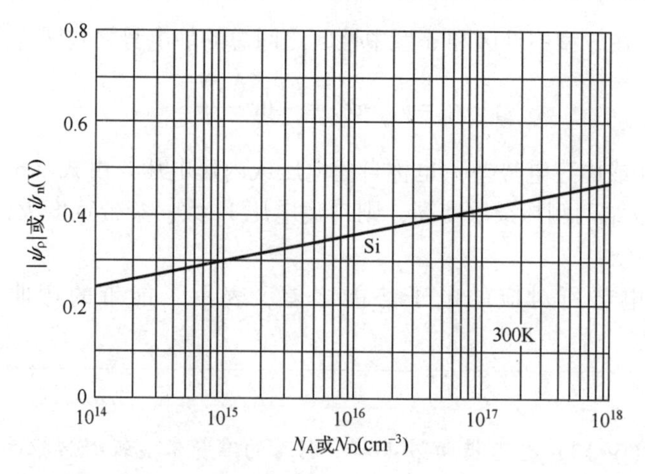

图 6-4 Si 突变结 p 型区和 n 型区的内建电势与杂质浓度的函数关系

6.2.3 空间电荷区的宽度

在平衡的半导体 pn 结中，总的空间电荷呈电中性，p 型侧单位面积内的负空间电荷必须正好等于 n 型侧单位面积内的正空间电荷，即电偶层两边分别带有等量异号电荷，因此有

$$N_D x_n = N_A x_p \tag{6-15}$$

式中，x_n为 n 型区空间电荷层宽度，x_p为 p 型区空间电荷层宽度。

pn 结的空间电荷层宽度为

$$w = x_n + x_p \tag{6-16}$$

空间电荷层宽度也称耗尽区的宽度、势垒宽度或阻挡层宽度。

6.2.4 突变结和单边突变 pn 结

太阳电池通常采用扩散法制造 pn 结，表面杂质浓度很高，从 p 型区到 n 型区的掺杂浓度分布是突然变化的，因此称之为突变 pn 结；由于结深和耗尽区都很小，所以可将其近似地看作单边突变 pn 结。

1. 突变结

突变结的空间电荷分布如图 6-5（a）所示。假设耗尽区内，自由载流子全部耗尽，与$|N_A-N_D|$相比，p 和 n 可以被忽略，则势垒区的空间电荷密度为

$$\rho(x)=\begin{cases} qN_D & -x_n \leqslant x<0 \\ -qN_A & x_p \geqslant x>0 \end{cases} \tag{6-17}$$

在耗尽区外，电荷是中性的，于是泊松方程（6-14）可简化为

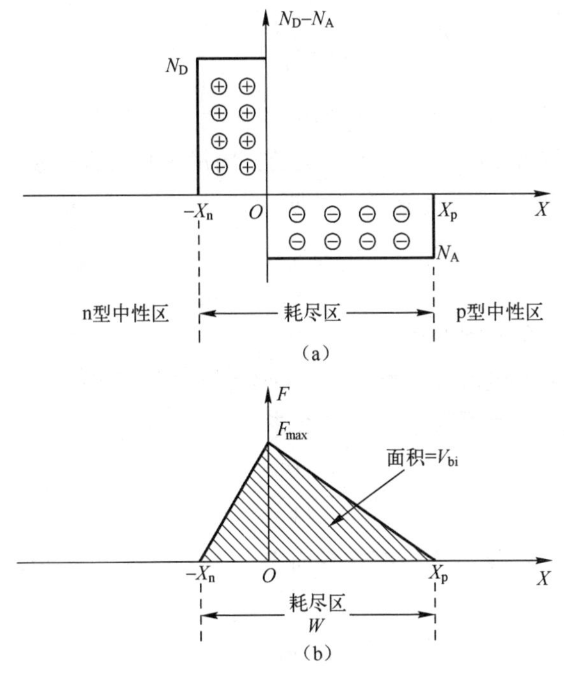

图 6-5　pn 结结区的空间电荷分布和电场分布

$$\frac{d^2\psi(x)}{dx^2}=\begin{cases}-\dfrac{qN_D}{\varepsilon_s} & -x_n\leqslant x<0\\ \dfrac{qN_A}{\varepsilon_s} & x_p\geqslant x>0\end{cases} \tag{6-18}$$

$$\frac{d^2\psi(x)}{dx^2}=\begin{cases}0 & x<-x_n\\ 0 & x>x_p\end{cases} \tag{6-19}$$

式中，$\psi(x)$为 x 处的静电势，ε_s为硅材料的介电常数。

上述近似假设通常称为耗尽近似。

对泊松方程进行积分，代入边界条件，可得：

$$\frac{d\psi}{dx}=\begin{cases}-\dfrac{qN_D}{\varepsilon_s}(x+x_n) & -x_n\leqslant x<0\\ F_{max}-\dfrac{qN_Ax}{\varepsilon_s}=-\dfrac{qN_A}{\varepsilon_s}(x-x_p) & x_p\geqslant x>0\end{cases} \tag{6-20}$$

利用式（4-45），可得 pn 结的电场分布：

$$F(x)=\begin{cases}-\dfrac{d\psi}{dx}=\dfrac{qN_D}{\varepsilon_s}(x+x_n) & -x_n\leqslant x<0\\ -\dfrac{d\psi}{dx}=F_{max}-\dfrac{qN_Ax}{\varepsilon_s}=-\dfrac{qN_A}{\varepsilon_s}(x-x_p) & x_p\geqslant x>0\end{cases} \tag{6-21}$$

$$F(x)=\begin{cases}0 & x<-x_{\mathrm{n}}\\ 0 & x>x_{\mathrm{p}}\end{cases} \tag{6-22}$$

$F(x)$为负、正空间电荷区中各点的电场强度。由此可以看出，在平衡突变结耗尽区，电场强度是位置 x 的线性函数。电场方向沿 x 负方向，从 n 型区指向 p 型区。在 $x=0$ 处，电场强度达到最大值 $F_{\max}$，即

$$F_{\max}=\frac{qN_{\mathrm{D}}x_{\mathrm{n}}}{\varepsilon_{\mathrm{s}}}=\frac{qN_{\mathrm{A}}x_{\mathrm{p}}}{\varepsilon_{\mathrm{s}}} \tag{6-23}$$

耗尽区内电场分布如图 6-5（b）所示。

如果设 $x=x_{\mathrm{p}}$处的静电势为参考点，即 $\psi(x_{\mathrm{p}})=0$，按照耗尽近似，内建电势仅分布在空间电荷区内，由此可得如下边界条件：

$$\psi(x)=\begin{cases}0 & x=x_{\mathrm{p}}\\ V_{\mathrm{bi}} & x=-x_{\mathrm{n}}\end{cases} \tag{6-24}$$

按照耗尽近似，pn 结界面不存在界面态，冶金结界面（$x=0$）的电势和电场是连续的，即

$$\begin{cases}\psi(x)=\psi\big|_{\mathrm{n侧}}=\psi\big|_{\mathrm{p侧}} & x=0\\ F(x)=\dfrac{\mathrm{d}\psi}{\mathrm{d}x}\bigg|_{\mathrm{n侧}}=\dfrac{\mathrm{d}\psi}{\mathrm{d}x}\bigg|_{\mathrm{p侧}}=0 & x=0\end{cases} \tag{6-25}$$

利用上述边界条件，对式（6-18）积分可得静电势为

$$\psi(x)=\begin{cases}-\dfrac{qN_{\mathrm{D}}}{2\varepsilon_{\mathrm{s}}}x^2-\dfrac{qN_{\mathrm{D}}x_{\mathrm{n}}}{\varepsilon_{\mathrm{s}}}x+V_{\mathrm{bi}}-\dfrac{qN_{\mathrm{D}}x_{\mathrm{n}}^2}{2\varepsilon_{\mathrm{s}}} & -x_{\mathrm{n}}\leqslant x<0\\ \dfrac{qN_{\mathrm{A}}}{2\varepsilon_{\mathrm{s}}}x^2-\dfrac{qN_{\mathrm{A}}x_{\mathrm{p}}}{\varepsilon_{\mathrm{s}}}x+\dfrac{qN_{\mathrm{A}}x_{\mathrm{p}}^2}{2\varepsilon_{\mathrm{s}}} & x_{\mathrm{p}}\geqslant x>0\end{cases} \tag{6-26}$$

由于在 $x=0$ 处电势 ψ 是连续的，得到：

$$V_{\mathrm{bi}}-\frac{qN_{\mathrm{D}}x_{\mathrm{n}}^2}{2\varepsilon_{\mathrm{s}}}=\frac{qN_{\mathrm{A}}x_{\mathrm{p}}^2}{2\varepsilon_{\mathrm{s}}} \tag{6-27}$$

由此可得：

$$\psi(x)=\begin{cases}V_{\mathrm{bi}}-\dfrac{qN_{\mathrm{D}}(x+x_{\mathrm{n}})^2}{2\varepsilon_{\mathrm{s}}} & -x_{\mathrm{n}}\leqslant x<0\\ \dfrac{qN_{\mathrm{A}}(x-x_{\mathrm{p}})^2}{2\varepsilon_{\mathrm{s}}} & x_{\mathrm{p}}\geqslant x>0\end{cases} \tag{6-28}$$

由式（6-28）可见，在平衡 pn 结的势垒区，电势分布是抛物线形的。因 $\psi(x)$表示点 x 处的静电势，而$-q\psi(x)$表示电子在 x 点的电势能，所以势垒区中能带变化趋势与静电势变化趋势相反。

按照式（6-21），对整个耗尽区积分可计算出耗尽区的总电势差，即内建电势 V_{bi}为

$$V_{bi}=-\int_{-x_n}^{x_p}F(x)\mathrm{d}x=-\int_{-x_n}^{0}F(x)\mathrm{d}x\,|_{n侧}-\int_{0}^{x_p}F(x)\mathrm{d}x\,|_{p侧}$$
$$=\frac{qN_Dx_n^2}{2\varepsilon_s}+\frac{qN_Ax_p^2}{2\varepsilon_s}=\frac{1}{2}F_{max}(x_n+x_p)=\frac{1}{2}F_{max}w \tag{6-29}$$

内建电势 V_{bi} 总变化量等于呈三角形状的电场分布的总面积。

由于 n 型区电势 $\psi_{Bn}=\frac{qN_Dx_n^2}{2\varepsilon_s}$，p 型区电势 $\psi_{Bp}=\frac{qN_Ax_p^2}{2\varepsilon_s}$，所以式（6-23）所表达的最大电场强度还可表示为

$$F_{max}=\sqrt{\frac{2qN_D\psi_{Bn}}{\varepsilon_S}}=\sqrt{\frac{2qN_A\psi_{Bp}}{\varepsilon_S}} \tag{6-30}$$

由式（6-29）和式（6-23）可导出：

$$x_n=\frac{N_Aw}{N_A+N_D} \tag{6-31}$$

$$x_p=\frac{N_Dw}{N_A+N_D} \tag{6-32}$$

于是有

$$N_Dx_n^2+N_Ax_p^2=\frac{N_AN_Dw^2}{N_A+N_D}$$

式（6-29）可改写为

$$V_{bi}=\frac{qN_Dx_n^2}{2\varepsilon_s}+\frac{qN_Ax_p^2}{2\varepsilon_s}=\frac{q}{2\varepsilon_s}\left(\frac{N_AN_D}{N_A+N_D}\right)w^2 \tag{6-33}$$

于是得到突变结耗尽区总宽度 $w=(x_p+x_n)$ 与结区静电势变化总量的函数关系式为

$$w=\sqrt{\frac{2\varepsilon_s}{q}\left(\frac{N_A+N_D}{N_AN_D}\right)V_{bi}} \tag{6-34}$$

式（6-34）的更准确的表示方法为[3]

$$w=\sqrt{\frac{2\varepsilon_s}{q}\left(\frac{N_A+N_D}{N_AN_D}\right)(V_{bi}-2kT/q)}$$

即 V_{bi} 需增加 $2kT/q$，在 300K 时约为 50mV。

2. 单边突变结

当突变结一侧的杂质浓度远高于另一侧时，称之为单边突变结，如图 6-6 所示。对于 n^+p 结，$N_D\gg N_A$，$x_p\gg x_n$，即 n 型区中电荷密度很大，使耗尽区的扩展几乎都发生在 p 型区。反之，对于 p^+n 结，耗尽区扩展主要发生在 n 型区。

通常在太阳电池中，pn 结两侧浓度相差很大，可将其作为单边突变结来近似。

对于 n 型侧杂质浓度高的单边突变结，$N_D\gg N_A$，$x_n\ll x_p$，$w\approx x_p$，式（6-34）可简化为

$$w = x_p = \sqrt{\frac{2\varepsilon_s}{qN_A}V_{bi}} \tag{6-35}$$

按照式（6-21）计算可得：

$$F(x) = F_{max} - \frac{qN_A x}{\varepsilon_s} = F_{max} - \frac{qN_B x}{\varepsilon_s} \tag{6-36}$$

式中，N_B为轻掺杂区的体浓度。在单边突变结的情况下，电势和耗尽区宽度的变化主要取决于轻掺杂一侧。N_B 等于 n^+p 结中的 N_A 或 p^+n 结中的 N_D。

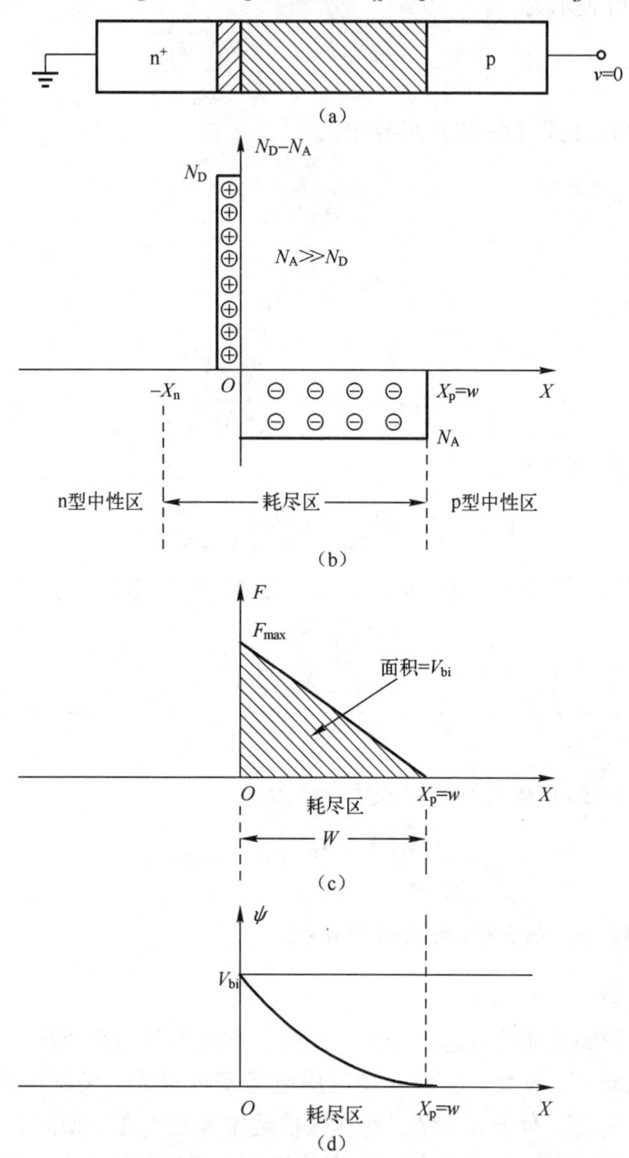

图 6-6 单边突变结的空间电荷分布、电场分布和电势分布

由式（6-36）可知，电场强度随距离 x 呈线性递减，在 $x=w$ 处 $F(x)=0$，如

图 6-6（c）所示。最大电场强度为

$$F_{\max}=\frac{qN_{\mathrm{B}}w}{\varepsilon_{\mathrm{s}}} \tag{6-37}$$

且

$$F(x)=\frac{qN_{\mathrm{B}}}{\varepsilon_{\mathrm{s}}}(w-x)=F_{\max}\left(1-\frac{x}{w}\right) \tag{6-38}$$

对泊松方程进行积分，可得单边突变结的电势分布为

$$\psi(x)=-\int_0^x F(x)\mathrm{d}x=-F_{\max}\left(x-\frac{x^2}{2w}\right)+C \tag{6-39}$$

式中，C 为积分常数。

以 n 型中性区的零电势作为参考点，即 $\psi(0)=0$，将式（6-29）代入式（6-39），可得耗尽区电势的计算公式为

$$\psi(x)=-\frac{V_{\mathrm{bi}}x}{w}\left(\frac{x}{w}-2\right) \tag{6-40}$$

6.3　准平衡状态下的 pn 结

当 pn 结处于平衡状态时，在自建电场作用下形成的漂移电流等于由载流子浓度差形成的扩散电流，pn 结中净电流为零。

当 pn 结受到外界作用（如受光照或外加电压）时，外界作用将破坏 pn 结内电子、空穴的扩散电流和漂移电流间的平衡状态，使 pn 结处于非平衡状态。

下面讨论存在外加偏压，但偏压不是很大的情况下的 pn 结特性，即准平衡状态下的 pn 结特性。

6.3.1　外加偏压下 pn 结能带结构和耗尽层宽度

不同偏置状态下 pn 结的耗尽层宽度和能带图如图 6-7 所示。若对 p 型区加一个相对于 n 型区为正的电压 V_{F}，则外加电压 V_{F} 称为正向偏压，pn 结为正向偏置，如图 6-7（b）所示。此时，pn 结上的总静电势减小了 V_{F}，即总静电势将被 $(V_{\mathrm{bi}}-V_{\mathrm{F}})$ 代替。因此，正向偏置电压减小了耗尽层宽度。如果对 n 型区加一个相对于 p 型区为正的电压 V_{R}，则 pn 结被反向偏置，结上的静电势增加了 V_{R}，即总静电势变为 $(V_{\mathrm{bi}}+V_{\mathrm{R}})$，如图 6-7（c）所示。反向偏压增加了耗尽层宽度。

把式（6-34）中的内建电势 V_{bi} 更改为 $(V_{\mathrm{bi}}-V)$，得到作为外加偏压 V 函数的耗尽层宽度的统一表达式：

$$w_{\mathrm{D}}=\sqrt{\frac{2\varepsilon_{\mathrm{s}}}{q}\left(\frac{N_{\mathrm{A}}+N_{\mathrm{D}}}{N_{\mathrm{A}}N_{\mathrm{D}}}\right)(V_{\mathrm{bi}}-V)} \tag{6-41}$$

对于 $\mathrm{n^+p}$ 结，$N_{\mathrm{D}}\gg N_{\mathrm{A}}$，有

$$w_{\mathrm{D}}=\sqrt{\frac{2\varepsilon_{\mathrm{s}}}{qN_{\mathrm{A}}}(V_{\mathrm{bi}}-V)} \tag{6-42}$$

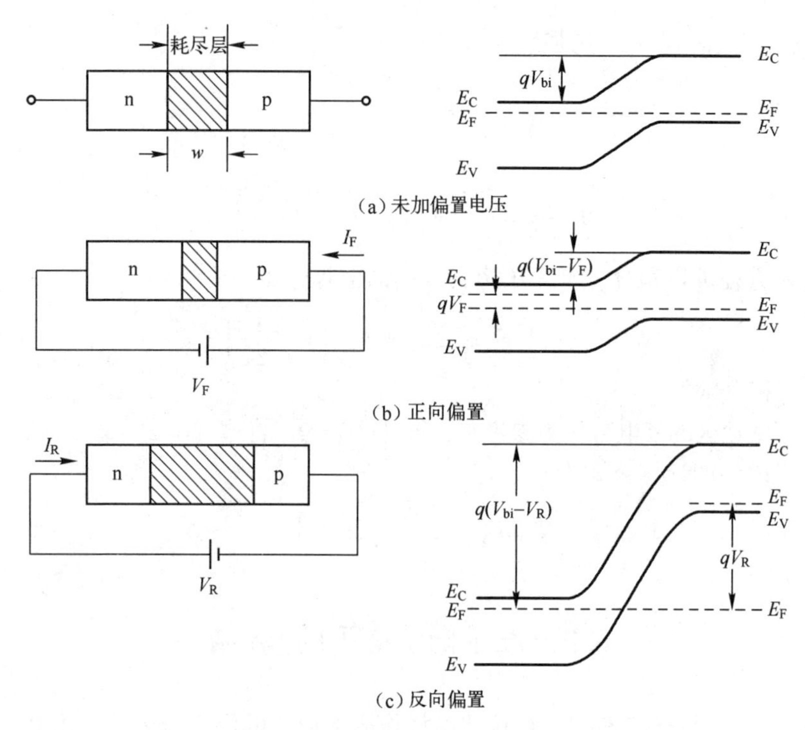

图 6-7　不同偏置状态下 pn 结的耗尽层宽度和能带图

对于 p^+n 结，$N_A \gg N_D$，有

$$w_D = \sqrt{\frac{2\varepsilon_s}{qN_D}(V_{bi}-V)} \tag{6-43}$$

式中，正向偏置时电压 V 是正的，反向偏置时 V 是负的。

如果用 N_B 表示轻掺杂一侧的体浓度，则式（6-42）和式（6-43）可写成

$$w_D = \sqrt{\frac{2\varepsilon_s}{qN_B}(V_{bi}-V)} \tag{6-44}$$

由式（6-44）可见，耗尽层宽度与 pn 结上总静电势差的平方根成正比。

6.3.2　外加偏压时 pn 结的电流–电压特性

1. pn 结的扩散电流与复合电流

施加正偏压时，V_F 与自建电压 V_{bi} 方向相反，pn 结势垒高度减低为 $q(V_{bi}-V_F)$，n 型区中有大量电子越过耗尽区的界面 x_p 后，扩散到 p 型区成为 p 型区中过剩的少子，导致少子的注入。这些过剩的少子，在 p 型区继续扩散，在大于一个扩散长度的范围内复合，这些来自 n 型区的电子在 p 型区形成一个扩散层；同理，从 p 型区扩散到 n 型区的大量空穴也在 n 型区内与电子复合，来自 p 型区的空穴也在 n 型区内形成一个扩散层。两个扩散层之间夹着一个耗尽区。电子和空穴在 p 型区、n 型区和耗尽区这 3 个区域中不断地因复合而消失，而损失的电子和空穴将分别通过与 n

型区和 p 型区接触的电极从电源得到补充。随着正向电压的增加，pn 结中扩散电流超过漂移电流，由 p 型区流向 n 型区的扩散电流形成正向电流。正向偏压下的电流-电压特性（也称伏-安特性）如图 6-8 第一象限中的曲线所示。

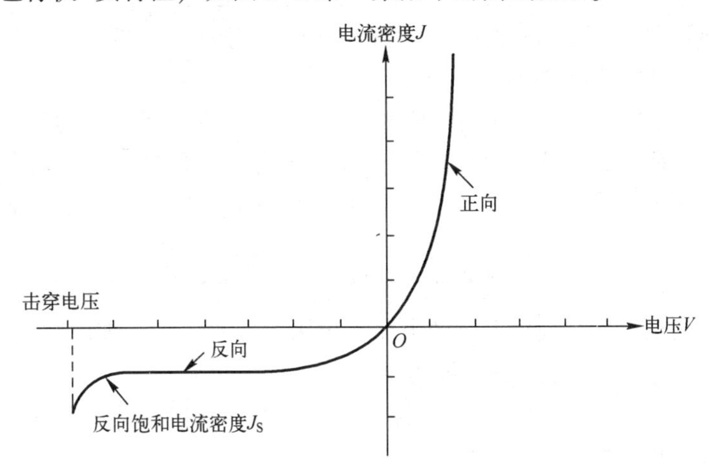

图 6-8　pn 结的电流-电压特性

由于 n 型区和 p 型区为中性区，区域内载流子复合的电流分量由相邻区域扩散过来的载流子形成，所以 n 型区和 p 型区中的电流分量 J_n、J_p 称为扩散电流分量，而耗尽区内复合形成的电流分量 J_{rd} 称为复合电流分量（这里下标中的字母 d 表示耗尽区）。

> **注意** 对于无光照的 pn 结，其 n 型区、p 型区为中性区和耗尽区的电流都是与复合相关的电流。

正向电流密度 J_F 为 n^+ 型区、耗尽区、p 型区的正向电流密度之和，即

$$J_F = J_n + J_{rd} + J_p = J_D + J_{rd} \tag{6-45}$$

式中，J_D 为正向扩散电流，$J_D = J_n + J_p$。

当 pn 结处于正向偏置时，由于 n 型区、p 型区电阻较小，耗尽区电阻大，正向电压主要降落在耗尽区上。

当 pn 结反向偏置时，外加电压 V_R 与 V_{bi} 同向，V_R 为反向电压。在 pn 结反向偏置下，势垒高度 $q(V_{bi}+V_R)$ 和势垒宽度同时增加，抑制了 n 型区和 p 型区中的多子（即 n 型区的电子、p 型区的空穴）相互扩散。而少子的漂移作用增强，将 n 型区中的空穴驱向 p 型区，p 型区中的电子拉向 n 型区，在 pn 结中形成了由 n 型区流向 p 型区的反向电流。因少子在数量上远少于多子，扩散电流小，使得反向电流也比较小。pn 结的反向电流-电压特性如图 6-8 中第三象限所示。

反向电流密度 J_R 为 n^+ 型区、耗尽区、p 型区的反向电流密度之和，即

$$J_R = J_n^* + J_{rd}^* + J_p^* = J_D^* + J_{rd}^* \tag{6-46}$$

式中，J_D^* 为反向扩散电流，$J_D^* = J_n^* + J_p^*$。

右上角的“*”号是为了表示其为反向电流。

由图 6-8 可见，同质 pn 结的正、反向导电性差别明显，显示了太阳电池与普通 pn 结二极管一样具有整流特性。

如上所述，n 型中性区和 p 型中性区中形成的是扩散电流，耗尽区中形成的是复合电流。下面先假定耗尽区是透明的，在耗尽区内电子和空穴电流是常数，并约定外加偏压 V 在正向偏置时是正的，反向偏置时是负的，将 n 型区和 p 型区合起来讨论电压从负变到正的完整的理想电流-电压特性，而对耗尽区的电流-电压特性单独讨论，将耗尽区作为准透明情况处理，对理想电流-电压特性进行修正。在讨论时，对正向偏置下的电流和反向偏置下的电流不再用上标“*”号加以区分。

2. n 型区和 p 型区的电流-电压特性

为了使分析简单明了，所有公式推导均在下述理想的假设条件下进行，由此得到的 pn 结电流-电压特性是理想假设下的特性。

主要的假设条件：①小注入，即注入的少子浓度远小于多浓度，在外加偏压引起的中性区边界处，多子浓度的变化可以忽略不计；②耗尽区内电子和空穴电流是常数，不产生电流，也无复合电流，即将耗尽区视为透明的；③耗尽区边界外的半导体是中性的。

图 6-9 所示为 pn 结的能带图和载流子浓度。

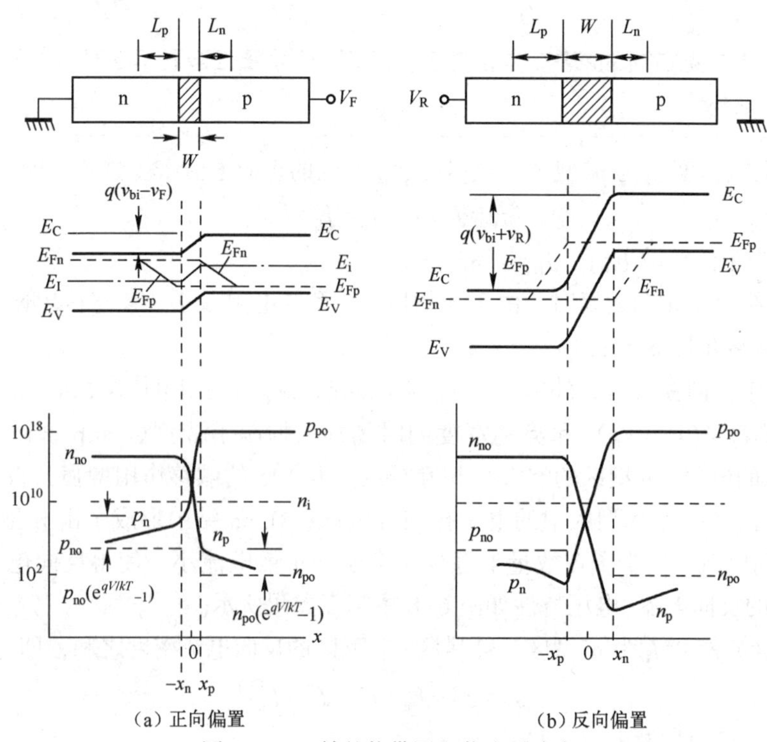

（a）正向偏置　　（b）反向偏置

图 6-9　pn 结的能带图和载流子浓度

图 6-9 中，n_{n0}和 n_{p0}分别表示 n 型区和 p 型区在热平衡时的电子浓度；p_{n0}和 p_{p0}分别表示 n 型区和 p 型区的热平衡空穴浓度。

在热平衡下，多子浓度基本上等于掺杂浓度。于是，式（6-13）可改写为

$$V_{bi}=\frac{kT}{q}\ln\frac{p_{p0}n_{n0}}{n_i^2} \tag{6-47}$$

利用质量作用定律 $p_{p0}n_{p0}=n_i^2$，可推得

$$V_{bi}=\frac{kT}{q}\ln\frac{n_{n0}}{p_{p0}} \tag{6-48}$$

$$n_{n0}=n_{p0}e^{qV_{bi}/kT} \tag{6-49}$$

类似地，

$$p_{p0}=p_{n0}e^{qV_{bi}/kT} \tag{6-50}$$

式（6-49）和式（6-50）表明，热平衡时，耗尽区两侧的载流子浓度差取决于 pn 结的静电势差 V_{bi}；当外加偏压使 pn 结的静电势差发生改变时，耗尽区两侧的载流子浓度差也将随之改变。

当加正向偏压时，静电势差减小到 $V_{bi}-V_F$；而施加反向偏压时，静电势差增加到 $V_{bi}+V_R$。约定外加偏压 V 在正向偏置时是正的，反向偏置时是负的，这时可将式（6-50）改写为

$$p_p=p_ne^{(qV_{bi}-V)/kT} \tag{6-51}$$

式中，p_p和 p_n分别为 p 型区和 n 型区在耗尽区边界的非平衡时的空穴浓度。

在小注入情况下，注入的少子浓度比多子浓度小得多，因此在耗尽区边界处（见图 6-9）的空穴浓度 p_p为

$$p_p\approx p_{p0} \tag{6-52}$$

于是，将上述小注入条件式（6-52）和式（6-50）代入式（6-51），可得到 n 型区在耗尽区边界 $x=-x_n$处的非平衡空穴浓度为

$$p_n(-x_n)=p_{n0}e^{qV/kT} \tag{6-53}$$

或改写为

$$p_n-p_{n0}=p_{n0}(e^{\frac{qV}{kT}}-1) \tag{6-54}$$

类似地，在 p 型区的边界 $x=x_p$处，非平衡空穴浓度为

$$n_p(x_p)=n_{p0}e^{qV/kT} \tag{6-55}$$

或写成：

$$n_p(x_p)-n_{p0}=n_{p0}(e^{\frac{qV}{kT}}-1) \tag{6-56}$$

说明　式（6-53）和式（6-55）在简化假设下可利用准费米能级方便地导出。

在非平衡的半导体中，用电子的准费米能级 E_{Fn} 和空穴的准费米能级 E_{Fp} 代替平衡费米能级 E_F，即可写出非平衡时的电子浓度和空穴浓度：

$$n=n_i e^{(E_{Fn}-E_i)/kT}$$

$$p=p_i e^{(E_i-E_{Fp})/kT}=n_i e^{(E_i-E_{Fp})/kT}$$

pn 乘积为

$$pn=n_i^2 e^{(E_{Fn}-E_{Fp})/kT}$$

对于正向偏置，$(E_{Fp}-E_{Fn})>0$，$pn>n_i^2$；对于反向偏置，$(E_{Fp}-E_{Fn})<0$，$pn<n_i^2$。

在小注入情况下，多子的费米能级几乎和平衡费米能级相同，少子的准费米能级则从平衡费米能级分裂开了。

因为正偏时耗尽区宽度较小，可认为电子越过耗尽区时浓度不发生变化，电子准费米能级为直线，自 x_n 延伸到 x_p。对空穴也类似。在图 6-9 中，E_{Fn}、E_{Fp} 分别为电子和空穴的准平衡费米能级，在正偏空间电荷区中，满足

$$E_{Fn}-E_{Fp}=qV$$

由于 n 型区到达 p 型区边界 x_p 处的电子浓度 $n_p(x_p)$ 等于 n 型区中的电子浓度 n_{n0}，n_{n0} 处的空穴浓度 $p_n(x_n)$ 也等于 p 型区中的空穴浓度 p_{p0}，于是可得

$$n_p(x_p)=n_{n0}=n_i e^{(E_{Fn}-E_i)/kT}=n_{p0}e^{qV/kT}$$

$$p_n(-x_n)=p_{p0}=n_i e^{(E_i-E_{Fp})/kT}=p_{n0}e^{qV/kT}$$

由图 6-9 可知，在边界 $-x_n$ 和 x_p 处，正向偏置下，少子浓度 p_n、n_p 高于平衡值 p_{n0}、n_{p0}，而在反向偏置下低于平衡值。式（6-53）和式（6-55）确定了耗尽区边界的少子浓度。

在理想化的假设下，耗尽区内不产生电流，全部电流都来自中性区。p 型中性区不存在电场，稳态连续性方程可简化为

$$\frac{d^2 n_x}{dx^2}-\frac{n_p-n_{p0}}{D_n\tau_n}=0 \tag{6-57}$$

应用边界条件式（6-55）和 $n_p(x=\infty)=n_{p0}$，解式（6-57），得到：

$$n_p-n_{p0}=n_{p0}(e^{\frac{qV}{kT}}-1)e^{-(x-x_p)/L_n} \tag{6-58}$$

式中，L_n 为 p 型区中少子（电子）的扩散长度，$L_n=\sqrt{D_n\tau_n}$。

于是在 $x=x_p$ 处，将式（6-58）代入第 5 章式（5-37），可得电子扩散电流密度为

$$J_n(x_p)=qD_n\frac{dn_p}{dx}\bigg|_{x_p}=q\frac{D_n n_{p0}}{L_n}(e^{\frac{qV}{kT}}-1) \tag{6-59}$$

类似地，在 n 型中性区，有

$$p_n-p_{n0}=p_{n0}(e^{\frac{qV}{kT}}-1)e^{-(x-x_n)/L_p} \tag{6-60}$$

且空穴扩散电流密度

$$J_{\mathrm{p}}(-x_{\mathrm{n}})=-qD_{\mathrm{p}}\frac{\mathrm{d}n_{\mathrm{p}}}{\mathrm{d}x}\bigg|_{-x_{\mathrm{n}}}=q\frac{D_{\mathrm{p}}p_{\mathrm{n0}}}{L_{\mathrm{p}}}(\mathrm{e}^{\frac{qV}{kT}}-1) \tag{6-61}$$

式中，L_{p} 为空穴的扩散长度，$L_{\mathrm{p}}=\sqrt{D_{\mathrm{p}}\tau_{\mathrm{p}}}$。由式（6-58）和式（6-60）计算的少子浓度示于图 6-10 的中部。该图表明，当注入的少子离开边界后，便不断与多子复合。电子和空穴扩散电流表示在图 6-10 的下部。边界处的电子电流和空穴电流分别由式（6-59）和式（6-61）给出。n 型区的空穴电流将随距离 x 增加而呈指数形式增大，其扩散长度为 L_{p}；p 型区的电子电流将随距离 x 增加而呈指数形式衰减，其扩散长度为 L_{n}。

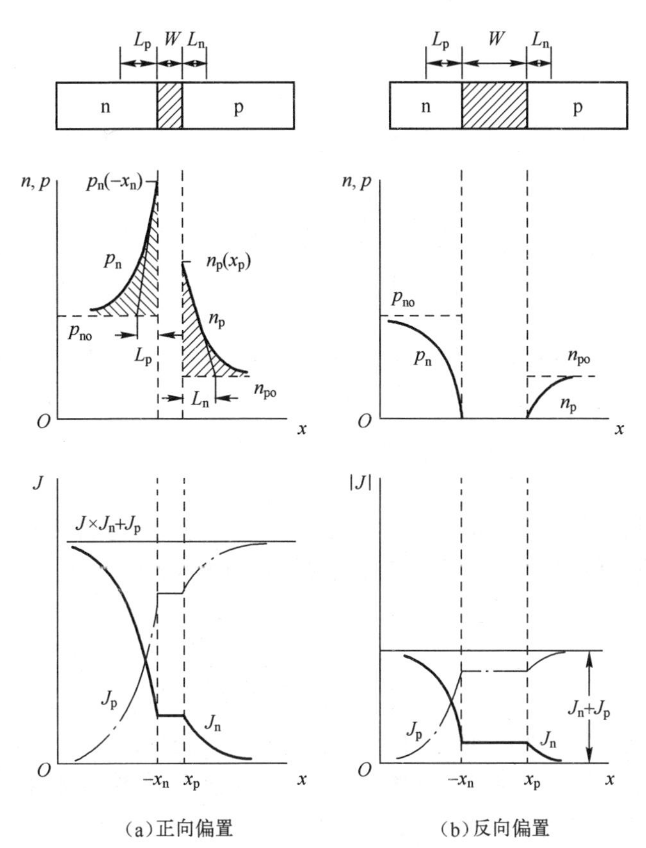

图 6-10　注入的少子分布和电子、空穴的扩散电流

通过 pn 结器件 n 型中性区和 p 型中性区的总扩散电流 J_{D}是式（6-59）与式（6-61）之和，即

$$J_{\mathrm{D}}=J_{\mathrm{p}}(-x_{\mathrm{n}})+J_{\mathrm{n}}(x_{\mathrm{p}})=J_{\mathrm{s}}(\mathrm{e}^{\frac{qV}{kT}}-1) \tag{6-62}$$

式中，

$$J_{\mathrm{s}}\equiv\frac{qD_{\mathrm{p}}p_{\mathrm{n0}}}{L_{\mathrm{p}}}+\frac{qD_{\mathrm{n}}n_{\mathrm{p0}}}{L_{\mathrm{n}}} \tag{6-63}$$

J_{s}为饱和电流密度，它是一个与外加电压不相关的常量。

在反向偏压下，$V<0$，当 $q|V|>3kT$ 时，$e^{\frac{qV}{kT}}\to 0$，式（6-62）变为

$$J_D = J_s \cdot (-1) = -J_s \tag{6-64}$$

由此可见，此时的饱和电流密度 J_s 与正向电流密度方向相反。J_s 为负值，是 pn 结将要击穿时的电流值，此时 J_s 称为反向饱和电流密度。

总电流 J_d 是外加电压的函数，当电压从负偏压变化到正偏压时，可获得电流-电压特性。式（6-62）是在理想情况下推导出的 pn 结器件方程式，称为理想二极管方程，也称肖克利方程[4]。

在热平衡下，多子浓度基本上等于掺杂浓度：

$$\begin{cases} n_{n0} \approx N_D \\ p_{p0} \approx N_A \end{cases} \tag{6-65}$$

再利用质量作用定律，有

$$\begin{cases} n_{p0} = \dfrac{n_i^2}{p_{p0}} = \dfrac{n_i^2}{N_A} \\ p_{n0} = \dfrac{n_i^2}{n_{n0}} = \dfrac{n_i^2}{N_D} \end{cases} \tag{6-66}$$

从而获得反向饱和电流密度 J_s 的另一种与掺杂浓度和本征载流子浓度 n_i 相关的表述形式：

$$J_s = \frac{qD_p}{L_p}\frac{n_i^2}{N_D} + \frac{qD_n}{L_n}\frac{n_i^2}{N_A} \tag{6-67}$$

这里还要引入一个反映 pn 结特性的参数，称之为载流子注入比，其定义为从 n 型区流向 p 型区的电子流与从 p 型区流向 n 型区的空穴流之比。在杂质完全电离的情况下，注入比可由式（6-59）和式（6-61）得到

$$\frac{J_n}{J_p} = \frac{D_n n_{0p} L_p}{D_p p_{0n} L_n} = \frac{D_n N_D L_p}{D_p N_A L_n} \tag{6-68}$$

由于与 n 型区和 p 型区的掺杂浓度的差别相比，硅材料的 D_n 与 D_p、L_n 与 L_p 的差别要小得多，从此可见，注入比主要由 n 型区和 p 型区的掺杂浓度比决定。掺杂浓度高的区域，注入比也高，因此太阳电池发射区与基区形成的 n^+p 结具有较高的注入比。

3. 耗尽区电流-电压特性

半导体 pn 结的耗尽区必然存在载流子产生或复合、表面效应和大电流注入等因素。对太阳电池而言，通常情况下，这些因素中最主要的是载流子的产生或复合以及表面效应。在此先讨论耗尽区载流子的产生或复合，表面效应的影响将在后续章节中讨论。

（1）反向偏置下，耗尽区的产生电流。

在反向偏置下，耗尽区的电场加强，在势垒区内由于热激发的作用，通过复合中心产生的电子-空穴对来不及复合就被强电场扫出，造成耗尽区自由载流子的浓度

远远小于平衡载流子的浓度，即 $n_n<n_i$。在载流子的产生-复合过程中，俘获率正比于自由载流子浓度。因此，在反向偏置条件下，耗尽区自由载流子的浓度很小，在载流子的产生-复合过程中起支配作用的不是通过禁带内的产生-复合中心上的电子和空穴的俘获过程，而是发射过程，所产生的载流子还来不及复合就被扫出耗尽区。也就是说，耗尽区内通过复合中心的载流子产生率大于复合率，具有净产生率，从而形成另一个反向电流，称为耗尽区的产生电流。

在稳态下，电子和空穴的发射过程是交替进行的。在耗尽区内的 n 型半导体中，可以认为 $p_n<n_i$ 和 $n_n<n_i$，在此条件下（$p_n n_n \ll n_i^2$），意味着载流子从耗尽区中抽出，为了恢复平衡，产生-复合中心必然产生载流子。这种情况与过剩载流子注入半导体中，为恢复平衡而进行的载流子复合过程相似，可以认为净产生率实际上等于净复合率。于是，电子-空穴对的产生率可由第 5 章的式（5-131）得到：

$$G=-U=n_i\left[\frac{v_t\sigma_p\sigma_n N_t}{\sigma_n\exp\left(\frac{E_t-E_i}{kT}\right)+\sigma_p\exp\left(\frac{E_i-E_t}{kT}\right)}\right]\equiv\frac{n_i}{\tau_{gd}} \tag{6-69}$$

式中，τ_{gd} 为耗尽区内的产生寿命，也称产生时间：

$$\tau_{gd}=\frac{\sigma_n\exp\left(\frac{E_t-E_i}{kT}\right)+\sigma_p\exp\left(\frac{E_i-E_t}{kT}\right)}{v_t\sigma_p\sigma_n N_t} \tag{6-70}$$

在 $\sigma_n=\sigma_p=\sigma_0$ 的简单情况下，式（6-69）可简化为

$$G=\frac{v_t\sigma_0 N_t n_i}{2\cosh\left(\frac{E_t-E_i}{kT}\right)} \tag{6-71}$$

产生率在 $E_t=E_i$ 处取最大值。当 E_t 离开位于禁带中央的本征费米能级 E_i 后，呈指数性下降。因此，只有能级 E_i 靠近本征费米能级的中心才对产生率有重要作用。

如果考虑 E_t 接近于 E_i 的情况，即 $E_t-E_i=-(E_i-E_t)\approx 0$，此时

$$\tau_{gd}=\frac{2}{v_t\sigma_0 N_t} \tag{6-72}$$

τ_{gd} 可视为 $\tau_n=\dfrac{1}{v_t\sigma_n N_t}$ 与 $\tau_p=\dfrac{1}{v_t\sigma_p N_t}$ 之和。

耗尽区内由载流子的产生而形成的产生电流密度 J_{gd} 为

$$J_{gd}=\int_0^{w_D} qG\mathrm{d}x \approx qGw_D=\frac{qn_i w_D}{\tau_{gd}} \tag{6-73}$$

式中，w_D 是耗尽层宽度。

（2）反向偏置下，pn 结反向电流-电压特性。

对于 pn 结，在反向偏压下，$V<0$，当 $|V|>\dfrac{3kT}{q}$ 时，$e^{\frac{qV}{kT}}\to 0$，其反向电流 J_R 近似等于中性区的反向饱和电流和耗尽区的产生电流之和，即

$$J_R = J_s + J_{gd} = \frac{qD_p p_{n0}}{L_p} + \frac{qD_n n_{p0}}{L_n} + \frac{qwn_i}{\tau_{gd}} \tag{6-74}$$

如果是 n^+p 结，$N_D \gg N_A$，再利用 $L_n = \sqrt{\tau_n D_n}$ 和式（6-66），可得

$$J_R = q\frac{n_i^2}{N_A}\sqrt{\frac{D_n}{\tau_n}} + \frac{qwn_i}{\tau_{gd}} \tag{6-75}$$

式（6-75）表明，反向电流已偏离理想二极管方程。

硅是 n_i 值较小的半导体材料，其耗尽区内产生的反向电流很可能会起支配作用。

（3）正向偏置下，耗尽区复合电流。

在正向偏置时，从 p 型区注入 n 型区的空穴和从 n 型区注入 p 型区的电子，在耗尽区复合了一部分，构成了另一股正向电流，即耗尽区复合电流。

耗尽区复合电流分量 J_{rd} 正比于复合率 U_{der}：

$$J_{rd} = -\int_0^w qU_{der}\mathrm{d}x \tag{6-76}$$

想要计算耗尽区复合电流分量 J_{rd}，必须先计算复合率 U_{der}。

由于正向偏置下电子和空穴的浓度都超过平衡值，载流子将力图通过复合恢复其平衡，因此在耗尽区内起支配作用的产生-复合过程是电子和空穴的俘获。

由式（6-52）、式（6-55）和质量作用定律可得到在耗尽区 p 侧的 $n_p p_p$：

$$n_p p_p \approx n_{p0} p_{p0} \mathrm{e}^{qV/kT} = n_i^2 \mathrm{e}^{qV/kT} \tag{6-77}$$

设 $\sigma_n = \sigma_p = \sigma_0$，将式（6-77）代入第 5 章的式（5-130），则有

$$U_{der} = \frac{v_t \sigma_0 N_t n_i^2 (\mathrm{e}^{qV/kT} - 1)}{p_p + n_p + 2n_i \cosh\left(\frac{E_i - E_t}{kT}\right)} \tag{6-78}$$

从式（6-78）可见，$(E_i - E_t)$ 越小，U_{der} 越大。因此，靠近 E_i 的那些中心是最有效的产生复合中心。例如，在硅材料中，金的 $(E_t - E_i)$ 为 0.02eV，铜的 $(E_t - E_i)$ 为-0.02eV，金和铜等杂质是硅中最有效的产生与复合中心。

对于 $E_t = E_i$ 的情况，式（6-78）中的净复合率可简化为

$$U_{der} = \frac{v_t \sigma_0 N_t n_i^2 (\mathrm{e}^{qV/kT} - 1)}{p_p + n_p + 2n_i} \tag{6-79}$$

对于正向偏置，在耗尽区中最小 $(p_p + n_p + 2n_i)$ 处，或者说是最小 $(p_p + n_p)$ 处，U_{der} 达到最大值。

对 $(p_p + n_p)$ 求导，并使其等于 0，可求得极小值，即 $\mathrm{d}(p_p + n_p) = 0$。

于是得到：

$$\mathrm{d}n_p = -\mathrm{d}p_p \tag{6-80}$$

将 p_p 变换为 $\frac{p_p n_p}{n_p}$ 形式后，再根据式（6-77），$p_p n_p$ 为定值，由此可得：

$$-\mathrm{d}p_p = \frac{p_p n_p}{n_p^2}\mathrm{d}n_p \tag{6-81}$$

将式（6-81）代入式（6-80）后，可得：

$$\frac{p_{\mathrm{p}}n_{\mathrm{p}}}{n_{\mathrm{p}}^2}=1 \tag{6-82}$$

由此可得：

$$p_{\mathrm{p}}=n_{\mathrm{p}} \tag{6-83}$$

将其代入式（6-77）后，可得：

$$p_{\mathrm{p}}n_{\mathrm{p}}=n_{\mathrm{p}}^2=p_{\mathrm{p}}^2=n_{\mathrm{i}}^2\mathrm{e}^{qV/kT} \tag{6-84}$$

同样也可导出：

$$n_{\mathrm{n}}p_{\mathrm{n}}=p_{\mathrm{n}}^2=n_{\mathrm{n}}^2=n_{\mathrm{i}}^2\mathrm{e}^{qV/kT} \tag{6-85}$$

由式（6-83）和式（6-84）可导出：

$$p_{\mathrm{p}}+n_{\mathrm{p}}=2n_{\mathrm{i}}\mathrm{e}^{qV/2kT} \tag{6-86}$$

式中，V 为外加偏压后的静电势差。

显然，在耗尽区，当 $p_{\mathrm{p}}=n_{\mathrm{p}}$ 时，电子与空穴相遇的概率最大，E_{i} 在 E_{Fp} 和 E_{Fn} 中间处的载流子浓度正好满足这个条件。于是，U_{der} 的最大值为

$$U_{\max}=\frac{\upsilon_{\mathrm{t}}\sigma_0N_{\mathrm{t}}n_{\mathrm{i}}^2(\mathrm{e}^{qV/kT}-1)}{2n_{\mathrm{i}}(\mathrm{e}^{qV/2kT}+1)}=\frac{1}{2}\upsilon_{\mathrm{t}}\sigma_0N_{\mathrm{t}}n_{\mathrm{i}}(\mathrm{e}^{qV/2kT}-1) \tag{6-87}$$

将其代入式（6-76）后再进行积分，可得耗尽区复合电流 J_{rd} 为

$$\begin{aligned}J_{\mathrm{rd}}&=\int_0^w qU\mathrm{d}x=\int_0^w q\left[\frac{1}{2}\upsilon_{\mathrm{t}}\sigma_0N_{\mathrm{t}}n_{\mathrm{i}}(\mathrm{e}^{\frac{qV}{2kT}}-1)\right]\mathrm{d}x=\frac{qw\upsilon_{\mathrm{t}}\sigma_0N_{\mathrm{t}}n_{\mathrm{i}}(\mathrm{e}^{\frac{qV}{2kT}}-1)}{2}\\&=\frac{qwn_{\mathrm{i}}(\mathrm{e}^{qV/2kT}-1)}{2\tau_{\mathrm{rd}}}\end{aligned} \tag{6-88}$$

式中，τ_{rd} 为耗尽区的有效复合寿命，$\tau_{\mathrm{rd}}=\frac{1}{\upsilon_{\mathrm{t}}\sigma_0N_{\mathrm{t}}}$。

在 $V>\frac{3kT}{q}$ 情况下，J_{rd} 为

$$J_{\mathrm{rd}}=\frac{qwn_{\mathrm{i}}\mathrm{e}^{qV/2kT}}{2\tau_{\mathrm{rd}}} \tag{6-89}$$

（4）正向电压偏置下，pn 结反向电流-电压特性。

将式（6-62）和式（6-89）代入式（6-45），可得 pn 结在外加正向电压偏置时的总正向电流密度 J_{F} 为

$$J_{\mathrm{F}}=J_{\mathrm{p}}(-x_{\mathrm{n}})+J_{\mathrm{n}}(x_{\mathrm{p}})+J_{\mathrm{rd}}=J_{\mathrm{s}}(\mathrm{e}^{qV/kT}-1)+\frac{qwn_{\mathrm{i}}}{2\tau_{\mathrm{rd}}}(\mathrm{e}^{qV/2kT}-1) \tag{6-90}$$

式中，J_{s} 按式（6-63）计算。

当外加偏压使静电势差 $V>\frac{3kT}{q}$ 时，有

$$J_{\mathrm{F}}=J_{\mathrm{s}}(\mathrm{e}^{qV/kT})+\frac{qwn_{\mathrm{i}}}{2\tau_{\mathrm{rd}}}(\mathrm{e}^{qV/2kT}) \tag{6-91}$$

由此可见，扩散电流正比于 $e^{qV/kT}$，复合电流正比于 $e^{qV/2kT}$。

对于实际的pn结，可将式（6-86）改写为

$$J_F = J_s(e^{qV/\eta kT} - 1) \tag{6-92}$$

式中：反向饱和电流密度 J_s 仍由式（6-63）计算；指数项中的 η 为二极管曲线因子，也称理想因子或品质因子，其值在1和2之间。当中性区扩散电流起支配作用时，$\eta=1$；当耗尽区复合电流占支配地位时，$\eta=2$。室温下实测的硅pn结正向电流-电压特性如图6-11所示[5]。

在 $p_{n0} \gg n_{p0}$ 的情况下，有

$$J_s = \frac{qD_p p_{n0}}{L_p} + \frac{qD_n n_{p0}}{L_n} \approx \frac{qD_p p_{n0}}{L_p} \tag{6-93}$$

由于 $L_p = \sqrt{\tau_p D_p}$，$p_{n0} \approx \frac{n_i^2}{N_D}$，所以有

$$J_s \approx \frac{qD_p p_{n0}}{L_p} = \frac{qn_i^2}{N_D}\sqrt{\frac{D_p}{\tau_p}} \tag{6-94}$$

$$J_D \approx J_s e^{\frac{qV}{kT}} = \frac{qn_i^2 e^{qV/kT}}{N_D}\sqrt{\frac{D_p}{\tau_p}} \tag{6-95}$$

于是在 $p_{n0} \gg n_{p0}$ 和 $V > \frac{3kT}{q}$ 的情况下，将式（6-95）代入式（6-91）后得到：

$$J_F = \frac{qn_i^2 e^{qV/kT}}{N_D}\sqrt{\frac{D_p}{\tau_p}} + \frac{qwn_i e^{qV/2kT}}{2\tau_{rd}} \tag{6-96}$$

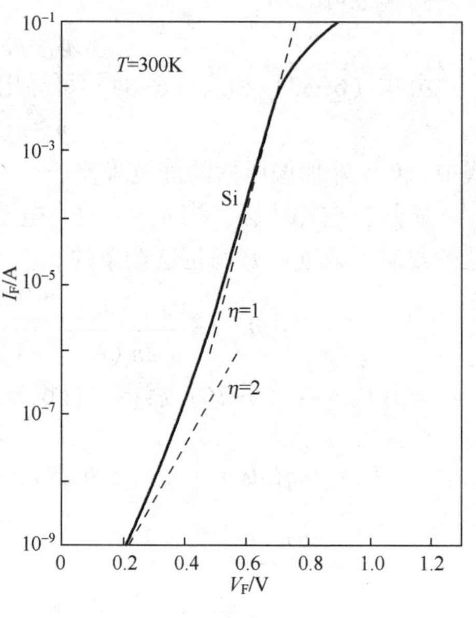

图6-11　室温下实测的硅pn结正向电流-电压特性

由实验测量结果可知，J_F 符合如下经验公式：

$$J_F \propto e^{qV/\eta kT} \tag{6-97}$$

由图6-11还可见到，当正向电压较低时，耗尽区复合电流起支配作用，$\eta=2$；当正向电压较高时，中性区的扩散电流起支配作用，η 接近于1；当正向电压更高时，η 偏离1，并随着正向电压的增高而增大。

当正向偏压较大时，注入的非平衡少子浓度接近或超过该区多子浓度的情况，称为高注入情况。在高注入条件下，即注入的少子浓度大到可与多子浓度相比拟时，在pn结的p端，$n_p(x=x_p) \approx p_p$，将此高注入条件代入式（6-84），可得 $n_p(x=x_p) \approx n_i e^{qV/2kT}$。以此作为边界条件，所解得的电流近似正比于 $e^{qV/2kT}$，因此在大注入条件下，电流随电压增加的速度变小。

此外，pn结的串联电阻 R 会产生电压 IR，使耗尽区上的偏置电压降低，引起扩散电流 I_D 减小。考虑pn结的截面积为 A 时，pn结两端的电流为

$$I_{\mathrm{D}}=J_{\mathrm{D}}\cdot A\approx I_{\mathrm{s}}\mathrm{e}^{\frac{q(V-IR)}{kT}}=\frac{I_{\mathrm{s}}\exp\left(\frac{qV}{kT}\right)}{\exp\left(\frac{q}{kT}IR\right)}\tag{6-98}$$

式中，I_{s}为饱和电流：

$$I_{\mathrm{s}}=J_{\mathrm{s}}\cdot A\tag{6-99}$$

由式（6-98）可见，I_{D}随 R 的增大而减小。

将式（6-67）代入式（6-90），可得到另一形式的完整的 pn 结正向电流密度 J_{F}表达式，即

$$J_{\mathrm{F}}=\left(\frac{qD_{\mathrm{p}}}{L_{\mathrm{p}}}\frac{n_{\mathrm{i}}^{2}}{N_{\mathrm{D}}}+\frac{qD_{\mathrm{n}}}{L_{\mathrm{n}}}\frac{n_{\mathrm{i}}^{2}}{N_{\mathrm{A}}}\right)(\mathrm{e}^{qV/kT}-1)+\frac{qwn_{\mathrm{i}}}{2\tau_{\mathrm{rd}}}(\mathrm{e}^{qV/2kT}-1)\tag{6-100}$$

式中，等号右侧的前一项为 p 型区和 n 型区复合的扩散电流密度，显然 p 型区、n 型区掺杂浓度 N_{A}和 N_{D}越大，扩散长度 L_{p}和 L_{n}越长，pn 结正向电流密度中的扩散电流密度分量就越小；后一项为复合电流密度，与耗尽区宽度 w 成正比，与耗尽区中的载流子平均寿命 τ_{rd}成反比。减小耗尽区的宽度，减少耗尽区的复合中心，延长载流子的寿命，可减小正向电流中的耗尽区复合电流密度分量。

当然，pn 结正向电流除了包含正向复合电流，还包含隧穿电流，这将在以后讨论。

下面即将看到，晶体硅太阳电池实际上是一个大面积的 pn 结，因此 pn 结的特性对太阳电池有着直接的影响。由式（6-100）所表述的 pn 结正向电流密度 J_{F}，实际上是在无光照情况下流过太阳电池的电流，它由载流子输运复合形成，通常也称暗电流密度 J_{dark}，它将消耗由光生载流子输运形成的光电流，降低电池的开路电压，导致太阳电池光电转换效率降低。

6.3.3　温度对 pn 结电流的影响

在半导体 pn 结中，扩散电流密度和复合-产生电流密度都与温度密切相关，这被称为温度效应。

1. 正向偏置下温度对 pn 结电流的影响

对于正向偏置的 pn 结，当 $qV\gg kT$ 时，根据式（6-62）和式（6-89），并利用 $L_{\mathrm{p}}=\sqrt{\tau_{\mathrm{p}}D_{\mathrm{p}}}$ 和 $p_{\mathrm{n0}}=\frac{n_{\mathrm{i}}^{2}}{N_{\mathrm{D}}}$，得到 p 型区空穴扩散电流密度 J_{pD}与耗尽区复合电流密度 J_{rd}之比为

$$\frac{J_{\mathrm{pD}}}{J_{\mathrm{rd}}}=2\frac{n_{\mathrm{i}}L_{\mathrm{p}}\tau_{\mathrm{rd}}}{wN_{\mathrm{D}}\tau_{\mathrm{p}}}\mathrm{e}^{qV/2kT}\tag{6-101}$$

将式（4-31），即 $n_{\mathrm{i}}^{2}=N_{\mathrm{c}}N_{\mathrm{v}}\exp\left(-\frac{E_{\mathrm{g}}}{kT}\right)$，代入式（6-101）可得：

$$\frac{J_{\mathrm{pD}}}{J_{\mathrm{rd}}} \propto \mathrm{e}^{-(E_g-qV)/2kT} \tag{6-102}$$

在正向偏置电压V较低时，由于$N_D \gg n_i$，复合电流占优势，而在正向偏置电压V较高时，$e^{qV/2kT}$迅速增大，扩散电流将占优势。在给定的正向偏压下，随着温度的增加，扩散电流比复合电流增加得更快。

对于扩散电流占优势的单边n^+p结，由于$N_D \gg N_A$，式（6-67）表述的反向饱和电流密度J_s中的第2项可忽略，即

$$J_s \approx \frac{qD_n}{L_n}\frac{n_i^2}{N_A} \tag{6-103}$$

同样，对于扩散电流占优势的单边p^+n结，有

$$J_s \approx \frac{qD_p}{L_p}\frac{n_i^2}{N_D} \tag{6-104}$$

由此可见，J_s都正比于n_i^2，即

$$J_s \propto n_i^2 \tag{6-105}$$

又根据第4章式（4-11）：

$$n_i \propto T^{3/2}\exp\left(-\frac{E_g}{2kT}\right) \tag{6-106}$$

由此可见，反向饱和电流密度J_s将随温度的升高而迅速增加。

2. 反向偏置下温度对pn结电流的影响

对于反向偏置的n^+p结，当$q|V| \gg kT$时，根据式（6-103）和式（6-73），并利用$L_n=\sqrt{\tau_n D_n}$，扩散电流密度与产生电流密度之比为

$$\frac{J_D}{J_{gd}} \approx \frac{J_s}{J_{gd}} = \frac{n_i L_n \tau_{gd}}{wN_A \tau_n} \tag{6-107}$$

同样，对于反向偏置的p^+n结，当$q|V| \gg kT$时，根据式（6-104）和式（6-73），并利用$L_p=\sqrt{\tau_p D_p}$，可得到电子扩散电流密度J_D与产生电流密度J_{gd}之比为

$$\frac{J_D}{J_{gd}} = \frac{n_i L_p \tau_{gd}}{wN_D \tau_p} \tag{6-108}$$

由此可见，反向偏置下，无论n^+p结还是p^+n结，扩散电流与产生电流之比均正比于本征载流子浓度n_i，也随温度的升高而增加。随着温度的增加，扩散电流最终会占优势。

6.4 pn结的结电容

如上所述，pn结的空间电荷区内存在着正、负电荷数相等的电偶层。在外电场的作用下，电偶层的宽度将随外界电压变化，因而电偶层的电量也随外加电压变化。

根据电容的定义 $C=\frac{\Delta Q}{\Delta V}=\frac{dQ}{dV}$，可求出 pn 结的电容。太阳电池是一个大面积的 pn 结，如果将其视为平行平板电容器，则根据泊松方程，$dQ=\varepsilon_s dF$，而 $dV\approx w dF$，因此单位面积的结电容为

$$C=\frac{\varepsilon_s}{w} \tag{6-109}$$

在小注入条件下，式（6-109）对任意杂质分布都能近似适用；在反偏时，符合得更好。将式（6-44）的 w 代入式（6-109），则得：

$$C=\sqrt{\frac{q\varepsilon_s N_B}{2(V_{bi}+V_R)}} \tag{6-110}$$

或写成：

$$\frac{1}{C^2}=\frac{2(V_{bi}+V_R)}{q\varepsilon_s N_B} \tag{6-111}$$

在用于太阳能发电的晶体硅太阳电池时，结电容对太阳电池工作特性并没有多大影响。但是，测量 pn 结的结电容，可为分析硅太阳电池性能提供一些很重要的参数。

若测出不同反偏时的结电容 C 值，并以 $\frac{1}{C^2}$、V_R 分别作为纵、横坐标作图，则直线的斜率给出衬底的杂质浓度 N_A，而截距给出自建电压 V_{bi}，并由此可算出耗尽区的宽度。另外，通过测量反偏电压和电容的关系，再作适当的微分变换，还可以直接求出杂质分布。

表 6-1 给出了 n^+p 硅太阳电池的结电容和对应的耗尽区宽度[6]。

表 6-1　n^+p 硅太阳电池的结电容和对应的耗尽区宽度

基区材料电阻率/(Ω·cm)	pn 结电容 C/(μF/cm²)	耗尽区宽度 w/μm
10	0.0145	0.75
1	0.038	0.28
0.1	0.106	0.098

6.5　浓　度　结

当导电类型相同但掺杂浓度不同的两种晶体硅相接触时，同样可形成具有电偶层和自建电场的浓度结（也称高低结或梯度结），如图 6-12 所示。

对于 p 型硅，热平衡时 pp^+ 浓度结界面处的接触势垒高度 qV_{bi2} 为

$$qV_{bi2}=E_{Fp}-E_{Fp^+} \tag{6-112}$$

类似于式（6-13），再考虑在热平衡下，多子浓度基本上等于掺杂浓度，$p_{p0}\approx$

N_A，$p_{p0}^+ \approx N_A^+$，即可导出：

$$V_{bi2}=\frac{kT}{q}\ln\frac{p_{p0}^+}{p_{p0}}=\frac{kT}{q}\ln\frac{N_A^+}{N_A} \tag{6-113}$$

式中，N_A^+为 p^+型区的杂质浓度，N_A为 p 型区的杂质浓度。

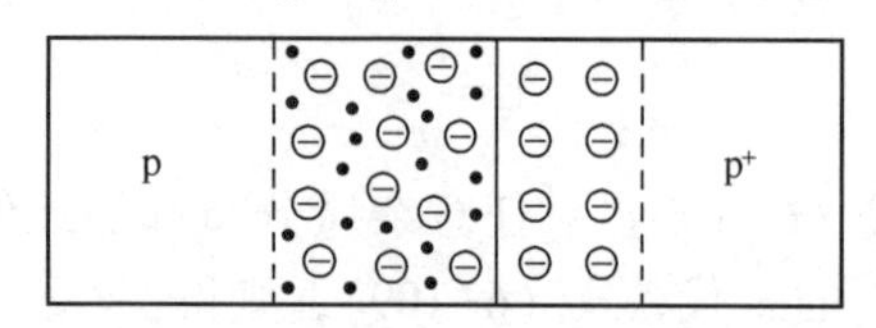

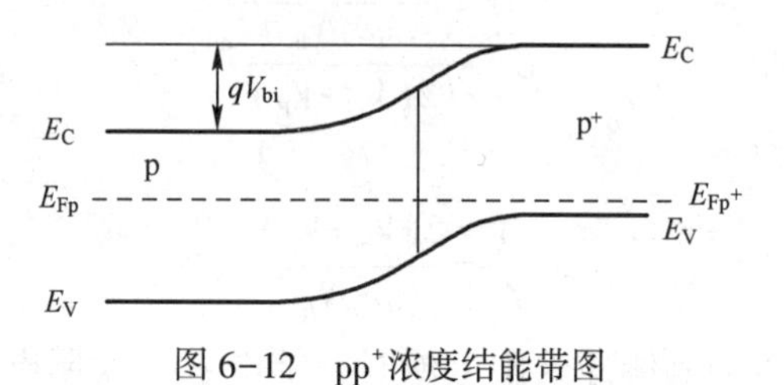

图 6-12 pp^+浓度结能带图

如果在 n^+p 结上再形成 pp^+结，那么 n^+pp^+结的总内建电势 V_{bi}应为式（6-13）与式（6-113）之和，即

$$V_{bi}=V_{bi1}+V_{bi2}=\frac{kT}{q}\ln\frac{N_D N_A}{n_i^2}+\frac{kT}{q}\ln\frac{N_A^+}{N_A}=\frac{kT}{q}\ln\frac{N_D N_A^+}{n_i^2} \tag{6-114}$$

式中，V_{bi1}为通常 pn 结的内建电势。

晶体硅太阳电池往往在靠近背面电极的地方设置高掺杂区，与基区形成浓度结，成为背面场，它不仅可以提高背面电极附近的收集效率，从而增加短路电流，还可以减小饱和电流，从而提高开路电压。

6.6 半导体 pn 结击穿

当对 pn 结施加的反向偏压增大到某一数值时，反向电流密度会突然迅速增大，这种现象称为 pn 结击穿。发生击穿时的反向偏压称为 pn 结的击穿电压。击穿现象是由于载流子数目的急剧增加引起的。

单片太阳电池不可能引起击穿，但太阳电池通常是串、并联使用的，因此在太阳电池电路中就有可能产生高电压击穿现象。

有 3 种机理可解释击穿现象：雪崩倍增击穿、隧穿效应击穿和热电击穿。对于硅 pn 结而言，通常认为击穿电压较小时，以隧穿效应击穿为主导；当击穿电压较大时，以雪崩倍增击穿为主导。实际上，在击穿过程中，这 3 种机制可能同时起作用。

在这里，我们针对 pn 结隧穿效应击穿，讨论粒子隧穿三角形势垒的隧穿效应[7]。隧穿效应在新颖太阳电池研发方面正在发挥重要作用，因此我们将在第 8 章和第 9 章中对其进行深入讨论。

6.6.1　半导体中规则形状势垒的隧穿效应

通过求解波动方程精确求解半导体中非矩形势垒的透射系数是非常困难的，在此先介绍一种简单明了的近似计算方法。

在势垒区域，设势垒高度为 $qV(x)$，电子动能为 E，电子射穿势垒的距离为 $x_2-x_1=\Delta x$，Δx 也就是电子射穿势垒宽度，如图 6-13 所示。相应的薛定谔波动方程为

$$-\frac{\hbar^2}{2m^*}\frac{d^2\Psi}{dx^2}+qV\Psi=E\Psi \quad 0\leqslant x\leqslant\Delta x$$

或

$$\frac{d^2\Psi}{dx^2}=\frac{2m_n^*(qV-E)}{\hbar^2}\Psi \tag{6-115}$$

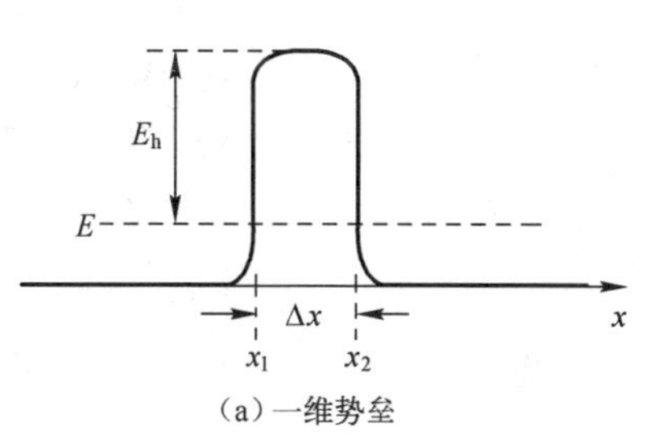

(a) 一维势垒

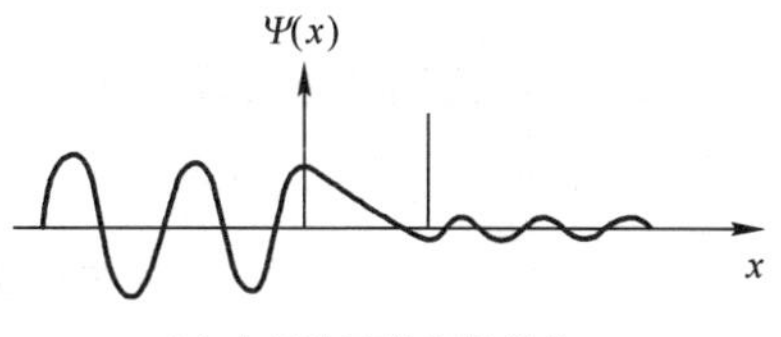

(b) 电子波函数穿越势垒

图 6-13　一维势垒和电子波函数穿越势垒示意图

该方程的解取决于$(qV-E)$。通常，我们按常理猜想在势垒区电子波函数按指数形式衰减。设其表达式为

$$\Psi(x)=\exp\phi(x) \tag{6-116}$$

利用式（6-116），可将电子穿过势垒的概率 T 表述为

$$T=\left|\frac{\Psi(x_2)}{\Psi(x_1)}\right|^2=e^{2[\phi(x_2)-\phi(x_1)]} \tag{6-117}$$

式中，x_1、x_2为势垒边界。

将式（6-116）代入式（6-115）得：

$$\frac{d^2\phi(x)}{dx^2}+\left(\frac{d\phi(x)}{dx}\right)^2+\frac{2m^*(E-qV)}{\hbar^2}=0 \tag{6-118}$$

由式（6-116）可见，$\phi(x)$与 $\Psi(x)$呈对数关系，这意味着 $\Psi(x)$对 x 的快速变化关系已转化为 $\phi(x)$对 x 的缓慢变化关系。对于慢变化函数的高阶导数通常是很小的，因此可以认为下式成立：

$$\frac{d^2\phi(x)}{dx^2}\ll\left(\frac{d\phi(x)}{dx}\right)^2 \tag{6-119}$$

于是式（6-118）变为

$$\frac{d\phi(x)}{dx}=-(2m^*/\hbar^2)^{1/2}(qV-E)^{1/2} \tag{6-120}$$

将式（6-120）两边乘以 dx，再从 x_1 到 x_2积分，得到：

$$\phi(x_2)-\phi(x_1)=-(2m^*/\hbar^2)^{1/2}\int_{x_1}^{x_2}(qV-E)^{1/2}dx \tag{6-121}$$

将式（6-121）代入式（6-117）得：

$$T = \exp\left[-2(2m^*/\hbar^2)^{1/2}\int_{x_1}^{x_2}(qV-E)^{1/2}\mathrm{d}x\right] \tag{6-122}$$

式（6-122）是电子隧穿势垒概率的一般表达式。

下面讨论与半导体 pn 结相关联的透射系数，同时也推导矩形和抛物线形势垒的透射系数。

如图 6-14（a）所示，对于三角形势垒，设 $x_1=-\Delta x$，$x_2=0$，则$(qV-E)$可表述为

$$qV-E=-(E_h/\Delta x)x \tag{6-123}$$

式中，E_h为势垒高度与电子能量之差。

将式（6-123）代入式（6-122），得到电子隧穿三角形势垒情况下的透射系数 $T_{三角形}$表达式为

$$T_{三角形}=\exp[-(4/3)(2m^*E_h/\hbar^2)^{1/2}\Delta x] \tag{6-124}$$

如图 6-14（b）所示，对于矩形势垒，势垒高度为恒定的，即

$$qV-E=E_h \tag{6-125}$$

将式（6-125）代入式（6-122），得到电子隧穿矩形势垒情况下的透射系数 $T_{矩形}$表达式为

$$T_{矩形}=\exp[-2(2m^*E_h/\hbar^2)^{1/2}\Delta x] \tag{6-126}$$

如图 6-14（c）所示，对于抛物线形势垒，设 $x=0$ 位于 x_1 与 x_2 中间，即 $x_1=-x_2$，则$(qV-E)$可表述为

$$qV-E=E_h-[4E_h/(\Delta x)^2]x^2 \tag{6-127}$$

将式（6-127）代入式（6-122），得到电子隧穿抛物线形势垒情况下的透射系数 $T_{抛物线形}$表达式为

$$T_{抛物线形}=\exp[-(\pi/2)(2m^*E_h/\hbar^2)^{1/2}\Delta x] \tag{6-128}$$

由式（6-124）、式（6-126）和式（6-128）可见，透射系数的指数正比于隧穿点的势垒宽度 Δx，也与势垒形状相关。对于指数项$[(2m^*E_h/\hbar^2)^{1/2}\Delta x]$前面表征势垒形状差异的系数，在三角形势垒时为 1.33，矩形势垒时为 2，抛物线形势垒时为 1.59。当势垒宽度较窄时，相对于高度 E_h，其形状对透射系数的影响比较小。

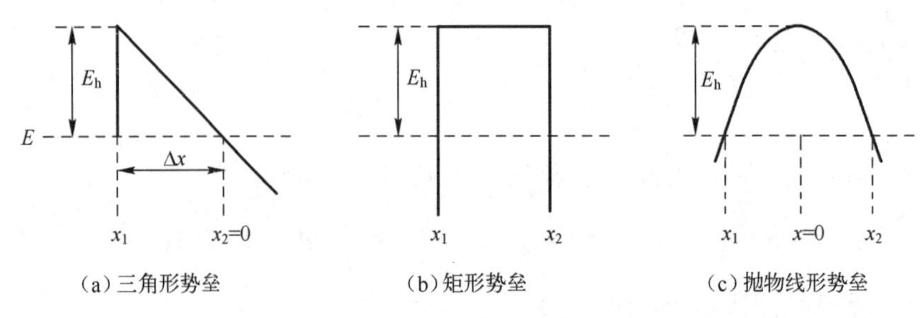

图 6-14　三角形势垒、矩形势垒、抛物线形势垒示意图

式（6-119）、式（6-120）和式（6-122）通常由量子力学中 WKB 准经典近似方法推导，这种方法的基本思路将在第 9 章中讨论。对于矩形势垒的简单情况，其近似解也可由波动方程直接导出（参见第 5 章）。

6.6.2　半导体 pn 结的隧穿效应击穿

在强电场的作用下，由于隧穿效应将使半导体中大量价电子直接穿过禁带进入导带，导致 pn 结被击穿，产生很大电流[7]。这种击穿也称齐纳击穿。

半导体 pn 结都存在由于能带弯曲引起的势垒，pn 结势垒的高度 $qV(x)$ 是距离 x 的函数。当 pn 结外加反向偏压 V 时，会增强势垒区的内建电场，使势垒变得更高、更陡。当外加反向偏压高到一定程度时，会使 p 型区的价带顶高于 n 型区的导带底，如图 6-15（a）所示。同时，价电子有可能直接穿过禁带跃迁到导带，即发生电子穿过禁带的隧穿。

当发生电子隧穿时，禁带所形成的势垒可近似地看作三角形势垒，如图 6-15（b）所示。

设势垒区电场强度 F 是平均值，于是在 x 点处的势垒高度 $qV(x)$ 可表示为

$$qV(x)=q|F|x+E \tag{6-129}$$

式中，E 为电子能量。

由图 6-15（b）可知，禁带与势垒宽度具有如下的关系式

$$E_g=q|F|d \tag{6-130}$$

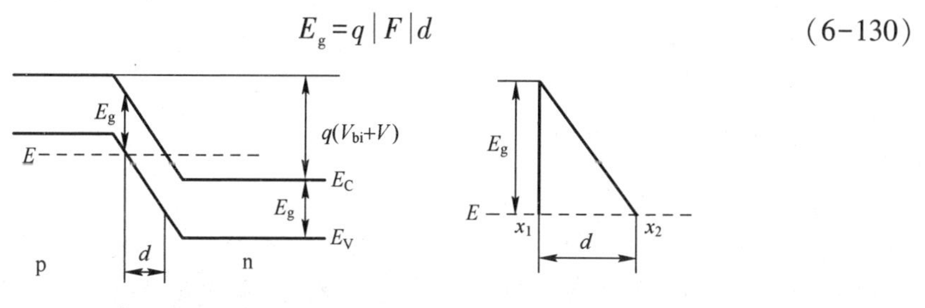

（a）反向偏压下 pn 结的能带结构　　（b）pn 结的近似三角形势垒

图 6-15　pn 结的三角形势垒

将上述两式代入式（6-122）的积分中，并取电场强度 F 为平均值，与 x 无关。于是从 0 到 d 对整个势垒区积分可得：

$$\begin{aligned}T &= \exp\left\{-\frac{2}{\hbar}(2m_n^*)^{1/2}\int_{x_1}^{x_2}[qV(x)-E]^{1/2}\mathrm{d}x\right\}\\ &= \exp\left\{-\frac{2}{\hbar}(2m_n^*)^{1/2}\int_0^d(q|F|x)^{1/2}\mathrm{d}x\right\}\\ &= \exp\left\{-\left(\frac{4}{3\hbar}\right)(2m_n^*)^{1/2}(q|F|)^{1/2}(d)^{3/2}\right\}\end{aligned} \tag{6-131}$$

由式（6-131）可知，势垒区电场强度 F 越大或势垒宽度 d 越小，电子隧穿概率 T 越大。

利用式（6-130）可得：

$$T=\exp\left\{-\left(\frac{2}{3\hbar}\right)(2m_n^*)^{1/2}E_g^{1/2}d\right\} \tag{6-132}$$

由于晶体硅的 $E_g=1.12\text{eV}$，$m_n^*=1.08\text{m}_0$，若要使隧穿系数 $T=10^{-10}$，则隧穿距离应小于 3.1nm。

按第 5 章式（5-203），隧穿电流 J_t 可表示为隧穿系数 T 与入射电流密度 J_{t0} 的乘积。更深入的微观机理分析认为，隧穿电流应与穿透势垒前面区域的电子数目、势垒区后面区域的未填满的空状态数和透射系数成正比。隧穿电流 J_t 应表示为

$$J_t=C_t\int g_A f_A g_B(1-f_B)T\text{d}E \tag{6-133}$$

式中：g_A 和 f_A 分别为势垒前面的起始区域Ⅰ的电子态密度和费米-狄拉克分布；g_B 和 f_B 分别为势垒后面的目标区域Ⅲ的电子态密度和费米-狄拉克分布；C_t 为常数：

$$C_t=\frac{qm^*}{2\pi^2\hbar^3}$$

当电场强度 F 大到一定程度，或者 d 小到一定程度时，由于隧穿效应，将使反向电流急剧增大，从而引发 pn 结隧道击穿。隧道击穿是 pn 结击穿的主要原因之一。一般认为当击穿电压小于 $\frac{4E_g}{q}$ 时，以隧穿效应击穿为主导；当击穿电压大于 $\frac{6E_g}{q}$ 时，以雪崩倍增击穿为主导。

有关由隧穿效应引起的隧穿电流，将在第 8 章中进行深入讨论。

6.6.3 pn 结的雪崩击穿

当 pn 结势垒区施加反向偏压，且反向偏压很大时，势垒区电场会很强，势垒区内的电子和空穴由于受到强电场的漂移作用，具有很大的动能。当它们与势垒区内的晶格原子发生碰撞时，能破坏晶格价键，撞出价键上的电子，使其成为导电电子，同时产生一个空穴，于是一个载流子变成了 3 个载流子。这 3 个载流子继续运动，产生新的电子-空穴对。如此一代接一代，载流子迅速繁殖倍增，形成载流子雪崩倍增效应，使势垒区单位时间内产生大量载流子，迅速增大反向电流，致使 pn 结雪崩击穿[2]。

雪崩击穿除了需要势垒区有强电场，还要势垒区有一定的宽度，使载流子在势垒区有足够的距离加速到产生雪崩倍增效应所需的动能。

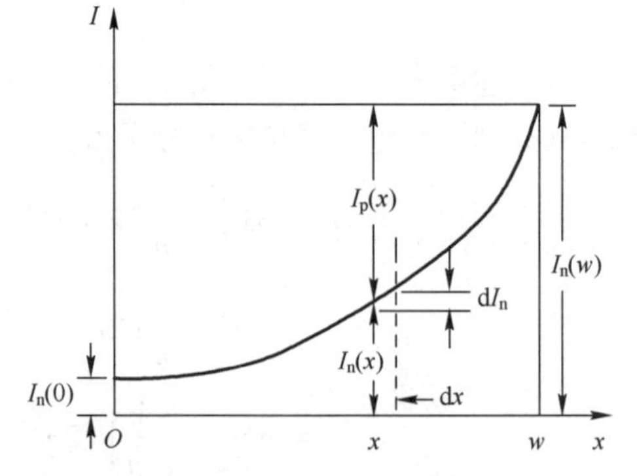

图 6-16　pn 结耗尽区入射电流的倍增

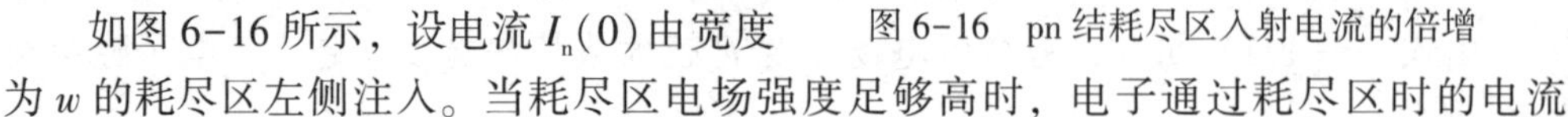

如图 6-16 所示，设电流 $I_n(0)$ 由宽度为 w 的耗尽区左侧注入。当耗尽区电场强度足够高时，电子通过耗尽区时的电流

$I_n(x)$将随距离 x 的增大雪崩倍增式增加，在 w 处达到 $I_n(w)=I$。这里 M_n 为倍增因子，其定义为

$$M_n \equiv \frac{I_n(w)}{I_n(0)} \tag{6-134}$$

类似地，空穴电流 $I_p(x)$ 从 $I_p(w)$ 增加到 $I_p(0)$。在稳态时，总电流 $I=I_n(x)+I_p(x)$ 为常数。在 x 处的电子电流增量等于在距离 dx 处每秒产生的电子-空穴对数目。设 α_n 和 α_p 分别为电子和空穴的电离率，则可得到：

$$\mathrm{d}(I_n(x)/q)=(I_n(x)/q)(\alpha_n \mathrm{d}x)+(I_p(x)/q)(\alpha_p \mathrm{d}x) \tag{6-135}$$

为简化计算，设 $\alpha_n(x)=\alpha_p(x)\equiv\alpha(x)$，则上式变为

$$\frac{\mathrm{d}I_n(x)}{\mathrm{d}x}=\alpha(x)\cdot(I_n(x)+I_p(x))=\alpha(x)\cdot I \tag{6-136}$$

对上式从 0 到 w 积分，得：

$$\frac{I_n(w)-I_n(0)}{I}=\int_0^w \alpha(x)\mathrm{d}x \tag{6-137}$$

雪崩击穿电压定义为当倍增因子 M_n 接近无限大时的电压。

当 $M_n=\dfrac{I_n(w)}{I_n(0)}\to\infty$，即 $I_n(w)\gg I_n(0)$ 时，$\dfrac{I_n(w)-I_n(0)}{I}=\dfrac{I_n(w)-I_n(0)}{I_n(w)+I_n(0)}\to 1$。

因此，由式（6-137）可得雪崩击穿条件为

$$\int_0^w \alpha(x)\mathrm{d}x=1 \tag{6-138}$$

电离率与电场强度的关系可由实验确定。利用式（6-138）可以计算雪崩倍增发生时的最大电场强度 F_{max}，称之为临界电场。实验表明，隧穿只发生在高掺杂浓度的半导体中。

在临界电场确定后，即可计算击穿电压 V_{break}。耗尽区的电压通过解泊松方程来确定。对于单边突变结，类似于 6.2.4 节对式（6-29）和式（6-37）的讨论，可得：

$$V_{break}=\frac{F_{max}w}{2}=\frac{\varepsilon_s F_{max}^2}{2qN_B} \tag{6-139}$$

式中，N_B 为轻掺杂侧的浓度，ε_s 为半导体介电常数。突变结的击穿电压随着 N_B 的增大而降低。

6.6.4　热电击穿

当 pn 结上施加反向电压时，流过 pn 结的反向饱和电流 J_s 会引起热损耗，产生大量热量。如果环境温度较高或散热条件不良，将引起结温上升。由式（6-67）$J_s\propto n_i^2$ 和第 4 章式（4-11）$n_i\propto T^{3/2}\exp\left(-\dfrac{E_g}{2kT}\right)$ 可见，反向饱和电流密度随温度 T 按指数规律上升，速度很快，产生的热能也迅速增大，反过来又导致结温上升，反向饱和电流密度增大。如此反复循环下去，最后使 J_s 无限增大而发生击穿。这种击穿

称为热电击穿。如果环境温度较高或散热条件较差，这种击穿将会起重要作用。

参考文献

[1] Shockley W. The Theory of p-n Junctions in Semiconductors and p-n Junction Transistors [J]. Bell System Technical Journal, 1949, 28 (3): 435-489.

[2] 施敏，李明逵. 半导体器件物理与工艺（第3版）[M]. 王明湘，赵鹤鸣译. 苏州：苏州大学出版社，2014.

[3] 施敏，伍国珏. 半导体器件物理 [M]. 耿莉，张瑞智译. 第3版. 西安：西安交通大学出版社，2008.

[4] Shockley W. Electrons and Holes in Semiconductors [M]. Princeton: VanNostrand, 1950.

[5] Grove A S. Physics and Technology of Semiconductor Devic [M]. New York: Wiley, 1967.

[6] Wang E Y, Legge R N. Semi-Empirical Calculation of Depletion Region Width in n^+/p Silicon Solar Cells [J]. Journal Eletrochemical Society, 1975, 122 (11).

[7] Talley H E, Daugherty D G. Physical Principles Semiconductor Devices [M]. Ames: Lowa State University Press, 1976.

第 7 章　晶体硅 pn 结太阳电池

本章将讨论晶体硅 pn 结太阳电池。由于这种太阳电池是由不同导电型号（n 型和 p 型）的同一种半导体材料——晶体硅组成的，为了与下面将要讨论的由不同性质的材料组成的异质 pn 结太阳电池相区别，我们称之为同质 pn 结太阳电池。

晶体硅 pn 结太阳电池发展最早，对其机理研究得也最透彻，也是所有太阳电池物理的理论基础。

本章先简要介绍理想太阳电池的输出特性，然后详细讨论同质 pn 结太阳电池的微观机理，最后讨论接近实际情况的太阳电池性能。

7.1　晶体硅太阳电池的光伏效应

现在最常用的 n^+/p 晶体硅太阳电池结构是在 p 型晶体硅硅片上扩散磷杂质形成 n^+ 型顶区，构成一个 pn^+ 结。顶区表面为栅状的金属顶电极（也称前电极），表面覆盖减反射膜，背面为金属底电极（也称背电极）。图 7-1 所示的是 n^+/p 晶体硅太阳电池的基本结构示意图。

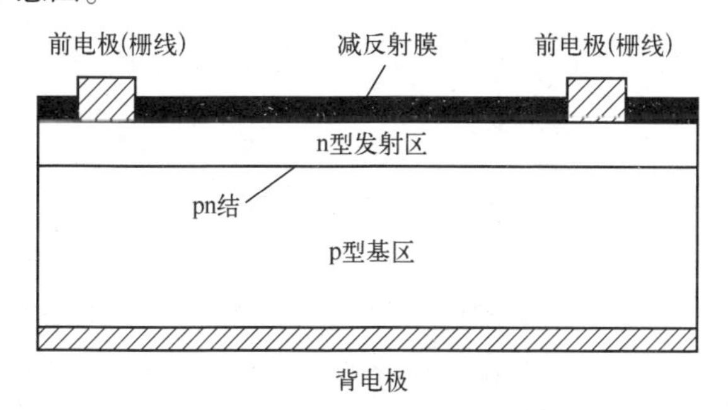

图 7-1　n^+/p 晶体硅太阳电池的基本结构示意图

设入射光垂直 pn 结面，光子将进入 pn 结区和半导体基区。对于能量大于禁带宽度的光子，由于本征吸收而在 pn 结的两侧产生电子-空穴对。在光激发下多子浓度改变很小，而少子浓度变化很大，光生少子的行为在太阳电池工作中起着主要作用。

进入耗尽区和在耗尽区产生的光生电子-空穴对将立即被内建电场分离。光生电子进入 n 型区，光生空穴进入 p 型区。在 n 型区，扩散到 pn 结边界的光生空穴（少子）受到内建电场的作用做漂移运动，越过耗尽区进入 p 型区，光生电子（多子）则被留在 n 型区。同样，p 型区的光生电子（少子）先扩散、后漂移而进入 n 型区，光生空穴（多子）留在 p 型区。于是 pn 结两侧积累了正、负电荷，产生了光生电动势。同时，在 pn 结内部形成自 n 型区流向 p 型区的光生电流。这就是 pn 结的光生伏打效应，简称光伏效应，也称光伏作用。由于光照在 pn 结两端产生光生电动势，相当于在 pn 结两端加上了正向电压 V，使势垒降低为 $qV_{bi}-qV$，产生正向电流 I_F。当外电路不接通时，pn 结的光生电流和正向电流相等，pn 结两端建立起稳定的电势差 V_{DC}（p 型区为正，n 型区为负），称之为太阳电池的开路电压。pn 结与外电路接通后，光照下外电路的负载上就会有电流通过，输出电能。这是太阳电池发电的基本原理。

太阳电池无光照时的暗特性与普通 pn 结二极管的电流-电压特性相同；当太阳电池受到光照时，其特性与正向偏压下 pn 结二极管的电流-电压特性相似。

普通 pn 结二极管和太阳电池的理想特性曲线和理想等效电路如图 7-2 所示。

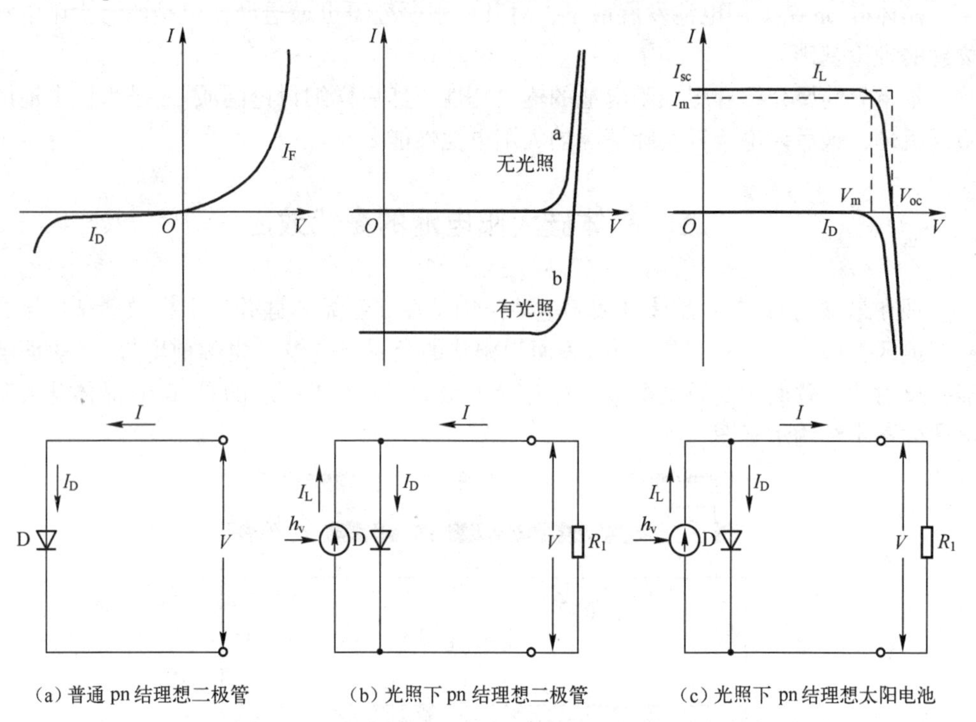

（a）普通 pn 结理想二极管　（b）光照下 pn 结理想二极管　（c）光照下 pn 结理想太阳电池

图 7-2　pn 结二极管和太阳电池的理想特性曲线和理想等效电路

图 7-3 所示为不同状态下晶体硅太阳电池 pn 结能带图。其中，图 7-3（a）所示为无光照时，处于热平衡状态下的 pn 结有统一的费米能级，势垒高度为 $qV_{bi}=E_{Fn}-E_{Fp}$。图 7-3（b）所示为在稳定光照且电池处于开路状态下，pn 结处于非平衡状态，光生载流子的积累导致开路电压的建立，pn 结处于正偏，费米能级发生分裂，分裂的宽度等于 qV_{oc}，势垒高度为 $q(V_{bi}-V_{oc})$。图 7-3（c）所示为在稳定光照且电池处在短路状态下，原来在 pn 结两端积累起来的光生载流子通过外电路复合，光电压消失，势垒高度为 qV_{bi}，各区的光生载流子不断地被内建电场分离，通过外接导线形成短路电流 I_{sc}。图 7-3（d）所示为有光照和外接负载时，一部分光电流流过负载，在负载上建立电压 V，相当于对 pn 结施加正向偏压 V；另一部分光电流与 pn 结在正向偏压 V_F 下形成的正向电流抵消；此时的费米能级分裂宽度等于 qV，势垒高度为 $q(V_{bi}-V)$。

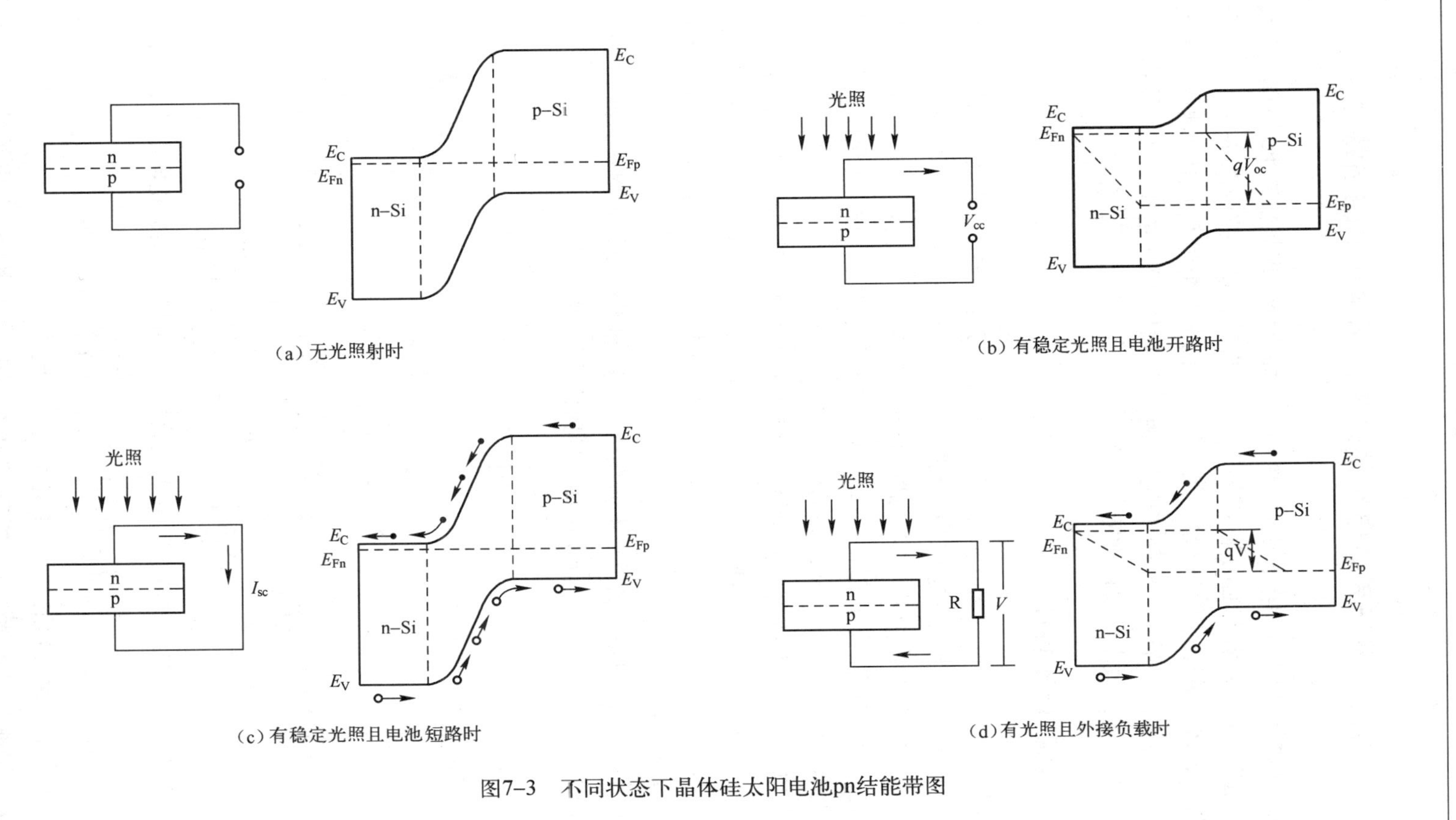

（a）无光照射时

（b）有稳定光照且电池开路时

（c）有稳定光照且电池短路时

（d）有光照且外接负载时

图7–3　不同状态下晶体硅太阳电池pn结能带图

7.2 基于等效电路的理想太阳电池的输出特性

为了清晰地分析太阳电池的基本原理，下面将先在理想情况下，根据 pn 结二极管等效电路，探讨太阳电池的基本输出特性。也就是说，按照图 7-2，将太阳电池作为理想 pn 结二极管的等效电路，忽略耗尽区的复合电流和太阳电池的寄生电阻等因素对太阳电池的影响，分析晶体硅太阳电池的理想电流-电压特性、输出功率、填充因子和光电转换效率等输出性能。

7.2.1 电流-电压特性

太阳电池作为发电的光电器件，反映其电流与电压关系的电流-电压特性是非常重要的。太阳电池的电流-电压特性有两种，一种是针对流经 pn 结电流的电流-电压特性，另一种是针对流经外电路负载的电流-电压特性，这两者的电流方向是相反的。在此，为了与前面讨论过的二极管 pn 结物理相衔接，先在简化模型下讨论太阳电池的光电流和光电压，分析理想的电流-电压特性。

太阳电池工作时有两个电流流经 pn 结：一是太阳电池 pn 结在光照下产生的光生电流 I_L，它从 pn 结输出流向负载；二是在光生电压 V 作用下的 pn 结正向电流 I_F，它从负载两端输出流入 pn 结。这两个电流方向相反。I_L 与 I_F 的差值为流经外电路上负载的电流 I。

光照下，pn 结的光生电压是正向偏压，按照理想二极管方程式，即式（6-62），在正向偏压 V 作用下，通过 pn 结的正向电流密度 J_F 为

$$J_F = J_s\left[\exp\left(\frac{qV}{kT}\right) - 1\right] \tag{7-1}$$

式中，J_s 为反向饱和电流密度：

$$J_s = \frac{qD_p}{L_p}\frac{n_i^2}{N_D} + \frac{qD_n}{L_n}\frac{n_i^2}{N_A}$$

根据 $n_i^2 = N_c N_v \exp\left(-\frac{E_g}{kT}\right)$，并利用 $L_p = \sqrt{\tau_p D_p}$，J_s 可表述为

$$J_s = \frac{I_s}{A} = qN_c N_v\left(\frac{1}{N_A}\sqrt{\frac{D_n}{\tau_n}} + \frac{1}{N_D}\sqrt{\frac{D_p}{\tau_p}}\right)\exp\left(\frac{-E_g}{kT}\right) \tag{7-2}$$

式（7-1）等号两边乘以太阳电池截面积 A，可得 pn 结的正向电流 I_F 表达式为

$$I_F = J_F \cdot A = I_s\left[\exp\left(\frac{qV}{kT}\right) - 1\right] \tag{7-3}$$

式中，V 为太阳电池的光生电压，I_s 为反向饱和电流。

当太阳电池作为 pn 结二极管时，接上负载电阻 R 后，按照电子学的 pn 结二极管的理想电流-电压特性和等效电路，通常将通过外电路流向 pn 结的电流方向作为

正方向，如图7-2（a）和（b）所示。这时，通过负载的电流 I^* 为

$$I^*=I_F-I_L=I_s\left[\exp\left(\frac{qV}{kT}\right)-1\right]-I_L \tag{7-4}$$

但是，在太阳电池中，由于是利用太阳电池作为能源对负载提供电能的，所以应该将光照下pn结产生的光电流流向负载的方向作为正方向，如图7-2（c）所示。为了避免混淆，约定以 I 表示由太阳电池流向负载的电流方向作为正方向，于是通过负载的电流 I 为

$$I=I_L-I_F=I_L-I_s\left[\exp\left(\frac{qV}{kT}\right)-1\right] \tag{7-5}$$

这就是太阳电池pn结上的电流-电压关系式，是太阳电池的理想电流-电压特性，其曲线如图7-2（c）所示。推导式（7-5）时，只考虑了负载电阻，忽略了太阳电池本身的串、并联电阻和电容的影响。图7-2（b）中的电流-电压特性曲线a和b分别为无光照和有光照时太阳电池的电流-电压特性。

从式（7-5）可得光生电压为

$$V=\frac{kT}{q}\ln\left(\frac{I_L-I}{I_s}+1\right) \tag{7-6}$$

当太阳电池与外电路接上的负载断开时，即在pn结开路情况下，$R=\infty$，pn结两端的电压 V 即为太阳电池开路电压 V_{oc}。由于流经负载R的电流 $I=0$，即 $I_L=I_F$，由式（7-6）可得 V_{oc} 为

$$V_{oc}=\frac{kT}{q}\ln\left(\frac{I_L}{I_s}+1\right) \tag{7-7}$$

由于通常 $I_L \gg I_s$，式（7-7）可简化为

$$V_{oc}=\frac{kT}{q}\ln\left(\frac{I_L}{I_s}\right) \tag{7-8}$$

当太阳电池与外电路接上的负载短路时，即在pn结短路的情况下，$V=0$，这时的电流称为太阳电池短路电流 I_{sc}。由于 $V=0$，因而 $I_F=0$。由式（7-5）可知，当 $I_L \gg I_s$ 时，短路电流近似等于光生电流，即

$$I_{sc}\approx I_L \tag{7-9}$$

在一定的入射光强照射下，$I_L \gg I_s$ 条件总能得到满足。

短路电流 I_{sc} 随光照强度线性上升，而 V_{oc} 则按式（7-8）随光照强度按对数规律增大。

于是，开路电压 V_{oc} 可表示为

$$V_{oc}=\frac{kT}{q}\ln\left(\frac{I_{sc}}{I_s}+1\right)\approx\frac{kT}{q}\ln\left(\frac{I_{sc}}{I_s}\right) \tag{7-10}$$

7.2.2 输出功率、填充因子和光电转换效率

按照式（7-5），负载上的输出功率 P 为

$$P = IV = I_L V - I_s\left[\exp\left(\frac{qV}{kT}\right) - 1\right]V \tag{7-11}$$

与负载的最大输出功率 P_m 相对应的电流和电压分别称为最大功率点电压 V_m 和最大功率点电流 I_m，这些参数可由式（7-11）通过求极值$\left(即\frac{dP}{dV}=0\right)$得到，即

$$\frac{dP}{dV} = (I_L + I_s) - I_s\frac{d(Ve^{\frac{qV}{kT}})}{dV} = (I_L + I_s) - I_s\left(1 + \frac{qV}{kT}\right)e^{\frac{qV}{kT}} = 0 \tag{7-12}$$

于是，

$$V_m = \frac{kT}{q}\ln\left(\frac{1 + I_L/I_s}{1 + qV_m/kT}\right) \tag{7-13}$$

由于在通常情况下，$I_L \gg I_s$，即$\frac{I_L}{I_s} \gg 1$，利用式（7-8），式（7-13）可简化为

$$V_m \approx \frac{kT}{q}\ln\left(\frac{I_L/I_s}{1 + qV_m/kT}\right) \approx V_{OC} - \frac{kT}{q}\ln\left(1 + \frac{qV_m}{kT}\right) \tag{7-14}$$

按照式（7-5），对应最大功率点电压 V_m 的最大功率点电流 I_m 为

$$I_m = I_L - I_s\left[\exp\left(\frac{qV_m}{kT}\right) - 1\right] = I_L + I_s - I_s\exp\left(\frac{qV_m}{kT}\right) \tag{7-15}$$

式（7-13）可改写为

$$\exp\left(\frac{qV_m}{kT}\right) = \frac{1 + I_L/I_s}{1 + qV_m/kT} \tag{7-16}$$

即

$$I_L + I_s = I_s\exp\left(\frac{qV_m}{kT}\right)(1 + qV_m/kT) \tag{7-17}$$

将式（7-17）代入式（7-15）又可得：

$$I_m = I_s\left(\frac{qV_m}{kT}\right)\exp\left(\frac{qV_m}{kT}\right) \tag{7-18}$$

另一方面，由式（7-15）和式（7-17）可导出 I_m 的另一种表达形式：

$$I_m = (I_L + I_s)\left[1 - \frac{1}{1 + (qV_m/kT)}\right] \tag{7-19}$$

考虑到 $I_L \gg I_s$，同时在室温（300K）下，$\frac{kT}{q} \approx 26\text{mV}$，所以通常 $V_m \gg \frac{kT}{q}$，此时 $1 + (qV_m/kT) \approx qV_m/kT$，于是可将式（7-19）近似表达为

$$I_m \approx I_L\left[1 - \frac{1}{(qV_m/kT)}\right] \tag{7-20}$$

太阳电池的最大功率 P_m 为

$$P_m = I_m V_m = I_L\left[1 - \frac{1}{qV_m/kT}\right]V_m = I_L\left[V_m - \frac{1}{(q/kT)}\right] \tag{7-21}$$

将式（7-14）代入式（7-21）得：

$$P_{m} \approx I_{L}\left[V_{OC}-\frac{kT}{q}\ln\left(1+\frac{qV_{m}}{kT}\right)-\frac{kT}{q}\right] \tag{7-22}$$

太阳电池的光电转换效率为

$$\eta_{c}=\frac{P_{m}}{P_{in}} \tag{7-23}$$

将式（7-22）代入式（7-23）得到

$$\eta_{c}=\frac{I_{L}\left[V_{OC}-\frac{kT}{q}\ln\left(1+\frac{qV_{m}}{kT}\right)-\frac{kT}{q}\right]}{P_{in}}=\mathrm{FF}\,\frac{I_{L}V_{oc}}{P_{in}} \tag{7-24}$$

式中：P_{in}为输入的光功率；FF 为填充因子：

$$\mathrm{FF}=\frac{I_{m}V_{m}}{I_{L}V_{OC}} \tag{7-25}$$

由 $I_{L}=I_{sc}$可得：

$$\mathrm{FF}=\frac{I_{m}V_{m}}{I_{sc}V_{oc}} \tag{7-26}$$

由此可见，FF 是最大输出功率与 $I_{sc}V_{oc}$之比，也就是图 7-2（c）中面积 $I_{sc}V_{oc}$与面积 $I_{m}V_{m}$之比。FF 越大，光电转换效率越高。由太阳电池的电流-电压特性曲线可见，最大输出功率越接近于 $I_{sc}V_{oc}$，输出功率越大。填充因子 FF 可理解为面积 $I_{m}V_{m}$填充面积 $I_{sc}V_{oc}$的比例。

将式（7-9）代入式（7-24），光电转换效率 η_{c}可表示为

$$\eta_{c}=\mathrm{FF}\,\frac{I_{sc}V_{oc}}{P_{in}} \tag{7-27}$$

7.3　基于微观机理的理想太阳电池输出特性

本节将通过分析太阳电池内部载流子的分布状态及运动情况，求解光照下电子和空穴的输运方程和泊松方程，获得太阳电池的电流-电压特性，更深入地了解太阳电池内部的微观机理与其性能参数之间的关系，为设计和改进太阳电池的性能奠定理论基础。

通常的以 p 型晶体硅作为基底的 $n^{+}p$ 结结构太阳电池如图 7-4 所示。它由 3 部分组成：掺杂浓度为 N_{A}、厚度为 w_{p}的 p 型区，称之为基区；掺杂浓度为 N_{D}、厚度为 w_{n}的 n 型区，称之为发射区；位于 n 型区和 p 型区之间的区域为势垒区，也称耗尽区。pn 结的界面称为冶金结，位于 $x=0$ 处，耗尽区在 p 型区和 n 型区中的宽度分别为 x_{p}和 x_{n}。势垒区两侧的 p 型区与 n 型区，通常称为中性区（均匀掺杂，不存在电场时）或准中性区（不均匀掺杂，存在电场时）。p 型区与 n 型区分别通过两侧表面的接触电极与外电路连接。前、后电极均为欧姆接触。

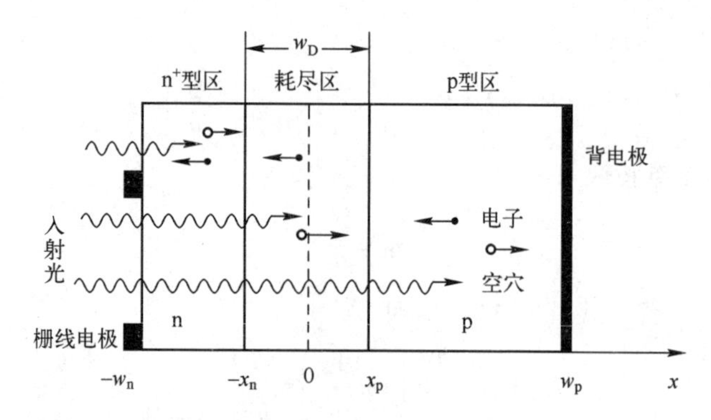

图 7-4 以 p 型晶体硅作为基底的 n^+p 结结构太阳电池

流过太阳电池的净电流是电子电流和空穴电流的代数和，净电流也称总电流。在稳态时，流过太阳电池 pn 结的净电流是与位置 x 无关的常数，因此可以选取任一点位置的电流代表净电流。在下面的分析中，指定 n 型区与耗尽区的交界位置 $x=-x_n$ 处的电流代表电池的净电流。

7.3.1 太阳电池 n 型区和 p 型区电场强度为恒定值时的光谱电流-电压特性

首先讨论波长为 λ、辐射通量密度为 $\Phi(\lambda)$ 的单色辐射光照射下太阳电池所产生的电流密度，称之为光谱电流密度。按普朗克公式，$E=h\nu=\dfrac{hc}{\lambda}$（$c$ 为光速），波长为 λ 的辐射也可表示为光谱能量为 E 的光子通量密度 $\Phi(E)$，二者是等效的。

如上所述，由于半导体的 p 型区和 n 型区的多子浓度是由掺杂浓度决定的。太阳电池的 pn 结通常采用扩散掺杂方法制备，p 型区和 n 型区为非均匀掺杂，n 型区或 p 型区的表面杂质浓度显著高于体内，其分布可以是正态分布（又称高斯分布）或余误差分布等，导致太阳电池除了在势垒区有电场，在 n 型区或 p 型区也存在漂移电场，因此 n 型区或 p 型区的电流密度应由少子扩散电流密度和少子漂移电流密度组成。确定 n 型区和 p 型区的边界条件后，通过求解少子连续方程式（5-184）和式（5-185），可获得电池的输出电流密度。

由于存在电场，使得电池中各区域内的扩散系数、少子寿命等实际上都不是常数，但为了简化计算，仍假设：这些参数是与距离 x 无关的常数；光生电子-空穴对的量子产额 $Q=1$；太阳电池的 pn 结是突变结。

1. 边界条件

现在，大多数晶体硅太阳电池都是在 p 型硅片上通过扩散形成 n 型发射层的，所以下面就以这类电池为例进行讨论。

如上所说，求解少子连续方程以获得电池的输出电流密度，首先需要确定 n 型区和 p 型区的边界条件。

(1) n 型区的边界条件。

在 n 型区前表面($-w_n$处)的少子浓度 p_n与表面复合有很大关系。前表面的复合分为两种，一是金属栅线与电池表面接触区域的复合，二是栅线之间的具有减反射钝化层的电池表面区域的复合。由于欧姆接触表面复合速度趋向无限大，过剩少子浓度 $\Delta p_n(-w_n)=p_n(-w_n)-p_{n0}=0$。然而，具有减反射钝化层的电池表面复合速度相对比较小。为计算简单计，将这两部分表面复合综合在一起考虑，用有效表面复合速度 s_{Feff}表述总的前表面复合。

在不考虑电场的情况下，参照第 5 章式（5-202），可得表面 $x=-w_n$处的边界条件为

$$J_p(-w_n)=-qs_{\text{Feff}}\Delta p_n(-w_n)=-qD_p\left.\frac{\mathrm{d}\Delta p_n(x)}{\mathrm{d}x}\right|_{x=-w_n}$$

在存在电场的情况下，表面扩散电流密度$-qD_p\left.\frac{\mathrm{d}\Delta p_n(x)}{\mathrm{d}x}\right|_{x=-w_n}$与电场引起的漂移电流密度 $q\mu_p F_n p_n$之和，应等于表面被复合的电荷量$-qs_{\text{Feff}}\Delta p_n(-w_n)$。

于是，$x=-w_n$处的边界条件应表示为

$$\left.\frac{D_p\Delta p_n(x)}{\mathrm{d}x}\right|_{x=-w_n}-\frac{1}{D_p}\mu_p F_n p_n=\left.\frac{\mathrm{d}\Delta p_n(x)}{\mathrm{d}x}\right|_{x=-w_n}-\frac{1}{D_p}\mu_p F_n\Delta p_n(-w_n)-\frac{1}{D_p}\mu_p F_n p_{n0}$$

$$=\frac{s_{\text{Feff}}}{D_p}\Delta p_n(-w_n)\tag{7-28}$$

式中：p_{n0}为 n 型区平衡态的少子浓度；Δp_n为过剩空穴的浓度，$\Delta p_n=p_n-p_{n0}$。

> 说明　在大注入（$\Delta p_n\gg p_{n0}$）的情况下，由于 $p_n=p_{n0}+\Delta p_n\approx\Delta p_n$，所以式（7-28）中的$\frac{1}{D_p}\mu_p F_n p_{n0}$项可以被忽略。

n 型区与势垒区边界 $x=-x_n$的空穴浓度可由式（6-53）表示，即

$$p_n(-x_n)=p_{n0}\mathrm{e}^{qV/kT}$$

或改写为

$$\Delta p_n(-x_n)=p_n(-x_n)-p_{n0}(-x_n)=p_{n0}(\mathrm{e}^{qV/kT}-1)\tag{7-29}$$

应用质量作用定律，n 型区平衡态少子浓度为

$$p_{n0}=\frac{n_i^2}{n_{n0}}\approx\frac{n_i^2}{N_D}$$

于是 $x=-x_n$处的空穴浓度也可表示为

$$p_n(-x_n)=\frac{n_i^2}{N_D}\mathrm{e}^{qV/kT}\tag{7-30}$$

（2）p 型区的边界条件。

在太阳电池的基区表面不进行重掺杂时，其背表面是理想的欧姆接触，在 $x=w_p$处，$\Delta n_p(w_p)=0$。但是，当背表面重掺杂制得pp^+浓度结时，形成的背表面场使少子在未到达电极前就返回电池中，这样可提高少子的收集率，其作用相当于降低了表面的少子复合速度。因此，背表面复合也可用有效表面复合速度 s_{BSF}表征。于是，参照第 5 章式（5-200），在不考虑电场的情况下，$x=w_p$的边界条件为

$$\left.\frac{d\Delta n_p}{dx}\right|_{x=w_p}=-\frac{s_{BSF}}{D_n}\Delta n_p(w_p)$$

在存在电场的情况下，背表面扩散电流密度 $qD_n\left.\frac{d\Delta n_p}{dx}\right|_{x=w_p}$ 与电场引起的漂移电流密度 $q\mu_n F_p n_p$之和，应等于背表面被复合的电荷量$-qs_{BSF}\Delta n_p(w_p)$。

于是，在 $x=w_p$的边界条件为

$$\left.\frac{d\Delta n_p}{dx}\right|_{x=w_p}+\frac{1}{D_n}\mu_n F_p\Delta n_p(w_p)+\frac{1}{D_n}\mu_n F_p n_{p0}=-\frac{s_{BSF}}{D_n}\Delta n_p(w_p) \tag{7-31}$$

在 p 型区与势垒区边界 $x=x_p$处，电子浓度为

$$\Delta n_p(x_p)=n_p(x_p)-n_{p0}(x_p)=n_{p0}(e^{qV/kT}-1)=\frac{n_i^2}{N_A}(e^{qV/kT}-1) \tag{7-32}$$

2. 光谱产生率

求解光照下载流子的连续性方程，还需要明确光谱产生率。

以波长为 λ 的单色辐射光 $\Phi(\lambda)$照射，光从电池前表面($x=-w_n$)处进入电池的单色光子密度为

$$\Phi_0(\lambda)=(1-s)[1-R(\lambda)]\Phi(\lambda) \tag{7-33}$$

式中，$\Phi(\lambda)$为入射光子流光谱密度，代表单位时间、单位面积入射的光子能量为 $E=hc/\lambda$ 的光子数。

光子被吸收后，转变为电子-空穴对，参照第 5 章式（5-69），在电池中距离为 x 处单位面积的光生载流子产生率为

$$G(\lambda,x)=-\frac{d\Phi_0(\lambda)}{dx}Q(\lambda)=(1-s)[1-R(\lambda)]\Phi(\lambda)Q(\lambda)\alpha(\lambda)\exp[-\alpha(\lambda)(x+w_n)] \tag{7-34}$$

式中：负号表示由于吸收，光子数量减少；$\alpha(\lambda)$为硅材料的光子吸收系数。

能量大于禁带宽度 E_g复色光，即波长 $\lambda\leqslant hc/E_g$的复色光，从前表面 $x=-w_n$处入射，其产生率 G 为

$$G(x)=(1-s)\int_{\lambda\leqslant hc/E_g}[1-R(\lambda)]\Phi(\lambda)\alpha(\lambda)Q(\lambda)\exp[-\alpha(\lambda)(x+w_n)]d\lambda \tag{7-35}$$

对于载流子产生率，除了设定吸收的每个光子都产生一对电子-空穴，即式（7-34）中 $Q=1$，还需要考虑位于太阳电池前电极的遮光影响。前电极面积占电

池面积的分数 s 称为电池的电极遮蔽因子。当电池面积为 A 时，其实际受光面积为 $(1-s)A$。对于厚度很薄的太阳电池，还应减去透射光，只是在通常情况下，透射光很弱，可以忽略。

将上述边界条件，以及载流子产生、复合的表达式，应用于求解少子浓度的连续性方程式（5-184）和式（5-185），可获得 n 型区和 p 型区的少子浓度。

3. n 型区和 p 型区的光谱电流密度

计算太阳电池的输出电流密度时，与入射光相关的量主要是式（5-184）和式（5-185）中的载流子产生率 G。按照对 G 的计算方法不同，有两种计算太阳电池输出电流密度的方法：一种是通过载流子浓度方程，先计算波长为 λ 的单色光照射下的光谱电流密度 $J(\lambda)$，然后在有效的太阳辐射波段范围内对光谱电流密度积分，求出太阳电池总的输出光电流密度；另一种是通过载流子浓度方程，先计算电池在太阳光谱所有有效波长范围内的光生载流子产生率 G，再求得太阳电池的输出电流密度[1]。在此主要讨论前一种计算方法，后一种计算方法将在附录 A 中介绍。

下面仍以在 p 型晶体硅硅片基底上扩散形成 n 型发射层的晶体硅太阳电池为例进行讨论。

（1）n 型半导体区域的空穴浓度和电流密度。

根据第 5 章式（5-184）和式（5-185），在电场不随距离 x 变化的情况下，n 型中性区稳态时的空穴连续性方程为

$$-D_p\frac{d^2p_n}{dx^2}+\mu_pF_n\frac{dp_n}{dx}+\frac{p_n-p_{n0}}{\tau_p}-G_p=0 \tag{7-36}$$

以波长为 λ 的辐射通量密度为 $\Phi(\lambda)$ 的单色辐射对太阳电池照射，光辐射从电池前表面($x=-w_n$)处进入电池，光子被吸收后，转变为电子-空穴对，其空穴产生率 G_p 用式（7-34）表示，即

$$G_p(\lambda,x)=(1-s)[1-R(\lambda)]\Phi(\lambda)Q(\lambda)\alpha(\lambda)\exp[-\alpha(\lambda)(x+w_n)]$$

按式（7-33），再利用空穴的寿命 τ_p 与扩散长度 L_p 的关系式 $\tau_p=\dfrac{L_p^2}{D_p}$，计算过剩少子（即空穴）的浓度 p_n，即

$$\frac{d^2\Delta p_n}{dx^2}-\frac{\mu_pF_n}{D_p}\frac{d\Delta p_n}{dx}-\frac{\Delta p_n}{L_p^2}=-\frac{(1-s)[1-R(\lambda)]\alpha(\lambda)\Phi(\lambda)Q(\lambda)\exp[-\alpha(\lambda)(x+w_n)]}{D_p} \tag{7-37}$$

式中，$Q(\lambda)=1$。

这是二阶常系数非齐次线性微分方程，采用求解二阶常系数非齐次线性方程的方法，可获得方程的通解

$$\Delta p_n(\lambda,x)=A_ne^{\lambda_1(x)}+B_ne^{\lambda_2(x)}+\Delta p_n^*(x) \tag{7-38}$$

式中，A_n 和 B_n 为任意常数，可通过边界条件式（7-28）和式（7-31）确定。

$\Delta p_n^*(\lambda,x)$ 是特解，由载流子的产生率 $G(x)$ 确定。由于式（7-37）等号右侧非

齐次项为 $\exp[-\alpha(\lambda)(x+w_n)]$，可以按二阶常系数非齐次线性微分方程的特解公式求得（参见附录 A）：

$$\Delta p_n^*(\lambda,x)=-\frac{(1-s)[1-R]\alpha\Phi\exp[-\alpha(x+w_n)]L_p^{*2}}{D_p[L_p^{*2}(\alpha+F_n^*)^2-1]} \tag{7-39}$$

下面推导 n 型区的电流密度。由于 n 型区存在电场，除了扩散电流密度，还应考虑漂移电流密度，所以求解电流密度方程式比较复杂，具体的推导过程见附录 A。

按照第 5 章式（5-52），n 型区少子（即空穴）的电流密度为

$$J_p(\lambda,x)=-qD_p\frac{dp(x)}{dx}+q\mu_pF_np(x)$$

为了便于后续公式的推导，可以利用 μ_p 与 D_p 的关系式 $\mu_p=\frac{qD_p}{kT}$，以及 n 型区折合电场的定义式 $F_n^*=\frac{qF_n}{2kT}=\frac{\mu_pF_n}{2D_p}$（参见附录 A），将空穴的电流密度表示为

$$J_p(\lambda,x)=-qD_p\frac{dp(x)}{dx}+q\mu_pF_np(x)=-qD_p\frac{dp(x)}{dx}+2qD_pF_n^*p(x)$$

考虑到 $\Delta p_n(x)=p_n(x)-p_{n0}$，可得到：

$$J_p(\lambda,x)=-qD_p\frac{dp(x)}{dx}+2qD_pF_n^*p(x)=-qD_p\frac{d\Delta p_n}{dx}+2qF_n^*D_p\Delta p_n(x)+2qF_n^*D_pp_{n0}$$

$$=-qD_p\left\{\left[\frac{[p_{n0}(e^{qV/kT}-1)-\Delta p_n^*(-x_n)](T_{n1}^*+T_{n2}^*)e^{-F_n^*(w_n-x_n)}+\Delta p_n^*(-w_n)\left(\frac{s_{Feff}}{D_p}+2F_n^*\right)-\left.\frac{d\Delta p_n^*(x)}{dx}\right|_{x=-w_n}+2F_n^*p_{n0}}{2e^{-w_nF_n^*}e^{\frac{-x_n}{L_p^*}}T_{n1}^*}\right]\right.$$

$$\left(F_n^*+\frac{1}{L_p^*}\right)e^{\left(F_n^*+\frac{1}{L_p^*}\right)x}+\left[\frac{[p_{n0}(e^{qV/kT}-1)-\Delta p_n^*(-x_n)](T_{n1}^*-T_{n2}^*)e^{-F_n^*(w_n-x_n)}-+\left.\frac{d\Delta p_n^*(x)}{dx}\right|_{x=-w_n}-2F_n^*p_{n0}}{2e^{-w_nF_n^*}e^{\frac{x_n}{L_p^*}}T_{n1}^*}\right]_n$$

$$\left.\left(F_n^*-\frac{1}{L_p^*}\right)e^{(F_n^*-\frac{1}{L_p^*})x}+\frac{d\Delta p_n^*(x)}{dx}\right\}+$$

$$2qF_n^*D_p\left\{\left[\frac{[p_{n0}(e^{qV/kT}-1)-\Delta p_n^*(-x_n)](T_{n1}^*+T_{n2}^*)e^{-F_n^*(w_n-x_n)}+\Delta p_n^*(-w_n)\left(\frac{s_{Feff}}{D_p}+2F_n^*\right)-\left.\frac{d\Delta p_n^*(x)}{dx}\right|_{x=-w_n}+2F_n^*p_{n0}}{2e^{-w_nF_n^*}e^{\frac{-x_n}{L_p^*}}T_{n1}^*}\right]\right.$$

$$e^{(F_n^*+\frac{1}{L_p^*})x}+$$

$$\left[\frac{[p_{n0}(e^{qV/kT}-1)-\Delta p_n^*(-x_n)](T_{n1}^*-T_{n2}^*)e^{-F_n^*(w_n-x_n)}-\left(\frac{s_{Feff}}{D_p}+2F_n^*\right)\Delta p_n^*(-w_n)+\left.\frac{d\Delta p_n^*(x)}{dx}\right|_{x=-w_n}-2F_n^*p_{n0}}{2e^{-w_nF_n^*}e^{\frac{x_n}{L_p^*}}T_{n1}^*}\right]_n$$

$$\left.e^{\left(F_n^*-\frac{1}{L_p^*}\right)x}+\Delta p_n^*(x)\right\}+2qF_n^*D_pp_{n0} \tag{7-40}$$

在 n 型区与耗尽区交界处的电流密度为

$$J_{\mathrm{p}}(\lambda,-x_{\mathrm{n}})=-qD_{\mathrm{p}}\left\{F_{\mathrm{n}}^{*}\left[p_{\mathrm{n0}}(\mathrm{e}^{qV/kT}-1)-\Delta p_{\mathrm{n}}^{*}(-x_{\mathrm{n}})\right]+\right.$$

$$\left[\frac{[p_{\mathrm{n0}}(\mathrm{e}^{qV/kT}-1)-\Delta p_{\mathrm{n}}^{*}(-x_{\mathrm{n}})](T_{\mathrm{n2}}^{*})\mathrm{e}^{-F_{\mathrm{n}}^{*}(w_{\mathrm{n}}-x_{\mathrm{n}})}+\Delta p_{\mathrm{n}}^{*}(-w_{\mathrm{n}})\left(\frac{s_{\mathrm{Feff}}}{D_{\mathrm{p}}}+2F_{\mathrm{n}}^{*}\right)-\left.\frac{\mathrm{d}\Delta p_{\mathrm{n}}^{*}(x)}{\mathrm{d}x}\right|_{x=-w_{\mathrm{n}}}+2F_{\mathrm{n}}^{*}p_{\mathrm{n0}}}{L_{\mathrm{p}}^{*}T_{\mathrm{n1}}^{*}}\right]$$

$$\left.\mathrm{e}^{F_{\mathrm{n}}^{*}(w_{\mathrm{n}}-x_{\mathrm{n}})}+\left.\frac{\mathrm{d}\Delta p_{\mathrm{n}}^{*}(x)}{\mathrm{d}x}\right|_{x=-x_{\mathrm{n}}}\right\}+2qF_{\mathrm{n}}^{*}D_{\mathrm{p}}p_{\mathrm{n0}}(\mathrm{e}^{qV/kT}-1)+2qF_{\mathrm{n}}^{*}D_{\mathrm{p}}p_{\mathrm{n0}} \tag{7-41}$$

式中，为了表达简洁，定义了以下参数：

$$F_{\mathrm{n}}^{*}=\frac{qF_{\mathrm{n}}}{2kT}=\frac{\mu_{\mathrm{p}}F_{\mathrm{n}}}{2D_{\mathrm{p}}} \tag{7-42}$$

$$\frac{1}{L_{\mathrm{p}}^{*}}=\sqrt{\left(\frac{qF_{\mathrm{n}}}{2kT}\right)^{2}+\frac{1}{L_{\mathrm{p}}^{2}}} \tag{7-43}$$

$$T_{\mathrm{n1}}^{*}=\frac{1}{L_{\mathrm{p}}^{*}}\cosh\left(\frac{w_{\mathrm{n}}-x_{\mathrm{n}}}{L_{\mathrm{p}}^{*}}\right)+\left(F_{\mathrm{n}}^{*}+\frac{s_{\mathrm{Feff}}}{D_{\mathrm{p}}}\right)\sinh\left(\frac{w_{\mathrm{n}}-x_{\mathrm{n}}}{L_{\mathrm{p}}^{*}}\right) \tag{7-44}$$

$$T_{\mathrm{n2}}^{*}=\frac{1}{L_{\mathrm{p}}^{*}}\sinh\left(\frac{w_{\mathrm{n}}-x_{\mathrm{n}}}{L_{\mathrm{p}}^{*}}\right)+\left(F_{\mathrm{n}}^{*}+\frac{s_{\mathrm{Feff}}}{D_{\mathrm{p}}}\right)\cosh\left(\frac{w_{\mathrm{n}}-x_{\mathrm{n}}}{L_{\mathrm{p}}^{*}}\right) \tag{7-45}$$

$$\Delta p_{\mathrm{n}}^{*}(\lambda,x)=-\frac{(1-s)(1-R)\alpha\Phi\mathrm{e}^{-\alpha w_{\mathrm{n}}}L_{\mathrm{p}}^{*2}}{D_{\mathrm{p}}[L_{\mathrm{p}}^{*2}(\alpha-F_{\mathrm{n}}^{*})^{2}-1]}\mathrm{e}^{-\alpha x} \tag{7-46}$$

这里，F 和 T 的下标“n”表示其为 n 型区的值。

（2）p 型半导体区域的电子浓度和电流密度。

p 型半导体的电子连续性方程为

$$D_{\mathrm{n}}\frac{\mathrm{d}^{2}n_{\mathrm{p}}}{\mathrm{d}x}+\mu_{\mathrm{n}}F_{\mathrm{p}}\frac{\mathrm{d}n_{\mathrm{p}}}{\mathrm{d}x}-\frac{n_{\mathrm{p}}-n_{\mathrm{p0}}}{\tau_{\mathrm{n}}}+G_{\mathrm{n}}=0 \tag{7-47}$$

以波长为 λ 的单色光 $\Phi(\lambda)$ 照射，光从电池前表面($x=-w_{\mathrm{n}}$)处进入电池，光子被吸收后，转变为电子-空穴对。n 型区和 p 型区都是同质晶体硅材料，因此可以认为光子吸收系数 $\alpha(\lambda)$ 是一样的，其电子产生率 G_{n} 仍为

$$G_{\mathrm{n}}(\lambda,x)=(1-s)[1-R(\lambda)]\alpha(\lambda)\Phi(\lambda)Q(\lambda)\exp[-\alpha(\lambda)(x+w_{\mathrm{n}})]$$

于是得到：

$$\frac{\mathrm{d}^{2}\Delta n_{\mathrm{p}}}{\mathrm{d}x^{2}}+\frac{\mu_{\mathrm{n}}F_{\mathrm{p}}}{D_{\mathrm{n}}}\frac{\mathrm{d}\Delta n_{\mathrm{p}}}{\mathrm{d}x}-\frac{\Delta n_{\mathrm{p}}}{L_{\mathrm{n}}^{2}}=-\frac{(1-s)[1-R(\lambda)]\alpha(\lambda)\Phi(\lambda)Q(\lambda)\exp[-\alpha(x+w_{\mathrm{n}})]}{D_{\mathrm{n}}} \tag{7-48}$$

按照二阶非齐次线性微分方程的求解方法，可获得 p 型区存在电场时的少子(即电子) 电流密度，具体的推导过程见附录 A。电子的电流密度为

$$J_{\mathrm{n}}(\lambda,x)=qD_{\mathrm{n}}\frac{\mathrm{d}n(x)}{\mathrm{d}x}+q\mu_{\mathrm{n}}F_{\mathrm{p}}n(x)=qD_{\mathrm{n}}\frac{\mathrm{d}\Delta n_{\mathrm{p}}(x)}{\mathrm{d}x}+2qF_{\mathrm{p}}^{*}D_{\mathrm{n}}\Delta n_{\mathrm{p}}(x)-2qF_{\mathrm{p}}^{*}D_{\mathrm{n}}n_{\mathrm{p0}}=$$

$$qD_{\mathrm{n}}\left\{\frac{[n_{\mathrm{p0}}(\mathrm{e}^{qV/kT}-1)-\Delta n_{\mathrm{p}}^{*}(x_{\mathrm{p}})](T_{\mathrm{p1}}^{*}-T_{\mathrm{p2}}^{*})\mathrm{e}^{-F_{\mathrm{p}}^{*}(w_{\mathrm{P}}-x_{\mathrm{p}})}-\left.\frac{\mathrm{d}\Delta n_{\mathrm{p}}^{*}(x)}{\mathrm{d}x}\right|_{x=w_{\mathrm{P}}}-\left(\frac{s_{\mathrm{BSF}}}{D_{\mathrm{n}}}+2F_{\mathrm{p}}^{*}\right)\Delta n_{\mathrm{p}}^{*}(w_{\mathrm{P}})-2F_{\mathrm{p}}^{*}n_{\mathrm{p0}}}{2\mathrm{e}^{-F_{\mathrm{p}}^{*}w_{\mathrm{P}}}T_{\mathrm{p1}}^{*}}\right.$$

$$\left(-F_{\mathrm{p}}^{*}+\frac{1}{L_{\mathrm{n}}^{*}}\right)\mathrm{e}^{\left(-F_{\mathrm{p}}^{*}+\frac{1}{L_{\mathrm{n}}^{*}}\right)x}+$$

$$\frac{[n_{\mathrm{p0}}(\mathrm{e}^{qV/kT}-1)-\Delta n_{\mathrm{p}}^{*}(x_{\mathrm{p}})](T_{\mathrm{p1}}^{*}+T_{\mathrm{p2}}^{*})\mathrm{e}^{-F_{\mathrm{p}}^{*}(w_{\mathrm{P}}-x_{\mathrm{p}})}+\left.\frac{\mathrm{d}\Delta n_{\mathrm{p}}^{*}(x)}{\mathrm{d}x}\right|_{x=w_{\mathrm{P}}}+\left(\frac{s_{\mathrm{BSF}}}{D_{\mathrm{n}}}+2F_{\mathrm{p}}^{*}\right)\Delta n_{\mathrm{p}}^{*}(w_{\mathrm{P}})+2F_{\mathrm{p}}^{*}n_{\mathrm{p0}}}{2\mathrm{e}^{-F_{\mathrm{p}}^{*}w_{\mathrm{P}}}T_{\mathrm{p1}}^{*}}$$

$$\left.\left(-E_{\mathrm{p}}^{*}-\frac{1}{L_{\mathrm{n}}^{*}}\right)\mathrm{e}^{\left(-F_{\mathrm{p}}^{*}-\frac{1}{L_{\mathrm{n}}^{*}}\right)x}+\frac{\mathrm{d}\Delta n_{\mathrm{p}}^{*}(x)}{\mathrm{d}x}\right\}+$$

$$2qF_{\mathrm{n}}^{*}D_{\mathrm{n}}\left\{\frac{[n_{\mathrm{p0}}(\mathrm{e}^{qV/kT}-1)-\Delta n_{\mathrm{p}}^{*}(x_{\mathrm{p}})](T_{\mathrm{p1}}^{*}-T_{\mathrm{p2}}^{*})\mathrm{e}^{-F_{\mathrm{p}}^{*}(w_{\mathrm{P}}-x_{\mathrm{p}})}-\left.\frac{\mathrm{d}n_{\mathrm{p}}^{*}(x)}{\mathrm{d}x}\right|_{x=w_{\mathrm{P}}}-(\frac{s_{\mathrm{BSF}}}{D_{\mathrm{n}}}+2F_{\mathrm{p}}^{*})\Delta n_{\mathrm{p}}^{*}(w_{\mathrm{P}})-2F_{\mathrm{p}}^{*}n_{\mathrm{p0}}}{2\mathrm{e}^{-F_{\mathrm{p}}^{*}w_{\mathrm{P}}}\mathrm{e}^{\frac{1}{L_{\mathrm{n}}^{*}}x_{\mathrm{p}}}T_{\mathrm{p1}}^{*}}\right.$$

$$\mathrm{e}^{\left(-F_{\mathrm{p}}^{*}+\frac{1}{L_{\mathrm{n}}^{*}}\right)x}+$$

$$\frac{[n_{\mathrm{p0}}(\mathrm{e}^{qV/kT}-1)-\Delta n_{\mathrm{p}}^{*}(x_{\mathrm{p}})](T_{\mathrm{p1}}^{*}+T_{\mathrm{p2}}^{*})\mathrm{e}^{-F_{\mathrm{p}}^{*}(w_{\mathrm{P}}-x_{\mathrm{p}})}+\left.\frac{\mathrm{d}\Delta n_{\mathrm{p}}^{*}(x)}{\mathrm{d}x}\right|_{x=w_{\mathrm{P}}}+\left(\frac{s_{\mathrm{BSF}}}{D_{\mathrm{n}}}+2F_{\mathrm{p}}^{*}\right)\Delta n_{\mathrm{p}}^{*}(w_{\mathrm{P}})+2F_{\mathrm{p}}^{*}n_{\mathrm{p0}}}{2\mathrm{e}^{-F_{\mathrm{p}}^{*}w_{\mathrm{P}}}\mathrm{e}^{\left(-\frac{1}{L_{\mathrm{n}}^{*}}\right)x_{\mathrm{p}}}T_{\mathrm{p1}}^{*}}$$

$$\left.\mathrm{e}^{\left(-F_{\mathrm{p}}^{*}-\frac{1}{L_{\mathrm{n}}^{*}}\right)x}+\Delta n_{\mathrm{p}}^{*}(x)\right\}-2qF_{\mathrm{n}}^{*}D_{\mathrm{n}}n_{\mathrm{p0}} \tag{7-49}$$

由式（7-49）可获得p型区与耗尽区交界处的少子（即电子）电流密度为

$$J_{\mathrm{n}}(\lambda,x_{\mathrm{p}})=-qD_{\mathrm{n}}\left\{F_{\mathrm{p}}^{*}[n_{\mathrm{p0}}(\mathrm{e}^{qV/kT}-1)-\Delta n_{\mathrm{p}}^{*}(x_{\mathrm{p}})]+\right.$$

$$\frac{[n_{\mathrm{p0}}(\mathrm{e}^{qV/kT}-1)-\Delta n_{\mathrm{p}}^{*}(x_{\mathrm{p}})](T_{\mathrm{p2}}^{*})\mathrm{e}^{-F_{\mathrm{p}}^{*}(w_{\mathrm{P}}-x_{\mathrm{p}})}+\left(\frac{s_{\mathrm{BSF}}}{D_{\mathrm{n}}}+2F_{\mathrm{p}}^{*}\right)\Delta n_{\mathrm{p}}^{*}(w_{\mathrm{P}})+\left.\frac{\mathrm{d}\Delta n_{\mathrm{p}}^{*}(x)}{\mathrm{d}x}\right|_{x=w_{\mathrm{P}}}+2F_{\mathrm{p}}^{*}n_{\mathrm{p0}}}{L_{\mathrm{n}}^{*}T_{\mathrm{p1}}^{*}}$$

$$\left.\mathrm{e}^{F_{\mathrm{p}}^{*}(w_{\mathrm{P}}-x_{\mathrm{p}})}-\left.\frac{\mathrm{d}\Delta n_{\mathrm{p}}^{*}(x)}{\mathrm{d}x}\right|_{x=x_{\mathrm{p}}}\right\}+2qF_{\mathrm{p}}^{*}D_{\mathrm{n}}n_{\mathrm{p0}}(\mathrm{e}^{qV/kT}-1)-2qF_{\mathrm{p}}^{*}D_{\mathrm{n}}n_{\mathrm{p0}} \tag{7-50}$$

式中，

$$F_{\mathrm{p}}^{*}=\frac{qF_{\mathrm{p}}}{2kT}=\frac{\mu_{\mathrm{n}}F_{\mathrm{p}}}{2D_{\mathrm{n}}} \tag{7-51}$$

$$\frac{1}{L_{\mathrm{n}}^{*}}=\sqrt{\left(\frac{qF_{\mathrm{p}}}{2kT}\right)^{2}+\frac{1}{L_{\mathrm{n}}^{2}}} \tag{7-52}$$

$$T_{p1}^* = \frac{1}{L_n^*}\cosh\left(\frac{w_P - x_p}{L_n^*}\right) + \left(F_p^* + \frac{s_{BSF}}{D_n}\right)\sinh\left(\frac{w_P - x_p}{L_n^*}\right) \tag{7-53}$$

$$T_{p2}^* = \frac{1}{L_n^*}\sinh\left(\frac{w_P - x_p}{L_n^*}\right) + \left(F_p^* + \frac{s_{BSF}}{D_n}\right)\cosh\left(\frac{w_P - x_p}{L_n^*}\right) \tag{7-54}$$

$$\Delta n_p^*(\lambda, x) = -\frac{(1-s)(1-R)\alpha\Phi e^{-\alpha w_n} L_n^{*2}}{D_n[L_n^{*2}(\alpha - F_p^*)^2 - 1]} e^{-\alpha x} \tag{7-55}$$

4. 耗尽区的光谱电流密度

通过稳态下的电流连续性方程式可求得耗尽区的电流密度。

耗尽区（即空间电荷区）中载流子越过 pn 结界面时，从少子变为多子，或者从多子变为少子，按照第 4 章 4.3 节，它们都服从由准费米能级 E_{Fn}、E_{Fp}，以及本征能级 E_i 确定的载流子浓度关系式（4-143）和式（4-144）。利用这些关系式可导出：

$$np = n_i^2 \exp\left[\frac{q(E_{Fn} - E_{Fp})}{kT}\right] = n_i^2 \exp\left(\frac{qV}{kT}\right) \tag{7-56}$$

p 型区和 n 型区的多子几乎是不变的，但少子是变化的。通过少子的变化，才保证了载流子浓度 n、p 在耗尽区两边的界面上的连续性，如图 7-5 所示。图中，n_d 和 p_d 分别表示耗尽区的电子和空穴。

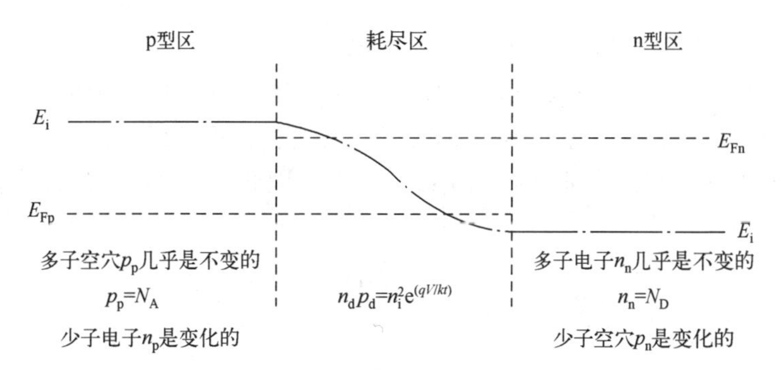

图 7-5　耗尽近似下的准费米能级和本征能级使界面上的载流子浓度连续

由于在稳态情况下，$\frac{dp}{dt}=0$，$\frac{dn}{dt}=0$，按照第 5 章 5.7 节的式（5-182）和式（5-183），耗尽区的电子电流 J_{nd} 连续性方程为

$$\frac{1}{q}\frac{dJ_{nd}}{dx} = -(G_n - R_{nd}) = -(G_n - U_{nd}) \tag{7-57}$$

式中，G_n 为光生载流子（即电子）的产生率。这里的电子复合率 R_{nd} 应为净复合率 U_{nd}。

耗尽区的空穴电流 J_{pd} 连续性方程为

$$\frac{1}{q}\frac{dJ_{pd}}{dx} = (G_n - U_{pd}) \tag{7-58}$$

将式（7-57）或式（7-58）对整个耗尽区进行积分，得到：

$$
\begin{aligned}
J_{\mathrm{d}} &= \int_{-x_{\mathrm{n}}}^{x_{\mathrm{p}}} \frac{\mathrm{d}J_{\mathrm{n}}(x)}{\mathrm{d}x}\mathrm{d}x \\
&= J_{\mathrm{nd}}(x_{\mathrm{p}}) - J_{\mathrm{nd}}(-x_{\mathrm{n}}) \\
&= J_{\mathrm{pd}}(-x_{\mathrm{n}}) - J_{\mathrm{pd}}(x_{\mathrm{p}}) \\
&= q\int_{-x_{\mathrm{n}}}^{x_{\mathrm{p}}} [U_{\mathrm{d}}(x) - G_{\mathrm{n}}(x)]\mathrm{d}x
\end{aligned} \tag{7-59}
$$

由于耗尽区电子或空穴的产生或复合是以电子-空穴对的形式进行的，因此电子电流密度或空穴电流密度的变化是相同的。式（7-59）中的耗尽区电流 J_{d} 等于 x_{p} 处的电子电流和 $-x_{\mathrm{n}}$ 处的电子电流之差，它也等于 $-x_{\mathrm{n}}$ 处的空穴电流与 x_{p} 处的空穴电流差。

对于通过缺陷态复合中心为主的复合，按照第 5 章 5.6 节式（5-131），并考虑式（5-136），$\tau_{\mathrm{pder}}=\dfrac{1}{v_{\mathrm{t}}\sigma_{\mathrm{p}}N_{\mathrm{t}}}$，复合率 $U_{\mathrm{d}}(x)$ 可表达为

$$
U_{\mathrm{d}}=\frac{p_{\mathrm{d}}n_{\mathrm{d}}-n_{\mathrm{i}}^2}{\tau_{\mathrm{nder}}(p_{\mathrm{d}}+p_1)+\tau_{\mathrm{pder}}(n_{\mathrm{d}}+n_1)}
$$

于是复合电流 J_{rd} 为

$$
J_{\mathrm{rd}} = q\int_{-x_{\mathrm{n}}}^{x_{\mathrm{p}}} U_{\mathrm{d}}(x)\mathrm{d}x = q\int_{-x_{\mathrm{n}}}^{x_{\mathrm{p}}} \frac{p_{\mathrm{d}}n_{\mathrm{d}} - n_{\mathrm{i}}^2}{\tau_{\mathrm{nder}}(p_{\mathrm{d}} + p_1) + \tau_{\mathrm{pder}}(n_{\mathrm{d}} + n_1)}\mathrm{d}x \tag{7-60}
$$

式中，p_{d} 和 n_{d} 为耗尽区的电子浓度和空穴浓度。

式（7-60）是一个比较复杂的积分，计算 p_{d} 和 n_{d} 涉及准费米能级 E_{Fn}、E_{Fp} 和本征能级 E_{i}，计算 E_{i} 又涉及耗尽区的电势 ψ_{d} 等。萨支唐-诺伊斯-肖克利（Sah-Noyce-Shockley）假设在耗尽区本征能级 E_{i} 呈线性变化，因此将复合电流的计算公式近似地表达为[2]

$$
J_{\mathrm{rd}}=\frac{qn_{\mathrm{i}}(x_{\mathrm{p}}+x_{\mathrm{n}})}{\sqrt{\tau_{\mathrm{nder}}\tau_{\mathrm{pder}}}}\frac{2\sinh(qV/2kT)}{q(V_{\mathrm{bi}}-V)/kT}\zeta \tag{7-61}
$$

式中，ζ 为系数，当电压 V 足够大时，$\zeta\to\dfrac{\pi}{2}$。

上述萨支唐-诺伊斯-肖克利的近似表达式的具体推导过程见附录 B。这一近似公式仍然比较复杂，为了进一步简化计算，通常假设耗尽区内的复合主要是通过单一缺陷态复合中心的复合，电子与空穴的复合率相等。而且假设所有复合都是通过位于带隙中央的复合能级 $E_{\mathrm{t}}=E_{\mathrm{i}}$ 复合。这时，按第 5 章 5.6 节式（5-116）和式（5-122），$p_1=p_{\mathrm{i}}=n_{\mathrm{i}}$，$n_1=n_{\mathrm{i}}$。当耗尽区电子浓度 n_{d} 等于空穴浓度 p_{d} 时，复合率 U_{d} 达到最大值，而且是常数。将 $p_{\mathrm{d}}=n_{\mathrm{d}}$ 代入第 5 章 5.6 节式（5-131），可得到耗尽区的复合率 U_{d}：

$$
U_{\mathrm{nd}}=U_{\mathrm{pd}}=U_{\mathrm{d}}=\frac{p_{\mathrm{d}}n_{\mathrm{d}}-n_{\mathrm{i}}^2}{\tau_{\mathrm{nder}}(p_{\mathrm{d}}+n_{\mathrm{i}})+\tau_{\mathrm{pder}}(n_{\mathrm{d}}+n_{\mathrm{i}})}=\frac{n_{\mathrm{d}}^2-n_{\mathrm{i}}^2}{(\tau_{\mathrm{nder}}+\tau_{\mathrm{pder}})(p_{\mathrm{d}}+n_{\mathrm{i}})}=\frac{n_{\mathrm{d}}-n_{\mathrm{i}}}{\tau_{\mathrm{nder}}+\tau_{\mathrm{pder}}} \tag{7-62}
$$

由于在耗尽区，利用式（7-56）和 $n_{\mathrm{d}}=p_{\mathrm{d}}$，可得：

$$
n_{\mathrm{d}}=n_{\mathrm{i}}\exp\left[\frac{1}{2}\cdot\frac{q(E_{\mathrm{Fn}}-E_{\mathrm{Fp}})}{kT}\right]=n_{\mathrm{i}}\exp(qV/2kT) \tag{7-63}
$$

于是式（7-62）可表述为

$$U_{d}=\frac{n_{i}(e^{qV/2kT}-1)}{\tau_{d}} \tag{7-64}$$

式中，τ_d为耗尽区少子的有效寿命，即

$$\tau_{d}=\tau_{nder}+\tau_{pder} \tag{7-65}$$

对式（7-64）进行积分可求得耗尽区复合电流密度 J_{rd}为

$$J_{rd}=q\int_{-x_n}^{x_p}U_{d}(x)\,dx=q\frac{w_{D}n_{i}(e^{qV/2kT}-1)}{\tau_{d}} \tag{7-66}$$

式中，w_D为耗尽区总宽度：

$$w_{D}=x_{n}+x_{p}$$

式中，x_n和 x_p分别为耗尽区 n 型区和 p 型区的宽度。w_D与所加偏压有关，见第 6 章式（6-34）。

于是在 $x=-x_n$处，按照式（7-59），n 型耗尽区的电子（多子）电流密度 $J_{nd}(-x_n,\lambda)$为

$$\begin{aligned}J_{nd}(-x_{n},\lambda)&=J_{nd}(x_{p},\lambda)-q\int_{-x_n}^{x_p}[U_{d}(x)-G_{n}(x)]\,dx\\&=J_{nd}(x_{p},\lambda)+J_{gd}-q\frac{w_{D}n_{i}(e^{qV/2kT}-1)}{\tau_{d}}\end{aligned} \tag{7-67}$$

在耗尽区，对由式（7-35）表述的 $G(x)$进行积分，并设 $Q(\lambda)=1$，可求得单色光下耗尽区产生的电流密度为

$$J_{gd}(\lambda)=-q\int_{-x_n}^{x_p}G(\lambda,x)\,dx=q(1-s)[1-R]\Phi[e^{-\alpha(w_n-x_n)}-e^{-\alpha(w_n+x_p)}] \tag{7-68}$$

于是将式（7-68）代入式（7-67）得

$$J_{nd}(-x_{n},\lambda)=J_{nd}(x_{p},\lambda)+q(1-s)[1-R]\Phi[e^{-\alpha(w_n-x_n)}-e^{-\alpha(w_n+x_p)}]-q\frac{w_{D}n_{i}(e^{qV/2kT}-1)}{\tau_{d}} \tag{7-69}$$

太阳电池中电流密度的连续性条件为

$$J_{nd}(x_{p},\lambda)=J_{n}(x_{p},\lambda) \tag{7-70}$$

$$J_{nd}(-x_{n},\lambda)=J_{n}(-x_{n},\lambda) \tag{7-71}$$

将式（7-70）和式（7-71）代入式（7-67）得：

$$J_{n}(-x_{n},\lambda)=J_{n}(x_{p},\lambda)+J_{gd}(\lambda)-q\frac{w_{D}n_{i}(e^{qV/2kT}-1)}{\tau_{d}} \tag{7-72}$$

5. 光谱电流-电压特性

单色光下总的电流密度，即单色光下净电流密度，应该是在空间相同的某一点的电子电流密度 $J_n(x,\lambda)$与空穴电流密度 $J_p(x,\lambda)$之和。在此选用 $x=-x_n$，利用式（7-72），最后获得总的电流密度为

$$J(\lambda)=J_{\mathrm{p}}(-x_{\mathrm{n}},\lambda)+J_{\mathrm{n}}(-x_{\mathrm{n}},\lambda)$$
$$=J_{\mathrm{p}}(-x_{\mathrm{n}},\lambda)+J_{\mathrm{n}}(x_{\mathrm{p}},\lambda)+J_{\mathrm{gd}}(\lambda)-q\frac{w_{\mathrm{D}}n_{\mathrm{i}}(\mathrm{e}^{qV/2kT}-1)}{\tau_{\mathrm{d}}} \tag{7-73}$$

式中：$J_{\mathrm{n}}(-x_{\mathrm{n}},\lambda)$为 n 型区的电子电流密度，是多子电流密度；$J_{\mathrm{n}}(x_{\mathrm{p}},\lambda)$为 n 型区的少子电流密度。

将式（7-41）和式（7-50）代入式（7-73），得单色光下总的电流密度为

$$J(\lambda)=-qD_{\mathrm{p}}\left\{F_{\mathrm{n}}^{*}[-\Delta p_{\mathrm{n}}^{*}(-x_{\mathrm{n}})]+\frac{1}{L_{\mathrm{p}}^{*}T_{\mathrm{n1}}^{*}}\left[-\Delta p_{\mathrm{n}}^{*}(-x_{\mathrm{n}})T_{\mathrm{n2}}^{*}\mathrm{e}^{-F_{\mathrm{n}}^{*}(w_{\mathrm{n}}-x_{\mathrm{n}})}+\Delta p_{\mathrm{n}}^{*}(-w_{\mathrm{n}})\left(\frac{s_{\mathrm{Feff}}}{D_{\mathrm{p}}}+2F_{\mathrm{n}}^{*}\right)-\right.\right.$$
$$\left.\left.\frac{\mathrm{d}\Delta p_{\mathrm{n}}^{*}(x)}{\mathrm{d}x}\right|_{x=-w_{\mathrm{n}}}+2qF_{\mathrm{n}}^{*}p_{\mathrm{n0}}\right]\mathrm{e}^{F_{\mathrm{n}}^{*}(w_{\mathrm{n}}-x_{\mathrm{n}})}+\left.\frac{\mathrm{d}\Delta p_{\mathrm{n}}^{*}(x)}{\mathrm{d}x}\right|_{x=-x_{\mathrm{n}}}\right\}+2qF_{\mathrm{n}}^{*}D_{\mathrm{p}}p_{\mathrm{n0}}-qD_{\mathrm{n}}\left\{F_{\mathrm{p}}^{*}[-\Delta n_{\mathrm{p}}^{*}(x_{\mathrm{p}})]+\right.$$
$$\frac{1}{L_{\mathrm{n}}^{*}T_{\mathrm{p1}}^{*}}\left[-\Delta n_{\mathrm{p}}^{*}(x_{\mathrm{p}})T_{\mathrm{p2}}^{*}\mathrm{e}^{-F_{\mathrm{p}}^{*}(w_{\mathrm{p}}-x_{\mathrm{p}})}+\left(\frac{s_{\mathrm{BSF}}}{D_{\mathrm{n}}}+2F_{\mathrm{p}}^{*}\right)\Delta n_{\mathrm{p}}^{*}(w_{\mathrm{p}})+\left.\frac{\mathrm{d}\Delta(x)}{\mathrm{d}x}\right|_{x=w_{\mathrm{p}}}+2F_{\mathrm{p}}^{*}n_{\mathrm{p0}}\right]\mathrm{e}^{F_{\mathrm{p}}^{*}(w_{\mathrm{p}}-x_{\mathrm{p}})}-$$
$$\left.\left.\frac{\mathrm{d}\Delta n_{\mathrm{p}}^{*}(x)}{\mathrm{d}x}\right|_{x=x_{\mathrm{p}}}\right\}-2qF_{\mathrm{p}}^{*}D_{\mathrm{n}}n_{\mathrm{p0}}+J_{\mathrm{gd}}-\left(qD_{\mathrm{p}}F_{\mathrm{n}}^{*}p_{\mathrm{n0}}+\frac{qD_{\mathrm{p}}T_{\mathrm{n2}}^{*}}{L_{\mathrm{p}}^{*}T_{\mathrm{n1}}^{*}}p_{\mathrm{n0}}-2qF_{\mathrm{n}}^{*}D_{\mathrm{p}}p_{\mathrm{n0}}\right)(\mathrm{e}^{qV/kT}-1)-$$
$$\left(qD_{\mathrm{n}}F_{\mathrm{p}}^{*}n_{\mathrm{p0}}+\frac{qD_{\mathrm{n}}T_{\mathrm{p2}}^{*}}{L_{\mathrm{n}}^{*}\mathrm{T}_{\mathrm{p1}}^{*}}n_{\mathrm{p0}}-2qF_{\mathrm{p}}^{*}D_{\mathrm{n}}n_{\mathrm{p0}}\right)(\mathrm{e}^{qV/kT}-1)-q\frac{w_{\mathrm{D}}n_{\mathrm{i}}}{\tau_{\mathrm{d}}}(\mathrm{e}^{qV/2kT}-1)$$
$$=(J_{\mathrm{scn}}+J_{\mathrm{scp}}+J_{\mathrm{gd}})-(J_{\mathrm{srp}}+J_{\mathrm{srn}})(\mathrm{e}^{qV/kT}-1)-J_{\mathrm{srd}}(\mathrm{e}^{qV/2kT}-1)$$
$$=J_{\mathrm{sc}}-J_{\mathrm{srD}}(\mathrm{e}^{qV/kT}-1)-J_{\mathrm{srd}}(\mathrm{e}^{qV/2kT}-1) \tag{7-74}$$

式中，最后等号右侧的第 1 项$J_{\mathrm{sc}}(\lambda)$是当$V=0$时的短路电流密度。短路电流密度由电池的势垒区及其两侧的准中性区 3 个部分组成，即

$$J_{\mathrm{sc}}(\lambda)=J_{\mathrm{scn}}(\lambda)+J_{\mathrm{scp}}(\lambda)+J_{\mathrm{scd}}(\lambda) \tag{7-75}$$

式中，$J_{\mathrm{scn}}(\lambda)$为 n 型区少子短路电流密度，它与载流子的产生率$G(x)$表面复合速度$s_{\mathrm{Feff}}$有关，其表达式为

$$J_{\mathrm{scn}}(\lambda)=-qD_{\mathrm{p}}\left\{-F_{\mathrm{n}}^{*}\Delta p_{\mathrm{n}}^{*}(-x_{\mathrm{n}})+\frac{1}{L_{\mathrm{p}}^{*}T_{\mathrm{n1}}^{*}}\left[T_{\mathrm{n2}}^{*}[-\Delta p_{\mathrm{n}}^{*}(-x_{\mathrm{n}})]\mathrm{e}^{-F_{\mathrm{n}}^{*}(w_{\mathrm{n}}-x_{\mathrm{n}})}+\left(\frac{s_{\mathrm{Feff}}}{D_{\mathrm{p}}}+\right.\right.\right.$$
$$\left.\left.\left.2F_{\mathrm{n}}^{*}\right)\Delta p_{\mathrm{n}}^{*}(-w_{\mathrm{n}})-\left.\frac{\mathrm{d}\Delta p_{\mathrm{n}}^{*}(x)}{\mathrm{d}x}\right|_{x=-w_{\mathrm{n}}}+2F_{\mathrm{n}}^{*}p_{\mathrm{n0}}\right]\mathrm{e}^{F_{\mathrm{n}}^{*}(w_{\mathrm{n}}-x_{\mathrm{n}})}+\left.\frac{\mathrm{d}\Delta p_{\mathrm{n}}^{*}(x)}{\mathrm{d}x}\right|_{x=-x_{\mathrm{n}}}\right\}+2qF_{\mathrm{n}}^{*}D_{\mathrm{p}}p_{\mathrm{n0}} \tag{7-76}$$

式（7-75）中的$J_{\mathrm{scp}}(\lambda)$为 p 型区的短路电流密度，它与载流子的产生率$G(x)$和背面复合速度$s_{\mathrm{BSF}}$有关，其表达式为

$$J_{\mathrm{scp}}(\lambda)=-qD_{\mathrm{n}}\left\{-F_{\mathrm{p}}^{*}\Delta n_{\mathrm{p}}^{*}(x_{\mathrm{p}})+\frac{1}{L_{\mathrm{n}}^{*}T_{\mathrm{p1}}^{*}}\left[-T_{\mathrm{p2}}^{*}\Delta n_{\mathrm{p}}^{*}(x_{\mathrm{p}})\mathrm{e}^{-F_{\mathrm{p}}^{*}(w_{\mathrm{p}}-x_{\mathrm{p}})}+\left(\frac{s_{\mathrm{BSF}}}{D_{\mathrm{n}}}+2F_{\mathrm{p}}^{*}\right)\Delta n_{\mathrm{p}}^{*}(w_{\mathrm{p}})+\right.\right.$$
$$\left.\left.\left.\frac{\mathrm{d}n_{\mathrm{p}}^{*}(x)}{\mathrm{d}x}\right|_{x=w_{\mathrm{p}}}+2F_{\mathrm{p}}^{*}n_{\mathrm{p0}}\right]\mathrm{e}^{F_{\mathrm{p}}^{*}(w_{\mathrm{p}}-x_{\mathrm{p}})}-\left.\frac{\mathrm{d}\Delta n_{\mathrm{p}}^{*}(x)}{\mathrm{d}x}\right|_{x=x_{\mathrm{p}}}\right\}-2qF_{\mathrm{p}}^{*}D_{\mathrm{n}}n_{\mathrm{p0}} \tag{7-77}$$

式（7-75）中的$J_{\mathrm{scd}}(\lambda)$为势垒区的短路电流密度，它就是势垒区中的产生电流密度，即

$$J_{scd}(\lambda)=J_{gd}(\lambda) \tag{7-78}$$

$J_{gd}(\lambda)$由式（7-68）确定。

式（7-74）中的另外 3 项电流是与复合相关的 n 型准中性区、p 型准中性区和耗尽区的电流密度。由于这些电流密度是由载流子复合形成的，不是由光照产生的，所以通常称之为暗电流密度 J_{dark}，其指数项前面的系数统称为暗饱和电流密度。

> 说明　这些由载流子复合引起的电流也称复合电流。
>
> 由于这些电流与光生电压相关（如以 p 型硅为基底的太阳电池中，光生电压产生由 p 型区流向 n 型区的电流），因此也可以采用电流的流向命名，称为正向结电流或正向电流。

式（7-74）最后等号右侧的第 2 项和第 3 项分别是与 n 型准中性区和 p 型准中性区复合相关的暗电流密度，总的暗电流密度为

$$J_{rD}=J_{rp}+J_{rn} \tag{7-79}$$

式中，

$$J_{rp}=\left(qD_pF_n^*p_{n0}+\frac{qD_pT_{n2}^*}{L_p^*T_{n1}^*}p_{n0}-2qF_n^*D_pp_{n0}\right)(e^{qV/kT}-1)=J_{srp}(e^{qV/kT}-1)$$

式中，J_{srp}为 n 型准中性区的暗饱和电流密度：

$$\begin{aligned}J_{srp}&=qD_pF_n^*p_{n0}+\frac{qD_pT_{n2}^*}{L_p^*T_{n1}^*}p_{n0}-2qF_n^*D_pp_{n0}\\&=qD_pF_n^*p_{n0}+\frac{qD_p}{L_p^*}\left[\frac{\frac{1}{L_p^*}\sinh\left(\frac{w_n-x_n}{L_p^*}\right)+\left(F_n^*+\frac{s_{Feff}}{D_p}\right)\cosh\left(\frac{w_n-x_n}{L_p^*}\right)}{\frac{1}{L_p^*}\cosh\left(\frac{w_n-x_n}{L_p^*}\right)+\left(F_n^*+\frac{s_{Feff}}{D_p}\right)\sinh\left(\frac{w_n-x_n}{L_p^*}\right)}\right]p_{n0}-2qF_n^*D_pp_{n0}\end{aligned} \tag{7-80}$$

J_{rn}为与 p 型准中性区复合相关的暗电流密度：

$$J_{rn}=\left(qD_nF_p^*n_{p0}+\frac{qD_nT_{p2}^*}{L_n^*T_{p1}^*}n_{p0}-2qF_p^*D_nn_{p0}\right)(e^{qV/kT}-1)=J_{srn}(e^{qV/kT}-1)$$

式中，J_{srn}为 p 型准中性区的暗饱和电流密度：

$$\begin{aligned}J_{srn}&=qD_nF_p^*n_{p0}+\frac{qD_nT_{p2}^*}{L_n^*T_{p1}^*}n_{p0}-2qF_p^*D_nn_{p0}\\&=qD_nF_p^*n_{p0}+\frac{qD_n}{L_n^*}\left[\frac{\frac{1}{L_n^*}\sinh\left(\frac{w_p-x_p}{L_n^*}\right)+\left(F_p^*+\frac{s_{BSF}}{D_n}\right)\cosh\left(\frac{w_p-x_p}{L_n^*}\right)}{\frac{1}{L_n^*}\cosh\left(\frac{w_p-x_p}{L_n^*}\right)+\left(F_p^*+\frac{s_{BSF}}{D_n}\right)\sinh\left(\frac{w_p-x_p}{L_n^*}\right)}\right]n_{p0}-2qF_p^*D_nn_{p0}\end{aligned} \tag{7-81}$$

式（7-74）最后等号右侧的第 3 项是耗尽区由复合引起的暗电流密度 J_{rd}：

$$J_{rd}=J_{srd}(e^{qV/2kT}-1) \tag{7-82}$$

式中，J_{srd}为耗尽区的暗饱和电流密度：

$$J_{srd}=q\frac{w_D n_i}{\tau_d} \tag{7-83}$$

J_{srd}与耗尽区宽度w_D有关，而w_D是所加偏压的函数，因此J_{srd}也与偏压有关。

于是根据式（7-74），太阳电池在稳定的单色光照射下的总电流密度-电压特性可用下式表示：

$$J(\lambda)=J_{sc}(\lambda)-J_{srD}(e^{qV/kT}-1)-J_{srd}(e^{qV/2kT}-1) \tag{7-84}$$

式中，等号右侧第 2 项中的J_{srD}是 n 型准中性区和 p 型准中性区的暗饱和电流密度：

$$J_{srD}=J_{srp}+J_{srn} \tag{7-85}$$

实际上，在测量和使用太阳电池时，只能是一条电流密度-电压特性曲线。因此，通常将式（7-84）中等号右侧两项复合电流密度合并为一项复合电流密度，将暗电流密度$J_{dark}(\lambda)$表述为

$$J_{dark}(\lambda)=J_s(e^{qV/\eta kT}-1) \tag{7-86}$$

式中，J_s为饱和电流密度或暗饱和电流密度。

于是，$J(\lambda)$可表示为

$$J(\lambda)=J_{sc}(\lambda)-J_{dark}(\lambda)=J_{sc}(\lambda)-J_s(e^{qV/\eta kT}-1) \tag{7-87}$$

与讨论半导体 pn 结二极管时一样，η 也称曲线因子或理想因子，其值为 1~2，当 n 型准中性区和 p 型准中性区的暗电流主导时，η 的值趋向于 1；当耗尽区的暗电流主导时，η 的值趋向于 2。

综上所述，太阳电池总的光谱电流密度为各区域太阳电池输出端短路时的光电流减去复合电流，共有 6 个分量：3 个分量为光照产生的等于太阳电池输出端短路时的光电流，即短路电流；还有 3 个分量为无光照时太阳电池的暗电流，它们均为载流子复合电流，其中 2 项为 n 型准中性区和 p 型准中性区复合的从相邻区域扩散而来的（对应于 6.3.2 节讨论过的 pn 结的扩散电流，又称注入电流密度），另一项为耗尽区的复合电流。这 3 项暗电流之和对应于第 6 章 6.3.2 节讨论过的 pn 结的正向电流。

太阳光是复色光，在太阳光照射条件下计算太阳电池总的电流密度时，应对太阳光的所有波长进行积分，即

$$J(\lambda)=\int_0^{\infty}J(\lambda)\mathrm{d}\lambda \tag{7-88}$$

由于只有当入射光子的能量$\dfrac{hc}{\lambda}$大于半导体晶体硅的禁带宽度E_g时，才能在晶体硅中形成电子-空穴对，因此积分上限可以取$\lambda=hc/E_g$，即

$$J(\lambda)=\int_0^{\frac{hc}{E_g}}J(\lambda)\mathrm{d}\lambda \tag{7-89}$$

利用电流密度J乘以电池面积A，可以得到太阳电池在稳定的光辐射照射下的终端输出电流-电压特性。

7.3.2　太阳电池n型区和p型区电场强度为恒定值时的全光谱电流-电压特性

除了上述先计算单色光照射下的光谱电流密度 $J(\lambda)$，再对所有波长积分求出总输出电流密度 J 的方法，也可通过先计算电池中太阳光谱所有有效波长范围内的光生载流子产生率 G，获得方程的特解后，再求得太阳电池的全太阳光谱输出电流密度。

考虑电流-电压特性表达式（7-74）中最后等号右侧的第1项与入射光$\Phi(\lambda)$有关，后两项与电压 V 有关，因为载流子的连续性方程是线性的，所以少子浓度和少子电流也应该是线性的；在耗尽近似下，入射光 $\Phi(\lambda)$ 和电压 V 对少子浓度和少子电流的影响也是相互独立的，也就是说，对不同波长的入射光 $\Phi(\lambda)$ 进行积分计算短路电流时，不会影响与电压相关的复合电流项。于是，总的积分电流密度-电压关系 $J(V)$ 可表达为短路电流 J_{sc} 与暗电流（复合电流）J_{dark} 的代数差，即

$$J(V)=J_{sc}-J_{dark}=J_{sc}-J_s(e^{qV/\eta kT}-1) \tag{7-90}$$

式中，$J(V)$ 和 J_{sc} 均为对太阳光所有波长的积分值。详细的计算方法参见附录A。

7.3.3　太阳电池n型区和p型区的电场强度为零时的电流-电压特性

由于通常假设对p型区和n型区的掺杂是均匀的，与耗尽区相比，p型区和n型区的电场强度很小，可以认为这两个区为中性区或准中性区。在中性区，漂移电流可忽略，起主要作用的是扩散电流。在 $F\approx 0$ 的情况下，太阳电池在单色光下的终端输出电流-电压特性表达式（7-74）可简化为

$$\begin{aligned}J(\lambda)=&-qD_p\left\{\frac{1}{L_pT_{n1}}\left[-\Delta p_n^*(-x_n)T_{n2}+\Delta p_n^*(-w_n)\left(\frac{s_{Feff}}{D_p}\right)-\left.\frac{d\Delta p_n^*(x)}{dx}\right|_{x=-w_n}\right]+\left.\frac{d\Delta p_n^*(x)}{dx}\right|_{x=-x_n}\right\}-\\&qD_n\left\{\frac{1}{L_pT_{p1}}\left[-\Delta n_p^*(x_p)T_{p2}+\left(\frac{s_{BSF}}{D_n}\right)\Delta n_p^*(w_p)+\left.\frac{d\Delta n_p^*(x)}{dx}\right|_{x=w_p}\right]-\left.\frac{d\Delta n_p^*(x)}{dx}\right|_{x=x_p}\right\}+J_{gd}-\\&\frac{qD_pT_{n2}}{L_pT_{n1}}p_{n0}(e^{qV/kT}-1)-\frac{qD_nT_{p2}}{L_pT_{p1}}n_{p0}(e^{qV/kT}-1)-q\frac{w_Dn_i(e^{qV/2kT}-1)}{\tau_D}\\&=(J_{scn}+J_{scp}+J_{gd})-(J_{srp}+J_{srn})(e^{qV/kT}-1)-J_{srg}(e^{qV/2kT}-1)\\&=J_{sc}-J_{srD}(e^{qV/kT}-1)-J_{srd}(e^{qV/2kT}-1)\end{aligned} \tag{7-91}$$

式中，

$$T_{n1}=\frac{1}{L_p}\cosh\left[\frac{w_n-x_n}{L_p}\right]+\left(\frac{s_{Feff}}{D_p}\right)\sinh\left[\frac{w_n-x_n}{L_p}\right] \tag{7-92}$$

$$T_{n2}=\frac{1}{L_p}\sinh\left[\frac{w_n-x_n}{L_p}\right]+\left(\frac{s_{Feff}}{D_p}\right)\cosh\left[\frac{w_n-x_n}{L_p}\right] \tag{7-93}$$

$$T_{p1}=\frac{1}{L_n}\cosh\left[\frac{w_p-x_p}{L_n}\right]+\left(\frac{s_{BSF}}{D_n}\right)\sinh\left[\frac{w_p-x_p}{L_n}\right] \tag{7-94}$$

$$T_{p2}=\frac{1}{L_n}\sinh\left[\frac{w_p-x_p}{L_n}\right]+\left(\frac{s_{BSF}}{D_n}\right)\cosh\left[\frac{w_p-x_p}{L_n}\right] \tag{7-95}$$

$$\Delta p_n^*(\lambda,x)=-\frac{(1-s)(1-R)\alpha\Phi e^{-\alpha w_n}L_p^2}{D_p[L_p^2\alpha^2-1]}e^{-\alpha x} \tag{7-96}$$

$$\Delta n_p^*(\lambda,x)=-\frac{(1-s)(1-R)\alpha\Phi e^{-\alpha w_n}L_n^2}{D_n[L_n^2\alpha^2-1]}e^{-\alpha x} \tag{7-97}$$

在中性区，由复合引起的饱和暗电流密度为

$$J_{srp}=q\frac{n_i^2D_p}{N_DL_p}\left\{\frac{\frac{1}{L_p}\sinh\left[\frac{w_n-x_n}{L_p}\right]+\left(\frac{s_{Feff}}{D_p}\right)\cosh\left[\frac{w_n-x_n}{L_p}\right]}{\frac{1}{L_p}\cosh\left[\frac{w_n-x_n}{L_p}\right]+\left(\frac{s_{Feff}}{D_p}\right)\sinh\left[\frac{w_n-x_n}{L_p}\right]}\right\} \tag{7-98}$$

$$J_{srn}=q\frac{n_i^2D_n}{N_AL_n}\left\{\frac{\frac{1}{L_n}\sinh\left[\frac{w_p-x_p}{L_n}\right]+\left(\frac{s_{BSF}}{D_n}\right)\cosh\left[\frac{w_p-x_p}{L_n}\right]}{\frac{1}{L_n}\cosh\left[\frac{w_p-x_p}{L_n}\right]+\left(\frac{s_{BSF}}{D_n}\right)\sinh\left[\frac{w_p-x_p}{L_n}\right]}\right\} \tag{7-99}$$

在耗尽区，由复合引起的饱和暗电流密度为

$$J_{srd}=q\frac{w_Dn_i}{\tau_D} \tag{7-100}$$

当 n 型区和 p 型区的电场强度为零时，单色光下的短路电流密度为

$$J_{sc}=J_{scn}+J_{scp}+J_{scd}$$

n 型区的电流为

$$J_{scn}=-qD_p\left\{\frac{1}{L_pT_{n1}}\left[-\Delta p_n^*(-x_n)T_{n2}+\Delta p_n^*(-w_n)\left(\frac{s_{Feff}}{D_p}\right)-\left.\frac{d\Delta p_n^*(x)}{dx}\right|_{x=-w_n}\right]+\left.\frac{d\Delta p_n^*(x)}{dx}\right|_{x=-x_n}\right\} \tag{7-101}$$

p 型区的电流为

$$J_{scp}=-qD_n\left\{\frac{1}{L_nT_{p1}}\left[-\Delta n_p^*(x_p)T_{p2}+(\frac{s_{BSF}}{D_n})\Delta n_p^*(w_P)+\left.\frac{d\Delta n_p^*(x)}{dx}\right|_{x=w_P}\right]-\left.\frac{d\Delta n_p^*(x)}{dx}\right|_{x=x_p}\right\} \tag{7-102}$$

耗尽区的电流为

$$J_{scd}=J_{gd} \tag{7-103}$$

计算太阳电池总的电流密度时，应对太阳光所有波长进行积分，即

$$J=\int_0^\infty J(\lambda)\,d\lambda \tag{7-104}$$

将式（7-92）、式（7-93）和式（7-96）代入式（7-101），可得单色光下显含各种参数的 n 型区电流密度表达式为

$$J_{\mathrm{scn}}=\left(\frac{q(1-s)(1-R)\alpha\Phi L_{\mathrm{p}}}{L_{\mathrm{p}}^{2}\alpha^{2}-1}\right)\left\{\frac{\left[-\mathrm{e}^{-\alpha(w_{\mathrm{n}}-x_{\mathrm{n}})}\left[\frac{1}{L_{\mathrm{p}}}\sinh\left(\frac{w_{\mathrm{n}}-x_{\mathrm{n}}}{L_{\mathrm{p}}}\right)+\left(\frac{s_{\mathrm{Feff}}}{D_{\mathrm{p}}}\right)\cosh\left(\frac{w_{\mathrm{n}}-x_{\mathrm{n}}}{L_{\mathrm{p}}}\right)\right]\right]}{\frac{1}{L_{\mathrm{p}}}\cosh\left[\frac{w_{\mathrm{n}}-x_{\mathrm{n}}}{L_{\mathrm{p}}}\right]+\left(\frac{s_{\mathrm{Feff}}}{D_{\mathrm{p}}}\right)\sinh\left[\frac{w_{\mathrm{n}}-x_{\mathrm{n}}}{L_{\mathrm{p}}}\right]}+\right.$$
$$\left.\frac{\left(\frac{s_{\mathrm{Feff}}}{D_{\mathrm{p}}}\right)+\alpha}{\frac{1}{L_{\mathrm{p}}}\cosh\left(\frac{w_{\mathrm{n}}-x_{\mathrm{n}}}{L_{\mathrm{p}}}\right)+\left(\frac{s_{\mathrm{Feff}}}{D_{\mathrm{p}}}\right)\sinh\left(\frac{w_{\mathrm{n}}-x_{\mathrm{n}}}{L_{\mathrm{p}}}\right)}-\alpha L_{\mathrm{p}}\mathrm{e}^{-\alpha(w_{\mathrm{n}}-x_{\mathrm{n}})}\right\}\tag{7-105}$$

同样，将式（7-94）、式（7-95）和式（7-97）代入式（7-102），可得单色光下显含 Φ 的 n 型区电流表达式为

$$J_{\mathrm{scp}}=\frac{q(1-s)(1-R)\alpha\Phi\mathrm{e}^{-\alpha(w_{\mathrm{n}}+x_{\mathrm{p}})}L_{\mathrm{n}}}{(L_{\mathrm{n}}\alpha)^{2}-1}$$
$$\left\{\alpha L_{\mathrm{n}}-\frac{\frac{1}{L_{\mathrm{n}}}\sinh\left(\frac{w_{\mathrm{p}}-x_{\mathrm{p}}}{L_{\mathrm{n}}}\right)+\left(\frac{s_{\mathrm{BSF}}}{D_{\mathrm{n}}}\right)\cosh\left(\frac{w_{\mathrm{p}}-x_{\mathrm{p}}}{L_{\mathrm{n}}}\right)-\left(\frac{s_{\mathrm{BSF}}}{D_{\mathrm{n}}}\right)\mathrm{e}^{-\alpha(w_{\mathrm{p}}-x_{\mathrm{p}})}+\alpha\mathrm{e}^{-\alpha(w_{\mathrm{p}}-x_{\mathrm{p}})}}{\frac{1}{L_{\mathrm{n}}}\cosh\left(\frac{w_{\mathrm{p}}-x_{\mathrm{p}}}{L_{\mathrm{n}}}\right)+\left(\frac{s_{\mathrm{BSF}}}{D_{\mathrm{n}}}\right)\sinh\left(\frac{w_{\mathrm{p}}-x_{\mathrm{p}}}{L_{\mathrm{n}}}\right)}\right\}\tag{7-106}$$

单色光下耗尽区产生的电流密度 J_{gd} 仍采用式（7-68）表示，即

$$\begin{aligned}J_{\mathrm{gd}}(\lambda)&=-q\int_{-x_{\mathrm{n}}}^{x_{\mathrm{p}}}G(\lambda,x)\mathrm{d}x\\&=q(1-s)[1-R]\Phi[\mathrm{e}^{-\alpha(w_{\mathrm{n}}-x_{\mathrm{n}})}-\mathrm{e}^{-\alpha(w_{\mathrm{n}}+x_{\mathrm{p}})}]\\&=q(1-s)[1-R]\Phi\mathrm{e}^{-\alpha(w_{\mathrm{n}}-x_{\mathrm{n}})}[1-\mathrm{e}^{-\alpha(x_{\mathrm{n}}+x_{\mathrm{p}})}]\end{aligned}\tag{7-107}$$

单色光下总的电流密度由式（7-91）确定。计算太阳光下总的电流密度时，应对太阳光所有波长进行积分。

式（7-105）至式（7-107）清楚地表明了太阳电池的电流密度与入射光子通量密度、光子吸收系数、电池表面反射系数、材料的载流子扩散系数、扩散长度、表面复合速度、电池的几何尺寸等参数的关系。

理想太阳电池输出按肖克利方程表述的电流-电压关系还可从热力学的细致平衡原理出发进行推导[3]，其结果是一致的。

7.3.4　太阳电池 n 型区和 p 型区的电场强度随位置变化时的电流-电压特性

在上述电流-电压特性公式推导过程中，假定太阳电池的中性区是均匀掺杂的。由于杂质分布是均匀的，区内电场强度可近似地设定为零；或者尽管掺杂是不均匀的，但也可近似地认为载流子的漂移运动是在恒定电场下进行的。实际上，太阳电池通常用扩散方法制结，掺杂是不均匀的，由表面向体内杂质浓度减少，其分布可以是正态分布、余误差分布或更为复杂的分布，因此体内电场分布是变化的，而且扩散系数和少子寿命都是不同的。这些准中性区实际上是非中性的。在这种情况下，更进一步的处理方法是先将准中性区分成多个子区域，设定每个子区域中的电场分

布是均匀的，并给出合理的边界条件，然后求解[4]。

为简单计，下面以将准中性区拆分成电场均匀分布的 2 个子区域为例讨论这种方法的基本思路，如图 7-6 所示。

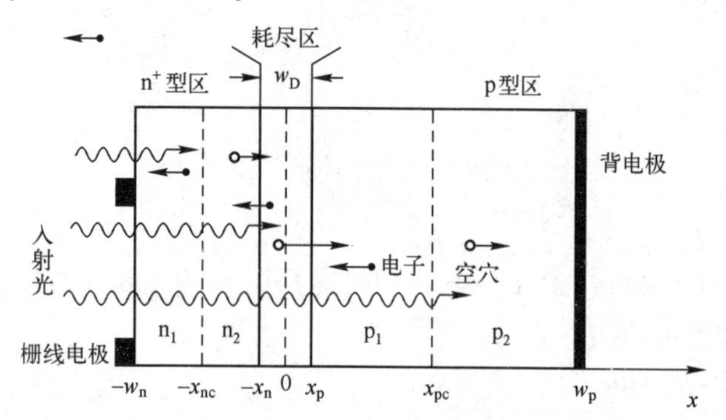

图 7-6　将太阳电池的准中性区拆分成电场均匀分布的 2 个子区域

首先讨论 n⁺型区的空穴浓度和电流密度。

将 n⁺型区分成两层，即 n_1 和 n_2 两个子区域，子区域分界位置为 $x=-x_{nc}$。每个子区域的相关参数分别用对应区域编号的：n_1 区域的空穴电流为 J_{n1}，空穴浓度为 p_{n1}，空穴迁移率为 μ_{p1}，空穴扩散系数为 D_{p1}，空穴寿命为 τ_{p1}，漂移电场强度为 F_{n1}；n_2 区域的相应参数分别为 J_{n2}、p_{n2}、μ_{p2}、D_{p2}、τ_{p2} 和 F_{n2}。

以波长为 λ 的单色光 $\Phi(\lambda)$ 照射，按照式（7-34），产生率 G 为

$$G(\lambda,x)=(1-s)[1-R(\lambda)]\Phi(\lambda)Q(\lambda)\alpha(\lambda)\exp[-\alpha(\lambda)(x+w_n)] \tag{7-108}$$

根据式（7-36），n 型准中性区 n_1 区域在稳态时的空穴连续性方程为

$$-D_{p1}\frac{d^2p_{n1}}{dx^2}+\mu_{p1}F_{n1}\frac{dp_{n1}}{dx}+\frac{p_{n1}-p_{n10}}{\tau_{p1}}-G=0 \tag{7-109}$$

该方程的通解为

$$\Delta p_{n1}(x)=A_{n1}e^{\left(F_{n1}^*+\frac{1}{L_{p1}^*}\right)x}+B_{n1}e^{\left(F_{n1}^*-\frac{1}{L_{p1}^*}\right)x}+\Delta p_{n1}^*(x) \tag{7-110}$$

式中，

$$\begin{cases}F_{n1}^*=\dfrac{qF_{n1}}{2kT}=\dfrac{\mu_{p1}F_{n1}}{2D_{p1}}\\ \dfrac{1}{L_{p1}^*}=\sqrt{\left(\dfrac{qF_{n1}}{2kT}\right)^2+\dfrac{1}{L_{p1}^2}}\end{cases} \tag{7-111}$$

式中：A_{n1} 和 B_{n1} 为任意常数，由边界条件确定；$\Delta p_{1n}^*(x)$ 为方程特解，由载流子的产生率 $G(x)$ 确定，即

$$\begin{aligned}\Delta p_{n1}^*(\lambda,x)&=\frac{(1-s)(1-R)\alpha\Phi\exp[-\alpha(x+w_n)]L_{p1}^2}{D_{p1}[L_{p1}^2(\alpha-F_{n1}^*)^2-1]^2}\\&=\frac{(1-s)(1-R)\alpha\Phi\exp[-\alpha(x+w_n)]}{D_{p1}\left(\alpha^2-2\alpha F_{n1}^*+(F_{n1}^*)^2-\dfrac{1}{L_{p1}^*}\right)}\end{aligned} \tag{7-112}$$

n_2 区域在稳态时的空穴连续性方程为

$$-D_{p2}\frac{d^2p_{n2}}{dx^2}+\mu_{p2}F_{n2}\frac{dp_{n2}}{dx}+\frac{p_{n2}-p_{n20}}{\tau_{p2}}-G=0 \tag{7-113}$$

该方程的通解为

$$\Delta p_{n2}(x)=A_{n2}e^{\left(F_{n2}^*+\frac{1}{L_{p2}^*}\right)x}+B_{n2}e^{\left(F_{n2}^*-\frac{1}{L_{p2}^*}\right)x}+\Delta p_{n2}^*(x) \tag{7-114}$$

式中，

$$\begin{cases}F_{n2}^*=\dfrac{qF_{n2}}{2kT}=\dfrac{\mu_{p2}F_{n2}}{2D_{p2}}\\ \dfrac{1}{L_{p2}^*}=\sqrt{\left(\dfrac{qF_{n2}}{2kT}\right)^2+\dfrac{1}{L_{p2}^2}}\end{cases} \tag{7-115}$$

式中：A_{n2} 和 B_{n2} 为任意常数；$\Delta p_{n2}^*(x)$ 为方程特解，由载流子的产生率 $G(x)$ 确定，即

$$\begin{aligned}\Delta p_{n2}^*(\lambda,x)&=\frac{(1-s)(1-R)\alpha\Phi\exp[-\alpha(x+w_n)]L_{p2}^2}{D_{p2}[L_{p2}^2(\alpha-F_{n2}^*)^2-1]^2}\\&=\frac{(1-s)(1-R)\alpha\Phi\exp[-\alpha(x+w_n)]}{D_{p2}\left(\alpha^2-2\alpha F_{n2}^*+(F_{n2}^*)^2-\dfrac{1}{L_{p2}^*}\right)}\end{aligned} \tag{7-116}$$

微分方程式（7-109）和式（7-113）的边界条件为，表面（$x=-w_n$ 处）的扩散电流密度 $-\left.\dfrac{d\Delta p_{n1}(x)}{dx}\right|_{x=-w_n}$ 与电场引起的漂移电流密度 $2F_{n1}^*p_{n1}$ 之和等于表面被复合的电荷量 $-\dfrac{s_{Feff}}{D_p}\Delta p_{n1}(-w_n)$，即

$$\left.\frac{d\Delta p_{n1}(x)}{dx}\right|_{x=-w_n}-2F_{n1}^*p_{n1}=\frac{s_{Feff}}{D_p}\Delta p_{n1}(-w_n)\quad(x=-w_n) \tag{7-117}$$

由于 $\Delta p_{n1}(x)=p_{n1}(x)-p_{n10}(x)$，式（7-117）可写为

$$\left.\frac{d\Delta p_{n1}(x)}{dx}\right|_{x=-w_n}-2F_{n1}^*\Delta p_{n1}(-w_n)-2F_{n1}^*p_{n10}=\frac{s_{Feff}}{D_p}\Delta p_{n1}(-w_n)\quad(x=-w_n) \tag{7-118}$$

在 n 型区，n_1 和 n_2 两个子区域的界面 $x=-x_{nc}$ 处的边界条件为，在 $x=-x_{nc}$ 界面的 n_1 区侧的空穴浓度 Δp_{n1} 与 n_2 区侧的空穴浓度 Δp_{n2} 相等：

$$\Delta p_{n1}(-x_{nc})=\Delta p_{n2}(-x_{nc})$$

即

$$p_{n1}(-x_{nc})-p_{n10}(-x_{nc})=p_{n2}(-x_{nc})-p_{n20}(-x_{nc}) \tag{7-119}$$

和

$$\left.\frac{d\Delta p_{n1}(x)}{dx}\right|_{x=-x_{nc}}-2F_{n1}^*\Delta p_{n1}(-x_{nc})-2F_{n1}^*p_{n10}(-x_{nc})=\left.\frac{d\Delta p_{n2}(x)}{dx}\right|_{x=-x_{nc}}-2F_{n2}^*\Delta p_{n2}(-x_{nc})-2F_{n2}^*p_{n20}(-x_{nc})\quad(x=-x_{nc}) \tag{7-120}$$

在 $x=-x_n$ 处的边界条件为

$$\Delta p_{n2}(-x_n)=p_{n2}(-x_n)-p_{n20}(-x_n)=p_{n20}(e^{qV/kT}-1)\quad(x=-x_n) \tag{7-121}$$

通过这些边界条件，即式（7-118）至式（7-121），可求解式（7-109）和式（7-113）的4个积分常数A_{n1}、B_{n1}、A_{n2}和B_{n2}。具体的推导过程见附录C。

当求得A_{n1}、B_{n2}、A_{n2}和B_{n2}后，可仿照附录A中的推导步骤，解出太阳电池终端特性的解析表达式。

由此可见，用分层求解析解的方法是很复杂的，分多层求解时，应借助计算机进行数值计算。关于这方面内容，将在第11章中讨论。

至此，我们已讨论了几种情况下的太阳电池终端输出特性的解析表达式。

太阳电池的单色总电流密度式（7-74）表明，太阳电池的电流-电压特性与电池材料的E_g、N_A、N_D、D_n、D_p、L_n和L_p等参数密切相关，也与电池的结构和工艺参数w_n、w_p、s_{Feff}和s_{BSF}等密切相关。

实际上，对于用扩散掺杂方法制备的通常的硅太阳电池发射区，其近表面薄层的杂质浓度梯度很大，存在着可变电场，而且表面复合速率s_{Feff}的影响也很显著，使电流方程变得很复杂，难以获得解析解。因此，已有多种经验公式可供使用。例如，文献［3］给出了一个由表面复合速率s决定的简单而又比较接近实际的光生电流J_L的近似表达式：

$$J_L = \frac{q\int_0^{w_e} G(x)\,dx}{1 + \dfrac{s_{Feff}}{N_{eff}(w_e)}\displaystyle\int_0^{w_e}\frac{N_{eff}}{D}dx + \dfrac{N_{eff}(w_e)}{s_{Feff}}} \tag{7-122}$$

式中：$G(x)$为产生速率；$N_{eff}(x)$为考虑了能带变窄效应时，深度为x的等效掺杂浓度；w_e为发射区宽度。由图7-4可见，$w_e=w_n-x_n$。

如前所述，多种因素影响着太阳电池的性能，下面就以表面复合速率为例，讨论其对太阳电池性能的影响。

7.4 表面复合对太阳电池输出特性的影响

由式（7-74）可见，表面复合速度，尤其是前表面的有效复合速率s_{Feff}，严重影响太阳电池贴近表面发射区域的暗饱和电流密度J_{srp}。

为便于分析，本节讨论在电池均匀掺杂、中性区的电场可以忽略的情况下的短路电流。观察式（7-105）、式（7-106）和式（7-107），当$\alpha(w_n-x_n)\gg1$、$\alpha L_p\gg1$时，J_{sc}主要由式（7-105）确定，可近似地表示为

$$J_{sc}=[q(1-s)(1-R)\Phi(\lambda)]\frac{\left(\dfrac{s_{Feff}}{\alpha D_p}\right)+1}{\cosh\left(\dfrac{w_n-x_n}{L_p}\right)+L_p\left(\dfrac{s_{Feff}}{D_p}\right)\sinh\left(\dfrac{w_n-x_n}{L_p}\right)} \tag{7-123}$$

上式表明，表面复合速度s_{Feff}对短路电流有显著的影响，随着s_{Feff}的增加，J_{sc}快速下降。

太阳电池前表面有接触栅线，栅线之间的区域的复合速率较低，栅线欧姆接触处的复合速率相对较高，前表面复合速率是整个前表面上的平均值。

有效前表面复合速率与电池正面栅线之间的复合速度 s_{Fb} 的关系为[5]

$$s_{Feff}=\frac{(1-s)s_{Fb}\overline{G}_n\tau_p\left(\cosh\frac{w_n}{L_p}-1\right)+p_0(e^{qV/A_0kT}-1)\left(s_{Fb}\frac{D_p}{L_p}\frac{\cosh\frac{w_n}{L_p}}{\sinh\frac{w_n}{L_p}}+s_{Fb}\right)}{(1-s)\left[p_0(e^{qV/A_0kT}-1)+\overline{G}_n\tau_p(\cosh\frac{w_n}{L_p}-1)\right]} \tag{7-124}$$

式中，$\overline{G}_n$ 为 n 型发射区的平均产生率。s_{Feff} 与太阳电池的工作情况有关：在 $L_p \gg w_n$ 的情况下，当输出电压很低时，$s_{Feff}\to s_{Fb}$；当输出电压为 V_{oc} 时，$s_{Feff}=\frac{s_{Fb}+s\frac{D_p}{w_n}}{(1-s)}$。

下面分析太阳电池背面复合速度 s_{BSF} 对电池性能的影响。讨论背面复合，需要与基区少子寿命和扩散长度综合起来考虑。

寿命短意味着扩散长度小，当基区的扩散长度显著小于基区厚度，即 $L_n \ll w_p$ 时，在基区深度大于一个扩散长度的区域产生的载流子将不能被收集。

按照式（7-81），p 型中性区由复合产生的暗饱和电流密度 J_{srn} 为

$$\begin{aligned} J_{srn}&=qD_nF_p^*n_{p0}+\frac{qD_nT_{p2}^*}{L_n^*T_{p1}^*}n_{p0}-2qF_p^*D_nn_{p0}\\ &=qD_nF_p^*n_{p0}+\frac{qD_n}{L_n^*}\left[\frac{\frac{1}{L_n^*}\sinh\left(\frac{w_p-x_p}{L_n^*}\right)+\left(F_p^*+\frac{s_{BSF}}{D_n}\right)\cosh\left(\frac{w_p-x_p}{L_n^*}\right)}{\frac{1}{L_n^*}\cosh\left(\frac{w_p-x_p}{L_n^*}\right)+\left(F_p^*+\frac{s_{BSF}}{D_n}\right)\sinh\left(\frac{w_p-x_p}{L_n^*}\right)}\right]n_{p0}-2qF_p^*D_nn_{p0} \end{aligned} \tag{7-125}$$

当 $L_n \ll w_p$ 时，$e^{\left(\frac{w_p-x_p}{L_n^*}\right)}\gg 1$，通常 p 型区的 F_p 是很小的，即 F_p^* 可以忽略，再利用公式 $n_{p0}=\frac{n_i^2}{N_A}$，于是式（7-125）可简化为

$$J_{srn}=\frac{qD_nn_{p0}}{L_n^*}=q\frac{n_i^2D_n}{N_AL_n} \tag{7-126}$$

此时，J_{srn} 与 s_{BSF} 无关。

当基区的扩散长度显著大于基区厚度，即 $L_n \gg w_p$ 时，在基区产生的载流子能够受 BSF 作用而返回基区，利用双曲正弦函数和双曲余弦函数的泰勒级数展开，取第一项近似后，p 型中性区的暗饱和电流密度式（7-81）又变为

$$J_{srn}=qD_nF_p^*n_{p0}+\frac{qD_n}{L_n^*}\left[\frac{\frac{1}{L_n^*}\sinh\left(\frac{w_P-x_p}{L_n^*}\right)+\left(F_p^*+\frac{s_{BSF}}{D_n}\right)\cosh\left(\frac{w_P-x_p}{L_n^*}\right)}{\frac{1}{L_n^*}\cosh\left(\frac{w_P-x_p}{L_n^*}\right)+\left(F_p^*+\frac{s_{BSF}}{D_n}\right)\sinh\left(\frac{w_P-x_p}{L_n^*}\right)}\right]n_{p0}-2qF_p^*D_nn_{p0}$$

(7-127)

式中，$n_{p0}=\frac{n_i^2}{N_A}$。

由于 $L_n \gg w_p$，$\frac{W_P-x_p}{L_n^2}\to 0$，再忽略 p 型区电场强度 F_p，则式（7-127）可简化为

$$J_{srn}=q\frac{n_i^2}{N_A}\left[\frac{s_{BSF}}{1+\left(\frac{w_p-x_p}{D_n}\right)s_{BSF}}\right]=q\frac{n_i^2D_n}{N_A(w_p-x_p)}\left[\frac{s_{BSF}}{D_n/(w_p-x_p)+s_{BSF}}\right]$$

由此可见，s_{BSF} 和 $\frac{D_n}{W_p}$ 都影响着暗饱和电流密度 J_{srn}。

当 $s_{BSF} \gg \frac{D_n}{W_p}$ 时，上式进一步简化为

$$J_{srn}\approx q\frac{n_i^2D_n}{N_A(W_p-x_p)} \tag{7-128}$$

扩散长度 L 与少子寿命 τ 密切相关，当少子扩散系数 D 一定时，少子扩散长度与少子寿命的平方根成正比，即 $L=\sqrt{D\tau}$。通常，太阳电池的性能与少子扩散长度的关系可用可检测的少子寿命来表征。安东尼奥・卢克（Antonio Luque）和史蒂文・埃热迪（Steven Hegedus）对太阳电池在设定的典型参数（见表 7-1）下计算了电池基区的少子寿命对电池 V_{oc}、I_{sc} 和 FF 的影响，随基区少子寿命的增加，V_{oc}、I_{sc} 和 FF 均呈现不同程度的提高，如图 7-7 所示[1]。图 7-7 中虚线指示的是少子扩散长度 L_n 等于基区厚度 w_p 时的少子寿命 τ_n，$\tau_n=25.7\mu s$。

表 7-1 设定的晶体硅太阳电池性能参数值

性能参数	设定数值	性能参数	设定数值
A	$100cm^2$	w_P	300μm
w_n	0.35μm	N_A	$1\times10^{15}cm^{-3}$
N_D	$1\times10^{20}cm^{-3}$	D_n	$35cm^2/s$
D_p	$1.5cm^2/s$	s_{BSF}	100cm/s
s_{Feff}	$3\times10^4cm/s$	τ_n	350μs
τ_p	1μs	L_n	1100μm
L_p	12μm		

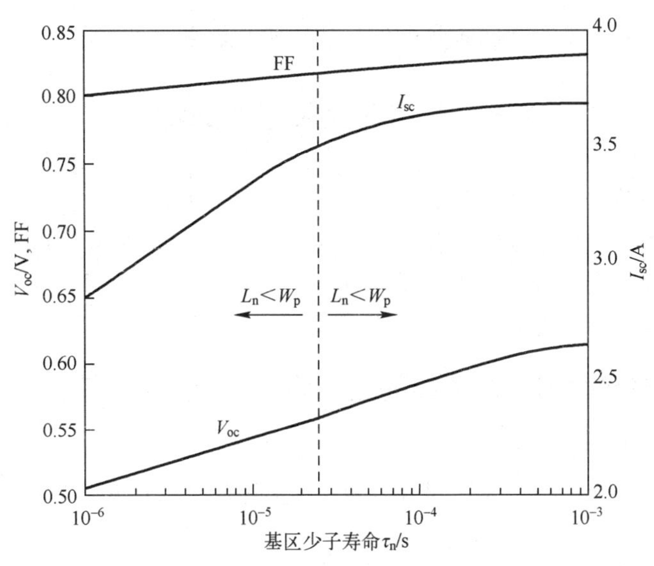

图 7-7　在设定参数下基区少子寿命对电池性能的影响

安东尼奥·卢克和史蒂文·埃热迪还计算了太阳电池背面复合速度 s_{BSF} 对 V_{oc}、I_{sc} 和 FF 的影响，如图 7-8 所示。由图可见，随背面复合速度 s_{BSF} 的增加，V_{oc}、I_{sc} 和 FF 均有不同程度下降[1]。当 $s_{BSF} \approx \dfrac{D_n}{w_p} = 10^3\,\text{cm/s}$ 时，正如式（7-124）所表达的那样，此时电池的主要性能参数会发生明显变化。

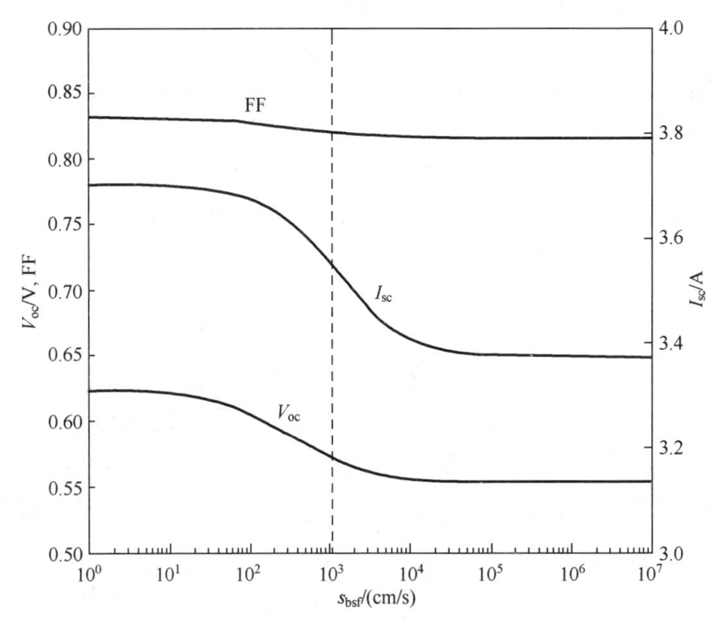

图 7-8　太阳电池背面复合速度 s_{BSF} 对 V_{oc}、I_{sc} 和 FF 的影响

虽然对太阳电池设定的参数不同，所采用的公式的简化方式不同，会导致计算

结果有差别，但对其主要性能影响的变化趋势是一致的。

7.5 准实际太阳电池的特性

以上讨论的是太阳电池在理想情况下的性能。实际上，还有诸多因素影响太阳电池的性能。例如，耗尽区的复合电流、pn 结的温度效应和太阳电池自身的寄生电阻等，都会显著改变理想太阳电池的输出特性。由于在第 6 章 6.3.3 节中已讨论过 pn 结的温度效应，在这里不再对其重复叙述。

7.5.1 影响理想太阳电池性能的主要因素

1. 耗尽区复合电流

对于单能级复合中心，参照式（7-86），其复合电流密度可表示为

$$J_{\text{dark}}=J_{\text{s}}\left[\exp\left(\frac{qV}{\eta kT}\right)-1\right] \tag{7-129}$$

式中，J_{s}为耗尽区的饱和复合电流密度。

按照式（7-83），耗尽区与复合相关的饱和电流密度 J_{s}可近似地表示为

$$J_{\text{s}}=J_{\text{srd}}=q\frac{w_{\text{D}}n_{\text{i}}}{\tau_{\text{d}}} \tag{7-130}$$

式中，τ_{d}为耗尽区载流子的有效寿命。

当 $E_{\text{t}}\approx E_{\text{i}}$时，按照式（7-65），$\tau_{\text{d}}$的表达式为

$$\tau_{\text{d}}=\tau_{\text{nder}}+\tau_{\text{pder}} \tag{7-131}$$

复合电流将使 V_{oc}和填充因子 FF 都下降，从而导致实际的太阳电池光电转换效率远低于理想情况下的光电转换效率。

当计入复合电流时，在 7.2 节中表述的基于理想等效电路的太阳电池输出特性 V_{oc}、I_{sc}、P、FF 和 η_{c}等的一些公式，都可用类似的形式表述，只是这些公式中的指数项 $\exp\left(\frac{qV}{kT}\right)$应改为 $\exp\left(\frac{qV}{\eta kT}\right)$。

2. 寄生电阻

太阳电池的寄生电阻，即串联电阻 R_{s}与并联电阻 R_{sh}，将引起太阳电池输出电能的损耗。为了分析存在寄生电阻情况下太阳电池的特性，采用如图 7-9 所示的在稳定光照下太阳电池等效电路。它由以下元器件构成：能稳定产生光电流 I_{L}的电流源，处于正偏压下的二极管 VD，与二极管并联的电阻 R_{sh}、电容 C_{f}，输出端串联电阻 R_{S}和负载电阻 R_{L}。光电流 I_{L}提供二极管的正向电流 $I_{\text{F}}=I_{\text{D}}=I_{\text{s}}\left[\exp\left(\frac{qV}{\eta kT}\right)-1\right]$、旁路电流 $I_{\text{sh}}=\frac{I(R_{\text{s}}-R_{\text{L}})}{R_{\text{sh}}}$电流和负载电流 I。

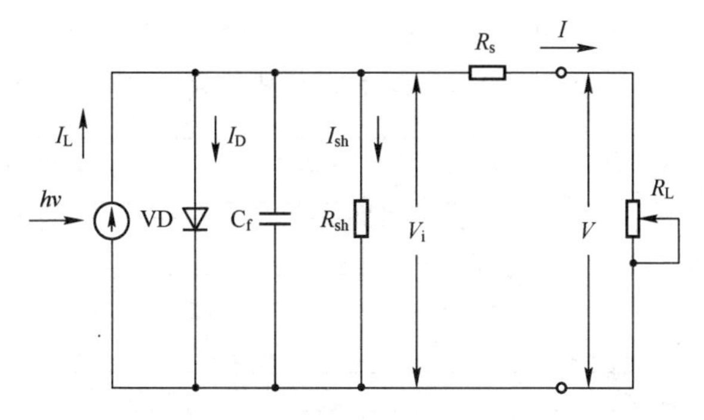

图 7-9　太阳电池（单二极管）等效电路

由等效电路可得流过负载的电流 I 为

$$I=I_L-I_D-I_{sh}=I_L-I_s\left\{\exp\left[\frac{q(V-IR_s)}{\eta kT}\right]-1\right\}-\frac{I(R_s-R_L)}{R_{sh}} \tag{7-132}$$

这就是太阳电池负载 R_L上的电流-电压特性曲线表达式。

当太阳电池的输出短路时，$R_L=0$，$V=0$，于是得短路电流 I_{sc}为

$$I_{sc}=I_L-I_s\left\{\exp\left[\frac{-qIR_s}{\eta kT}\right]-1\right\}-\frac{IR_s}{R_{sh}} \tag{7-133}$$

通常，$I_L \gg I_s$且 $R_{sh} \gg R_s$，由此可得：

$$I_{sc}\approx I_L \tag{7-134}$$

通常电流-电压特性曲线关系式是在单二极管等效电路中，假设并联电阻 R_{sh}为无穷大、串联电阻 R_s为零的理想情况下得到的。但在实际的太阳电池中，并联电阻 R_{sh}并不是无穷大，串联电阻 R_s也不为零。并联电阻 R_{sh}对电池的主要影响是降低开路电压，串联电阻 R_s的主要影响则是降低短路电流。并联电阻和串联电阻对电流-电压特性曲线的影响如图 7-10 所示。串联电阻与电极的欧姆接触、结深、p 型区、n 型区的杂质浓度等因素有关。

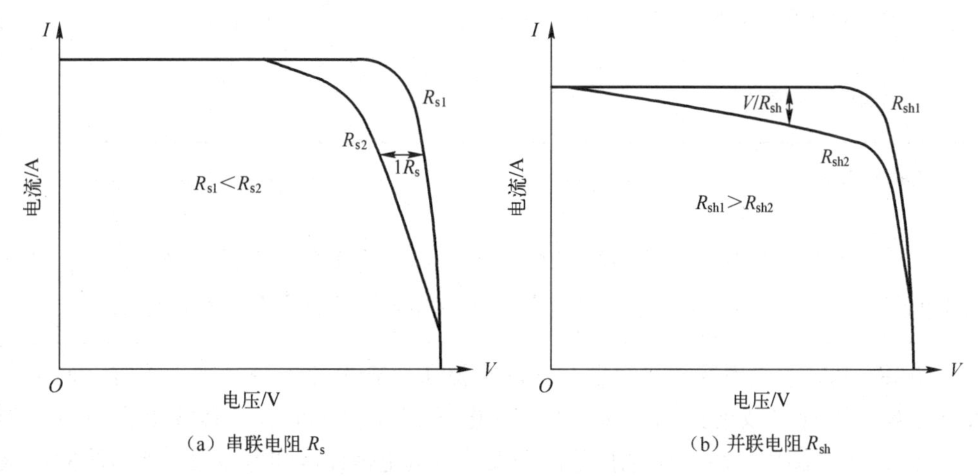

（a）串联电阻 R_s　　（b）并联电阻 R_{sh}

图 7-10　串联电阻和并联电阻对电流-电压特性曲线的影响

与并联电阻相比，串联电阻对电流-电压特性曲线的影响更大。常规太阳电池的串联电阻分布如图 7-11 所示。串联电阻的表达式见表 7-2[6]。

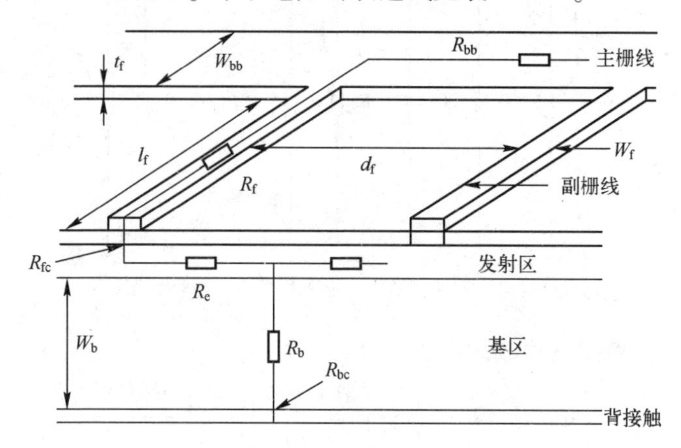

图 7-11　常规太阳电池的串联电阻分布

表 7-2　串联电阻的表达式

电　阻　项	符　　号	表　达　式
发射极电阻	R_e	$R_e=\dfrac{R_{sp}d_f}{7l_f}$
基极电阻	R_b	$R_b=AW_b\rho_b$
前接触电阻	R_{fe}	$R_{fe}=\dfrac{\sqrt{R_{sp}\rho_{cf}}}{l_f}\coth\left(W_f\sqrt{\dfrac{R_{sp}}{\rho_{cf}}}\right)$
后接触电阻	R_{bc}	$R_{bc}=A\rho_{cr}$
指形接触电阻	R_f	$R_f=\dfrac{l_f\rho_m}{3t_fW_f}$
单位长度母线电阻	R_{bb}	$R_{bb}=\dfrac{\rho_m}{3t_fW_{bb}}$

说明　主栅电阻仅在一端接触。表 7-2 中，R_{sp}为发射区表面电阻；ρ_{cf}和ρ_{cr}分别为前、后接触的接触电阻；ρ_b为基极的电阻率；ρ_m为前金属电极的电阻率。

如果将基区、发射区和空间电荷区的载流子复合电流区分开来，用含有两个二极管的双二极管等效电路与实际的电流-电压特性曲线拟合，其效果会更好，如图 7-12 所示。图中，I_{D1}表示包括基区和发射区的电池体区和电池表面通过陷阱能级复合的饱和电流，所对应的二极管曲线因子$\eta=1$；I_{D2}表示在 pn 结耗尽区及其晶界内复合的饱和电流，所对应的二极管曲线因子 $\eta=2$。

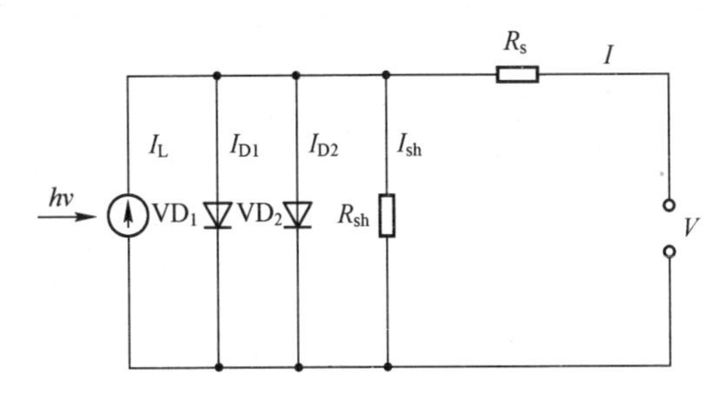

图 7-12　具有双二极管模型的太阳电池等效电路

7.5.2　准实际太阳电池的输出特性

在考虑影响太阳电池性能的一些因素后，我们在理想太阳电池模型的基础上，讨论接近实际情况的太阳电池性能。为了与实际太阳电池相区别，这里称之为准实际太阳电池。由于晶体硅太阳电池技术进步很快，输出特性参数不断地变化，而在此以讨论物理机理为主，所以本节中一些用于说明变化规律的图均为示意图。

1. 电流-电压特性曲线

太阳电池负载 R_L上的电流-电压特性曲线已在 7.5.1 节中讨论过，它可由下式表示：

$$I=I_L-I_s\left\{\exp\left[\frac{q(V-IR_s)}{\eta kT}\right]-1\right\}-\frac{I(R_s-R_L)}{R_{sh}} \tag{7-135}$$

2. 光电压与开路电压

式（7-135）中的 V 是在光照下太阳电池两端产生的电压，即光电压。光电压可表示为

$$V=IR_L \tag{7-136}$$

在开路状态下，$I=0$，光照产生的载流子被内建电场分离，形成由 n 型区流向 p 型区的光电流 J_L，而太阳电池两端出现的开路电压 V_{oc}却产生由 p 型区流向 n 型区的正向结电流 J_F。在稳定光照时，光电流 J_L和正向结电流 J_F在数值上相等，即

$$I_L=I_F=I_s\left[\exp\left(\frac{qV}{\eta kT}\right)-1\right] \tag{7-137}$$

由于通常情况下$\dfrac{J_L}{J_s}\gg1$，所以

$$V_{oc}\approx\frac{\eta kT}{q}\ln\frac{J_L}{J_s} \tag{7-138}$$

由此可见，V_{oc}随 J_L的增加而增加，随 J_s的增加而减小。由于曲线因子 η 增大时，反向饱和电流密度 J_s也增加，所以 V_{oc}不会随因子 η 的增大而增大。

当忽略耗尽区复合电流影响时，根据式（6-67），饱和电流密度为

$$J_s = qD_n\frac{n_i^2}{N_AL_n}+qD_p\frac{n_i^2}{N_DL_p}$$

根据式（6-47），$V_{bi}=\frac{kT}{q}\ln\frac{p_{p0}n_{n0}}{n_i^2}$，求出 n_i^2 为

$$n_i^2 = N_AN_De^{-qV_{bi}/kT} \tag{7-139}$$

于是可得：

$$J_s = \left(qD_n\frac{N_D}{L_n}+qD_p\frac{N_A}{L_p}\right)e^{-qV_{bi}/kT} \tag{7-140}$$

式中，V_{bi} 为最大 pn 结电压，qV_{bi} 等于 pn 结势垒高度。当 $\eta=1$，$\frac{J_L}{J_s}\gg1$ 时，将式（7-140）代入式（7-138），可得

$$V_{oc}=V_{bi}-\frac{kT}{q}\ln\frac{qD_n\frac{N_D}{L_n}+qD_p\frac{N_A}{L_p}}{J_L} \tag{7-141}$$

上式表明，当光强高、J_L 大，或者温度 T 低时，开路电压 V_{oc} 将非常接近于 V_{bi}。由于 $V_{bi}\approx\frac{kT}{q}\ln\frac{N_AN_D}{n_i^2}$，所以 pn 结两侧掺杂浓度增大，太阳电池的开路电压也增大，但掺杂浓度也不能过高。由于存在高掺杂效应（参见第 12 章 12.3 节），当掺杂浓度过高时，反而会降低电池的开路电压。

3. 光照特性

太阳电池的光照特性是指不同辐照度下的一组太阳电池电流-电压特性曲线、太阳电池的短路电流 I_{sc} 或开路电压 V_{oc} 随入射光的辐照度 Φ_r 变化的关系曲线。辐照度 Φ_r 定义为入射到太阳电池表面单位面积上的辐射功率，单位为 mW/cm^2 或 W/m^2。

太阳电池光照特性如图 7-13 所示。由图可知，短路电流 I_{sc} 随入射光辐照度 Φ_r 的增加呈线性上升：

$$I_{sc}\approx I_L\propto\Phi_r \tag{7-142}$$

开路电压 V_{oc} 随入射光辐照度 Φ_r 的增加而呈对数形式上升，在强辐照度下趋于饱和，即

$$V_{oc}=\frac{\eta kT}{q}\ln\frac{J_L}{J_s}\propto\ln\Phi_r \tag{7-143}$$

4. 输出功率

在光照下，在负载 R_L 上得到的太阳电池输出功率 P 为

$$\begin{aligned}P&=IV=\left\{I_L-I_s\left\{\exp\left[\frac{q(V-IR_s)}{\eta kT}\right]-1\right\}-\frac{I(R_s-R_L)}{R_{sh}}\right\}V\\&=\left\{I_L-I_s\left\{\exp\left[\frac{q(V-IR_s)}{\eta kT}\right]-1\right\}-\frac{I(R_s-R_L)}{R_{sh}}\right\}^2R_L\end{aligned} \tag{7-144}$$

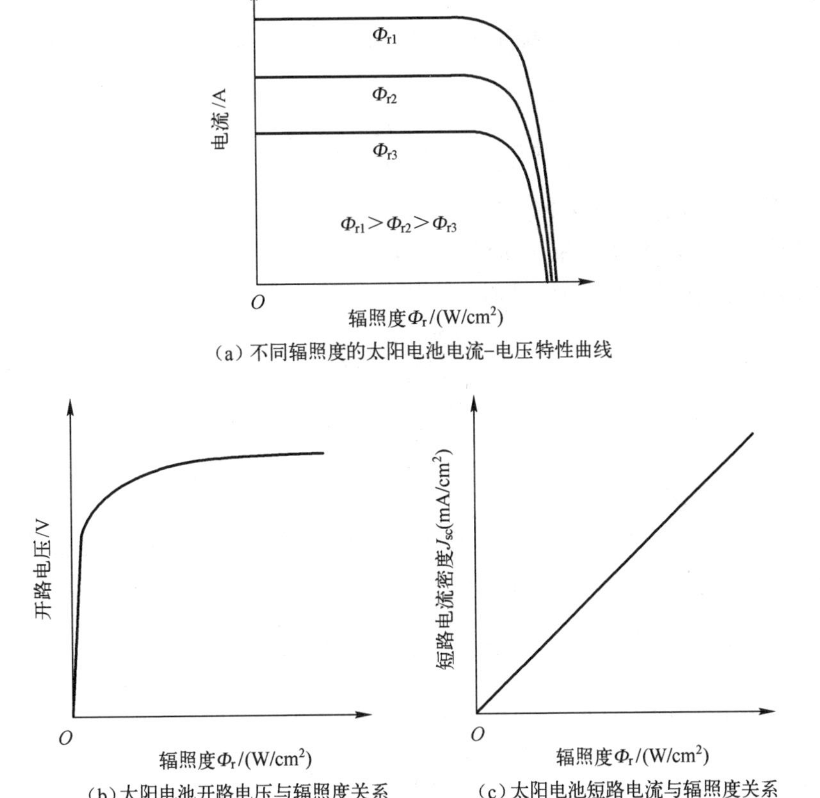

（a）不同辐照度的太阳电池电流-电压特性曲线

（b）太阳电池开路电压与辐照度关系　（c）太阳电池短路电流与辐照度关系

图 7-13　太阳电池光照特性

当负载 R_L 从零变到无穷大时，即可绘制出如图 7-14 所示太阳电池的电流-电压特性曲线。曲线上的点所对应的方块面积为 IV，代表输出功率，所以曲线上的任一点都称为工作点。工作点和原点之间的连线就是负载线，负载线的斜率的倒数等于负载电阻 R_L。调节 R_L 到某一值 R_m 时，可在曲线上得到太阳电池的最佳工作点 M（也称最大功率点），这时的输出功率，即对应的工作电流 I_m 和工作电压 V_m 的乘积，达到最大值，即

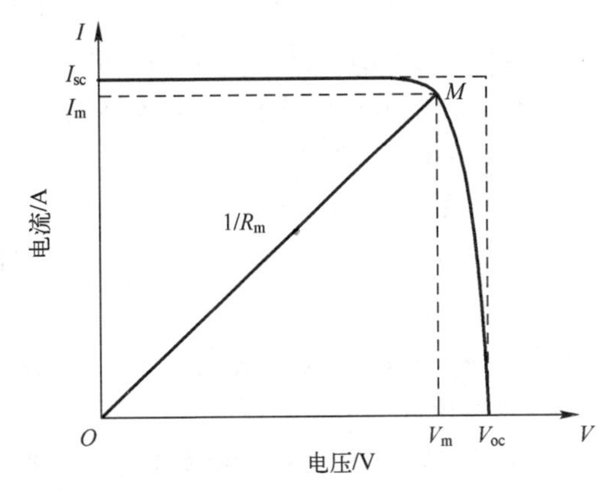

图 7-14　太阳电池的电流-电压特性曲线

$$P_m = I_m V_m \tag{7-145}$$

式中，I_m 为最佳工作电流，V_m 为最佳工作电压，P_m 为最大输出功率。

5. 填充因子

填充因子 FF 就是最大输出功率 P_m 与开路电压和短路电流的乘积（$V_{oc}I_{sc}$）之比值，即

$$FF=\frac{P_m}{V_{oc}I_{sc}}=\frac{V_mI_m}{V_{oc}I_{sc}}=\frac{P(V_m)}{V_{oc}I_{sc}} \tag{7-146}$$

FF 是评价太阳电池的重要参数。在一定光强下，FF 越大，输出功率也越高。FF 与入射光强、反向饱和电流、曲线因子和串/并联电阻密切相关。

对太阳电池进行数值模拟计算时，常用的经验公式[7]为

$$FF=\frac{V_{oc}-\frac{kT}{q}\ln\left(\frac{qV_{oc}}{kT}+0.72\right)}{V_{oc}+\frac{kT}{q}} \tag{7-147}$$

6. 光电转换效率

太阳电池的光电转换效率 η_c（简称太阳电池效率）是指太阳电池受光照射时，其输出电功率与入射光功率之比值，即

$$\eta_c=\frac{P_m}{AP_{in}}=\frac{V_mI_m}{AP_{in}}=\frac{(FF)V_{oc}I_{sc}}{AP_{in}} \tag{7-148}$$

式中：A 为太阳电池面积；P_{in} 为单位面积入射光功率：

$$P_{in}=\int_0^\infty \Phi(\lambda)\frac{hc}{\lambda}d\lambda \tag{7-149}$$

如果从总面积中扣除遮光的栅线面积，即可得到有效面积 A_a 下的太阳电池光电转换效率。

7. 光谱特性

太阳电池的光谱特性是指当单位辐射通量不同波长的光分别照射太阳电池时，太阳电池所产生的短路电流的大小，也称为光谱响应 SR(λ)，通常用光谱特性曲线表示（称为光谱响应曲线）。太阳电池的光谱响应可分为绝对光谱响应 $SR_d(\lambda)$ 和相对光谱响应 $SR_r(\lambda)$ 两种。

$SR_d(\lambda)$ 的定义为

$$SR_d(\lambda)=\frac{dJ_{sc}(\lambda)}{d\phi(\lambda)} \tag{7-150}$$

式中，$J_{sc}(\lambda)$ 为光谱电流密度，$\phi(\lambda)$ 为入射到电池表面的波长为 λ 的光通量。$SR_d(\lambda)$ 的单位为 mA/mW 或 A/W。

相对光谱响应 $SR_r(\lambda)$ 为绝对光谱响应归一化后的光谱响应。

太阳电池的光谱特性还可用量子效率 QE 来表示。太阳电池的量子效率可分为外量子效率 EQE(λ) 和内量子效率 IQE(λ) 两种。

外量子效率的定义为波长为 λ 的光照在电池内部产生的对短路电流有贡献的光生载流子的数目与入射到电池表面的光子数目的比值，即

$$\mathrm{EQE}(\lambda)=\frac{I_{sc}(\lambda)}{q\phi(\lambda)} \tag{7-151}$$

太阳电池内量子效率的定义为波长为 λ 的光照在电池内部产生的对短路电流有贡献的光生载流子的数目与射入电池内部的光子数目（即扣除电池表面反射损失、正面电极遮蔽损失和透射损失的光子数目）的比值，可以表示为

$$\begin{aligned}\mathrm{IQE}(\lambda)&=\frac{I_{sc}(\lambda)}{(1-s)[1-R(\lambda)-T(\lambda)]q\phi(\lambda)}=\frac{J_{scn}(\lambda)+J_{scp}(\lambda)+J_{scd}(\lambda)}{(1-s)[1-R(\lambda)-T(\lambda)]q\phi(\lambda)}\\&=\frac{\mathrm{EQE}(\lambda)}{(1-s)[1-R(\lambda)-T(\lambda)]}\end{aligned} \tag{7-152}$$

式中，$R(\lambda)$为电池表面对波长为 λ 的光的反射率，$T(\lambda)$为透射率，s 为正面电极遮光比。通常，当电池的厚度足够大时，透射率 $T(\lambda)$可以忽略。式（7-152）中的分子项是利用式(7-75)将短路电流表示为电池各区的光电流之和的。

从物理厚度为 w 的电池对光子的吸收的角度考虑，式（7-152）也可表示为

$$\mathrm{IQE}(\lambda)=\frac{\mathrm{EQE}(\lambda)}{(1-s)[1-R(\lambda)-T(\lambda)]}=\frac{\mathrm{EQE}(\lambda)}{(1-s)[1-R(\lambda)][\mathrm{e}^{-\alpha(\lambda)w_{opt}}]} \tag{7-153}$$

式中：$\alpha(\lambda)$为光谱吸收系数；w_{opt}为电池的光学厚度，等效于光学吸收长度，当电池具有绒面背反射层结构时，光学厚度大于物理厚度 w。

内量子效率总是大于外量子效率。不同结构、不同工艺的太阳电池的量子效率曲线的形状各不相同，它能很好地反映电池对不同波长光子的吸收，以及吸收后载流子的产生、输运和复合作用。实测的晶体硅太阳电池的内量子效率曲线如图 7-15 所示。

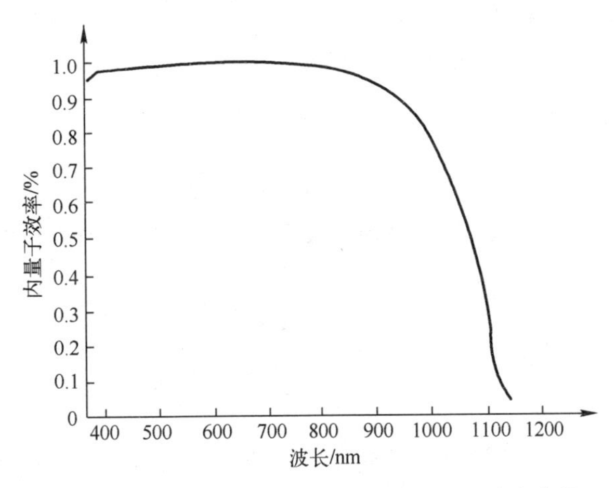

图 7-15　实测的晶体硅太阳电池的内量子效率曲线

光谱响应与量子效率的关系式为

$$\mathrm{SR}(\lambda)=\frac{q\lambda}{hc}\mathrm{QE}(\lambda)=0.808\lambda\,\mathrm{QE}(\lambda) \tag{7-154}$$

光谱响应 SR(λ)也可分为外光谱响应和内光谱响应两种。由数值模拟计算得到的 p 型硅基底太阳电池的内光谱响应曲线如图 7-16（a）所示[8]。

对于晶体硅半导体，禁带宽度 $Eg=1.1\text{eV}$，理想的内光谱响应是阶跃函数，在 $h\nu \geqslant E_g$ 时应为 1，如图 7-16（a）中的虚线所示。对于 p 型硅基底太阳电池，当入射光子能量较低时，在 p 型基底区产生的载流子占优势；当光子能量增加到 2.5eV 以上时，正面 n 型发射区产生的载流子占优势；当光子能量超出 3.5eV 时，光谱响应完全由正面 n 型发射区决定。

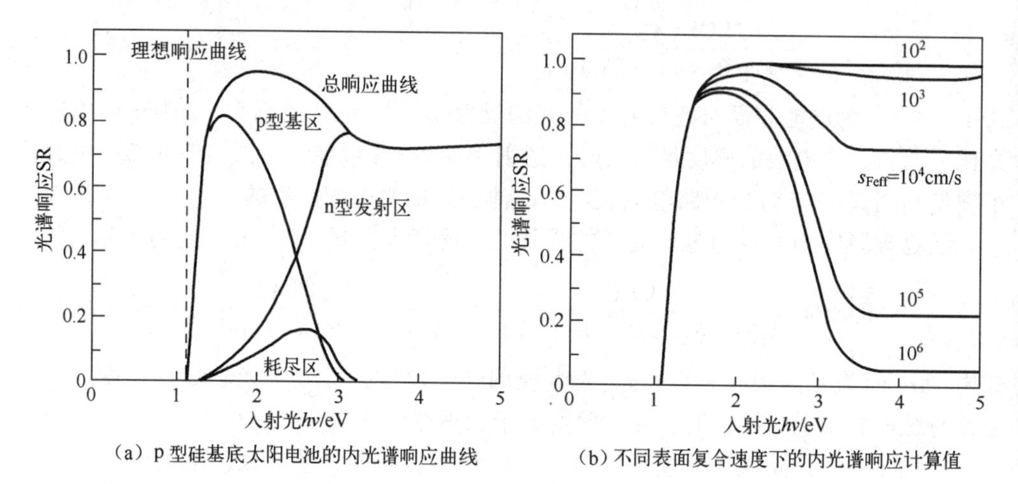

（a）p 型硅基底太阳电池的内光谱响应曲线　　（b）不同表面复合速度下的内光谱响应计算值

图 7-16　太阳电池的内光谱响应

计算所用参数：$N_D=5\times10^{19}\text{cm}^{-3}$，$N_A=1.5\times10^{16}\text{cm}^{-3}$，$\tau_p=0.4\mu\text{s}$，$\tau_n=10\mu\text{s}$，$w_n=0.5\mu\text{m}$，$(w_n+w_p)=450\mu\text{m}$，$s_{\text{BSF}}=10^4\text{cm/s}$，$s_{\text{Feff}}=\infty$。

根据式（7-150）和内光谱响应的定义，内光谱响应 ISR(λ)由射入电池内部的光所决定，可表示为

$$\text{ISR}(\lambda)=\frac{J_{\text{sc}}}{q(1-s)(1-R)\Phi(\lambda)} \tag{7-155}$$

利用式（7-123），当 $\alpha(w_n-x_n)\gg1$、$\alpha L_p\gg1$ 时，ISR(λ)可近似地表示为

$$\text{ISR}(\lambda)=\frac{\left(\frac{s_{\text{Feff}}}{\alpha D_p}\right)+1}{\cosh\left(\frac{w_n-x_n}{L_p}\right)+L_p\left(\frac{s_{\text{Feff}}}{D_p}\right)\sinh\left(\frac{w_n-x_n}{L_p}\right)} \tag{7-156}$$

表面复合速度 s_{Feff} 对光谱响应有显著的影响，随着 s_{Feff} 的增知，光谱响应快速下降，如图 7-16（b）所示。

式（7-156）表明，降低表面复合速度 s_{Feff}，增大扩散长度 L_p，对改善光谱响应极其有利。

由太阳电池的内光谱响应 ISR(λ)和太阳光谱分布 Φ(λ)即可计算出短路电流密度，也就是短路时的总光电流密度，即

$$J_{sc}=q\int_0^{\lambda_{max}}(1-s)(1-R)\Phi(\lambda)\mathrm{ISR}(\lambda)\mathrm{d}\lambda \tag{7-157}$$

式中，λ_{max}为对应于半导体禁带宽度的波长。

由式（7-157）可见，为了增大短路电流密度 J_L，应尽可能减小电池表面的反射系数 R。

8. 温度特性

温度对太阳电池性能的影响是多方面的。一方面，随着温度 T 升高，硅的禁带宽度 Eg 变窄，吸收光子的频率范围增加，光生载流子和短路电流增加。

按照式（3-24），禁带宽度 E_g与温度 T 的经验公式为

$$E_g(T)=E_g(0)-\frac{\alpha T^2}{T+\beta}$$

式中：$E_g(0)$为 $K=0$ 时的禁带宽度；α、β 是与温度无关的常数（与材料性质有关）。

另一方面，根据式（4-12）和式（3-24），本征载流子浓度 n_i随 T 升高，而 n_i增大又会导致复合增加，饱和暗电流升高：

$$\begin{aligned}n_i&=\frac{2}{h^2}(2\pi kT)^{\frac{3}{2}}(m_n m_p)^{3/4}\exp\left(-\frac{E_g}{2kT}\right)\\&=\frac{2}{h^3}(2\pi kT)^{\frac{3}{2}}(m_n m_p)^{3/4}\exp\left(-\frac{E_g(0)-\alpha T^2/(T+\beta)}{2kT}\right)\end{aligned} \tag{7-158}$$

按照式（7-79）和式（7-81），再利用 $n_{p0}=\dfrac{n_i^2}{N_A}$，可知与 n 型中性区和 p 型中性区的复合相关的饱和暗电流 $I_{rD}\propto n_{p0}\propto n_i^2$；按照式（7-82），耗尽区中由复合引起的饱和暗电流 $I_{rd}\propto n_i$，即 n_i的增加会导致 pn 结饱和暗电流 J_s的升高。按照式（7-138），$V_{oc}\approx\dfrac{kT}{q}\ln\left(\dfrac{I_{sc}}{I_s}\right)$，开路电压 V_{oc}随饱和暗电流 I_s的升高而下降。

暗电流 I_s与温度 T 的经验公式可表述为[8]

$$I_s=BT^{\zeta}\mathrm{e}^{-E_g(0)/kT} \tag{7-159}$$

式中，B 是与温度无关的常数；$E_g(0)$为太阳电池材料在 0K 时的禁带宽度；ζ 包括了用于确定 I_S 的其他参数中与温度相关的因素，$\zeta=1\sim4$（对于硅材料，$\zeta=3$）。

按照式（7-138），可导出

$$I_{sc}\approx I_s\mathrm{e}^{qV_{oc}/kT}\approx BT^{\zeta}\mathrm{e}^{-E_g(0)/kT}\mathrm{e}^{qV_{oc}/kT} \tag{7-160}$$

于是，开路电压 V_{oc}与温度 T 的关系式为

$$V_{oc}(T)=\frac{E_g(0)}{2q}-\frac{kT}{q}\ln\frac{BT^{\zeta}}{I_{sc}} \tag{7-161}$$

由此可见，开路电压 V_{oc}与温度近似呈线性反比关系。

由于短路电流 I_{sc}受温度的影响很小，因此可以按照式（7-160）中的 I_{sc}对 T 的

微分为零，即$\frac{dI_{sc}}{dT}=0$，推导出温度系数关系式：

$$\frac{dI_{sc}}{dT}=BT^{\zeta-1}e^{-E_g(0)/kT}e^{qV_{oc}/kT}\left\{\zeta+\frac{1}{kT}\left[qT\frac{dV_{oc}}{dT}-qV_{oc}+E_g(0)\right]\right\}=0 \tag{7-162}$$

于是得到：

$$\frac{dV_{oc}}{dT}=\frac{V_{oc}-[E_g(0)+\zeta kT]/q}{T} \tag{7-163}$$

由于开路电压 V_{oc} 下降的影响远大于短路电流的增加，最终导致输出功率下降。

图 7-17 和图 7-18 所示分别为晶体硅太阳电池的温度特性变化情况。硅的禁带宽度随温度的变化率约为-0.003eV/℃，室温下开路电压 V_{oc} 变化的温度系数约为-2.3mV/℃。短路电流 I_{sc} 随温度略有升高，见图 7-17，其温度系数约为 0.55%/℃。在同样的光照下，电池的输出功率随温度升高而降低，见图 7-18。温度每升高 1℃，太阳电池的光电转换效率下降 0.35%~0.45%。

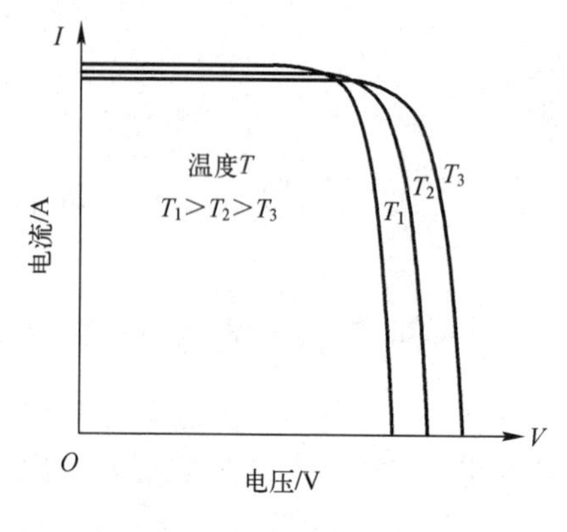

图 7-17　不同温度下的太阳电池电流-电压特性曲线

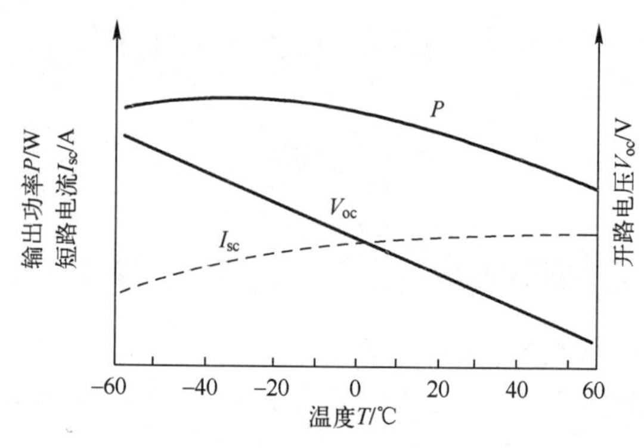

图 7-18　太阳电池输出功率、短路电流和开路电压与温度的关系

参 考 文 献

[1] Luque A, Hegedus S. Handbook of Photovoltaic Science and Engineering [M]. John Wiley & Sons Ltd., 2003.

[2] Sah C T, Noyce R N, Shockley W. Carrier Generation and Recombination in p-n Junctions and p-n Junction Characteristics [J]. Proceeding of Institute of Radio Engineers, 1957, 45 (9): 1228-1243.

[3] Cuevas A, Merchan R, Ramos J C. On the Systematic Analytical Solutions for Minority Carrier Transport in Nonuniform Doped Semiconductors: Application to Solar Cells [J]. IEEE Transactions on Electron Devices, 1993, 40 (6): 1181-1183.

[4] Backus C E. Solar Cells [M]. New York: IEEE Press, 1976.

[5] Gray J. Two - dimensional Modeling of Silicon Solar Cells [D]. West Lafayette: Purdue University, 1982.

[6] Markvart T, Castaner L. Solar Cells: Materials, Manufacture and Operation [M]. UK, Elsevier, 2005.

[7] Green M. Solar Cells: Operating Principles, Technology and System Applications [M]. NJ: Prentice Hall, Englewood Cliffs, 1982.

[8] Hovel H J. Solar Cells [M]//Willardson R K, Beer A C. Semiconductors and Semimetals: Volume 11. London: Academic Press, INC. (London) Ltd. 1975.

[9] Marti A, Balenzategui J L, Reyna R F. Photon Recycling and Shockley's Diode Equation [J]. Journal of Applied. Physics, 1997, 82: 4067-4075.

第8章　金属-半导体（MS）结构与MS太阳电池

在紧密接触的两种不同的材料中，有一种为半导体时可形成异质结。半导体异质结也有光伏效应，依此制成的太阳电池称为异质结太阳电池。具有异质结结构的太阳电池种类非常多。金属与半导体材料紧密接触后可形成肖特基结，金属-半导体肖特基结（MS）具有光伏效应，依此制成的太阳电池称为肖特基结（MS）太阳电池。

金属-半导体接触除了形成整流接触，还可形成欧姆接触，传输电流。通过欧姆接触有效地导出电能，对所有太阳电池都是很重要的。

在讨论金属与半导体接触导电时，要涉及量子力学中的隧穿效应，即载流子穿透金属与半导体之间的接触势垒，形成隧穿电流。本章将针对肖特基结（MS）的隧穿效应和隧穿电流进行初步的讨论。对隧穿效应更深入细致的讨论将在第9章中进行。

8.1　金属-半导体接触

8.1.1　金属和半导体的功函数

在4.2.3节中讨论过半导体的功函数。半导体的功函数 W_s 是初始能量等于半导体的费米能级 E_{Fs} 的电子从半导体内逸出到真空中所需的最小能量，即

$$W_s = E_0 - E_{Fs} \tag{8-1}$$

W_s 与掺杂浓度有关。

通常把等于导带底 E_c 的电子从半导体内逸出到真空中所需的能量称为半导体的电子亲和能 χ：

$$\chi = E_0 - E_c \tag{8-2}$$

利用亲和能 χ，半导体的功函数又可表示为

$$W_s = \chi + (E_c - E_{Fs}) = \chi + E_n \quad \text{（对 n 型）} \tag{8-3}$$

$$W_s = \chi + E_g + (E_v - E_{Fs}) = \chi + E_g - E_p \quad \text{（对 p 型）} \tag{8-4}$$

式中，E_n 为n型半导体的导带底 E_c 与费米能级 E_F 之间的能量差：

$$E_n = E_c - E_F$$

E_p 为p型半导体的价带顶 E_v 与费米能级 E_F 之间的能量差：

$$E_p = E_F - E_v$$

硅的电子亲和能 $\chi = 4.05\text{eV}$。

不同杂质浓度的半导体硅的功函数 W_s（计算值）见表8-1[1]。

表 8-1　不同杂质浓度的半导体硅的功函数 W_s（计算值）

Si 的导电类型	n			p		
掺杂浓度/cm^{-3}	10^{14}	10^{15}	10^{16}	10^{14}	10^{15}	10^{16}
功函数/eV	4.37	4.31	4.25	4.87	4.93	4.99

与半导体类似，对于金属，也可定义金属的逸出功，或者金属的功函数 W_m，它等于初始能量为金属费米能级 E_{Fm} 的电子从金属体内逸出到真空中所需的最小能量，即

$$W_m = E_0 - E_{Fm} \tag{8-5}$$

式中，E_0为真空中的电子能级。

常见材料的功函数如图 8-1 所示[2]。

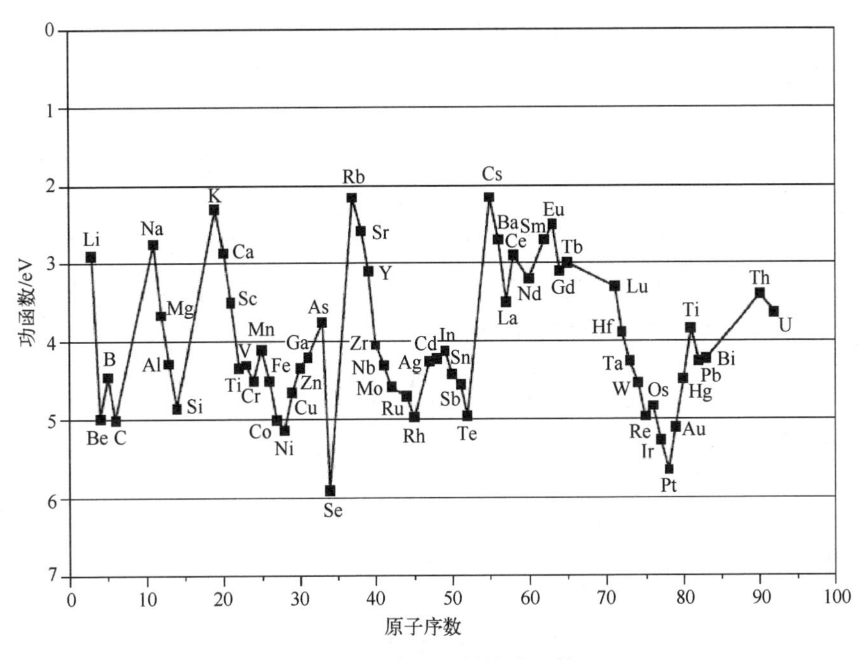

图 8-1　常见材料的功函数

8.1.2　肖特基势垒

金属及 n 型半导体的能带结构如图 8-2（a）所示。金属的功函数大于半导体的功函数，即 $W_m > W_s$。半导体的费米能级高于金属的费米能级，即 $E_{Fs} > E_{Fm}$，它们具有共同的真空静止电子能级 E_0。当把金属和半导体电连接成一个系统时，由于 $E_{Fs} > E_{Fm}$，所以半导体中的电子将流向金属，使金属表面带负电荷，半导体表面带等值的正电荷，系统保持电中性，导致金属的电势 V_m降低，半导体内的内建电势 V_{bi}升高，其内部的电子能级及表面的电子能级随之发生相应的变化，最后达到平衡状态，金属和半导体的费米能级在同一水平上。金属和半导体之间的电势能变化完全补偿了

原来费米能级的差异，半导体的费米能级相对于金属的费米能级下降了(W_m-W_s)，如图 8-2（b）所示。

随着金属与半导体之间距离 d 的减小，接触面积增大，金属表面负电荷密度增加，半导体表面的正电荷密度也随之增加，在半导体表面形成的空间电荷区也增宽。由空间电荷区电场引起的能带弯曲加大，半导体表面与内部之间的电势差也加大。

金属电势与半导体电势之差称为接触电势差 V_{ms}，其一部分降落在空间电荷区（记为 V_{bi}），另一部分降落在金属与半导体表面之间的间隙上（记为 V_G）。接触电势差 V_{ms} 为

$$V_{ms}=-(V_{bi}+V_G)=\frac{W_s-W_m}{q} \tag{8-6}$$

当金属与半导体接触不是很紧密时，即间隙距离较大、接触面积较小时，空间电荷区的电势差很小，接触电势差 V_{ms} 主要降落在金属与半导体表面之间的间隙上。

如图 8-2（c）所示，当距离 d 减小到可以与原子间距相比较，全部面积紧密接触时，电场增强，金属的电势 V_m 降低，半导体的电势 V_{bi} 升高，其电势能差距变得很小，W_m 与 W_s 很接近。在极限情况下，间隙电势差 V_G 可以被忽略，电子就可自由穿过间隙。由式（8-6）可知，此时接触电势差 V_{ms} 等于空间电荷区的电势差 V_{bi}，接触势垒高度为 qV_{bi}。这里的 V_{bi} 也称表面势。

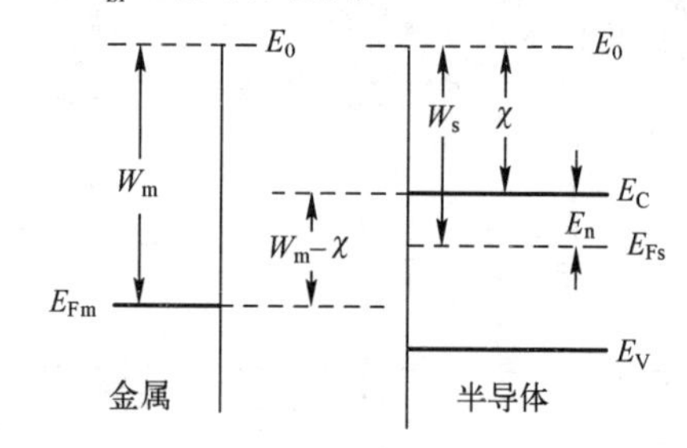

（a）金属与 n型半导体分立时的能带图

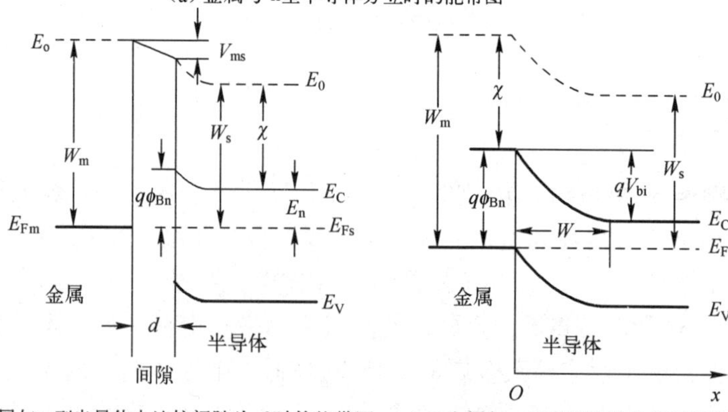

（b）金属与 n 型半导体电连接间隙为 d 时的能带图　（c）金属与 n 型半导体紧密接触时的能带结构

图 8-2　金属与 n 型半导体接触所形成的肖特基势垒

上面所讨论的金属与半导体之间的接触通常称为肖特基接触，其接触势垒通常称为肖特基势垒。

若以真空中静止电子能级 E_0 为基准，则有

$$W_m - W_s = E_{Fm} - E_{Fs} = qV_{bi} \tag{8-7}$$

从理想的金属到 n 型半导体产生的势垒高度 $q\varphi_{Bn}$ 为金属功函数与半导体亲和能之差，称之为 n 型半导体肖特基势垒高度：

$$q\varphi_{Bn} = W_m - \chi = qV_{bi} + E_n = W_m - W_s + E_n \tag{8-8}$$

式中，E_n 为导带底与费米能级的间距，$E_n = qV_n$。

V_{bi} 为电子由半导体导带进入金属时所遇到的内建电势。

$$V_{bi} = \varphi_{Bn} - V_n \tag{8-9}$$

有时，电势 φ_{Bn} 也称势垒。

在势垒区，电子浓度比体内低得多，可形成具有高电阻率的阻挡层。

若 $W_m < W_s$，则电子将从金属流向 n 型半导体，产生倒向势垒。在倒向势垒区，其电子浓度比体内高得多，可形成高电导率的反阻挡层。其能带图如图 8-3 所示。

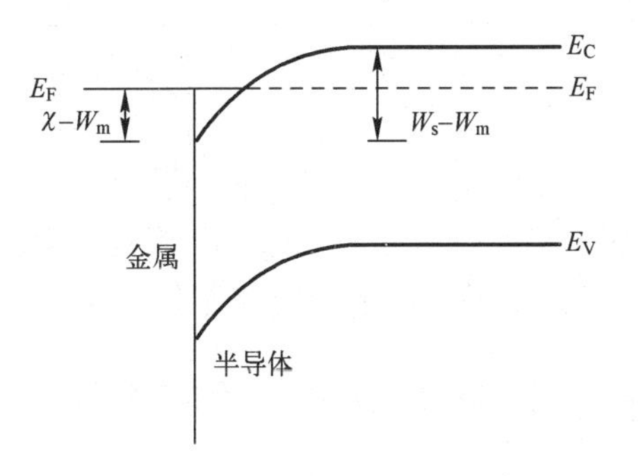

图 8-3　金属与 n 型半导体接触反阻挡层的能带图（$W_m < W_s$）

同理，从理想的金属到 p 型晶体硅半导体产生的势垒高度 φ_{Bp}，称为 p 型半导体肖特基势垒高度：

$$q\varphi_{Bp} = E_g - (W_m - \chi) \tag{8-10}$$

式中，E_g 为半导体带隙宽度。

金属与 p 型半导体接触时，形成阻挡层的情况与 n 型的相反。当 $W_m < W_s$ 时，形成电导很小的 p 型阻挡层；当 $W_m > W_s$ 时，形成电阻很小的 p 型反阻挡层。其能带图如图 8-4 所示。

n 型半导体-金属肖特基势垒在 300K 下的实测势垒高度 φ_{Bn} 见表 8-2[3-5]。

表 8-2　n 型半导体-金属肖特基势垒在 300K 下的实测势垒高度 φ_{Bn}（单位：eV）

元素	φ_{Bn}	元素	φ_{Bn}	元素	φ_{Bn}	元素	φ_{Bn}	元素	φ_{Bn}	元素	φ_{Bn}	元素	φ_{Bn}
Ag	0.83	Ca	0.40	Cu	0.80	Ir	0.77	Ni	0.74	Pd	0.80	Ru	0.76
Al	0.81	Co	0.81	Fe	0.98	Mg	0.60	Os	0.70	Pt	0.90	Ti	0.60
Au	0.83	Cr	0.60	Hf	0.58	Mo	0.69	Pb	0.79	Rh	0.72	W	0.66

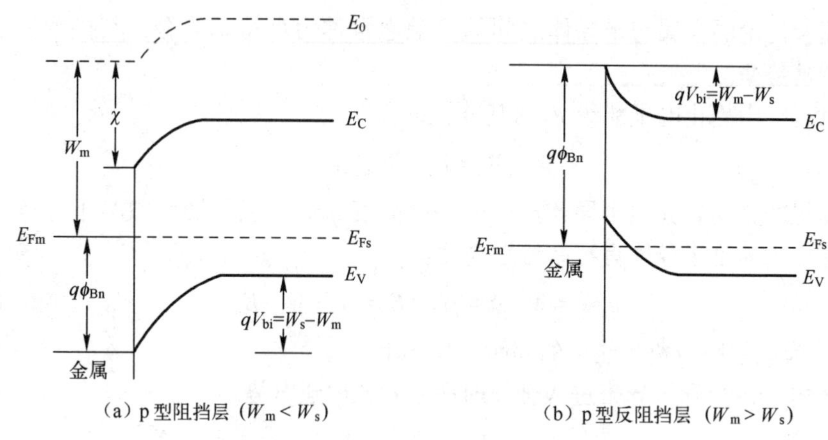

图 8-4　金属与 p 型硅接触的能带图

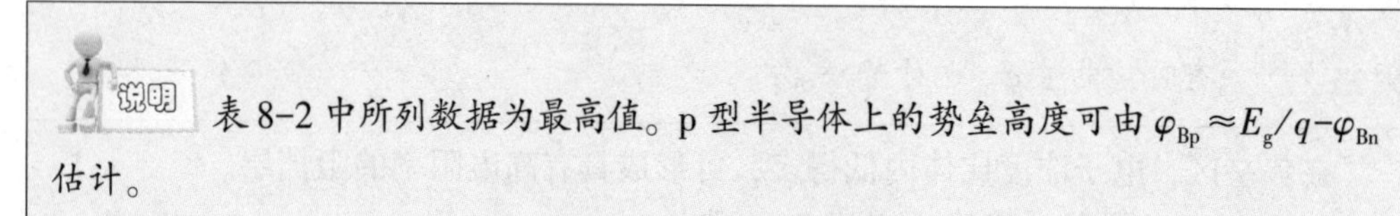

表 8-2 中所列数据为最高值。p 型半导体上的势垒高度可由 $\varphi_{Bp} \approx E_g/q - \varphi_{Bn}$ 估计。

一般情况下，金属-半导体接触所形成的肖特基势垒具有很高的势垒高度（即 φ_{Bn}或 $\varphi_{Bp} \gg kT$）。与通常的 pn 结不同，在中等温度下，肖特基势垒的主要输运机制是由半导体中多子的热离化发射越过势垒进入金属。半导体中的电子倾向于射入金属，但同时又有一束反向电子流由金属进入半导体。这些电流分量的大小与边界处的电子浓度成正比，在热平衡状态下，净电流为零。

8.1.3　金属-半导体接触的电荷和电场分布

设金属为理想导体，n 型半导体均匀掺杂，势垒高度远大于 kT，势垒区近似为一个耗尽层，如图 8-5 所示。在耗尽区，杂质全部电离形成空间电荷，电荷密度 $\rho = qN_D$，其中 N_D是施主浓度。空间电荷区宽度为 w。载流子对空间电荷的贡献可以忽略。耗尽层外，半导体为电中性，$\rho = 0$。于是，泊松方程为

$$\frac{d^2V(x)}{dx^2} = \begin{cases} -\dfrac{qN_D}{\varepsilon_s}, & 0 \leqslant x \leqslant w \\ 0, & x > w \end{cases} \tag{8-11}$$

式中，$V(x)$为电势，ε_s为半导体的介电常数。

半导体内电场强度为 0，泊松方程的边界条件为

$$F(w) = -\left.\frac{dV}{dx}\right|_{x=w} = 0 \tag{8-12}$$

将金属的费米能级 E_{Fm} 对应的电势 $-E_{Fm}/q$ 作为电势零点，则 $x=0$ 处的电势 $V(0)$为

$$V(0) = -\phi_{Bn} \tag{8-13}$$

由泊松方程和边界条件，得到势垒区电场强度 $F(x)$ 和电势 $V(x)$ 为

$$|F(x)|=-\frac{\mathrm{d}V(x)}{\mathrm{d}x}=\frac{qN_\mathrm{D}}{\varepsilon_\mathrm{s}}(x-w) \quad (8-14)$$

$$V(x)=\frac{qN_\mathrm{D}}{\varepsilon_\mathrm{s}}\left(wx-\frac{x^2}{2}\right)-\phi_\mathrm{Bn} \quad (8-15)$$

当 $x=0$ 时，电场强度为最大值，即

$$F_\mathrm{max}=\frac{qN_\mathrm{D}}{\varepsilon_\mathrm{s}}w \quad (8-16)$$

在金属侧施加电压 V 时，有

$$V(x)|_{x=w}=-(\phi_\mathrm{Bn}-V_\mathrm{bi}+V) \quad (8-17)$$

当 $x=w$ 时，将由式（8-15）得到的 $V(x)|_{x=w}=\frac{qN_\mathrm{D}}{\varepsilon_\mathrm{s}}\frac{w^2}{2}-\phi_\mathrm{Bn}$ 代入式（8-17），得到势垒宽度：

$$w=\left[\frac{2\varepsilon_\mathrm{s}(V_\mathrm{bi}-V)}{qN_\mathrm{D}}\right]^{1/2} \quad (8-18)$$

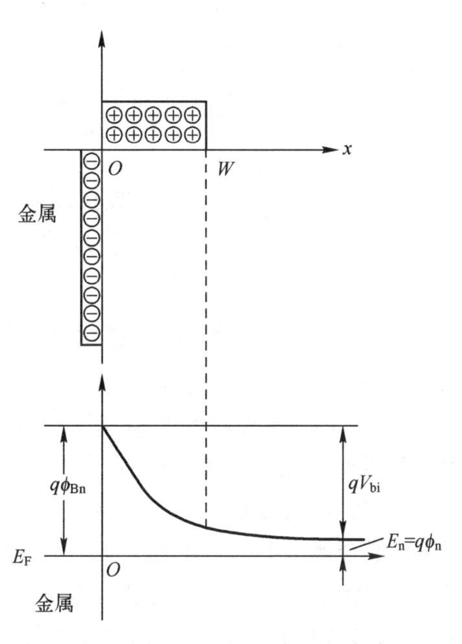

图8-5　金属-n型半导体接触的耗尽层电荷分布

由上式可知，w 是 N_D 和 V 的函数。当 N_D 增大时，势垒宽度减小；当金属侧外加电压V为正，即 $V=+V_\mathrm{F}$ 时，势垒宽度减小；反之，当金属侧外加电压 V 为负，即 $V=-V_\mathrm{R}$ 时，势垒宽度增加。

势垒区的电场强度表达式（8-14）、电势表达式（8-15）和势垒宽度 w 表达式（8-18）与第5章5.3节的单边突变 $\mathrm{p^+n}$ 结的表达式在形式上完全一致，表明金属-半导体接触的电荷和电场分布与单边突变的 $\mathrm{p^+n}$ 结的类似。

半导体势垒区单位面积的空间电荷密度 Q_b（单位为 $\mathrm{C/cm^2}$）为

$$Q_\mathrm{b}=qN_\mathrm{D}w=\sqrt{2qN_\mathrm{D}\varepsilon_\mathrm{s}(V_\mathrm{bi}-V)} \quad (8-19)$$

式中：对于正向偏压，$V=+V_\mathrm{F}$；对于反向偏压，$V=-V_\mathrm{R}$。

耗尽区存在正、负电荷相等的电偶层，与平板电容相似，其单位面积的电容 C（单位为 $\mathrm{F/cm^2}$）可表示为

$$C=\left|\frac{\partial Q_\mathrm{b}}{\partial V}\right|$$

由式（8-19）和式（8-18）可得到

$$C=\sqrt{\frac{qN_\mathrm{D}\varepsilon_\mathrm{s}}{2(V_\mathrm{bi}-V)}}=\frac{\varepsilon_\mathrm{s}}{w}$$

或写成

$$\frac{1}{C^2}=\frac{2(V_\mathrm{bi}-V)}{qN_\mathrm{D}\varepsilon_\mathrm{s}} \quad (8-20)$$

将$\frac{1}{C^2}$对 V 作微分，得：

$$N_D=\frac{2}{q\varepsilon_s}\left[\frac{-1}{d(1/C^2)/dV}\right] \tag{8-21}$$

单位面积的电容 C 可由实验测得，利用式（8-20）可得到半导体内的杂质分布。当耗尽区恒定掺杂时，N_D为定值，则 $1/C^2$对 V 作图为一条直线。

8.2 金属-半导体接触的整流特性

金属-半导体接触的肖特基结特性可分两类：一类是具有正、反向电流-电压特性，类似于 pn 结的整流特性；另一类是具有线性变化的电流-电压特性，通常电阻很小，称为欧姆接触。

无论金属-半导体结整流特性还是欧姆接触，讨论其机理都离不开金属-半导体接触的载流子输运过程。在正向偏置下，肖特基结的界面上的载流子输运机制有多种类型，远比 pn 结复杂，如图 8-6 所示。肖特基结性能有时取决于某种输运机制，有时多种机制同时起作用。大体上，肖特基结的整流特性由热电子发射机制和扩散机制为主导，但也受镜像力和隧穿效应的影响（通过降低势垒高度间接影响）；欧姆接触以隧穿效应为主导，但也受热电子发射机制的影响。下面我们将以热电子发射机制为主讨论整流特性，以隧穿效应为主讨论欧姆接触。

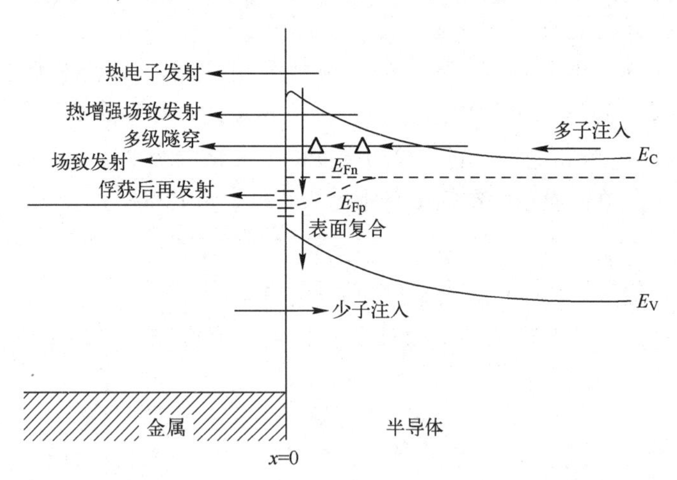

图 8-6 金属-半导体结在正向偏置下通过界面的载流子输运机制

8.2.1 整流特性

当紧密接触的金属和半导体之间的阻挡层处于平衡态时，从半导体进入金属的电子流和从金属进入半导体的电子流大小相等、方向相反，构成动态平衡，没有净电流流过阻挡层。当给阻挡层施加电压时，势垒高度将发生变化。

以n型半导体为例，当外加偏置电压为零，处于热平衡态时，两种材料具有相同的费米能级，如图8-7（a）所示。

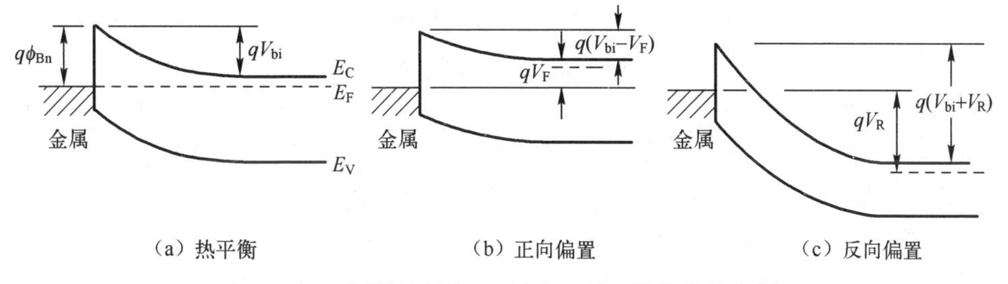

图8-7 不同偏置情况下金属-n型半导体的能带图

在金属侧施加正向偏置电压V_F时，半导体到金属的内建势垒高度将降低V_F，如图8-7（b）所示。半导体中的电子更容易进入金属，使从半导体到金属的电子数目增加，超过从金属到半导体的电子数目，形成从金属到半导体的正向电流。

对金属侧施加负向偏置电压V_R，即反向偏置的情况下，势垒高度将提高V_R，如图8-7（c）所示，这时半导体中的电子将更难以进入金属，导致从半导体到金属的电子数目减少，金属到半导体的电子流占优势，形成一股由半导体到金属的反向电流。由于金属中的电子要越过相当高的势垒ϕ_{Bn}才能到达半导体中，因此反向电流是很小的。由于金属一侧的势垒不随外加电压变化，所以从金属到半导体的电子流是恒定的。当反向偏置电压提高，使半导体到金属的电子流可以忽略不计时，反向电流将趋于饱和值，因此阻挡层具有类似pn结整流作用的电流-电压特性。图8-7所示为不同偏置情况下金属-n型半导体的能带图。对于p型半导体，由于极性相反，电子的行为也刚好相反。图8-8所示为不同偏置情况下金属-p型半导体的能带图。

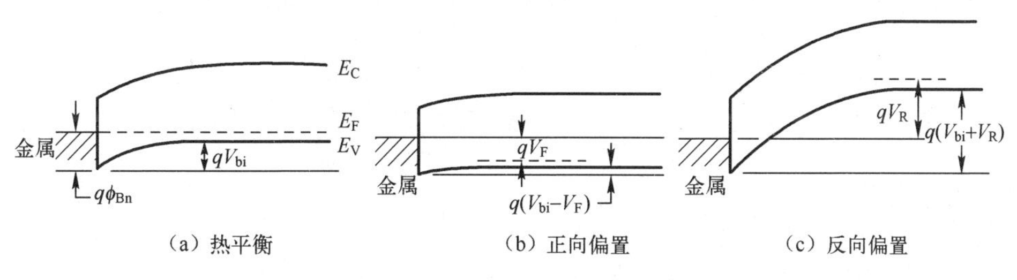

图8-8 不同偏置情况下金属-p型半导体的能带图

无论p型阻挡层还是n型阻挡层，正向电流都是由半导体到金属的多子所形成的电流。

当半导体的势垒宽度比载流子的平均自由程大得多时，载流子通过势垒区时要发生多次碰撞扩散运动。对于这种厚阻挡层，可以通过扩散理论计算电流-电压特性。但是，晶体硅半导体不属于这种情况，它具有较高的载流子迁移率，有较大的平均自由程，因而在室温下，由金属-半导体硅形成的肖特基势垒中的电流输运机制主要不是扩散机制，而是由多子决定的热电子发射机制[6]。

8.2.2 热电子发射机理

当阻挡层减薄至载流子平均自由程远大于势垒宽度时，载流子在势垒区的碰撞可以忽略。因此，薄势垒时，起决定作用的是势垒高度而不是形状。半导体内部的载流子只要有足够的超越势垒顶点的能量，就可以通过热离化发射自由地通过阻挡层进入金属。同样，金属中能穿越势垒顶的载流子也能到达半导体内。所以，电流的计算就归结为计算热载流子通过发射穿越势垒的数目。

以非简并 n 型半导体阻挡层为例，假定势垒高度$-qV_{bi} \gg kT$，因而通过势垒穿越的电子数只占半导体中总电子数很小的一部分，电子浓度可以视为与电流无关的常数。

根据第 4 章的讨论，按照式（4-19），半导体单位体积中能量在 $E \sim (E+dE)$ 范围内导带中的电子数为

$$\begin{aligned} dn &= 4\pi \frac{(2m^*)^{3/2}}{h^3}(E-E_C)^{1/2}\exp\left(-\frac{E-E_F}{kT}\right)dE \\ &= 4\pi \frac{(2m^*)^{3/2}}{h^3}(E-E_C)^{1/2}\exp\left(-\frac{E_C-E_F}{kT}\right)\exp\left(-\frac{E-E_C}{kT}\right)dE \end{aligned} \tag{8-22}$$

若 v 为电子运动的速率，则

$$E-E_C = \frac{1}{2}m^* v^2 \tag{8-23}$$

$$dE = m^* v dv \tag{8-24}$$

将式（8-23）和式（8-24）代入式（8-22），并利用第 4 章中导出的平衡时导带电子浓度 n_0关系式：

$$n_0 = N_c \exp\left(-\frac{E_C-E_F}{kT}\right)$$

以及

$$N_c = 2\left(\frac{2\pi m^* kT}{h^2}\right)^{\frac{3}{2}}$$

可得到：

$$dn = 4\pi n_0\left(\frac{m^*}{2\pi kT}\right)^{3/2} v^2 \exp\left(-\frac{m^* v^2}{2kT}\right)dv \tag{8-25}$$

上式表示单位体积中速率在 $v \sim (v+dv)$ 范围内的电子数。显然，该式在形式上与麦克斯韦气体分子速率分布公式相同，借助于麦克斯韦气体分子速率分布公式的推导方法可得，单位体积中速率为 $v_x \sim (v_x+dv_x)$、$v_y \sim (v_y+dv_y)$、$v_z \sim (v_z+dv_z)$ 范围内的电子数为

$$dn' = n_0\left(\frac{m^*}{2\pi kT}\right)^{3/2} \exp\left(-\frac{m^*(v_x^2+v_y^2+v_z^2)}{2kT}\right)dv_x dv_y dv_z \tag{8-26}$$

选取垂直于界面且由半导体指向金属的方向为 v_x 的正方向，则单位时间内到达金属和半导体的界面的在上述速度范围内的电子数目应等于单位面积乘以长度为 v_x

的体积中的电子数

$$dN=n_0\left(\frac{m^*}{2\pi kT}\right)^{3/2}\exp\left(-\frac{m^*(v_x^2+v_y^2+v_z^2)}{2kT}\right)v_x dv_x dv_y dv_z \tag{8-27}$$

这些电子到达界面，必须要越过势垒，电子的能量应满足

$$\frac{1}{2}m^* v_x^2 \geqslant -q(V_{bi}+V) \tag{8-28}$$

所需要的 v_x 方向的最小速度是

$$v_{x0}=\left[\frac{-2q(V_{bi}+V)}{m^*}\right]^{1/2} \tag{8-29}$$

而对 v_y、v_z 是没有限制的。因此，若规定电流的正方向是从金属到半导体，则从半导体到金属的电子流所形成的电流密度是

$$\begin{aligned}J_{s\to m} &= qn_0\left(\frac{m^*}{2\pi kT}\right)^{3/2}\int_{-\infty}^{\infty}dv_z\int_{-\infty}^{\infty}dv_y\int_{v_{x0}}^{\infty}v_x\exp\left[-\frac{m^*(v_x^2+v_y^2+v_z^2)}{2kT}\right]dv_x \\ &= qn_0\left(\frac{m^*}{2\pi kT}\right)^{3/2}\int_{-\infty}^{\infty}\exp\left(-\frac{m^*v_z^2}{2kT}\right)dv_z\int_{-\infty}^{\infty}\exp\left(-\frac{m^*v_y^2}{2kT}\right)dv_y\int_{v_{x0}}^{\infty}v_x\exp\left(-\frac{m^*v_x^2}{2kT}\right)dv_x \\ &= qn_0\left(\frac{kT}{2\pi m^*}\right)^{1/2}\exp\left(-\frac{m^*v_{x0}^2}{2kT}\right) \\ &= 4\pi\frac{qm^*(kT)^2}{h^3}\exp\left(-\frac{E_c-E_F}{kT}\right)\exp\left\{\frac{q(V_{bi}+V)}{kT}\right\}\end{aligned} \tag{8-30}$$

由图 8-5（a）可见：

$$q\varphi_{Bn}=-qV_{bi}+(E_C-E_F) \tag{8-31}$$

于是

$$J_{s\to m}=4\pi\frac{qm^*(kT)^2}{h^3}\exp\left(-\frac{q\varphi_{Bn}}{kT}\right)\exp\left(\frac{qV}{kT}\right)=A^*T^2\exp\left(-\frac{q\varphi_{Bn}}{kT}\right)\exp\left(\frac{qV}{kT}\right) \tag{8-32}$$

式中，

$$A^*=4\pi\frac{qm^*k^2}{h^3} \tag{8-33}$$

A^* 称为有效理查逊常数。

对于自由电子（$m^*=m_0$），半导体硅的理查逊常数 A 为

$$A=120\text{A}/(\text{cm}^2\cdot\text{K}^2) \tag{8-34}$$

理查逊常数值 A^* 常用比值 A^*/A 计算。

半导体硅的 A^*/A 值见表 8-3[7]。此处 A 就是热电子向真空发射的理查逊常数。

表 8-3　半导体硅的 A^*/A 值

半导体类型	A^*/A 值
p 型	0.66
n 型（111）	2.2
n 型（100）	2.1

当电子从金属到半导体的势垒高度不随外加电压变化时，由金属到半导体的电子流所形成的电流密度 $J_{m\to s}$ 是一个常量。$J_{m\to s}$ 与热平衡条件下，即 $V=0$ 时的 $J_{s\to m}$ 大小相等、方向相反，即

$$J_{m\to s}=-J_{s\to m}\big|_{V=0}=-A^{*}T^{2}\exp\left(-\frac{q\varphi_{Bn}}{kT}\right) \tag{8-35}$$

于是，总电流密度为

$$J=J_{s\to m}+J_{m\to s}=A^{*}T^{2}\exp\left(-\frac{q\varphi_{Bn}}{kT}\right)\left[\exp\left(\frac{qV}{kT}\right)-1\right]=J_{sT}\left[\exp\left(\frac{qV}{kT}\right)-1\right] \tag{8-36}$$

式中，J_{sT} 为饱和电流密度：

$$J_{sT}=A^{*}T^{2}\exp\left(-\frac{q\varphi_{Bn}}{kT}\right) \tag{8-37}$$

J 称为热离化发射电流。

由此可见，在由热电子发射理论得到的式（8-37）中，J_{sT} 与温度密切相关，但与外加电压无关。

由于饱和电流密度与温度密切相关，所以此处 J_{sT} 增加了下标 T。

由式（8-36）可见，当 $V>0$、$qV\gg kT$ 时，$J\approx J_{sT}\exp\left(\frac{qV}{kT}\right)$；当 $V<0$、$|qV|\gg kT$ 时，$J\approx J_{sT}$。

在金属-半导体中的电流输运理论中，除了有多子的热电子发射理论和扩散理论，还有热电子发射扩散理论等。热电子发射扩散理论是由克罗韦尔（C. R. Crowell）和施敏（S. M. Sze）提出的，他们综合了上述热电子发射和扩散方法，引入金属-半导体界面附近热电子复合速度 v_R，推导出电流表达式。其研究表明，对于室温下形成的肖特基势垒，在 $10^4\sim10^5$ V/cm 的电场强度范围内，其电流输运机制主要由多子的热电子发射确定[8]。

实际上，肖特基势垒的实验结果与理论模型计算值有相当大的差异，这是由多方面原因造成的：晶体硅表面态的存在使表面附近的能带弯曲，形成表面势垒；金属与半导体接触形成势垒时，由于镜像力的作用、隧穿效应等因素的影响，降低了势垒的总高度；载流子在空间电荷区或界面上的各种复合；电子在金属表面的反射，以及电子和声子的散射等。

考虑到各种影响因素后，实际的肖特基势垒的总电流密度，即正向电流密度可表述为

$$J=J_{s}\left[\exp\left(\frac{qV}{\eta kT}\right)-1\right] \tag{8-38}$$

这里仿照了实际 pn 结二极管的正向电流，引入理想因子（也称曲线因子）η。式中，J_s 为饱和电流密度：

$$J_s = A^* T^2 \exp\left(-\frac{q\varphi_{Bn}}{kT}\right)$$

8.2.3　镜像力引起的势垒降低

当半导体中存在电场时，电子与其在金属中感应出的正电荷之间的吸引力将引起肖特基势垒降低，这有利于载流子发射。这种现象称为镜像力降低，也称肖特基效应或肖特基势垒降低。金属中感应出的正电荷称为镜像电荷，由半导体指向金属的吸引力称为势垒的镜像力。

首先考虑金属-真空系统中金属的功函数 W_m。

一个与金属距离为 x 的电子，在金属表面将会感应出一个正电荷，如图 8-9 所示。电子与感应出的正电荷之间的吸引力为

$$f = \frac{-q^2}{4\pi\varepsilon_0 (2x)^2} \tag{8-39}$$

式中，ε_0为自由空间介电常数。

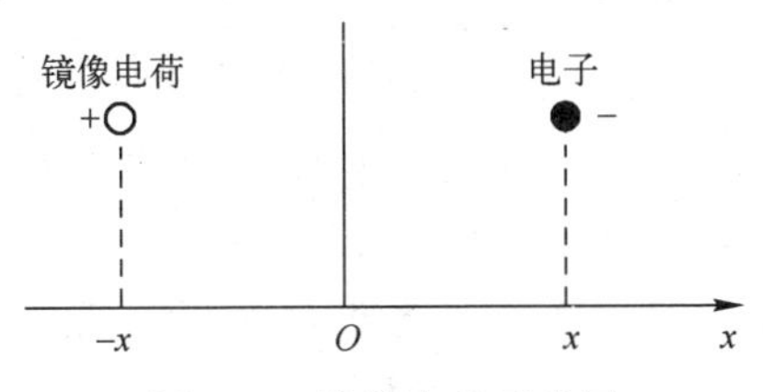

图 8-9　镜像电荷示意图

位于离金属表面 x 处的一个电子的势能等于将它从 x 处移到无限远处所做的功，即

$$\int_x^\infty f\mathrm{d}x = \frac{-q^2}{16\pi\varepsilon_0 x} \tag{8-40}$$

电子的势能是从 x 轴向下量度的，如图 8-10 所示。

当电子置于 x 方向的外加电场中时，电子受到 $-x$ 方向的力，其电势能为 $-q|F|x$，总电势能 E_{mirror} 为

$$E_{mirror} = \frac{-q^2}{16\pi\varepsilon_0 x} - q|F|x \tag{8-41}$$

对总电势能 E_{mirror} 求导，可求得到镜像力降低量的最大值 $\Delta\phi_{max}$。令 $\frac{\mathrm{d}E_{mirror}}{\mathrm{d}x} = 0$，则

$$\Delta\phi_{max} = \sqrt{\frac{q|F|}{4\pi\varepsilon_0}} = 2|F|x_{max} \tag{8-42}$$

式中，$x_{max} = \sqrt{\frac{q}{16\pi\varepsilon_0 |F|}}$。

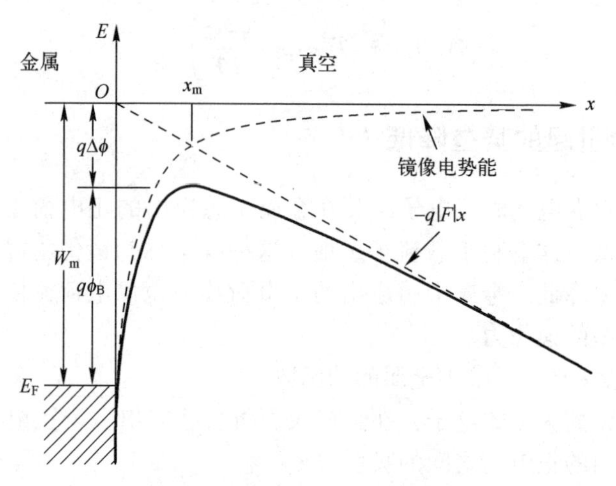

图 8-10 金属-真空系统能带图

由图 8-10 可见，在镜像力和偏置电场双重作用下，肖特基势垒 $q\Delta\phi_B$ 显著降低。

以上是针对金属-真空系统推导的。如果将式（8-42）中的 F 用金属-半导体界面处的偏置电场和内建电场代替，ε_0 用半导体介质的介电常数 ε_s 代替，则式（8-42）也可用于金属-半导体系统。虽然半导体介质的介电常数 ε_s 通常远小于自由空间介电常数 ε_0，但对其电流输运过程仍然会产生影响。

实际上，在肖特基势垒中，电场强度随着距离的变化，可以参照第 6 章 6.2.3 节，采用耗尽层近似得到表面电场强度的最大值[9]：

$$F_{\max}=\sqrt{\frac{2qN|\psi_s|}{\varepsilon_s}} \tag{8-43}$$

式中，N 为杂质浓度。以 n 型半导体为例，表面势 ψ_s 为

$$|\psi_s|=\phi_{Bn0}-\phi_n+V_R \tag{8-44}$$

将式（8-44）代入式（8-43），将式（8-43）代入式（8-42），得：

$$\Delta\phi=\sqrt{\frac{qF_{\max}}{4\pi\varepsilon_s}}=\left[\frac{q^2N|\psi_s|}{8\pi^2\varepsilon_s^3}\right]^{1/4} \tag{8-45}$$

由此可见，势垒高度变得与所加偏置有关。对于正向偏置($V>0$)，电场强度和镜像力较小，势垒高度 $q\phi_{Bn}=q\phi_{Bn0}-q\Delta\phi_F$ 稍大于零偏置时的势垒高度，$q\phi_{Bn}=q\phi_{Bn0}-q\Delta\phi$；对于反向偏置($V<0$)，势垒高度 $q\phi_{Bn}=q\phi_{Bn0}-q\Delta\phi_R$ 稍小，如图 8-11 所示[10]。图中，$q\Delta\phi_F$ 和 $q\Delta\phi_R$ 分别为正向和反向偏置下的势垒降低量。

除了金属与半导体接触时所产生的镜像力会引起势垒降低，隧穿效应也会引起势垒降低[1]。

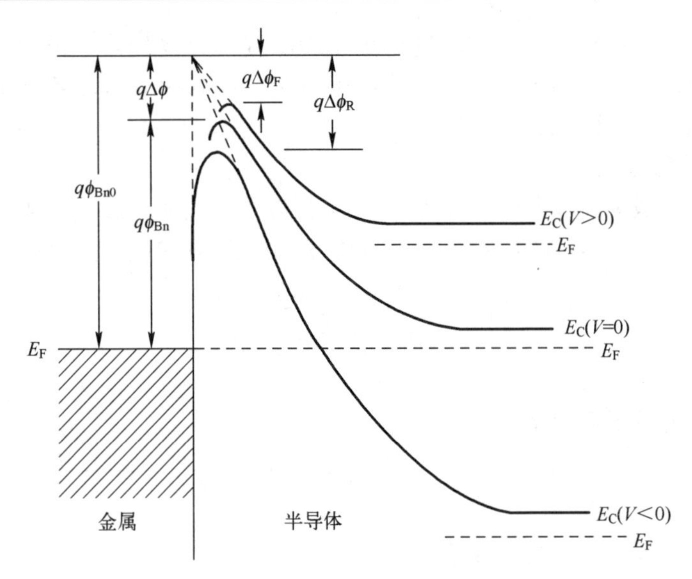

图 8-11　不同偏置条件下，考虑肖特基效应时金属与 n 型半导体接触的能带图

8.3　金属-半导体欧姆接触

金属与半导体接触时，可以产生阻挡层以形成整流接触，也可以产生反阻挡层以形成非整流接触（称为欧姆接触）。晶体硅太阳电池的电流导出依赖良好的欧姆接触。金属与半导体的欧姆接触主要由半导体中载流子的隧穿效应形成。

8.3.1　粒子隧穿非矩形势垒的隧穿效应

在第 5 章和第 6 章中已对隧穿效应做过初步的介绍，在此将进一步讨论粒子隧穿一般形状势垒的隧穿效应。半导体肖特基结形成的势垒就属于可近似为三角形的非矩形势垒。

设势垒的高度 $qV(x)$ 是距离 x 的函数，粒子隧穿问题仍可用“弹道模型”讨论，如图 8-12 所示。

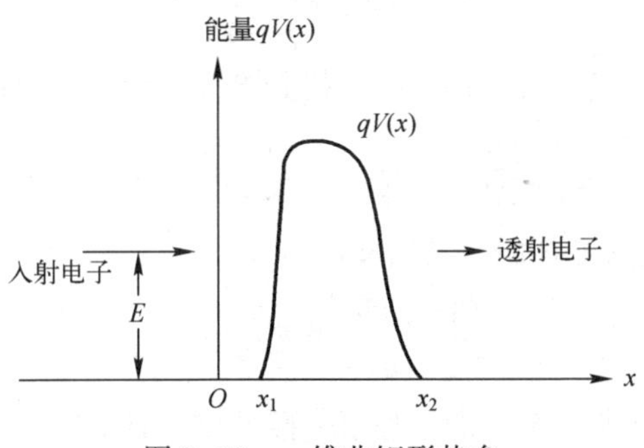

图 8-12　一维非矩形势垒

对于一般形状的势垒，其隧穿效应难以通过薛定谔方程获得精确的解析解，需要采用近似方法求解。通常有两种近似求解方法，即利用数值计算方法求解和量子力学的 WKB 准经典近似方法求解。

1. 数值计算方法

将势垒分割成 m 个间隔极小的势垒，每个势垒近似地看成矩形势垒。设第 n 个势垒的高度为 qV_n，则按照第 5 章式（5-225），电子穿过整个势垒的透射系数为

$$T_n=\frac{16E(qV_n-E)}{(qV_n)^2}\mathrm{e}^{-\frac{2\Delta x}{\hbar}\sqrt{2m^*(qV_n-E)}}$$

式中，$n=1,2,3,\cdots,m$。

整个势垒的透射系数 T 为

$$T=\prod_{n=1}^{m}|T_n|^2=\prod_{n=1}^{m}\left|\frac{16E(qV_n-E)}{(qV_n)^2}\mathrm{e}^{-\frac{2\Delta x}{\hbar}\sqrt{2m^*(qV_n-E)}}\right|^2 \tag{8-46}$$

采用数值计算，可求得最终结果。

当 qV_n 随 x 缓慢变化时，$\frac{16E(qV_n-E)}{(qV_n)^2}$ 相对于 $\mathrm{e}^{-\frac{2\Delta x}{\hbar}\sqrt{2m^*(qV_n-E)}}$ 的变化更慢，式（8-46）中指数项前面的系数可近似地视为常数，于是式（8-46）可转化为

$$T=\prod_{n=1}^{m}|T_n|^2\approx T_0\mathrm{e}^{-2\int_{x_1}^{x_2}\frac{\sqrt{2m^*(qV_n-E)}}{\hbar}\mathrm{d}x} \tag{8-47}$$

T_0 为常数，当 E 远小于 qV_n，其值接近 $\frac{qV_n}{16}$ 时，$T\approx \mathrm{e}^{-2\int_{x_1}^{x_2}\frac{\sqrt{2m^*(qV_n-E)}}{\hbar}\mathrm{d}x}$。

2. WKB 准经典近似方法

WKB 近似方法求解一维薛定谔波动方程是由文策尔（Wentzel）、克拉默斯（Kramers）和布里渊（Brillouin）分别提出的。

考虑粒子在一维势场 $V(x)$ 中运动，薛定谔方程表示为

$$-\frac{\hbar^2}{2m^*}\frac{\mathrm{d}^2\Psi}{\mathrm{d}x^2}+qV(x)\Psi=E\Psi \tag{8-48}$$

设其解为

$$\Psi(x)=\exp\left[\frac{\mathrm{i}S(x)}{\hbar}\right] \tag{8-49}$$

式中，$S(x)$ 为复函数，代入式（8-48），得到 $S(x)$ 满足的方程

$$\frac{1}{2m^*}\left(\frac{\mathrm{d}S}{\mathrm{d}x}\right)^2+\frac{\hbar}{\mathrm{i}}\frac{1}{2m^*}\frac{\mathrm{d}^2S}{\mathrm{d}x^2}=E-qV(x) \tag{8-50}$$

$\hbar$ 的值很小，当忽略 $\hbar$ 项时，式（8-50）变为

$$\frac{1}{2m^*}\left(\frac{\mathrm{d}S}{\mathrm{d}x}\right)^2=E-qV(x) \tag{8-51}$$

这一方程类似于经典力学中的哈密顿-雅可比（Hamilton-Jacobi）方程，S 相当于经典力学中的作用量，只是这里的 S 是复数。

WKB 近似方法的基本思路是将 $S(x)$ 按 $\hbar$ 作幂级数渐近展开，即

$$S=S_0+\frac{\hbar}{\mathrm{i}}S_1+\left(\frac{\hbar}{\mathrm{i}}\right)^2S_2+\cdots \tag{8-52}$$

逐级近似求解，最终可得到透射系数

$$T=\exp\left\{-\frac{2}{\hbar}\int_{x_1}^{x_2}\sqrt{2m^*[qV(x)-E]}\,\mathrm{d}x\right\} \tag{8-53}$$

式中：$qV(x)$ 表示点 x 处的势垒高度；E 为电子能量；x_1 和 x_2 为势垒区的边界。

WKB 近似方法的具体推导过程参见《量子力学》[11]。

8.3.2　肖特基势垒的隧穿电流

在第 6 章中曾讨论过，隧穿势垒的电流应与势垒区前面区域的电子数目、势垒区后面区域未填满的空状态数和透射系数成正比。设势垒前面的起始区域Ⅰ的电子态密度和费米-狄拉克分布分别为 g_A 和 f_A，势垒后面的目标区域Ⅲ的电子态密度和费米-狄拉克分布分别为 g_B 和 f_B，则隧穿电流 J_t 为[9]

$$J_t=C_t\int g_Af_Ag_B(1-f_B)T\mathrm{d}E \tag{8-54}$$

式中：T 为透射系数；C_t 为常数，有

$$C_t=\frac{qm^*}{2\pi^2\hbar^3}$$

张俊彦和施敏对越过 Au-Si 肖特基势垒的电流进行了深入的研究[12]。他们分析了金属-半导体结构肖特基势垒的隧穿电流公式，提出了包括热电子发射和隧穿电流的总电流密度 J 表达式。

从半导体到金属的隧穿电流 $J_{s\to m}$，正比于量子传输系数 T_q 与半导体中电子占据能级概率 f_s 和金属中未被电子占据概率 $(1-f_m)$ 的乘积[9]，即

$$J_{s\to m}=\frac{A^{**}T^2}{kT}\int_{E_{Fm}}^{q\phi_{Bn}}f_s(1-f_m)T_q(E)\mathrm{d}E \tag{8-55}$$

式中：f_s 和 f_m 分别为半导体和金属的费米-狄拉克分布函数；$T_q(E)$ 为量子传输系数；A^{**} 为有效理查逊常数。由于受隧穿效应、肖特基势垒的量子力学反射等因素的影响，所以计算电流时，对有效理查逊常数 A^* 需要修正为 A^{**}[12]。显然，这些因素将使有效理查逊常数减小，即 A^{**} 值小于 A^*。室温下，当掺杂浓度为 $10^{16}\mathrm{cm}^{-3}$ 时，在电场强度为 $10^4\sim2\times10^5$ V/cm 范围内，金属-Si 接触的有效理查逊常数 A^{**} 计算值基本上为常数。对于 n 型 Si 中电子，$A^{**}\approx110\mathrm{A/cm^2\cdot K^2}$；对于 p 型 Si 中的空穴，$A^{**}\approx30\mathrm{A/cm^2\cdot K^2}$。

> **说明**　式（8-54）中的 T 与式（8-55）中的 T_q 通常都称为隧穿概率，但这两者的意义是不一样的。在 T_q 的表达式中包含了态密度。为了将两者区别开来，本书中将前者称为透射系数，将后者称为量子传输系数，并在其符号上加下标“q”。

对于金属流到半导体的电流 $J_{m\to s}$，可得类似的表达式。净电流为上述两部分的代数和。我们将在第 9 章中比较详细地讨论金属流与半导体之间的隧穿电流。

图 8-13 所示为典型的 Au-Si 肖特基势垒电流-电压特性的理论值和实验值，图中增加的电流是由隧穿作用引起的[12]。由图中曲线可得到总的电流密度表达式为

$$J=J_S\left[\exp\left(\frac{qV}{\eta kT}\right)-1\right] \tag{8-56}$$

式中，总的电流密度 J 包括热电子发射和隧穿电流；J_S 为由电流密度的对数-线性曲线外推到 $V=0$ 时所得到的饱和电流密度；η 为理想因子，当隧穿电流或耗尽层复合较小时，η 接近于 1，当掺杂增加或温度降低时，隧穿开始发生，J_S 和 η 都增加。

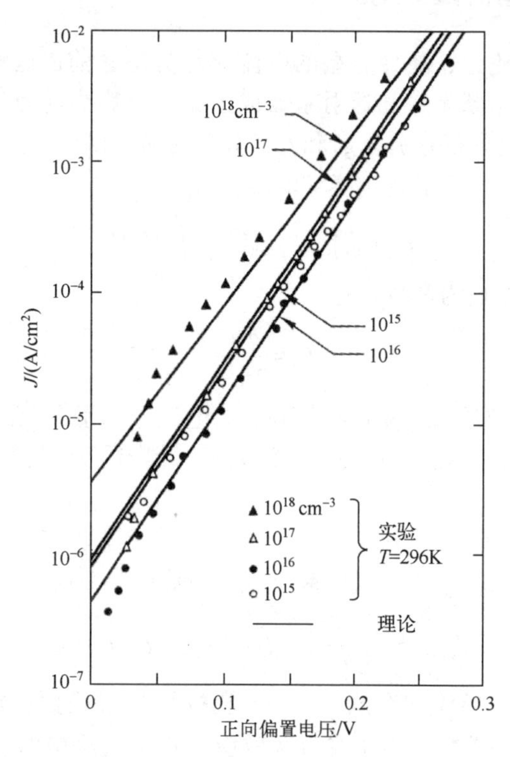

图 8-13 典型的 Au-Si 肖特基势垒电流-电压特性的理论值和实验值

通常情况下，越过肖特基势垒的电流主要是由多子形成的电流，只有在高的正向偏压作用下，才会出现显著的少子注入电流。

由多子形成的电流主要有 3 类[9]：①热电子发射（TE）；②费米能级附近的场发射（FE），是纯粹的隧穿过程；③在 TE 和 FE 之间某一能量的热电子-场发射（TFE），是热激发载流子的隧穿，其隧穿的势垒比 FE 薄一些。这些电流类型如图 8-14 所示，它们对总电流的贡献取决于温度和掺杂水平。

如果定义一个量 E_{00}，则通过比较热能 kT 和 E_{00}，可以大略地判断哪一类过程起主导作用。

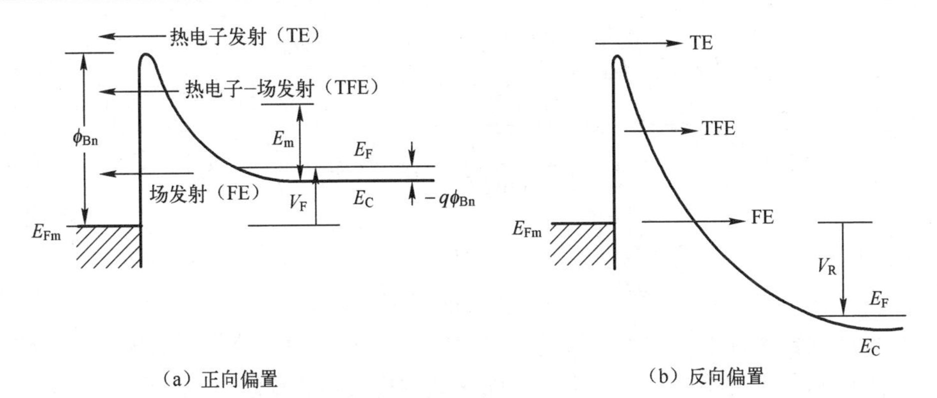

（a）正向偏置　　（b）反向偏置

图 8-14　越过肖特基势垒（n 型简并半导体）的电流示意图

$$E_{00} \equiv \frac{qh}{2}\sqrt{\frac{N}{m^* \varepsilon_s}} \tag{8-57}$$

当 $kT \gg E_{00}$ 时，TE 起主导作用，即热电子发射行为占优势，没有隧穿；当 $kT \ll E_{00}$ 时，FE 隧穿起主要作用；当 $kT \approx E_{00}$ 时，TFE 为主要机制，它是 TE 和 FE 两种机制的结合。

帕多瓦尼（F. A. Padovani）等人提出了一些隧穿电流的解析表达式[13]。

在正向偏置条件下，由 FE 产生的电流表示为

$$J_{FE} = \frac{A^{**} T\pi \exp[-q(\phi_{Bn} - V_F)/E_{00}]}{c_1 k \sin(\pi c_1 kT)}[1 - \exp(-qc_1 V_F)]$$

$$\approx \frac{A^{**} T\pi \exp[-q(\phi_{Bn} - V_F)/E_{00}]}{c_1 k \sin(\pi c_1 kT)} \tag{8-58}$$

式中，

$$c_1 \equiv \frac{1}{2E_{00}} \ln\left[\frac{4(\phi_{Bn} - V_F)}{-\phi_n}\right] \tag{8-59}$$

对于简并半导体，ϕ_n 为负。

与 TE 相比，FE 对温度的依赖较弱（忽略指数项），这是隧穿的特性。

由 TFE 产生的电流为

$$J_{TFE} = \frac{A^{**} T\sqrt{\pi E_{00} q(\phi_{Bn} - \phi_n - V_F)}}{k \cosh(E_{00}/kT)} \exp\left[\frac{-q\phi_n}{kT} - \frac{q(\phi_{Bn} - \phi_n)}{E_0}\right] \exp\left(\frac{qV_F}{E_0}\right) \tag{8-60}$$

$$E_0 \equiv E_{00} \coth(E_{00}/kT)$$

TFE 峰值约在能量 E_m 处：

$$E_m = \frac{q(\phi_{Bn} - \phi_n - V_F)}{\coth^2(E_{00}/kT)} \tag{8-61}$$

式中，E_m 是以中性区的 E_c 为能量参考点的值。

由 FE 和 TFE 产生的电流为

$$J_{\mathrm{FE}}=A^{**}E_{00}/k^2\left(\frac{\phi_{\mathrm{Bn}}+V_{\mathrm{R}}}{\phi_{\mathrm{Bn}}}\right)\exp\left(-\frac{2q\phi_{\mathrm{Bn}}^{3/2}}{3E_{00}\sqrt{\phi_{\mathrm{Bn}}+V_{\mathrm{R}}}}\right) \tag{8-62}$$

$$J_{\mathrm{TFE}}=\frac{A^{**}T}{k}\sqrt{\pi E_{00}q\left[V_{\mathrm{R}}+\frac{\phi_{\mathrm{Bn}}}{\coth^2(E_{00}/kT)}\right]}\exp\left[-\frac{q\phi_{\mathrm{Bn}}}{E_0}\right]\exp\left(\frac{qV_{\mathrm{R}}}{\varepsilon'}\right) \tag{8-63}$$

式中，

$$\varepsilon'=\frac{E_{00}}{(E_{00}/kT)-\tanh(E_{00}/kT)} \tag{8-64}$$

在反向偏置条件下，如果有较大的反向电压 V_{R}，隧穿电流就可以很大。

如果已知所有的参数，可以通过上面这些解析表达式求解电流和欧姆接触电阻。

上面我们分析了隧穿效应的物理机理，实际上隧穿电流的计算是很复杂的，种类也很多，有带-带隧穿、带间隧穿，还有通过缺陷的隧穿等。对于多级隧穿，里本（A. R. Riben）等人针对 nGe-pGaAs 异质结提出了基于正向复合隧穿模型和反向齐纳隧穿模型的经验公式，指出隧穿电流 J_t 随正向偏压 V 和温度 T 呈指数规律变化[14,15]：

$$J_t=-J_0\mathrm{e}^{\beta T}\mathrm{e}^{\gamma V} \tag{8-65}$$

式中，β 和 γ 为 V 和 T 的函数；J_0 为 $T=296\mathrm{K}$ 时的电流值。

8.3.3 金属-半导体的欧姆接触

金属与半导体接触时，可以产生反阻挡层以形成欧姆接触。发生欧姆接触时，半导体内部的平衡载流子浓度不会发生明显改变，接触阻抗很小，金属-半导体接触的接触电阻相对于体电阻或串联电阻可以忽略不计。

如上所述，当 $W_m<W_s$，在表面态的影响小时，金属和 n 型半导体接触可形成反阻挡层；而 $W_m>W_s$时，金属和 p 型半导体接触能形成反阻挡层。选用适当的金属材料，有可能得到欧姆接触。实际上，晶体硅通常有很高的表面态密度，与金属接触时都将形成表面势垒，因此选择金属材料获得欧姆接触的方法并不一定能达到预期的效果。通常利用隧穿效应或热离子发射原理制备欧姆接触。

当金属与半导体接触时，电流的传导主要有两种形式：一种是接触势垒很窄时，以隧穿电流为主导；另一种是势垒高度较低时，以热离子发射电流为主导，如图 8-15 所示。

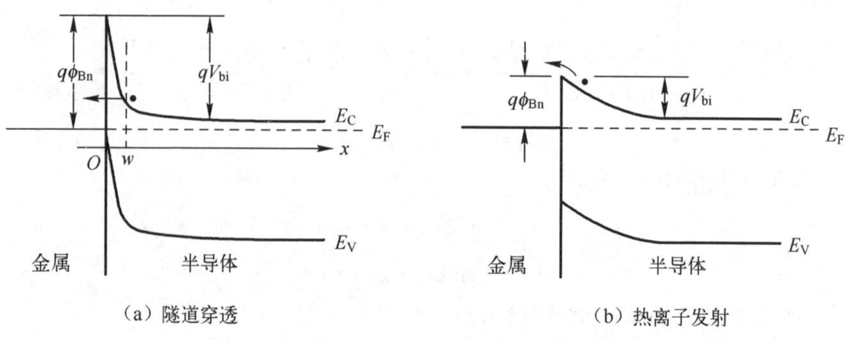

图 8-15 金属与半导体接触时，电子的隧穿和热离子发射示意图

接触电阻定义为零偏压下的微分电阻，也称比接触电阻 R_c，其单位为 $\Omega \cdot cm^2$：

$$R_c = \left(\frac{\partial J}{\partial V} \bigg|_{V=0} \right)^{-1} \tag{8-66}$$

对晶体硅半导体进行重掺杂时，势垒区宽度变得很窄，载流子输运机制中隧穿电流占主导地位，接触电阻变得很小，可形成良好的欧姆接触。因此，晶体硅太阳电池的欧姆接触通常利用隧穿效应制备。

下面以 n 型半导体为例，讨论隧穿电流为主时的金属与 n 型半导体接触电阻。

通过式（6-122）计算透射系数，需要先明确半导体导带电子所要穿越的势垒。回顾 8.1 节，金属与 n 型半导体接触的势垒区电场强度由式（8-14）表示。将导带底 E_C 设为电势能的零点，由式（8-14）可得到平衡时的电势为

$$V(x) = \frac{qN_D}{2\varepsilon_s}(x-w)^2 \tag{8-67}$$

电子的势垒高度为

$$qV(x) = \frac{q^2N_D}{2\varepsilon_s}(x-w)^2 \tag{8-68}$$

由第 4 章式（4-19）可知，绝大部分电子分布在导带底附近，现在将导带底 E_C 设为电势能的零点，则可将电子能量 E 近似为 0，于是将式（8-68）代入式（6-122），得到 $x=w$ 处导带底的电子通过隧穿效应贯穿势垒的透射系数为

$$\begin{aligned} T &= \exp\left\{ -\frac{2}{\hbar}\int_{x_1}^{x_2} \sqrt{2m^*[qV(x) - E]}\,dx \right\} \\ &= \exp\left\{ -\frac{2}{\hbar}\int_0^w \sqrt{2m^*\left[\frac{q^2N_D}{2\varepsilon_s}(x-w)^2\right]}\,dx \right\} \\ &= \exp\left\{ \left[-\frac{1}{\hbar}\sqrt{m^*\left(\frac{q^2N_D}{\varepsilon_s}\right)} \right] w^2 \right\} \end{aligned} \tag{8-69}$$

由于内建电势 V_{bi} 近似地等于金属与半导体接触处的势垒高度 φ_{Bn}，见图 8-15。w 为势垒宽度，由式（8-18）可知：

$$w = \left[\frac{2\varepsilon_s(\varphi_{Bn}-V)}{qN_D} \right]^{1/2} \tag{8-70}$$

将其代入式（8-69），可得：

$$T = \exp\left\{ \left[-\frac{1}{\hbar}\sqrt{m^*\left(\frac{q^2N_D}{\varepsilon_s}\right)} \right] w^2 \right\} = \exp\left[-\frac{2}{\hbar}\sqrt{\frac{m^*\varepsilon_s}{N_D}}(\varphi_{Bn}-V) \right] \tag{8-71}$$

式中，V 为外加电压。

具有不同能量的电子，其透射系数不同，将各种能量电子对隧穿电流的贡献进行积分，可得总电流。电流与透射系数成正比，即

$$J_t \propto T = \exp\left[-\frac{2}{\hbar}\sqrt{\frac{m^*\varepsilon_s}{N_D}}(\varphi_{Bn}-V) \right] \tag{8-72}$$

将其代入式（8-66），得到比接触电阻：

$$R_c \propto \exp\left[-\frac{2}{\hbar}\sqrt{\frac{m^* \varepsilon_s}{N_D}}\varphi_{Bn}\right] \tag{8-73}$$

式（8-73）表示，在隧穿范围内，比接触电阻与掺杂浓度N_D密切相关，掺杂浓度越高，接触电阻R_c越小。对硅而言，当势垒区的掺杂浓度足够高（如掺杂浓度大于$5\times10^{17}cm^{-3}$）时，电场强度就能达到$10^6V/cm$以上，足以产生隧穿效应。

对于低掺杂浓度或较高温度下的金属-半导体接触，电流的传导应以热离子发射电流主导。按照式（8-66），比接触电阻的定义为零偏压下的微分电阻，将热离子发射电流式（8-36）代入求导可得：

$$R_c = \left(\frac{\partial J}{\partial V}\bigg|_{V=0}\right)^{-1} = \frac{k}{qA^* T}\exp\left(\frac{q\varphi_{Bn}}{kT}\right) \tag{8-74}$$

由此可知，为减小R_c，应选用低势垒高度的金属-半导体接触。

计算表明，当$N_D \geqslant 10^{19}cm^{-3}$时，$R_c$由隧穿过程主导；当$N_D \leqslant 10^{17}cm^{-3}$时，电流由热离子发射主导，此时$R_c$基本上与掺杂浓度无关。

制作太阳电池欧姆接触最常用的方法是用重掺杂的半导体与金属接触，在n型或p型半导体上通过扩散烧结制作一层重掺杂区后，再与金属接触，形成金属-n^+n或金属-p^+p结构，从而获得很低的接触电阻。

8.4 少子的扩散电流

通常情况下，肖特基结构的少子扩散电流远远小于多子的热电子发射电流，因此，前面没有考虑少子的扩散电流。然而，在足够高的正向偏置电压下，少子的漂移分量就比较可观。MS太阳电池就工作在正向偏置电压下，这个正向偏置电压是由光照产生的。这里先介绍由外加偏置电压引起的少子注入电流。

空穴的漂移和扩散导致的总电流为

$$J_p = J_{p,drift} + J_{p,D} = qp_n \mu_p F - qD_p \frac{dp_n}{dx} \tag{8-75}$$

式中，$J_{p,drift}$为空穴的漂移电流，$J_{p,D}$为空穴的扩散电流。

电场使得多子热电子发射电流增加，热电子发射电流与电场强度的关系式为

$$J_n = q\mu_n N_D F \tag{8-76}$$

在将金属沉积于半导体表面时，半导体表面往往会自然生长一层薄薄的外延层。当考虑金属与半导体之间存在外延层时，其能带结构如图8-16所

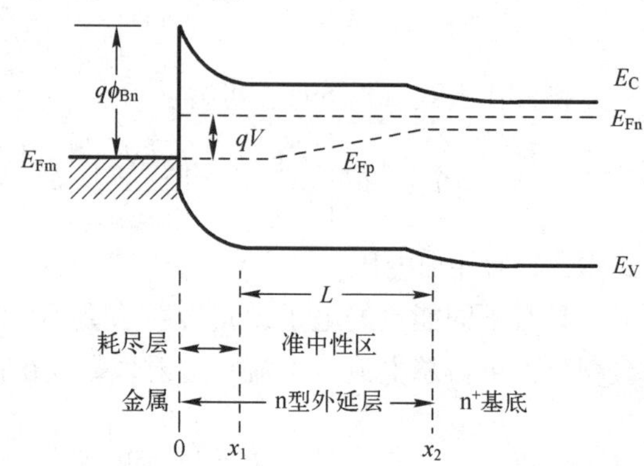

图8-16 正向偏置电压下外延肖特基势垒的能带图

示[9]。图中，x_1为耗尽层边界，x_2为 n 型外延层与 n^+半导体基底的分界线。

按照第 6 章式（6-53），图 8-16 中 x_1处的少子浓度 $p_n(x_1)$为

$$p_n(x_1)=p_{n0}e^{\frac{qV}{kT}}=\frac{n_i^2}{N_D}e^{\frac{qV}{kT}} \tag{8-77}$$

由式（8-36）可知，当 $V>0$ 时，热电子发射电流 J_n可近似地表达为

$$J_n\approx J_{sn}e^{\frac{qV}{kT}} \tag{8-78}$$

式中，J_{sn}为饱和电流密度。

将式（8-78）代入式（8-77），可得到 $p_n(x_1)$与正向电流密度 J_n的关系式：

$$p_n(x_1)\approx\frac{n_i^2}{N_D}\frac{J_n}{J_{sn}} \tag{8-79}$$

说明　对硅材料而言，由于载流子迁移率高，通常以热电子发射机理为主，但考虑到还存在载流子扩散等机理，所以这里的饱和电流密度不采用表征热电子发射的下标“sT”，而改用“sn”。

上面是计算扩散电流的 x_1处的边界条件，下面再考虑 x_2处的边界条件。

自然生长的外延层处于半导体的表面，x_2处的电流密度与少子的浓度和表面复合速度 s_p（即空穴输运速度）有关，其表达式为

$$J_p(x_2)=qs_p[p_n(x_2)-p_{n0}] \tag{8-80}$$

通常认为空穴表面复合速度很大，即 $s_p\to\infty$，相当于 $p_n(x_2)=p_{n0}$。这时，可参照第 6 章式（6-62）的推导，得到 pn 结扩散电流分量表达式为

$$J_{p,D}=qD_p\frac{dp_n}{dx}=\frac{qD_pn_i^2}{N_DL}\left(\exp\frac{qV}{kT}-1\right) \tag{8-81}$$

式中，L 为准中性区长度，见图 8-16。式（8-81）只有在 L 远小于空穴扩散长度 L_p时才有效[9]。

于是，将式（8-76）和式（8-79）代入式（8-75）第一项，再利用式（8-81）代入第二项，可得到总的空穴电流为

$$J_p=\frac{\mu_pn_i^2}{\mu_nN_D^2}\frac{J_n^2}{J_{sn}}+\frac{qD_pn_i^2}{N_DL}\left(\exp\frac{qV}{kT}-1\right) \tag{8-82}$$

定义少子注入比 γ 为少子电流与总电流之比，则

$$\gamma=\frac{J_p}{J_p+J_n}\approx\frac{J_p}{J_n}\approx\frac{\mu_pn_i^2}{\mu_nN_D^2}\frac{J_n}{J_{sn}}+\frac{qD_pn_i^2}{N_DLJ_{sn}} \tag{8-83}$$

式（8-83）中的最后一项是由扩散带引起的，与偏置无关，是低偏置下的注入率；另一项是由漂移过程引起的，与偏置（或电流）有关，在大电流下，它可以超过扩散项。

通常情况下，注入比是很低的，但对于高电阻率材料（降低 N_D）与高势垒高度

（降低 J_{sn}）金属-半导体硅系统，注入比可达百分之几的量级。

在制造金属-半导体（MS）器件时，在半导体上沉积金属前会有意或无意地生成一层很薄的厚度为 1~3nm 的氧化物之类的界面层。这个界面层，一方面与一般的 MIS 器件不同，工作在一定的偏压下，有一定的电流，为非平衡态，即电子和空穴的准费米能级 E_{Fn}和 E_{Fp}是分开的；另一方面，与通常的金属-半导体接触也不同，界面层使 MS 结构的电流减小，在界面层上还有一定的电压降落，形成一个较低的势垒高度。由于界面层的存在，减小了多子的热电子发射电流，对扩散的少子电流又没有明显影响，因此可以提高少子注入效率，有利于提高肖特基势垒太阳电池的开路电压。这种情况的电流方程与 MIS 结构有同样的形式，我们将在下面讨论 MIS 结构的电性能时一并叙述。

8.5 MS 肖特基结太阳电池

典型的金属-半导体结肖特基太阳电池的结构如图 8-17 所示。它是在 n 型或 p 型半导体表面上敷设一层具有一定透光性的薄金属层，其上再制作栅状金属电极用于汇集光电流；在半导体的背表面制作具有欧姆接触的背电极。通常在透明金属层上还要涂覆一层减反射膜，增加光吸收。

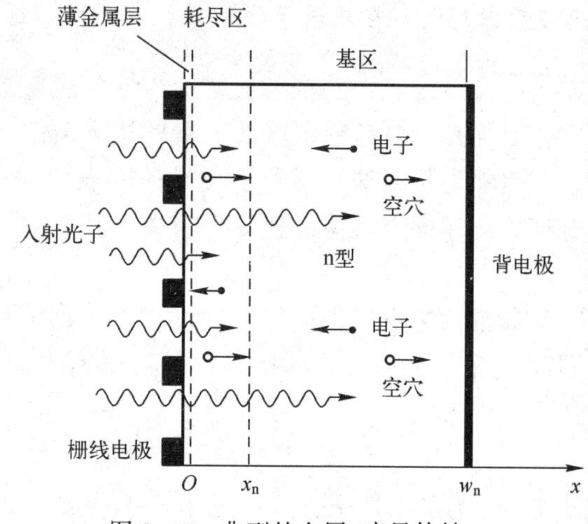

图 8-17 典型的金属-半导体结肖特基太阳电池的结构

8.5.1 肖特基结太阳电池的光伏效应

我们以 n 型半导体为例，分析肖特基太阳电池的基本原理。如图 8-17 所示，薄金属层与半导体接触形成肖特基势垒。入射光透过薄金属层进入半导体，其中能量 $h\nu>E_g$的光子被半导体的耗尽区和基区吸收，产生光生电子-空穴对。耗尽区的光生电子-空穴对产生后，就被耗尽区的内建电场扫出，电子进入 n 型半导体，空穴进入金属层。基区的光生电子-空穴对产生后，向耗尽区边缘扩散，在边缘附近的光生电子是多子，被势垒反射回去，光生空穴（即少子）被势垒区电场扫进金属层。这样，光照使半导体耗尽区两侧产生电荷积累，在金属与半导体之间形成由金属指向半导体的光生电压，这就是肖特基电池的光生伏打效应。当正电极和底电极之间连接负载时，就有光生电流流过负载，产生电功率输出。

由肖特基电池的结构可见，肖特基电池可以看成 p^+型区掺杂浓度很大、宽度趋于零的 p^+n 结太阳电池，即结深为零的 p^+n 结太阳电池。表面金属层在光的作用下也可激发出光生电子，并越过势垒被收集（但这部分光电流极小，可忽略不计）。

8.5.2　光电流和光电压

1. 光电流密度

肖特基太阳电池中的光电流密度 J_L，可以采用第 7 章中推导单位面积 pn 结光电流的方法来计算。只是不存在发射区，只需考虑半导体表面耗尽区和基区的电流贡献。在稳定的单色辐射光照下，光电流密度 J_L 为

$$J_L = J_{gd} + J_{scn} \tag{8-84}$$

式中，J_{gd} 为耗尽区贡献的光电流密度分量，J_{scn} 为基区贡献的光电流密度分量。当 n 型硅均匀掺杂时，n 型区少子扩散长度 L_p 远大于耗尽区宽度 x_n。类似第 7 章中所用的方法，可得 n 型区光生空穴的光电流密度：

$$J_{scn} = \frac{q(1-s)(1-R)T_{met}\alpha\Phi e^{-\alpha x_n}L_p}{(L_p\alpha)^2-1} \left\{\alpha L_p - \frac{\dfrac{1}{L_n}\sinh\left(\dfrac{w_n-x_n}{L_p}\right)+\left(\dfrac{s_{BSF}}{D_p}\right)\cosh\left(\dfrac{w_n-x_n}{L_p}\right)-\left(\dfrac{s_{BSF}}{D_p}\right)e^{-\alpha(w_n-x_n)}+\alpha e^{-\alpha(w_n-x_n)}}{\dfrac{1}{L_p}\cosh\left(\dfrac{w_n-x_n}{L_p}\right)+\left(\dfrac{s_{BSF}}{D_p}\right)\sinh\left(\dfrac{w_n-x_n}{L_p}\right)}\right\} \tag{8-85}$$

式中：Φ 为到达金属表面的单色光辐射光子密度；T_{met} 为电池正面金属薄层的透光率；w_n 为电池的厚度；(w_n-x_n) 为电池的基区宽度；x_n 为耗尽区宽度；α 为半导体硅材料的吸收系数；L_p、D_p 分别为 n 型基区空穴的扩散长度和扩散系数；s_{BSF} 为电池基区背表面复合速度。

如果背电极是欧姆接触，电池基区背表面复合速度 s_{BSF} 很大，则式（8-85）可近似地表达为

$$J_{scn} = \frac{q\Phi\alpha L_p}{L_p^2\alpha^2-1}T_{met}e^{-\alpha x_n}\left[\alpha L_p - \frac{\cosh\left(\dfrac{w_n-x_n}{L_p}\right)-e^{-\alpha(w_n-x_n)}}{\sinh\left(\dfrac{w_n-x_n}{L_p}\right)}\right] \tag{8-86}$$

如果不考虑耗尽区的复合，则由耗尽区产生的光生电子-空穴对都能被利用，耗尽区的电流密度 J_{gd} 为

$$J_{gd} = \int_0^{x_n} -q\Phi T_{met}\alpha e^{-\alpha x}dx = -q\Phi T_{met}\alpha e^{-\alpha x_n} \tag{8-87}$$

将式（8-86）和式（8-87）代入式（8-84），即得波长为 λ 的单色辐射光稳定照射时的光电流密度。对于太阳光，总光电流是在整个太阳光谱范围内各单色光所产生电流的总和，即太阳电池总的电流密度应对太阳光所有波长进行积分：

$$J = \int_0^{\infty} J_L(\lambda)d\lambda \tag{8-88}$$

2. 光电压

当肖特基太阳电池开路时，光照下生成的光生空穴使 n 型半导体一侧带负电荷，

金属表面带正电荷，形成内建电势，产生与内建电势方向相反的从金属指向半导体的光电压，即开路电压 V_{oc}，此时肖特基结处于正偏。在稳定光照时，流过肖特基结的光电流 J_L 恰好等于正向偏压 V_{oc} 作用下产生的正向电流 J_D，即

$$J_L = J_D = J_s\left[\exp\left(\frac{qV_{oc}}{\eta kT}\right) - 1\right] \tag{8-89}$$

对上式两边取对数，可得到肖特基太阳电池的开路电压 V_{oc} 为

$$V_{oc} = \frac{\eta kT}{q}\ln\left(\frac{J_L}{J_s} + 1\right) \tag{8-90}$$

可见，V_{oc} 随光电流的增加而增加，随反向饱和电流 J_s 的增加而减小。

这里需要注意的是，考虑了隧穿效应和肖特基势垒的量子力学反射等因素的影响后，参照式（8-37）计算饱和电流密度 J_s 时，有效理查逊常数应修正为 A^{**}，即

$$J_s = A^{**}T^2\exp\left(-\frac{q\varphi_{Bn}}{kT}\right) \tag{8-91}$$

当光电流远大于反向饱和电流时，即 $J_L \gg J_{st}$，式（8-90）中括号内的 1 可忽略，由此可得：

$$V_{oc} \approx \frac{\eta kT}{q}(\ln J_L - \ln J_s) \tag{8-92}$$

参照式（8-91）可得：

$$\ln J_{sT} = \ln A^{**}T^2 - \frac{q\phi_m}{\eta kT} \tag{8-93}$$

将式（8-93）代入式（8-92）得：

$$V_{oc} = \phi_m - \frac{\eta kT}{q}\ln\frac{A^{**}T^2}{J_L} \tag{8-94}$$

式（8-94）表明，V_{oc} 随 ϕ_m 的增加而增大，ϕ_m 是考虑了表面态和镜像力等因素后实际的肖特基势垒高度。

肖特基太阳电池的突出优点是结构简单、制造方便，由其基本结构可知，耗尽区就在半导体表面，没有常规 pn 结太阳电池表面的“死层”，有利于利用短波光，对紫光和紫外光都可以响应。理论上，肖特基太阳电池的光电转换效率可与 pn 结电池相当。但实际上，肖特基太阳电池存在着不少缺陷。

肖特基太阳电池是一种多子半导体器件。当肖特基结处于正向偏置时，暗电流主要由从半导体发射到金属的多子产生，因此不能像常规 pn 结太阳电池那样采用提高基区掺杂度或在基区形成背场的方法减小暗电流。相反地，随着掺杂度的提高，隧穿电流的增加可使暗电流增大，而镜像力的加大使肖特基势垒高度降低。这些因素使得肖特基太阳电池的开路电压 V_{oc} 很难提高。

由于电池存在接近透明的薄金属层，在薄金属层与半导体层之间还可能会无意地引入一层很薄的二氧化硅绝缘层，这或多或少地会对入射光产生反射、散射和吸收；半导体表面的表面态、金属与半导体间的界面态等，也会直接影响肖特基太阳

电池的光谱响应、开路电压和总的光生电流。因此，对于这种具有简单结构的电池，其光电转换效率和性能稳定性很难提高到可与常规 pn 结电池相比的水平。

硅暴露于空气中时，其表面的悬键很容易与氧结合生成氧化硅。

为了提高肖特基太阳电池的开路电压，可在薄金属层与半导体层之间有意引入一层二氧化硅绝缘层，从而形成金属-绝缘体-半导体（MIS）太阳电池。

参考文献

[1] 刘恩科，朱秉升，罗晋升，等．半导体物理学（第 6 版）[M]. 北京：电子工业出版社，2003.

[2] Lide D R. Electron Work Function of the Elements [M] //CRC Handbook of Chemistry and Physics. 89th Edition (Internet Version 2009). Boca Raton, FL: CRC Press, Taylor and Francis Group.

[3] Mccaldin J O, Mcgill T C, Mead C A. Schottky Barriers on Compound Semiconductors: The Role of the Anion [J]. Journal of Vacuum Science & Technology. 1976, 13 (4): 802-806.

[4] Milnes A G. Semiconductor Devices and Integrated Electronics [M]. New York: Van Nostrand Reinhold Company, 1980.

[5] Ravi K V, et al. Properties of Silicon [M]. London: INSPEC, 1988.

[6] Bethe H A. Theory of the Boundary Layer of Crystal Rectifiers [J]. MIT Radiation Laboratory Report. 1942, 43: 12.

[7] Crowell C R. The Richardson Constant for Thermionic Emission in Schottky Barrier Diodes [J]. Solid-State Electronisc. 1965, 8: 395.

[8] Crowell C R, Sze S M. Current Transport in Metal-Semiconductor Barriers [J]. Solid-State Electronics. 1966, 9: 1035-1048.

[9] 施敏，伍国珏．半导体器件物理 [M]. 耿莉，张瑞智，译．第 3 版．西安：西安交通大学出版社，2008.

[10] Rideout V L. A Review of the Theory, Technology and Applications of Metal-Semiconductor Rectifiers [J]. Thin Solid Films, 1978, 48: 261.

[11] 曾谨言．量子力学（卷Ⅱ）第五版 [M]. 北京：科学出版社，2015.

[12] Chang C Y, Sze S M. Carrier Transport Across Metal-Semiconductor Barriers [J]. Solid-State Electron, 1970, 13: 727.

[13] Padovani F A, Stratton R. Field and Thermionic-Field Emission in Schottky Barriers [J]. Solid-State Electronics. 1966, 9: 695.

[14] Riben A R, Feucht D L. Electrical Transport in nGe-pGaAs Hetero-junctions [J]. International Journal of Electronics. 1966, 20: 583.

[15] Riben A R, Feucht D L. nGe-pGaAs Hetero-junctions [J]. Solid-State Electronics. 1966, 9: 1055.

第9章　金属-绝缘体-半导体（MIS）结构与MIS太阳电池

在第8章中，我们讨论了金属-半导体（MS）结构和基于MS结构的肖特基太阳电池，并且提出了金属-绝缘体-半导体（MIS）结构和MIS太阳电池，旨在提高MS太阳电池的开路电压。实际上，在MIS太阳电池结构中，面向太阳的正面金属层也可以是其他导体，如具有高导电性的半导体铟锡氧化物（ITO）、石墨烯（二维半导体）等。基于导体-绝缘体-半导体（CIS）结构设计的太阳电池统称为CIS太阳电池。当太阳电池正面层采用半导体材料时，也称之为半导体-绝缘体-半导体（SIS）太阳电池。在这些以不同结构的晶体硅为基底的太阳电池中，最具典型性的是MIS太阳电池。因此，本章主要讨论MIS结构和MIS太阳电池。在MIS结构中，对硅-氧化硅（$Si-SiO_x$）系统的研究最透彻。MIS结构的导电机理研究的验证数据多来自对金属-氧化硅-硅（MOS）系统的实验结果。

MIS太阳电池的特点是结构简单，制造工序少，适合大规模自动化生产；无须高温扩散制结，减小了基区少子寿命的衰减，可消除重掺杂效应，适用于多晶硅和非晶硅半导体材料；不会引起表面死层，有利于改善电池的短波光谱响应。因此，20世纪末，曾经对MIS太阳电池进行大量研究，单晶硅MIS太阳电池的性能曾与当时最好的pn结单晶硅太阳电池接近。

为了提高开路电压，太阳电池的界面层必须极薄（仅有数个原子厚度），制造工艺难度很高，而且其性能易受环境中的水汽、氧气等气体的影响。另外，太阳电池中与界面层氧化物接触的金属易被氧化，降低了透光性能。虽然这些缺点导致MIS太阳电池发展并不快，但是MIS结构及其导电机理，包括金属-绝缘体、绝缘体-半导体界面性质，以及通过绝缘体势垒和界面态的隧穿机理等，均已成功应用于一些高效太阳电池设计中。例如，在第1章中提到过的隧穿氧化钝化接触（TOP-Con）高效太阳电池，采用隧穿氧化物钝化晶体硅表面，有效降低了表面复合速率，获得了较高的光电转换效率，并降低了制造成本。

MIS和IS结构已在太阳电池中发挥了重要作用，而且随着技术的进步，其作用将越来越显著。

9.1　理想MIS结构的能带图

9.1.1　理想晶体的表面态

前面已经讨论过由于晶格的不完整性使势场的周期性受到破坏时，在禁带中会产生附加能级。在晶体自由表面处，势场的周期性中断，同样也会形成附加能级。在实际晶体表面往往还存在着微氧化膜，或者附着其他分子和原子，使表面情况变得复杂。

对于“理想”的晶体表面，其表面层的原子排列的对称性与体内原子完全相同，表面不附着任何原子或分子。晶格在表面处突然终止，表面的最外层的每个硅原子将有一个未配对的电子，即有一个未饱和的悬键，与之对应的电子能态即形成表面态。以硅晶体为例，每平方厘米表面约有 10^{15} 个原子，相应的悬键数及表面态数也就有约 10^{15} 个。

在实际晶体表面，除了晶格中断（通常吸附着其他分子和原子），还存在晶体缺陷和微薄的氧化膜等，使晶体的表面态分布情况比理想表面复杂得多。这些表面态分布对 MIS 器件的性能会产生很大影响。

9.1.2　MIS 结构

金属-绝缘体-半导体（MIS）结构由金属、绝缘体和半导体组成，如图 9-1 所示[1,2]。当金属层相对于半导体而言为正向偏置时，电压 V 为正。

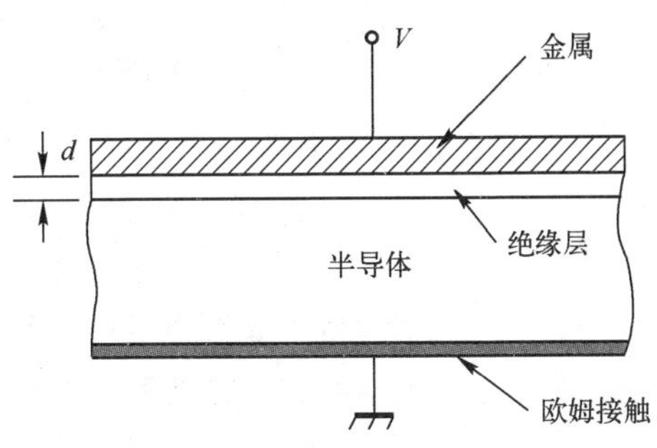

图 9-1　金属-绝缘体-半导体（MIS）结构示意图

MIS 结构相当于一个电容，当在金属与半导体之间施加电压 V 后，在金属与半导体相对的两个面上就要被充电，两者所带电荷符号相反。在金属中，自由电子浓度很高，电荷基本上分布在表面原子层的厚度范围之内；而在半导体中，由于自由载流子浓度要低得多，电荷将分布在一定厚度的表面层，从表面到内部电荷逐渐减少，电场逐渐减弱，这个带电的表面层称为空间电荷区。在空间电荷区，电势随距离逐渐变化，能带发生弯曲。以 p 型半导体为例，体内的静电势定义为零，空间电荷层的电势记为 ψ_p，如图 9-2 所示。空间电荷层两端的电势差称为表面势，以 ψ_s 表示，规定表面势比半导体内部高时取正值，反之取负值。

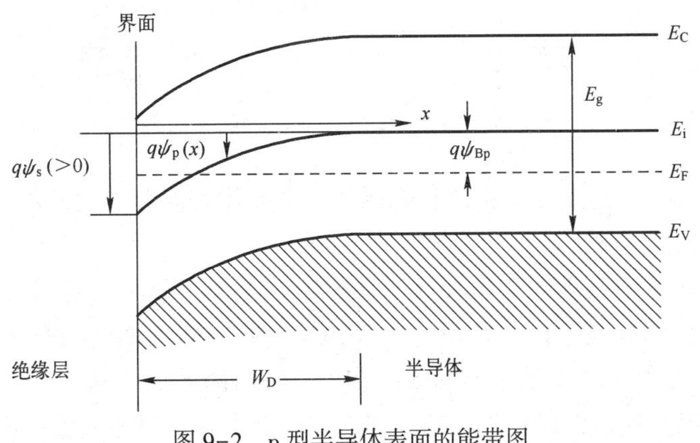

图 9-2　p 型半导体表面的能带图

9.1.3 理想MIS结构的能带图

所谓理想MIS结构是指：①不存在界面陷阱和其他氧化层电荷，在偏置电压下，电荷仅存在于半导体内及金属表面，这些电荷数值相等、符号相反；②绝缘体的电阻率为无穷大，在偏置电压下，绝缘体内没有载流子输运；③通常，金属功函数 W_m 和半导体功函数 W_s 是不相等的，为分析方便，假设金属功函数 W_m 和半导体功函数 W_s 之差 W_{ms} 为零，即

$$W_{ms}=W_m-W_s=0$$

无外加电压时理想MIS结构的平衡态能带图如图9-3所示，存在以下关系式：

☺ 对于n型半导体：

$$W_{ms}\equiv W_m-\left(\chi+\frac{E_g}{2}-q\psi_{Bn}\right)=W_m-(\chi+q\phi_n)=0 \tag{9-1}$$

☺ 对于p型半导体：

$$W_{ms}\equiv W_m-\left(\chi+\frac{E_g}{2}+q\psi_{Bp}\right)=W_m+(\chi+E_g-q\phi_p)=0 \tag{9-2}$$

式中，ψ_{Bn}、ψ_{Bp} 为费米能级以带隙中线为参考的费米势；ϕ_n 和 ϕ_p 为费米能级以带边为参考的费米势；χ 和 χ_i 分别为半导体和绝缘体的电子亲和势。

由式（9-1）、式（9-2）和图9-3可见，没有外加电压时，理想MIS结构表面的能带不弯曲，是平的，通常称之为平带状态。

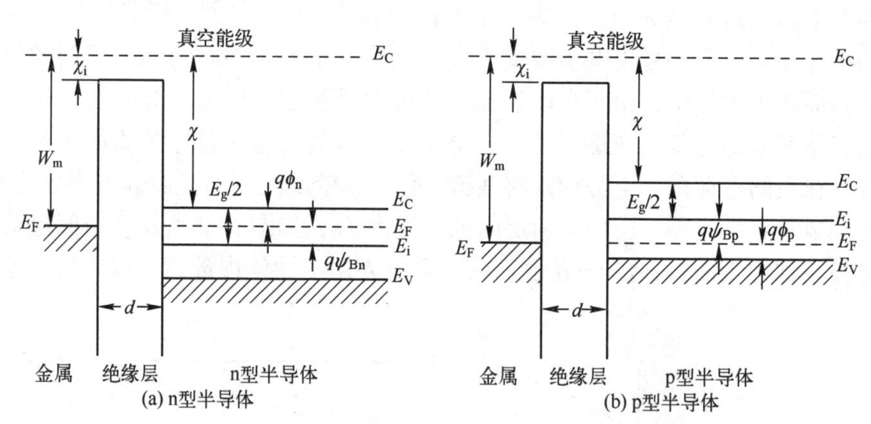

图9-3 无外加电压时理想MIS结构的平衡态能带图

当在理想MIS结构上施加正或负偏压时，半导体表面会出现载流子积累或耗尽。我们先进行定性的讨论。

对p型半导体，当理想MIS结构有负电压（$V<0$）施加于金属层时，绝缘体-半导体界面处将诱导过剩的正载流子（空穴），半导体表面附近的能带向上弯曲，如图9-4（a）所示。对于理想的MIS结构，器件内部无电流流动，半导体内的费米能级将维持恒定。先前已讨论过，半导体内的载流子浓度与能级差（E_i-E_F）呈指数

关系，即 $p_p = n_i e^{\frac{(E_i - E_F)}{kT}}$。

半导体表面向上弯曲的能带使得（E_i-E_F）的能级差变大，绝缘体与半导体界面的空穴浓度加大，空穴堆积，通常称之为积累状态。电荷分布如图 9-4（a）所示（图中，Q_s为半导体内单位面积的正电荷，Q_m为金属中等量的单位面积的负电荷）。

如图 9-4（b）所示，当在理想 MIS 结构上施加正电压（$V>0$）时，半导体表面的能带将向下弯曲，多子（空穴）减少，通常称之为耗尽状态。

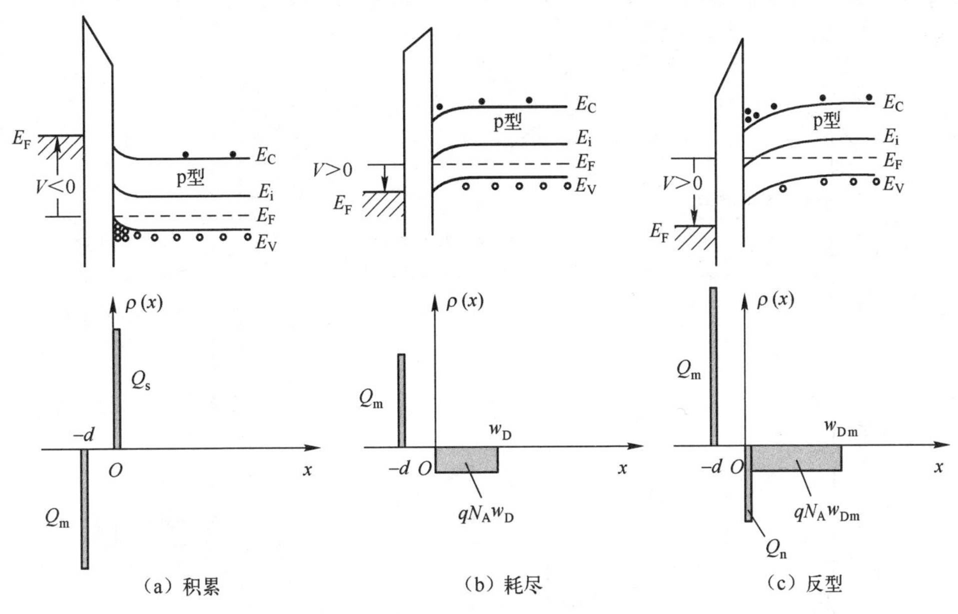

图 9-4　p 型半导体在不同偏压下理想 MIS 结构的能带图和电荷分布

对于耗尽状态，可以采用耗尽层近似估算空间电荷。假设空间电荷层的空穴已全部耗尽，电荷全由已电离的受主杂质构成。若半导体掺杂是均匀的，则空间电荷层的电荷密度 $\rho(x) = -qN_A$，于是半导体内单位面积的空间电荷 $Q_{sc} = -qN_A w_D$，其中 w_D为表面耗尽区的宽度。

当外加正电压进一步加大时，能带进一步向下弯曲，以致本征费米能级 E_i和费米能级 E_F在表面附近相交，如图 9-4（c）所示。这时，正电压开始在绝缘体-半导体界面处诱导过剩的少子（电子）。半导体中电子的浓度与能差（E_i-E_F）呈指数关系，即

$$n_p = n_i e^{\frac{(E_F - E_i)}{kT}} \tag{9-3}$$

当$(E_F-E_i)>0$ 时，表面的 $n_p>n_i$。表面的少子（电子）数目大于多子（空穴）时，表面呈现反型载流子，通常称之为反型状态。

能带持续弯曲，最终使导带边接近费米能级。当靠近绝缘体与半导体界面的电子浓度等于基底半导体掺杂水平时，开始进入强反型状态。这时，半导体空间电荷区的负电荷由两部分组成，一部分是反型层中的电子（主要在近表面区），另一部分

是耗尽层中已电离的受主负电荷。在强反型情况下，半导体中单位面积电荷 Q_s 为反型层电荷 Q_n 与耗尽区电荷 Q_{sc} 之和，即

$$Q_s = Q_n - qN_A w_{Dmax} \tag{9-4}$$

式中，w_{Dmax} 为表面耗尽区的最大宽度。

对于 n 型半导体，能够得到类似的结果。如图 9-5 所示，对于 n 型半导体，在金属端加上相反极性的电压，半导体表面可形成多子积累状态、多子耗尽状态和少子反型状态。反型状态时，表面的少子（空穴）浓度超过多子（电子）浓度，如图 9-5（c）所示。

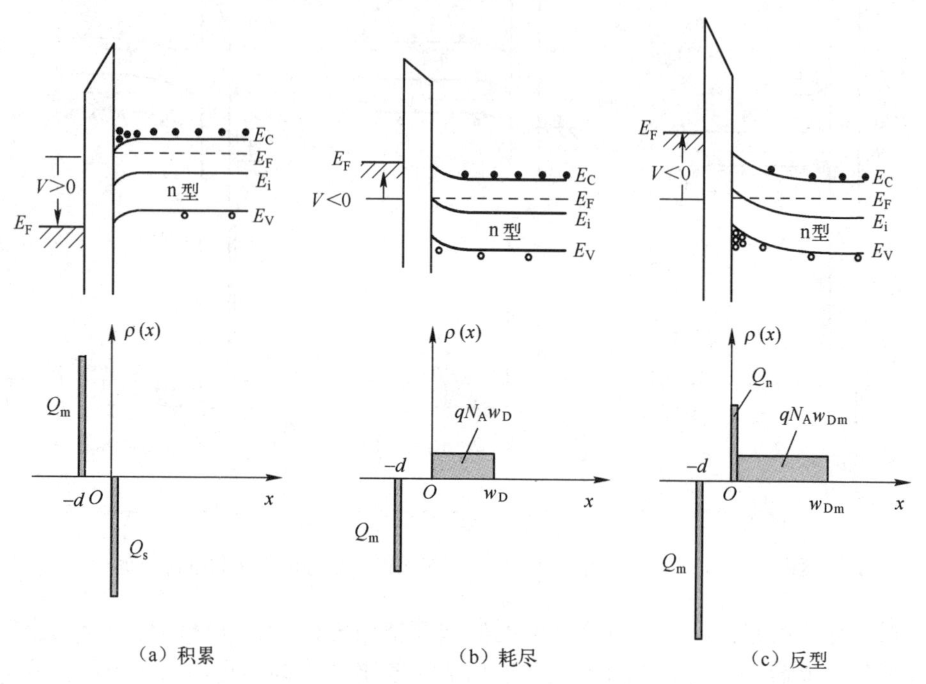

图 9-5 n 型半导体在不同偏压下理想 MIS 结构的能带图和电荷分布

9.2 理想 MIS 结构的表面空间电荷

为了分析表面空间电荷层的性质，可以通过求解泊松方程推导表面势、空间电荷和电场强度之间的关系式[3]。为简化推导，进行一维处理。设定 x 轴垂直表面指向半导体内部，表面处为 x 轴原点。在表面空间电荷层中的电荷密度、场强和电势都是 x 的函数，空间电荷层中电势满足的泊松方程为

$$\frac{d^2\psi_p}{dx^2} = -\frac{\rho(x)}{\varepsilon_s} \tag{9-5}$$

式中：ε_s 为半导体的介电常数；$\rho(x)$ 为总的空间电荷密度：

$$\rho(x) = q(N_D^+ - N_A^- + p_p - n_p) \tag{9-6}$$

式中：N_D^+和 N_A^-分别表示电离施主和电离受主浓度；p_p和 n_p分别表示坐标 x 点的空穴浓度和电子浓度。在表面层仍可用载流子经典统计规律，并设半导体内部电势为零，即势能 $q\psi_p$相对于半导体体内本征费米能级 E_i进行量度，则半导体体内 x 点的电势 ψ_p为

$$\psi_p(x)=-\frac{E_i(x)-E_i(\infty)}{q} \tag{9-7}$$

半导体表面的电势 $\psi_p(0)$称为表面势 ψ_s：

$$\psi_s=\psi_p(0) \tag{9-8}$$

在电势为 ψ_p的 x 点电子和空穴的浓度分别为

$$n_p(x)=n_{p0}\exp\left(\frac{q\psi_p}{kT}\right) \tag{9-9}$$

$$p_p(x)=p_{p0}\exp\left(-\frac{q\psi_p}{kT}\right) \tag{9-10}$$

式中，n_{p0}和 p_{p0}分别为半导体体内的电子平衡浓度和空穴平衡浓度。当能带向下弯曲时，ψ_p为正。p 型半导体表面的能带图见图 9-2。

半导体表面的电子浓度和空穴浓度为

$$n_p(0)=n_{p0}\exp\left(\frac{q\psi_s}{kT}\right) \tag{9-11}$$

$$p_p(0)=p_{p0}\exp\left(-\frac{q\psi_s}{kT}\right) \tag{9-12}$$

假定表面空间电荷层的电离杂质浓度为常数，且与体内的相等，在远离表面的半导体内部，电中性条件成立，则有

$$\psi_p(\infty)=0 \tag{9-13}$$

$$\rho(x)=0$$

将其代入式（9-6），即得：

$$N_D^+-N_A^-=n_{p0}-p_{p0} \tag{9-14}$$

将式（9-6）~式（9-14）代入式（9-5），得泊松方程为

$$\begin{aligned}\frac{d^2\psi_p}{dx^2}&=-\frac{q(p_{p0}-n_{p0}+p_p-n_p)}{\varepsilon_s}\\&=-\frac{q}{\varepsilon_s}\left\{p_{p0}\left[\exp\left(-\frac{q\psi_p}{kT}\right)-1\right]-n_{p0}\left[\exp\left(\frac{q\psi_p}{kT}\right)-1\right]\right\}\end{aligned} \tag{9-15}$$

该方程是不显含自变量的可降阶二阶微分方程，可通过如下变换进行求解。

令$\frac{d\psi_s}{dx}=z$，方程变为

$$\frac{d^2\psi_s}{dx^2}=\frac{dz}{dx}=\frac{dz}{d\psi_s}\cdot\frac{d\psi_s}{dx}=z\frac{dz}{d\psi_s}=-\frac{q}{\varepsilon_s}\left\{p_{p0}\left[\exp\left(-\frac{q\psi_p}{kT}\right)-1\right]-n_{p0}\left[\exp\left(\frac{q\psi_p}{kT}\right)-1\right]\right\}$$

将式（9-15）中最后一个等式两边乘以 $d\psi_s$，并从体内空间电荷区内边界向表

面方向积分，得到：

$$\int_0^z z\mathrm{d}z = \int_0^{\mathrm{d}\psi_p/\mathrm{d}x}\left(\frac{\mathrm{d}\psi_p}{\mathrm{d}x}\right)\mathrm{d}\left(\frac{\mathrm{d}\psi_p}{\mathrm{d}x}\right)$$

$$= -\frac{q}{\varepsilon_s}\int_0^{\psi_p}\left\{p_{p0}\left[\exp\left(-\frac{q\psi_p}{kT}\right)-1\right]-n_{p0}\left[\exp\left(\frac{q\psi_p}{kT}\right)-1\right]\right\}\mathrm{d}\psi_p \tag{9-16}$$

由于电场强度 $F=-\frac{\mathrm{d}\psi_p}{\mathrm{d}x}$，将其代入式（9-16），积分后得到电场强度 F 和电势 ψ_p之间的关系式为

$$|F|^2=\left(2\frac{kT}{q}\right)^2\left(\frac{q^2p_{p0}}{2\varepsilon_s kT}\right)\left\{\left[\exp\left(-\frac{q\psi_p}{kT}\right)+\frac{q\psi_p}{kT}-1\right]+\frac{n_{p0}}{p_{p0}}\left[\exp\left(\frac{q\psi_p}{kT}\right)-\frac{q\psi_p}{kT}-1\right]\right\} \tag{9-17}$$

为便于分析，简化表达式，令

$$L_D\equiv\sqrt{\frac{kT\varepsilon_s}{p_{p0}q^2}} \tag{9-18}$$

和

$$\mathcal{F}\left(\frac{q\psi_p}{kT},\frac{n_{p0}}{p_{p0}}\right)\equiv\sqrt{\left[\exp\left(-\frac{q\psi_p}{kT}\right)+\frac{q\psi_p}{kT}-1\right]+\frac{n_{p0}}{p_{p0}}\left[\exp\left(\frac{q\psi_p}{kT}\right)-\frac{q\psi_p}{kT}-1\right]} \tag{9-19}$$

式中，L_D称为空穴的非本征德拜长度。由于 $n_{p0}=n_i\exp\left(-\frac{q\psi_{Bp}}{kT}\right)$，$p_{p0}=n_i\exp\left(\frac{q\psi_{Bp}}{kT}\right)$，所以$\frac{n_{p0}}{p_{p0}}=\exp\left(-2\frac{q\psi_{Bp}}{kT}\right)$。式（9-19）通常称为 $\mathcal{F}$ 函数，它是表征半导体空间电荷层性质的一个重要参数。

于是，将式（9-18）和式（9-19）代入式（9-17），得到电场强度的表达式为

$$F(x)=\pm\frac{\sqrt{2}kT}{qL_D}\mathcal{F}\left(\frac{q\psi_p}{kT},\frac{n_{p0}}{p_{p0}}\right) \tag{9-20}$$

当 $\psi_p>0$ 时，上式取正号；当 $\psi_p<0$ 时，上式取负号。

在表面处，$\psi_p(0)=\psi_s$，由式（9-20）可得半导体表面电场强度为

$$F_s=\pm\frac{\sqrt{2}kT}{qL_D}\mathcal{F}\left(\frac{q\psi_s}{kT},\frac{n_{p0}}{p_{p0}}\right) \tag{9-21}$$

应用高斯定律，可由表面电场强度推导出单位面积总的空间电荷为

$$Q_s=-\varepsilon_s F_s=\mp\frac{\sqrt{2}kT\varepsilon_s}{qL_D}\mathcal{F}\left(\frac{q\psi_s}{kT},\frac{n_{p0}}{p_{p0}}\right) \tag{9-22}$$

式（9-22）中第 1 个等号后取负号是因为规定电场强度指向半导体内部时为正；第 2 个等号后的负正号的确定原则是：当金属层为正，即 $\psi_s>0$ 时，取正号；当金属层为负时，取负号。

当表面层存在外电场时，载流子浓度也将发生变化。以 p 型半导体为例，按照半导体表面的空穴浓度表达式（9-12），可计算单位面积的表面层空穴相对于体内

空穴的改变量为

$$\Delta p = \int_0^{\infty}(p_{\mathrm{p}} - p_{\mathrm{p0}})\mathrm{d}x = \int_0^{\infty} p_{\mathrm{p0}}\left[\exp\left(-\frac{q\psi_{\mathrm{p}}}{kT}\right) - 1\right]\mathrm{d}x \tag{9-23}$$

将 $\mathrm{d}x = -\dfrac{\mathrm{d}\psi_{\mathrm{p}}}{F}$代入上式，并考虑到 $x=0$ 时，$\psi_{\mathrm{p}}(0)=\psi_{\mathrm{s}}(0)$；$x=\infty$ 时，$\psi_{\mathrm{p}}(\infty)=0$，$|F| = \dfrac{\sqrt{2}kT}{qL_{\mathrm{D}}}\mathcal{F}\left(\dfrac{q\psi_{\mathrm{p}}}{kT},\dfrac{n_{\mathrm{p0}}}{p_{\mathrm{p0}}}\right)$，可得到：

$$\Delta p = \frac{qL_{\mathrm{D}}p_{\mathrm{p0}}}{\sqrt{2}kT}\int_{\psi_{\mathrm{s}}}^{0}\left\{\left[\exp\left(-\frac{q\psi_{\mathrm{p}}}{kT}\right) - 1\right]\Big/\mathcal{F}\left(\frac{q\psi_{\mathrm{p}}}{kT},\frac{n_{\mathrm{p0}}}{p_{\mathrm{p0}}}\right)\right\}\mathrm{d}\psi_{\mathrm{p}} \tag{9-24}$$

同样，利用电子浓度表达式（9-11）可推得：

$$\Delta n = \frac{qL_{\mathrm{D}}n_{\mathrm{p0}}}{\sqrt{2}kT}\int_{\psi_{\mathrm{s}}}^{0}\left\{\left[\exp\left(\frac{q\psi_{\mathrm{p}}}{kT}\right) - 1\right]\Big/\mathcal{F}\left(\frac{q\psi_{\mathrm{p}}}{kT},\frac{p_{\mathrm{n0}}}{p_{\mathrm{p0}}}\right)\right\}\mathrm{d}\psi_{\mathrm{p}} \tag{9-25}$$

上述两式可用于计算表面层电导。

按照式（9-22），半导体表面空间电荷层的电荷面密度 Q_{s}随表面势 ψ_{s}而变化，其空间电荷层的电容 C_{D}为半导体一侧总的电荷面密度 Q_{s}对半导体表面势 ψ_{s}的微分，可由下式求得：

$$C_{\mathrm{D}} = \frac{\partial Q_{\mathrm{s}}}{\partial \psi_{\mathrm{s}}} = \frac{\varepsilon_{\mathrm{s}}}{\sqrt{2}L_{\mathrm{D}}}\,\frac{\left\{\left[1-\exp\left(-\dfrac{q\psi_{\mathrm{s}}}{kT}\right)\right]+\dfrac{n_{\mathrm{p0}}}{p_{\mathrm{p0}}}\left[\exp\left(\dfrac{q\psi_{\mathrm{s}}}{kT}\right)-1\right]\right\}}{\mathcal{F}\left(\dfrac{q\psi_{\mathrm{s}}}{kT},\dfrac{n_{\mathrm{p0}}}{p_{\mathrm{p0}}}\right)} \tag{9-26}$$

上式给出的是单位面积上的电容，其单位为 $\mathrm{F/m^2}$。

9.2.1　表面层的空间电荷密度与表面势的关系

下面应用上述公式分析表面层的空间电荷密度 Q_{s}随表面势 ψ_{s}变化的情况。在室温条件下，对于 $N_{\mathrm{A}}=4\times10^{15}\mathrm{cm^{-3}}$的 p 型硅，空间电荷密度 Q_{s}随表面势 ψ_{s}变化的典型关系如图 9-6[4] 所示。

1. 多子积累状态

当外加电压为负值（即 $V<0$）时，ψ_{s}表面势和表面层的电势都是负值，表面能带向上弯曲，Q_{s}为正，对应于积累状态。

对于 p 型半导体，$\dfrac{n_{\mathrm{p0}}}{p_{\mathrm{p0}}}\ll1$，$\psi_{\mathrm{s}}$为负值，当$|\psi_{\mathrm{s}}|$足够大时，$\exp\left(\dfrac{q\psi_{\mathrm{s}}}{kT}\right)\ll\exp\left(-\dfrac{q\psi_{\mathrm{s}}}{kT}\right)$，所以 $\mathcal{F}$ 函数主要由式（9-19）中的第 1 项决定，即

$$\mathcal{F}\left(\frac{q\psi_{\mathrm{s}}}{kT},\frac{n_{\mathrm{p0}}}{p_{\mathrm{p0}}}\right)\approx\exp\left(-\frac{q\psi_{\mathrm{s}}}{2kT}\right) \tag{9-27}$$

将其代入式（9-21），考虑到 $\psi_{\mathrm{s}}<0$，得：

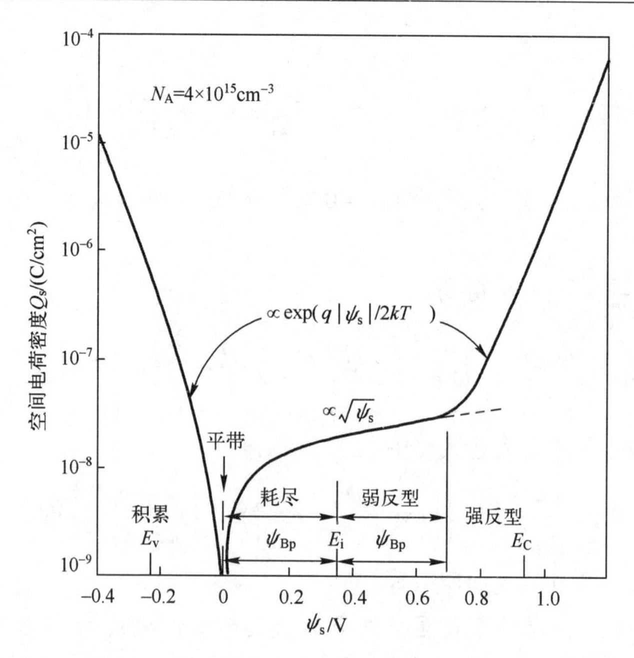

图 9-6　室温下 p 型硅的空间电荷密度随表面势 ψ_s 的变化

$$F_s = -\frac{\sqrt{2}kT}{qL_D}\exp\left(-\frac{q\psi_s}{2kT}\right) \tag{9-28}$$

按照式（9-22）可得：

$$Q_s = \frac{\sqrt{2}kT\varepsilon_s}{qL_D}\exp\left(-\frac{q\psi_s}{2kT}\right) \tag{9-29}$$

由此可见，Q_s与ψ_s呈指数关系急剧增加。

将式（9-29）代入 $C_D = \frac{\partial Q_s}{\partial \psi_s}$，得：

$$C_D = -\frac{\varepsilon_s}{\sqrt{2}L_D}\exp\left(-\frac{q\psi_s}{2kT}\right)$$

即

$$C_D = \left|\frac{\partial Q_s}{\partial \psi_s}\right| = \frac{\varepsilon_s}{\sqrt{2}L_D}\exp\left(-\frac{q\psi_s}{2kT}\right) \tag{9-30}$$

2. 平带状态

当外加电压 $V=0$ 时，表面势 $\psi_s=0$，表面能带不弯曲，表面层处于平带状态。

当 $\psi_s=0$ 时，得到如下平带条件：

$$\mathcal{F}\left(\frac{q\psi_s}{kT},\frac{n_{p0}}{p_{p0}}\right)=0 \tag{9-31}$$

$$F_s=0 \tag{9-32}$$

$$Q_s = 0 \tag{9-33}$$

计算电容时，因 $\mathcal{F}=0$，所以不能直接利用式（9-26）导出，但可由 $\psi_s \to 0$ 时的级数展开导出。

由于平带条件下，ψ_s 极小，趋近于零，因此可对 $\exp\left(\frac{q\psi_s}{kT}\right)$ 和 $\exp\left(-\frac{q\psi_s}{kT}\right)$ 项进行级数展开，即

$$\exp\left(\pm\frac{q\psi_s}{kT}\right) \approx 1 \pm \frac{q\psi_s}{kT} + \frac{1}{2}\left(\frac{q\psi_s}{kT}\right)^2 \pm \cdots \tag{9-34}$$

将式（9-19）代入式（9-26），再利用式（9-34），取二次项近似，即可得到平带状态的电容 C_{FB} 为

$$C_{FB} = \frac{\varepsilon_s}{\sqrt{2}L_D}\frac{\left\{\left[1-\exp\left(-\frac{q\psi_s}{kT}\right)\right]+\frac{n_{p0}}{p_{p0}}\left[\exp\left(\frac{q\psi_s}{kT}\right)-1\right]\right\}}{\sqrt{\left[\exp\left(-\frac{q\psi_s}{kT}\right)+\frac{q\psi_s}{kT}-1\right]+\frac{n_{p0}}{p_{p0}}\left[\exp\left(\frac{q\psi_s}{kT}\right)-\frac{q\psi_s}{kT}-1\right]}}$$

$$= \frac{\varepsilon_s}{L_D}\left(1+\frac{q\psi_s}{2kT}\right)\left(1+\frac{n_{p0}}{p_{p0}}\right)^{1/2}$$

进一步忽略含 ψ_s 的项，得：

$$C_{FB} = \frac{\varepsilon_s}{L_D}\left(1+\frac{n_{p0}}{p_{p0}}\right)^{1/2} \tag{9-35}$$

对 p 型半导体，$n_{p0} \ll p_{p0}$，上式还可进一步简化为

$$C_{FB} = \frac{\varepsilon_s}{L_D} \tag{9-36}$$

3. 耗尽状态

当外加正电压（即 $V>0$），但其值又不太大时，表面费米能级仍处于本征能级以下，为耗尽状态。

设 $\psi_{Bp} = \frac{E_i - E_F}{q}$，$(E_i - E_F)$ 为半导体内本征能级与费米能级之差。当 $\psi_{Bp} > \psi_s > 0$，即外加正电压还能使表面禁带中央能级弯曲到费米能级之下时，$\psi_s > 0$，$\psi_p > 0$，$\frac{n_{p0}}{p_{p0}} \ll 1$，$\mathcal{F}$ 函数中的 $\exp\left(-\frac{q\psi_p}{kT}\right)$ 和 $\frac{n_{p0}}{p_{p0}}$ 均可忽略，其值由式（9-19）中的第 2 项和第 3 项决定，即

$$\mathcal{F}\left(\frac{q\psi_s}{kT}, \frac{n_{p0}}{p_{p0}}\right) = \sqrt{\left(\frac{q\psi_s}{kT}-1\right)}$$

当 $q\psi_S \gg kT$ 时，可得：

$$\mathcal{F}\left(\frac{q\psi_s}{kT}, \frac{n_{p0}}{p_{p0}}\right) = \sqrt{\frac{q\psi_s}{kT}} \tag{9-37}$$

代入式（9-21）和式（9-22）得：

$$F_s = \sqrt{\frac{2kT}{q}}\frac{\sqrt{\psi_s}}{L_D} \tag{9-38}$$

$$Q_s = -\frac{\sqrt{2}kT\varepsilon_s}{qL_D}\sqrt{\frac{q\psi_s}{kT}} \propto -\sqrt{\psi_s} \tag{9-39}$$

这里的 Q_s为负值，表明是耗尽状态。

利用式（9-26）和式（9-18），再考虑电离饱和时 $p_{p0}=N_A$，可得：

$$C_D = \frac{\varepsilon_s}{\sqrt{2}L_D}\left(\frac{q\psi_s}{kT}\right)^{-1/2} = \left(\frac{q\varepsilon_s N_A}{2\psi_s}\right)^{1/2} \tag{9-40}$$

4. 反型状态

表面层反型状态分为弱反型状态和强反型状态两种。

随着外加正电压的增大，表面禁带中央能值 E_i可以下降到 E_F以下，即出现反型层。强反型和弱反型两种情况以表面少子浓度 n_s是否超过体内多子浓度 p_{p0}为标志来确定。表面少子浓度可利用式（9-11）得到，即

$$n_s(x) = n_{p0}\exp\left(\frac{q\psi_s}{kT}\right) = \frac{n_i^2}{p_{p0}}\exp\left(\frac{q\psi_s}{kT}\right) \tag{9-41}$$

当表面少子浓度 $n_s(x)=p_{p0}$时，上式变为

$$p_{p0}^2 = n_i^2\exp\left(\frac{q\psi_s}{kT}\right) \quad 或 \quad p_{p0} = n_i\exp\left(\frac{q\psi_s}{2kT}\right) \tag{9-42}$$

同时，根据玻耳兹曼统计得：

$$p_{p0} = n_i\exp\left(\frac{q\psi_B}{kT}\right) \tag{9-43}$$

比较上述两式，可得发生强反型的临界条件为

$$\psi_s \geqslant 2\psi_{Bp} \tag{9-44}$$

图 9-7 所示为强反型临界条件下的能带图。将 $p_{p0}=N_A$代入式（9-43），可得：

$$\psi_{Bp} = \frac{kT}{q}\ln\left(\frac{N_A}{n_i}\right) \tag{9-45}$$

则强反型条件也可写为

$$\psi_s \geqslant \frac{2kT}{q}\ln\left(\frac{N_A}{n_i}\right) \tag{9-46}$$

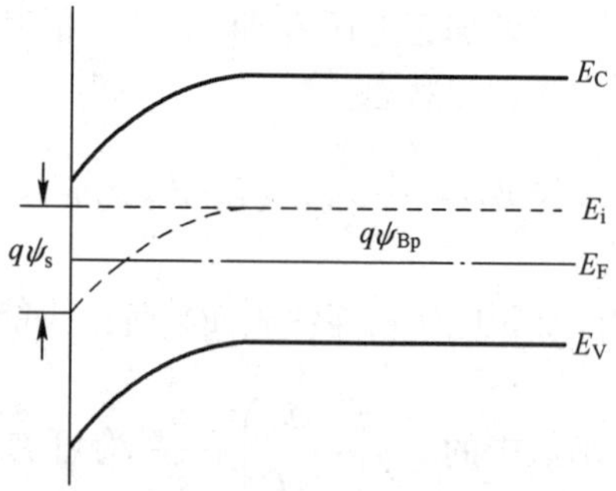

图 9-7　强反型临界条件下的能带图

由式（9-46）可知，半导体层的杂质浓度越高，ψ_s越大，越不易达到强反型。

对于临界强反型，$\psi_s=2\psi_{Bp}$，由于$\frac{n_{p0}}{p_{p0}}=\exp\left(-\frac{2q\psi_{Bp}}{kT}\right)$，即$\frac{n_{p0}}{p_{p0}}=\exp\left(-\frac{q\psi_s}{kT}\right)$，于是 $\mathcal{F}$ 函数为

$$\mathcal{F}\left(\frac{q\psi_{s}}{kT},\frac{n_{p0}}{p_{p0}}\right)=\left\{\frac{q\psi_{s}}{kT}\left[1-\exp\left(-\frac{q\psi_{S}}{kT}\right)\right]\right\}^{1/2} \tag{9-47}$$

当 $q\psi_{S}\gg kT$ 时，$\mathcal{F}$ 函数为

$$\mathcal{F}\left(\frac{q\psi_{s}}{kT},\frac{n_{p0}}{p_{p0}}\right)=\left(\frac{q\psi_{s}}{kT}\right)^{1/2} \tag{9-48}$$

将上式代入式（9-21）、式（9-22）及式（9-26），得到临界强反型时的电场强度、电荷和电容表达式分别为

$$F_{s}=\frac{\sqrt{2}\,kT}{qL_{D}}\left(\frac{q\psi_{s}}{kT}\right)^{1/2} \tag{9-49}$$

$$Q_{s}=-\frac{\sqrt{2}\,kT\varepsilon_{s}}{qL_{D}}\sqrt{\frac{q\psi_{s}}{kT}}\propto\sqrt{\psi_{s}} \tag{9-50}$$

$$C_{D}=\frac{\partial Q_{s}}{\partial\psi_{s}}=-\frac{\varepsilon_{s}}{\sqrt{2}L_{D}}\sqrt{\frac{kT}{q\psi_{s}}}=\frac{\varepsilon_{s}}{\sqrt{2}L_{D}}\left(\frac{q\psi_{s}}{kT}\right)^{-1/2} \tag{9-51}$$

当 $\psi_{s}\gg2\psi_{Bp}$ 且 $q\psi_{S}\gg kT$ 时，为强反型状态，$\mathcal{F}$ 函数中的 $\frac{n_{p0}}{p_{p0}}\exp\left(\frac{q\psi_{s}}{kT}\right)$ 项随 $q\psi_{S}$ 按指数关系增加，其值较其他各项大得多，故可以略去其他项，得：

$$\mathcal{F}\left(\frac{q\psi_{s}}{kT},\frac{n_{p0}}{p_{p0}}\right)=\left(\frac{n_{p0}}{p_{p0}}\right)^{1/2}\exp\left(\frac{q\psi_{s}}{2kT}\right) \tag{9-52}$$

将上式代入式（9-21）、式（9-22）及式（9-18），并考虑到 $n_{s}(x)=n_{p0}\exp\left(\frac{q\psi_{s}}{kT}\right)$，可得：

$$F_{s}=\frac{\sqrt{2}\,kT}{qL_{D}}\left(\frac{n_{p0}}{p_{p0}}\right)^{1/2}\exp\left(\frac{q\psi_{s}}{2kT}\right)=\left(n_{s}\frac{2kT}{\varepsilon_{s}}\right)^{1/2} \tag{9-53}$$

$$Q_{s}=-\frac{\sqrt{2}\,kT\varepsilon_{s}}{qL_{D}}\left(\frac{n_{p0}}{p_{p0}}\right)^{1/2}\exp\left(\frac{q\psi_{s}}{2kT}\right)=-(2kTn_{s}\varepsilon_{s})^{1/2} \tag{9-54}$$

由上式可看出，强反型后 $|Q_{s}|$ 的值随 ψ_{s} 按指数规律增大。

由此可见，强反型时的 Q_{s} 主要由 $\mathcal{F}$ 函数中的第 4 项决定，即

$$Q_{s}\propto\exp\left(\frac{q\psi_{s}}{2kT}\right) \tag{9-55}$$

利用式（9-26）可得：

$$C_{D}=\frac{\varepsilon_{s}}{\sqrt{2}L_{D}}\left[\frac{n_{p0}}{p_{p0}}\exp\left(\frac{q\psi_{s}}{kT}\right)\right]^{1/2}=\frac{\varepsilon_{s}}{\sqrt{2}L_{D}}\left(\frac{n_{s}}{p_{p0}}\right)^{1/2} \tag{9-56}$$

由此可见，C_{D} 随表面电子浓度 n_{s} 的增加而增大。

9.2.2　耗尽层宽度

一旦出现强反型，由于反型层中积累电子屏蔽了外电场，所以表面耗尽层宽度

就达到一个极大值 w_{Dmax}，不再随外加电压的增加而增加，这是表面耗尽层与 pn 结耗尽层明显的差别。

采用 6.2.2 节中讨论过的耗尽层近似方法，可以比较方便地得到耗尽层宽度极大值 w_{Dmax} 的表达式。

假设空间电荷层的空穴已全部耗尽，电荷全由已电离的受主杂质构成，对于均匀的掺杂半导体，空间电荷层的电荷密度 $\rho(x)=-qN_{\mathrm{A}}$，泊松方程变得很简单，即

$$\frac{\mathrm{d}^2\psi_{\mathrm{p}}}{\mathrm{d}x^2}=-\frac{qN_{\mathrm{A}}}{\varepsilon_{\mathrm{s}}} \tag{9-57}$$

设 w_{D} 为耗尽层宽度，因半导体内部电场强度为零，由此得边界条件 $x=w_{\mathrm{D}}$，$\frac{\mathrm{d}\psi_{\mathrm{s}}}{\mathrm{d}x}=0$。

解方程得：

$$\frac{\mathrm{d}\psi_{\mathrm{p}}}{\mathrm{d}x}=-\frac{qN_{\mathrm{A}}}{\varepsilon_{\mathrm{s}}}(w_{\mathrm{D}}-x) \tag{9-58}$$

半导体内部电场强度为零，即 $x=w_{\mathrm{D}}$ 时，$\psi_{\mathrm{p}}=0$，再对式（9-58）积分，得：

$$\psi_{\mathrm{s}}=\frac{qN_{\mathrm{A}}(w_{\mathrm{D}}-x)^2}{2\varepsilon_{\mathrm{s}}} \tag{9-59}$$

令 $x=0$，得表面电势为

$$\psi_{\mathrm{s}}=\frac{qN_{\mathrm{A}}w_{\mathrm{D}}^2}{2\varepsilon_{\mathrm{s}}} \tag{9-60}$$

将式（9-60）代入式（9-40），得

$$C_{\mathrm{D}}=\left(\frac{q\varepsilon_{\mathrm{s}}N_{\mathrm{A}}}{2\psi_{\mathrm{s}}}\right)^{1/2}=\frac{\varepsilon_{\mathrm{s}}}{w_{\mathrm{D}}} \tag{9-61}$$

可见，耗尽层电容相当于一个距离为 w_{D} 的平板电容器的单位面积的电容，其电容量 C_{D} 与半导体中耗尽层宽度 w_{D} 成反比。

根据耗尽层假设，表面层的电荷主要是电离受主的负电荷，单位面积的电荷量为

$$Q_{\mathrm{s}}=-qN_{\mathrm{A}}w_{\mathrm{D}} \tag{9-62}$$

按照式（9-60），结合强反型临界条件式（9-44）或其等效式（9-46），可得耗尽层宽度极大值为

$$w_{\mathrm{Dmax}}\approx\left(\frac{2\varepsilon_{\mathrm{s}}\psi_{\mathrm{s}}}{qN_{\mathrm{A}}}\right)^{1/2}\approx\left(\frac{4\varepsilon_{\mathrm{s}}\psi_{\mathrm{Bp}}}{qN_{\mathrm{A}}}\right)^{1/2}\approx\left[\frac{4kT\varepsilon_{\mathrm{s}}}{q^2N_{\mathrm{A}}}\ln\left(\frac{N_{\mathrm{A}}}{n_{\mathrm{i}}}\right)\right]^{1/2} \tag{9-63}$$

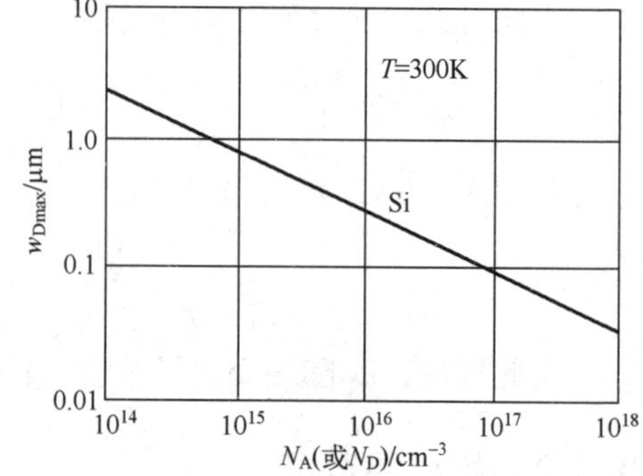

图 9-8　强反型条件下硅材料的掺杂浓度与最大耗尽层宽度的关系

上式表明，w_{Dmax} 由半导体材料的性质和掺杂浓度确定。对一定的材料，掺杂浓度越大，w_{Dmax} 越小。图 9-8 所示为强反型条件下硅材料的掺杂浓度与最大耗尽层宽度的关系[4]。由图可见，对于硅材料，在 $10^{14}\sim10^{17}\,\mathrm{cm}^{-3}$ 的掺

杂浓度范围内，w_{Dmax}在 μm 量级，但反型层要薄得多，通常为 nm 量级。

当反型层的宽度小到与电子的德布罗意波长相比拟时，反型层中的电子将处于半导体内近界面处很窄的量子势阱中，电子在垂直于界面方向的运动发生量子化，其能量是分立的，但电子在平行于界面方向的运动仍是自由的，能量仍取连续值。这时，电子的运动可看作平行于界面的准二维运动，称之为二维电子气。对二维电子气，应同时求解量子力学方程和泊松方程[3]。

9.2.3　深耗尽状态

以上所讨论的是空间电荷层的平衡状态，即假设金属与半导体间所加的电压 V 不变，或者变化速率很慢，表面空间电荷层的载流子浓度能跟上偏置电压 V 的变化。以 p 型半导体为例，当在金属与半导体之间施加一个快速变化的正电压时，由于空间电荷层的少子的产生速率跟不上电压的变化，来不及建立反型层，所以为满足电中性条件，只能将耗尽层延伸至半导体深处而产生大量受主负电荷。在这种情况下，耗尽层的宽度可远大于强反型的最大耗尽层宽度，且随外加电压 V 的增大而增大，这种状态称为深耗尽状态。例如，用电容—时间法测量衬底中少子的寿命时，半导体表面就处于深耗尽状态。

在深耗尽状态下，由于少子还来不及产生，空间电荷层只存在电离杂质所形成的空间电荷，所以仍可采用耗尽层近似来处理，其耗尽层电容将随电势 ψ_s或 V 的增大而减小。

深耗尽状态会过渡到平衡反型状态。仍以 p 型衬底为例，设在金属与半导体之间施加一个大的阶跃正电压，开始时表面层处于深耗尽状态。由于深耗尽状态下耗尽层的少子浓度近似为零，远低于其平衡浓度（产生率大于复合率），耗尽层产生的电子-空穴对在层内电场作用下，电子向表面运动，积累形成反型层，空穴向体内运动，到达耗尽层边缘与带负电荷的电离受主中和而使耗尽层减薄。因此，随着时间的推移，反型层中积累的少子不断增加，宽度不断减小，最后达到平衡的反型状态。这一过程所经历的时间称为热弛豫时间 τ_{th}。对热弛豫时间 τ_{th}可作如下估计，设初始的深耗尽层宽度为 w_{Da}，达到平衡反型状态时的深耗尽层宽度为 w_{Db}，耗尽层内少子净产生率为 G，并设 $w_{Da} \gg w_{Db}$，则有

$$G\tau_{th} w_{Da} = N_A(w_{Da} - w_{Db}) \approx N_A w_{Da}$$

或写成

$$G\tau_{th} \approx N_A$$

式中，N_A为受主杂质浓度。

按照第 6 章式（6-69），耗尽区内的产生率为

$$G = \frac{n_i}{\tau_{gd}}$$

式中，τ_{gd}为耗尽区内的产生寿命，也称产生时间。由此可得到热弛豫时间 τ_{th}的表达式为

$$\tau_{\text{th}} \approx \frac{\tau_{\text{gd}} N_{\text{A}}}{n_{\text{i}}} \tag{9-64}$$

一般情况下，τ_{gd}值为$10^{-5} \sim 10^{-4}\text{s}$，$\frac{N_{\text{A}}}{n_{\text{i}}}$为$10^{5} \sim 10^{6}$，由此估计出热弛豫时间$\tau_{\text{th}}$约为数十秒钟。

9.3　理想MIS结构的电容特性

图9-9（a）所示为理想MIS结构的能带图，其电荷分布如图9-9（b）所示。系统保持电中性，即

$$Q_{\text{M}} = -(Q_{\text{n}} + qN_{\text{A}}w_{\text{D}}) = -Q_{\text{s}} \tag{9-65}$$

式中，Q_{M}为金属表面单位面积的电荷，Q_{n}为半导体表面附近反型层单位面积的电子电荷，$qN_{\text{A}}w_{\text{D}}$为耗尽层宽度$w_{\text{D}}$的空间电荷区单位面积的电离受主电荷，$Q_{\text{s}}$为半导体内单位面积的总电荷。对泊松方程进行一次和二次积分，分别得到电场和电势分布，如图9-9（c）和（d）所示。

显然，不考虑功函数差时，一部分外电压施加在绝缘体上，另一部分施加在半导体上，因而有

$$V = V_{\text{i}} + \psi_{\text{s}} \tag{9-66}$$

式中，V_{i}为绝缘体上的电压：

$$V_{\text{i}} = F_{\text{i}} d = \frac{|Q_{\text{s}}| d}{F_{\text{i}}} = \frac{|Q_{\text{s}}|}{C_{\text{i}}} \tag{9-67}$$

MIS结构电容C可以视为绝缘层电容C_{i}与半导体空间电荷层电容C_{D}的串联，其等效电路如图9-10所示。

$$C_{\text{i}} = \frac{\varepsilon_{\text{i}}}{\text{d}} \tag{9-68}$$

$$C = \frac{C_{\text{i}} C_{\text{D}}}{C_{\text{i}} + C_{\text{D}}} \tag{9-69}$$

式中，d为绝缘层厚度，ε_{i}为绝缘层的介电常数。

绝缘层电容C_{i}为常数，半导体空间电荷

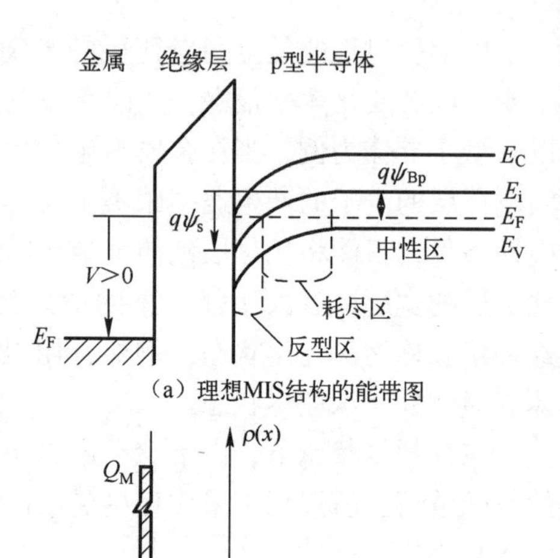

（a）理想MIS结构的能带图

（b）理想MIS结构的电荷分布

（c）电场分布

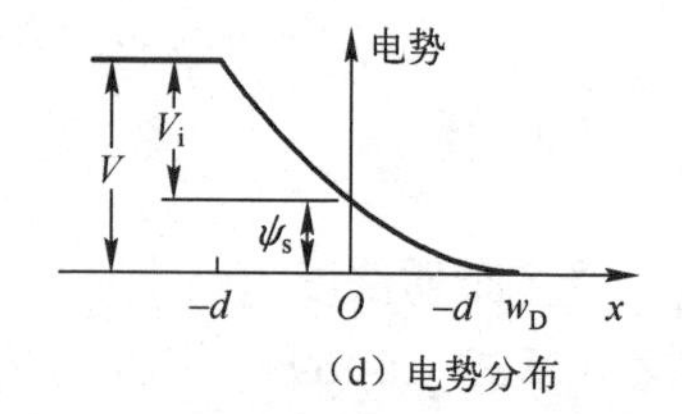

（d）电势分布

图9-9　理想MIS结构的能带结构、电荷分布、电场分布和电势分布示意图

层电容 C_D 与施加的偏压的幅度和频率有关。

根据式（9-69）和上述空间电荷层电容的一些表达式，可以分析理想 MIS 结构的电容-电压特性。这里先以 p 型半导体讨论，对 n 型半导体可以类推。

当外加偏压 V 为负值时，半导体表面处于堆积状态，将表面间电荷层的电容公式（9-30）代入式（9-69）得到：

$$\frac{C}{C_i}=\frac{1}{1+\frac{\sqrt{2}C_iL_D}{\varepsilon_s}\exp\left(\frac{q\psi_s}{2kT}\right)} \tag{9-70}$$

上式表明，当所加的负偏压数值较大时，电荷聚集在绝缘层两侧，表面势 ψ_s 为负值，且其绝对值较大，上式分母中第 2 项趋近于零，故 $\frac{C}{C_i}\approx 1$，即此时 MIS 的电容 C 不随外电压 V 而变化，对应于图 9-11 中的 AB 段。

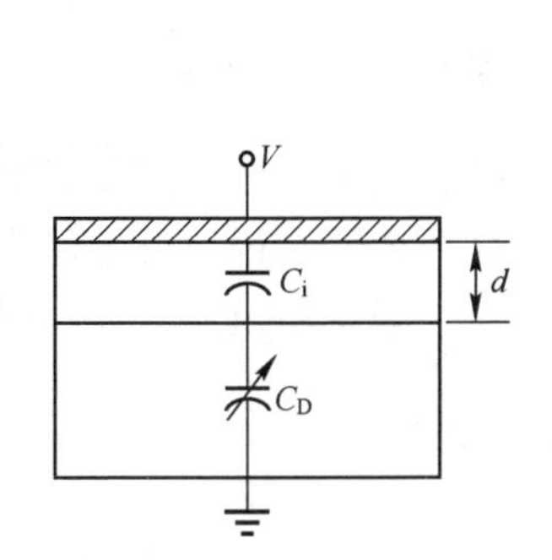

图 9-10　MIS 结构的等效电路

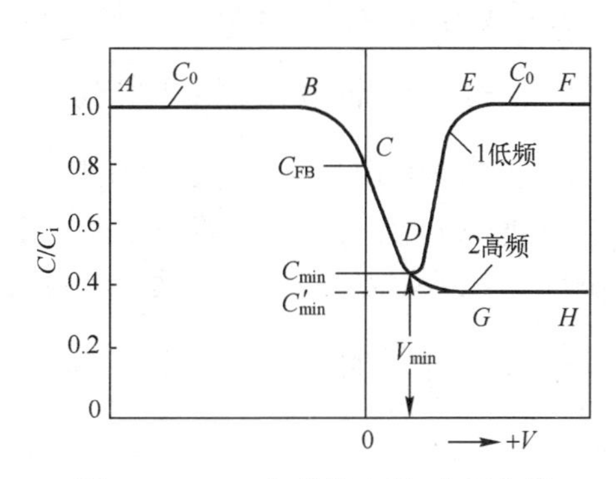

图 9-11　MIS 结构的电容-电压曲线

当 V 的绝对值减小时，ψ_s 减小，$\frac{C}{C_i}$ 值也随之减小，如图 9-11 中所示的 BC 段。当 $V=0$ 时，表面势 $\psi_s=0$，将表面层电容式（9-36）代入式（9-69），可得：

$$\frac{(C)_{\psi_s=0}}{C_i}=\frac{C_{FB}}{C_i}=\frac{1}{1+\frac{\varepsilon_i}{\varepsilon_s}\left(\frac{\varepsilon_s kT}{q^2N_Ad^2}\right)^{1/2}} \tag{9-71}$$

当外加偏压 V 变正，且其值不足以使半导体表面反型时，空间电荷区处于耗尽状态，将其电容表达式（9-40）代入式（9-69），再利用式（9-68），同时考虑到电离饱和时 $p_{p0}=N_A$，即可导出下式：

$$\frac{C}{C_i}=\frac{1}{1+\frac{\varepsilon_i}{d\varepsilon_s}\left(\frac{2\varepsilon_s\psi_s}{qp_{p0}}\right)^{1/2}} \tag{9-72}$$

考虑到 $V=V_i+\psi_s$，$V_i=-Q_s/C_0$，$p_{p0}=N_A$，以及 Q_s 的表达式（9-39），求出 ψ_s 后，将其代入式（9-72），可得：

$$\frac{C}{C_{\mathrm{i}}}=\frac{1}{\left(1+\frac{2\varepsilon_{\mathrm{i}}^{2}V}{q\varepsilon_{\mathrm{s}}N_{\mathrm{A}}d^{2}}\right)^{1/2}} \tag{9-73}$$

上式表明，由于耗尽状态下表面空间电荷层宽度 w_{D} 随偏压 V 增大而增大，$\frac{C}{C_{\mathrm{i}}}$ 将减小，对应于图 9-11 中的 CD 段。当外加电压增大到使表面势 $\psi_{\mathrm{s}}>2\psi_{\mathrm{Bp}}$ 时，耗尽层宽度保持在极大值 w_{Dm}，表面出现强反型层，对应的电容由式（9-56）表示。将其代入式（9-69），再利用式（9-68），可得：

$$\frac{C}{C_{\mathrm{i}}}=\frac{1}{\frac{\sqrt{2}\varepsilon_{\mathrm{i}}L_{\mathrm{D}}}{\varepsilon_{\mathrm{s}}d\left[\frac{n_{\mathrm{p0}}}{p_{\mathrm{p0}}}\exp\left(\frac{q\psi_{\mathrm{s}}}{kT}\right)\right]^{1/2}}+1} \tag{9-74}$$

因强反型时 ψ_{s} 为正，且数值较大，$q\psi_{\mathrm{s}}>2q\psi_{\mathrm{Bp}}\gg kT$，上式分母中第 1 项趋近于零，这时 $\frac{C}{C_{\mathrm{i}}}=1$，MIS 的电容 C 又上升到等于绝缘层的电容 C_{i}，如图 9-11 中所示的 EF 段。不过这种情况只有在外加电压频率较低时才成立。当外加电压频率较高时，反型层中电子的产生与复合将跟不上高频电压的变化，也就是说，反型层中的电子数量不再变化，反型层的电容也就不会有变化。这时，强反型出现，耗尽层宽度达到最大值 w_{Dm}，且不随偏压 V 变化，电容 $\frac{C}{C_{\mathrm{i}}}$ 保持极小值 $\frac{C'_{\min}}{C_{\mathrm{i}}}$，如图 9-11 中所示的 GH 段。

为了计算 $\frac{C'_{\min}}{C_{\mathrm{i}}}$，可以假设在某瞬间外加偏压稍稍增大，但在反型层中没有相应的电量变化，只能靠将更多的空穴推向深处，在耗尽层末段出现一个由电离受主构成的负电荷 $-\mathrm{d}Q_{\mathrm{G}}$，$-\mathrm{d}Q_{\mathrm{G}}=\mathrm{d}Q_{\mathrm{s}}$。MIS 结构电容是绝缘层电容及其与最大耗尽层厚度 w_{Dm} 相对应的耗尽层电容的串联组合，而最大耗尽电容 $C_{\mathrm{D}}=\frac{\varepsilon_{\mathrm{s}}}{w_{\mathrm{Dm}}}$，$C_{\mathrm{i}}=\frac{\varepsilon_{\mathrm{i}}}{d}$，将其代入式（9-69），再利用式（9-63）得：

$$\frac{C'_{\min}}{C_{\mathrm{i}}}=\frac{1}{1+\frac{\varepsilon_{\mathrm{i}}w_{\mathrm{Dm}}}{\varepsilon_{\mathrm{s}}d}}=\frac{1}{1+\frac{\varepsilon_{\mathrm{i}}}{\varepsilon_{\mathrm{s}}d}\left[\frac{4\varepsilon_{\mathrm{s}}kT}{q^{2}N_{\mathrm{A}}}\ln\left(\frac{N_{\mathrm{A}}}{n_{\mathrm{i}}}\right)\right]^{1/2}} \tag{9-75}$$

由上式可见，$\frac{C'_{\min}}{C_{\mathrm{i}}}$ 为绝缘层厚度 d 及半导体层掺杂浓度 N_{A} 的函数。因此可以利用这个关系式测定半导体表面的杂质浓度。由于可测得绝缘层下半导体表面层中的浓度，它尤其适用于热氧化引起硅表面的杂质再分布的测定。

以上讨论的是 p 型半导体理想 MIS 结构的电容–电压特性；对 n 型半导体，也可做类似讨论，但需要变更相应的正负符号。

图 9-12 所示为理想 MOS 结构的典型电容-电压特性曲线。MOS 结构是常用的 MIS 结构[4]。

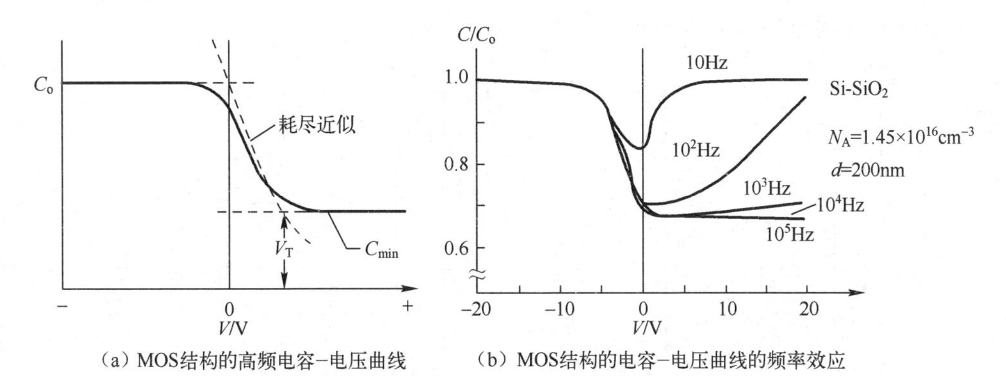

（a）MOS结构的高频电容–电压曲线　（b）MOS结构的电容–电压曲线的频率效应

图 9-12　理想 MOS 结构的典型电容-电压特性

在图 9-12（a）中，假设当金属层所加电压发生变化时，所有的电荷增量分布在耗尽区的边缘。实际上，耗尽区边缘电荷增量的变化与外加测量电压的频率有关的情况只有在频率相当高时才会出现。图中的虚线是由耗尽近似式计算的值，实线是精确计算的值，两者相当接近。

当测量电压频率足够低，其变化速率低于表面耗尽区的产生-复合率时，耗尽区与反型层的电荷交换将与测量电压的变化实时同步，电子（少子）浓度将随外加测量电压的变化而变化。

图 9-12（b）所示为不同频率下测得的 MOS 的 $C-V$ 曲线，当外加电压频率 $f\leqslant100$Hz 时，为低频曲线；当外加电压频率 $f>100$Hz 时，为高频曲线。

说明　由于温度和光照等因素可增加载流子的产生-复合率，因此这些因素也可引起 $C-V$ 特性变化。

9.4　MIS 结构中的载流子输运

一般情况下，在理想的 MIS 结构中，可以实现绝缘层电导为零；但是，当电场强度或温度足够高时，绝缘层会有一定的导电性。

假定氧化物电荷可以忽略，平带电压和半导体能带弯曲 ψ_s 与外加电压 V 相比很小，这时，电场强度 F 与偏置电压 V 的关系可表述为

$$F_i=F_s\left(\frac{\varepsilon_s}{\varepsilon_i}\right)\approx\frac{V}{d}\tag{9-76}$$

式中：F_i 和 F_s 分别为绝缘体和半导体内的电场强度；ε_i 和 ε_s 分别为对应的介电常数；d 为绝缘体厚度。

载流子通过绝缘层的输运机制有多种，如直接隧穿、福勒-诺德海姆（Fowler-Nordheim）隧穿、热电子发射、普尔-弗伦克尔（Poole-Frenkel）效应、欧姆电流、离子导电和空间电荷限制电流等，如图 9-13 所示。

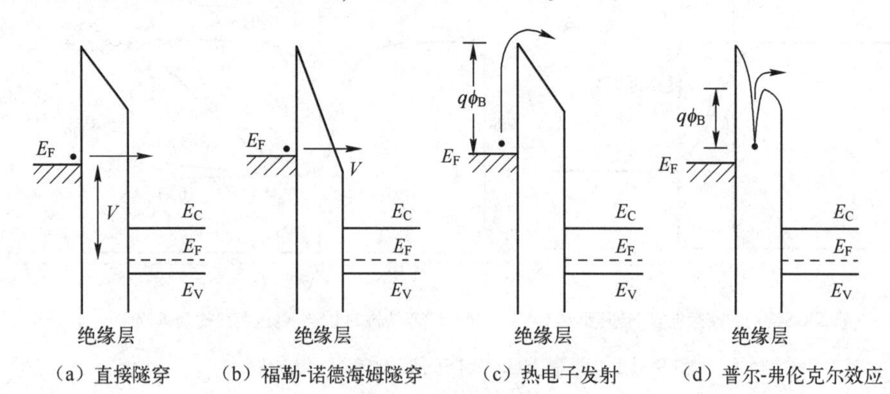

（a）直接隧穿 （b）福勒-诺德海姆隧穿 （c）热电子发射 （d）普尔-弗伦克尔效应

图 9-13 几种导电机制的能带图

隧穿是强电场下最通常的绝缘层导电机制，隧穿与外加电压有强烈的关系，但与温度没有固有的关系。隧穿可以分为直接隧穿和载流子只通过部分势垒宽度的福勒-诺德海姆隧穿[5]。

肖特基发射过程是由载流子穿越金属-绝缘层势垒或绝缘层-半导体势垒的热电子发射引起的载流子输运。对应公式中的 $\sqrt{\frac{qF_{\max}}{4\pi\varepsilon_s}}=\Delta\phi$ 为镜像力降低，$\ln(J/T^2)$ 与 $1/T$ 的关系为一直线，其斜率取决于净势垒高度。

普尔-弗伦克尔效应如图 9-13（d）所示[6]。这种发射是被陷落的电子通过热激发脱离陷阱，发射进入导带。对于有库仑势的陷阱态，其表达式与肖特基发射公式相似（肖特基势垒高度对应于陷阱势阱的深度，正电荷的不可动性使势垒高度降低）。

欧姆电流是在低压、高温条件下，热激发电子从一个孤立态跳到下一个孤立态而产生的，它与温度呈指数关系。

离子导电类似于扩散过程。由于离子不易注入绝缘体或从绝缘体内抽出，通常在外加电场时，直流离子电导率逐渐减小。在起始电流流过后，正、负空间电荷将在金属-绝缘体和半导体-绝缘体界面附近积累，使电势分布发生畸变，撤除外电场后，仍会保留较强的内电场，只能使部分离子回归到平衡态位置，引起电流-电压特性曲线的滞后效应。

空间电荷限制电流是由载流子注入轻掺杂半导体或绝缘体内而引起的，其中并不存在补偿电荷。

对于一个超薄绝缘层，隧穿增加的导电机制与金属-半导体接触近似。在超薄绝缘层情况下，热电子发射电流要乘以一个隧穿因子。

施敏等人总结了绝缘层内的基本导电过程，相关公式列于表 9-1 中。为了便于通过实验确定导电机制，表中注明了各种过程与电压和温度的关系[4]。

表 9-1　绝缘体内的基本导电过程

过　　程	表　达　式	与电压和温度的关系
隧穿	$J\propto F_i^2\exp\left[-\dfrac{4\sqrt{2m^*}(q\phi_B)^{3/2}}{3q\hbar F_i}\right]$	$\propto V^2\exp\left(\dfrac{-b}{V}\right)$
热电子发射	$J=A^{**}T^2\exp\left[\dfrac{-q(\phi_B-\sqrt{qF_i/4\pi\varepsilon_i})}{kT}\right]$	$\propto T^2\exp\left[\dfrac{q}{kT}(a\sqrt{V}-\phi_B)\right]$
普尔-弗伦克尔效应	$J\propto F_i\exp\left[\dfrac{-q(\phi_B-\sqrt{qF_i/\pi F_i})}{kT}\right]$	$\propto V\exp\left[\dfrac{q}{kT}(2a\sqrt{V}-\phi_B)\right]$
欧姆电流	$J\propto F_i\exp\left(\dfrac{-\Delta E_{ac}}{kT}\right)$	$\propto V\exp\left(\dfrac{-c}{T}\right)$
离子导电	$J\propto\dfrac{F_i}{T}\exp\left(\dfrac{-\Delta E_{ai}}{kT}\right)$	$\propto\dfrac{V}{T}\exp\left(\dfrac{-d'}{T}\right)$
空间电荷限制电流	$J=\dfrac{9\varepsilon_i\mu V^2}{8d^3}$	$\propto V^2$

表中：A^{**}为有效理查逊常数，ϕ_B为势垒高度，F_i为绝缘层电场强度，ε_i为绝缘体介电常数，m^*为有效质量，d为绝缘层厚度，ΔE_{ac}为电子激活能，ΔE_{ai}为离子激活能，$V\approx F_i d$，$a\equiv\sqrt{q/(4\pi\varepsilon_i d)}$，$b$、$c$和$d'$为常数

对于一种给定的金属-半导体结构，上述任一种导电过程均可起主导作用，各种过程之间有一定的相关性。

9.5　半导体表面层的电导和场效应

在半导体表面层，沿平行于表面方向的电导，由表面层内的载流子数量及迁移率决定。载流子数量越多及迁移率越大，表面层电导也越大。对 MIS 结构加上不同的偏置电压 V，半导体表面可处于积累、平带、耗尽和反型状态，表面层内的载流子数量随着偏置电压而变化，表面层电导也发生变化。因此，垂直表面方向的电场对表面层电导起控制作用，这种现象称为场效应。

9.5.1　半导体表面层的电导

单位面积表面层的载流子的改变量为

$$\Delta n=\int_0^\infty(n_p-n_{p0})\,dx \tag{9-77}$$

$$\Delta p=\int_0^\infty(p_p-p_{p0})\,dx \tag{9-78}$$

由式（9-11）和式（9-12）表达的表面层载流子公式，得到：

$$\Delta n=\int_0^\infty n_{p0}\left[\exp\left(\frac{q\psi_s}{kT}\right)-1\right]dx \tag{9-79}$$

$$\Delta p=\int_0^{\infty} p_{p0}\left[\exp\left(-\frac{q\psi_s}{kT}\right)-1\right]\mathrm{d}x \tag{9-80}$$

假定表面层的空穴和电子的有效迁移率μ_n和μ_p不随表面电荷的变化而改变，在平带状态下，由于Δn和Δp的产生，在表面层引起的薄层附加电导为

$$\Delta\sigma_s=q(\mu_n\Delta n+\mu_p\Delta p) \tag{9-81}$$

式中，载流子的有效迁移率是指表面层的平均迁移率。

以$\sigma(0)$表示处于平带状态时的薄层电导，则半导体表面层总的薄层表面电导为

$$\sigma(V_s)=\sigma(0)+\Delta\sigma_s=\sigma(0)+q(\mu_n\Delta n+\mu_p\Delta p) \tag{9-82}$$

对于由p型半导体形成的MIS结构，当表面势为负时，表面层形成多子（即空穴）的积累，使表面电导增加，且表面势越负，表面电导越大；当表面势为足够大的正值，表面为反型状态时，反型层中的电子数量随表面势的增加而增加，因此表面电导随V_s的增大而增大；当表面势为不太大的正值时，表面处于耗尽状态，表面电导值较小，表面电导最小值就在这个区域。可见，对于长宽相等的薄层的电导，其值由半导体内的电场引起的表面势V_s决定。

9.5.2 表面载流子的有效迁移率

设在离表面距离为x处电子的浓度为$n(x)$，其迁移率为$\mu_n(x)$，则该处的电子电导率为

$$\sigma(x)=qn(x)\mu_n(x) \tag{9-83}$$

电子的有效迁移率μ_{ns}为

$$\mu_{ns}=\frac{\int qn(x)\mu_n(x)\,\mathrm{d}x}{|Q_n|} \tag{9-84}$$

式中：等号右侧的分子项为表面层电子贡献的表面电导；Q_n为表面层的电子形成的单位面积电荷。

类似的，空穴的有效迁移率μ_{ps}为

$$\mu_{ps}=\frac{\int qp(x)\mu_p(x)\,\mathrm{d}x}{|Q_p|} \tag{9-85}$$

式中：等号右侧的$p(x)$和$\mu_p(x)$分别为离表面距离为x的空穴浓度和空穴迁移率；Q_p为表面层由空穴形成的单位面积电荷。

实验表明，$\left|\frac{Q_s}{q}\right|$在小于$10^{12}\,\mathrm{cm}^{-2}$范围内，$\mu_{ns}$和$\mu_{ps}$都保持常数。当$\left|\frac{Q_s}{q}\right|$超过$10^{12}\,\mathrm{cm}^{-2}$时，$\mu_{ns}$和$\mu_{ps}$随$\left|\frac{Q_s}{q}\right|$值的增加而减小[7]。实验还表明，表面迁移率约为相应体内迁移率的50%，这主要归因于表面散射和热氧化时杂质再分布的影响。表面层载流子的散射分为镜反射和漫散射两种。镜反射是沿表面方向的动量不发生变化的散射

过程，漫散射是指散乱的表面散射过程，漫反射只在表面电场强度较大时才有影响。此外，有效迁移率还与温度 T 有关，在较高温度下，反型层中 μ_{ns} 和 μ_{ps} 与 $T^{-3/2}$ 有关。

9.6　金属-氧化物-半导体（MOS）结构

实际的 MIS 结构与其理想结构有较大的差异。通常情况下，由于金属的功函数 W_m 与半导体的功函数 W_s 之差并不等于零，而且绝缘物层内部或绝缘层-半导体层界面存在着各种电荷，这些因素都将影响 MIS 结构的电特性。

在所有的 MIS 结构中，最典型的是金属-氧化物-硅（MOS）结构。在 MOS 结构中，对金属-SiO_2-Si 构成的 MOS 结构的研究最为深入，下面就以这类 MOS 结构为例讨论准实际情况的 MIS 结构。

9.6.1　MOS 结构的功函数差

在金属、半导体以及两者之间的氧化物层都独立的状态下，所有的能带均保持水平，即平带状态，如图 9-14（a）所示。在热平衡状态下，费米能级为定值，真空能级必定连续，因此半导体能带向下弯曲，如图 9-14（b）所示。于是在热平衡状态下，金属表面荷带正电，而半导体表面荷带负电。为了恢复平带状态，需要外加一个相当于功函数差$\left(\dfrac{W_m-W_s}{q}\right)$的电压 V_{FB}。这个电压 V_{FB} 就是平带电压。

$$V_{FB}=\frac{W_m-W_s}{q} \tag{9-86}$$

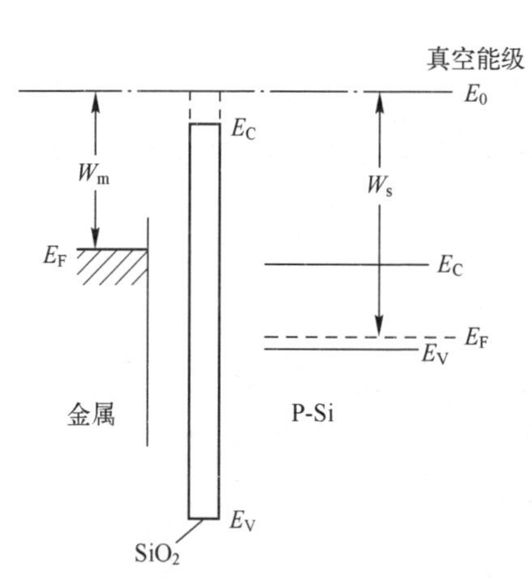

（a）在金属、半导体及氧化层独立状态时的能带图

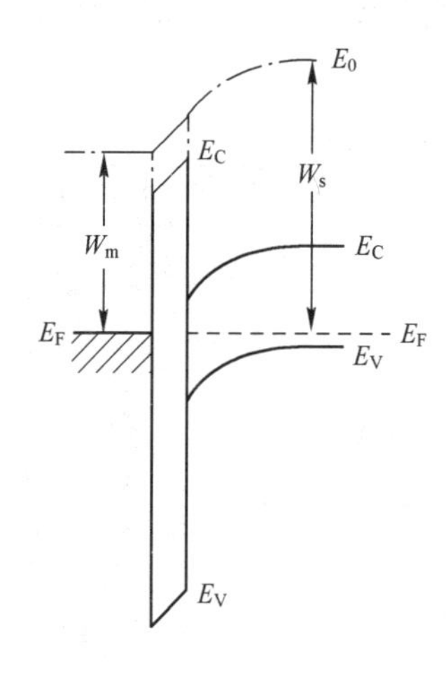

（b）平衡状态时的能带图

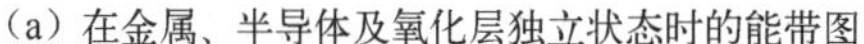

图 9-14　MOS 器件的能带图

图 9-15 所示为铝与硅的平带电压与掺杂浓度之间的关系[4]。

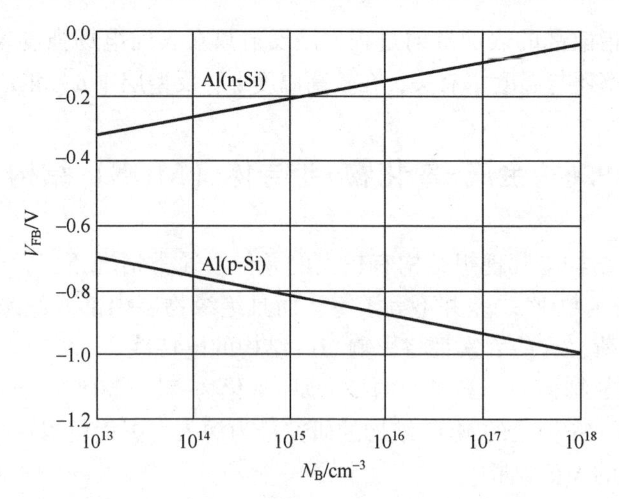

图 9-15 铝与硅的平带电压与掺杂浓度之间的关系

9.6.2 硅 MOS 结构中的空间电荷

实际的 MOS 结构存在着多种形式的电荷或能量状态，以多种方式影响着理想 MOS 特性[4,8]。

下面以硅基底上热氧化生成氧化硅为例进行讨论，其界面区域的化学组分、电荷和陷阱分布情况如图 9-16 所示。界面区的化学组分依次为晶体硅、无理想化学配比的单层 SiO_x（$1<x<2$）、薄的 SiO_2应变区，以及有理想化学配比且无应变的无定形 SiO_2。其中的电荷和陷阱基本上可分为 4 类：SiO_2层的移动离子电荷 Q_m、固定氧化物电荷 Q_f、氧化物陷阱电荷 Q_{ot}，以及界面上的界面陷阱密度 D_{it}和陷阱电荷 Q_{it}。

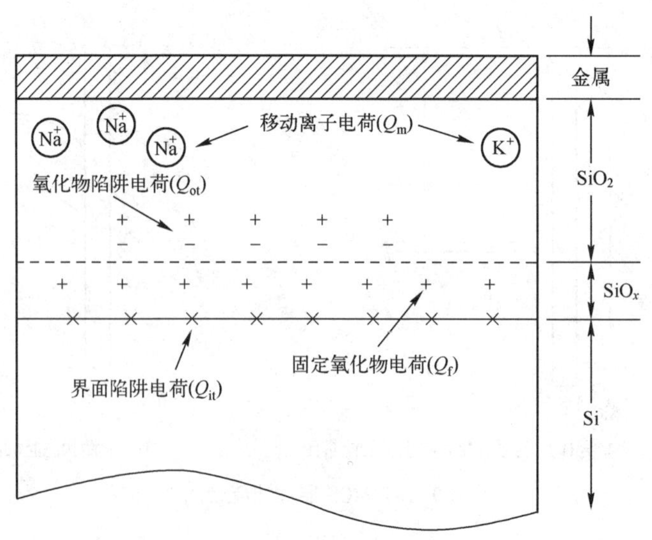

图 9-16 硅基底上热氧化生成氧化硅界面区域的化学组分、电荷和陷阱分布情况

（1）SiO_2层中可移动的钠、钾、氢等正离子电荷 Q_m。这些离子在一定温度和偏置电压条件下，可在 SiO_2层中迁移，其中以钠离子对 SiO_2层性能的稳定性影响最大[9]。用热氧化或化学气相沉积法在硅表面生长的是无定形 SiO_2薄膜，呈短程有序的网络结构，其基本单元是一个由硅氧原子组成的四面体，硅原子居于中心，氧原子位于 4 个角顶。两个相邻的四面体通过一个桥键的氧原子连接成网络结构，如图 9-17 所示。

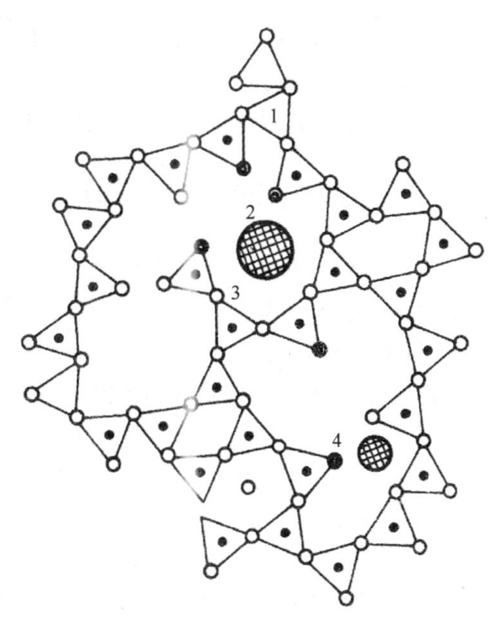

1—硅四面体中心；2—填隙式正离子；
3—桥键氧；4—非桥键氧
图 9-17　SiO_2的网络结构

外来杂质主要有两种类型：一种是替位式杂质，如磷、硼等，常以替位的形式居于四面体的中心；另一种是填隙式杂质，如在工艺过程中因沾污而引入的钠、钾等大离子，存在于网络间隙之中。这些大离子可使网络结构变形。例如，钠离子存在于四面体之间时，易于摄取四面体中的一个桥键氧原子，形成金属氧化物键将桥键氧原子转化成非桥键氧原子，削弱或破坏网络状结构，使 SiO_2呈现多孔性，导致其中的杂质原子易于迁移或扩散。通常，杂质在 SiO_2中扩散时的扩散系数 D_o具有以下形式[8]：

$$D_o = D_\infty \exp\left(-\frac{E_a}{kT}\right) \tag{9-87}$$

式中，E_a为扩散杂质的激活能。硼、磷和钠在 SiO_2中的 D_∞ 值分别为 $3\times10^{-6}cm^2/s$、$1\times10^{-8}cm^2/s$ 和 $5.0cm^2/s$。可见，钠的扩散系数远远大于其他杂质，因此钠离子在电场作用下能以较大的迁移率进行漂移运动。

（2）SiO_2层中不能迁移的固定氧化物电荷 Q_f，位于 Si 与 SiO_2界面附近 20nm 范围内，在外电场的作用下不能移动。

当半导体的表面势 ψ_s在一个很宽的范围内变化时，电荷 Q_f的面密度不随能带弯曲程度而变化，与氧化层厚度或硅中杂质类型及浓度的关系不大，但与氧化和退火条件，以及硅晶体的取向有关联。在一定的氧化条件下，对于晶体取向分别为［111］、［110］和［100］三个方向的硅表面，其固定表面电荷密度之比约为 3∶2∶1。在硅的 3 种取向中，（111）面的硅键密度最大，（100）面则最小。因此，通常认为这种固定表面正电荷是由在 Si 和 SiO_2界面附近存在的过剩硅离子引起的。

（3）SiO_2层中由于各种辐射（如 X 射线、γ 射线和 β 射线等）或热电子注入等引起的氧化物陷阱电荷 Q_{ot}。能产生电离的 X 射线、γ 射线和 β 射线等辐射等通过氧化层时，可在 SiO_2中产生电子-空穴对。如果氧化物中没有电场，电子与空穴将很快复合，不会产生净电荷。如果氧化层中存在电场，由于电子可以在 SiO_2 中移动，而空穴很难移动，因此可能落入陷阱。这些被陷阱捕获的空穴所形成的正空间电荷，可在 300℃以上的温度下退火而快速地消除。

9.6.3 Si-SiO_2界面处的界面态

界面态分为慢态和快态两种。一种是由吸附于 SiO_2 外表面的分子、原子等所形成的表面态，当半导体交换电荷时，电子必须穿过绝缘的氧化层，电荷交换需要较长的时间才能完成，这种外表面态称为慢界面态。另一种存在于 Si-SiO_2 界面处，是位于硅禁带中的一些分立或连续的电子能态（能级），可以迅速与半导体导带或价带交换电荷，这种表面态称为快界面态。

快界面态也分为施主型和受主型两种。若能级被电子占据时呈电中性，施放电子后呈正电性，则都称为施主型界面态；若能级空着时为电中性状态，而接受电子后带负电，则称为受主型界面态。

快界面态通常称为界面陷阱。界面陷阱可能是由过剩硅（三价硅）、断裂的 Si-H 键、过剩的氧和杂质等因素引起的晶体的周期性晶格结构在表面遭到破坏而形成的。表面原子密度很高，对应的界面陷阱电荷数量 Q_{it} 也很大，达 10^{15} 原子 cm^{-2} 量级[3]。对于在 Si 上热生长 SiO_2 形成的 MOS 结构，大多数界面陷阱电荷能够通过 450℃的低温氢退火中和消失，使表面陷阱密度降低到 $10^{10}cm^{-2}$ 水平，这相当于 10^5 个表面原子中有 1 个界面陷阱。陷阱电荷 Q_{it} 由电子占据能级的水平或费米能级的高低决定，与偏置电压有关。

界面陷阱的分布函数类似于第 4 章所讨论的半导体内杂质能级的分布函数。

对于施主型界面陷阱，有

$$f_{sD}(E)=\frac{1}{1+\dfrac{1}{g_D(E)}e^{(E_{tD}-E_F)/kT}} \tag{9-88}$$

式中：E_{tD} 为界面施主陷阱的能量；g_D 为施主基态简并度，$g_D=2$。

如果界面态能级在禁带中为单一能级值 E_{tD}，则单位面积界面态上的电子数为

$$n(E_{tD})=N_{ts}\left[\frac{1}{1+\dfrac{1}{2}e^{(E_{tD}-E_F)/kT}}\right] \tag{9-89}$$

式中，N_{ts} 为单位面积上的界面态数目。

如果界面态能级在禁带中连续分布，并设在能量 E 处单位能量间隔内单位面积上的界面态数目为 $g_{ts}(E)$，则每单位面积界面态上的电子数可以用积分形式表示为

$$n=\int_{E_{tD}}^{E'_{tD}}\left[\frac{g_{ts}(E)}{1+\dfrac{1}{2}e^{(E-E_F)/kT}}\right]dE \tag{9-90}$$

式中，E_{tD} 和 E'_{tD} 分别表示在禁带中施主界面态能带分布的下限与上限。

对于受主型界面陷阱，有

$$f_{sA}(E)=\frac{1}{1+g_A(E)e^{(E_{tA}-E_F)/kT}} \tag{9-91}$$

对于受主，基态简并度 $g_A=4$。

单位面积受主界面态上的空穴数可由上述求单位面积界面态上电子数的类似方法求出。

假设每个界面存在上面两种类型的陷阱，一种简单的处理方法是用一个等效的 D_{it}分布代表它们的和。同时设定一个能级 E_0（称为中性的能级），高于 E_0的状态为受主型，低于 E_0的状态为施主型，并假设室温下，高于 E_F的占据概率为 0，低于 E_F的占据概率为 1，如图 9-18 所示。于是，界面陷阱电荷可以简单地用下式计算[4]：

$$Q_{it}=\begin{cases}-q\int_{E_0}^{E_F}D_{it}\mathrm{d}E & (E_F>E_0)\\ q\int_{E_F}^{E_0}D_{it}\mathrm{d}E & (E_F<E_0)\end{cases} \tag{9-92}$$

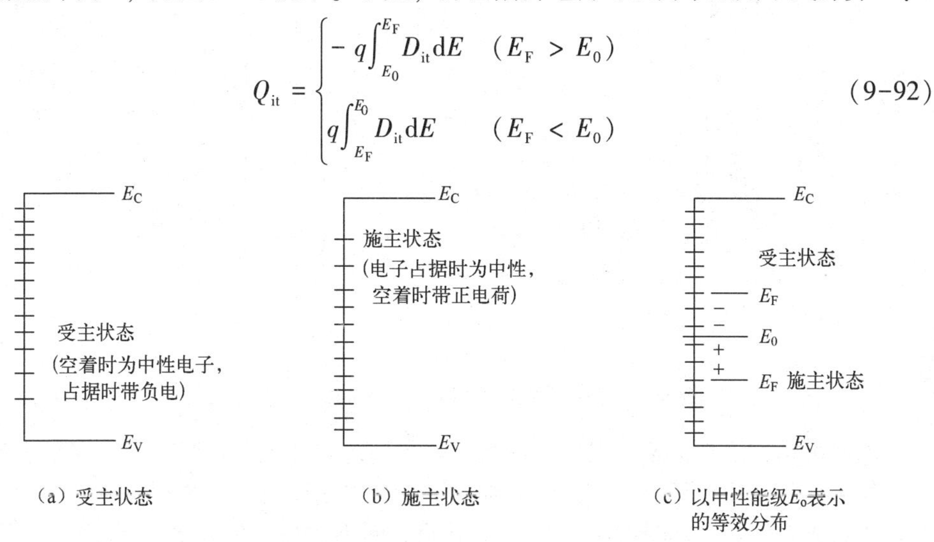

图 9-18　氧化物-硅界面的界面陷阱态分布示意图

由图 9-18 可见，任何一个包括受主态和施主态的界面陷阱都可以用一个具有中性能级 E_0的等效分布来表示，高于 E_0能级的状态为受主型，低于 E_0的为施主型。当 $E_F>E_0$时，净电荷为正；当 $E_F<E_0$时，净电荷为负。

上述各种电荷均为单位面积的有效净电荷。由于界面陷阱能级分布在带隙内，界面陷阱密度 D_{it}分布表示为

$$D_{it}=\frac{1}{q}\frac{\mathrm{d}Q_{it}}{\mathrm{d}E} \tag{9-93}$$

式（9-93）只能确定 D_{it}的大小，不能区分界面陷阱是施主型的还是受主型的。

> **说明**　这里的界面陷阱密度 D_{it}的意义与通常的界面陷阱密度 N_{ts}或 g_{ts}不一样。由式（9-93）可见，D_{it}表明的是与费米能级 E_F或表面势 ψ 的变化相对应的界面陷阱电荷 Q_{it}的变化量，其单位为陷阱数/cm^2eV^1[4]。

外加偏压将引起界面态电荷变化。以p型硅为例，当外加负偏置电压V时，表面层能带向上弯曲，表面的施主和受主的界面态能级相对于费米能级E_F向上移动，如图9-19（a）所示。当靠近价带的施主态的位置移动到E_F时，大部分施主态未被电子占据，按照施主态的性质，未被电子占据的施主态将呈现正电性，因此出现正的界面态附加电荷，它将补偿部分金属电极上的负电荷，削弱表面层能带的弯曲程度和空穴的堆积。

当外加正偏置电压V时，表面层能带向下弯曲，界面态能级相对于费米能级E_F向下移，如图9-19（b）所示。当靠近导带的受主态向下移至E_F处时，由于电子占据受主界面态，表面出现负的界面态附加电荷，削弱能带弯曲和表面层中的负电荷。

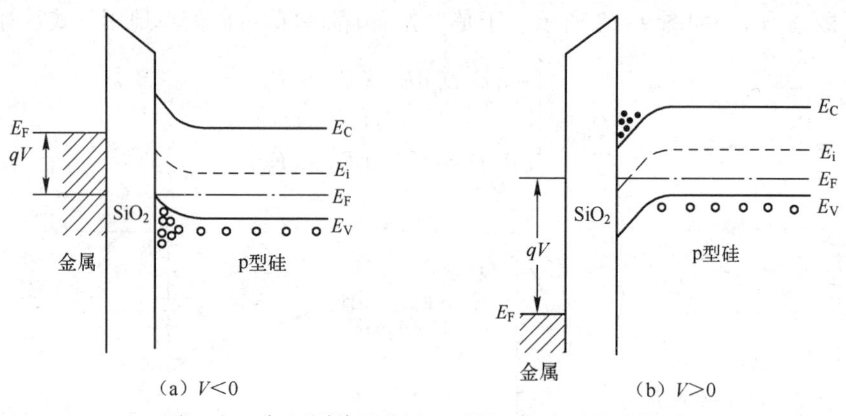

图9-19　加不同偏置电压V时界面态电子填充情况

由此可见，当外加偏置电压V变化时，界面态中的电荷会产生充、放电效应。

除了外加偏置电压V的变化，温度的变化也可引起界面态电荷的变化。

测量表明，单位能量间隔单位面积上的界面态密度g_s在禁带中呈“U”形连续分布，在禁带中部界面态密度较低，如图9-20所示[10]。

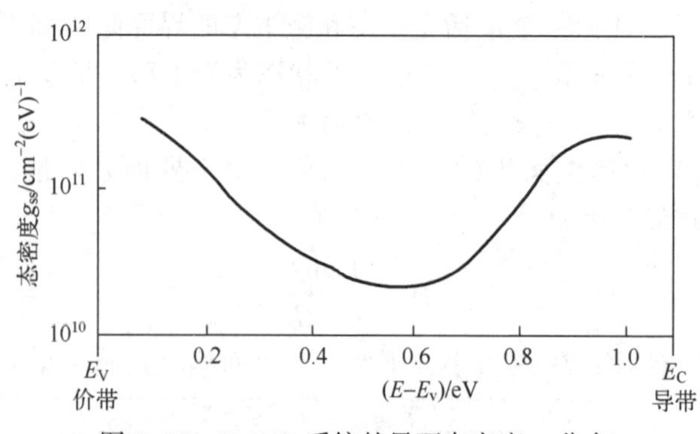

图9-20　Si-SiO_2系统的界面态密度g_s分布

界面态密度也随晶体取向而改变。（111）晶面的界面态密度最大，（100）晶面的界面态密度最小。因为硅表面附着氧化膜后，硅表面的悬键大部分被氧所饱和，致使表面态密度显著减小。Si-SiO_2系统的界面态密度比理想“洁净”表面的表面态密度（约为 $10^{15}cm^{-2}$）低几个数量级。除了未饱和的悬键，硅表面的晶格缺陷和损伤，以及界面杂质等，也可引入界面态。由于氢进入界面可与硅组成稳定的 H-Si 共价键，使悬键饱和，因此将 Si-SiO_2系统在含氢的气氛中进行低温（400~450℃）退火，可有效地降低界面态密度。

9.6.4　氧化物电荷和功函数差对 *C-V* 曲线的影响

设金属与薄层电荷间的电场强度为 F，距离为 x，则其间的电压差为

$$\Delta V=-|F|x \tag{9-94}$$

根据静电学的高斯定理，金属与薄层电荷之间的电位移 D 等于电荷面密度 Q，而电位移 $D=\varepsilon_0|F|$，即 $Q=\varepsilon_0|F|$，将其代入式（9-94），可得：

$$\Delta V=-|F|x=\frac{-xQ}{\varepsilon_0} \tag{9-95}$$

式中，ε_0为氧化物层的介电常数。

同时，由于厚度为 d 的氧化物层单位面积电容为 $C_0=\frac{\varepsilon_0}{d}$，将其代入式（9-95），可得：

$$\Delta V=\frac{-xQ}{dC_0} \tag{9-96}$$

当薄层电荷贴近半导体时，$x=d$，电压差为最大值，即

$$\Delta V_{\max}=\frac{-Q}{C_0} \tag{9-97}$$

当薄层电荷贴近金属表面（$x=0$）时，电压差为最小值，即

$$\Delta V_{\min}=0 \tag{9-98}$$

如果氧化物层中存在的电荷有一定的厚度 d，且 $dQ=\rho(x)dx$，则可由积分求出电压差最大值，即

$$\Delta V_{\max}=-\frac{1}{C_0}\left[\frac{1}{d}\int_0^d x\rho(x)\mathrm{d}x\right] \tag{9-99}$$

式中，$\rho(x)$为单位体积的电荷密度。

氧化物电荷 Q 所产生的电压差的作用与外加偏置电压相同，会引起 MOS 结构的 $C-V$ 曲线的变化。与金属和半导体的功函数差引起的电势差一样，氧化物电荷 Q 所产生的电压差最大值用平带电压 V_{FB}来表征，其值等于使 $C-V$ 曲线恢复到平带状态所降低（氧化物电荷 Q 为正电荷时）的外加偏置电压值。

固定氧化物电荷 Q_f位于 Si-SiO_2界面区域的电荷薄层内，距界面非常近，通常是正电荷，其电压差的最大值为

$$\Delta V_f=-\frac{Q_f}{C_0} \tag{9-100}$$

在 Si-SiO_2界面处，SiO_2层内的碱金属离子是可动离子电荷 Q_m，可在氧化层内来

回移动。由 Si-SiO_2界面单位面积的有效净电荷引起电压差的最大值为

$$\Delta V_m = -\frac{Q_m}{C_0} \tag{9-101}$$

在 Si-SiO_2界面处，与 SiO_2中的缺陷相关的氧化物陷阱电荷，最初通常是电中性的，当热载流子、光子激发或有电流通过等原因导致电子和空穴引入氧化物内时，氧化物陷阱会带电。在 Si-SiO_2界面处，单位面积上由氧化物陷阱的有效净电荷引起的电压差的最大值为

$$\Delta V_{ot} = -\frac{Q_{ot}}{C_0} \tag{9-102}$$

由所有氧化物电荷引起的总的电压偏移最大值，即总的氧化物电荷平带电压V_{FB}为

$$V_{FB} = \Delta V_f + \Delta V_m + \Delta V_{ot} = -\frac{Q_f + Q_m + Q_{ot}}{C_i} \tag{9-103}$$

在理想 MIS 结构中，考虑金属和 p 型半导体的功函数差不为零，会产生电势差ϕ_m，这个平带电压加上氧化物电荷引起的平带电压 V_{FB}，可得到总的平带电压为

$$V_{FB} = \phi_m - \frac{Q_f + Q_m + Q_{ot}}{C_i} \tag{9-104}$$

氧化物电荷引起 Si-SiO_2系统 MIS 结构的 C-V 曲线的变化是按平带电压使曲线沿电压轴平移的，如图 9-21 中所示的曲线 b（图中 C_0为 SiO_2层的电容）。若 Si-SiO_2界面存在大量的陷阱电荷，则这些电荷将随表面势变化，由此引起的 C-V 曲线的变化不是简单的曲线平移，如图 9-21 中所示的曲线 c。

图 9-22 所示为不同金属的 Si-SiO_2系统 MIS 结构的 C-V 曲线[4]。

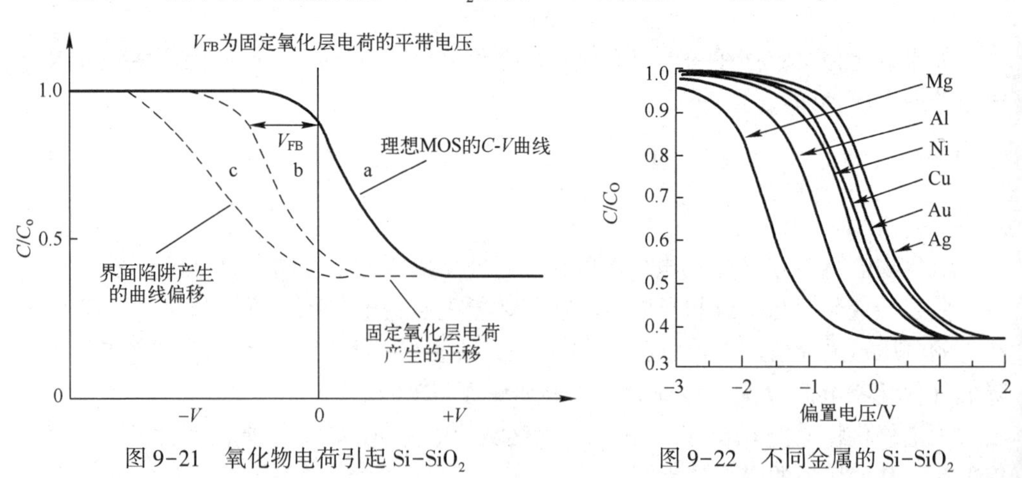

图 9-21 氧化物电荷引起 Si-SiO_2 系统 MIS 结构的 C-V 曲线的变化

图 9-22 不同金属的 Si-SiO_2 系统 MIS 结构的 C-V 曲线

将实际测量得到的 C-V 曲线与理论计算得到的 C-V 曲线比较，可得到平带电压和氧化物表面电荷密度。

9.7　MIS 结构的隧穿效应

MIS 太阳电池由金属、绝缘体和半导体三部分组成。与常规的 pn 结太阳电池和 MS 肖特基太阳电池的主要不同点是其中间有夹层，且夹层是绝缘体。由于绝缘体导带底能量远高于半导体和金属，半导体和金属之间的载流子输运必须通过势垒才能实现。

按照量子力学原理，粒子是可以按一定的比例通过势垒的，这就是前面已讨论过的隧穿效应。同时，由于绝缘体与半导体的界面存在大量的界面态，因此粒子通过绝缘体后，还需要穿越绝缘体-半导体的界面势阱才能进入半导体。基于上述情况，本节将对隧穿效应进行更深入的讨论，引入更多量子力学的处理方法，并在此基础上分析 MIS 太阳电池的终端电流-电压特性。

9.7.1　粒子隧穿势垒的量子传输系数

假设具有能量为 E 的粒子（如电子）从势垒 $U(x)$ 左侧入射，如图 9-23 所示。图中，粒子在 a 点按 x 方向射入势垒，在 b 点穿出势垒，a 点和 b 点称为经典隧穿点。与 x 方向垂直的方向称为横向。

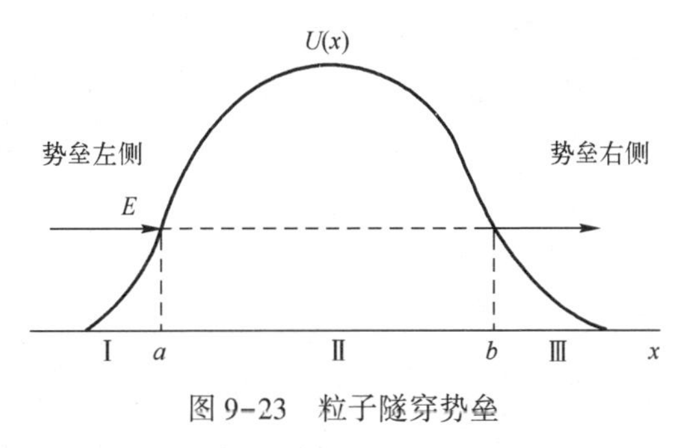

图 9-23　粒子隧穿势垒

通常把势垒运动的粒子的总能量 E 拆分为两部分：隧穿方向粒子的动能 E_x 和垂直于隧穿方向粒子的动能（即位于 y-z 平面上的横向动能）$E_\perp$，这两部分动能之和为总能量，即

$$E=E_x+E_\perp \tag{9-105}$$

相对应的粒子的动量（波矢）也分为隧穿方向粒子的动量 k_x 和横向动量 $k_\perp$。

通常认为，在隧穿过程中，粒子的总能量 E 和横向动量 $k_\perp$ 是守恒的。

按照经典力学，粒子将在 $x=a$ 处被碰回，不能穿过势垒；然而，根据量子力学原理，由于粒子具有波动性，就会按一定的概率透过势垒。设势垒 $U(x)$ 的变化比较缓慢，而且入射粒子能量 E 不太靠近 $U(x)$ 的峰值，则粒子穿透势垒的现象可以用 WKB 近似方法处理。

按照量子力学，每单位时间内电子从势垒区域一侧的态 a 跃迁到另一侧的态 b 的概率为[11]

$$P_{ab}=(2\pi/\hbar)\,|M_{ab}|^2 g_b f_a(1-f_b) \tag{9-106}$$

式中：M_{ab} 为态 a 到态 b 跃迁的矩阵元；g_b 为态 b 的态密度；f_a、f_b 分别为初态 a 和末态 b 的占据概率。初始状态与最终状态的横向波数 $k_\perp$ 应该是相同的，即跃迁前、后横向动量守恒，因此，g_b是具有固定的横向波数 $k_\perp$ 值的态密度。为了得到右侧的总电流，先对所有具有固定 $k_\perp$ 值的 a 态求和，将态 a 到态 b 跃迁的概率 P_{ab}乘以态 a 的态密度 g_a，而后对所有 $k_\perp$ 值求和，得到穿越势垒的粒子数，再乘以单位电荷 q 得到电流密度。考虑自旋乘以 2，最后得到右侧的电流 J_R，即

$$J_R = 2q\sum_{k_\perp} g_a P_{ab} = 2 \cdot \frac{2\pi q}{\hbar}\sum_{k_\perp} g_a |M_{ab}|^2 g_b f_a(1-f_b) \tag{9-107a}$$

用同样方法可以求得总的左侧的电流 J_L，即

$$J_L = 2q\sum_{k_\perp} g_b P_{ba} = 2 \cdot \frac{2\pi q}{\hbar}\sum_{k_\perp} g_b |M_{ab}|^2 g_a f_b(1-f_a) \tag{9-107b}$$

总的右侧的电流 J_R减去总的左侧的电流 J_L，对具有固定的横向波数 $k_\perp$ 的所有能量 E 进行积分，最终得到净隧穿电流 J_t为

$$J_t = \frac{4\pi q}{\hbar}\sum_{k_\perp}\int_{-\infty}^{\infty} |M_{ab}|^2 g_a g_b (f_a - f_b)\mathrm{d}E \tag{9-108}$$

式中：横向波数 $k_\perp$ 为垂直于电子运动方向（平行于势垒）的横向晶体动量分量；E 为已被填满的界面态的能量。这里是对所有横向波数 $k_\perp$ 进行求和的。如果不考虑由声子和缺陷等因素引起的散射对波数 $k_\perp$ 的影响，就可假定对每次跃迁，$k_\perp$ 始终保持恒定。

通过式（9-108）计算隧穿电流 J，需要将对 $k_\perp$ 求和变换为对 $E_\perp$ 积分，这可以借助以下变换式来实现。

将波矢空间中积分元 $\mathrm{d}\sigma_k$的积分表示为极坐标时的积分，可得：

$$\int \mathrm{d}\sigma_k = \iint \mathrm{d}k_y \mathrm{d}k_z = \int_0^{2\pi}\mathrm{d}\theta \int k_\perp \mathrm{d}k_\perp = 2\pi \int k_\perp \mathrm{d}k_\perp \tag{9-109}$$

利用数学关系式 $k_\perp \mathrm{d}k_\perp = \frac{1}{2}\mathrm{d}(k_\perp)^2$，以及 $E_\perp = \frac{h^2 k_\perp^2}{2m_\perp^*}$，$k_\perp^2 = \frac{2m_\perp^*}{h^2}E_\perp$，可得：

$$2\pi \int k_\perp \mathrm{d}k_\perp = \frac{2\pi m_\perp^*}{h^2}\int \mathrm{d}E_\perp = \frac{m_\perp^*}{2\pi\hbar^2}\int \mathrm{d}E_\perp \tag{9-110}$$

式中，$m_\perp^*$为电子横向有效质量。

在每次跃迁，$k_\perp$ 始终保持恒定的情况下，对所有 $k_\perp$ 的求和转化成对 $E_\perp$ 的积分，即

$$\sum_{k_\perp} \rightarrow \int \mathrm{d}\sigma_k \rightarrow \frac{m_\perp^*}{2\pi\hbar^2}\int \mathrm{d}E_\perp \tag{9-111}$$

式（9-111）最早是由格雷（Gray）提出的，所以称之为格雷变换，其表达式为[12]

$$\sum_{k_\perp} \rightarrow \frac{1}{(2\pi)^2}\int \mathrm{d}k_y \mathrm{d}k_z \rightarrow \frac{1}{2\pi}\int k_\perp \mathrm{d}k_\perp \rightarrow \frac{m_\perp^*}{2\pi\hbar^2}\int \mathrm{d}E_\perp \tag{9-112}$$

说明　波矢有两个定义：通常定义为 $k=\dfrac{1}{\lambda}$，此时 $E=\dfrac{h^2k^2}{2m^*}$；另一种定义为 $k=\dfrac{2\pi}{\lambda}$，$E=\dfrac{\hbar^2k^2}{2m^*}$。式（9−112）的波矢 k 定义为 $k=\dfrac{2\pi}{\lambda}$，在这种情况下，计算面积元时应为 $\int \mathrm{d}\sigma_{\mathrm{k}}=\dfrac{1}{(2\pi)^2}\iint \mathrm{d}k_y\mathrm{d}k_z$。

利用式（9−112），可得：

$$J_{\mathrm{t}}=2\frac{m_{\perp}^{*}q}{\hbar^3}\int_{-\infty}^{\infty}\mathrm{d}E\int \mathrm{d}E_{\perp}\,|M_{\mathrm{ab}}|^2 g_{\mathrm{a}}g_{\mathrm{b}}(f_{\mathrm{a}}-f_{\mathrm{b}}) \tag{9-113}$$

$E_{\perp}$ 的积分限取决于形态。

通常，在计算矩阵元时，所构建的态是正的能量区域，呈正弦曲线分布；在相邻的负的能量区，呈指数下降，如图 9−24 所示。假定除势垒区近旁的区域外，能带结构是均匀的，且在势垒区内能带结构的时间变化是缓慢的，则计算矩阵元时可用 WKB 近似。

设在直接隧穿的情况下，总的隧穿量子传输系数 T_{q} 为

$$T_{\mathrm{q}}-4\pi^2 g_{\mathrm{a}}g_{\mathrm{b}}|M_{\mathrm{ab}}|^2 \tag{9-114}$$

式中：M_{ab} 为隧穿哈密顿矩阵元；g_{a}、g_{b} 为一维势垒每侧的态密度。在势垒中，波函数采用 WKB 近似计算。

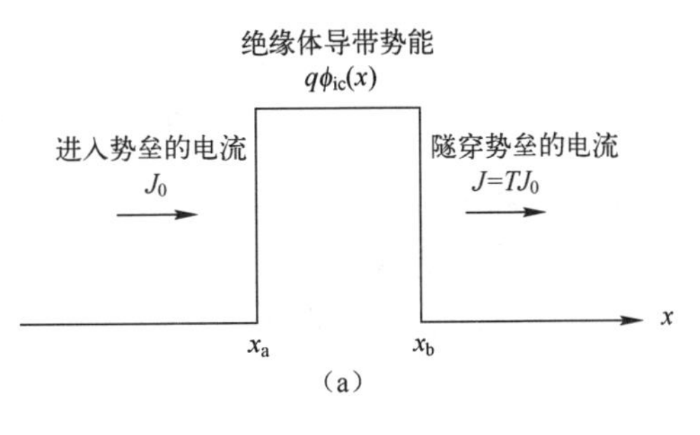

（a）

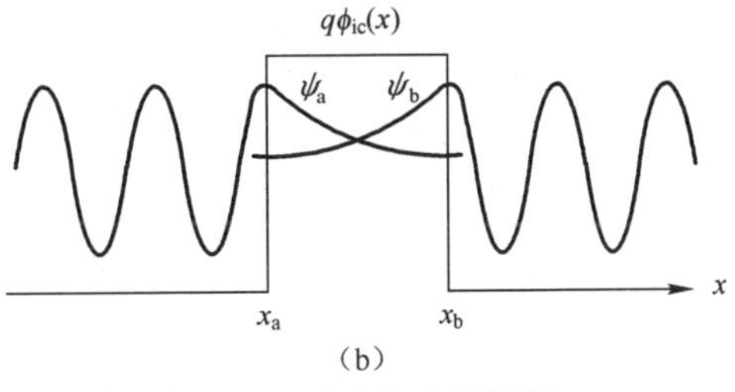

（b）

图 9−24　通过势垒的隧穿

说明　这里考虑的是直接隧穿。如果考虑间接隧穿，则在间接带隙材料中，要保持动量守恒，动量的变化必须通过一些散射（如声子散射和杂质散射）进行补偿。由于这些散射会减小量子传输系数，因此将直接隧穿导出的公式用于间接隧穿时，应予修正。另外，这里假定所有的动能都在隧穿方向上。实际上，还存在与垂直隧穿方向的动量（称为横向动量）相关的能量，这也将降低量子传输系数。

对于带−带和界面态隧穿，矩阵元的表达式为

$$M_{\mathrm{ab}}=-\frac{\hbar^2}{m^*}C_{\mathrm{a}}C_{\mathrm{b}}\exp\left[-\int_{x_{\mathrm{a}}}^{x_{\mathrm{b}}}\kappa_{\mathrm{i}}\mathrm{d}x\right] \tag{9-115}$$

式中：κ_{i} 为绝缘体带隙中的电子衰减常数；系数 C_{a} 和 C_{b} 由势垒左右两侧的波函数的归一化决定，与隧穿类型（带−带隧穿或界面态隧穿）有关。矩阵元按指数规律变

化，其指数为绝缘体带隙中电子衰减常数 κ_i 的积分，积分范围覆盖整个绝缘体。

下面推导带-带隧穿和界面态隧穿的矩阵元的表达式（9-115）。

按照量子力学原理，态 a 到态 b 跃迁的矩阵元的一般形式可表达为[11]

$$M_{ab}=-\frac{\hbar^2}{2m^*}\left(\psi_a^*\frac{d\psi_b}{dx}-\psi_b\frac{d\psi_a^*}{dx}\right) \tag{9-116}$$

式中，ψ^* 是波函数 ψ 的共轭函数，当波函数为实数时，两者是相等的。

对于如图 9-23 所示绝缘体势垒，应用通常的边界条件，求解薛定谔方程可得到势垒区域的波函数。设 ψ_a 和 ψ_b 分别为势垒的左侧和右侧的波函数，则当 $x>x_a$ 时，有

$$\psi_a=\frac{C_a}{\kappa_i^{1/2}}\exp\left(-\int_{x_a}^{x}\kappa_i dx\right) \tag{9-117}$$

当 $x<x_b$ 时，有

$$\psi_b=\frac{C_b}{\kappa_i^{1/2}}\exp\left(-\int_{x}^{x_b}\kappa_i dx\right) \tag{9-118}$$

式中，C_a 和 C_b 由势垒的左侧和右侧的波函数的归一化求得，对于带-带隧穿和界面态隧穿，其值是不同的。

上述波函数的导数分别为

$$\frac{d\psi_a}{dx}=-\frac{C_a}{2\kappa_i^{3/2}}\exp\left(-\int_{x_a}^{x}\kappa_i dx\right)\cdot\frac{d\kappa_i}{dx}+\frac{C_a}{\kappa_i^{1/2}}\exp\left(-\int_{x_a}^{x}\kappa_i dx\right)\cdot(-\kappa_i) \tag{9-119}$$

$$\frac{d\psi_b}{dx}=-\frac{C_b}{2\kappa_i^{3/2}}\exp\left(-\int_{x}^{x_b}\kappa_i dx\right)\cdot\frac{d\kappa_i}{dx}+\frac{C_b}{\kappa_i^{1/2}}\exp\left(-\int_{x}^{x_b}\kappa_i dx\right)\cdot(\kappa_i) \tag{9-120}$$

将式（9-117）、式（9-118）、式（9-119）、式（9-120）代入式（9-116），即可获得计算带-带隧穿和界面态隧穿的矩阵元的表达式：

$$\begin{aligned}M_{ab}=&-\frac{\hbar^2}{2m^*}\left\{\frac{C_a}{\kappa_i^{1/2}}\exp\left(-\int_{x_a}^{x}\kappa_i dx\right)\exp\left(-\int_{x}^{x_b}\kappa_i dx\right)\left[-\frac{C_b}{2\kappa_i^{3/2}}\cdot\frac{d\kappa_i}{dx}+\frac{C_b}{\kappa_i^{1/2}}\cdot(\kappa_i)\right]\right.\\&\left.-\frac{C_b}{\kappa_i^{1/2}}\exp\left(-\int_{x_a}^{x}\kappa_i dx\right)\exp\left(-\int_{x}^{x_b}\kappa_i dx\right)\left[-\frac{C_a}{2\kappa_i^{3/2}}\cdot\frac{d\kappa_i}{dx}+\frac{C_a}{\kappa_i^{1/2}}\cdot(-\kappa_i)\right]\right\}\\=&-\frac{\hbar^2}{2m^*}C_aC_b\exp\left(-\int_{x_a}^{x_b}\kappa_i dx\right)\left[\left(-\frac{1}{2\kappa_i^2}\cdot\frac{d\kappa_i}{dx}+1\right)-\left(-\frac{1}{2\kappa_i^2}\cdot\frac{d\kappa_i}{dx}-1\right)\right]\\=&-\frac{\hbar^2}{m^*}C_aC_b\exp\left(-\int_{x_a}^{x_b}\kappa_i dx\right)\end{aligned} \tag{9-121}$$

由式（9-121）可见，处于绝缘体禁带的电子，其矩阵元 M_{ab} 与绝缘体衰减常数 κ_i 的积分呈指数关系。

将式（9-115）代入式（9-114），再代入式（9-113），即可得到电子穿过势垒的隧穿电流[11,13]：

$$J_t=\frac{2m^*q}{\hbar^3}\int_{\text{允许带}}\int_0^{E_{kin}}(f_a-f_b)g_ag_b|M_{ab}|^2dE_\perp dE$$

$$=\frac{m^{*}q}{2\pi^{2}\hbar^{3}}\int_{\text{允许带}}\int_{0}^{E_{\text{kin}}}(f_{\text{a}}-f_{\text{b}})T_{\text{q}}\text{d}E_{\perp}\text{d}E \tag{9-122}$$

式中：T_{q}为穿透势垒的量子传输系数；$E_{\perp}$为垂直于电子流动方向的平面上动能分量；E_{kin}为总动能；E 为电子允许态的总能量（相对于半导体体内费米能级量度）。

在半导体能带边缘附近，设平行于电子流动方向的有效质量为 m_x^*，垂直于电子流动方向的有效质量为 $m_{\perp}^*$，这些能量关系式可表示为

$$E=E_x+E_{\perp} \tag{9-123}$$

式中，$E_x=\hbar^2(k_x^2)/2m_x^*$，$E_{\perp}=\hbar^2k_{\perp}^2/2m_{\perp}^*=\hbar^2(k_y^2+k_z^2)/2m_{\perp}^*$。

9.7.2 界面态及其模型

半导体与绝缘体之间界面的情况比较复杂，通常在数个原子直径范围内由多种不同的材料组成。界面可看作一个有限深的势阱，如图 9-25 所示。界面态是指半导体-绝缘体交界面势阱中允许的局域电子态。通常假定半导体-绝缘体界面势阱具有足够强度（界面势阱强度是指势阱的深度与宽度的乘积），导致在界面形成束缚态。这种束缚态处于半导体和绝缘体的带隙中，具有一定的能量。最简单的势阱是矩形势阱。矩形势阱还可进一步简化为宽度接近于零而深度为无限深的极限状况，因此可采用界面的 δ 函数势进行处理。

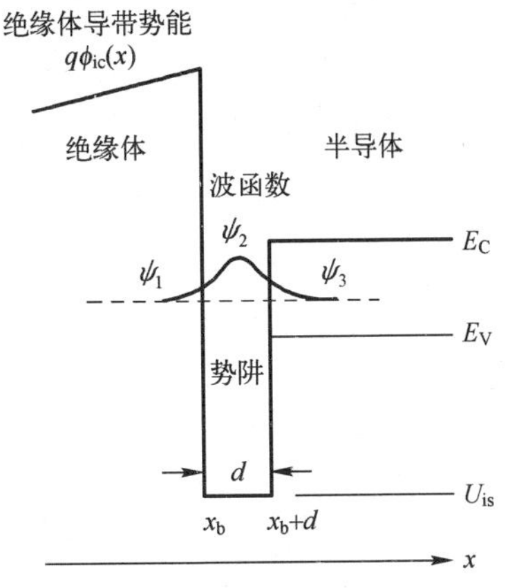

图 9-25　绝缘体-半导体界面态的势阱

分析 MIS 结构的界面态性质及计算其隧穿电流，可以采用克勒尼希-彭尼（Krönig-Penney）模型[14]，也可采用自由电子气体模型。通常认为利用克勒尼希-彭尼模型比较精确，然而对于 MIS 结构中复杂而无序的绝缘体-半导体界面，采用自由电子气体模型将更简单、更合适[15]。

对于绝缘体和半导体之间的界面有限势阱，薛定谔方程可在 3 个区域内求解，应用通常的边界条件，可以得到总波函数的 3 个部分，即 ψ_1、ψ_2和 ψ_3波函数。

考虑势阱中的波函数 ψ_2，其一维薛定谔方程为

$$\frac{\text{d}^2\psi_2}{\text{d}x^2}+\frac{2m^*}{\hbar^2}(E-U_{\text{is}})\psi_2=0 \tag{9-124}$$

式中，m^*为电子有效质量，U_{is}为绝缘体-半导体界面的势阱能量。

对$\dfrac{\text{d}^2\psi_2}{\text{d}x^2}$进行一次积分，得到：

$$\left.\frac{\text{d}\psi_2}{\text{d}x}\right|_{x_{\text{b}}+d}-\left.\frac{\text{d}\psi_2}{\text{d}x}\right|_{x_{\text{b}}}=\frac{2m^*}{\hbar^2}(U_{\text{is}}-E)\int_{x_{\text{b}}}^{x_{\text{b}}+d}\psi_2(x)\text{d}x \tag{9-125}$$

对 ψ_2在 $x=x_{\text{b}}$附近对$(x-x_{\text{b}})$进行泰勒级数展开：

$$\psi_2(x)=\psi_2(x_b)+\psi_2'(x_b)(x-x_b)+\cdots \tag{9-126}$$

将上式代入式（9-125），并对右边进行积分，得：

$$\frac{2m^*}{\hbar^2}(U_{is}-E)\int_{x_b}^{x_b+d}\psi_2(x)\mathrm{d}x=\frac{2m^*}{\hbar^2}(U_{is}-E)\left[\psi_2(x_b)d+\frac{1}{2}\psi_2'(x_b)d^2+\cdots\right] \tag{9-127}$$

利用波函数的斜率的连续性$\left.\frac{\mathrm{d}\psi_2}{\mathrm{d}x}\right|_{x_b+d}=\left.\frac{\mathrm{d}\psi_3}{\mathrm{d}x}\right|_{x_b+d}$和$\left.\frac{\mathrm{d}\psi_2}{\mathrm{d}x}\right|_{x_b}=\left.\frac{\mathrm{d}\psi_1}{\mathrm{d}x}\right|_{x_b}$，得到：

$$\left.\frac{\mathrm{d}\psi_3}{\mathrm{d}x}\right|_{x_b+d}-\left.\frac{\mathrm{d}\psi_1}{\mathrm{d}x}\right|_{x_b}=\frac{2m^*}{\hbar^2}(U_{is}-E)\left[\psi_2(x_b)d+\frac{1}{2}\psi_2'(x_b)d^2+\cdots\right] \tag{9-128}$$

为了简化计算，设界面态势阱的深度为无穷大，即 $U_{is}\to-\infty$，宽度 $d\to0$，即取 δ 函数的极限，称之为界面态 δ 函数势。我们引入 K 表征界面态 δ 函数势的强度，则势阱的强度 $U_{is}d$ 可写为

$$U_{is}d\equiv-(\hbar^2/2m^*)K=\text{常数} \tag{9-129}$$

定义了 K 后，由于 $d\to0$，则 $(x_b+d)\to x_b$；$U_{is}\to-\infty$，则 $(U_{is}-E)\to U_{is}$，于是式（9-128）就可表示为

$$\left.\frac{\mathrm{d}\psi_3}{\mathrm{d}x}\right|_{x_b}-\left.\frac{\mathrm{d}\psi_1}{\mathrm{d}x}\right|_{x_b}=-K\psi_2(x_b) \tag{9-130}$$

即

$$\left.\frac{1}{\psi_2}\frac{\mathrm{d}\psi_3}{\mathrm{d}x}\right|_{x_b}-\left.\frac{1}{\psi_2}\frac{\mathrm{d}\psi_1}{\mathrm{d}x}\right|_{x_b}=-K \tag{9-131}$$

由于波函数是连续的，即

$$\psi_1(x_b)=\psi_2(x_b)=\psi_3(x_b) \tag{9-132}$$

代入式（9-131），得到：

$$\left.\frac{1}{\psi_1}\frac{\mathrm{d}\psi_1}{\mathrm{d}x}\right|_{x_b}-\left.\frac{1}{\psi_3}\frac{\mathrm{d}\psi_3}{\mathrm{d}x}\right|_{x_b}=K \tag{9-133}$$

由上式可见，在界面上，波函数的对数导数的变化（差值）等于 K。

求解薛定谔方程可导出在 1 和 3 区域波函数的对数导数的关系式。

对于势垒区域 1 区的带-带隧穿，WKB 波函数为[16]

$$\psi_1=\frac{C_1}{\kappa_i^{1/2}}\exp\left(-\int_x^{x_b}\kappa_i\mathrm{d}x'\right)\quad x<x_b \tag{9-134}$$

同样，在半导体区域 3 区，WKB 波函数为

$$\psi_3=\frac{C_3}{\kappa_s^{1/2}}\exp\left(-\int_{x_b}^{x}\kappa_s\mathrm{d}x'\right)\quad x>x_b \tag{9-135}$$

式中，κ_i和 κ_s分别为在绝缘体带隙中和在半导体带隙中电子波的衰减常数。界面态波函数在界面达到峰值（局域的），再以指数规律下降进入绝缘体和半导体。

对波函数 ψ_1和 ψ_3微分得：

$$\frac{\mathrm{d}\psi_1}{\mathrm{d}x}=-\frac{C_1}{2\kappa_i^{3/2}}\exp\left(-\int_x^{x_b}\kappa_i\mathrm{d}x'\right)\cdot\frac{\mathrm{d}\kappa_i}{\mathrm{d}x}+\frac{C_1}{\kappa_i^{1/2}}\exp\left(-\int_x^{x_b}\kappa_i\mathrm{d}x'\right)\cdot(\kappa_i) \tag{9-136}$$

$$\frac{\mathrm{d}\psi_3}{\mathrm{d}x} = -\frac{C_3}{2\kappa_s^{3/2}}\exp\left(-\int_{x_b}^{x}\kappa_s \mathrm{d}x'\right)\cdot\frac{\mathrm{d}\kappa_s}{\mathrm{d}x} + \frac{C_3}{\kappa_s^{1/2}}\exp\left(-\int_{x_b}^{x}\kappa_s \mathrm{d}x'\right)\cdot(-\kappa_s) \quad (9-137)$$

代入式（9-133），在 $x=x_b$ 处为$\frac{1}{\psi_1}\frac{\mathrm{d}\psi_1}{\mathrm{d}x}\bigg|_{x_b} - \frac{1}{\psi_3}\frac{\mathrm{d}\psi_3}{\mathrm{d}x}\bigg|_{x_b} = K$，则

$$\kappa_i + \kappa_s + \frac{1}{2}\left(\frac{1}{\kappa_s}\frac{\mathrm{d}\kappa_s}{\mathrm{d}x} - \frac{1}{\kappa_i}\frac{\mathrm{d}\kappa_i}{\mathrm{d}x}\right) = K \quad (9-138)$$

假设电子的势能在界面每一侧的区域内变化缓慢，$\left(\frac{\mathrm{d}\kappa_i}{\mathrm{d}x}\right)\rightarrow 0$ 和$\left(\frac{\mathrm{d}\kappa_s}{\mathrm{d}x}\right)\rightarrow 0$，则由上式可得：

$$\kappa_i + \kappa_s = K \quad (9-139)$$

仅考虑与绝缘体导带相关的势垒的电子波衰减常数 κ_i，应为

$$\kappa_i = [2m^*(q\phi_{ic}(x) - E_x)]^{1/2}/\hbar = [2m^*(q\phi_{ic}(x) - E + E_\perp)]^{1/2}/\hbar \quad (9-140)$$

式中，E_x 为隧穿方向粒子的动能。

确定半导体带隙中的衰减常数公式需要考虑导带和价带两个方面。假设在价带和导带边附近，$E-k$ 呈抛物线关系，则可得到通常的关系式：

$$\kappa_{cB}^2 = [2m^*(E_c - E_x)]/\hbar^2 = [2m^*(E_c - E + E_\perp)]/\hbar^2 \quad (9-141)$$

和

$$\kappa_{vB}^2 = [2m^*(E - E_v + E_\perp)]/\hbar^2 \quad (9-142)$$

式中，κ_{cB} 和 κ_{vB} 分别为与半导体导带和价带相关的衰减常数。

在半导体的整个带隙内，κ_s 应为连续函数。用以下形式的平均值构成的函数可以满足连续条件[15]：

$$\frac{1}{\kappa_s^2} = \frac{1}{\kappa_{cB}^2} + \frac{1}{\kappa_{vB}^2} \quad (9-143)$$

或者写成

$$\kappa_s^2 = \frac{2m^*}{\hbar^2}\frac{(E_c - E + E_\perp)(E - E_v + E_\perp)}{E_c - E_v + 2E_\perp} \quad (9-144)$$

横向能量分量 $E_\perp$ 将会降低 x 方向上的可用能量，同时也展宽了半导体在 x 方向上的带隙。由能带结构可见，由于绝缘体导带底高于半导体导带底，即 $q\phi_{ic}(x) > E_c$，绝缘体带隙中电子波的衰减常数 κ_i 大于半导体带隙中电子波的衰减常数 κ_s，即 $\kappa_i > \kappa_s$。

对于半导体带隙顶部能态上的电子，$E_x = E - E_\perp = E_c$，代入式（9-144）后，有

$$\kappa_s = 0 \quad (9-145)$$

由式（9-140）可知，κ_i 为

$$\kappa_i = [2m^*(\phi_{ic}(x) - E_c)]^{1/2}/\hbar \quad (9-146)$$

对于较低能态，κ_i 增大；κ_s 先增大到最大值，然后在价带边缘减小到零。因此，K 有一个最小值，于是在带隙中就有一个带有能量的束缚态。

对于束缚态，有

$$K \geqslant [2m^*(\phi_{ic}(x)-E_c)]^{1/2}/\hbar \tag{9-147}$$

如果 $E-E_\perp=E_x=E_c$，束缚态位于带隙的顶部。随着 K 值的增大，这些束缚态降到较低的能量值。

在式（9-134）和式（9-135）中，C_1 和 C_3 可以先在 $x=x_b$ 处匹配波函数，然后归一化求出：

$$C_1=C_3\left(\frac{\kappa_i(x_b)}{\kappa_s(x_b)}\right)^{1/2}=[2\kappa_i(x_b)\kappa_{is}(x_b)]^{1/2} \tag{9-148}$$

$$C_3=[2\kappa_s(x_b)\kappa_{is}(x_b)]^{1/2} \tag{9-149}$$

界面衰减常数与半导体电子态和绝缘体电子态的衰减常数是连续的。由于界面很狭窄，可以认为界面的衰减常数 κ_{is} 是界面两侧的半导体电子态和绝缘体电子态的衰减常数的平均值：

$$\frac{1}{\kappa_{is}(x_b)}=\frac{1}{\kappa_i(x_b)}+\frac{1}{\kappa_s(x_b)} \tag{9-150}$$

即

$$\kappa_{is}(x_b)=\frac{\kappa_i(x_b)\kappa_s(x_b)}{\kappa_i(x_b)+\kappa_s(x_b)} \tag{9-151}$$

9.7.3　通过绝缘体势垒和界面态的量子传输系数

上面我们已建立了宽度接近于零而深度为无限深的势阱模型，这样在界面的方形势阱中局域电子态的计算就可简化为界面束缚态 δ 函数势的极限状况。有了这个 δ 函数势的势阱模型，就可从矩阵元方程式（9-115）和量子传输系数方程式（9-114）计算绝缘体势垒的量子传输系数。

半导体-绝缘体界面势阱右侧的电子态波函数 ψ_b，已由式（9-134）和式（9-135）给出[11]。

势垒左侧的电子态波函数 ψ_a，如同带-带隧穿，见图 9-24（b）。在绝缘体势垒中，ψ_a 的表达式为

$$\psi_a(x)=\frac{C_a}{\sqrt{\kappa_i}}\exp\left(-\int_{x_a}^{x}|\kappa_i|\mathrm{d}x'\right)\quad x_a<x \tag{9-152}$$

金属中的电子态波函数为

$$\psi_a(x)=\frac{2C_a}{\sqrt{\kappa_i}}\cos\left(\int_{x}^{x_a}|\kappa_i|\mathrm{d}x'+\delta\right)\quad x_a>x \tag{9-153}$$

波函数在金属-绝缘体界面 x_a 左侧的宽度为 L_a 的金属区域内归一化，假定在该区域上金属的结构不发生变化，可得归一化常数为[11]

$$C_a=\left(\frac{\kappa_i}{2L_a}\right)^{1/2} \tag{9-154}$$

式中，L_a 为左侧的金属长度。

在势垒左侧的一维态密度 g_a，如同带-带隧穿，按第 3 章 3.3.5 节中，推导的 k 空间中一维态密度的表达式（3-70）计算：

$$g_a = \frac{L_a}{\pi}\frac{d\kappa_i}{dE_x} = L_a\frac{m^*}{\pi\hbar^2\kappa_i} \quad (9-155)$$

说明　从式（9-134）和式（9-135）可见，此处的 κ_i 定义为 $\kappa_i = \frac{2\pi}{\lambda}$，而式（3-70）的 k_x 定义为 $k_x = \frac{1}{\lambda}$，因此利用式（3-71）导出态密度时，k_x 应除以 2π，从而得到式（9-155）。

假定界面上是能量为 E_t' 的单一束缚态，则势垒右侧的态密度 g_b 可按下式计算：

$$g_b = 2\delta(E-E_t') \quad (9-156)$$

式中已考虑了自旋，所以乘以 2。

将式（9-115）、式（9-155）和式（9-156）代入式（9-114）可导出从金属隧穿绝缘体进入界面的量子传输系数 T_q：

$$T_q = 8\pi\frac{\hbar^2 L_a}{\kappa_i m^*}\delta(E-E_t')\cdot\left|C_a C_b \exp\left(-\int_{x_a}^{x_b}\kappa_i(x)dx\right)\right|^2 \quad (9-157)$$

式中：C_a 为绝缘体左侧波函数的归一化系数，由式（9-154）表示；C_b 为绝缘体右侧波函数的归一化系数，应等于界面左侧的波函数的归一化系数 C_1，由式（9-148）表示。

进一步将式（9-148）和式（9-154）代入式（9-157），可得：

$$T_q = \frac{8\pi\hbar^2}{m^*}\kappa_i(x_b)\kappa_{is}e^{-\xi}\delta(E-E_t') \quad (9-158)$$

式中：κ_i 为界面处绝缘体禁带中电子态的衰减常数，由式（9-140）计算；κ_{iS} 为界面的半导体电子态和绝缘体电子态的衰减常数的平均值；ξ 为隧道指数，由下式计算：

$$\xi = 2\int_{x_a}^{x_b}\kappa_i(x)dx \quad (9-159)$$

由式（9-158）可见，在带-带隧穿的情况下，量子传输系数按指数规律与势垒中衰减常数的积分相关。

在上述量子传输系数 T_q（隧穿概率）的推导过程中，利用了隧道矩阵元公式（9-115），它只与势垒中的波函数 ψ_a 和 ψ_b 相关，并未直接显示出与界面态的关系。量子传输系数与界面态的关系是通过归一化常数 C_b 引入的。

9.7.4　隧穿俘获截面和捕获概率

上面讨论的界面态隧穿的量子传输系数 T_q，代表金属中能量为 $E=E_t'$ 的电子穿越势垒并被 δ 函数所表征的单一界面态所俘获的概率。对于具有较厚绝缘体层的 MIS

结构，假定单位面积界面有 N_{it} 个界面态，每个态都有一个作用区域（称之为隧穿俘获截面 σ_T），如果界面上总的作用区面积为 $N_{it}\sigma_T=1$，那么所有量子传输系数为 T_q 的电子将被捕获。如果 $N_{it}\sigma_T<1$，那么仅有一部分量子传输系数为 T_q 的电子 $N_{it}\sigma_T$ 被捕获，隧穿电流也将相应地减少。乘积 $N_{it}\sigma_T T_q$ 只是最终能穿越势垒的入射电子的一部分，称之为捕获概率 T_{cap}：

$$T_{cap} \equiv N_{it}\sigma_T T_q$$

下面将利用捕获概率和广义的肖克利复合理论推导出界面态复合隧穿电流[15]。

9.8 界面态复合隧穿电流

在 MIS 结构中，载流子通过隧穿效应，从金属隧穿绝缘体进入半导体或从半导体隧穿绝缘体进入金属的隧穿电流主要有 3 种：从半导体导带隧穿绝缘体的电子隧穿电流 J_{tn}，从半导体价带隧穿绝缘体的空穴隧穿电流 J_{tp}，进入绝缘体-半导体界面的单能级的界面态电流 j_{ir}。计算总界面态电流 j_{ir} 时，应按界面能态分布情况，将各个界面态电流分量乘以界面的陷阱态密度 $g_{it}(E_t)$，在整个半导体带隙内进行积分。

图 9-26 所示为 MIS 结构的隧穿和复合过程。图中显示了半导体与金属的三种隧穿电流：J_{tn} 为通过绝缘体势垒的与导带相关的电子隧穿电流，J_{tp} 为通过绝缘体势垒的与价带相关的空穴隧穿电流，J_{ir} 为单能级的界面态电流。前两种称为带-带隧穿电流，后者称为界面态隧穿电流。

电流是通过载流子复合形成的，所以也称复合隧穿电流，图 9-26 中标明了与进入单能级的界面态复合隧穿电流 j_{ir} 相关的半导体导带中电子和价带中空穴落入陷阱能级的表面捕获率 U_{in} 和 U_{ip}。表面捕获率也称表面复合率。

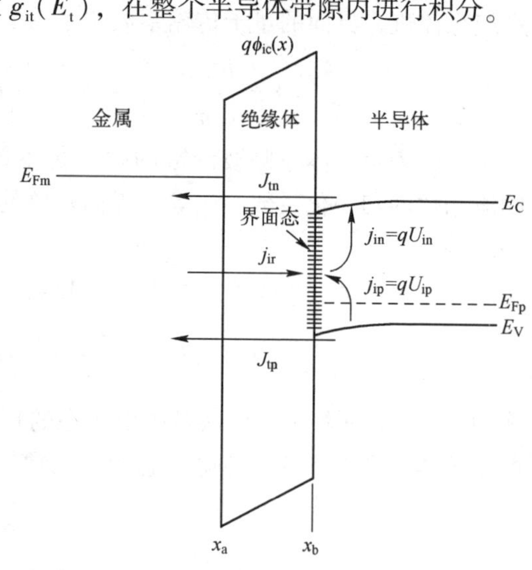

图 9-26 MIS 结构的隧穿和复合过程

9.8.1 半导体中电子的表面复合

半导体的表面复合可结合 MIS 结构的能带模型进行分析[15]。MIS 能带模型如图 9-27 所示。

在图 9-27（a）中，显示了 MIS 能带模型中不同能级的位置：没有外加偏置电压时，$V=0$，MIS 能带结构的费米能级是一个常数，即 $E_{Fm}=E_{Fp}=E_{Fm}^0$，其中 E_{Fm}^0 表示零偏压时的费米能级，E_{Cm}^0 表示零偏压时金属的导带底；$E_{C0}=E_C-q\psi_s$ 和 $E_{V0}=E_V-q\psi_s$ 是半导体在界面 $x=x_b$ 处的导带底和价带顶；ψ_s 是半导体的表面势，它表征半导体表面的能带弯曲程度；E_t是表面能带没有弯曲时的陷阱能级的能量；$E_t'=E_t-q\psi_s$，表示表面能带弯曲后的陷阱能级的能量，即界面态的能量；(E_t-E_V)是陷阱与价带顶的能量差；$q\phi_{ic}(x)$为绝缘体导带的势能；$q\phi_{ic}^0(x)$表示外加偏置电压为零时的绝缘体导带的势能。

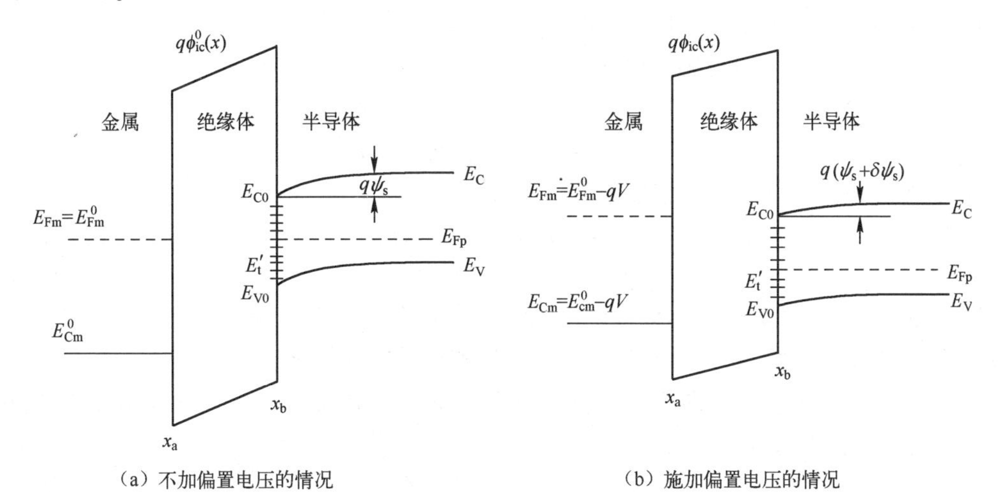

（a）不加偏置电压的情况　　（b）施加偏置电压的情况

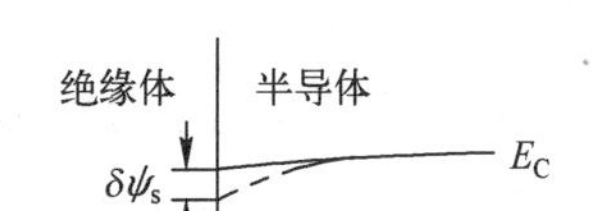

（c）由偏置电压引起的表面势变化

图 9-27　MIS 能带模型

图 9-27（b）所示的是施加外部偏置电压 $V=-(E_{Fm}-E_{Fm}^0)/q$ 后的能带结构。外加在金属上的偏置电压为 V，$V<0$；金属的导带底为 E_{Cm}，$E_{Cm}=E_{Cm}^0-qV$；半导体能带弯曲量为$-q(\psi_s+\delta\psi_s)$，$\delta\psi_s$是由偏置电压引起的半导体表面势的变化，如图 9-27（c）所示；半导体在表面 $x=x_b$处的导带边和价带边分别为 $E_C-q(\psi_s+\delta\psi_s)$和 $E_V-q(\psi_s+\delta\psi_s)$；界面态的能量为 E_t'：

$$E_t'=E_t-q(\psi_s+\delta\psi_s)$$

外加偏置电压后，绝缘体导带势能也将发生变化，其变化量应该是零偏压时绝缘体导带电势减去以下两部分电势：一是由外加偏置电压 V 降落在绝缘体引起的电势变化；二是由外加偏置电压引起的半导体表面势变化 $\delta\psi_s$引起的电势变化；同时，假设绝缘体是均匀的，因此 V 和 $\delta\psi_s$在绝缘体中的变化是线性的。于是，绝缘体导带势能为

$$\phi_{ic}(x)=\phi_{ic}^0(x)-\frac{(x_b-x)V}{x_b-x_a}-\frac{(x-x_a)\delta\psi_s}{x_b-x_a} \tag{9-160}$$

类似于第 5 章式（5-128）的推导，可得界面陷阱从导带或价带捕获电子或空穴的捕获率分别为

$$U_{in}=N_{it}\langle\sigma_n v_{th}\rangle(f_{pt}n_s-f_t n_1) \tag{9-161}$$

$$U_{ip}=N_{it}\langle\sigma_p v_{th}\rangle(f_t p_s-f_{pt}p_1) \tag{9-162}$$

式中：σ_n、σ_p分别为半导体中电子陷落和空穴陷落的陷阱捕获载面；v_{th}为电子的热运动速度；$\langle\sigma_n v_{th}\rangle$、$\langle\sigma_p v_{th}\rangle$分别为电子陷阱和空穴陷阱的平均捕获量；$f_t$、$f_{pt}$分别为一个陷阱被占据和脱空的概率，$f_{pt}=1-f_t$。

准平衡态下的表面载流子浓度为

$$n_s=n_b\exp[q(\psi_s+\delta\psi_s)/kT] \tag{9-163}$$

$$p_s=p_b\exp[-q(\psi_s+\delta\psi_s)/kT] \tag{9-164}$$

式中，半导体的体内载流子浓度n_b和p_b分别为

$$n_b=N_c\exp[(E_{Fn}-E_C)/kT] \tag{9-165}$$

$$p_b=N_v\exp[(E_V-E_{Fp})/kT] \tag{9-166}$$

式中：E_{Fn}、E_{Fp}分别为半导体体内电子和空穴的准费米能级；N_c和N_v分别为价带和导带的有效态密度；E_C和E_V分别为体内价带顶和导带底的能级。

n_1和p_1分别为当费米能级与陷阱能级E_t相等时的载流子浓度，是考虑细致平衡后导入的，其表达式为

$$n_1=N_c\exp[(E_t-E_C)/kT] \tag{9-167}$$

$$p_1=N_v\exp[(E_V-E_t)/kT] \tag{9-168}$$

陷阱从导带或价带捕获电子或空穴所形成的复合电流分别为

$$j_{in}=qU_{in}=qN_{it}\langle\sigma_n v_{th}\rangle(f_{pt}n_s-f_t n_1) \tag{9-169}$$

$$j_{ip}=qU_{ip}=qN_{it}\langle\sigma_p v_{th}\rangle(f_t p_s-f_{pt}p_1) \tag{9-170}$$

9.8.2 金属中电子的陷阱复合

对于金属中态的陷阱复合，可以用类似于半导体表面复合的处理方法。所不同的是，半导体的所有表面电子都有机会与陷阱复合，而从金属入射的电子要穿过势垒才能与陷阱复合，因此只有一部分有机会与陷阱复合。于是，推导隧穿电流需用与肖克利理论类似的方法。

为了讨论金属中态的陷阱复合，必须先确定穿过势垒参与陷阱复合的电子数。

前面已讨论过，从金属入射的电子与最终能穿越势垒的电子数的比率为捕获概率T_{cap}，其值为$N_{it}\sigma_T T_q$，将式（9-158）的量子传输系数T_q代入后，可得捕获概率为

$$T_{cap}=\sigma_T N_{it}T_q=\frac{8\pi\hbar^2}{m^*}\sigma_T N_{it}\kappa_i(x_b)\kappa_{is}e^{-\xi}\delta(E-E_t') \tag{9-171}$$

式中，σ_T为电子隧穿的陷阱捕获载面积，N_{it}为界面上的陷阱态密度，κ_{is}为界面上半导体和绝缘体的衰减常数的平均值。

计算从金属入射的电子穿过势垒的隧穿电流时，仍可使用式（9-122）形式，但需将量子传输系数T_q改为捕获概率[15]。

将式（9-122）中的量子传输系数T_q用捕获概率T_{cap}代入，可得到隧穿电流j_{ir}为

$$j_{\mathrm{ir}}=\frac{4q}{\pi\hbar}\int_{\text{允许带}}\int_{0}^{E_{\mathrm{kin}}}(f_{\mathrm{m}}-f_{\mathrm{t}})\sigma_{\mathrm{T}}N_{\mathrm{it}}\kappa_{\mathrm{i}}(x_{\mathrm{b}})\kappa_{\mathrm{is}}\mathrm{e}^{-\xi}\delta(E-E_{\mathrm{t}}')\mathrm{d}E_{\perp}\mathrm{d}E \tag{9-172}$$

式中：E 为相对于半导体内部的费米能级的总能量；f_{m}为金属中态被占据的概率。

由于式（9-172）中含有 δ 函数，使得对 E 积分变得很容易。积分是在 $E=E_{\mathrm{t}}'$ 且能量 E 保持恒定的情况下进行的。

假设界面态密度不随动能分量 $E_{\perp}$ 变化，则隧穿电流对 $E_{\perp}$ 的积分为

$$j_{\mathrm{ir}}=\frac{4q}{\pi\hbar}\sigma_{\mathrm{T}}N_{\mathrm{it}}(f_{\mathrm{m}}-f_{\mathrm{t}})\int_{0}^{E_{\mathrm{t}}'-(E_{\mathrm{cm}}^{0}-qV)}\kappa_{\mathrm{i}}(x_{\mathrm{b}})\kappa_{\mathrm{is}}\mathrm{e}^{-\xi}\mathrm{d}E_{\perp} \tag{9-173}$$

上式中对 $E_{\perp}$ 的积分上限由偏置情况下表面态的能量 E_{t}' 到偏置情况下金属导带底的能量 $E_{\mathrm{cm}}=(E_{\mathrm{cm}}^{0}-qV)$ 确定，即积分上限为 $E_{\mathrm{t}}'-(E_{\mathrm{cm}}^{0}-qV)$，见图 9-27。

为了对式（9-173）进行积分，可做以下近似处理。

考虑到 $\mathrm{e}^{-\xi}$随着 $E_{\perp}$ 的增大呈指数下降，在 $E_{\perp}=0$ 处呈现尖锐的最大值。因此，在式（9-173）中，因子 $\kappa_{\mathrm{i}}(x_{\mathrm{b}})$ 和 κ_{is}的值可近似被 $E_{\perp}=0$ 时的值替代，并移到积分外面：

$$j_{\mathrm{ir}}=\frac{4q}{\pi\hbar}\sigma_{\mathrm{T}}N_{\mathrm{it}}(f_{\mathrm{m}}-f_{\mathrm{t}})\kappa_{\mathrm{i}}(x_{\mathrm{b}})\kappa_{\mathrm{is}}\int_{0}^{E_{\mathrm{t}}'-E_{\mathrm{cm}}^{0}+qV}\mathrm{e}^{-\xi}\mathrm{d}E_{\perp} \tag{9-174}$$

为了对上式中的 $\mathrm{e}^{-\xi}$进行积分，应先考虑 ξ 中的平方根项 κ_{i}。按式（9-140）将 κ_{i}变形后写为

$$\kappa_{\mathrm{i}}=\left[\frac{2m^{*}}{\hbar^{2}}(q\phi_{\mathrm{ic}}(x)-E+E_{\perp})\right]^{1/2}=\left(\frac{2m^{*}}{\hbar^{2}}\right)^{1/2}(q\phi_{\mathrm{ic}}(x)-E)^{1/2}\left[1+\frac{E_{\perp}}{q\phi_{\mathrm{ic}}(x)-E}\right]^{1/2} \tag{9-175}$$

在很小的 $E_{\perp}$ 值下，对$\left[1+\dfrac{E_{\perp}}{q\phi_{\mathrm{ic}}(x)-E}\right]^{1/2}$按泰勒级数展开取前两项，可得：

$$\kappa_{\mathrm{i}}=\left(\frac{2m^{*}}{\hbar^{2}}\right)^{1/2}(q\phi_{\mathrm{ic}}(x)-E)^{1/2}\left[1+\frac{1}{2}\frac{E_{\perp}}{(q\phi_{\mathrm{ic}}(x)-E)}\right] \tag{9-176}$$

将其代入式（9-159），得到隧道指数 ξ 为

$$\begin{aligned}\xi&=2\int_{x_{\mathrm{a}}}^{x_{\mathrm{b}}}\kappa_{\mathrm{i}}(x)\mathrm{d}x\\&=2\left(\frac{2m^{*}}{\hbar^{2}}\right)^{1/2}\left\{\int_{x_{\mathrm{a}}}^{x_{\mathrm{b}}}(q\phi_{\mathrm{ic}}(x)-E)^{1/2}\mathrm{d}x+\frac{1}{2}\int_{x_{\mathrm{a}}}^{x_{\mathrm{b}}}\frac{E_{\perp}}{(q\phi_{\mathrm{ic}}(x)-E)^{1/2}}\mathrm{d}x\right\}\end{aligned} \tag{9-177}$$

将 ξ 代入式（9-174）中的积分项，得：

$$\int_{0}^{E_{\mathrm{t}}'-E_{\mathrm{cm}}^{0}+qV}\mathrm{e}^{-\xi}\mathrm{d}E_{\perp}=\mathrm{e}^{-2\left(\frac{2m^{*}}{\hbar^{2}}\right)^{1/2}\int_{x_{\mathrm{a}}}^{x_{\mathrm{b}}}(q\phi_{\mathrm{ic}}(x)-E)^{1/2}\mathrm{d}x}\int_{0}^{E_{\mathrm{t}}'-E_{\mathrm{cm}}^{0}+qV}\mathrm{e}^{-\left(\frac{2m^{*}}{\hbar^{2}}\right)^{1/2}\int_{x_{\mathrm{a}}}^{x_{\mathrm{b}}}\frac{E_{\perp}}{(q\phi_{\mathrm{ic}}(x)-E)^{1/2}}\mathrm{d}x}\mathrm{d}E_{\perp}$$

令

$$\kappa(x)\equiv\frac{(2m^{*})^{1/2}}{\hbar}[q\phi_{\mathrm{ic}}(x)-E]^{1/2}=\frac{(2m^{*})^{1/2}}{\hbar}[q\phi_{\mathrm{ic}}(x)-E_{\mathrm{t}}+q(\psi_{\mathrm{s}}+\delta\psi_{\mathrm{s}})]^{1/2} \tag{9-178}$$

将 $\kappa(x)$ 代入后，上面的积分式进一步变换为

$$\int_0^{E_t'-E_{cm}^0+qV} e^{-\xi}dE_\perp =$$

$$\frac{\hbar^2}{2m^*}e^{-2\int_{x_a}^{x_b}\kappa(x)dx}\left(-\int_{x_a}^{x_b}\frac{1}{\kappa(x)}dx\right)^{-1}e^{-(2m*/\hbar^2)\left[\int_{x_a}^{x_b}\frac{1}{\kappa(x)}dx\right]\cdot(E_\perp)}\Bigg|_0^{E_\perp=E_t'-E_{cm}^0+qV} \tag{9-179}$$

考虑到这是在很小的 $E_\perp$ 值下计算的，$E_\perp=E_t'-(E_{cm}^0-qV)\approx 0$，所以式（9-179）中最后一项指数项可近似地取 1。于是有

$$\int_0^{E_t'-E_{cm}^0+qV} e^{-\xi}dE_\perp = \frac{\hbar^2}{2m^*}e^{-2\int_{x_a}^{x_b}\kappa(x)dx}\left(-\int_{x_a}^{x_b}\frac{1}{\kappa(x)}dx\right)^{-1} \tag{9-180}$$

将式（9-180）代入式（9-174），可获得金属隧穿界面态的隧穿电流为

$$j_{ir} = \frac{4q}{\pi\hbar}\sigma_T N_{it}(f_m-f_t)\kappa_i(x_b)\kappa_{is}\frac{\hbar^2}{2m^*}e^{-2\int_{x_a}^{x_b}\kappa(x)dx}\left(-\int_{x_a}^{x_b}\frac{1}{\kappa(x)}dx\right)^{-1} \tag{9-181}$$

定义隧穿速率 R_T 为

$$R_T=\frac{1}{\tau_T}=\frac{2\hbar}{\pi m^*}\kappa_i(x_b)\kappa_{is}\sigma_T\left(\int_{x_a}^{x_b}\frac{1}{\kappa(x)}dx\right)^{-1}\exp\left(-2\int_{x_a}^{x_b}\kappa(x)dx\right) \tag{9-182}$$

式中，τ_T 为隧穿时间常数。

定义隧穿速率 R_T 后，可算得隧穿电流 j_{ir}：

$$j_{ir}=-qN_{it}(f_m-f_t)/\tau_T=qN_{it}(f_t-f_m)R_T \tag{9-183}$$

半导体电子态和绝缘体电子态的衰减常数平均值 κ_{is} 与 κ 的关系式为

$$\frac{1}{\kappa_{is}(x_b)}=\frac{1}{\kappa(x_b)}+\frac{1}{\kappa_s(x_b)} \tag{9-184}$$

式中：$\kappa(x_b)$ 由式（9-178）定义；$\kappa_s(x_b)$ 为半导体禁带中电子态的衰减常数，按照式（9-144），其值为

$$\kappa_s^2(x_b)=\frac{2m^*}{\hbar^2}\frac{(E_C-E)(E-E_V)}{(E_C-E_V)} \tag{9-185}$$

式中，E_C 和 E_V 分别为表面上价带顶和导带底的能级。

按照图 9-27，界面上电子的能量（即陷阱的能量）为

$$E=E_t'=E_t-q(\psi_s+\delta\psi_s) \tag{9-186}$$

在导带、价带、金属导带内，3 个复合过程可以同时发生。

通过单能级界面态的复合电流 j_{ir} 应符合以下方程式：

$$qN_{it}\frac{df_t}{dt}=j_{ir}+qU_{in}-qU_{ip} \tag{9-187}$$

或表达为

$$N_{it}\frac{df_t}{dt}=U_{in}-U_{ip}+\frac{j_{ir}}{q} \tag{9-188}$$

利用式（9-188）可获得界面隧穿电流 j_{ir}。

稳态情况下，$\frac{df_t}{dt}=0$，有

$$j_{ir}=qU_{ip}-qU_{in} \tag{9-189}$$

按照式（9-169）和式（9-170），有

$$j_{ir}=qU_{ip}-qU_{in}=j_{ip}-j_{in} \tag{9-190}$$

9.8.3　界面态的占据率和隧穿电流

界面态的分布可以是分立的能级分布，也可以是连续的能带分布。

1. 单能级界面态的占据率

为了利用式（9-178）确定隧穿电流 j_{ir}，需要知道界面态的占据率 f_t。为此，利用微分方程式（9-188）求解 f_t。

将 MIS 结构的中间层视为电介质层时，它呈现电容器结构，所以也称之为 MIS 电容器。在金属侧，外加电压可以是直流电压(V_0)，也可以是交流电压（如 $V_1e^{i\omega t}$），还可以是直流电压加交流电压（$V_0+V_1e^{i\omega t}$）。由于 MIS 太阳电池由光照形成的偏置电压是直流的，所以这里仅讨论直流偏置情况。

施加电压为直流偏置电压 V_0时，有

$$V=V_0 \tag{9-191}$$

对应的半导体表面势的变化为

$$\Delta\psi_s=\Delta\psi_{s0} \tag{9-192}$$

式中，$\Delta\psi_{s0}$为施加直流偏置电压时半导体表面势的变化量。以下对于所有施加直流偏置电压时的参数都用下标“0”标明。

f_{m0}、n_{s0}和 p_{s0}的表达式分别为

$$f_{m0}=\frac{1}{1+\exp[(E_t'-E_{Fm})/kT]} \tag{9-193}$$

$$n_{s0}=n_b\exp[q(\psi_{s0}+\delta\psi_{s0})/kT] \tag{9-194}$$

$$p_{s0}=p_b\exp[-q(\psi_{s0}+\delta\psi_{s0})/kT] \tag{9-195}$$

式（9-182）所表达的隧穿速率 $R_T=1/\tau_T$是衰减常数 $\kappa(x)$的函数，衰减常数 $\kappa(x)$与势垒能量 $q\phi_{ic}(x)$相关，$\phi_{ic}(x)$又与偏置电压相关。为了简化绝缘体内衰减常数的积分，势垒高度 $q\phi_{ic}(x)$可用平均值 $q\phi_{ic}$代替。$q\phi_{ic0}(x)$的平均值为

$$\phi_{ic0}(x)=[\phi_{ic0}(x_a)+\phi_{ic0}(x_b)]/2 \tag{9-196}$$

参照式（9-160），可得：

$$\phi_{ic0}(x)=\phi_{ic0}^0-\frac{(x_b-x)V_0+(x-x_a)\delta\psi_{s0}}{x_b-x_a} \tag{9-197}$$

式中，ϕ_{ic0}^0为零直流偏压下绝缘体的导带势能。

利用式（9-196），可算得 $\phi_{ic0}(x)$的平均值为

$$\phi_{ic0}(x)=[\phi_{ic0}^0(x_a)+\phi_{ic0}^0(x_b)-(V_0+\delta\psi_{s0})]/2 \tag{9-198}$$

由式（9-178）和式（9-186）可得施加直流偏置电压时的 κ 值为

$$\kappa_{i0}=\frac{(2m^*)^{1/2}}{\hbar}(q\phi_{ic0}-E_{t0}')^{1/2} \tag{9-199}$$

式中，E'_{t0}是存在外加直流偏置电压时界面态的能量：

$$E'_{t0}=E_{t0}-q(\psi_{s0}+\delta\psi_{s0}) \tag{9-200}$$

将它代入隧穿时间常数的关系式（9-182），在直流偏置电压下，把$\kappa(x)$视为常数κ_{i0}，可得到隧穿速率R_{T0}为

$$R_{T0}=\frac{1}{\tau_{T0}}=2\hbar\kappa_{i0}^2\kappa_{is0}\sigma_{T0}(E)e^{-2d\kappa_{i0}}/(\pi m^* d) \tag{9-201}$$

式中，d为绝缘层厚度（单位为 Å）：

$$d=x_b-x_a \tag{9-202}$$

以χ表示界面中能量为E的电子通过绝缘体隧穿到金属的平均有效隧穿势垒高度（单位为 eV），在这里也就是从界面能带弯曲后界面态的能级到绝缘体的导带底的距离：

$$\chi=q\phi_{ic0}^0-E'_{t0} \tag{9-203}$$

将式（9-199）代入式（9-159）后，隧穿指数ξ可表达为

$$\xi=2\int_{x_a}^{x_b}\kappa_{i0}(x)dx=2\int_{x_a}^{x_b}\frac{(2m^*)^{1/2}}{\hbar}(q\phi_{ic0}^0-E'_{t0})^{1/2}dx \tag{9-204}$$

利用式（9-203）可得：

$$\xi=\frac{2\cdot(2m^*)^{1/2}}{\hbar}(\chi)^{1/2}d \tag{9-205}$$

如果把绝缘层中电子有效质量近似为自由电子质量，且设ϕ的单位为 V，d的单位为 Å，则有

$$\frac{2\cdot(2m^*)^{1/2}}{\hbar}=1.02(eV)^{-1/2}Å^{-1}\approx1.0(eV)^{-1/2}Å^{-1} \tag{9-206}$$

说明 在国际单位制中，$(\chi)^{1/2}\cdot d$的单位为$J^{1/2}\cdot m$，由于ξ为隧穿指数，所以$\frac{2\cdot(2m^*)^{1/2}}{\hbar}$的单位应为$J^{-1/2}\cdot m^{-1}$。

由附录 E 查得相关物理常数值，$\hbar=1.0546\times10^{-34}J\cdot s$，$m^*=9.1095\times10^{-31}kg$，将其代入式（9-206）得：

$$\frac{2\cdot(2m^*)^{1/2}}{\hbar}=25.6\times10^{-31}\frac{\sqrt{kg}}{J\cdot s}$$

按照附录 H 进行单位换算，$J=N\cdot m$，$N=kg\frac{m}{s^2}$，得$\frac{\sqrt{kg}}{J\cdot s}=\frac{1}{m\sqrt{J}}$。

应用单位换算，$1J=\frac{1}{1.602\times10^{-19}}eV$，$1m=10^{10}Å$，代入上式可得：

$$\frac{2\cdot(2m^*)^{1/2}}{\hbar}=25.6\times10^{18}\frac{1}{m\sqrt{J}}=1.02(eV)^{-1/2}Å^{-1}$$

于是 ξ 可表述为

$$\xi \approx \chi^{1/2} d \tag{9-207}$$

将其代入式（9-182）可得：

$$1/\tau_{T0} = \frac{2\hbar}{\pi m^*} \kappa_i(x_b) \kappa_{is} \sigma_T \left(\int_{x_a}^{x_b} \frac{1}{\kappa_i(x)} dx \right)^{-1} \exp(-\chi^{1/2} d) \tag{9-208}$$

于是，在直流偏置下，可以得到如下隧穿时间常数 τ_{T0} 的表达式：

$$\tau_{T0} = \tau_0 \exp(\chi^{1/2} d) \tag{9-209}$$

式中，

$$\tau_0 = \left[\frac{2\hbar}{\pi m^*} \kappa_i(x_b) \kappa_{is} \sigma_T \right]^{-1} \cdot \left[\int_{x_a}^{x_b} \frac{1}{\kappa_i(x)} dx \right] \tag{9-210}$$

利用上面这些变量和微分方程式（9-188），可得到界面态的占据率 f_{t0}。

在稳态下，f_{t0} 与时间无关，$N_{it} \frac{df_t}{dt} = 0$，将式（9-161）和式（9-162）代入式（9-188），并考虑到 $f_{pt} = 1 - f_t$，可得到直流偏压下的方程式：

$$N_{it} \langle \sigma_n v_{th} \rangle [n_{s0} - f_{t0}(n_{s0} + n_1)] - N_{it} \langle \sigma_p v_{th} \rangle [f_{t0}(p_{s0} + p_1) - p_1] + \frac{j_{ir0}}{q} = 0 \tag{9-211}$$

式中，j_{ir0} 可由式（9-183）求得：

$$\frac{j_{ir0}}{q} = N_{it}(f_{t0} - f_{m0}) / \tau_{T0} \tag{9-212}$$

如上所述，式（9-211）所表示的界面态动力学方程中加入了隧穿项 $\frac{j_{ir0}}{q}$。式（9-212）表述了通过单能级界面态的直流电流 j_{ir0}，它正比于界面态（陷阱）密度 N_{it}，以及金属与陷阱态的占据概率的差（$f_{m0} - f_{t0}$）。能态的占据概率之差是由在金属上加上偏置电压 V_0 造成的。直流电流还与隧穿时间常数 τ_{T0} 成反比。由式（9-208）可见，τ_{T0} 随绝缘层势垒高度和势垒厚度呈指数规律变化。由于势垒高度取决于外加电压，因此 τ_{T0} 是外加偏置电压的函数。

2. 分立能级的界面态直流隧穿电流

由式（9-211）和式（9-212）可求出静态陷阱占据率 f_{t0}，并可进一步求得隧穿电流 j_{ir0} 表达式[15]，即

$$f_{t0} = \frac{n_{s0} s_{n0} + p_1 s_{p0} + j_{ir0}/q}{(n_{s0} + n_1) s_{n0} + (p_{s0} + p_1) s_{p0}} = \frac{\tau_{T0} f_{t00} + \tau_s f_{m0}}{\tau_{T0} + \tau_s} \tag{9-213}$$

和

$$\frac{j_{ir0}}{q} = \frac{N_{it}}{\tau_{T0} + \tau_s} (f_{t00} - f_{m0}) \tag{9-214}$$

在式（9-213）和式（9-214）中，s_{n0} 和 s_{p0} 分别为电子和空穴的表面复合速度：

$$s_{n0} = N_{it} \langle \sigma_n v_{th} \rangle \tag{9-215}$$

$$s_{p0} = N_{it} \langle \sigma_p v_{th} \rangle \tag{9-216}$$

f_{t00}是不考虑隧穿效应的陷阱占据率，在第 5 章 5.6 节中已讨论过，也就是式（9-213）中 $j_{ir0}=0$ 的情况，即

$$f_{t00}=\frac{n_{s0}s_{n0}+p_1 s_{p0}}{(n_{s0}+n_1)s_{n0}+(p_{s0}+p_1)s_{p0}} \tag{9-217}$$

τ_s为半导体中表面电子和空穴的复合时间常数，即

$$\tau_s=\frac{1}{\langle\sigma_n v_{th}\rangle(n_{s0}+n_1)+\langle\sigma_p v_{th}\rangle(p_{s0}+p_1)}=\frac{N_{it}}{s_{n0}(n_{s0}+n_1)+s_{p0}(p_{s0}+p_1)} \tag{9-218}$$

下面分两种极限情况讨论式（9-213）。

如果界面载流子的复合时间常数大于隧穿时间常数，即 $\tau_s \gg \tau_{T0}$，则式（9-213）和式（9-214）可简化为

$$f_{t0}=f_{m0} \tag{9-219}$$

$$\frac{j_{ir0}}{q}=\frac{N_{it}}{\tau_s}(f_{t00}-f_{m0}) \tag{9-220}$$

此时，陷阱和金属态的占据率接近相等，这就是通常所说的金属的费米能级钉扎到界面的费米能级上的情况。隧穿电流 j_{ir0} 完全由半导体表面复合时间常数 τ_s 确定，与隧穿特性无关。这种情况相当于流过肖特基势垒的电流通过界面的透射系数接近于1，即 $T\to 1$。所有由半导体提供的电子都能通过界面。这是隧穿进入界面态由复合控制的“复合控制电流”的情况。

若通过势垒的隧穿时间常数大于表面复合时间常数，即 $\tau_{T0}\gg\tau_s$，$j_{ir0}=\frac{qN_{it}}{\tau_{T0}}(f_{t00}-f_{m0})$，则式（9-213）可简化为

$$f_{t0}=f_{t00} \tag{9-221}$$

在稳态情况下，按式（9-190）可得：

$$j_{ir0}=J_{ip0}-J_{in0}=\frac{qN_{it}}{\tau_{T0}}(f_{t00}-f_{m0}) \tag{9-222}$$

若占据率 f_{t0} 接近于没有隧穿效应时的 f_{t00}，电流 j_{ir0} 只有由半导体提供的电流 $qN_{it}(f_{t00}-f_{m0})/\tau_{T0}$ 中的很小一部分$\left(\text{即}\frac{\tau_s}{\tau_{T0}}\right)$能通过界面。这就是进入界面态由隧穿效应控制的“隧穿控制电流”的情况。

3. 连续界面态直流隧穿电流

上面讨论的是单能级的界面态，通常需要考虑分布在半导体整个带隙某一能量范围内的界面态 $g_{it}(E_t)$。在 $\tau_{T0}\gg\tau_s$ 情况下，只需对式（9-222）做简单的扩展，即通过态密度 $g_{it}(E_t)=\mathrm{d}N_{it}/\mathrm{d}E_t$ 及其在允许能量内的积分替换式（9-222）中的界面态数 N_{it}。于是，隧穿进入界面的总电流为

$$J_{ir0}=q\int_{E_v}^{E_c}\frac{g_{it}(E_t)}{\tau_{T0}}(f_{t00}-f_{m0})\,\mathrm{d}E_t \tag{9-223}$$

在温度为0K条件下，f_{m0}和f_{t00}为阶跃函数，式（9-223）可以获得近似的解析式。但在一般情况下，只能用数值方法求解。

9.9 载流子通过绝缘体势垒的隧穿电流

MIS结构太阳电池的终端特性是由界面态的隧穿电流、通过绝缘体势垒的隧穿电流与光照下半导体中产生的光生电流构成的。

9.9.1 MIS结构中的绝缘层

MIS结构中的绝缘层在很多方面影响MIS结构的性能，例如：绝缘层的能隙所产生的势垒，将改变肖特基势垒的透射系数；绝缘层的存在，降低了偏置电压对半导体表面电势的影响，从而提升了金属-半导体界面电势差；界面态与金属之间的电子隧穿，以及在半导体的导带和价带中电子的相互作用，均可引起界面电荷，因而绝缘层的存在将改变半导体的扩散电势；绝缘体-半导体界面态的占据率与绝缘层厚度有关，随着绝缘层厚度的增加，界面态与金属之间的交换变得更加困难；等等。

MIS的结构比pn结的结构复杂，在分析半导体到金属的隧穿电流密度时，要做一些简化处理[17]：

☺ 假定在偏置电压$|V|>3kT/q$的情况下，绝缘层的透射系数为常数。
☺ 假定少子注入率很低，忽略少子注入对电流的影响。
☺ 忽略半导体势垒镜像力降低的影响。
☺ 忽略肖特基势垒上方的量子力学反射和肖特基势垒下面的隧穿。
☺ 假设界面态存在于半导体-绝缘体层界面，局限于绝缘体层内，与金属层分离，可减小由其引起的绝缘体层内电势的变化。

9.9.2 从半导体到金属的隧穿电流

应用粒子隧穿势垒的隧穿电流的一般表达式（9-113），可导出从半导体到金属的一维隧穿电流表达式J_{cm}。为了简化计算，仅讨论一维的情况，这时J_{cm}为

$$J_{cm}=\frac{2m^{*}q}{\hbar^{3}}\int_{0}^{\infty}\int_{0}^{E_{max}}|M_{sm}|^{2}g_{s}g_{m}(f_{s}-f_{m})\,dE_{\perp}\,dE_{x} \tag{9-224}$$

这里，下标s和m分别表示半导体和金属；$|M_{sm}|^2$为从半导体到金属的跃迁矩阵元；g_s和g_m为态密度；f_s和f_m为费米分布函数；E_x为与垂直于势垒的动量分量相对应的电子能量；$E_\perp$和m^*分别为与横向穿透势垒的动量分量相对应的传导电子能量和有效质量分量。

式（9-224）表达的是MIS结构的正向电流，假定对于掺杂浓度为中等水平的半导体，忽略了金属到半导体穿透肖特基势垒的隧穿电流。积分的下限可以选定为半导体表面的导带底，其能量为零，即$E_c^0(0)=0$；积分的上限为$E_{max}-E_x$。于是可给出：

$$\int_0^{\infty}\int_0^{E_{\max}} \mathrm{d}E_{\perp}\,\mathrm{d}E_x \rightarrow \int_0^{E_{\max}-E_x}\int_0^{E_{\max}} \mathrm{d}E_{\perp}\,\mathrm{d}E_x \tag{9-225}$$

在式（9-224）中，由于被积函数中的费米分布函数随能量的增加趋于零，如果将式（9-225）中的积分上限扩展到∞，对计算结果不会产生多大影响，因此积分上限可取∞。

对于跃迁矩阵元，采用量子力学的 WKB 近似计算，即

$$|M_{\mathrm{sm}}|^2=\left(\frac{\hbar^2}{2m^*}\right)^2\frac{(k_x)_{\mathrm{s}}}{L_{\mathrm{s}}}\frac{(k_x)_{\mathrm{m}}}{L_{\mathrm{m}}}\exp\left[-2\left(\int_{x_{\mathrm{s}}}^{x_{\mathrm{m}}}|k_x|\mathrm{d}x\right)\right] \tag{9-226}$$

以及一维态密度按式（9-155）计算，即

$$g_{\mathrm{m}}=\frac{m^* L_{\mathrm{m}}}{\pi\hbar^2(k_x)_{\mathrm{m}}} \tag{9-227}$$

$$g_{\mathrm{s}}=\frac{m^* L_{\mathrm{s}}}{\pi\hbar^2(k_x)_{\mathrm{s}}} \tag{9-228}$$

由于动量 $p_x=\hbar k_x$，k_x可视为在 x 方向的动量分量，L_{s}和 L_{m}分别为半导体和金属的长度；x_{s}和 x_{m}分别为经典隧穿点，于是将式（9-227）和式（9-228）代入式（9-226）导出：

$$|M_{\mathrm{sm}}|^2=\frac{1}{(2\pi)^2}\frac{1}{g_{\mathrm{m}}g_{\mathrm{s}}}\exp\left[-2\left(\int_{x_{\mathrm{s}}}^{x_{\mathrm{m}}}|k_x|\mathrm{d}x\right)\right] \tag{9-229}$$

为了简化计算，假设势垒为矩形势垒，其高度为 $q\phi_{\mathrm{ic}}$，与 x 无关。令 $\chi\approx(q\phi_{\mathrm{ic}}-E_x)$，表示能量为 E_x的电子通过绝缘体隧穿到金属的有效隧穿势垒高度（在此就是从半导体导带底到绝缘体导带底的距离），则动量 k_x可表示为

$$k_x=\left[\frac{2m^*}{\hbar^2}(q\phi_{\mathrm{ic}}-E_x)\right]^{1/2}=\left[\frac{2m_{\mathrm{t}}^*}{\hbar^2}\chi\right]^{1/2} \tag{9-230}$$

另外，由于绝缘层厚度为 $d=x_{\mathrm{m}}-x_{\mathrm{s}}$，用普朗克常量 h 代替约化普朗克常量 $\hbar$，$\hbar=h/2\pi$，可得：

$$\begin{aligned}|M_{\mathrm{sm}}|^2&=\frac{1}{(2\pi)^2}\frac{1}{g_{\mathrm{s}}g_{\mathrm{m}}}\exp\left[-\frac{4\pi}{h}(2m^*\chi)^{1/2}d\right]\\&\approx\frac{1}{(2\pi)^2}\frac{1}{g_{\mathrm{s}}g_{\mathrm{m}}}\exp[-1.01\chi^{1/2}d]\approx\frac{1}{4\pi^2 g_{\mathrm{s}}g_{\mathrm{m}}}\exp[-\chi^{1/2}d]\end{aligned} \tag{9-231}$$

式中：χ 的单位为 eV；d 的单位为 Å。

下面以 n 型半导体为例，计算半导体中的费米分布函数f_{s}和金属中的费米分布函数f_{m}。正向偏置电压下 n 型半导体 MIS 结构能带图如图 9-28 所示。

参照第 4 章 4.1 节，对于非简并半导体材料的玻耳兹曼近似，费米分布函数f_{s}的计算可按式（4-17）进行。考虑到能量关系式（9-123），$E=E_x+E_{\perp}$，可导出f_{s}为

$$f_{\mathrm{s}}\approx\mathrm{e}^{-(E-E_{\mathrm{Fn}})/kT}=\exp\left[\frac{-(E_x+E_{\perp}-E_{\mathrm{Fn}})}{kT}\right] \tag{9-232}$$

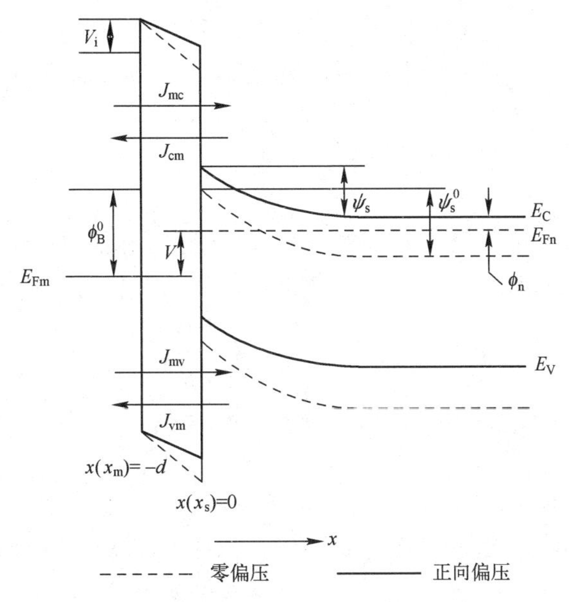

图 9-28　正向偏置电压下 n 型半导体 MIS 结构能带图

式中，E_{Fn}为采用相对于在表面上导带底为零的能量计算的半导体电子的费米能级的能量。

对于金属中的费米分布函数f_m，在正向偏置电压下，$f_m \approx 0$。

于是，式（9-224）变为

$$J_{cm} = \frac{m^* q}{2\pi^2 \hbar^3}\int_0^\infty \int_0^\infty \exp(-\chi^{1/2}d)\exp\left[\frac{-(E_x + E_\perp - E_{Fn})}{kT}\right]dE_x dE_\perp$$

$$= \frac{4\pi m^* q}{h^3}\exp(-\chi^{1/2}d)\exp\left(\frac{E_{Fn}}{kT}\right)\int_0^\infty \int_0^\infty \exp\left(\frac{-E_x}{kT}\right)\exp\left(\frac{-E_\perp}{kT}\right)dE_x dE_\perp$$

$$= A^* T^2 \exp(-\chi^{1/2}d)\exp\left(\frac{E_{Fn}}{kT}\right) \tag{9-233}$$

式中，A^*为有效理查逊常数，$A^* = \dfrac{4\pi m^* q k^2}{h^3}$；由于半导体电子的费米能级$E_{Fn}$处于比表面导带底的零能量更低的位置，因此$E_{Fn}$是负的，它由下式表达：

$$E_{Fn} = -q(\psi_s + \phi_n) \tag{9-234}$$

式中：ψ_s为半导体的表面电势，是半导体表面导带底和体内导带底之间的电势差；ϕ_n为半导体体内导带底的费米势。

于是，将式（9-234）代入式（9-233），可得到正向偏置电压下，由 n 型半导体导带电子隧穿到金属的电流密度为

$$J_{cm} = A^* T^2 \exp(-\chi^{1/2}d)\exp\left(\frac{-q(\psi_s + \phi_n)}{kT}\right) \tag{9-235}$$

式中，χ 为绝缘层势垒高度的平均值，d 为绝缘层的厚度。

假设ψ_s^0为零偏置时的表面势（它是由载流子扩散引起的，也称扩散势），其他的一些因素（如复合电流等）对表面势的贡献很小，则表面势的变化仅与外加电压有关，即

$$\eta=\frac{-V}{\Delta\psi_s} \tag{9-236}$$

式中，$\Delta\psi_s$为由外加偏置电压V引起的表面势的变化。η值适用于实际情况下电流–电压曲线，也称曲线因子。于是，半导体的表面势ψ_s可表达为

$$\psi_s=\psi_s^0+\Delta\psi_s=\psi_s^0-\frac{V}{\eta} \tag{9-237}$$

在没有外加光偏置或电压偏置的条件下（$E_{Fm}=E_{Fn}$），半导体中电子的势垒高度$q\phi_B^0$为

$$q\phi_B^0=q\psi_s^0+q\phi_n \tag{9-238}$$

于是，将式（9-238）代入式（9-237），再代入式（9-235）可得：

$$J_{cm}=A^*T^2\exp(-\chi^{1/2}d)\exp\left(\frac{-q\phi_B^0}{kT}\right)\exp\left(\frac{qV}{\eta kT}\right) \tag{9-239}$$

式中，ϕ_B^0为零偏置（平衡）时的电子势垒高度。

由于忽略了电子从金属隧穿到半导体的反方向电流，所以式（9-239）仅适用于正向偏压$V>3kT/q$的情况。

由于$q(\psi_s+\phi_n)=E_{c0}-E_{Fn}$，式（9-235）可表述为另一种形式，即

$$J_{cm}=A^*T^2\exp(-\chi^{1/2}d)\exp\left(\frac{E_{Fn}-E_{C0}}{kT}\right) \tag{9-240}$$

式中，E_{Fn}为半导体的电子准费米能级，E_{C0}为在表面上的导带底的能量。

上面是对n型半导体进行的讨论，对于p型半导体，也可以做类似的讨论。

9.9.3 通过绝缘体的净隧穿电流

绝缘体势垒对于导带和价带来说几乎是对称的[18]。这意味着，类似的处理也适用于在反向偏置下的少子。对所有能量低于表面价带顶的载流子，可考虑其积分限类似于正向偏置，只是E_C^0应被表面价带顶的能量E_V^0取代。空穴隧穿电流方程具有与式（9-240）相似的形式，即

$$J_{vm}=A^*T^2\exp(-\chi^{1/2}d)\exp\left(-\frac{E_{Fm}-E_{V0}}{kT}\right) \tag{9-241}$$

净空穴隧穿电流为正、反方向电子隧穿电流之差[17]，即$J_{tp}=J_{mv}-J_{vm}$，所以应用式（9-241），可得净空穴隧穿电流为

$$\begin{aligned}J_{tp}&=J_{mv}-J_{vm}\\&=A^*T^2\exp(-\chi^{1/2}d)\left\{\exp\left[\frac{E_{V0}-q\phi_p(-d)}{kT}\right]-\exp\left[\frac{E_{V0}-q\phi_p(0)}{kT}\right]\right\}\end{aligned} \tag{9-242}$$

式中：$q\phi_p(-d)=E_{Fm}$为金属的费米能级；$q\phi_p(0)$为绝缘层界面（$x=0$处）的空穴准费米能级值$E_{Fp}(0)$；A^*为有效理查逊常数，$A^*=\dfrac{4\pi m_{lv}^* qk^2}{h^3}$；$m_{lv}^*$为对横向透过势垒的动量的空穴有效质量，$m_{lv}^*=0.16m_0$。

如果E_{Fm}被选作能量的零点，即$E_{Fm}=0$，则式（9-242）可变为

$$J_{tp}=A^*T^2\exp(-\chi^{1/2}d)\exp\left[\frac{E_{v0}}{kT}\right]\left\{1-\exp\left[\frac{-q\phi_p(0)}{kT}\right]\right\} \tag{9-243}$$

9.10　MIS太阳电池

MIS太阳电池的基本结构与上述MIS结构相仿，即由金属、绝缘体和半导体三部分组成。由于金属中价带与导带重叠，绝缘体禁带宽度很大，不能产生光生载流子，因此只有半导体才能产生电流。金属、绝缘体中没有复合电流，复合电流主要由半导体的基区、空间电荷区、半导体与绝缘体的界面区产生。其中，界面区存在大量界面态，所以界面区的复合电流是不能忽视的。太阳电池的净输出电流为光生电流减去复合电流。

由于载流子通过绝缘层的隧穿是比较困难的，所以半导体表面少子的准费米能级通常不等于金属的费米能级。以下讨论的是以p型半导体为基底的MIS太阳电池；对于以n型半导体为基底的MIS太阳电池，只要改变其相应的参数，则分析方法相同[19,20]。

9.10.1　MIS太阳电池的能带结构

MIS太阳电池在光照下，半导体处于非平衡状态。图9-29（a）所示为MIS太阳电池能带分布。图中，设定金属接地；ϕ_m为金属的功函数；V_i为绝缘体两端的电压；ϕ_B为空穴势垒高度；在半导体上施加的正偏电压为V；电子和空穴的费米能级的能量差等于$q\phi_s$；由偏置电压引起的ϕ_s的变化量为$\delta\phi_s$；由偏置电压引起的绝缘体上的电压变化为δV_i；半导体表面势（即能带弯曲量）为ψ_s；由偏置电压引起的半导体表面势变化为$\delta\psi_s$；表面态的中性能级是E_t'；$q\phi_p$为多子的费米能级和价带顶之间的能量差，其值$q\phi_p=kT\ln(N_v/N_A)$；d为绝缘体厚度。

图9-29（b）所示为MIS太阳电池电流分量示意图。图中的电流包括：通过绝缘层的空穴和电子的隧穿电流（J_{tp}和J_{tn}）；表面态的电流分量（j_{ip}、j_{in}和j_{ir}）；耗尽区的产生-复合电流（J_{rd}），以及在半导体体内和耗尽区产生的光电流（J_{scp}和J_{gd}）。

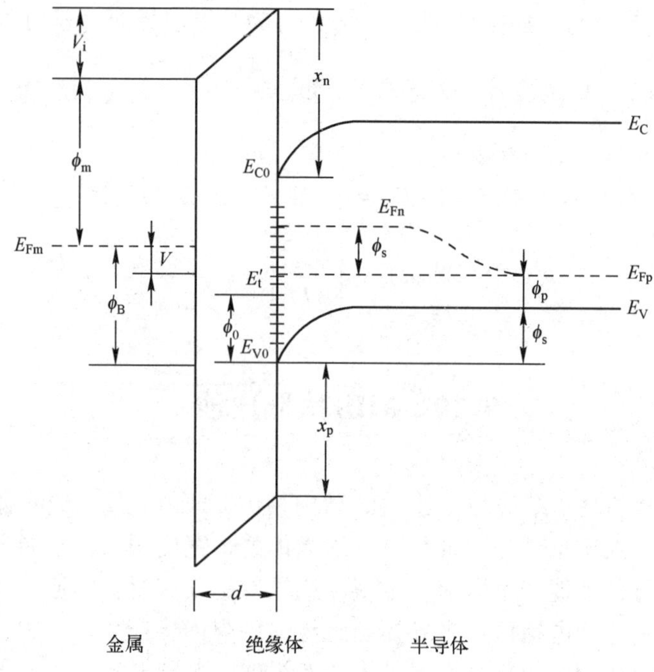

（a）MIS太阳电池能带分布

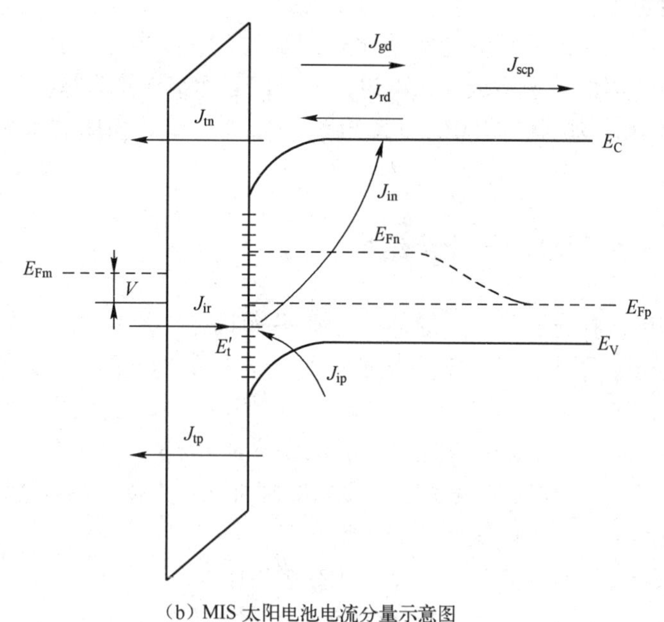

（b）MIS太阳电池电流分量示意图

图 9-29　MIS 太阳电池能带图

9.10.2　MIS 太阳电池绝缘体中的电压降和电荷分布

绝缘体上的电压降可以写为

$$V_i = E_g + \chi - \phi_m - \phi_p - \psi_s - V \tag{9-244}$$

式中：V为终端正向偏置电压；χ为载流子隧穿绝缘层进入金属的有效势垒，对于电子为χ_n，对于空穴为χ_p。

由高斯定律得：

$$V_i = \frac{d}{\varepsilon_i}(Q_f + Q_{ss} + Q_s) \tag{9-245}$$

式中，Q_f、Q_{ss}和Q_s分别按以下方式计算。

绝缘体（如氧化物）中的固定电荷量Q_f可以表示为

$$Q_f = qN_F \tag{9-246}$$

式中，N_F为固定电荷数目：

$$N_F = -\frac{\varepsilon_i}{d}(V_{FB} + W_{ms}) \tag{9-247}$$

式中，V_{FB}为平带电压，W_{ms}为金属与半导体的功函数差。

半导体的表面态电荷为

$$Q_{ss} = qN_{it}(E_{Fn} - E_t') = -q^2 N_{it}(\psi_s + \phi_p + \phi_s - \phi_0) \tag{9-248}$$

式中，$q\phi_0$为特定的能级，$q\phi_0 = E_t' - E_{V0}$。为了使表面电荷是中性的，在这个能级以下所有的表面态必须填满。

半导体的体内电荷Q_s可通过求解泊松方程计算。对于p型半导体，泊松方程为

$$\frac{d^2\psi_p}{dx^2} = -\frac{q}{\varepsilon_s}(p - n + N_D - N_A) \tag{9-249}$$

式中，ψ_p为p型半导体内的电势。

假设表面的多子费米能级与体内的相同，且不随体内到表面的距离x而变化；表面反型时，少子是空间电荷区的主要部分，多子可忽略。对于p型半导体，$N_D \ll N_A$，于是空间电荷区的一维泊松方程可写为

$$\frac{d^2\psi_p}{dx^2} = -\frac{q}{\varepsilon_s}(p - n - N_A) \tag{9-250}$$

式中，受主杂质浓度N_A为

$$N_A = p_{p0} = \frac{n_i^2}{n_{p0}} \tag{9-251}$$

式中，p_{p0}和n_{p0}分别为热平衡时p型半导体中的空穴浓度和电子浓度。

按玻耳兹曼统计分布，式（9-250）中的p和n分别为

$$p = N_A e^{-\frac{q}{kT}\psi_p} \tag{9-252}$$

$$n = n_{p0} e^{\frac{q\psi_p}{kT}} + n_{p0} e^{\frac{q\phi_s}{kT}} = \frac{n_i^2}{N_A} e^{\frac{q}{kT}(\psi_p + \phi_s)} \tag{9-253}$$

在光照下，半导体处于非平衡状态。设少子准费米能级通过耗尽区时不发生变化，因此表面上两个费米能级之间的分离量ϕ_s是相等的，与x无关。将式（9-252）和式（9-253）代入式（9-250），可得：

$$\frac{\mathrm{d}^2\psi_{\mathrm{p}}}{\mathrm{d}x^2}=-\frac{q}{\varepsilon_{\mathrm{s}}}\left(N_{\mathrm{A}}\mathrm{e}^{-\frac{q}{kT}\psi_{\mathrm{p}}}-\frac{n_{\mathrm{i}}^2}{N_{\mathrm{A}}}\mathrm{e}^{\frac{q}{kT}(\psi_{\mathrm{p}}+\phi_{\mathrm{s}})}-N_{\mathrm{A}}\right) \tag{9-254}$$

该式为不显含自变量的可降阶二阶微分方程，可通过如下变换求解。

令$\frac{\mathrm{d}\psi_{\mathrm{p}}}{\mathrm{d}x}=z$，式（9-254）变为

$$\frac{\mathrm{d}^2\psi_{\mathrm{p}}}{\mathrm{d}x^2}=\frac{\mathrm{d}z}{\mathrm{d}x}=\frac{\mathrm{d}z}{\mathrm{d}\psi_{\mathrm{p}}}\cdot\frac{\mathrm{d}\psi_{\mathrm{p}}}{\mathrm{d}x}=z\frac{\mathrm{d}z}{\mathrm{d}\psi_{\mathrm{p}}}=-\frac{qN_{\mathrm{A}}}{\varepsilon_{\mathrm{s}}}\left(\mathrm{e}^{-\frac{q}{kT}\psi_{\mathrm{p}}}-\frac{n_{\mathrm{i}}^2}{N_{\mathrm{A}}^2}\mathrm{e}^{\frac{q}{kT}\phi_{\mathrm{s}}}\mathrm{e}^{\frac{q}{kT}\psi_{\mathrm{p}}}-1\right) \tag{9-255}$$

分离变量后可得：

$$z\mathrm{d}z=-\frac{qN_{\mathrm{A}}}{\varepsilon_{\mathrm{s}}}\left(\mathrm{e}^{-\frac{q}{kT}\psi_{\mathrm{p}}}-\frac{n_{\mathrm{i}}^2}{N_{\mathrm{A}}^2}\mathrm{e}^{\frac{q}{kT}\phi_{\mathrm{s}}}\mathrm{e}^{\frac{q}{kT}\psi_{\mathrm{p}}}-1\right)\mathrm{d}\psi_{\mathrm{p}} \tag{9-256}$$

两边从体内空间电荷区内边界向表面积分，取积分限为$0\to\psi_{\mathrm{s}}$，得到

$$\begin{aligned}\int_0^z z\mathrm{d}z=\frac{z^2}{2}&=-\frac{qN_{\mathrm{A}}}{\varepsilon_{\mathrm{s}}}\int_0^{\psi_{\mathrm{s}}}\left(\mathrm{e}^{-\frac{q}{kT}\psi_{\mathrm{p}}}\mathrm{d}\psi_{\mathrm{p}}-\frac{n_{\mathrm{i}}^2}{N_{\mathrm{A}}^2}\mathrm{e}^{\frac{q}{kT}\phi_{\mathrm{s}}}\mathrm{e}^{\frac{q}{kT}\psi_{\mathrm{p}}}\mathrm{d}\psi_{\mathrm{p}}-\mathrm{d}\psi_{\mathrm{p}}\right)\\&=-\frac{qN_{\mathrm{A}}}{\varepsilon_{\mathrm{s}}}\left[-\frac{kT}{q}(\mathrm{e}^{-\frac{q}{kT}\psi_{\mathrm{s}}}-1)-\left(\frac{kT}{q}\right)\frac{n_{\mathrm{i}}^2}{N_{\mathrm{A}}^2}\mathrm{e}^{\frac{q}{kT}\phi_{\mathrm{s}}}(\mathrm{e}^{\frac{q}{kT}\psi_{\mathrm{s}}}-1)-\psi_{\mathrm{s}}\right]\\&=\frac{kTN_{\mathrm{A}}}{\varepsilon_{\mathrm{s}}}\left[(\mathrm{e}^{-\frac{q}{kT}\psi_{\mathrm{s}}}-1)+\frac{n_{\mathrm{i}}^2}{N_{\mathrm{A}}^2}\mathrm{e}^{\frac{q}{kT}\phi_{\mathrm{s}}}(\mathrm{e}^{\frac{q}{kT}\psi_{\mathrm{s}}}-1)+\frac{q}{kT}\psi_{\mathrm{s}}\right]\end{aligned}$$

即

$$z=\frac{\mathrm{d}\psi_{\mathrm{s}}}{\mathrm{d}x}=\pm\left\{\frac{2kTN_{\mathrm{A}}}{\varepsilon_{\mathrm{s}}}\left[(\mathrm{e}^{-\frac{q}{kT}\psi_{\mathrm{s}}}-1)+\frac{n_{\mathrm{i}}^2}{N_{\mathrm{A}}^2}\mathrm{e}^{\frac{q}{kT}\phi_{\mathrm{s}}}(\mathrm{e}^{\frac{q}{kT}\psi_{\mathrm{s}}}-1)+\frac{q}{kT}\psi_{\mathrm{s}}\right]\right\}^{1/2} \tag{9-257}$$

式中，ψ_{s}为 p 型半导体上的电势差，也就是能带的弯曲量。

再利用下面电场强度F_{s}和半导体表面势ψ_{s}的关系式（9-258），以及电场强度F_{s}和半导体电荷Q_{s}的关系式（9-259）：

$$F_{\mathrm{s}}(x)=-\frac{\mathrm{d}\psi_{\mathrm{s}}}{\mathrm{d}x} \tag{9-258}$$

$$Q_{\mathrm{s}}=-\varepsilon_{\mathrm{s}}F_{\mathrm{s}} \tag{9-259}$$

可得到半导体电荷Q_{s}的表达式为

$$Q_{\mathrm{s}}=\pm\left\{2kT\varepsilon_{\mathrm{s}}N_{\mathrm{A}}\left[\frac{q}{kT}\psi_{\mathrm{s}}+\mathrm{e}^{-\frac{q}{kT}\psi_{\mathrm{s}}}-1+\frac{n_{\mathrm{i}}^2}{N_{\mathrm{A}}^2}\mathrm{e}^{\frac{q}{kT}\phi_{\mathrm{s}}}(\mathrm{e}^{\frac{q}{kT}\psi_{\mathrm{s}}}-1)\right]\right\}^{1/2} \tag{9-260}$$

在此推导过程中，没有采用耗尽近似，因此是一普遍适用的关系式。这一关系式适用于半导体处于反型、耗尽或积累状态。高效 MIS 太阳电池通常处于反型状态。

如果采用耗尽近似，式（9-260）可简化为

$$Q_{\mathrm{s}}=\pm\sqrt{2q\varepsilon_{\mathrm{s}}N_{\mathrm{A}}\psi_{\mathrm{s}}} \tag{9-261}$$

这里认为制造 MIS 太阳电池时已采取了合适的热处理等措施，因此可以忽略碱金属离子等可移动的离子电荷和由于辐射效应引起的氧化物陷阱电荷。

9.10.3　MIS 太阳电池中的电流分量

MIS 太阳电池的各电流分量包括：

☺ 通过绝缘层的空穴和电子的隧穿电流（J_{tp}和 J_{tn}）。

☺ 表面态的电流分量（j_{ip}、j_{in}和 j_{ir}）。

☺ 耗尽区的产生-复合电流（J_{rd}）。

☺ 半导体体内和耗尽区产生的光电流（J_{scp}和 J_{gd}）。

1. 绝缘层的隧穿电流

隧穿电流包括空穴隧穿电流和电子隧穿电流[17,21]

（1）空穴隧穿电流：由式（9-242）可得空穴隧穿电流的表达式为

$$J_{tp}=A_p^* T^2 e^{(-\chi_p^{1/2}d)}\left[e^{-(E_{Fm}-E_{V0})/kT}-e^{-(E_{Fp}-E_{V0})/kT}\right] \tag{9-262}$$

式中：A_p^* 为有效理查逊常数，$A_p^*=\dfrac{4\pi m_{lv}^* qk^2}{h^3}$；$\chi_p$ 为空穴通过绝缘体隧穿到金属的有效隧穿势垒高度；E_{Fp}为半导体的空穴准费米能级；E_{V0}为在表面上的价带顶的能量；E_{Fm}为金属的费米能级。

由图 9-29（a）可知：

$$E_{Fp}-E_{V0}=q(\psi_s+\phi_p) \tag{9-263}$$

$$E_{Fm}-E_{V0}=q(\psi_s+\phi_p+V) \tag{9-264}$$

于是，式（9-262）可以写成

$$J_{tp}=A_p^* T^2\exp(-\chi_p^{1/2}d)\exp[-q(\psi_s+\phi_p)/kT][\exp(-qV/kT)-1] \tag{9-265}$$

（2）电子隧穿电流：电子隧穿电流可以表示为

$$J_{tn}=A_n^* T^2 e^{(-\chi_n^{1/2}d)}\left[e^{-(E_{C0}-E_{Fm})/kT}-e^{-(E_{C0}-E_{Fn})/kT}\right] \tag{9-266}$$

式中，E_{Fn}为半导体的电子准费米能级，E_{C0}为在表面上的导带底的能量。

由图 9-29（a）可知：

$$E_{C0}-E_{Fm}=E_g-q(\psi_s+\phi_p+V) \tag{9-267}$$

$$E_{C0}-E_{Fn}=E_g-q(\psi_s+\phi_p+\phi_s) \tag{9-268}$$

式（9-266）可以改写为

$$J_{tn}=A_n^* T^2 e^{-\sqrt{\chi_n}d} e^{-\frac{E_g}{kT}} e^{\frac{q}{kT}(\psi_S+\phi_p)}\left(e^{\frac{q}{kT}V}-e^{\frac{q}{kT}\phi_S}\right) \tag{9-269}$$

在此，χ_p和χ_n的值通常是不相同的，但当绝缘层厚度很薄时，可以认为χ_p和χ_n相等，均为 0.7eV[22]。

2. 界面复合电流

（1）表面态对 MIS 电池的电流-电压特性影响：半导体表面禁带的局域态会起到复合中心的作用。表面态通过静电效应和动态效应影响 MIS 电池的电流-电压特性。

☺ 表面态静电效应：由于表面态电荷的存储，由式（9-265）和式（9-269）表达的通过绝缘层的空穴和电子的隧穿电流 J_{tp}和 J_{tn}，受表面态浓度的影响强烈。表面态有类施主态和类受主态。设 E'_t 为表面上类施主态和类受主态之间的中性能级，类施主态的能量小于 E'_t，当这些态脱空时，贡献正电荷 Q_{ss}；而类受主态的能量大于 E'_t，当这些态被占据时，贡献负电荷 Q_{ss}。Q_{ss} 的正负电性和量值大小均会改变能带弯曲程度 ψ_s。ψ_s 将减小少子隧穿电流 J_{tn}，增大多子隧穿电流 J_{tp}。

☺ 表面态动态效应：动态效应的影响主要是指表面态可提供少子电流 J_{tn} 和多子电流 J_{tp} 的额外路径。

（2）界面态的电流分量：界面态的电流包括界面态的电子电流和界面态的空穴电流。

界面态的各电流分量可利用式（9-169）、式（9-170）和式（9-222），由以下公式给出。

从导带到界面态的电子电流为

$$J_{in}=qN_{it}v_{th}\sigma_n\cdot[(1-f_t)n_s-f_tn_1] \tag{9-270}$$

从价带到界面态的空穴电流为

$$J_{ip}=qN_{it}v_{th}\sigma_p\cdot[f_tp_s-(1-f_t)p_1] \tag{9-271}$$

界面态的总电流为

$$J_{ir}=J_{in}-J_{ip}=\frac{qN_{it}}{\tau_T}[f_t-f_m] \tag{9-272}$$

式中，表面载流子浓度 n_s 和 p_s 应按式（9-163）和式（9-164）计算，也可按下式计算[20]：

$$n_s=N_c e^{(E_{Fn}-E_{C0})/kT}=\frac{n_i^2}{N_A}e^{q(\psi_s+\phi_s)/kT} \tag{9-273}$$

$$p_s=N_v e^{-(E_{Fp}-E_{V0})/kT}=N_A e^{-q\psi_s/kT} \tag{9-274}$$

式中：ψ_s 为导带或价带的能带弯曲量；$q\phi_s$ 为电子与空穴的准费米能级之差。

$$n_1=N_c e^{(E'_t-E_{C0})/kT}=N_c e^{-(E_g-q\phi_0)/kT} \tag{9-275}$$

$$p_1=N_v e^{-(E'_t-E_{V0})/kT}=N_v e^{-q\phi_0/kT} \tag{9-276}$$

隧穿时间常数 τ_T 为

$$\tau_T=\tau_0 e^{\chi_i^{1/2}d} \tag{9-277}$$

设金属中 E'_t 能级的占据率为 f_m，没有隧穿电流时的界面态占据率为 f_{t0}，则有隧穿电流时的界面态占据率 f_t 可表达为

$$f_t=\frac{\tau_T f_{t0}+\tau_s f_m}{\tau_T+\tau_s} \tag{9-278}$$

式中，τ_s 为表面复合时间。

$$f_{t0}=\frac{n_s\sigma_n+p_1\sigma_p}{(n_s+n_1)\sigma_n+(p_s+p_1)\sigma_p} \tag{9-279}$$

$$\tau_s=\frac{1}{v_{th}(n_s+n_1)\sigma_n+(p_s+p_1)\sigma_p} \tag{9-280}$$

$$f_m=\frac{1}{1+e^{(E_t'-E_{Fm})/kT}}=\frac{1}{1+e^{(E_t'-E_{Fp})/kT}e^{-\frac{q}{kT}V}}=\frac{1}{1+(p_s/p_1)e^{-\frac{q}{kT}V}} \tag{9-281}$$

由此可见，有隧穿电流时的界面态占据率f_t的值处于f_m与f_{t0}之间。

将式（9-273）~式（9-276）代入式（9-270）~式（9-272），可分别得到式（9-282）~式（9-284）。

☺ 表面态复合的电子电流 J_{in} 为

$$J_{in}=qN_{it}v_{th}\sigma_n n_i^2\frac{\tau_s}{\tau_T+\tau_s}\cdot\left[\tau_T\sigma_p v_{th}(e^{\frac{q}{kT}\phi_s}-1)+\frac{\exp\left[\frac{q}{kT}(\phi_s-V)\right]-1}{p_1+p_s e^{-\frac{q}{kT}V}}\right] \tag{9-282}$$

☺ 表面态复合的空穴电流 J_{ip} 为

$$J_{ip}=qN_{it}v_{th}\sigma_n n_i^2\frac{\tau_s}{\tau_T+\tau_s}\cdot\left[\tau_T\sigma_p v_{th}(e^{\frac{q}{kT}\phi_s}-1)+\frac{p_s}{n_1}\frac{\sigma_p}{\sigma_n}\frac{(1-e^{-\frac{q}{kT}V})}{(p_1+p_s e^{-\frac{q}{kT}V})}\right] \tag{9-283}$$

☺ 表面态复合的总电流 J_{ir} 为

$$J_{ir}=\frac{qN_{it}v_{th}\sigma_n n_i^2}{(p_1+p_s e^{-\frac{q}{kT}V})}\cdot\frac{\tau_s}{\tau_T+\tau_s}\cdot\left\{\left[\exp\left[\frac{q}{kT}(\phi_s-V)\right]-1\right]-\frac{p_s}{n_1}\frac{\sigma_p}{\sigma_n}(1-e^{-\frac{q}{kT}V})\right\} \tag{9-284}$$

（3）耗尽区的产生-复合电流 J_{rd} 为

$$J_{rd}=\frac{qn_i w}{\tau_n}(e^{\left(\frac{q}{kT}\phi_s\right)/2}-1) \tag{9-285}$$

（4）中性区的光生电流 J_{scp}：类似于上述推导半导体体内扩散电流的方法，半导体体内的光生电流可通过求解连续性方程得到，其中产生项为

$$G(\lambda,x)=\alpha(\lambda)\Phi(\lambda)e^{-\alpha x} \tag{9-286}$$

光电流可以写成

$$J_{scp}=\frac{q\Phi\alpha L_n}{\alpha^2L_n^2-1}e^{-\alpha w}\left[\alpha L_n-\frac{F_2(H')-e^{-\alpha H'}\left(\frac{\alpha^2L_n^2}{D_n}-\alpha L_n\right)}{F_1(H')}\right] \tag{9-287}$$

（5）耗尽区的光生电流 J_{gd}：耗尽区的电场强度很高，光生载流子在复合前就被加速扫到耗尽区外。这一项光生电流应计入在内，耗尽区的光生电流可写为

$$J_{gd}=q\Phi(1-e^{\alpha w}) \tag{9-288}$$

9.10.4 MIS 太阳电池中的总电流

由于 MIS 太阳电池在光照下处于非平衡状态，半导体中电子和空穴的费米能级分裂，因此在计算各项电流分量时，需要先确定准费米能级的分裂值 $q\phi_s$，$q\phi_s=E_{Fn}-E_{Fp}$。由于通过太阳电池中各个位置的电流必须是连续的，因此可以通过平衡导带中的少子电流分量来确定 $q\phi_s$。

按照电流连续性条件，从半导体输出的电流与通过绝缘体的隧穿电流和界面态电流应相等。电子的电流平衡方程为

$$J_{scp}+J_{gd}-J_{rd}=j_{in}-J_{tn} \tag{9-289}$$

求解式（9-289），可获得 ϕ_s的表达式。求出 ϕ_s后，即可计算出各项电流分量。

太阳电池中输出的总电流 J 为

$$J=j_{ir}-J_{tn}-J_{tp} \tag{9-290}$$

式中，

$$j_{ir}=J_{in}-J_{ip} \tag{9-291}$$

将式（9-291）代入式（9-290），再利用式（9-289），即可计算出太阳电池总的输出电流：

$$J=(J_{scp}+J_{gd})-(j_{ip}+J_{tp}+J_{rd})=J_L-J_{dark} \tag{9-292}$$

式中，J_L为光电流，J_{dark}为暗电流。

$$J_L=J_{scp}+J_{gd} \tag{9-293}$$

$$J_{dark}=j_{ip}+J_{tp}+J_{rd} \tag{9-294}$$

式（9-292）与第 7 章中 pn 结太阳电池的总电流表达式相似。

上述方程式被用来计算 MIS 太阳电池的输出特性，包括短路电流密度、开路电压、填充因子和光电转换效率等。

计算时，可在标准太阳光谱（AM 1.5 为 100mW/cm^2）下进行。为了简化计算，占据率f_m和f_t可在 0K 条件下近似取值。计算 J_{ir}、J_{in}和 J_{ip}时，仅考虑E_{Fp}和 E_{Fn}之间的态，并认为 E_{Fn}以上的态是空的，E_{Fp}以下的态是充满的。在太阳电池没有被钝化的情况下，绝缘层为氧化物时，背表面的复合速率 s 可取 10^7cm^2/s，表面态密度 N_{it}为 10^9~10^{12}状态数/cm^2，它取决于硅材料、氧化层制备方法、氧化层的厚度和掺杂浓度等。

9.10.5 MIS 太阳电池的开路电压

为了更直观地分析太阳电池参数对太阳电池性能的影响，可以在做适当化处理后导出开路电压 V_{oc}的简明解析表达式。

对于开路电压 V_{oc}，可分为多子 MIS 太阳电池和少子 MIS 太阳电池两种情况进行分析。

1. 多子 MIS 太阳电池情况

对于 p 型半导体，空穴为多子。按照式（9-265），正向偏置下，半导体价带空穴隧穿到金属的电流密度（即 MIS 太阳电池的暗电流密度）为

$$J_{dark}=A_p^* T^2\exp(-\chi_p^{1/2}d)\exp[-q(\psi_s+\phi_p)/kT][\mathrm{e}^{-qV/kT}-1] \tag{9-295}$$

由于有偏置时的势垒高度为

$$\phi_B=\psi_s+\phi_p+V \tag{9-296}$$

因此式（9-295）可写为

$$\begin{aligned}J_{dark}&=A_p^* T^2\exp(-\chi_p^{1/2}d)\exp[-q(\phi_B-V)/kT][\mathrm{e}^{-qV/kT}-1]\\&=A_p^* T^2\exp(-\chi_p^{1/2}d)\exp[-q(\phi_B)/kT][1-\mathrm{e}^{qV/kT}]\end{aligned} \tag{9-297}$$

设 ϕ_B^0为零偏置时的势垒高度，则有

$$\phi_B-\phi_B^0=\Delta\psi_s \tag{9-298}$$

将其代入式（9-297），并考虑到 $\Delta\psi_s+\Delta V_i=V$，可得：

$$\begin{aligned}J_{dark}&=A_p^*T^2\exp(-\chi_p^{1/2}d)\exp[-q(\phi_B^0+\Delta\psi_s)/kT][1-e^{qV/kT}]\\&=A_p^*T^2\exp(-\chi_p^{1/2}d_i)\exp[-q(\phi_B^0)/kT][e^{-q\Delta\psi_s/kT}-e^{q\Delta V_i/kT}]\end{aligned} \tag{9-299}$$

式中，ΔV_i和 $\Delta\psi_s$分别为施加电压时，半导体和绝缘体表面势的变化量。

由于半导体中表面势的变化是由外加偏置引起的，参照式（9-236），η 表征与界面态相联系的绝缘层的静电效应，同时考虑到绝缘层很薄，ΔV_i很小，$e^{q\Delta V_i/kT}\to 1$，则式（9-299）可表示为

$$J_{dark}=A_p^*T^2\exp(-\chi_p^{1/2}d)\exp[-q(\phi_B^0)/kT](e^{\frac{qV}{\eta kT}}-1) \tag{9-300}$$

对等号两边取对数，可得：

$$\ln\frac{J_{dark}}{A^*T^2}+\frac{q\phi_B^0}{kT}+\chi_p^{1/2}d=\ln(e^{\frac{qV}{\eta kT}}-1) \tag{9-301}$$

通常，$e^{\frac{qV}{\eta kT}}\gg 1$，式（9-301）可简化为

$$\ln\frac{J_{dark}}{A^*T^2}+\frac{q\phi_B^0}{kT}+\chi_p^{1/2}d=\frac{qV}{\eta kT} \tag{9-302}$$

设 $V=V_{oc}$，则 $J_{dark}=J_{sc}$，开路电压的表达式变为

$$V_{oc}\approx\frac{\eta kT}{q}\left[\ln\left(\frac{J_{sc}}{A^*T^2}\right)+\frac{q\phi_B^0}{kT}+\chi_p^{1/2}d\right] \tag{9-303}$$

式中，J_{sc}为短路电流密度，χ_p为对于多子（空穴）的有效隧穿势垒，d 为绝缘层厚度。

由式（9-303）可见，因子 η 和$\chi_p^{1/2}d$ 增大了 V_{oc}。当 $d\to 0$ 时，$\chi_p^{1/2}d=0$，式（9-303）变为具有相同肖特基势垒高度 ϕ_B^0的理想肖特基太阳电池的情况，由此可知 MIS 太阳电池可以有效地改善没有绝缘层（Ⅰ层）的 MS 肖特基太阳电池的 V_{oc}。Ⅰ层的厚度不能过大，否则将会限制多子通过，降低暗电流，减小 V_{oc}。

2. 少子 MIS 太阳电池情况

在这种情况下，对于 n 型基底的 MIS 太阳电池，类似于 pn 结太阳电池，参照式（7-126）和式（7-137），由扩散限制的暗电流 J_{dark}可表示为

$$J_{dark}=\frac{qD_pp_{n0}}{L_p}\left[\exp\left(\frac{qV}{kT}\right)-1\right] \tag{9-304}$$

如同在 pn 结中的情况，只要忽略空间电荷复合，并认为绝缘层是足够薄的，以致隧穿效应不能限制暗电流通过绝缘层，则对于少子 MIS 太阳电池，在稳定光照条件下，$J_{dark}=J_{sc}$，其开路电压可表示为

$$\ln\left(\frac{J_{sc}L_p}{qD_pp_{n0}}+1\right)=\frac{qV}{kT} \tag{9-305}$$

通常情况下，$J_{sc} \gg \dfrac{qD_p p_{n0}}{L_p}$，此时

$$V_{oc} \approx \frac{kT}{q}\ln\left(\frac{J_{sc}L_p}{qD_p p_{n0}}\right) \tag{9-306}$$

这些公式表明，对少子太阳电池而言，如同 pn 结太阳电池那样，其开路电压主要取决于基底的掺杂浓度。而对于多子 MIS 电池的开路电压，则取决于肖特基势垒高度 ϕ_{B0}^0、η 值和绝缘体的多子有效隧穿势垒高度 χ_e。

虽然式（9-303）显示出多子 MIS 太阳电池可以实现比少子 MIS 太阳电池更高的 V_{oc} 值，但式（9-303）又表明这种提高主要依赖 $\left(\dfrac{q\phi_B^0}{kT}+\chi_p^{1/2}d\right)$ 的增大，而较高的 ϕ_B^0 和较大的 $\chi_p^{1/2}d$ 将显著限制多子形成的暗电流，这时少子已成为暗电流的主要贡献者。也就是说，此时多子太阳电池已经变为少子太阳电池。可见在通常情况下，多子太阳电池的 V_{oc} 不可能大于少子太阳电池的 V_{oc}。

上述分析表明，由于金属-半导体之间引进的绝缘物薄层增高了金属-半导体势垒，减少了多子量子传输系数和半导体表面的多子数目，因此在半导体表面形成了一个强反型层，从而有效地限制了由多子发射形成的暗电流。但是，界面层的厚度必须合适，即必须厚得足以抑制多子电流，又必须薄得足以不限制导体-半导体之间少子隧穿，绝缘层厚度一般选取约 10Å。另外，顶层金属的功函数对获得性能优良的电池也是很重要的。

参考文献

[1] Lehovec K, Slobodskoy A, Sprage J L. Field Effect - Capacitance Analysis of Surface States on Silicon [J]. Physica Status Solid, 2010, 3 (3): 447-464.

[2] Nicollian E H, Brews J R. MOS Physics and Technology [M]. New York: Wiley, 1982.

[3] 刘恩科，朱秉升，罗晋升，等. 半导体物理学（第 6 版）[M]. 北京：电子工业出版社，2003.

[4] 施敏，伍国珏. 半导体器件物理（第 3 版）[M]. 耿莉，张瑞智，译. 西安：西安交通大学出版社，2008.

[5] Jensen K L. Electron Emission Theory and its Application: Fowler-Nordheim Equation and Beyond [J]. Journal of vacuum science & technology B, 2003, 21 (4): 1528-1544.

[6] Takahashi Y, Ohnishi K. Estimation of Insulation Layer Conductance in MNOS Structure [J]. IEEE Transactions on Electron Devices, 2002, 40 (11): 2006-2010.

[7] Grove A S. Physics and Technology of Semiconductor Devices [M]. New York: John Wiley and Sons, Inc., 1967.

[8] Deal B E. Standardized terminology for oxide charges associated with thermally oxidized silicon [J]. IEEE Transactions on Electron Devices, 1980, 11 (3).

[9] Snow E H, Grove A S, Deal B E, et al. Ion Transport Phenomena in Insulating Films [J]. Journal of Applied Physics, 1965, 36 (5): 1664-1673.

[10] 郑心畲，李志坚．Si/SiO_2界面态研究中辅以脉冲和恒定红外光照的脉冲 Q（V）法［J]. 半导体学报：英文版，1984，5：457-467.

[11] Harrison W A . Tunneling from an Independent-Particle Point of View [J]. Physical Review, 1961, 6 (1): 85-89.

[12] Gary P V. Tunneling From Metal to Semiconductors [J]. Physical Review, 1962, 140 (1): A179-A186.

[13] Bardeen J. Tunneling from a Many-Particle Point of View [J]. Physical Review Letters, 1961, 6 (2): 57-59.

[14] BenDaniel D J, Duke C B. Space-Charge Effects on Electron Tunneling [J]. Physical Review, 1966, 152 (2): 683-692.

[15] Freeman L B, Dahlke W E. Theory of Tunneling into Interface States [J]. Solid-State Electronics, 1970, 13 (11): 1483-1503.

[16] Merzbacher E. Quantum Mechanics [M]. New York: John Wiley & Sons, Inc. , 1998.

[17] Card H C, Rhoderick E H. Studies of Tunnel MOS Diodes II. Thermal Equilibrium Considerations [J]. Journal of Physics D Applied Physics, 1971, 4 (10): 1602-1611.

[18] Williams R. Photoemission of Electrons from Silicon into Silicon Dioxide [J]. Physical Review, 1965, 140: A569-A575.

[19] Ng K K, Card H C. A Comparison of Majority-and Minority-Carrier Silicon MIS Solar Cells [J]. IEEE Transactions on Electron Devices, 1980, 27 (4): 716-724.

[20] Doghish M Y, Ho F D. A Comprehensive Analytical Model for Metal-Insulator-Semiconductor (MIS) Devices: A Solar Cell Application [J]. IEEE Transactions on Electron Devices, 1993, 40 (8): 1446-1454.

[21] Card H C, Rhoderick E H. Studies of Tunnel MOS Diodes I. Interface Effects in Silicon Schott-kyDiodes [J]. Journal of Physics D Applied Physics, 1971, 4 (10): 1589-1601.

[22] O'Neill A G. An Explanation of the Asymmetry in Electron and Hole Tunnel Currents Through Ultra-thin SiO_2 Films [J]. Solid-State Electronics, 1986, 29: 305-310.

第 10 章　晶体硅异质 pn 结太阳电池

晶体硅异质 pn 结太阳电池涉及两种不同的半导体材料，其能带结构和载流子输运机理显然比同质结的复杂，可以说同质结是异质结的一个特例。晶体硅基异质结太阳电池的发射层（也称窗口层）材料的可选择范围大幅度扩展，为新颖太阳电池的设计思路和制造技术拓展了广阔的空间。

下面先来讨论异质结的能带结构和基本特性[1]，再讨论异质结太阳电池[2]。当异质结两种材料结合部的过渡区宽度只有数百纳米时，为突变结；当其大于微米量级时，为缓变结。目前，异质结太阳电池的结构多为突变异质结。

10.1　半导体异质结及其能带图结构

由导电类型相反的两种半导体构成的异质结称为反型异质结；由两种导电类型相同的半导体构成的异质结称为同型异质结。在异质结太阳电池中，通常用禁带宽度大的材料制作太阳电池的顶区，禁带宽度小的材料制作太阳电池的基区，让更多的光进入基区，增加基区的光吸收。顶区材料也称窗口材料。对异质结命名时，通常将禁带宽度小的基区材料的型号放在前面。

1. 反型异质 pn 结能带结构

构成异质结的两种材料在形成突变异质结前，其热平衡时的能带图如图 10-1（a）所示。图中，W_{s1}和 W_{s2}分别为两种材料的功函数，等于真空静止电子能级 E_0与费米能级 E_{F1}、E_{F2}的能量差；χ_1、χ_2分别为两种材料的电子亲和能，等于 E_0与导带底 E_{C1}、E_{C2}之差；ΔE_C、ΔE_V分别为两种材料的导带底、价带顶能级之差；w_1、w_2分别为界面 x_0两边空间电荷区宽度；Eg_1、Eg_2分别表示两种半导体材料的禁带宽度；费米能级 E_F位置较高的为 n 型材料，费米能级 E_F位置较低的为 p 型材料；E_{n1}为导带底 E_{C1}与费米能级 E_{F1}的能量差；E_{p2}为价带顶 E_{V2}与费米能级 E_{F2}之间的能量差。

当两块半导体形成异质结后，因为 $W_{s1}<W_{s2}$，所以 n 型半导体中的电子流向 p 型半导体，空穴则反向流动。当两块半导体中的费米能级移动到满足 $E_{F1}=E_{F2}=E_F$时，系统处于平衡状态，如图 10-1（b）所示。这时，n 型半导体一侧能带上升，p 型半导体一侧能带下降。在界面 x_0附近，n 型半导体一侧出现正空间电荷区，p 型半导体一侧出现负空间电荷区。在不考虑界面态时，在 $x_{n1}\sim x_{p2}$的整个空间电荷区，空间正电荷数等于空间负电荷数，形成内建电场，使空间电荷区的能带发生弯曲，从而形成异质结势垒。p 型区的静电势 V_{bi2}使 p 型半导体侧的能带向下弯曲 qV_{bi2}；n 型区的静电势 V_{bi1}使 n 型半导体侧的能带向上弯曲 qV_{bi1}。由于两种材料的介电系数不同，在

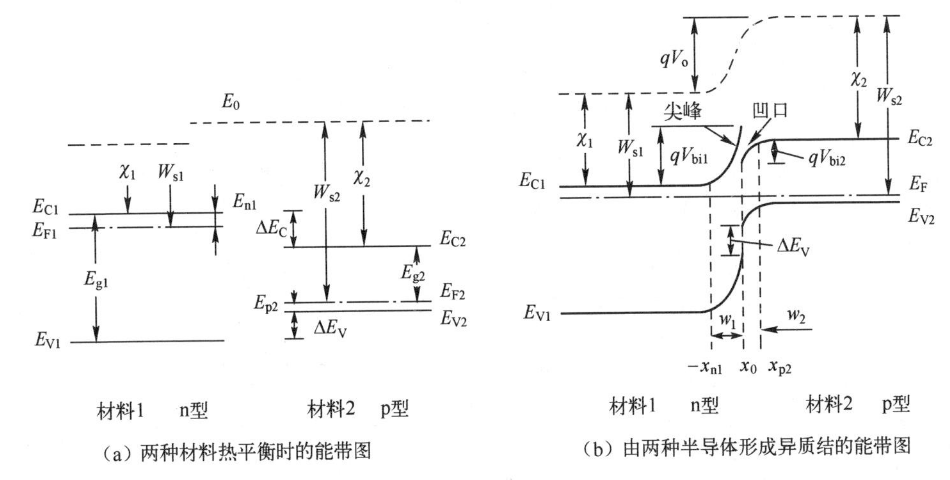

图 10-1　热平衡时由两种半导体形成异质结的能带图

交界面 x_0处电场不连续，导致能带断裂。导带在 n 型一侧出现尖峰，在 p 型一侧形成凹陷。尖峰顶点和凹陷谷底的能量差应等于接触前导带能量差 ΔE_C。ΔE_C称为导带带阶（offset）：

$$\Delta E_C = \chi_2 - \chi_1 = q(V_{bi1} - V_{bi2}) \tag{10-1}$$

价带顶在 $x=0$ 处形成不连续的“断口”，断口的宽度恰好等于接触前两种材料价带顶能级之差 ΔE_V。ΔE_V称为阶带带阶：

$$\begin{aligned}\Delta E_V &= (\chi_1 + E_{g1}) - (\chi_2 + E_{g2}) \\ &= (E_{g1} - E_{g2}) - (\chi_2 - \chi_1) \\ &= (E_{g1} - E_{g2}) - \Delta E_c\end{aligned} \tag{10-2}$$

且

$$\Delta E_C + \Delta E_V = (E_{g1} - E_{g2}) \tag{10-3}$$

带阶对异质结的性能有很大影响，与势垒高度、宽度和结电容一样，它是表征异质结势垒特性的重要参量。

以上 3 式对所有突变异质结均适用。带阶 ΔE_C和 ΔE_V可以为正数，也可以为负数。总的能带弯曲量等于原两块半导体费米能级之差，即

$$(E_{F1} - E_{F2}) = q(V_{bi1} + V_{bi2}) \tag{10-4}$$

能带图中的结区应符合如下两个基本的要求：热平衡下，界面两侧的费米能级必须相同；真空能级平行于能带边，且必须在结界面两端连续。对于非简并半导体，由于禁带宽度 E_g和电子亲和势χ 都不与杂质浓度相关，因此导带侧的不连续量 ΔE_C和价带侧的不连续量 ΔE_V也与杂质浓度无关。总内建电势 V_{bi}可以表示为

$$V_{bi} = (V_{bi1} + V_{bi2}) \tag{10-5}$$

2. 异质 np 结、异质 nn 结和异质 pp 结能带结构

异质 np 结、异质 nn 结和异质 pp 结能带图如图 10-2 所示，其中图 10-2（a）为突变异型异质结的平衡能带图；图 10-2（b）和（c）为突变同型异质结的平衡能带图。

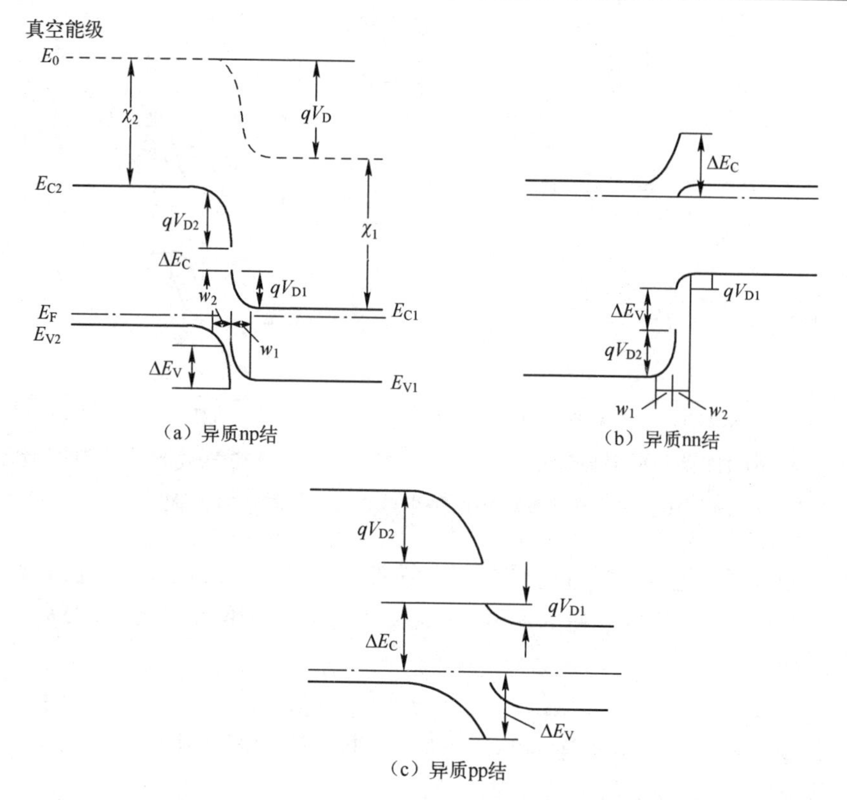

图 10-2　异质 np 结、异质 nn 结和异质 pp 结能带图

在突变异质结中，若$\chi_1=\chi_2$、$E_{g1}=E_{g2}$，且两种材料的介电常数相等，即 $\varepsilon_{s1}=\varepsilon_{s2}$，则成为同质 pn 结。

3. 存在界面态时的能带结构

两种半导体构成异质结时，存在着多种因素可能在界面层上形成界面态。例如：两种材料晶格常数不同，出现晶格失配；两种材料在界面处晶格结构不完整；两种材料热膨胀系数不同，冷热变化后引起界面处键的破裂或应力；两种材料的组成原子在界面附近相互扩散；界面层在制造时引进的杂质污染；等等。在界面态不能忽略时，将形成界面势，使界面处能带弯曲和畸变。

10.2　突变异质结的输出特性

在讨论异质结太阳电池的输出特性前，先来讨论突变异质结的内建电势、势垒宽度、结电容和电流-电压特性。

10.2.1　内建电势和势垒宽度

与同质 pn 结的情况类似，通过求解交界面 x_0 两侧空间电荷区的泊松方程，在耗尽近似下可求得突变反型异质结的两个耗尽区的静电势 V_{bi1}、V_{bi2}，进行线性叠加即可得到总的内建电势 V_{bi}。对于图 10-2 所示的平衡 pn 型突变异质结，若两侧都均匀掺杂，则

$$\begin{cases} V_{bi1}=\dfrac{qN_{D1}w_1^2}{2\varepsilon_{s1}} \\ V_{bi2}=\dfrac{qN_{A2}w_2^2}{2\varepsilon_{s2}} \end{cases} \tag{10-6}$$

类似于第 6 章 6.2.2 节的式（6-15），可得：

$$N_{D1}w_1=N_{A2}w_2 \tag{10-7}$$

式中：w_1、w_2分别为两个耗尽区的宽度；ε_{s1}、ε_{s2}分别为两种材料的介电常数；N_{D1}为 n 型材料施主浓度；N_{A2}为 p 型材料受主浓度。若设 $w=w_1+w_2$为异质结耗尽区总宽度，$V_{bi}=V_{bi1}+V_{bi2}$为异质结总内建电压，则可导出：

$$\begin{cases} w_1=\dfrac{N_{A2}w}{N_{D1}+N_{A2}} \\ w_2=\dfrac{N_{D1}w}{N_{D1}+N_{A2}} \end{cases} \tag{10-8}$$

$$V_{bi}=\frac{qN_{D1}w_1^2}{2\varepsilon_{s1}}+\frac{qN_{A2}w_2^2}{2\varepsilon_{s2}}=\left(\frac{q}{2\varepsilon_{s1}\varepsilon_{s2}}\right)\left[\varepsilon_{s1}N_{A2}\left(\frac{N_{D1}w}{N_{D1}+N_{A2}}\right)^2+\varepsilon_{s2}N_{D1}\left(\frac{N_{A2}w}{N_{D1}+N_{A2}}\right)^2\right] \tag{10-9}$$

$$w=\sqrt{\frac{2\varepsilon_{s1}\varepsilon_{s2}(N_{A2}+N_{D1})^2V_{bi}}{qN_{A2}N_{D1}(\varepsilon_{s2}N_{A2}+\varepsilon_{s1}N_{D1})}} \tag{10-10}$$

当异质 pn 结上存在外加电压 V 时，只需将这些公式中的 V_{bi}、V_{bi1}、V_{bi2}分别用 $(V_{bi}-V)$、$(V_{bi1}-V_1)$、$(V_{bi2}-V_2)$代替即可，而 V_1、V_2则分别为加到两个耗尽区的分电压，并满足 $V=V_1+V_2$。

若将以上公式中的下标 1 与 2 互换，即可用于突变异质 np 结。

10.2.2　结电容

突变反型异质结的势垒电容的计算方法与同质 pn 结的相同。对异质 pn 结，电量 Q 为

$$Q=\frac{N_{D1}N_{A2}qw}{N_{D1}+N_{A2}}=\left(\frac{2q\varepsilon_{s1}\varepsilon_{s2}N_{D1}N_{A2}(V_{bi}-V)}{\varepsilon_{s1}N_{D1}+\varepsilon_{s2}N_{A2}}\right)^{1/2} \tag{10-11}$$

由电容定义 $C=\dfrac{dQ}{dV}$，可获得单位面积势垒电容和外电压的关系为

$$C=\left(\frac{q\varepsilon_{s1}\varepsilon_{s2}N_{D1}N_{A2}}{2(\varepsilon_{s1}N_{D1}+\varepsilon_{s2}N_{A2})(V_{bi}-V)}\right)^{1/2} \tag{10-12}$$

若将上式变换为

$$\frac{1}{C^2}=\frac{2(\varepsilon_{s1}N_{D1}+\varepsilon_{s2}N_{A2})(V_{bi}-V)}{q\varepsilon_{s1}\varepsilon_{s2}N_{D1}N_{A2}} \tag{10-13}$$

则对突变反型异质结作出$\frac{1}{C^2}-V$的图线，并外推至$\frac{1}{C^2}=0$处，即可求得内建电势高度V_{bi}，而直线的斜率为

$$\frac{d(1/C^2)}{dV}=\frac{2(\varepsilon_{s1}N_{D1}+\varepsilon_{s2}N_{A2})}{q\varepsilon_{s1}\varepsilon_{s2}N_{D1}N_{A2}} \tag{10-14}$$

当已知两种半导体中一种半导体材料的杂质浓度时，则可由斜率计算出另一种的杂质浓度。

对于同型突变异质 nn 结，当$N_{D2}\gg N_{D1}$时，其结电容公式为

$$C=\left(\frac{q\varepsilon_{s1}N_{D1}}{2(V_{bi}-V)}\right)^{1/2} \tag{10-15}$$

作$\frac{1}{C^2}-V$直线，外推到$\frac{1}{C^2}=0$，可得V_{bi}值。由直线斜率也可求出E_{g1}的施主浓度N_{D1}。若将上式中的施主浓度改为受主浓度，则可得到突变异质 pp 结的公式。

10.2.3　异质结的电流-电压特性

当在异质结上外加正、反向偏置电压时，也存在整流特性。由于异质结存在较多的界面态，计算异质结的电流-电压特性比 pn 结的要复杂得多。由于异质结太阳电池多为突变异质 pn 结结构，因此下面将重点讨论突变异质 pn 结的电流-电压特性。

半导体异质 pn 结界面导带连接处存在一个势垒尖峰，如图 10-3 所示。其中：图 10-3（a）所示为势垒尖峰顶低于 p 型区导带底的情况，在这种低势垒尖峰情况下，由 n 型区扩散向结处的电子流主要由扩散机制决定，pn 结电流可以用扩散模型计算；图 10-3（b）所示为势垒尖峰顶高于 p 型区导带底的情况，对于这种高势垒尖峰的情况，由 n 型区流向结处的电子，只有能量高于势垒尖峰的发射进入 p 型区，异质结电流主要由电子发射机制决定，应采用发射模型计算异质 pn 结电流；图 10-3（c）

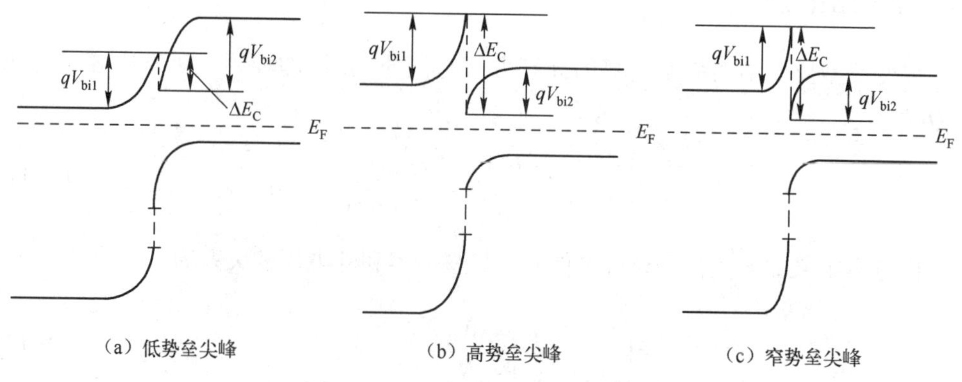

图 10-3　半导体异质 pn 结势垒图

所示为势垒宽度很窄的情况，n 型区流向结处的电子可通过量子隧穿进入 p 型区，异质结电流主要取决于电子隧穿机制。

1. 低势垒尖峰时异质 pn 结的电流–电压特性

（1）n 型区注入 p 型区的电子扩散电流密度：热平衡时，由图 10-4（a）可见，从 n 型区导带底到 p 型区导带底的势垒高度为

$$qV_{bi1}+qV_{bi2}-\Delta E_c=qV_{bi}-\Delta E_c \tag{10-16}$$

类似于第 6 章 6.3.2 节式（6-49）的讨论，在异质结的情况下，pn 势垒高度由式（10-16）表示，由此可得异质结的 p 型半导体中少子浓度 n_{p20} 与 n 型半导体中多子浓度 n_{n10} 的关系为

$$n_{p20}=n_{n10}\exp\left[\frac{-(qV_{bi}-\Delta E_c)}{kT}\right] \tag{10-17}$$

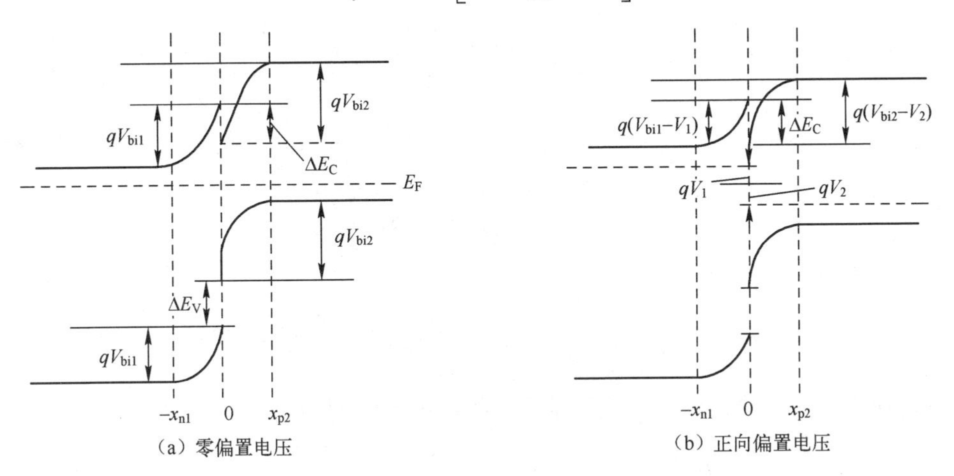

图 10-4　低势垒尖峰时扩散模型能带图

设在 pn 结的交界面 $x=0$ 处，p 型区和 n 型区的势垒边界分别为 $x=-x_{n1}$ 和 $x=x_{p2}$，当在异质结上施加正向电压 V 时，见图 10-4（b），p 型半导体 x_{p2} 处的少子浓度为 $n_{p2}(x_{p2})$，若忽略势垒区载流子的产生与复合，则 n_{p2}（x_{p2}）与 n_{n10} 之间的关系为

$$n_{p2}(x_{p2})=n_{n10}\exp\left\{-\left[\frac{q(V_{bi}-V)-\Delta E_c}{kT}\right]\right\}=n_{p20}\exp\left[\frac{qV}{kT}\right] \tag{10-18}$$

在稳态情况下，p 型半导体中注入的少子运动的连续性方程为

$$D_{n2}\frac{d^2n_{p2}(x)}{dx^2}-\frac{n_{p2}(x)-n_{p20}}{\tau_{n2}}=0 \tag{10-19}$$

式中，

$$\tau_{n2}=\frac{L_{n2}^2}{D_{n2}} \tag{10-20}$$

其通解为

$$n_{p2}(x)-n_{p20}=A\exp\left(\frac{x}{L_{n2}}\right)+B\exp\left(\frac{-x}{L_{n2}}\right) \tag{10-21}$$

式中，D_{n2}和L_{n2}分别为p型区少子（即电子）的扩散系数和扩散长度。

当$x=\infty$时，有

$$n_{p2}(\infty)=n_{p20} \tag{10-22}$$

当$x=x_{p2}$时，有

$$n_{p2}(x_{p2})=n_{p20}\exp\left(\frac{qV}{kT}\right) \tag{10-23}$$

将式（10-22）和式（10-23）分别代入式（10-21），可得：

$$n_{p2}(\infty)-n_{p20}=A\exp\left(\frac{\infty}{L_{n2}}\right)+B\exp\left(\frac{-\infty}{L_{n2}}\right)=A\exp\left(\frac{\infty}{L_{n2}}\right)=0 \tag{10-24}$$

即

$$A=0 \tag{10-25}$$

$$\begin{aligned}N_{p2}(x_{p2})-n_{p20}&=A\exp\left(\frac{x_{p2}}{L_{n2}}\right)+B\exp\left(\frac{-x_{p2}}{L_{n2}}\right)\\&=B\exp\left(\frac{-x_{p2}}{L_{n2}}\right)=n_{p20}\exp\left(\frac{qV}{kT}\right)-n_{p20}\end{aligned} \tag{10-26}$$

$$B=n_{p20}\left[\exp\left(\frac{qV}{kT}\right)-1\right]\exp\left(\frac{x_{p2}}{L_{n2}}\right) \tag{10-27}$$

将A和B代入式（10-21），得：

$$n_{p2}(x)-n_{p20}=n_{p20}\left[\exp\left(\frac{qV}{kT}\right)-1\right]\exp\left(\frac{x_{p2}+x}{L_{n2}}\right) \tag{10-28}$$

从而求得由n型区注入p型区的电子扩散电流密度为

$$J_{nD}=qD_{n2}\frac{d[n_{p2}(x)-n_{p20}]}{dx}\bigg|_{x=x_{p2}}=\frac{qD_{n2}n_{p20}}{L_{n2}}\left[\exp\left(\frac{qV}{kT}\right)-1\right] \tag{10-29}$$

（2）p型区注入n型区的空穴扩散电流密度：由图10-4（a）可见，从p型区价带顶到n型区价带顶的空穴势垒高度为

$$qV_{bi1}+qV_{bi2}+\Delta E_{\nu}=qV_{bi}+\Delta E_{\nu} \tag{10-30}$$

因此在热平衡时，n型半导体中少子（即空穴）的浓度p_{n10}与p型半导体中空穴浓度p_{p20}之间的关系为

$$p_{n10}=p_{p20}\exp\left[\frac{-(qV_{bi}+\Delta E_{\nu})}{kT}\right] \tag{10-31}$$

当施加正向电压V时，空穴势垒降低为$q(V_{bi}-V)+\Delta E_{\nu}$，见图10-4（b），在n型区$x=-x_{n1}$处的空穴浓度增加为

$$p_{n1}(-x_{n1})=p_{p20}\exp\left\{\frac{-[q(V_{bi}-V)+\Delta E_{\nu}]}{kT}\right\} \tag{10-32}$$

将式（10-31）代入式（10-32）得：

$$p_{n1}(-x_{n1})=p_{n10}\exp\left(\frac{qV}{kT}\right) \tag{10-33}$$

与前相同，求解扩散方程并应用边界条件，可得：

$$P_{n1}(x)-p_{n10}=p_{n10}\exp\left[\left(\frac{qV}{kT}\right)-1\right]\exp\left(\frac{x_{n1}+x}{L_{p1}}\right) \tag{10-34}$$

从而求得空穴扩散电流密度为

$$J_{pD}=-qD_{p1}\frac{d[p_{n1}(x)-p_{n10}]}{dx}\bigg|_{x=-x_{n1}}=-\frac{qD_{p1}p_{n10}}{L_{p1}}\left[\exp\left(\frac{qV}{kT}\right)-1\right] \tag{10-35}$$

式中，D_{p1}和L_{p1}分别表示 n 型区空穴的扩散系数和扩散长度。

由式（10-29）和式（10-35）可得施加电压 V 时，通过异质 pn 结的总电流密度为

$$J_D=J_{nD}+J_{pD}=q\left(\frac{D_{n2}n_{p20}}{L_{n2}}-\frac{D_{p1}p_{n10}}{L_{p1}}\right)\left[\exp\left(\frac{qV}{kT}\right)-1\right] \tag{10-36}$$

上式表明，施加正向电压时，电流密度随电压按指数关系增加。

利用式（10-29）和式（10-17），可得由 n 型区多子浓度 n_{n10}表示的 J_{nD}为

$$J_{nD}=q\frac{D_{n2}n_{n10}}{L_{n2}}\exp\left[\frac{-(qV_{bi}-\Delta E_c)}{kT}\right]\exp\left(\frac{qV}{kT}-1\right) \tag{10-37}$$

利用式（10-35）和式（10-31），可得由 p 型区多子浓度 p_{p20}表示的 J_{pD}为

$$J_{pD}=q\frac{D_{p1}p_{p20}}{L_{p1}}\exp\left[\frac{-(qV_{bi}+\Delta E_\nu)}{kT}\right]\exp\left(\frac{qV}{kT}-1\right) \tag{10-38}$$

由图 10-4 可见，由于异质结存在导带能级差 ΔE_C，n 型区电子所面对的势垒高度由 qV_{bi}下降至$(qV_{bi}-\Delta E_c)$，而空穴所面对的势垒高度由 qV_{bi}升高至$(qV_{bi}-\Delta E_\nu)$，从而导致电子电流显著超过空穴电流。

仿照同质结的讨论，可将式（10-37）变换为

$$J_{nD}=q\frac{D_{n2}n_{n10}}{L_{n2}}\exp\left[\frac{-(qV_{bi}-\Delta E_c)}{kT}\right]\exp\left(\frac{qV}{kT}-1\right)=J_{hs}(e^{\frac{qV}{\eta kT}}-1) \tag{10-39}$$

$$J_{hs}=q\frac{D_{n2}n_{n10}}{L_{n2}}\exp\left[\frac{-(qV_{bi}-\Delta E_c)}{kT}\right] \tag{10-40}$$

式中：$\eta=1\sim2$，它是考虑了界面上的复杂情况后而引进的二极管曲线因子；I_{hs}为异质结二极管反向饱和电流，它除了包含 $q\frac{D_{n2}n_{n10}}{L_{n2}}\exp\left[\frac{-(qV_{bi}-\Delta E_c)}{kT}\right]$，还应包含异质结中可能产生的隧穿电流等其他复合电流。如果仅由式（10-37）表达，则反向特性会与实验结果偏离得非常多。

2. 高势垒尖峰时异质 pn 结的电流–电压特性

当异质结的势垒尖峰比较高，势垒区宽度也不很大时，通过异质结的电流是由发射机制控制的，可用热电子发射模型进行计算[1]。图 10-5 所示为高势垒尖峰时施加正向偏置电压的能带图，施加的电压为 $V=V_1+V_2$，V_1和 V_2分别为施加在 n 型区和 p 型区的电压。

为了求出由 n 型区注入 p 型区的电子电流密度，需要先计算单位时间从 n 型区

到达势垒单位面积上的电子数。

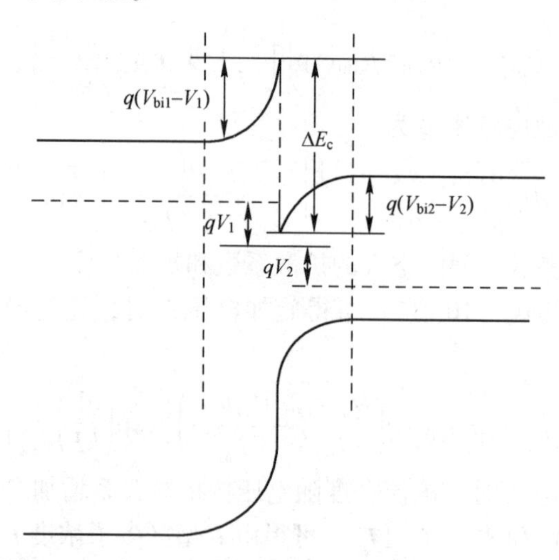

图 10-5　高势垒尖峰时施加正向偏置电压的能带图

当 n 型区体积内有 n_{p10} 个电子时，电子的热运动平均速度 v 遵从麦克斯韦-玻耳兹曼分布定律，对于给定速率 v，在 $v+dv$ 范围内的电子数 dn 为

$$\frac{1}{n}\frac{dn}{dv} \equiv f_v = \frac{4}{\sqrt{\pi}}\left(\frac{m_1^*}{2kT}\right)^{3/2} v^2 \exp\left(-\frac{m_1^* v^2}{2kT}\right) \tag{10-41}$$

式中，m_1^* 为 n 型区电子的有效质量。

由上式可导出 n 型区电子热运动平均速度 v_1 为

$$v_1 = \frac{\int_0^\infty v f_v dv}{\int_0^\infty f_v dv} = \left(\frac{8kT}{\pi m_1^*}\right)^{1/2} \tag{10-42}$$

考虑在 x 方向上，电子的热运动平均速度 v_{1x} 的麦克斯韦-玻耳兹曼分布定律为

$$\frac{1}{n}\frac{dn_{p10}}{dv_{1x}} \equiv f_{v_{1x}} = \frac{4}{\sqrt{\pi}}\left(\frac{m_1^*}{2kT}\right)^{3/2} v_{1x}^2 \exp\left(-\frac{m_1^* v_{1x}^2}{2kT}\right) \tag{10-43}$$

由于单位时间内从 n 型区到达势垒单位面积上的电子数 $J_{n_{p10}}$ 为

$$J_{n_{p10}} = \int_0^\infty v_{1x} dn_{p10} \tag{10-44}$$

将式（10-43）代入式（10-44），即可计算出：

$$J_{n_{p10}} = n_{p10}\left(\frac{kT}{2\pi m_1^*}\right)^{1/2} \tag{10-45}$$

其中只有能量超过势垒高度 $q(V_{bi1}-V_1)$ 的电子可以进入 p 型区，故由 n 型区注入 p 型区的电子电流密度应为

$$J_{n,emi} = J_{n_{p10}} \exp\left[\frac{-[q(V_{bi1}-V_1)]}{kT}\right] = qn_{p10}\left(\frac{kT}{2\pi m_1^*}\right)^{1/2} \exp\left[\frac{-[q(V_{bi1}-V_1)]}{kT}\right] \tag{10-46}$$

由图10-5可看出，从p型区注入n型区的电子要越过势垒高度$[\Delta E_c-q(V_{bi2}-V_2)]$。

同理得到由p型区注入n型区的电子流密度为

$$J_{p,emi}=qn_{p20}\left(\frac{kT}{2\pi m_2^*}\right)^{1/2}\exp\left[\frac{-[\Delta E_c-q(V_{bi2}-V_2)]}{kT}\right] \tag{10-47}$$

利用式（10-17），可将上式变换为

$$\begin{aligned}J_{p,emi}&=qn_{n10}\exp\left[\frac{-(qV_{bi}-\Delta E_c)}{kT}\right]\left(\frac{kT}{2\pi m_2^*}\right)^{1/2}\exp\left[\frac{-[\Delta E_c-q(V_{bi2}-V_2)]}{kT}\right]\\&=qn_{n10}\left(\frac{kT}{2\pi m_2^*}\right)^{1/2}\exp\left[\frac{-q(V_{bi1}+V_2)}{kT}\right]\end{aligned} \tag{10-48}$$

假设$m_2^*=m_1^*=m^*$，则由式（10-46）和式（10-48）可得总电子的电流密度J_{emi}为

$$\begin{aligned}J_{emi}&=J_{n,emi}-J_{p,emi}\\&=qn_{p10}\left(\frac{kT}{2\pi m_1^*}\right)^{1/2}\exp\left[\frac{-[q(V_{bi1}-V_1)]}{kT}\right]-qn_{n10}\left(\frac{kT}{2\pi m_2^*}\right)^{1/2}\exp\left[\frac{-q(V_{bi1}+V_2)}{kT}\right]\\&=qn_{n10}\left(\frac{kT}{2\pi m^*}\right)^{1/2}\exp\left[\frac{-q(V_{bi1})}{kT}\right]\left[\exp\left(\frac{qV_1}{kT}\right)-\exp\left(-\frac{qV_2}{kT}\right)\right]\end{aligned} \tag{10-49}$$

施加正向电压时，由p型区注入n型区的电子要越过的势垒高度较大，p型区注入n型区的电子流很小，正向电流主要是由n型区注入p型区的电子流形成的。

3. 薄势垒时异质pn结载流子的输运特性

在薄势垒的情况下，异质pn结载流子的输运特性与隧穿效应密切相关。前面我们仅针对欧姆接触讨论了粒子隧穿一维势垒的隧穿效应，下面将针对半导体pn结，讨论电子隧穿pn结势垒的隧穿效应。

无论哪种半导体pn结，都存在着由于能带弯曲所引起的势垒，pn结势垒的高度$qV(x)$是距离x的函数。当pn结为单边突变异质结时，p^+n结势垒可近似地看作三角形势垒。

回顾第6章式（6-122）隧穿电流I_t正比于透射系数，透射系数为

$$T\approx\exp\left\{-\frac{2}{\hbar}\int_{x_1}^{x_2}\sqrt{2m^*[qV(x)-E]}\,dx\right\}$$

式中：m^*为电子有效质量；$\hbar$为约化普朗克常量，$\hbar=\dfrac{h}{2\pi}$。

透射系数与耗尽区宽度w有关，正如前面第8章8.1.3节中对金属-半导体接触肖特基结的分析，异质pn结的电荷分布、电场分布和耗尽区宽度可以类似于肖特基结，采用单边突变的p^+n结进行近似计算。

设来自p^+型半导体的电荷分布于表面极狭窄区域内，n型半导体空间电荷的分布范围为w，在$x<w$处，$\rho_s=qN_D$；而在$x>w$处，$\rho_s=0$，如图10-6所示。

电场强度的最大值F_{max}位于界面处，电场强度呈线性减小，其分布为

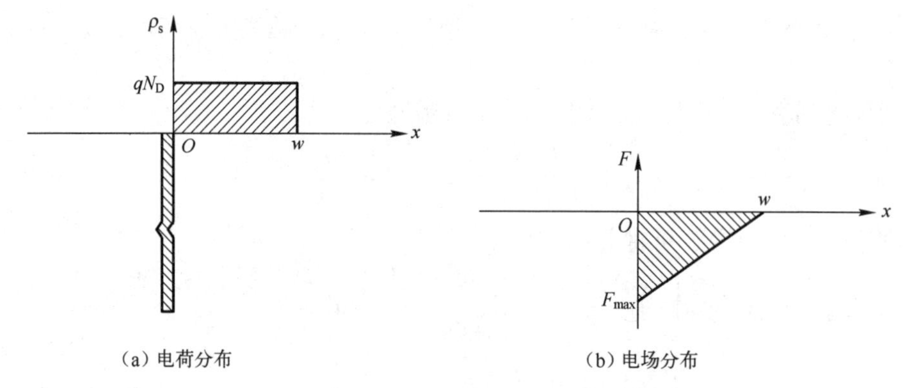

图 10-6 半导体异质 pn 结的电荷分布和电场分布

$$|F(x)|=\frac{qN_D}{\varepsilon_s}(w-x)=F_{max}-\frac{qN_D}{\varepsilon_s}x \tag{10-50}$$

$$F_{max}=\frac{qN_D}{\varepsilon_s}w \tag{10-51}$$

空间电荷区的压降可由图 10-6（b）中电场强度曲线所包含的面积计算得到：

$$V_{bi}-V=\frac{F_{max}}{2}w=\frac{qN_D}{2\varepsilon_s}w^2 \tag{10-52}$$

耗尽区宽度 w 为

$$w=\sqrt{\frac{2\varepsilon_s(V_{bi}-V)}{qN_D}} \tag{10-53}$$

由于 $V_{bi}\approx\varphi_{Bn}$，可将耗尽区宽度 w 近似为

$$w\approx\sqrt{\left(\frac{2\varepsilon_s}{qN_D}\right)(\varphi_{Bn}-V)} \tag{10-54}$$

将 w 代入式（8-69），得透射系数为

$$T_t=\exp\left[-\frac{2}{\hbar}\sqrt{\frac{m_n^*\varepsilon_s}{N_D}}(\varphi_{Bn}-V)\right] \tag{10-55}$$

式中，V 为外加电压。

$$I_t\propto T_t=\exp\left[-\frac{2}{\hbar}\sqrt{\frac{m_n^*\varepsilon_s}{N_D}}(\varphi_{Bn}-V)\right] \tag{10-56}$$

按照上式，可将隧穿电流密度 J_t 简单地表示为

$$J_t=K_t\exp\left[-\frac{4\pi}{h}\left(\frac{\varepsilon_s m_n^*}{N_D}\right)^{1/2}(\varphi_{Bn}-V)\right] \tag{10-57}$$

式中：K_t 与有效质量、介电常数、内建电场，以及结中或结附近的有效态密度（包括界面态）有关；h 为普朗克常量；N_D 为杂质浓度；m_n^* 为电子有效质量。

上面我们针对具有不同势垒形状的半导体异质 pn 结，讨论了载流子的输运特

性。其实，异质结的能带结构和载流子的输运情况远比同质结的复杂，上面的一些公式也只能与部分实验结果相符合。

10.3　异质结太阳电池

基于半导体异质结光伏效应原理的太阳电池称为异质结太阳电池，通常它由两种不同的半导体材料制成。

10.3.1　异质结太阳电池的结构

异质结太阳电池的典型结构是在 p 型晶体硅片上，覆盖一层 n 型顶区层，构成异质结，其余部分与同质 pn 结电池相似，如图 10-7 所示。

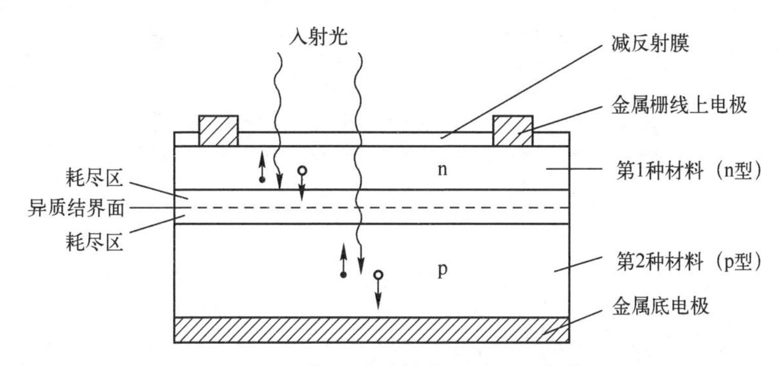

图 10-7　典型异质结太阳电池的结构

异质结太阳电池的工作原理几乎与同质 pn 结太阳电池一样。在光强为 $\varphi(\lambda)$、波长为 λ 的单色光稳定照明下，异质结光电流密度 $J_L(\lambda)$ 可用与同质 pn 结相类似的方法计算。

异质结光谱响应的短波部分可由第 1 种材料决定，而长波部分可由第 2 种材料决定。选择不同的 E_{g1}、$\alpha_1(\lambda)$、E_{g2}、$\alpha_2(\lambda)$ 的材料和厚度组合可以得到更符合太阳光谱的光谱响应曲线。通常异质结太阳电池面向入射光的 1 区较薄。光电流的主要成分由少子寿命较长的基底材料 2 区提供（$E_{g1}>E_{g2}$）。

异质结界面晶格失配形成悬键，将增加耗尽区的复合中心。由于界面两种材料的晶格结构不完整、原子相互扩散、杂质污染，以及热膨胀系数不同所引起的应力或界面处键的断裂等，都会产生界面态。在界面态较多时，表面态将产生表面势，从而使表面能带弯曲、畸变。电子和空穴直接通过界面的界面态和禁带中的其他空能态产生隧穿效应而形成较大的隧穿电流，使得隧穿电流成为异质结暗电流的主要成分。此外，在载流子传输过程中，在界面处还可能发生散射，从而增加暗电流。异质结界面层上因两种材料折射率不同，有可能会引起界面反射损失。

与同质结太阳电池相比，异质结太阳电池也有许多优点。例如：异质结太阳电池可用禁带宽度大的材料制作顶层（也称窗口层），不仅可让更多的光进入基区，而且由于窗口材料的禁带宽度大，高掺杂后既可减小表面薄层电阻和串联电阻，也不至于引起高掺杂效应，避免了同质结中容易出现的没有活性的“死层”。此外，还可以用不同禁带宽度材料叠加，增大电池的光谱响应范围等。

10.3.2 异质结太阳电池的光伏效应

异质结太阳电池的结构与同质结太阳电池的相似：在 p 型基片上制备 n 型顶层，其交界面构成异质结，再在顶层正面安置栅状电极，覆盖透明的减反射膜；在基区背面设置背电极，制成完整的异质结太阳电池，如图 10-8 所示。

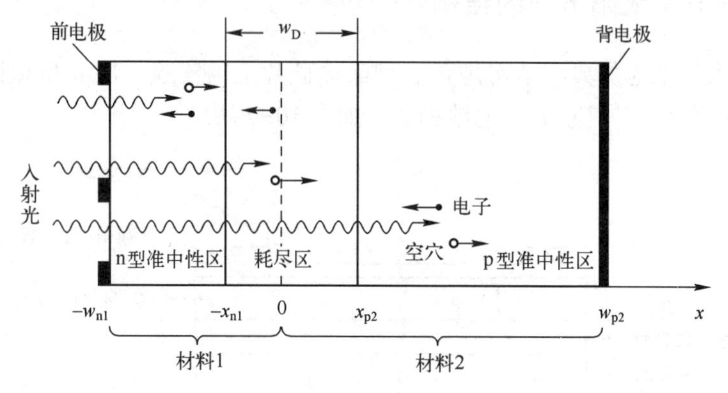

图 10-8 典型异质结太阳电池的结构示意图

当异质结太阳电池受到光照时，能量 $h\nu \geqslant E_{g1}$ 的光子被顶层材料 1 吸收后产生光生电子-空穴对，能量 $h\nu \geqslant E_{g2}$ 的光子被材料 2 吸收后产生光生电子-空穴对。在异质结界面 x_0 处的两侧，材料 1 准中性区（1 区）中的光生空穴（少子）扩散到耗尽区边界（$-x_{n1}$）时，被内建电场扫进材料 2 准中性区（2 区）；2 区中的光生电子（少子）扩散到耗尽区边界（x_{p2}）时，被内建电场扫进 1 区。在空间电荷区，$x_{n1} \rightarrow x_{p2}$ 之间产生的光生载流子立即被电场分离，空穴被扫到 2 区，电子被扫到 1 区。于是在异质结两侧出现光生电荷的积累，形成了光电压。当前电极和背电极之间接有负载时，从背电极流出的光生电流在负载上输出功率，其工作原理与同质结太阳电池的相似。

图 10-9 所示为异质结太阳电池能级图。由图可知，在无光照时，太阳电池中有同一费米能级，内建电场由 n 型区指向 p 型区；当有光照时，在空间电荷区两侧出现光生电荷积累，光生电压 V_{oc} 与 F 方向相反。

对于低势垒尖峰的异质结，载流子输运可用扩散模型近似的情况，其电流-电压特性可采用类似于同质结的方法计算。但是，因为异质结由两种不同的材料组成，材料参数（如载流子扩散系数、扩散长度和有效寿命等）各不相同，所以计算耗尽区电流时需要以两种材料的结合处为界，将耗尽区分成两个区分别进行计算。

在以下的计算中没有考虑界面态和界面复合。

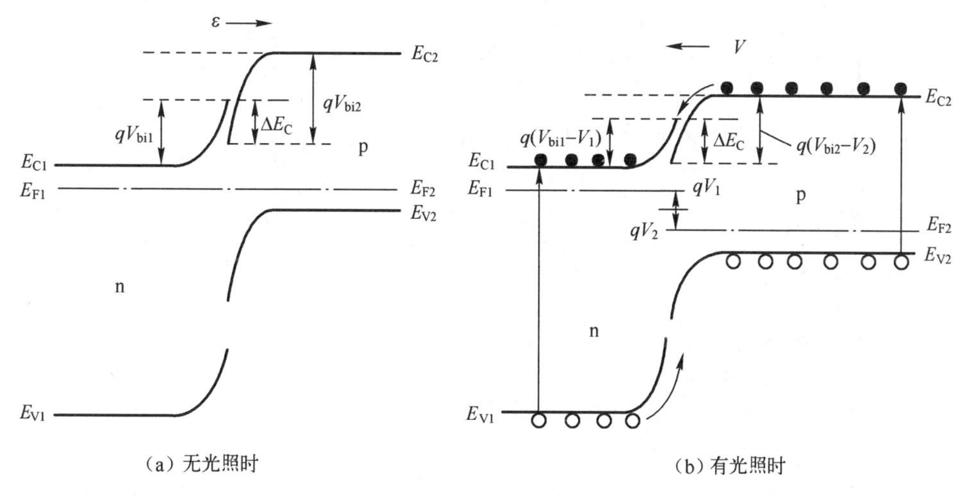

（a）无光照时　　（b）有光照时

图 10-9　异质结太阳电池能级图

10.4　异质结太阳电池 n 型区和 p 型区电场强度为恒定值时的输出特性

下面以晶体硅材料 1 为 p 型区和材料 2 为 n 型区的异型异质结为例，讨论异质结太阳电池的输出特性。在此先讨论半导体不均匀掺杂，但电场强度为常数时的情况。

假定异质结属于低势垒尖峰情况，即 ΔE_C 和 ΔE_V 比较小的异质结，这时从 n 型区扩散向结处的电子流主要由扩散漂移机制决定，pn 结电流可以用扩散漂移模型来计算。

以波长为 λ、光谱密度为 $\Phi(\lambda)$ 的单色光照射太阳电池，光从太阳电池前表面 $(x=-w_{n1}$处$)$进入太阳电池，能量大于 $E=hc/\lambda$ 的光子被太阳电池吸收后，转变为电子-空穴对，按第 7 章 7.3 节式（7-34），在电池材料 1 中位置为 x 处单位面积的单色光生载流子产生率为

$$
\begin{aligned}
G(\lambda,x) &= -\frac{\mathrm{d}\Phi_0(\lambda)}{\mathrm{d}x}Q(\lambda) \\
&= (1-s)[1-R(\lambda)]\Phi(\lambda)Q(\lambda)\alpha_1(\lambda)\exp[-\alpha_1(\lambda)(x+w_{n1})] \quad (10\text{-}58)
\end{aligned}
$$

式中，α_1为材料 1 对相应波长的吸收系数，不随位置 x 变化；负号表示由于吸收，光子数量减少。

类似于第 7 章 7.3 节同质 pn 结太阳电池式（7-74）的推导方法，可得单色光下异质结太阳电池总的电流密度 $J(\lambda,x)$ 为

$$
\begin{aligned}
J(\lambda,x) = -qD_{p1}\Bigg\{ & -F_{n1}^{*}\Delta p_{n1}^{*}(-x_{n1}) + \frac{1}{L_{p1}^{*}T_{n11}^{*}}\Bigg[T_{n21}^{*}[-\Delta p_{n1}^{*}(-x_{n1})]\mathrm{e}^{-F_{n1}^{*}(w_{n1}-x_{n1})} + \\
& \left(\frac{s_{\mathrm{Feff}}}{D_{p1}}+2F_{n1}^{*}\right)\Delta p_{n1}^{*}(-w_{n1}) - \left.\frac{\mathrm{d}\Delta p_{n1}^{*}(x)}{\mathrm{d}x}\right|_{x=-w_{n1}} + 2F_{n1}^{*}p_{n10}\Bigg]\mathrm{e}^{F_{n1}^{*}(w_{n1}-x_{n1})} + \\
& \left.\frac{\mathrm{d}\Delta p_{n1}^{*}(x)}{\mathrm{d}x}\right|_{x=-x_{n1}}\Bigg\} + 2qF_{n1}^{*}D_{p1}p_{n10} - qD_{n2}\Bigg\{-F_{p2}^{*}\Delta n_{p2}^{*}(x_{p2}) + \frac{1}{L_{n2}^{*}T_{p12}^{*}}
\end{aligned}
$$

$$\left[-T_{p22}^{*}\Delta n_{p2}^{*}(x_{p2})e^{-F_{p2}^{*}(w_{p2}-x_{p2})}+\left(\frac{s_{BSF}}{D_{n2}}+2F_{p2}^{*}\right)\Delta n_{p2}^{*}(w_{p2})+\left.\frac{dn_{p2}^{*}(x)}{dx}\right|_{x=w_{p2}}+2F_{p2}^{*}n_{p20}\right]$$

$$e^{F_{p2}^{*}(w_{P2}-x_{p2})}-\left.\frac{d\Delta n_{p2}^{*}(x)}{dx}\right|_{x=x_{p2}}\Bigg\}-2qF_{p2}^{*}D_{n2}n_{p20}+J_{gd}-\Bigg(qD_{p1}F_{n1}^{*}p_{n10}+$$

$$\frac{qD_{p1}T_{n21}^{*}}{L_{p1}^{*}T_{n11}^{*}}p_{n10}-2qF_{n1}^{*}D_{p1}p_{n10}\Bigg)(e^{qV/kT}-1)-\Bigg(qD_{n2}F_{p2}^{*}n_{p20}+\frac{qD_{n2}T_{p22}^{*}}{L_{n2}^{*}T_{p12}^{*}}n_{p20}-$$

$$2qF_{p2}^{*}D_{n2}n_{p20}\Bigg)(e^{qV/kT}-1)-J_{srd}(e^{qV/2kT}-1)$$

$$=(J_{scn1}+J_{scp2}+J_{gd})-(J_{srp2}+J_{srn1})(e^{qV/kT}-1)-J_{srd}(e^{qV/2kT}-1)$$

$$=J_{sc}-J_{srD}(e^{qV/kT}-1)-J_{srd}(e^{qV/2kT}-1) \tag{10-59}$$

式中：s_{Feff}为前表面复合速度；L_{p1}为材料 1 少子扩散长度；D_{p1}为材料 1 的少子扩散系数；w_{n1}为材料 1 的厚度；x_{n1}为材料 1 的耗尽区边界；s_{BSF}为背表面复合速度；L_{n2}为材料 2 的少子扩散长度；D_{n2}为材料 2 的少子扩散系数；w_{p2}为材料 2 的厚度；x_{p2}为材料 2 的耗尽区边界。

$$F_{n1}^{*}=\frac{qF_{n1}}{2kT}=\frac{\mu_{p1}F_{n1}}{2D_{p1}} \tag{10-60}$$

$$\frac{1}{L_{p1}^{*}}=\sqrt{\left(\frac{qF_{n1}}{2kT}\right)^{2}+\frac{1}{L_{p1}^{2}}} \tag{10-61}$$

$$T_{n11}^{*}=\frac{1}{L_{p1}^{*}}\cosh\left(\frac{w_{n1}-x_{n1}}{L_{p1}^{*}}\right)+\left(F_{n1}^{*}+\frac{s_{Feff}}{D_{p1}}\right)\sinh\left(\frac{w_{n1}-x_{n1}}{L_{p1}^{*}}\right) \tag{10-62}$$

$$T_{n21}^{*}=\frac{1}{L_{p1}^{*}}\sinh\left(\frac{w_{n1}-x_{n1}}{L_{p1}^{*}}\right)+\left(F_{n1}^{*}+\frac{s_{Feff}}{D_{p1}}\right)\cosh\left(\frac{w_{n1}-x_{n1}}{L_{p1}^{*}}\right) \tag{10-63}$$

$$\Delta p_{n1}^{*}(\lambda,x)=-\frac{(1-s)(1-R)\alpha_1\Phi e^{-\alpha_1 w_{n1}}L_{p1}^{*2}}{D_{p1}[L_{p1}^{*2}(\alpha_1-F_{n1}^{*})^{2}-1]}e^{-\alpha_1 x} \tag{10-64}$$

$$F_{p2}^{*}=\frac{qF_{p2}}{2kT}=\frac{\mu_{n2}F_{p2}}{2D_{n2}} \tag{10-65}$$

$$\frac{1}{L_{n2}^{*}}=\sqrt{\left(\frac{qF_{p2}}{2kT}\right)^{2}+\frac{1}{L_{n2}^{2}}} \tag{10-66}$$

$$T_{p12}^{*}=\frac{1}{L_{n2}^{*}}\cosh\left(\frac{w_{P2}-x_{p2}}{L_{n2}^{*}}\right)+\left(F_{p2}^{*}+\frac{s_{BSF}}{D_{n2}}\right)\sinh\left(\frac{w_{P2}-x_{p2}}{L_{n2}^{*}}\right) \tag{10-67}$$

$$T_{p22}^{*}=\frac{1}{L_{n2}^{*}}\sinh\left(\frac{w_{P2}-x_{p2}}{L_{n2}^{*}}\right)+\left(F_{p2}^{*}+\frac{s_{BSF}}{D_{n2}}\right)\cosh\left(\frac{w_{P2}-x_{p2}}{L_{n2}^{*}}\right) \tag{10-68}$$

$$\Delta n_{p2}^{*}(\lambda,x)=-\frac{(1-s)(1-R)\alpha_2\Phi e^{-\alpha_1 w_{n1}}L_{p2}^{*2}}{D_{n2}[L_{n2}^{*2}(\alpha_2-F_{p2}^{*})^{2}-1]}e^{-\alpha_2 x} \tag{10-69}$$

式中，α_1、α_2分别为材料 1、材料 2 的吸收系数。在式（10-59）中：J_{gd}为势垒

区产生电流密度；J_{rd}为耗尽区复合电流密度，$J_{rd}=J_{srd}(e^{qV/2kT}-1)$。

由式（10-59）可知，异质结太阳电池的总电流密度也由短路电流密度和复合电流（暗电流）密度两部分构成。

10.4.1　光谱短路电流密度

当 $V=0$ 时，总的电流密度即为短路电流密度，它由太阳电池的势垒区及其两侧的中性区 3 个部分的电流密度组成，即

$$J_{sc}(\lambda)=J_{scn1}(\lambda)+J_{scp2}(\lambda)+J_{scd}(\lambda) \tag{10-70}$$

式中，$J_{scd}(\lambda)=J_{gd}$。

1. n 型区的短路电流密度

式（10-70）中的 $J_{scn1}(\lambda)$为与表面复合 $s_{Feff}\Delta p_{n1}^{*}(-w_{n1})$有关的 n 型区少子短路电流密度，其表达式为

$$J_{scn1}(\lambda)=-qD_{p1}\left\{-F_{n1}^{*}\Delta p_{n1}^{*}(-x_{n1})+\frac{1}{L_{p1}^{*}T_{n11}^{*}}\left[T_{n21}^{*}[-\Delta p_{n1}^{*}(-x_{n1})]e^{-F_{n1}^{*}(w_{n1}-x_{n1})}+\left(\frac{s_{Feff}}{D_{p1}}+2F_{n1}^{*}\right)\Delta p_{n1}^{*}(-w_{n1})-\left.\frac{d\Delta p_{n1}^{*}(x)}{dx}\right|_{x=-w_{n1}}+2F_{n1}^{*}p_{n10}\right]e^{F_{n1}^{*}(w_{n1}-x_{n1})}+\left.\frac{d\Delta p_{n1}^{*}(x)}{dx}\right|_{x=-x_{n1}}\right\}+2qF_{n1}^{*}D_{p1}p_{n10} \tag{10-71}$$

2. p 型区的短路电流密度

式（10-70）中的 $J_{scp2}(\lambda)$为与背面复合 $s_{BSF}\Delta n_{p2}^{*}(-w_{p2})$有关的 p 型区短路电流密度，其表达式为

$$J_{scp2}(\lambda)=-qD_{n2}\left\{-F_{p2}^{*}\Delta n_{p2}^{*}(x_{p2})+\frac{1}{L_{n2}^{*}T_{p12}^{*}}\left[-T_{p22}^{*}\Delta n_{p2}^{*}(x_{p2})e^{-F_{p2}^{*}(w_{p2}-x_{p2})}+\left(\frac{s_{BSF}}{D_{n2}}+2F_{p2}^{*}\right)\Delta n_{p2}^{*}(w_{p2})+\left.\frac{dn_{p2}^{*}(x)}{dx}\right|_{x=w_{p2}}+2F_{p2}^{*}n_{p20}\right]e^{F_{p2}^{*}(w_{p2}-x_{p2})}-\left.\frac{d\Delta n_{p2}^{*}(x)}{dx}\right|_{x=x_{p}}\right\}-2qF_{p2}^{*}D_{n2}n_{p20} \tag{10-72}$$

3. 势垒区的短路电流密度

式（10-70）中的 $J_{scd}(\lambda)$为势垒区的短路电流密度，它就是势垒区产生电流密度 $J_{gd}(\lambda)$，即

$$J_{scd}(\lambda)=J_{gd}(\lambda) \tag{10-73}$$

$J_{scd}(\lambda)$等于由势垒区的 p 型区（材料 1）和 n 型区（材料 2）两部分的产生电流密度 $J_{gn1d}(\lambda)$和 $J_{gp2d}(\lambda)$之和。

在耗尽区对 $G(x)$积分，并设 $Q(\lambda)=1$，可求得单色光下耗尽区的 p 型区和 n 型区的产生电流密度 $J_{gn1d}(\lambda)$和 $J_{gp2d}(\lambda)$。

（1）势垒区的 n 型区（材料 1）产生电流密度 $J_{gn1d}(\lambda)$：到达 n 型材料 1 耗尽区

界面 $x=-x_{n1}$ 处的单色入射光为

$$(1-s)(1-R)\Phi e^{\left(\int_{-w_{n1}}^{-x_{n1}}-\alpha_1 dx\right)}=(1-s)(1-R)\Phi e^{-\alpha_1(-x_{n1}+w_{n1})} \tag{10-74}$$

在太阳电池的 n 型耗尽区位置为 x 处单位面积的单色入射光光生载流子产生率为

$$\begin{aligned}G(x)&=(1-s)(1-R)\Phi e^{-\alpha_1(-x_{n1}+w_{n1})}\alpha_1\exp\left(\int_{-x_{n1}}^{x}-\alpha_1 dx\right)\\&=(1-s)(1-R)\Phi e^{-\alpha_1 w_{n1}}\alpha_1 e^{-\alpha_1 x}\end{aligned} \tag{10-75}$$

$$\begin{aligned}J_{gn1d}(\lambda)&=q\int_{-x_n}^{0}G(x)dx\\&=q(1-s)(1-R)\Phi\alpha_1 e^{-\alpha_1 w_{n1}}\left(\frac{1}{-\alpha_1}\right)(1-e^{-\alpha_1(-x_{n1})})\\&=q(1-s)(1-R)\Phi e^{-\alpha_1(-x_{n1}+w_{n1})}(1-e^{-\alpha_1 x_{n1}})\end{aligned} \tag{10-76}$$

（2）势垒区的 p 型区（材料 2）产生电流密度 $J_{gp2d}(\lambda)$：到达异质结界面 $x_0=0$ 处的单色入射光为$(1-s)(1-R)\Phi e^{-\alpha_1 w_{n1}}$，在电池材料 2 的 p 型耗尽区位置为 x 处单位面积的单色入射光光生载流子产生率为

$$\begin{aligned}G(x)&=(1-s)(1-R)\Phi e^{-\alpha_1 w_{n1}}\alpha_2\exp\left(\int_{0}^{x}-\alpha_2 dx\right)\\&=(1-s)(1-R)\Phi e^{-\alpha_1 w_{n1}}\alpha_2 e^{-\alpha_2 x}\end{aligned} \tag{10-77}$$

假定异质结界面没有界面态，也就没有界面附加复合，同时导带不连续量 ΔE_C 较小$\left(<\frac{kT}{q}\right)$，因而光生电子可由材料 1 顺利地进入材料 2。于是可类似于第 7 章 7.3 节同质结太阳电池计算公式的推导方法，得到 $J_{gp2d}(\lambda,x)$ 为

$$\begin{aligned}J_{gp2d}(\lambda)&=q\int_{0}^{x_{p2}}G(\lambda,x)dx\\&=\int_{0}^{x_{p2}}q(1-s)(1-R)\Phi\alpha_2 e^{-\alpha_1 w_{n1}}e^{-\alpha_2 x}dx\\&=q(1-s)(1-R)\Phi\alpha_2 e^{-\alpha_1 w_{n1}}\left(\frac{1}{-\alpha_2}\right)(e^{-\alpha_2 x_{p2}}-1)\\&=q(1-s)(1-R)\Phi e^{-\alpha_1 w_{n1}}(1-e^{-\alpha_2 x_{p2}})\end{aligned} \tag{10-78}$$

10.4.2 光谱复合电流密度

总的电流密度式（10-59）中后 2 项是与复合相关的 n 型准中性区、p 型准中性区和耗尽区的暗电流密度 J_{dark}，即

$$\begin{aligned}J_{dark}&=J_{rD}+J_{rd}\\&=(J_{rn1D}+J_{rp2D})+J_{rd}\\&=\left(qD_{p1}F_{n1}^{*}p_{n10}+\frac{qD_{p1}T_{n21}^{*}}{L_{p1}^{*}T_{n11}^{*}}p_{n10}-2qF_{n1}^{*}D_{p1}p_{n10}\right)(e^{qV/kT}-1)+\end{aligned}$$

$$\left(qD_{n2}F_{p2}^{*}n_{p20}+\frac{qD_{n2}T_{p22}^{*}}{L_{n2}^{*}T_{p12}^{*}}n_{p20}-2qF_{p2}^{*}D_{n2}n_{p20}\right)(e^{qV/kT}-1)+J_{srd}(e^{qV/2kT}-1)$$

$$=J_{srn1}(e^{qV/kT}-1)+J_{srp2}(e^{qV/kT}-1)+J_{srd}(e^{qV/2kT}-1) \tag{10-79}$$

其指数项前面的系数统称为暗饱和电流密度，用下标 s 表示。

1. n 型区的饱和复合电流密度

$$J_{srn1D}=qD_{p1}F_{n1}^{*}p_{n10}+\frac{qD_{p1}T_{n21}^{*}}{L_{p1}^{*}T_{n11}^{*}}p_{n10}-2qF_{n1}^{*}D_{p1}p_{n10}$$

$$=qD_{p1}F_{n1}^{*}p_{n10}+\frac{qD_{p1}}{L_{p1}^{*}}\left[\frac{\frac{1}{L_{p1}^{*}}\sinh\left(\frac{w_{n1}-x_{n1}}{L_{p1}^{*}}\right)+\left(F_{n1}^{*}+\frac{s_{Feff}}{D_{p1}}\right)\cosh\left(\frac{w_{n1}-x_{n1}}{L_{p1}^{*}}\right)}{\frac{1}{L_{p1}^{*}}\cosh\left(\frac{w_{n1}-x_{n1}}{L_{p1}^{*}}\right)+\left(F_{n1}^{*}+\frac{s_{Feff}}{D_{p1}}\right)\sinh\left(\frac{w_{n1}-x_{n1}}{L_{p1}^{*}}\right)}\right]p_{n10}-$$

$$2qF_{n1}^{*}D_{p1}p_{n10} \tag{10-80}$$

2. p 型区的饱和复合电流密度

$$J_{srp2D}=qD_{n2}F_{p2}^{*}n_{p20}+\frac{qD_{n2}T_{p22}^{*}}{L_{n2}^{*}T_{p12}^{*}}n_{p20}-2qF_{p2}^{*}D_{n2}n_{p20}$$

$$=qD_{n2}F_{p2}^{*}n_{p20}+\frac{qD_{n2}}{L_{n2}^{*}}\left[\frac{\frac{1}{L_{n2}^{*}}\sinh\left(\frac{w_{p2}-x_{p2}}{L_{n2}^{*}}\right)+\left(E_{p2}^{*}+\frac{s_{BSF}}{D_{n2}}\right)\cosh\left(\frac{w_{p2}-x_{p2}}{L_{n2}^{*}}\right)}{\frac{1}{L_{n2}^{*}}\cosh\left(\frac{w_{p2}-x_{p2}}{L_{n2}^{*}}\right)+\left(E_{p2}^{*}+\frac{s_{BSF}}{D_{n2}}\right)\sinh\left(\frac{w_{p2}-x_{p2}}{L_{n2}^{*}}\right)}\right]n_{p20}-$$

$$2qF_{p2}^{*}D_{n2}n_{p20} \tag{10-81}$$

3. 耗尽区的复合电流密度

式（10-79）中的 J_{rd}是耗尽区中与复合相关的暗电流密度。

与同质结太阳电池一样，异质结太阳电池耗尽区的电子或空穴的产生或复合同样是以电子-空穴对的形式进行的，电子电流密度或空穴电流密度的变化是相同的。

复合电流 J_{rd}为

$$J_{rd}=J_{rn1d}+J_{rp2d} \tag{10-82}$$

对于通过缺陷态复合中心为主的复合，参照 5.6 节的式（5-142）复合率为

$$U_d=\frac{p_d n_d-n_i^2}{\tau_n(p_d+n_i)+\tau_p(n_d+n_i)} \tag{10-83}$$

式中：n_d和 p_d为整个耗尽区的电子浓度和空穴浓度；τ_n 和 τ_p为空间电荷区的少子寿命。

于是在耗尽区电流 J_d中，n 型区的$-x_{n1}$处与复合相关的电子电流为

$$J_{rn1d}=q\int_{-x_{n1}}^{0}U_d(x)\,dx=q\int_{-x_{n1}}^{0}\frac{p_d n_d-n_i^2}{\tau_n(p_d+n_i)+\tau_p(n_d+n_i)}dx \tag{10-84}$$

p 型区的 x_{p2}处与复合相关的空穴电流为

$$J_{\mathrm{rp2d}} = q\int_0^{x_{\mathrm{p2}}} U_{\mathrm{d}}(x)\,\mathrm{d}x = q\int_0^{x_{\mathrm{p2}}} \frac{p_{\mathrm{d}}n_{\mathrm{d}} - n_{\mathrm{i}}^2}{\tau_{\mathrm{n}}(p_{\mathrm{d}} + n_{\mathrm{i}}) + \tau_{\mathrm{p}}(n_{\mathrm{d}} + n_{\mathrm{i}})}\mathrm{d}x \tag{10-85}$$

如果采用萨支唐-诺伊斯-肖克利（Sah-Noyce-Shockley）的复合电流近似计算公式[3]，则

$$J_{\mathrm{rp2d}} = \frac{qn_{\mathrm{i}}x_{\mathrm{p2}}}{\sqrt{\tau_{\mathrm{n}}\tau_{\mathrm{p}}}} \frac{2\sinh(qV/2kT)}{q(V_{\mathrm{bi}}-V)/kT}\zeta$$

这个近似表达式仍然比较复杂，为了进一步简化计算，通常假设耗尽区内电子与空穴的复合率相等。如果进一步假设复合主要是通过靠近带隙中央的单一缺陷态复合中心进行的，则与同质结类似，参照第7章式（7-64），可得到耗尽区的复合率U_{d}为

$$U_{\mathrm{d}} = U_{\mathrm{n1d}} = U_{\mathrm{p2d}} = \frac{n_{\mathrm{d}}-n_{\mathrm{i}}}{\tau_{\mathrm{n}}+\tau_{\mathrm{p}}} = \frac{n_{\mathrm{i}}(\mathrm{e}^{qV/2kT}-1)}{\tau_{\mathrm{d}}} \tag{10-86}$$

对上式积分即可求得耗尽区复合电流密度。

（1）在n型区复合电流密度和饱和复合电流密度：

$$J_{\mathrm{rn1d}} = q\int_{-x_{\mathrm{n}}}^{0} U_{\mathrm{d}}(x)\,\mathrm{d}x = q\frac{x_{\mathrm{n1}}n_{\mathrm{i}}(\mathrm{e}^{qV/2kT} - 1)}{\tau_{\mathrm{d}}} = J_{\mathrm{srn1d}}(\mathrm{e}^{qV/2kT} - 1) \tag{10-87}$$

式中，J_{srn1d}为耗尽区的n型区饱和复合电流密度：

$$J_{\mathrm{srn1d}} = q\frac{x_{\mathrm{n1}}n_{\mathrm{i}}}{\tau_{\mathrm{d}}} \tag{10-88}$$

（2）在p型区复合电流密度和饱和复合电流密度：

$$J_{\mathrm{rp2d}} = q\int_0^{x_{\mathrm{p}}} U_{\mathrm{d}}(x)\,\mathrm{d}x = q\frac{x_{\mathrm{p2}}n_{\mathrm{i}}(\mathrm{e}^{qV/2kT} - 1)}{\tau_{\mathrm{d}}} = J_{\mathrm{srp2d}}(\mathrm{e}^{qV/2kT} - 1) \tag{10-89}$$

式中，J_{srp2d}为耗尽区的p型区饱和复合电流密度：

$$J_{\mathrm{srp2d}} = q\frac{x_{\mathrm{p2}}n_{\mathrm{i}}}{\tau_{\mathrm{d}}} \tag{10-90}$$

设w_{D}为耗尽区总宽度，则

$$w_{\mathrm{D}} = x_{\mathrm{n}}+x_{\mathrm{p}} \tag{10-91}$$

式中，x_{n}和x_{p}分别为耗尽区的n型区和p型区的宽度。

因此，耗尽区的总饱和复合电流密度为

$$J_{\mathrm{srd}} = q\frac{w_{\mathrm{D}}n_{\mathrm{i}}}{\tau_{\mathrm{d}}} \tag{10-92}$$

10.4.3 异质结太阳电池的总电流-电压特性

根据式（10-59），太阳电池在稳定的单色光照射下，异质结太阳电池的总电流密度-电压特性可表示为

$$J(\lambda) = J_{\mathrm{sc}}(\lambda) - J_{\mathrm{srD}}(\mathrm{e}^{qV/kT}-1) - J_{\mathrm{srd}}(\mathrm{e}^{qV/2kT}-1) \tag{10-93}$$

或

$$J(\lambda)=J_{sc}(\lambda)-J_{dark}(\lambda)=J_{sc}(\lambda)-J_s(e^{qV/\eta kT}-1) \tag{10-94}$$

式中，J_s为饱和复合电流密度，$J_{dark}(\lambda)$为暗电流密度或复合电流密度。

与讨论二极管pn结时一样，η为曲线因子，其值为1~2：当扩散电流起主导作用时，η的值趋向于1；当复合电流起主导作用时，η的值趋向于2。

电流密度J乘以太阳电池面积A，即可得到太阳电池在稳定的单色光照射下终端输出电流-电压特性。

太阳光是复色光。在太阳光照射下，计算太阳电池总的电流密度时应对太阳光所有波长进行积分，即

$$J=\int_{\lambda}J(\lambda)\,d\lambda \tag{10-95}$$

实际上，只有波长小于$\frac{hc}{E_g}$的光子对太阳电池输出电流密度有贡献，所以式（10-95）中的积分上限可取$\frac{hc}{E_g}$，这里E_g为禁带宽度。

$$J=\int_0^{\frac{hc}{E_g}}J(\lambda)\,d\lambda \tag{10-96}$$

从上面的推导过程中可见，只有异质结界面上的界面态少、晶格匹配好、少子寿命长、带阶ΔE_C和ΔE_V比较小的异质结，才能制备出性能良好的异质结太阳电池。当然，两种材料的热膨胀系数相近也是制备异质结太阳电池的重要条件。

从光电流的表达式可知，异质结的材料1主要吸收太阳光谱的短波部分，材料2主要吸收长波部分。选择不同的E_{g1}、$\alpha_1(\lambda)$、E_{g2}、$\alpha_2(\lambda)$的材料和厚度的组合，可获得接近太阳光谱的光谱响应曲线。设计异质结太阳电池时，通常选用窗口材料1的厚度较薄，$x_{n1}<\frac{1}{\alpha_1}$或$x_{n1}<L_{p1}$；由于$E_g$大的材料，平衡少子浓度少，少子寿命比较短，这一区域收集的光生载流子比较少，所以光电流主要由材料2制备的基区贡献。

10.5　异质结太阳电池n型区和p型区电场强度为零时的电流-电压特性

由于异质结太阳电池的n型区和p型区都均匀掺杂，除耗尽区外，中性区不存在电场，$F=0$。于是，按照式（10-59），太阳电池在波长为λ、光子流密度为$\Phi(\lambda)$的单色光稳定光照下的电流-电压特性为

$$J(\lambda,x)=-qD_{p1}\left\{\frac{1}{L_{p1}T_{n11}}\left[T_{n21}[-\Delta p_{n1}(-x_{n1})]+\left(\frac{s_{Feff}}{D_{p1}}\right)\Delta p_{n1}(-w_{n1})-\left.\frac{d\Delta p_{n1}(x)}{dx}\right|_{x=-w_{n1}}\right]+\right.$$

$$\left.\left.\frac{d\Delta p_{n1}(x)}{dx}\right|_{x=-x_{n1}}\right\}p_{n10}-qD_{n2}\left\{\frac{1}{L_{n2}T_{p12}}\left[-T_{p22}\Delta n_{p2}(x_{p2})+\left(\frac{s_{BSF}}{D_{n2}}\right)\Delta n_{p2}(w_{p2})+\right.\right.$$

$$\left.\frac{\mathrm{d}n_{\mathrm{p2}}(x)}{\mathrm{d}x}\right|_{x=w_{\mathrm{p2}}}\Bigg]-\left.\frac{\mathrm{d}\Delta n_{\mathrm{p2}}(x)}{\mathrm{d}x}\right|_{x=x_{\mathrm{p2}}}\Bigg\}+J_{\mathrm{gd}}-\frac{qD_{\mathrm{p1}}T_{\mathrm{n21}}}{L_{\mathrm{p1}}T_{\mathrm{n11}}}p_{\mathrm{n10}}(\mathrm{e}^{qV/kT}-1)-$$

$$\frac{qD_{\mathrm{n2}}T_{\mathrm{p22}}}{L_{\mathrm{n2}}T_{\mathrm{p12}}}n_{\mathrm{p20}}(\mathrm{e}^{qV/kT}-1)-J_{\mathrm{srd}}(\mathrm{e}^{qV/2kT}-1) \tag{10-97}$$

式中，

$$T_{\mathrm{n11}}=\frac{1}{L_{\mathrm{p1}}}\cosh\left(\frac{w_{\mathrm{n1}}-x_{\mathrm{n1}}}{L_{\mathrm{p1}}}\right)+\left(\frac{s_{\mathrm{Feff}}}{D_{\mathrm{p1}}}\right)\sinh\left(\frac{w_{\mathrm{n1}}-x_{\mathrm{n1}}}{L_{\mathrm{p1}}}\right) \tag{10-98}$$

$$T_{\mathrm{n21}}=\frac{1}{L_{\mathrm{p1}}}\sinh\left(\frac{w_{\mathrm{n1}}-x_{\mathrm{n1}}}{L_{\mathrm{p1}}}\right)+\left(\frac{s_{\mathrm{Feff}}}{D_{\mathrm{p1}}}\right)\cosh\left(\frac{w_{\mathrm{n1}}-x_{\mathrm{n1}}}{L_{\mathrm{p1}}}\right) \tag{10-99}$$

$$\Delta p_{\mathrm{n1}}(\lambda,x)=-\frac{(1-s)(1-R)\alpha_1\Phi\mathrm{e}^{-\alpha_1 w_{\mathrm{n1}}}L_{\mathrm{p1}}^2}{D_{\mathrm{p1}}[L_{\mathrm{p1}}^2\alpha_1^2-1]}\mathrm{e}^{-\alpha_1 x} \tag{10-100}$$

$$T_{\mathrm{p12}}=\frac{1}{L_{\mathrm{n2}}}\cosh\left(\frac{w_{\mathrm{p2}}-x_{\mathrm{p2}}}{L_{\mathrm{n2}}}\right)+\left(\frac{s_{\mathrm{BSF}}}{D_{\mathrm{n2}}}\right)\sinh\left(\frac{w_{\mathrm{p2}}-x_{\mathrm{p2}}}{L_{\mathrm{n2}}}\right) \tag{10-101}$$

$$T_{\mathrm{p22}}=\frac{1}{L_{\mathrm{n2}}}\sinh\left(\frac{w_{\mathrm{p2}}-x_{\mathrm{p2}}}{L_{\mathrm{n2}}}\right)+\left(\frac{s_{\mathrm{BSF}}}{D_{\mathrm{n2}}}\right)\cosh\left(\frac{w_{\mathrm{p2}}-x_{\mathrm{p2}}}{L_{\mathrm{n2}}}\right) \tag{10-102}$$

$$\Delta n_{\mathrm{p2}}(\lambda,x)=-\frac{(1-s)(1-R)\alpha_2\Phi\mathrm{e}^{-\alpha_1 w_{\mathrm{n1}}}L_{\mathrm{p2}}^2}{D_{\mathrm{n2}}[L_{\mathrm{n2}}^2\alpha_2^2-1]}\mathrm{e}^{-\alpha_2 x} \tag{10-103}$$

式中：s_{Feff}为前表面复合速度；L_{p1}为材料 1 的少子扩散长度；D_{p1}为材料 1 的少子扩散系数；α_1为材料 1 的吸收系数；w_{n1}为材料 1 的厚度；x_{n1}为材料 1 的耗尽区边界；s_{BSF}为背表面复合速度；L_{n2}为材料 2 的少子扩散长度；D_{n2}为材料 2 的少子扩散系数；α_2为材料 2 的吸收系数；w_{p2}为材料 2 的厚度；x_{p2}为材料 2 的耗尽区边界。

1. 短路电流密度

由式（10-97）可得异质结太阳电池各区域的短路电流密度。

（1）材料 1 中性区的电流密度：利用式（10-97）~式（10-103），可求得材料 1 中性区的光电流密度为

$$J_{\mathrm{scn1}}(\lambda)=q\,\frac{(1-s)(1-R)\alpha_1\Phi L_{\mathrm{p1}}}{L_{\mathrm{p1}}^2\alpha_1^2-1}\left\{\frac{1}{T_{\mathrm{n11}}}\left(\frac{s_{\mathrm{Feff}}}{D_{\mathrm{p1}}}+\alpha_1\right)-\left(\alpha_1 L_{\mathrm{p1}}+\frac{T_{\mathrm{n21}}}{T_{\mathrm{n11}}}\right)\mathrm{e}^{-\alpha_1(w_{\mathrm{n1}}-x_{\mathrm{n1}})}\right\} \tag{10-104}$$

（2）材料 2 中性区的电流密度：

$$J_{\mathrm{scp2}}=\frac{q(1-s)(1-R)\Phi\mathrm{e}^{-\alpha_1 w_{\mathrm{n1}}}\alpha_2\mathrm{e}^{-\alpha_2 x_{\mathrm{p2}}}L_{\mathrm{n2}}}{L_{\mathrm{n2}}^2\alpha_2^2-1}\left\{\alpha_2 L_{\mathrm{n2}}-\left(T_{\mathrm{p22}}-\frac{s_{\mathrm{BSF}}}{D_{\mathrm{n2}}}-\alpha_2\right)\frac{1}{T_{\mathrm{p12}}}\mathrm{e}^{-\alpha_2(w_{\mathrm{P2}}-x_{\mathrm{p2}})}\right\} \tag{10-105}$$

（3）材料 1 的耗尽区电流密度：

$$J_{\mathrm{ngD}}(\lambda)=q(1-s)(1-R)\Phi\mathrm{e}^{-\alpha_1(-x_{\mathrm{n1}}+w_{\mathrm{n1}})}(1-\mathrm{e}^{-\alpha_1 x_{\mathrm{n1}}}) \tag{10-106}$$

（4）材料 2 的耗尽区电流密度：

$$J_{\mathrm{pgD}}(\lambda)=q(1-s)(1-R)\Phi\mathrm{e}^{-\alpha_1 w_{\mathrm{n1}}}(1-\mathrm{e}^{-\alpha_2 x_{\mathrm{p2}}}) \tag{10-107}$$

式（10-104）、式（10-105）、式（10-106）和式（10-107）之和，即为单色

光稳定照明时的光谱短路电流。对整个太阳光谱积分后，可得总的短路电流。

2. 复合电流密度

电流-电压特性表达式（10-93）的前一项与入射光 $\Phi(\lambda)$ 有关，后两项与电压 V 有关，因为载流子的连续性方程是线性的，所以少子浓度和少子电流也应该是线性的；在耗尽近似情况下，入射光 $\Phi(\lambda)$ 和电压 V 对少子浓度和少子电流的影响也是相互独立的，于是总的积分电流密度-电压关系 $J(V)$ 可表达为短路电流 J_{sc} 与复合电流密度（暗电流密度）J_{dark} 的代数差：

$$J(V)=J_{sc}-J_{dark}=J_{sc}-J_s(e^{qV/\eta kT}-1) \tag{10-108}$$

式中：$J(V)$ 和 J_{sc} 为对太阳光所有波长的积分值；J_s 为异质结太阳电池的饱和复合电流密度。

当光照下的太阳电池开路时，$J(V)=0$，此时有

$$J_{sc}=J_s(e^{qV_{oc}/\eta kT}-1) \tag{10-109}$$

两边取对数并整理后，得开路电压 V_{oc} 为

$$V_{oc}=\frac{\eta kT}{q}\ln\left(\frac{J_{sc}}{J_s}+1\right) \tag{10-110}$$

由式（10-108）和式（10-110）可见，饱和复合电流密度的增大会降低光电流 J，同时也会减小开路电压 V_{oc}。

式（10-108）中饱和复合电流 J_s 除来自中性区扩散电流（也称注入电流分量）被复合的电流和耗尽区的复合电流，还包括隧穿电流 I_t。由于界面处大量的界面态可形成耗尽区的复合中心，使得复合电流可能超过扩散电流；电子和空穴直接通过界面上的界面态或禁带中的其他空能态发生隧穿效应，使隧穿电流 I_t 成为异质结复合电流的主要成分之一。因此，在讨论异质结太阳电池的饱和复合电流（暗电流）时，需要考虑隧穿电流 I_t 分量，对饱和复合电流表达式进行修正。

此外，在载流子传输过程中，在界面处还有可能发生散射而引起暗电流增大。对这些内容我们将在第 11 章中进行讨论。

与同质结相似，在异质结背面加上背电场，可以减少基区少子的复合，减少暗电流，提高开路电压，减小接触电阻，增加内反射。

10.6　异质结太阳电池的效率

异质结太阳电池工作时的等效电路和光照负载特性曲线等，与普通的 pn 结太阳电池相仿。工作在最佳工作点时，可获得最大光电输出功率，其光电转换效率 η_c 的表达式为

$$\eta_c=\frac{P_m}{P_0A_t}=\frac{FFI_{sc}V_{oc}}{P_0A} \tag{10-111}$$

式中：P_0 为单位面积光的输入功率；A_t 为电池总面积；I_{sc} 为短路电流；V_{oc} 为开路电压；FF 为填充因数。

与同质结太阳电池相比，制备异质结太阳电池的有利点是：用禁带宽度大的材料制作窗口层，可有更多的光透进基区层；大禁带宽度高掺杂后，可以减小表面薄层电阻，从而减小太阳电池的串联电阻，而且可避免产生高掺杂效应；可以用多种不同禁带宽度的材料或变禁带宽度材料作为窗口层，调节太阳电池的光谱响应范围。主要不利点为：在异质结界面层上，因两种材料折射率不同，可能有3%~4%的界面反射损失；异质结太阳电池的暗电流组成分量的大小排列往往是隧穿电流>复合电流>扩散电流。目前，隧穿电流和复合电流的形成机理尚不明晰，但它强烈影响着异质结太阳电池的输出特性。

10.7 硅基异质结太阳电池

如上所述，异质结太阳电池与同质结太阳电池的最大不同点是前者由两种不同性质的材料组成 pn 结，因此，除了同质结太阳电池中影响太阳电池性能的因素，还必须探究两种材料的性质差异及其合理匹配。

10.7.1 HIT 硅基异质结太阳电池

现在，基于晶体硅的异质结太阳电池中最重要的是纳米硅/非晶硅/晶体硅（nc-Si/a-Si/c-Si）异质结太阳电池。这种太阳电池也称具有本征薄层的异质结（HIT）太阳电池[4]。

1. HIT 太阳电池的基本结构

图 10-10 所示为 n 型单晶硅基底 HIT 太阳电池的基本结构。由图可知，n 型 c-Si 为基底吸收层，光学带隙约为 1.2eV，正面为 p^+型 a-Si:H 和缓冲层 i 型 a-Si:H，光学带隙约为 1.7eV，与 c-Si 形成 pn 结，产生光生载流子。背面为 n^+型 a-Si:H 和 i 型 a-Si:H，与 c-Si 形成 nn^+结背场。太阳电池最外层分别为透明导电氧化物层，光学带隙约为 4.0eV，远大于 a-Si 和 c-Si。这种结构可让能量大于 c-Si 禁带宽度的光子进入 c-Si，产生光生载流子。a-si 层很薄，掺杂浓度高。太阳电池中大部分的内建电压出现在 c-Si 中。

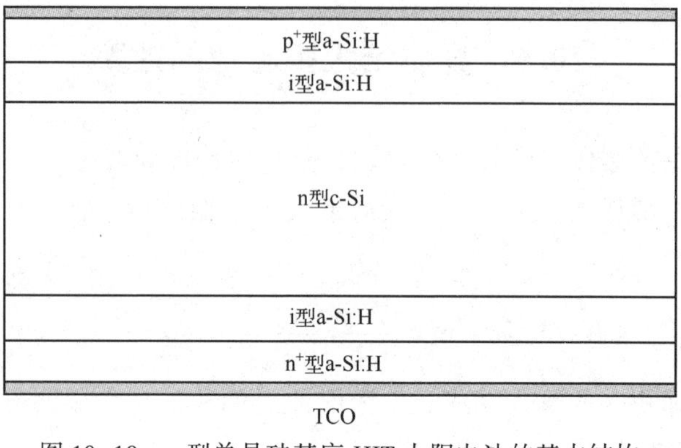

TCO
p^+型a-Si:H
i型a-Si:H
n型c-Si
i型a-Si:H
n^+型a-Si:H
TCO

图 10-10 n 型单晶硅基底 HIT 太阳电池的基本结构

2. HIT 太阳电池的能带结构与选择性接触

n 型单晶硅基底的 HIT 太阳电池的能带结构与选择性接触原理图如图 10-11 所示。由图可知，在正面，晶体硅靠近表面存在能带弯曲，阻挡了晶体硅中的电子向正面移动，只能向后表面移动；对空穴来说，虽然前表面有一个小的带阶，但因为本征非晶硅层很薄，所以空穴可方便地隧穿，进入重掺杂 p 型非晶硅层，直达电池正面。在背面，则刚好相反，由于能带弯曲，空穴不能轻易进入背面，电子却能通过，从而实现比较好的选择性接触。

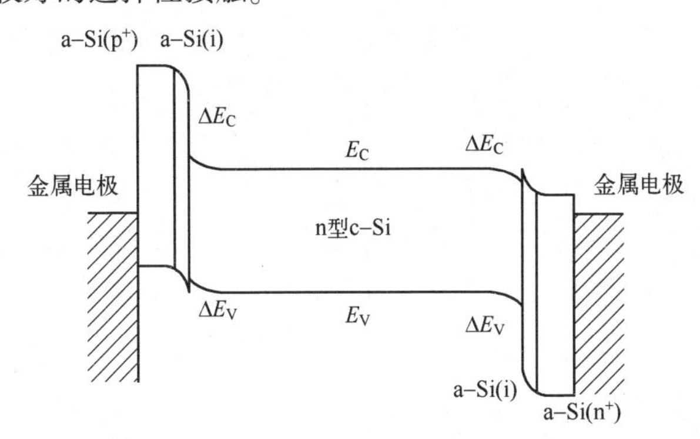

图 10-11　n 型晶体硅基底的 HIT 太阳电池的能带结构与选择性接触原理图

10.7.2　非晶硅和纳米硅材料

由于 HIT 太阳电池涉及非晶硅、纳米硅和晶体硅等多种不同结构的硅基材料，为了表述它们的性质，需要简要地介绍非晶半导体的能带结构，并引入局域态、非局域态等概念。在此基础上，我们再讨论组成 HIT 太阳电池的非晶硅、纳米硅与晶体硅材料的合理匹配。

1. 非晶半导体的能带结构

非晶硅（a-Si）和纳米硅（nc-Si）材料的特点是短程有序、长程无序。短程有序部分的结构与 c-Si 一样，每个 Si 原子都与周围的 4 个 Si 原子形成共价键，共价键的键长和键角是固定的。但在数个至数十个 Si 原子之外，排列就变得无序了。在 a-Si 中，不仅共价键的键长和键角不是固定的，而且还有很多未配位原子、悬键、空位和微空洞等缺陷，如图 10-12 所示。由各种缺陷形成的缺陷态，通常包含在带隙中间之下的带负电荷的悬键态（D^-）、在带隙中间之上的带正电荷的悬键态（D^+），以及由处于带隙中部的中性悬键态（D^0），即深能级态。正是这些隙态决定着非晶硅材料的光生载流子的收集。

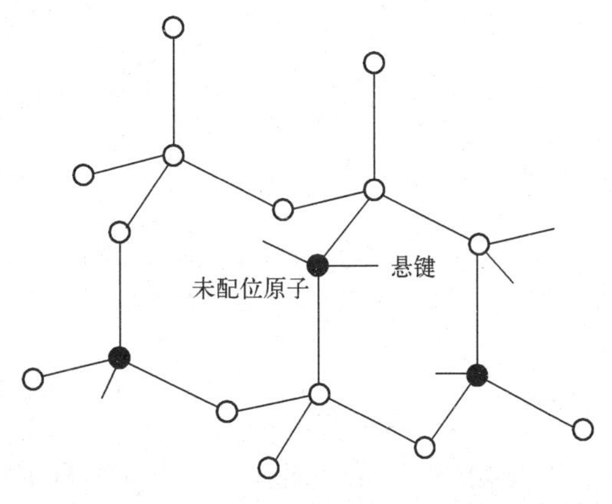

图 10-12　非晶硅中的未配位原子和悬键

在 a-Si 中，晶格格点的势场由无规则势场叠加到周期势上构成，电子基本限定在某一区域内运动，即处于局域态，也称定域态。与此相对应，电子如同晶体中那样，可在整个半导体中做共有化运动，处于非局域态，也称扩展态。原子的排列越是无序，局域态形成就越多，电子态密度向导带底 E_C 以下的带隙内部延伸扩展得也越多。同样，空穴态密度向价带顶 E_V 以上的带隙内延伸扩展得也越多。由于能量在局域态范围的电子态，在 $T=0K$ 时的迁移率为 0，当能量改变进入扩展态范围时，电子态迁移率变为一个有限值，所以在能带扩展态与局域化带尾态之间存在一条分界线，称为导带迁移率边 E_C 和价带迁移率边 E_V。通常认为非晶半导体的能带结构如图 10-13 所示[5]。定域态只存在于导带底 E_C 和价带顶 E_V 附近，分别延伸至 E_A 和 E_B 两点，在 E_C 和 E_A 之间为导带局域态，在 E_V 和 E_B 之间为价带局域态，通称为带尾局域态或局域化的带尾态。由于悬键等缺陷造成的缺陷局域态位于带隙中，态密度呈连续分布，其中 E_x 和 E_y 分别表示由悬键引起的深受主和深施主，它们互相交叠，费米能级 E_F 钉扎在它们的带隙中间。这是理想化的非晶半导体的能带结构模型。

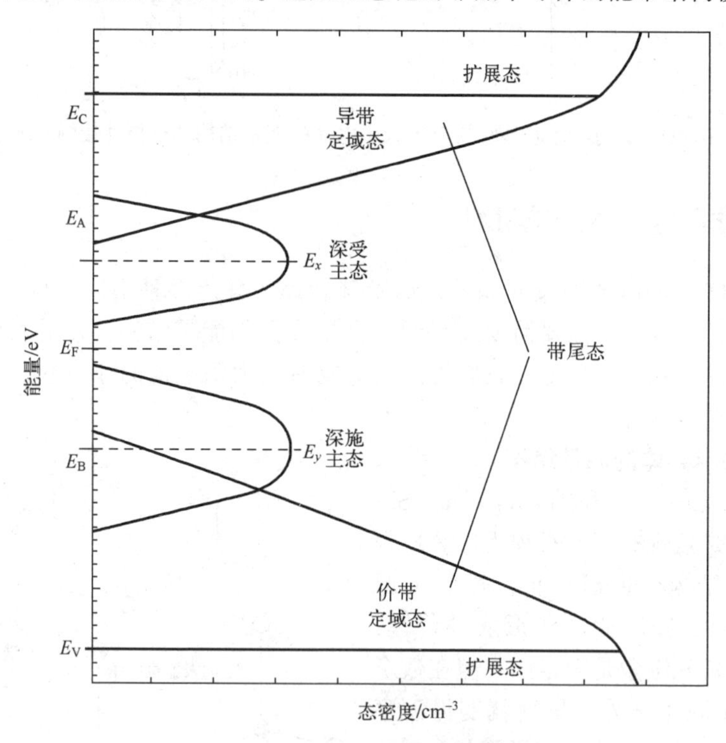

图 10-13　非晶半导体的能带结构

施坦格尔（R. Stangl）等人利用自主研发的 AFORS-HET 软件，对非晶硅/晶体硅异质结太阳电池进行了模拟计算[6]。该模拟计算假定非晶硅层的 $E_g=1.72eV$，$\chi=3.8eV$，$N_D=10^{19}cm^{-3}$，带隙内的带尾态呈指数分布，悬键态呈正态分布。图 10-14 所示的是 a-Si:H 带隙内类受主（A）和类施主（D）的缺陷态分布。

实际上，非晶半导体中的缺陷是很复杂的，很难用简单的模型和简单的能带图来表述。同时，由于晶格中原子的排列无序，使其没有确定的能量分布函数 $E(\boldsymbol{k})$，不像晶体硅那样必须有声子参与电子才能发生跃迁，类似于直接带隙材料，使其光吸收系数比晶体硅大一个数量级，同时还具有较大的光电导率和载流子迁移率等。

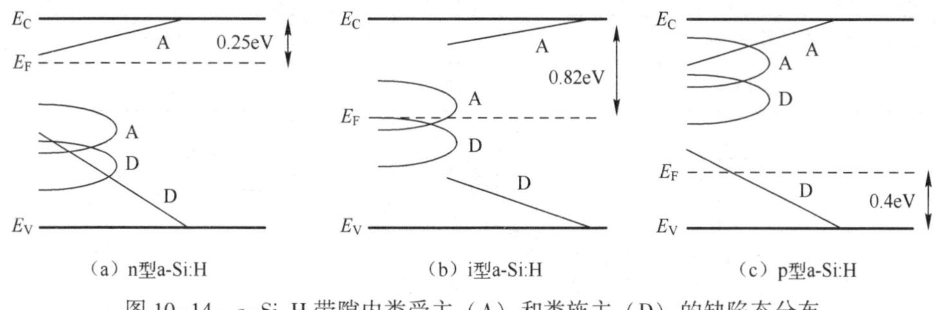

图 10-14　a-Si:H 带隙内类受主（A）和类施主（D）的缺陷态分布

2. 纳米硅半导体的能带结构

纳米硅薄膜是一种低维量子功能材料，其晶格结构中原子的排列也存在局部无序，使其光吸收系数高于晶体硅。改变 nc-Si:H 中的纳米硅的尺寸和氢掺加量，由于 Si-H 键的键合能大于 Si-Si 键，可改变纳米硅材料的光学带隙，使其光学带隙明显大于晶体硅。因此，采用纳米硅半导体薄膜材料作为窗口层，不仅可与晶体硅结合形成异质结太阳电池，而且具有良好的电光特性。也正因为采用纳米硅材料，其晶体结构不存在长程有序，使载流子的散射长度减小到原子距离。带尾局域态和带隙中的陷阱态起到复合中心的作用，影响着纳米硅薄膜的诸多电学性质，使其能带情况和载流子的输运情况变得非常复杂。因此，通常 nc-Si/c-Si 异质结太阳电池只能通过数值模拟进行分析。

10.7.3　n 型晶体硅基底和 p 型晶体硅基底 HIT 太阳电池

早期的 HIT 太阳电池采用 n 型单晶硅作为基底，主要是考虑 n 型单晶硅的少子寿命高于 p 型单晶硅的少子寿命。但是，从物理机理上综合比较，n 型单晶硅基底和 p 型单晶硅基底的两种电池结构各有长处。

表 10-1 列出了 n^+p 异质结和 p^+n 异质结的材料性能比较[7]。图 10-15 所示为 n^+p 异质结和 p^+n 异质结的能带差别[7]。图中显示了太阳电池结构中有无缓冲层的能带差异。由能带图可知，p 型基底的内建电场明显小于 n 型基底的内建电场，两者的内建电压差约为 200mV。对于 n 型 c-si 为基底的 HIT 太阳电池，带阶导致只有少量的多子可以进行复合，使界面复合明显被抑制，因此其开路电压和光电转换效率将会更高。如果带阶增高了少子的传输势垒，使得填充因子明显降低，补偿不了开路电压的增大，则就会使其光电转换效率不如 p 型 c-si 为基底的太阳电池。

对于 p 型基底的 HIT 太阳电池，在太阳电池背面，由导带阶跃 ΔE_C 形成的背电场能反射少子（即电子）；对于 n 型基底的电池，同样较大的价带带阶能在背面形成强背场，反射少子（即空穴）。

表 10-1　n^+p 异质结和 p^+n 异质结的材料性能比较

	p 型晶体硅为基底的 n^+p 异质结	n 型晶体硅为基底的 p^+n 异质结
能带带阶	$\Delta V_c = 0.2\text{eV}$	$\Delta V_v = 0.4\text{eV}$
c-si 的少子迁移率	$\mu_n = 1000\text{cm}^2/\text{V}$	$\mu_p = 340\text{cm}^2/\text{V}$
a-si:H 的少子迁移率	$\mu_p = 1\text{cm}^2/\text{V}$	$\mu_n = 5\text{cm}^2/\text{V}$

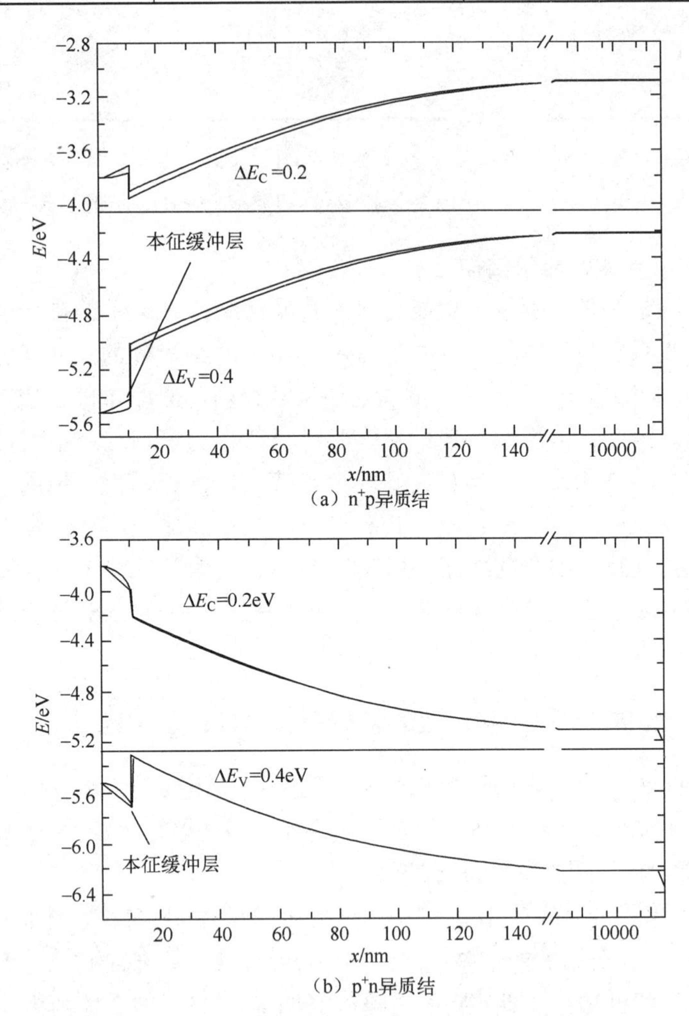

图 10-15　n^+p 异质结和 p^+n 异质结的能带差别

此外，当表面透明导电氧化物（TCO）层与半导体接触时，由于两者的功函数不同，将引起能带弯曲程度的不同，这也会改变载流子的传输效率，从而影响太阳电池的性能。不同 TCO 的功函数可在 3~6eV 范围内选择。图 10-16 所示为 TCO 的功函数对 p 型基底太阳电池能带结构的影响[8]。对于较低的功函数，TCO 与 a-Si:H(n^+)接触界面的电场 E 方向与 a-Si:H(n^+)/c-Si(p)界面的电场 E 方向相同，可提高载流子收集效率。当功函数增高到一定程度后，TCO 层的电场方向将反转，载流子收集效率和短路电流也随之降低。另外，异质结中载流子的传输性能还与太阳电池发射极的厚度和背场的设置等因素有关。例如，当发射极过厚时，会导致太阳电池表面出现“死层”，降低载流子收集效率和短路电流。

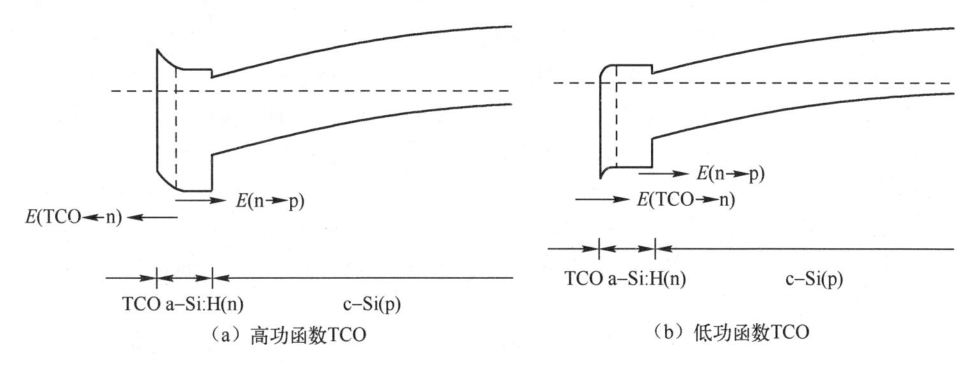

（a）高功函数TCO　　（b）低功函数TCO

图 10-16　TCO 的功函数对 p 型基底太阳电池能带结构的影响

图 10-17 所示为 p 型晶体硅为基底的异质结和 n 型晶体硅为基底的 HIT 异质结太阳电池能带结构。

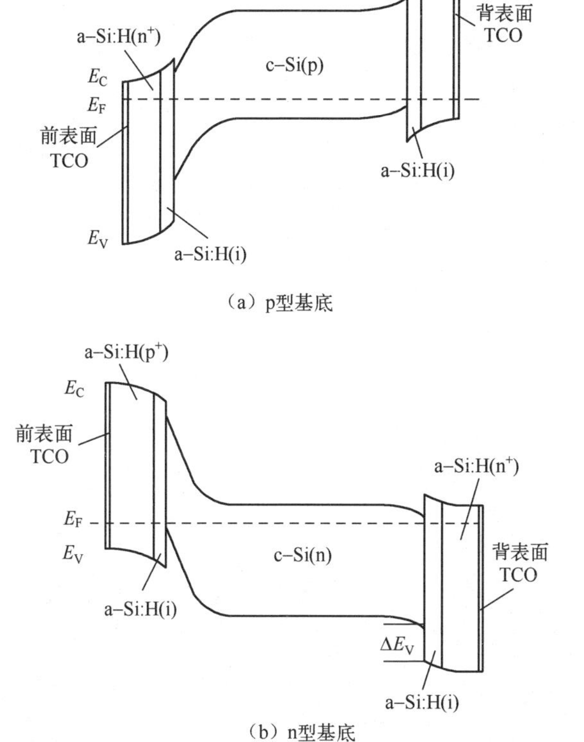

（a）p型基底

（b）n型基底

图 10-17　p 型晶体硅为基底的异质结和 n 型晶体硅为基底的 HIT 异质结太阳电池能带结构

参考文献

[1] 刘恩科，朱秉升，罗晋升，等. 半导体物理学（第6版）[M]. 北京：电子工业出版社，2003.

[2] Fonash S J. Solar Cell Device Physics [M]. Second Edition, UK: Elsevier Inc., 2010

[3] Sah C T, Noyce R N, Shockley W. Carrier Generation and Recombination in p-n Junctions Characteristics [J]. Proceeding of Institute of Radio Engineers, 1957, 45 (9): 1228-1243.

[4] Tanaka M, Okamoto S, Tsuge S, et al. Development of HIT Solar Cells with more than 21% Conversion Efficiency and Commercialization of Highest Performance HIT Modules [C]. Proceedings of the 3rd World Conference on Photovoltaic Energy Conversion, Abstracts for the Technical Program, Osaka, Japan, 2003.

[5] Markvart T, Castaner L. Solar Cells: Materials, Manufacture and Operation [M]. UK: Elsevier Inc., 2005.

[6] Stangl R, Froitzheim A, Fulls M. Design Critera for Amorphous/Crystalline Silicon Heteojunction Solar Cells-a Simulation Study [C]. Proceedings of the 3rd World Conference on Photovoltaic Energy Conversion, Osaka, Japan, 2003: 1005-1008.

[7] Froitzheim A, Stangl R, Elstner L, et al. Interface Recombination in Amorphous/Crystalline Silicon Solar Cells, a Simulation Study [C]. Proceedings of the 25th IEEE Conference, New Orleans, 2002: 1238-1240.

[8] 马斌，冯晓东. HIT太阳电池性能的模拟计算 [J]. 南京工业大学学报（自然科学版），2014，36（4）：45-49.

第 11 章　硅基太阳电池的计算物理

前面推导太阳电池的光电流公式是在设置了一些理想的假设条件下进行的。例如：将发射区和基区视为中性区或准中性区，中性区不存在电场或只存在恒定电场；忽略耗尽区的缺陷复合；不计太阳电池内部的界面反射对光生载流子产生率的影响；等等。

特别是异质结太阳电池，它由不同材料构成，不仅表面能带结构状态很复杂，而且其界面的晶格匹配远不如同质结那样完美。在不同材料和不同类型的带隙中，有可能存在由缺陷和非特意掺杂的杂质引起的能态，以及由有目的地掺杂引起的杂质能态：这些能态可能是施主态和受主态，也有可能是类施主态和类受主态；其能量分布可能是分立的，也有可能是连续分布的。

借助于计算物理方法，可以对太阳电池进行模拟计算。实际上，即使是晶体硅同质结太阳电池，也存在各种界面态和表面态，尤其是多晶硅太阳电池，晶粒间界上的界面态也是很复杂的。因此，完全按照实际情况，即使采用数值模拟方法，计算太阳电池的各项性能仍然是很困难的（几乎是不可能的），我们这里讨论的只能是“准”实际太阳电池。

太阳电池属于半导体器件，半导体器件模拟的理论基础是由晶体管发明者肖克利（W. Shockley）、巴丁（J. Bardeen）和布拉顿（J. Brattain）等人于 20 世纪 50 年代建立起来的[1,2]。后来，根梅尔（H. K. Gummel）第一次以数值方法取代解析方法用于精确求解一维双级晶体管模型，将计算机技术引入半导体器件的理论分析[3]。而后，又应用太阳电池理论分析晶体硅太阳电池[4,5]。

AMPS-1D 是一款免费的太阳电池模拟软件，其全称为 Analysis of Microelectronic and Photonie Structures. One Dimension，由美国宾夕法尼亚州立大学福纳什（S. Fonash）教授及其团队开发。AMPS-1D 的通用性很强，可模拟由单晶、多晶或非晶态材料组成的太阳电池的电流-电压特性曲线，光偏置或电压偏置下的量子效率曲线等。AMPS-1D 可以处理太阳电池能带中的多种缺陷态，包括离散或正态分布的受主型、施主型缺陷，非晶态材料中的带尾态及中间态等，而且程序收敛能力强。AMPS 的源代码已经公开，并已衍生出了改进版本。南开大学刘一鸣博士等人在 2012 年开发了 wxAMPS，这一版本的软件考虑了两种隧穿电流模型，并在用户界面和算法上进行了重大改进[6]。

另外还有澳大利亚新南威尔士大学发布的 PCID 一维太阳电池模拟软件，比利时根特（Ghent）大学的比格尔曼（M. Burgelman）教授开发的 SCAPS 软件，德国亥姆霍兹（Helmholtz）研究所开发的 AFORS-HET，荷兰代夫特（Delft）理工大学开发的 ASA 等。

在多维模型下仿真太阳电池时，需要使用大型商业软件，如 Silvaco 公司的 ATLAS[7]、Crosslight 公司的 APSYS[8]、Comsol 公司的 ComsolMultiPhysics[9,10]等。

11.1 太阳电池数值计算的物理模型

前面已经讨论了在理想模型或准理想模型下建立的一组非线性微分方程，即自由空穴的连续性方程、自由电子的连续性方程和泊松方程，以及相应的边界条件。通过求解这些方程，可以获得太阳电池处在稳定状态下的理想或准理想的终端特性。现在，为了建立实际太阳电池的物理模型下的基本方程组，需要从以下多个方面对准理想模型下的基本方程进行更多的修改或补充。

1. 实际太阳电池基本方程中泊松方程的修正

☺ 介电常数是距离 x 的函数 $\varepsilon_s(x)$，泊松方程应采用比式（5-194）更一般性的表达式。

☺ 空间电荷应包含所有的扩展态和局域态的载流子，特意掺杂的杂质和非特意掺杂的杂质电离后的电荷，各种结构缺陷和杂质缺陷相关的电荷。

2. 实际太阳电池基本方程中连续性方程的修正

☺ 在稳态下，电子和空穴的连续性方程式（5-182）和式（5-183）中的电流密度采用一般表达形式，即电流密度按式（5-186）和式（5-187），以准费米能级的导数形式表达。这是很一般性的表达式，它包括由带隙、电子亲和能和态密度梯度等因素引起的有效电场中载流子的扩散、漂移等运动所产生的电流。

☺ 复合率项扩展到以各种形式存在的所有结构缺陷和杂质缺陷形成的复合中心。

☺ 产生率项应计及太阳电池内不同材料区域边界的光反射。

为便于对结构缺陷和杂质缺陷中的复杂能态进行讨论，我们先引入类受主态和类施主概念，并对以各种形式存在的空间电荷进行分类计算。

3. 类受体态和类施主态

如第 3 章所述，在热力学温度零度下，半导体的价带中填满了价电子，导带中没有价电子。当电子被热能或光子激发离开价带时，其作用如同留下了一个正粒子（空穴）。这些电子进入导带后，导带内就多出相同数目的电子。价带中的空穴是处在非局域态下的“自由”载流子，可在电场中漂移或扩散。

对于理想晶体内的电子，价带和导带中只有非局域态。非局域态也称扩展态。然而，真实的晶体材料具有表面，位于表面的类氢原子波函数将引入局域态，这些局域态是可以被载流子占据的。此外，真实的晶体通常是不完美的，含有杂质和缺陷。在晶体的杂质和缺陷位置上将引入由杂质和缺陷形成的局域态。对于多晶、微晶或纳米晶等材料，它们都有结构缺陷，在晶界区存在局域态。局域态的能量可在能带内，也可在能隙中。位于能带内的载流子会立即从局域态转移到非局域态而成为自由载流子；然而处于带隙中的载流子只要不上升到导带或下降到价带成为非局域态，就不可能移动。因此，除非隙态密度是非常之高的，否则处于晶体能隙中的载流子就不可能漂移和扩散。

单晶、多晶、非晶、纳米晶和纳米颗粒的局域隙态，可以大致分为类受主、类施主或同时具有类主体和类施主两种性质的两性隙态。类受主态和类施主态是单电子态，应符合以下定义[11]：

☺ 受主态的电性：当未被电子占据时是电中性的，被电子占据（电离）时是负电性的。

☺ 施主态的电性：当被电子占据时是电中性的，未被电子占据（电离）时是正电性的。

两性隙态可以被一个或两个价电子占据或不被占据。当被一个电子占据时，是中性的状态；未被电子占据时，为带正电荷的状态；被 2 个电子占据时，是带负电荷的状态。

这里的类受主态和类施主态主要是针对一些由结构缺陷和非特意引入的杂质所形成的能态，以区别于正常掺杂（特意引入的杂质）所形成的受主态和施主能态，主要考虑的是否被电子占据（陷落电子）而不是给出电子的情况。

11.2 泊松方程

按照静电场理论，材料系统中的静电势与空间电荷密度的关系由泊松方程表述。在一维空间，泊松方程式为

$$\frac{\mathrm{d}}{\mathrm{d}x}\left(-\varepsilon_{\mathrm{s}}(x)\frac{\mathrm{d}\psi(x)}{\mathrm{d}x}\right)=\rho=q\cdot[p(x)-n(x)+N_{\mathrm{D}}^{+}(x)-N_{\mathrm{A}}^{-}(x)+p_{\mathrm{t}}(x)-n_{\mathrm{t}}(x)] \tag{11-1}$$

式（11-1）的左侧与常规表达式（5-194）的不同之处在于式中的介电常数是位置 x 处的函数 $\varepsilon(x)$，这是更一般的泊松方程表达式。

> 说明　在太阳电池的模拟软件 AMPS-1D 中，泊松方程的空间电荷量表示为 $q\cdot\rho$，因此 ρ 仅代表电荷数。本章所述的“电荷”均代表电荷数。

11.2.1 泊松方程中的静电势

前面已讨论过，当半导体材料系统中存在静电场时，将会引起位于导带顶部的局部真空能级 E_0 的变化，这是由于局部真空能级表征的是电子从导带中逃脱的能量，电场的作用必然会影响电子的逃逸能量。局部真空能级 E_0 的导数正比于静电场强度 F。如果确定某一参考点作为局部真空能级的测量位置（见图 4-6），则电场强度 F 可表示为 $\frac{\mathrm{d}\psi(x)}{\mathrm{d}x}$。

图 11-1 所示的是热平衡时肖特基势垒的能带图。图中$\chi(x)$是位置 x 处的电子亲和能，Φ_{B0} 是 $x=0$ 处的势垒，Φ_{BL}是 $x=L$ 处的势垒。$x=L$ 处的局部真空能级设定为计算电场$\frac{d\psi(x)}{dx}$的参考点。由图 11-1 可获得由静电势表达的E_C和 E_V分别为

$$E_C=E_0-\chi=(q\Phi_{BL}+\chi(L)+q\psi(x))-\chi(x) \tag{11-2}$$

$$E_V=E_0-\chi-E_g=(q\Phi_{BL}+\chi(L)+q\psi(x))-\chi(x)-E_g \tag{11-3}$$

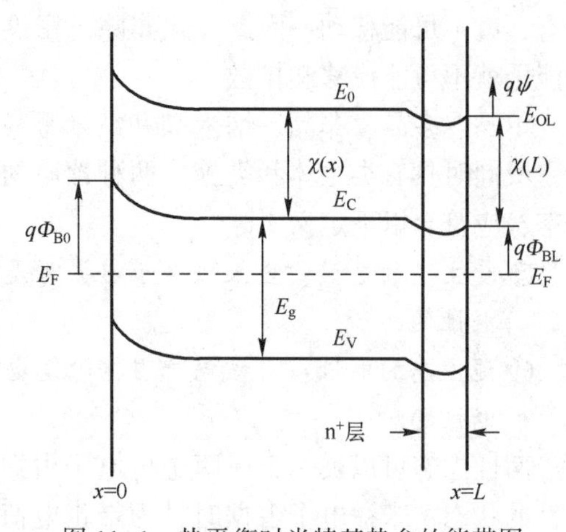

图 11-1 热平衡时肖特基势垒的能带图

通常可以设$\chi(x)\approx\chi(L)$，这时 E_C和 E_V分别为

$$E_C=E_0-\chi=(q\Phi_{BL}+q\psi(x)) \tag{11-4}$$

$$E_V=E_0-\chi-E_g=(q\Phi_{BL}+q\psi(x))-E_g \tag{11-5}$$

11.2.2 泊松方程中的空间电荷密度

式（11-1）右侧括号内的电荷为单位体积内自由载流子的电荷数，以及单位体积内由杂质、复合中心和陷阱形成的局域态中的电荷数。其中，n 为自由电子浓度，p 为自由空穴浓度；n_t为俘获电子浓度，p_t为俘获空穴浓度，均指在能隙中所有不同能量的缺陷（复合中心和陷阱）态的正电荷和负电荷；N_D^+为电离的类施主掺杂离子浓度，N_A^-为电离的类受主掺杂离子浓度。上面这些量均为位置 x 的函数。式（11-1）中的 q 为电子电量。

杂质可分成两类：一类是有目的的特意掺加的杂质，如为改变半导体型号而掺入的磷或硼等，这类杂质称为掺杂杂质；另一类为非特意引入的杂质，如半导体中原有的杂质或在制造过程中由于沾污而混入的杂质等，这类杂质称为非掺杂杂质。这两类杂质需要分别处理。

下面对泊松方程中的空间电荷密度进行分类计算。

1. 电子浓度 n 和空穴浓度 p

能带中的电子和空穴可以处于能带中扩展态，也可以处于能带中局域态。

☺ 居于能带中扩展态的电子浓度 n 和空穴浓度 p：可由第 4 章的式（4-24）、式（4-26）、式（4-195）和式（4-196）等确定。

☺ 居于能带中局域态的电子浓度 n 和空穴浓度 p：由于能带内载流子会立即从局域态转移到非局域态而成为自由载流子，因此对于居于能带中局域态的电子浓度 n 和空穴浓度 p 也可由第 4 章推导的相同的公式计算。

在热平衡下，非简并半导体导带的电子浓度 n 为

$$n=N_c\exp\left(-\frac{E_C-E_F}{kT}\right) \tag{11-6}$$

式中，N_c为导带的有效态密度：

$$N_c=2\left(\frac{2\pi m_c^* kT}{h^2}\right)^{\frac{3}{2}} \tag{11-7}$$

式中，m_c^*为电子的有效质量。

在热平衡下，非简并半导体价带的空穴浓度 p 为

$$p=N_v\exp\left(-\frac{E_F-E_V}{kT}\right) \tag{11-8}$$

式中，N_v为价带的有效态密度：

$$N_v=2\left(\frac{2\pi m_p^* kT}{h^2}\right)^{\frac{3}{2}} \tag{11-9}$$

式中，m_p^*为空穴的有效质量。

在热平衡下，简并半导体导带的电子浓度 n 为

$$n=N_c\frac{2}{\sqrt{\pi}}F_{1/2}(\eta)\exp\left(\frac{E_F-E_C}{kT}\right) \tag{11-10}$$

式中，$F_{1/2}(\eta)$为费米积分：

$$F_{1/2}(\eta)=\int_0^\infty\frac{E^{1/2}}{1+\exp(E-\eta)}\mathrm{d}E \tag{11-11}$$

对于自由电子，式（11-11）中的变量 η 应为

$$\eta_n=\frac{E_F-E_C}{kT} \tag{11-12}$$

在热平衡下，简并半导体价带的空穴浓度为

$$p=N_v\frac{2}{\sqrt{\pi}}F_{1/2}(\eta)\exp\left(\frac{E_V-E_F}{kT}\right) \tag{11-13}$$

式中，对于自由空穴，费米积分 $F_{1/2}(\eta)$中的变量

$$\eta_p=\frac{E_V-E_F}{kT} \tag{11-14}$$

如果再利用电子和空穴费米-狄拉克简并因子的定义：

$$\gamma_n=\frac{2}{\sqrt{\pi}}\frac{F_{1/2}(\eta_n)}{\exp(\eta_n)} \tag{11-15}$$

$$\gamma_p=\frac{2}{\sqrt{\pi}}\frac{F_{1/2}(\eta_p)}{\exp(\eta_p)} \tag{11-16}$$

则在简并的情况下，电子浓度和空穴浓度可分别表达为

$$n=N_c\gamma_n\exp(\eta_n) \tag{11-17}$$

$$p=N_v\gamma_p\exp(\eta_p) \tag{11-18}$$

当存在光照和电压等外界作用时，用准费米能级 E_{Fn}、E_{Fp} 取代平衡费米能级 E_F，仍可使用式（11-6）~式（11-8）计算准平衡态下的 n 和 p。

将式（11-4）和式（11-5）分别代入式（11-6）和式（11-8），可得由静电势表达的非简并情况下的电子浓度和空穴浓度：

$$n=N_c\exp\left(-\frac{E_C-E_F}{kT}\right)=N_c\exp\left(-\frac{(q\Phi_{BL}+q\psi(x))-E_F}{kT}\right) \tag{11-19}$$

$$p=N_v\exp\left(-\frac{E_F-E_V}{kT}\right)=N_v\exp\left(-\frac{E_F-(q\Phi_{BL}+q\psi(x))+E_g}{kT}\right) \tag{11-20}$$

如果分别代入式（11-10）和式（11-13），则可得由静电势表达的简并情况下的电子浓度和空穴浓度：

$$\begin{aligned}n&=N_c\frac{2}{\sqrt{\pi}}F_{1/2}(\eta)\exp\left(\frac{E_F-E_C}{kT}\right)\\&=N_c\frac{2}{\sqrt{\pi}}F_{1/2}(\eta)\exp\left(\frac{E_F-(q\Phi_{BL}+q\psi(x))}{kT}\right)\end{aligned} \tag{11-21}$$

$$p=N_v\frac{2}{\sqrt{\pi}}F_{1/2}(\eta)\exp\left(\frac{(q\Phi_{BL}+q\psi(x))-E_g-E_F}{kT}\right) \tag{11-22}$$

2. 带隙中局域态的施主杂质浓度和受主杂质浓度（N_D^+和 N_A^-）

通常，导带与价带之间的带隙中存在由掺杂的杂质引起的施主态和受主态能态，其他一些不同类型的带隙中还有可能存在由非特意掺杂的杂质引起的能态，这些能态有可能是类施主态，也有可能是类受主态，其能量分布可能是分立的，也有可能是连续分布的。

分立能级的分布可以是单一能态，也可由一组能级组成。当一组分立能级密度很高时，可将其看作连续分布的能带。分立的或连续的杂质能态也可以有不同的组合形式。

总的施主浓度可表示为

$$N_D^+=N_{dD}^++N_{bD}^+ \tag{11-23}$$

总的受主浓度可表示为

$$N_A^-=N_{dA}^-+N_{bA}^- \tag{11-24}$$

式中：N_{dD}^+和 N_{dA}^-代表从分立分布的施主浓度和受主浓度；N_{bD}^+和 N_{bA}^-代表成带状连续分布的施主浓度和受主浓度；下标“d”表示分立分布；下标“b”表示连续分布。

（1）分立的局域杂质态形成的杂质浓度（$N_{dD,i}$和 $N_{dA,j}$）：当由分立的局域杂质态形成的是一组能级时，如图 11-2 所示。

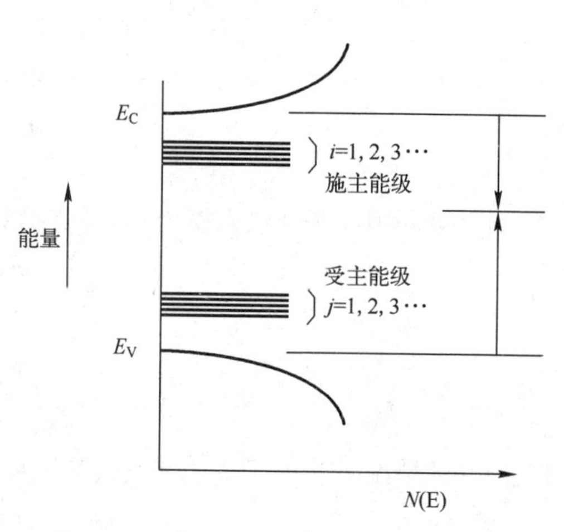

图 11-2　分立局部杂质的态密度示意图

第 i 组分立的类施主杂质态所产生的电荷可以表示为

$$N_{\mathrm{dD}}^{+}=\sum_{i} N_{\mathrm{dD},i} f_{\mathrm{D},i} \tag{11-25}$$

当分立的局域杂质态是单一能态时，$i=1$，通常是由掺杂的施主杂质产生的。

第 j 组分立的类受主杂质态所产生的电荷可以表示为

$$N_{\mathrm{dA}}^{-}=\sum_{j} N_{\mathrm{dA},j} f_{\mathrm{A},j} \tag{11-26}$$

当分立的局域杂质态是单一能态时，$j=1$，通常是由掺杂的受主杂质产生的。

在此，N_{dD}^{+} 和 N_{dA}^{-} 分别表示分立的施主电荷和受主电荷；$N_{\mathrm{dD},i}$ 和 $N_{\mathrm{dA},j}$ 分别表示能量为 E_i 的施主能级和能量为 E_j 的受主能级所对应的体积浓度；$f_{\mathrm{D},i}$ 是能量为 E_i 的分立能级上施主失去一个电子的概率，$f_{\mathrm{A},j}$ 是能量为 E_j 的分立能级上受主获得一个电子的概率。在热平衡下，占据概率 $f_{\mathrm{D},i}$ 和 $f_{\mathrm{A},j}$ 分别由费米函数表示，即

$$f_{\mathrm{D},i}=\frac{1}{1+\exp\left(\frac{E_{\mathrm{F}}-E_i}{kT}\right)} \tag{11-27}$$

$$f_{\mathrm{A},j}=\frac{1}{1+\exp\left(\frac{E_j-E_{\mathrm{F}}}{kT}\right)} \tag{11-28}$$

在有光或电压偏置外界作用的情况下，计算杂质能级占据概率时必须考虑电子和空穴的捕获和发射，因此需要对上述两个表达式进行修改。利用 SRH 模型，并假设能量为 E_i 的分立类施主隙态只是分布在导带和价带之间的能隙中，则 $f_{\mathrm{D},i}$ 为

$$f_{\mathrm{D},i}=\frac{\sigma_{\mathrm{pdD}_i}\cdot p+\sigma_{\mathrm{ndD}_i}\cdot\gamma_{\mathrm{n}_i}\cdot n_{1_i}}{\sigma_{\mathrm{ndD}_i}(n+\gamma_{\mathrm{n}_i}\cdot n_{1_i})+\sigma_{\mathrm{pdD}_i}(p+\gamma_{\mathrm{p}_i}\cdot p_{1_i})} \tag{11-29}$$

在能隙中与能量为 E_j 的第 j 个分立类受主隙态相对应的表达式为

$$f_{\mathrm{A},j}=\frac{\sigma_{\mathrm{ndA}_j}\cdot n+\sigma_{\mathrm{pdA}_j}\cdot\gamma_{\mathrm{p}_j}\cdot p_{1_j}}{\sigma_{\mathrm{ndA}_j}(n+\gamma_{\mathrm{n}_j}\cdot n_{1_j})+\sigma_{\mathrm{ndA}_j}(p+\gamma_{\mathrm{p}_j}\cdot p_{1_j})} \tag{11-30}$$

式中，$\sigma_{\mathrm{pdD}_i}(E_i)$ 和 $\sigma_{\mathrm{ndD}_i}(E_i)$ 分别为第 i 个类施主分立能级上的电子和空穴的横截面积；$\sigma_{\mathrm{ndA}_j}(E_j)$ 和 $\sigma_{\mathrm{pdA}_j}(E_j)$ 分别为第 j 个类受主分立能级上的电子和空穴的横截面积；$n_{1_\mathrm{k}}(E_\mathrm{k})$ 和 $p_{1_\mathrm{k}}(E_\mathrm{k})$ 是参数，可表示为

$$n_{1_\mathrm{k}}(E_\mathrm{k})=N_\mathrm{c}\exp\left(\frac{E_\mathrm{k}-E_\mathrm{C}}{kT}\right) \tag{11-31}$$

$$p_{1_\mathrm{k}}(E_\mathrm{k})=N_\mathrm{v}\exp\left(\frac{E_\mathrm{V}-E_\mathrm{k}}{kT}\right) \tag{11-32}$$

在式（11-29）中，引入了导带中电子的简并因子 γ_{n_i} 和参数 η_{n_i}，即

$$\gamma_{\mathrm{n}_i}=\frac{F_{1/2}(\eta_{\mathrm{n}_i})}{\exp(\eta_{\mathrm{n}_i})} \tag{11-33}$$

$$\eta_{\mathrm{n}_i}=\frac{E_\mathrm{F}-E_i}{kT} \tag{11-34}$$

在式（11-30）中，引入了价带中空穴的简并因子 γ_{p_j} 和参数 η_{p_j}，即

$$\gamma_{p_j}=\frac{F_{1/2}(\eta_{p_j})}{\exp(\eta_{p_i})} \tag{11-35}$$

$$\eta_{p_i}=\frac{E_j-E_F}{kT} \tag{11-36}$$

N_{dD}^+ 和 N_{dA}^- 的表达式适用于简并的情况，也适用于 SRH 复合和带-带复合的情况。AMPS 在利用式（11-27）至式（11-30）计算占据概率时，避免对每一组隙态确定准费米能级。

（2）带状局域杂质态形成的杂质浓度（$N_{bD,i}$ 和 $N_{bA,j}$）：带状局域杂质态位于 E_1 与 E_2 之间的能带内，如图 11-3 所示。对于施主态，这些能量是以 E_C 向下测量的；对于受主态，这些能量是以 E_V 向上测量的。

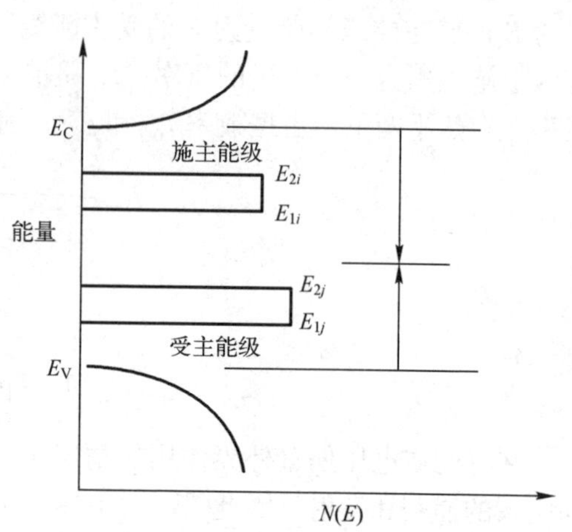

图 11-3　杂质态能带的态密度图

由类施主杂质态产生的电荷 N_{bD}^+ 为

$$N_{bD}^+ = \sum_i N_{bD,i}^+ \tag{11-37}$$

由类受主杂质态产生的电荷 N_{bA}^- 为

$$N_{bA}^- = \sum_i N_{bA,j}^- \tag{11-38}$$

式中，$N_{bD,i}^+$ 为能带 i 位置上的类施主态的浓度，$N_{bA,j}^-$ 为能带 j 位置上的类受主态的浓度。

设第 i 个带状施主杂质态的带宽为 w_{Di}，$w_{Di}=E_{2i}-E_{1i}$，则整个带内的浓度，即单位体积内的状态数 $N_{bD,i}^+$ 为

$$\begin{aligned} N_{bD,i}^+ &= \frac{1}{W_{Di}}\int_{E_{1i}}^{E_{2i}} N_{Di} f_{bD,i}(E)\,dE \\ &= \frac{N_{Di}}{W_{Di}}\int_{E_{1i}}^{E_{2i}} f_{bD,i}(E)\,dE \qquad w_{Di} = E_{2i} - E_{1i} > 0 \end{aligned} \tag{11-39}$$

式中，$f_{bD,i}$ 是位于 E_{1i} 与 E_{2i} 之间的第 i 个能量为 E+dE 的杂质施主失去一个电子的概率。

相应地，对于第 j 个带状受主杂质态，有

$$N_{bA,j}^- = \frac{N_{Aj}}{W_{Aj}}\int_{E_{1j}}^{E_{2j}} f_{bA,j}(E)\,dE, \qquad w_{Aj} = E_{2j} - E_{1j} > 0 \tag{11-40}$$

式中，$f_{bA,j}$ 是位于 E_{1j} 与 E_{2j} 之间的第 j 个能量为 E+dE 的杂质受主获得一个电子的概率。

在热平衡下，占据概率 $f_{bD,i}$ 和 $f_{bA,j}$ 由费米函数表示，即

$$f_{bD,i}=\frac{1}{1+\exp\left(\dfrac{E_F-E}{kT}\right)} \tag{11-41}$$

$$f_{bA,j}=\frac{1}{1+\exp\left(\frac{E-E_F}{kT}\right)} \tag{11-42}$$

在光照、电压偏置或两种偏置都存在时，应用 SRH 模型，在导带与价带之间的带隙内($E_{2i}-E_{1i}$)带中，第 i 个能量为 $E+\mathrm{d}E$ 的类施主隙态的 $F_{bD,i}$ 可表达为

$$f_{bD,i}=\frac{\sigma_{pdD_i}\cdot p+\sigma_{ndD_i}\cdot\gamma_{n_i}\cdot N_c\exp\left(\frac{E-E_C}{kT}\right)}{\sigma_{ndD_i}\left(n+\gamma_{n_i}\cdot N_c\exp\left(\frac{E-E_C}{kT}\right)\right)+\sigma_{pdD_i}\left(p+\gamma_{p_i}\cdot N_v\exp\left(\frac{E_V-E}{kT}\right)\right)} \tag{11-43}$$

对应于 $E_{2j}-E_{1j}$ 带内第 j 个能量为 $E+\mathrm{d}E$ 的带状类受主隙态，$F_{bA,j}$ 表达式为

$$f_{bA,j}=\frac{\sigma_{ndA_j}\cdot n+\sigma_{pdA_j}\cdot\gamma_{p_j}\cdot N_v\exp\left(\frac{E_V-E}{kT}\right)}{\sigma_{ndA_j}\left(n+\gamma_{n_j}\cdot N_c\exp\left(\frac{E-E_C}{kT}\right)\right)+\sigma_{pdA_i}\left(p+\gamma_{p_j}\cdot N_v\exp\left(\frac{E_V-E}{kT}\right)\right)} \tag{11-44}$$

式中：σ_{ndD_i} 和 σ_{pdD_i} 分别为第 i 个类施主带的电子和空穴的俘获截面积；σ_{ndA_j} 和 σ_{pdA_i} 分别为第 j 个类受主带的电子和空穴的俘获截面积。

计算 $N(E)$ 时，可同时考虑成带的和分立的掺杂能级。

3. 结构缺陷和杂质缺陷态所产生的总电荷（n_t 和 p_t）

在太阳电池的表面和界面上以及非晶硅/晶体硅异质结太阳电池非晶硅材料中的缺陷态非常复杂，可以是类施主或类受主，可以是分立和/或带状的，也可以是分布在整个带隙中的连续指数分布、正态分布或恒定分布。

对于类施主，由缺陷态所产生的总电荷可表示为

$$p_t=p_{d_t}+p_{b_t}+p_{c_t} \tag{11-45}$$

对于类受主，由缺陷态所产生的总电荷可表示为

$$n_t=n_{d_t}+n_{b_t}+n_{c_t} \tag{11-46}$$

式中：n_{d_t} 和 p_{d_t} 分别代表来自分立的受主浓度和施主浓度的总电荷；n_{b_t} 和 p_{b_t} 分别代表矩形能带的受主浓度和施主浓度的总电荷；n_{c_t} 和 p_{c_t} 分别代表由指数型、高斯型或常数连续分布的受主浓度和施主浓度所产生的总电荷。

（1）分立和带状缺陷能级的情况：由结构缺陷和/或杂质缺陷所产生的分立的和成带状的缺陷能级对应的电荷总量的计算，与在式（11-23）和式（11-24）中所做过的杂质能级的计算是一样的。

（2）连续局域态缺陷能级的情况：任意的结构缺陷和杂质缺陷通常会在带隙内形成连续的局域态。这些连续的隙态不同于只存在于能隙中特定的能量或在特定能量范围内的分立的和带状的局域隙态。无论是单晶材料还是非晶材料，都会存在从导带和价带延伸的呈现指数分布的乌尔巴赫（Urbach）尾态，接近能带处浓度增加，远离能带的区域浓度下降，单晶材料的浓度下降迅速，而在非晶材料中浓度下降缓慢。从导带延伸的为类受主态，从价带延伸的为类施主态。在带隙内，受主或施主

可能呈现正态分布或恒定隙态分布。

> 说明 对于理想半导体，对能量小于带隙宽度的光的吸收为0。在实际半导体中，对低于带隙宽度的入射光仍有可能被半导体少量吸收，这种吸收称为乌尔巴赫带尾。

在连续的类施主缺陷态中，单位体积捕获的空穴浓度p_{c_t}为

$$p_{ct}=\int_{E_V}^{E_C}g_{Dc}(E)f_{Dc}(E)\,dE \tag{11-47}$$

式中：$g_{Dc}(E)$是能隙中能量为E的连续分布的类施主单位体积、单位能量的态密度；$f_{Dc}(E)$是空穴占据能量为E的局域态的概率。在热平衡下，$f_{Dc}(E)$是由式（11-41）表述的费米函数给出的，但需删除下标i；而在非热平衡态下，即存在光或电压偏置等外界作用的情况下，$f_{Dc}(E)$是由式（11-43）给出的，同样需删除下标i。

在连续的类受主缺陷态中，单位体积内俘获的电子浓度n_{tc}为

$$n_{tc}=\int_{E_V}^{E_C}g_{Ac}(E)f_{Ac}(E)\,dE \tag{11-48}$$

式中：$g_{Ac}(E)$是隙态中能量为E的连续分布的单位能量、单位体积的类受主能态密度；$f_{Ac}(E)$是电子占据能量为E的定域态的概率。在热平衡下，$f_{Ac}(E)$由式(11-42)给出；而非热平衡状态下，则由式（11-44）给出，两个方程中的下标i均应删去。

① 缺陷态密度呈指数态密度分布：由导带延伸的乌尔巴赫类施主带尾态的态密度$g_D(E)$为指数态密度分布，即

$$g_D(E)=g_{D0}\exp(-E/E_D) \tag{11-49}$$

式中，E是位于点x的从导带边E_C向下测量的能量。

由价带延伸的乌尔巴赫类受主带尾态的态密度$g_A(E')$为

$$g_A(E')=g_{A0}\exp(E'/E_A) \tag{11-50}$$

式中，E'是位于点x的从价带边E_V向上测量的能量。

E_D和E_A是由各带尾的斜率确定的特征能量，因子g_{D0}和g_{A0}为带尾起始点的单位体积、单位能量的态数，如图11-4（a）所示。

② 缺陷态密度呈恒定态密度分布：恒定施主态密度分布g_{MGD}是从价带E_V边缘到能量E_{DA}的。恒定受主态密度分布g_{MGA}是从E_{DA}到导带E_A边缘的。E_{DA}位于价带以上，称为“切换”能量。g_{MGD}与g_{MGA}有不同的值，如图11-4（b）所示。

③ 缺陷态密度呈正态密度分布：如图11-5所示，类施主带尾态的态密度$g_D(E)$和类受主带尾态的态密度$g_A(E)$分别呈正态密度分布，即

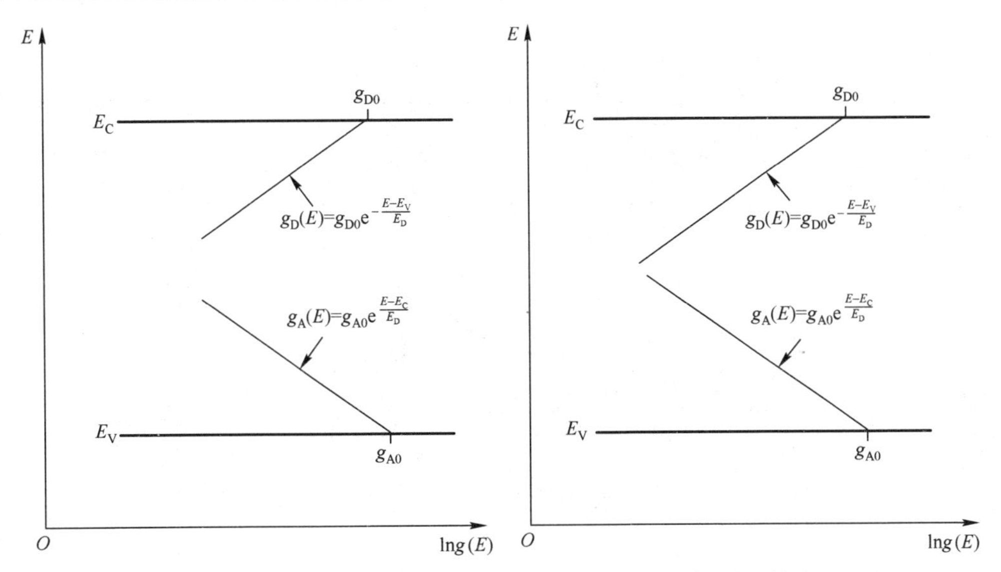

（a）指数型乌尔巴赫带尾的态密度分布（“V”形态密度分布）

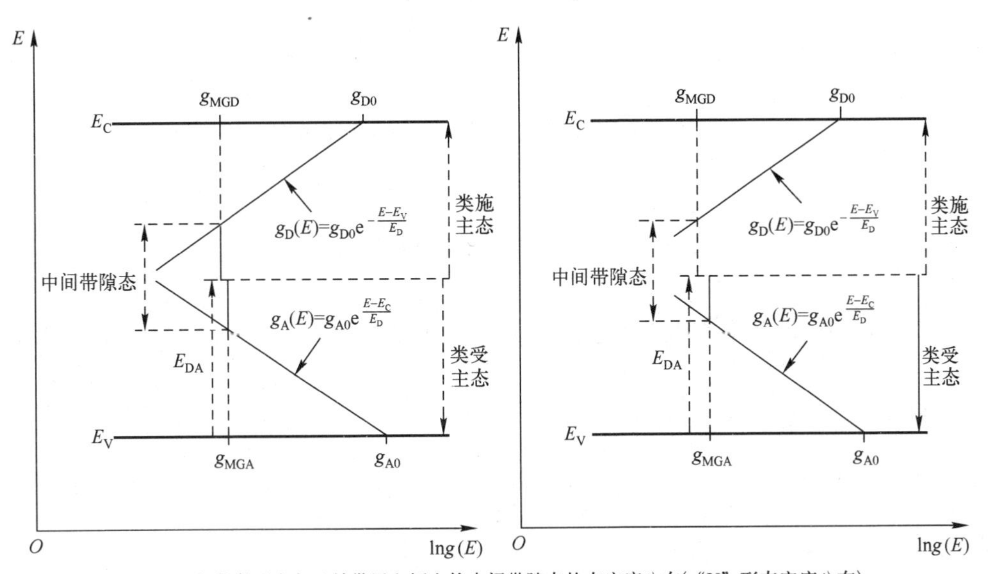

（b）指数型乌尔巴赫带尾和恒定的中间带隙态的态密度分布（“U”形态密度分布）

图 11-4　连续的局域缺陷（带尾态和恒定的中间带隙态）态密度分布

$$g_D(E)=g_{G_D}\exp\left\{-\frac{1}{2}\left[\frac{(E-E_{pkD})^2}{\sigma_D^2}\right]\right\} \tag{11-51}$$

$$g_A(E)=g_{G_A}\exp\left\{-\frac{1}{2}\left[\frac{(E-E_{pkA})^2}{\sigma_A^2}\right]\right\} \tag{11-52}$$

式中：g_{G_D}（施主）或 g_{G_A}（受主）是单位体积、单位能量的状态数；E_{pkD} 位于相对于导带的施主正态曲线的中心，E_{pkA} 位于相对于价带的受主正态曲线的中心；σ_D 和 σ_A 为标准偏差。

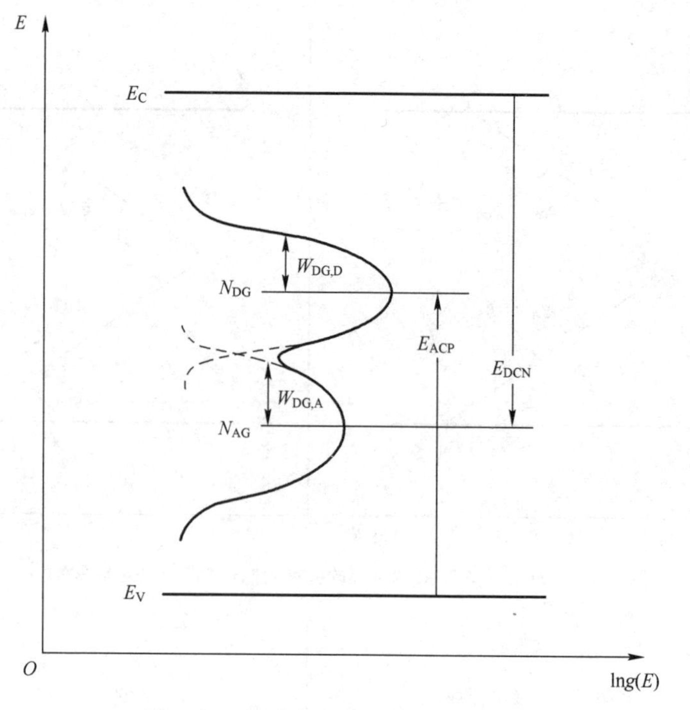

图 11-5 缺陷态密度呈正态密度分布

11.3 载流子的连续性方程

实际太阳电池基本方程中的连续性方程按照第 5 章式（5-180）和式（5-181）表达。

对于电子的连续性方程：

$$\frac{\partial n}{\partial t}=\frac{1}{q}\frac{\partial J_n}{\partial x}+(G_n-U_n) \tag{11-53}$$

对于空穴的连续性方程：

$$\frac{\partial p}{\partial t}=-\frac{1}{q}\frac{\partial J_p}{\partial x}+(G_p-U_p) \tag{11-54}$$

在稳态下，分别为

$$\frac{1}{q}\frac{\partial J_n}{\partial x}=-G_n+U_n \tag{11-55}$$

$$\frac{1}{q}\frac{\partial J_p}{\partial x}=G_p-U_p \tag{11-56}$$

式中：G_n 和 G_p 分别为电子和空穴的产生率；U_n 和 U_p 分别为电子和空穴的净复合率。

11.3.1　电子电流密度和空穴电流密度

在准热平衡情况下，稳态时式（11-55）和式（11-56）中的电流密度采用一般性的表达形式，即第 5 章中已导出的以准费米能级的导数形式来表达的电流密度方程式：

$$J_{\mathrm{n}}(x)=q\mu_{\mathrm{n}}n\frac{\mathrm{d}E_{\mathrm{Fn}}}{\mathrm{d}x} \tag{11-57}$$

$$J_{\mathrm{p}}(x)=q\mu_{\mathrm{p}}p\frac{\mathrm{d}E_{\mathrm{Fp}}}{\mathrm{d}x} \tag{11-58}$$

式中，μ_{n}为电子迁移率，μ_{p}为空穴迁移率。

式（11-57）和式（11-58）包括由带隙、电子亲和能和态密度梯度等因素引起的有效电场中载流子的扩散、漂移等运动所产生的电流。

图 11-6 所示为肖特基结中具有恒定材料参数的一个区域的能带图。

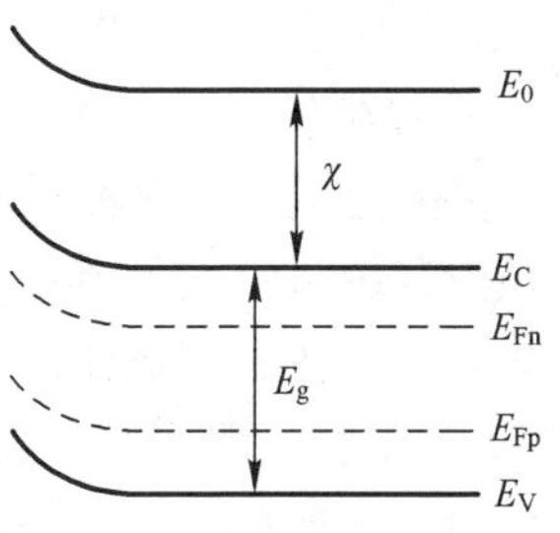

图 11-6　肖特基结中具有恒定材料参数的一个区域的能带图

将式（11-19）和式（11-20）分别代入式（11-57）和式（11-58），在准热平衡情况下，可得由静电势表达的非简并情况下的电子电流密度和空穴电流密度为

$$J_{\mathrm{n}}(x)=q\mu_{\mathrm{n}}N_{\mathrm{c}}\exp\left(-\frac{q\Phi_{\mathrm{BL}}+q\psi(x)-E_{\mathrm{Fn}}}{kT}\right)\cdot\frac{\mathrm{d}E_{\mathrm{Fn}}}{\mathrm{d}x} \tag{11-59}$$

$$J_{\mathrm{p}}(x)=q\mu_{\mathrm{p}}N_{\mathrm{v}}\exp\left(-\frac{E_{\mathrm{Fp}}-q\Phi_{\mathrm{BL}}-q\psi(x)+E_{\mathrm{g}}}{kT}\right)\cdot\frac{\mathrm{d}E_{\mathrm{Fp}}}{\mathrm{d}x} \tag{11-60}$$

将式（11-21）和式（11-22）分别代入式（11-57）和式（11-58），可得在准热平衡情况下，由静电势表达的简并情况下的电子浓度和空穴浓度为

$$J_{\mathrm{n}}(x)=q\mu_{\mathrm{n}}N_{\mathrm{c}}\frac{2}{\sqrt{\pi}}F_{1/2}(\eta)\exp\left(\frac{E_{\mathrm{Fn}}-(q\Phi_{\mathrm{BL}}+q\psi(x))}{kT}\right)\cdot\frac{\mathrm{d}E_{\mathrm{Fn}}}{\mathrm{d}x} \tag{11-61}$$

$$J_{\mathrm{p}}(x)=q\mu_{\mathrm{p}}N_{\mathrm{v}}\frac{2}{\sqrt{\pi}}F_{1/2}(\eta)\exp\left(\frac{(q\Phi_{\mathrm{BL}}+q\psi(x))-E_{\mathrm{g}}-E_{\mathrm{Fp}}}{kT}\right)\cdot\frac{\mathrm{d}E_{\mathrm{Fp}}}{\mathrm{d}x} \tag{11-62}$$

利用式（4-181）和式（4-182），可得另一种形式的电子电流密度和空穴电流密度表达式为

$$J_{\mathrm{n}}(x)=qD_{\mathrm{n}}\frac{\mathrm{d}n}{\mathrm{d}x}+\mu_{\mathrm{n}}n\left(-kT\frac{\mathrm{dln}N_{\mathrm{c}}}{\mathrm{d}x}+qF-\frac{\mathrm{d}\chi}{\mathrm{d}x}\right) \tag{11-63}$$

$$J_{\mathrm{p}}(x)=-qD_{\mathrm{p}}\frac{\mathrm{d}p}{\mathrm{d}x}+\mu_{\mathrm{p}}p\left(kT\frac{\mathrm{dln}N_{\mathrm{v}}}{\mathrm{d}x}+qF-\frac{\mathrm{d}\chi}{\mathrm{d}x}-\frac{\mathrm{d}E_{\mathrm{g}}}{\mathrm{d}x}\right) \tag{11-64}$$

11.3.2 光生载流子的产生率

在第7章中讨论同质pn结太阳电池的光生载流子产生率 $G(x)$ 时，只考虑了太阳电池表面的反射，而没有考虑光在太阳电池内部异质材料界面上的反射。实际上，不同材料的界面上不仅存在反射，而且有可能反射率相差很大。这些都将影响太阳电池光电流的计算。

1. 材料区域内的光子流

考虑宽度为 w_i 的材料区域 i，用 $\Phi_i^{\mathrm{F}}(\lambda_i)$ 表示在 x 点从左到右移动的波长为 λ_i 光子流的光子通量密度（光子通量密度是在单位时间单位面积的光子数），用 $\Phi_i^{\mathrm{R}}(\lambda_i)$ 表示在 x 点从右到左移动的波长为 λ_i 光子流的光子通量密度，如图11-7所示。

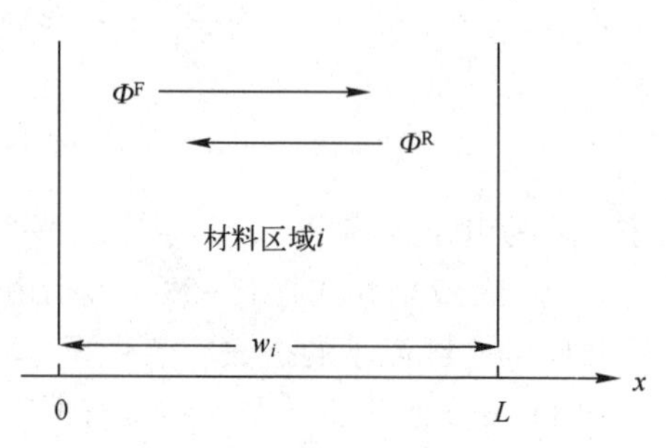

图11-7 在材料区域 i 中，从某一点 x 移动到左侧的光子流和移动到右侧的光子流

照射到在 $x=0$ 处的光子流 $\Phi_{0i}(\lambda_i)$ 中，有一部分光子到达背表面并被反射，所以在区域内存在两股光子流 $\Phi_i^{\mathrm{F}}(\lambda_i)$ 和 $\Phi_i^{\mathrm{R}}(\lambda_i)$。如果在所考虑的区域内，材料的光学性质（介电常数 ε_{s}、吸收系数 α 和折射率 $n(\lambda_i)$）不变，那么在 x 点处的光子通量密度 $\Phi_i^{\mathrm{F}}(\lambda_i)$ 可表示为

$$\Phi_i^{\mathrm{F}}(\lambda_i)=\Phi_{0i}(\lambda_i)\cdot\{\exp[-\alpha(\lambda_i)x]+R_{\mathrm{F}}R_{\mathrm{B}}[\exp(-\alpha(\lambda_i)L)]^2\cdot\exp(-\alpha(\lambda_i)x)+\cdots\} \tag{11-65}$$

同样，光子通量密度 $\Phi_i^{R}(\lambda_i)$ 可表示为

$$\begin{aligned}\Phi_i^{\mathrm{R}}(\lambda_i)=R_{\mathrm{B}}\Phi_{0i}(\lambda_i)\cdot\{&\exp[-\alpha(\lambda_i)L]\cdot\exp(-\alpha(\lambda_i)(L-x))+\\&R_{\mathrm{F}}R_{\mathrm{B}}[\exp(-\alpha(\lambda_i)L)]^3\cdot\exp[-\alpha(\lambda_i)(L-x)]+\cdots\}\end{aligned} \tag{11-66}$$

式中，R_{F} 为在正面 $x=0$ 处内表面的反射系数，R_{B} 为在背面 $x=L$ 处内表面的反射系数。

如果已知界面两侧材料的介电常数 ε_{s} 分别为 $\varepsilon_{\mathrm{s}_{i-1}}$ 和 $\varepsilon_{\mathrm{s}_i}$，则在 $x=0$ 边界上的反射系数 R_i 为

$$R_i=\left\{\frac{\left[\left(\dfrac{\varepsilon_{\mathrm{s}_{i-1}}}{\varepsilon_{\mathrm{s}_i}}\right)^{1/2}-1\right]}{\left[\left(\dfrac{\varepsilon_{\mathrm{s}_{i-1}}}{\varepsilon_{\mathrm{s}_i}}\right)^{1/2}+1\right]}\right\}^2 \tag{11-67}$$

在 $x=L$ 边界上的反射系数 R_{i+1} 为

$$R_{i+1}=\left\{\frac{\left[\left(\dfrac{\varepsilon_{\mathrm{s}_{i+1}}}{\varepsilon_{\mathrm{s}_i}}\right)^{1/2}-1\right]}{\left[\left(\dfrac{\varepsilon_{\mathrm{s}_{i+1}}}{\varepsilon_{\mathrm{s}_i}}\right)^{1/2}+1\right]}\right\}^2 \tag{11-68}$$

2. 光生载流子产生率

太阳电池的结构可以有多层，对应地可分成多个区域。HIT 太阳电池就由纳米硅、非晶硅和晶体硅 3 层组成，可分成 3 个区域。每个区域都有自己的一组光学性能，包括与每个波长（或频率）相对应的介电常数 ε_s 和吸收系数 α，以及折射率 n。第一层和最后一层表面（即太阳电池的正面和背面）的入射光的光子通量密度按具体情况设定，也就是说，入射到太阳电池正面的光通过界面进入体内的光子通量密度，应扣除被表面反射的光的光子通量密度和被正面栅极吸收的光的光子通量密度。除双面太阳电池外，通过背表面进入体内的光子通量密度通常可忽略不计。

如图 11-8 所示，考虑太阳电池由 N 层不同的半导体材料组成，设同一层区域的光学参数是恒定的；太阳电池的正面在左侧，背面在右侧；每层材料区域的厚度为 l_j，总厚度为 L，则可写出如下关系式：

$$\sum_{j=1}^{N} l_j = L \tag{11-69}$$

设第$(j+1)$个区域的宽度为 l_{j+1}，从区域左侧进入界面的光子通量密度记为 Φ_j^{LR}，从区域右侧进入界面的光子通量密度记为 Φ_j^{RL}。由于区域之间的介电常数不同，各区域的边界上存在反射，因此在区域内某一点 x 处存在两股光子流，正向光子流的光子通量密度记为 Φ_i^{F}，反向光子流的光子通量密度记为 Φ_i^{R}。这时，光生载流子产生率 $G(x)$可表示为

$$G = \frac{\mathrm{d}}{\mathrm{d}x}\sum_i \Phi_i^{F}(\lambda_i) + \frac{\mathrm{d}}{\mathrm{d}x}\sum_i \Phi_i^{R}(\lambda_i) \tag{11-70}$$

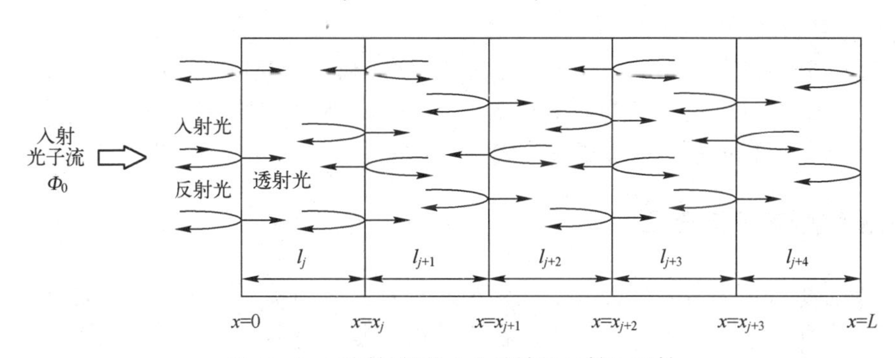

图 11-8　不同材料的 5 个区域的反射和透射

假设有一束波长为 λ_i的光子通量密度为 Φ_0的光照射到半导体的表面($x=0$ 处)，光束中 $E=\dfrac{hc}{\lambda_i}>E_g$的光子进入半导体后，将在半导体中激发出电子-空穴对。同时假定通过太阳电池背接触进入电池背表面 $x=L$ 处的光子通量为零，即

$$\Phi_L^{RL}=0 \tag{11-71}$$

考虑$(j+1)$层，波长为 λ_i的光在这一层的 j 与$(j+1)$边界发生多次反射。设光子

通量密度 Φ_j^{LR} 在 $x=x_j$ 处进入 $(j+1)$ 区域，被部分吸收，到达 $x=x_{j+1}$ 处时光子通量密度为 Φ_{j+1}^{RL}。Φ_{j+1}^{RL} 在 x_{j+1} 内界面上向右反射进入 $(j+1)$ 区域，光在 $(j+1)$ 区域内来回反射，则在 $(j+1)$ 区域内的总光子通量密度 $\Phi_i(x)$ 为

$$\begin{aligned}\Phi_i(x)=&\Phi_j^{LR}e^{-\alpha_{j+1}(x-x_j)}+\Phi_{j+1}^{RL}e^{-\alpha_{j+1}(x_{j+1}-x)}+R_j\Phi_{j+1}^{RL}e^{-\alpha_{j+1}l_{j+1}}e^{-\alpha_{j+1}(x-x_j)}+\\&R_{j+1}\Phi_j^{LR}e^{-\alpha_{j+1}l_{j+1}}e^{-\alpha_{j+1}(x_{j+1}-x)}+R_jR_{j+1}\Phi_j^{LR}(e^{-\alpha_{j+1}l_{j+1}})^2e^{-\alpha_{j+1}(x-x_j)}+\\&R_{j+1}R_j\Phi_{j+1}^{RL}(e^{-\alpha_{j+1}l_{j+1}})^2e^{-\alpha_{j+1}(x_{j+1}-x)}+R_jR_{j+1}R_j\Phi_{j+1}^{RL}(e^{-\alpha_{j+1}l_{j+1}})^3e^{-\alpha_{j+1}(x-x_j)}+\\&R_{j+1}R_jR_{j+1}\Phi_j^{LR}(e^{-\alpha_{j+1}l_{j+1}})^3e^{-\alpha_{j+1}(x_{j+1}-x)}+\cdots\end{aligned}\tag{11-72}$$

如果有 N 个不同的区域，则式（11-72）中对应每个波长 λ_i 有 $n-1$ 个 Φ_j^{LR} 和 $N-1$ 个 Φ_j^{RL}。因为式（11-72）等号右边的奇数项之和可以看作 $\Phi_i^F(\lambda_i)$，而偶数项之和可以看作 $\Phi_i^R(\lambda_i)$，所以一旦这些值确定后，$(j+1)$ 区域内的 $\Phi_i^F(\lambda_i)$ 和 $\Phi_i^R(\lambda_i)$ 也就确定了；同时，$(j+1)$ 区域内的 $\Phi_i(x)$ 也可完全确定。因为计算 Φ_j^{LR} 和 Φ_j^{RL} 就要涉及相邻区域的反向光子流，所以计算相对复杂些。

设光通过两个相邻区域的界面时没有任何吸收，则从界面一侧入射的光，一部分被反射，其余的光全部透过界面进入另一侧。于是，从第 $j+1$ 区域通过 $x=x_j$ 界面进入第 j 区域的 Φ_j^{RL} 为

$$\begin{aligned}\Phi_j^{RL}=(1-R_j)\{&\Phi_{j+1}^{RL}[(e^{-\alpha_{j+1}l_{j+1}})+R_{j+1}R_j(e^{-\alpha_{j+1}l_{j+1}})^3+\cdots]+\\&R_{j+1}\Phi_j^{LR}[(e^{-\alpha_{j+1}l_{j+1}})^2+R_{j+1}R_j(e^{-\alpha_{j+1}l_{j+1}})^4+\cdots]\}\end{aligned}\tag{11-73}$$

同样可知，在第 $(j+1)$ 边界处的 Φ_{j+1}^{LR} 为

$$\begin{aligned}\Phi_{j+1}^{LR}=(1-R_{j+1})\{&\Phi_j^{LR}[(e^{-\alpha_{j+1}l_{j+1}})+R_{j+1}R_j(e^{-\alpha_{j+1}l_{j+1}})^3+\cdots]+R_j\Phi_{j+1}^{RL}[(e^{-\alpha_{j+1}l_{j+1}})^2+\\&R_{j+1}R_j(e^{-\alpha_{j+1}l_{j+1}})^4+\cdots]\}\end{aligned}\tag{11-74}$$

于是，通过求解 $2(N-1)$ 个形如式（11-73）和式（11-74）的方程，并应用式（11-69）和式（11-71）可以得到所需的 $2(N-1)$ 个 Φ^{LR} 和 Φ^{RL} 值。有了这些值后，就可求出 $\Phi_i^F(\lambda_i)$ 和 $\Phi_i^R(\lambda_i)$，最终由式（11-70）计算出载流子产生率 $G(x)$。

11.3.3 载流子复合率

半导体的载流子复合分为直接复合和间接复合。间接复合包括缺陷复合和俄歇复合等，其中缺陷复合是很主要的。在不计俄歇复合等其他类型复合的情况下，总的净复合率可表示为

$$U(x)=U_{dir}(x)+U_{der}(x)\tag{11-75}$$

式中：U_{dir} 为直接复合的复合率；U_{der} 为缺陷复合的复合率。

1. 直接（带-带）复合

按照式（5-77），半导体内直接复合的总复合率 R 为

$$R=rnp\tag{11-76}$$

式中：r 是与材料能带结构相关的比例常数；n 和 p 是存在外界作用时能带内的载流子浓度。

在热平衡条件下，载流子产生率等于载流子复合率，于是：

$$R_{\mathrm{th}}=G_{\mathrm{th}}=rn_0p_0=rn_{\mathrm{i}}^2 \tag{11-77}$$

式中：R_{th}为热平衡时载流子复合率；G_{th}为热平衡时载流子产生率；n_0和p_0分别为在热平衡条件下的电子浓度和空穴浓度。

按照式（5-98），半导体的净直接复合率为

$$U_{\mathrm{dir}}(x)=R-G_{\mathrm{th}}=r(np-n_{\mathrm{i}}^2) \tag{11-78}$$

2. 缺陷（SRH）复合

由捕获和发射机制控制的缺陷复合也称 SRH 复合，它是太阳电池中最常见的复合形式，这种复合属于间接复合 $U_{\mathrm{I}}(x)$。间接复合是指载流子通过复合中心，在非局域态与各种类型局域隙态之间的跃迁引起的复合，其总的净复合率 $U_{\mathrm{I}}(x)$可以表示为

$$U_{\mathrm{I}}(x)=U_{\mathrm{der}}(x)=U_{\mathrm{derA}}(x)+U_{\mathrm{derB}}(x)+U_{\mathrm{derC}}(x)+U_{\mathrm{derD}}(x)+U_{\mathrm{derE}}(x) \tag{11-79}$$

式中的诸项可用下列公式逐一计算。

（1）$U_{\mathrm{derA}}(x)$为通过分立的和带状的施主掺杂能级引起的 SRH 复合：

$$U_{\mathrm{derA}}(x)=(np-n_{\mathrm{i}}^2)\left\{\sum_i \frac{N_{\mathrm{dD}_i}\sigma_{\mathrm{ndD}_i}\cdot\sigma_{\mathrm{pdD}_i}\cdot v_{\mathrm{t}}}{\sigma_{\mathrm{ndD}_i}(n+n_1(E_i))+\sigma_{\mathrm{pdD}_i}(p+p_1(E_i))}+\frac{N_{\mathrm{dD}_i}}{w_{\mathrm{D}_i}}\int_{E_{1_i}}^{E_{2_i}}\frac{\sigma_{\mathrm{ndD}_i}\cdot\sigma_{\mathrm{pdD}_i}\cdot v_{\mathrm{t}}\mathrm{d}E}{\sigma_{\mathrm{nbD}_i}(n+n_1(E))+\sigma_{\mathrm{pbD}_i}(p+p_1(E))}\right\} \tag{11-80}$$

（2）$U_{\mathrm{derB}}(x)$为通过分立和带状的受主掺杂能级引起的 SRH 复合：

$$U_{\mathrm{derB}}(x)=(np-n_{\mathrm{i}}^2)\left\{\sum_i \frac{N_{\mathrm{dA}_j}\sigma_{\mathrm{ndA}_j}\cdot\sigma_{\mathrm{pdA}_j}\cdot v_{\mathrm{t}}}{\sigma_{\mathrm{ndA}_j}(n+n_1(E_j))+\sigma_{\mathrm{pdA}_j}(p+p_1(E_j))}+\frac{N_{\mathrm{bA}_j}}{W_{\mathrm{A}_j}}\int_{E_{1_i}}^{E_{2_i}}\frac{\sigma_{\mathrm{ndA}_j}\cdot\sigma_{\mathrm{pdA}_j}\cdot v_{\mathrm{t}}\mathrm{d}E}{\sigma_{\mathrm{nbA}_j}(n+n_1(E))+\sigma_{\mathrm{pbA}_j}(p+p_j(E))}\right\} \tag{11-81}$$

（3）$U_{\mathrm{derC}}(x)$为通过分立和带状类施主缺陷能级引起的 SRH 复合：

$$U_{\mathrm{derC}}(x)=(np-n_{\mathrm{i}}^2)\left\{\sum_i \frac{N_{\mathrm{dD}_i}\sigma_{\mathrm{ndD}_i}\cdot\sigma_{\mathrm{pdD}_i}\cdot v_{\mathrm{t}}}{\sigma_{\mathrm{ndD}_i}(n+n_1(E_i))+\sigma_{\mathrm{pdD}_i}(p+p_1(E_i))}+\frac{n_{\mathrm{bD}_{\mathrm{t}_i}}}{W_{\mathrm{D}_{\mathrm{t}_i}}}\int_{E_{1_i}}^{E_{2_i}}\frac{\sigma_{\mathrm{ndD}_i}\cdot\sigma_{\mathrm{pdD}_i}\cdot v_{\mathrm{t}}\mathrm{d}E}{\sigma_{\mathrm{nbD}_i}(n+n_1(E))+\sigma_{\mathrm{pbD}_i}(p+p_1(E))}\right\} \tag{11-82}$$

（4）$U_{\mathrm{derD}}(x)$为通过分立和带状类受主缺陷能级引起的 SRH 复合：

$$U_{\mathrm{derD}}(x)=(np-n_{\mathrm{i}}^2)\left\{\sum_i \frac{N_{\mathrm{dA}_j}\sigma_{\mathrm{ndA}_j}\cdot\sigma_{\mathrm{pdA}_j}\cdot v_{\mathrm{t}}}{\sigma_{\mathrm{ndA}_j}(n+n_1(E_j))+\sigma_{\mathrm{pdA}_j}(p+p_1(E_j))}+\frac{n_{\mathrm{bA}_{\mathrm{t}_j}}}{W_{\mathrm{A}_{\mathrm{t}_j}}}\int_{E_{1_i}}^{E_{2_i}}\frac{\sigma_{\mathrm{nbA}_j}\cdot\sigma_{\mathrm{pbA}_j}\cdot v_{\mathrm{t}}\mathrm{d}E}{\sigma_{\mathrm{nbA}_j}(n+n_1(E))+\sigma_{\mathrm{pbA}_j}(p+p_1(E))}\right\} \tag{11-83}$$

（5）$U_{\mathrm{derE}}(x)$为通过连续分布的类施主态和类受主态引起的 SRH 复合：

$$U_{\mathrm{derE}}(x)=(np-n_{\mathrm{i}}^2)\left\{\int_{E_{\mathrm{v}}}^{E_{\mathrm{c}}}\frac{g_{\mathrm{D}}(E)\sigma_{\mathrm{nc_D}}\sigma_{\mathrm{pc_D}}v_{\mathrm{t}}\mathrm{d}E}{\sigma_{\mathrm{nc_D}}(n+n_1(E))+\sigma_{\mathrm{pc_D}}(p+p_1(E))}+\right.$$

$$\left.\int_{E_v}^{E_c}\frac{g_A(E)\sigma_{nc_A}\sigma_{pc_A}v_t\mathrm{d}E}{\sigma_{nc_A}(n+n_1(E))+\sigma_{pc_A}(p+p_1(E))}\right\} \tag{11-84}$$

式中，$g_D(E)$和$g_A(E)$可以是指数分布、正态分布或恒定分布的。

在太阳电池中，如果要计算俄歇复合，可参照5.6节中的讨论写出类似公式。

11.4 太阳电池数值模拟方法

前面曾讨论过表面复合和晶界复合等一系列影响太阳电池实际性能的因素，考虑这些因素后，再去解太阳电池的基本物理方程，并求出其解析解，几乎是不可能的。为了探讨各种因素对实际太阳电池输运过程和光电性能的影响，通常需要采用数值模拟方法。

11.4.1 数值模拟计算的一般概念

太阳电池数值模拟有器件物理模拟和等效电路模拟两种方法。

☺ 太阳电池器件物理模拟方法是依据太阳电池的几何结构及其内部的杂质分布，借助于半导体理论，分析太阳电池内部载流子的分布状态及运动情况，建立严格的物理模型及数学模型，通过计算机运算得到太阳电池器件的终端特性。这种方法能揭示太阳电池内部的工作机制，定量分析太阳电池性能参数与设计参数之间的关系，是一种可以在太阳电池研制出来之前预估太阳电池性能参数的重要方法。

☺ 太阳电池等效电路模拟方法是依据半导体太阳电池器件的输入-输出特性建立模型，分析一些电路参数在电路中的作用，不涉及太阳电池内部的微观机理。

半导体器件物理模拟技术主要有3种，即有限差分法、有限元法和蒙特卡罗（Monte Carlo）法。前两种是离散数值模拟法，其中有限差分法比较简单，适用于几何边界比较简单的可以用一维模拟的半导体器件，差分格式是规格化的，对半导体器件而言，只需要列出器件内部格点和边界格点的数量有限的差分格式，编制程序比较方便；有限元法可以比较自由地实现区间的离散化，适用器件边界复杂的情况。蒙特卡罗法可以逐个跟踪每个载流子的运动，特别适合多维数的器件计算，但其计算过程较繁复。常用的太阳电池器件物理模拟方法是有限差分法。

处于稳定状态的太阳电池终端特性的基本数值模拟过程是，将工艺上获得的或自定义的杂质浓度分布参数输入模拟程序，从电子和空穴的输运方程、连续性方程、泊松方程出发，结合相应的边界条件，解出太阳电池中的电势分布和载流子分布，从而得到太阳电池电流-电压特性曲线等。一般模拟计算的主要步骤包括：建立太阳电池物理模型，输入相关参数；采用数学方法，划分太阳电池模型网格，对基本方程按照网格的分割，求解联立方程组；获得模拟结果。如果结果不收敛，应重新调整网格划分，再次计算，直至获得收敛的模拟结果。模拟计算的流程如图 11-9 所示。

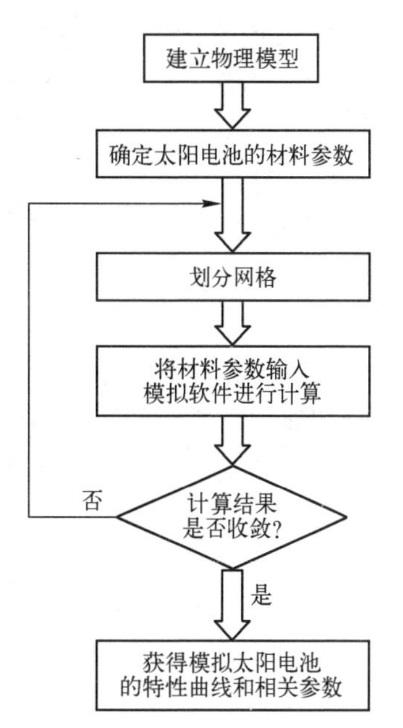

图 11-9　模拟计算的流程

在太阳电池数值模拟中，主要采用一维太阳电池物理模拟技术，它适用于单晶、多晶材料太阳电池的模拟，具有硅参数较全、运行速度快等特点。

AMPS 软件可以精确分析任意一种同质结和异质结晶体硅太阳电池。

11.4.2　太阳电池基本方程和边界条件

如前所述，构成太阳电池物理模型的有 3 个非线性微分方程，即泊松方程、自由空穴的连续性方程和自由电子的连续性方程，称之为基本半导体方程。这些基本半导体方程的理论基础是漂移、扩散理论，其基本假设是单能谷、低电场条件下，载流子通过多次碰撞实现系统的平衡态或准平衡态。

1. 泊松方程

按照静电场理论，在材料系统中，静电势与空间电荷密度的关系由泊松方程来表述。在一维空间中，泊松方程可表示为

$$\frac{\mathrm{d}}{\mathrm{d}x}\left(\varepsilon(x)\frac{\mathrm{d}\psi(x)}{\mathrm{d}x}\right)=q\cdot\left[p(x)-n(x)+N_{\mathrm{D}}^{+}(x)-N_{\mathrm{A}}^{-}(x)+p_{\mathrm{t}}(x)-n_{\mathrm{t}}(x)\right] \quad (11-85)$$

式中：ψ 为静电势；ε 为介电常数；q 为电子电量；n 为自由电子浓度；p 为自由空穴浓度；n_{t} 和 p_{t} 是指在能隙中所有不同能量的缺陷（复合中心和陷阱）态的正电荷和负电荷，也就是俘获电子浓度 n_{t} 和俘获空穴浓度 p_{t}；N_{D}^{+} 为电离的类施主掺杂离子浓度；N_{A}^{-} 为电离的类受主掺杂离子浓度。在此，有目的的掺杂杂质与非掺杂杂质应分开来处理。

说明　在此采用的泊松方程式（11-85）与常规的泊松方程式（11-1）不同，在电场 $\frac{\mathrm{d}\psi(x)}{\mathrm{d}x}$ 前面没有加负号。这是因为加负号的表达式是建立在静电势是由单位正电荷定义的，而在半导体能带图中显示的却是电子的能量，两者不一样。如果采用式（11-1）形式的方程，则不利于求解太阳电池特性。实际上，如果选择以太阳电池结构的背接触位置 $x=L$ 处的局部真空能级为参考点来确定其他位置的局部真空能级，则在太阳电池肖特基势垒中，在 n^{+} 背接触层内的电场强度为负值，其余部分的电场强度为正值。于是泊松方程可用式（11-85）来表达。这样的表达式将会给数值模拟计算带来诸多方便。

2. 载流子连续性方程

在稳定状态下，非局域态导带的自由电子连续性方程为

$$\frac{1}{q}\left(\frac{\mathrm{d}J_{\mathrm{n}}}{\mathrm{d}x}\right)=-G_{\mathrm{n}}(x)+U_{\mathrm{n}}(x) \tag{11-86}$$

而非局域态价带的空穴连续性方程为

$$\frac{1}{q}\left(\frac{\mathrm{d}J_{\mathrm{p}}}{\mathrm{d}x}\right)=G_{\mathrm{p}}(x)-U_{\mathrm{p}}(x) \tag{11-87}$$

式中：J_{n}和J_{p}分别为电子和空穴的电流密度；$U_{\mathrm{n}}(x)$和$U_{\mathrm{p}}(x)$分别为带-带间的直接复合和通过间隙态交换的间接复合的净复合率。

电子电流密度J_{n}可表示为

$$J_{\mathrm{n}}(x)=q\mu_{\mathrm{n}}n\left(\frac{\mathrm{d}E_{\mathrm{F_n}}}{\mathrm{d}x}\right) \tag{11-88}$$

式中，μ_{n}为电子迁移率。

空穴电流密度J_{p}可表示为

$$J_{\mathrm{p}}(x)=q\mu_{\mathrm{p}}p\left(\frac{\mathrm{d}E_{\mathrm{F_p}}}{\mathrm{d}x}\right) \tag{11-89}$$

式中，μ_{p}为空穴迁移率。

式（11-88）和式（11-89）的一般形式由式（11-59）、式（11-60）、式（11-61）和式（11-62）表示。

无论电子处于简并状态还是非简并状态，或者材料的性能是否随位置变化，式（11-86）至式（11-89）都适用。

3. 边界条件

式（11-85）、式（11-86）和式（11-87）的解包括状态变量$\psi(x)$、$E_{\mathrm{Fn}}(x)$与$E_{\mathrm{Fp}}(x)$，或者等价变量$\psi(x)$、$n(x)$和$p(x)$。要得到式（11-85）、式（11-86）和式（11-87）的特解必须满足下述边界条件。这些边界条件与局域真空能级和与边界接触处的电流项相关。

$$\psi(0)=\psi_0-V \tag{11-90}$$

$$\psi(L)=0 \tag{11-91}$$

$$J_{\mathrm{n}}(0)=qS_{\mathrm{n0}}(n(0)-n_0(0)) \tag{11-92}$$

$$J_{\mathrm{p}}(0)=-qS_{\mathrm{p0}}(p_0(0)-p(0)) \tag{11-93}$$

$$J_{\mathrm{n}}(L)=qS_{\mathrm{nL}}(n_0(L)-n(L)) \tag{11-94}$$

$$J_{\mathrm{p}}(L)=qS_{\mathrm{pL}}(p(L)-p_0(L)) \tag{11-95}$$

这里规定：$x=0$位于太阳电池结构的左侧，$x=L$位于其右侧；S_{n0}、S_{p0}、S_{nL}和S_{pL}分别为前后电极上电子和空穴的表面复合速度。

11.4.3 数值计算方法的求解

太阳电池基本微分方程组的建立只是确定了数学物理模型，为了获得太阳电池

的电特性，还需要解出这些微分方程。解的理想形式是解析式，但求非线性微分方程的解析解是很困难的。为此，需要使用数值计算方法。数值计算方法的总思路是，将函数所在区间分离成有限数的子区间，然后求出这些子区间上某点函数的相对精确的近似值或相邻点之间的近似解。这实质上是将连续的微分方程转换为分散的代数方程后再求解。区间取得越小，点越密，近似程度就越好，越接近实际过程的精确解。分割小区域的过程称为离散化。离散数值解法的计算工作量很大，必须借助于计算机才能完成。

网格划分是否合适，直接影响方程求解的稳定性，以及求解结果的准确性、收敛性和收敛速度。网格划分可分为自动剖分和借助于经验的人为剖分。剖分的一般原则是，在变量变化比较大的区域，网格的划分应该细小一些。

求解太阳电池的 3 个非线性微分方程组时，具体的数值计算方法是将方程中的导数项进行泰勒级数展开，忽略二阶以上高次项求解。因此，数值计算方法的实质是离散因变量的定义域，通过有限差分方法实现微分方程离散化，其目的是将非线性的离散方程转化为线性方程，再通过计算机编程，进行迭代求解。

1. 定义域的离散化

对于具有太阳电池结构的半导体器件，其定义域区间通常是 $0<X<L$。定义域确定后，就可以将结构区域分割成 N 个区块（也称子区域）和 $N+1$ 主网格点，如图 11-10 所示。在空间坐标上，格点编号依次为 1，2，…，$i-1$，i，…，$N+1$。设 H 为格点 x_{i+1} 与 x_i 之间的距离，h 为格点 x_{i-1} 与 x_i 之间的距离，$x_{i+1/2}$ 为格点 x_{i+1} 与 x_i 的中点，$x_{i-1/2}$ 为格点 x_i 与 x_{i-1} 的中点。

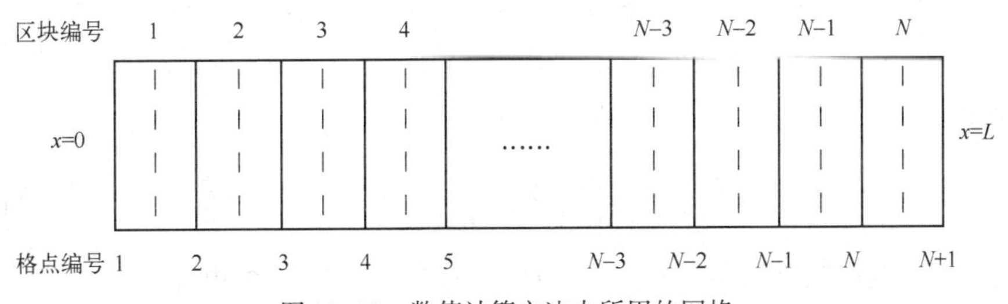

图 11-10　数值计算方法中所用的网格

图 11-10 中显示的是一组均匀网格，含有 N 个区块（虚线）和 $N+1$ 个主网格点（实线）。由实线表示的主网格点，是在太阳电池器件中未知数 ψ、E_{Fp} 与 E_{Fn} 被解出的点。由虚线表示的次网格点是太阳电池中用沙夫特-根梅尔（Scharfetter-Gummel）方法所表示的电流密度的点。通常采用非均匀的网格间距。

说明　按照这种方法，在格点 i 和 $i+1$ 之间，电场、迁移率、电流密度的变化可以被忽略。

2. 微分方程的离散化

为了使微分方程离散化，应用了有限差分方法。该方法用差分算子取代微分算子。在泊松方程中，真空能级的二阶导数用有限中心差分表示。按照这种方式，有

$$\frac{\mathrm{d}^2\Psi(x_i)}{\mathrm{d}x^2}=\frac{\dfrac{\Psi_{x_{i+1}}-\Psi_{x_i}}{h}-\dfrac{\Psi_{x_i}-\Psi_{x_{i-1}}}{H}}{\dfrac{h+H}{2}}=2\left(\frac{\Psi_{x_{i+1}}-\Psi_{x_i}}{h(h+H)}-\frac{\Psi_{x_i}-\Psi_{x_{i-1}}}{H(h+H)}\right) \tag{11-96}$$

式中，h 为在太阳电池相邻格点之间的向后间距，H 为相邻格点之间的向前间距。如果一个可变网格大小是由用户选定的，这些间距可以是不同的。

说明 AMPS 的原公式为$\dfrac{\mathrm{d}^2\psi(x_i)}{\mathrm{d}x^2}=\dfrac{\psi x_{i+1}-2\psi x_i+\psi x_{i-1}}{h+H}$，有误。

在连续性方程中的导数项是电流密度的导数。通常情况下，空穴和电子的电流密度由最一般的方程形式 $J_{\mathrm{n}}(x)=q\mu_{\mathrm{n}}n\left(\dfrac{\mathrm{d}E_{\mathrm{F_n}}}{\mathrm{d}x}\right)$和 $J_{\mathrm{p}}(x)=q\mu_{\mathrm{p}}p\left(\dfrac{\mathrm{d}E_{\mathrm{F_p}}}{\mathrm{d}x}\right)$给出。如果这些电流密度及其导数的表达式用差分形式表示，则通过数值计算方法很难得到收敛解。为了避免这个问题，沙夫特（Scharfetter）和根梅尔（Gummel）提出对 J_{n}和 J_{p}采用预估的猜测函数表达式进行试探，使其导数形式更适合于数值计算方法。

对于空穴，连续性方程中的导数可表示为

$$\left[\frac{\mathrm{d}J_{\mathrm{p}}}{\mathrm{d}x}\right]_i=\frac{J_{\mathrm{p}i+1/2}-J_{\mathrm{p}i-1/2}}{h+H} \tag{11-97}$$

对于电子，连续性方程中的导数可表示为

$$\left[\frac{\mathrm{d}J_{\mathrm{n}}}{\mathrm{d}x}\right]_i=\frac{J_{\mathrm{n}i+1/2}-J_{\mathrm{n}i-1/2}}{h+H} \tag{11-98}$$

这里，猜测函数已被用于式（11-97）和式（11-98）中电流密度 J_{n}和 J_{p}的表示。猜测函数 J_{n}和 J_{p}的推导如下所述。

假定在主格点 i 与 $i+1$ 之间的电流密度 J_{p}是常数，则空穴电流密度为

$$J_{\mathrm{p},i+\frac{1}{2}}=q\mu_{\mathrm{p}}p_i\left(\frac{\mathrm{d}E_{\mathrm{F_p}}}{\mathrm{d}x}\right) \tag{11-99}$$

于是按照式（11-60），在准热平衡情况下，有

$$J_{\mathrm{p},i+\frac{1}{2}}=q\mu_{\mathrm{p}}N_{\mathrm{v}}\exp\left[\frac{q\Phi_{\mathrm{BL}}+q\psi(x)-E_{\mathrm{g}}-E_{\mathrm{F_p}}}{kT}\right]\left(\frac{\mathrm{d}E_{\mathrm{F_p}}}{\mathrm{d}x}\right) \tag{11-100}$$

将上式两边均乘以 $\exp(-\psi)\mathrm{d}x$，得：

$$J_{\mathrm{p},i+\frac{1}{2}}\exp\left(-\frac{\psi}{(kT)}\right)\mathrm{d}x=q\mu_{\mathrm{p}}N_{\mathrm{v}}\exp\left[\frac{q\Phi_{\mathrm{BL}}+q\psi(x)-E_{\mathrm{g}}-E_{\mathrm{F_p}}}{kT}\right]\left(\frac{\mathrm{d}E_{\mathrm{F_p}}}{\mathrm{d}x}\right)\exp(-\psi)\mathrm{d}x$$

$$=q\mu_{\mathrm{p}}N_{\mathrm{v}}\exp\left[\frac{q\Phi_{\mathrm{BL}}-qE_{\mathrm{g}}-E_{\mathrm{F_p}}}{kT}\right]\mathrm{d}E_{\mathrm{f_p}} \tag{11-101}$$

再假定在 i 和 $i+1$ 之间的电场是常数，则可得：

$$\psi(x)=\left[\frac{\psi_{i+1}-\psi_i}{H}\right](x-x_i)+\psi_i \tag{11-102}$$

式中，H 为前向相邻格点之间的差值。

由此可知，式（11-101）等号左侧可写为

$$J_{\mathrm{p},i+\frac{1}{2}}\exp(-\psi/(kT))\,\mathrm{d}x=J_{\mathrm{p},i+\frac{1}{2}}\left[kT\,\frac{\exp(-\psi_{i+1}/(kT))-\exp(-\psi_i/(kT))}{(\psi_{i+1}-\psi_i)/H}\right] \tag{11-103}$$

对式（11-101）等号右侧进行积分得：

$$\int_i^{i+1}q\mu_{\mathrm{p}}N_{\mathrm{v}}\exp\left[\frac{q\Phi_{\mathrm{BL}}-E_{\mathrm{g}}-E_{\mathrm{F_p}}}{kT}\right]\mathrm{d}E_{\mathrm{f_p}}=\left[-q\mu_{\mathrm{p}}N_{\mathrm{v}}kT\exp\left(\frac{q\Phi_{\mathrm{BL}}-E_{\mathrm{F_p}}-E_{\mathrm{g}}}{kT}\right)\right]\Bigg|_i^{i+1}$$

$$=q\mu_{\mathrm{p}}N_{\mathrm{v}}kT\exp\left(\frac{q\Phi_{\mathrm{BL}}-E_{\mathrm{g}}}{kT}\right)\left[\exp\left(\frac{E_{\mathrm{F_{p_{i+1}}}}}{kT}\right)-\exp\left(\frac{E_{\mathrm{F_{p_i}}}}{kT}\right)\right] \tag{11-104}$$

由式（11-103）与式（11-104）相等可得：

$$J_{\mathrm{p},i+1/2}=\frac{\left[qkT\mu_{\mathrm{p}}N_{\mathrm{v}}\exp\left(\frac{\phi_{\mathrm{BL}}-E_{\mathrm{g}}}{kT}\right)\right]\left[\exp\left(\frac{E_{\mathrm{F_{p_{i+1}}}}}{kT}\right)-\exp\left(\frac{E_{\mathrm{F_{p_i}}}}{kT}\right)\right]\left[\frac{\psi_{i+1}}{kT}-\frac{\psi_i}{kT}\right]}{\left[\exp\left(\frac{-\psi_{i+1}}{kT}\right)-\exp\left(\frac{-\psi_i}{kT}\right)\right]} \tag{11-105}$$

用同样的方法可以得到电子电流密度表达式为

$$J_{\mathrm{n},i+1/2}=\frac{\left[qkT\mu_{\mathrm{n}}N_{\mathrm{c}}\exp\left(\frac{-\phi_{\mathrm{BL}}}{kT}\right)\right]\left[\exp\left(\frac{E_{\mathrm{F_{n_{i+1}}}}}{kT}\right)-\exp\left(\frac{E_{\mathrm{F_{n_i}}}}{kT}\right)\right]\left[\frac{\psi_{i+1}}{kT}-\frac{\psi_i}{kT}\right]}{\left[\exp\left(\frac{\psi_{i+1}}{kT}\right)-\exp\left(\frac{\psi_i}{kT}\right)\right]} \tag{11-106}$$

对于 $J_{\mathrm{n},i-1/2}$ 和 $J_{\mathrm{p},i-1/2}$，通过用-1 替换 $i+1$，用 h 替换 H，并在整个方程前放置一个负号，可以写出类似的表达式。

随同泊松方程和两个连续性方程中的导数的离散化，这些方程可以用差分的形式改写为以 3 个函数 f_i、f_{ei} 和 f_{hi} 来表达。

将泊松方程表述为无量纲变量项 $\psi^*=\psi/kT$ 的函数：

$$\frac{\mathrm{d}}{\mathrm{d}x}\left[-\varepsilon\,\frac{\mathrm{d}\Psi}{\mathrm{d}x}\right]=f_i(\psi_{i-1}^*,\psi_i^*,\psi_{i+1}^*)$$

对应于函数 f_i 的方程式的差分形式为

$$f_i(\psi_{i-1}^*,\psi_i^*,\psi_{i+1}^*)=-(A_{i-1}^*\psi_{i-1}^*-A_i^*\psi_i^*+A_{i+1}^*\psi_{i+1}^*)=\rho_i(\psi_i^*) \tag{11-107}$$

在式（11-107）中，3 个变量前面的系数分别为

$$A_{i-1}^{*}=\frac{4\varepsilon_i\varepsilon_{i-1}kT}{qh(h+H)(\varepsilon_i+\varepsilon_{i-1})} \tag{11-108}$$

$$A_{i+1}^{*}=\frac{4\varepsilon_i\varepsilon_{i+1}kT}{qH(h+H)(\varepsilon_i+\varepsilon_{i+1})} \tag{11-109}$$

$$A_i^{*}=A_{i-1}^{*}+A_{i+1}^{*} \tag{11-110}$$

式中，$A_i^{*}=kT\cdot A_i$。

说明 泊松方程的差分形式通常采用分离变量法求导后，再离散导出：

$$\begin{aligned}\frac{\mathrm{d}}{\mathrm{d}x}\left[\varepsilon(x)\frac{\mathrm{d}\Psi}{\mathrm{d}x}\right]&=\frac{\mathrm{d}\varepsilon(x)}{\mathrm{d}x}\frac{\mathrm{d}\Psi}{\mathrm{d}x}+\varepsilon(x)\frac{\mathrm{d}}{\mathrm{d}x}\left(\frac{\mathrm{d}\Psi}{\mathrm{d}x}\right)\\&=\left(\frac{\varepsilon_{i+1}-\varepsilon_{i-1}}{H+h}\right)\left(\frac{\Psi_{i+1}-\Psi_{i-1}}{H+h}\right)+\varepsilon_i\left(\frac{\Psi_{i+1}-\Psi_i}{h}-\frac{\Psi_i-\Psi_{i-1}}{H}\right)\frac{2}{(h+H)}\\&=\left(\frac{\varepsilon_{i+1}-\varepsilon_{i-1}}{H+h}+\frac{2\varepsilon_i}{h}\right)\frac{\Psi_{i+1}}{H+h}-2\varepsilon_i\left(\frac{1}{h}+\frac{1}{H}\right)\frac{\Psi_i}{(H+h)}\\&\quad-\left(\frac{\varepsilon_{i+1}-\varepsilon_{i-1}}{H+h}-\frac{2\varepsilon_i}{H}\right)\left(\frac{\Psi_{i-1}}{H+h}\right)\end{aligned}$$

式中，Ψ_{i+1} 项的系数为 $\frac{1}{H+h}\left[\frac{h(\varepsilon_{i+1}-\varepsilon_{i-1})+2\varepsilon_i(H+h)}{(H+h)h}\right]$，$\Psi_{i-1}$ 项的系数为 $-\frac{1}{H+h}\left\{\frac{H(\varepsilon_{i+1}-\varepsilon_{i-1})-2\varepsilon_i(H+h)}{(H+h)H}\right\}$，$\Psi_i$ 项的系数为 $-2\left(\frac{1}{h}+\frac{1}{H}\right)\frac{\varepsilon_i}{(H+h)}$。

AMPS 的泊松方程的差分形式与上述处理方法有所不同。AMPS 考虑：对于异质结界面，ε 仅在两种材料的界面处才会有所不同，所以采用了一种很简单的处理方式，即 $\varepsilon(x)$ 由两个相邻格点的 ε 的倒数 $\frac{1}{\varepsilon}$ 的平均值 $\varepsilon_{(i+1),i}$ 和 $\varepsilon_{(i-1),i}$ 代替[12]：

$$\frac{1}{\varepsilon_{(i+1),i}}=\frac{1}{2}\left(\frac{1}{\varepsilon_{i+1}}+\frac{1}{\varepsilon_i}\right)$$

$$\frac{1}{\varepsilon_{(i-1),i}}=\frac{1}{2}\left(\frac{1}{\varepsilon_{i-1}}+\frac{1}{\varepsilon_i}\right)$$

即

$$\varepsilon_{(i+1),i}=\frac{2\varepsilon_{i+1}\varepsilon_i}{\varepsilon_{i+1}+\varepsilon_i}$$

$$\varepsilon_{(i-1),i}=\frac{2\varepsilon_{i-1}\varepsilon_i}{\varepsilon_{i-1}+\varepsilon_i}$$

再考虑到：

$$\psi^* = \psi / kT$$

于是泊松方程的差分形式可写为

$$\frac{\mathrm{d}}{\mathrm{d}x}\left[-\varepsilon(x)\frac{\mathrm{d}\Psi}{\mathrm{d}x}\right] = -2\left[\varepsilon_{(i+1),i}\frac{(\Psi_{x_{i+1}}-\Psi_{x_i})}{h(h+H)} - \varepsilon_{(i-1),i}\frac{(\Psi_{x_i}-\Psi_{x_{i-1}})}{H(h+H)}\right]$$

$$= -2\left[\frac{2\varepsilon_{i+1}\varepsilon_i}{(\varepsilon_{i+1}+\varepsilon_i)}\frac{(\Psi_{x_{i+1}}-\Psi_{x_i})}{h(h+H)} - \frac{2\varepsilon_{i-1}\varepsilon_i}{(\varepsilon_{i-1}+\varepsilon_i)}\frac{(\Psi_{x_i}-\Psi_{x_{i-1}})}{H(h+H)}\right]$$

$$= -\left[\frac{4\varepsilon_i\varepsilon_{i-1}}{h(h+H)(\varepsilon_i+\varepsilon_{i-1})}kT\psi_{i-1}^* - \left(\frac{4\varepsilon_i\varepsilon_{i-1}}{h(h+H)(\varepsilon_i+\varepsilon_{i-1})} + \frac{4\varepsilon_i\varepsilon_{i+1}}{H(h+H)(\varepsilon_i+\varepsilon_{i+1})}\right)kT\psi_i^* + \frac{4\varepsilon_i\varepsilon_{i+1}}{H(h+H)(\varepsilon_i+\varepsilon_{i+1})}kT\psi_{i+1}^*\right]$$

$$= -(A_{i-1}^*\psi_{i-1}^* - A_i^*\psi_i^* + A_{i+1}^*\psi_{i+1}^*) = f_i(\psi_{i-1}^*, \psi_i^*, \psi_{i+1}^*)$$

对于绝大多数格点，这种表达方式是有效的。

对应于点 i 上的电子连续性方程，函数 $f_{e_i}(x)$ 可由下式给出：

$$f_{e_i}(x) = \frac{2}{q(h+H)}[J_{n,i+1/2}(x) - J_{n,i-1/2}(x)] - G_i(x) - U_i(x) \tag{11-111}$$

对应于点 i 上的空穴连续性方程，函数 $f_{h_i}(x)$ 可由下式给出：

$$f_{h_i}(x) = \frac{2}{q(h+H)}[J_{p,i+1/2}(x) - J_{p,i-1/2}(x)] - G_i(x) - U_i(x) \tag{11-112}$$

在这些方程中，G 和 U 分别由式（11-70）和式（11-75）给出。在太阳电池中，每个网格点有一组方程，这些方程一共有 $N-1$ 组，另外还有式（11-90）至式（11-95）6 个边界条件，需要求解的方程总数为 $3(N+1)$ 个。在每个网格点上，寻找式（11-107）、式（11-111）和式（11-112）的多项式的根 ψ、E_{Fn}、E_{Fp} 的求解方法是使其左侧归零。当设定边界条件时，沙夫特和根梅尔给出的猜测函数 J_n 和 J_p 的解也使用了式（11-92）~式（11-95）的表达式。

至此，半导体基本方程组已经从微分方程组转换为非线性代数方程组。这些非线性代数方程组通常应用牛顿-拉夫森迭代法求解。

3. 牛顿-拉夫森迭代法

AMPS 用牛顿-拉夫森迭代法求解 $3(n+1)$ 个代数方程是先将器件结构分割为 N 块，并对由这些块定义的网格点上的状态变量 ψ、E_{Fn} 和 E_{Fp} 的差分项写出主差分方程，然后求解[13]。求解的方法是，如果给出一个合适的初始猜测的根，就可迭代找到一组函数 f_i、f_{ei} 和 f_{hi} 的根。求解成功的关键是结果要能收敛，而收敛的关键是要有合适的初始猜测。牛顿-拉夫森迭代法是一种在实数域和复数域上近似求解方程的方法。为了有效使用牛顿-拉夫森迭代法，需要对 $3(n+1)$ 个方程建立一个有效的矩阵形式。对于边界条件，边界上有 6 个边界条件，在分立的 $N-1$ 块内边界上还有 $3(n-1)$ 个边界条件。对于这些方程中的每一个方程，也需要有每个分立点

的状态变量 ψ、E_{Fn} 和 E_{Fp} 的偏导数。如果矩阵 **A** 是由这些偏导数矩阵构成的雅可比(Jacobi) 矩阵，矩阵 **Δ** 是由 $\Delta\psi_i$、$\Delta E_{\mathrm{Fn},i}$ 和 $\Delta E_{\mathrm{Fp},i}$ 构成的（这些值是 i 个状态变量的初始猜测值与 i 个状态变量修正值之间的差值），矩阵 **B** 是由 i 点求得的函数 f_i、f_{ei} 和 f_{hi} 形成的，则

$$[\boldsymbol{A}]\cdot[\boldsymbol{\Delta}]=[\boldsymbol{B}] \tag{11-113}$$

雅可比矩阵是一阶偏导数以一定方式排列成的矩阵。

矩阵 **A** 和 **B** 是使用态变量的初始猜测的初步估算。随后，利用矩阵 **Δ** 更新猜测，其解逐步趋向于状态变量的实际值。矩阵 **Δ** 构造为

$$\begin{bmatrix} \Uparrow \\ \Delta\psi \\ \Delta E_{\mathrm{Fp},i} \\ \Delta E_{\mathrm{Fn},i} \\ \Downarrow \end{bmatrix} \tag{11-114}$$

矩阵 **B** 构造为

$$\begin{bmatrix} \Uparrow \\ f_i \\ f_{ei} \\ f_{hi} \\ \Downarrow \end{bmatrix} \tag{11-115}$$

在此，建立矩阵 **Δ** 和 **B** 是为了给予雅可比矩阵 **A** 有可能成为一个最小尺寸的带状矩阵，从而最大限度地减少从 **A** 的逆矩阵求解矩阵 **Δ** 所需要的计算机运算时间。为了求解矩阵 **Δ**，使用了三角分解法。三角分解法又称 L-U 分解法，是将原方形矩阵分解成一个上三角形矩阵和一个下三角形矩阵，主要用于简化大矩阵的行列式值的计算过程，以求得逆矩阵和求解联立方程组。

在使用牛顿-拉夫森迭代法时，为了找到根，必须使泊松方程和连续性方程等于零。在每次迭代过程中，添加矩阵 **Δ** 作为最新的猜测，直到包含在矩阵 **Δ** 内的最小值小于某一预定的误差标准值为止。在 AMPS 中，对于在空间各点的所有状态变量(按量纲形式表示)，这个误差标准值等于 $10^{-6}kT$。这是一个非常严格的准则。

使用的牛顿-拉夫森迭代方法的前提是寻找热平衡的解，因为在这种情况下，只有 ψ 需要确定。这需要同时解在太阳电池器件内 $N-1$ 个点的泊松方程，并利用在两个边界点上的热平衡状态下的边界条件。对于牛顿-拉夫森迭代法，选择解的初始猜测值是非常重要的。在热平衡条件下，AMPS 构建的初始猜测 ψ 是连接到边界值的一条直线。

在 N-1 个内部的点上，泊松方程与为每个点生成 f_i 的初始猜测和包含在雅可比矩阵内的偏导数一起计算。解出矩阵 $\boldsymbol{\Delta}$ 后，矩阵 $\boldsymbol{\Delta}$ 被添加到初始猜测，重新计算泊松方程和偏导数，直至矩阵 $\boldsymbol{\Delta}$ 的每一个值均小于 $10^{-6}kT$。当达到这个条件时，太阳电池器件在热平衡下的初始猜测 ψ 已经完全演变为实际 ψ。

利用已知的在热平衡状态下的解，就可以操控任何一组电压偏置、光偏置或两者均有的情况。首先以热平衡状态下求得的 $\psi(x)$ 为基础，构建偏置下的初始猜测值 $\psi(x)$，再使用一个内置程序来生成另外两个起偏置作用的状态变量所需要的初始猜测，即 $E_{\mathrm{Fn}}(x)$ 和 $E_{\mathrm{Fp}}(x)$。在施加阶跃电压时（例如，进行暗电流-电压扫描时，采用了恒定的阶跃电压)，对于每一步电压阶跃，都需要对所有未知数进行新的初始猜测。这些计算都已预先编制在程序中。

为了确定在光偏置下的太阳电池特性，首先计算暗电流-电压特性，然后施加光照，进行光照下的电流-电压特性的计算。

4. 半导体特性参数

AMPS 不仅可以模拟很多具有不同材料参数和结构的太阳电池，还可以模拟器件结构中具有不同材料参数的不同区域，也可以模拟包括单晶、多晶和非晶半导体在内的任何组合。例如，由于多晶半导体材料有晶粒和晶粒间的晶界，前者是有序的结晶区，后者是无序的非晶区，模拟时只需要创建一个多区域结构，在结晶区中穿插一些很薄的非晶区。模拟绝缘体时，可以将绝缘体设定为一种宽禁带 E_g 材料。理想绝缘体的 E_g 可由其导电率推算：

$$\sigma=q(\mu_n+\mu_p)\sqrt{N_cN_v}\exp(-E_g/kT)$$

对于偏离理想情况的绝缘体，可以在一些位置引入具有合适能量的隙态。模拟金属时，由于太阳电池中的金属通常存在于半导体表面（$x=0$ 或 $x=L$）与半导体接触处，建模时只要按下面两式选择适当的势垒高度和电子亲和能，计算出金属的功函数 Φ_w 即可。

☺ 前表面($x=0$)：

$$\Phi_w=\Phi_{b0}+\chi \tag{11-116}$$

☺ 背表面($x=L$)：

$$\Phi_w=\Phi_{bL}+\chi \tag{11-117}$$

通过选择势垒高度和表面复合速度，可以改变金属-半导体接触电阻。

11.4.4　数值模拟计算实例

现在备受关注的硅基异质结太阳电池是 p^+(nc-si)/i(a-Si)/n(c-Si)异质结太阳电池。华中科技大学曾祥斌教授等人应用 AMPS 软件，对其进行了数值模拟优化设计[14]。其简化的结构如图 11-11 所示。模拟计算时，设定的主要参数为：衬底采用 n 型晶体硅，厚度为 300μm；中间层为纳米硅，厚度为 10nm；上层为非晶硅（i 层)，厚度为 0~100nm。太阳电池各层材料参数见表 11-1（光照条件为 AM1.5、100mW/cm；设定太阳电池的正面电极和背面电极均为欧姆接触；表面反射率为 0.1，背面反射率为 1；

电子和空穴在前、后接触面的表面复合速率均为 1×10^{7} cm/s)。

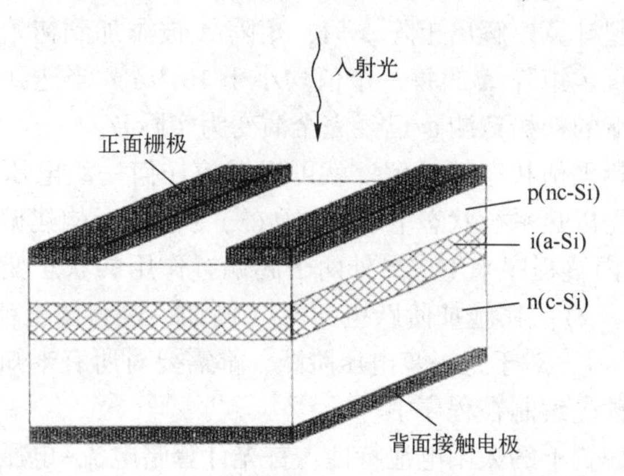

图 11-11 p+(nc-si)/i(a-Si)/n(c-Si)异质结太阳电池结构示意图

表 11-1 太阳电池各层材料参数

参 数	nc-Si	a-Si
电子亲和势/eV	4.05	3.80
迁移率带隙/eV	1.72	1.72
光学带隙/eV	1.60	1.72
有效态密度 N_c/($cm^{-3}\cdot eV^{-1}$)	3.0×10^{19}	2.5×10^{20}
价带有效密度 N_v/($cm^{-3}\cdot eV^{-1}$)	2.0×10^{19}	2.5×10^{20}
电子迁移率/($cm^2\cdot V^{-1}\cdot s^{-1}$)	40	20
空穴迁移率/($cm^2\cdot V^{-1}\cdot s^{-1}$)	4	2
掺杂浓度/(cm^{-3})	$N_A=1\times10^{18}$	0
带尾态密度/($cm^{-3}\cdot eV^{-1}$)	2×10^{20}	1×10^{21}
价带 Urbach 尾宽 E_D/(eV)	0.01	0.05
导带 Urbach 尾宽 E_A/(eV)	0.01	0.02
电子俘获截面积/cm^2	1×10^{-17}	1×10^{-17}
空穴俘获截面积/cm^2	1×10^{-15}	1×10^{-15}

由于硅基异质结太阳电池的结构中含有纳米硅层和非晶硅层，各层能带的电子态分为导带、价带扩展态，导带、价带带尾局域态以及隙间局域态。带尾局域态主要由键角应变键引起，带隙局域态主要由悬键造成。带尾局域态密度用指数函数描述，带隙局域态密度呈双高斯函数分布，分别对应类施主态和类受主态。

计算纳米硅薄膜的中间隙态采用“U”形模型时，其相关结构参数见表 11-2，而对 i 层 a-Si 的中间隙态，为使其特性更加接近真实情况，采用 3 个高斯曲线形状模型，相关参数设置见表 11-3。

表 11-2 纳米硅薄膜的中间隙态为“U”形模型时结构参数

参数	单位	“U”形模型
E_{DA}	eV	0.55
GMGD（中间类施主态密度）	$cm^{-3}\cdot eV^{-1}$	3×10^{16}
GMGA（中间类受主态密度）	$cm^{-3}\cdot eV^{-1}$	3×10^{16}
MSIG/ND（中间施主态上的电子俘获截面积）	cm^2	1×10^{-14}
MSIG/PD（中间施主态上的空穴俘获截面积）	cm^2	1×10^{-15}
MSIG/NA（中间受主态上的电子俘获截面积）	cm^2	1×10^{-15}
MSIG/PA（中间受主态上的空穴俘获截面积）	cm^2	1×10^{-14}

表 11-3 3 个高斯曲线形状模型参数设置

参数	单位	3 个高斯曲线形状模型
$N_{DG}(1)$（第 1 个呈正态分布的高斯施主态密度）	cm^{-3}	4×10^{15}
$E_{DONG(1)}$（第 1 个高斯施主，自 E_V 开始正向测量的正态分布的峰值能量）	eV	0.56
WDSDG(1)（第 1 个高斯施主能级的标准偏差）	eV	0.06
GSIG/ND(1)（第 1 个类施主高斯态的电子俘获截面积）	cm^2	1×10^{-15}
GSIG/PD(1)（第 1 个类施主高斯态的空穴俘获截面积）	cm^2	1×10^{-16}
$N_{DG}(2)$（第 2 个呈正态分布的高斯施主态密度）	cm^{-3}	4×10^{15}
$E_{DONG}(2)$（第 2 个高斯施主，自 E_C 开始正向测量的正态分布的峰值能量）	eV	0.9
WDSDG(2)（第 2 个高斯施主能级的标准偏差）	eV	0.06
GSIG/ND(2)（第 2 个类施主高斯态的电子俘获截面积）	cm^2	1×10^{-15}
GSIG/PD(2)（第 2 个类施主高斯态的空穴俘获截面积）	cm^2	1×10^{-16}
N_{AG}（呈正态分布的高斯受主态密度）	cm^{-3}	4×10^{15}
E_{ACPG}（高斯受主，自 E_V 开始正向测量的正态分布的峰值能量）	eV	0.7
WDSAG（高斯受主能级的标准偏差）	eV	0.06
GSIG/NA（类受主高斯态的电子俘获截面积）	cm^2	1×10^{-17}
GSIG/PA（类受主高斯态的空穴俘获截面积）	cm^2	1×10^{-15}

通过 AMPS 软件计算可得到自洽解。模拟结果表明，纳米硅层和非晶硅层的参数对太阳电池性能有显著影响。图 11-12 所示为仿真得到的 p+(nc-Si)/i(a-Si)/n(c-Si)异质结太阳电池能带结构图，图 11-13 所示为不同纳米硅薄膜掺杂浓度下的太阳电池电场强度分布，图 11-14 所示为非晶硅层厚度变化对太阳电池短路电流和光电转换效率的影响，图 11-15 所示为 a-Si 背场掺杂浓度变化对太阳电池短路电流和光电转换效率的影响。

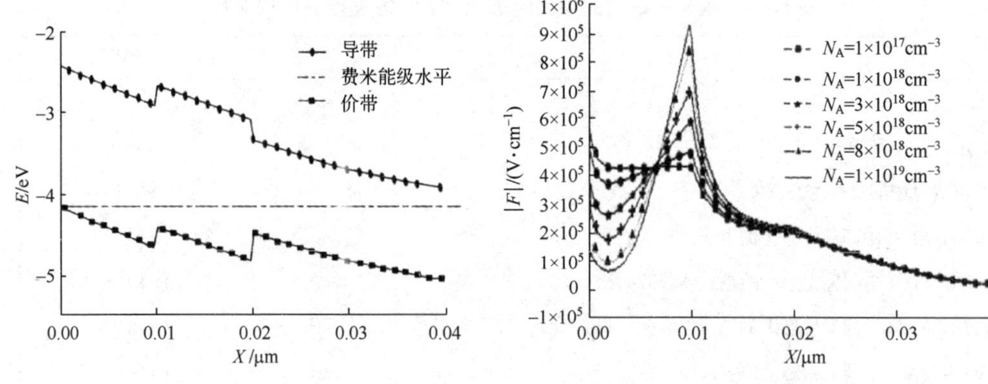

图 11-12 仿真得到的 p+(nc-Si)/i(a-Si)/n(c-Si)异质结太阳电池能带结构图

图 11-13 不同纳米硅薄膜掺杂浓度下的太阳电池电场强度分布

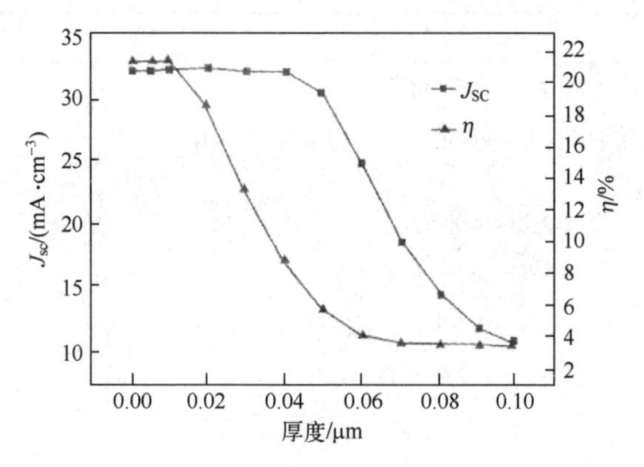

图 11-14 非晶硅层厚度变化对太阳电池短路电流和光电转换效率的影响

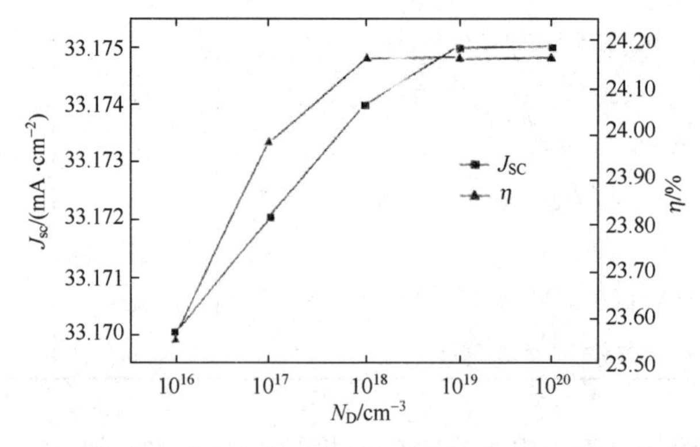

图 11-15 a-Si 背场掺杂浓度变化对太阳电池的短路电流和光电转换效率的影响

对太阳电池中纳米硅薄膜杂质浓度、本征非晶硅层厚度和背场对太阳电池光伏特性影响的研究结果表明：提高纳米硅薄膜的掺杂浓度，可以使薄膜中大部分区域电场强度变大，短路电流和开路电压增大。在上述条件下，纳米硅薄膜的掺杂浓度应大于 $1\times10^{18}cm^{-3}$，i 层的最佳厚度为 10nm，增设非晶硅背场可以提高电池的光电转换效率。当背场的掺杂浓度等于 $1\times10^{18}\,cm^{-3}$、禁带宽度 E_g 为 1.72eV、i 层厚度为 10nm 时，太阳电池的光电转换效率可达到 24.163%。

11.4.5　改进的模拟软件 wxAMPS

南开大学光电子薄膜器件研究所的刘一鸣和孙云开发了一款新型模拟软件 wxAMPS[15]——在 AMPS 原有物理模型的基础上，添加了缺陷辅助隧穿和带内隧穿两种隧穿电流模型，重新编写了程序内核，改进了求解算法。wxAMPS 不仅使模拟软件性能更加稳定、通用性更强，而且具有更加友好的用户操作界面，支持批处理功能，兼容其他光学模型，可很好地模拟多种新型太阳电池。

AMPS 软件用的是太阳电池内载流子的漂移-扩散机制，未考虑隧穿电流的影响，当其应用于多层结构的太阳电池时，存在一定的局限性。wxAMPS 增加了带内隧穿（见图 11-16）和缺陷辅助隧穿（见图 11-17）两种隧穿电流模型。图中，J_{te} 为热电子发射电流，由能量足以越过势垒的电子组成；J_{tun} 为导带隧穿电流，由势垒边缘（$-w$）到界面处的隧穿电子组成。缺陷辅助隧穿电流模型用于非局域载流子经由缺陷辅助隧穿（TAT）机制进行输运与复合的过程。当模拟叠层电池时，wxAMPS 可直接考虑 p^+ 层和 n^+ 层之间隧穿结的隧穿增强复合，还可增加隧穿结内的迁移率，进一步增强结区的载流子隧穿输运，因此 wxAMPS 更适合于叠层太阳电池模拟。

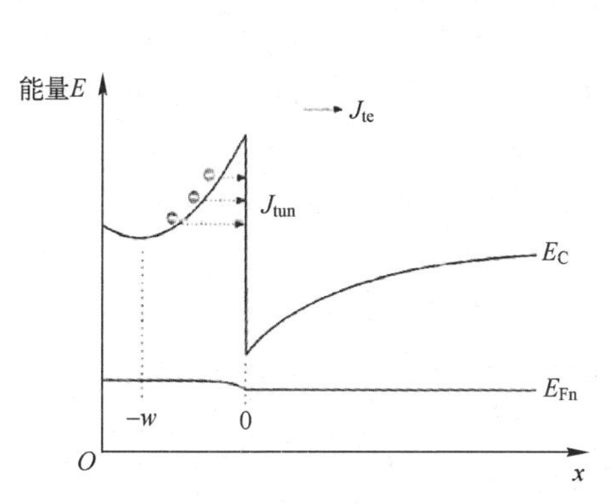

图 11-16　异质结界面处导带能级图

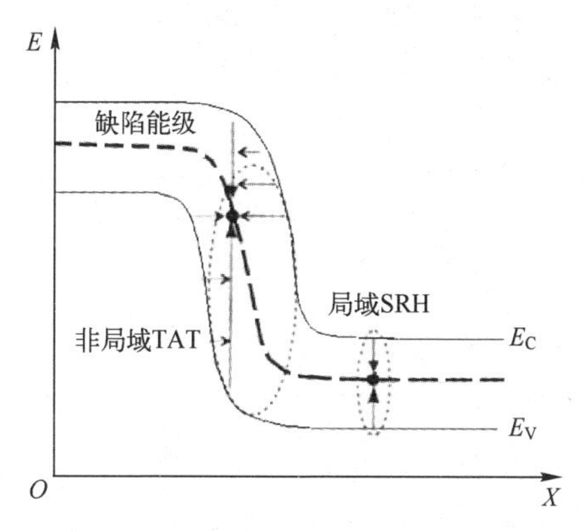

图 11-17　缺陷辅助隧穿（TAT）机制示意图

参考文献

[1] Shockley W. The Theory of p-n Junctions in Semiconductors and p-n Junction Transistors [J]. Bell Labs Technical Journal, 2013, 28 (3): 435-489.

[2] Shockley W, Read W T. Statistics of the Recombinations of Holes and Electrons [J]. Physical Review, 1952, 87 (5): 835-842.

[3] Gummel H K. A Self-consistent Iterative Scheme for One-dimensional Steady State Transistor Calculations [J]. IEEE Trans Electron Devices, 1964, 11 (10): 455-465.

[4] Durbin S M, Gray J L. Considerations for Modeling Heterojunction Transport in Solar cells [C]//IEEE First World Conference on Photovoltaic Energy Conversion, Conference Record of the Twenty Fourth IEEE Photovoltaic Specialists Conference. IEEE, 1994: 1746-1749.

[5] Basore P A. Numerical Modeling of Textured Silicon Solar Cells Using PC-1D [J]. IEEE Transactions on Electron Devices, 1990, 37 (2): 337-343.

[6] Liu Y Y, Sun Y, Rockett A. A New Simulation Software of Solar Cells—wxAMPS [J]. Solar Energy Materials and Solar Cells, 2012, 98: 124-128.

[7] Michael S, Bates A D, Green M S. Silvaco ATLAS as a Solar Cell Modeling Tool [C]//IEEE Photovoltaic Specialists Conference, Conference Record of the 3rd IEEE, 2005: 719-721.

[8] Li Z Q, Xiao Y G, Li Z M S. Modeling of Multi-junction Solar Cells by Crosslight APSYS [J]. Proceedings of Spie the International Society for Optical Engineering, 2006, 6339: 633909.

[9] Brendel R. Modeling Solar Cells with the Dopant-diffused Layers Treated as Conductive Boundaries [J]. Progress in Photovoltaics: Research and Applications, 2012, 20: 31-43.

[10] Li X F, Hylton N P, Giannini V, et a1. Multi-dimensional Modeling of Solar Cells with Electromagnetic and Carrier Transport Calculations [J]. Progress in Photovolmics: Research and Applications, 2013, 21 (1): 109-120.

[11] Smith R A. Semiconductors [M]. 2nd Ed. London: Cambridge University Press, 1979.

[12] 刘一鸣. 铜铟镓硒薄膜太阳电池的器件仿真 [D]. 天津: 南开大学, 2012.

[13] Kurata M. Numerical Analysis for Semiconductor Devices [M]. MA: Lexington Books, 1982.

[14] 曾祥斌, 鲜映霞, 文西兴, 等. nc-si/c-Si 异质结太阳电池优化设计分析 [J]. 太阳能学报, 2014, 35 (9): 1561-1567.

[15] 刘一鸣, 孙云. 新型太阳电池模拟软件—wxAMPS [C]//中国光伏大会暨国际光伏展览会. 2012.

第 12 章　太阳电池的光电转换效率

太阳电池的光电转换效率每提高 1%，估算光伏发电系统的成本将降低 5%～7%。由此可见，提高太阳电池的光电转换效率是非常重要的。

改进现有太阳电池的结构设计和工艺，开发新颖的太阳电池的目的，都是在成本有限的前提下，努力提高太阳电池的光电转换效率。

12.1　太阳电池光电转换效率的极限

对于太阳电池光电转换效率的理论极限，业界曾做过较多的研究，所有计算都基于以下的一些考虑。

在太阳电池将太阳光能转换为电能的过程中，不仅依赖太阳光谱和光强，而且关系到制造太阳电池的半导体材料的带隙 E_g。按照能带理论，$E<E_g$ 的太阳光入射光子不能转换为太阳电池的输出功率，只有 $E>E_g$ 的光子才能被太阳电池吸收并转换为电能，因此带隙 E_g 限制了太阳电池的光电转换效率的理论极限。换句话说，对具有特定光谱分布的入射光，存在一个对应于光电转换效率理论极限 $\eta_{c,max}$ 的最佳带隙。

在通过太阳电池将能量大于带隙 E_g 的光能转变成电能的过程中，半导体材料价带上的电子吸收大于 E_g 的光能而跃迁到导带，产生导带电子与价带空穴，但超过 E_g 的多余能量并不转变成电能，而是通过与原子、晶格振动（声子）和载流子的多次碰撞转化成热能。在单 pn 结太阳电池中，这部分光能损失也是很可观的。为了利用这部分光能，有的采用叠层串接方法形成多结太阳电池，有的采用光谱分离器将太阳光能按光谱分离后，再用具有不同波长的太阳电池进行接收并将其转换为电能。

本节以太阳作为黑体辐射源和太阳电池材料的带隙 E_g 限制讨论太阳电池的光电转换效率极限。

当太阳作为黑体，且其黑体温度为 T_s 时，按黑体辐射的普朗克辐射定律，在太阳光谱整体光子频率范围内，单位时间内单位面积上入射的光子数目为[1]

$$\Phi(\nu, T_s) = \frac{2\pi}{c^2}\int_0^\infty \frac{1}{e^{h\nu/kT_s} - 1}\nu^2 d\nu \tag{12-1}$$

单位时间内单位面积上入射光子的总能量密度为

$$P_{in}(\nu,T_s)=\frac{2\pi}{c^2}\int_0^{\infty}\frac{h\nu}{e^{h\nu/kT_s}-1}\nu^2 d\nu=\frac{2\pi k^4T_s^4}{h^3c^2}\int_0^{\infty}\frac{x^3}{e^x-1}dx=\frac{2\pi^5(kT_s)^4}{15h^3c^2} \quad (12-2)$$

式中，$x=h\nu/kT_s$。在太阳光谱中频率大于ν_g光子频率范围($\nu_g\sim\infty$)内，单位时间内单位面积上入射的光子数目为

$$\Phi_g(\nu_g,T_s)=\frac{2\pi}{c^2}\int_{\nu_g}^{\infty}\frac{1}{e^{h\nu/kT_s}-1}\nu^2 d\nu \quad (12-3)$$

假设入射到太阳电池上所有频率大于ν_g的光子都能激发出电子-空穴对，转变为电能，则单位时间内单位面积上的输出能量密度为

$$P_{out}(\nu_g,T_s)=h\nu_g\Phi(\nu_g,T_s)$$

$$=\frac{2\pi}{c^2}h\nu_g\int_{\nu_g}^{\infty}\frac{1}{e^{h\nu/kT_s}-1}\nu^2 d\nu=\frac{2\pi(kT_s)^4}{h^3c^2}x_g\int_{x_g}^{\infty}\frac{x^2}{e^x-1}dx \quad (12-4)$$

式中，$x_g=h\nu_g/kT_s$。

于是，以v_g和T_s作为函数变量的太阳电池光电转换效率表达式为

$$\eta_c(\nu_g,T_s)=\frac{P_{out}(\nu_g,T_s)}{P_{in}(\nu,T_s)}=\frac{x_g\int_{x_g}^{\infty}\frac{x^2}{e^x-1}dx}{\int_0^{\infty}\frac{x^3}{e^x-1}dx} \quad (12-5)$$

将式（12-5）中的η_c对ν_g微分后，并令其等于零，求出极值，即可得到$\eta_{c,max}$。

图12-1所示为$T_s=6000K$时，太阳电池光电转换效率η_c与x_g的关系曲线。由图可知，$\eta_{c,max}\approx44\%$，对应于$x_g\approx2.27$。按式$x_g=h\nu_g/kT_s=E_g/kT_s$，相当于带隙$E_g=1.1eV$。

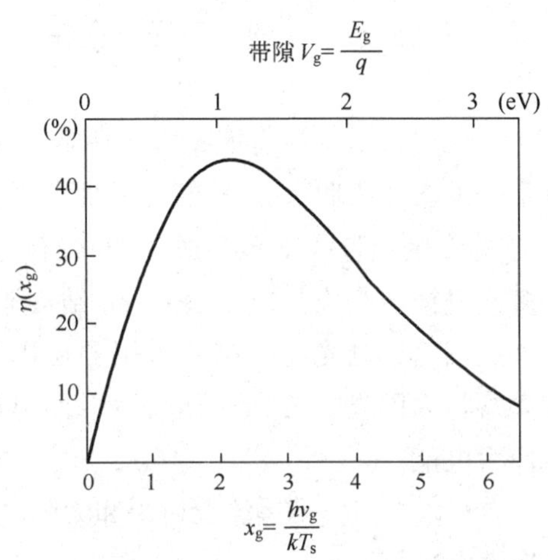

图12-1　太阳电池光电转换效率η_c与x_g的关系曲线（$T_s=6000K$）

还有些类似的研究工作，如在AM1.5太阳光谱照射条件下，假定$V_{oc}=\frac{E_g}{q}$，FF=1，推算出最大光电转换效率约为48%，对应的半导体带隙值约为1.12eV，接近于晶体硅半导体材料的带隙。在AM1.5太阳光谱照射条件下光电转换效率随半导体带隙变化的曲线如图12-2所示[2]。

实际上，太阳光谱分布与黑体光谱分布是有差别的，如图12-3所示。

如果按太阳的实际光子辐射分布函数$f(x)$计算，则其光电转换效率的一般形式为

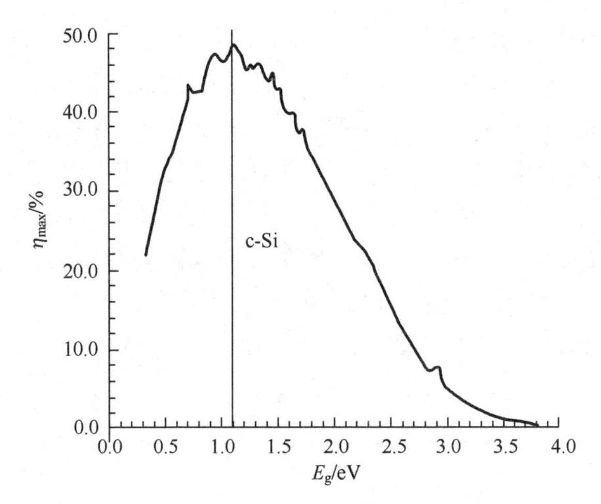

图 12-2　在 AM1.5 太阳光谱照射条件下光电转换效率随半导体带隙变化的曲线

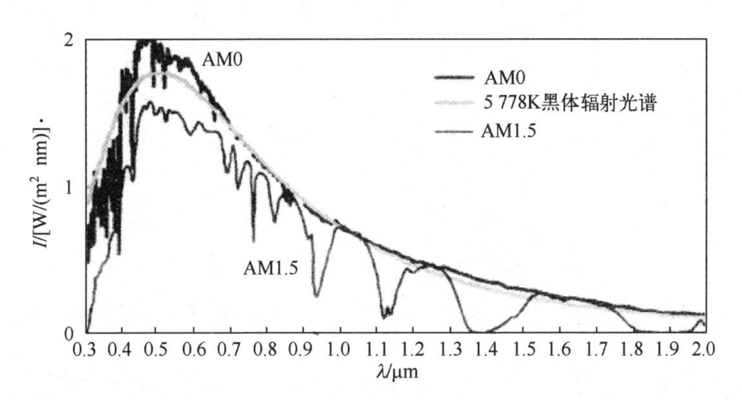

图 12-3　太阳光谱分布与黑体光谱分布曲线

$$\eta_c = \frac{x_g \int_{x_g}^{\infty} f(x)\,\mathrm{d}x}{\int_0^{\infty} x f(x)\,\mathrm{d}x} \tag{12-6}$$

最大光电转换效率为

$$\eta_{c,\max} = x_{gopt} f(x_{gopt}) = \int_{x_{gopt}}^{\infty} f(x)\,\mathrm{d}x \tag{12-7}$$

式中，x_{gopt}为最佳带隙宽度所对应的 x_g值。

在上述计算中，仅考虑了电池材料禁带宽度的限制，而忽略了太阳电池中载流子的所有复合。实际上，任何系统在热平衡条件下，必须遵循热力学细致平衡原理，即太阳电池受激时从环境中吸收的光子数，与其向环境中发射的光子数必定相等。没有复合，就意味着要么没有吸收光子，要么没有发射光子，这只有在环境温度 $T_a \to 0$K 时才能实现。因此，这样的光电转换效率是难以实现的。

在考虑热力学细致平衡原理后，计算太阳电池的光电转换效率极限最早是由肖克利（Shockley）和奎塞尔（Queisser）于1961年提出的[1]。他们根据热力学细致平衡原理的要求，认为太阳电池在光电转换过程中存在辐射复合，并在仅考虑辐射复合（即辐射复合是唯一复合机制）的基础上，建立了pn结太阳电池的肖克利-奎塞尔模型，计算出太阳电池的细致平衡效率极限。他们对辐射复合仅占总复合中的一个固定比率f_c，余下的是无辐射的情况进行了计算。在计算细致平衡效率极限时，以带隙$E_g=qV_g$和固定比率f_c作为参数，将太阳和太阳电池作为黑体，并设定太阳和太阳电池的黑体温度分别为6000K和300K，当带隙为1.1eV且$f_c=1$时，计算得到细致平衡效率最大值约为30%，如图12-4所示。

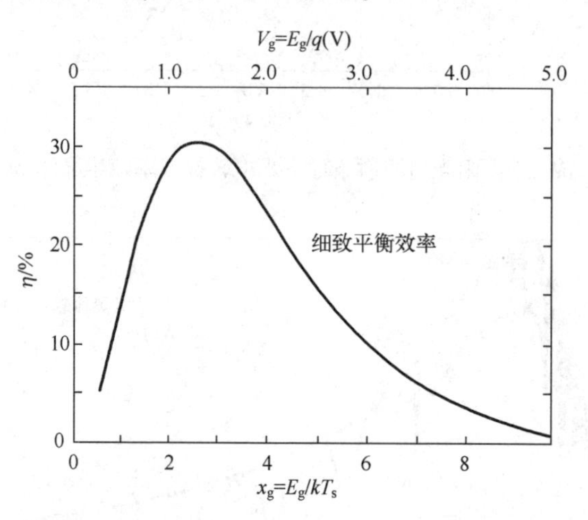

图12-4 黑体温度为300K的太阳电池受到黑体温度为6000K的太阳照射时的细致平衡效率

为了更接近实际情况，需要以太阳电池的基本方程式为基础来对太阳电池的光电转换效率进行估算。

首先要计算从太阳入射到地球表面上太阳电池的光子流。太阳的半径$R_s=696\times10^3$km，太阳距离地球的平均距离$R_{se}=149.6\times10^6$km，可算出从地球表面上一点对太阳所张的立体角$\omega_s=6.85\times10^{-5}$sr，如图12-5所示。图中，$T_s$为太阳温度，$T_a$为环境温度，$T_c$为太阳电池温度。

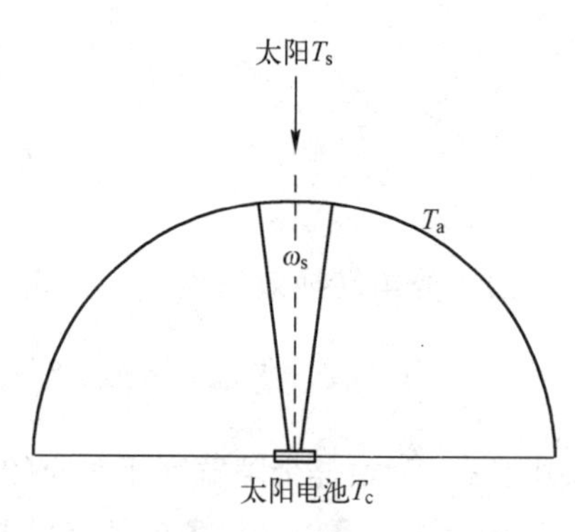

图12-5 地球表面上一点对太阳所张的立体角

定义太阳对地球的几何因子f_ω为

$$f_\omega=\left(\frac{R_s}{R_{se}}\right)^2\approx\frac{\omega_s}{\pi}\approx2.18\times10^{-5} \qquad (12-8)$$

f_ω的意义是地球上能接收到的来自太阳光子能量占太阳所发出的总光子能量的比例。

假设入射到太阳电池上的所有能量大于E_g的光子都能激发出电子-空穴对，转变为电流，则光生电流I_L为

$$I_L=qAf_\omega Q_g(\nu_g,T_s) \qquad (12-9)$$

开路电压 V_{oc} 为

$$V_{oc}=\frac{kT}{q}\ln\left(1+\frac{I_L}{I_s}\right) \tag{12-10}$$

式中，I_s 为暗饱和电流，它可由将太阳电池作为黑体时，温度为 T_c 的太阳电池在其温度与环境温度 T_a 相等时所发射的光子流密度来计算：

$$I_s=qAf_0Q_g(\nu_g,T_s) \tag{12-11}$$

式中，系数 f_0 为暴露在环境光子流中的太阳电池面积 A 的倍数，A 乘上 f_0 后，可得太阳电池的有效接收光子的面积 f_0A。f_0 的值与太阳电池的几何结构形状和所用材料的折射率 n 有关。例如，肖克利和奎塞尔认为，如果太阳电池的前、后两个表面受光，则 $f_0=2$；如果为一个受光面，则 $f_0=1$。亨利（C. H. Henry）则提出，$f_0=1+n^2$[3]。

填充因子 FF：

$$\mathrm{FF}=\frac{I_mV_m}{I_{sc}V_{oc}}=\frac{P_m}{I_{sc}V_{oc}} \tag{12-12}$$

由上述关系式可以从理论上估算出光电转换效率值。

对于电流和电压，除了上面的一些估算公式，还有另外一些公式，如格林（Martin A. Green）提出的暗饱和电流密度的半经验公式[4]：

$$J_s=1.5\times10^{-5}e^{-E_g/kT_s} \tag{12-13}$$

拉佩尔（W. Ruppel）等人提出的开路电压与带隙和太阳电池温度的关系式为[5]

$$V_{oc}=\frac{E_g}{q}\left(1+\frac{T_c}{T_s}\right)+\frac{kT_c}{q}\ln\frac{f_\omega}{f_0}+\frac{kT_c}{q}\ln\frac{T_s}{T_c} \tag{12-14}$$

显然，采用不同的电流和电压估算方法，所获得的理论估计结果也不相同。

除了对太阳电池材料的带隙宽度 E_g 有要求，还要求太阳电池的表面无电极遮挡损失和反射损失；太阳电池的厚度大到足以吸收能量 $E>E_g$ 的所有光子；入射光子的量子效率为 1；所形成的光生载流子完全分离；导带与价带上的光生载流子与环境温度处于准热平衡状态，满足细致平衡原理，没有光发射；迁移率足够大，使所有载流子毫无损失地输运至输出端并被电极所收集，所有电极都具有理想的欧姆接触；表面复合为零；等等。这些要求实际上都是难以实现的理想化条件。

12.2　晶体硅太阳电池光电转换效率的极限

12.2.1　晶体硅 pn 结太阳电池光电转换效率的极限

对硅太阳电池光电转换效率的极限已有多方面的研究。这里介绍的光电转换效率计算，考虑了晶体硅性质（如本征复合率和本征载流子浓度等）的测试数据，以及光子再吸收利用等因素的修正，使光电转换效率的极限估算尽量合理[6]。

1. 理想太阳电池的电流-电压特性

在这里，计算太阳电池光电转换效率极限时，理想太阳电池的电流-电压特性可表示为

$$J = J_L - qwR_{\text{intr}} \tag{12-15}$$

式中：J_L为由入射光产生的电流密度；w为电池厚度；R_{intr}为本征复合率，仅包含辐射和俄歇复合，不计入表面复合；q为基本电荷电量。硅片的本征体寿命τ_{intr}以及相应的$R_{\text{intr}}=\dfrac{\Delta n}{\tau_{\text{intr}}}$是过剩载流子浓度$\Delta n$的显式函数。在薄的硅基片假设下，硅片内准费米能级的变化很小，准费米能级分离可视为常数。在理想接触情况下，准费米能级分离等于电池输出电压V，因此Δn与V的关系式可表示为

$$np = (n_0+\Delta n)(p_0+\Delta n) = n_{\text{i,eff}}^2 \exp\left(\frac{qV}{kT}\right) \tag{12-16}$$

在式（12-15）中，整个太阳电池的复合速率都是恒定的，这意味着该公式仅适用于薄硅片的情况。另外，计算时还忽略了太阳电池内串联电阻的损失。

2. 光生电流

在前面各章中，总是假设每吸收一个光子，就会产生一个电子-空穴对。实际上，高能光子能够产生多个电子-空穴对。如果采用朗伯（Lambertian）随机光俘获模式，并假定太阳电池的各向同性响应，将导致太阳电池内平均光程长度增加$4n_{\text{Si}}^2 w$，其中n_{Si}为硅的折射率[7]。

关于平均光程长度增加量$4n_{\text{Si}}^2 w$的推导过程，将在第16章中详细讨论。

弱吸收的子-带隙（sub-band-gap）光子也有一定的概率会被自由载流子吸收，考虑这些情况后，J_L可表达为

$$J_L = q\int_0^{\infty} A_{\text{bb}}(E)\Phi(E)\,\mathrm{d}E \tag{12-17}$$

式中，$\Phi(E)$为标准太阳光谱的辐照度，即国际电工委员会（IEC）规定的AM1.5条件下的太阳光谱的辐照度，$\Phi(E)=0.1\text{W/cm}^2$；A_{bb}为相对光谱吸收概率，也就是吸光度，其表达式为

$$A_{\text{bb}}(E) = \frac{\alpha_{\text{bb}}(E)}{\alpha_{\text{bb}}(E)+\alpha_{\text{FCA}}(E)+1/(4n_r^2 w)} \tag{12-18}$$

式中，α_{bb}为带间跃迁的吸收系数，α_{FCA}为自由载流子吸收（FCA）的吸收系数，它们都是光子能量E的函数。α_{FCA}与电子浓度n、空穴浓度p成正比，因此$A_{\text{bb}}(E)$也是电子浓度和空穴浓度的函数。在式（12-18）中，等号右侧分母中的最后一项是光向外部逸出的比率，它只在弱吸收极限下才有效。由于在强吸收范围内$A_{\text{bb}}\approx 1$，因此式（12-17）在整个能量范围内都适用[7]。

3. 本征载流子复合和光子再吸收利用

在前面的讨论中，我们都假定每次辐射复合只产生一个光子。实际上，光子很可能会在带间跃迁时重新被吸收[7]。这种再吸收称为光子回收（PR）。考虑光子回

收（PR），R_{intr}中的辐射复合系数应乘以$(1-P_{PR})$，其中P_{PR}为 PR 的概率[8]。

4. 本征载流子浓度

有效的本征载流子浓度$n_{i,eff}$可按下式计算：

$$n_{i,eff}=n_{i,0}\exp\left(\frac{\Delta E_g}{2kT}\right) \tag{12-19}$$

式中：$n_{i,0}$为本征载流子浓度，$n_{i,0}=8.28\times10^9\text{cm}^3$（25℃）；$\Delta E_g$为带隙变窄量。

5. 太阳电池的电流-电压特性和光电转换效率极限

最后，通过数值计算，迭代求解方程式（12-15），可得到最佳功率点条件$\left(\frac{\text{d}(J_V)}{\text{d}V}=0\right)$下的光电转换效率。其中开路电压是利用式（12-15），令$J=0$求得的。

假设太阳电池前表面反射率为零（$R=0$），入射光子全部吸收；太阳电池背表面反射率为 1（$R=1$），到达背面的光子全部反射回电池；硅基片零掺杂等极限情况下，光电转换效率可达到最大值。按照计算，硅基片厚度为 110μm 的太阳电池光电转换效率的理论最大值为 29.43%，如图 12-6 所示[6]。

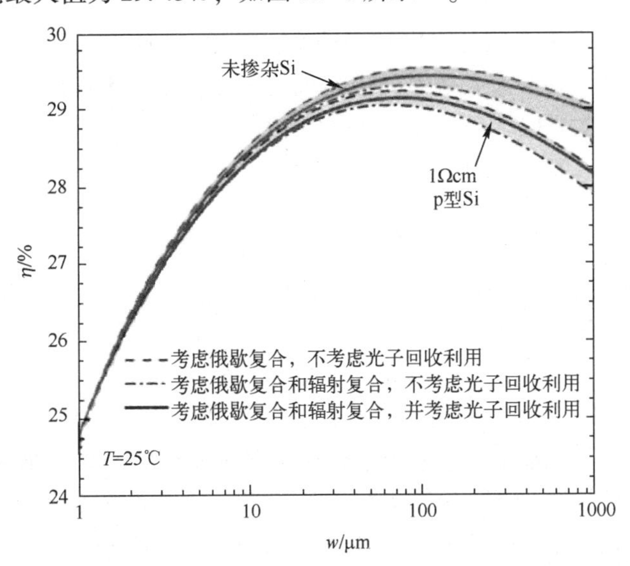

图 12-6　太阳电池的最大理论光电转换效率

在一些场合下，太阳电池背面也会有光照射。这时，适合使用双面太阳电池。将太阳电池的正面制成 p^+n 结，背面制成 n^+n 浓度结，双面制绒、双面钝化和双面印刷烧结栅极，即可制成双面太阳电池。双面太阳电池可从两个表面吸收太阳光，提高太阳电池的光谱响应，特别是显著增大长波部分的光谱响应，可将太阳电池的光电转换效率提高 10%~30%。

6. 太阳光谱和硅基片参数对太阳电池最大光电转换效率的影响

与之前的一些光电转换效率极限计算相比较[7-9]，里克特（A. Richter）等人的研究表明，太阳光谱数据和硅基片性能参数的改变，对太阳电池光电转换效率有明显的影响[6]。

☺ 采用 2008 年版的国际标准太阳光谱数据[10,11]，可增大 J_{sc}。

IEC 已发布 2016 版的国际标准太阳光谱数据（IEC 60904-3）。

☺ 本征硅的光学特性采用格林（Martin A. Green）的自洽光学参数[9]，对太阳电池的光电参数影响不是很大。

☺ 采用里克特的本征复合速率数据[12]，可提高太阳电池的 FF、V_m 和 J_{sc}，并可增加最佳光电转换效率所对应的太阳电池厚度。

☺ 有效本征载流子浓度采用 $n_{i,eff}=8.65\times10^9\text{cm}^3$，而不是假定 $n_{i,eff}=n_{i,0}=8.28\times10^9\text{cm}^3$，这将导致太阳电池光电转换效率降低。

12.2.2 硅基叠层太阳电池光电转换效率的极限

将晶体硅和其他半导体材料串联组合形成叠层太阳电池，是提高太阳电池整体光电转换效率的一种方法。

为了计算叠层太阳电池的光电转换效率，Yu Zhengshan（Jason）等人采用光谱效率，将光电转换效率作为入射光光谱波长的函数，先计算各层太阳电池光电转换效率，再计算叠层太阳电池总的光电转换效率[13]。

光谱效率 $\eta_c(\lambda)$ 的定义为

$$\eta_c(\lambda)=\frac{V_{oc}(\lambda)\text{FF}(\lambda)J_{sc}(\lambda)}{E(\lambda)} \tag{12-20}$$

式中，光谱辐照度 $E(\lambda)$、开路电压 V_{oc}、短路电流密度 J_{sc}、填充因子 FF 均为波长 λ 的函数。短路电流密度为

$$J_{sc}(\lambda)=q\lambda/hc\cdot\text{EQE}(\lambda)\cdot E(\lambda) \tag{12-21}$$

式中，q 为基本电荷，h 为普朗克常量，c 为光速，EQE(λ)为外量子效率。

式（12-20）定义的太阳电池光电转换效率是波长的函数，描述的是对应于每个波长的光电转换效率，计算单个太阳电池的光电转换效率需要光谱加权积分。计算光谱效率时，只需用到电流-电压特性和 EQE 的光谱分布函数即可。

图 12-7（a）所示为若干种太阳电池的光谱效率[13]，图 12-7（b）所示为理想顶层电池的极限光谱效率[13]。图中，每条光谱效率曲线峰值位于吸收带隙波长附近；较长的波长不被吸收，光谱效率为零。短波长的光电转换效率较低。有了这些特性曲线，可方便为硅基底太阳电池选择合适的顶层电池。上述太阳电池的最大理论光电转换效率是针对不计背面入射光的单面太阳电池计算的，双面太阳电池的最大理论光电转换效率将增大。

图 12-7（a）中的太阳电池光谱效率可用于按太阳电池光电转换效率的数据选择顶层电池（实线）和底层电池（虚线）。图 12-7（b）中理想顶层电池的极限光谱效率是仅考虑辐射复合细致平衡模型计算的，而理想硅基底电池的计算则包括了俄歇复合，并采用了朗伯（Lambertian）光俘获的模型[6]。

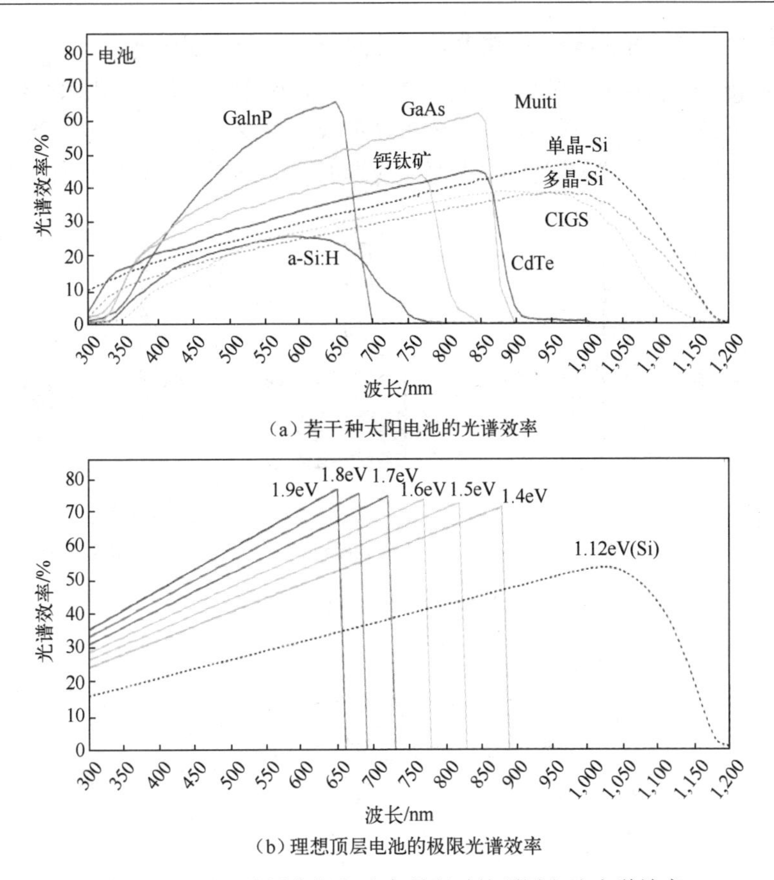

（a）若干种太阳电池的光谱效率

（b）理想顶层电池的极限光谱效率

图 12-7　用于叠层太阳电池串联配对的顶层电池光谱效率

串联叠层电池的最大光电转换效率 η_{ctandem} 可以先通过积分子电池光谱效率，再求和进行计算，因此需要对每一个子电池的光谱效率进行光谱加权，并对入射光子功率进行归一化。

$$\eta_{\text{ctandem}} = \frac{\int \eta_{\text{top}}(\lambda) f_{\text{top}}(\lambda) E(\lambda)\,\mathrm{d}\lambda}{\int E(\lambda)\,\mathrm{d}\lambda} + \frac{\int \eta_{\text{bottom}}(\lambda) f_{\text{bottom}}(\lambda) E(\lambda)\,\mathrm{d}\lambda}{\int E(\lambda)\,\mathrm{d}\lambda} \tag{12-22}$$

式中，$\eta_{\text{top}}(\lambda)$ 和 $\eta_{\text{bottom}}(\lambda)$ 分别为顶层电池和底层电池的光谱效率。

$$f_{\text{top}}(\lambda) = \frac{\Phi_{\text{top}}(\lambda)}{\Phi_{\text{in}}(\lambda)} \tag{12-23}$$

$$f_{\text{bottom}}(\lambda) = \frac{\Phi_{\text{bottom}}(\lambda)}{\Phi_{\text{in}}(\lambda)} \tag{12-24}$$

在式（12-22）中，$f(\lambda)$ 是光谱保真度（spectral fidelity），它定义为到达子电池的波长为 λ 的入射光光子通量（Φ_{top}、Φ_{bottom}）与到达整个电池的波长为 λ 的入射光光子通量(Φ_{in})的比值。由式（12-22）给出的光电转换效率是由两个无损耗耦合串联电池组成的。没有电损耗，意味着是一种四端配置的叠层电池。

Yu Zhengshan（Jason）等人按上述方法计算了硅基叠层太阳电池极限光电转换效率。当顶层电池的带隙变化时，叠层电池的光电转换效率也变化。顶层电池带隙≈1.7eV 时，叠层太阳电池的光电转换效率达到最大值（约为43%），如图 12-8（b）所示[13]。

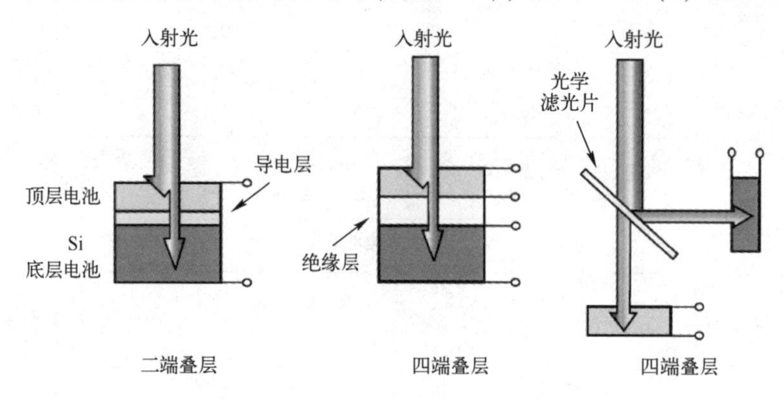

（a）叠层太阳电池的三种常见耦合配置方式

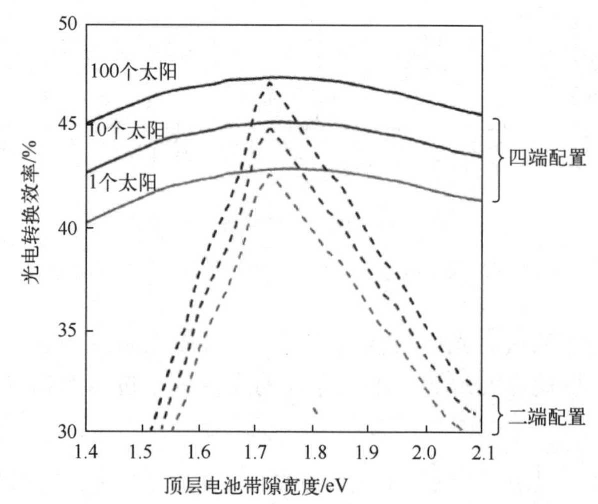

（b）对于不同的顶层电池带隙，硅基叠层太阳电池光电转换效率的极限

图 12-8　硅基叠层太阳电池的最大理论光电转换效率[13]

12.3　影响太阳电池光电转换效率的因素

上述太阳电池的计算是在理想化模式下进行的。决定太阳电池光电转换效率的因素有两个方面，即入射太阳光能量和对入射太阳光能量的利用率。实际上，太阳入射到地面的能量是由太阳本身和地球环境（特别是大气情况）确定的。在预定光照条件下，太阳电池对太阳光能的利用率主要取决于光电转换过程中的能量损耗。要想提高太阳电池的光电转换效率，就要尽可能增大光能利用率，减小各类能量损耗。

12. 3. 1　光电转换过程的能量损耗

在太阳电池的光电转换过程中，存在多种能量损耗，既有光学损耗，也有电学损耗，如图 12-9 所示。

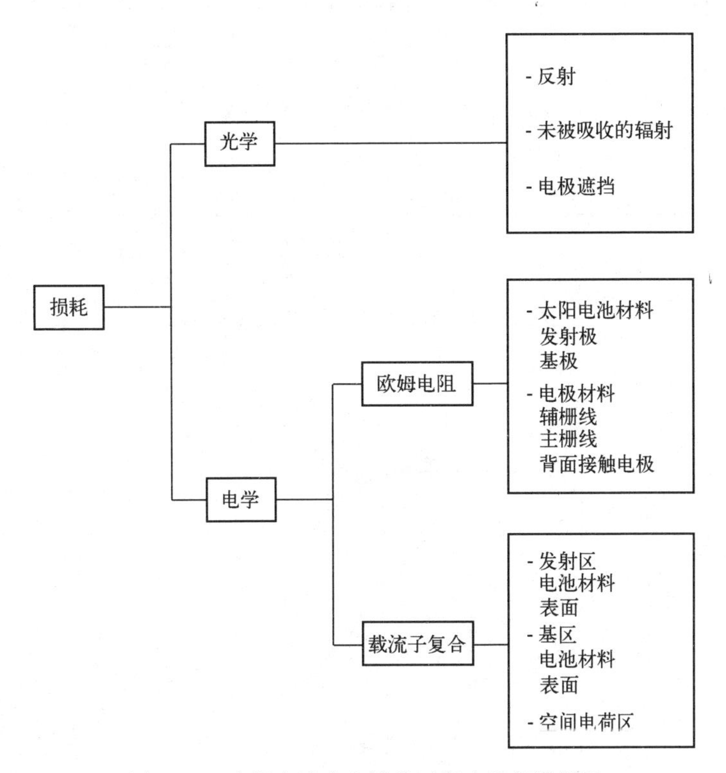

图 12-9　太阳电池光电转换过程中的各类损耗

从物理机理上分析，这些损耗包括如下 6 个方面。

☺ 入射光的反射损耗，即光子能量 $h\nu$ 小于硅禁带宽度 E_g（波长大于 1.1μm）的长波入射光的透射损耗，如图 12-10 所示。

☺ 在短波入射光中，光子激发出光生载流子后，光子能量超过硅禁带宽度（$h\nu>E_g$）的那部分能量，通过与晶格碰撞的热弛豫而损耗，如图 12-11 中的（a）所示。

☺ 光生电子和空穴在 pn 结区的复合损耗，以及产生微等离子体等损耗，如图 12-11 中的（b）所示。

☺ 光生电子和空穴在电极接触界面处的复合损耗，如图 12-11 中的（c）所示。

☺ 光生电子和空穴在基区的复合损耗，如图 12-11 中的（d）所示。

☺ 光生电流通过电池表面和电极时形成的串/并联电阻损耗，如图 12-12 所示。

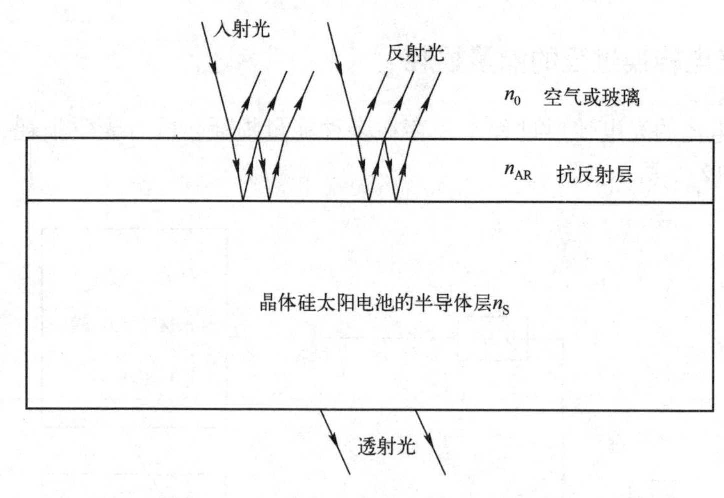

图 12-10　太阳电池的反射和透射损耗

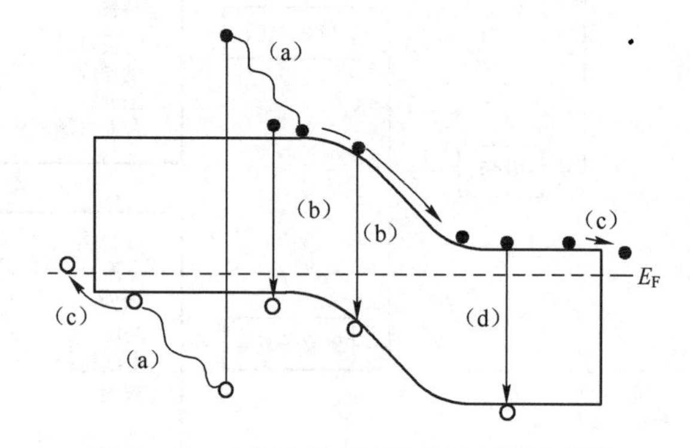

图 12-11　太阳电池各区的载流子复合损耗

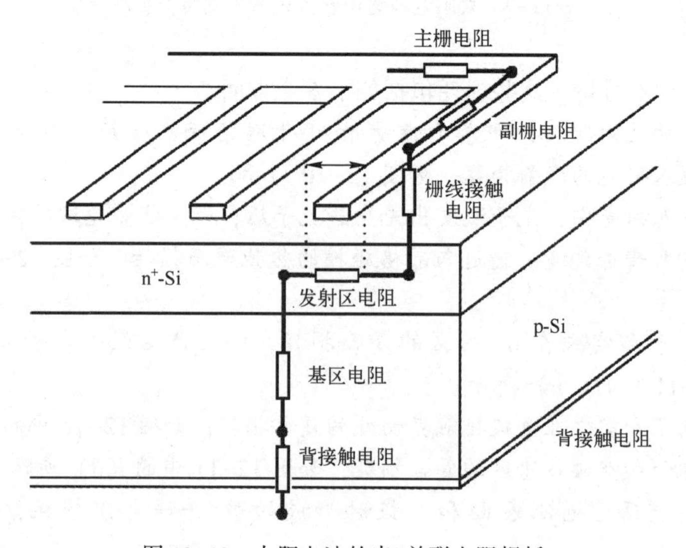

图 12-12　太阳电池的串/并联电阻损耗

减小光学损耗的主要措施是，改善正面高性能抗反射膜，形成优良的绒面，减少电极栅线遮挡，设置背面反射层，研制宽光谱吸收太阳电池等。

抑制光生载流子复合损耗的主要途径是，改进掺杂工艺，采用有效的电池表面和体内的钝化技术等。

减小电阻损耗的主要措施是，优化金属栅线设计，降低栅线接触的电阻等。

12. 3. 2　影响太阳电池性能参数的因素分析

如前所述，由于太阳电池光电转换过程中存在各种能量损耗，导致晶体硅太阳电池光电转换效率降低的可能因素也是多方面的。

无论从电池工作机理上分析，还是从实验数据上考虑，太阳电池的光电转换效率都是由其各项性能参数所决定的。任何影响电池开路电压 V_{oc}、短路电流 I_{sc} 和填充因子 FF 等参数的因素都会改变太阳电池的光电转换效率，这些参数与太阳电池的基底材料和辅助材料的质量，以及太阳电池的结构和制造工艺等因素相关。

影响太阳电池性能参数的主要因素见表 12-1。

表 12-1　影响太阳电池性能参数的主要因素

参　　数	因　　素
短路电流 I_{sc}	硅片的质量（电阻率 ρ、少子寿命 τ、有害杂质含量等）；表面织构（绒面）结构；正面减反射膜；发射极掺杂层的掺杂浓度；电极遮光损失；电池表面和内部的钝化；串联电阻 R_s；背面反射层；等等
开路电压 V_{oc}	表面发射极掺杂层；太阳电池表面和内部的钝化质量；漏电流-反向饱和电流 I_s；理想因子 η；并联电阻 R_{sh}；背面电场（BSF）；等等
填充因子 FF	正面减反射膜；发射极掺杂层的掺杂浓度；去除周边 pn 结和去磷硅玻璃质量；串联电阻 R_s；并联电阻 R_{sh}；金属电极的几何设计和烧结工艺；等等

12. 3. 3　高掺杂效应对太阳电池光电转换效率的影响

实际上，自太阳电池诞生以来，人们一直在努力降低太阳电池的成本、提高太阳电池的光电转换效率，在电池结构和工艺上的所有改进无不以此为目的。关于电池制造工艺与光电转换效率的关系，我们已在《晶体硅太阳电池制造工艺原理》中做过讨论[14]。

这里仅就常规电池的结构，以现有扩散工艺所造成的电池扩散区的高掺杂效应（也称重掺杂效应）对光电转换效率的影响为例进行分析。

按照现有常规电池的扩散工艺，基区掺杂浓度一般在 $10^{17}\mathrm{cm}^{-3}$ 以下（$>0.1\Omega\cdot\mathrm{cm}$）。为了获得良好的欧姆接触，发射极区的近表面扩散层是高掺杂区，其浓度达到 $1\times10^{19}\sim5\times10^{20}\mathrm{cm}^{-3}$。当晶体硅中杂质浓度高于 $10^{18}\mathrm{cm}^{-3}$ 时，并不能提高太阳电池的开路电压，而且会降低开路电压，从而出现所谓的“高掺杂效应”。

当掺杂浓度很高时，电子和杂质间相互作用变得很复杂，能带结构会发生改变。

例如，导致位于硅禁带之中的杂质能级扩展，在能带边缘出现局域化的带尾，并与硅的能带简并，硅晶体的晶格发生畸变等，这些因素都将导致禁带收缩，如图 12-13 所示。出现高掺杂效应时，需要进行有效质量修正和能带的各向异性修正。

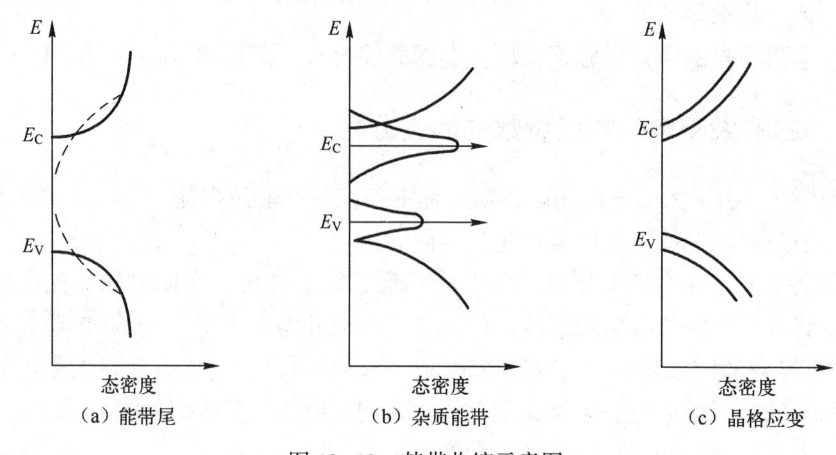

图 12-13 禁带收缩示意图

高掺杂效应对太阳电池的影响主要有如下 3 个方面。

1. 高掺杂引起禁带宽度变窄

从前面的讨论可以知道，V_{oc}随着E_g的增大而增大，但J_{sc}随着E_g的增大而减小。因此，在一个合适的E_g值下，可得到最佳的太阳电池光电转换效率的最大值。一旦禁带宽度变窄，偏离最佳值就会导致太阳电池光电转换效率下降。

高掺杂造成禁带宽度变窄的原因是，半导体重掺杂时，会产生能带尾和杂质能带；当掺杂浓度很高时，能带尾和杂质能带扩展，致使能带尾和杂质能带重叠，导致禁带的宽度E_g变窄ΔE_g。

以 n 型材料为例，其表观带隙变窄量ΔE_g的表达式为[15]

$$\Delta E_g = kT\ln\left(\frac{p_0 N_D}{n_i^2}\right) \tag{12-25}$$

式中：p_0为少子（空穴）浓度；N_D为掺杂剂（施主）浓度。

在半导体太阳电池的建模中，经常应用的 n 型硅和 p 型硅的禁带变窄量公式为

$$\Delta E_g = -(0.45qV)\sqrt{N_D/10^{21}}\,kT\ln\left(\frac{p_0 N_D}{n_i^2}\right) \tag{12-26}$$

式中，N_D为扩散区中的施主浓度。

> 说明 这里的扩散区是指由扩散制结工艺制得的太阳电池中，扩散掺杂杂质分布的区域。在结深不大的情况下，太阳电池表面的中性区与势垒区是紧紧连接在一起的。

而更精确的经验公式为[16]

$$\Delta E_g = 6.29\left[\ln\left(\frac{N}{1.3\times10^{17}}\right)+\sqrt{\left[\ln\left(\frac{N}{1.3\times10^{17}}\right)\right]^2+0.5}\right] \tag{12-27}$$

式中：N 为掺杂浓度；ΔE_g的单位为 meV。

由上述公式可见，随着掺杂浓度 N 的增加，禁带宽度的变窄量 ΔE_g增大。

2. 高掺杂导致载流子寿命急剧下降

高掺杂时，缺陷密度增高，隧穿效应增强，俄歇复合增多，这将导致载流子寿命急剧下降。

在高掺杂区：缺陷密度按浓度的 4 次方增加；禁带变窄和耗尽区收缩，从而加强了通过隧穿效应的复合；表面层中载流子浓度很高，从而增多了通过晶格碰撞而发生的俄歇电子复合。这些因素都导致 L_p 和 L_n 同时急剧减小，载流子寿命降低。

当电阻率小于 0.1Ω · cm 时，俄歇复合会很严重。按照第 5 章式（5-104），对 p 型半导体，俄歇少子寿命与掺杂浓度 N_A的关系为

$$\tau_{pAug} = \frac{1}{U_{pAug}N_A^2} \tag{12-28}$$

式中，俄歇复合系数 $U_{pAug} = 1.2\times12^{-31}\text{cm}^6/\text{s}$。

对 p 型半导体，俄歇复合系数值更大，俄歇少子寿命更短。

在高掺杂的扩散区，由于存在着大量的填隙磷原子、位错和缺陷，光子在这一区域所激发出的光生载流子可能全部被复合，少子寿命极短（<1ns），形成“死层”。如图 12-14 所示，当结深为 0.4μm 时，在靠近表面宽约为 0.15μm 的薄层杂质浓度高达 $5\times10^{20}\text{cm}^{-3}$，且不随距离而变化，这就是死层[17]。

在死层区域，只有部分杂质原子电离，使得已电离的杂质浓度（即有效杂质浓度 N_{eff}）下降为[18]

$$N_{eff} = \frac{N_D}{1+2e^{\Delta E_D/kT}} \tag{12-29}$$

式中，N_D为施主杂质浓度，ΔE_D为施主杂质电离能。

当 $N_D\leqslant10^{18}\text{cm}^{-3}$时，$N_{eff}\approx N_D$；当 $N_D>10^{18}\text{cm}^{-3}$时，$N_{eff}<N_D$。

当表面浓度大于 10^{19}cm^{-3}时，近表面处会出现不正常的电离杂质分布，形成一个阻止少子向 pn 结边缘扩散的反向电场，从而增加了少子的复合。如图 12-15 所示，$N_s = 10^{19}\text{cm}^{-3}$已是表面掺杂浓度的上限，超过它就会出现死层。

越靠近晶体硅表面，吸收的光子总数越多，表面 0.5μm 厚的晶体硅薄层即可吸收约 9%的太阳能，而现有的太阳电池 pn 结的结深一般为 0.3～0.5μm，可见死层的存在会对于太阳电池性能产生极大的影响。

3. 高掺杂导致暗电流密度和曲线因子增大

当 pn 结处于正偏状态时，太阳电池 pn 结正向电流就是暗电流 J_{dark}，它不仅分流光电流，而且降低开路电压。

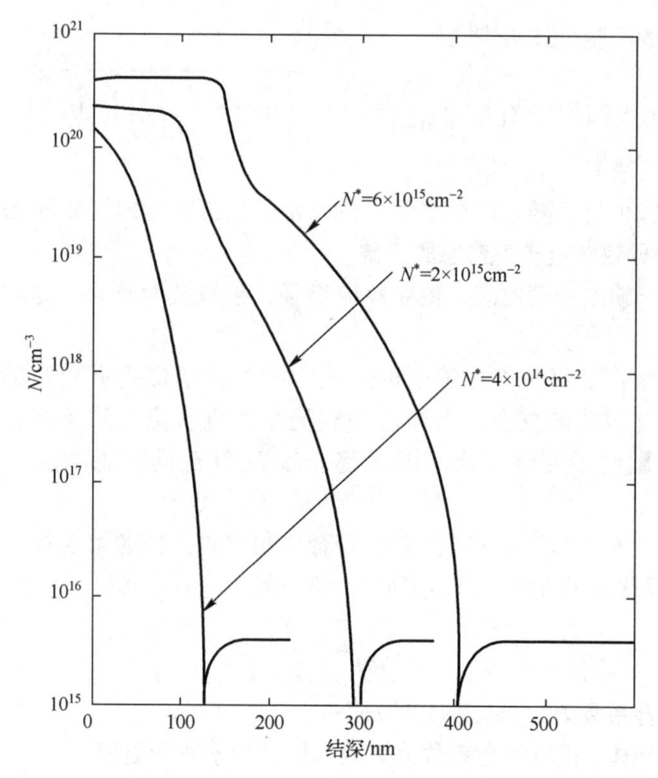

图 12-14　晶体硅的三种不同结深的扩散层中磷杂质的浓度分布（N^* 为积分杂质浓度）

回顾第 7 章对硅 pn 结太阳电池输出电流式（7-74）的讨论，在考虑高掺杂情况下产生隧穿电流 J_t后，其暗电流应为[19]

$$J_{\text{dark}}=(J_{\text{srp}}+J_{\text{srn}})(e^{qV/kT}-1)+J_{\text{srd}}(e^{qV/2kT}-1)+k_1N_te^{BV} \quad (12-30)$$

其中，第 1 项为 p 型区和 n 型区的扩散电流（注入电流）；第 2 项为复合电流；第 3 项为 pn 结存在高掺杂时产生的隧穿电流。

在第 3 项隧穿电流表达式中，k_1是与电子的有效质量、内建电场、掺杂浓度、介电常数和普朗克常量等有关的系数；N_t是能够为电子或空穴提供隧穿的能态密度；而

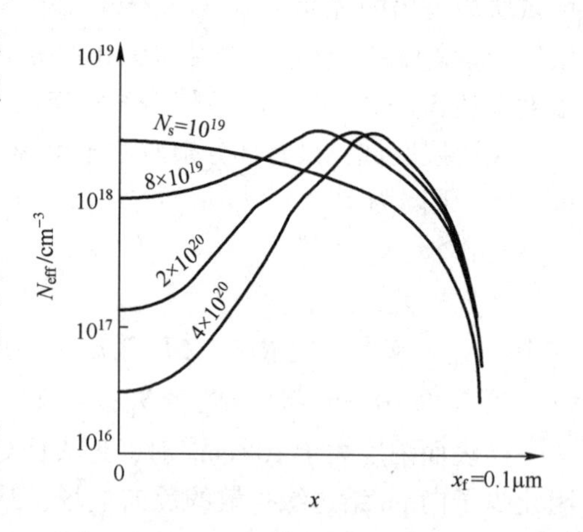

图 12-15　0.1Ω・cm 太阳电池扩散层中的有效杂质分布

$$B=\frac{8\pi}{3h}(m^*\varepsilon_sN_{\text{D,A}})^{1/2} \quad (12-31)$$

式中：$N_{\text{D,A}}$为 pn 结区的平均掺杂浓度；m^*为载流子的有效质量。

说明　(1) 前面曾多次讨论过隧穿效应。隧穿电流的计算十分复杂，曾有人提出过多种简化表达式或经验公式，式 (12-30) 中的第 3 项是其中之一。要比较正确地对其求解，需要采用数值计算方法。

(2) 也有人认为式 (12-30) 中的复合电流项曲线因子中已包含了隧穿效应的修正，不必另加修正项。

在 n 型区导带中有少数靠近 pn 结的电子可以通过禁带中的深能级隧穿 pn 结势垒，与价带中的空穴复合；同样，价带中的空穴也可以隧穿复合。由隧穿效应产生的隧穿电流主要发生在高掺杂的 pn 结区附近。

回顾第 7 章式 (7-87)，太阳电池的暗电流还可表示为

$$J_{\text{dark}}(\lambda)=J_{\text{s}}(\mathrm{e}^{qV/\eta kT}-1)$$

式中，η 为太阳电池的曲线因子，它反映了太阳电池品质的优劣。对于品质优良的太阳电池，以注入电流为主，曲线因子 $\eta\approx1$；在高掺杂的情况下，随着缺陷密度按浓度的高次方增加，载流子寿命迅速下降，势垒区复合电流、边界区复合电流和隧穿电流同步增大，η 趋向于 2；存在旁路电阻效应时，η 还可能更大。这表明无论是暗电流，还是曲线因子 η，都与杂质扩散区的高杂质掺杂有关。

由上述分析可见，高掺杂效应会对太阳电池性能产生极大的伤害，严重影响太阳电池光电转换效率。为了提高太阳电池的光电转换效率，必须克服高掺杂效应。选择性发射极太阳电池就是为减小高掺杂效应而设计的一个典型例子。

选择性发射极太阳电池是在有电极的区域采取高掺杂，以获得良好的欧姆接触，具有较低的接触电阻；在没有电极的区域采用轻掺杂，以降低其表面复合速率，避免产生高掺杂效应。图 12-16 所示为常规太阳电池与选择性发射极太阳电池结构比较。采用这种具有选择性掺杂的太阳电池结构，可以显著增加开路电压与短路电流，

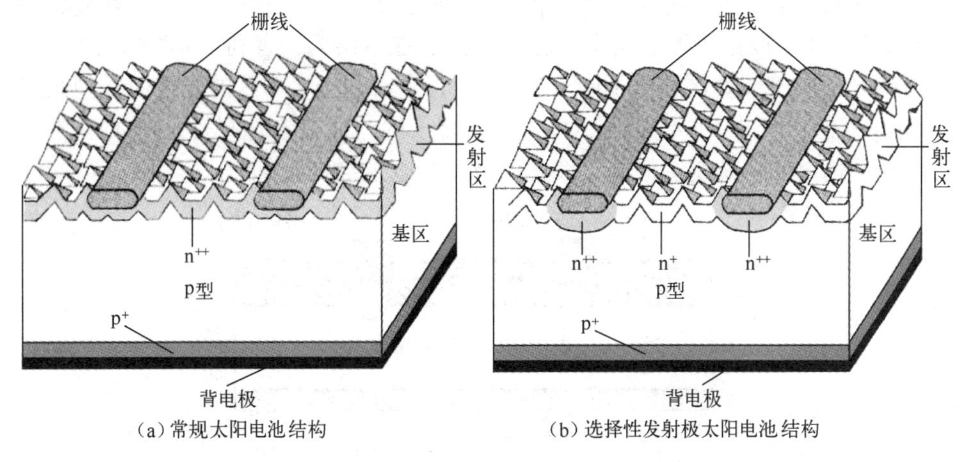

(a) 常规太阳电池结构　(b) 选择性发射极太阳电池结构

图 12-16　常规太阳电池与选择性发射极太阳电池结构比较

改善填充因子，提高太阳电池光电转换效率。现在已有多种工艺可用于选择性发射极太阳电池，获得了较高的光电转换效率。

12.4 高效晶体硅太阳电池实例

太阳电池是光伏发电系统的核心部件，直接影响光伏发电系统的发电成本。虽然现在有多种高效太阳电池技术，但这些技术必须是成本有效的，才有实际应用价值。

由于太阳电池的技术进步很快，各类高效电池的光电转换效率纪录不断刷新，所以本章一般不介绍各类高效电池的具体光电转换效率数据，当有需要时，可在相关网站查到最新光电转换效率数据。

下面简要介绍一些硅基高效太阳电池的设计思路，其中有的电池已实现规模化生产，有的正在研究与开发中。

12.4.1 选择性发射极（SE）太阳电池

晶体硅选择性发射极（SE）太阳电池与常规晶体硅 pn 结太阳电池的结构不同，在太阳电池发射极的不同区域，其掺杂浓度、表面浓度 N 和扩散结深 x 都是不一样的。这种结构有利于提高光生载流子的收集率，降低太阳电池的串联电阻，减少光生少子的表面复合，减小扩散死层的影响等。这种太阳电池具有较高的开路电压 V_{oc}、短路电流 I_{sc} 和填充因子 FF，从而使太阳电池获得较高的光电转换效率，而且是成本有效的。

1. 选择性发射极太阳电池结构

选择性发射极结构设计是在太阳电池的电极栅线与栅线之间受光区域对应的活性区形成低掺杂浅扩散区，太阳电池的电极栅线下部区域形成高掺杂深扩散区；在电极间隔区形成与常规太阳电池一样的 pn 结，在低掺杂区和高掺杂区交界处形成横向 n^+n 高低结，在电极栅线下形成 n^+p 结[20]。这种能带结构，有利于 n 型区的空穴向 p 型区流动（不利于 n 型区的电子向 p 型区流动），有利于 p 型区的电子向 n 型区流动（不利于 p 型区的空穴向 n 型区流动），即载流子的流向具有选择性。图 12-17 所示为扩散区单边突变掺杂制造的选择性发射极太阳电池结构示意图。

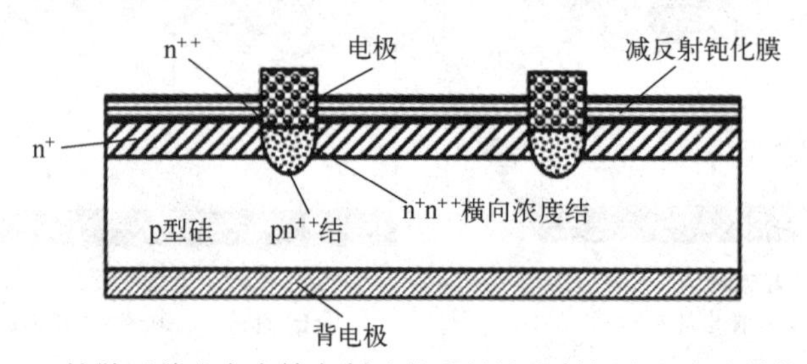

图 12-17 扩散区单边突变掺杂制造的选择性发射极太阳电池结构示意图

2. 选择性发射极结构的特点

(1) 减少光生少子的表面复合。

太阳电池光生载流子的寿命与太阳电池的表面复合关系很大。正如第 5 章 5.6 节讨论过的那样，表面复合可以有辐射复合、俄歇复合和通过复合中心的复合等。硅片表面存在悬键、表面缺陷及其他深能级中心，相应的表面电子能态在禁带中形成复合中心能级。光生少子表面复合主要是通过复合中心进行的。

按照第 5 章式（5-157），表面复合率 U_{sur} 与表面处的非平衡少子浓度 Δp_s 成正比：

$$U_{sur}=s_{pr}\Delta p_s \tag{12-32}$$

式中，s_{pr}为表面复合速度。

按照式（5-162），$s_{pr}=v_t\sigma_{sp}N_{st}$，表面复合速度 s_{pr} 与复合中心浓度 N_{st} 成正比，N_{st} 与表面掺杂浓度 N_s 有关。表面掺杂浓度越高，表面复合越严重。选择性发射极太阳电池在活性区的表面杂质浓度比常规太阳电池的低，可以显著减少光生少子的表面复合。同时，较低的表面杂质浓度可改善表面的钝化效果，因此表面钝化后可进一步减少表面复合。

(2) 减小扩散死层的影响。

对于常规太阳电池，扩散层表面区域的杂质浓度很高，可达 $10^{20}cm^{-3}$ 以上。硅是间接带隙半导体材料，当掺杂浓度大于 $10^{17}cm^{-3}$ 时，其体复合以俄歇复合为主。俄歇复合与掺杂浓度密切相关。按照第 5 章式（5-102），俄歇复合率 U_{Aug} 可以表示为

$$U_{Aug}=U_{nAug}(n^2p-n_0^2p_0)+U_{pAug}(np^2-n_0p_0^2) \tag{12-33}$$

式中，U_{nAug} 和 U_{pAug} 分别为电子和空穴的俄歇复合系数，$U_{nAug}=(1.7\sim2.8)\times10^{-31}cm^6/s$，$U_{pAug}=(0.99\sim1.2)\times10^{-31}cm^6/s$；$n$ 为电子浓度；p 为空穴浓度；n_0 为热平衡时的电子浓度；p_0 为热平衡时的空穴浓度。

按照式（5-103）和式（5-105），少子寿命 τ 为非平衡少子浓度 Δp（或 Δn）和复合率 U 的比值，即

$$U_{pAug}=\frac{\Delta n}{\tau_{pAug}} \tag{12-34}$$

或

$$\tau_{pAug}=\frac{n-n_0}{U_{pAug}}=\frac{\Delta n}{U_{pAug}} \tag{12-35}$$

$$U_{nAug}=\frac{p-p_0}{\tau_{nAug}}=\frac{\Delta p}{\tau_{nAug}} \tag{12-36}$$

或

$$\tau_{nAug}=\frac{p-p_0}{U_{npAug}}=\frac{\Delta p}{U_{nAug}} \tag{12-37}$$

由此可见，τ 与复合率 U_{Aug} 成反比。

按照第 5 章式（5-104）和式（5-106），少子的俄歇复合寿命还可表达为

$$\tau_{\mathrm{pAug}}=\frac{1}{U_{\mathrm{pAug}}N_{\mathrm{A}}^{2}} \tag{12-38}$$

$$\tau_{\mathrm{nAug}}=\frac{1}{U_{\mathrm{nAug}}N_{\mathrm{D}}^{2}} \tag{12-39}$$

式中，N_{A}和N_{D}为半导体材料的掺杂浓度。

以n型半导体材料为例，当掺杂浓度$N_{\mathrm{D}}=5\times10^{18}\mathrm{cm}^{-3}$时，由式（12-29）得$\tau_{\mathrm{nAug}}\approx0.14\sim0.24\mu\mathrm{s}$，可见俄歇复合严重地影响了少子寿命的提高。

在常规太阳电池中，在硅片扩散表面深度约为100nm的范围内，杂质浓度很高，严重的俄歇复合使得这一区域失去活性，形成扩散区中的死层。选择性发射极太阳电池在活性区采用较低的表面杂质浓度（约为$10^{19}\mathrm{cm}^{-3}$），可减薄死层，甚至可避免出现死层，从而显著改善电池的性能。

（3）提高光生载流子的收集率。

与常规太阳电池相比，选择性发射极太阳电池的电极在栅线处增加了横向$\mathrm{n}^{++}\mathrm{n}^{+}$高低结和$\mathrm{n}^{+}\mathrm{p}$结，常规背表面场（BSF）太阳电池结构与选择性发射极太阳电池结构的能带图比较如图12-18所示。扩散结中的内建电场将有利于n^{++}型区和n^{+}型区的空穴向p型区流动，p型区的电子向n^{+}型区和n^{++}型区流动。图中，$qV_{\mathrm{p^+p}}$为$\mathrm{p}^{+}\mathrm{p}$高低结的接触势垒高度；qV_{pn}为pn结的接触势垒高度；$qV_{\mathrm{n^+n}}$为$\mathrm{n}^{+}\mathrm{n}$结的接触势垒高度；q为电子的电荷量；E_{F}为本征费米能级；E_{C}为导带底；E_{V}为价带顶。与常规太阳电池相比，选择性发射极太阳电池更有利于收集光生载流子，而且特别有利于收集太阳电池表层的短波光生载流子。

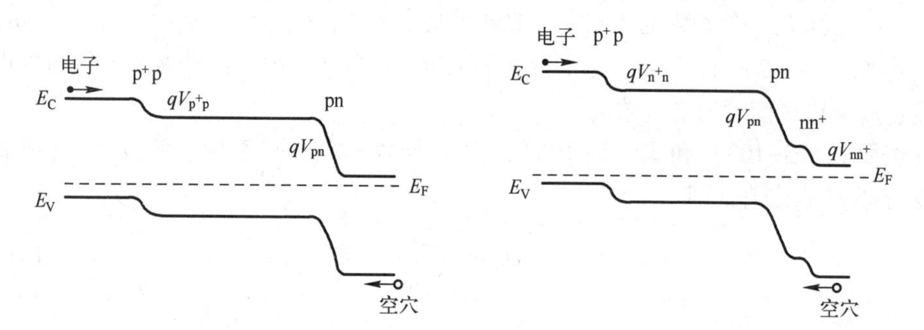

（a）常规背表面场（BSF）太阳电池结构的能带图　（b）选择性发射极太阳电池结构的能带图

图12-18　常规背表面场（BSF）太阳电池结构与选择性发射极太阳电池结构的能带图比较

（4）提高太阳电池的输出电压。

按照式（6-114），常规BSF太阳电池的接触势垒为

$$qV_{\mathrm{D1}}=qV_{\mathrm{p^+p}}+qV_{\mathrm{pn}}=kT\ln\frac{N_{\mathrm{A}}^{+}}{N_{\mathrm{A}}}+kT\ln\frac{N_{\mathrm{A}}N_{\mathrm{D}}}{n_{\mathrm{i}}^{2}}=kT\ln\frac{N_{\mathrm{A}}^{+}N_{\mathrm{D}}}{n_{\mathrm{i}}^{2}} \tag{12-40}$$

而选择性发射极太阳电池的接触势垒为

$$qV_{D2}=qV_{p^+p}+qV_{pn}+qV_{nn^+}=kT\ln\frac{N_A^+}{N_A}+kT\ln\frac{N_AN_D}{n_i^2}+kT\ln\frac{N_D^+}{N_D}=kT\ln\frac{N_A^+N_D^+}{n_i^2}\tag{12-41}$$

式中：k 为玻耳兹曼常数；T 为热力学温度；N_A^+、N_A、N_D、N_D^+分别为 p^+型区、p 型区、n 型区、n^+型区的掺杂浓度。

比较式（12-40）和式（12-41），由于 $V_{D2}>V_{D1}$，因此提高了太阳电池的输出电压。

（5）降低太阳电池的串联电阻。

在太阳电池金属电极与硅片之间，应形成良好的欧姆接触。太阳电池的金属电极与硅片的接触电阻是串联电阻的一部分。硅片的掺杂浓度越高，金属电极与硅片的接触电阻越小。

当硅片掺杂浓度较低（$<10^{19}cm^{-3}$）时，电流传输主要依赖热电子发射；当掺杂浓度较高（$\geqslant 10^{19}cm^{-3}$）时，势垒宽度变窄，导电主要依赖隧穿效应，使接触电阻减小。当硅片的掺杂浓度约为 $10^{19}cm^{-3}$时，$R_c\approx 0.1\Omega\cdot cm^2$；当掺杂浓度约为 $10^{20}cm^{-3}$时，$R_c\approx 10^{-5}\Omega\cdot cm^2$。所以在太阳电池中，在硅与金属接触处，采用高的表面浓度（如 $10^{20}cm^{-3}$）可以得到很低的接触电阻，从而减小电池的串联电阻，而且深的扩散结可以防止电极金属向结区渗透，减少在禁带中引入电极金属杂质。

综上所述，选择性发射极太阳电池的结构特点是电极间受光区域的掺杂浓度低、pn 结的结深较浅，金属电极区域的掺杂浓度高、pn 结的结深较深。其优点是：在受光区域，减小表面复合和发射层复合，减小反向饱和电流密度，改善表面钝化效果和短波量子响应；在电极区域，形成良好的欧姆接触；减小串联电阻；提高光生载流子收集率，增加短路电流，防止烧结过程中金属等杂质进入耗尽区，最终提高太阳电池的光电转换效率。

3. 选择性发射极电池制备方法

目前已有多种方法用于制备选择性发射极电池，如丝网印刷磷浆、掩模腐蚀、激光掺杂和掩模离子注入等，这些方法各有优缺点，其工艺原理在《晶体硅太阳电池制造工艺原理》中已有介绍[14]。

12.4.2　硅基异质结（SHJ）太阳电池

在硅基异质结（SHJ）太阳电池中，最具代表性的是本征薄层异质结（Heterojunction with Intrinsic Thin-layer，HIT）太阳电池，这是一种单晶硅与非晶硅结合的异质结太阳电池，可以获得非常低的表面复合速率。这类电池具有光电转换效率高、制造成本低等特点，最早由日本三洋公司开发并实现产业化生产[21,22]。

HIT 太阳电池具有对称结构，如图 12-19 所示。HIT 电池用 n 型单晶 Si 片，厚度≤200μm，其受光面是 p-i 型 a-Si 膜（膜厚为 5～10nm），背面是 i-n 型 a-Si 膜（膜厚为 5～10nm），正面和背面外层为具有抗反射作用的透明导电层（TCO），最外层为栅状银电极。由于 HIT 太阳电池使用 a-Si 形成 pn 结，可以在低于 200℃的温度下制造；而常规晶体硅太阳电池采用热扩散方法形成 pn 结，扩散时需要加热到800℃以上的温度。采用低温工艺，加之对称的结构特征，可消除因热量或成膜时所引起的硅片的变形和热损伤，因此有利于高效率制造薄硅片太阳电池。

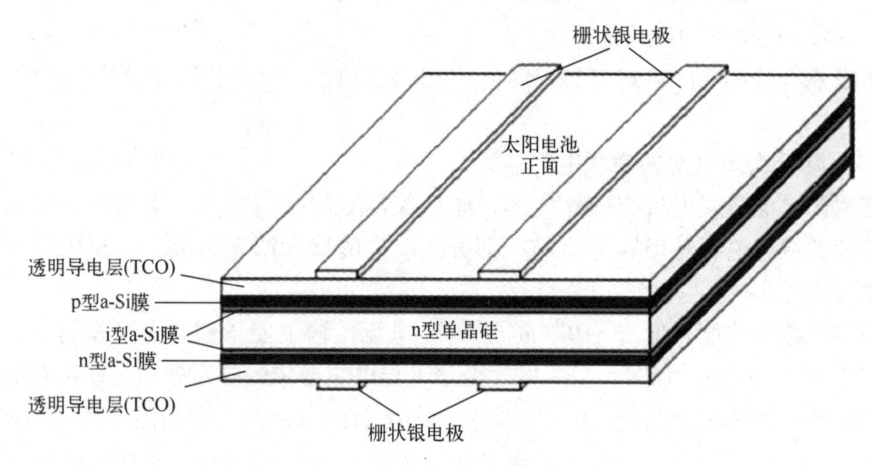

图 12-19 HIT 太阳电池的结构示意图

通常，晶体硅太阳电池使用的钝化层是 SiO_2 或 SiN_x 等介质膜，而 HIT 太阳电池使用的是 a-Si 膜。与晶体 Si 相比，a-Si 的带隙更宽；由于是异质结，内建电场增强，有利于载流子分离；同时，界面处的内建电场使载流子分离后，到达晶体表面处也难以复合，因此 HIT 太阳电池具有较高的开路电压(V_{oc})。

由于 a-Si 顶层存在着高密度间隙态，造成异质结耗尽层的载流子再复合。如果在顶层与晶体 Si 之间插入约 5nm 的 i 型 a-Si 层，则形成 HIT 结构。异质结界面具有明显的钝化作用，顶层的内建电场能有效抑制载流子复合，可降低反向饱和电流密度约 2 个数量级，提高 V_{oc}。

此外，HIT 太阳电池的温度依赖性（输出电压和光电转换效率随温度上升而减小）优于常规的晶体硅太阳电池，因此更适合在高温条件下使用。

正反对称形的 HIT 双功率太阳电池，能有效地利用地面反射光，增加电池的输出功率。与单面接收光照射的太阳电池结构相比，其平均年输出电能可提高 6%～10%。

12.4.3 叉指式背接触（IBC）太阳电池

叉指式背接触（Interdigitated Back Contact，IBC）太阳电池最早是为聚光太阳电池研发的。当时，这种太阳电池采用 n 型硅片作为衬底，载流子的寿命在 1ms 以上；正面用浅磷扩散，形成前表面场，改善短波响应，避免出现死层；正面和背面都采用热氧钝化，减少表面复合，改善长波响应；正面采用绒面结构和减反射膜，提高开路电压；pn 结靠近背面，正、负接触电极呈叉指状，全部设置在太阳电池背面，前表面对光没有任何遮挡；电极与硅片采用定点接触，减小接触面积，减少电极表面复合，提高了开路电压。IBC 太阳电池有多种结构形式，也有不同的名称。图 12-20

所示为早期的一种 IBC 太阳电池结构示意图。现在有多种不同类型的 IBC 太阳电池，已实现了工业化生产[23]。

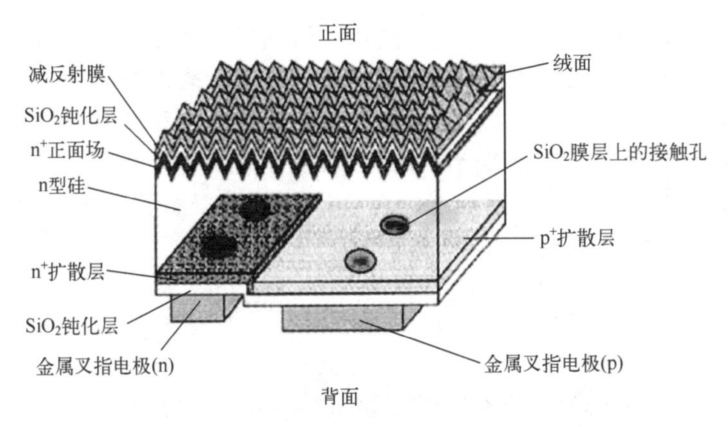

图 12-20　早期的一种 IBC 太阳电池结构示意图

12.4.4　隧穿氧化层钝化接触（TOP-Con）太阳电池

背面隧穿氧化层钝化接触（Tunnel Oxide Passivated Contact，TOP-Con）太阳电池[24]的背面采用极薄的氧化物层钝化晶体硅表面，从而获得表面钝化，有效降低了表面复合速率，并设置高掺杂硅薄膜实现选择性接触。由于氧化物层很薄，利用隧穿效应输运载流子，避免了一些采用背面氧化物层钝化的高效电池需在电池背面开孔接触的问题，从而简化了工艺，降低了太阳电池的制造成本。TOP-Con 太阳电池的结构示意图如图 12-21 所示。目前，正、反两面 TOP-Con 太阳电池也已开发成功[25]。

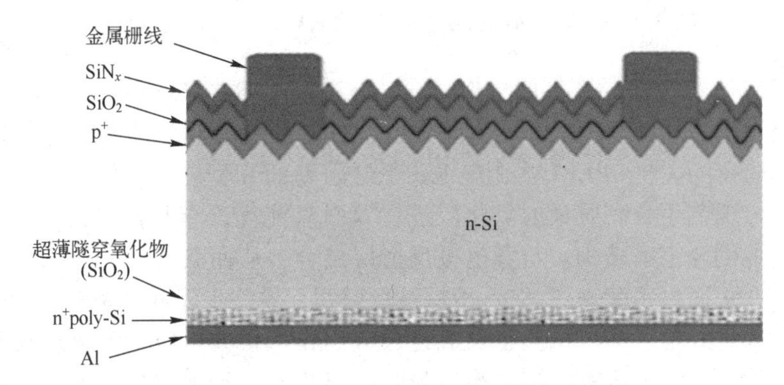

图 12-21　TOP-Con 太阳电池的结构示意图

如果电池采用非晶硅/微晶硅混合层作为钝化层，可增强硅衬底的表面钝化效果。采用混合型钝化层的太阳电池的开路电压和光电转换效率，明显高于单独微晶硅钝化层太阳电池[26]。

12.4.5 双面太阳电池及组件

图12-22所示为n-Si双面太阳电池的结构示意图。由于n背场由磷扩散掺杂制备，同时背面电极也采用栅线结构，使太阳电池前、后表面都能吸收光能并产生光生载流子，转换为电能。双面太阳电池提高了单位电池面积的发电量。考虑到发生在发射极掺杂层的俄歇复合与掺杂浓度的平方成正比，为了降低俄歇复合，太阳电池采用浅结高方阻的前表面发射极结构，增大了少子扩散长度，降低了电池发射极死层的影响，提高了太阳电池的蓝光光谱响应。

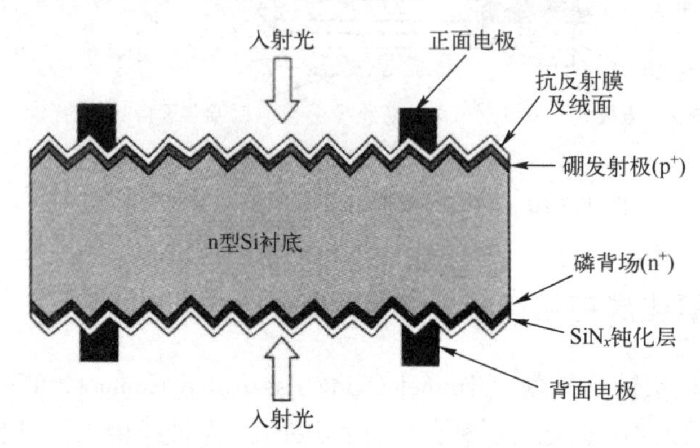

图12-22 n-Si双面太阳电池的结构示意图

利用双面高效率n型Si太阳电池封装而成的太阳电池组件具有能双面发电，且温度系数小、弱光响应特性良好和输出功率初始衰减小等特点，目前已实现批量生产[27]。

12.4.6 发射极钝化及背面局部扩散（PERL）太阳电池

发射极钝化及背面局部扩散（Passivated Emitter，Rear Locally-diffused，PERL）太阳电池是由澳大利亚新南威尔士大学光伏器件实验室研制的高效电池，其结构如图12-23（a）所示[28]。PERL太阳电池由低电阻率的p型硅片作为衬底，采用三氯乙烯（TCA）工艺生长高质量的氧化层进行双面氧钝化，降低表面复合；正面采用光刻技术形成倒金字塔结构，与背电极反射层结合，从而获得优良的陷光效果，增加光吸收；在正面再蒸镀MgF_2/ZnS双层减反射膜，进一步降低了表面反射；为了与双层减反射膜很好地匹配，虽然正面氧化层应制作得很薄，但是氧化层减薄后，会降低太阳电池的开路电压和短路电流，为此在工艺上进行了改进，先在太阳电池正面的氧化层上蒸镀铝膜，然后在4% H_2和96% N_2的合成气氛中，加温到370℃退火30min，利用铝与氧化物中所挟带的OH^-离子发生反应产生的原子氢进行钝化，再用磷酸除去铝膜，借助原子氢的钝化作用能显著提高太阳电池的载流子寿命和开路电压；通过在钝化层上开一些分离的小孔使背电极与衬底接触，接触孔处采用液态源BBr_3进行浓硼局域扩散，扩散区面积为30μm×30μm，接触孔的面积为10μm×10μm，孔间距为 250μm，这样的电极接触结构使得太阳电池在不明显增大体串联电阻的同时，不仅能显著减小电极金属与半导体界面的高复合速率区域，又能获得良好的背面场。2001 年，澳大利亚新南威尔士大学的赵建华等人在约 1.0Ω · cm 的 p 型 FZ 硅片上制作了 $4cm^2$的 PERL 太阳电池，其开路电压达到 706mV，短路电流为 $42.2mA/cm^2$，填充因子为 82.8%，光电转换效率达到 24.7%，创造了当时的世界最高纪录，并保持了很多年。

PERL 电池是由一种 PERC (Passivated Emitter and Rear Cell) 电池发展而来的。PERC 太阳电池的结构如图 12-23 (b) 所示。PERL 太阳电池与 PERC 太阳电池的主要不同点是，在 PERL 太阳电池的背电极与衬底的接触孔处进行了浓硼掺杂定域扩散，显著降低了背面接触孔处的薄层电阻，缩短了孔间距，减小了横向电阻，使得 PERL 太阳电池的光电转换效率高于 PERC 太阳电池的光电转换效率。

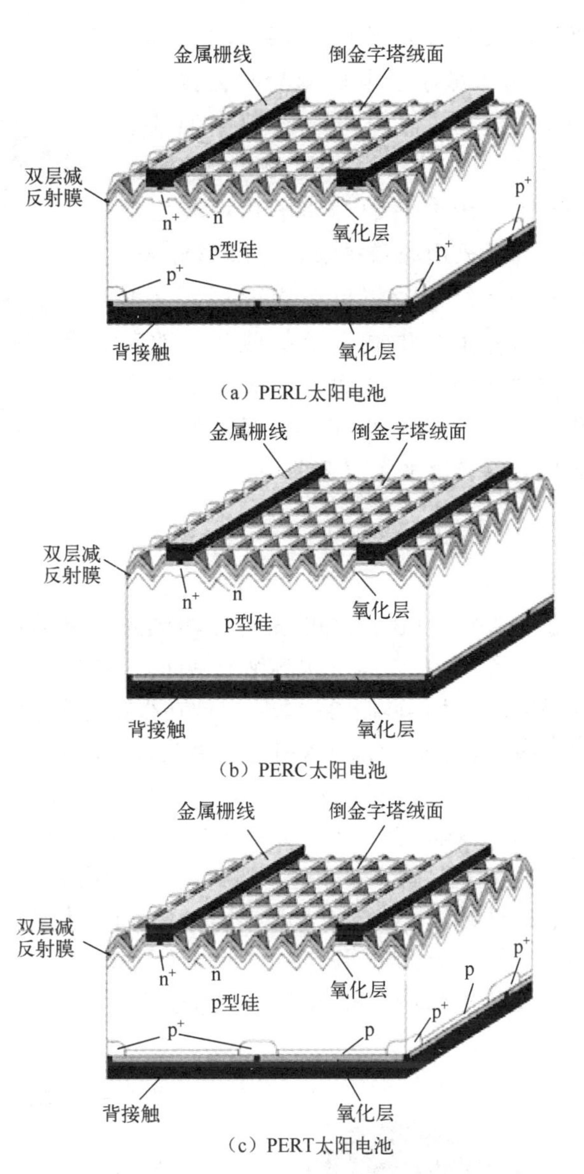

图 12-23　PERC、PERL 和 PERT 高效太阳电池的结构示意图

在 PERL 电池结构的基础上，又发展出一种 PERT (Passivated Emitter, Rear Totally-diffused) 太阳电池，它不仅在电池背面进行局域掺杂，还在背面的其他区域进行淡硼掺杂，使太阳电池可以在高电阻率的衬底上实现高光电转换效率，其结构如图 12-23 (c) 所示[29]。

此外，澳大利亚新南威尔士大学光伏器件实验室还研制过刻槽埋栅 (BCSC) 太阳电池，其结构如图 12-24 所示[30]。制造 BCSC 太阳电池时，先要在硅片表面采用激光刻划、机械刻划或化学腐蚀等方法刻出沟槽（激光刻出的沟槽的宽度约为 20μm），然后在沟槽上进行化学镀镍、镀铜后，再浸银形成电极，电极只占太阳电池表面积的2%~4%，显著减小了电极遮光率，提高了短路电流密度；电极与沟槽接触部位采用重掺杂，降低了接触电阻功耗，提高了太阳电池的开路电压；表面的其他部分采用淡磷扩散，分别形成pn^+结和pn^{++}结，既防止形成死层，又增加了对周围光生载流子的收集，改善光谱短波响应；绒面、正面减反射膜和背面反射层相结合，显著降低了表面反射率，增加了光吸收。

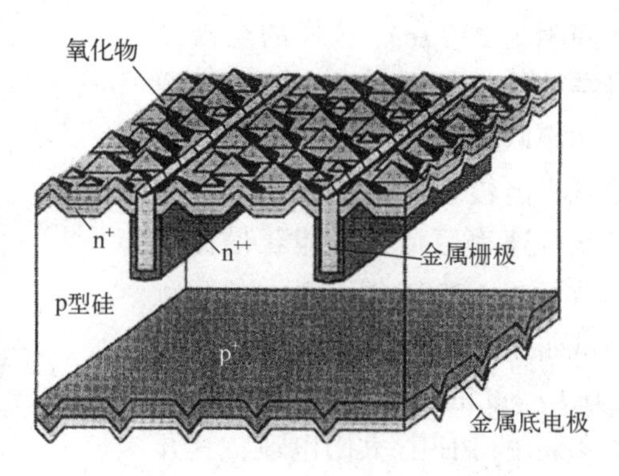

图 12-24 BCSC 太阳电池结构示意图

12.4.7 黑硅太阳电池

所谓黑硅（Black Silicon），是指在晶硅材料表面通过采取一些特殊的方法，形成一层纳米量级的织构（也称纳米绒面），其陷光性能特别优良，反射率接近于零，外观呈黑色。用黑硅制得的太阳电池在很宽的光谱范围（300~2000nm）和很大的倾角范围内反射率极低，对入射光的吸收性能非常好，有望大幅度提高太阳电池的光电转换效率。

制备黑硅的技术主要有激光刻蚀技术、等离子体刻蚀方法、化学刻蚀和机械刻划等，这些技术各有优缺点。例如：已利用等离子体浸没离子注入技术制备出了多晶黑硅材料和黑硅电池[31]。图 12-25 所示为多晶黑硅材料表面 AFM 图像，可见硅表面形貌呈山峰状。图 12-26 所示为黑硅与酸制绒多晶硅表面的反射率曲线的对比。这类太阳电池尚在开发中，工艺难度比较大。

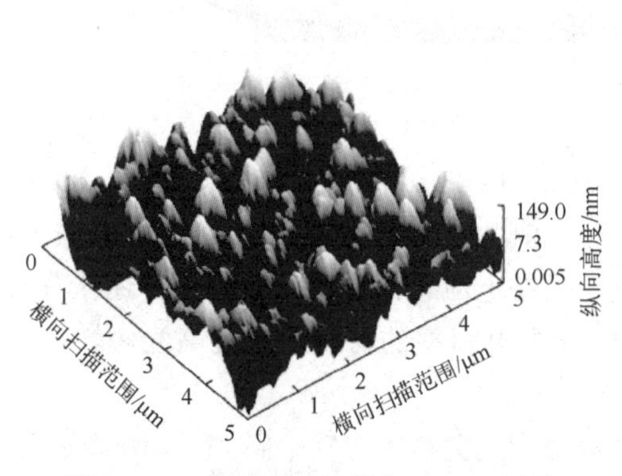

图 12-25 多晶黑硅材料表面 AFM 图像

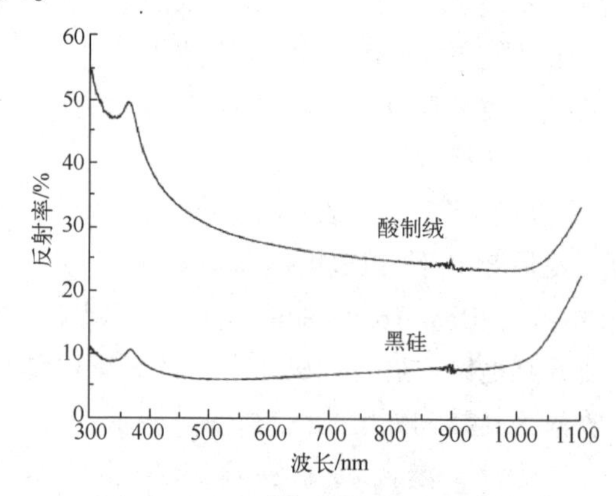

图 12-26 黑硅与酸制绒多晶硅表面的反射率曲线的对比

12.4.8　多种高效技术相结合的太阳电池

一些将几种高效电池技术结合在一起的太阳电池设计，已获得了较高的光电转换效率。例如，将增强正面短波吸收、正面的局部选择性发射极接触及背面的隧穿氧化钝化接触等技术结合在一起的高效双面太阳电池，其结构示意图如图 12-27 所示[32]。

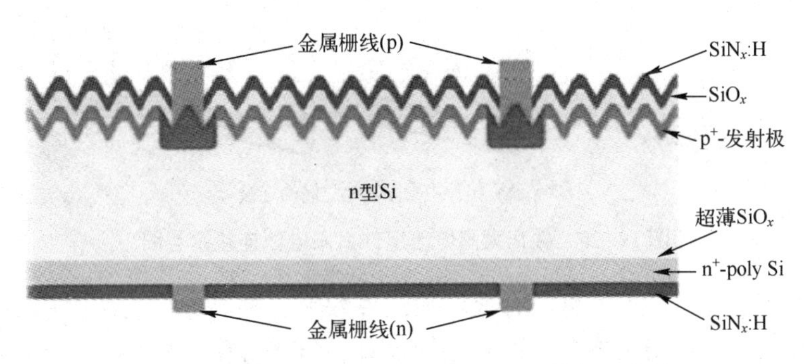

图 12-27　MilkyWay GEN2 太阳电池的结构示意图

还有将前表面异质结结构和背接触相结合的 HJ-IBC 太阳电池，其结构示意图如图 12-28 所示。模拟仿真研究表明[33]：IBC 太阳电池的表面设置本征非晶硅薄层和掺杂非晶硅薄层，作为前表面场，钝化 IBC 太阳电池的前表面，可以在前表面附近排斥少子而积累多子，降低前表面的复合速率，提高太阳电池的性能。

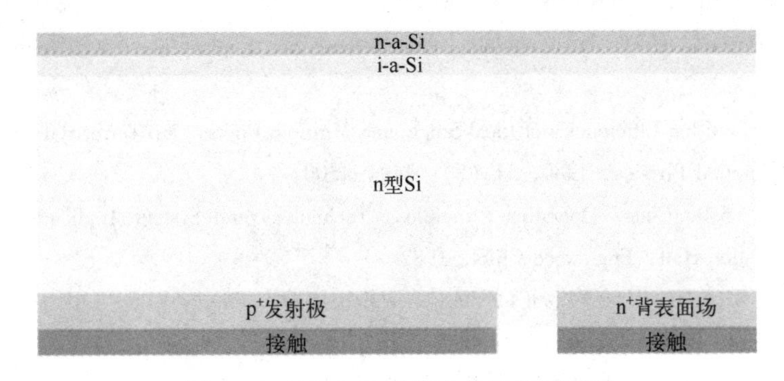

图 12-28　HJ-IBC 太阳电池结构示意图

12.4.9　叠瓦太阳电池组件

当太阳电池作为光伏发电系统中核心部件应用时，必须将其串/并联起来并封装成光伏组件来使用，以增大其输出功率，增大其机械强度和使用寿命。常规的太阳电池组件是将太阳电池分开封装的，前一片太阳电池的背电极通过导电互连条（焊带）与后一片太阳电池的主栅相连，这样两片太阳电池之间就需要留有一定间距的空隙，这些空隙将减小阳光的收集面积[34]，如图 12-29（a）所示。为了提高光伏组件的功率密度，研究与开发了一种前、后电池的电极直接叠合用导电胶黏合相连的电池组件，通常称之为叠瓦太阳电池组件，如图 12-29（b）所示。

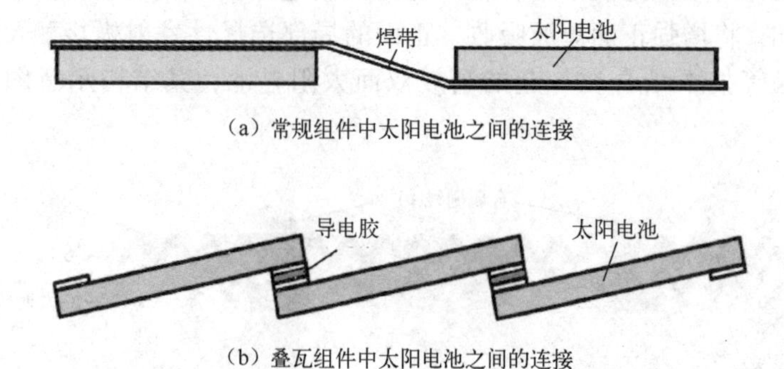

（a）常规组件中太阳电池之间的连接

（b）叠瓦组件中太阳电池之间的连接

图 12-29 叠瓦太阳电池组件太阳电池连接示意图

这类太阳电池组件不仅可以有效增加组件效率，提高输出功率，还可以利用太阳电池交叠互连，采用无主栅小面积电池设计，省去焊带，减小电阻损耗，降低组件的制造成本。

参考文献

[1] Shockley W, Queisser H J. Detailed Balance Limit of Efficiency of pn Junction Solar Cells [J]. Journal of Applied Physics, 1961, 32 (3): 510-519.

[2] Luque A, Hegedus S. Handbook of Photovoltaic Science and Engineering [M]. John Wiley & Sons Ltd, 2002.

[3] Henry C H. Limiting Efficiencies of Ideal Single and Multiple Energy Gap Terrestrial Solar Cells [J]. Journal of Applied Physics, 1980, 51 (8): 4494-4500.

[4] Green M A. Solar Cells: Operating Principles, Technology and System Applications [M]. New Jersey: Prentice Hall, Englewood Cliffs, 1982.

[5] Ruppel W, Wurfel P. Upper Limit for the Conversion of Solar Energy [J]. IEEE Transactions on Electron Devices, 2005, 27 (4): 877-882.

[6] Richter A, Hermle M, Glunz S W . Reassessment of the Limiting Efficiency for Crystalline Silicon Solar Cells [J]. IEEE Journal of Photovoltaics, 2013, 3 (4): 1184-1191.

[7] Tiedje T, Yablonovitch E, Cody G D, et al. Limiting Efficiency of Silicon Solar Cells [J]. Electron Devices IEEE Transactions on, 1984, 31 (5): 711-716.

[8] Kerr M J, Cuevas A, Campbell P. Limiting Efficiency of Crystalline Silicon Solar Cells Due to Coulomb-enhanced Auger Recombination [J]. Progress in Photovoltaics: Research and Applications, 2003, 11: 97-104.

[9] Green M A. Self-consistent Optical Parameters of Intrinsic Silicon at 300 K Including Temperature Coefficients [J]. Solar Energy Materials & Solar Cells, 2008, 92 (11): 1305-1310.

[10] International Electrotechnical Commission, Photovoltaic devices-part 3: Measurement Principles for Terrestrial Photovoltaic (PV) Solar Devices with Reference Sectral Irradiance Data, International Standard, IEC 60904-3. 2nd ed., 2008.

[11] IEC 60904-3. Redline version, 2016.

[12] Richter A, Glunz S W, Werner F, et al, Improved Quantitative Description of Auger Recombination in Crystalline Silicon [J]. Physical Review B, 2012, 86 (16): 4172-4181.

[13] Yu Z, Leilaeioun M, Holman Z. Selecting Tandem Partners for Silicon Solar Cells [J]. Nature Energy, 2016, 1: 16137.

[14] 陈哲艮，郑志东．晶体硅太阳电池制造工艺原理 [M]. 北京：电子工业出版社，2017.

[15] Wagner J, del Alamo J A. Band-gap Narrowing in Heavily Doped Silicon: a Comparison of Optical and Electrical Data [J]. Journal of Applied Physics, 1988, 63 (2): 425-429.

[16] Klaassen D B M, Slotboom J W, de Graaff H C. Unified Apparent Bandgap Narrowing in n and p-type Silicon [J]. Solid-State Electronics, 1992, 35 (2): 125-129.

[17] Lindmayer J, Allison J F. The Violet Cell: An Improved Silicon Solar Cell [j]. Solar Cells, 1976, 209.

[18] 中国科学技术情报研究所．太阳能利用译文集 [M]. 北京：科学技术文献出版社，1980.

[19] Hovel H J, Seraphin B O. Semiconductors and Semimetals, Vol. 11: Solar Cells [J]. Physics Today, 1976, 29 (11).

[20] 屈盛，陈庭金，刘祖明，等．太阳电池选择性发射极结构的研究 [J]. 云南师范大学学报：自然科学版，2005，25 (3)：21-24.

[21] 中岛武，丸山英治，田中诚，等．高性能 HIT 太阳电池的特性及其应用前景 [J]. 上海电力，2006，19 (4)：372-375.

[22] Taguchi M, Yano A, Tohoda S, et al. 24.7% Record Efficiency HIT Solar Cell on Thin Silicon Wafer [J]. IEEE Journal of Photovoltaics, 2013, 4 (1): 96-99.

[23] 徐冠超，杨阳，张学玲，等．基于低成本工业化技术制备高效 IBC 电池 [C]// CPVC16 晶体硅材料及太阳电池技术，第十六届中国光伏学术大会（天津），2016.

[24] Feldmann F, Bivour M, Reichel C, et al. Passivated Rear Contacts for High-efficiency n-type Si Solar Cells Providing High Interface Passivation Quality and Excellent Transport Characteristics [J]. Solar Energy Materials and Solar Cells, 2014: 270-274.

[25] Hermle M, Simon M, Frank F, et al. Efficient Carrier-selective p-and n-contacts for Si Solar Cells [J]. Solar Energy Materials and Solar Cells: An International Journal Devoted to Photovoltaic, Photothermal, and Photochemical Solar Energy Conversion, 2014.

[26] 陶科，李强，侯彩霞，等．n 型衬底 TOP-Con 结构太阳电池的研究 [C]// CPVC16 晶体硅材料及太阳电池技术，第十六届中国光伏学术大会（天津），2016.

[27] 宋登元，熊景峰．双面发电高效率 n 型 Si 太阳电池及组件的研制 [J]. 太阳能学报，2013，34 (12)：2146-2150.

[28] Zhao J H, Wang A H, Green M A. High-efficiency PERL and PERT Silicon Solar Cells on FZ and MCZ Substrates [J]. Solar Energy Materials and Solar Cells, 2001, 65 (1-4): 429-435.

[29] Zhao J H, Wang A H, Green M A. 24.5% Efficiency PERT Silicon Solar Cells on SHE MCZ Sub-

strates and Cell Performance on Other SHE CZ and FZ Substrates [J]. Solar Energy Materials and Solar Cells, 2001, 66 (1-4): 27-36.

[30] Wenham S R, Zhang F, Chong C M, et al. Advancements in Silicon Buried Contact Solar Cells [C]// IEEE Photovoltaic Specialists Conference. IEEE, 2002.

[31] 沈泽南, 刘邦武, 夏洋, 等. 多晶黑硅材料及其太阳电池应用研究 [J]. 太阳能学报, 2013, 34 (5): 729-733.

[32] 汪建强, 郑飞, 林佳继, 等. 基于航天机电 Milky Way n-PERT 路线的新型技术研究 [C]// CPVC16 晶体硅材料及太阳电池技术, 第十六届中国光伏学术大会 (天津), 2016.

[33] 贾锐, 李强, 陶科, 等. 前表面异质结结构对异质结-背接触 (HJ-IBC) 电池影响研究 [C]// CPVC16 晶体硅材料及太阳电池技术, 第十六届中国光伏学术大会 (天津), 2016.

[34] 赵丹成. 叠瓦工艺变革与其装备发展趋势 [C]//中国可再生能源学会光伏专业委员会, 第 18 期 "光伏微讲堂", 叠瓦技术趋势及发展论坛 (苏州), 2019. 3. 15.

第13章　聚光太阳电池与叉指式背接触（IBC）太阳电池

聚光太阳电池是指为聚光光伏系统设计和制造的太阳电池。

聚光系统不仅能增加单位面积太阳电池的光能输入、电流与电压输出，提高光电转换效率，还可以减少硅材料的用量。当作为基底的硅片价格昂贵时，采用聚光太阳电池有利于降低光伏系统的制造成本。

13.1　聚光太阳电池的特性

在讨论聚光太阳电池前，需先引入一个物理量——聚光率，其定义为聚光器接收到的阳光辐照度与太阳电池接收到的辐照度之比。通常用AM1.5条件下的阳光辐照度作为基准进行比较。AM1.5条件下的阳光辐照度通常称为1个太阳辐照度。

（1）聚光率是国家标准（GB 2297—89）规定的名称，也有人称之为聚光比、聚光比率、聚光倍数、聚光系数和聚光因子等。

（2）AM1.5条件是指标定和测试用（AM1.5）太阳电池所规定的太阳辐照度（$1kW/m^2$）和光谱分布。

聚光光伏系统有多种聚光方式。图13-1所示为两种典型的聚光方式，即透镜聚光方式和反射镜聚光方式。聚光透镜通常采用菲涅尔透镜。

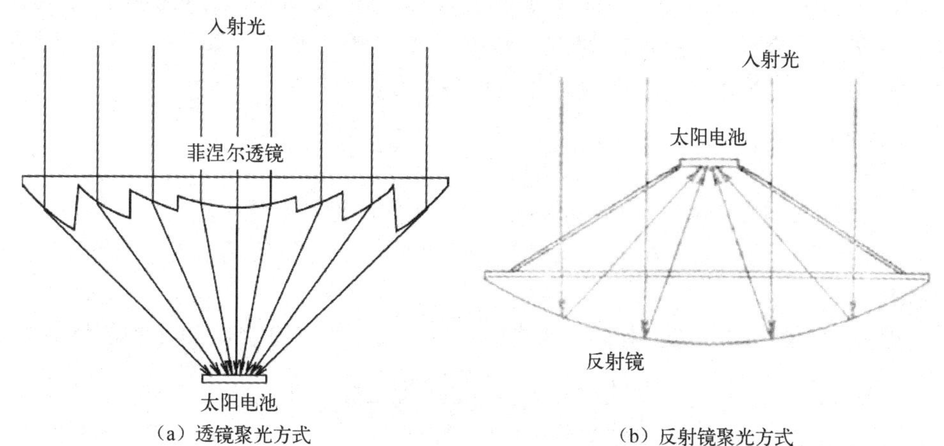

图13-1　两种典型的聚光方式

聚光太阳电池在增加光输入的同时，也增大了载流子的各种复合。硅太阳电池在1个太阳辐照度照射下，载流子的复合主要是体内的缺陷复合（SRH）及表面复合。在大于100倍的高倍聚光情况下，载流子的复合主要是俄歇复合和辐射复合。

在典型的晶体硅太阳电池中，用于聚光系统的最为成功的太阳电池是叉指式背接触（IBC）太阳电池。这类电池已有多种不同的结构设计，图13-2所示的是IBC太阳电池结构示意图[1]。

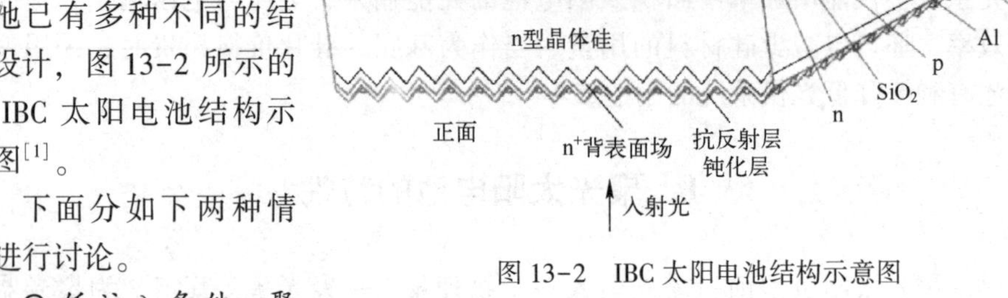

图13-2　IBC太阳电池结构示意图

下面分如下两种情况进行讨论。

☺ 低注入条件：聚光率 C_{con} 较低，载流子注入水平相对较低。

☺ 高注入条件：聚光率 C_{con} 较高，载流子注入水平相对较高。

13.1.1　低聚光率的聚光太阳电池

由第7章的讨论可知，太阳电池的短路电流与入射光子通量成正比，因此对于聚光率为 C_{con} 的聚光系统，入射到太阳电池的光子通量 $\Phi_0(\lambda)$ 增加了 C_{con} 倍，其短路电流密度 J_{sc} 也增加了 C_{con} 倍。由第7章式（7-33）可知：

$$\Phi_0(\lambda)=(1-s)[1-R(\lambda)]C_{con}\Phi(\lambda) \tag{13-1}$$

并且，

$$J_{sc}(C_{con}\Phi)\approx C_{con}J_{sc}(\Phi) \tag{13-2}$$

太阳电池的暗电流 J_{dark} 与入射光子通量无关，不受聚光率 C_{con} 的影响；光电流 $J_L(C_{con}\Phi)$ 随聚光率 C_{con} 的增加而加大。利用式（7-90）和式（13-2），在开路条件 $(J(V)=0)$ 下，可导出低注入条件下聚光电池的开路电压为

$$V_{oc}(C_{con})=\frac{\eta kT}{q}\ln\left(\frac{J_{sc}}{J_s}\cdot C_{con}+1\right)\approx V_{oc}(1)+\frac{\eta kT}{q}\ln C_{con} \tag{13-3}$$

式中：$V_{oc}(1)$ 为聚光率 $C_{con}=1$ 时的开路电压；J_s 为暗饱和电流密度。

短路电流 J_{sc} 随聚光率 C_{con} 线性递增，而开路电压 V_{oc} 随聚光率 C_{con} 按指数函数规律递增。

如果填充因子FF不变，由第7章式(7-146)，最佳功率 $P_m(C_{con})$ 增加的倍数为

$$\frac{P_m(C_{con})}{P_m(1)}=C_{con}\left(1+\frac{\eta kT}{qV_{oc}(1)}\ln C_{con}\right)$$

由此可得：

$$P_m(C_{con})=C_{con}\left(1+\frac{\eta kT}{qV_{oc}(1)}\ln C_{con}\right)P_m(1) \tag{13-4}$$

式中，$P_m(1)$为聚光率 $C_{con}=1$ 时的太阳电池最佳功率。

由此推出的光电转换效率表达式为

$$\eta_c(C_{con})=C_{con}\left(1+\frac{\eta kT}{qV_{oc}(1)}\ln C_{con}\right)\eta(1) \tag{13-5}$$

式中，$\eta_c(1)$表示聚光率 $C_{con}=1$ 时的光电转换效率。

聚光太阳电池的注入条件越接近 $C_{con}\approx 1$，其电流-电压特性曲线形状与前面几章讨论的普通太阳电池电流-电压特性曲线越相似。随着聚光率 C_{con} 的增加，光生载流子浓度($\Delta n=n-n_0;\Delta p=p-p_0$)增加，太阳电池的温度也随之升高，并逐步转变为高注入状态，这时就不能再利用低注入理论进行近似处理了。

13.1.2　高聚光率的聚光太阳电池

一般情况下，太阳电池的电子浓度 n 和空穴浓度 p 是不相等的，载流子浓度的梯度会形成电场强度 F。对于高聚光率的聚光太阳电池，当满足高注入条件，即光生载流子浓度($\Delta n=n-n_0,\Delta p=p-p_0$)显著大于掺杂浓度($N_A\approx n_0,N_D\approx p_0$)时，载流子浓度趋于相等，$n=p$，由载流子浓度梯度形成的电场将消失。这时，连续性方程应同时包括电子浓度 n 和空穴浓度 p[2]。

在高注入条件下，连续性方程应修正为双极扩散方程，其表达式为

$$-D_a\frac{d^2(n-n_0)}{dx^2}+\frac{n-n_0}{\tau_a}-G=0 \tag{13-6}$$

式中，D_a为双极扩散系数：

$$D_a=\frac{D_nD_p}{D_n+D_p} \tag{13-7}$$

τ_a为双极载流子寿命：

$$\tau_a=\frac{D_n+D_p}{D_n/\tau_p+D_p/\tau_n} \tag{13-8}$$

双极扩散长度 L_a为

$$L_a=\sqrt{D_a\tau_a} \tag{13-9}$$

> 说明　在高注入条件下，载流子浓度相等，即 $n=p$，少子连续性方程式（7-36）和式（7-47）可合并为一个方程式，扩散系数等参数取其平均值。合并后的方程称为双极扩散方程。扩散系数的平均值有两种形式：一种是$\frac{1}{D_a}=\frac{1}{D_n}+\frac{1}{D_p}$，即$D_a=\frac{D_nD_p}{D_n+D_p}$；另一种为$\frac{1}{D_a}=\frac{1}{2}\left(\frac{1}{D_n}+\frac{1}{D_p}\right)$，此时 $D_a=\frac{2D_nD_p}{D_n+D_p}$。

在高注入条件下，陷阱复合仍能满足线性复合近似和叠加近似，即当载流子浓度很高，满足 $n=p\gg n_i$、n_t、p_t时，由式（5-143）可知，陷阱复合率可表示为

$$U_{der}\approx\frac{p}{\tau_{pder}+\tau_{nder}}\approx\frac{n}{\tau_{pder}+\tau_{nder}} \tag{13-10}$$

在高注入条件下，多子浓度已经与少子浓度相当，式（13-10）的意义已不同于 $C_{con}=1$ 时的低注入情况。在 $C_{con}=1$ 的情况下，复合中心俘获一个少子后，会再俘获一个多子，俘获少子的概率决定了陷阱复合率 U_{der}。在高注入情况下，载流子浓度相当，陷阱复合率将由少子和多子的俘获概率共同决定。

陷阱复合是低注入条件下的主要复合机制，但高注入时，起主要作用的是辐射复合和俄歇复合机制，这将使暗电流显著增大。辐射复合和俄歇复合不能满足线性复合近似。由式（5-98）和式（5-100）可知，辐射复合率和俄歇复合率分别为

$$U_{dir}=r(np-n_i^2)\approx rn^2 \tag{13-11}$$

$$U_{Aug}=r_{pAug}(np^2-n_0p_0^2)\approx r_{Aug}n^3 \tag{13-12}$$

式中，r_{Aug}是载流子的俄歇复合系数(cm^6/s)。

由式（13-11）和第5章少子寿命的定义式（5-89），可得到辐射复合寿命与载流子浓度的关系式：

$$\tau_{dir}=\frac{n}{U_{dir}}=\frac{n}{rn^2}\propto\frac{1}{n} \tag{13-13}$$

由式（13-12）和第5章的式（5-103），可得到俄歇复合寿命与载流子浓度的关系式：

$$\tau_{Aug}=\frac{n}{U_{Aug}}=\frac{n}{r_{Aug}n^3}\propto\frac{1}{n^2} \tag{13-14}$$

由于高注入时辐射复合和俄歇复合占优势，不再满足复合的线性叠加规律，随载流子浓度 n 增加而增加的暗电流 J_{dark}，使得开路电压 V_{oc}递增的速度与由式（13-2）确定的低注入情况下开路电压 V_{oc}递增的速度相比相对减慢[2]。

在高注入的聚光太阳电池中，在不同的复合机制下，开路电压 V_{oc}对聚光率 C_{con}的依赖关系是不相同的。

高注入使载流子浓度相等，即 $n=p$，由第6章式（6-77）可得到载流子浓度为

$$n=n_i\exp\left(\frac{qV}{2kT}\right) \tag{13-15}$$

将式（13-15）代入第5章式（5-143），可得到陷阱复合率为

$$U_{der}\approx\frac{n}{\tau_{pder}+\tau_{nder}}\propto\exp\left(\frac{qV}{2kT}\right) \tag{13-16}$$

与其对应的开路电压为

$$V_{oc}\propto\frac{2kT}{q}\ln C_{con} \tag{13-17}$$

将式（13-15）代入式（13-11），可得到辐射复合率为

$$U_{\mathrm{dir}}=rn_{\mathrm{i}}^{2}\exp\left(\frac{qV}{kT}\right)\propto\exp\left(\frac{qV}{kT}\right) \tag{13-18}$$

与其对应的开路电压为

$$V_{\mathrm{oc}}\propto\frac{kT}{q}\ln C_{\mathrm{con}} \tag{13-19}$$

将式（13-15）代入式（13-12），可得到俄歇复合率为

$$U_{\mathrm{Aug}}=r_{\mathrm{Aug}}n_{\mathrm{i}}^{3}\exp\left(\frac{3qV}{2kT}\right)\propto\exp\left(\frac{3qV}{2kT}\right) \tag{13-20}$$

与其对应的开路电压为

$$V_{\mathrm{oc}}\propto\frac{2kT}{3q}\ln C_{\mathrm{con}} \tag{13-21}$$

对于晶体硅太阳电池，在高注入条件下，比较式（13-16）、式（13-18）和式（13-20）可知，俄歇复合率最大，严重影响太阳电池性能的提高。

此外，聚光太阳电池的温度 T 随聚光率 C_{con} 的增大而升高。温度对太阳电池性能的影响如同在第 7 章 7.5.2 节中讨论的那样，较高的温度将使太阳电池的输出功率降低。

13.2　叉指式背接触（IBC）太阳电池

现在，晶体硅聚光太阳电池中，最有效的是 IBC 太阳电池。IBC 太阳电池的剖面结构示意图如图 13-3 所示。这类电池的实验室光电转换效率和规模化生产的电池光电转换效率都已相当高，而且还在快速发展中。已开发出了几种衍生结构都获得了较高的光电转换效率。IBC 太阳电池不仅可用于低倍聚光系统，还可用于高倍聚光系统。与常规太阳电池相比，其特点是：两个金属电极都位于电池的背面，正面不存在电极遮光问题；背面的两组电极呈叉指状结构，正面与背面均设置表面场和钝化层，以提高量子效率。这种电池结构特别适用于高注入的聚光太阳电池。其主要缺点是增加了太阳电池的串联电阻。

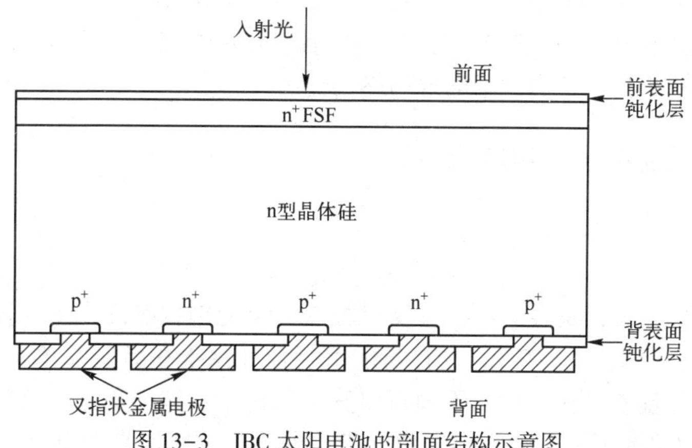

图 13-3　IBC 太阳电池的剖面结构示意图

提高IBC太阳电池光电转换效率的主要措施是优化电池背面的发射极和金属电极的设计图案，采用长寿命基底；设置钝化层，降低表面的复合速度；特别是为了降低俄歇复合，需要尽量减小电池基底的厚度。采用薄的晶体硅基底时，不仅电池的正面需要织构化（绒面）处理，在其背面设置反射层也可增长入射光的光程，显著增加太阳电池的光吸收，如图13-4所示。

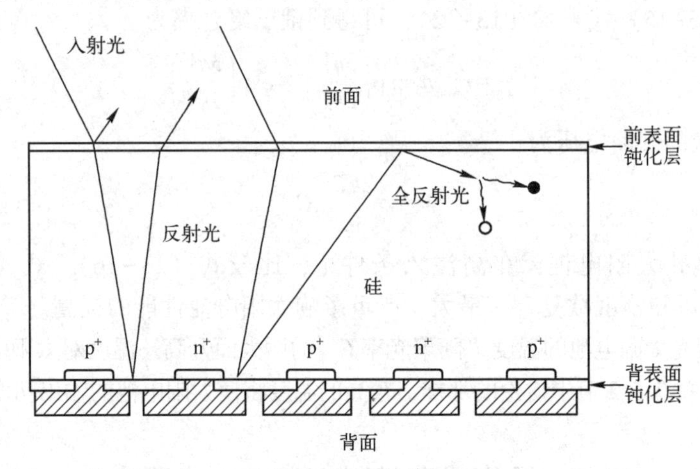

图13-4 IBC太阳电池背面设置反射层增长入射光的光程

当IBC太阳电池应用于高倍聚光系统时，还应有优良的冷却措施。

13.3 IBC聚光太阳电池一维模拟

对于IBC太阳电池，由于p型硅发射极区、重掺杂n型硅背场区和金属电极都设置在电池背面，在背部必然要出现垂直于电池表面的纵向电流、平行于电池表面的横向电流和其他方向的电流，因此应该建立三维物理模型，才可进行数值模拟计算[3,4]。但考虑到在实际的太阳电池设计中，出现三维电流的区域很薄，并且非常靠近背面的发射区，在做简单分析时，可以认为电流的流动方向基本上垂直于电池表面，因此模拟计算时采用一维处理方式仍然有一定的意义[5]。下面就在一级近似下以很简单的方式来讨论这类太阳电池的终端输出特性。

13.3.1 太阳电池的终端电流方程

太阳电池的终端电流为

$$J=J_L-J_{b,r}-J_{s,r}-J_{em,r} \tag{13-22}$$

式中：J_L为光生电流，是表面具有抗反射膜层和陷光结构时的光生电流；$J_{b,r}$为体内总复合电流，包括缺陷（SRH）复合与俄歇复合（由于在高倍聚光太阳电池中，俄歇复合对电池性能有严重影响，下面将对其单独讨论；体内复合电流只包含SRH复合）；$J_{s,r}$为总表面复合电流，包括正面、背面及边缘的表面复合电流；$J_{em,r}$为所有发射区复合电流的总和，包括背面发射区、欧姆接触处及正面的梯度结（TJ）或正面场 FSF 区的复合电流。

在开路情况下，终端电流为 0。因此，光生电流为

$$J_{L}=J_{b,r}+J_{s,r}+J_{em,r} \tag{13-23}$$

式（13-22）表明，太阳电池的输出电流等于光生电流减去总复合电流。这种计算方法的优点是，在进行计算时，无须先求解 Δn 和 Δp，可以更直观、更清晰地理解太阳电池的工作原理。

13.3.2　高注入下的复合电流密度

太阳电池存在多种复合过程。太阳电池正面存在由高低结形成的前表面场。高注入下，硅太阳电池复合电流密度表达式[5]如下所述。

1. 表面复合的电流密度表达式

$$J_{s,r}=qns_{eff} \tag{13-24}$$

式中，s_{eff}为表面有效复合速度，其典型值为 1～4cm/s。

2. 发射区复合的电流密度表达式

$$J_{em,r}=\frac{n^{2}}{n_{i}^{2}}J_{Fsur} \tag{13-25}$$

式中，J_{Fsur}为前表面高低结饱和电流密度，其典型值为 50～200A/cm^2。发射区复合电流密度也可用前表面的表面复合电流密度来表示，因此前表面复合电流与 s_{eff}或 n^2成正比。

3. 体复合电流密度表达式

体复合包括体 SRH 复合和俄歇复合。

（1）SRH 复合的电流密度表达式为

$$J_{b,r}=\frac{qnw}{\tau_{der}} \tag{13-26}$$

式中，τ_{der}为电子的寿命，其典型值为 1～10ms。

（2）俄歇复合的电流密度表达式为

$$J_{Aug,r}=qn^{3}r_{Aug}w \tag{13-27}$$

式中，r_{Aug}为俄歇复合系数，其典型值为 1.66×10^{-30}cm^6/s。

将式（13-24）至式（13-27）与式（13-10）至式（13-13）联系起来，由此可知：体复合和表面复合以 SRH 复合为主，复合率与载流子的一次方相关；发射区复合以辐射复合为主，与载流子的二次方相关；体内的俄歇复合与载流子的三次方相关。

13.3.3　高注入下的太阳电池输出特性

对于 IBC 太阳电池，采用一维简化处理后，可认为电子与空穴在相互垂直的方向上流动，到达背面后再收集起来。图 13-5 所示为 IBC 太阳电池中载流子的产生、复合与收集。

1. 电中性条件下的电流

当太阳电池处于高注入条件下时，保持电中性的条件是电子与空穴相等。电子

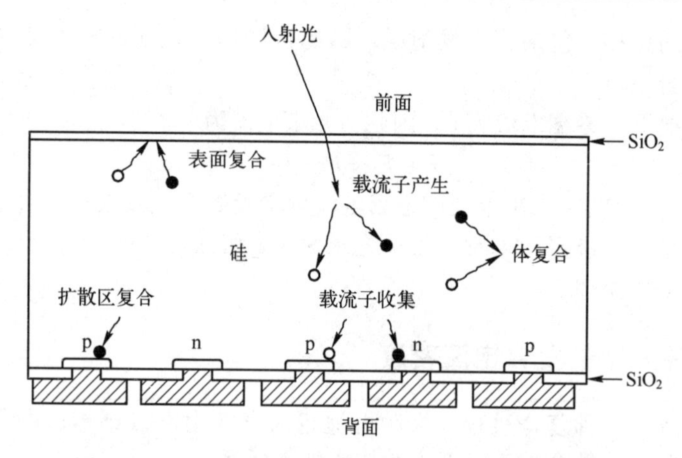

图 13-5 IBC 太阳电池中载流子的产生、复合与收集

与空穴采用平均扩散系数为

$$D_{\mathrm{avg}}=\frac{D_{\mathrm{n}}D_{\mathrm{p}}}{D_{\mathrm{p}}+D_{\mathrm{n}}}$$

式中，D_{n}与D_{p}分别为电子与空穴的扩散系数。这时体内载流子的电流密度为

$$J_{\mathrm{n}}=-J_{\mathrm{p}}=qD_{\mathrm{avg}}\frac{\mathrm{d}n}{\mathrm{d}x}=qD_{\mathrm{avg}}\frac{\mathrm{d}p}{\mathrm{d}x} \tag{13-28}$$

式中，J_{n}与J_{p}为电子与空穴的电流密度。

垂直于太阳电池表面的总电流是电子与空穴的电流密度之和，可以忽略。

$$J_{\perp}\approx 0 \tag{13-29}$$

背面载流子的浓度为

$$n_{\mathrm{back}}=n_{\mathrm{i}}\exp\frac{qV}{2kT} \tag{13-30}$$

2. 太阳电池的终端电流

利用式（13-22）至式（13-27），可估算出任何情况下太阳电池的终端电流。

在计算太阳电池短路电流时，取一级近似，假定背面的电子全部被扫出，$n_{\mathrm{back}}=0$，忽略太阳电池背面的发射区复合、表面复合及俄歇复合电流，同时假设电子浓度与空穴浓度由表面向背面呈线性递减，其平均值为$\frac{n_{\mathrm{Fsur}}}{2}$，$\frac{\mathrm{d}n}{\mathrm{d}x}\approx\frac{n_{\mathrm{Fsur}}}{w}$，则式（13-22）可表达为

$$J_{\mathrm{sc}}=J_{\mathrm{L}}-\frac{qn_{\mathrm{Fsur}}w}{2\tau_{\mathrm{der}}}-qn_{\mathrm{Fsur}}s_{\mathrm{Fsur}}=qD_{\mathrm{avg}}\frac{n_{\mathrm{Fsur}}}{w} \tag{13-31}$$

式中，J_{sc}为短路电流密度，n_{Fsur}为前表面电子浓度，s_{Fsur}为前表面复合速度。

为了确定J_{sc}和n_{Fsur}，需要通过迭代计算。

在开路情况下，可以认为电子浓度与空穴浓度在太阳电池中是相等的。参照第6章式（6-53）可知，$np=n_{\mathrm{i}}^{2}\mathrm{e}^{qV/kT}$，开路电压可表示为

$$V_{oc}=2\frac{kT}{q}\ln\frac{n}{n_i} \tag{13-32}$$

式中，电子浓度 n 由下述方程式求解：

$$J_L=\frac{qn_{Fsur}w}{\tau_{der}}+qn^3r_{Aug}w+qns_{back}(1-B_n-B_p)+\frac{n^2}{n_i^2}(B_nJ_{sn}+B_pJ_{sp}) \tag{13-33}$$

式中：J_{sn}和 J_{sp}分别为 n 型区和 p 型区的饱和电流；B_n和 B_p分别为 n 型区和 p 型区所占太阳电池全面积的百分比；s_{back}为背面的表面复合速度。

根据背面载流子浓度表达式（13-30），再利用载流子浓度按垂直方向呈线性分布的设定，即可由式（13-22）导出与太阳电池最佳功率点对应的电流表达式（13-34），并由此求得太阳电池的光电转换效率：

$$\begin{aligned}J_m &= J_L-\frac{qn_{avg}w}{\tau_t}-q\int_0^w n(x)^3r_{Aug}dx-qn_{Fsur}s_{Fsur}-\\&\quad qn_{back}s_{back}(1-B_n-B_p)-\frac{n_{back}^2}{n_i^2}(B_nJ_{sn}+B_pJ_{sp})\\&=\frac{qD_{avg}(n_{Fsur}-n_{back})}{w}\end{aligned} \tag{13-34}$$

式中，n_{avg}为平均载流子浓度：

$$n_{avg}=\frac{1}{2}(n_{Fsur}+n_{back}) \tag{13-35}$$

电子浓度 $n(x)$按垂直方向呈线性分布，有

$$n(x)=n_{back}+(n_{Fsur}-n_{back})\left(1-\frac{x}{w}\right) \tag{13-36}$$

求解式（13-34），需要用迭代计算。

以上是一种很简单的 IBC 太阳电池分析方法，据此可以大致探讨太阳电池的主要参数对其终端特性的影响。

13.4　IBC 聚光太阳电池三维模拟

IBC 太阳电池结构的最大特点是背面点接触结构设计和高倍数聚光照射导致载流子高注入，因此通过一维物理模型只能大体了解其工作性能。

正如 13.3 节所述，对于 IBC 太阳电池，在其背部除了存在垂直于电池表面的纵向电流，还存在平行于电池表面的横向电流和其他方向的电流。因此，应该建立三维物理模型及其计算方法，才可以进行比较准确的数值模拟计算。

用于建立物理模型的 IBC 太阳电池的三维结构示意图如图 13-6 所示。传统的太阳电池顶部的表面扩散结已被移到背面的点阵上，p 型和 n 型扩散在背表面的点阵上进行，点阵呈棋盘形式交错布置；基底材料为高阻区熔硅。顶部表面和底部表面接触极之间的区域表面覆盖 SiO_2钝化层。

“接触（contact）”，可为动词或名词，这里为了明确其名词性质，称其为接触极。

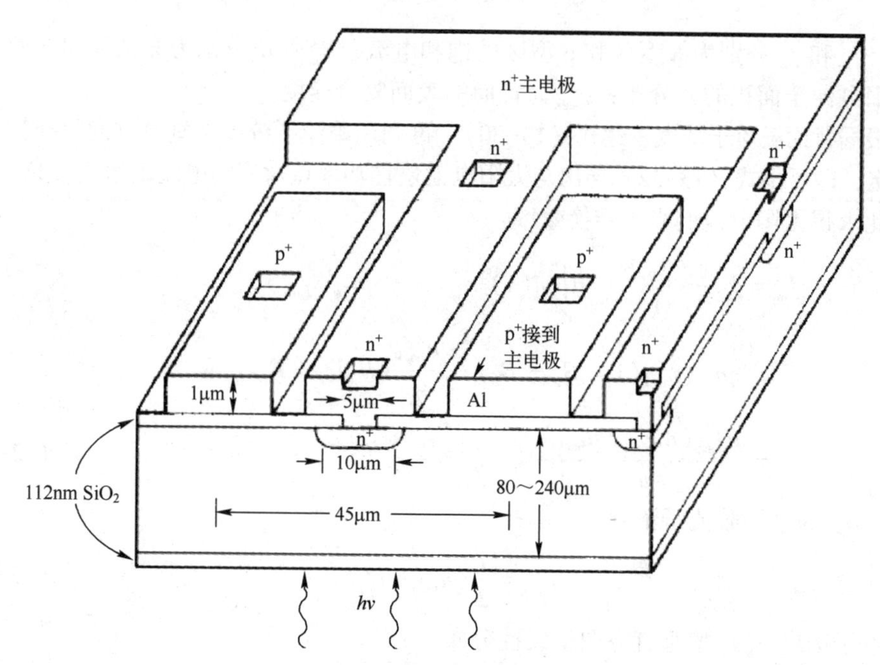

图 13-6 IBC 太阳电池的三维结构示意图

这里讨论的一种三维处理方法是由斯旺森（R. M. Swanson）提出的[4]。其建模的基本思路是：首先，精确确定总复合电流，而不是计算载流子浓度及其通量；其次，采用变分法求解半导体载流子输运，得到其载流子浓度；再则，计算终端电压时，假定穿过 n 型区和 p 型区空间电荷层的准费米能级是恒定的；最后，由光生电流减去总复合电流得到终端电流，从而获得最佳的 IBC 太阳电池设计参数。

13.4.1 太阳电池的基本方程

当重掺杂效应可以被忽略时，硅太阳电池的稳态载流子输运方程如下所述。

（1）电流输运方程为

$$\boldsymbol{J}_{\mathrm{n}}=-q\mu_{\mathrm{n}}n\nabla\psi_{\mathrm{i}}+qD_{\mathrm{n}}\nabla n \tag{13-37}$$

$$\boldsymbol{J}_{\mathrm{p}}=-q\mu_{\mathrm{p}}p\nabla\psi_{\mathrm{i}}-qD_{\mathrm{p}}\nabla p \tag{13-38}$$

（2）连续性方程为

$$\nabla\cdot\boldsymbol{J}_{\mathrm{n}}=q(U-G_{\mathrm{L}}) \tag{13-39}$$

$$\nabla\cdot\boldsymbol{J}_{\mathrm{p}}=-q(U-G_{\mathrm{L}}) \tag{13-40}$$

（3）泊松方程为

$$\nabla^2\psi_i=-\frac{q}{\varepsilon_s}(p+N_D^+-n-N_A^-) \tag{13-41}$$

（4）载流子浓度方程为

$$n=n_i e^{(E_i-E_{Fn})/kT}=n_i e^{q(\psi_i-\phi_n)/kT} \tag{13-42}$$

$$p=n_i e^{(E_{Fp}-E_i)/kT}=n_i e^{q(\phi_p-\psi_i)/kT} \tag{13-43}$$

式中：U 为单位体积净复合率；G_L为单位体积光生载流子产生率；J_n为电子电流密度；J_p为空穴电流密度；n 为电子浓度；p 为空穴浓度；μ_n和 μ_p为电子和空穴的迁移率；D_n和 D_p为电子和空穴的扩散系数；E_{Fn}和 E_{Fp}为电子和空穴的准费米能级；ϕ_n和 ϕ_p为与电子和空穴的准费米能级相对应的电势；ψ_i为本征能级的电势；ε_s为介电常数；q 为电子电荷。

前面 3 组方程的意义已在前几章中做过讨论，它用于求解终端输出电流；最后一组方程用于求解终端输出电压。显然，对于 IBC 太阳电池，精确求解这些方程几乎是不可能的，必须对其进行一些简化后才能求得解析解。

13.4.2　终端电流的求解方法

当求出载流子 n、p 和本征能级的电势 ψ_i后，就可以用微分法或积分法求解终端电流。

1. 微分法

如图 13-7 所示，围绕普通双端半导体器件表面的是一个虚拟的曲面 S，两端的端点电流分别为 i_1和 i_2，$i_2=-i_1$。稳态时，i_1可由下式计算：

$$i_1=\int_S(\boldsymbol{J}_n+\boldsymbol{J}_p)\cdot\boldsymbol{n}\mathrm{d}s \tag{13-44}$$

式中，$\boldsymbol{n}$ 是垂直于 S 面方向（即 S 面法线方向）的向外的单位矢量，电流密度 $\boldsymbol{J}_n$和 $\boldsymbol{J}_p$由式（13-37）和式（13-38）确定。如果 $\boldsymbol{J}_n$和 $\boldsymbol{J}_p$（或等价地对于 n、p 和 ψ_i）是精确解，则任何曲面都可用于计算围绕接触极 1 的 i_1。

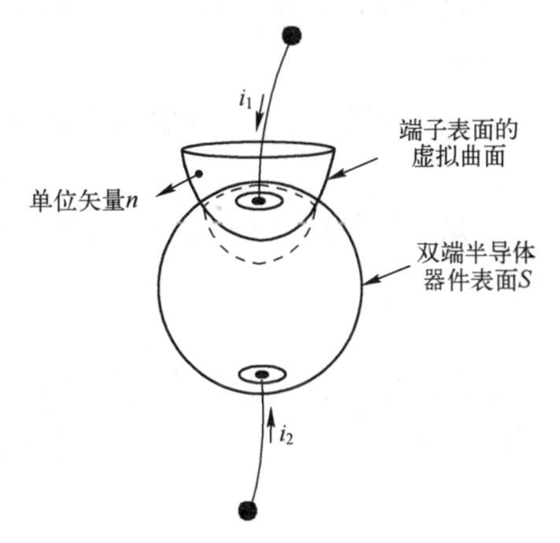

图 13-7　普通双端半导体器件

2. 积分法

如果采用积分法，在整个太阳电池器件体积范围内对连续性方程式（13-39）和式（13-40）进行积分，即

$$\int_V\nabla\cdot\boldsymbol{J}_n\mathrm{d}v=q\int_V(U-G_L)\mathrm{d}v \tag{13-45}$$

$$\int_V\nabla\cdot\boldsymbol{J}_p\mathrm{d}v=-q\int_V(U-G_L)\mathrm{d}v \tag{13-46}$$

应用散度定理，将方程式左侧积分转换为曲面积分，然后在整个器件表面 S_{tot}上进行积分，即

$$\int_v \nabla \cdot \boldsymbol{J}_{\mathrm{n}} \mathrm{d}v = \int_{S_{\mathrm{tot}}} \boldsymbol{J}_{\mathrm{n}} \cdot \boldsymbol{n} \mathrm{d}S \tag{13-47}$$

$$\int_v \nabla \cdot \boldsymbol{J}_{\mathrm{p}} \mathrm{d}v = \int_{S_{\mathrm{tot}}} \boldsymbol{J}_{\mathrm{p}} \cdot \boldsymbol{n} \mathrm{d}S \tag{13-48}$$

对表面积分需要分为3个区域，即 S_1（接触极1）、S_2（接触极2）和 S_{i}（太阳电池器件的接触极以外的剩余部分）：

$$\int_{S_{\mathrm{tot}}} \boldsymbol{J}_{\mathrm{n}} \cdot \boldsymbol{n} \mathrm{d}S = \int_{S_1} \boldsymbol{J}_{\mathrm{n}} \cdot \boldsymbol{n} \mathrm{d}S + \int_{S_2} \boldsymbol{J}_{\mathrm{n}} \cdot \boldsymbol{n} \mathrm{d}S + \int_{S_{\mathrm{i}}} \boldsymbol{J}_{\mathrm{n}} \cdot \boldsymbol{n} \mathrm{d}S \tag{13-49}$$

$$\int_{S_{\mathrm{tot}}} \boldsymbol{J}_{\mathrm{p}} \cdot \boldsymbol{n} \mathrm{d}S = \int_{S_1} \boldsymbol{J}_{\mathrm{p}} \cdot \boldsymbol{n} \mathrm{d}S + \int_{S_2} \boldsymbol{J}_{\mathrm{p}} \cdot \boldsymbol{n} \mathrm{d}S + \int_{S_{\mathrm{i}}} \boldsymbol{J}_{\mathrm{p}} \cdot \boldsymbol{n} \mathrm{d}S \tag{13-50}$$

在接触极1，电流为

$$i_1 = -\int_{S_1} \boldsymbol{J}_{\mathrm{n}} \cdot \boldsymbol{n} \mathrm{d}S - \int_{S_1} \boldsymbol{J}_{\mathrm{p}} \cdot \boldsymbol{n} \mathrm{d}S \tag{13-51}$$

式中，负号是因为法向单位矢量 $\boldsymbol{n}$ 是向外的，而电流方向是向内的。

现在，求解方程式中的 $\int_{S_1} \boldsymbol{J}_{\mathrm{p}} \cdot \boldsymbol{n} \mathrm{d}S$。将式（13-50）代入式（13-51），并使用式（13-48）得到

$$i_1 = \int_{S_2} \boldsymbol{J}_{\mathrm{p}} \cdot \boldsymbol{n} \mathrm{d}S - \int_{S_1} \boldsymbol{J}_{\mathrm{n}} \cdot \boldsymbol{n} \mathrm{d}S + \int_{S_{\mathrm{tot}}} \boldsymbol{J}_{\mathrm{p}} \cdot \boldsymbol{n} \mathrm{d}S + q\int_V U \mathrm{d}v - q\int_V G_{\mathrm{L}} \mathrm{d}v \tag{13-52}$$

假设接触极1是p型硅，接触极2是n型硅，则式（13-52）积分中的 J_{p} 和 J_{n} 是少子电流。

在太阳电池中，p型接触极流出的正电流对应于正输出功率，因此终端电流为

$$I = -i_1 = i_2 \tag{13-53}$$

于是，按照式（13-22），将发射极电流改为接触极电流，式（13-52）可以写为

$$I = I_{\mathrm{L}} - I_{\mathrm{b,r}} - I_{\mathrm{s,r}} - I_{\mathrm{cont,r}} \tag{13-54}$$

式中，I_{L} 为光生电流，$I_{\mathrm{b,r}}$ 为体复合电流，$I_{\mathrm{s,r}}$ 为表面复合电流，$I_{\mathrm{cont,r}}$ 为接触极复合电流。

$$I_{\mathrm{L}} = q\int_V G_{\mathrm{L}} \mathrm{d}v \tag{13-55}$$

$$I_{\mathrm{b,r}} = q\int_V U \mathrm{d}v \tag{13-56}$$

$$I_{\mathrm{s,r}} = \int_{S_{\mathrm{tot}}} \boldsymbol{J}_{\mathrm{p}} \cdot \boldsymbol{n} \mathrm{d}S \tag{13-57}$$

$$I_{\mathrm{cont,r}} = \int_{S_2} \boldsymbol{J}_{\mathrm{p}} \cdot \boldsymbol{n} \mathrm{d}S - \int_{S_1} \boldsymbol{J}_{\mathrm{n}} \cdot \boldsymbol{n} \mathrm{d}S \tag{13-58}$$

式（13-54）表明，输出电流等于光生电流减去总复合电流，因此可以认为式（13-54）是连续性方程的精确解。积分法的优点是，在进行积分时，n 和 p 的任何误差会被平均处理，与 Δn 和 Δp 无关，比微分法更容易理解太阳电池的工作原理。

13.4.3　终端电压的求解方法

IBC 太阳电池在接触极附近为高掺杂区，在基区是轻掺杂的，其能带图如图 13-8 所示。图中，水平坐标表示的位置不是一条从前到后的直线，仅表示从 p^+ 到 n^+ 接触区域的一条连续的物理路径。如果不计接触极和金属主电极（汇流电极）的电压降，则终端电压是 p^+ 接触处的 ϕ_p 减去在 n^+ 接触处的 ϕ_n。

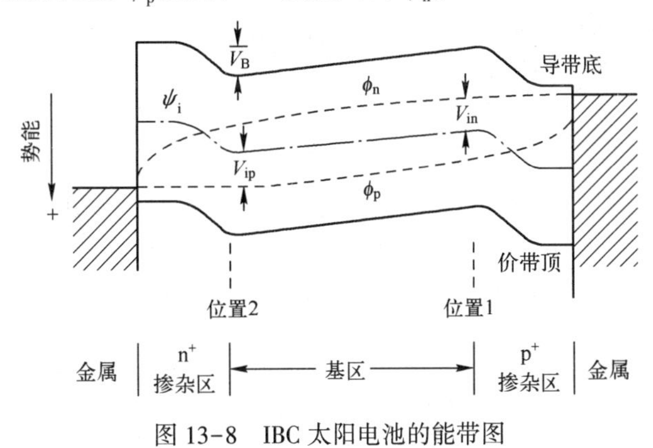

图 13-8　IBC 太阳电池的能带图

为了求出终端电压，需要进行近似处理——假设：ϕ_p 从 p^+ 掺杂区越过位置 1 进入基区后，其值恒定：ϕ_n 从 n^+ 掺杂区越过位置 2 进入基区后，其值恒定。

由图 13-8 可见，终端电压为

$$V=V_{jn}+V_{jp}+V_B+V_{cont}+V_{metal} \tag{13-59}$$

式中：V_{cont} 为接触极电压；V_{metal} 为金属栅极电压。

$$V_{jn}=\psi_i-\phi_n=kT/q\ln(n/n_i)\quad（在位置 2 进行计算） \tag{13-60}$$

$$V_{jp}=\phi_p-\psi_i=kT/q\ln(p/n_i)\quad（在位置 1 进行计算） \tag{13-61}$$

$$V_B=\psi_i(1)-\psi_i(2)=-\int_1^2\nabla\psi_i\cdot d\ell=-\int_1^2\boldsymbol{E}\cdot d\ell \tag{13-62}$$

$$V_{cont}<0 \tag{13-63}$$

$$V_{metal}<0 \tag{13-64}$$

在正常情况下，V_B、V_{cont} 和 V_{metal} 均为负值，分别代表基区、接触和金属电阻的电压损耗。

求解式（13-59）~式（13-64）只需要求出半导体基区的 n、p 和 ψ_i，无须求解 n^+ 和 p^+ 半导体区的细节情况。由于式（13-37）~式（13-43）不适用于高掺杂区，对这些高掺杂区域是很难建模的，因此选用积分法求解比选用微分法更好一些。

如果忽略基区压降和接触极压降，并假定 n 和 p 在整个基区为常数，则式（13-59）可表示为

$$V\approx\frac{kT}{q}\ln(pn/n_i^2)-V_{res} \tag{13-65}$$

式中，V_{res} 是总的电阻电压降。

13.4.4 高注入下基区的输运方程

对于在掺杂浓度小于10^{16}cm^{-3}的高注入条件下工作的太阳电池，基区中的载流子浓度将大于掺杂浓度，因此将基区作为准中性近似处理是比较合理的。

$$n+N_A^-=p+N_D^+ \tag{13-66}$$

式中，N_A^-和N_D^+分别为电离的受主浓度和施主浓度。在高注入条件下，可以忽略施主和受主的电荷，因此式（13-66）变为

$$n=p \tag{13-67}$$

由式（13-37）和式（13-38），再利用爱因斯坦关系式$D=kT\mu/q$，以及式（13-67），可得到总电流表达式：

$$\boldsymbol{J}=kT(\mu_n-\mu_p)\nabla n-q(\mu_n+\mu_p)n\nabla\psi_i \tag{13-68}$$

或写成

$$\nabla\psi_i=\frac{kT}{q}\left(\frac{\mu_n-\mu_p}{\mu_n+\mu_p}\right)\frac{1}{n}\nabla n-\frac{J}{q(\mu_n+\mu_p)n} \tag{13-69}$$

式（13-69）将用于计算式（13-62）中的V_B。在式（13-69）中，第1项称为登伯（Dember）项，第2项为电阻项。将式（13-69）代入式（13-37）和式（13-38），得到：

$$\boldsymbol{J}_n=qD_a\nabla n+\left(\frac{\mu_n}{\mu_n+\mu_p}\right)\boldsymbol{J} \tag{13-70}$$

和

$$\boldsymbol{J}_p=-qD_a\nabla n+\left(\frac{\mu_p}{\mu_n+\mu_p}\right)\boldsymbol{J} \tag{13-71}$$

式中，D_a为双极扩散系数，其定义为

$$D_a=\frac{kT}{q}\left(\frac{2\mu_n\mu_p}{\mu_n+\mu_p}\right) \tag{13-72}$$

假定D_a是独立于n的常数，并考虑到总电流$\boldsymbol{J}$与位置无关，则将式（13-70）代入连续性方程式（13-39），得到：

$$D_a\nabla^2 n=U-G_L$$

即

$$\nabla^2 n=\frac{U-G_L}{D_a} \tag{13-73}$$

实际上，由于载流子-载流子散射，μ_n和μ_p与n相关，因此这里取基区n的平均值以求D_a。由于实际上n是与D_a相关的，所以需要用迭代方法求解。

至此，求出基区n已经归结为求解“类泊松方程”的问题。

13.4.5　载流子复合电流的计算

计算终端电流需要先计算式（13-54）中的各种复合电流项。求复合率和复合电流时，针对太阳电池的不同区域，需要采用不同的方法。

1. 扩散区复合

首先来讨论式（13-54）中包含 n^+和 p^+扩散区的体复合的积分部分。n^+和 p^+扩散区的体复合至今尚无法求解，对接触处的复合也同样无法求解，但这个问题可以通过定义一个新表面以避开高掺杂区来解决。

所定义的新积分面如图 13-9 所示，它避开太阳电池器件的高掺杂区域。以 n 型扩散区为例，因为进入 n 型扩散区域的净空穴电流，要么在扩散区内复合，要么在接触极上复合，所以将积分表面移到这一个新表面上是可行的。在忽略扩散区光生电流的情况下，无论计算空间电荷区边缘的空穴电流，还是计算扩散区加上接触处的净复合电流，其结果应该是一样的。

> 说明　这里的“扩散区”与第 12 章中所说的“扩散区”的意义不同。这里的扩散区是指半导体内载流子扩散的区域，而第 12 章中所说的扩散区是指掺杂制结过程中杂质扩散的区域。

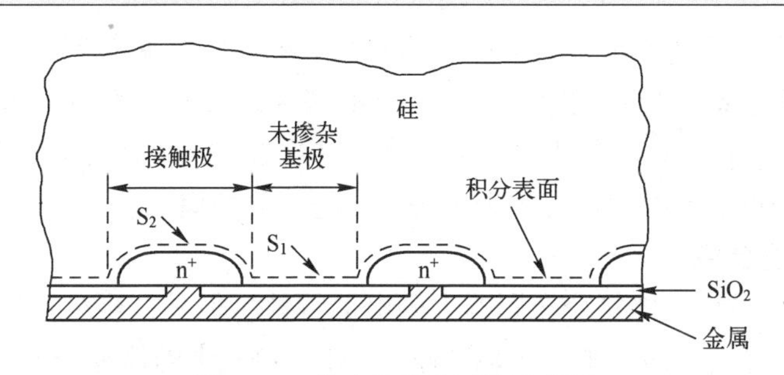

图 13-9　修改的积分面的示意图

通常，只要掺杂区的任何地方都是低水平注入的，则注入高掺杂的 n 型区中的少子（即空穴）电流就可以写为

$$J_p = J_{0n}\left(\frac{pn}{n_i^2}-1\right) \tag{13-74}$$

式中：J_{0n}是与温度有关的常数，称为扩散饱和电流；p 和 n 是在空间电荷区边缘的中性基区上计算的[6]。这里，J_{0n}是采用实测的扩散参数来计算的，比用重掺杂区输运模型计算简单一些。

在高注入的情况下，进入 n 型基区的扩散空穴电流密度为

$$J_p = J_{0n}\left(\frac{n^2}{n_i^2}-1\right) \tag{13-75}$$

类似地，进入 p 型基区的扩散电子电流密度为

$$J_n = J_{0p}\left(\frac{n^2}{n_i^2}-1\right) \tag{13-76}$$

2. 基区的复合

在基体中，除了扩散区的体复合，还有基区中其余类型的体复合，因此还需要计算轻掺杂的基区中其余类型的高注入复合率 U，即

$$U=\frac{n-n_i}{\tau}+r_{radia}(n^2-n_i^2)+r_{Aug}(n^3-n_i^3) \tag{13-77}$$

式中：τ 为高注入情况下的缺陷复合寿命，通常它比低注入情况下的寿命长得多，可用实测的参数来计算；r_{radia} 为辐射复合系数，其实验值为 $2\times10^{-18}cm^3s^{-1}$[7]；$r_{Aug}$ 为双极俄歇复合系数，它是 $r_{n,Aug}$ 与 $r_{p,Aug}$ 之和，其近似值为 $4\times10^{-31}cm^6s^{-1}$[8]。

3. 表面复合

假设表面的过剩载流子浓度是线性变化的，计算表面复合时，可用表面复合速度 s 来表示：

$$\boldsymbol{n}\cdot\boldsymbol{J}_p=qs(n-n_i) \tag{13-78}$$

在未掺杂基区表面计算 n 时，s 可采用测量值。

13.4.6　基区载流子浓度的变分解

前面已做了一些简化设定，如横跨空间电荷层的 ϕ_n 和 ϕ_p 是常数，这些近似处理不会造成较大的误差。当用式（13-73）求解基区载流子浓度时，需要给出合适的边界条件；同时，IBC 太阳电池的三维性质，以及 U 和 G_L 对空间位置有着复杂的依赖关系，使得求近似解时，还必须做出进一步的简化处理。

1. 忽略体复合率

按照式（13-54），体复合会影响太阳电池特性。但是，当少子扩散长度大于太阳电池厚度时，作为一级近似，可以忽略式（13-73）中的体复合 U。这种近似不会影响分析结果的准确性。

2. 忽略体生产率

将光产生载流子的区域限制在太阳电池前端 10μm 范围的薄层内。在基区，载流子既不产生，也不复合，因此可将基区载流子浓度表达式（13-73）简化为拉普拉斯方程，即

$$\nabla^2 n=0 \tag{13-79}$$

13.4.7　载流子浓度的计算

通常求解三维拉普拉斯方程采用变分法[9]。这种方法是通过物理分析构建一种电子浓度 n 的合理的函数表达式（称之为试验函数），它需要包含可变的拟合参数，并满足边界条件的要求，即

$$\mathcal{F}=\int_{v}(\nabla n)\cdot(\nabla n)\mathrm{d}v \tag{13-80}$$

图 13-10 所示为 IBC 太阳电池和用于变分解区域的几何形状。

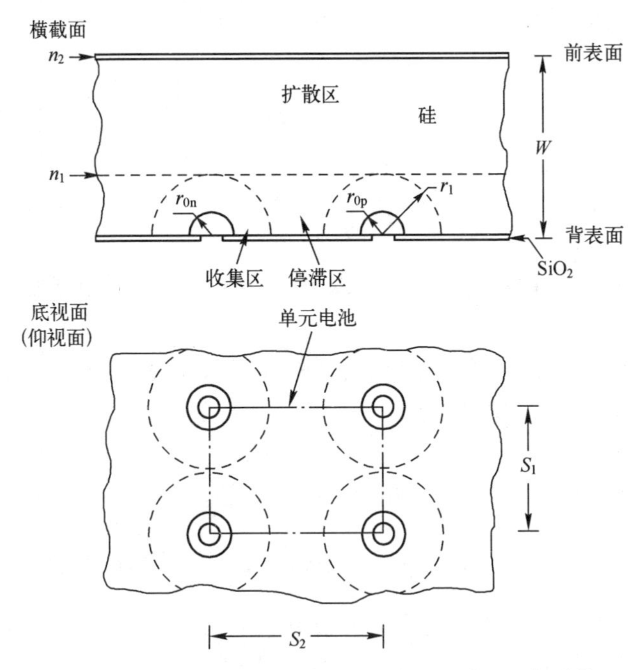

图 13-10 IBC 太阳电池和用于变分解区域的几何形状

在太阳电池的背表面有很小的半球接触极阵列，呈 n 行和 p 行交替布置，排列的水平周期为 S_2，垂直周期为 S_1，因此只需要分析面积为 S_1S_2的单元电池。入射光子在前表面附近产生电子-空穴对。随后，这些载流子向背表面扩散，它们在途中重新结合，或者在各自的接触处被收集。将太阳电池分成如图 13-10 所示的 3 个区域。每个区域的载流子浓度都有各自的解析函数。首先，当载流子向背表面扩散时，载流子的流动实质上是一维的。这里可采用拉普拉斯方程的一维解。当载流子流动到接触极附近时，将呈放射状流动，并被收集。载流子近似地在半径为 r_1 的半球内呈辐射状流动。半球区域称为收集区，r_1是用于式（13-80）获得优化解的变分参数。在收集区域之间有一个区域，在这个区域可以认为 n 接近于常数，且等于收集区域边缘的值。这个 n 不流动的区域被称为停滞区。停滞区域内的 n 值是另一个变分参数。

首先考察扩散区。由于没有电流离开前表面，在扩散区的电子流量和空穴流量应该是相等的，总电流 $\boldsymbol{J}$ 为零，因此式（13-70）和式（13-71）变为

$$\boldsymbol{J}_{\mathrm{p}}=-\boldsymbol{J}_{\mathrm{n}}=-qD_{\mathrm{a}}\nabla n \tag{13-81}$$

在这个区域，载流子的输运是一维的。设 x 为距顶部表面的距离，则上式可写为

$$J_p = -qD_a \frac{dn}{dx} \tag{13-82}$$

如果 n_2 为扩散区域前面的载流子浓度，n_1 为扩散区域后面的载流子浓度，则式（13-82）可表达为

$$n(x) = n_2 - \frac{J_p}{qD_a}x \tag{13-83}$$

和

$$J_p = qD_a \frac{n_2 - n_1}{w - r_1} \tag{13-84}$$

由式（13-67）可知 $n=p$，所以在以下讨论中，无论是电子还是空穴，均用 n 表示。

在前表面，空穴以 J_L/q 的速率产生，并且以 $(n_2-n_1)s$ 的速率重新结合，从而使向背表面扩散的净空穴电流密度为

$$J_p = J_L - q(n_2 - n_i)s \tag{13-85}$$

使式（13-84）和式（13-85）相等，即可求得：

$$n_2 = \left[n_1 + \left(\frac{w-r_1}{D_a}\right)\frac{J_L}{q} - n_i\right] \bigg/ \left(1 + \frac{w-r_1}{D_a}s\right) + n_i \tag{13-86}$$

在整个处理过程中，n_1 被认为是独立变量。将 n_1 固定后，即可求得终端电压和终端电流。

载流子继续移动到收集区域，拉普拉斯方程的球面解为

$$n(r) = \frac{A}{r} + B \tag{13-87}$$

式中：r 为从接触极开始计算的径向距离；A 和 B 为积分常数，它们由边界条件确定，即 $n(r_1)=n_1$ 和 $n(r_0)=n_0$。r_0 是接触极的半径，n_0 是接触极的 n 值，其位置处于扩散空间电荷区靠近中性基区的边上。

$$n(r) = \frac{n_1 r_1 - n_0 r_0}{r_1 - r_0} - \frac{r_1 r_0}{r(r_1 - r_0)}(n_1 - n_0) \tag{13-88}$$

在停滞区：

$$n = n_1 \tag{13-89}$$

式中，n_1 为常数。

至此，已可计算变分泛函方程式（13-80）。在扩散区：

$$|\nabla n| = \frac{n_2 - n_1}{w - r_1} \tag{13-90}$$

于是

$$\int |\nabla n|^2 dv = \frac{S_1 S_2}{w - r_1}(n_2 - n_1)^2 \tag{13-91}$$

在收集区：

$$\int |\nabla n|^2 \mathrm{d}v = 0 \tag{13-92}$$

在单元电池中，每个收集区域为四分之一的球体。

$$|\nabla n| = \frac{1}{r^2}\frac{r_1 r_0}{r_1 - r_0}(n_1 - n_0) \tag{13-93}$$

$$\int |\nabla n|^2 \mathrm{d}v = \frac{1}{4}\int_{r_0}^{r_1} 4\pi r^2 \frac{1}{r^4}(n_1 - n_0)^2 \left(\frac{r_1 r_0}{r_1 - r_0}\right)^2 \mathrm{d}r = \pi (n_1 - n_0)^2 \left(\frac{r_1 r_0}{r_1 - r_0}\right) \tag{13-94}$$

总泛函方程是式（13-91）、式（13-92）及式（13-94）之和。

若用下标 n 和 p 表示 n 收集区和 p 收集区的值，则

$$\mathcal{F} = \frac{S_1 S_2}{w - r_1}(n_2 - n_1)^2 + \pi (n_1 - n_{0p})^2 \left(\frac{r_1 r_{0p}}{r_1 - r_{0p}}\right) + \pi (n_1 - n_{0n})^2 \left(\frac{r_1 r_{0n}}{r_1 - r_{0n}}\right) \tag{13-95}$$

现在将边界上的 n 值(包括 n_2、n_{0n}、n_{0p}) 固定，并使 n_1 和 r_1 最小化。

首先对 n_1 进行最小化。令 $\mathcal{F}$ 对 n_1 的导数为零，以便求出 n_1，即

$$\frac{\partial \mathcal{F}}{\partial n_1} = 2\left(\frac{S_1 S_2}{w - r_1}\right)(n_1 - n_2) + 2\pi \left(\frac{r_1 r_{0p}}{r_1 - r_{0p}}\right)(n_1 - n_{0p}) + 2\pi \left(\frac{r_1 r_{0n}}{r_1 - r_{0n}}\right)(n_1 - n_{0n}) = 0 \tag{13-96}$$

由此解得 n_1：

$$n_1 = \frac{\left(\frac{S_1 S_2}{w - r_1}\right) n_2 + \pi \left(\frac{r_1 r_{0p}}{r_1 - r_{0p}}\right) n_{0p} + \pi \left(\frac{r_1 r_{0n}}{r_1 - r_{0n}}\right) n_{0n}}{\left(\frac{S_1 S_2}{w - r_1}\right) + \pi \left(\frac{r_1 r_{0p}}{r_1 - r_{0p}}\right) + \pi \left(\frac{r_1 r_{0n}}{r_1 - r_{0n}}\right)} \tag{13-97}$$

这个 n_1 的值是边界上的值的加权平均值。

接下来对 r_1 进行最小化。令 $\mathcal{F}$ 对 r_1 的导数为零，即

$$\frac{\partial \mathcal{F}}{\partial r_1} = 0 = S_1 S_2 \left(\frac{n_2 - n_1}{w - r_1}\right)^2 - \pi \left(\frac{r_{0p}}{r_1 - r_{0p}}\right)^2 (n_1 - n_{0p})^2 - \pi \left(\frac{r_{0n}}{r_1 - r_{0n}}\right)^2 (n_1 - n_{0n})^2 \tag{13-98}$$

式（13-97）和式（13-98）是 n_1 和 r_1 中的一对联立方程。它们的解是由下面导出的终端电流和接触极载流子浓度之间的关系来决定的。

首先考虑 p 型接触极，采用式（13-71）给出的收集区空穴电流。在正常工作条件下，来自接触复合的 p 接触极附近的电子电流将是很小的。在高效太阳电池中，端子电流将略小于总产生电流，任何接触复合都远小于式（13-71）中的总电流。

在式（13-71）中，由于 p 接触极附近的电子电流很小，可设 $\boldsymbol{J} \approx \boldsymbol{J}_p$，得到：

$$\boldsymbol{J}_p = -qD_a \nabla n + \left(\frac{\mu_p}{\mu_n + \mu_p}\right) \boldsymbol{J}_p \tag{13-99}$$

将双极扩散系数 D_a 的表达式（13-72）代入，得到：

$$\boldsymbol{J}_p = -2qD_p \nabla n \tag{13-100}$$

这里，空穴扩散系数已加倍，但电子扩散系数不变。

由于收集区域内没有复合，进入接触极的总电流 I 在 $I=\pi r^2 J_p$ 处是恒定的。

在球面坐标下，$|\nabla n|=\mathrm{d}n/\mathrm{d}r$，定义向内的电流为正向电流，则有

$$\boldsymbol{J}_p=-2qD_p\frac{\mathrm{d}n}{\mathrm{d}r}=\frac{I}{\pi r^2} \tag{13-101}$$

或

$$\mathrm{d}n=\frac{I}{2\pi qD_p}\frac{\mathrm{d}r}{r^2} \tag{13-102}$$

对式（13-102）积分，得到：

$$n=n_{0p}+\frac{I}{2\pi qD_p}\int_{r_{0p}}^{r}\frac{\mathrm{d}r}{r^2}=n_{0p}+\frac{I}{2\pi qD_p}\left(\frac{1}{r_{0p}}-\frac{1}{r}\right) \tag{13-103}$$

这里，$r=r_1$，$n=n_1$，因此

$$n_1=n_{0p}+\frac{I}{2\pi qD_p}\left(\frac{1}{r_{0p}}-\frac{1}{r_1}\right) \tag{13-104}$$

由式（13-104）可得：

$$n_{0p}=n_1-\frac{I}{2\pi qD_p}\left(\frac{1}{r_{0p}}-\frac{1}{r_1}\right) \tag{13-105}$$

再将其代入式（13-103），得到：

$$n=n_1-\frac{I}{2\pi qD_p}\left(\frac{1}{r}-\frac{1}{r_1}\right) \tag{13-106}$$

式（13-105）是很容易理解的：当没有从接触极抽出电流时，$n_{0p}=n_1$；当有电流从 p 接触极中移出时，由于空穴需要通过收集区扩散，所以 n_{0p} 小于 n_1。

对 n 型收集区，可做类似的处理：

$$n_{0n}=n_1-\frac{I}{2\pi qD_n}\left(\frac{1}{r_{0n}}-\frac{1}{r_1}\right) \tag{13-107}$$

和

$$n=n_1-\frac{I}{2\pi qD_n}\left(\frac{1}{r}-\frac{1}{r_1}\right) \tag{13-108}$$

由于 p 型和 n 型收集区域的电流 I 是相同的，所以通过式（13-105）和式（13-107）可以求出 n_{0n} 和 n_{0p} 之间的关系。

现在可以求解式（13-97）和式（13-98）。

忽略复合时，由式（13-84）可得到：

$$\frac{n_2-n_1}{W-r_1}=\frac{I}{qD_aS_1S_2} \tag{13-109}$$

将式（13-109）、式（13-105）和式（13-107）代入式（13-98），得：

$$\frac{I^2}{q^2D_a^2S_1S_2}-\frac{I^2}{4\pi q^2D_p^2r_1^2}-\frac{I^2}{4\pi q^2D_n^2r_1^2}=0 \tag{13-110}$$

在式（13-110）中消除电流项后，可解出：

$$r_1^2=\frac{S_1S_2}{4\pi}\left(\frac{D_a^2}{D_p^2}+\frac{D_a^2}{D_n^2}\right) \tag{13-111}$$

利用 D_a 的定义式（13-72），并定义：

$$b=D_n/D_p=\mu_n/\mu_p \tag{13-112}$$

可得：

$$r_1=\left(\frac{S_1S_2}{2\pi}\right)^{1/2}\left[\frac{2(b^2+1)}{(b+1)^2}\right]^{1/2} \tag{13-113}$$

r_1 是收集球之间的几何平均距离的一部分，与太阳电池的厚度无关，但取决于注入水平。b 的典型值为 2.5。在方程中，b 将设置为 2.5。于是式（13-113）可表示为

$$r_1=0.434(S_1S_2)^{1/2} \tag{13-114}$$

上面推导了基区的载流子浓度公式。给定 n_1、I 和 J_L 后，就可以通过式（13-113）、式（13-108）、式（13-106）和式（13-83）求出任何位置的 n 值。太阳电池中从背表面的一个接触极沿着一条线扩散到前表面基区的载流子浓度分布如图 13-11 所示[4]。载流子从前向后扩散使载流子浓度随之减小，汇入接触极后下降更快。

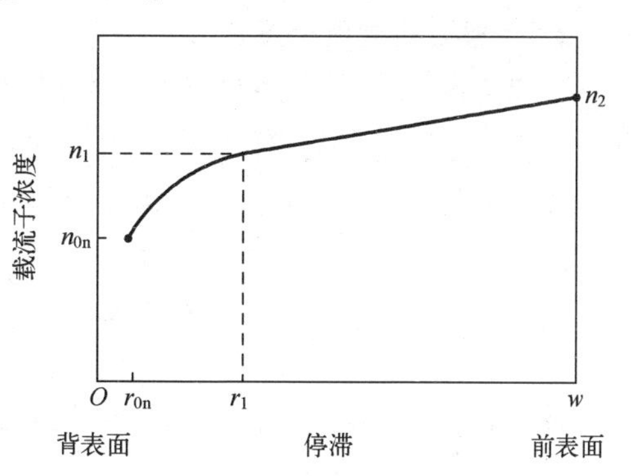

图 13-11　太阳电池中从背表面的一个接触极沿着一条线扩散到前表面基区的载流子浓度分布

13.4.8　终端输出电流的计算

通过式（13-54）计算太阳电池的终端电流时，需要对太阳电池中各个部分的各种复合项进行计算。

1. 扩散区的载流子复合

将式（13-83）代入式（13-77），在扩散区，对式（13-58）的 $I_{cont,r}$ 积分，经过一些运算得到复合电流为

$$I_r=qS_1S_2(w-r_1)\left[\frac{n_i}{\tau_{eff}}(n_1^*-1)+\mathcal{K}\right] \tag{13-115}$$

式中，n_1^* 和 n_2^* 为归一化的载流子浓度：

$$n_1^*=n_1/n_i \tag{13-116}$$

$$n_2^*=n_2/n_i \tag{13-117}$$

$$\mathcal{K}=(n_2^*-n_1^*)\left[\frac{n_i}{2\tau}+r_{radia}n_i^2n_1^*+\frac{3}{2}r_{Aug}n_i^3(n_1^*)^2\right]+(n_2^*-n_1^*)^2\left(\frac{1}{3}r_{radia}n_i^2+r_{Aug}n_i^3n_1^*\right)+(n_2^*-n_1^*)^3\left(\frac{1}{4}r_{Aug}n_i^3\right) \tag{13-118}$$

$$n_2^* = \left(n_1^* - 1 + \frac{w-r_1}{D_a} \cdot \frac{J_L}{q}\right) \Big/ \left(1 + \frac{w-r_1}{D_a}s\right) + 1 \tag{13-119}$$

$$\frac{1}{\tau_{eff}} \equiv \frac{1}{\tau} + r_{radia} n_i (n_1^* + 1) + r_{Aug} n_i^2 [(n_1^*)^2 + n_1^* + 1] \tag{13-120}$$

τ_{eff}是$n=n_1$时的有效复合寿命，包括俄歇复合和辐射复合。式（13-118）和式（13-120）中的俄歇复合随太阳电池厚度的4次方和光电流的3次方而增大，这限制了IBC太阳电池的厚度设计，也增加了大电流设计的难度。

2. 收集区的载流子复合

在收集区，式（13-58）的积分比较复杂。为此，在n_1处，将有效寿命设定为常数。实际上，越靠近接触区，载流子浓度越小，所以这是一种近似处理。

对于p型区域，将式（13-106）代入式（13-58），得到的复合电流为

$$I_r = \frac{q}{\tau_{eff}} \int_{r_{0p}}^{r_1} (n - n_i)\,\mathrm{d}v = \frac{1}{\tau_{eff}} \int_{r_{0p}}^{r_1} (n_1 - n_i) \pi r^2 \mathrm{d}r - \frac{qI}{2\pi q D_p} \int_{r_{0p}}^{r_1} \left(\frac{1}{r} - \frac{1}{r_1}\right) \pi r^2 \mathrm{d}r \tag{13-121}$$

计算式（13-121），并应用归一化的载流子浓度，得到：

$$I_r = \frac{qn_i}{\tau_{eff}} (n_1^* - 1) \frac{\pi}{3} (r_1^3 - r_{0p}^3) - \frac{Ir_1^2}{12 D_p \tau_{eff}} \left(1 - 3\frac{r_{0p}^2}{r_1^2} + 2\frac{r_{0p}^3}{r_1^3}\right) \tag{13-122}$$

类似地，对于n型收集区，有

$$I_r = \frac{qn_i}{\tau_{eff}} (n_1^* - 1) \frac{\pi}{3} (r_1^3 - r_{0n}^3) - \frac{Ir_1^2}{12 D_n \tau_{eff}} \left(1 - 3\frac{r_{0n}^2}{r_1^2} + 2\frac{r_{0n}^3}{r_1^3}\right) \tag{13-123}$$

3. 停滞区载流子复合

停滞区的载流子浓度是恒定的，复合电流就是这个区域的体积乘以$(n_1-n_i)/\tau_{eff}$。复合电流为

$$I_r = \frac{qn_i}{\tau_{eff}} (n_1^* - 1) \left(S_1 S_2 r_1 - \frac{2\pi}{3} r_1^3\right) \tag{13-124}$$

4. 前表面载流子复合

前表面载流子复合也比较简单。将n_2代入式（13-58）中，即可得到复合电流为

$$I_r = qS_1 S_2 s n_i (n_2^* - 1) \tag{13-125}$$

其中，n_2^*由式（13-111）确定。

5. 收集区背表面载流子复合

对于p型收集区背表面载流子，复合电流为

$$I_r = q\int_{r_{0p}}^{r_1} (n - n_i) \pi r \mathrm{d}r = qsn_i (n_1^* - 1) \frac{\pi}{2} (r_1^2 - r_{0n}^2) - qs \frac{IS_1 S_2}{4qD_p r_1} (r_1 - r_{0n})^2 \tag{13-126}$$

对于n型收集区背表面载流子，复合电流为

$$I_r=\frac{\pi}{2}qsn_i(n_1^*-1)(r_1^2-r_{0n}^2)-qs\frac{IS_1S_2}{4qD_nr_1}(r_1-r_{0n})^2 \tag{13-127}$$

6. 停滞区背表面载流子复合

停滞区背表面载流子复合电流为

$$I_r=qsn_i(n_1^*-1)(S_1S_2-\pi r_1^2) \tag{13-128}$$

7. 扩散区注入载流子复合

由式（13-58）、式（13-75）、式（13-76）、式（13-105）和式（13-107）可得注入扩散区的载流子复合电流为

$$I_r=\pi r_{0n}^2[(n_{0n}^*)^2-1]J_{0n}+\pi[(n_{0p}^*)^2-1]J_{0p} \tag{13-129}$$

式中，

$$n_{0p}^*=n_1^*-\frac{I}{2\pi qD_pn_i}\left(\frac{1}{n_{0p}^*}-\frac{1}{r_1}\right) \tag{13-130}$$

$$n_{0n}^*=n_1^*-\frac{I}{2\pi qD_nn_i}\left(\frac{1}{r_{0n}}-\frac{1}{r_1}\right) \tag{13-131}$$

8. 终端电流

按照式（13-54），每一项除以 S_1S_2，可以得到以单位面积计的终端电流密度方程：

$$J=J_L-J_r \tag{13-132}$$

将前面的一些复合电流项相加并除以 S_1S_2，即可得到总的复合电流密度 J_r。将 J_r 代入式（13-132），得到终端电流密度为

$$J=\frac{-\mathcal{B}+(\mathcal{B}^2+4\mathcal{A}\mathcal{C})^{1/2}}{2\mathcal{A}} \tag{13-133}$$

式中，

$$\mathcal{A}=\frac{J'_{0p}}{J_{dp}^2}+\frac{J'_{0n}}{J_{dn}^2} \tag{13-134}$$

$$\mathcal{B}=1-b-2n_1^*\frac{J'_{0p}}{J_{dp}}-2n_1^*\frac{J'_{0n}}{J_{dn}} \tag{13-135}$$

$$\mathcal{C}=J_L-r(n_1^*-1)-d-J'_{0p}[(n_1^*)^2-1]-J'_{0n}[(n_1^*)^2-1] \tag{13-136}$$

$$r=\frac{qwn_i}{\tau_{eff}}+2qsn_i-\frac{qs\pi n_i}{2S_1S_2}(r_{0p}^2+r_{0n}^2) \tag{13-137}$$

$$b=\frac{r_1^2}{12D_p\tau_{eff}}\left(1-3\frac{r_{0p}^2}{r_1^2}+2\frac{r_{0p}^3}{r_1^3}\right)+\frac{sr_1}{4D_p}\left(1-\frac{r_{0p}}{r_1}\right)+\frac{r_1^2}{12D_n\tau_{eff}}\left(1-3\frac{r_{0n}^2}{r_1^2}+2\frac{r_{0n}^3}{r_1^3}\right)+\frac{sr_1}{4D_n}\left(1-\frac{r_{0n}}{r_1}\right) \tag{13-138}$$

$$d=q(w-r_1)\mathcal{K}+qsn_i(n_2^*-n_1^*) \tag{13-139}$$

$$\frac{1}{J_{dp}}=\frac{S_1S_2}{2\pi qD_p}\left(\frac{1}{r_{0p}}-\frac{1}{r_1}\right) \tag{13-140}$$

$$\frac{1}{J_{\mathrm{dn}}}=\frac{S_1S_2}{2\pi qD_{\mathrm{n}}}\left(\frac{1}{r_{0\mathrm{n}}}-\frac{1}{r_1}\right) \tag{13-141}$$

$$J'_{0\mathrm{p}}=\frac{\pi r_{0\mathrm{p}}^2}{S_1S_2}J_{0\mathrm{p}} \tag{13-142}$$

$$J'_{0\mathrm{n}}=\frac{\pi r_{0\mathrm{n}}^2}{S_1S_2}J_{0\mathrm{n}} \tag{13-143}$$

式（13-139）中的$\mathcal{K}$值由式（13-118）确定。

13.4.9　终端电压的计算

下面按照 13.4.3 节提出的方法计算太阳电池终端电压。

由式（13-60）、式（13-61）、式（13-116）、式（13-117）、式（13-130）和式（13-131），可以得到V_{jp}和V_{jn}的计算公式，即

$$V_{\mathrm{jp}}=\frac{kT}{q}\ln(n_{0\mathrm{p}}^*)=\frac{kT}{q}\ln\left(n_1^*-\frac{J}{J_{\mathrm{dP}}}\right) \tag{13-144}$$

$$V_{\mathrm{jn}}=\frac{kT}{q}\ln(n_{0\mathrm{n}}^*)=\frac{kT}{q}\ln\left(n_1^*-\frac{J}{J_{\mathrm{dn}}}\right) \tag{13-145}$$

为了计算V_{B}，需要确定一条从 p 接触极到 n 接触极的积分路径，沿着这条路径求电场$\boldsymbol{E}$，然后积分。这条路径是沿着 p 型收集区的一条半径线，穿过停滞区后，沿着另一条 n 型收集区的半径线到达 n 接触极的。收集区的电场由式（13-69）和式（13-100）给出，考虑到在这个区中，$J=J_{\mathrm{p}}$，由此可得：

$$\boldsymbol{E}=-\frac{kT}{q}\frac{1}{n}\nabla n \tag{13-146}$$

通过 p 型收集区积分得到V_{Bp}，即

$$V_{\mathrm{Bp}}=-\int_{r_{0\mathrm{p}}}^{r_1}\frac{kT}{q}\frac{1}{n}\frac{\mathrm{d}n}{\mathrm{d}r}\mathrm{d}r=-\frac{kT}{q}\ln\left(\frac{n_1}{n_{0\mathrm{p}}}\right) \tag{13-147}$$

V_{Bp}应该是负的，对应于电压损耗。

V_{jp}为

$$V_{\mathrm{jp}}=\frac{kT}{q}\ln\left(\frac{n_{0\mathrm{p}}}{n_1}\right)=\frac{kT}{q}\ln\left(\frac{n_1}{n_{\mathrm{i}}}\right)-\frac{kT}{q}\ln\left(\frac{n_1}{n_{0\mathrm{p}}}\right) \tag{13-148}$$

式中：第 1 项是载流子通过收集区，在其浓度未下降的情况下所得到的结电压；第 2 项可以认为是由于载流子浓度下降所引起的结电位损耗。对照式（13-147）可知，V_{Bp}等于因载流子减少引起的电压降。

从式（13-130）和式（13-147）可以得到：

$$V_{\mathrm{Bp}}=-\frac{kT}{q}\ln\left(\frac{n_1^*}{n_1^*-J/J_{\mathrm{dp}}}\right) \tag{13-149}$$

同样，对于 n 型收集区

$$V_{Bn}=-\frac{kT}{q}\ln\left(\frac{n_1^*}{n_1^*-J/J_{dn}}\right) \tag{13-150}$$

通过停滞区时，$\nabla n=0$，不存在电压降，即与$(V_{Bp}+V_{Bn})$相比，电压降可以忽略。于是，按照式（13－59），再将式（13－144）、式（13－145）、式（13－149）和式（13-150）代入，可得到终端电压：

$$\begin{aligned}V&=\frac{kT}{q}\ln(n_{0p}^*)\\&=\frac{kT}{q}\ln\left(n_1^*-\frac{J}{J_{dP}}\right)+\frac{kT}{q}\ln\left(n_1^*-\frac{J}{J_{dn}}\right)-\frac{kT}{q}\ln\left(\frac{n_1^*}{n_1^*-J/J_{dp}}\right)-\frac{kT}{q}\ln\left(\frac{n_1^*}{n_1^*-J/J_{dn}}\right)+V_{cont}+V_{metal}\\&=2\frac{kT}{q}\ln\left[\left(n_1^*-\frac{J}{J_{dP}}\right)\left(n_1^*-\frac{J}{J_{dn}}\right)\Big/n_1^*\right]+V_{cont}+V_{metal}\end{aligned} \tag{13-151}$$

其中，V_{cont}和V_{metal}是负的，对应于接触极和金属栅极的电压损失。

对于给定的n_1^*值，J可利用式（13-133）计算，终端电压可以利用式（13-151）求得。由于其表达式比较复杂，所以V不能用J直接求解。

13.4.10　数值模拟计算[4]

显然，减小接触极可以提高太阳电池光电转换效率，但这受到制备工艺的限制。在平版印刷技术难度和效率之间进行折中考虑后，选择了6μm作为接触极直径的设计尺寸，然后改变太阳电池厚度和接触极的间距等参数，即可优化光电转换效率。用模拟程序优化太阳电池的设计后，得到的最佳厚度为60μm，接触极间距为20μm。

表13-1列出了优化的IBC太阳电池工艺和设计参数。实现这些参数，需要高质量的硅片材料和高水平的制造技术。利用数值模拟，可以研究IBC太阳电池光电转换效率与入射光强度的关系，与太阳电池厚度的关系以及与电池温度之间的关系。

表13-1　优化的IBC太阳电池工艺参数和设计参数

工艺参数		设计参数	
缺陷相关的基片寿命	1ms	电池厚度	75μm
扩散区饱和电流	3×10^{-13} A/cm^2	p到n接触极间距	20μm
表面复合速度	2cm/s	n到n接触极间距	20μm
特征接触电阻	$1\times10^{-6}\Omega\cdot$cm^2	接触极尺寸	6μm
		背表面反射率	95%
		特征金属电阻	$3\times10^{-4}\Omega\cdot$cm^2

图13-12所示为优化后的IBC太阳电池的性能模拟计算结果。

图13-13所示为IBC太阳电池光电转换效率与电池厚度关系的模拟结果。

实地制作了厚度为130μm和233μm的两种太阳电池，并绘制了这两种电池的光电转换效率，如图13-14所示[4]。由图可知，在$11W/cm^2$辐照度下，薄电池的最高光电转换效率达到23%。随着入射光强度的加大，太阳电池光电转换效率开始升高，达到峰值后快速下降；在高强度下，较厚的太阳电池比薄电池的光电转换效率下降得更快。这些现象与模拟结果是一致的。

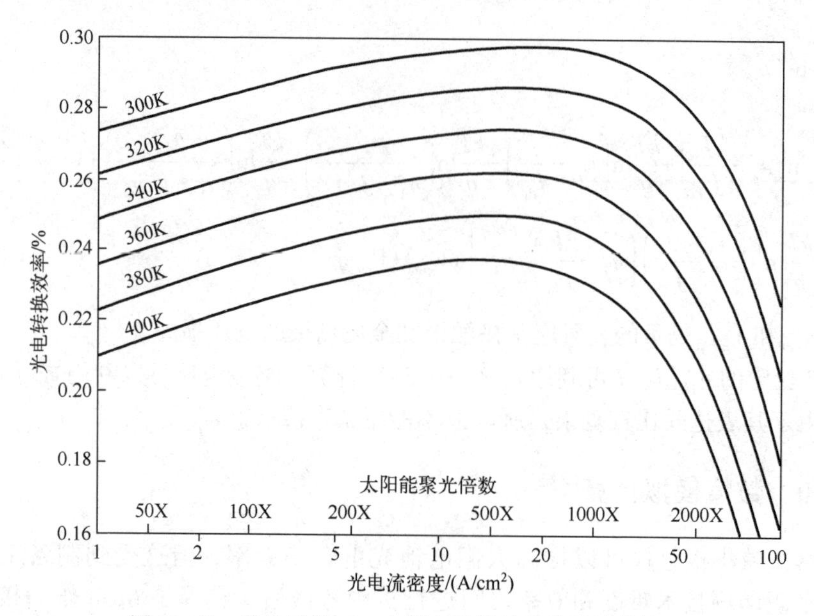

图13-12 优化后的IBC太阳电池的性能模拟计算结果

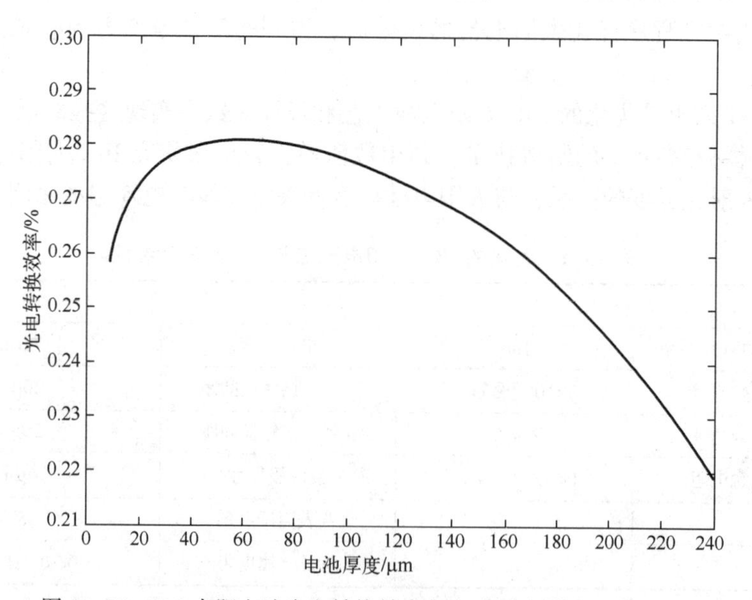

图13-13 IBC太阳电池光电转换效率与电池厚度关系的模拟结果

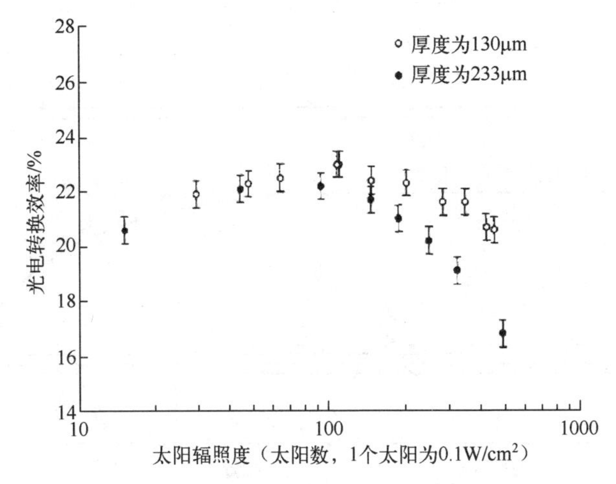

图 13-14　太阳电池光电转换效率与入射光强度的关系

13.5　太阳电池边角部位的复合和最佳边缘距离

对高效太阳电池而言，太阳电池任何部位的损耗都应予以考虑。我们在前面的一些讨论中没有涉及太阳电池边角部位的复合。实际上，太阳电池边角部位的钝化是比较困难的，而未经高质量钝化的边角部位的复合对高效太阳电池性能的影响是不能被忽视的。本节将讨论 IBC 太阳电池边角部位的复合和合适的边缘距离。

太阳电池边角部位的复合机制比太阳电池中间主要部位的更为复杂，其表面还应包含太阳电池的侧面，由硅片加工工艺（如切割）将引入大量的缺陷，而且边角部位的受光情况也不如前表面和背表面均匀。因此，正确计算太阳电池边角部位的复合是比较困难的。

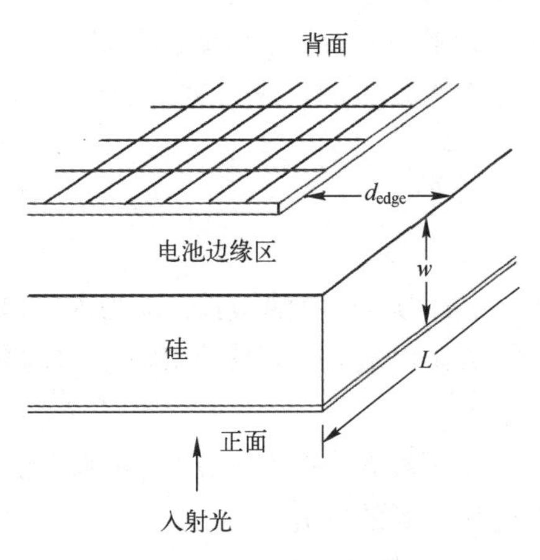

图 13-15　IBC 太阳电池的边角示意图

太阳电池边缘与扩散发射区边缘的距离是需要优化的一个参数，这个距离称为太阳电池周边宽度，记为 d_{edge}，如图 13-15 所示。在整个太阳电池都受到光照的情况下，在太阳电池边缘区，光生载流子被复合的概率远比由发射极收集的概率大。

n 和 p 发射极交叉设置的区域具有很长的载流子扩散长度，载流子浓度分布基本上是均匀的。但是，在太阳电池边缘，由于受硅片切割工艺等因素的影响，载流子的复合率相当高，导致载流子浓度逐渐下降，如图 13-16 所示。载流子的浓度梯度意味着存在由太阳电池内部朝向太阳电池边缘的复合电流。

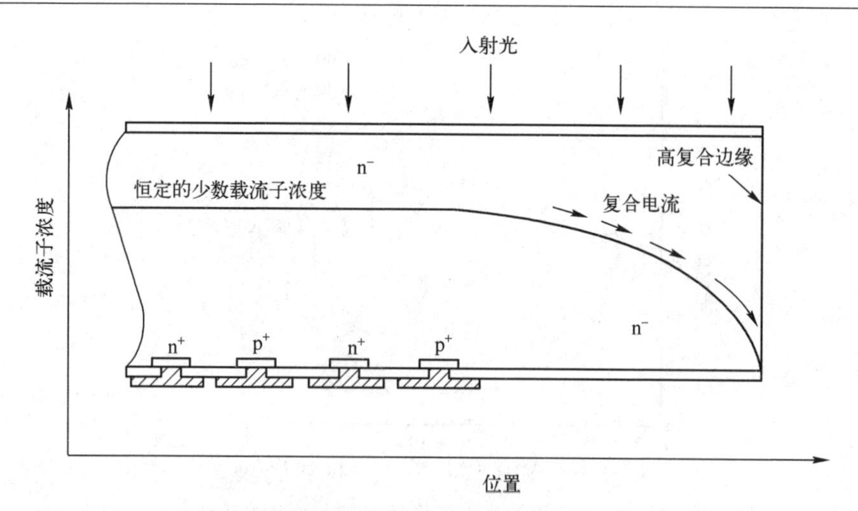

图 13-16 高阻晶体硅 IBC 太阳电池的边缘复合电流

太阳电池的周边宽度对太阳电池光电转换效率有明显的影响。有研究表明，对太阳电池周边宽度进行优化，能明显提高太阳电池光电转换效率[10]。

太阳电池的周边宽度存在一个最大值 $d_{\mathrm{edge,m}}$。如果周边区域的宽度过大，则太阳电池总的 n 和 p 发射区相对缩小，影响太阳电池的载流子收集，减小整个太阳电池的功率输出；如果周边区域的宽度小于 $d_{\mathrm{edge,m}}$，由于太阳电池的主要部分仍需要提供周边的载流子复合电流，不仅不能明显增加周边载流子的收集，还会增大制造工艺难度。因此，设计合适周边宽度的条件是，在太阳电池周边对应于最大宽度 $d_{\mathrm{edge,m}}$的区域，光生电流正好等于复合电流。

设采用 n 型低电阻率晶体硅作为太阳电池基底，在低注入情况下的太阳电池周边宽度为 d_{edge} 的区域，对边缘复合电流进行简化处理后，其复合电流 $I_{\mathrm{edge,r}}$ 可表示为[11]

$$I_{\mathrm{edge,r}}=-qD_{\mathrm{p}}\frac{\mathrm{d}p}{\mathrm{d}x}\cdot Lw \tag{13-152}$$

式中，L 为太阳电池周长，w 为太阳电池周边的厚度。

太阳电池周边宽度为 d_{edge} 区域的光电流 $I_{\mathrm{edge,L}}$ 为

$$I_{\mathrm{edge,L}}=J_{\mathrm{sc}}L(d_{\mathrm{edge}}-x) \tag{13-153}$$

按照最大周边宽度 $d_{\mathrm{edge,m}}$的条件，由边缘区域所产生的光生电流等于边缘区域由复合所消耗的电流，即

$$I_{\mathrm{edge,r}}=I_{\mathrm{edge,L}} \tag{13-154}$$

这时，太阳电池的光电转换效率基本上可达到最高值，最大周边宽度可视为最佳周边宽度。

将式（13-152）和式（13-153）代入式（13-154），得到：

$$J_{\mathrm{sc}}L(d_{\mathrm{edge,m}}-x)=-qD_{\mathrm{p}}\frac{\mathrm{d}p}{\mathrm{d}x}\cdot Lw \tag{13-155}$$

对式（13-155）进行积分，得到：

$$qD_{\mathrm{p}}p_{\mathrm{mp}} \cdot Lw = \frac{1}{2}J_{\mathrm{sc}}Ld_{\mathrm{edge,m}}^{2} \tag{13-156}$$

式中，p_{mp}为太阳电池输出最佳功率时，其主体部分的空穴密度：

$$p_{\mathrm{mp}} = \frac{n_{\mathrm{i}}^{2}}{N_{\mathrm{D}}}\mathrm{e}^{(qV_{\mathrm{m}}/kT)} \tag{13-157}$$

式中，V_{m}为与最佳功率点对应的太阳电池的电压。

于是，由式（13-156）可得最佳周边区域的宽度为

$$d_{\mathrm{edge,m}} = \sqrt{\frac{2qD_{\mathrm{p}}p_{\mathrm{mp}}w}{J_{\mathrm{sc}}}} \tag{13-158}$$

在高注入情况下，式（13-157）将变为

$$p_{\mathrm{mp}} = n_{\mathrm{i}}\mathrm{e}^{(qV_{\mathrm{m}}/2kT)} \tag{13-159}$$

同时，最佳周边区域宽度表达式（13-159）中的因子 2 变为 4，即

$$d_{\mathrm{edge,m}} = \sqrt{\frac{4qD_{\mathrm{p}}p_{\mathrm{mp}}w}{J_{\mathrm{sc}}}} \tag{13-160}$$

对于高阻晶体硅基底，在一个太阳 AM1.5 辐照度下，可形成高注入。当基底厚度为 160μm 时，在最佳功率点($V_{\mathrm{m}}=580\mathrm{mV}$)，载流子浓度约为 $10^{15}\mathrm{cm}^{-3}$，由此可算得最佳周边宽度 $d_{\mathrm{edge,m}}\approx 600\mu\mathrm{m}$[11]。

对于聚光太阳电池而言，当太阳电池厚度 w 固定时，其载流子浓度和短路电流大致按聚光率同步增高，两者的比值几乎不随聚光率的变化而变化，因此最佳边缘宽度与聚光率几乎不相关。由于载流子浓度（在高注入下，$n=p$）随太阳电池厚度的增加而增大，因此最合适的边缘宽度 $d_{\mathrm{edge,m}}$随太阳电池厚度 w 变化。

参考文献

[1] Verlinden P J. High-Efficiency Back-Contact Silicon Solar Cells for One-Sun and Concentrator Applications [J]. Solar Cells, 2012: 327-351.

[2] Nelson J. The Physics of Solar Cells [M]. London: Imperial College Press, 2003.

[3] Swanson R M. Point contact solar cells - Theory and modeling [C]. Conference Record of the IEEE Photovoltaic Specialists Conference, 1985, 1: 604-610.

[4] Swanson R M. Point-contact solar cells: Modeling and experiment [J]. Solar Cells, 1986, 17 (1): 85-118.

[5] Markvart T, Castaner L. Solar Cells: Materials, Manufacture and Operation [M]. UK: Elsevier Inc., 2005.

[6] del Alamo, Swanson J A. The Physics and Modeling of Heavily Doped Emitters [J]. Electron Devices, IEEE Transactions on, 1984.

[7] Pankove J I. Optical Processes in Semiconductors [M]. New Jersey: Prentice-Hall, 1971.

[8] Svantesson K G, Nilsson N G. Determination of the Temperature-dependence of the Free Carrier and

Interband Absorption in Silicon at 1.06 MU-M [J]. Journal of Physics C Solid State Physics, 1979, 12 (18): 3837-3842.

[9] 张民，罗伟，吴振森. 数学物理方法 [M]. 西安：西安电子科技大学出版社，2008.

[10] Sinton R A, Verlinden P T, Swanson R M, et al. Improvements in Silicon Backside-Contact Solar Cells for High-Value One-Sun Applications [C]. Proceeding of 13th European Photovoltaic Solar Energy Conference, Nice, 1995: 1586-1589.

[11] Verlinden P J, Sinton R A, Wickham K, et al. Backside-Contact Silicon Solar Cells with Improved Efficiency for the'96 World Solar Challenge [C]// 14th EC PVSEC. Barcelona. Spain, 1997

第 14 章 晶体硅太阳电池的优化设计

为了提高硅太阳电池光电转换效率、最佳工作电流、最佳工作电压和填充因子等性能，有必要对其进行优化设计。

为了提高太阳电池光电转换效率，需要减小太阳电池的串联电阻，这就要求增加栅极宽度；而增加栅极宽度又会增大对入射光能的吸收，这又会降低太阳电池的光电转换效率，两者之间存在着矛盾。在太阳电池优化设计中，对其电极图案的几何参数设计尤为重要。

太阳电池优化设计的目标包括两方面：提高光生电能输出，减低电能损耗。

本章重点讨论晶体硅太阳电池的优化设计[1-4]。

14.1 晶体硅太阳电池优化设计的几项基础算式

在太阳电池光电转换效率优化设计中，需要增大输出功率。输出功率由输出电压和输出电流决定。下面将会看到太阳电池的最佳输出电压公式是一个超越函数。有时，为了计算方便，需要将其转化为解析式表示。在确定电极几何参数时，必然会涉及发射区的表面层，而太阳电池发射区通常是重掺杂的，所以需要考虑由重掺杂引起的禁带畸变。另外，在计算太阳电池功率损耗时，还会涉及电极与发射层的接触电阻等性质。这些内容在前面几章中尚未进行详细讨论。为了便于后续优化处理时的公式推导，我们先讨论与这些内容相关的基础算式。

14.1.1 太阳电池最佳功率点电压和电流的解析表达式

太阳电池的优化设计涉及太阳电池最佳功率点的电压和电流。如前所述，太阳电池的电流-电压特性是非线性的，其表达式为

$$I=I_{L}-I_{s}\left\{\exp\left[\frac{q(V+IR_{s})}{\eta kT}\right]-1\right\} \tag{14-1}$$

式中，I_s为反向饱和电流，η为理想因子，I_L为太阳电池的光生电流，R_s为太阳电池的串联电阻。

下面求最佳工作点的电流和电压表达式。

当$I=0$时，$V\to V_{oc}$，此时有

$$V_{L}=V_{oc}=\frac{\eta kT}{q}\ln\left(\frac{I_{sc}}{I_{s}}+1\right) \tag{14-2}$$

由式(14-1)可得反向饱和电流为

$$I_s=\frac{I_{sc}}{\exp[q(V_{oc}+IR_s)/\eta kT]-1} \tag{14-3}$$

将式(14-3)代入式(14-1)，可得到电流-电压特性表达式：

$$I(V)=I_L\left\{1-\frac{\exp[q(V+IR_s)/\eta kT]-1}{\exp[q(V_{oc}+IR_s)/\eta kT]-1}\right\} \tag{14-4}$$

由此可得功率 P 随电压变化的关系式为

$$P(V)=VI(V)=VI_L\left\{1-\frac{\exp[q(V+IR_s)/\eta kT]-1}{\exp[q(V_{oc}+IR_s)/\eta kT]-1}\right\} \tag{14-5}$$

将功率 $P(V)$ 对电压求导，并令其为零，即 $\frac{dP(V)}{dV}=0$，可得到在最佳工作电压 V_m 下的最大的功率值 P_m。

$$\frac{dP(V)}{dV}=$$

$$I_L\left\{1-\frac{\exp[q(V_{oc}+IR_s)/\eta kT]-\exp[q(V_m+IR_s)/\eta kT]\cdot\{[q(V_m+IR_s)/\eta kT]+1\}}{\exp[q(V_{oc}+IR_s)/\eta kT]-1}\right\} \tag{14-6}$$

由式（14-6）可导出最佳工作电压的表达式为

$$V_m=\frac{\eta kT}{q}\ln\{[q(V_m+IR_s)/\eta kT]+1\} \tag{14-7}$$

由式（14-7）可知，最佳工作电压 V_m 的关系式是含有对数的一元超越方程式，还包含电流 I，很复杂，通常需采用数值计算求解。V_m 和 I_m 是优化太阳电池输出特性的基础参数，寻求其解析解的近似表达式非常必要[5]。

对式（14-1）可以分两种情况进行分析。

（a）当电流 I 降到零，电压 V 为开路电压 V_{oc} 时，由于 $\frac{kT}{q}=0.0259\text{V}$，$(V_{oc}+IR_s)$ 将远大于 $\frac{\eta kT}{q}$，因此可以忽略式（14-1）括号中的 1。

（b）当 V 变为零时，电流 I 为短路电流 I_{sc}，$I_{sc}\approx I_L$，由于 IR_s 与 $\frac{\eta kT}{q}$ 的值相近，从而使式（14-1）中的 $\left\{\exp\left[\frac{q(V+IR_s)}{\eta kT}\right]-1\right\}$ 项处于个位数的数量级。由于 $I_L\gg I_s$，在式（14-1）中，所以第 2 项可以忽略。

说明　通常情况下，$\frac{kT}{q}=0.026\text{V}$，$\eta=1\sim2$；在 1 个太阳光照下，$I=3.5\sim4.0\text{A}$，$R_s<50\text{m}\Omega$。

在通常的太阳光照强度下，太阳电池能满足$\frac{qV_{oc}}{\eta kT}\gg 1$和$I_L \gg I_s$的条件，因此无论哪种情况，都可以忽略式（14-1）括号中的1。于是，可以得到：

$$I=I_L-I_s\exp\left[\frac{q(V+IR_s)}{\eta kT}\right] \tag{14-8}$$

由式（14-8）可导出：

$$V=\frac{\eta kT}{q}\ln\left(\frac{I_L-I}{I_s}\right)-IR_s \tag{14-9}$$

上式等号的右侧已不含电压 V。

在开路情况下，$I=0$，$V=V_{oc}$，

$$V_{oc}=\frac{\eta kT}{q}\ln\left(\frac{I_L}{I_0}\right) \tag{14-10}$$

太阳电池的输出功率为

$$P=IV=I\frac{\eta kT}{q}\ln\left(\frac{I_L-I}{I_s}\right)-I^2R_s \tag{14-11}$$

对于最佳功率点(I_m,V_m)，有

$$\left.\frac{dP}{dI}\right|_{I=I_m}=0 \tag{14-12}$$

将式（14-11）代入式（14-12），得到：

$$\frac{\eta kT}{q}\ln\left(\frac{I_L-I_m}{I_s}\right)-\frac{\eta kT}{q}\left(\frac{I_m}{I_L-I_m}\right)-2I_mR_s=0 \tag{14-13}$$

在此定义两个变量 υ 和 γ：

$$\upsilon=\frac{q}{\eta kT}V_{oc} \tag{14-14}$$

$$\gamma=\frac{\eta kT}{qV_{oc}}\ln\left(\frac{I_L-I_m}{I_s}\right) \tag{14-15}$$

变量 υ 和 γ 是无量纲的。将变量 γ 的最大值限定为1。于是，式（14-13）变为

$$\frac{\eta kT}{q}\upsilon\gamma-\frac{\eta kT}{q}(e^{\upsilon-\upsilon\gamma}-1)-2I_sR_s(e^{\upsilon}-e^{\upsilon\gamma})=0 \tag{14-16}$$

上式可写成以下形式：

$$1+\upsilon\gamma=e^{\upsilon-\upsilon\gamma}\left[1+\frac{2qI_sR_s}{\eta kT}e^{\upsilon\gamma}(1-e^{\upsilon\gamma-\upsilon})\right] \tag{14-17}$$

$$\upsilon^{1/\upsilon}\left(\gamma+\frac{1}{\upsilon}\right)^{1/\upsilon}=e^{1-\gamma}\left[1+\frac{2qI_sR_s}{\eta kT}e^{\upsilon\gamma}(1-e^{\upsilon\gamma-\upsilon})\right]^{1/\upsilon} \tag{14-18}$$

或

$$\gamma=1-\frac{1}{\upsilon}\ln\upsilon-\frac{1}{\upsilon}\ln\left(\gamma+\frac{1}{\upsilon}\right)+\frac{1}{\upsilon}\ln\left[1+\frac{2qI_sR_s}{\eta kT}e^{\upsilon\gamma}(1-e^{\upsilon\gamma-\upsilon})\right] \tag{14-19}$$

对大多数太阳电池而言，$V_{oc} \gg \eta kT$，按照式（14-14），$\upsilon \gg 1$。由于因子$\frac{1}{\upsilon}$很小，使得其各级数展开式能快速收敛。同时，由于$I_m \leqslant I_L$，使$\gamma \leqslant 1$。于是，对于γ的取值，可以按以下两种情进行讨论。

（1）串联电阻$R_s = 0$。

对于这种情况，式（14-19）变为

$$\gamma = 1 - \frac{1}{\upsilon}\ln\upsilon - \frac{1}{\upsilon}\ln\left(\gamma + \frac{1}{\upsilon}\right) \tag{14-20}$$

因为$\upsilon \gg 1$，$\gamma \leqslant 1$，所以取一级近似，可以得到：

$$\gamma \approx 1 - \frac{1}{\upsilon}\ln\upsilon \tag{14-21}$$

将式（14-21）代入式（14-20）右侧的γ，进而得到γ的更准确的近似表达式：

$$\gamma = 1 - \frac{1}{\upsilon}\ln(\upsilon + 1 - \ln\upsilon) \tag{14-22}$$

由式（14-22）表达的γ值的准确性随着$1/\upsilon$的减小而增加。

（2）串联电阻$R_s \neq 0$。

对于这种情况，可以将式（14-22）代入式（14-19）最后一项的指数式，得到：

$$e^{\upsilon\gamma}(1 - e^{\upsilon\gamma - \upsilon}) = e^{\upsilon - \ln(\upsilon + 1 - \ln\upsilon)}\left[1 - e^{-\ln(\upsilon + 1 - \ln\upsilon)}\right] = \frac{e^{\upsilon}}{\upsilon + 1 - \ln\upsilon}\left(1 - \frac{1}{\upsilon + 1 - \ln\upsilon}\right) \tag{14-23}$$

再将其代入式（14-19），得到：

$$\gamma = 1 - \frac{1}{\upsilon}\ln(\upsilon + 1 - \ln\upsilon) + \frac{1}{\upsilon}\ln\left[1 + \frac{2qI_sR_s}{\eta kT}\frac{e^{\upsilon}(\upsilon - \ln\upsilon)}{(\upsilon + 1 - \ln\upsilon)^2}\right] \tag{14-24}$$

利用式（14-10）和式（14-14），可得到：

$$e^{\upsilon} = \frac{I_L}{I_s} \tag{14-25}$$

将式（14-25）和式（14-14）代入式（14-24），得到：

$$\gamma = 1 - \frac{1}{\upsilon}\ln(\upsilon + 1 - \ln\upsilon) + \frac{1}{\upsilon}\ln\left[1 + \frac{I_LR_s}{V_{oc}}\frac{2\upsilon(\upsilon - \ln\upsilon)}{(\upsilon + 1 - \ln\upsilon)^2}\right] \tag{14-26}$$

求得γ值后，可以由式（14-14）和式（14-15）得到最佳功率点的电流值为

$$I_m = I_L(1 - e^{\upsilon\gamma - \upsilon}) \tag{14-27}$$

再由式（14-9）得到最佳功率点的电压值为

$$V_m = V_{oc}\left[\gamma - \frac{I_LR_s}{V_{oc}}(1 - e^{\upsilon\gamma - \upsilon})\right] \tag{14-28}$$

以及

$$P_m = I_m V_m \tag{14-29}$$

按照太阳电池的填充系数定义，FF 为

$$FF = \frac{P_m}{I_L V_{oc}} \tag{14-30}$$

在上述两种不同串联电阻的情况下，得到 I_m和 V_m的解析表达式。

（1）对于 $R_s = 0$ 的情况：

$$I_m = I_L\left(1 - \frac{1}{v+1-\ln v}\right) \tag{14-31}$$

$$V_m = V_{oc}\left[1 - \frac{1}{v}\ln(v+1-\ln v)\right] \tag{14-32}$$

$$P_m = I_m V_m = I_L V_{oc}\left(1 - \frac{1}{v+1-\ln v}\right)\left[1 - \frac{1}{v}\ln(v+1-\ln v)\right] \tag{14-33}$$

$$FF = \frac{P_m}{I_L V_{oc}} = \left(1 - \frac{1}{v+1-\ln v}\right)\left[1 - \frac{1}{v}\ln(v+1-\ln v)\right] \tag{14-34}$$

（2）对于 $R_s \neq 0$ 的情况：

$$I_m = I_L\left[1 - \frac{1}{v+1-\ln v} - \frac{2I_L R_s}{V_{oc}} \frac{v(v-\ln v)}{(v+1-\ln v)^3}\right] \tag{14-35}$$

$$V_m = V_{oc}\left\{1 - \frac{1}{v}\ln(v+1-\ln v) + \frac{1}{v}\ln\left[1 + \frac{2I_L R_s}{V_{oc}} \frac{v(v-\ln v)}{(v+1-\ln v)^2}\right] - \frac{I_L R_s}{V_{oc}} \frac{(v-\ln v)}{(v+1-\ln v)} + \left(\frac{I_L R_s}{V_{oc}}\right)^2\left[\frac{2v(v-\ln v)}{(v+1-\ln v)^3}\right]\right\} \tag{14-36}$$

$$P_m = I_m V_m = I_L V_{oc}\left[1 - \frac{1}{v+1-\ln v} - \frac{2I_L R_s}{V_{oc}} \frac{v(v-\ln v)}{(v+1-\ln v)^3}\right]\left\{1 - \frac{1}{v}\ln(v+1-\ln v) + \frac{1}{v}\ln\left[1 + \frac{2I_L R_s}{V_{oc}} \frac{v(v-\ln v)}{(v+1-\ln v)^2}\right] - \frac{I_L R_s}{V_{oc}} \frac{(v-\ln v)}{(v+1-\ln v)} + \left(\frac{I_L R_s}{V_{oc}}\right)^2\left[\frac{2v(v-\ln v)}{(v+1-\ln v)^3}\right]\right\} \tag{14-37}$$

$$FF = \frac{P_m}{I_L V_{oc}} \tag{14-38}$$

利用以上近似解析式，可以快速估算由串联电阻所引起的损耗对太阳电池的电流、电压、功率、填充因子和光电转换效率的影响。

14.1.2　入射光子通量密度和硅的光谱吸收系数的近似表达式

求解最佳功率 P_m点的电流 I_m和电压 V_m时，需要先求出短路电流 J_{sc}和开路电压 V_{oc}。而求解 J_{sc}和 V_{oc}，又需要已知一个太阳标准条件下的入射光子通量密度和硅材料的光谱吸收系数。

一个大阳标准条件下（AM1.5）的入射光子通量密度（单位为 $cm^{-2}s^{-1}$）可按下述近似公式计算[6]：

$$\Phi(\lambda)=\begin{cases}C(19.7\lambda-4.7)\times10^{15} & 0.24\leqslant\lambda\leqslant0.47\mu m\\ C(-2.5\lambda+5.7)\times10^{15} & 0.48\leqslant\lambda\leqslant1.1\mu m\end{cases} \tag{14-39}$$

硅材料的光谱吸收系数除了可用第 5 章中的式（5-73）近似计算，也可按以下更简单的近似公式计算[7]：

$$\alpha(\lambda)=\begin{cases}0 & \lambda\geqslant1.1\mu m\\ 10^{-6.7\lambda+8.4}cm^{-1} & 0.8\leqslant\lambda\leqslant1.1\mu m\\ 10^{-3.3\lambda+5.6}cm^{-1} & 0.5\leqslant\lambda\leqslant0.8\mu m\\ 10^{-6.7\lambda+8.4}cm^{-1} & \lambda\leqslant0.5\mu m\end{cases} \tag{14-40}$$

14.1.3 晶体硅禁带的变形

在高掺杂晶体硅中，引起能带带隙变化的原因有很多，这里仅引用与硅太阳电池关系比较密切，且理论分析与实验结果比较符合的一种禁带变窄机制[8]。

弗朗兹-凯尔迪什效应[9,10]是一种电光现象，指的是在强电场作用下，晶体的光吸收边会向长波方向移动。这种效应导致光学带隙 E_g 变窄，改变高掺杂太阳电池的产生-复合电流。

由弗朗兹-凯尔迪什效应引起的光学带隙变化量 ΔE_g 为

$$\Delta E_g=\left[\frac{h^2}{m^*}(qF)^2\right]^{1/3} \tag{14-41}$$

式中：m^* 为电子和空穴的综合有效质量，可取 $0.25m_0$[11]；F 是空间电荷区势垒电场强度。

在第 7 章已经讨论过，在光照下，太阳电池的电流密度表达式（7-91）为

$$J=J_L-J_{srD}(e^{qV/kT}-1)-J_{srd}(e^{qV/2kT}-1) \tag{14-42}$$

式中，J_{srd} 为耗尽区饱和暗电流密度：

$$J_{srd}=q\frac{w_D n_i}{\tau_D}$$

在高掺杂使带隙变窄的情况下，对式（14-42）进行修正，修正后的 J_{srd} 为

$$J_{srd}=\frac{qn_i w_{eff}}{2\sqrt{\tau_p\tau_n}}e^{\Delta E_g/2kT} \tag{14-43}$$

式中：τ_p、τ_n 分别为发射区和基区的少子寿命；w_{eff} 为空间电荷区的有效宽度：

$$w_{eff}=\frac{\pi kT}{qF} \tag{14-44}$$

修正后的硅 pn 结太阳电池的理论公式更符合其电流-电压特性实验测量结果。

14.1.4 半导体-栅极接触电阻

本章主要讨论太阳电池几何参数设计的优化。显然，栅极的几何图案是需要重

点考虑的优化设计对象，这就必然要涉及栅极与半导体之间的接触特性。为便于后续讨论栅极接触功率损耗，这里先对电极长度为 L，注入区宽度为 w，相邻电极的边缘间距（即注入区长度）为 $D-L$ 的任意两个触点，导出接触电阻的表达式[12,13]。

这里需要利用传输线模型（TLM）。如图 14-1 所示，假定无穷小长度 ∂x 内包含一系列串联电阻

$$\partial R_{\parallel}=\frac{R_{sh}}{w}\partial x \qquad (14-45)$$

和并联电导

$$\partial G_{\perp}=\frac{w}{\rho_c}\partial x \qquad (14-46)$$

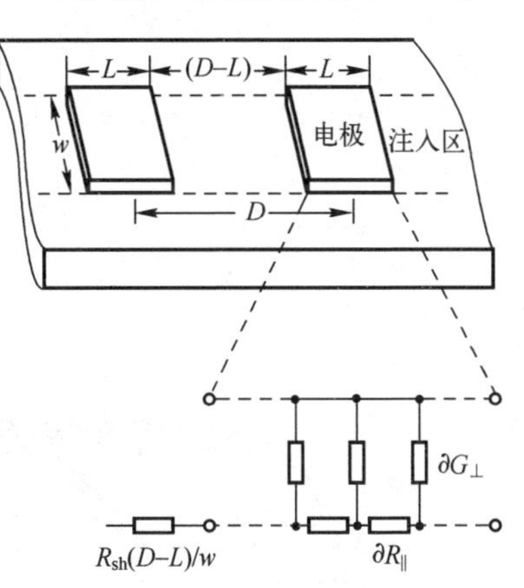

图 14-1　掺杂半导体-栅极接触电阻和基于传输线模型的等效电路示意图

式中：$R_{\parallel}$ 为串联电阻；$G_{\perp}$ 为并联电导；R_{sh} 为电极下的薄层方块电阻，也称接触下修正的薄层电阻（Ω/□）；ρ_c 为特定的接触电阻，也称比接触电阻（$\Omega\cdot cm^2$）。

由传输线模型可知，总接触电阻 $R_c(\Omega)$ 可表示为

$$R_c=\frac{Z_c}{w}\coth\left(\frac{L}{L_T}\right) \qquad (14-47)$$

$$Z_c=\sqrt{\rho_c R_{sh}} \qquad (14-48)$$

$$L_T=\sqrt{\rho_c/R_{sh}} \qquad (14-49)$$

式中：R_c 为总接触电阻（Ω）；Z_c 为最小接触电阻（Ω·cm）；L 为电极长度(μm)；w 为注入区宽度(μm)；L_T 为临界电极长度（μm），也称传输长度。

在图 14-1 中，D 为电极之间的距离（μm），R_{sh} 为注入层的方块电阻（Ω/□），$(D-L)$ 为注入区的宽度(μm)。

14.2　基于遗传算法的太阳电池优化设计

太阳电池输出功率的光学损耗和欧姆损耗，与其结构、尺寸和栅极接触设计有密切关系。太阳电池的尺寸，栅极几何形状及其间距，会影响各项功率损耗。通常的硅太阳电池的栅极图案为矩形或正方形，确定其设计参数是有约束条件的。通过栅极接触图案的优化设计，可使太阳电池在光照射下的功率损耗达到最小，以获得较高的光电转换效率和功率输出，提高太阳电池的输出性能。

在此先讨论太阳电池分项功率损耗加权处理和采用遗传算法进行优化设计的方法[3]。

14.2.1　太阳电池终端输出的基本方程

太阳电池的性能可以用第 7 章讨论过的基本方程来描述。优化太阳电池的性能

可从3个方面来考虑，即太阳电池的结构、几何尺寸和电极接触设计。通常电极呈栅状，分为主栅电极和栅线电极，统称为栅极。图14-2所示为太阳电池栅极结构示意图。

由于细栅极宽度较小，所以通常称之为栅线；早先也有人称其为副栅电极。

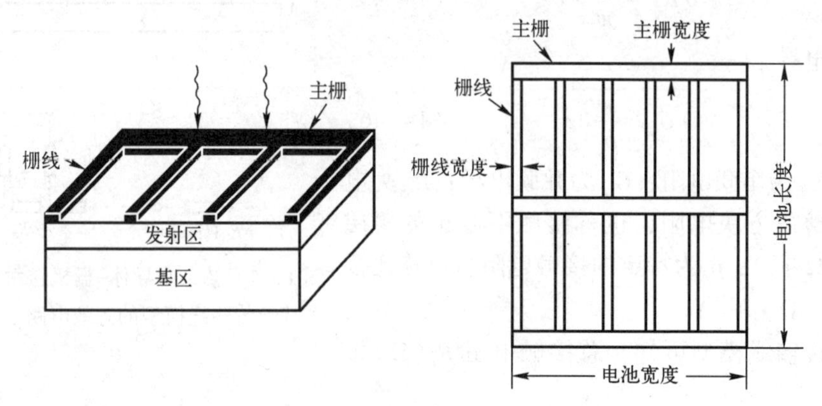

图14-2 太阳电池栅极结构示意图

在此，我们对第7章讨论过的基本方程式的表达形式稍做改变，并考虑由高掺杂效应引起的禁带收缩现象，对空间电荷区饱和电流的表达式进行修正。

1. 太阳电池的总输出电流

计算太阳电池总的电流密度时，应对太阳光的所有波长进行积分，即

$$J=\int_0^{\infty} J(\lambda)\,\mathrm{d}\lambda \tag{14-50}$$

式中，$J(\lambda)$为光谱电流密度。

太阳电池的电流密度$J(\lambda)$可以表示为

$$J(\lambda)=J_{\mathrm{sc}}(\lambda)-J_{\mathrm{dark}}(\lambda)=J_{\mathrm{L}}(\lambda)-J_{\mathrm{srD}}(\lambda)(\mathrm{e}^{qV/kT}-1)-J_{\mathrm{srd}}(\mathrm{e}^{qV/2kT}-1) \tag{14-51}$$

式中，$J_{\mathrm{L}}(\lambda)$为光电流，$J_{\mathrm{dark}}(\lambda)$为暗电流。

(1) 光电流密度：总的光电流密度由发射区、空间电荷区和基区3个区域的光电流密度组成：

$$J_{\mathrm{L}}(\lambda)=J_{\mathrm{E}}(\lambda)+J_{\mathrm{SCR}}(\lambda)+J_{\mathrm{B}}(\lambda) \tag{14-52}$$

式中，$J_{\mathrm{E}}(\lambda)$为发射区电流密度，$J_{\mathrm{SCR}}(\lambda)$为空间电荷区电流密度，$J_{\mathrm{B}}(\lambda)$为基区电流密度。这里的发射区和基区对应于第7章中的中性区，空间电荷区对应于第7章中的耗尽区。

$$J_{\mathrm{E}}(\lambda)=q\Phi(\lambda)(1-R)\left(\frac{\alpha(\lambda)L_{\mathrm{p}}}{L_{\mathrm{p}}^{2}\alpha(\lambda)^{2}-1}\right)\times$$

$$\left[\frac{\left(\frac{s_{\text{Feff}}L_p}{D_p}+\alpha(\lambda)L_p\right)-e^{-\alpha(\lambda)w_E}\left(\frac{s_{\text{Feff}}L_p}{D_p}\cosh\frac{w_E}{L_p}+\sinh\frac{w_E}{L_p}\right)}{\frac{s_{\text{Feff}}L_p}{D_p}\sinh\frac{w_E}{L_p}+\cosh\frac{w_E}{L_p}}-\alpha(\lambda)L_p e^{-\alpha(\lambda)w_E}\right] \tag{14-53}$$

$$J_B(\lambda)=q\Phi(\lambda)(1-R)\left(\frac{\alpha(\lambda)L_n}{L_n^2\alpha(\lambda)^2-1}e^{(-w_E+w_{\text{SCR}})\alpha(\lambda)}\right)\times$$
$$\left[\alpha(\lambda)L_n-\frac{\frac{s_{\text{BSF}}L_n}{D_n}\left(\cosh\frac{w_B}{L_n}-e^{-\alpha(\lambda)w_B}\right)+\sinh\frac{w_B}{L_n}+\alpha(\lambda)L_n e^{-\alpha(\lambda)w_B}}{\frac{s_{\text{BSF}}L_n}{D_n}\sinh\frac{w_B}{L_n}+\cosh\frac{w_B}{L_n}}\right] \tag{14-54}$$

$$J_{\text{SCR}}(\lambda)=q\Phi(\lambda)(1-R)e^{-\alpha(\lambda)w_E}(1-e^{-w_{\text{SCR}}\alpha(\lambda)}) \tag{14-55}$$

式中，w_E为发射区宽度，w_{SCR}为空间电荷区宽度，w_B为基区宽度。

按第 6 章式（6-34），空间电荷区宽度可表示为

$$w_{\text{SCR}}=\sqrt{\frac{2\varepsilon_s V_{bi}}{q}\cdot\frac{(N_A+N_D)}{N_A N_D}} \tag{14-56}$$

当考虑高掺杂使其带隙变窄的情况时，应对式（14-56）进行修正。按照式（14-44），$w_{\text{SCR,eff}}$表达式为

$$w_{\text{SCR,eff}}=\frac{\pi kT}{qF} \tag{14-57}$$

式中，F 为空间电荷区的电场强度。

上述公式在太阳光谱范围内积分后，可得到光电流密度 J_L 和暗电流密度 J_{dark}。积分时，需要采用 14.1.2 节入射光通量的光谱分布近似表达式（14-39）和硅材料的光谱吸收系数近似表达式（14-40）。

（2）暗电流密度：暗电流密度 J_{dark} 可表示为

$$J_{\text{dark}}=J_{\text{srD}}(e^{qV/kT}-1)-J_{\text{srd}}(e^{qV/2kT}-1) \tag{14-58}$$

反向饱和电流密度 J_{srD} 和 J_{srd} 可分别表示为

$$J_{\text{srD}}=qn_i^2\left(\frac{D_n}{N_A L_n}+\frac{D_p}{N_D L_p}\right) \tag{14-59}$$

$$J_{\text{srd}}=\frac{qn_i w_{\text{SCR}}}{2\sqrt{\tau_n\tau_p}}e^{\frac{\Delta E_g}{2kT}} \tag{14-60}$$

2. 短路电流和开路电压

短路电流密度为电池短路时的光电流，即

$$J_{sc}=J_L \tag{14-61}$$

开路电压 V_{oc} 可表示为

$$V_{oc}=\frac{kT}{q}\ln\left(\frac{J_{sc}}{J_s}+1\right) \tag{14-62}$$

3. 最佳功率点的电流和电压

在一个太阳标准条件下的最大输出功率 P_m 可以表示为

$$P_m = J_m V_m \tag{14-63}$$

式中，最佳电流 J_m 和电压 V_m 由下面两式表示：

$$\begin{cases} J_m = J_L\left[1-\dfrac{1}{\upsilon+1-\ln(\upsilon)}\right] \\ V_m = V_{oc}\left[1-\dfrac{1}{\upsilon}\ln(\upsilon+1-\ln(\upsilon))\right] \end{cases} \tag{14-64}$$

式中，$\upsilon=\dfrac{q}{\eta kT}V_{oc}$。

14.2.2 太阳电池中与栅极相关的功率损耗

对于具有前表面栅极接触的常规太阳电池，与电极相关的功率损耗由多种损耗机制组成，包括阴影光学损耗和栅极接触损耗等。在太阳电池的优化设计中，应考虑这些功率损耗的综合效应。

图 14-3 所示的是太阳电池栅极中电流输运情况示意图。

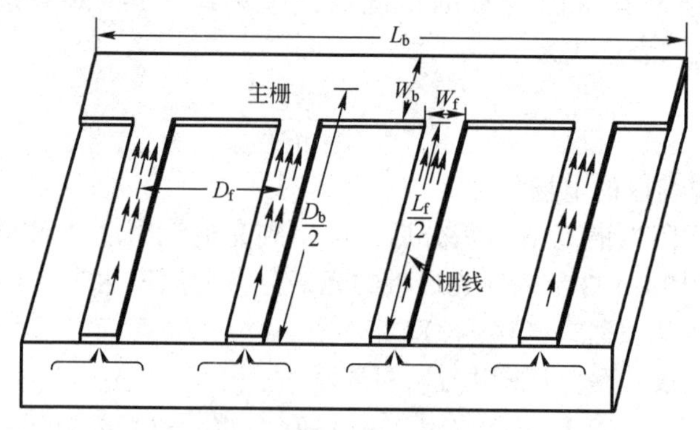

图 14-3 太阳电池栅极中电流输运情况示意图

为了计算每个部分的功率损耗，先定义功率损耗比率 F，它是在指定区域内的功率损耗除以光照产生的有用功率。以下的讨论设定：从 pn 结发出的光生电流首先均匀地流入表面薄层，然后流向侧面，由栅线和主栅收集；温度保持在 300K；栅极的宽度和高度均匀。

1. 太阳电池总的功率损耗

系统的总功率损耗比率（F_{sum}）可以用各部分单独的功率损耗比率之和表示：

$$F_{sum} = \sum_{i=1}^{n}\left(\frac{P_{loss}}{P_{gneration}}\right)_i \tag{14-65}$$

式中，n 为单项功率损耗的个数。

对太阳电池而言，功率损耗的总比率 F_{sum} 可以用太阳电池的各单项功率损耗比率之和表示：

$$F_{sum}=F_{sr}+F_{f}+F_{b}+F_{s}+F_{cf}+F_{cb}+F_{if}+F_{ib} \tag{14-66}$$

式中：F_{sr} 为发射极表面薄层电阻功率损耗的比率；F_{f} 为栅线电阻功率损耗的比率；F_{b} 为主栅电阻功率损耗的比率；F_{s} 为栅极（包括主栅和栅线）对入射光遮挡所引起的功率损耗的比率；F_{cf} 为栅线与半导体发射层接触电阻功率损耗的比率；F_{cb} 为主栅与半导体发射层接触电阻功率损耗的比率；F_{if} 为栅线内部负载所引起的功率损耗的比率；F_{ib} 为主栅内部负载所引起的功率损耗的比率。

2. 太阳电池分项的功率损耗

太阳电池的功率损耗主要由以下 8 个部分组成。

（1）发射区表面薄层电阻所造成的功率损耗。

造成这种功率损耗的起始因素是发射区表面薄层扩展电阻。我们从半个太阳电池的两个相邻栅线之间的中线开始，计算由薄层电阻造成的这部分功率损耗。

微小区间的薄层电阻可以用微分形式表示为

$$\mathrm{d}R=\frac{R_{sh}}{L_{f}}\mathrm{d}x_{f} \tag{14-67}$$

式中：R_{sh} 为表面薄层电阻；L_{f} 为栅线长度；$\mathrm{d}x_{f}$ 为两条栅线之间的微小距离。

由薄层电阻引起的功率损耗为

$$P_{loss-sheet}=\int_{0}^{D_{f}/2}\frac{J_{m}^{2}L_{f}^{2}\ x_{f}^{2}R_{sh}}{L_{f}}\mathrm{d}x_{f}=\frac{J_{m}^{2}L_{f}D_{f}^{3}R_{sh}}{24} \tag{14-68}$$

式中，D_{f} 为栅线间距。

由于电流是由栅极近旁面积为 $\left(L_{f}\cdot\frac{D_{f}}{2}\right)$ 的发射区产生的，所以在与发射区表面相对应的区域内，由光照产生的功率可以表示为

$$P_{gneration}=J_{m}V_{m}\cdot\left(L_{f}\cdot\frac{D_{f}}{2}\right) \tag{14-69}$$

表面薄层方块电阻部分的功率损耗比率 F_{sr} 为

$$F_{sr}=\frac{P_{loss-sheet}}{P_{gneration}}=\frac{J_{m}R_{sh}D_{f}^{2}}{12V_{m}} \tag{14-70}$$

下面将会看到，讨论栅线与硅之间的接触电阻所引起的损耗时，需要采用转移长度法计算电流从栅线到半导体薄层的传输距离或电流从半导体薄层到栅线的传输距离，这都只能计算到栅线的边缘。因此，严格地说，式（14-70）中的 D_{f} 应改为 $(D_{f}-w_{f})$，即

$$F_{sr}=\frac{J_{m}R_{sh}(D_{f}-w_{f})^{2}}{12V_{m}} \tag{14-71}$$

（2）栅线与晶体硅的接触电阻所形成的损耗。

参照式（14-47）至式（14-49），栅线与半导体的接触电阻率 R_{c} 可表述为

$$R_c = \frac{\sqrt{R_{sh}\rho_c}}{L_c/2}\coth\left(\frac{w_f}{2}\sqrt{\frac{R_{sh}}{\rho_c}}\right) = \frac{2R_{sh}L_T}{L_c}\coth\left(\frac{w_f}{2L_T}\right) \tag{14-72}$$

式中，L_c为电池长度，L_T为传输长度。这里设定栅线与半导体的接触是均匀的。

$$L_T = \sqrt{\frac{\rho_c}{R_{sh}}} \tag{14-73}$$

接触电阻的功率损耗为

$$P_{loss-contact} = I^2R_c = \left(J_m\frac{L_c}{2}\cdot\frac{D_f}{2}\right)^2\left[\frac{2R_{sh}L_T}{L_c}\coth\left(\frac{w_f}{2L_T}\right)\right] \tag{14-74}$$

所产生的光电流应该是流过面积$\left(\frac{D_f}{2}\cdot\frac{L_c}{2}\right)$的电流，计算$P_{generation}$时应该是电流密度$J_m$乘以面积$\left(\frac{D_f}{2}\cdot\frac{L_c}{2}\right)$。因此，由光照产生的功率为

$$P_{generation} = J_mV_m\left(\frac{D_f}{2}\cdot\frac{L_c}{2}\right) \tag{14-75}$$

于是，栅线部分的接触损耗比率F_{fc}为

$$F_{cf} = \frac{J_mD_f}{2V_m}R_{sh}L_T\coth\left(\frac{w_f}{2L_T}\right) \tag{14-76}$$

（3）主栅金属与晶体硅的接触电阻所形成的损耗。

主栅接触损耗可用类似方法导出：

$$P_{loss-contact} = I^2R_c = \left(J_mL_b\cdot\frac{D_b}{2}\right)^2\left[\frac{2R_{sh}L_T}{L_b}\coth\left(\frac{w_b}{2L_T}\right)\right] \tag{14-77}$$

$$P_{generation} = J_mV_m\left(\frac{D_b}{2}\cdot L_b\right) \tag{14-78}$$

$$F_{cb} = \frac{J_mD_b}{V_m}R_{sh}L_T\coth\left(\frac{W_b}{2L_T}\right) \tag{14-79}$$

通常情况下，主栅长度近似等于太阳电池宽度。在正方形太阳电池的情况下，$L_b = L_c$。

（4）栅线电阻所引起的功率损耗。

下面讨论太阳电池正面收集电流的栅线电阻的功率损耗的计算。

这里产生的电流应该是流过面积$\left(\frac{D_f}{2}\cdot L_f\right)$的电流，计算$P_{generation}$时应该是电流密度$J_m$乘以面积$\left(\frac{D_f}{2}\cdot L_f\right)$。由光照产生的功率为

$$P_{generation} = J_mV_m\left(\frac{D_f}{2}\cdot L_f\right) \tag{14-80}$$

通常，太阳电池栅极设计总是对称的，积分上限为栅线长度的1/2，从而得到：

$$P_{\text{loss-finger}} = I^2R_f = \int_0^{L_f/2}\left(J_m \frac{D_f}{2}x_f\right)^2\left(\frac{\rho_m}{W_fH_f}\right)dx_f = \left(\frac{J_mD_f}{2}\right)^2\left(\frac{\rho_m}{W_fH_f}\right)\frac{x_f^3}{3}\bigg|_{x_f=\frac{L_f}{2}} \tag{14-81}$$

因此，栅线部分的功率损耗比率 F_f可以表示为

$$F_f = \frac{P_{\text{loss-sheet}}}{P_{\text{gneration}}} = \frac{J_m\rho_m L_f^2 D_f}{48V_m W_f H_f} \tag{14-82}$$

计算时，栅线的宽度与厚度的比值应在推荐的宽厚比的范围内，即 0.23~0.25。

(5) 主栅电阻所引起的功率损耗。

计算光生电流时，应该考虑的是电流密度 J_m乘以面积$\left(\frac{D_b}{2}\cdot L_b\right)$，因此光生功率应为

$$P_{\text{generation}} = J_m V_m \left(L_b \cdot \frac{D_b}{2}\right) \tag{14-83}$$

式中，D_b为相邻主栅之间的距离。

计算功率损耗时，应该考虑的是整条主栅，积分限为 0~L_b。

$$P_{\text{loss-busbars}} = I^2R_b = \int_0^{L_b}\left(J_m \frac{D_b}{2}x_b\right)^2\left(\frac{\rho_m}{W_bH_b}\right)dx_b = \frac{J_m^2\rho_m L_b^3 D_b^2}{12V_m W_b H_b} \tag{14-84}$$

于是得到主栅部分的功率损耗比率 F_b为

$$F_b = \frac{P_{\text{loss-busbars}}}{P_{\text{gneration}}} = \frac{J_m\rho_m L_b^2 D_b}{6V_m w_b H_b} \tag{14-85}$$

(6) 栅线内半导体负载所造成的功率损耗。

太阳电池的前表面在均匀照明下产生光电流。但是，由于栅极下的电池部分是暗区，不产生光电流，却会产生暗电流。这相当于半导体内部通过 pn 结接上了负载，导致开路电压下降。由内部负载部分引起的功率损耗可以用以下方法来计算。

利用黑暗状态下的肖克利方程，流过电池栅线下面的面积为 A_{dark}黑暗区域的电流为

$$I_{if} = A_{\text{dark},f}J_s\left[\exp\left(\frac{V_m}{V_T}\right)-1\right] \approx A_{\text{dark},f}J_s\exp\left(\frac{V_m}{V_T}\right) \tag{14-86}$$

式中：由于指数项远大于 1，所以忽略了第 1 个等号右侧括号中的 1；J_s为饱和电流密度；V_T为热电压，$V_T = \frac{kT}{\eta q}$；$A_{\text{dark},f}$为太阳电池栅线长度的一半乘以栅线宽度的一半得到的面积，即

$$A_{\text{dark},f} = \frac{w_f}{2}\cdot\frac{L_c}{2} \tag{14-87}$$

由于一阶等效集总电阻 R_{lump}为总薄层方块电阻的 1/3[14]，得到：

$$R_{\text{lump}} = \frac{R_{sh}}{3}\cdot\frac{D_f/2}{L_c/2} \tag{14-88}$$

上式把原本分散的电阻合并起来，用一个整体性的电阻 R_{lump}表示。

利用式（14-86）、式（14-87）和式（14-88），可得由内部负载部分所造成的功率损耗为

$$P_{\text{loss-in-load}}=I_{\text{if}}^{2}R_{\text{lump}}=\left\{\left(\frac{w_{\text{f}}L_{\text{c}}}{4}\right)\left[J_{\text{s}}\exp\left(\frac{V_{\text{m}}}{V_{\text{T}}}\right)\right]\right\}^{2}\left(\frac{R_{\text{sh}}D_{\text{f}}}{3L_{\text{c}}}\right) \tag{14-89}$$

光生功率为

$$P_{\text{generation}}=J_{\text{m}}V_{\text{m}}\left(\frac{D_{\text{f}}}{2}\cdot\frac{L_{\text{c}}}{2}\right) \tag{14-90}$$

内部负载部分的功率损耗比率为

$$F_{\text{if}}=\frac{R_{\text{lump}}\left[w_{\text{f}}J_{\text{s}}\exp\left(\frac{V_{\text{m}}}{V_{\text{T}}}\right)\right]^{2}}{12\,J_{\text{m}}V_{\text{m}}} \tag{14-91}$$

（7）主栅内半导体负载所造成的功率损耗。

主栅内半导体负载所造成的功率损耗可用类似方法导出。

流过太阳电池主栅下面黑暗区域的电流为

$$I_{\text{ib}}\approx A_{\text{dark,b}}J_{\text{s}}\exp\left(\frac{V_{\text{m}}}{V_{\text{T}}}\right) \tag{14-92}$$

式中，$A_{\text{dark,b}}$为太阳电池的主栅长度 L_{b}乘以主栅半宽度 $w_{\text{b}}/2$ 的面积，即

$$A_{\text{dark,b}}=\frac{w_{\text{b}}}{2}\cdot L_{\text{b}} \tag{14-93}$$

对于周边主栅，应取完整的主栅宽度 w_{b}。

集总电阻的计算面积为主栅长度乘以主栅间距的 1/2，因此有

$$R_{\text{lump,b}}=\frac{R_{\text{sh}}}{3}\cdot\frac{D_{\text{b}}/2}{L_{\text{b}}} \tag{14-94}$$

主栅内部负载所造成的部分功率损耗为

$$P_{\text{loss-in-load}}=I_{\text{ib}}^{2}R_{\text{lump,b}}=\left\{\left(\frac{w_{\text{b}}}{2}\cdot L_{\text{b}}\right)\left[J_{\text{s}}\exp\left(\frac{V_{\text{m}}}{V_{\text{T}}}\right)\right]\right\}^{2}\left(\frac{R_{\text{sh}}D_{\text{b}}}{6L_{\text{b}}}\right) \tag{14-95}$$

由光照产生的功率为

$$P_{\text{generation}}=J_{\text{m}}V_{\text{m}}\left(\frac{D_{\text{b}}}{2}\cdot L_{\text{b}}\right) \tag{14-96}$$

于是，主栅内部负载部分的功率损耗比率为

$$F_{\text{ib}}=\frac{R_{\text{lump,b}}\left[w_{\text{b}}J_{\text{s}}\exp\left(\frac{V_{\text{m}}}{V_{\text{T}}}\right)\right]^{2}}{12\,J_{\text{m}}V_{\text{m}}} \tag{14-97}$$

（8）栅极阴影部分的功率损耗。

由于进入太阳电池的光被栅极遮挡而形成阴影，所以这一部分的功率损耗比率 F_{s}取决于栅线面积 $w_{\text{f}}L_{\text{f}}$及其数量 m_{f}，主栅面积 $w_{\text{b}}L_{\text{b}}$及其数量 m_{b}。对这些电极重叠部分$m_{\text{f}}w_{\text{f}}m_{\text{b}}w_{\text{b}}$，在计算时应予以扣除。于是，阴影部分的功率损耗比率 F_{s}为

$$F_s=\left\{1-\left[\frac{L_c^2-(m_f w_f L_f+m_b w_b L_b-m_f w_f m_b w_b)}{L_c^2}\right]\right\} \tag{14-98}$$

3. 聚光太阳电池的最佳功率密度

太阳电池的最佳功率密度 P_m 可以通过短路电流密度和开路电压来确定。在一个太阳标准条件下，最佳功率点的功率密度 P_m 为

$$P_m=J_m V_m \tag{14-99}$$

当聚光系统的聚光率为 C_{con} 时，$P_m(C_{con})$、$J_m(C_{con})$ 和 $V_m(C_{con})$ 之间的关系式为[3]

$$P_m(C_{con})=J_m(C_{con})V_m(C_{con}) \tag{14-100}$$

式中，

$$J_m(C_{con})=C_{con}J_m \tag{14-101}$$

$$V_m(C_{con})=V_m(1)+\frac{kT}{\eta q}\ln(C_{con}) \tag{14-102}$$

式中：聚光率 C_{con} 可在 1~100 个太阳标准条件范围内变化；η 为理想因子，$\eta=1\sim2$。

在聚光率为 C_{con} 的聚光条件下，太阳电池的光电转换效率 η_c 为

$$\eta_c(C_{con})=\frac{J_m(C_{con})V_m(C_{con})}{C_{con}J_{in}}(1-F_{sum})\times100\% \tag{14-103}$$

分析清楚上面这些功率损耗后，就可以进行太阳电池几何参数的优化设计。

14.2.3　基于遗传算法的太阳电池优化设计

太阳电池的主要性能可以用两个特性来表示，即光电转换效率 η_c 和输出功率 P。η_c 与太阳电池面积有关，P 与太阳电池面积无关。优化的目的是在给定的约束条件下获得系统的最佳性能。对太阳电池的性能进行优化，可利用 MATLAB 程序 GA 来实现。这种优化程序基于遗传算法（GA），最有希望找到从一组初始设计向量开始的、包含混合整数变量函数的全局最小值[15]。

1. 优化问题的数学表述

优化问题可以用数学形式表示为

$$\text{Find}\boldsymbol{X}=\begin{Bmatrix}x_1\\x_2\\\vdots\\x_n\end{Bmatrix} \tag{14-104}$$

目标函数 $f[\boldsymbol{X}]$ 的最小化或最大化，受限于

$$\begin{cases}g_i(\boldsymbol{X})\leqslant0 & i=1,2,\cdots,m\\ l_i(\boldsymbol{X})\leqslant0 & i=0,2,\cdots,p\\ a_j\leqslant x_j\leqslant b_j & j=1,2,\cdots,l\end{cases} \tag{14-105}$$

式中：$g_i(\boldsymbol{X})$ 和 $l_i(\boldsymbol{X})$ 分别为不等式约束和等式约束；x_j 为第 j 个设计变量；a_j 和 b_j 分别为第 j 个设计变量的下边界和上边界。

2. 太阳电池性能优化的目标函数和约束条件

优化目的是，通过在聚光率为 C_{con} 的光照条件下，求得最小功率损耗，寻找到最大光电转换效率 η_c 和输出功率 P_{out} 的最优向量 $\boldsymbol{X}$。

光电转换效率可表示为

$$\eta_c = f_1(\boldsymbol{X}) \tag{14-106}$$

太阳电池理论光电转换效率最大化的目标函数可以表示为

$$f_1(\boldsymbol{X}) = \frac{J_m(C_{con})V_m(C_{con})}{C_{con}P_{in}} \times 100\% \tag{14-107}$$

太阳电池的光电转换效率与以下因素有关：短路电流密度 J_{sc}、开路电压 V_{oc}、在1个太阳标准条件下入射功率密度 P_{in}、太阳聚光率 C_{con} 和总功率损耗比率 F_{sum}。

矩形太阳电池优化的设计向量为

$$\boldsymbol{X}^0 = \begin{bmatrix} w_B \\ w_B \\ w_c \\ L_c \\ w_f \\ H_f \\ m_f \\ w_b \\ H_b \\ m_b \\ C_{con} \end{bmatrix} = \begin{bmatrix} x_1 \\ x_2 \\ x_3 \\ x_4 \\ x_5 \\ x_6 \\ x_7 \\ x_8 \\ x_9 \\ x_{10} \\ x_{11} \end{bmatrix} \tag{14-108}$$

对于正方形太阳电池优化的设计向量，$w_c = L_c$，L_c 为太阳电池边长。

优化问题是通过配置设计变量的下边界和上边界来求解的。

$$x_i^{(l)} \leqslant x_i \leqslant x_i^{(u)} \qquad i = 1 \sim 11 \tag{14-109}$$

设计变量的上、下边界限定见表 14-1。

表 14-1 设计变量的上、下边界限定

设计变量	i	$x_i^{(l)}$	$x_i^{(u)}$
w_E	1	0.1μm	8μm
w_B	2	100μm	450μm
w_c	3	0.5cm	5cm

续表

设计变量	i	$x_i^{(1)}$	$x_i^{(u)}$
L_c	4	0.5cm	5cm
w_f	5	20μm	200μm
H_f	6	4.6μm	50μm
m_f	7	2	100
w_b	8	100μm	4000μm
H_b	9	4.6μm	50μm
m_b	10	2	10
C_{con}	11	1	100

优化问题的约束条件包括：在考虑主栅的电流传输和主栅的阴影遮挡后，所确定的栅线高度 H_f 与主栅高度 H_b 之间的关系，栅线的高度与宽度的比例 $\frac{H_f}{w_f}$，以及栅线之间的间距 D_f 与主栅之间的间距 D_b：

$$D_f-(w_c-w_f\cdot m_f)/(m_f-1)=0 \tag{14-110}$$

式中，w_c 为太阳电池宽度，$w_f\cdot m_f$ 为栅线总宽度：

$$w_f\cdot m_f-w_c\leqslant 0 \tag{14-111}$$

$$D_b-(L_c-w_b\cdot m_b)/(m_b-1)=0 \tag{14-112}$$

式中，L_c 为太阳电池长度，$w_b\cdot m_b$ 为主栅总宽度：

$$w_b\cdot m_b-L_c\leqslant 0 \tag{14-113}$$

$$0\leqslant(H_f-H_b)\leqslant 1\mu m \tag{14-114}$$

$$0.23\leqslant\frac{H_f}{w_f}\leqslant 0.25 \tag{14-115}$$

输出功率的最大化目标函数 f_2 可由最佳功率点的功率密度 P_m 和太阳电池的面积 A 组成。最佳功率点的功率密度 P_m 对应于最佳工作电压 V_m 和电流密度 J_m，包括总功率损耗比率 F_{sum}。

$$\text{最大值}\ f_2(\boldsymbol{X})=P_m\times A \tag{14-116}$$

式中，P_m 为最佳功率密度$\left(\text{单位}:\frac{W}{cm^2}\right)$，$A$ 为太阳电池的面积（单位：cm^2）。

3. 求解优化问题的遗传算法（GA）

优化问题是混合整数规划问题[15]，Lee Hoe-Gil 和 Singiresu S. Rao 采用遗传算法（GA）求解了正方形太阳电池的优化问题。

遗传算法（Genetic Algorithm）是模拟达尔文生物进化论的自然选择和遗传学机理的生物进化过程的计算模型，是一种通过模拟自然进化过程搜索最优解的方法。

这里，遗传算法中的种群大小选择为 20。初始种群在设计范围指定的上下界内，利用随机数的均匀分布随机生成。个体（设计向量）的适应度是基于其排名而不是适应函数直接得分。个体的排名是其得分的排位。换句话说，最适应个体的排名是

1，第二适应个体的排名是 2，依次类推。这种类型的适应度缩放消除了原始分数扩散的影响。遗传算法中父代的选择基于均匀随机数生成，其中每个父本对应于与其预期适应度值成比例的长度的线。算法以相同大小的步长线性增长，每个父本一步。在每一步中，算法都会从它所在的部分分配一个父本。繁殖过程指定保证下一代存活的个体数为 2。杂交产生的下一代占比为 0.8，其余个体由突变产生。突变函数使种群中的个体发生小的随机变化，从而提供遗传多样性，使遗传算法能够在更广阔的空间内进行搜索。杂交过程是将第 1 个父本中为 1、第 2 个父本中为 0 的基因交换并产生子代。违犯约束的惩罚参数最初为 10，并根据观察到的收敛速率逐渐增加到 100。算法的收敛性采用的函数公差为 $1E^{-20}$，约束容限为 $1E^{-6}$（对非线性约束）。

4. 太阳电池光电转换效率的最大化

Lee Hoe-Gil 将太阳电池光电转换效率 η_c 的最大化分为理论光电转换效率和实际光电转换效率两种。

理论光电转换效率取决于材料、掺杂浓度（N_A 和 N_D）、太阳电池厚度（w_e 和 w_b）、复合速度，以及与制造工艺相关的一些因素，其中重掺杂材料是决定太阳电池性能的最重要因素，这是因为少子扩散系数（D_p 和 D_n）、少子寿命和少子扩散长度（L_p 和 L_n）影响开路电压 V_{oc} 和短路电流 J_{sc}。太阳电池厚度的优化设计可确定制造优质太阳电池的厚度值，从而降低材料成本。

太阳电池的实际光电转换效率还需要考虑接触设计变量的栅极变化，即太阳电池的长度，栅线的宽度、高度和数目，以及主栅的宽度、高度和数目。这些变量导致太阳电池的光学损耗和欧姆损耗。如果这些参数设计得不合理，将会降低理论光电转换效率。

图 14-4 所示为短路电流密度与发射极厚度的关系实例[3]。

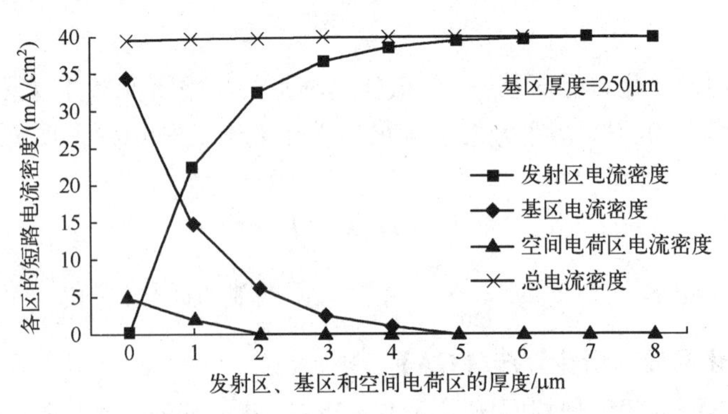

图 14-4　短路电流密度与发射极厚度的关系实例

图中，基区的厚度固定为 250μm，再将发射极的厚度固定在一个特定值上，逐次求解。由图 14-4 可知，发射极厚度在 0~8μm 范围内变化时，发射极、基极、空间电荷区（SCR）的短路电流密度和总电流密度将随之变化。发射极的电流密度在 0~2μm 范围内急剧增加，而基区的电流密度快速减小。这些结果表明，发射极的厚度设计应在 2~8μm 范围内选取。

Lee Hoe-Gil 等采用遗传算法（GA）进行优化时，设定的参数为：发射极掺杂浓度 $N_D=2\times10^{17}\mathrm{cm}^{-3}$，基极掺杂浓度 $N_A=5\times10^{16}\mathrm{cm}^{-3}$，前表面复合速度 $s_{Feff}=1\times10^2\mathrm{cm/s}$，后表面复合速度 $s_{BSF}=1\times10^4\mathrm{cm/s}$，晶体硅材料的栅极接触电阻率 $\rho_c=3\times10^{-3}\Omega\cdot\mathrm{cm}^2$，薄层方块电阻 $R_{sh}=100\Omega/\mathrm{cm}^2$，金属电阻率 $\rho_m=1.6\times10^{-6}\Omega\cdot\mathrm{cm}$。

太阳电池功率损耗的总比率 F_{sum} 仅采用 5 项各单项功率损耗比率（没有涉及 F_{cb}、F_{if} 和 F_{ib}）：

$$F_{sum}=F_{sr}+F_f+F_b+F_s+F_{cf} \tag{14-117}$$

太阳电池的优化结果见表 14-2。由此可见，当太阳电池的长度和栅线宽度接近各自的下限值时，具有最小功率损耗的正方形和矩形太阳电池的最大实际光电转换效率分别为 20.28%和 20.54%（相应的理论光电转换效率为 22.80%）。

表 14-2　太阳电池的优化结果

太阳电池形状类型	设计变量										
	w_E	w_B	w_c	L_c	w_f	H_f	m_f	w_b	H_b	m_b	C_{con}
正方形	7.3μm	244μm	0.81cm	0.81cm	20μm	5μm	18	100μm	6μm	2	6
矩形	7.6μm	208μm	0.5cm	2.45cm	20μm	5μm	12	100.4μm	6μm	3	6

太阳电池形状类型	性能指标					
	$J_{sc}(C_{con})$	$V_{oc}(C_{con})$	$I_m(C_{con})$	$V_m(C_{con})$	η_c（有功率损耗）	η_c（无功率损耗）
正方形	240mA/cm^2	676.9mV	229.3mA/cm^2	596.7mV	84.2%	20.80%
矩形	240mA/cm^2	676.9mV	229.3 mA/cm^2	596.7mV	84.2%	20.54%

14.3　基于变分法计算的聚光太阳电池几何参数的优化

本节将讨论由巴索尔（Paul A. Basore）提出的聚光太阳电池栅极图案优化设计方法[2]。这类聚光太阳电池的栅极是设置在太阳电池前表面上的，并假定太阳电池的栅极都具有相同的厚度，而且厚度与线宽成正比。这里所介绍的栅极设计分析方法也适用于非聚光的普通太阳电池。

最佳的栅线图案设计主要取决于以下 3 个因素的最小化。

☺ 发射层电阻；

☺ 栅极电阻；

☺ 由栅极造成的遮光损耗。

这里忽略了其他一些影响因素。例如，忽略了栅极与发射层之间的接触电阻，由主栅引起的损耗等。

太阳电池，特别是聚光系统中用的太阳电池，可能会遇到接收光照不均匀的情况，因此需要考虑非均匀照明下的栅极图案优化设计。

14.3.1 太阳电池的准一维模型

太阳电池的栅极从周围的发射层中收集电流，并将其传输到低损耗的主栅（汇流条）上。如图 14-5 所示，在合适的坐标系中，不同形状的太阳电池都可以划分成一些小区域，在这些小区域中，电流到达汇流条的路径是单方向的。这些区域称为单元电池。实际的太阳电池可以由多个单元电池并联组成。

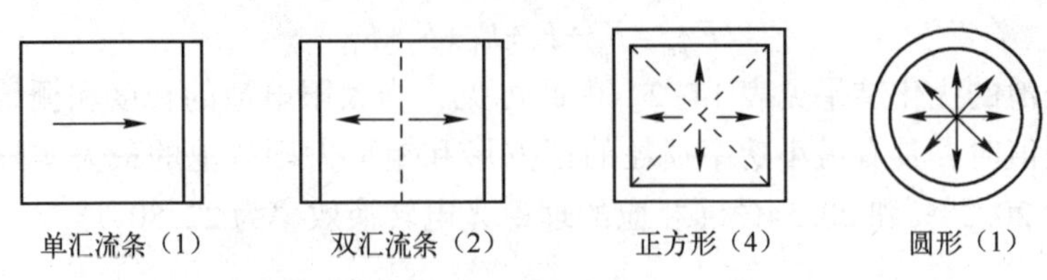

图 14-5 细分的单元电池（括号中标注的是单元电池的数目）

对于图 14-5 中的圆形电池，其栅极图案呈放射形布置，如图 14-6 所示。这种单元电池主要用于点聚焦聚光系统，对于通常非聚光太阳电池，这样的栅极图案布置是不合适的。

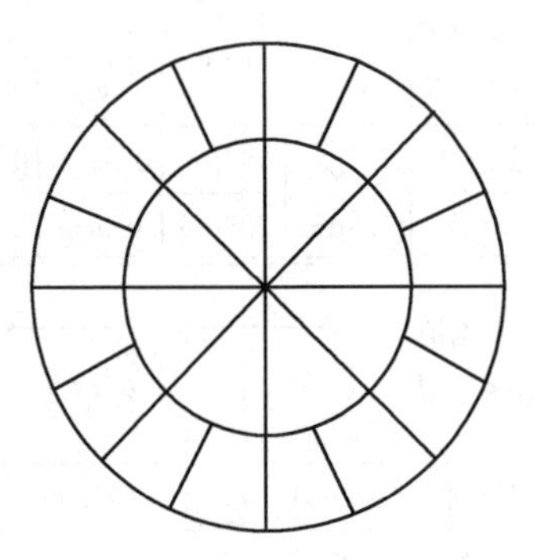
图 14-6 圆形太阳电池的栅极图案示意图

用统一的纵向变量 z 表示单元电池内电流的基本方向。准一维模型（Q-1-D）的基本假设是，所有栅线参数可以是 z 的任意函数，在垂直于 z 的方向上是均匀的，z 方向称为纵向，垂直于 z 的方向称为横向。照度分布、栅线间距、栅线宽和横向电池宽度都是 z 的函数。z 的范围是从栅极中没有净电流的位置开始($z=0$)到主栅位置($z=z_B$)。

当设定栅极参数为纵向位置 z 的任意函数时，需要假设栅线的数目变化是 z 的函数，并且确定横向电流分流线，如图 14-7 所示。图中，$D(z)$表示横向宽度（单位为 cm）；$s(z)$表示栅极间距（单位为 cm）；$w(z)$表示栅极宽度（单位为 cm）；$J(z)$表示太阳电池电流密度（单位为 A/cm^2）。电流密度由照度确定，因此电流密度分布代表了照度分布。为了产生平滑变化的 $s(z)$，必须包含覆盖整个太阳电池表面的大量

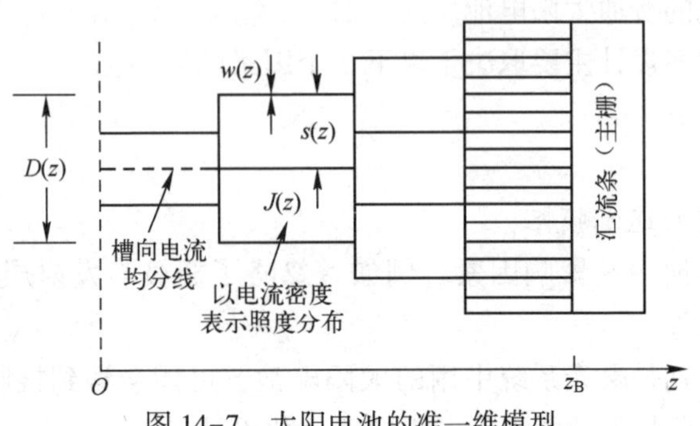

图 14-7 太阳电池的准一维模型

的栅线数，实际处理时应该是逐步逼近的，这就限制了横向栅线的数目。

因为相邻栅线之间的间距总是大于横向电流均分线到栅线的间距，所以发射层中的电流沿横向流到最近的栅线，栅线中的电流沿纵向流动到主栅（汇流条）。

有的太阳电池在给定的纵向位置上，其栅线间距和栅线宽度在横向尺寸上可能是不均匀的。在这种情况下，优化设计要求横向维度上的照度均匀。由于每条栅线所处的环境是相同的，使得电流分布具有足够的均匀性。

图 14-8 所示为 4 种常见形状的聚光太阳电池的准一维模型。其中，正方形和圆形电池是为点焦点透镜聚光系统设计的，单主栅和双主栅矩形电池是为线性聚焦系统设计的。

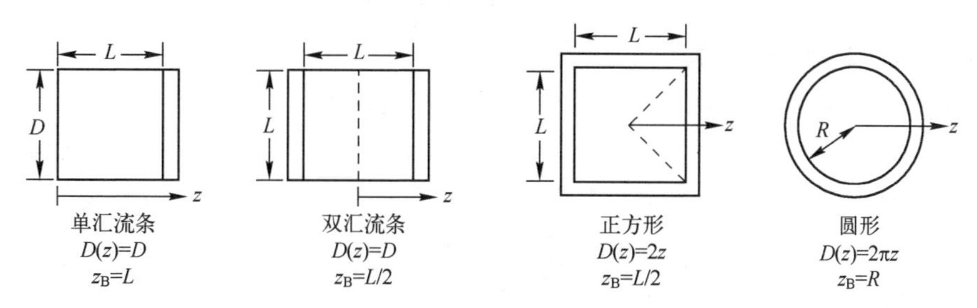

图 14-8　4 种常见形状的聚光太阳电池的准一维模型

14.3.2　太阳电池中与栅极相关的功率损耗

在准一维模型下，可以导出与栅极相关的 3 个主要损耗的计算公式。由于太阳电池参数设为纵向变量 z 的任意函数，这些公式就可采用在单元电池中 z 值范围内的积分形式。一旦已知太阳电池的具体参数，就可以进行积分计算，得到太阳电池的损耗分量和相应的串联电阻。

与损耗分量相关的变量包括电池制造过程中确定的电池参数、栅极图案参数和照度分布情况。在以下推导过程中，与制备工艺相关的参数有$D(z)$（横向宽度，单位为 cm）、z_B（纵向长度，单位为 cm）、ρ_e（发射极薄层电阻，单位为 Ω/□）、ρ_g（栅极薄层电阻，单位为 Ω/□），与栅线图案相关的参数有$s(z)$（栅线间距，单位为 cm）、$w(z)$（栅线宽度，单位为 cm），与照度分布相关的参数有 V_m（太阳电池在最佳功率点上的输出电压，单位为 V）、$J(z)$（以太阳电池的局部电流密度表征的照度分布，单位为 A/cm^2）。这里忽略了由照度变化引起的工作点位置的偏移。

1. 栅线遮挡所形成的功率损耗

对于具有矩形截面的栅线，任何照射到太阳电池栅线上的光都会被反射而未进入太阳电池，不产生电流。因此在每个 z 位置，因栅线遮挡而使太阳电池的电流损失部分是线宽 $w(z)$ 与线间距 $s(z)$ 的比率，即

$$\mathrm{d}I_{\text{loss}}(z)=\frac{w(z)}{s(z)}J(z)D(z)\,\mathrm{d}z \tag{14-118}$$

由于阴影而损失的功率是太阳电池的损失电流乘以太阳电池的输出电压。对于

式（14-118），z 从一边到另一边积分，得到由于栅线遮挡而损失的总功率，即

$$P_s = V_m \int_0^{z_B} \frac{w(z)}{s(z)} J(z) D(z) \mathrm{d}z \tag{14-119}$$

2. 电流汇聚

为了计算栅线中的功耗，首先需要一个总电流的表达式。汇集电流将从 $z=0$ 处的零增加到主栅上的最大值。单元电池的总输出电流由 $z=z_B$ 处的函数值表示。

由于照度分布是以局部产生的电流密度 $J(z)$ 表示的（单位为 A/cm^2），因此在给定位置 z 处，栅线汇集的总电流就是 $J(z)$ 在 $0\sim z$ 区间内的积分值，即

$$I(z) = \int_0^z J(z') D(z') \mathrm{d}z' \tag{14-120}$$

3. 栅线电阻的功率损耗

在给定的 z 位置上，分布在宽度 $D(z)$ 上的栅线数为

$$n(z) = D(z)/s(z) \tag{14-121}$$

z 与 $(z+\mathrm{d}z)$ 之间的单条栅线增加的电阻为

$$\mathrm{d}R_g = \frac{\rho_g}{w(z)} \mathrm{d}z \tag{14-122}$$

式中，ρ_g 为栅线薄层电阻，其单位为 Ω/□。由于假定栅线在整个太阳电池中具有均匀的厚度，ρ_g 不是 z 的函数。

消耗在式（14-122）表达的增量电阻上的功率为

$$\mathrm{d}P_g = \left[\frac{I(z)}{n(z)}\right]^2 \mathrm{d}R_g \tag{14-123}$$

在 z 与 $(z+\mathrm{d}z)$ 之间的栅线数为 $n(z)$，因此总功耗为

$$\mathrm{d}P_{gn} = n(z)\mathrm{d}P_g = \rho_g \frac{I^2(z)}{w(z)n(z)} \mathrm{d}z \tag{14-124}$$

将式（14-121）的 $n(z)$ 代入式（14-124），并在 z 的全部范围内积分，可得总的栅线功率损耗为

$$P_g = \rho_g \int_0^{z_B} \frac{s(z)}{w(z)D(z)} I^2(z) \mathrm{d}z \tag{14-125}$$

4. 发射极薄层电阻的功率损耗

太阳电池的光电流汇集在发射极区域，并被传输到最邻近的栅线上。在发射极中流动的净电流从相邻栅线中间位置（零点）开始线性增加，在栅线所在的位置上达到最大值。如果变量 x 表示横向维数，则 $x=0$ 对应于两条线之间的中点。线性关系可以用表面电流密度 J_{face} 表示（单位为 A/cm），即

$$J_{face} = J(z)x \quad -\frac{s(z)}{2} < x < \frac{s(z)}{2} \tag{14-126}$$

在 z 到 $(z+\mathrm{d}z)$ 的范围内，位于相邻两条栅线之间的耗散功率为

$$\mathrm{d}P_e = \rho_e \left[\int_{-s/2}^{s/2} (J_{face})^2 \mathrm{d}x\right] \mathrm{d}z \tag{14-127}$$

式中，ρ_e为发射层的薄层电阻，单位为 Ω/□。假定ρ_e在太阳电池的工作区域内是均匀的，则它不是 x 或 z 的函数。对于 x 的积分项，J_{face}与 x 呈线性关系。将式（14-126）代入式（14-127），可得：

$$dP_e = \frac{\rho_e}{12} \cdot J^2(z)s^3(z)\,dz \tag{14-128}$$

在整个 z 范围内积分 $n(z)dP_e$，可得到发射极薄层电阻的总功耗为

$$P_e = \frac{\rho_e}{12}\int_0^{z_B} D(z)J^2(z)s^2(z)\,dz \tag{14-129}$$

5. 栅线电阻和发射极薄层电阻

通过将功率表达式（14-125）和式（14-129）除以太阳电池总电流的二次方，可以得到引起栅线损耗和发射极薄层损耗的串联电阻分量，即

$$R_g = P_g/[I(z_B)]^2 \tag{14-130}$$

$$R_e = P_e/[I(z_B)]^2 \tag{14-131}$$

式中，总电流由式（14-120）计算。

这些表达式给出了单元电池的电阻值，实际的太阳电池由多个并联的单元电池组成。

6. 非矩形栅线的计算

如果所有栅线都有相同的截面面积，则上述表达式也适用于非矩形栅线横截面。在这种情况下，需要选择适当的栅线宽度和栅线薄层电阻值。正确的有效遮挡宽度 w 的值是根据式（14-118）选择的，即应使每个位置 z 处，入射光率的栅线反射率等于 $w/s(z)$。这个宽度通常是栅线的最大宽度。如果光线偏离栅线，则有效遮挡宽度小于实际栅线宽度。

将栅线电阻率ρ_g与有效遮蔽线宽度 $w(z)$一起代入式（14-122），可求出电阻值。为了得到正确的电阻值，必须选择合适的ρ_g。选择ρ_g的准则是满足定义$\rho_g = w/(\sigma_g A_c)$，其中$\sigma_g$为栅线电导率，$A_c$为单条栅线的横截面积。

14.3.3　基于变分法计算的太阳电池栅极参数的优化

前面讨论的计算 3 种主要功率损耗的积分式（14－119）、式（14－125）和式（14-129），含有一些基于制造工艺的固定参数和一些可根据需要自由调节参数。选择自由调节参数的目的是尽量减小功率损耗。假定固定参数是$J(z)$（照度分布）、$D(z)$（太阳电池的横向宽度）、z_B（太阳电池的纵向长度）、ρ_e（发射极薄层电阻）、V_m（太阳电池的输出电压）、σ_g（栅线电导率）和 a（栅线纵横比），则可优化的自由参数有 $w(z)$（栅线宽度）和 $s(z)$（栅线间距）。

栅线高度与宽度之比称为栅线纵横比 a。栅线的最小线宽 w_{min}和纵横比 a 受制造技术水平的限制。栅线薄层电阻ρ_g与最小线宽 w_{min}和纵横比 a 的关系式为

$$\rho_g = \frac{1}{\sigma_g a w_{min}} \tag{14-132}$$

由于ρ_g与线宽相关，在优化过程中应将其作为变量来处理。

1. 栅线宽度

由式（14-125）和式（14-132）可知，P_g和ρ_g都与w有关，而且w均在分母中；由式（14-119）可知，P_s也与$w(z)$有关，但w在分子中。因此，w的增加可减小栅线损耗，但增加了遮光损耗。

在准一维模型下，w大于其最小值w_{min}没有任何益处。对于整个太阳电池来说，最佳w应统一设定为一个常数。w大于其最小值可以用增大式（14-125）中的$s(z)$（减少栅线数）来弥补，这不会改变栅线的电阻损失和反射所引起的遮蔽损失。按照式（14-125），$s(z)$的减小会减少发射层的损耗，而w的增大不会减小发射层的损耗。因此，可以对$s(z)$自由地进行优化以适应线宽均匀性的需要。

由式（14-119）、式（14-125）和式（14-129）可得到总功率损耗。将总功率损耗的导数设为零，可得w的一个最优值。由于w是一个常数，所以可将其置于积分之外，求导后的结果为

$$-\frac{2P_g}{w}+\frac{P_s}{w}=0 \tag{14-133}$$

即，栅线宽度最优值应满足以下关系式：

$$2P_g=P_s \tag{14-134}$$

也就是说，最优栅线宽度的条件是，在栅线中耗散的功率应等于栅线遮光造成的损失的1/2。

因为功耗公式的积分需要预知栅线间距$s(z)$，而$s(z)$尚未确定，所以式（14-134）所表示的关系不能直接用于最优w的求解。下面讨论求解栅线间距$s(z)$的方法。

2. 栅线间距

通过变分法计算，可以从上述3个表达损失的积分式中求出最优的间距函数$s(z)$。由于这3个积分式中都包含同一变量z，积分的范围也相同，所以它们可以组合成一个表示总功率损耗的积分式。损耗的最小值对应于以$s(z)$为变量的被积函数的偏导数等于零时所求得的值，即

$$\frac{\rho_g I^2(z)}{wD(z)}+\frac{\rho_e D(z)J^2(z)s(z)}{6}-\frac{V_m wD(z)J(z)}{s^2(z)}=0 \tag{14-135}$$

因式（14-135）中含有未知的w，因此对$s(z)$的直接求解是不现实的。然而，对于特定选择的w，通过计算机在每个位置点z上求解三次方程，构建最佳函数$s(z)$是简单可行的，只需要设计一个程序，使用计算机对所选择的一些不同w值进行计算，就可以得到最低的总功率损耗组合。这个w值和相应的函数$s(w)$对应于太阳电池的最佳栅线图案。

如果将式（14-135）乘以$s(z)$，并在全部z的范围内积分，则这个方程就变成栅线间距优化准则的替代表达式，即

$$2P_e+P_g=P_s \tag{14-136}$$

将式（14-136）与式（14-134）相结合，可同时求得w和$s(z)$的最佳值：

$$P_g = 2P_e \tag{14-137}$$

或

$$R_g = 2R_e \tag{14-138}$$

式（14-137）或式（14-138）给出的条件是一个很敏感的栅线设计指标。

3. 栅线宽度和间距的解析解

数值研究表明，对于均匀光照下的太阳电池而言，整个太阳电池表面栅线间距的均匀性对太阳电池的影响不大。如果 $s(z)$ 是一个常数 s，那么就可以求出使功率损耗最小化的 w 和 s 的解析表达式。这些表达式是通过设置以 w 和 s 为变量的功率损耗积分式的导数等于零，求解两个未知数而得到的。在求导过程中，必须知道 ρ_g 对 w 的依赖关系，所得到的功率损耗公式为

$$P_g = \rho_g \frac{sJ^2 (Z_{eff})^2 A}{8w} \tag{14-139}$$

$$P_e = \rho_e \frac{s^2 J^2 A}{12} \tag{14-140}$$

$$P_s = \frac{V_m wJA}{s} \tag{14-141}$$

式中，A 是太阳电池的总面积，Z_{eff} 与单元电池的类型有关。

对于圆形电池，有

$$Z_{eff} = R \tag{14-142}$$

对于正方形电池，有

$$Z_{eff} = L/2 \tag{14-143}$$

对于双主栅电池，有

$$Z_{eff} = \left(\frac{8}{3} \cdot \frac{L}{2}\right) = \frac{4L}{3} \tag{14-144}$$

对于单主栅电池，有

$$Z_{eff} = \frac{8}{3} L \tag{14-145}$$

式中，R 和 L 为电池尺寸（见图 14-8）。

相应的电阻分量为

$$R_g = \rho_g \frac{s\,(Z_{eff})^2}{8wA} \tag{14-146}$$

$$R_e = \rho_e \frac{s^2}{12A} \tag{14-147}$$

最优栅线宽度为

$$w = \left[\frac{9J\,(Z_{eff})^6}{64\sigma_g^3 a^3 \rho_e^2 V_m}\right]^{1/7} \tag{14-148}$$

最优栅线间距为

$$s=\left[\frac{4V_{\mathrm{m}}\sigma_{\mathrm{g}}aw^{3}}{J\,(Z_{\mathrm{eff}})^{2}}\right]^{1/2} \tag{14-149}$$

总损耗功率 P_{loss} 与太阳电池输出功率 P_{out} 的百分比将按 $(Z_{\mathrm{eff}})^{4/7}$ 比例随着电池尺寸的减小而减小，即

$$\frac{P_{\mathrm{loss}}}{P_{\mathrm{out}}}=\frac{7}{4}\left[\frac{\rho_{\mathrm{e}}J^{3}(Z_{\mathrm{eff}})^{4}}{48\sigma_{\mathrm{g}}^{2}a^{2}V_{\mathrm{m}}^{3}}\right]^{1/7} \tag{14-150}$$

4. 最佳功率点的电流和电压

在本节介绍的聚光太阳电池几何参数的优化计算公式中，电流和电压均为与最佳功率 P_{m} 对应的电流密度 J_{m} 和电压 V_{m}。在 1 个太阳标准条件下，J_{m} 和 V_{m} 的计算公式可以引入理想因子 η 对第 7 章所讨论的式（7-5）、式（7-14）、式（7-20）和式（7-22）进行修正而求得。

太阳电池电流密度 J 等于短路电流密度 J_{sc} 减去暗电流密度 J_{dark}，即

$$J(V)=J_{\mathrm{sc}}-J_{\mathrm{dark}}(V)=J_{\mathrm{sc}}-J_{\mathrm{s}}\left[\exp\left(\frac{qV}{\eta kT}\right)-1\right] \tag{14-151}$$

式中，η 为理想因子，$\eta=1\sim2$。

太阳电池最佳功率点的电压 V_{m}（也称最大工作电压）为

$$V_{\mathrm{m}}\approx V_{\mathrm{OC}}-\frac{\eta kT}{q}\ln\left(1+\frac{qV_{\mathrm{m}}}{\eta kT}\right) \tag{14-152}$$

式（14-152）是含有对数的一元超越方程，难以得到最佳工作电压的解析表达式，只能用数值计算来求解。

太阳电池最佳功率点的电流密度（也称最大工作电流密度）为

$$J_{\mathrm{m}}\approx I_{\mathrm{L}}\left[1-\frac{1}{(qV_{\mathrm{m}}/\eta kT)}\right] \tag{14-153}$$

太阳电池的最佳功率为

$$P_{\mathrm{m}}\approx J_{\mathrm{L}}\left[V_{\mathrm{OC}}-\frac{\eta kT}{q}\ln\left(1+\frac{qV_{\mathrm{m}}}{\eta kT}\right)-\frac{kT}{q}\right] \tag{14-154}$$

对于低注入情况下，聚光率为 C_{con} 的聚光电池的最佳功率点参数，即 P_{m} 和 η_{c}，可按照第 13 章的式（13-4）和式（13-5）计算，也可按照本章的式（14-100）和式（14-103）计算。这些公式对于聚光率 C_{con} 在 1~100 范围内的聚光太阳电池均适用[3]。

参考文献

[1] Scharlack R S. The Optimal Design of Solar Cell GgridLines [J]. Solar Energy, 1979, 23 (3): 199-201.

[2] Basore P A. Optimum Grid-line Patterns for Concentrator Solar Cells under Nonuniform Illumination [J]. Solar Cells, 1985, 14 (3): 249-260.

[3] Lee H G, Rao S S. Optimization of the Geometric Design of Silicon Solar Cells under Concentrated

Sunlight [J]. American Journal of Mechanical Engineering, 2016, 4 (2): 50-59.

[4] Shabana M M, Saleh M B, Soliman M M. Optimization of Grid Design for Solar Cells at Different Illumination Levels [J]. Solar Cells, 1989, 26 (3): 177-187.

[5] Singal C M. Analytical Expressions for the Series-Resistance Dependent Maximum Power Point and Curve Factor for Solar Cells [J]. Solar Cells, 1981, 3 (2): 163-177.

[6] Liou J J, Wong W W. Comparison and Optimization of the Performance of Si and GaAs Solar Cells [J]. Solar Energy Materials and Solar Cells, 1992, 28 (1): 9-28.

[7] Yang E S. Microelectronics Devices [M]. New York: McGraw-Hill, 1988.

[8] Rittner E S. Improved Theory of the Silicon p-n Junction Solar Cell [J]. Journal of Energy, 1977, 1 (1): 69-70.

[9] Franz W. Influence of an Electric Field on the Optical Absorption Edge [J]. Z. Natur-forschg, 1958, 13A: 484-489.

[10] Keldysh L V. the Effect of a Strong Electric Field on the Optical Properties of Insulating Crystals [J]. J. Exptl. Theoret. Phys. (U. S. S. R), 1958, 34: 1138-1141.

[11] Singal C M. Optimum Cell Size for Concentrated-Sunlight Silicon Solar Cells [J]. Solar Cells, 1981, 3 (1): 9-16.

[12] Reeves G K, Harrison H B. Obtaining the Specific Contact Resistance from Transmission Line Model Measurements [J]. IEEE Electron Device Letters, 2005, 3 (5): 111-113.

[13] Yamaguchi E, Nishioka T, Ohmachi Y. Ohmic Contacts to Si-implanted InP [J]. Solid State Electronics, 1981, 24 (3): 263-265.

[14] Nielsen L D. Distributed Series Resistance Effects in Solar Cells [J]. IEEE Transactions on Electron Devices, 1982, 29 (5): 821-827.

[15] Rao S S. Engineering Optimization Theory and Practice [M]. 4th Ed. Hoboken: Wiley, 2009.

第15章　纳米碳/硅异质结太阳电池

碳（C）与硅（Si），在元素周期表中是近邻，在自然界中分布广而且数量多。碳材料的结构多样性导致其性能的多样性，如图15-1所示。这些碳的同素异形体，各有其特点。碳纳米材料，如富勒烯（C60）、碳纳米管（CNT）、石墨烯等，可用作太阳电池的载流子收集电极、抗反射层和异质结窗口层等。研究与开发碳/硅（C/Si）异质结太阳电池已受到广泛关注。

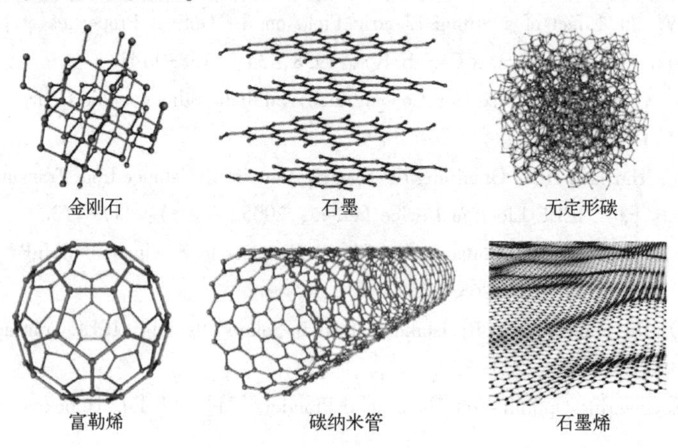

图15-1　碳的同质化合物结构

包括非晶态碳（a-C）在内的4类纳米碳材料，都可与硅结合构成异质结，产生光伏效应[1]。

近年来，以碳纳米管和石墨烯与硅构成的太阳电池发展较快，光电转换效率较高。由于形态上的不同，碳纳米管或富勒烯与硅的接触面积相对于石墨烯较小，从这一点考虑，采用石墨烯构成异质结太阳电池更有利。当然，由于石墨烯薄膜存在褶皱，与硅的接触也不是很完美。

下面先介绍碳纳米管/硅异质结太阳电池，再讨论石墨烯/硅异质结太阳电池。

15.1　碳纳米管/硅异质结太阳电池

碳纳米管分为单壁碳纳米管（Single Walled Carbon Nanotube，SWCNT或SWNT）和多壁碳纳米管（Multi-walled Carbon Nanotube，MWCNT）。

碳纳米管结构独特，呈圆筒形。碳纳米管的导电特性可分为金属性和半导体性两种。金属性SWCNT的带隙为零，可通过高达10^9 A/cm^{2}的电流密度；半导体性

SWCNT 的带隙随纳米管的结构而变化，为 0.4～2.0eV。SWCNT 的电学性能对环境中的空气很敏感。当氧分子吸附在碳纳米管上时，由于氧的电子亲和性，碳纳米管变为 p 型掺杂半导体。

2007 年首次报导了碳纳米管/硅（CNT/Si）异质结太阳电池，其光电转换效率仅为 1.3%[2]。

若在碳纳米管太阳电池中夹入金属氧化物层，不仅能有效传输载流子，还可将其作为减反射膜和掺杂剂，从而减少入射太阳光的损失，增加光电流。

15.1.1　碳纳米管/硅太阳电池的结构和制备

图 15-2 所示为碳纳米管/硅太阳电池的结构示意图[3]。

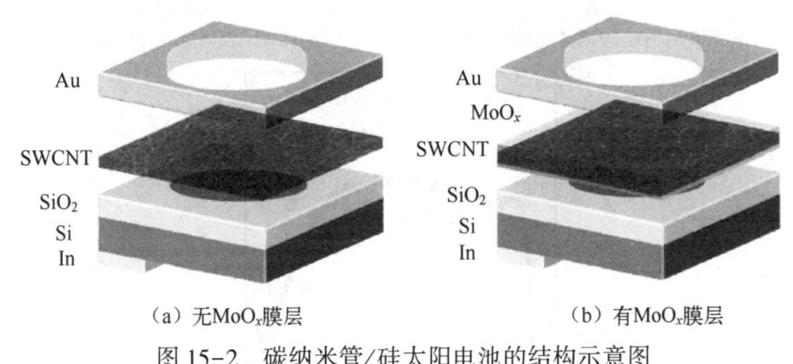

（a）无 MoO_x 膜层　　（b）有 MoO_x 膜层

图 15-2　碳纳米管/硅太阳电池的结构示意图

SWCNT 是以一氧化碳（CO）为碳源，采用浮动催化剂化学气相沉积（CVD）法生长而成的。CO（100 sccm）通过含有二茂铁粉末的温控盒引入。催化剂粒子由二茂铁蒸气分解产生。在生长炉里还引入附加的 CO（300 sccm）和 CO_2（3 sccm）。生长温度为 850℃。在室温下，SWCNT 膜在膜过滤器上收集。膜过滤器由醋酸纤维素和硝基纤维素组成。SWCNT 薄膜的厚度由膜收集时间来控制。

用电阻率为 1～10Ω·cm 的 n-Si 基底制作成太阳电池，使用稀释的 HF 溶液去除活性窗口上的天然 SiO_2 层后，将带有 SWCNT 网状膜的薄膜过滤器放置在 Si 基底上，使 SWCNT 膜与 Si 基底的上表面直接接触。之后用纤维刮水器，施加合适的压力，将薄膜从薄膜过滤器中转移到硅片表面上，让薄膜与硅片连接。为了使薄膜与基片接触良好，SWCNT 薄膜更加致密，应在薄膜表面滴上少许乙醇。通过 MoO_3 的热蒸发，在 5×10^{-6}Torr（1Torr = 133.322Pa）的压力下，以 0.5nm/s 的速率沉积 MoO_x 薄膜。窗口为直径 ϕ = 1.0mm 的圆形孔，覆盖上 SWCNT 薄膜后，在 SWCNT 薄膜周边连接到作为正极的金（Au）膜上，n-Si 基底与作为负极的铟（In）连接，完成电池的制备。

15.1.2　SWCNT/Si 太阳电池的光电特性

图 15-3 所示为具有 MoO_x 膜层的 SWCNT/Si 太阳电池的光电特性。由图可知，增设 MoO_x 膜层的 SWCNT/Si 太阳电池的光电特性明显优于未设 MoO_x 膜层的太阳电池的光电特性。

采用 MoO_x 膜层的 p-SWCNT/n-S 异质结太阳电池，当其具有 $\phi=1.0$mm 的圆形窗口面积时，光电转换效率提高到了 17.0%[3]。

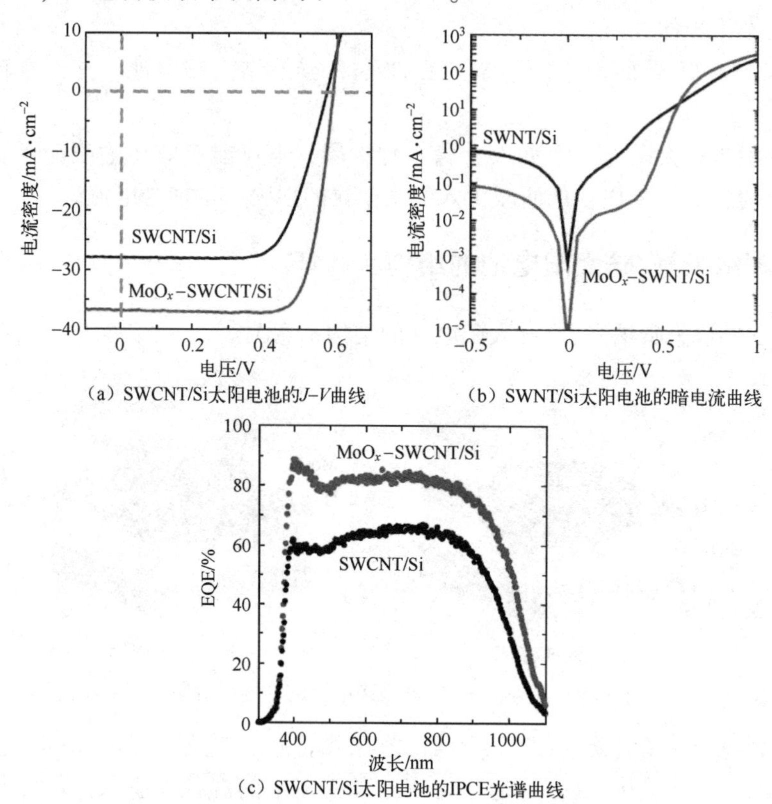

图 15-3 具有 MoO_x 膜层的 SWCNT/Si 太阳电池的光电特性

图 15-4 所示为 SWCNT/Si 太阳电池界面的能带结构图。

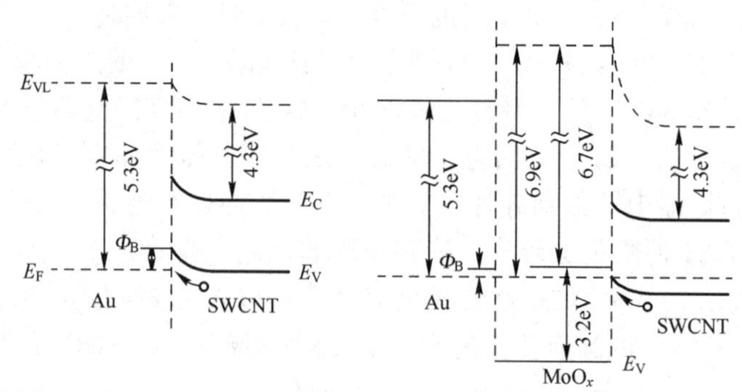

图 15-4 SWCNT/Si 太阳电池界面的能带结构图

图 15-5 所示为 MoO_x 膜层对太阳电池的作用。

图 15-5（a）所示的曲线表明，有 MoO_x 膜层的 SWCNT/Si 太阳电池，在整个太阳电池光谱范围内，其反射率明显小于未设置 MoO_x 膜层的 SWCNT/Si 太阳电池的反射率。

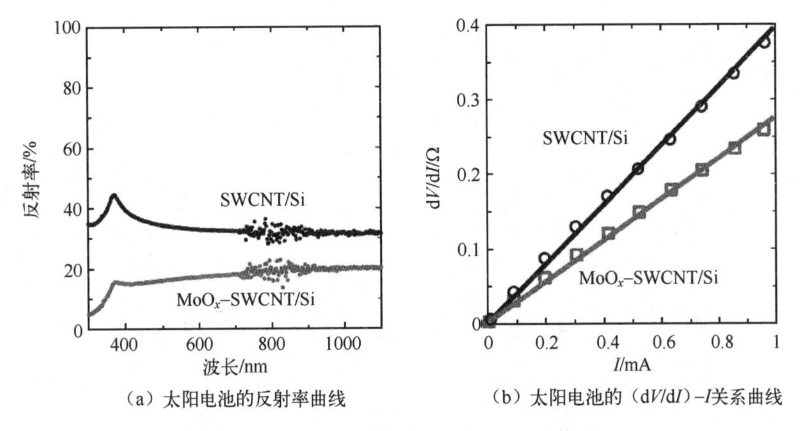

（a）太阳电池的反射率曲线　（b）太阳电池的（dV/dI）-I关系曲线

图 15-5　MoO_x 膜层对太阳电池的作用

由图 15-5（b）可知，有 MoO_x膜层的 SWCNT/Si 太阳电池的电阻值明显低于没有 MoO_x膜层的电阻值，这表明 MoO_x膜层还有掺杂作用。

15.2　石墨烯及其电学性质

2004 年，英国安德烈·K·海姆（Andre Konstantin Geim）和康斯坦丁·S·诺沃肖洛夫（Konstantin Sergeevich Novoselov）用机械剥离方法，将透明胶带黏贴在石墨上，撕下石墨的表面层，并将其转移到 300nm 厚的 SiO_2衬底上，用光学显微镜观察到呈蜂窝状结构的单层和多层叠合的石墨烯（Graphene）[4]。石墨烯是比较理想的二维电子系统，石墨烯电子被称为狄拉克费米子，它在费米面附近满足狄拉克-费米方程。石墨烯具有稳定的狄拉克电子结构。石墨烯材料不同于常规半导体[5,6]，它具有诸多优异性能：电子迁移率非常高，热传导率高，透光率高，机械强度高，结构稳定，厚度很薄（单层只有 0.335nm），硬度很高（超过钻石），以及有些制备工艺适合大规模生产。

由于发现石墨烯，海姆和诺沃肖洛夫获得了 2010 年度诺贝尔物理学奖。

15.2.1　石墨烯的晶体结构及其能带结构

在单层石墨烯中，碳原子组成蜂窝形状的晶格，如图 15-6 所示。其中，碳-碳键长为 1.42Å。单层石墨烯的原胞里有两个碳原子，它们与最近邻碳原子的连接方式是不等价的，分别记为 A 子格和 B 子格，晶格常数为 2.4Å。图 15-7 所示为石墨烯的倒格矢和第一布里渊区，图中的 $K_1 \sim K_6$表示布里渊区顶角。

碳原子的电子排布是$1s^2 2s^2 2p^2$，sp^2杂化后成120°夹角，形成六元碳原子环，如图 15-8 所示。碳原子上剩余的一个电子呈纺锤形，共域在六元环上，称之为 π 电子，如图 15-9 所示。离域的 π 电子导致石墨烯具有优良的导电性。

正如前面已讨论过的那样，在半导体中，电子的能带结构决定了电子允许和被禁止的能量范围，以及半导体材料的电学和光学性质。

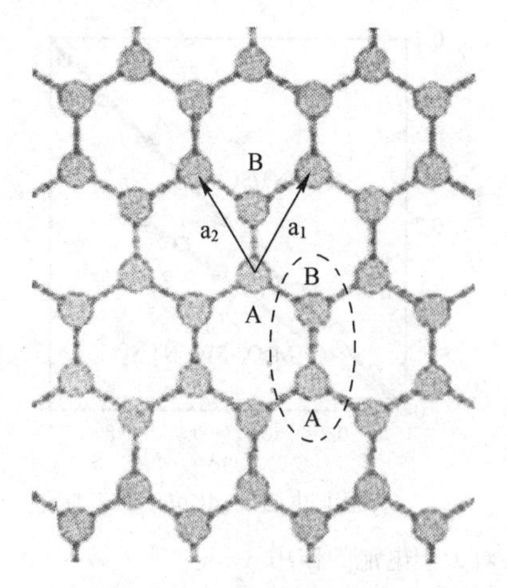

图 15-6　石墨烯的晶体结构

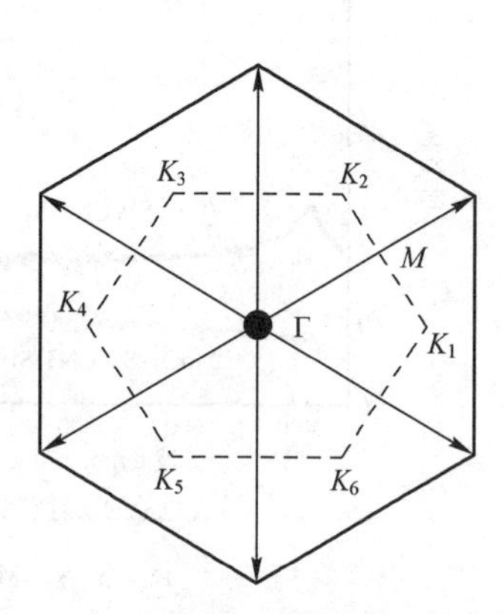

图 15-7　石墨烯的倒格矢和第一布里渊区

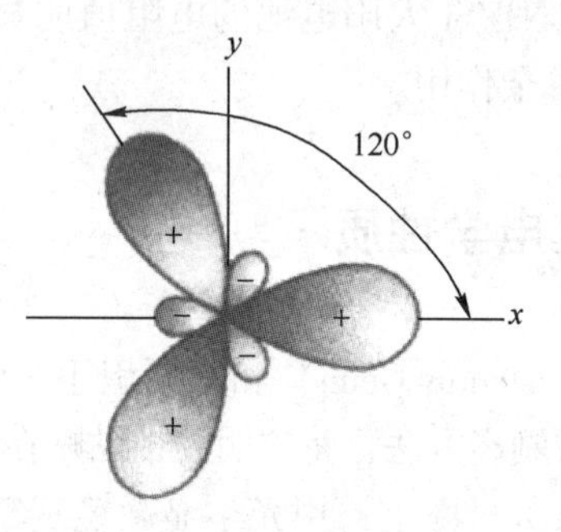

图 15-8　sp^2杂化轨道

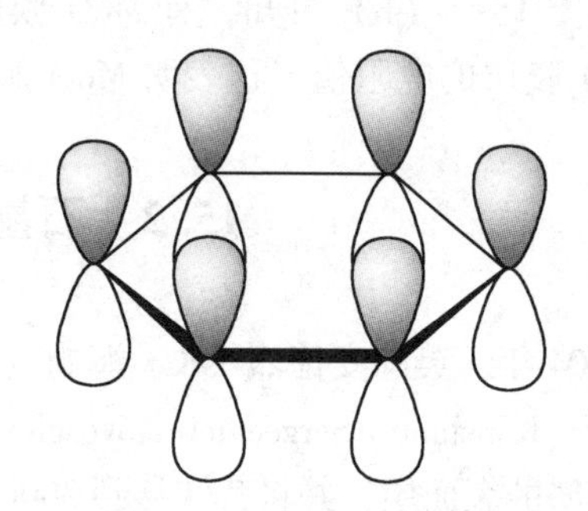

图 15-9　z 方向的 p 轨道

石墨烯的电子能带结构与晶体几何结构相关，在高对称点 K 上形成两条线性交叉的能带，呈圆锥形，如图 15-10 所示。标注 π 的为价带，标注 π^* 的为导带，它们

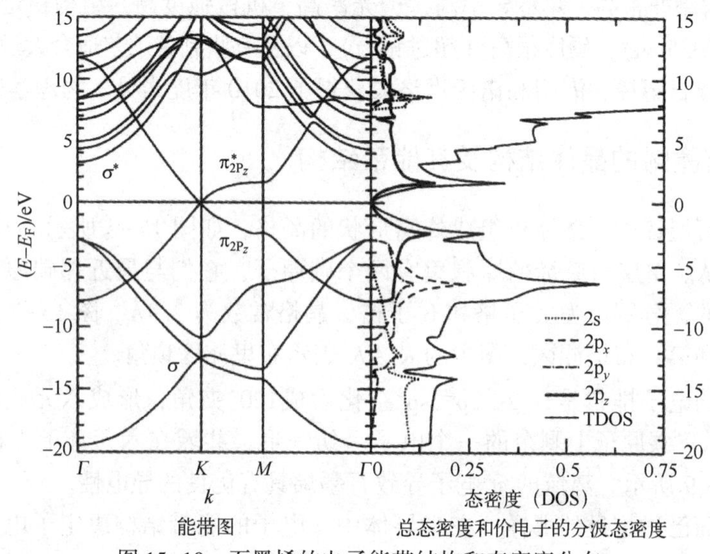

图 15-10　石墨烯的电子能带结构和态密度分布

分别对应于碳原子 A 和 B 的$2p_z$轨道，其交叉点恰好落在费米能级处，形成的锥形结构称为狄拉克锥。石墨烯的线性能带交叉点（即狄拉克锥的锥顶）附近的载流子行为类似有效质量为零的狄拉克费米子。狄拉克锥顶称为狄拉克点，也称费米点或 K 点。

从石墨烯晶体的二维能带图可清晰地看到，相对于布里渊区，K 点能带具有较高的对称性。

图 15-11 所示为石墨烯的三维能带结构。在图 15-11（b）中，费米面是 k 空间中占有电子与不占有电子区域的分界面，其能量值即为费米能 E_F。

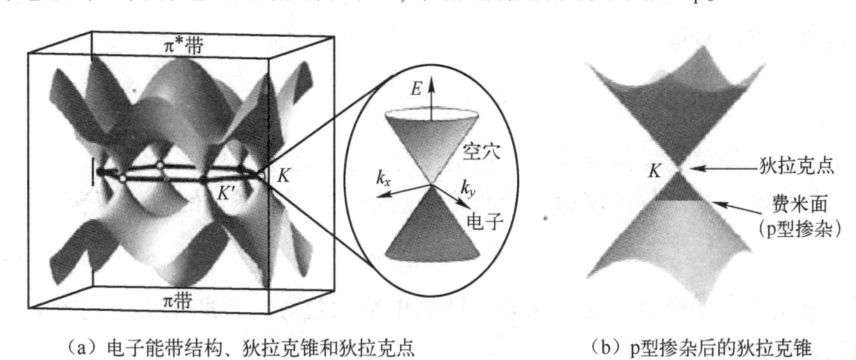

（a）电子能带结构、狄拉克锥和狄拉克点　（b）p型掺杂后的狄拉克锥

图 15-11　石墨烯的三维能带结构

第一布里渊区的 6 个顶点均为狄拉克点。由于导带和价带相对于狄拉克点是对称的，因此在石墨烯中，电子和空穴具有相同的性质。在狄拉克点附近，电子的能量与波矢成线性色散关系，即

$$E=v_F P=v_F hk$$

式中，v_F为费米速度，k 为波矢。K 点附近的电子由于受到周围对称晶格势场的作用，载流子的静止质量为 0，费米速度接近于光速，呈现出相对论的特征，因此 K 点附近的电子性质应该用狄拉克方程描述。

15.2.2　电子紧束缚近似

单层石墨烯可采用紧束缚近似模型进行分析和计算。

1. 电子紧束缚模型

紧束缚近似的基本思路是，假定电子局域在位于原子或分子附近的有限区域内，当电子在一个原子附近时，将主要受到这个原子场的作用，其他原子场对其只起微扰作用。由此可以建立原子中电子的能级与晶体中能带之间的相互联系。电子在邻近的原子或分子之间具有跃迁能量。当电子在势场中运动时，其哈密顿量可表示为[7]

$$H=-\frac{\hbar^2\Delta^2}{2m}+V \tag{15-1}$$

当系统是一维时，动能部分可表示为两次有限差分形式，薛定谔方程变为

$$-\frac{\hbar^2}{2m}\cdot\frac{\psi(x+\Delta)+\psi(x-\Delta)-2\psi(x)}{\Delta^2}+V(x)\psi(x)-E\psi(x) \tag{15-2}$$

如果不考虑晶格中小于晶格常数间距的波函数，则可将 Δ 设为 a，于是式（15-2）转化为

$$t\psi_{n+1}+t\psi_{n-1}+\varepsilon_n\psi_n=E\psi_n \tag{15-3}$$

式中：ψ_n是 n 格点处的波函数；$t=-\frac{\hbar^2}{2ma^2}$，为电子在最近邻格点之间的跃迁积分，是电子从一个格点运动到最邻近格点时的能量，等价于连续模型中的电子动能；ε_n为电子在格点 n 处的势能：

$$\varepsilon_n=V_n+\frac{\hbar^2}{2ma^2} \tag{15-4}$$

原子偏离平衡位置、掺杂或者存在空位时都会引起势能的改变。

整个体系本征波函数可表示为局域原子或分子轨道波函数的线性组合：

$$|\Psi>=\sum_n\psi_n \tag{15-5}$$

下面利用紧束缚模型讨论一维原子链的电输运过程，在此基础上讨论石墨烯纳米带的输运特性。

2. 一维周期性结构原子链的波函数

假定左、右电极是半无限体系，满足平移对称性，波函数满足布洛赫波形式。首先考虑由一维原子链组成的体系的电输运过程，如图 15-12 所示。

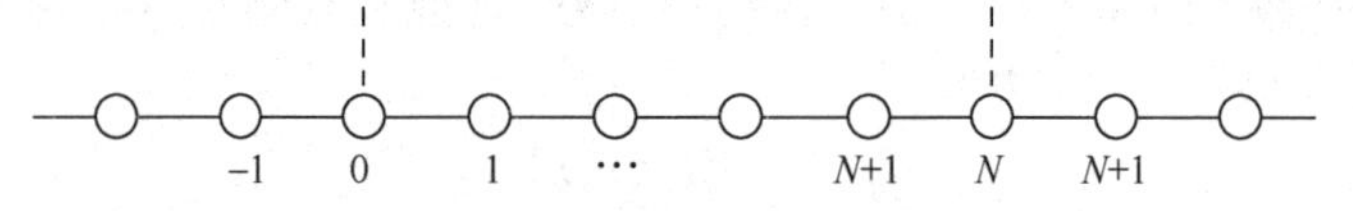

图 15-12 一维原子链的电输运过程

图 15-12 中，格点 0 和 N 分别为左电极-中间导体、中间导体-右电极的连接界面。格点 $n\leqslant0$ 和 $n\geqslant N$ 分别代表半无限长的左、右电极。电极中格点处的波函数满足布洛赫波形式：

$$\Psi_n=\begin{cases}e^{ikn}+re^{-ikn} & n\leqslant0\\ te^{ikn} & n\geqslant N\end{cases} \tag{15-6}$$

式中，r 和 t 分别为反射波和透射波的振幅，单位为晶格长度；k 为动量矢量，它满足色散关系，$E=2t\cos k$；格点 n（$0\leqslant n\leqslant N$）满足的薛定谔方程组，参见式（15-3）。依据式（15-6）就可以直接求解 r 和 t。

说明 在前面几章中，反射波和透射波的振幅分别记为 R 和 T。在此，为了与量子力学文献的习惯标记一致，将其记为 r 和 t。

3. 二维周期性结构量子线的波函数

当电极为有限宽度时，可以用量子线表示，如图 15-13 所示[7]。

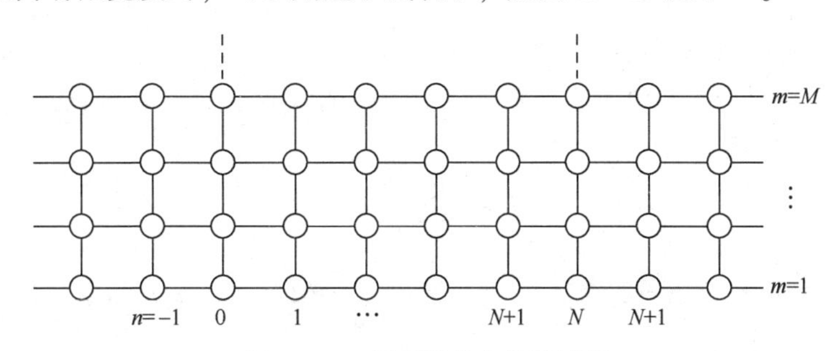

图 15-13　量子线的电输运过程

> 说明　$n=0$、$n=N$ 分别代表左、右电极与中间导体的连接界面，中间导体在 x 方向和 y 方向分别有 N 和 M 个格点。

二维体系的薛定谔方程为

$$t\psi_{n,m+1}+t\psi_{n,m-1}+t\psi_{n+1,m}+t\psi_{n-1,m}+\varepsilon_{n,m}\psi_{n,m}=E\psi_{n,m} \tag{15-7}$$

图 15-13 中，格点 $n=0$ 和 $n=N$ 分别为左电极-中间导体、中间导体-右电极的连接界面。格点 $n\leqslant 0$ 和 $n\geqslant N$ 分别代表半无限长的左、右电极。电极中格点处的波函数满足布洛赫波形式。

假定 y 方向电极宽度为有限宽度，即 $0\leqslant m\leqslant M$。y 方向采用硬墙势（Hard Wall Potential）边界条件，则电极中波函数的 y 分量是驻波形式，即

$$\psi_{n,m}=\psi^{x}_{n,m}\sin(k_y^{m'}m) \tag{15-8}$$

式中，$k_y^{m'}$ 为 y 方向的动量分量，也称模式 m' 或通道 m'，$k_y^{m'}=\dfrac{m'\pi}{M+1}$。二维量子线中的色散关系为

$$E=2t\cos(k_x^{m'})+2t\cos(k_y^{m'}) \tag{15-9}$$

在散射过程中，只要满足能量守恒定律，电子就可能从一个模式变为其他模式。因此，电极中的波函数可表达成所有模式波函数的线性组合。

假定入射模式是 m''，则

$$\psi_{n,m}=\begin{cases}\sum\limits_{m''}(\delta_{m',m''}\mathrm{e}^{\mathrm{i}k_x^{m'}n}+r_{m',m''}\mathrm{e}^{-\mathrm{i}k_x^{m'}n})\sin(k_y^{m'}m) & n\leqslant 0\\ \sum\limits_{m''}(t_{m',m''}\mathrm{e}^{\mathrm{i}k_x^{m'}n})\sin(k_y^{m'}m) & n\geqslant N\end{cases} \tag{15-10}$$

式中，$r_{m',m''}$ 和 $t_{m',m''}$ 分别为模式 m'' 到模式 m' 的反射系数和透射系数。采用格点 n（$0\leqslant n\leqslant N$）处的式（15-7）和式（15-10），即可解得 $r_{m',m''}$ 和 $t_{m',m''}$。

15.2.3 在紧束缚近似下石墨烯的哈密顿量

下面利用紧束缚模型讨论石墨烯的电子结构[7]。

假定每个碳原子上的电子只能跃迁到最近邻的碳原子上，则电子从格点j跃迁到格点i的方程式可表示为

$$H = t\sum_{i,j}\psi_i^+\psi_j \tag{15-11}$$

式中：t是最近邻电子之间的跃迁积分，$t=-\frac{\hbar^2}{2ma^2}\approx 2.6\text{eV}$（$a$为晶格常数）；$\psi_i^+$和$\psi_j$分别为格点$i$和$j$上产生一个电子和消灭一个电子的波函数。

无限大石墨烯的哈密顿量可以用元胞中A和B子格上的电子波函数为基来表示。紧束缚近似下，如果只考虑π轨道电子，则哈密顿量可表示为矩阵形式：

$$H(k)=\begin{vmatrix}\varepsilon_a & \mathcal{F}(k)\\ \mathcal{F}^+(k) & \varepsilon_b\end{vmatrix} \tag{15-12}$$

式中，$\mathcal{F}(k)$是最近邻格点之间的跃迁积分[7]：

$$\mathcal{F}(k)=t\sum_n e^{ik\cdot x}=t\left[1+2\cos\frac{k_x a}{2}\exp\left(-\frac{\sqrt{2}}{2}k_y a\right)\right] \tag{15-13}$$

式中，k_x和k_y分别为动量矢量在x方向和y方向的分量。

当A和B子格的势能相等时，石墨烯的能谱结构可表示为

$$E(k)=\varepsilon_a\pm t\left[1+4\cos^2\left(\frac{k_x a}{2}\right)+4\cos\left(\frac{k_x a}{2}\right)\cos\left(\frac{\sqrt{2}k_y a}{2}\right)\right]^{1/2} \tag{15-14}$$

在石墨烯倒格矢第一布里渊区顶角K附近，$\mathcal{F}(k)$可线性展开为

$$\mathcal{F}(k)=\mathcal{F}(k)\big|_{k=K}+\frac{\partial\mathcal{F}(k)}{\partial k_x}\bigg|_{k=K}(k_x-K_x)+\frac{\partial\mathcal{F}(k)}{\partial k_y}\bigg|_{k=K}(k_y-K_y) \tag{15-15}$$

在石墨烯的$K_2=\frac{2\pi}{a}\left(\frac{1}{3}\cdot\frac{1}{\sqrt{3}}\right)$和$K_3=\frac{2\pi}{a}\left(-\frac{1}{3}\cdot\frac{1}{\sqrt{3}}\right)$附近，系统哈密顿量可以表示为$\delta k=(k-K)$的函数，即

$$H(k)=-\frac{\sqrt{3}ta}{2}\begin{vmatrix}0 & -\delta k_x+i\delta k_y\\ -\delta k_x-i\delta k_y & 0\end{vmatrix} \tag{15-16a}$$

$$H(k)=-\frac{\sqrt{3}ta}{2}\begin{vmatrix}0 & \delta k_x+i\delta k_y\\ \delta k_x-i\delta k_y & 0\end{vmatrix} \tag{15-16b}$$

据此，在第一布里渊区顶角附近，电子哈密顿量$H(k)$满足无质量的狄拉克-费米方程：

$$\hbar[\upsilon k_x\sigma_x+\upsilon k_y\sigma_y+\upsilon^2 m\sigma_x+\mu(r)]\Psi(r)=E\Psi(r) \tag{15-17}$$

式中：$\hbar$为约化普朗克常量；υ为电子速度；σ_x和σ_y分别为泡利矩阵的x和y方向上的分量；m为电子有效质量，$m=0$；$\mu(r)$为电子势能。在单层石墨烯中，电子的速

度为 $v=\frac{\sqrt{3}ta}{2\hbar}$，也称费米速度，有时记为 v_F，它是光速的 1/300。

15.2.4　石墨烯纳米带的能带结构

宽度有限而长度“无限”的石墨烯，称为石墨烯纳米带。按照其边缘碳原子排布方式的不同，纳米带结构可分为两种：扶手椅形（Armchair）和锯齿形（Zigzag）石墨烯纳米带。将上、下边缘连接起来并卷成筒状，则成为碳纳米管。金原子可以打开碳纳米管而得到石墨烯纳米带。

如图 15-14 所示，y 方向为有限宽度并且边缘上碳原子的排布不同，因此扶手椅形和锯齿形石墨烯纳米带的电子能带结构将有很大差异。在 π 电子紧束缚近似模型中，$k_x=0$ 对应于导带底和价带顶。扶手椅形石墨烯纳米带的能带变化可分成 3 种类型：当宽度 $M=3p-1$ 时，带隙为零，其他情况则有带隙，如图 15-15（a）所示。带隙的大小随宽度 M 的变化出现 3 周期性变化。带隙随宽度 M 增大而振荡减小。由第一性原理计算表明，扶手椅形石墨烯纳米带的电子能带结构也有类似的变化规律，当 $M=3p-1$ 时，带隙并不为零，随 M 的增大而趋近于零。

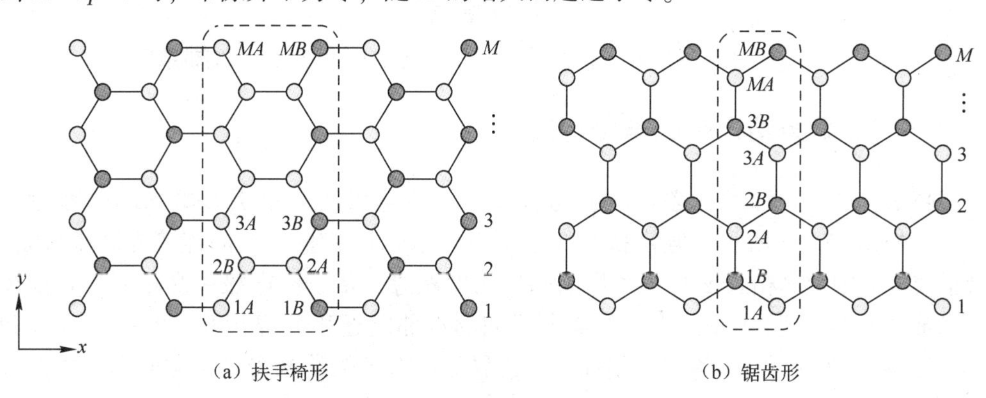

（a）扶手椅形　　（b）锯齿形

图 15-14　宽度为 M 的石墨烯纳米带的结构

根据 π 电子紧束缚近似模型，锯齿形石墨烯纳米带为无带隙，并在能量 $E=0$ 处出现边缘态（主要分布在锯齿边界处，向石墨烯纳米带中心逐渐衰减）。当动量矢量 $k=\frac{2\pi}{3}$时，边缘态才能从锯齿形边界扩展到整个体系。当锯齿形边界连接到电极上时，动量矢量 $k=\frac{2\pi}{3}$对应的边缘态可以从一个电极扩展到另一个电极，这个边缘态能输运电子；而另一些边缘态不能输运电子。

图 15-15 所示为有限宽的扶手椅形和锯齿形石墨烯纳米带 π 电子紧束缚近似哈密顿量下的电子能带结构。其中，能量 E 以最近邻碳原子间的电子跃迁积分 t 为“单位”。k_x取值范围为$(-\pi,\pi)$。能带位于$(-3t,3t)$是因为在紧束缚近似模型中，π 电子有 3 个最近邻格点。

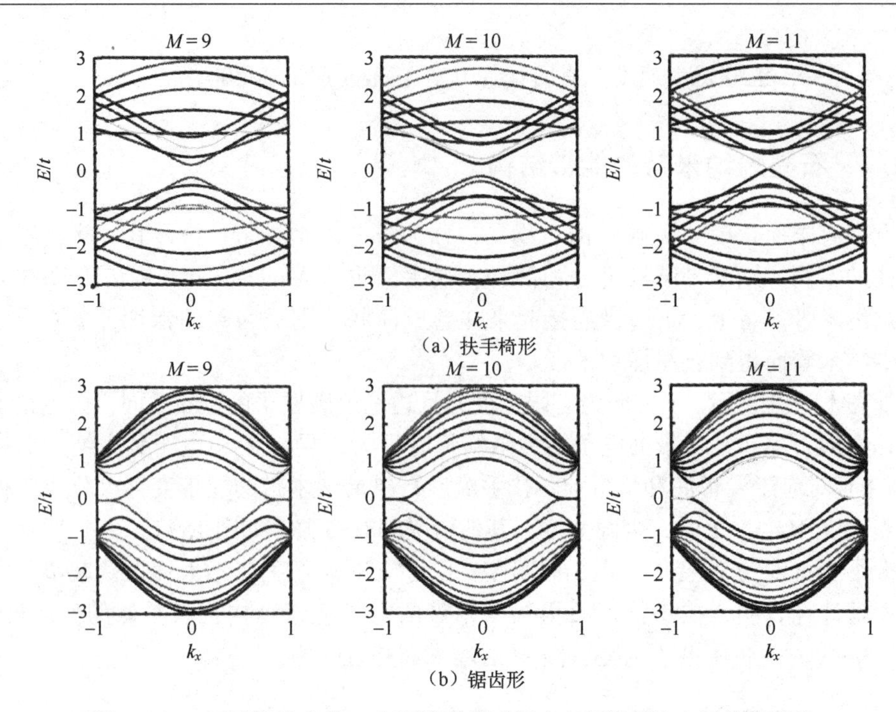

图 15-15 石墨烯纳米带 π 电子紧束缚近似哈密顿量下的电子能带结构

15.2.5 石墨烯纳米带的电学特性

高淼、张桂平和卢仲毅选取普通金属量子线电极研究单层石墨烯的电输运特性[8]。如图 15-16 所示，假定扶手椅形石墨烯纳米带和量子线的连接界面很规则，量子线电极中的晶格长度与石墨烯的晶格长度相等，量子线电极中晶格间、石墨烯纳米带中碳原子间和电极-石墨烯碳原子间的近邻跃迁积分都相等。图中，$n=0$ 和 $n=N$ 分别代表左、右电极与石墨烯的连接界面，石墨烯纳米带在 x 方向和 y 方向分别有$N=16$ 和 $M=4$ 个格点。

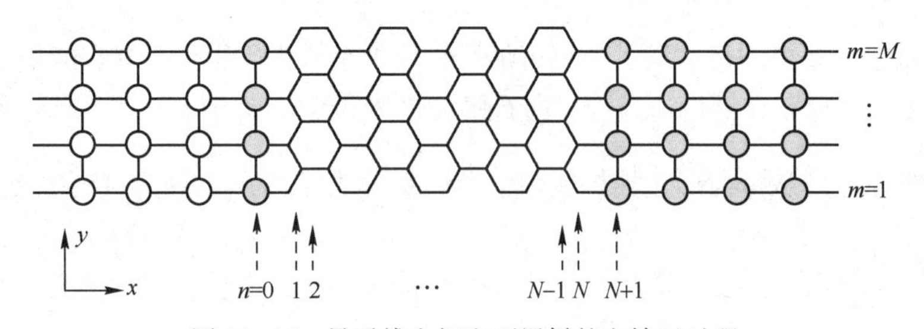

图 15-16 量子线电极和石墨烯的电输运过程

由二维体系的薛定谔方程式（15-7）和电极波函数式（15-10），可得到波函数系数的线性方程组，共有 NM 个，最终求解出散射矩阵 $\boldsymbol{r}_{m',m''}$ 和 $\boldsymbol{t}_{m',m''}$。当体系尺寸比较大、NM 超过百万个时，计算复杂度增大。这时，若利用扶手椅形石墨烯纳米带中的转移矩阵，则能显著减少计算量。在极端情况下，可以利用转移矩阵连续相乘，直接得出左、右连接界面处波函数系数的关系式。

转移矩阵方法是将某紧相邻两列晶格格点上的电子波函数系数用其紧相邻两列格点上的电子波函数系数表示。为满足计算精度要求，尽量减少计算量，采取多步迭代方法，构成重整化转移矩阵。每隔实空间中固定长度的若干行，就选择一个紧相邻两行待求解的电子波函数系数，最终由这些待求解电子波函数系数组成简约化线性方程组。如图 15-17 所示，先将整个体系划分若干子体系，然后将这些子体系的波函数系数组成最终的线性方程组。这里，实空间中间隔步长取决于石墨烯纳米带的宽度，宽度越大，间隔步长越小。利用重整化转移矩阵方法可以处理多达10^6个晶格格点。

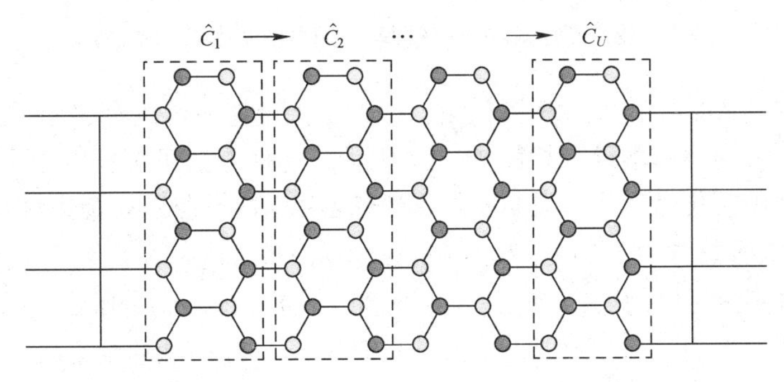

图 15-17　重整化转移矩阵方法的示意图

转移矩阵具有计算速度快、数值稳定的优点。对一些规则形状体系，利用转移矩阵可以找到严格解。

深入研究石墨烯纳米体系的电输运特性及其电极连接特性，对于有效地应用石墨烯新材料有重要意义。

15.3　化学气相沉积石墨烯/硅太阳电池

如上所述，石墨烯是六边形的由碳原子构成的单原子层结构，具有独特的结构和性质。石墨烯可通过机械剥离、外延生长、氧化石墨还原、激光沉积和化学气相沉积等方法制成，可以以一层或多层原子层的形式转移到不同的基体上，与硅等其他半导体材料相结合。多数石墨烯膜由单层和多层石墨烯组成。单片石墨烯的尺寸通常为数十至数百平方微米。多层结构石墨烯可使其载流子迁移率更高。单层石墨烯的厚度为 0.335nm；多层结构石墨烯叠加起来仍然是很薄的，超薄的石墨烯薄膜的光学吸收系数很低，薄层电阻率也很小。

这里主要介绍化学气相沉积方法，可制得面积较大的石墨烯。在硅基底上用激光直接生长石墨烯是一种值得关注的方法[9]。

15.3.1　石墨烯与石墨烯/硅太阳电池的制备

李昕明和朱宏伟等人率先报导了制成石墨烯/硅异质结太阳电池[10]。石墨烯薄膜覆盖在 n 型晶体硅上，其基本结构示意图如图 15-18 所示。

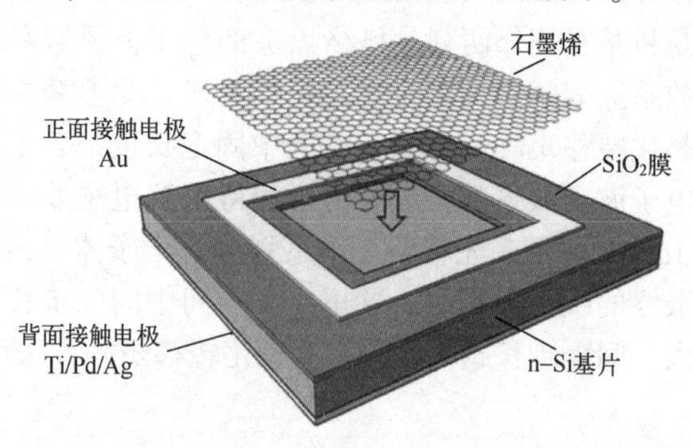

图 15-18　石墨烯/n-Si 肖特基太阳电池基本结构示意图

石墨烯的制备采用化学气相沉积法，即碳氢化合物在过渡金属催化作用下分解，沉积在衬底上，制得石墨烯，如图 15-19 所示。这种方法可沉积数十平方厘米尺寸的薄膜，实现规模化生产。这里制备的石墨烯是以 Ni 薄膜或 Ni 箔为衬底，在 Ar/H_2 气氛中，将其加热至 1000℃，然后用 Ar/H_2（800/200ml^{-1}）气流以 20ml^{-1}（或 20μL/min）的速度引入甲烷（或乙醇），时间为 10~20min，分解出来的碳溶解于镍中。Ni 渗碳后，将其从加热区取出，以 10~20℃/s 的速率冷却至室温，碳在 Ni 衬底表面偏析形成石墨烯层。在酸性溶液（如 HNO_3）中分离出石墨烯，在 H_2O_2 溶液（30%）中去除无定形的碳杂质，再用去离子水冲洗后，就可以从水面上取出石墨烯膜。

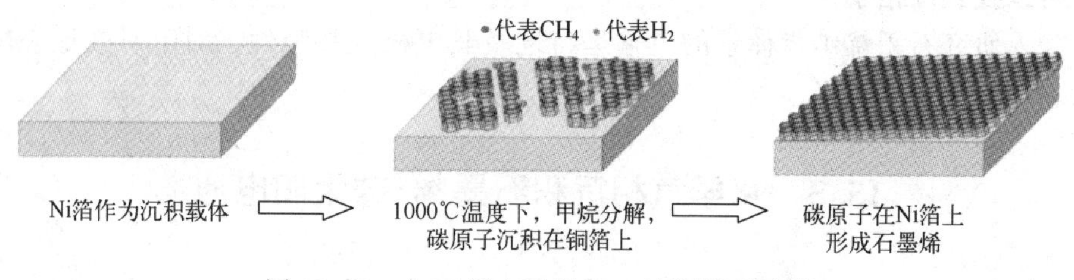

图 15-19　在 Ni 箔上采用 CVD 法沉积石墨烯

石墨烯/n-Si 太阳电池制备：取 n-Si（100）晶体硅片，用氢氟酸溶液刻蚀去除硅片上的氧化层，形成方形窗口（0.1~0.5cm^2），分别溅射 Au 和 Ti/Pd/Ag 制备前、后接触电极；然后将石墨烯转移到 n-Si 硅片的顶部表面上，制成石墨烯/n-Si 太阳电池。首次制成的太阳电池光电转换效率为 1.5%。

15.3.2　石墨烯与石墨烯/硅太阳电池的性能分析

石墨烯膜具有以下特征：石墨烯薄膜表面光滑，存在一些皱纹（见图 15-1）；石墨烯薄膜覆盖在 Si 衬底上，并连续跨越 Au 线与 SiO_2区域之间的图案台阶和 SiO_2 与 Si 之间的图案台阶，表面覆盖率达到 100%。薄膜由多层石墨烯组成，它们相互重叠互连，即使其中一层出现裂纹，仍然具有良好的导电性。

石墨烯膜与 Si 形成肖特基结，产生内建电场，有利于电荷分离。正如前面第 8 章 8.2.2 节讨论过的那样，肖特基结的非线性电流-电压特性可以用热离子发射模型描述，其电流表达式为

$$I=A\cdot J=A\cdot A^{*}T^{2}\exp\left(-\frac{q\varphi_{\mathrm{Bn}}}{\eta kT}\right)\left[\exp\left(\frac{qV}{\eta kT}\right)-1\right] \tag{15-18}$$

式中，A 为肖特基结活性区面积。

太阳电池的电流-电压特性关系式为

$$I=I_{\mathrm{s}}\left[\exp\frac{q(V-IR_{\mathrm{s}})}{\eta kT}-1\right] \tag{15-19}$$

空间电荷区宽度为

$$w=\left(\frac{2\varepsilon V_{\mathrm{Bn}}}{qN_{\mathrm{D}}}\right)^{1/2} \tag{15-20}$$

对于 $0.1\mathrm{cm}^2$ 太阳电池，反向漏电流 I_{s} 为 0.05～0.5μA。根据式（15-18），势垒高度 φ_{Bn} 为 0.75～0.8eV，这与 $q\varphi_{\mathrm{G}}$ 与 $q\chi$ 的差（$q\varphi_{\mathrm{G}}-q\chi=0.75\mathrm{eV}$）相吻合。由式（15-19）确定串联电阻 R_{s} 为 9～12Ω；由式（15-20）估算，结在 n-Si 中建立的耗尽层宽度为 0.5～0.7μm。

计算表明，在石墨烯与 n-Si 界面附近的 n-Si 中已形成空间电荷区。由此可知，石墨烯膜不仅是透明电极，还是电子-空穴分离和空穴输运的活性层。由石墨烯/n-Si 太阳电池获得的暗电流-电压曲线具有整流特性，整流比为 10^4～10^6。在 0.1～0.4V 的范围内，石墨烯/n-Si 结正向偏置的 $\ln I$-V 曲线基本上是线性的，其理想因子为 1.57。反向漏电流与肖特基结接触面积几乎成正比。

在 AM1.5 标准条件下，采用太阳模拟器和光谱响应测试仪分别测试了石墨烯/n-Si 太阳电池的光电特性和光电流作用谱。太阳电池中的光生载流子被内建电场分离，空穴扩散到界面后被扫到石墨烯侧。高导电的二维石墨烯减小了石墨烯的横向电位，甚至让电位消失，使得载流子很容易被分离和收集。典型的石墨烯/n-Si 太阳电池的开路电压 V_{oc} 为 0.42～0.48V，短路电流密度 J_{sc} 为 4～6.5mA/cm²，填充因子 FF 为 45%～56%，光电转换效率 η_{c} 为 1.0%～1.7%（平均约为 1.5%）。通过约两个月的重复测量，表明制得的石墨烯/n-Si 太阳电池具有良好的稳定性。未优化的太阳电池通过平衡石墨烯的导电性和透明性，以及改善石墨烯/n-Si 的界面，可以提高太阳电池的平均光电转换效率，同时石墨烯还具有抗反射涂层的作用，在可见光区，使反射率降低了约 70%，近红外区的反射率降低了约 80%。

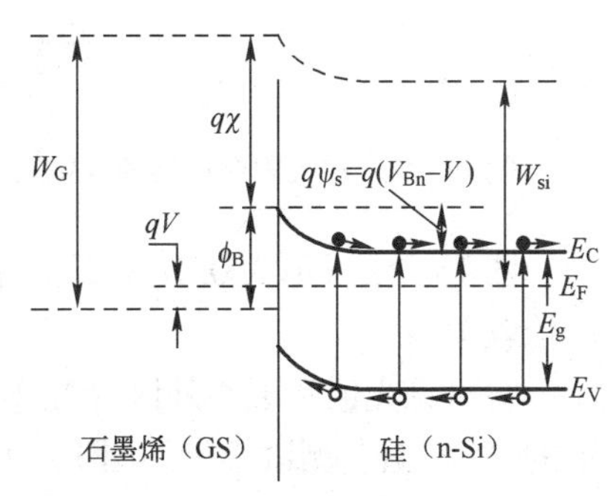

图 15-20　石墨烯/n-Si 太阳电池的能带图

石墨烯/n-Si 太阳电池的能带图如图 15-20 所示。图中，W_{G}（4.8～5.0eV）和 W_{Si}（4.25eV）分别为石墨烯和 n-Si 的功函数，V_{Bn} 为内建电势，

$q\phi_B$为势垒高度，$q\chi$为硅的电子亲和力（4.05eV），E_g为硅的带隙（1.12eV），E_F为费米能级的能量，偏置电压V为外加电压。实验中，使用的n-Si费米能级在Si导带边以下，其深度（E_C-E_F）约为0.25eV。

图15-21所示为0.1cm^{2}石墨烯/n-Si结的正向和反向的电流-电压特性。由嵌入图中的太阳电池的线性区外推，得到理想因子$\eta=1.57$，串联电阻$R_s=10.5\Omega$，由反向偏置电压的电流-电压特性扫描估计，并联电阻为45mΩ。

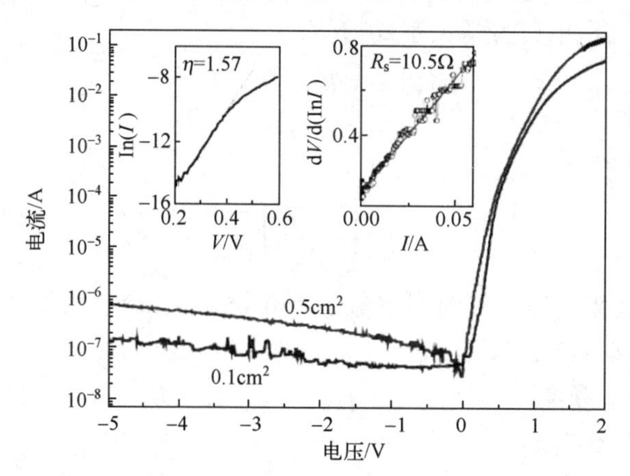

图15-21 0.1cm^{2}石墨烯/n-Si结的正向和反向的电流-电压特性

图15-22所示为在太阳模拟器的AM1.5光照条件下测得的石墨烯/n-Si太阳电池的J-V曲线。

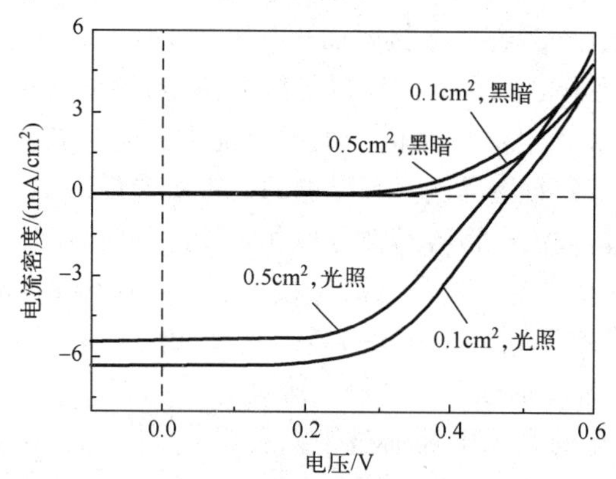

图15-22 在太阳模拟器的AM1.5光照条件下测得的石墨烯/n-Si太阳电池的J-V曲线

图15-23所示为0.1cm^{2}石墨烯/n-Si太阳电池的J_{sc}、V_{oc}、FF和η_c的太阳辐照度依赖关系。

在可见光区和近红外区（光子能量为1~4eV），测量了3个石墨烯/n-Si太阳电池的IPCE谱，测试结果如图15-24所示。IPCE是归一化入射光子-电子转换效率，其定义为由每个入射光子产生并被收集的荷电载流子数。在图15-24中，右上角嵌入的小图显示了微分IPCE谱，它能反映从光子到电子的转换速率。

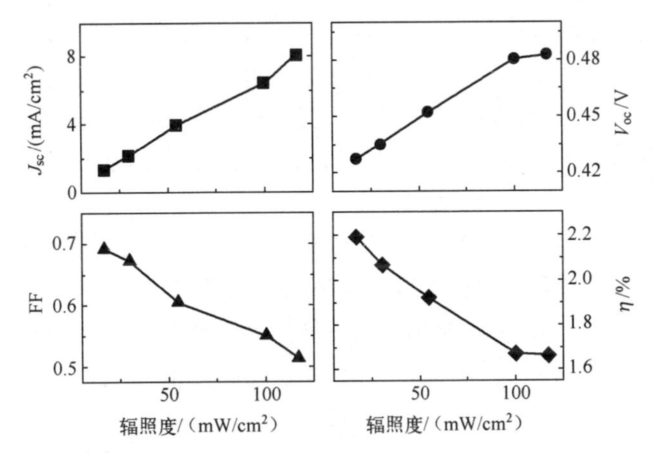

图 15-23　0.1cm² 石墨烯/n-Si 太阳电池的 J_{sc}、V_{oc}、FF 和 η_c 的太阳光辐照度依赖关系

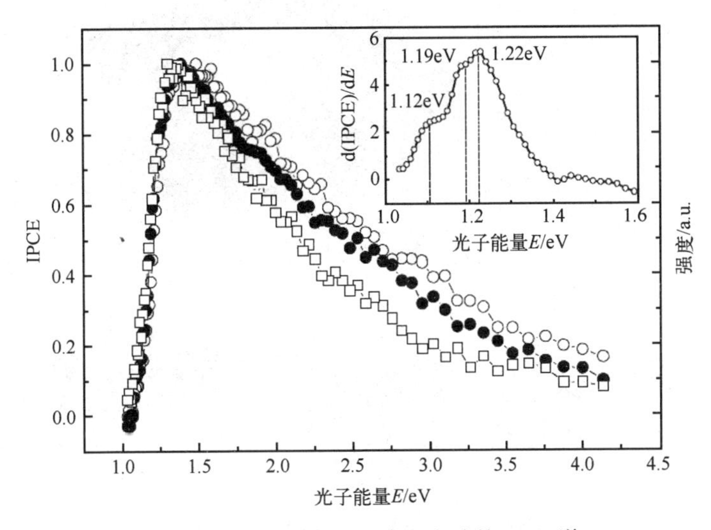

图 15-24　石墨烯/n-si 太阳电池的 IPCE 谱

15.4　具有氧化物界面层的石墨烯/硅太阳电池

如前所述，化学气相沉积石墨烯具有很高的导电性和透光率，将石墨烯转移到硅片上能形成肖特基结，可制成异质结太阳电池。由于石墨烯的独特性能和太阳电池制造过程中不需要高温，因此有望制成高效而廉价的太阳电池。然而在已制成的实验电池器件中，经常会在 J-V 特性曲线开路电压附近显现“S”形扭曲，从而降低 FF 值，影响太阳电池光电转换效率[11]。图 15-25 所示为石墨烯/硅异质结太阳电池的 J-V 特性

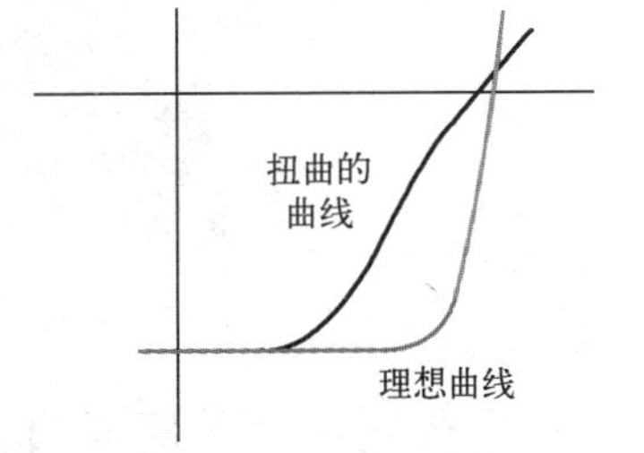

图 15-25　石墨烯/硅异质结太阳电池的 J-V 特性曲线

曲线，由图可见 J–V 特性曲线在开路电压附近明显地出现“S”形扭曲。

针对这一问题，Song Yi，Li Xinming、李昕明和查尔斯·麦金（Charles Mackin）等人改变原有的电池结构，在石墨烯与硅之间增加了一层具有适当厚度的氧化硅介质层，有效地消除了 J–V 特性曲线的扭曲，提高了太阳电池光电转换效率，其实验室试验太阳电池光电转换效率达到 15.6%。

图 15-26 所示的是具有氧化物界面层的石墨烯/硅太阳电池结构示意图。图 15-27 所示的是具有氧化物界面层的石墨烯/硅太阳电池制造工艺步骤示意图。图 15-28 所示的是制备成的面积为 0.11cm^{2}的太阳电池实验实物照片。

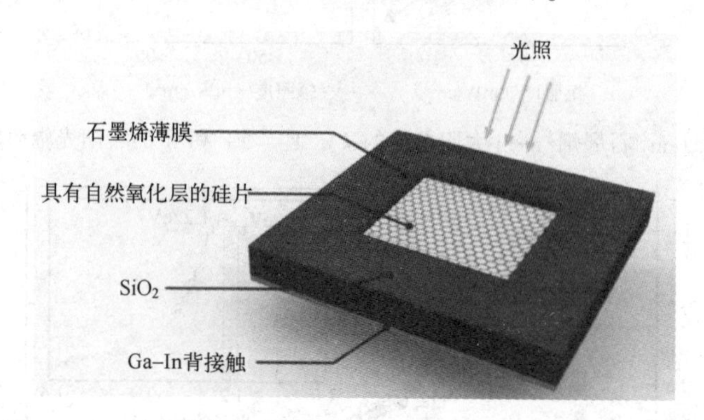

图 15-26 具有氧化物界面层的石墨烯/硅太阳电池结构示意图

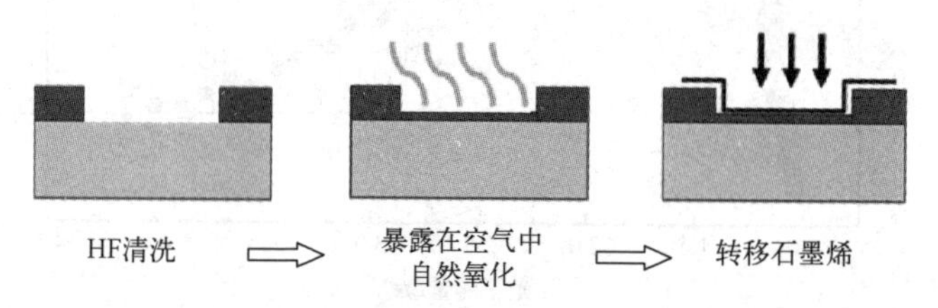

图 15-27 具有氧化物界面层的石墨烯/硅太阳电池制造工艺步骤示意图

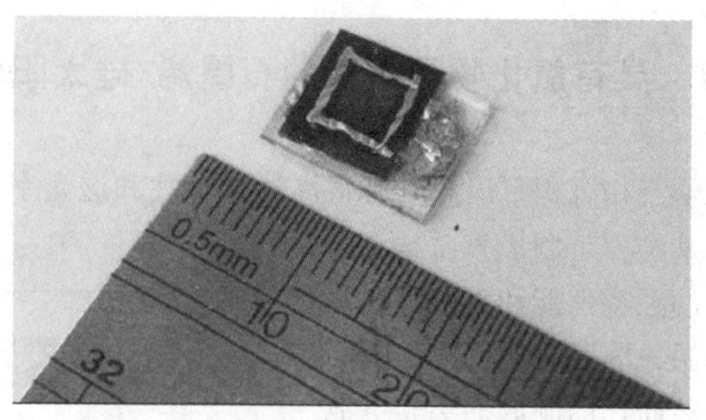

图 15-28 具有氧化物界面层的石墨烯/硅太阳电池实验实物照片

15.4.1 具有氧化物界面层的石墨烯/硅太阳电池的制备

实验电池所用的单层石墨烯是在铜箔上用低压气相沉积法（LPCVD）生长的，

利用聚甲基丙烯酸甲酯（PMMA）转移法将制得的石墨烯转移到具有氧化物表面层的硅片上，而后在丙酮中浸泡 20min，再在氢/氩气氛中 350℃下加热 2h 除去 PMMA。石墨烯的转移过程如图 15-29 所示。太阳电池背面的接触电极采用镓-铟合金，在太阳电池活性区周围设置了铟丝环与石墨烯接触作为前电极。这样就制得了石墨烯-硅肖特基太阳电池。

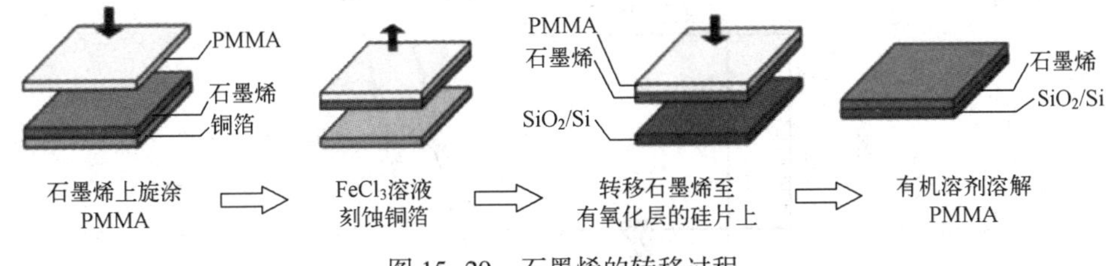

图 15-29　石墨烯的转移过程

对石墨烯的 p 型掺杂是通过自旋浇铸法在转速为 2500r/min 下将 $AuCl_3$ 溶解在硝基甲烷中（10min）完成的。Au 对石墨烯的 p 型掺杂，可使石墨烯的表面电位调至 0.5eV。金纳米粒子能有效抑制石墨烯的裂纹，使石墨烯/Si 界面的耗尽区趋于均匀。

石墨烯的掺杂也可用其他掺杂剂，如 HNO_3、HCl 和有机化合物等，但以 $AuCl_3$ 掺杂的太阳电池的性能稳定性较好[12]。

15.4.2　具有氧化物层的石墨烯/硅太阳电池的性能分析

硅表面极易氧化，曝露在空气中即可生成氧化物层（氧化硅）。对已制得的石墨烯/硅太阳电池进行实验研究表明，当石墨烯与硅之间存在厚度适中的天然氧化物层时，能有效地消除太阳电池 J-V 特性曲线的扭曲。但是，当氧化物层的厚度过小或过大时，均不能消除扭曲[11]。图 15-30 所示为对于不同厚度氧化物层对应的石墨烯/硅太阳电池 J-V 特性曲线。

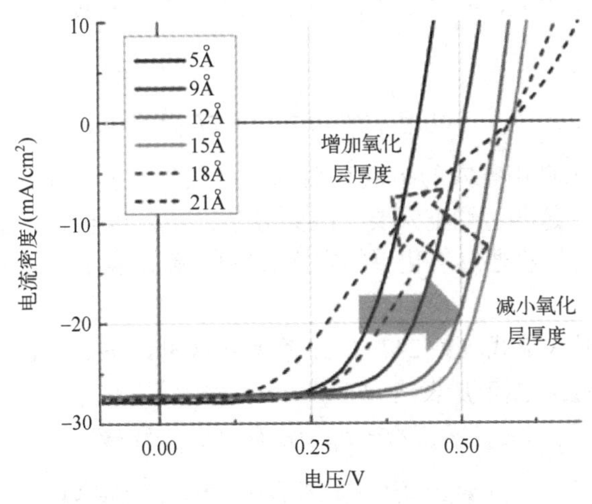

图 15-30　不同厚度氧化物层对应的石墨烯/硅太阳电池 J-V 特性曲线

图 15-31 所示为在有/无天然氧化物层和抗反射涂层时，掺杂的石墨烯/硅太阳电池的 J-V 特性。在最佳天然氧化物层厚度条件下，太阳电池的光电转换效率达到 15.6%。

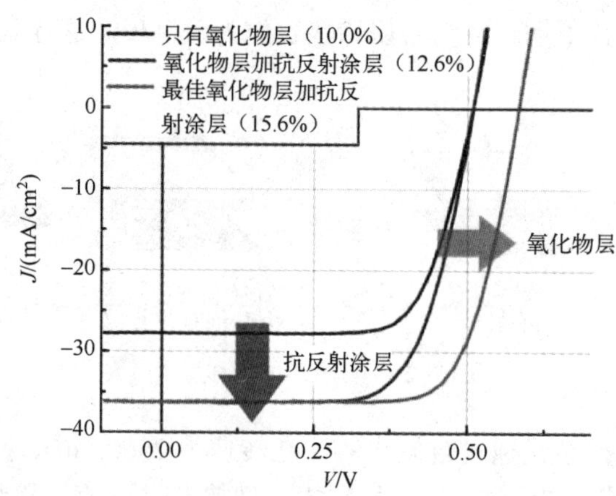

图 15-31　在有/无天然氧化物层和抗反射涂层时，掺杂的石墨烯/硅太阳电池的 J-V 特性

实验表明，随着硅和石墨烯之间天然氧化物层厚度的增加或光照强度的增大，扭曲变得更严重，而通过化学掺杂方法又能减轻扭曲现象。

显然，石墨烯/硅太阳电池的 J-V 特性曲线的扭曲现象与太阳电池的 Si-石墨烯界面处的载流子复合有关。Song Yi 等人采用很简单的模型对这些扭曲现象做了初步的解释。

由于石墨烯中产生的电子-空穴对的寿命很短（ps 量级），在硅中光激发下产生电子-空穴对可不予考虑。在 n 型 Si-石墨烯界面的内建电场会分离电荷并将空穴拉向石墨烯。在界面处没有隔离的情况下，空穴可以自由地进入石墨烯。但是，如果存在氧化物势垒，则空穴可能在氧化物-硅界面附近堆积。

假设在给定的光照下，向结区扩散的空穴流量是恒定的，则空穴电流密度 J_p 可表示为

$$J_p=\frac{qD_p}{L_p}p_s'=\frac{qD_p}{L_p}(p_s-p_{s0}) \tag{15-21}$$

式中：D_p 和 L_p 分别为硅中空穴的扩散系数和扩散长度；p_s' 为在光照下硅中的过剩空穴浓度，$p_s'=p_s-p_{s0}$。这些过剩空穴要么隧穿势垒，要么与电子复合。

为分析方便，可以将通过氧化层的空穴隧穿电流 J_{tp} 表示为以 p_s 和 ΔE_{Fp} 为变量的另一种表达形式。

参照第 9 章 9.9.3 节式（9-242），并考虑到这里讨论的是以 n 型硅为基底的太阳电池，可将空穴隧穿电流 J_{tp} 表达为

$$\begin{aligned}J_{tp}&=-A_p^*T^2e^{(-\chi_p^{1/2}d)}\left[e^{-(E_{Fm}-E_{V0})/kT}-e^{-(E_{Fp}-E_{V0})/kT}\right]\\&=A_p^*T^2e^{(-\chi_p^{1/2}d)}e^{E_{V0}/kT}\left[e^{-(E_{Fp})/kT}-e^{-(E_{Fm})/kT}\right]\\&=A_p^*T^2e^{(-\chi_p^{1/2}d)}e^{-(E_{Fp}-E_{V0})/kT}\left[1-e^{-(E_{Fm}-E_{Fp})/kT}\right]\end{aligned} \tag{15-22}$$

式中，A_p^*为有效理查逊常数，χ_p为空穴通过绝缘体隧穿到金属的有效隧穿势垒高度，E_{Fp}为半导体的空穴准费米能级，E_{V0}为表面价带顶的能量，d 为绝缘体层厚度，E_{Fm}为金属的费米能级。

根据第 4 章 4.3.1 节式（4-135），并令光照下石墨烯中准费米能级与硅表面费米能级的差为 ΔE_{Fp}，$\Delta E_{Fp}=E_{Fm}-E_{Fp}$，则式（15-22）可表述为

$$J_{tp}=\frac{A^*}{N_v}T^2 p_s \exp(-\chi^{1/2}d)\left[1-\exp\left(\frac{-\Delta E_{Fp}}{kT}\right)\right] \tag{15-23}$$

式中，N_v为硅的价带有效态密度，p_s为界面空穴密度。

假设界面处的载流子主要是通过陷阱态复合的，则参照第 5 章 5.6 节的讨论，按肖克利-里德-霍尔模型，过剩空穴的复合率可近似表示为

$$U=\frac{n_s p_s-n_i^2}{\tau_p(n_s+n_1)+\tau_n(p_s+p_1)} \tag{15-24}$$

式中，$n_1=N_c\exp[(E_t-E_C)/kT]$，$p_1=N_{vc}\exp[(E_V-E_t)/kT]$，$E_t$为陷阱态的能级。

假设复合时的空穴寿命τ_p和电子寿命τ_n大致相等（即$\tau_p=\tau_n=\tau$），E_t也基本上位于硅带隙的中间，且 $n_1+p_1\ll n_s+p_s$，则式（15-24）可进一步简化为

$$U\approx\frac{n_s p_s-n_i^2}{\tau(n_s+p_s)} \tag{15-25}$$

由式（15-23）可知，随着表面空穴浓度p_s的增大，隧穿电流增大；由式（15-25）可知，随着$n_s p_s$的增大，复合电流也随之增大。

对于很薄的绝缘体层，d 很小，式（15-22）中的 $\exp(-\chi^{1/2}\mathrm{d})$ 接近于 1，这时，即使过剩载流子p_s'较少，也能实现使隧穿电流等于由光照引起的扩散电流。同时，由于$n_s p_s\approx n_i^2$，按照式（15-25），复合率 U 将很小。如图 15-32（a）左侧图所示，对于较厚的氧化物层，需要更多的过剩空穴p_s，才能增加隧穿氧化物层的电流。这时，复合率也将同时增大，曲线扭曲变得明显，如图 15-32（a）右侧图所示。

如图 15-32（b）左侧图所示，在反向偏置下，由于能带弯曲大，界面电子浓度较低，能参与复合的电子较少，大量过剩的空穴p_s'在界面附近累积。ΔE_{Fp}和p_s都较大，容易实现$J_{tp}=J_p$。当进入零偏置和小的正向偏置时，界面电子浓度增大，复合速率增大，过剩空穴浓度p_s'将减小，曲线扭曲变得更明显些，如图 15-32（b）右侧图所示。

当进行化学掺杂时，由于增加了石墨烯的功函数W_G，导致界面处存在更大的能带弯曲，界面平衡空穴浓度p_{s0}增大，相应的电子浓度n_{s0}减小，限制了复合，使得在给定的偏置电压下，复合电流下降，从而有效地改善了曲线扭曲，如图 15-31（c）所示。

说明　图中，箭头的大小表示光电流J_p和复合电流J_r的相对大小。实心圆圈和空心圆圈表示电子和空穴，填充圆圈的多少表示它们相对数量的多少。

上述简单的解释，对中等厚度的氧化物层的情况是比较符合的，但对于较厚氧化物层并不符合。

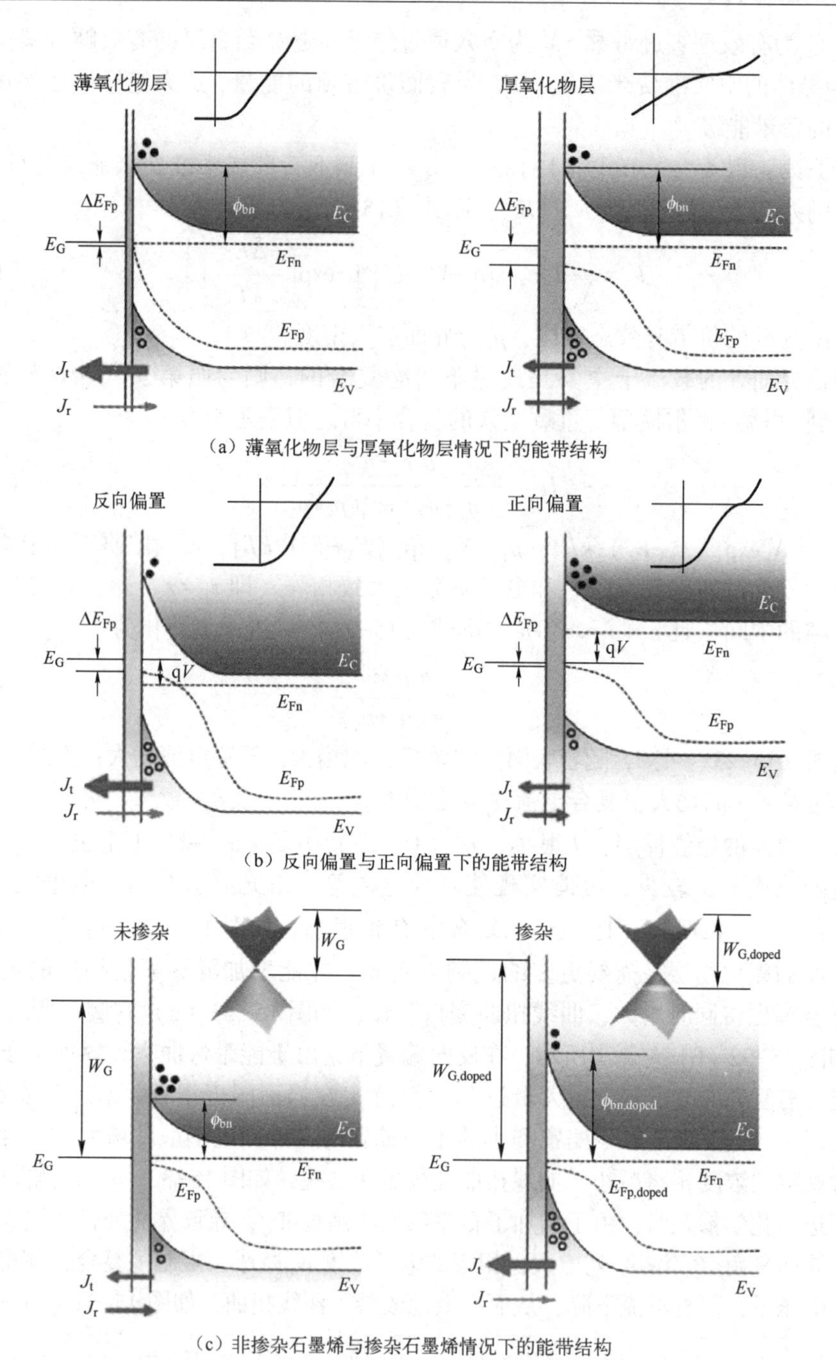

（a）薄氧化物层与厚氧化物层情况下的能带结构

（b）反向偏置与正向偏置下的能带结构

（c）非掺杂石墨烯与掺杂石墨烯情况下的能带结构

图 15-32　在光照下石墨烯/硅异质结的能带图[11]

正如第 9 章对 MIS 太阳电池讨论过的那样，对于纳米碳/硅太阳电池也一样，V_{oc} 随氧化物层厚度的增加而增大，但氧化层厚度过大又会导致光电流减小。实验表明，对于氧化物层厚度大于 1.5nm 的太阳电池器件，掺杂的作用已不足以抑制扭曲。因此，最优的氧化物层厚度可确定为 1.5nm。此时，所制得的石墨烯/硅太阳电池开路电压V_{oc}=0.59V，平均光电转换效率为 12.4%。对于氧化物层厚度为 1.5nm 的太阳电池，在其表面上涂覆一层 TiO_2增透膜后，光电转换效率可增大到 15.6%。

石墨烯本身对硅表面或石墨烯-硅界面不具备表面钝化作用，但可通过氧化硅、甲基、氧化石墨烯和氟化石墨烯等进行化学钝化。氧化硅和甲基能够饱和硅表面悬键，减少缺陷态密度。因此，上述自然氧化层不仅抑制了 *J-V* 特性曲线扭曲，而且有较好的表面钝化作用，明显提高了石墨烯/硅太阳电池的光电转换效率。

氧化石墨烯、氟化石墨烯不仅能饱和硅表面悬键，还能对石墨烯实现 p 型掺杂，提高石墨烯的电导率和功函数。此外，也可通过 P3HT 和二硫化钼进行场效应钝化，P3HT 和二硫化钼能够提高肖特基势垒，阻挡电子，减小界面电子浓度[12]。

氯和硝酸盐离子对石墨烯进行 p 型化学掺杂，能降低石墨烯的膜电阻，增大石墨烯的功函数，在 Am 1.5 光照条件下，曾获得 9.2%的光电转换效率[13]。

15.5　纳米碳/硅太阳电池的研究课题

虽然纳米碳/硅太阳电池（特别是石墨烯/硅异质结电池）发展很快，光电转换效率迅速提高，但是要成为可实际使用的太阳电池，尚存在一些有待解决的问题。

1. 纳米碳/硅太阳电池的机理研究

对于纳米碳/硅太阳电池，虽然已进行了很多实验研究，但对其机理的研究还很不充分。石墨烯是一种很独特的二维半导体材料，当它与晶体硅结合组成异质结时，预计在光电转换机理上也会有不同于常规异质结电池的独特之处。例如，对于上述石墨烯/Si 太阳电池中的 *J-V* 特性曲线扭曲现象，在结构相似的、也用氧化物薄膜作为介质层的 SIS 太阳电池中，却未见到有类似现象的报导；在对此现象的初步解释中，也未涉及二维石墨烯与一般透明半导体薄膜（如氧化锡等）不同的晶体结构和电子结构。

实际上，要预测这类新颖太阳电池的发展前景，对其机理进行研究是非常重要的。

2. 高品质纳米碳材料研究

纳米碳/硅异质结太阳电池与常规异质结太阳电池最大的不同点是采用纳米碳作为窗口层，纳米碳层的质量直接影响太阳电池质量。由于受制备技术上的限制，现有的纳米碳（如纳米碳管、石墨烯）的质量还不能满足制造大面积、高质量太阳电池的要求。显然，制备出面积大、缺陷少、有害杂质含量低和层数可控的高品质纳米碳是制备这类太阳电池的关键课题之一。

3. 纳米碳/硅太阳电池的活性区面积扩展

太阳电池的活性区是指太阳电池能转换电能的有效工作区域。通常，由于受碳材料的电导率限制，活性区面积越大，太阳电池光电转换效率越低。目前，PCE 为 10.8%的碳纳米管/硅太阳电池的活性区面积仅为 0.49cm^2[14]，PCE 为 15.6%石墨烯/硅太阳电池的活性区面积也只有 0.11cm^2。当活性区面积从 0.047cm^2增加到 0.145cm^2时，石墨烯/Si 太阳电池的 PCE 从 14.5%下降到 10.6%[11]。与现有常规的

pn 结晶体硅太阳电池相比，差距甚大。

4. 纳米碳/硅太阳电池的稳定性研究

稳定性可分为性能稳定性和制造工艺稳定性。

由于受温度、湿度、辐射等环境条件的影响，现有的纳米碳/硅太阳电池的性能稳定性都比较差。例如，以上所说的具有氧化物层（厚度为 1.5nm）的太阳电池，在其表面涂覆一层 TiO_2增透膜后，光电转换效率虽可达到 15.6%，但在空气中放置 2h 后，光电转换效率就衰减为 12.6%[11]。性能稳定性问题是这类太阳电池能否发展为实用太阳电池的主要关键之一。

在此回顾一下半导体-绝缘体-半导体（SIS）太阳电池的发展历史，这类电池结构简单，制造方便，早在 20 世纪 70 年代，其光电转换效率已达到 13%以上[15]，与当时的晶体硅 pn 结太阳电池性能相当。但是，这类太阳电池中的氧化物层很薄，易受环境中水、氧、烟雾等因素的影响，膜层厚度和成分会发生变化。正是因为未能很好解决好稳定性等问题，所以这类太阳电池至今没能实现产业化生产。

至于制造工艺稳定性，虽然现在讨论这个问题为时尚早，但若采用自然生成氧化物层的方法形成介质膜，由于影响因素太多，预计工艺稳定性不容易控制。

参考文献

[1] Li X, Lv Z, Zhu H. Carbon/Silicon Heterojunction Solar Cells: State of the Art and Prospects [J]. Advanced Materials, 2016, 27 (42): 6549-6574.

[2] Wei J, Jia Y, Shu Q, et al. Double-walled Carbon Nanotube Solar Cells [J]. Nano Letters, 2007, 7 (8): 2317.

[3] Wang F, Kozawa D, Miyauchi Y, et al. Considerably Improved Photovoltaic Performance of Carbon Nanotube- based Solar Cells Using Metal Oxide Layers [J]. Nature Communications, 2015, 6: 6305.

[4] Novoselov K S, Geim A K, Morozov S V, et al. Electric Field Effect in Atomically Thin Carbon Films [J]. ence, 2004, 306 (5696): 666-669.

[5] Novoselov K S, Jiang D, Schedin F, et al. Two-dimensional atomic crystals [J]. Proceedings of the National Academy of Sciences of the United States of America, 2005, 102 (30): 10451-10453.

[6] Neto A H C, Guinea F, Peres N M R, et al. The Electronic Properties of Graphene [J]. Reviews of Modern Physics, 2009, 81 (1): 109-162.

[7] 刘诺，钟志亲，张桂萍，等. 半导体物理导论 [M]. 北京：科学出版社，2014.

[8] Gao M, Zhang G P, Lu Z Y. Electronic Transport of a Large Scale System Studied by Renormalized Transfer Matrix Method: Application to Armchair Graphene Nanoribbon between Quantum Wires. Computer Physics Communications, 2014, 185: 856-861.

[9] Wei D, Xu X. Laser Direct Growth of Graphene on Silicon Substrate [J]. Applied Physics Letters, 2012, 100 (2): 197.

[10] Li X M, Zhu H W, Wang K L, et al. Graphene-On-Silicon Schottky Junction Solar Cells [J]. Advanced Materials, 2010, 22: 2743-2748.

[11] Song Y, Li X, Mackin C, et al. Role of Interfacial Oxide in High-Efficiency Graphene-Silicon Schottky Barrier Solar Cells [J]. Nano Letters, 2015, 15 (3): 2104-2110.
[12] 倪志春. 石墨烯在硅基太阳电池中的应用 [C]. SNEC2018 (上海) 石墨烯在光伏领域应用高峰论坛, 2018.
[13] Li X, Xie D, Park H, et al. Ion Doping of Graphene for High-Efficiency Heterojunction Solar Cells [J]. Nanoscale, 2013, 5 (5): 1945-1948.
[14] Li X K, Jung Y, Huang J S, et al. Device Area Scale-Up and Improvement of SWNT/Si Solar Cells Using Silver Nanowires [J]. Advanced Energy Materials, 2014, 4 (12): 1400186.
[15] Singh R, Green M A, Rajkanan K. Review of Conductor-Insulator-Semiconductor (CIS) Solar Cells [J]. Solar Cells, 1981, 3 (2): 95-148.

第 16 章　钙钛矿/硅串联太阳电池

自 2012 年首次将钙钛矿应用于太阳电池以来，这类太阳电池发展迅速。随着制造工艺的改进，光电转换效率快速提高，对其基本物理和化学机理的研究正在逐步深化[1]。本章将在介绍钙钛矿太阳电池的基本结构和工作原理的基础上，讨论钙钛矿与硅组成的串联太阳电池的物理模型与数值计算方法。

16.1　钙钛矿和钙钛矿太阳电池

钙钛矿是一种矿物，以钛酸钙（$CaTiO_3$）的形式存在，早在 19 世纪就已经被发现。钙钛矿具有很多独特的性质。近年来，将其用于制备太阳电池，备受重视，发展极快。

16.1.1　钙钛矿

作为矿物的 $CaTiO_3$钙钛矿，最早由德国矿物学家古斯塔夫 · 罗泽（Gustav Rose）在俄罗斯乌拉尔山脉（Ural Mountains）发现，为了纪念俄罗斯地质学家列夫 · 佩洛夫斯基（Lev Perovski），他将其命名为“Perovskite”。与钙钛矿矿物具有相同分子形式 ABX_3和晶体结构的化合物统称钙钛矿结构化合物。在光伏界，通常将钙钛矿结构的化合物简称为钙钛矿，实际上它并不是地质学上的矿物。

钙钛矿晶格结构如图 16-1 所示。通常的表示结构方式是，大的原子或分子阳离子（带正电荷）A 在立方体中心，立方体的顶角被原子（也可以是带正电荷的阳离子）B 占据，立方体的表面被带负电荷的较小的原子 X 占据。钙钛矿晶格结构也可由图 16-1 右侧的形式表示，两者是等效的。

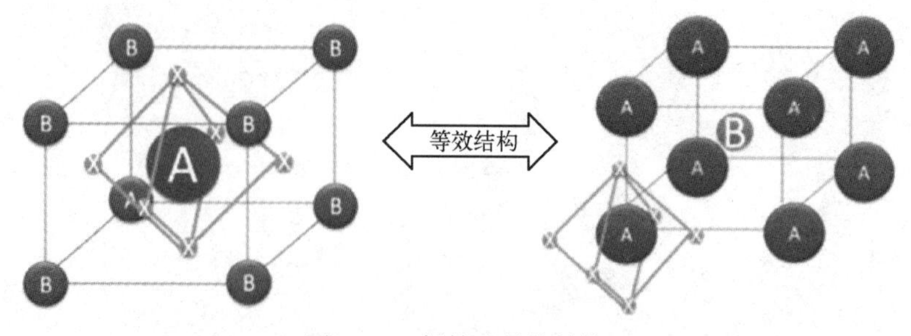

图 16-1　钙钛矿晶格结构

在图 16-1 中，左侧的结构是 B 在<000>的位置，右侧的结构是 A 在<000>的位置。由于钙钛矿具有特殊的原子/分子结构，使其具有一系列独特的性质，包括超导电性、巨磁阻、自旋相关输运和催化性能等。自 2012 年起，钙钛矿开始用于制备太阳电池[2,3]。

多数钙钛矿太阳电池使用了以下材料组合甲基三碘化铅甲基铵铅（$CH_3NH_3PbI_3$，MALI）：

☺ A：有机阳离子，甲基铵（$CH_3NH_3^+$，MALI）或甲酰胺（$NH_2CHNH_2^+$）

☺ B：大无机阳离子，通常是铅（Pb^{2+}）

☺ $\mathbf{X}_3$：稍小的卤素阴离子，通常是氯化物（Cl^-）或碘化物（I^-）

这是一般性的结构，导致钙钛矿太阳电池按材料类别或组合方式有很多种名称，如有机氯化铅、金属三卤甲基铵、有机铅碘化物等。现在研究得最多的 MALI 太阳电池就是由甲基铵与三碘化铅组合（methyl ammonium lead triiodide，$CH_3NH_3PbI_3$，MALI）而成的太阳电池。

材料组合的选择对其光电性能（如带隙、吸收光谱、迁移率和扩散长度等）有很大影响。

现在，以铅金属卤化物为基础制造的太阳电池有特别好的性能，包括：可见光谱区域具有强吸收，电荷-载流子扩散长度较长，带隙宽度可调节；允许存在较多的缺陷，处理温度较低，因而可显著降低制造成本；单结太阳电池的最大光子能量利用率超过 70%，高于碲化镉（CdTe）太阳电池、铜铟镓硒（CIGS）太阳电池和晶体硅（c-Si）太阳电池[4]。光子能量利用率的定义为，开路电压 V_{oc}除以光带隙 E_g，它反映了光电转换过程中光子损失能量的多少。

16.1.2　钙钛矿太阳电池的结构和制造

最初的钙钛矿太阳电池是以固态染料敏化太阳电池为基础进行设计的，称之为常规平面结构。后来，又发展了倒置平面结构和介孔常规平面结构钙钛矿太阳电池等，如图 16-2 所示。

说明　介孔（Mesoporous）是指直径为 2～50μm 的孔。介孔材料是指孔径为 2～50μm 的材料。

钙钛矿膜层是光收集层，通常称为光活性层，一般采用真空沉积或溶液处理工艺制备。制备方式可分为一步工艺过程或两步工艺过程。在一步工艺过程中，包覆前驱体溶液（如 CH_3NH_3I 和 PbI_2的混合物）加热后会转化为钙钛矿膜。现在又发展了一种改进方法，称为反溶剂法，先将前驱体溶液涂覆在极性溶剂上，然后在自旋涂覆过程中被非极性溶剂快速冷却。这种方法需要精确控制冷却时间和冷却溶剂的体积，这样才能获得最佳的性能。在两步工艺过程中，金属卤化物（如 PbI_2）和有机组分（如 CH_3NH_3I）在分开的后续薄膜中进行旋涂。还有一种将金属卤化物薄膜在一个充满有机组分蒸气的腔体内涂覆并退火的方法，称为真空辅助溶液制备方法（VASP）。用于从前驱体溶液一步涂覆钙钛矿的反溶剂淬火方法示意图如图 16-3 所示。

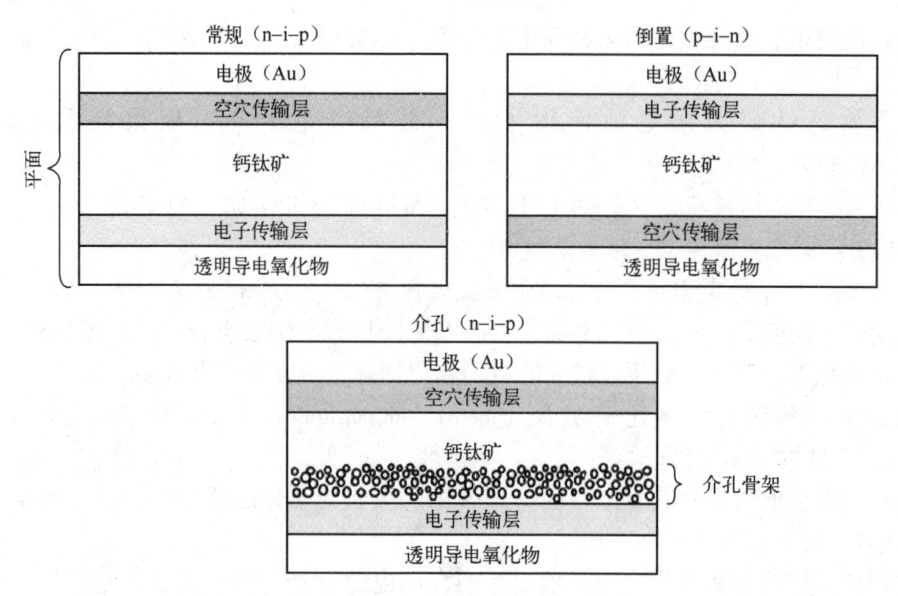

图 16-2 常规/倒置平面和介孔（常规）钙钛矿太阳电池的结构示意图

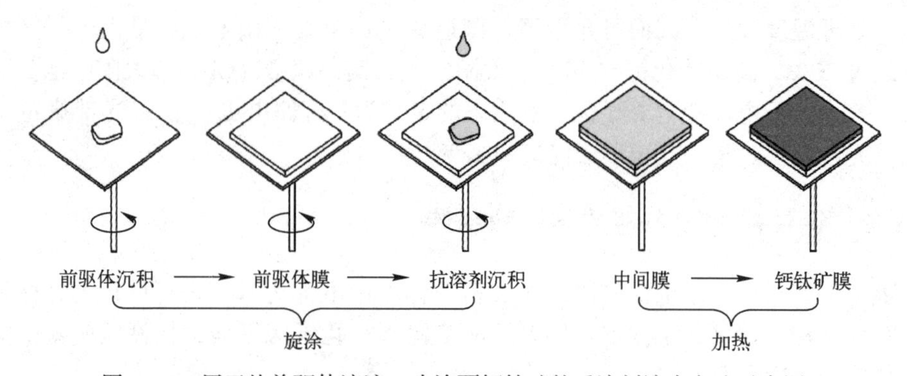

图 16-3 用于从前驱体溶液一步涂覆钙钛矿的反溶剂淬火方法示意图

多数钙钛矿太阳电池的结构是透明导电氧化物/ETL/钙钛矿/HTL/金属，其中 ETL 和 HTL 分别指电子传输层和空穴传输层。典型的空穴输运层包括 Spiro-OMeTAD 或 PEDOT :PSSS，典型的电子输运层包括 TiO_2或 SnO_2。在钙钛矿太阳电池中，钙钛矿层厚度为数百 nm，其质量（包括厚度和均匀性等）对于制作高质钙钛矿太阳电池是非常重要的。

16.2 钙钛矿太阳电池的计算物理

钙钛矿太阳电池的结构和电荷收集方式与晶体硅太阳电池的不同，而且还存在独特的自掺杂现象，因此其输出特性不能用传统的晶体硅太阳电池的物理模型来处理。为了表征、优化太阳电池和预测太阳电池的性能，需要建立新的物理模型。下面介绍 Sun Xingshu 等人所建立的基于物理分析的压缩模型及数值模拟计算[5]。

如前所述，典型的钙钛矿太阳电池由钙钛矿光吸收层（300~500nm）、空穴输运层（p 型）、电子输运层（n 型）和前/后接触电极组成，其结构形式可分为四种类型：1 型（p-i-n）、2 型（p-p-n）、3 型（n-i-p）、4 型（n-p-p）。相应的能带图如图 16-4 所示。其中：（a）和（b）所示的是传统的正置结构，通常以 PEDOT: PSS 和 PCBM 作为前面空穴传输层和背面电子输运层；（c）和（d）所示的结构称为倒置结构，TiO_2是前面的电子输运层，Spiro-OMeTAD 是背面的空穴输运层。通常认为，图 16-4（a）和（c）所示的两种太阳电池中的吸收层是未掺杂的本征层；图 16-4（b）和（d）所示的两种太阳电池中的吸收层为自掺杂的 p 型层。

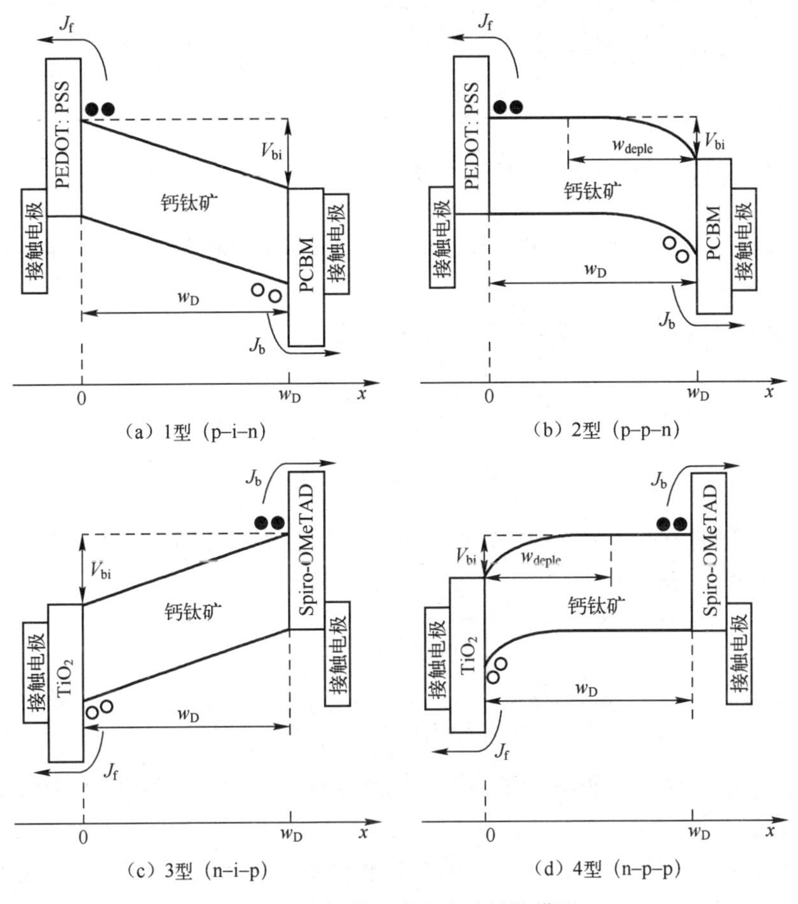

图 16-4　钙钛矿太阳电池的能带图

钙钛矿的高介电常数允许光生激子立即解离为自由载流子[2,6]。光生电子和空穴形成后，先在吸收层和传输层中漂移和扩散，然后由接触电极收集。因此，通过求解吸收层内稳态电子和空穴的连续性方程，即可得到载流子的输运规律。

下面分本征吸收层和自掺杂吸收层两类太阳电池进行讨论，并详细介绍 1 型（p-i-n）钙钛矿太阳电池的建模，其他类型依此类推。

说明 为了求解钙钛矿太阳电池的终端输出特性，所采用的稳态电子和空穴的连续性方程和求解电场的泊松方程，在形式上与第 7 章求解硅 pn 结太阳电池输出特性公式是一样的。但是，由于钙钛矿太阳电池存在特殊性（包括 4 种不同结构的太阳电池，吸收层内的载流子复合可以忽略，载流子活动区域和边界位置等），均与硅 pn 结太阳电池不一样，Sun Xingshu 等人采用了较多的方程参数（例如：采用平均光学衰减长度（对应于硅太阳电池的吸收系数）表征载流子产生率，用电势和内建电势来表征吸收层的电场等），这使得求解方程的途径与终端输出的解析表达式的形式与第 7 章中硅 pn 结太阳电池输出特性公式有较大的差异。

16.2.1 本征吸收层钙钛矿太阳电池

本征吸收层太阳电池分两种类型，即 1 型（p-i-n）和 3 型（n-i-p）太阳电池，其能带结构见图 16-4（a）和（c）。

其电子和空穴连续性方程由下面的公式给出：

$$\frac{\partial n}{\partial t}=\frac{1}{q}\cdot\frac{\partial J_n}{\partial x}+G(x)-U(x) \tag{16-1}$$

$$\frac{\partial p}{\partial t}=\frac{1}{q}\cdot\frac{\partial J_p}{\partial x}+G(x)-U(x) \tag{16-2}$$

式中：n 和 p 分别为电子浓度和空穴浓度；$G(x)$ 和 $U(x)$ 分别为产生率和复合率；J_n 和 J_p 分别为电子电流和空穴电流：

$$J_n=q\mu_n nF+qD_n\frac{\partial n}{\partial x} \tag{16-3}$$

$$J_p=q\mu_p pF-qD_p\frac{\partial p}{\partial x} \tag{16-4}$$

式中，F 为电场强度，μ_n 和 μ_p 分别为电子和空穴的迁移率，D_n 和 D_p 分别为电子和空穴的扩散系数。

由于钙钛矿吸收层较薄，载流子的扩散长度远超吸收层厚度，使得吸收层中的载流子复合可以忽略，即 $U(x)\approx 0$[7]。

于是，式（16-1）至式（16-4）变为

$$D_n\frac{\partial^2 n}{\partial x^2}+\mu_n F\frac{\partial n}{\partial x}+G(x)=0 \tag{16-5}$$

$$D_p\frac{\partial^2 p}{\partial x^2}-\mu_p F\frac{\partial p}{\partial x}+G(x)=0 \tag{16-6}$$

式中的电场强度是由于吸收层中的电荷分布不均匀引起的。求解上述方程式，需要通过泊松方程来计算电场强度 F：

$$\frac{\partial^2\phi}{\partial x^2}=-\frac{\rho}{\varepsilon} \tag{16-7}$$

式中，ρ 为吸收层中的电荷密度。

吸收层是本征材料，未经掺杂，也不存在俘获电荷，$\rho=0$。

由于电压主要降落在吸收层，所以 p-i-n 结构吸收层两端的电势如图 16-5（a）所示。它可表示为

$$\phi(x)\big|_{x+0}=0 \tag{16-8}$$

$$\phi(x)\big|_{x=w_D}=V_{bi}-V \tag{16-9}$$

于是，电场强度可表示为

$$F=-\frac{d\phi}{dx}=-(V_{bi}-V)/w_D$$

即

$$F=\frac{V-V_{bi}}{w_D} \tag{16-10}$$

式中：V_{bi}为吸收层的内建电势，主要由选择性传输层的掺杂确定，也与界面处的能带衔接情况相关；w_D为吸收层的厚度。

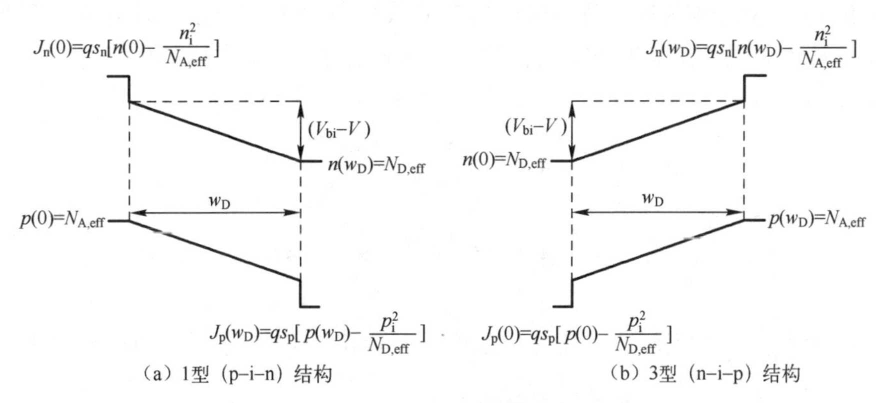

图 16-5　具有本征吸收层的钙钛矿太阳电池的电势分布与边界条件

如果忽略吸收层背面所有的寄生反射，则在吸收层内的光生载流子产生率可近似地表示为

$$G(x)=G_{eff}e^{-x/\delta_{ave}} \tag{16-11}$$

吸收层的单位光通量单位体积的载流子产生率为

$$g(x)=\frac{1}{\delta_{ave}}e^{-x/\delta_{ave}}$$

G_{eff}为单位厚度的载流子产生率。

p-i-n 结构太阳电池在吸收层内的载流子产生率如图 16-6 所示。载流子产生由

光学吸收引起，光学吸收与光子能量（波长）相关。δ_{ave}为在整个太阳光谱范围内，产生率减小到吸收层初始产生率的$\frac{1}{e}$时的吸收层深度（称为平均光学衰减长度），δ_{ave}（≈100nm）是整个太阳光谱范围内材料的特征常数。当量子效率为1时，载流子产生率也就是光子吸收率。

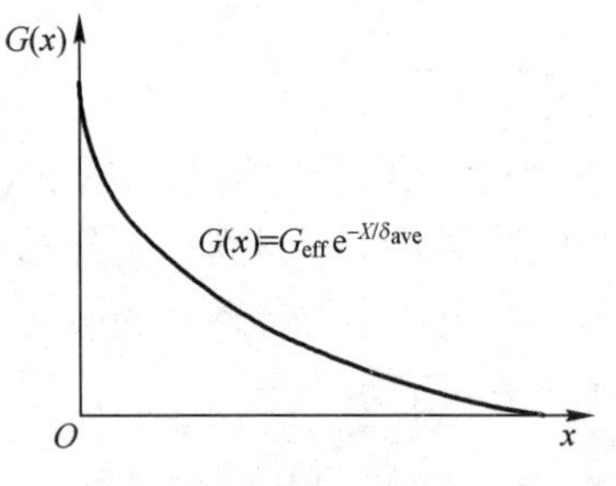

图 16-6 p-i-n 结构太阳电池在吸收层内的载流子产生率

吸收层最大产生率定义为在整个吸收层范围内产生率 G_{eff}的积分，即

$$G_{max} = \int_0^\infty G_{eff} e^{-x/\delta_{ave}} dx = G_{eff} \cdot \delta_{ave} \tag{16-12}$$

式中，为计算方便，将积分限吸收层宽度 w_D视为∞。

太阳电池中的电子和空穴输运层，对多子而言是理想导体，而对少子来说有一定的阻挡作用，其载流子传输特性可由有效的表面复合速度表征：

$$|J_f| = qs_f\Delta n \quad |J_b| = qs_b\Delta p \tag{16-13}$$

式中：J_f、J_b分别为前、背输运层的电流密度；Δn、Δp 分别为过剩少子（电子、空穴）浓度；s_f、s_b分别为前、背传输层的有效表面复合速度，按3种复合过程计算，即载流子从不理想的接触极中逃逸、界面的缺陷复合和传输层内的体复合。

将 F 和 $G(x)$代入式（16-5）和式（16-6）后，可得通解

$$n(x) = A_n e^{-F^* x} + \frac{G_n \delta_{ave}^2 \cdot e^{-x/\delta_{ave}}}{F^* \delta_{ave} - 1} + B_n \tag{16-14}$$

$$p(x) = A_p e^{-F^* x} + \frac{G_p \delta_{ave}^2 \cdot e^{-x/\delta_{ave}}}{F^* \delta_{ave} + 1} + B_p \tag{16-15}$$

式中：$F^* \equiv \frac{qF}{kT} = \frac{\mu_n}{D_n} F$ 表示归一化电场强度；$G_n \equiv G_{eff}/D_n$和 $G_p \equiv G_{eff}/D_p$表示归一化产生率；$A_{n(p)}$和 $B_{n(p)}$为由边界条件决定的常数。

在1型（p-i-n）情况下，式（16-14）和式（16-15）在 $x=0$ 和 $x=w_D$处的边界条件为

$$J_n(0) = qs_n \cdot \left(n(0) - \frac{n_i^2}{N_{A,eff}}\right) \tag{16-16}$$

$$p(0) = N_{A,eff} \tag{16-17}$$

以及

$$J_p(w_D) = qs_p \cdot \left(p(w_D) - \frac{n_i^2}{N_{D,eff}}\right) \tag{16-18}$$

$$n(w_D) = N_{D,eff} \tag{16-19}$$

式中：有效掺杂浓度 $N_{A,eff}$和 $N_{D,eff}$分别是i层两端的平衡空穴和电子浓度，由输运层的掺杂和电子亲和势决定；s_n和 s_p分别为少子表面复合速度；V_{bi}为内建电势：

$$V_{\mathrm{bi}}=\frac{kT}{q}\cdot\ln\left(\frac{N_{\mathrm{A,eff}}N_{\mathrm{D,eff}}}{n_{\mathrm{i}}^{2}}\right) \tag{16-20}$$

利用边界条件，求解式（16-14）和式（16-15），得到 B_{n}和 B_{p}：

$$B_{\mathrm{n}}=\frac{N_{\mathrm{D,eff}}\mathrm{e}^{F^{*}w_{\mathrm{D}}}-\dfrac{n_{\mathrm{i}}^{2}}{N_{\mathrm{A,eff}}}+\dfrac{G_{\mathrm{n}}\delta_{\mathrm{ave}}}{F^{*}w_{\mathrm{D}}-1}\left(\delta_{\mathrm{ave}}-D_{\mathrm{n}}\dfrac{F^{*}w_{\mathrm{D}}-1}{s_{\mathrm{n}}}-\delta_{\mathrm{ave}}\mathrm{e}^{F^{*}x-\frac{w_{\mathrm{D}}}{\delta_{\mathrm{ave}}}}\right)}{\mathrm{e}^{F^{*}w_{\mathrm{D}}}-1+\dfrac{kT}{q}\dfrac{F^{*}\mu_{\mathrm{n}}}{s_{\mathrm{n}}}} \tag{16-21}$$

$$B_{\mathrm{p}}=\frac{N_{\mathrm{A,eff}}\mathrm{e}^{F^{*}w_{\mathrm{D}}}-\dfrac{n_{\mathrm{i}}^{2}}{N_{\mathrm{D,eff}}}+\dfrac{G_{\mathrm{p}}\delta_{\mathrm{ave}}}{F^{*}w_{\mathrm{D}}-1}\left(\delta_{\mathrm{ave}}-D_{\mathrm{p}}\dfrac{F^{*}w_{\mathrm{D}}-1}{s_{\mathrm{p}}}-\delta_{\mathrm{ave}}\mathrm{e}^{F^{*}x-\frac{w_{\mathrm{D}}}{\delta_{\mathrm{ave}}}}\right)}{\mathrm{e}^{F^{*}w_{\mathrm{D}}}-1+\dfrac{kT}{q}\dfrac{F^{*}\mu_{\mathrm{p}}}{s_{\mathrm{p}}}} \tag{16-22}$$

流过太阳电池的总电流是电子电流和空穴电流的代数和。总电流是连续的，稳态时，流过太阳电池总电流在各处位置上都是相同的。这里指定 n 型区（空穴传输层）与本征区（吸收层）的交界位置 $x=0$ 处的电流代表太阳电池的总电流，其坐标位置见图 16-4。

$$J=J(0)=J_{\mathrm{n}}(0)+J_{\mathrm{p}}(0) \tag{16-23}$$

将式（16-3）、式（16-4）、式（16-14）、式（16-15）、式（16-21）和式（16-22）代入式（16-23），可求得 $x=0$ 处的电流密度。

总电流也就是输出电流，它等于光电流 J_{L}减去暗电流 J_{dark}：

$$J=J_{\mathrm{L}}-J_{\mathrm{dark}} \tag{16-24}$$

式中，光电流为

$$J_{\mathrm{L}}=qG_{\max}\left\{\left(\frac{1-\mathrm{e}^{V'\ m}}{V'-m}-\beta_{\mathrm{f}}\right)\Big/\left(\frac{\mathrm{e}^{V'}-1}{V'}+\beta_{\mathrm{f}}\right)-\left[\left(\frac{1-\mathrm{e}^{V'+m}}{V'+m}-\beta_{\mathrm{b}}\right)\Big/\left(\frac{\mathrm{e}^{V'}-1}{V'}+\beta_{\mathrm{b}}\right)\right]\cdot\mathrm{e}^{-m}\right\} \tag{16-25}$$

暗电流为

$$J_{\mathrm{dark}}=\left[J_{\mathrm{f0}}\Big/\left(\frac{\mathrm{e}^{V'}-1}{V'}+\beta_{\mathrm{f}}\right)+J_{\mathrm{b0}}\Big/\left(\frac{\mathrm{e}^{V'}-1}{V'}+\beta_{\mathrm{b}}\right)\right]\cdot(\mathrm{e}^{\frac{qV}{kT}}-1) \tag{16-26}$$

式中，J_{f0}和 J_{b0}分别为电子和空穴在正面（或背面）接触电极处的复合电流：

$$\begin{cases}J_{\mathrm{f0}}=q\dfrac{n_{\mathrm{i}}^{2}}{N_{\mathrm{A,eff}}}\cdot\dfrac{D_{\mathrm{n}}}{w_{\mathrm{D}}}\\[2ex]J_{\mathrm{b0}}=q\dfrac{n_{\mathrm{i}}^{2}}{N_{\mathrm{D,eff}}}\cdot\dfrac{D_{\mathrm{p}}}{w_{\mathrm{D}}}\end{cases} \tag{16-27}$$

参数 β_{f} 和 β_{b} 与扩散系数和表面复合速度相关：

$$\begin{cases}\beta_{\mathrm{f}}=\dfrac{D_{\mathrm{n}}}{w_{\mathrm{D}}s_{\mathrm{n}}}\\[2ex]\beta_{\mathrm{b}}=\dfrac{D_{\mathrm{p}}}{w_{\mathrm{D}}s_{\mathrm{p}}}\end{cases} \tag{16-28}$$

m 为吸收层厚度与平均吸收衰减长度之比值：

$$m=\frac{w_{\mathrm{D}}}{\delta_{\mathrm{ave}}} \tag{16-29}$$

V'定义为电压 V 的函数：

$$V'=q(V-V_{\mathrm{bi}})/kT \tag{16-30}$$

$G(x)$为吸收层中光生载流子产生率，忽略了后表面的所有寄生反射后，可将其近似地表示为

$$G(x)=G_{\mathrm{eff}}\mathrm{e}^{-x/\delta_{\mathrm{ave}}} \tag{16-31}$$

式中，G_{eff}和 δ_{ave}（≈100nm）是整个太阳光谱范围内材料的特征常数。

$G_{\max}$为平均产生率

$$G_{\max}=\int_0^{\infty}G_{\mathrm{eff}}\mathrm{e}^{-x/\delta_{\mathrm{ave}}}\mathrm{d}x \tag{16-32}$$

再定义下列 3 个参数：

$$\alpha_{\mathrm{f(b)}}=1\Bigg/\left(\frac{\mathrm{e}^{V'}-1}{V'}+\beta_{\mathrm{f(b)}}\right) \tag{16-33}$$

$$A=\alpha_{\mathrm{f}}\cdot\left(\frac{1-\mathrm{e}^{V'-m}}{V'-m}-\beta_{\mathrm{f}}\right) \tag{16-34}$$

$$B=\alpha_{\mathrm{b}}\cdot\left(\frac{1-\mathrm{e}^{V'+m}}{V'+m}-\beta_{\mathrm{b}}\right) \tag{16-35}$$

则式（16-25）和式（16-26）可进一步简化为

$$J_{\mathrm{L}}=qG_{\max}(A-B\cdot\mathrm{e}^{-m}) \tag{16-36}$$

$$J_{\mathrm{dark}}=(\alpha_{\mathrm{f}}\cdot J_{\mathrm{f0}}+\alpha_{\mathrm{b}}\cdot J_{\mathrm{b0}})\cdot(\mathrm{e}^{\frac{qV}{kT}}-1) \tag{16-37}$$

类似地，可以导出 3 型（n-i-p）钙钛矿太阳电池的方程，参见图 16-5（b），其边界条件的表达式为

$$J_{\mathrm{p}}(0)=qs_{\mathrm{p}}\cdot\left(p(0)-\frac{n_{\mathrm{i}}^2}{N_{\mathrm{D,eff}}}\right) \tag{16-38}$$

$$n(0)=N_{\mathrm{D,eff}} \tag{16-39}$$

以及

$$J_{\mathrm{n}}(w_{\mathrm{D}})=qs_{\mathrm{n}}\cdot\left(n(w_{\mathrm{D}})-\frac{n_{\mathrm{i}}^2}{N_{\mathrm{A,eff}}}\right) \tag{16-40}$$

$$p(w_{\mathrm{D}})=N_{\mathrm{A,eff}} \tag{16-41}$$

对于 3 型（n-i-p）太阳电池，与 1 型（p-i-n）太阳电池相似，因为吸收层未掺杂，也不存在俘获电荷，所以电势呈线性分布，见图 16-5（b）。电场强度$F(x)$是恒定的，可表示为

$$F=\frac{V_{\mathrm{bi}}}{w_{\mathrm{D}}} \tag{16-42}$$

在 3 型（n-i-p）情况下，式（16-14）和式（16-15）在 $x=0$ 和 $x=w_{\mathrm{D}}$处的边界

条件见图 16-5（b）。以太阳电池物理参数表达的模型参数，在形式上与 1 型（p-i-n）结构的太阳电池相同，可写为

$$\alpha_{f(b)}=1\Bigg/\left(\frac{e^{V'}-1}{V'}+\beta_{f(b)}\right) \tag{16-43}$$

$$A=\alpha_f\cdot\left(\frac{1-e^{V'-m}}{V'-m}-\beta_f\right) \tag{16-44}$$

$$B=\alpha_b\cdot\left(\frac{1-e^{V'+m}}{V'+m}-\beta_b\right) \tag{16-45}$$

16.2.2　自掺杂吸收层钙钛矿太阳电池

自掺杂吸收层钙钛矿太阳电池分两种类型，即 2 型（p-p-n）和 4 型（n-p-p），其能带结构见图 16-4（b）和（d）。

由于钙钛矿薄层存在本征缺陷，钙钛矿吸收层可以是自掺杂的。特别是光电转换效率较低（6%~12%）的太阳电池，其自掺杂现象尤为明显。在此，按照与 p-i-n 和 n-i-p 结构类似的方法，建立适用于 p-p-n 和 n-p-p 结构的简化物理模型。

图 16-7 所示为具有自掺杂吸收层的钙钛矿太阳电池的电势分布和边界条件。

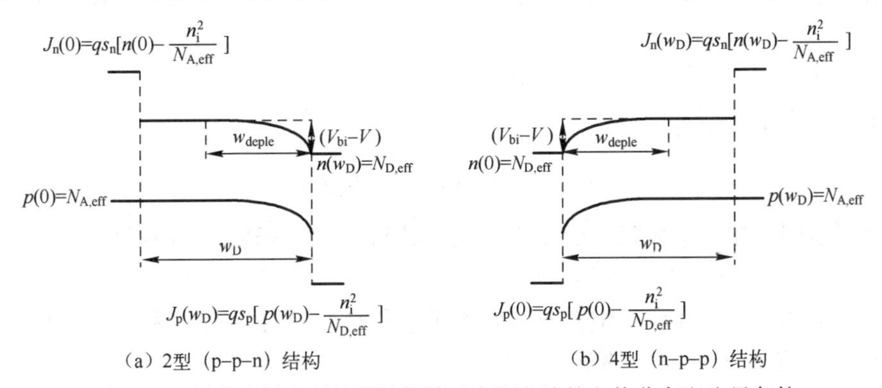

（a）2型（p-p-n）结构　　（b）4型（n-p-p）结构

图 16-7　具有自掺杂吸收层的钙钛矿太阳电池的电势分布和边界条件

对于 2 型（p-p-n）和 4 型（n-p-p）能带结构的两类太阳电池，由于存在自掺杂现象，所以耗尽区内的电场呈线性分布。图 16-7 中显示的抛物线电势分布($V<V_{bi}$)反映了吸收层中 $F(x)$ 与位置的关系。吸收层可分为耗层区和中性区两部分。

先考虑 2 型（p-p-n）太阳电池吸收层中的耗层区和中性区，其电场分布如图 16-8（a）所示。

在吸收层中的耗尽区，其宽度为

$$w_{deple}(V)=w_{deple}(0V)\sqrt{\frac{(V_{bi}-V)}{V_{bi}}}\quad(V<V_{bi}) \tag{16-46}$$

在自掺杂情况下，耗尽区的电场强度 $F(x)$ 为

$$F(x)=F_{max}(V)\left[1-\frac{x}{w_{deple}}\right] \tag{16-47}$$

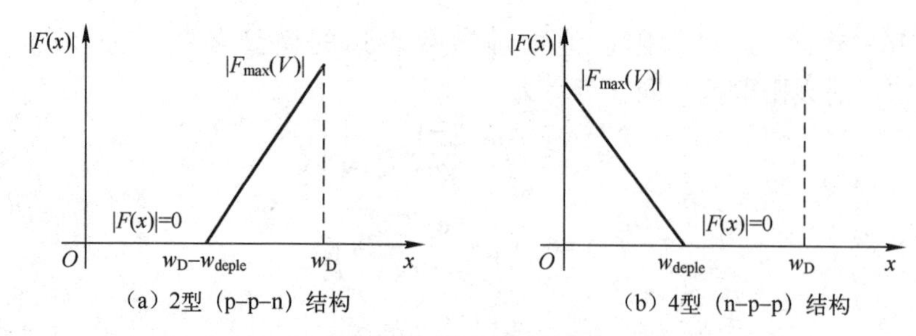

图 16-8　自掺杂吸收层钙钛矿太阳电池的电场分布

式中，$F_{max}(V)$为最大电场强度：

$$|(F_{max}(V)|=2(V_{bi}-V)/w_{deple}(V)) \tag{16-48}$$

在吸收层中的中性区，其宽度为

$$w_{neutral}(V)=w_D-w_{deple}(V) \tag{16-49}$$

中性区的电场强度为零：

$$F(V)=0 \quad (x<w_D-w_{deple}) \tag{16-50}$$

$$F_{max}(V)=0 \tag{16-51}$$

忽略前、后表面的寄生反射，则吸收层中光生载流子产生率$G(x)$可近似地表示为

$$G(x)=G_{eff}e^{-x/\delta_{ave}} \tag{16-52}$$

最大产生率G_{max}为

$$G_{max}=\int_0^{\infty}G_{eff}e^{-x/\delta_{ave}}=G_{eff}\delta_{ave} \tag{16-53}$$

研究表明，在1个太阳辐照度下，光生载流子对电场的影响不明显[8]，可设定$F(x)$与光生载流子的产生率无关。

利用上述边界条件和产生率分布表达式，参照16.2.1节相同的方法，可以求出式（16-5）和式（16-6）的解。

在耗尽区和中性区之间的边界，电荷和电流必须是连续的，即

$$J_n(w^-)=J_n(w^+) \qquad J_p(w^-)=J_p(w^+) \tag{16-54}$$

$$n(w^-)=n(w^+) \qquad p(w^-)=p(w^+) \tag{16-55}$$

这里，对于p-p-n结构，有

$$w=w_D-w_{deple}(V) \tag{16-56}$$

对于n-p-p结构，有

$$w=w_{deple}(V) \tag{16-57}$$

按照16.2.1节的相同步骤，可以导出暗电流和光电流（$V<V_{bi}$）的各个以物理参数表达的方程参数。

2型（p-p-n）太阳电池的电流方程模型参数为

$$\alpha_{f,ppm}=1/(\Delta+\beta_f) \tag{16-58}$$

$$\alpha_{b,ppn}=1/(\Delta\cdot e^{V'}+\beta_b) \tag{16-59}$$

$$A_{\mathrm{ppn}}=\alpha_{\mathrm{f}}\cdot\left(\frac{1}{m}(\mathrm{e}^{-m\Delta}-1)-\beta_{\mathrm{f}}\right) \tag{16-60}$$

$$B_{\mathrm{ppn}}=\alpha_{\mathrm{b}}\cdot\left(\frac{\mathrm{e}^{V'}}{m}(\mathrm{e}^{-m(\Delta-1)}-\mathrm{e}^{m})-\beta_{\mathrm{b}}\right) \tag{16-61}$$

这里引入了一个新参数 Δ，Δ 的定义为

$$\Delta=1-n'\sqrt{(V_{\mathrm{bi}}-V)/V_{\mathrm{bi}}} \tag{16-62}$$

式中，n'为平衡耗尽层宽度与吸收层厚度之比：

$$n'=w_{\mathrm{deple}}(0\mathrm{V})/w_{\mathrm{D}} \tag{16-63}$$

4 型（n-p-p）太阳电池的电流方程模型参数为

$$\alpha_{\mathrm{f,npp}}=1/(\Delta\cdot\mathrm{e}^{V'}+\beta_{\mathrm{f}}) \tag{16-64}$$

$$\alpha_{\mathrm{b,ppn}}=1/(\Delta+\beta_{\mathrm{b}}) \tag{16-65}$$

$$A_{\mathrm{npp}}=\alpha_{\mathrm{f}}\cdot\left(\frac{\mathrm{e}^{V'}}{m}(\mathrm{e}^{-m}-\mathrm{e}^{m(\Delta-1)})-\beta_{\mathrm{f}}\right) \tag{16-66}$$

$$B_{\mathrm{npp}}=\alpha_{\mathrm{b}}\cdot\left(\frac{1}{m}(1-\mathrm{e}^{m\Delta})-\beta_{\mathrm{b}}\right) \tag{16-67}$$

假定自掺杂吸收层在 $V\geqslant V_{\mathrm{bi}}$区域内的行为与本征吸收层一样，则在 $V\geqslant V_{\mathrm{bi}}$时，可以用式（16-33）~式（16-37）表述自掺杂太阳电池。当 $V\to V_{\mathrm{bi}}$时，式（16-58）~式（16-67）与式（16-33）~式（16-37）有相同的限制条件。

上面讨论了 4 类钙钛矿太阳电池的物理模型，用到了不少参数。这里再进行综合梳理。太阳电池模型参数有 $\alpha_{\mathrm{f(b)}}$、$\beta_{\mathrm{f(b)}}$、A、B、m、n 和 Δ。这些模型的参数是下列物理参数的函数：w_{D}为吸收层的厚度；$J_{\mathrm{f0(b0)}}$为在前/后传输层内复合的暗电流；V_{bi}为吸收层的内建势；D 为材料的扩散系数，是已知的，约为 $0.05\mathrm{cm}^2/\mathrm{s}$；$s_{\mathrm{f(b)}}$为前/后界面的有效表面复合速度；$w_{\mathrm{deple}}(0\mathrm{V})$为自掺杂吸收层的平衡耗尽层宽度；$G_{\max}$为载流子最大产生率，可利用传输矩阵法[9]计算得到，这里 $qG_{\max}$取值为 $23\mathrm{mA/cm}^2$；对于电子和空穴的材料体系，$D\approx0.05\mathrm{cm}^2/\mathrm{s}$ 是已知的[10]；V_{bi}可以通过电容-电压特性[11]或黑暗/光照下电流-电压特性曲线的交叉电压来估计[12]；$s_{\mathrm{f(b)}}$可以用光生电流 $J_{\mathrm{photo}}(G,V)=J_{\mathrm{light}}(G,V)-J_{\mathrm{dark}}(V)$来拟合[13]；$J_{\mathrm{f0/b0}}$可以通过对暗电流的拟合得到。

16.2.3　拟合算法

通过对已有实验数据的拟合，可以获得模型的参数。拟合算法分为两部分，即模型选择和迭代拟合。

1. 模型选择

在拟合数据前，必须知道太阳电池的结构（如 PEDOT：PSS/钙钛矿/PCBM 或 TiO_2/钙钛矿/Spiro-OMeTAD），以及吸收层是否为自掺杂的。理论上，掺杂的杂质分布可通过测量电容-电压得到，也可以根据低电压（0~0.5V）下光电流-电压特性曲线斜率的陡峭程度($\mathrm{d}I/\mathrm{d}V$)判别是自掺杂吸收层还是本征吸收层。

说明 PEDOT：PSS 是一种高分子聚合物的水溶液，其导电率很高。它由PEDOT 和 PSS 两种物质构成。PEDOT 是 EDOT（3，4-乙烯二氧噻吩单体）的聚合物，PSS 是聚苯乙烯磺酸盐。

2. 迭代拟合

拟合过程使用 MATLAB 中的迭代拟合函数“最小二乘曲线拟合（lsqcurvefit）”，其结果在很大程度上取决于初始猜测，因此确定初始猜测，并限制每个参数的范围是很重要的。按照模型，需推导出的物理参数有 G_{max}、δ_{ave}、w_D、$w_{deple}(0V)$、D、s_f、s_b、V_{bi}、J_{b0}、J_{f0}和 J_{b0}等。

（1）光电流：假定暗电流与光照无关，可以由下式计算光电流：

$$J(G,V)=J_L(G,V)-J_{dark}(V) \tag{16-68}$$

由于钙钛矿太阳电池的吸收层厚度为 300~500nm，所以对 w_D来说，400nm 是一个合理的初始猜测。虽然电容测量可以确定自掺杂器件的 $w_{deple}(0V)$，但可以让 $w_{deple}(0V)\approx$300nm 作为初始猜测。

结果表明，由于 PEDOT：PSS 与钙钛矿的阻隔能力较低，TiO_2的载流子寿命也较低，在大多数情况下，TiO_2的载流子寿命低于 s_b。因此，s_f和 s_b的初始猜测值分别约为 10^3cm/s 和 10^2cm/s。pn 结的内建电势 V_{bi}可从暗/光电流-电压特性曲线的交叉过电压估算。

有了初始猜测，就可以使用最小二乘曲线拟合函数来拟合光电流。

（2）暗电流：由于 J_{f0}和 J_{b0}都很小，数量级为10^{-15}~10^{-13}mA/cm^2，所以可以使用 0 作为初始猜测。然后，固定光电流拟合中获得的参数，对暗电流进行迭代拟合。

获得这些参数后，还需要检查它们的自洽性，以及光、暗特性的收敛性。

16.2.4 数值模拟结果

为了验证上述物理模型的正确性，对 4 种不同的钙钛矿太阳电池进行了光照下和黑暗时的 J-V 特性拟合，结果如图 16-9 所示。

图 16-9（b）和（d）表明，自掺杂太阳电池器件的 J-V 特性曲线，在最大功率点（MPP）之前，对应于 0~0.5V 电压范围，光电流明显降低。这一特征与太阳电池制造过程中引入的缺陷或杂质所产生的自掺杂效应相关。这种降低可以解释为由与电压相关的 pn 结的宽度 $w_{deple}(V)$（也就是电荷收集区）减小造成的，而不是由寄生电阻引起的，在图 16-9（b）和（d）中对 $w_{deple}(V)$的减小用虚线做了标注。自掺杂太阳电池具有较小的 V_{bi}、较大的 J_{f0}和 J_{b0}，导致它与本征太阳电池相比，V_{oc}较低。可见，限制自掺杂太阳电池性能的主要原因是自掺杂效应降低了太阳电池的电荷收集效率。

Sun Xingshu 等人所提出的解析模型不仅能仿真不同类型太阳电池的 J-V 特性，还能获取太阳电池的物理参数，如吸收层厚度等。

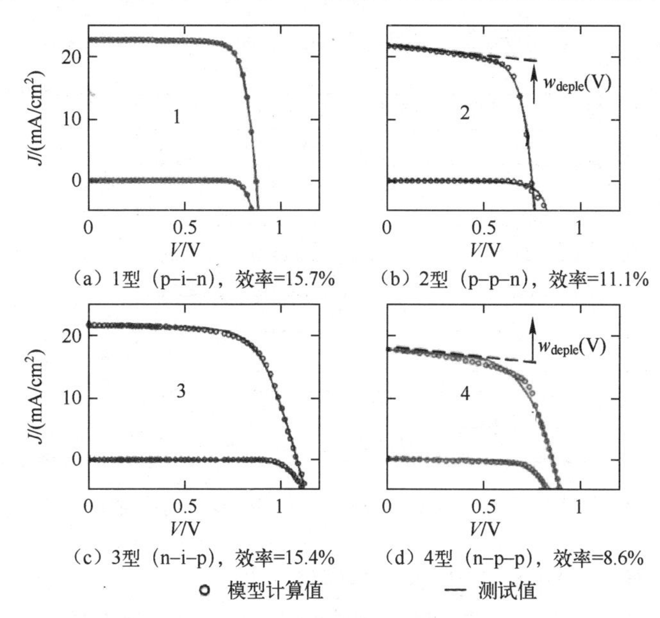

（a）1型（p–i–n），效率=15.7%　（b）2型（p–p–n），效率=11.1%

（c）3型（n–i–p），效率=15.4%　（d）4型（n–p–p），效率=8.6%

图 16-9　由模型拟合的 4 种不同钙钛矿太阳电池的暗 $J-V$ 特性和光 $J-V$ 特性

（1）G_{max} 采用 23mA/cm²。

（2）除 4 型太阳电池器件外，其余都忽略了寄生电阻（R_{series} 和 R_{shunt}）。

以上介绍了由 Sun Xingshu 等人提出的钙钛矿太阳电池物理模型和电池的输出特性计算结果。下面以此为基础，进一步讨论钙钛矿/硅串联太阳电池的物理模型与数值计算方法。

16.3　钙钛矿/硅串联太阳电池的计算物理

在晶体硅 c-Si 太阳电池上叠加带隙比其宽的另一种太阳电池，从而形成串联太阳电池，这可以有效地提高单结 c-Si 太阳电池的光电转换效率[14]。

串联太阳电池可以是两个太阳电池集成起来成为一个单片的二输出端（2T）太阳电池或三输出端（3T）太阳电池，也可以是两个太阳电池机械叠加而成的四输出端（4T）太阳电池。4T 太阳电池由于不受电流匹配的限制，可以最大限度地利用顶部和底部两个太阳电池的光电流。2T 和 3T 单片串接太阳电池需要匹配顶电池和底电池电流。通过光学设计可以优化电流匹配，提高光能利用效率。

钙钛矿太阳电池尚在研发之中，实验室设计的种类很多，导致钙钛矿/硅串联电池的种类也很多。如上所述，由于三碘化铅甲基铵（$CH_3NH_3PbI_3$，MALI）的带隙为 1.50~1.57eV，且次带隙吸收特别低，吸收光谱的截止边也很陡峭，所以以 MALI 为基材的钙钛矿太阳电池很适合制作成以晶体硅电池为底电池的串联太阳电池。2T

MALI/Si 串联太阳电池结构示意图如图 16-10 所示。

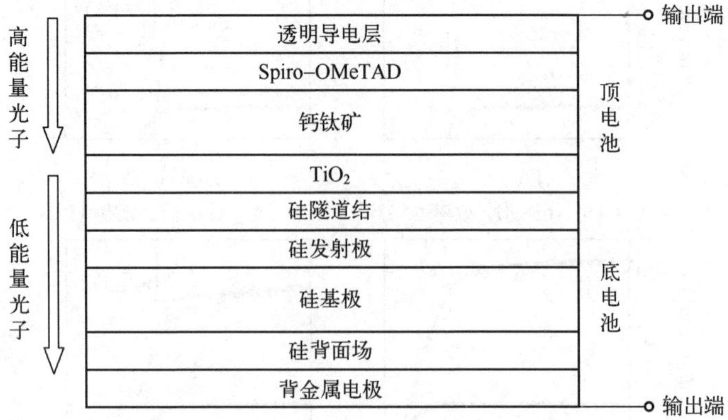

图 16-10 2T MALI/Si 串联太阳电池结构示意图

前面已经对独立的钙钛矿顶电池和晶体硅底电池的物理机理及特性进行过讨论。若将这两种太阳电池串联在一起使用，则需要考虑两者的有效配合，包括光传输耦合和电性能耦合，以实现串联后的太阳电池光电转换效率最大化[14]。

如上所述，钙钛矿太阳电池有 4 种形式，因此它与硅电池组成串联电池也将有 4 种形式。

16.3.1 钙钛矿/硅串联太阳电池的物理模型

前面已经讨论了 Sun Xingshu 等人针对钙钛矿太阳电池提出的基于吸收层内电子和空穴的稳态连续性方程的物理模型，利用式（16-24）、式（16-36）和式（16-37）可求解这 4 种钙钛矿太阳电池的 J-V 特性。

$$J_{\mathrm{perov}}=J_{\mathrm{L1}}-J_{\mathrm{dark1}} \tag{16-69}$$

式中，

$$J_{\mathrm{L1}}=-qG_{\max}(A+B\mathrm{e}^{-m}) \tag{16-70}$$

$$J_{\mathrm{dark1}}=(\alpha_{\mathrm{f}}J_{\mathrm{f0}}+\alpha_{\mathrm{b}}J_{\mathrm{b0}})(\mathrm{e}^{\frac{qV}{kT}}-1) \tag{16-71}$$

在上述公式中，下标中的“1”是指钙钛矿顶电池；α_{f}、α_{b}、A、B 和 m 是模型的参数，可由钙钛矿吸收层厚度 w_{D} 等参数计算得到；J_{f0} 和 J_{b0} 分别为前、后传输层复合的暗电流；$G_{\max}$ 为最大的载流子产生率。在这里，钙钛矿材料采用带隙为 1.6eV 的 $CH_3NH_3PbI_3$[15,16]。

p 型晶体硅底电池 n^+p 结的结构示意图如图 16-11 所示。其终端输出特性可以采用第 7 章推导的表达式计算，并假设内量子效率 IQE = 1，顶电池与底电池之间有理想的光学耦合，硅底电池表面没有遮挡（$s=0$），也没有反射（$R=0$），在稳态、准中性（电场为零）的条件下，根据式（7-105），可得到 n 型发射区的电流密度表达式为

$$J_{\text{scn}}(\lambda)=\left(\frac{q\alpha\Phi(\lambda)L_{\text{p}}}{L_{\text{p}}^{2}\alpha^{2}-1}\right)\left\{\frac{\left[-\mathrm{e}^{-\alpha(w_{\text{n}}-x_{\text{n}})}\left[\frac{1}{L_{\text{p}}}\sinh\left(\frac{w_{\text{n}}-x_{\text{n}}}{L_{\text{p}}}\right)+\left(\frac{s_{\text{Feff}}}{D_{\text{p}}}\right)\cosh\left(\frac{w_{\text{n}}-x_{\text{n}}}{L_{\text{p}}}\right)\right]\right]}{\frac{1}{L_{\text{p}}}\cosh\left[\frac{w_{\text{n}}-x_{\text{n}}}{L_{\text{p}}}\right]+\left(\frac{s_{\text{Feff}}}{D_{\text{p}}}\right)\sinh\left[\frac{w_{\text{n}}-x_{\text{n}}}{L_{\text{p}}}\right]}+\frac{\left(\frac{s_{\text{Feff}}}{D_{\text{p}}}\right)+\alpha}{\frac{1}{L_{\text{p}}}\cosh\left(\frac{w_{\text{n}}-x_{\text{n}}}{L_{\text{p}}}\right)+\left(\frac{s_{\text{Feff}}}{D_{\text{p}}}\right)\sinh\left(\frac{w_{\text{n}}-x_{\text{n}}}{L_{\text{p}}}\right)}-\alpha L_{\text{p}}\mathrm{e}^{-\alpha(w_{\text{n}}-x_{\text{n}})}\right\} \tag{16-72}$$

式中：Φ 为通过顶电池入射到底电池的光子通量密度，$\Phi=\Phi_{0}\mathrm{e}^{\alpha_{\text{perov}}w_{\text{D,perov}}}$，其中 Φ_0 为外界入射到钙钛矿顶电池的光子通量密度，α_{perov} 为钙钛矿的吸收系数，$w_{\text{D,perov}}$ 为钙钛矿吸收层厚度；s_{Feff} 为底电池的表面复合速度；L_{p} 为空穴扩散长度；D_{p} 为空穴扩散系数；α 为底电池的吸收系数；x_{n} 为发射极内空间电荷区边缘与冶金结之间的距离。

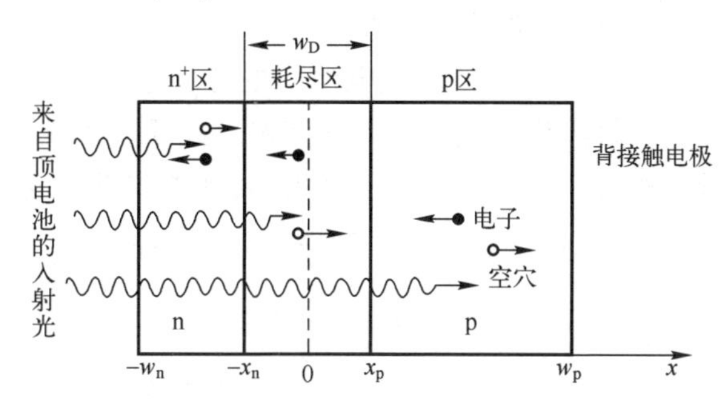

图 16-11 p 型晶体硅底电池的 n⁺p 结的结构示意图

按照第 7 章式（7-106），可得到 p 型基区的电流密度表达式为

$$J_{\text{scp}}(\lambda)=\frac{q\alpha\Phi(\lambda)\mathrm{e}^{-\alpha(w_{\text{n}}+x_{\text{p}})}L_{\text{n}}}{(L_{\text{n}}\alpha)^{2}-1}\left\{\alpha L_{\text{n}}-\frac{\frac{1}{L_{\text{n}}}\sinh\left(\frac{w_{\text{p}}-x_{\text{p}}}{L_{\text{n}}}\right)+\left(\frac{s_{\text{BSF}}}{D_{\text{n}}}\right)\cosh\left(\frac{w_{\text{p}}-x_{\text{p}}}{L_{\text{n}}}\right)-\left(\frac{s_{\text{BSF}}}{D_{\text{n}}}\right)\mathrm{e}^{-\alpha(w_{\text{p}}-x_{\text{p}})}+\alpha\mathrm{e}^{-\alpha(w_{\text{p}}-x_{\text{p}})}}{\frac{1}{L_{\text{n}}}\cosh\left(\frac{w_{\text{p}}-x_{\text{p}}}{L_{\text{n}}}\right)+\left(\frac{s_{\text{BSF}}}{D_{\text{n}}}\right)\sinh\left(\frac{w_{\text{p}}-x_{\text{p}}}{L_{\text{n}}}\right)}\right\} \tag{16-73}$$

式中，s_{BSF} 为底电池的背表面复合速度，L_{n} 为空电子扩散长度，D_{n} 为电子扩散系数。

按照第 7 章式（7-107），可得到耗尽区产生电流密度表达式为

$$J_{\text{gd}}(\lambda)=q\Phi\mathrm{e}^{-\alpha(w_{\text{n}}-x_{\text{n}})}\left[1-\mathrm{e}^{-\alpha(x_{\text{n}}+x_{\text{p}})}\right] \tag{16-74}$$

单色光下总电流密度 $J_{\text{photo}_2}(\lambda)$ 由式（16-69）~式（16-71）确定。

太阳光下总的电流密度 J_{L_2} 应对于太阳光（AM1.5G）所有波长进行积分：

$$J_{\text{L}_2}=\int_{0}^{\infty}J_{\text{L}_2}(\lambda)\,\mathrm{d}\lambda=\int_{\lambda}^{\text{AM1.5G}}\left[J_{\text{scn}}(\lambda)+J_{\text{gd}}(\lambda)+J_{\text{scp}}(\lambda)\right]\mathrm{d}\lambda \tag{16-75}$$

说明 通常标准测试条件（STC）下大气质量标记为AM1.5；在有的文献中标记为AM1.5G，其中“G”表示全部辐射，包括来自太阳的直接辐射和散射辐射。散射辐射通常是指由云雾散射和地面环境造成的反射辐射。太阳能量在穿过大气层时，损失约30%的能量，达到地面的表面功率密度为0.97 kW/m^2，测试太阳电池性能时，通常将其定为1kW/m^2。

上述表达式是针对硅 n$^+$p 结底电池讨论的。对于硅 p$^+$n 结底电池，J_{L_2}可以表达为

$$J_{L_2} = \int_{\lambda}^{AM1.5G} [J_{scp}(\lambda) + J_{gd}(\lambda) + J_{scn}(\lambda)] d\lambda \tag{16-76}$$

式中，J_{scp}为发射极区的电子电流密度，J_{gd}为耗尽区的电子电流密度，J_{scn}为基区的空穴电流密度，λ为由顶电池射入的光波波长。

在对两个独立的子电池（顶电池和底电池）的特性进行计算后，利用太阳电池的单二极管等效电路和二极管串联电路的计算公式，就可以计算出终端输出电流值。串联太阳电池的等效电路如图16-12所示（图中V_1和V_2是顶电池和底电池的电压，V_L是终端输出电压），串联太阳电池的J-V特性如图16-13所示。

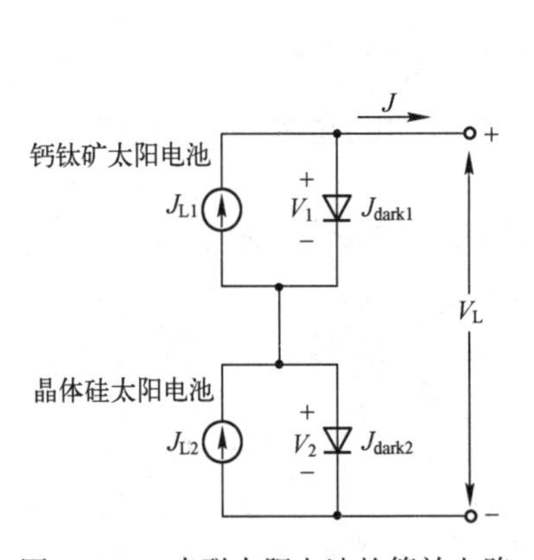

图16-12 串联太阳电池的等效电路

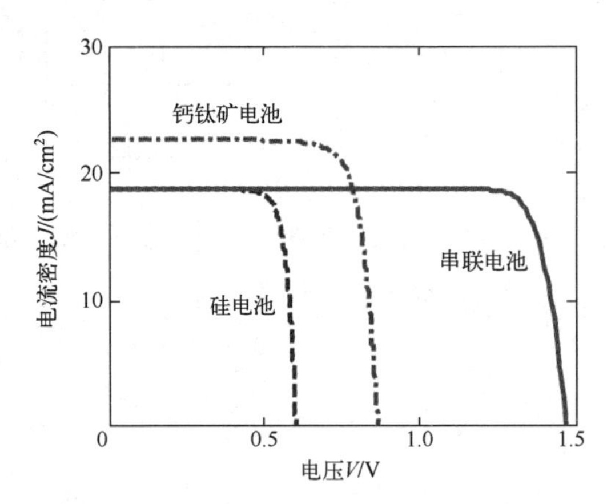

图16-13 串联太阳电池的J-V特性

按照电流连续性条件，流过顶电池的电流J_1应等于流过底电池的电流J_2，即

$$J = J_1 = J_2 \tag{16-77}$$

$$J_1 = J_{L1} - J_{dark1} \tag{16-78}$$

$$J_2 = J_{L2} - J_{dark2} \tag{16-79}$$

式中，J_{L1}和J_{dark1}分别为顶电池的光电流和暗电流；J_{L2}和J_{dark2}分别为底电池的光电流和暗电流。

如果子电池的暗电流用反向饱和电流来表示，则根据式（16-77）~式（16-79）可导出：

$$J_{L_1}-J_{L_2}-[J_{s_1}(e^{\frac{qV_1}{kT}}-1)-J_{s_2}(e^{\frac{q(V_L-V_1)}{kT}}-1)]=0 \tag{16-80}$$

式中，J_{s_1}和J_{s_2}分别为顶电池和底电池的反向饱和电流。

利用 MATLAB 软件+迭代法求解上述非线性方程，可从已知的输出端电压V_L得到V_1。

而后计算出：

$$J=J_{L_1}-J_{dark_1}=J_{L_2}-J_{D_2} \tag{16-81}$$

以及

$$V_L=V_1+V_2 \tag{16-82}$$

式中，V_1和V_2分别是顶电池和底电池的电压。

将上述物理模型结合前、后传输层的性质，可以分析子电池参数对钙钛矿/硅串联太阳电池性能的影响。

16.3.2　钙钛矿/硅串联太阳电池的模拟计算

采用上述物理模型模拟两端钙钛矿/硅串联太阳电池，可以分析其输出性能[17]。例如，模拟计算表明，串联太阳电池的光电转换效率η_{perov}在很大程度上取决于不同类型的顶电池的表面复合速率（s_{Feff}），顶电池的吸收层厚度$w_{D,perov}$对太阳电池光电转换效率有重要影响，如图 16-14 所示。

图 16-15 所示为串联太阳电池中通过硅底电池的光谱光电流密度。图中，每种钙钛矿顶电池的最佳厚度分别为 400nm、270nm、280nm 和 147nm。硅底电池的前面和背面的表面复合速率值设定为 100 ms^{-1}。由图可知，当顶电池较薄时，4 型顶电池的光电流密度最高，1 型顶电池的光电流密度较低。

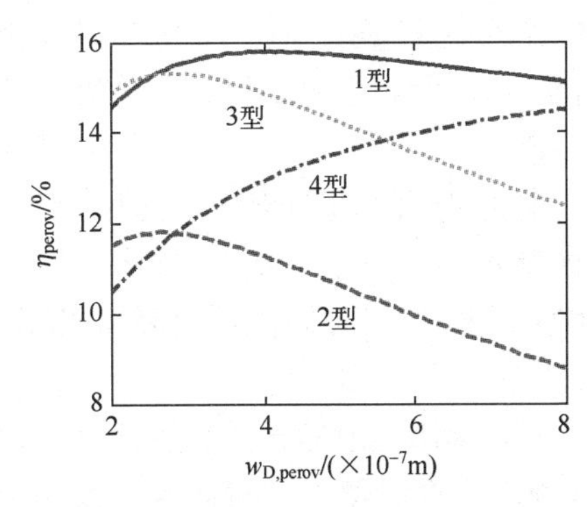

图 16-14　四种钙钛矿顶电池的光电转换效率与其吸收层厚度的关系

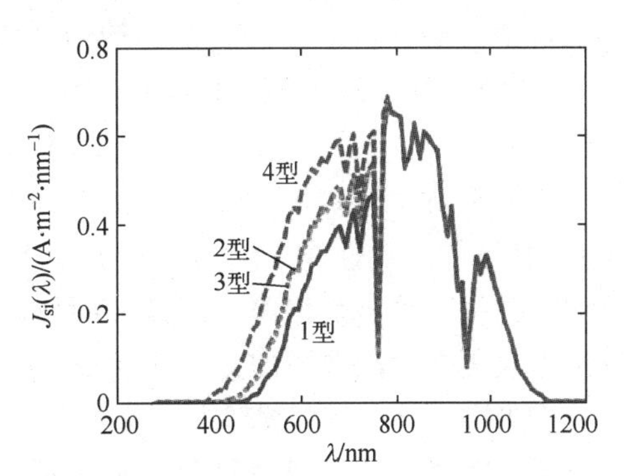

图 16-15　串联太阳电池中通过硅底电池的光谱光电流密度

图 16-16 所示为四类钙钛矿/硅串联太阳电池的 J-V 特性曲线。由图可知，2 型和 3 型太阳电池的电流匹配较好，3 型太阳电池的光电转换效率最高。

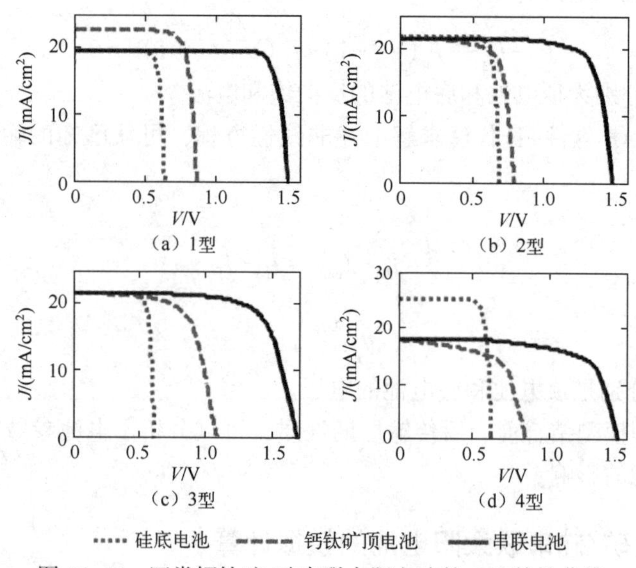

图 16-16 四类钙钛矿/硅串联太阳电池的 J-V 特性曲线

16.4 具有织构表面的太阳电池的光学传输特性

研究太阳电池的光能利用，需要考虑其对入射光的吸收与反射。对光子而言，也可以说成陷落俘获和逃脱逸出。对于钙钛矿/硅串联太阳电池，除了考虑顶电池和底电池各自的光吸收，还需要考虑这两个子电池之间的光耦合。

光吸收的基础是对入射光子的有效俘获。太阳电池的活性层吸收了俘获的光子后，可以产生电子-空穴对，形成光电流。光子与荷电载流子之间的有效转换通常用外部量子效率（EQE）来表征。活性层中还存在由光子逃逸引起的透射 T，以及由反射层和接触电极等因素引入的寄生吸收 A_P。寄生吸收可采用下式来计算：

$$A_P = 100\% - \mathrm{EQE} - T \tag{16-83}$$

为了有效地俘获入射光子，晶体硅太阳电池的迎光面都采用织构表面（即绒面），尽可能多地使光子陷落，并进入太阳电池的活性层。由于钙钛矿/硅串联太阳电池的钙钛矿顶电池很薄，使其表面如同底电池表面也呈绒面结构。下面将讨论具有绒面表面的太阳电池的光俘获问题。

当光进入具有随机纹理织构表面的太阳电池后，在太阳电池的光活性层（钙钛矿吸收层或硅基底层），光的传播方向呈随机化。这种光线方向随机分布通常称为朗伯（Lambertian）分布。在朗伯分布情况下，入射光子进入活性层后随机传输，有部分光子会向外逃逸，透过单位表面积逃逸的光子的比率为$\frac{1}{n^2}$，其中 n 为材料的折射率[18]。

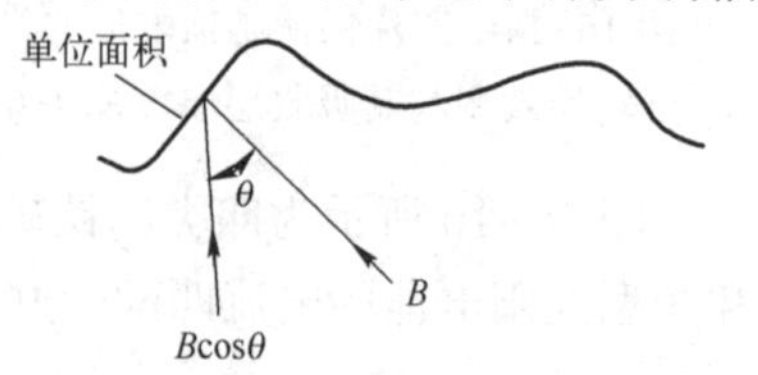

图 16-17 在随机表面上，相对于入射光方向的角度的定义

如图 16-17 所示，考虑光以随机方式传输的朗

伯面，假设光随机传输时，产生均匀的亮度 B，则任何单位表面积上将会有来自与其法线方向呈 θ 角的每单位立体角内的光通量为 $B\cos\theta$ 的入射光。假定对线方向临界角 θ_c 内的光线具有均匀一致的透射率，则从表面逸出的光通量的比例 P_{escap} 为[18]

$$P_{escap}=\frac{\int_0^{\theta_c}B\cos\theta\cdot\sin\theta\cdot d\theta}{\int_0^{\pi/2}B\cos\theta\cdot\sin\theta\cdot d\theta}=\frac{1}{n^2} \tag{16-84}$$

式中，n 为太阳电池活性层材料的折射率，θ_c 为临界角。

> 说明　辐射亮度定义为，辐射体在垂直其辐射传输方向上每单位辐射体面积在单位立体角内发出的辐射通量。

临界角 θ_c 定义为，折射光线与界面相切地出射时所对应的入射角。大于临界角的入射光线将全部发生全内反射，只有小于临界角的光线才能透射出界面，发生光子逃逸。与临界角对应的立体角称为逃逸锥。

按照几何光学原理，$\sin\theta_c=1/n$，于是得到：

$$P_{escap}=\frac{1}{n^2} \tag{16-85}$$

同时，由于进入活性层的光通常是斜向传输的，光在活性层前、后表面之间来回传输时，光的平均光程增长，其增加的长度是活性层平均厚度 w 的 2 倍。

以角度为 ϕ 斜向穿过活性层的光线的传输光程长度为 $w/\cos\phi$，其中 w 为平均活性层厚度，由此可计算出平均路径长度增加倍数为

$$\frac{\int_0^{\pi/2}(w/\cos\phi)\cos\phi\cdot\sin\phi\cdot d\phi}{\int_0^{\pi/2}\cos\phi\cdot\sin\phi\cdot d\phi}=2w \tag{16-86}$$

16.4.1　朗伯分布时的光传输

假设高折射率光活性层（如硅材料）与周围介质（如透明导电氧化物）之间具有粗糙织构界面，这种界面的散射以两种方式延长光程：一种是光被折射斜向穿过活性层；另一种是如果光以足够的角度散射，则全内反射可以使光在前表面和后反射层之间多次往返，从而显著增加光程。

假定太阳电池活性层中的光服从朗伯分布，而且活性层的背面设置了反射层，正面与空气接触，并考虑到式（16-86），朗伯光分布的平均光程增强因子为 2，如图 16-18 所示，德克曼（H. W. Deckman）等人采用追踪平均光线方法，导出了这类活性层中的光吸收概率 P^{acti}[19]。

设从 A 点入射的光通量为 1，经过光程①后，被吸收 $e^{-2\alpha w}$，到达 B 点时，光通量变为$(1-e^{-2\alpha w})$；设背反射层的寄生吸收率为 A_p^{back}，则从 B 点出发的光通量为

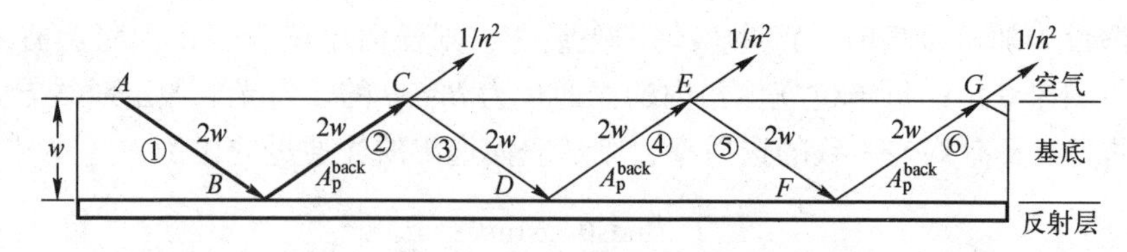

图 16-18 呈朗伯分布的平均光线进入太阳电池活性层的陷落

$(1-e^{-2\alpha w})(1-A_p^{back})$；光经过光程②后，又被吸收 $e^{-2\alpha w}$，到达 C 点的光通量为$(1-e^{-2\alpha w})(1-A_p^{back})(1-e^{-2\alpha w})$；在 C 点向外逃逸的光通量为$(1-e^{-2\alpha w})(1-A_p^{back})(1-e^{-2\alpha w})\cdot n^{-2}$，留下的部分光通量为$(1-e^{-2\alpha w})(1-A_p^{back})(1-e^{-2\alpha w})(1-n^{-2})$；进入光程③，到达 D 点的光通量为$(1-e^{-2\alpha w})(1-A_p^{back})(1-e^{-2\alpha w})(1-n^{-2})(1-e^{-2\alpha w})$，其中被吸收的光通量为$(1-e^{-2\alpha w})(1-A_p^{back})(1-e^{-2\alpha w})(1-n^{-2})e^{-2\alpha w}$，依此类推，继续追踪，每经过一个光程吸收 $e^{-2\alpha w}$，来回两条光程为一组，在到达 B、D、F 等处背反射层寄生吸收 A_p^{back}，在到达 C、E、G 等处表面逃逸$\frac{1}{n^2}$，最终形成一个无穷级数。

朗伯分布的平均光线进入太阳电池活性层的总吸收率为

$$A_{Lamber}^{acti}=\sum_{k=0}^{\infty}\left[(1-e^{-2\alpha w})+(1-e^{-2\alpha w})(1-A_p^{back})e^{-2\alpha w}\right]\left[(1-A_p^{back})e^{-4\alpha w}(1-n^{-2})\right]^k$$
$$=\frac{1-A_p^{back}e^{-2\alpha w}-(1-A_p^{back})e^{-4\alpha w}}{1-(1-A_p^{back})e^{-4\alpha w}+[(1-A_p^{back})/n^2]e^{-4\alpha w}} \tag{16-87}$$

式中，w、n 和 α 分别为光活性层的厚度、折射率和吸收系数。这里的寄生吸收是指活性层以外的一些无效吸收，如光活性层背面反射层的吸收等。

这里，A_{Lamber}^{acti}是通过对活性层中的每次光线往返传输的吸收进行求和获得的，其中考虑了光在每次往返时，活性层背面反射层的寄生吸收和在前表面的光逃逸（比例为 $1/n^2$）所造成的损耗。

活性层中的每次光线往返行程的吸收 $A_{double\ pass}$为

$$A_{double\ pass}=1-e^{-2\alpha w}+(1-e^{-2\alpha w})(1-A_p^{back})(e^{-2\alpha w}) \tag{16-88}$$

光线每次往返时，在活性层的背反射层的寄生吸收和前表面的光逃逸所造成的光衰减为

$$A_{attenuation}=(1-A_p^{back})e^{-4\alpha w}(1-n^{-2}) \tag{16-89}$$

式中，n^{-2}是对应于朗伯分布的光在临界角θ_c确定的逃逸锥中的光占总入射光通量的比值，见式（16-85）。

16.4.2 非朗伯分布时的光传输

前面讨论了太阳电池中入射光呈朗伯分布的情况下的光传输。实际上，即使是最完善的织构面（绒面），也不可能使太阳电池内光散射完全符合朗伯分布条件，如图 16-19 所示。因此，严格地说，需要进一步考虑在非朗伯分布下的散射光的行为[20]。

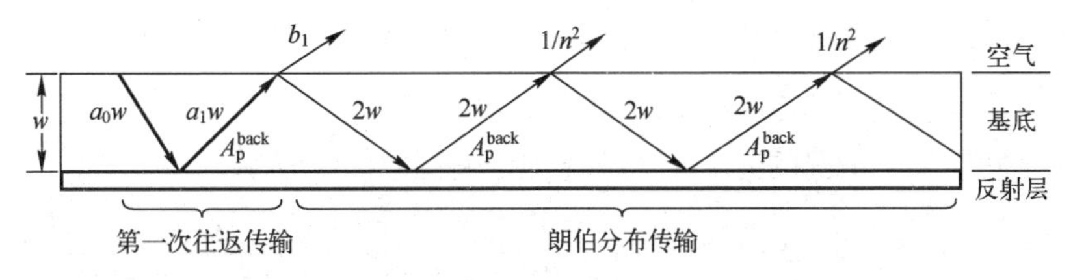

图 16-19　非朗伯分布的平均光线进入太阳电池活性层的陷落

对于太阳电池的活性层表面，为了增加光捕获，需要有锐角形貌的表面织构。但是，为了生长均匀的高质量活性层，要求表面平整光滑。因此，要在这两者之间进行折中。这时就需要考虑非朗伯分布时的散射光行为，式（16-87）中的两个因子 2 和$\frac{1}{n^2}$应该分别用平均光程增强因子 a 和对应于这种折中处理后的表面光逃逸的比值 b 来替换。

因子 a 和 b 可由如下两式确定[21]：

$$a=\int_0^{2\pi}\int_0^{\pi/2}\mathrm{ARS}(\theta,\phi)\cdot\frac{1}{\cos(\theta)}\sin(\theta)\cdot\mathrm{d}\theta\mathrm{d}\phi \tag{16-90}$$

$$b=\int_0^{2\pi}\int_0^{\theta_c}\mathrm{ARS}(\theta,\phi)\cdot\sin(\theta)\cdot\mathrm{d}\theta\mathrm{d}\phi \tag{16-91}$$

式中：$\mathrm{ARS}(\theta,\phi)$为角分辨散射函数（Angle Resolved Scattering Function）；θ 和 ϕ 分别为散射光的倾角和方位角；θ_c为临界角。

马蒂厄·博卡尔（Mathieu Boccard）采用一阶近似[20]，假设第一次光往返传输是由粗糙界面的非朗伯传输路径形成的，在第一次往返传输后，没有逃离太阳电池活性层的光都将以朗伯路径传输。在数学处理上，需将求和式中的第 1 项与其他各项分开处理：第 1 项中的 a 和 b 值由对初始入射光的实测分布来确定；其他各项的 a 和 b 值，对应于朗伯分布的情况，分别为 2 和$\frac{1}{n^2}$。

考虑角分辨散射函数，光活性层中吸收概率 $A_{\mathrm{ARS}}^{\mathrm{acti}}$的表达式将不同于式（16-87），应为

$$A_{\mathrm{ARS}}^{\mathrm{acti}}=1-\mathrm{e}^{-a_0\alpha w}+(1-A_{\mathrm{p}})\mathrm{e}^{-a_0\alpha w}(1-\mathrm{e}^{-a_1\alpha w})+\mathrm{e}^{-(a_0+a_1)\alpha w}(1-A_{\mathrm{p}})(1-b_1)\cdot P^{\mathrm{acti}} \tag{16-92}$$

式中：a_0对应于光第 1 次通过太阳电池活性层的情况；a_1和b_1则应用于光第 2 次通过（即第 1 次光线折回后的光线）太阳电池活性层的情况。太阳电池活性层背面的光反射层不一定是镜面反射的，b_1 表示一次折回后逃逸锥中的光占入射光的比例。一阶近似只要求计算$\mathrm{ARS}_1(\theta,\phi)$，对应于第 1 次返回的光线，在很大程度上取决于太阳电池活性层后背反射层的性质。

考虑光进入太阳电池活性层后的初始反射 R_0和初始寄生吸收 $A_{\mathrm{p}}^{\mathrm{first}}$，并分别计算太阳电池活性层前表面发生的寄生吸收（$A_{\mathrm{p}}^{\mathrm{front}}$）和背表面发生的寄生吸收（$A_{\mathrm{p}}^{\mathrm{back}}$）后，可以得到外量子效率表达式：

$$\mathrm{EQE}=(1-R_0)(1-A_p^{\mathrm{first}})\cdot[1-e^{-a_0\alpha w}+(1-A_p^{\mathrm{back}})e^{-a_0\alpha w}(1-e^{-a_1\alpha w})]+$$
$$e^{-(a_0+a_1)\alpha w}(1-A_p^{\mathrm{front}})(1-A_p^{\mathrm{back}})(1-b_1)\cdot P_L^{\mathrm{acti}} \tag{16-93}$$

对应于朗伯分布情况的光，在太阳电池活性层中的吸收率为

$$P_L^{\mathrm{acti}}=(1-R_0)(1-A_p^{\mathrm{first}})\cdot\frac{1-A_p^{\mathrm{back}}e^{-2\alpha w}-(1-A_p^{\mathrm{back}})e^{-4\alpha w}}{1-[e^{-4\alpha w}(1-A_p^{\mathrm{front}})(1-A_p^{\mathrm{back}})(1-1/n^2)]} \tag{16-94}$$

可用类似的公式计算太阳电池活性层前面和背面的寄生吸收，以及从太阳电池活性层中逃逸的光通量。

16.5 钙钛矿/硅串联太阳电池的光学传输物理模型和数值模拟

串联太阳电池应考虑的是两者的有效配合，包括光传输耦合和电性能耦合。本节主要讨论光耦合对串联太阳电池性能的影响。这里，先介绍具有4T和2T结构的钙钛矿/硅串联太阳电池的光传输物理模型[15]，再以MALI/Si串联太阳电池为例，讨论数值模拟结果。

16.5.1 4T和2T太阳电池的光学传输物理模型

构建钙钛矿/Si串联太阳电池的光学传输物理模型需要一些理想化的假设条件[15]。

首先考虑光学系统，设定太阳电池中钙钛矿和c-Si为产生光生载流子的有效光子吸收层（称为光活性层），其余各层（包括载流子选择性接触层等）都不吸收光子。

串联太阳电池有如下两种不同的光耦合方式。

(1) 两个子电池之间的中间层具备完美的光直接耦合，凡是未被顶电池吸收的光子都传输到底电池，光只是一次穿过顶电池的活性层并直接耦合到底电池，中间没有反射和散射（称为单程传输，见图16-20中左侧部分）。

(2) 在顶电池的活性层背面设置反射层。由于钙钛矿的电荷载流子扩散长度很小，太阳电池的厚度设计是受限制的。因此，当太阳电池表面是绒面结构时，可以认为整个活性层也是织构化的，在其中传输的散射光方向呈现完全随机分布，对于每一条由入射光与反射层反射光组成的光，光子通过内部多次反射被捕获。正如16.4节介绍的那样，在朗伯分布的情况下，将有占比为$1/n^2$的光子穿出顶电池逃逸（见图16-20右侧部分）。

为了最大限度地实现子电池之间的光传输，设置在顶电池背面的反射层须符合以下要求：对于$\lambda>\lambda_{\mathrm{edge}}$的光子，透射率为100%；对于$\lambda\leqslant\lambda_{\mathrm{edge}}$的光子，反射率为100%。这里的$\lambda_{\mathrm{edge}}$是反射层反射光谱边缘的截止波长。同时，希望反射层的反射光谱分布的边缘很陡峭，这样的反射层称为陡边反射层。

此外还假设：在全光谱范围内，空气与钙钛矿的界面不发生反射，钙钛矿对外部入射光具有理想的光吸收；与接触电极具有理想的选择性接触；载流子分布和准费米能级不随吸收层厚度的变化而变化（称为薄基底近似）；电荷收集效率为100%，

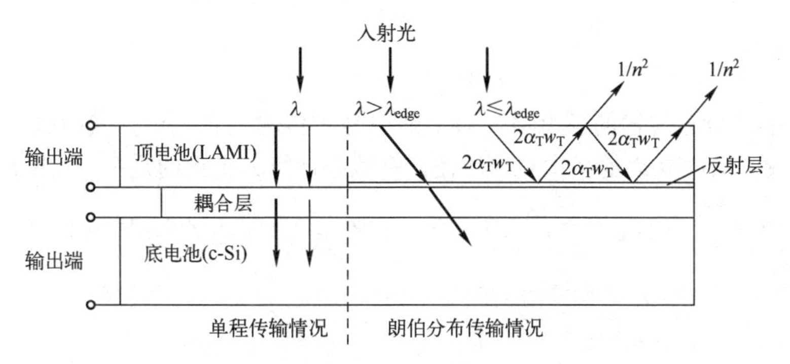

图 16-20　钙钛矿/硅 4T 串联太阳电池的示意图（LAMI：甲基铵铅三碘化物，$CH_3NH_3PbI_3$）

这相当于外部量子效率等于光吸收率。

当两个太阳电池的输出端分开连接时，形成 4T 串联太阳电池。顶电池的背面反射层能使进入顶电池的短波光子全部反射回吸收层，而对长波光不反射，光穿过顶电池后全部耦合到底电池，并由底电池吸收。

确定以上这些假设条件后，建立物理模型，将两个子电池的输出特性分开计算。为便于分析顶电池与底电池的光耦合，光生电流表达式采用 12 章中式（12-17）的形式，以太阳电池的吸收率与入射光通量的乘积的积分式来表示：

$$J_L = q\int_0^\infty A(\lambda)\Phi(\lambda)\mathrm{d}\lambda \tag{16-95}$$

开路电压 V_{oc}采用第 7 章讨论过的公式（7-137）来计算：

$$V_{oc} = \frac{\eta kT}{q}\ln\left(\frac{J_L}{J_s}+1\right) \tag{16-96}$$

式中：J_s为饱和电流密度；J_L为光生电流密度；η 为理想因子。

填充因子 FF 采用第 7 章讨论过的经验公式（7-147）来计算：

$$FF = \left[\frac{qV_{oc}}{\eta kT}-\ln\left(\frac{qV_{oc}}{\eta kT}+0.72\right)\right]\left(\frac{qV_{oc}}{\eta kT}+1\right)^{-1} \tag{16-97}$$

下面将顶电池和底电池分开讨论，着重关注子太阳电池之间的光耦合对其电性能的影响。

1. 顶电池

以入射光通量和吸收率作为变量的光电流表达式为

$$J_{L,Top} = q\int_0^\infty A_{Top}(\lambda)\Phi_{Top}(\lambda)\mathrm{d}\lambda \tag{16-98}$$

式中：q 为单位电荷；λ 为光子波长；Φ_{Top}为顶电池单位面积的入射光谱辐射通量，等于 AM1.5G 条件下的太阳光谱辐射通量0.1W/cm^2；A_{Top}为顶电池的光谱吸收率。

按 2T 和 4T 串联结构形式，对顶电池的光谱吸收率分如下两种情况计算。

（1）单程传输的顶电池：在单程传输情况下，顶电池的吸收率为

$$A_{Top}^{single\ pass}(\lambda) = 1-e^{-\alpha_T w_T} \tag{16-99}$$

式中：α_T为顶电池吸收层的吸收系数；w_T为顶电池吸收层的厚度。

顶层透过率为

$$T_{\mathrm{Top}}^{\text{single pass}}=1-A_{\mathrm{Top}}^{\text{single pass}} \tag{16-100}$$

（2）朗伯分布传输的顶电池：对于朗伯分布传输的顶电池，其吸收率可由每一次双程传输光吸收乘以前一次双程传输光衰减来计算，得到的是一个无限级数，即

$$\begin{aligned}A_{\mathrm{Top}}^{\mathrm{Lamber}}&=\sum_{k=0}^{\infty}\left[(1-\mathrm{e}^{-2\alpha_{\mathrm{T}}w_{\mathrm{T}}})+((1-\mathrm{e}^{-2\alpha_{\mathrm{T}}w_{\mathrm{T}}})R^{\mathrm{back}}\mathrm{e}^{-2\alpha_{\mathrm{T}}w_{\mathrm{T}}})\right]\left[R^{\mathrm{back}}\mathrm{e}^{-4\alpha_{\mathrm{T}}w_{\mathrm{T}}}(1-n^{-2})\right]^{k}\\&=\frac{1-(1-R^{\mathrm{back}})\mathrm{e}^{-2\alpha_{\mathrm{T}}w_{\mathrm{T}}}-R^{\mathrm{back}}\mathrm{e}^{-4\alpha_{\mathrm{T}}w_{\mathrm{T}}}}{1-R^{\mathrm{back}}\mathrm{e}^{-4\alpha_{\mathrm{T}}w_{\mathrm{T}}}(1-n^{-2})}\end{aligned} \tag{16-101}$$

式中，n 为顶电池吸收层的折射率，R^{back} 为顶电池吸收层背面的反射层的反射率。

顶电池表面反射率 R^{Lamber} 的计算需要考虑从顶电池前表面向外透射的光（光子逃逸）和光在活化层内来回反射传输后光的衰减，其表达式为

$$\begin{aligned}R^{\mathrm{Lamber}}&=\left(\sum_{k=0}^{\infty}\mathrm{e}^{-2\alpha_{\mathrm{T}}w_{\mathrm{T}}}R_{\mathrm{b}}\mathrm{e}^{-2\alpha_{\mathrm{T}}w_{\mathrm{T}}}n^{-2}\right)\left[\mathrm{e}^{-2\alpha_{\mathrm{T}}w_{\mathrm{T}}}R_{\mathrm{b}}\mathrm{e}^{-2\alpha_{\mathrm{T}}w_{\mathrm{T}}}(1-n^{-2})\right]^{k}\\&=\frac{R_{\mathrm{b}}\mathrm{e}^{-4\alpha_{\mathrm{T}}w_{\mathrm{T}}}n^{-2}}{1-R_{\mathrm{b}}\mathrm{e}^{-4\alpha_{\mathrm{T}}w_{\mathrm{T}}}(1-n^{-2})}\end{aligned} \tag{16-102}$$

设反射层不透光，考虑反射层存在寄生吸收时，R^{back} 为

$$R^{\mathrm{back}}=1-A_{\mathrm{parasitic}}^{\mathrm{back}} \tag{16-103}$$

式中，$A_{\mathrm{parasitic}}^{\mathrm{back}}$ 为背反射层的寄生吸收率。

为了简化计算，忽略背反射层的寄生吸收，并设其具有理想化的反射性能，则有

$$R^{\mathrm{back}}=1\quad \lambda\leqslant\lambda_{\mathrm{edge}} \tag{16-104}$$

$$R^{\mathrm{back}}=0\quad \lambda>\lambda_{\mathrm{edge}} \tag{16-105}$$

式中：λ 为入射光波长；λ_{edge} 为对应于反射层反射光谱的截止边波长。

在设置这样的背反射层和朗伯分布光散射前表面后，通过顶电池到达底电池的透光率 $T_{\mathrm{Top}}^{\mathrm{Lamber}}$ 为

$$T_{\mathrm{Top}}^{\mathrm{Lamber}}=0\quad \lambda\leqslant\lambda_{\mathrm{edge}} \tag{16-106}$$

$$T_{\mathrm{Top}}^{\mathrm{Lamber}}=\mathrm{e}^{-2\alpha_{\mathrm{T}}w_{\mathrm{T}}}=1-A_{\mathrm{Top}}^{\text{double pass}}\quad \lambda>\lambda_{\mathrm{edge}} \tag{16-107}$$

上式表明，两个子电池间具有完美的光学耦合，没有界面反射发生。

式（16-107）与单程传输情况下的式（16-99）和式（16-100）比较，除了吸收率中的因子 2 以外，其他都是相同的。因子 2 是由朗伯分布的角度平均光路产生的。

顶电池的开路电压 $V_{\mathrm{oc,Top}}$ 和填充因子 $\mathrm{FF}_{\mathrm{Top}}$ 的表达式分别为

$$V_{\mathrm{oc,Top}}=\frac{\eta_{\mathrm{Top}}kT}{q}\ln\left(\frac{J_{\mathrm{L,Top}}}{J_{\mathrm{s,Top}}}+1\right) \tag{16-108}$$

$$\mathrm{FF}_{\mathrm{Top}}=\left[\frac{qV_{\mathrm{oc,Top}}}{\eta_{\mathrm{Top}}kT}-\ln\left(\frac{qV_{\mathrm{oc,Top}}}{\eta_{\mathrm{Top}}kT}+0.72\right)\right]\left(\frac{qV_{\mathrm{oc,Top}}}{\eta_{\mathrm{Top}}kT}+1\right)^{-1} \tag{16-109}$$

式中，$J_{s,Top}$为顶电池的饱和电流密度，η_{Top}为顶电池的理想因子。

2. 底电池

底电池的光电流 $J_{L,Bottom}$表达式为

$$J_{L,Bottom} = q\int_0^\infty A_{Bottom}(\lambda)\Phi_{Bottom}(\lambda)d\lambda \tag{16-110}$$

式中，q 为单位电荷，λ 为光子波长，A_{Bottom}为底电池的光谱吸收率。底电池的入射光谱辐射通量 Φ_{Bottom}由顶电池的光谱透射系数T_{Top}确定：

$$\Phi_{Bottom} = \Phi_{Top}T_{Top} \tag{16-111}$$

我们讨论的底电池为晶体硅电池，其表达式可写为

$$J_{L,Bottom} = q\int_0^\infty A_{Si}(\lambda)\Phi_{Bottom}(\lambda)d\lambda \tag{16-112}$$

式中，A_{Si}为硅的吸收率。

我们知道，严格的吸收率表达式含有指数项，指数中又含有随波长而变化的吸收系数，在这种情况下，不仅难以求出解析解，即使采用数值计算也是很繁杂的。为此，采用汤姆·蒂德耶（Tom Tiedje）等人针对朗伯分布的特殊情况提出的近似表达式[22]：

$$A_{Si} = \frac{\alpha_{Si}(\lambda)}{\alpha_{Si}(\lambda)+(4n_{Si}^2 w_{Bottom})^{-1}} \tag{16-113}$$

式中，α_{Si}为硅的吸收系数，n_{Si}为硅的折射率。

在第 12 章中讨论硅太阳电池光电转换效率极限时，曾采用过这种吸收系数连续变化的光吸收率表达式。在这里，我们对这个公式进行较详细的分析。

如图 16-21 所示，假设太阳电池的前表面具有织构结构（绒面），对入射光不反射，全部进入太阳电池；背表面为平整镜面，对入射光全部反射，反射率为 1。

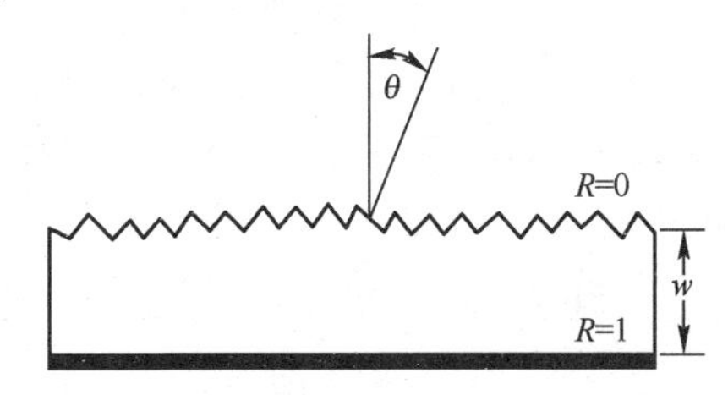

图 16-21　具有织构表面（绒面）的太阳电池示意图

晶体材料的吸收率是波长（光子能量）的连续函数。太阳电池基片厚度为 w。吸收率等于$(1-e^{-2\alpha w})$，其中 α 是光吸收系数，式中的因子 2 是由于背表面反射而使光程增加 1 倍所致。前面已经讨论过，在折射率 $n>1$ 的材料中，织构表面会使入射光偏离，发生多次反射，实现光的传输方向随机化，形成朗伯表面，使极大部分光子陷落，极少量光子逃脱，从而大幅度提高光子吸收率。由式（16-86）可知，朗伯表面所形成的陷光效应可使半导体材料内的光线的平均光程增加 1 倍。当光程以来回传输计算时，则光程从 $2w$ 增加到 $4w$。

在弱吸收（$\alpha w<1$）条件下，假定半导体的厚度大于辐射的波长，则在半导体内

部的光强将呈均匀分布。由于平均光线在逃逸前已经历很多次反射，光线的传输路径长度又各不相同，逃逸可以看作一个连续进行的过程。由式（16-85）可知，以每条光线内部传输光程 $4w$ 为单位计时，逃逸比率应为 $\left(\frac{1}{n^2}\right)/4w=\frac{1}{4wn^2}$。当入射的光子数为 Φ 时，逃逸的光子数为 $\frac{\Phi}{4wn^2}$。由于 $\frac{\mathrm{d}\Phi}{\mathrm{d}x}=-\alpha\Phi$，所以在相同的内部传输光程 $4w$ 下，吸收也是一个连续过程，比率等于吸收系数 α。当入射的光子数为 Φ 时，吸收的光子数应为 $\alpha\Phi$。光子被吸收的概率应为吸收的光子数除以入射的光子数。显然，在没有其他损耗的情况下，入射的光子数应等于吸收加上从逃逸锥中逃逸的光子数。

吸收概率等同于吸收率。因此，当 $\alpha w<1$ 时，吸收率可表示为

$$A(\lambda)=\frac{\alpha(\lambda)\Phi(\lambda)}{\alpha(\lambda)\Phi(\lambda)+\frac{1}{4wn^2}\cdot\Phi(\lambda)}=\frac{\alpha(\lambda)}{\alpha(\lambda)+1/(4wn^2)} \qquad (16-114)$$

式中，分母的最后一项虽然是在弱吸收条件下导出的，但由于晶体硅在其带边附近 $4n^2$ 具有较大的值（约为 50），使得即使 $A(\lambda)$ 大到 0.9 的强吸收情况下，式（16-113）仍然适用。在超过 $A(\lambda)$ 值的范围内，与严格的指数形式吸收率公式计算相比，其误差也不大。因此，式（16-113）是一个较好的吸收率近似表达式，可用于计算以辐射复合为主的材料制成的太阳电池光电转换效率极限。

在半导体中，还存在其他损耗机制。例如，光子可以被自由载流子吸收，而自由载流子又会与晶格的相互作用而耗散能量，加热晶格。这种吸收的吸收系数可由 α_{FCA} 表示，以区别于产生电子-空穴对的带-带吸收过程。这时，吸收率式（16-113）应改为[22]

$$A_{\mathrm{Si}}(\lambda)=\frac{\alpha_{\mathrm{b}}(\lambda)}{\alpha_{\mathrm{b}}(\lambda)+\alpha_{\mathrm{FCA}}(\lambda)+1/(4n_{\mathrm{Si}}^2w)} \qquad (16-115)$$

式中：α_{b} 为与生成电子-空穴对相关的带间跃迁的吸收系数；α_{FCA} 为自由载流子吸收的吸收系数。

底电池的开路电压 $V_{\mathrm{oc,Bottom}}$ 和填充因子 $\mathrm{FF}_{\mathrm{Bottom}}$ 的表达式分别为

$$V_{\mathrm{oc,Bottom}}=\frac{\eta_{\mathrm{Bottom}}kT}{q}\ln\left(\frac{J_{\mathrm{L,Bottom}}}{J_{\mathrm{s,Bottom}}}+1\right) \qquad (16-116)$$

$$\mathrm{FF}_{\mathrm{Bottom}}=\left[\frac{qV_{\mathrm{oc,Bottom}}}{\eta_{\mathrm{Bottom}}kT}-\ln\left(\frac{qV_{\mathrm{oc,Bottom}}}{\eta_{\mathrm{Bottom}}kT}+0.72\right)\right]\left(\frac{qV_{\mathrm{oc,Bottom}}}{\eta_{\mathrm{Bottom}}kT}+1\right)^{-1} \qquad (16-117)$$

式中，$J_{\mathrm{s,Bottom}}$ 为底电池的饱和电流密度，η_{Bottom} 为底电池的理想因子。

3. 串联电池的终端性能

对于 2T 太阳电池，不能分开独立使用，终端输出电流 J 可按照太阳电池的单二极管等效电路和二极管串联电路的运算规则计算。在顶电池与底电池的电流相匹配的情况下，总的开路电压为两个子电池开路电压之和，总的光电转换效率为两个子电池的光电转换效率之和。

对于 4T 太阳电池，可以将其分成两个独立的太阳电池，其总的光电转换效率为两个子电池的光电转换效率之和。

16.5.2　4T 和 2T 太阳电池的数值模拟计算

按照上述物理模型，对 4T 和 2T 太阳电池进行数值模拟计算。

1. 数值模拟计算相关参数的设定

对数值模拟计算所需要的相关参数，可利用已发表文献中的实验数据来确定：钙钛矿太阳电池吸收层 MALI 的折射率 n，根据紫外反射率估算，设定为常数 2；厚度值为 300nm。钙钛矿的过剩载流子衰减时间为 $1\times10^{-9}\sim3\times10^{-7}$s[10,23,24]，因此顶电池只考虑辐射复合，取理想因子 η_{Top} 为 1。钙钛矿电池的饱和电流密度 $J_{s,Top}$ 利用式（16-108）计算，式中 $V_{oc,Top}$ 和 $J_{L,Top}$ 采用刘明侦等人测定的电流-电压特性曲线数据，分别为 $V_{oc,Top}=1.07$V 和 $J_{L,Top}=21.5$mA/cm^2[25]，由这些数据计算得到的 $J_{s,Top}$ 值为 1.76082×10^{-20}mA/cm^2。

对于 c-Si 底电池，设底电池为 Si 异质结太阳电池，利用 a-Si 层制备选择性接触，不存在高掺杂效应，在计算光生电流密度时，不考虑自由载流子吸收。底电池厚度设为 110μm，计算硅的吸收率 A_{Si} 时，Si 的吸收系数 α_{Si} 和折射率 n_{Si} 引用文献[26]中的数据[26]。利用式（16-112）和式（16-115）计算全光谱照射下的短路电流密度 $J_L=43.34$mA/cm^2。在 0.1W/cm^{2}的辐照下，对应于极限光电转换效率的开路电压 $V_{oc}=761.3$ mV，填充因子 FF=89.26%[27]。利用式（16-116）和式（16-117）模拟底电池开路电压和填充因子随入射光照度的变化关系时，采用开路电压 $V_{oc}=761.3$mV[27]，考虑俄歇复合后的理想因子 $\eta_{Bottom}-0.7$[27]。

2. 数值模拟计算结果与分析

在单程光传输和设置陡边背反射层的朗伯光俘获两种情况下进行数值模拟，模拟计算钙钛矿顶电池的反射率、吸收率和透光率。在光单程传输的情况下，顶电池在 500~800nm 范围内有很高的透过率，没有反射。朗伯分布导致的陷光作用提高了顶电池的吸收率，高吸收率一直延伸到背反射层的反射光谱的截止边波长(792nm)。当然，由于反射层反射的光会从前表面向外逸出，反射层也会造成一定的电流损耗。模拟计算还表明，反射层的反射光谱分布边缘波长值对光电流有明显的影响。顶电池电流随反射边增大而增加，而底电池电流随反射边增大而减小，如图 16-22 所示。因此，反射边的选择应在顶电池电流与反射损耗（或底电池电流）之间进行权衡。

当顶电池吸收层材料确定时，α_T 也就确定了。这时，改变吸收层厚度 w_T 显然是为了匹配而调整顶电池电流的有效方法。图 16-23 所示为顶电池和底电池的光电流 J_L 与顶电池厚度的函数关系。在朗伯散射的情况下，底电池的电流基本恒定。在单程传输情况下，因为所有未被顶电池吸收的光子都传输到底电池，所以顶电池和底电池的电流之和保持不变。

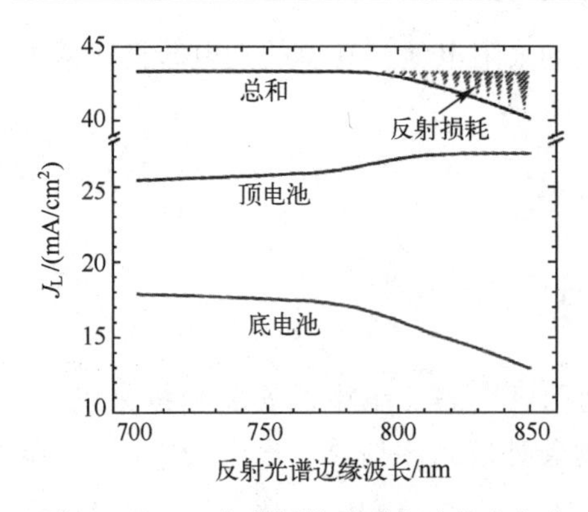

图 16-22　4T 串联朗伯型顶电池的光电流密度与反射光谱边缘波长的关系

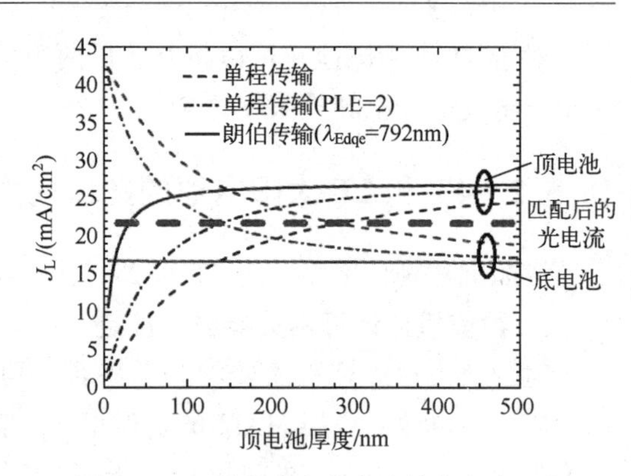

图 16-23　顶电池和底电池的光电流 J_L 与顶电池厚度的函数关系

除了上述两种情况，还有一种中间情况，就是既具有理想散射性能的顶电池正面，又具有顶电池与底电池的完美耦合。在这种情况下，光程长度既可达到 2，又不影响透射率，即使顶电池减薄到 140nm，仍可实现电流匹配，从而扩展了顶电池厚度的调节范围（140～280nm）。

在顶电池和底电池电流相匹配和顶电池为朗伯太阳电池的情况下，模拟计算了顶电池和底电池的 EQE，结果显示在图 16-24 中。结果表明，光俘获对顶电池和底电池的 EQE 有显著影响。

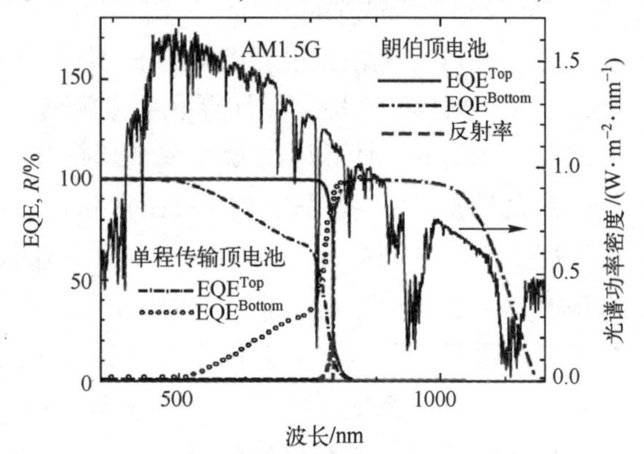

图 16-24　串联太阳电池的顶电池和底电池的 EQE

3. 串联太阳电池光电转换效率

应用上述模型和导出的方程，可模拟计算在不同光学耦合条件下的串联太阳电池光电转换效率。

首先考虑一个具有朗伯顶电池的 4T 串联太阳电池。设定顶电池厚度为 300nm，$J_{s,Top}=1.76082\times10^{-20}$mA/cm^2，利用式（16-108）、式（16-109）、式（16-116）和式（16-117）计算最大光电转换效率。在 792nm 背反射层的最佳反射边波长处，4T 串联太阳电池的光电转换效率最高可达 37.04%。假设顶电池的 $V_{oc}=1100$mV 时，可计算出电流匹配的 2T 串联太阳电池光电转换效率达到 35.67%，稍低于具有相同厚度的朗伯顶电池的 4T 太阳电池。

对于 4T 太阳电池，制作理想的背反射层是比较困难的，任何不完善的反射行为都会损害串联电池的性能。同时，考虑到实际制备太阳电池时，4T 太阳电池比 2T 太阳电池需要多一些接触电极层，这些接触层不可能完全透明，或多或少会有些寄生吸收，因此尽管模拟计算表明 4T 太阳电池的光电转换效率略高于 2T 太阳电池，但综合分析认为 2T 太阳电池可能比 4T 太阳电池更为优越[15]。

16.5.3　3T 太阳电池的结构和数值模拟

除了 2T 钙钛矿/硅串联太阳电池和 4T 钙钛矿/硅串联太阳电池，还有一种 3T 串联太阳电池，如图 16-25 所示[28]。

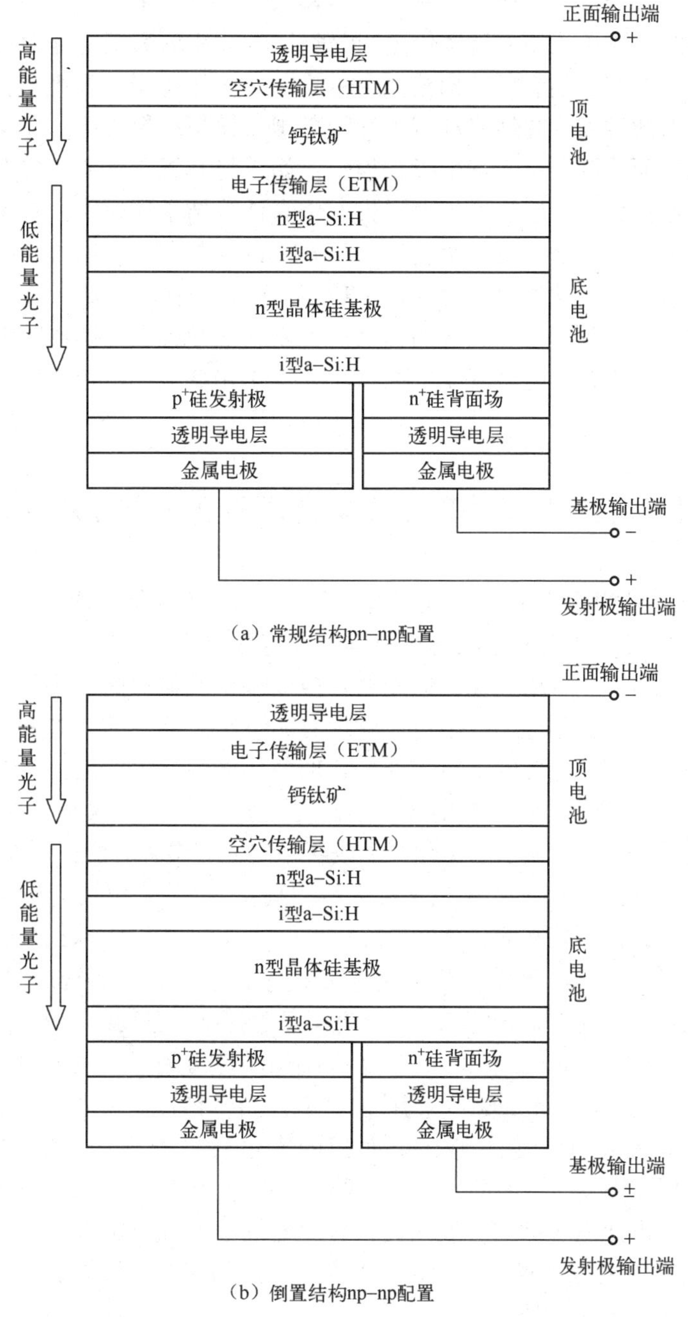

图 16-25　3T 钙钛矿/硅串联太阳电池结构示意图

如上所述，2T串联太阳电池的优点是顶电池和底电池可直接耦合，可降低制造成本，提高光电转换效率；4T串联太阳电池不需要电流匹配，允许有更广泛的钙钛矿层厚度。Tomonori Nagashima等人综合了这两种电池的优点，提出了三端串联太阳电池结构[29]，鲁迪·桑特贝尔根（Rudi Santbergen）对其做了进一步的研究[28]。根据太阳电池中空穴传输层（HTM）和电子传输层（ETM）的位置次序不同，分为常规的3T钙钛矿/硅串联太阳电池和倒置3T钙钛矿/硅串联太阳电池两种类型，前者的结构按pn-np配置，后者的结构按np-np配置。为了尽量减少光学损耗，提高光电转换效率，对两种配置的性能进行了光学模拟，模拟结果表明，如果空穴输运层位于钙钛矿的前面，则会引起寄生吸收损失；如果将其置于钙钛矿的背后，虽然可以减小寄生吸收损失，但增加了反射损失。仿真计算结果还表明，钙钛矿层厚度越大，串联太阳电池的光电转换效率越高。与pn-np结构相比，np-np结构硅底电池的输出功率略低，而钙钛矿顶电池的输出功率却明显提高。在尽量降低反射损失的情况下，在光电转换效率为22.7%的钙钛矿太阳电池和光电转换效率为24.9%的硅太阳电池的基础上进行了电路模拟，结果表明，3T串联太阳电池的光电转换效率可达32.0%。

16.6 对于钙钛矿/硅串联太阳电池需要进一步研究的主要课题

如前所述，钙钛矿太阳电池已呈现出诸多优点，特别是制造成本低，而光电转换效率较高[30]。将钙钛矿太阳电池与硅体硅太阳电池结合在一起形成串联太阳电池，其制造成本和几何尺寸所增无几，但光电转换效率却明显提高，因此是一种比较理想的配置，有望投入实际应用。不过，就现有的情况来看，钙钛矿太阳电池的性能尚需进一步提高，其最主要的不足之处是长期使用时性能欠稳定，光电转换效率会逐渐下降[30]。究其原因，可能是由水、光和氧等外部因素引起降解[31]，也可能是由加热时材料性质改变等因素引起退化[1]。改善稳定性有多种方法，例如：改变成分，采用混合阳离子体系（如加入铷或铯等无机阳离子）[32,33]；电荷产生层采用无机材料取代有机材料；使用疏水的、紫外稳定的界面层（如用SnO_2取代易受紫外线降解的TiO_2）[34]；采用表面钝化技术[32]；改进太阳电池封装，消除外部潮气等因素的影响；等等。现在，钙钛矿材料的稳定性已有了显著提高。下面举两个例子予以说明。

凯文·A·布什（Kevin A. Bush）等人研制出热稳定性较高的铯甲酰胺铅卤化物（cesium formamidinium lead halide）钙钛矿材料，用于钙钛矿顶电池的吸收层，开发了钙钛矿/硅串联太阳电池，其$1cm^2$面积的光电转换效率达到23.6%[35]。采用SnO_2/ITO透明电极和乙烯-醋酸乙烯共聚物（EVA）作为胶黏剂，用两块玻璃将吸收层夹在中间，形成三明治式封装结构，有效地隔离湿气，在85℃/85%RH的湿热试验条件（通常称之为“双85”试验条件）下测试1000h，结果显示其光电转换效率非常稳定，如图16-26所示。

二维（2D）层状钙钛矿太阳电池比传统的三维（3D）钙钛矿太阳电池性能更稳

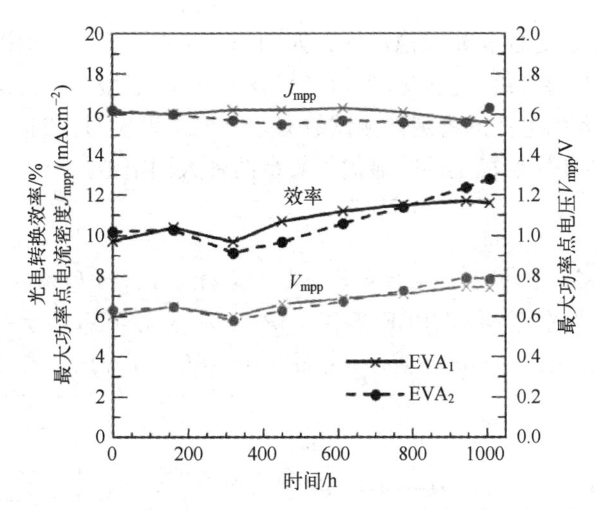

图 16-26　在“双 85”试验条件下 1000h 测试，结果显示钙钛矿/硅串联太阳电池的光电转换效率非常稳定

定。然而，在具有单铵离子的 Ruddlesden-popper（RP）相 2D 钙钛矿中，由范德瓦尔斯（van der Waals）间隙引起的层间弱相互作用，可能会破坏层状钙钛矿结构。为了消除这种间隙，中国科学院大连化学物理研究所的郭鑫和李灿等人在$MApbI_3$中加入磷酸二铵阳离子，开发了 Dion-Jacobson 相 2D 层状钙钛矿$(PDA)(MA)_3Pb_4I_{13}$材料[36]，如图 16-27 所示。由于 DJ 型二维钙钛矿的有机阳离子与无机层之间的交替氢键合相互作用，强化了二维层状钙钛矿结构，导致与 RP 型二维钙钛矿相比，具有更好的结构稳定性。

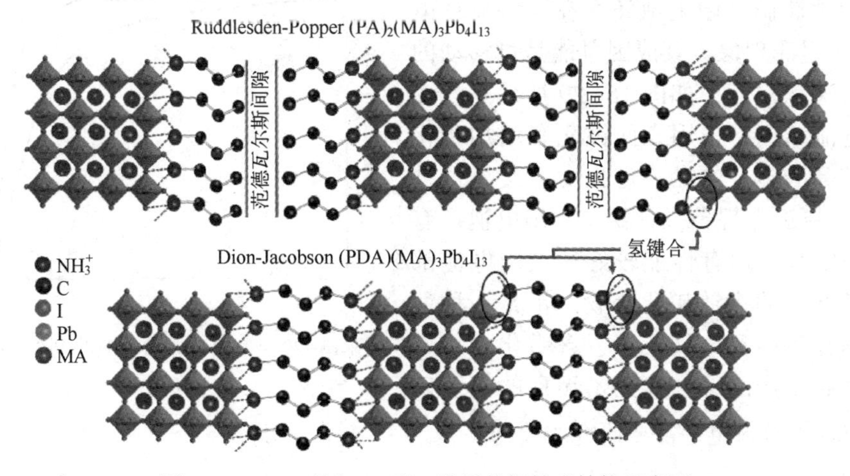

图 16-27　RP 型和 DJ 型二维层状钙钛矿结构示意图

将这种 DJ 型二维钙钛矿材料应用于制备钙钛矿太阳电池，其光电转换效率达到 13.3%。对未封装的太阳电池在双“85”试验条件下运行 168h，以及在一个太阳光强度持续光照下运行 3000h，其光电转换效率均保持在初始值的 95%以上，这显示出

其具有良好的湿热稳定性和光照稳定性，如图 16-28 所示[36]。图中比较了基于三维钙钛矿$MAPbI_3$、RP 型二维钙钛矿$(PA)_2(MA)_3Pb_4I_{13}$和 DJ 型二维钙钛矿$(PDA)(MA)_3Pb_4I_{13}$三种钙钛矿太阳电池的稳定性测试数据。测试结果表明，DJ 型二维钙钛矿太阳电池的湿热稳定性和光照稳定性明显优于其余两种太阳电池。

> **说明** 图 16-28 中的 PCE 是光电能量转换效率（Power Conversion Efficiency），与第 15 章 15.3 节中介绍的 IPCE 不同。IPCE 是入射单色光子-电子转换效率（Incident Monochrome Photon-Electron Conversion Efficiency）。

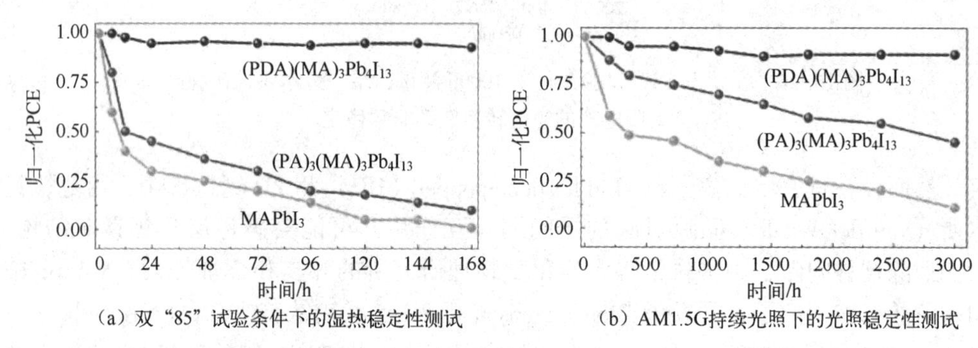

（a）双“85”试验条件下的湿热稳定性测试　　（b）AM1.5G持续光照下的光照稳定性测试

图 16-28　DJ 型二维层状钙钛矿太阳电池的光电能量转换效率（PCE）稳定性测试

钙钛矿顶电池除了稳定性有待改进，现有的钙钛矿太阳电池还存在经常显现电流-电压迟滞现象，其成因可能是可移动的离子迁移和复合，如图 16-29 所示。改变太阳电池结构、采用表面钝化和增加碘化铅含量等措施，可在一定程度上改善这种电流-电压迟滞现象。钙钛矿太阳电池还有一个问题是，现有性能较好的太阳电池都使用了含铅的钙钛矿化合物。铅是一种危害人体健康的重金属元素，含铅化合物不宜用于商用产品。寻找无铅无毒的钙钛矿吸收层替代材料也是需要研究的课题。

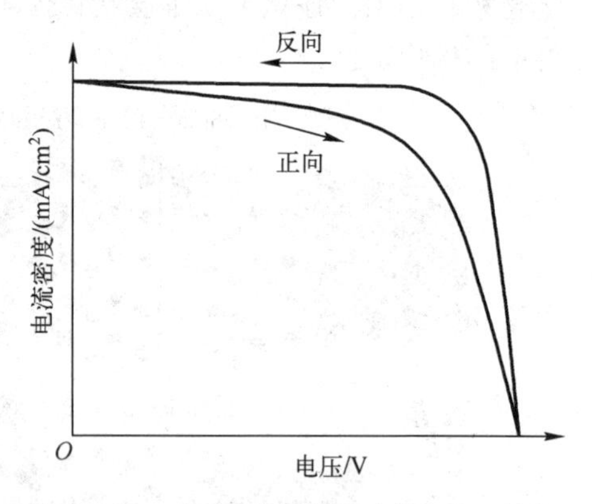

图 16-29　钙钛矿太阳电池的电流-电压迟滞现象

参考文献

[1] Snaith H J. Present Status and Future Prospects of Perovskite Photovoltaics [J]. Nature Materials, 2018, 17 (5): 372-376.

[2] Lee M M, Teuscher J, Miyasaka T, et al. Efficient Hybrid Solar Cells Based on Meso-Superstructured Organometal Halide Perovskites [J]. Science, 2012, 338 (6107): 643-647.

[3] Kim H S, Lee C R, Im J H, et al. Lead Iodide Perovskite Sensitized all-solid-state Submicron Thin Film Mesoscopic Solar Cell with Efficiency Exceeding 9% [J]. Scientific Reports, 2012, 2: 591.

[4] Green M A, Yoshihiro H, Dunlop E D, et al. Solar Cell Efficiency Tables (version 52) [J]. Progress in Photovoltaics Research and Applications, 2018, 26 (7): 427-436.

[5] Sun X, Asadpour R, Nie W, et al. A Physics-Based Analytical Model for Perovskite Solar Cells [J]. IEEE Journal of Photovoltaics, 2016, 6 (5): 1389-1394.

[6] D'Innocenzo V, Grancini G, Alcocer M J P, et al. Excitons Versus Free Charges in Organo-lead Tri-halide Perovskites [J]. Nature Communications, 2014, 5 (4): 3586.

[7] Green M A, Ho-Baillie A, Snaith H J. The Emergence of Perovskite Solar Cells [J]. Nature Photonics, 2014, 8 (7): 506-514.

[8] Nie W, Tsai H, Asadpour R, et al. High-efficiency Solution-processed Perovskite Solar Cells with Millimeter-scale Grains [J]. Science, 2015, 347 (6221): 522-525.

[9] Pettersson L A A, Roman L S, Inganäs O. Modeling Photocurrent Action Spectra of Photovoltaic Devices Based on Organic Thin Films [J]. Journal of Applied Physics, 1999, 86 (1): 487-496.

[10] Stranks S D, Eperon G E, Grancini G, et al. Electron-hole Diffusion Lengths Exceeding 1 micrometer in an Organometal Trihalide Perovskite Absorber [J]. Science, 2013, 342 (6156): 341-344.

[11] Guerrero A, Juarez-Perez E J, Bisquert J, et al. Electrical Field Profile and Doping in Planar Lead Halide Perovskite Solar Cells. Applied Physics Letters, 2014, 105 (13): 133902.

[12] Moore J E, Dongaonkar S, Chavali R V K, et al. Correlation of Built-In Potential and I-V Crossover in Thin-Film Solar Cells [J]. IEEE Journal of Photovoltaics, 2014, 4 (4): 1138-1148.

[13] Chavali R V K, Moore J E, Wang X, et al. The Frozen Potential Approach to Separate the Photocurrent and Diode Injection Current in Solar Cells [J]. IEEE Journal of Photovoltaics, 2015, 5 (3): 865-873.

[14] Wahid S, Islam M, Alam M K. Modeling and Optimization of Two-Terminal Perovskite/Si Tandem Solar Cells: A Theoretical Study [C] // IEEE International Women in Engineering (WIE) Conference on Electrical and Computer Engineering 2015. IEEE, 2016.

[15] Loper P, Niesen B, Moon S, et al. Organic-Inorganic Halide Perovskites: Perspectives for Silicon-Based Tandem Solar Cells [J]. IEEE Journal of Photovoltaics, 2014, 4 (6): 1545-1551.

[16] Tvingstedt K, Malinkiewicz O, Baumann A, et al. Radiative efficiency of lead iodide based perovskite solar cells [J]. Scientific Reports, 2014, 4 (4): 6071.

[17] Mahnaz Islam, Sumaiya Wahid, Md. KawsarAlam. Physics-based Modeling and Performance Analysis of Dual Junction Perovskite/Silicon Tandem Solar Cells [J]. Physica Status Solidi (A), 2016.

[18] Campbell P, Green M A. Light Trapping Properties of Pyramidally Textured Surfaces [J]. Journal of Applied Physics, 1987, 62 (1): 243-249.

[19] Deckman H W. Optically Enhanced Amorphous Silicon Solar Cells [J]. Applied Physics Letters, 1983, 42 (11): 968-970.

[20] Boccard M, Battaglia C, Haug F J, et al. Light trapping in solar cells: Analytical modeling [J]. Applied Physics Letters, 2012, 101 (15): 889-898.

[21] Dominé D, Haug F J, Battaglia C, et al. Modeling of Light Scattering from Micro-and Nanotextured Surfaces [J]. Journal of Applied Physics, 2010, 107 (4): 1812-1815.

[22] Tiedje T, Yablonovitch E, Cody G D, et al. Limiting Efficiency of Silicon Solar Cells [J]. Electron Devices IEEE Transactions on, 1984, 31 (5): 711-716.

[23] Deschler F, Price M, Pathak S, et al. High Photoluminescence Eciency and Optically Pumped Lasing in Solution-Processed Mixed Halide Perovskite Semiconductors [J]. Journal of Physical Chemistry Letters, 2014, 5 (8): 1421-1426.

[24] Marchioro A, Teuscher J, Friedrich D, et al. Unravelling the Mechanism of Photoinduced Charge Transfer Processes in Lead Iodide Perovskite Solar Cells [J]. Nature Photonics, 2014, 8 (3): 250-255.

[25] Liu M, Johnston M B, Snaith H J. Efficient Planar Heterojunction Perovskite Solar Cells by VapourDeposition [J]. Nature, 2013, 501 (7467): 395-398.

[26] Green M A. Self-consistent Optical Parameters of Intrinsic Silicon at 300 K Including Temperature Coefficients [J]. Solar Energy Materials & Solar Cells, 2008, 92 (11): 1305-1310.

[27] Richter A, Hermle M, Glunz S W. Reassessment of the Limiting Efficiency for Crystalline Silicon Solar Cells [J]. IEEE Journal of Photovoltaics, 2013, 3 (4): 1184-1191.

[28] Santbergen R, Uzu H, Yamamoto K, et al. Optimization of Three-Terminal Perovskite/Silicon Tandem Solar Cells [J]. IEEE Journal of Photovoltaics, 2019, 9 (2): 446-451.

[29] Nagashima T, Okumura K, Murata K, et al. Three-terminal Tandem Solar Cells with a Back-contact Type Bottom Cell [C] // Conference Record of the 28th IEEE Photovoltaic Specialists Conference. IEEE, 2002.

[30] Perovskites and Perovskite Solar Cells: An Introduction-Ossila. https://www.ossila.com/pages/perovskites-and-perovskite-solar-cells-an-introduction.

[31] Berhe T A, Su W N, Chen C H, et al. Organometal Halide Perovskite Solar Cells: Degradation and Stability [J]. Energy & Environmental ence, 2016, 9 (2): 323-356.

[32] Abdi-Jalebi M, Andaji-Garmaroudi Z, Pearson A J, et al. Potassium-and Rubidium-Passivated Alloyed Perovskite Films: Optoelectronic Properties and Moisture Stability [J]. ACS Energy Letters, 2018: 2671-2678.

[33] Wang Z, Lin Q, Chmiel F P, et al. Efficient Ambient-air-stable Solar Cells with 2D-3D Heterostructured Butylammonium-caesium-formamidinium Lead Halide Perovskites [J]. Nature Energy, 2017, 2: 1-10.

[34] Christians J A, Schulz P, Tinkham J S, et al. Tailored Interfaces of Unencapsulated Perovskite Solar Cells for >1,000 Hour Operational Stability [J]. Nature Energy, 2018, 3 (1): 68-74.

[35] Bush K A, Palmstrom A F, Yu Z J, et al. 23.6%-efficient Monolithic Perovskite/Silicon Tandem Solar Cells with Improved Stability [J]. Nature Energy, 2017, 2 (4): 17009.

[36] Ahmad S, Fu P, Yu S W, et al. Dion-Jacobson Phase 2D Layered Perovskites for Solar Cells with Ultrahigh Stability [J]. Joule, 2019, 3 (3): 794-806.

第 17 章　太阳电池热物理分析

前面我们从半导体光电子学的角度讨论了晶体硅太阳电池的基本原理和特性，现在将换一个角度，采用辐射热力学的基本理论讨论太阳电池的原理和特性。

基于热力学的太阳电池理论分析远未成熟，许多问题尚在探讨之中，以此理论为指导的太阳电池也仅处于研究阶段，但人们仍对其寄予很高的期望，毕竟其光电转换效率的理论极限约为 90%，远高于现行晶体硅太阳电池的极限光电转换效率（约为 30%）。在众多的研究者中，马克瓦尔特（Markvart）等人的理论研究工作比较系统，他们除了研究罗斯（Ross）和诺齐克（Nozik）提出的热载流子电池，还提出了将半导体的光电效应与热电效应相结合，研制性能更优良的热力学太阳电池[1,2]。

17.1　辐射及其化学势

众所周知，早在 100 多年前，基尔霍夫（Kirchhoff）和普朗克（Planck）就确立了热辐射的基本理论。对于温度为 T、腔壁具有理想吸收和发射特性的空腔中，各向同性地以光速 c 传播的黑体辐射，普朗克导出了辐射公式，该公式称为普朗克定律（有多种表达形式）。单位体积、单位光了能量间隔的光了能量密度为

$$\phi(h\nu)=\frac{8\pi\ (h\nu)^3}{h^2c^3}\left[\exp\left(\frac{h\nu}{kT}\right)-1\right]^{-1} \tag{17-1}$$

而后，结合玻耳兹曼于 1877 年提出的熵概念，吉布斯（Gibbs）对空腔中包含光子在内的能量变化提出了更具一般性的计算公式，即

$$\mathrm{d}E^*=T\mathrm{d}s-p\mathrm{d}V+\mu_\gamma \mathrm{d}N_\gamma \tag{17-2}$$

式中，s 为熵，V 为体积，T 为温度，p 为压力，μ_γ 为光子的化学势，N_γ 为光子数。系统的平衡是在 s 和 V 不变的情况下，以系统能量 E^* 的最小值表征的，这就导致式（17-2）中的 $\mu_\gamma \mathrm{d}N_\gamma=0$。由于光子数不守恒，即 $\mathrm{d}N\neq0$，要达到平衡状态，只能是 $\mu_\gamma=0$。实质上，这是由于空腔中光子之间无相互作用，不能自行实现平衡造成的。但是，如果空腔中含有其他物质（如粒子），与光子存在相互作用，那么这些物质应包含在系统中，它将导致光子有非零的化学势，即光子可从与物质的相互作用中获得温度和势能（化学势）。

“化学势”的原始概念来自物质的化学反应。粒子之间的相互作用可以视为化学反应，因此也可以说，光是光化学反应的结果。如果具有化学势的物质受光激发而处于化学平衡状态（例如，在发光材料中，光激发产生电子-空穴对），光的化学势

可以是非零的。反之，在半导体材料中发生辐射复合时，如电子 e 与空穴 h 发生化学反应（复合）产生光子 γ，电子与空穴的化学势将转化为光子化学势。

综上所述，辐射（光子）是可以有非零化学势的，该化学势的大小与其所处系统的状况相关。当然，在任何情况下，化学势作为每个粒子的吉布斯自由能必定小于系统中每个粒子的最小能量，否则熵可能变为负值。

下面讨论辐射的化学势概念（维费尔（Würfel）等人在这方面曾做过深入的研究）[3-6]。

在此针对太阳电池着重讨论辐射作用于半导体时的化学势。图 17-1 所示为半导体电子能带结构[3]。

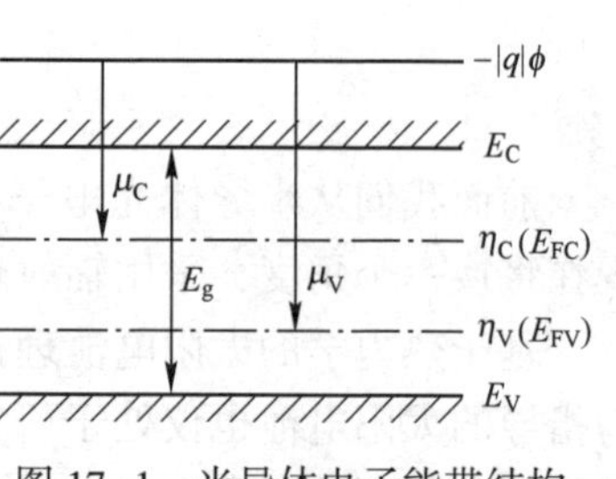

图 17-1 半导体电子能带结构

图 17-1 中，E_0为真空能级。导带电子和价带电子的电化学电势（准费米能级）分别为

$$E_{FC}=\mu_c-q\phi$$

$$E_{FV}=\mu_v-q\phi$$

式中，μ_c和μ_v分别为导带电子和价带电子的化学势。

考虑光子和电子在具有完美反射壁的填满均匀半导体材料的腔体中达到平衡的情况，按照费米统计，在导带中能量为 E 的单位能量间隔中的被占据态浓度 $n_0(E)$ 和价带中未占据能态的浓度 $n_u(E)$分别为

$$n_0(E)=g(E)f(E)=g(E)\frac{1}{1+e^{(E-\eta_c)/kT}} \tag{17-3}$$

$$n_u(E)=g(E)[1-f(E)]=g(E)\left[1-f(E)\frac{1}{1+e^{(E-\eta_v)/kT}}\right] \tag{17-4}$$

式中：$f(E)$为费米分布函数；$g(E)$为态密度；η_c和η_v分别为在导带和价带中控制电子占据态的电子的电化学电势。η_c和η_v也就是准费米能级。电化学电势 η 与化学势 μ 和电势 ϕ 之间的关系为

$$\eta=\mu+q\phi$$

假设在导带内不同能量状态电子之间通过能量交换建立了化学平衡，导带中有均匀的化学势；电子与晶格之间通过熵交换建立了热平衡，导带中有等于晶格温度的均匀的温度。价带中的能态也存在类似的平衡。

导带中的占据态与价带中的未占据态之间的跃迁概率很小，通过导带和价带的态之间的电子交换不一定会建立化学平衡，因此并不要求 $\mu_c=\mu_v$。

假设，导带中的占据态和价带中的未占据态是由价带到导带的跃迁成对产生的，且仅通过辐射复合成对消失。这意味着在腔中，产生跃迁和复合跃迁都是由 $h\nu\geqslant E_g$ 的光子吸收引起的，它们与光子的平衡只通过吸收和发射过程建立。单位体积、单

位能量间隔光子的吸收速率 r_a 与光子密度 n_γ，以及与所有成对的已占据价带态和具有不同的能量（加上 $h\nu$ 后）的未占据导带态密度成正比，即

$$r_a(h\nu) = n_\gamma(h\nu)\int_0^\infty M(E,h\nu)n_0(E)n_u(E+h\nu)\mathrm{d}E \tag{17-5}$$

式中，M 是与 E 和 $h\nu$ 相关的矩阵元。

在受激发射过程中，光子引发电子态从导带转变到价带。单位体积、单位能量间隔的受激发射速率 r_{st} 等于受激复合速率。r_{st} 为

$$r_{st}(h\nu) = n_\gamma(h\nu)\int_0^\infty M(E,h\nu)n_u(E)n_0(E+h\nu)\mathrm{d}E \tag{17-6}$$

自发辐射是指电子从高能级自发向低能级跃迁，并辐射光子（其能量为高低能级之差）。单位体积、单位能量间隔的自发辐射速率 $r_{sp}(h\nu)$ 与产生受激发射的同一半导体中所有未被占据的态密度成正比，也与单位能量间隔的光子的态密度$g_\gamma(h\nu)$成正比：

$$r_{sp}(h\nu) = g_\gamma(h\nu)\int_0^\infty M(E,h\nu)n_u(E)n_u(E+h\nu)\mathrm{d}E \tag{17-7}$$

如果腔体内材料的折射率为 n_{ref}，则光子从腔内向腔壁发射光子时，应考虑折射率的影响。由于此时的光子传播速度已从 c 变为 c/n_{ref}，所以光子的态密度应改写为

$$g_\gamma(h\nu)=\frac{8\pi n_{ref}^3(h\nu)^2}{h^2c^3} \tag{17-8}$$

达到平衡时，有

$$r_{sp}(h\nu)+r_{st}(h\nu)-r_a(h\nu)=0 \tag{17-9}$$

光子的密度 $n_\gamma(h\nu)$ 为

$$n_\gamma(h\nu) = \frac{8\pi n_{ref}^3(h\nu)^2}{h^2c^3}\times\frac{\int_0^\infty M(E,h\nu)n_u(E)n_0(E+h\nu)\mathrm{d}E}{\int_0^\infty M(E,h\nu)n_u(E)n_0(E+h\nu)\left[\frac{n_0(E)n_u(E+h\nu)}{n_u(E)n_0(E+h\nu)}-1\right]\mathrm{d}E} \tag{17-10}$$

利用式（17-3）和式（17-4）中的分布函数 $n_0(E)$ 和 $n_u(E)$，可将式（17-10）分母中方括号内的式子表示为

$$\frac{n_0(E)n_u(E+h\nu)}{n_u(E)n_0(E+h\nu)}-1=\exp\left[\frac{h\nu-(\mu_c-\mu_v)}{kT}\right]-1 \tag{17-11}$$

因此式（17-10）可简化为

$$n_\gamma(h\nu)=\frac{8\pi n_{ref}^3(h\nu)^2}{h^2c^3}\left\{\exp\left[\frac{h\nu-(\mu_c-\mu_v)}{kT}\right]-1\right\}^{-1} \tag{17-12}$$

式（17-12）是在以化学势$(\mu_c-\mu_v)$表征的半导体激发与光子之间平衡的情况下导出的。因此在这种平衡中，光子的化学势为

$$\mu_\gamma=\mu_c-\mu_v \tag{17-13}$$

于是获得了辐射的光子密度公式[3]，即

$$n_{\gamma}(h\nu,\mu_{\gamma})=\frac{8\pi n_{\mathrm{ref}}^{3}(h\nu)^{2}}{h^{2}c^{3}}\left\{\exp\left[\frac{h\nu-\mu_{\gamma}}{kT}\right]-1\right\}^{-1} \tag{17-14}$$

式（17-14）给出了光子与电子系统平衡时的光子密度，参与光学跃迁的两组能态分别由化学势μ_c和μ_v表征。式（17-14）具有普适性，既适用于热辐射，也适用于各种发光辐射（非热辐射）[3]。黑体热辐射的普朗克定律属于两组状态具有相同的化学势的特殊情况，即

$$\mu_{\gamma}=\mu_c-\mu_v=0 \tag{17-15}$$

将式（17-13）应用于太阳电池，并考虑到$E_{Fc}=\mu_c-q\phi$和$E_{Fv}=\mu_v-q\phi$，可得：

$$\mu_{\gamma}=\mu_c-\mu_v=E_{Fc}-E_{Fv}=qV \tag{17-16}$$

17.2 基于辐射热力学的太阳电池电流-电压特性

太阳电池将$T_s=6000$K的太阳发射的光子光束转化为电能，并在300K温度下发射光子。发射光束的光子通量为

$$\Phi(T,\varepsilon,\mu)=\frac{2\varepsilon}{c^{2}}\int_{(\nu)}\frac{\nu^{2}}{\mathrm{e}^{(h\nu-\mu)/kT_o}-1}\mathrm{d}\nu \tag{17-17}$$

式中：ν为频率，其积分范围涵盖太阳电池光发射的整个光谱区域；μ为化学势。通常，对发光辐射而言，$\mu\neq0$。

光束扩展量ε为

$$\varepsilon=\iint_{(A,\Omega)}\cos\theta\mathrm{d}A\mathrm{d}\Omega \tag{17-18}$$

式中，dA为光束横截面积元，dΩ为立体角元，θ为dA的法线与光束方向之间的夹角。假设太阳电池是具有理想光学厚度的辐射发射器，则其发射率等于1。

如果辐射复合是太阳电池中唯一的复合机制，则可根据外部电路中的电子电流与吸收和发射的光子流之间的细致平衡原理导出太阳电池的电流-电压特性。

假设由光子激发产生电子-空穴对的量子效率为1，则有

$$q\Phi_{N,in}=I+q\Phi_{N,out} \tag{17-19}$$

式中，q为电子电荷，$\Phi_{N,in}$为太阳输入的净光子通量，$\Phi_{N,out}$为太阳电池输出的用于产生电压的净光子通量。

$$\Phi_{N,in}=\Phi(T_s,\varepsilon_{in},\mu_{in}=0)-\Phi(T_o,\varepsilon_{in},\mu_{amb}=0) \tag{17-20}$$

$$\Phi_{N,out}=\Phi(T_o,\varepsilon_{out},\mu_{out}=qV)-\Phi(T_o,\varepsilon_{out},\mu_{amb}=0) \tag{17-21}$$

式（17-20）和式（17-21）中，假定太阳电池除了被太阳辐射光束（$\mu_{in}=0$）直接照射，还曝露在零化学势的环境光子流（$\mu_{amb}=0$）中，并具有光束扩展量（$\varepsilon=\varepsilon_{in}-\varepsilon_{out}$）。按照光传播的微观可逆性，光子可以沿着它们到达时相同的路径退出，发射光束的ε_{out}将大于入射光束的ε_{in}[7]，如图17-2所示。

在弱光照到中等光照范围内，受激发射可以被忽略，即$\Phi(T_o,\varepsilon_{out},\mu_{amb}=0)$可以

被忽略；通常情况下，$h\nu \gg kT_o$，$e^{h\nu/kT_o}-1 \approx e^{h\nu/kT_o}$。此时，式（17-19）可简化为如下通常的形式[8]：

$$I=I_L-I_{o,out}(e^{qV/kT}-1) \qquad (17-22)$$

式中，$I_L=q\Phi_{N,in}$，$I_{o,out}=q\Phi(T_o,\varepsilon_{out},\mu_{amb}=0)$。

$I_{o,out}$是太阳电池向环境发射光子流损失的电流。按照细致平衡原理，热平衡时的太阳电池吸收率等于其发射率。在黑暗中，$I_{o,out}$等于太阳电池因吸收环境辐射而产生的电流 $I_{o,in}$，因此有

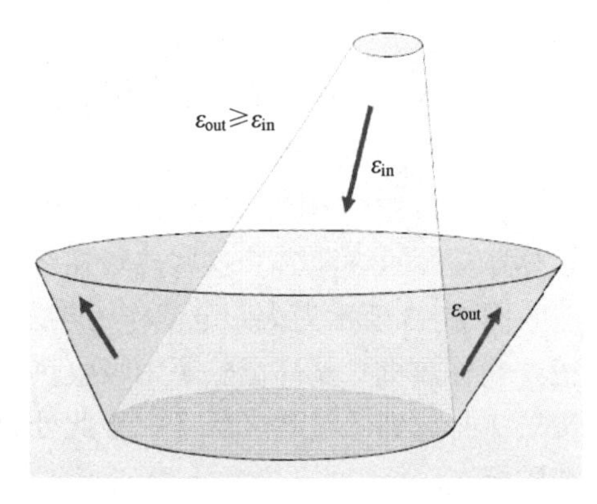

图 17-2　光束扩展示意图

$$I_{o,in}=\Phi(T_o,\varepsilon_{in},\mu_{amb}=0) \qquad (17-23)$$

式（17-23）给出了热力学描述的太阳电池 $I-V$ 特性的数学表达式，其形式与基于半导体光电子学推导的 $I-V$ 特性表达式相仿。实质上这是从动力学的角度来考虑转换过程，即在入射光束与发射光束之间光子传递的能量与熵平衡，产生功（电能）并生成一定量的废热。

17.3　太阳电池性能的热力学分析

1. 基于热力学原理的太阳电池理想光电转换效率

普朗克定律适用于在热平衡下黑体发射的热辐射。在热平衡的情况下，理想太阳电池吸收和发射的光子通量是相等的。

按照普朗克定律，单位频率、单位面积、单位立体角、单位时间内传播的辐射的能量称为辐射方向上的辐射能量流频谱密度$\phi_\nu(T,\mu)$，即

$$\phi_\nu(T,\mu)=\frac{2h\nu^3}{c^2}\cdot\frac{1}{e^{(h\nu-\mu)/kT}-1}$$

由此可得辐射方向上的光子流频谱密度为

$$\Phi_\nu(T,\mu)=\phi_\nu(T,\mu)/h\nu=2\left(\frac{\nu}{C}\right)^2\frac{1}{e^{(h\nu-\mu)/kT}-1} \qquad (17-24)$$

如前所述，化学势与半导体中激发电子-空穴对相关，它们可以在半导体结处产生功：

$$\mu=qV$$

式中，V 为太阳电池产生的电压，q 为单位电荷。

可以进一步考虑参照热力学的基本公式，将每个光子的平均能量 u 表示为化学势 μ 与热量项 Ts 之和，即

$$u=\mu+Ts \qquad (17-25)$$

式中，u 为光子加到辐射光束或体积中所增加的能量，s 为由此产生的熵。

式（17-25）将热力学第一定律与第二定律结合在一起，它既适用于平衡热力

学，也适用于非平衡热力学。在恒定体积（或恒定的光束扩展量）的情况下，由于光子间不存在相互作用，所以能量 u 与熵 s 之间是简单的导数关系。含有化学势成分的式（17-24）表明，可将一部分光子能量提取出来用于产生电压，对外部电路做功。式（17-25）中的第 2 项反映的是光子携带的熵，即光子被发射或吸收时需要与贮热器交换的热量 Ts。这些热量在等温过程中不能转换为电压。

图 17-3 所示为太阳电池作为热发动机工作时的示意图[9]。太阳电池作为热发动机（简称热机）从高温热源中吸收热量Q_H，在遵守热力学定律的前提下做功，并将废热Q_L排放到低温贮热器（由于此处讨论的是太阳电池，以下将贮热器称为贮储层或贮层）。

如果将太阳电池视为理想热机（卡诺发动机），则可将描述理想热机效率的卡诺（Carnot）定律应用于太阳电池，其效率即为卡诺效率：

$$\eta_{PV}=1-\frac{T_o}{T_S} \tag{17-26}$$

假定太阳电池温度 T_o等于环境温度，$T_o=300K$，由于太阳温度 $T_s\approx6000K$，其光谱与黑体光谱十分相似，则按照式（17-26）计算，太阳电池的效率为 95%。

卡诺效率是指卡诺循环中所做的功与其所吸收的热量之比。卡诺循环是可逆循环，卡诺发动机运转的每个循环需要无限长的时间间隔来完成，即发动机提供能量的速率（功率）应为无限小。太阳电池的光电转换效率是一种功率效率，即输出功率与吸收的辐射功率之比。太阳电池的光电转化是一个快速过程，因此它与卡诺循环不一样，太阳电池通过卡诺循环实现卡诺效率是不可能的。

兰茨贝格（Landsberg）等人对太阳辐射转换器（相当于这里所讨论的太阳电池）提出了稍接近实际一点的物理模型，如图 17-4 所示[10,11]。

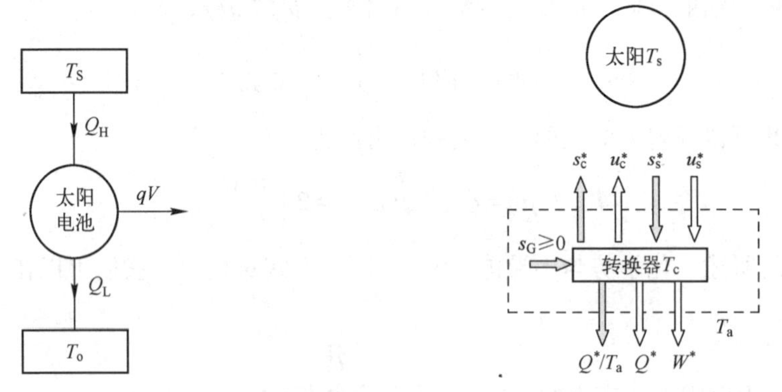

图 17-3 太阳电池作为热发动机工作时的示意图　　图 17-4 兰茨贝格太阳辐射转换器示意图

太阳辐射转换器的能流和熵流的基本热力学方程为

$$u_s^*=W^*+Q_c^*+u_c^* \tag{17-27}$$

$$s_s^*+s_G^*-s_c^*=Q_c^*/T_a \tag{17-28}$$

式中：u_s^* 和 s_s^* 分别为太阳向太阳辐射转换器发射的能流和熵流；W^* 为太阳辐射转

换器输出功；Q_c^* 为太阳辐射转换器反射给环境的热流；Q_c^*/T_a 为太阳辐射转换器反射给环境的熵流；s_G^* 为过程中的熵产；u_c^* 和 s_c^* 分别为太阳辐射转换器发射的能流和熵流。

太阳辐射转换器的效率 η 为

$$\eta=W^*/u_s^*=\left(1-\frac{4T_a}{3T_s}\right)+\left(\frac{4T_a}{3T_c}-1\right)\left(\frac{T_c}{T_a}\right)^4-T_a s_G^*/u_s^* \tag{17-29}$$

式中，T_s、T_c、T_a 分别为太阳、太阳辐射转换器及环境的温度。

对于可逆过程，熵流 s_G^* 的极小值为零。在 $T_c\approx T_a$ 条件下，转换效率的极大值为

$$\eta_{max}=W/u_s=\left(1-\frac{4T_a}{3T_s}\right)+\frac{1}{3}\left(\frac{T_a}{T_s}\right)^4 \tag{17-30}$$

当 $T_s=6000$K、$T_a=300$K 时，兰茨贝格模型的极限转换效率为 93.3%。这个极限转换效率也是在熵流等于 0 的假设下得到的。实际上，在太阳辐射转换过程中不可能没有熵产，因此上述极限转换效率也只是对太阳电池给出了转换效率的上限。

2. 太阳电池的化学势和电压

按照非平衡热力学，半导体中电子电流可表达为

$$J=(\sigma/q)\nabla\mu \tag{17-31}$$

这里的化学势不仅包括载流子的漂移输运，也包括载流子的扩散[2]。

将式（17-25）代入式（17-31）得：

$$J=(\sigma/q)\nabla u-(\sigma/q)T\nabla s=-\sigma\nabla\phi+D\nabla n \tag{17-32}$$

式中，n 为电子浓度，σ 为电导率，ϕ 为静电势。

式（17-32）是针对电子的情况导出的，推导时利用了以下关系式：

$$\begin{cases}u=E_c-q\phi+u_t\\ s=k[\ln(N_c/n)+u_t/T]\end{cases} \tag{17-33}$$

式中：N_c 为导带中的有效态密度；N_c/n 为单个电子的平均态密度；ϕ 为静电势；u_t 为电子热能，对于理想气体，$u_t=(3/2)kT$。借助于 $\sigma=q^2Dn/kT$，引入扩散常数 D，可以获得通常形式的电子电流密度方程。采用同样的方法，也可以导出通常形式的空穴电流密度方程。$\sigma=q^2Dn/kT$ 可由 $\sigma=q\mu n$ 和爱因斯坦关系式 $D=\frac{\mu kT}{q}$ 得到，式中的 μ 为迁移率。

由式（17-32）可见，式（17-31）描述了电流的两个驱动力，即电子能量（或静电势）梯度和驱动扩散电流的熵梯度。严格地说，在准平衡的半导体中，使用式（17-25）只是一种较好的近似。

对于 pn 结，在开路时，由于电子通过 pn 结的时间很短，注入 pn 结的过剩载流子浓度也非常小，μ 可视为常数，基于内建电压 V_{bi} 的静电能量的变化等于每个载流子的熵的变化量。

内建电压 V_{bi} 的热力学表达式可写为[2]

$$qV_{\mathrm{bi}} = kT\ln\left(\frac{n_{\mathrm{on}}}{n_{\mathrm{op}}}\right) = kT\ln\left(\frac{\nu_{\mathrm{p}}}{\nu_{\mathrm{n}}}\right) = \int_{\nu_{\mathrm{n}}}^{\nu_{\mathrm{p}}} p\mathrm{d}\nu \tag{17-34}$$

式中，ν_n为电子体积，ν_p为空穴体积。注意，这是一个可逆的等温过程，没有产生外部功（或电压），只是与贮储层交换热量，在电场上或通过电场产生内部功。

太阳电池产生的电压由 pn 结处的载流子浓度决定，载流子浓度又取决于入射光子通量。这些通量和电压之间的关系应符合细致平衡原理。在热力学中，细致平衡原理的含义是热平衡中两个相反的流动量（反应速率）相等，它可以推广到准平衡的情况，如辐射的吸收和发射过程。

图 17-5 所示为光的吸收和发射之间的平衡关系[2,9]。基尔霍夫定律指出，单位面积发射能量（或光子）的速率与吸收率 a 的比值是物质温度和波长的函数。普朗克定律指出，辐射只能在物体的体积元中吸收或产生（而不是在表面上），它们可以用吸收系数 α_ν和发射系数 ε_ν来表征，包括内部发射光的再吸收（称为光子回收）。光子回收有助于提高太阳电池的电压，图中η_{col}为收集效率。

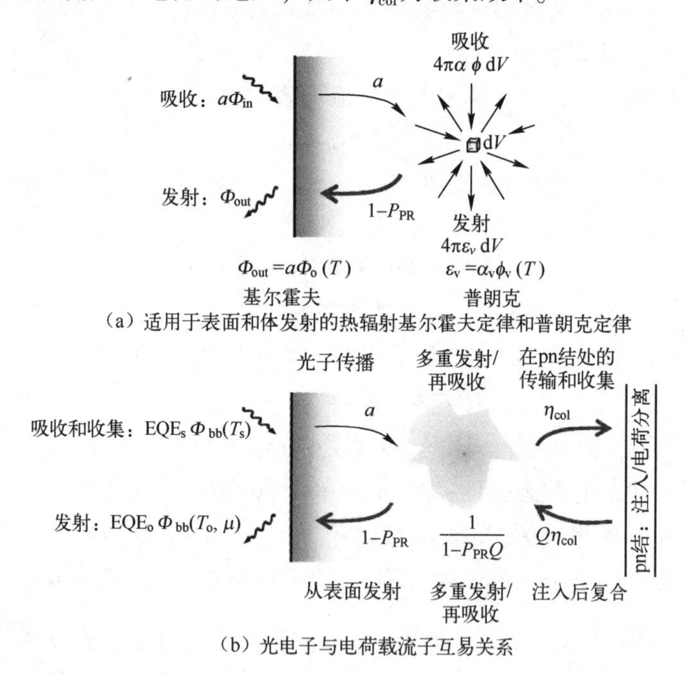

（a）适用于表面和体发射的热辐射基尔霍夫定律和普朗克定律

（b）光电子与电荷载流子互易关系

图 17-5 光的吸收和发射之间的平衡关系

光子回收可以定量描述[2]。将光子从表面发射的速率等同于内部发射的速率，然后乘以光子不被回收的概率$(1-P_{\mathrm{PR}})$，可以计算出发射光子的平均回收率 a_{o}：

$$a_{\mathrm{o}} = l_{\mathrm{opt}}\alpha_{\mathrm{o,avg}}(1-P_{\mathrm{PR}}) \tag{17-35}$$

式中：P_{PR}为内部发射光子被回收的平均概率；$\alpha_{\mathrm{o,avg}}$为发射光的平均回收系数；对于厚度为 w 的平面结构，l_{opt}为具有完美光捕获的回收层中光子的（最大）路径长度：

$$l_{\mathrm{opt}} = 4n_{\mathrm{ref}}^2 w$$

式中，n_{ref}为回收介质的折射率，w 为回收层厚度。

图 17-6 所示为光学厚发射器中的光子发射与回收。只有在温度 T_o 下厚度为吸收系数倒数 $\frac{1}{\alpha_{o,avg}}$ 量级的薄壳层表面附近发射的光子将被发射到外部。

图 17-7 所示为平板吸收层和具有完美光捕获回收层的再吸收概率。该图是对于典型的折射率为 3.54 的无机半导体绘制的（硅的折射率为 3.42）。

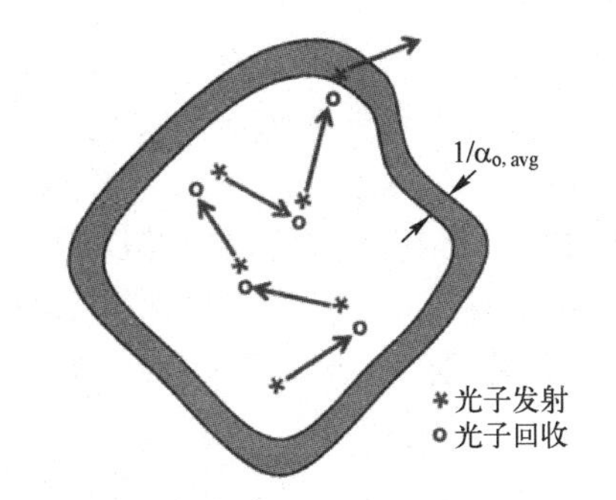

图 17-6 光学厚发射器中的光子发射与回收

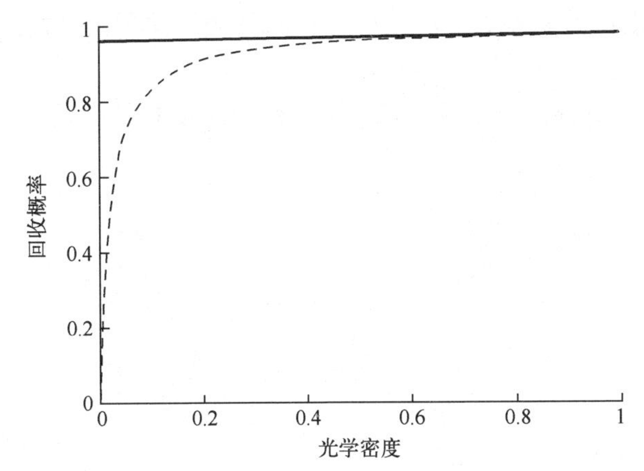

图 17-7 平板吸收层和具有完美光捕获回收层的光子回收概率

间接带隙材料的平均吸收系数 $\alpha_{o,avg}$ 为 mm^{-1} 量级，直接带隙半导体的平均吸收系数约为 $1\mu m^{-1}$。将式（17-35）应用于具有 $a_o \approx 1$ 的光学厚结构，而后给出接近 1（但永远不可能为 1）的回收概率 $P_{PR} \approx 1-(l_{opt}\alpha_{o,avg})^{-1}$，确保光子与发射物质处于热平衡状态，通过表面的发射可以用普朗克定律表述。

在具有平整发射表面和 $n_{ref}^2 \gg 1$ 的光学薄平面结构中，从内部发射的在逃逸锥外侧的一部分光子$(1-1/2n_{ref}^2)$将被全内反射捕获并最终被回收。由基尔霍夫定律可知，增强吸收意味着增强发射，最终会影响太阳电池的电压。

马克瓦尔特总结了光子发射和吸收的各种互易定律与太阳电池产生的开路电压之间的关系，见表 17-1[2,12,13]。

表 17-1 光子发射和吸收的各种互易定律与太阳电池产生的开路电压之间的关系

	肖克利-奎瑟	基尔霍夫	光电子/电荷载流子互易	
入射	$\Phi_{bb}(T_s)=\varepsilon_s\Phi'_{bb}(T_s)$	$a_s\Phi_{bb}(T_s)$	$a_s\Phi_{bb}(T_s)$	$EQE_s\Phi_{bb}(T_s)$
出射	$\Phi_{bb}(T_o)=\varepsilon_o\Phi'_{bb}(T_o)$	$a_o\Phi_{bb}(T_o)$	$a_o\Phi_{bb}(T_o)$	$EQE_o\Phi_{bb}(T_o)$
qV_{oc}	qV_{oc}^{SQ}	$+k_BT_o\ln\left(\frac{a_s}{a_o}\right)$	$+k_BT_o\ln(Q_{ext})$	$+k_BT_o\ln\left(\frac{IQE_s}{IQE_o}\right)$
注释		辐射极限	具有光子回收/非辐射复合	具有载流子转移到结

另一项光伏的平衡关系称为光电互易关系[14]，见图 17-5（b）。在外加电压 V 下，太阳电池发射的光子通量为

$$\mathrm{EQE}_{\mathrm{o}}\Phi_{\mathrm{bb}}(T_{\mathrm{o}})\mathrm{e}^{qV/kT_{\mathrm{o}}} \tag{17-36}$$

式中，EQE_0 是在温度 T_0时，黑体光子通量辐照下太阳电池的外量子效率。

在上述情况下产生的暗饱和电流可通过式（17-36）表述的光子通量与外量子产额Q_{ext}相除得到。外量子产额Q_{ext}为

$$Q_{\mathrm{ext}}=(1-P_{\mathrm{PR}})\frac{1}{1-P_{\mathrm{PR}}Q}Q \tag{17-37}$$

式中：Q 为内量子产额，这里是指由于内部光子发射产生并复合的电子空穴对数的分数[2,15]。通常量子产额是指由入射光子激发而产生的电子-空穴对数与入射光子数之比。

图 17-8 所示为开路电压的降低随量子产额 Q 而变化的关系曲线[2]。

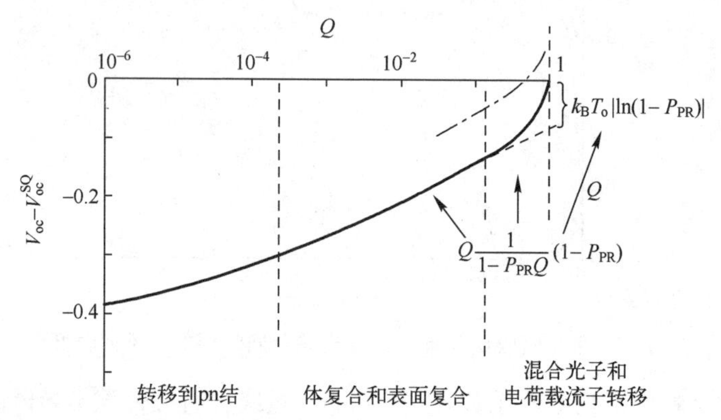

图 17-8 开路电压的降低随量子产额 Q 而变化的曲线

各种互易定律确定了入射和发射光子流与开路电压之间的关系。

将表 17-1 中各项合成后得到的完整的计算公式为

$$qV_{\mathrm{oc}}=qV_{\mathrm{oc}}^{\mathrm{SQ}}+kT_{\mathrm{o}}\ln\left(\frac{a_{\mathrm{S}}}{a_{\mathrm{o}}}\right)+kT_{\mathrm{o}}\ln(Q_{\mathrm{ext}})+kT_{\mathrm{o}}\ln\left(\frac{\mathrm{IQE}_{\mathrm{S}}}{\mathrm{IQE}_{\mathrm{o}}}\right) \tag{17-38}$$

通过式（17-38）可以分析多种因素（如吸收层的厚度等）对太阳电池性能的影响。

3. 太阳电池的熵产与功率损耗

如果将太阳视为黑体，其辐射的化学势等于零，则太阳辐射光子携带的热量不能直接被外部利用，必须在遵守热力学定律的前提下，通过热发动机（或任何其他能将太阳辐射转化为有用功的装置）才能获取有用功。

因此，可以由式（17-25）和式（17-6）导出由卡诺效率转换形式表达的能量方程，即

$$qV=\mu_0=\left(1-\frac{T_0}{T_{\mathrm{S}}}\right)u_{\mathrm{S}}-T_0\sigma_{\mathrm{i}} \tag{17-39}$$

上式表明，每个光子的不可逆熵产 σ_i 加上卡诺效率，可以量化理想太阳电池转换过程中的各部分电压损失[8]。图 17-9 所示为对应于硅基太阳电池电压增益与热载流子温度之间的关系。

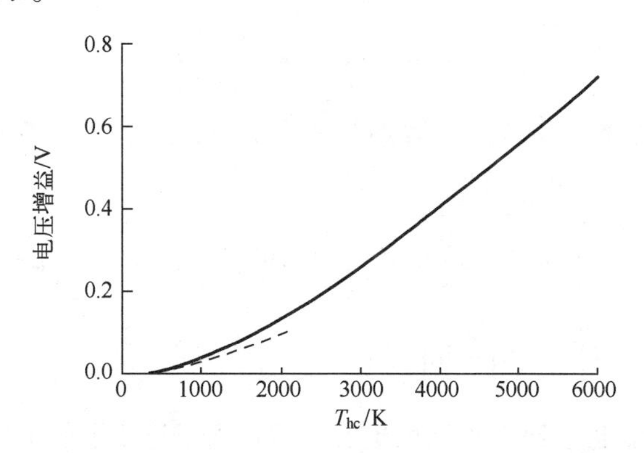

图 17-9　对应于硅基太阳电池电压增益与热载流子温度之间的关系

理想太阳电池的参数是由吸收与发射之间的光子平衡来确定的。在开路情况下，当温度为 T_s 时，吸收的太阳辐射光子被冷却到环境温度 T_o。在冷却过程中，通过电子-空穴对的热能化产生光子熵 σ_i，且有

$$q\nabla V_{cool}=T_0\sigma_i=(u_S-u_0)-T_0(s_S-s_0) \tag{17-40}$$

式中，u_o 是温度为 T_o 时的光子能量。

如果热能化的不可逆冷却被类卡诺发动机的可逆冷却所取代，就不会产生熵，也就不损失电压 ΔV_{cool}。对于常规太阳电池而言，这意味着获得了一个电压增益。

从太阳电池中提取电流产生动力学损耗时，也会有熵产，从而降低开路电压值。

上述情况表明，太阳电池产生电流时发射的光子比它吸收的光子少，发射光束比入射光束有更高的光子熵，其差值等于转换过程中的熵产。图 17-10 所示为晶体硅太阳电池运行时由热力学分析得到的电压-电流特性[8]。图中标明了光电转换中的基本损耗项目。

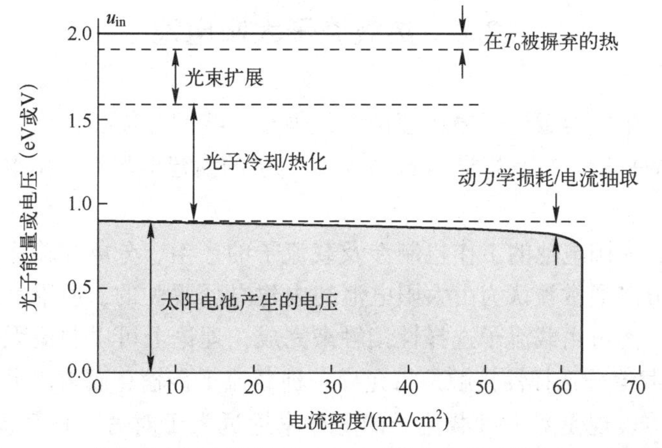

图 17-10　晶体硅太阳电池运行时由热力学分析得到的电压-电流特性

为了便于分析弱辐射到中等辐射强度下的能量转换损耗，可以采用二维理想气体的表达式来处理能量 u 与熵 s 之间的关系。以光子通量代替化学势作为自变量，可得到[8]：

$$u(T,\varepsilon,\Phi)=h\nu_{o}+kT \tag{17-41}$$

$$s(T,\varepsilon,\Phi)=k\left[-\ln\left(\frac{\Phi}{\varepsilon T\gamma}\right)+1\right] \tag{17-42}$$

于是可以将每个光子生成的熵表述为 3 个分项之和，分别对应于光电转换过程中 3 项熵变化 σ_{c}、σ_{kin} 和 σ_{exp}，即

$$\begin{aligned}\sigma_{c}&=\frac{1}{T_{O}}(u_{in}-u_{out})-[s(T_{s},\varepsilon_{in},\Phi_{in})-s(T_{o},\varepsilon_{in},\Phi_{in})]\\&=k\left(\frac{T_{s}}{T_{o}}-1\right)-k\ln\left(\frac{T_{s}}{T_{o}}\right)\end{aligned} \tag{17-43}$$

σ_{c} 是由光束从温度 T_{s} 到 T_{o} 恒定束扩展和恒定光子通量下的不可逆冷却所产生的。人们希望消除这种不可逆熵产，并可逆转换成有用功，以研制热载流子太阳电池。

$$\begin{aligned}\sigma_{kin}&=s(T_{o},\varepsilon_{in},\Phi_{out})-s(T_{o},\varepsilon_{in},\Phi_{in})\\&=k\ln\left(\frac{I_{L}-I_{o}(in)}{I_{L}-I_{o}(out)-1}\right)=k\ln\left(\frac{I_{L}}{I_{L}-I}\right)\end{aligned} \tag{17-44}$$

σ_{kin} 是由于从太阳电池中提取电流而产生的动力学熵，是由光伏发动机的有限循环速率引起的，只要有电流产生，这个熵就不能完全被消除。

$$\sigma_{exp}=s(T_{o},\varepsilon_{out},\Phi_{out})-s(T_{o},\varepsilon_{in},\Phi_{out})=k\ln\left(\frac{\varepsilon_{out}}{\varepsilon_{in}}\right) \tag{17-45}$$

σ_{exp} 是光束扩展熵项，如果发射光束的扩展大于入射光束，则相当于理想气体等温膨胀而产生的熵。

另有一个表示非辐射损耗的熵项 $\sigma_{nrad}=-k\ln(\mathrm{QE})$，它与太阳电池的量子效率 QE 有关。$\sigma_{nrad}$ 也可以包括在 σ_{i} 中。

17.4 热载流子太阳电池

在半导体太阳电池载流子输运理论中，仍有一些问题需要讨论，如漂移电流与扩散电流之间的平衡，以及半导体 pn 结处耗尽层的内建电场对太阳电池运行的必要性等[16]。

如前所述，太阳电池的工作机制涉及载流子的产生、分离和输运 3 个过程。其中，载流子的分离通常被认为由太阳电池的内建电场驱驶的，但维费尔等人的研究表明载流子的分离可由载流子选择性接触来完成，理论上可以制造无内建电场的太阳电池[16,17]。载流子选择性接触是指允许一种载流子传输，而阻碍另一种载流子通过的结构，具体表现是对一种载流子的电导率远远大于对另一种载流子的电导率。这一观点对研制高效太阳电池有重要的启示意义。

为消除光子冷却的热能化损失，罗斯和诺齐克在 1982 年提出热载流子太阳电池概念[11]。

在图 17-11（a）所示的基于选择性接触的热载流子太阳电池中，入射到吸收层中的光产生电子-空穴对，在极有限或没有与晶格振动相互作用的情况下，当温度 $T_H>T_o$时，达到热平衡。电荷分离发生在电荷载流子冷却到环境温度期间，避免了热损失。这种冷却必须发生在电荷载流子的恒定熵下，通过所谓“能量选择性接触”进行，即只有在非常窄的能量范围内，电子和空穴被提取到外部接触，输出有用的能量 E_{use}。

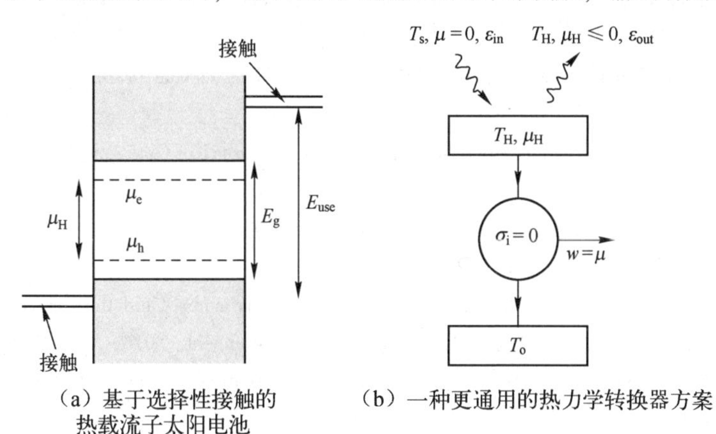

（a）基于选择性接触的热载流子太阳电池　（b）一种更通用的热力学转换器方案

图 17-11　基于热物理原理的太阳电池

一种更通用的热力学转换器方案如图 17-11（b）所示[9]。在这个方案中，没有外部相互作用的情况，吸收层温度 T_H和化学势 μ_H是由吸收与发射之间的光子平衡决定的，且考虑了转换能量的提取，发射光子的温度为吸收层的高温。电荷载流子通过被提取到一个理想的卡诺类变换器，产生电流，其间电子-空穴对被分离，并冷却到室温。按热力学第二定律要求，冷却可在不与周围环境进行能量交换的情况下进行，而热量必须在温度 T_o下被摒弃，进入贮存层，以平衡吸收层中的熵增。

迄今为止，大多数实验研究都致力于为实现设计方案而寻找合适的材料和结构。

热载流子太阳电池的主要研究目标是增加开路电压。为了提高开路电压，马克瓦尔特提出了热电-热载流子太阳电池的设想[2]。将光伏效应和热电效应（塞贝克效应）相结合，实质上是将优良的电压发生器（热电堆）与优良的电流发生器（太阳电池）相结合。热电器件虽然功率转换效率较低，但电压转换效率很高；而好的太阳电池产生的电流已可以接近理论最大值。

虽然人们已在设想采用很多方法降低热能化损失，尝试减少电子-声子相互作用的量子阱，基于量子点的隧穿结构等，而且有了显著的进展[18-20]，但是实现这些基于热力学原理的太阳电池的实用化还有漫长的路要走。

参 考 文 献

[1] Ross R T, Nozik A J. Efficiency of Hot-carrier Solar Energy Converters [J]. Journal of Applied

Physics. 1982, 53: 3813-3818.

[2] Markvart T. Can Thermodynamics Guide Us to Make Better Solar Cells? [J]. IEEE Journal of Photovoltaics. 2019, 9 (6): 1614-1624.

[3] Würfel P. The Chemical Potential of Radiation [J]. Journal of Physics C: Solid State Physics. 1982, 15: 3967-3985.

[4] Herrmann F, Würfel P. Light with Nonzero Chemical Potential [J]. American Journal of Physics. 2005, 73 (6): 1-5.

[5] Würfel P, Ruppel W. The Chemical Potential of Luminescent Radiation [J]. Journal of Luminescence. 1981, 24/25: 925-928.

[6] Baierlein R. The Elusive Chemical Potential [J]. American Journal of Physics. 2001, 69 (4): 423-434.

[7] Markvar T. The Thermodynamics of Optical étendue [J]. Journal of Optics A: Pureand Applied Optics. 2008, 10: 1-7.

[8] Markvart T. Thermodynamics of Losses in Photovoltaic Conversion [J]. Applied Physics Letters. 2007, 91: 064102.

[9] Markvart T. From Steam Engine to Solar Cells: Can Thermodynamics Guidethe Development of Future Generations of Photovoltaics? [J]. WIREs Energy and Environment. 2016, 5: 543-569.

[10] Landsberg P T, Tonge G. Thermodynamic Energy Conversion Efficiencies [J]. Journal of Applied Physics. 1980, 51 (R1).

[11] Landsberg P T. An Introduction to Nonequilibrium Problems Involving Electromagnetic Radiation [M]. Springer Berlin Heidelberg, 1986.

[12] Markvart T. Reciprocity and Open Circuit Voltage in Solar Cells [J]. IEEE Journal of Photovoltaics. 2018: 67-69.

[13] Shockley W, Queisser H J. Detailed Balance Limit of Efficiency of p-n Junction Solar Cells [J]. Journal of Applied Physics, 1961, 32: 510.

[14] Rau U. Reciprocity Relation between Photovoltaic Quantum Efficiency and Electroluminescent Emission of Solar Cells [J]. Physics Review B, 2007, 76: 085303.

[15] Markvart T. Relationship between Dark Carrier Distribution and Photogenerated Carrier Collection in Solar Cells [J]. IEEE Transactions on Electron Devices. 1996, 43 (6): 1034-1036.

[16] Würfel P. Physics of Solar Cells [M]. Weinheim, Germany: Wiley, 2005.

[17] Würfel U, Cuevas A, Würfel P. Charge Carrier Separation in Solar Cells [J]. IEEE Journal of Photovoltaics. 2015, 5 (1): 461-469.

[18] König D, Casalenuovo K, Takeda Y, et al. Hot Carrier Solar Cells: Principles, Materials and Design [J]. Physica E. 2010, 42: 2862-2866.

[19] Conibeer G, Nicholas E D, Guillemoles J F, et al. Progress on Hot Carrier Cells [C]. Technical Digest of the International PVSEC-17, Fukuoka, Japan. 2007: 713-719.

[20] Le Bris A, Guillemoles J F. Hot Carrier Solar Cells: Achievable Efficiency Accounting for Heat Losses in the Absorber and Through Contacts. Applied Physics Letters. , 2010, 97: 113506.

附录A　太阳电池n型区和p型区的输出特性

p型晶体硅基底太阳电池的n^+p结结构如图A-1所示。由图可知，它由3部分组成：掺杂浓度为N_A、厚度为w_p的p型区，称为基区；掺杂浓度为N_D、厚度为w_n的n型区，称为发射区；位于n型区和p型区之间的区域为势垒区，也称耗尽区。pn结的p型区掺杂与n型区掺杂的分界面称为冶金结，其位置在$x=0$处，耗尽区在p型区和n型区中的宽度分别为x_p和x_n。势垒区两侧为p型区和n型区。p型区和n型区分别通过两侧表面的接触电极与外电路连接。前、后电极均为欧姆接触。

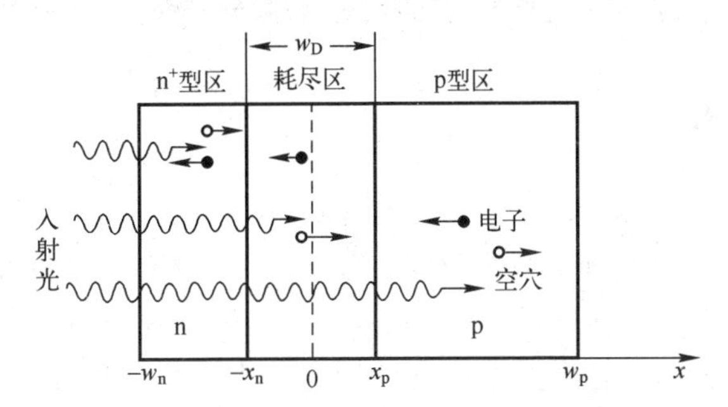

图A-1　p型晶体硅基底太阳电池的n^+p结结构

流过太阳电池的净电流是电子电流和空穴电流的代数和，净电流也称总电流。在稳态时，流过太阳电池pn结的净电流与x无关，因此可以选取任一点的电流代表净电流。

A.1　电流密度的连续性方程

太阳电池的pn结通常由扩散掺杂方法制备，p型区和n型区为非均匀掺杂，导致太阳电池除了势垒区有电场，在n型区或p型区中也存在漂移电场，n型区或p型区的电流密度应由少子扩散电流密度和少子漂移电流密度组成。确定n型区和p型区的边界条件后，通过求解少子连续性方程可获得太阳电池的输出电流密度。

为了简化计算，假设太阳电池的pn结是突变结，其扩散系数、少子寿命为与距离x无关的常数，光生电子-空穴对的量子产额$Q=1$。

A.1.1　连续性方程

n型准中性区在稳态时的空穴连续性方程为

$$-D_p\frac{d^2p_n}{dx^2}+\mu_pF_n\frac{dp_n}{dx}+\frac{p_n-p_{n0}}{\tau_p}-G=0 \qquad (A-1)$$

式中，p_n为n型区少子（即空穴）浓度，p_{n0}为热平衡时n型区少子（即空穴）浓度，F_n为漂移电场强度，D_p为空穴扩散系数，μ_p为空穴迁移率，τ_p为空穴寿命，G为光生载流子产生率。

p型准中性区在稳态时的电子连续性方程为

$$D_n\frac{d^2n_p}{dx}+\mu_nF_p\frac{dn_p}{dx}-\frac{n_p-n_{p0}}{\tau_n}+G=0 \qquad (A-2)$$

式中，n_p为p型区少子（即电子）浓度，n_{p0}为热平衡时p型区少子（即电子）浓度，F_p为漂移电场强度，D_n为电子扩散系数，μ_n为电子迁移率，τ_n为电子寿命，G为光生载流子产生率。

式（A-1）和式（A-2）是典型的二阶非齐次微分方程，其非齐次项分别为$\frac{G}{D_p}$和$\frac{G}{D_n}$。

A.1.2 边界条件

1. n型区的边界条件

如图A-1所示，前表面的复合分两个区域，一是栅线与太阳电池表面接触区域的复合，二是栅线之间的具有减反射钝化层的太阳电池表面区域的复合。为了简化计算，将这两部分表面复合合并在一起，用有效表面复合速度s_{Feff}表述总的前表面复合。

在存在电场的情况下，表面扩散电流密度$-\left.\frac{d\Delta p_n(x)}{dx}\right|_{x=-w_n}$与由电场引起的漂移电流密度$2F_n^*p_n$之和应等于表面被复合的电荷量$-\frac{s_{Feff}}{D_p}\Delta p_n(-w_n)$。

于是，$x=-w_n$处的边界条件可表示为

$$\left.\frac{d\Delta p_n(x)}{dx}\right|_{x=-w_n}-2F_n^*p_n=\left.\frac{d\Delta p_n(x)}{dx}\right|_{x=-w_n}-2F_n^*\Delta p_n(-w_n)-2F_n^*p_{n0}=\frac{s_{Feff}}{D_p}\Delta p_n(-w_n) \qquad (A-3)$$

式中，p_{n0}为n型区平衡态的少子浓度，Δp_n为过剩空穴（少子）的浓度，$\Delta p_n=p_n-p_{n0}$。

由式（7-29）可知，n型区与势垒区边界$x=-x_n$的空穴浓度为

$$p_n(-x_n)=p_{n0}e^{qV/kT}$$

或写成

$$\Delta p_n(-x_n)=p_n(-x_n)-p_{n0}(-x_n)=p_{n0}(e^{qV/kT}-1) \qquad (A-4)$$

2. p型区的边界条件

当背表面重掺杂制得pp$^+$浓度结时，所形成的背表面场使少子在未到达电极前就

返回太阳电池，提高了少子的收集率，其作用相当于降低了表面的少子复合速度。因此，背表面复合也可用有效表面复合速度s_{BSF}来表征。于是，$x=w_p$处的边界条件为

$$\left.\frac{d\Delta n_p(x)}{dx}\right|_{x=w_p}=-\frac{s_{BSF}}{D_n}\Delta n(w_p) \tag{A-5}$$

在p型区与势垒区边界$x=x_p$处，电子浓度为

$$n_p(x_p)=n_{p0}e^{qV/kT}=\frac{n_i^2}{N_A}e^{qV/kT}$$

或写成

$$\Delta n_p(x_p)=n_{p0}(e^{qV/kT}-1) \tag{A-6}$$

A.1.3　载流子产生率

以波长为λ的单色光$\Phi(\lambda)$照射，光从太阳电池前表面($x=-w_n$处)进入太阳电池的单色光子密度为

$$\Phi_0(\lambda)=(1-s)[1-R(\lambda)]\Phi(\lambda) \tag{A-7}$$

式中，$\Phi(\lambda)$为入射光子流光谱密度，它代表单位时间、单位面积入射的光子能量为$E=hc/\lambda$的光子数。当太阳电池的面积为A时，其实际受光面积将为$(1-s)A$，s为太阳电池的电极遮蔽因子。

光子被吸收后，转变为电子-空穴对，在太阳电池中距离为x处单位面积的光生载流子产生率为

$$G(\lambda,x)=-\frac{d\Phi_0(\lambda)}{dx}Q(\lambda)=(1-s)[1-R(\lambda)]\Phi(\lambda)Q(\lambda)\alpha(\lambda)\exp[-\alpha(\lambda)(x+w_n)] \tag{A-8}$$

式中，负号表示由于吸收，光子数量减少。

能量大于禁带宽度E_g的复色光，从前表面$x=-w_n$处入射，其产生率为

$$G(x)=(1-s)\int_{\lambda\leqslant hc/E_g}[1-R(\lambda)]\Phi(\lambda)\alpha(\lambda)Q(\lambda)\exp[-\alpha(\lambda)(x+w_n)]d\lambda \tag{A-9}$$

设定吸收的每个光子都产生一个电子-空穴对，$Q=1$。

利用上述边界条件及载流子产生、复合的表达式，求解少子浓度的连续性方程，可求得n型区和p型区的少子浓度。

由于计算太阳电池的输出电流密度时，与入射光相关的量主要是连续性方程中的载流子产生率G。因此，有两种方式计算太阳电池的输出电流密度。一种方法是，通过连续性方程，先计算波长为λ的单色光照射下的光谱载流子浓度$n(\lambda)$、$p(\lambda)$和光谱电流密度$J(\lambda)$，然后在有效的太阳辐射波段范围内对光谱电流密度积分，求出太阳电池总的输出电流密度。另一种方法是，通过载流子的连续性方程，计算太阳电池中在太阳光谱所有有效波长范围内的光生载流子产生率G，求得太阳电池的输出电流密度。这两种方法的最终结果是一样的。

在先计算波长为λ的单色光照射下的光谱电流密度$J(\lambda)$，而后再对λ积分求总

电流密度的方法中，在求解式（A-1）和式（A-2）二阶非齐次微分方程时，按照式（A-8），其非齐次项$\frac{G}{D_p}\left(或\frac{G}{D_n}\right)$为典型的 e^{ax}（a 为常数）形式，可直接利用二阶非齐次微分方程的规范求解公式求得特解，然后利用解的线性迭加原理，求出总的输出电流密度的解析解形式。

如果先计算太阳电池中在太阳光谱所有有效波长范围内的光生载流子产生率 G，再通过载流子的连续性方程求得太阳电池的输出电流密度，则非齐次项中的 G 由式（A-9）表示，其形式是将 e^{ax} 隐含在积分式中，所以需要以一般形式的非齐次项 $f(x)$求特解。

这两种求解方法，从物理意义上看有明显差别，但从解的形式上看，其主要不同点在于特解的处理及其表达式。正文中采用了前一种方法，其特解表达式只要直接按显含 e^{ax}的二阶非齐次微分方程的特解公式即可求出。这里我们按后一种方法求特解。

A.1.4 二阶常系数线性非齐次微分方程求解方法

二阶常系数线性非齐次微分方程的一般形式为

$$\frac{d^2y}{dx^2}+a\frac{dy}{dx}+by=f(x) \tag{A-10}$$

为了将上述方程降阶为一阶微分方程，先求解其特征方程，特征方程的形式为

$$y^2+ay+b=0 \tag{A-11}$$

设λ_1和λ_2为特征方程的两个实根，则式（A-10）可改写为

$$\frac{d^2y}{dx^2}-(\lambda_1+\lambda_2)\frac{dy}{dx}+\lambda_1\lambda_2y=f(x) \tag{A-12}$$

换一种形式变为

$$\frac{d}{dx}\left(\frac{dy}{dx}-\lambda_2y\right)-\lambda_1\left(\frac{dy}{dx}-\lambda_2y\right)=f(x) \tag{A-13}$$

令

$$z=\frac{dy}{dx}-\lambda_2y \tag{A-14}$$

将其代入式（A-13），可将其降阶为一阶微分方程，即

$$\frac{dz}{dx}-\lambda_1z=f(x) \tag{A-15}$$

由一阶微分方程的通解公式得：

$$z=e^{\lambda_1x}\left[\int^x e^{-\lambda_1t}f(t)\,dt\right]+C_3 \tag{A-16}$$

式中，积分$\int^x e^{-\lambda_1t}f(t)\,dt$ 中的上限为 x，表示积分后以 x 为自变量的函数。

将式（A-16）代入式（A-14），得：

$$\frac{\mathrm{d}y}{\mathrm{d}x}-\lambda_2 y=\mathrm{e}^{\lambda_1 x}\left[\int^x \mathrm{e}^{-\lambda_1 t}f(t)\,\mathrm{d}t\right]+C_3 \tag{A-17}$$

解此一阶微分方程，得：

$$y=\mathrm{e}^{\lambda_2 x}\left(\int^x \mathrm{e}^{(\lambda_1-\lambda_2)u}\mathrm{d}u\int^u \mathrm{e}^{-\lambda_1 t}f(t)\,\mathrm{d}t+C_3\frac{\mathrm{e}^{(\lambda_1-\lambda_2)x}}{\lambda_1-\lambda_2}+C_4\right) \tag{A-18}$$

式中，C_3和C_4为任意常数。

应用分部积分法，可将上式变换为

$$y=\frac{1}{\lambda_1-\lambda_2}\left[\mathrm{e}^{\lambda_1 x}\int^x \mathrm{e}^{-\lambda_1 t}f(t)\,\mathrm{d}t-\mathrm{e}^{\lambda_2 x}\int^x \mathrm{e}^{-\lambda_2 t}f(t)\,\mathrm{d}t\right]+C_1\mathrm{e}^{\lambda_1 x}+C_2\mathrm{e}^{\lambda_2 x} \tag{A-19}$$

式中，C_1和C_2为任意常数。

这就是方程式（A-10）的通解，其特解y^*为

$$y^*=\frac{1}{\lambda_1-\lambda_2}\left[\mathrm{e}^{\lambda_1 x}\int^x \mathrm{e}^{-\lambda_1 t}f(t)\,\mathrm{d}t-\mathrm{e}^{\lambda_2 x}\int^x \mathrm{e}^{-\lambda_2 t}f(t)\,\mathrm{d}t\right] \tag{A-20}$$

回顾连续性方程式（A-1），并与式（A-10）的形式进行比较，可知对于n型准中性区在稳态时的空穴载流子，其特解$\Delta p_n^*(x)$对应于式（A-10）中的特解y^*，可由下式确定：

$$\Delta p_n^*(x)=\frac{1}{\lambda_1-\lambda_2}\left[\mathrm{e}^{\lambda_1 x}\int^x \mathrm{e}^{-\lambda_1 t}f(t)\,\mathrm{d}t-\mathrm{e}^{\lambda_2 x}\int^x \mathrm{e}^{-\lambda_2 t}f(t)\,\mathrm{d}t\right] \tag{A-21}$$

式中，对于单一波长，有

$$f(t)=-\frac{G(t)}{D_p}=-\frac{(1-s)[1-R(\lambda)]\alpha(\lambda)\Phi(\lambda)Q(\lambda)\exp[-\alpha(t+w_n)]}{D_p} \tag{A-22}$$

对于能量大于禁带宽度的所有光子的波长，有

$$f(t)=-\frac{G(t)}{D_p}=-\frac{(1-s)\int_{\lambda\leqslant hc/E_g}[1-R(\lambda)]\alpha(\lambda)\Phi(\lambda)Q(\lambda)\exp[-\alpha(t+w_n)]\mathrm{d}\lambda}{D_p} \tag{A-23}$$

λ_1和λ_2为微分方程式（A-1）的特征方程的两个实根。

方程式（A-1）的特征方程为

$$y^2-\frac{\mu_p F_n}{D_p}y-\frac{1}{D_p\tau_p}=0 \tag{A-24}$$

利用$\tau_p=\dfrac{L_p^2}{D_p}$和$\mu_p=\dfrac{qD_p}{kT}$（爱因斯坦关系式），将上式改写为

$$y^2-\frac{qF_n}{kT}y-\frac{1}{L_p^2}=0$$

求得特征根为

$$\lambda_1=\frac{\dfrac{qF_n}{kT}+\sqrt{\left(\dfrac{qF_n}{kT}\right)^2+\dfrac{4}{L_p^2}}}{2}=\frac{qF_n}{2kT}+\sqrt{\left(\frac{qF_n}{2kT}\right)^2+\frac{1}{L_p^2}}=\left(E_n^*+\frac{1}{L_p^*}\right) \tag{A-25}$$

$$\lambda_2=\frac{qF_n}{2kT}-\sqrt{\left(\frac{qF_n}{2kT}\right)^2+\frac{1}{L_p^2}}=\left(E_n^*-\frac{1}{L_p^*}\right) \tag{A-26}$$

两个特征根之差为

$$\lambda_1-\lambda_2=2\sqrt{\left(\frac{qF_n}{2kT}\right)^2+\frac{1}{L_p^2}}=\sqrt{\left(\frac{qF_n}{kT}\right)^2+\frac{4}{L_p^2}}=\frac{2}{L_p^*}$$

上述3式中，已设定

$$\begin{cases} F_n^*=\dfrac{qF_n}{2kT} \\ \dfrac{1}{L_p^*}=\sqrt{\left(\dfrac{qF_n}{2kT}\right)^2+\dfrac{1}{L_p^2}} \\ 2F_n^*=\dfrac{\mu_pF_n}{D_p} \end{cases} \tag{A-27}$$

将式（A-25）~式（A-27）和式（A-22）代入式（A-21），并考虑到函数$f(t)$中的波长λ和距离t都是独立自变量，可得到针对单一波长的特解：

$$\begin{aligned}\Delta p_n^*(x)&=\frac{L_p^*}{2}\left[e^{\left(F_n^*+\frac{1}{L_p^*}\right)x}\int^x e^{-\left(F_n^*+\frac{1}{L_p^*}\right)t}f(t)\,dt-e^{\left(F_n^*-\frac{1}{L_p^*}\right)x}\int^x e^{-\left(F_n^*-\frac{1}{L_p^*}\right)t}f(t)\,dt\right]\\&=-(1-s)[1-R(\lambda)]\alpha(\lambda)\Phi(\lambda)Q(\lambda)\frac{1}{D_p}\left[\frac{L_p^{*2}}{[(F_n^*+\alpha)L_p^*]^2-1}\right]e^{-\alpha(x+w_n)}\end{aligned} \tag{A-28}$$

将式（A-23）和式（A-25）~式（A-27）代入式（A-21），并考虑到函数$f(t)$中的波长λ和距离t都是独立自变量，可得针对所有能量大于禁带宽度的入射光子的特解：

$$\begin{aligned}\Delta p_n^*(x)&=\frac{L_p^*}{2}\left[e^{\left(F_n^*+\frac{1}{L_p^*}\right)x}\int^x e^{-\left(F_n^*+\frac{1}{L_p^*}\right)t}f(t)\,dt-e^{\left(F_n^*-\frac{1}{L_p^*}\right)x}\int^x e^{-\left(F_n^*-\frac{1}{L_p^*}\right)t}f(t)\,dt\right]\\
&=\frac{L_p^*}{2}\left[\left(\frac{(1-s)\int_{\lambda\leqslant hc/E_g}[1-R(\lambda)]\alpha(\lambda)\Phi(\lambda)Q(\lambda)e^{-\alpha(+w_n)}\dfrac{1}{\left(F_n^*+\alpha+\dfrac{1}{L_p^*}\right)}e^{-(\alpha)x}d\lambda}{D_p}\right)+\right.\\
&\left.\left(\frac{(1-s)\int_{\lambda\leqslant hc/E_g}[1-R(\lambda)]\alpha(\lambda)\Phi(\lambda)Q(\lambda)e^{-\alpha(w_n)}\dfrac{1}{-\left(F_n^*+\alpha-\dfrac{1}{L_p^*}\right)}e^{-\alpha x}d\lambda}{D_p}\right)\right]\\
&=\frac{L_p^*}{2}\left[\left(\frac{(1-s)\int_{\lambda\leqslant hc/E_g}[1-R(\lambda)]\alpha(\lambda)\Phi(\lambda)Q(\lambda)e^{-\alpha(+w_n)}\left[\dfrac{1}{\left(F_n^*+\alpha+\dfrac{1}{L_p^*}\right)}-\dfrac{1}{\left(F_n^*+\alpha-\dfrac{1}{L_p^*}\right)}\right]e^{-(\alpha)x}d\lambda}{D_p}\right)\right]\\
&=-(1-s)\int_{\lambda\leqslant hc/E_g=\lambda_g}[1-R(\lambda)]\alpha(\lambda)\Phi(\lambda)Q(\lambda)\frac{1}{D_p}\left[\frac{L_p^{*2}}{[(F_n^*+\alpha)L_p^*]^2-1}\right]e^{-\alpha(x+w_n)}d\lambda\end{aligned} \tag{A-29}$$

当 n 型准中性区的电场强度接近零（$F_n^* \approx 0$）时，并考虑到$L_p^2=\tau_p D_p$，式（A-29）中的 $\Delta p_n^*(x)$为

$$\Delta p_n^*(x) = -(1-s)\int_{\lambda \leqslant hc/E_g=\lambda_g} \frac{\tau_p}{(L_p^2\alpha^2-1)}[1-R(\lambda)]\alpha(\lambda)\Phi(\lambda)Q(\lambda)\exp[-\alpha(x+W_n)]d\lambda$$

同样可求得 p 型准中性区在稳态时的电子载流子对于单一波长的特解为

$$\Delta n_p^*(\lambda,x) = -\frac{(1-s)[1-R]\alpha\Phi\exp[-\alpha(x+w_n)]L_n^{*2}}{D_n[L_n^{*2}(\alpha-F_n^*)^2-1]} \tag{A-30}$$

对于所有能量大于禁带宽度的入射光子的特解为

$$\Delta n_p^*(x) = -(1-s)\int_{\lambda \leqslant hc/E_g=\lambda_g}[1-R(\lambda)]\alpha(\lambda)\Phi(\lambda)\frac{1}{D_n}\left[\frac{L_n^{*2}}{[(F_n^*+\alpha)L_n^*]^2-1}\right]e^{-\alpha(x+w_n)}d\lambda \tag{A-31}$$

当 p 型准中性区的电场强度接近零（$F_p^* \approx 0$）时，式（A-31）中的 $\Delta n_p^*(x)$为

$$\Delta n_p^*(x) = -(1-s)\int_{\lambda \leqslant hc/E_g=\lambda_g}[1-R(\lambda)]\alpha(\lambda)\Phi(\lambda)\frac{1}{D_p}\left[\frac{L_p^{*2}}{[(F_n^*+\alpha)L_p^*]^2-1}\right]e^{-\alpha(x+w_n)}d\lambda \tag{A-32}$$

目前，大多数晶体硅太阳电池都是在 p 型晶体硅片上扩散形成 n 型发射层的，因此下面仍以这类电池为例进行讨论。

A.2　n 型区的空穴浓度和电流密度

1. n 型区的空穴浓度

根据 n 型中性区在稳态时的空穴连续性方程式（A-1）和产生率表达式（A-8），再利用空穴的寿命与扩散长度的关系式 $\tau_p = \frac{L_p^2}{D_p}$，即可计算出过剩少子（即空穴）的浓度 p_n：

$$\frac{d^2\Delta p_n}{dx^2} - \frac{\mu_p F_n}{D_p}\frac{d\Delta p_n}{dx} - \frac{\Delta p_n}{L_p^2} = -\frac{(1-s)[1-R(\lambda)]\alpha(\lambda)\Phi(\lambda)Q(\lambda)}{D_p}\exp[-\alpha(\lambda)(x+w_n)] \tag{A-33}$$

式中，$Q(\lambda)$可设为 1。

这是二阶常系数非齐次线性微分方程，因此采用求解二阶常系数非齐次线性方程的方法，可获得方程的通解：

$$\Delta p_n(\lambda,x) = A_n e^{\lambda_1(x)} + B_n e^{\lambda_2(x)} + \Delta p_n^*(x) \tag{A-34}$$

式中，A_n和 B_n为任意常数，可通过边界条件式（A-3）和式（A-5）确定。

$\Delta p_n^*(\lambda,x)$是特解，由载流子的产生率 $G(x)$确定。我们按照求二阶常系数非齐次线性微分方程特解的方法求得的表达式类似式（A-29），即

$$\Delta p_n^*(x) = -\frac{(1-s)[1-R]\alpha\Phi\exp[-\alpha(x+w_n)]L_p^{*2}}{D_p[L_p^{*2}(\alpha+F_n^*)^2-1]} \tag{A-35}$$

λ_1和λ_2为微分方程式（A−33）的特征方程的两个实根。

方程（A−33）的特征方程为

$$y^2-\frac{\mu_p F_n}{D_p}y-\frac{1}{L_p^2}=0 \tag{A-36}$$

利用爱因斯坦关系式$\mu_p=\frac{qD_p}{kT}$，将上式改写为

$$y^2-\frac{qF_n}{kT}y-\frac{1}{L_p^2}=0 \tag{A-37}$$

求得特征根及其差为

$$\lambda_1=\frac{qF_n}{2kT}+\sqrt{\left(\frac{qF_n}{2kT}\right)^2+\frac{1}{L_p^2}}=\left(F_n^*+\frac{1}{L_p^*}\right) \tag{A-38}$$

$$\lambda_2=\frac{qF_n}{2kT}-\sqrt{\left(\frac{qF_n}{2kT}\right)^2+\frac{1}{L_p^2}}=\left(F_n^*-\frac{1}{L_p^*}\right) \tag{A-39}$$

$$\lambda_1-\lambda_2=2\sqrt{\left(\frac{qF_n}{2kT}\right)^2+\frac{1}{L_p^2}}=\frac{2}{L_p^*} \tag{A-40}$$

这里已设定

$$\begin{cases} F_n^*=\dfrac{qF_n}{2kT} \\ \dfrac{1}{L_p^*}=\sqrt{\left(\dfrac{qF_n}{2kT}\right)^2+\dfrac{1}{L_p^2}} \end{cases} \tag{A-41}$$

将式（A−38）和式（A−39）代入式（A−34）得：

$$\Delta p_n(x)=A_n e^{\left(F_n^*+\frac{1}{L_p^*}\right)x}+B_n e^{\left(F_n^*-\frac{1}{L_p^*}\right)x}+\Delta p_n^*(x) \tag{A-42}$$

式（A−42）的边界条件为

$$\Delta p_n(-x_n)=p_n(-x_n)-p_{n0}(-x_n)=p_{n0}(e^{qV/kT}-1) \quad (x=-x_n) \tag{A-43}$$

$$\left.\frac{d\Delta p_n(x)}{dx}\right|_{x=-w_n}-2F_n^*\Delta p_n(-w_n)-2F_n^*p_{n0}=\frac{s_{Feff}}{D_p}\Delta p_n(-w_n) \quad (x=-w_n) \tag{A-44}$$

通过边界条件式（A−43）和式（A−44）确定式（A−42）的积分常数A_n和B_n。

将$x=-x_n$代入式（A−42），并利用边界条件（A−43）得：

$$\Delta p_n(-x_n)=A_n e^{(-x_n)\left(F_n^*+\frac{1}{L_p^*}\right)}+B_n e^{(-x_n)\left(F_n^*-\frac{1}{L_p^*}\right)}+\Delta p_n^*(-x_n)=p_{n0}(e^{qV/kT}-1) \tag{A-45}$$

将$x=-w_n$处的边界条件（A−44）移项后改写为

$$\begin{aligned}\left.\frac{d\Delta p_n(x)}{dx}\right|_{x=-w_n}&=\frac{s_{Feff}}{D_p}\Delta p_n(-w_n)+2F_n^*\Delta p_n(-w_n)+2F_n^*p_{n0}\\&=\left(\frac{s_{Feff}}{D_p}+2F_n^*\right)\Delta p_n(-w_n)+2F_n^*p_{n0}\end{aligned} \tag{A-46}$$

利用式（A−42）计算出的$\Delta p_n(-w_n)$可得：

$$\left(\frac{s_{\rm Feff}}{D_{\rm p}}+2F_{\rm n}^*\right)\Delta p_{\rm n}(-w_{\rm n})+2F_{\rm n}^*p_{\rm n0}$$
$$=\left(\frac{s_{\rm Feff}}{D_{\rm p}}+2F_{\rm n}^*\right)\left[A_{\rm n}{\rm e}^{(-w_{\rm n})\left(F_{\rm n}^*+\frac{1}{L_{\rm p}^*}\right)}+B_{\rm n}{\rm e}^{(-w_{\rm n})\left(F_{\rm n}^*-\frac{1}{L_{\rm p}^*}\right)}+\Delta p_{\rm n}^*(-w_{\rm n})\right]+2F_{\rm n}^*p_{\rm n0} \tag{A-47}$$

$$\left.\frac{{\rm d}\Delta p_{\rm n}(x)}{{\rm d}x}\right|_{x=-W_{\rm n}}=A_{\rm n}\left(F_{\rm n}^*+\frac{1}{L_{\rm p}^*}\right){\rm e}^{\left(F_{\rm n}^*+\frac{1}{L_{\rm p}^*}\right)(-w_{\rm n})}+B_{\rm n}\left(F_{\rm n}^*-\frac{1}{L_{\rm p}^*}\right){\rm e}^{\left(F_{\rm n}^*-\frac{1}{L_{\rm p}^*}\right)(-w_{\rm n})}+\left.\frac{{\rm d}\Delta p_{\rm n}^*(x)}{{\rm d}x}\right|_{x=-w_{\rm n}} \tag{A-48}$$

将式（A-47）和式（A-48）代入式（A-46）后，得：

$$A_{\rm n}\left(F_{\rm n}^*+\frac{1}{L_{\rm p}^*}\right){\rm e}^{\left(F_{\rm n}^*+\frac{1}{L_{\rm p}^*}\right)(-w_{\rm n})}+B_{\rm n}\left(F_{\rm n}^*-\frac{1}{L_{\rm p}^*}\right){\rm e}^{\left(F_{\rm n}^*-\frac{1}{L_{\rm p}^*}\right)(-w_{\rm n})}+\left.\frac{{\rm d}\Delta p_{\rm n}^*(x)}{{\rm d}x}\right|_{x=-w_{\rm n}}$$
$$=\left(\frac{s_{\rm Feff}}{D_{\rm p}}+2F_{\rm n}^*\right)\left[A_{\rm n}{\rm e}^{(-w_{\rm n})\left(F_{\rm n}^*+\frac{1}{L_{\rm p}^*}\right)}+B_{\rm n}{\rm e}^{(-w_{\rm n})\left(F_{\rm n}^*-\frac{1}{L_{\rm p}^*}\right)}+\Delta p_{\rm n}^*(-w_{\rm n})\right]+2F_{\rm n}^*p_{\rm n0} \tag{A-49}$$

从联立方程式（A-45）和式（A-49）可求得$A_{\rm n}$为

$$\begin{aligned}A_{\rm n}=\{&[p_{\rm n0}(\exp(qV/kT)-1)-\Delta p_{\rm n}^*(-x_{\rm n})](F_{\rm n}^*+1/L_{\rm p}^*+s_{\rm Feff}/D_{\rm p})\exp[-(F_{\rm n}^*-1/L_{\rm p}^*)(w_{\rm n}-x_{\rm n})]\\&+(s_{\rm Feff}/D_{\rm p}+2F_{\rm n}^*)\Delta p_{\rm n}^*(-w_{\rm n})-[{\rm d}\Delta p_{\rm n}^*(x)/{\rm d}x]|_{x=-w_{\rm n}}+2F_{\rm n}^*p_{\rm n0}\}/\\&\{(-F_{\rm n}^*+1/L_{\rm p}^*-s_{\rm Feff}/D_{\rm p})\exp[-w_{\rm n}(F_{\rm n}^*+1/L_{\rm p}^*)]+\\&(F_{\rm n}^*+1/L_{\rm p}^*+s_{\rm Feff}/D_{\rm p})\exp(-2x_{\rm n}/L_{\rm p}^*)\exp[-w_{\rm n}(F_{\rm n}^*-1/L_{\rm p}^*)]\}\end{aligned} \tag{A-50}$$

将$A_{\rm n}$代入式（A-45）和式（A-49）求得$B_{\rm n}$为

$$\begin{aligned}B_{\rm n}=\{&[p_{\rm n0}(\exp(qV/kT)-1)-\Delta p_{\rm n}^*(-x_{\rm n})](F_{\rm n}^*-1/L_{\rm p}^*+s_{\rm Feff}/D_{\rm p})\exp[(F_{\rm n}^*+1/L_{\rm p}^*)(x_{\rm n}-w_{\rm n})]\\&+(s_{\rm Feff}/D_{\rm p}+2F_{\rm n}^*)\Delta p_{\rm n}^*(-w_{\rm n})-[{\rm d}\Delta p_{\rm n}^*(x)/{\rm d}x]|_{x=-w_{\rm n}}+2F_{\rm n}^*p_{\rm n0}\}/\\&\{(-F_{\rm n}^*-1/L_{\rm p}^*-s_{\rm Feff}/D_{\rm p})\exp[-w_{\rm n}(F_{\rm n}^*-1/L_{\rm p}^*)]+\\&(F_{\rm n}^*-1/L_{\rm p}^*+s_{\rm Feff}/D_{\rm p})\exp[-w_{\rm n}(F_{\rm n}^*+1/L_{\rm p}^*)+2x_{\rm n}/L_{\rm p}^*]\}\end{aligned} \tag{A-51}$$

进一步令

$$\begin{aligned}T_{\rm n1}^*&=\frac{1}{2}\left[\frac{1}{L_{\rm p}^*}+\left(F_{\rm n}^*+\frac{s_{\rm Feff}}{D_{\rm p}}\right)\right]{\rm e}^{\frac{(w_{\rm n}-x_{\rm n})}{L_{\rm p}^*}}+\left[\frac{1}{L_{\rm p}^*}-\left(F_{\rm n}^*+\frac{s_{\rm Feff}}{D_{\rm p}}\right)\right]{\rm e}^{-\frac{(w_{\rm n}-x_{\rm n})}{L_{\rm p}^*}}\\&=\frac{1}{2}\left[\frac{1}{L_{\rm p}^*}{\rm e}^{\frac{(w_{\rm n}-x_{\rm n})}{L_{\rm p}^*}}+\frac{1}{L_{\rm p}^*}{\rm e}^{-\frac{(w_{\rm n}-x_{\rm n})}{L_{\rm p}^*}}+\left(F_{\rm n}^*+\frac{s_{\rm Feff}}{D_{\rm p}}\right){\rm e}^{\frac{(w_{\rm n}-x_{\rm n})}{L_{\rm p}^*}}-\left(F_{\rm n}^*+\frac{s_{\rm Feff}}{D_{\rm p}}\right){\rm e}^{-\frac{(w_{\rm n}-x_{\rm n})}{L_{\rm p}^*}}\right]\\&=\frac{1}{L_{\rm p}^*}\cosh\left(\frac{w_{\rm n}-x_{\rm n}}{L_{\rm p}^*}\right)+\left(F_{\rm n}^*+\frac{s_{\rm Feff}}{D_{\rm p}}\right)\sinh\left(\frac{w_{\rm n}-x_{\rm n}}{L_{\rm p}^*}\right)\end{aligned} \tag{A-52}$$

$\sinh(x)$和$\cosh(x)$的定义为

$$\sinh\left(\frac{x}{L_{\rm p}}\right)=\frac{\exp\left(\frac{x}{L_{\rm p}}\right)-\exp\left(-\frac{x}{L_{\rm p}}\right)}{2}$$

$$\cosh\left(\frac{x}{L_p}\right)=\frac{\exp\left(\frac{x}{L_p}\right)+\exp\left(-\frac{x}{L_p}\right)}{2}$$

同时定义

$$\begin{aligned}T_{n2}^*&=\frac{1}{2}\left[\frac{1}{L_p^*}e^{\frac{(w_n-x_n)}{L_p^*}}-\frac{1}{L_p^*}e^{-\frac{(w_n-x_n)}{L_p^*}}+\left(F_n^*+\frac{s_{Feff}}{D_p}\right)e^{\frac{(w_n-x_n)}{L_p^*}}+\left(F_n^*+\frac{s_{Feff}}{D_p}\right)e^{-\frac{(w_n-x_n)}{L_p^*}}\right]\\&=\frac{1}{L_p^*}\sinh\left(\frac{w_n-x_n}{L_p^*}\right)+\left(F_n^*+\frac{s_{Feff}}{D_p}\right)\cosh\left(\frac{w_n-x_n}{L_p^*}\right)\end{aligned}\tag{A-53}$$

由此可得：

$$T_{n1}^*-T_{n2}^*=\left[\frac{1}{L_p^*}-\left(F_n^*+\frac{s_{Feff}}{D_p}\right)\right]e^{-\frac{(w_n-x_n)}{L_p^*}}\tag{A-54}$$

$$T_{n1}^*+T_{n2}^*=\left[\frac{1}{L_p^*}+\left(F_n^*+\frac{s_{Feff}}{D_p}\right)\right]e^{\frac{(w_n-x_n)}{L_p^*}}\tag{A-55}$$

于是可将式（A-50）和式（A-51）改写为

$$\begin{aligned}A_n=&\{[p_{n0}(\exp(qV/kT)-1)-\Delta p_n^*(-x_n)](T_{n1}^*+T_{n2}^*)\exp[-F_n^*(w_n-x_n)]+\\&(s_{Feff}/D_p+2F_n^*)\Delta p_n^*(-w_n)-[d\Delta p_n^*(x)/dx]|_{x=-w_n}+2F_n^*p_{n0}\}/\\&\{2\exp(-w_nF_n^*)\exp(-x_n/L_p^*)T_{n1}^*\}\end{aligned}\tag{A-56}$$

$$\begin{aligned}B_n=&\{[p_{n0}(\exp(qV/kT)-1)-\Delta p_n^*(-x_n)](T_{n1}^*-T_{n2}^*)\exp[-F_n^*(w_n-x_n)]-\\&(s_{Feff}/D_p+2F_n^*)\Delta p_n^*(-w_n)+[d\Delta p_n^*(x)/dx]|_{x=-w_n}-2F_n^*p_{n0}\}/\\&\{2\exp(-w_nF_n^*)\exp(x_n/L_p^*)T_{n1}^*\}\end{aligned}\tag{A-57}$$

将常数 A_n 和 B_n 代入式（A-42），得 n 型区的少子（即空穴）浓度分布 $\Delta p_n(x)$：

$$\begin{aligned}\Delta p_n(x)=&A_n\exp[(F_n^*+1/L_p^*)x]+B_n\exp[(F_n^*-1/L_p^*)x]+\Delta p_n^*(x)\\=&\{\{[p_{n0}(\exp(qV/kT)-1)-\Delta p_n^*(-x_n)](T_{n1}^*+T_{n2}^*)\exp[-F_n^*(w_n-x_n)]+\\&(s_{Feff}/D_p+2F_n^*)\Delta p_n^*(-w_n)-[d\Delta p_n^*(x)/dx]|_{x=-w_n}+2F_n^*p_{n0}\}/\\&[2\exp(-w_nF_n^*)\exp(-x_n/L_p^*)T_{n1}^*]\}\exp[(F_n^*+1/L_p^*)x]+\\&\{\{[p_{n0}(\exp(qV/kT)-1)-\Delta p_n^*(-x_n)](T_{n1}^*-T_{n2}^*)\exp[-F_n^*(w_n-x_n)]-\\&(s_{Feff}/D_p+2F_n^*)\Delta p_n^*(-w_n)+[d\Delta p_n^*(x)/dx]|_{x=-w_n}-2F_n^*p_{n0}\}/\\&[2\exp(-w_nF_n^*)\exp(x_n/L_p^*)T_{n1}^*]\}\exp[(F_n^*-1/L_p^*)x]+\Delta p_n^*(x)\end{aligned}\tag{A-58}$$

2. n 型区的电流密度

由于 n 型区域内存在电场，除了扩散电流密度，还应计及漂移电流密度，所以按照第 5 章中的电流密度方程式（5-52），可求出在 n 型区的少子（即空穴）电流密度 $J_p(x)$。

为了后续公式推导方便些，可以利用关系式 $\mu_p=\frac{qD_p}{kT}$ 和 F_n^* 的定义式 $F_n^*=\frac{qF_n}{2kT}=$

$\dfrac{\mu_p F_n}{2D_p}$，先将空穴电流密度 J_p 变换为

$$J_p(x)=-qD_p\frac{dp(x)}{dx}+q\mu_p F_n p(x)=-qD_p\frac{dp(x)}{dx}+2qD_p\mu_p F_n p(x) \tag{A-59}$$

考虑到 $\Delta p_n(x)=p_n(x)-p_{n0}$，即可得到：

$$\begin{aligned}J_p(x)&=-qD_p[d\Delta p_n/dx]+2qF_n^* D_p\Delta p_n(x)+2qF_n^* D_p p_{n0}\\&=-qD_p\{\{\{[p_{n0}(\exp(qV/kT)-1)-\Delta p_n^*(-x_n)](T_{n1}^*+T_{n2}^*)\exp[-F_n^*(w_n-x_n)]+\\&\quad\Delta p_n^*(-w_n)(s_{Feff}/D_p+2F_n^*)-[d\Delta p_n^*(x)/dx]|_{x=-w_n}+2F_n^* p_{n0}\}/\\&\quad\{2\exp(-w_nF_n^*)\exp(-x_n/L_p^*)T_{n1}^*\}\}(F_n^*+1/L_p^*)\exp[(F_n^*+1/L_p^*)x]+\\&\quad\{\{[p_{n0}(\exp(qV/kT)-1)-\Delta p_n^*(-x_n)](T_{n1}^*-T_{n2}^*)\exp[-F_n^*(w_n-x_n)]-\\&\quad(s_{Feff}/D_p+2F_n^*)\Delta p_n^*(-w_n)+[d\Delta p_n^*(x)/dx]|_{x=-w_n}-2F_n^* p_{n0}\}/\\&\quad\{2\exp(-w_nF_n^*)\exp(x_n/L_p^*)T_{n1}^*\}\}(F_n^*-1/L_p^*)\exp[(F_n^*-1/L_p^*)x]+\\&\quad[d\Delta p_n^*(x)/dx]\Delta p_n^*(x)\}+\\&\quad 2qF_n^* D_p\{\{\{[p_{n0}(\exp(qV/kT)-1)-\Delta p_n^*(-x_n)](T_{n1}^*+T_{n2}^*)\exp[-F_n^*(w_n-x_n)]+\\&\quad\Delta p_n^*(-w_n)(s_{Feff}/D_p+2F_n^*)-[d\Delta p_n^*(x)/dx]|_{x=-w_n}+2F_n^* p_{n0}\}/\\&\quad\{2\exp(-w_nF_n^*)\exp(-x_n/L_p^*)T_{n1}^*\}\}\exp[(F_n^*+1/L_p^*)x]+\\&\quad\{\{[p_{n0}(\exp(qV/kT)-1)-\Delta p_n^*(-x_n)](T_{n1}^*-T_{n2}^*)\exp[-F_n^*(w_n-x_n)]-\\&\quad(s_{Feff}/D_p+2F_n^*)\Delta p_n^*(-w_n)+[d\Delta p_n^*(x)/dx]|_{x=-w_n}-2F_n^* p_{n0}\}/\\&\quad\{2\exp(-w_nF_n^*)\exp(x_n/L_p^*)T_{n1}^*\}\}\exp[(F_n^*-1/L_p^*)x]+\Delta p_n^*(x)\}+2qF_n^* D_p p_{n0}\end{aligned} \tag{A-60}$$

于是可进一步求得n型区内某一位置的电流密度，如耗尽区界面处 $(-x_n)$ 的空穴电流密度 $J_p(-x_n)$：

$$\begin{aligned}J_p(-x_n)&=-qD_p\{F_n^*[p_{n0}(\exp(qV/kT)-1)-\Delta p_n^*(-x_n)]+\\&\quad\{\{[p_{n0}(\exp(qV/kT)-1)-\Delta p_n^*(-x_n)]T_{n2}^*\exp[-F_n^*(w_n-x_n)]+\\&\quad\Delta p_n^*(-w_n)(s_{Feff}/D_p+2F_n^*)-[d\Delta p_n^*(x)/dx]|_{x=-w_n}+2F_n^* p_{n0}\}/\\&\quad(L_p^*T_{n1}^*)\}\exp[(F_n^*+1/L_p^*)x]+[d\Delta p_n^*(x)/dx]|_{x=-x_n}\}+\\&\quad 2qF_n^* D_p p_{n0}[\exp(qV/kT)-1]+2qF_n^* D_p p_{n0}\end{aligned} \tag{A-61}$$

A.3　p型区的电子浓度和电流密度

1. p型区的电子浓度

由式（A-2）可知，p型区的电子连续性方程为

$$D_n\frac{d^2n_p}{dx}+\mu_n F_p\frac{dn_p}{dx}-\frac{n_p-n_{p0}}{\tau_n}+G=0$$

以波长为 λ 的单色光 $\Phi(\lambda)$ 照射，光从太阳电池前表面($x=-w_n$)处进入太阳电池，光子被吸收后，转变为电子-空穴对。由于 n 型区和 p 型区都是同质晶体硅材料，可以认为 $\alpha(\lambda)$ 是一样的，由式（A-8）可知，其产生率为

$$G(\lambda,x)=(1-s)[1-R(\lambda)]\alpha(\lambda)\Phi(\lambda)Q(\lambda)\exp[-\alpha(\lambda)(x+w_n)]$$

由此可得到

$$\frac{d^2\Delta n_p}{dx^2}+\frac{\mu_n F_p}{D_n}\frac{d\Delta n_p}{dx}-\frac{\Delta n_p}{L_n^2}=-\frac{(1-s)[1-R(\lambda)]\alpha(\lambda)\Phi(\lambda)Q(\lambda)\exp[-\alpha(x+w_n)]}{D_n} \tag{A-62}$$

按照二阶非齐次线性微分方程的求解方法，可求得在 p 型区内存在电场时的少子（即电子）的电流密度。

式（A-62）的通解为

$$\Delta n_p(x)=A_p e^{\lambda_1 x}+B_p e^{\lambda_2 x}+\Delta n_p^*(x) \tag{A-63}$$

式中：A_p和 B_p为任意常数，可通过边界条件来确定；$\Delta n_p^*(\lambda,x)$是特解，由载流子的产生率 $G(x)$确定。按照二阶常系数非齐次线性微分方程的特解公式求得：

$$\Delta n_p^*(\lambda,x)=-\frac{(1-s)[1-R]\alpha\Phi\exp[-\alpha(x+w_n)]L_n^{*2}}{D_n[L_n^{*2}(\alpha-F_n^*)^2-1]} \tag{A-64}$$

λ_1和λ_2为微分方程的特征方程的两个实根：

$$\lambda_1=-\frac{qF_p}{2kT}+\sqrt{\left(\frac{qF_p}{2kT}\right)^2+\frac{1}{L_n^2}}=\left(-F_p^*+\frac{1}{L_n^*}\right) \tag{A-65}$$

$$\lambda_2=-\frac{qF_p}{2kT}-\sqrt{\left(\frac{qF_p}{2kT}\right)^2+\frac{1}{L_n^2}}=\left(-F_p^*-\frac{1}{L_n^*}\right) \tag{A-66}$$

这里设

$$\begin{cases} F_p^*=\dfrac{qF_p}{2kT} \\ \dfrac{1}{L_n^*}=\sqrt{\left(\dfrac{qF_p}{2kT}\right)^2+\dfrac{1}{L_n^2}} \end{cases} \tag{A-67}$$

由式（A-5）和式（A-6）可知，边界条件为

$$\Delta n_p(x_p)=n_p(x_p)-n_{p0}(x_p)=n_{p0}(e^{qV/kT}-1) \qquad (x=x_p)$$

$$\left.\frac{d\Delta n_p(x)}{dx}\right|_{x=w_P}+2F_p^*\Delta n_p(w_P)+2F_p^*n_{p0}=-\frac{s_{BSF}}{D_n}\Delta n_p(w_P) \qquad (x=w_P)$$

上式可写成

$$\left.\frac{d\Delta n_p(x)}{dx}\right|_{x=w_P}=-\left(\frac{s_{BSF}}{D_n}+2F_p^*\right)\Delta n_p(w_P)-2F_p^*n_{p0}$$

式（A-62）的通解为

$$\Delta n_p(x)=A_p e^{\left(-F_p^*+\frac{1}{L_n^*}\right)x}+B_p e^{\left(-F_p^*-\frac{1}{L_n^*}\right)x}+\Delta n_p^*(x) \tag{A-68}$$

代入边界条件得：

$$\Delta n_{\mathrm{p}}(x_{\mathrm{p}})=A_{\mathrm{p}}\mathrm{e}^{\left(-F_{\mathrm{p}}^{*}+\frac{1}{L_{\mathrm{n}}^{*}}\right)x_{\mathrm{p}}}+B_{\mathrm{p}}\mathrm{e}^{\left(-F_{\mathrm{p}}^{*}-\frac{1}{L_{\mathrm{n}}^{*}}\right)x_{\mathrm{p}}}+\Delta n_{\mathrm{p}}^{*}(x_{\mathrm{p}})=n_{\mathrm{p0}}(\mathrm{e}^{qV/kT}-1) \tag{A-69}$$

$$\begin{aligned}&A_{\mathrm{p}}\left(F_{\mathrm{p}}^{*}+\frac{1}{L_{\mathrm{n}}^{*}}+\frac{s_{\mathrm{BSF}}}{D_{\mathrm{n}}}\right)\mathrm{e}^{\left(-F_{\mathrm{p}}^{*}+\frac{1}{L_{\mathrm{n}}^{*}}\right)w_{\mathrm{P}}}+B_{\mathrm{p}}\left(F_{\mathrm{p}}^{*}-\frac{1}{L_{\mathrm{n}}^{*}}+\frac{s_{\mathrm{BSF}}}{D_{\mathrm{n}}}\right)\mathrm{e}^{\left(-F_{\mathrm{p}}^{*}-\frac{1}{L_{\mathrm{n}}^{*}}\right)w_{\mathrm{P}}}\\&=-\left.\frac{\mathrm{d}n_{\mathrm{p}}^{*}(x)}{\mathrm{d}x}\right|_{x=w_{\mathrm{P}}}-\left(\frac{s_{\mathrm{BSF}}}{D_{\mathrm{n}}}+2F_{\mathrm{p}}^{*}\right)\Delta n_{\mathrm{p}}^{*}(w_{\mathrm{P}})-2F_{\mathrm{p}}^{*}n_{\mathrm{p0}}\end{aligned} \tag{A-70}$$

式（A-70）与式（A-69）联立后，解得积分常数 A_{p} 和 B_{p}：

$$A_{\mathrm{p}}=\frac{-[n_{\mathrm{p0}}(\mathrm{e}^{\frac{qV}{kT}}-1)-\Delta n_{\mathrm{p}}^{*}(x_{\mathrm{p}})]\left(F_{\mathrm{p}}^{*}-\frac{1}{L_{\mathrm{n}}^{*}}+\frac{s_{\mathrm{BSF}}}{D_{\mathrm{n}}}\right)\mathrm{e}^{-\left(F_{\mathrm{p}}^{*}+\frac{1}{L_{\mathrm{n}}^{*}}\right)(w_{\mathrm{p}}-x_{\mathrm{p}})}-\left.\frac{\mathrm{d}n_{\mathrm{p}}^{*}(x)}{\mathrm{d}x}\right|_{x=w_{\mathrm{p}}}-\left(\frac{s_{\mathrm{BSF}}}{D_{\mathrm{n}}}+2F_{\mathrm{p}}^{*}\right)\Delta n_{\mathrm{p}}^{*}(w_{\mathrm{p}})-2E_{\mathrm{p}}^{*}n_{\mathrm{p0}}}{\left(F_{\mathrm{p}}^{*}+\frac{1}{L_{\mathrm{n}}^{*}}+\frac{s_{\mathrm{BSF}}}{D_{\mathrm{n}}}\right)\mathrm{e}^{\left(-F_{\mathrm{p}}^{*}+\frac{1}{L_{\mathrm{n}}^{*}}\right)w_{\mathrm{P}}}-\left(F_{\mathrm{p}}^{*}-\frac{1}{L_{\mathrm{n}}^{*}}+\frac{s_{\mathrm{BSF}}}{D_{\mathrm{n}}}\right)\mathrm{e}^{\left(-F_{\mathrm{p}}^{*}-\frac{1}{L_{\mathrm{n}}^{*}}\right)w_{\mathrm{P}}}\mathrm{e}^{-\frac{2x_{\mathrm{p}}}{L_{\mathrm{n}}^{*}}}} \tag{A-71}$$

令

$$\begin{aligned}T_{\mathrm{p1}}^{*}&=\frac{1}{2}\left\{\left[\frac{1}{L_{\mathrm{n}}^{*}}+\left(F_{\mathrm{p}}^{*}+\frac{s_{\mathrm{BSF}}}{D_{\mathrm{n}}}\right)\right]\mathrm{e}^{\frac{1}{L_{\mathrm{n}}^{*}}(w_{\mathrm{P}}-x_{\mathrm{p}})}+\left[\frac{1}{L_{\mathrm{n}}^{*}}-\left(F_{\mathrm{p}}^{*}+\frac{s_{\mathrm{BSF}}}{D_{\mathrm{n}}}\right)\right]\mathrm{e}^{-\frac{1}{L_{\mathrm{n}}^{*}}(w_{\mathrm{P}}-x_{\mathrm{p}})}\right\}\\&=\frac{1}{L_{\mathrm{n}}^{*}}\cosh\left(\frac{w_{\mathrm{P}}-x_{\mathrm{p}}}{L_{\mathrm{n}}^{*}}\right)+\left(F_{\mathrm{p}}^{*}+\frac{s_{\mathrm{BSF}}}{D_{\mathrm{n}}}\right)\sinh\left(\frac{w_{\mathrm{P}}-x_{\mathrm{p}}}{L_{\mathrm{n}}^{*}}\right)\end{aligned} \tag{A-72}$$

$$\begin{aligned}T_{\mathrm{p2}}^{*}&=\frac{1}{2}\left\{\left[\frac{1}{L_{\mathrm{n}}^{*}}+\left(F_{\mathrm{p}}^{*}+\frac{s_{\mathrm{BSF}}}{D_{\mathrm{n}}}\right)\right]\mathrm{e}^{\frac{1}{L_{\mathrm{n}}^{*}}(w_{\mathrm{P}}-x_{\mathrm{p}})}+\left[-\frac{1}{L_{\mathrm{n}}^{*}}+\left(F_{\mathrm{p}}^{*}+\frac{s_{\mathrm{BSF}}}{D_{\mathrm{n}}}\right)\right]\mathrm{e}^{-\frac{1}{L_{\mathrm{n}}^{*}}(w_{\mathrm{P}}-x_{\mathrm{p}})}\right\}\\&=\frac{1}{L_{\mathrm{n}}^{*}}\sinh\left(\frac{w_{\mathrm{P}}-x_{\mathrm{p}}}{L_{\mathrm{n}}^{*}}\right)+\left(F_{\mathrm{p}}^{*}+\frac{s_{\mathrm{BSF}}}{D_{\mathrm{n}}}\right)\cosh\left(\frac{w_{\mathrm{P}}-x_{\mathrm{p}}}{L_{\mathrm{n}}^{*}}\right)\end{aligned} \tag{A-73}$$

$$T_{\mathrm{p1}}^{*}-T_{\mathrm{p2}}^{*}=\left[\frac{1}{L_{\mathrm{n}}^{*}}-\left(F_{\mathrm{p}}^{*}+\frac{s_{\mathrm{BSF}}}{D_{\mathrm{n}}}\right)\right]\mathrm{e}^{-\frac{1}{L_{\mathrm{n}}^{*}}(w_{\mathrm{P}}-x_{\mathrm{p}})} \tag{A-74}$$

$$T_{\mathrm{p1}}^{*}+T_{\mathrm{p2}}^{*}=\left[\frac{1}{L_{\mathrm{n}}^{*}}+\left(F_{\mathrm{p}}^{*}+\frac{s_{\mathrm{BSF}}}{D_{\mathrm{n}}}\right)\right]\mathrm{e}^{\frac{1}{L_{\mathrm{n}}^{*}}(w_{\mathrm{P}}-x_{\mathrm{p}})} \tag{A-75}$$

于是，

$$\begin{aligned}A_{\mathrm{p}}=&\{[n_{\mathrm{p0}}(\exp(qV/kT)-1)-\Delta n_{\mathrm{p}}^{*}(x_{\mathrm{p}})](T_{\mathrm{p1}}^{*}-T_{\mathrm{p2}}^{*})\exp[-F_{\mathrm{p}}^{*}(w_{\mathrm{p}}-x_{\mathrm{p}})]-\\&[\mathrm{d}n_{\mathrm{p}}^{*}(x)/\mathrm{d}x]|_{x=w_{\mathrm{p}}}-(s_{\mathrm{BSF}}/D_{\mathrm{n}}+2F_{\mathrm{p}}^{*})\Delta n_{\mathrm{p}}^{*}(w_{\mathrm{p}})-2F_{\mathrm{p}}^{*}n_{\mathrm{p0}}\}/\\&[2\exp(-w_{\mathrm{p}}F_{\mathrm{p}}^{*})\exp(x_{\mathrm{p}}/L_{\mathrm{n}}^{*})T_{\mathrm{p1}}^{*}]\end{aligned} \tag{A-76}$$

同样，将式（A-71）代入式（A-70）可求得 B_{p}：

$$\begin{aligned}B_{\mathrm{p}}=&\{-[n_{\mathrm{p0}}(\exp(qV/kT)-1)-\Delta n_{\mathrm{p}}^{*}(x_{\mathrm{p}})](F_{\mathrm{p}}^{*}+1/L_{\mathrm{n}}^{*}+s_{\mathrm{BSF}}/D_{\mathrm{n}})\exp[-(F_{\mathrm{p}}^{*}-1/L_{\mathrm{n}}^{*})(w_{\mathrm{p}}-x_{\mathrm{p}})]-\\&[\mathrm{d}n_{\mathrm{p}}^{*}(x)/\mathrm{d}x]|_{x=w_{\mathrm{p}}}-(s_{\mathrm{BSF}}/D_{\mathrm{n}}+2F_{\mathrm{p}}^{*})\Delta n_{\mathrm{p}}^{*}(w_{\mathrm{p}})-2F_{\mathrm{p}}^{*}n_{\mathrm{p0}}\}/\\&\{-(F_{\mathrm{p}}^{*}+1/L_{\mathrm{n}}^{*}+s_{\mathrm{BSF}}/D_{\mathrm{n}})\exp[w_{\mathrm{p}}(-F_{\mathrm{p}}^{*}+1/L_{\mathrm{n}}^{*})]\exp(-2x_{\mathrm{p}}/L_{\mathrm{n}}^{*})+\\&(F_{\mathrm{p}}^{*}-1/L_{\mathrm{n}}^{*}+s_{\mathrm{BSF}}/D_{\mathrm{n}})\exp[w_{\mathrm{p}}(-F_{\mathrm{p}}^{*}-1/L_{\mathrm{n}}^{*})]\}\end{aligned} \tag{A-77}$$

将（A-72）至（A-75）代入（A-77）得：

$$B_p=\{[n_{p0}(\exp(qV/kT)-1)-\Delta n_p^*(x_p)](T_{p1}^*+T_{p2}^*)\exp[-F_p^*(w_p-x_p)]+$$
$$[dn_p^*(x)/dx]|_{x=w_p}+(s_{BSF}/D_n+2F_p^*)\Delta n_p^*(w_p)+2F_p^*n_{p0}\}/$$
$$[2\exp(-w_pF_p^*)\exp(-x_p/L_n^*)T_{p1}^*] \tag{A-78}$$

将积分常数A_p和B_p，以及式（A-69）代入式（A-68），求出在p型区的少子（即电子）浓度$\Delta n_p(x)$：

$$\Delta n_p(x)=\{\{[n_{p0}(\exp(qV/kT)-1)-\Delta n_p^*(x_p)](T_{p1}^*-T_{p2}^*)\exp[-F_p^*(w_p-x_p)]-$$
$$[dn_p^*(x)/dx]|_{x=w_p}-(s_{BSF}/D_n+2F_p^*)\Delta n_p^*(w_p)-2F_p^*n_{p0}\}/$$
$$[2\exp(-w_pF_p^*)\exp(x_p/L_n^*)T_{p1}^*]\}\exp[(-F_p^*+1/L_n^*)x]+$$
$$\{\{[n_{p0}(\exp(qV/kT)-1)-\Delta n_p^*(x_p)](T_{p1}^*+T_{p2}^*)\exp[-F_p^*(w_p-x_p)]+$$
$$[dn_p^*(x)/dx]|_{x=w_p}+(s_{BSF}/D_n+2F_p^*)\Delta n_p^*(w_p)+2F_p^*n_{p0}\}/$$
$$[2\exp(-w_pF_p^*)\exp(-x_p/L_n^*)T_{p1}^*]\}\exp[(-F_p^*-1/L_n^*)x]+\Delta n_p^*(x) \tag{A-79}$$

2. p型区的电流密度

在p型区存在电场的情况下，按照第5章的电流密度方程式（5-51），采用上述推导n型区少子（即空穴）电流密度同样的方法，可导出在p型区的少子（即电子）的电流密度为

$$J_p(x)=qD_n[dn(x)/dx]+q\mu_nF_pn(x)$$
$$=qD_n[d\Delta n_p(x)/dx]+2qF_p^*D_n\Delta n_p(x)-2qF_p^*D_nn_{p0}$$
$$=qD_p\{\{\{[n_{p0}(\exp(qV/kT)-1)-\Delta n_p^*(x_p)](T_{p1}^*-T_{p2}^*)\exp[-F_p^*(w_p-x_p)]-$$
$$[dn_p^*(x)/dx]|_{x=w_p}-(s_{BSF}/D_n+2F_p^*)\Delta n_p^*(w_p)-2F_p^*n_{p0}\}/$$
$$[2\exp(-w_pF_p^*)\exp(x_p/L_n^*)T_{p1}^*]\}(-F_p^*+1/L_n^*)\exp[(-F_p^*+1/L_n^*)x]+$$
$$\{\{[n_{p0}(\exp(qV/kT)-1)-\Delta n_p^*(x_p)](T_{p1}^*+T_{p2}^*)\exp[-F_p^*(w_p-x_p)]+$$
$$[dn_p^*(x)/dx]|_{x=w_p}+(s_{BSF}/D_n+2F_p^*)\Delta n_p^*(w_p)+2F_p^*n_{p0}\}/$$
$$[2\exp(-w_pF_p^*)\exp(-x_p/L_n^*)T_{p1}^*]\}(-F_p^*-1/L_n^*)\exp[(-F_p^*-1/L_n^*)x]+$$
$$[d\Delta n_p^*(x)/dx]\}+2qF_p^*D_n\{\{\{[n_{p0}(\exp(qV/kT)-1)-$$
$$\Delta n_p^*(x_p)](T_{p1}^*-T_{p2}^*)\exp[-F_p^*(w_p-x_p)]-$$
$$[dn_p^*(x)/dx]|_{x=w_p}-(s_{BSF}/D_n+2F_p^*)\Delta n_p^*(w_p)-2F_p^*n_{p0}\}/$$
$$[2\exp(-w_pF_p^*)\exp(x_p/L_n^*)T_{p1}^*]\}\}\exp[(-F_p^*+1/L_n^*)x]+$$
$$\{\{[n_{p0}(\exp(qV/kT)-1)-\Delta n_p^*(x_p)](T_{p1}^*+T_{p2}^*)\exp[-F_p^*(w_p-x_p)]+$$
$$[dn_p^*(x)/dx]|_{x=w_p}+(s_{BSF}/D_n+2F_p^*)\Delta n_p^*(w_p)+2F_p^*n_{p0}\}/$$
$$[2\exp(-w_pF_p^*)\exp(-x_p/L_n^*)T_{p1}^*]\}\}\exp[(-F_p^*-1/L_n^*)x]+\Delta n_p^*(x)\}-2qF_p^*D_nn_{p0} \tag{A-80}$$

有了少子（即电子）电流密度的一般表达式（A-80），即可从该式获得流经p型区某一位置的电子电流密度，如在耗尽区交界处 $x=x_p$ 的少子（即电子）电流密度为

$$\begin{aligned}J_n(x_p)=&-qD_n\{F_p^*[n_{p0}(\exp(qV/kT)-1)-\Delta n_p^*(x_p)]+\\&\{\{[n_{p0}(\exp(qV/kT)-1)-\Delta n_p^*(x_p)]T_{p2}^*\exp[-F_p^*(w_p-x_p)]+\\&(s_{BSF}/D_n+2F_p^*)\Delta n_p^*(w_p)-[\mathrm{d}\Delta n_p^*(x)/\mathrm{d}x]|_{x=w_p}+2F_p^*n_{p0}\}/\\&(L_n^*T_{p1}^*)\}\exp[F_p^*(w_p-x_p)]-[\mathrm{d}\Delta n_p^*(x)/\mathrm{d}x]|_{x=x_p}\}+\\&2qF_p^*D_nn_{p0}[\exp(qV/kT)-1]+2qF_p^*D_nn_{p0}\end{aligned}\tag{A-81}$$

附录 B 耗尽区中通过缺陷态复合中心的复合电流

由第 5 章式（5-142）可知，半导体中通过复合中心的复合率U_{der}可表示为

$$U_{der}=\frac{pn-n_i^2}{\tau_{nder}(p+p_1)+\tau_{pder}(n+n_1)} \tag{B-1}$$

式中，n_1和p_1分别为以式（4-53）和式（4-54）确定的准费米能级E_{Fp}和E_{Fn}与缺陷的复合中心能级E_t重合时的平衡态下的电子浓度和空穴浓度：

$$\begin{cases} n_1=n_i\exp\left(\dfrac{E_t-E_i}{kT}\right) \\ p_1=p_i\exp\left(\dfrac{E_i-E_t}{kT}\right) \end{cases} \tag{B-2}$$

由式（4-134）和式（4-135）可知，n与p分别为

$$\begin{cases} n=n_i\exp\left(\dfrac{E_{Fn}-E_i}{kT}\right) \\ p=n_i\exp\left(\dfrac{E_i-E_{Fp}}{kT}\right) \end{cases} \tag{B-3}$$

在施加正偏置电压V的耗尽区，按照第 6 章的式（6-53）注释和图 6-9，存在如下关系式：

$$E_{Fn}-E_{Fp}=qV \tag{B-4}$$

式中，V为外加偏置电压。

再利用以下双曲函数定义式和恒等式：

$$\begin{cases} \sinh(x)=\dfrac{e^x-e^{-x}}{2} \\ \cosh(x)=\dfrac{e^x+e^{-x}}{2} \end{cases} \tag{B-5}$$

$$\sqrt{\frac{\tau_p}{\tau_n}}=\exp\left[\frac{1}{2}\ln\left(\frac{\tau_p}{\tau_n}\right)\right] \tag{B-6}$$

将式（B-2）和式（B-3）代入式（B-1），再利用式（B-5）和式（B-6），经过一系列的代数运算可得到另一种形式的缺陷复合的复合率U_d表达式：

$$
\begin{aligned}
U_{\mathrm{d}} &= \frac{p_{\mathrm{n}} n_{\mathrm{n}} - n_{\mathrm{i}}^{2}}{\tau_{\mathrm{pder}}(n_{\mathrm{p}} + n_{1}) + \tau_{\mathrm{nder}}(p_{\mathrm{p}} + p_{1})} \\
&= \frac{n_{\mathrm{i}}\left[\exp\left(\dfrac{E_{\mathrm{Fn}} - E_{\mathrm{i}}}{kT}\right)\exp\left(\dfrac{E_{\mathrm{i}} - E_{\mathrm{Fp}}}{kT}\right) - 1\right]}{\tau_{\mathrm{pder}}\left[\exp\left(\dfrac{E_{\mathrm{Fn}} - E_{\mathrm{i}}}{kT}\right) + \exp\left(\dfrac{E_{\mathrm{t}} - E_{\mathrm{i}}}{kT}\right)\right] + \tau_{\mathrm{nder}}\left[\exp\left(\dfrac{E_{\mathrm{i}} - E_{\mathrm{Fp}}}{kT}\right) + \exp\left(\dfrac{E_{\mathrm{i}} - E_{\mathrm{t}}}{kT}\right)\right]} \\
&= \frac{n_{\mathrm{i}}\left[\mathrm{e}^{\left(\frac{qV}{kT}\right)} - 1\right]}{\tau_{\mathrm{pder}}\mathrm{e}^{\left(\frac{E_{\mathrm{Fn}} - E_{\mathrm{Fp}}}{2kT}\right)}\mathrm{e}^{\left(\frac{E_{\mathrm{Fn}} + E_{\mathrm{Fp}}}{2kT}\right)}\mathrm{e}^{\frac{-E_{\mathrm{i}}}{kT}} + \tau_{\mathrm{pder}}\mathrm{e}^{\left(\frac{E_{\mathrm{t}} - E_{\mathrm{i}}}{kT}\right)} + \tau_{\mathrm{nder}}\mathrm{e}^{\left(\frac{E_{\mathrm{Fn}} - E_{\mathrm{Fp}}}{2kT}\right)}\mathrm{e}^{-\left(\frac{E_{\mathrm{Fn}} + E_{\mathrm{Fp}}}{2kT}\right)}\mathrm{e}^{\frac{E_{\mathrm{i}}}{kT}} + \tau_{\mathrm{nder}}\mathrm{e}^{-\left(\frac{E_{\mathrm{t}} - E_{\mathrm{i}}}{kT}\right)}} \\
&= \frac{n_{\mathrm{i}}\left[\mathrm{e}^{\left(\frac{qV}{kT}\right)} - 1\right]\dfrac{1}{\tau_{\mathrm{nder}}}}{\mathrm{e}^{\frac{qV}{2kT}}\left\{\dfrac{\tau_{\mathrm{pder}}}{\tau_{\mathrm{nder}}}\mathrm{e}^{\left(\frac{E_{\mathrm{Fn}} + E_{\mathrm{Fp}}}{2kT}\right)}\mathrm{e}^{\frac{-E_{\mathrm{i}}}{kT}} + \mathrm{e}^{-\left(\frac{E_{\mathrm{Fn}} + E_{\mathrm{Fp}}}{2kT}\right)}\mathrm{e}^{\frac{E_{\mathrm{i}}}{kT}}\right\} + \left\{\dfrac{\tau_{\mathrm{pder}}}{\tau_{\mathrm{nder}}}\mathrm{e}^{\left(\frac{E_{\mathrm{t}} - E_{\mathrm{i}}}{kT}\right)} + \mathrm{e}^{-\left(\frac{E_{\mathrm{t}} - E_{\mathrm{i}}}{kT}\right)}\right\}} \\
&= \frac{n_{\mathrm{i}}\left[\mathrm{e}^{\left(\frac{qV}{2kT}\right)} - \mathrm{e}^{-\left(\frac{qV}{2kT}\right)}\right] / \sqrt{\tau_{\mathrm{pder}}\tau_{\mathrm{nder}}}}{\left\{\mathrm{e}^{\left[\frac{E_{\mathrm{Fn}} + E_{\mathrm{Fp}} - 2E_{\mathrm{i}}}{2kT} + \frac{1}{2}\ln\left(\frac{\tau_{\mathrm{pder}}}{\tau_{\mathrm{nder}}}\right)\right]} + \mathrm{e}^{-\left[\frac{E_{\mathrm{Fn}} + E_{\mathrm{Fp}} - 2E_{\mathrm{i}}}{2kT} + \frac{1}{2}\ln\left(\frac{\tau_{\mathrm{pder}}}{\tau_{\mathrm{nder}}}\right)\right]}\right\} + \mathrm{e}^{\frac{-qV}{2kT}}\left\{\mathrm{e}^{\left[\frac{E_{\mathrm{t}} - E_{\mathrm{i}}}{kT} + \frac{1}{2}\ln\left(\frac{\tau_{\mathrm{pder}}}{\tau_{\mathrm{nder}}}\right)\right]} + \mathrm{e}^{-\left[\frac{E_{\mathrm{t}} - E_{\mathrm{i}}}{kT} + \frac{1}{2}\ln\left(\frac{\tau_{\mathrm{pder}}}{\tau_{\mathrm{nder}}}\right)\right]}\right\}} \\
&= \frac{n_{\mathrm{i}}\sinh\left(\dfrac{qV}{2kT}\right) / \sqrt{\tau_{\mathrm{pder}}\tau_{\mathrm{nder}}}}{\cosh\left[\dfrac{E_{\mathrm{Fn}} + E_{\mathrm{Fp}} - 2E_{\mathrm{i}}}{2kT} + \dfrac{1}{2}\ln\left(\dfrac{\tau_{\mathrm{pder}}}{\tau_{\mathrm{nder}}}\right)\right] + \exp\left(-\dfrac{qV}{2kT}\right)\cosh\left[\dfrac{E_{\mathrm{t}} - E_{\mathrm{i}}}{kT} + \dfrac{1}{2}\ln\left(\dfrac{\tau_{\mathrm{pder}}}{\tau_{\mathrm{nder}}}\right)\right]}
\end{aligned} \tag{B-7}
$$

下面根据缺陷复合的复合率U_{d}表达式（B-7）计算缺陷复合的复合电流 J_{t}。

耗尽区的结电压为

$$V_{\mathrm{j}} = V_{\mathrm{bi}} - V \tag{B-8}$$

式中，V 为外加偏置电压。

耗尽区的宽度为

$$w_{\mathrm{j}} = x_{\mathrm{n}} + x_{\mathrm{p}} \tag{B-9}$$

在 pn 结在 n 型侧$x = -x_{\mathrm{n}}$处的能量的与 p 型侧$x = x_{\mathrm{p}}$处的能量之差为

$$qV_{\mathrm{j}} = q(V_{\mathrm{bi}} - V) \tag{B-10}$$

当正向偏置电压 V 小于内建电压 V_{bi}，pn 结满足耗尽近似，准费米能级 E_{Fn} 和 E_{Fp} 为常数，且本征能级 E_{i} 在耗尽区内呈线性分布时，本征能级 E_{i} 可表示为

$$E_{\mathrm{i}} = \frac{1}{2}(E_{\mathrm{Fn}} + E_{\mathrm{Fp}}) + \frac{q(V_{\mathrm{bi}} - V)x}{w_{\mathrm{j}}} \tag{B-11}$$

在耗尽区，缺陷复合所产生的复合电流为

$$J_{\mathrm{rd}} = q\int_{-x_{\mathrm{n}}}^{x_{\mathrm{p}}} U_{\mathrm{d}}\mathrm{d}x \tag{B-12}$$

考虑 U_{d} 表达式（B-7）分母中的本征能级 E_{i}，前一项双曲余弦函数内的

$\frac{E_{Fn}+E_{Fp}-2E_i}{2kT}=\frac{1}{kT}\left(\frac{E_{Fn}+E_{Fp}}{2}-E_i\right)$，由于 E_{Fn} 和 E_{Fp} 为常数，而 E_i 为 x 的函数，所以该项也为x的函数，将式（B-11）代入后得：

$$\frac{1}{kT}\left(\frac{E_{Fn}+E_{Fp}}{2}-E_i+\frac{1}{2}\ln\left(\frac{\tau_{pder}}{\tau_{nder}}\right)\right)=\frac{q(V_{bi}-V)x}{w_jkT}+\frac{1}{2}\ln\left(\frac{\tau_{pder}}{\tau_{nder}}\right) \tag{B-13}$$

而对于式（B-7）分母中第 2 项双曲余弦函数的指数项，由于缺陷能级 E_t随本征能级 E_i同步变化，可以视之为常数，即

$$\frac{E_t-E_i}{kT}+\frac{1}{2}\ln\left(\frac{\tau_{pder}}{\tau_{nder}}\right)=\text{常数} \tag{B-14}$$

于是，可以按下面的积分方式进行计算：

$$\begin{aligned}J_{rd}&=q\int_{-x_n}^{x_p}U_d\mathrm{d}x\\&=\frac{qn_i}{\sqrt{\tau_{pder}\tau_{nder}}}\sinh\left(\frac{qV}{2kT}\right)\int_{-x_n}^{x_p}\frac{\mathrm{d}x}{\cosh\left[\frac{-q(V_{bi}-V)x}{w_jkT}+\frac{1}{2}\ln\left(\frac{\tau_{pder}}{\tau_{nder}}\right)\right]+\exp\left(\frac{-qV}{2kT}\right)\cosh\left[\frac{E_t-E_i}{kT}+\frac{1}{2}\ln\left(\frac{\tau_{pder}}{\tau_{nder}}\right)\right]}\\&=\frac{qn_i}{\sqrt{\tau_{pder}\tau_{nder}}}\sinh\left(\frac{qV}{2kT}\right)\int_{-x_n}^{x_p}\frac{\mathrm{d}x}{\cosh\left[\frac{-q(V_{bi}-V)x}{w_jkT}+\frac{1}{2}\ln\left(\frac{\tau_{pder}}{\tau_{nder}}\right)\right]+b}\end{aligned} \tag{B-15}$$

式中，

$$b=\exp\left(\frac{-qV}{2kT}\right)\cosh\left[\frac{E_t-E_i}{kT}+\frac{1}{2}\ln\left(\frac{\tau_{pder}}{\tau_{nder}}\right)\right] \tag{B-16}$$

积分式（B-12）可用换元法求出。令

$$z=\exp\left[\frac{E_t-E_i}{kT}+\frac{1}{2}\ln\left(\frac{\tau_{pder}}{\tau_{nder}}\right)\right] \tag{B-17}$$

于是，缺陷复合所产生的复合电流近似式为

$$J_{rd}(V)=\frac{qn_i(x_n+x_p)}{\sqrt{\tau_{pder}\tau_{nder}}}\frac{2\sinh\left(\frac{qV}{2kT}\right)}{q(V_{bi}-V)/kT}\zeta \tag{B-18}$$

式中，

$$\zeta=\int_{z_1}^{z_2}\frac{\mathrm{d}z}{z^2+2bz+1} \tag{B-19}$$

$$z_1=\sqrt{\frac{\tau_{nder}}{\tau_{pder}}}\exp\left(\frac{-q(V_{bi}-V)}{2kT}\right) \tag{B-20}$$

$$z_2=\sqrt{\frac{\tau_{nder}}{\tau_{pder}}}\exp\left(\frac{q(V_{bi}-V)}{2kT}\right) \tag{B-21}$$

上式通常称为萨支唐-诺伊斯-肖克利近似式。

当外加偏置电压 $V \gg \dfrac{2kT}{q}$ 时，则 $\exp\left(\dfrac{-q(V_{bi}-V)}{2kT}\right) \ll 1$；当 $\cosh\left[\dfrac{E_t-E_i}{kT}+\dfrac{1}{2}\ln\left(\dfrac{\tau_{pder}}{\tau_{nder}}\right)\right]$ 不太大时，能满足 $b \ll 1$，则

$$\zeta = \int_{z_1}^{z_2} \frac{dz}{z^2 + 2bz + 1} \rightarrow \int_{z_1}^{z_2} \frac{dz}{z^2 + 1} = \frac{\pi}{2} \tag{B-22}$$

$\cosh\left[\dfrac{E_t-E_i}{kT}+\dfrac{1}{2}\ln\left(\dfrac{\tau_{pder}}{\tau_{nder}}\right)\right]$ 不太大，意味着缺陷能级 E_t 并不远离本征能级 E_i，电子寿命 τ_{nder} 与空穴寿命 τ_{pder} 相差不大，这时缺陷复合电流可近似地表示为

$$J_{rd}(V) = \left(\frac{\pi}{2}\right)\frac{qn_i(x_n+x_p)}{\sqrt{\tau_{pder}\tau_{nder}}}\frac{2\sinh\left(\dfrac{qV}{2kT}\right)}{q(V_{bi}-V)/kT} \tag{B-23}$$

式（B-23）仍较复杂，可以进一步简化为

$$J_{rd}(V) = J'_S(e^{\frac{qV}{2kT}}-1) \tag{B-24}$$

式（B-24）形式上已与通常的耗尽区复合电流计算公式类似，但其饱和电流应为

$$J'_S = \frac{qn_i(x_n+x_p)}{\sqrt{\tau_{pder}\tau_{nder}}} \tag{B-25}$$

附录C　准中性区中电场非均匀分布时载流子电流的近似计算方法

准中性区电场非均匀分布时载流子电流的计算通常采用数值模拟方法。如果采用解析式近似求解，则可将准中性区分成若干层，早先沃尔夫（M. Wolf）曾采用过这种方法。这类计算方法非常繁杂。

这里，将n型区分拆成2层，如图C-1所示。以此为例，讨论微分方程解析解的求解方法。

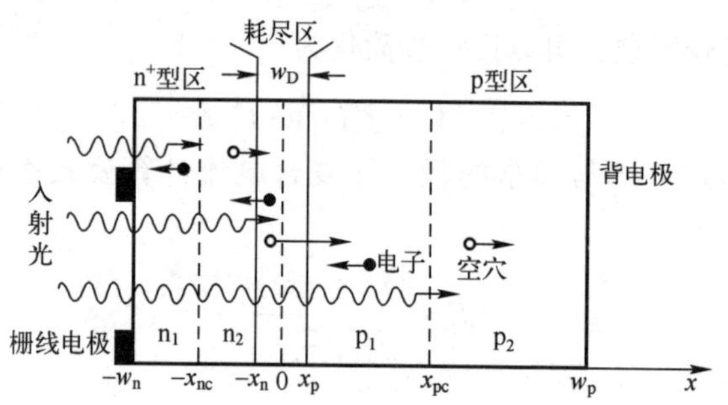

图C-1　n型准中性区的空穴浓度和电流密度

子区域分界处的位置为$x=-x_{nc}$，每个子区域的相关参数分别用对应区域编号的脚标标明：1区域的空穴电流为J_{n1}，空穴浓度为p_{n1}，空穴迁移率为μ_{p1}，空穴扩散长度为D_{p1}，空穴寿命为τ_{p1}，漂移电场强度为F_{n1}；2区域的相应参数分别为J_{n2}、p_{n2}、μ_{p2}、D_{p2}、τ_{p1}和F_{n2}。

以波长为λ的单色光$\Phi(\lambda)$照射时，产生率G为

$$G(\lambda,x)=(1-s)[1-R(\lambda)]\Phi(\lambda)Q(\lambda)\alpha(\lambda)\exp[-\alpha(\lambda)(x+w_n)]$$

根据式（5-36），n型准中性区1区域在稳态时的空穴连续性方程为

$$-D_{p1}\frac{d^2p_{n1}}{dx^2}+\mu_{p1}F_{n1}\frac{dp_{n1}}{dx}+\frac{p_{n1}-p_{n10}}{\tau_{p1}}-G=0 \tag{C-1}$$

其通解为

$$\Delta p_{n1}(x)=A_{n1}e^{\left(F_{n1}^*+\frac{1}{L_{p1}^*}\right)x}+B_{n1}e^{\left(F_{n1}^*-\frac{1}{L_{p1}^*}\right)x}+\Delta p_{n1}^*(x) \tag{C-2}$$

式中，

$$\begin{cases}F_{n1}^*=\dfrac{qF_{n1}}{2kT}=\dfrac{\mu_{p1}F_{n1}}{2D_{p1}}\\[2ex]\dfrac{1}{L_{p1}^*}=\sqrt{\left(\dfrac{qF_{n1}}{2kT}\right)^2+\dfrac{1}{L_{p1}^2}}\end{cases} \tag{C-3}$$

A_{n1}和B_{n1}为任意常数，由边界条件确定；$\Delta p_{1n}^*(x)$为方程特解，由载流子的产生率$G(x)$确定：

$$\Delta p_{n1}^*(\lambda, x)=\frac{(1-s)(1-R)\alpha\Phi\exp[-\alpha(x+w_n)]}{D_{p1}\left(\alpha^2-2\alpha F_{n1}^*+(F_{n1}^*)^2-\frac{1}{L_{p1}^*}\right)} \quad (C-4)$$

2区域在稳态时的空穴连续性方程为

$$-D_{p2}\frac{d^2 p_{n2}}{dx^2}+\mu_{p2}F_{n2}\frac{dp_{n2}}{dx}+\frac{p_{n2}-p_{n20}}{\tau_{p2}}-G=0 \quad (C-5)$$

其通解为

$$\Delta p_{n2}(x)=A_{n2}e^{\left(F_{n2}^*+\frac{1}{L_{p2}^*}\right)x}+B_{n2}e^{\left(F_{n2}^*-\frac{1}{L_{p2}^*}\right)x}+\Delta p_{n2}^*(x) \quad (C-6)$$

式中，

$$\begin{cases}F_{n2}^*=\dfrac{qF_{n2}}{2kT}=\dfrac{\mu_{p2}F_{n2}}{2D_{p2}}\\ \dfrac{1}{L_{p2}^*}=\sqrt{\left(\dfrac{qF_{n2}}{2kT}\right)^2+\dfrac{1}{L_{p2}^2}}\end{cases} \quad (C-7)$$

A_{n2}和B_{n2}为任意常数；$\Delta p_{n2}^*(x)$为方程特解，由载流子的产生率$G(x)$确定：

$$\Delta p_{n2}^*(\lambda, x)=\frac{(1-s)(1-R)\alpha\Phi\exp[-\alpha(x+w_n)]}{D_{p2}\left(\alpha^2-2\alpha F_{n2}^*+(F_{n2}^*)^2-\frac{1}{L_{p2}^*}\right)} \quad (C-8)$$

下面讨论微分方程式（C-1）和式（C-5）的边界条件。

1. 子区域1表面($x=-w_n$)处边界

在表面($x=-w_n$)处，扩散电流密度$-\left.\frac{d\Delta p_{n1}(x)}{dx}\right|_{x=-W_n}$与由电场引起的漂移电流密度$2F_{n1}^*p_{n1}$之和等于表面被复合的电荷量$-\frac{s_{Feff}}{D_p}\Delta p_{n1}(-w_n)$，即

$$\left.\frac{d\Delta p_{n1}(x)}{dx}\right|_{x=-W_n}-2F_{n1}^*p_{n1}=\frac{s_{Feff}}{D_p}\Delta p_{n1}(-w_n) \quad (x=-w_n) \quad (C-9)$$

由于$\Delta p_{n1}(x)=p_{n1}(x)-p_{n10}(x)$，式（C-9）可改写为

$$\left.\frac{d\Delta p_{n1}(x)}{dx}\right|_{x=-W_n}-2F_{n1}^*\Delta p_{n1}(-w_n)-2F_{n1}^*p_{n10}=\frac{s_{Feff}}{D_p}\Delta p_{n1}(-w_n) \quad (x=-w_n) \quad (C-10)$$

2. 子区域分界面$x=-x_{nc}$处的边界

在n型区两个子区域的界面$x=-x_{nc}$处的边界条件为，1区侧的少子（即空穴）浓度Δp_{n1}与2区侧的少子（即空穴）浓度Δp_{n2}应该相等：

$$\Delta p_{n1}(-x_{nc})=\Delta p_{n2}(-x_{nc})$$

即

$$p_{n1}(-x_{nc})-p_{n10}(-x_{nc})=p_{n2}(-x_{nc})-p_{n20}(-x_{nc}) \quad (C-11)$$

和

$$\left.\frac{\mathrm{d}\Delta p_{n1}(x)}{\mathrm{d}x}\right|_{x=-x_{nc}} -2F_{n1}^{*}\Delta p_{n1}(-x_{nc})-2F_{n1}^{*}p_{n10}(-x_{nc})$$
$$=\left.\frac{\mathrm{d}\Delta p_{n2}(x)}{\mathrm{d}x}\right|_{x=-x_{nc}} -2F_{n2}^{*}\Delta p_{n2}(-x_{nc})-2F_{n2}^{*}p_{n20}(-x_{nc}) \quad (x=-x_{nc}) \tag{C-12}$$

3. 子区域与耗尽区相接的界面 $x=-x_n$ 处的边界

在 $x=-x_n$ 处的边界条件为

$$\Delta p_{n2}(-x_n)=p_{n2}(-x_n)-p_{n20}(-x_n)=p_{n20}(\mathrm{e}^{qV/kT}-1) \quad (x=-x_n) \tag{C-13}$$

通过边界条件式（C-10）至式（C-13）可求解式（C-1）和式（C-5）的4个积分常数 A_{n1}、B_{n1}、A_{n2}和 B_{n2}。

将表面$-w_n$处的边界条件式（C-10）移项后改写为

$$\left.\frac{\mathrm{d}\Delta p_{n1}(x)}{\mathrm{d}x}\right|_{x=-W_n}=\frac{s_{\mathrm{Feff}}}{D_{p1}}\Delta p_{n1}(-w_n)+2F_{n1}^{*}\Delta p_{1n}(-w_n)+2F_{n1}^{*}p_{n10}$$
$$=\left(\frac{s_{\mathrm{Feff}}}{D_{p1}}+2F_{n1}^{*}\right)\Delta p_{n1}(-w_n)+2F_{n1}^{*}p_{n10} \tag{C-14}$$

对于式（C-14）右侧，按照式（C-1）计算出 $\Delta p_n(-w_n)$并代入，可得：

$$\left(\frac{s_{\mathrm{Feff}}}{D_{p1}}+2F_{n1}^{*}\right)\Delta p_{n1}(-w_n)+2F_{n1}^{*}p_{n10}$$
$$=\left(\frac{s_{\mathrm{Feff}}}{D_{p1}}+2F_{n1}^{*}\right)\left[A_{n1}\mathrm{e}^{(-w_n)\left(F_{n1}^{*}+\frac{1}{L_{p1}^{*}}\right)}+B_{n1}\mathrm{e}^{(-w_n)\left(F_{n1}^{*}-\frac{1}{L_{p1}^{*}}\right)}+\Delta p_{n1}^{*}(-w_n)\right]+2F_{n1}^{*}p_{n10} \tag{C-15}$$

对于式（C-14）左侧，按照式（C-1）对 $\Delta p_n(x)$微分后得：

$$\Delta p_{n1}(x)=A_{n1}\mathrm{e}^{\left(F_{n1}^{*}+\frac{1}{L_{p1}^{*}}\right)(x)}+B_{n1}\mathrm{e}^{\left(F_{n1}^{*}-\frac{1}{L_{p1}^{*}}\right)(x)}+\Delta p_{n1}^{*}(x)\left.\frac{\mathrm{d}\Delta p_{n1}(x)}{\mathrm{d}x}\right|_{x=-W_n}$$
$$=A_{n1}\left(F_{n1}^{*}+\frac{1}{L_{p1}^{*}}\right)\mathrm{e}^{\left(F_{n1}^{*}+\frac{1}{L_{p1}^{*}}\right)(-w_n)}+B_{n1}\left(F_{n1}^{*}-\frac{1}{L_{p1}^{*}}\right)\mathrm{e}^{\left(F_{n1}^{*}-\frac{1}{L_{p1}^{*}}\right)(-w_n)}+\left.\frac{\mathrm{d}\Delta p_{n1}^{*}(x)}{\mathrm{d}x}\right|_{x=-w_n} \tag{C-16}$$

于是式（C-14）变为

$$A_{n1}\left(F_{n1}^{*}+\frac{1}{L_{p1}^{*}}\right)\mathrm{e}^{\left(F_{n1}^{*}+\frac{1}{L_{p1}^{*}}\right)(-w_n)}+B_{n1}\left(F_{n1}^{*}-\frac{1}{L_{p1}^{*}}\right)\mathrm{e}^{\left(F_{n1}^{*}-\frac{1}{L_{p1}^{*}}\right)(-w_n)}+\left.\frac{\mathrm{d}\Delta p_{n1}^{*}(x)}{\mathrm{d}x}\right|_{x=-w_n}$$
$$=\left(\frac{s_{\mathrm{Feff}}}{D_{p1}}+2F_{n1}^{*}\right)\left[A_{n1}\mathrm{e}^{(-w_n)\left(F_{n1}^{*}+\frac{1}{L_{p1}^{*}}\right)}+B_{n1}\mathrm{e}^{(-w_n)\left(F_{n1}^{*}-\frac{1}{L_{p1}^{*}}\right)}+\Delta p_{n1}^{*}(-w_n)\right]+2F_{n1}^{*}p_{n10} \tag{C-17}$$

根据$-x_{nc}$处的边界条件式（C-11）可得：

$$\Delta p_{n1}(-x_{nc})=A_{n1}\mathrm{e}^{(-x_{nc})\left(F_{n1}^{*}+\frac{1}{L_{p1}^{*}}\right)}+B_{n1}\mathrm{e}^{(-x_{nc})\left(F_{n1}^{*}-\frac{1}{L_{p1}^{*}}\right)}+\Delta p_{n1}^{*}(-x_{nc})$$
$$=\Delta p_{n2}(-x_{nc}) \tag{C-18}$$
$$=A_{n2}\mathrm{e}^{(-x_{nc})\left(F_{n2}^{*}+\frac{1}{L_{p2}^{*}}\right)}+B_{n2}\mathrm{e}^{(-x_{nc})\left(F_{n2}^{*}-\frac{1}{L_{p2}^{*}}\right)}+\Delta p_{n2}^{*}(-x_{nc})$$

根据$-x_{nc}$处的另一个边界条件式（C-12）得：

$$\begin{aligned}
&A_{n1}\left(F_{n1}^{*}+\frac{1}{L_{p1}^{*}}\right)e^{\left(F_{n1}^{*}+\frac{1}{L_{p1}^{*}}\right)(-x_{nc})}+B_{n1}\left(F_{n1}^{*}-\frac{1}{L_{p1}^{*}}\right)e^{\left(F_{n1}^{*}-\frac{1}{L_{p1}^{*}}\right)(-x_{nc})}+\left.\frac{d\Delta p_{n1}^{*}(x)}{dx}\right|_{x=-x_{nc}}\\
&\quad-2F_{n1}^{*}\left[A_{n1}e^{(-x_{nc})\left(F_{n1}^{*}+\frac{1}{L_{p1}^{*}}\right)}+B_{n1}e^{(-x_{nc})\left(F_{n1}^{*}-\frac{1}{L_{p1}^{*}}\right)}+\Delta p_{n1}^{*}(-x_{nc})\right]-2F_{n1}^{*}p_{n10}(-x_{nc})\\
&=A_{n2}\left(F_{n2}^{*}+\frac{1}{L_{p2}^{*}}\right)e^{\left(F_{n2}^{*}+\frac{1}{L_{p2}^{*}}\right)(-x_{nc})}+B_{n2}\left(F_{n2}^{*}-\frac{1}{L_{p2}^{*}}\right)e^{\left(F_{n2}^{*}-\frac{1}{L_{p2}^{*}}\right)(-x_{nc})}+\left.\frac{d\Delta p_{n2}^{*}(x)}{dx}\right|_{x=-x_{nc}}\\
&\quad-2F_{n2}^{*}\left[A_{n2}e^{(-x_{nc})\left(F_{n2}^{*}+\frac{1}{L_{p2}^{*}}\right)}+B_{n2}e^{(-x_{nc})\left(F_{n2}^{*}-\frac{1}{L_{p2}^{*}}\right)}+\Delta p_{n2}^{*}(-x_{nc})\right]-2F_{n2}^{*}p_{n20}(-x_{nc})
\end{aligned}\tag{C-19}$$

根据$-x_{n}$处的边界条件式（C-13）得

$$\begin{aligned}
\Delta p_{n2}(-x_{n})&=A_{n2}e^{(-x_{n})\left(F_{n2}^{*}+\frac{1}{L_{p2}^{*}}\right)}+B_{n2}e^{(-x_{n})\left(F_{n2}^{*}-\frac{1}{L_{p2}^{*}}\right)}+\Delta p_{n2}^{*}(-x_{n})\\
&=p_{n20}(e^{qV/kT}-1)
\end{aligned}\tag{C-20}$$

联立方程式（C-17）~式（C-20），可求得A_{n1}、B_{n2}、A_{n2}和B_{n2}。

当求得A_{n1}、B_{n2}、A_{n2}和B_{n2}后，可按附录A中的推导步骤求解n型准中性区的电子浓度和电流密度。

p型准中性区的电子浓度和电流密度可用同样的方法求出。

附录 D 部分符号表

符　号	名　称	单　位	备　注
a	晶格常数	Å	
A	面积	cm^2	
A	自由电子的理查逊常数	$A/cm^2 \cdot K^2$	
A^*	有效理查逊常数	$A/cm^2 \cdot K^2$	
A^{**}	修正的有效理查逊常数	$A/cm^2 \cdot K^2$	
B	带宽	Hz	
C	电容	F	
c	光在真空中的速度	cm/s	
C_{con}	聚光率		
c_s	声速	cm/s	
c_v	比热容	$J/g \cdot K$	
d	绝缘层厚度	cm	
D	扩散系数	cm^2/s	
D_a	双极扩散系数	cm^2/s	
D_{avg}	平均扩散系数	cm^2/s	
D_n	电子扩散系数	cm^2/s	
D_p	空穴扩散系数	cm^2/s	
D_o	杂质在 SiO_2 中扩散时的扩散系数	cm^2/s	
D_{it}	界面陷阱密度	陷阱数$/cm^2 \cdot eV$	也称界面态密度或表面态密度
D_n^T	电子热扩散系数	cm^2/s	也称电子 Soret 系数
D_p^T	空穴热扩散系数	cm^2/s	也称空穴 Soret 系数
E	能量	eV	
E_a	激活能	eV	
E_A	受主能级	eV	
ΔE_A	受主电离能	eV	$\Delta E_A = E_A - E_v$
E_D	施主能级	eV	
ΔE_D	施主电离能	eV	$\Delta E_D = E_c - E_D$
E_C	导带底能量	eV	
E_V	价带顶能量	eV	
E_F	费米能级	eV	
E_{Fm}	金属费米能级	eV	

续表

符　号	名　称	单　位	备　注
E_{Fn}	电子的准费米能级	eV	
E_{Fp}	空穴的准费米能级	eV	
E_{Fs}	半导体费米能级	eV	
E_i	本征费米能级	eV	
E_g	禁带宽度	eV	也称能隙
E_p	光学声子能量	eV	
E_t	陷阱能级	eV	
f	频率	Hz	
F	电场强度	V/cm	
F_m	最大电场强度	V/cm	
f_0	费米-狄拉克分布函数	-	
f_s	半导体的费米-狄拉克分布函数	-	
f_c	导带电子的费米-狄拉克分布函数	-	
f_v	价带电子的费米-狄拉克分布函数	-	
f_m	金属的费米-狄拉克分布函数	-	
f_t	复合中心能级的费米-狄拉克分布函数	-	
$F_{1/2}$	费米积分	-	
FF	填充因子	-	
$g_c(E)$	导带底附近单位体积单位能量间隔内半导体的态密度	$eV^{-1}\cdot cm^{-3}$	
$g_v(E)$	价带顶附近单位体积单位能量间隔内半导体的态密度	$eV^{-1}\cdot cm^{-3}$	
$g_L(E)$	单位体积单位能量间隔内一维半导体态密度	$eV^{-1}\cdot cm^{-1}$	
$g_S(E)$	单位体积单位能量间隔内二维半导体态密度	$eV^{-1}\cdot cm^{-2}$	
G	载流子产生率	$cm^{-1}\cdot s^{-1}$	
G_L	光生载流子产生率	$cm^{-1}\cdot s^{-1}$	
G_n	电子产生率	$cm^{-1}\cdot s^{-1}$	
G_p	空穴产生率	$cm^{-1}\cdot s^{-1}$	
G_{th}	热生载流子产生率	$cm^{-1}\cdot s^{-1}$	
h	普朗克常数	$J\cdot s$	$h=(6.6260755\pm0.0000040)\times10^{-34}J\cdot s$
$\hbar$	约化普朗克常数	$J\cdot s$	$\hbar=(1.05457266\pm0.00000063)\times10^{-34}J\cdot s$
I	电流	A	
I_F	正向电流	A	
I_m	最大功率点电流	A	也称最佳工作电流
I_n	电子电流	A	

续表

符　号	名　称	单　位	备　注
I_p	空穴电流	A	
I_L	光电流	A	
I_r	复合电流	A	
I_R	反向电流	A	
I_s	饱和电流	A	
I_{sc}	短路电流	A	
J	电流密度	A/cm^2	
J_D	扩散电流密度	A/cm^2	
J_{drift}	漂移电流密度	A/cm^2	
J_{dark}	暗电流密度	A/cm^2	
J_F	正向电流密度	A/cm^2	
J_g	产生电流密度	A/cm^2	
J_{gd}	耗尽区中产生电流密度	A/cm^2	
J_L	光电流密度	A/cm^2	
J_n	电子电流密度	A/cm^2	
J_p	空穴电流密度	A/cm^2	
J_r	复合电流密度	A/cm^2	
J_R	反向电流密度	A/cm^2	
J_s	饱和电流密度	A/cm^2	
J_{sc}	短路电流密度	A/cm^2	
J_t	隧穿电流密度	A/cm^2	也称隧穿电流密度
k	玻耳兹曼常数	J/K	
k	波矢	cm^{-1}	
L	长度	cm	
L	扩散长度	cm	
l	平均自由程	cm	
L	长度	cm	
L_a	双极扩散长度	cm	
L_D	德拜长度	cm	
L_n	电子扩散长度	cm	
L_p	空穴扩散长度	cm	
m_0	电子自由电子质量	kg	也称电子静止质量或惯性质量
m^*	有效质量	kg	
m_{dc}^*	电子态密度有效质量	kg	
m_{dv}^*	空穴态密度有效质量	kg	
m_c^*	电子有效质量	kg	
m_v^*	空穴有效质量	kg	

续表

符号	名称	单位	备注
m_{hv}^*	重空穴有效质量	kg	
$m_{\parallel}^*$	电子纵向有效质量	kg	
m_{lv}^*	轻空穴有效质量	kg	
$m_{\perp}^*$	电子横向有效质量	kg	
n	电子浓度	cm^{-3}	
N	掺杂浓度	cm^{-3}	
n_i	本征载流子浓度	cm^{-3}	
n_n	n 型半导体电子（多子）浓度	cm^{-3}	
n_0	热平衡时的电子浓度	cm^{-3}	
n_p	p 型半导体电子（少子）浓度	cm^{-3}	
N_A	受主杂质浓度	cm^{-3}	
N_A^-	电离受主浓度	cm^{-3}	
N_c	导带有效态密度	cm^{-3}	
N_v	价带有效态密度	cm^{-3}	
N_D	施主杂质浓度	cm^{-3}	
N_D^+	电离施主浓度	cm^{-3}	
N_{it}	界面或表面态密度、界面或表面陷阱密度	cm^{-2}	
N_t	缺陷浓度	cm^{-3}	
p	空穴浓度	cm^{-3}	
p	动量	J·s/cm	由于 $p=\hbar k$，波矢 k 有时也称动量
P	功率	W	
P_m	最大输出功率	W	
p_n	n 型半导体空穴浓度（少子）	cm^{-3}	
p_p	p 型半导体空穴浓度（多子）	cm^{-3}	
p_0	热平衡时的空穴浓度	cm^{-3}	
P_{in}	输入光功率	W	
q	单位电子电荷	C	$q=1.6\times10^{-19}$C,绝对值
Q	（面）电荷密度	C/cm^2	
Q_f	固定表面电荷密度	C/cm^2	
Q_b	势垒区空间电荷密度	C/cm^2	
Q_{it}	界面陷阱电荷密度	C/cm^2	
Q_{mi}	可动离子电荷密度	C/cm^2	
R	（光）反射率	–	
R	电阻	Ω	
R_m	最佳负载电阻	Ω	
R_c	比接触电阻	$\Omega\cdot cm^2$	

续表

符　号	名　称	单　位	备　注
R	载流子复合率	$cm^{-3}\cdot s^{-1}$	
R_{th}	热生载流子复合率	$cm^{-3}\cdot s^{-1}$	
R_L	负载电阻	Ω	
$R_{\square}$	薄层电阻	Ω/□	也称方块电阻
S	面积	cm^2	
s	速度	cm/s	
s_r	表面复合速度	cm/s	
s_{n0}	电子表面复合速度	cm/s	
s_{p0}	空穴表面复合速度	cm/s	
s_{qr}	空间电荷区表面复合速度	cm/s	
s_{Feff}	前表面复合速度	cm/s	
s_{BSF}	背表面复合速度	cm/s	
t	时间	s	
T	绝对温度	K	
T	隧穿概率	–	也称透射系数
T_{met}	金属薄层透光率	%	
U	净复合率	$cm^{-3}\cdot s^{-1}$	
U_{Aug}	俄歇复合系数	cm^6/s	
U_{dir}	直接复合的复合率	$cm^{-3}\cdot s^{-1}$	
U_{der}	缺陷复合的复合率	$cm^{-3}\cdot s^{-1}$	
V	体积	cm^3	
V	外加电压	V	
V	电势	V	
V_{bi}	内建电势	V	在金属-半导体结构中常称空间电荷区的电势差或表面势
V_{FB}	平带电压	V	
V_m	最大功率点电压	V	也称最佳工作电压
V_{oc}	开路电压	V	
V_R	反向偏置电压	V	
V_{res}	电阻电压降	V	
w、d、x	厚度	cm	
w_D	耗尽层宽度	cm	
w_{Dm}	最大耗尽宽度	cm	
w_n	n 型材料的基区厚度	cm	
w_p	p 型材料的基区厚度	cm	
w_{opt}	光学厚度	cm	
w_{phy}	物理厚度	cm	
W	功函数	V	

续表

符　号	名　称	单　位	备　注
W_m	金属功函数	V	
W_s	半导体功函数	V	
x、h	距离	cm	
α	光吸收系数	cm^{-1}	
Γ	表面张力	mN/m	
Δn	非平衡时过剩少子（电子）浓度	cm^{-3}	
Δp	非平衡时过剩少子（空穴）浓度	cm^{-3}	
ε	介电常数	F/cm、C/V·cm	
ε_0	真空介电常数	F/cm、C/V·cm	
ε_i	绝缘体介电常数	F/cm、C/V·cm	
ε_o	氧化物介电常数	F/cm、C/V·cm	
ε_s	半导体介电常数	F/cm、C/V·cm	
$SR(\lambda)$	光谱响应	mA/mW	
$ISR(\lambda)$	内光谱响应	-	通常不特别指明时，均为相对光谱响应
$SR_r(\lambda)$	相对光谱响应	%	
$SR_d(\lambda)$	绝对光谱响应	mA/mW	
$EQE(\lambda)$	外量子效率	%	
$IQE(\lambda)$	内量子效率	%	
η	曲线因子	-	也称理想因子或品质因子
κ	热导率	W/(cm·K)	
λ	波长	cm	
μ_n	电子迁移率	$cm^2/(V\cdot s)$	
μ_p	空穴迁移率	$cm^2/(V\cdot s)$	
μ_s	表面载流子迁移率	$cm^2/(V\cdot s)$	
ν	光频率	Hz, s^{-1}	
ρ	空间电荷密度	C/cm^3	
ρ	电阻率	Ω·cm	
ρ_m	金属电阻率	Ω·cm	
ρ_s	半导体电阻率	Ω·cm	
ρ_i	本征电阻率	Ω·cm	
σ	电导率	$s\cdot cm^{-1}$	
σ	俘获截面	cm^2	
σ_n	电子俘获截面	cm^2	
σ_p	空穴俘获截面	cm^2	
σ_s	表面载流子俘获截面	cm^2	
σ_T	隧穿载流子俘获截面	cm^2	
τ	载流子寿命	s	

续表

符　号	名　称	单　位	备　注
τ_a	双极载流子寿命	s	
τ_g	载流子产生寿命	s	
τ_{bul}	体复合载流子（少子）寿命	s	
τ_{sur}	表面复合载流子（少子）寿命	s	
τ_{eff}	载流子有效寿命	s	
τ_{Aug}	俄歇载流子寿命	s	
τ_n	电子载流子寿命	s	
τ_p	空穴载流子寿命	s	
τ_{nc}	电子平均自由时间	s	
υ	漂移速度	cm/s	
υ	群速	cm/s	
υ_n	电子速度	cm/s	
υ_p	空穴速度	cm/s	
υ_{si}	硅中的载流子的漂移速度	cm/s	
υ_{th}	热运动速度	cm/s	
ϕ	光子通量	光子数·s^{-1}	
ϕ	光子通量密度	光子数/(cm^2·s)	
ϕ_n	n 型半导体从导带边算起的费米势	V	$\phi_n=(E_c-E_F)/q$
ϕ_p	p 型半导体从价带边算起的费米势	V	$\phi_p=(E_F-E_v)/q$
χ	电子亲和势	V	
Ψ	波函数	–	
ψ_{Bn}	n 型区以带隙中线为参考的费米势	V	也称 n 型区的费米势，金属-半导体接触时，$q\psi_{Bn}$称为 n 型半导体肖特基势垒高度
ψ_{Bp}	p 型区的静电势	V	也称 p 型区的费米势，金属-半导体接触时，$q\psi_{Bp}$称为 p 型半导体肖特基势垒高度
ψ_n	n 型半导体边界相对于其体内的电势	V	以 pn 结界面为参考点，能带向上弯曲为正
ψ_p	p 型半导体边界相对于其体内的电势	V	以 pn 结界面为参考点，能带向上弯曲为正
ψ_i	本征能级的电势	V	
ψ_s	表面相对于体内的表面势	V	以体内为参考点，能带向下弯曲为正
ω	角频率	Hz	$\omega=2\pi\nu$
i	本征（未掺杂）材料		
n	n 型半导体（施主掺杂）		
p	p 型半导体（受主掺杂）		

附录 E 物理常数

物理常数

名　　称	符号	数　　值
大气压力		1.01325×10^{5} N/cm^{2}
阿佛加德罗常数	N_{AV}	6.02204×10^{23} mol^{-1}
玻尔半径	a_B	0.52917Å
玻耳兹曼常数	k	1.38066×10^{-23} J/K（R/N_{AV}）
		8.6174×10^{-6} eV/K
自由电子质量	m_0	9.1095×10^{-23} kg
电子伏能量	eV	1eV = 1.60218×10^{-19} J
单位电荷	q	1.60218×10^{-19} C
气体常数	R	1.98719cal/mol · K
真空磁导率	μ_0	1.25663×10^{-8} H/cm（$4\pi\times10^{-9}$）
真空介电常数	ε_0	8.85418×10^{-14} F/cm（$1/\mu_0c^2$）
普朗克常数	h	6.62617×10^{-34} J · s
		4.1357×10^{-15} eV · s
自由质子质量	M_p	1.67264×10^{-27} kg
约化普朗克常数（$h/2\pi$）	$\hbar$	1.05458×10^{-34} J · s
		6.5821×10^{-16} eV · s
真空中的光速	c	2.99792×10^{10} cm/s
300K 时热电压	kT/q	0.0259V

附录F 硅的物理化学性质

名　　称	符号	单　　位	数　　据
原子序数	Z	-	14
相对原子质量			28.085
原子密度		$/cm^3$	5.02×10^{22}
晶体结构		-	金刚石型
晶格常数	a	Å	5.43102
熔点	T_m	℃	1414
熔化热	L	kJ/g	1.8
蒸发热		kJ/g	16（熔点）
比热容	C_v	J/(g·K)	0.713
摩尔热容	C_m	J/(mol·K)	20.7
热导率（固/液）	κ	W/(cm·K)	1.50(300K)/46.84(熔点)
热扩散率		cm^2/s	0.9
线胀系数		1/K	2.6×10^{-6}
沸点		℃	2355
密度	P	g/cm^3	2.329/2.533
临界温度	T_C	℃	4886
临界压强	M	MPa	53.6
硬度			6.5（摩氏） 950（努氏）
弹性常数		N/cm	C_{11}：16.704×10^6 C_{12}：6.523×10^6 C_{44}：7.957×10^6
表面张力	Γ	mN/m	736（熔点）
延展性		-	脆性
折射率	N	-	3.42
体积压缩系数		m^2/N	0.98×10^{-11}
德拜温度	θ_D	K	650
介电常数	ε_{si}	-	11.9
本征载流子浓度	n_i	个$/cm^3$	9.65×10^9

续表

名　　称	符号	单　　位	数　　据
本征电阻率	ρ_i	Ω · cm	2.3×10^5
电子迁移率	μ_n	$cm^2/(V\cdot S)$	1450
空穴迁移率	μ_p	$cm^2/(V\cdot S)$	500
少子寿命	τ	s	$\approx10^{-3}$
自由电子的惯性质量（电子静止质量）	m_0	kg	9.1095×10^{-31}
电子有效质量	m^*	g	$\begin{cases} m_{\parallel}^* = 0.98m_0 \\ m_{\perp}^* = 0.19m_0 \end{cases}$（室温下）
空穴有效质量	m_v^*	g	$\begin{cases} m_{hv}^* = 0.49m_0 \\ m_{lv}^* = 0.16m_0 \end{cases}$（室温下）
电子亲和势	χ	V	4.05
电子扩散系数	D_n	cm^2/s	34.6
空穴扩散系数	D_p	cm^2/s	12.3
禁带宽度（25℃）	E_g	eV	1.12
导带有效态密度	N_c	cm^{-3}	2.8×10^{19}
价带有效态密度	N_v	cm^{-3}	1.04×10^{19}
光学声子能量		eV	0.063

注：（1）表中关于分子、原子、离子密度、浓度的单位体积密度简写成 cm^{-3}；单位面积密度简写成 cm^{-2}。

（2）ε_0：静电介电常数。

m_0：真空中自由电子的惯性质量，$m_0=9.1\times10^{-23}$g。

$m_{\parallel}^*$：电子纵向有效质量（平行于旋转椭球等能面长轴方向）。

$m_{\perp}^*$：电子横向有效质量（垂直于旋转椭球等能面长轴方向）。

m_{hv}^*：重空穴有效质量。

m_{lv}^*：轻空穴有效质量。

（3）为与电子有效质量相区分，本表中空穴有效质量加上下标 v。

（4）所有数据均为室温下测量的结果。

附录 G　国际单位制

物　理　量	单　　位	符　　号	量　　纲
长度	米	m	
质量	千克	kg	
时间	秒	s	
温度	开尔文	K	
电流	安培	A	C/s
频率	赫兹	Hz	s^{-1}
力	牛顿	N	$kg \cdot m/s^2$，J/m
压力、拉力	帕斯卡	Pa	N/m^2
能量	焦耳	J	N·m，W·s
功率	瓦特	W	J/s，V·A
电荷	库仑	C	A·s
电势	伏	V	J/C，W/A
电导	西门子	S	A/V，1/Ω
电阻	欧姆	Ω	V/A
电容	法拉	F	C/V
磁通量	韦伯	Wb	V·s
磁感应强度	特斯拉	T	Wb/m^2
电感	亨利	H	Wb/A

注：在半导体中通常用 cm 作为长度单位，eV 为能量单位（$1cm=10^{-2}m$，$1eV=1.6\times10^{-19}J$）。

附录H　关于“solar cell”名词的翻译

“solar cell”一直被翻译成“太阳电池”或“太阳能电池”。笔者认为，将“cell”译成“电池”并不确切。“cell”的英文原意是“单元、细胞、元件、小囚室”。按中文的词义，“池”是“停水之凹地”，因此“电池”的中文意义应该是指存有或可存放电荷的容器。作为化学电池，有外壳，里面存放了能产生电荷的电解质，接通外电路可产生电能，其含义与“池”有关联性，将其译成“电池”可以理解。但是，太阳能行业的“cell”是指将太阳光能转换为电能的一种半导体器件，并没有“存有或可存放电荷的池”的含义。

另外，将“photovoltaic”翻译成“光伏”也欠妥；把一个英文名词的前半部分意译而后半部分音译，说成“光”生“伏打”，这样的翻译极为罕见，但从词义上看，没有错。

笔者认为将“solar cell”或“photovoltaic cell”译成“光电片”或“光伏元件”更贴切些，更加通俗易懂。

笔者曾在2008年全国太阳能光伏能源系统标准化技术委员会修订GB 2297“太阳光伏能源系统术语”国家标准时，提出过更名或增添一个同义术语的建议，得到了绝大多数标准化技术委员会委员的赞同。

反侵权盗版声明

电子工业出版社依法对本作品享有专有出版权。任何未经权利人书面许可，复制、销售或通过信息网络传播本作品的行为；歪曲、篡改、剽窃本作品的行为，均违反《中华人民共和国著作权法》，其行为人应承担相应的民事责任和行政责任，构成犯罪的，将被依法追究刑事责任。

为了维护市场秩序，保护权利人的合法权益，本社将依法查处和打击侵权盗版的单位和个人。欢迎社会各界人士积极举报侵权盗版行为，本社将奖励举报有功人员，并保证举报人的信息不被泄露。

举报电话：（010）88254396；（010）88258888

传　　真：（010）88254397

E-mail：dbqq@ phei. com. cn

通信地址：北京市海淀区万寿路 173 信箱

电子工业出版社总编办公室

邮　　编：100036